U0208814

SDN环境部署与OpenDaylight开发入门

程丽明 编著

清華大学出版社
北京

内 容 简 介

本书主要介绍SDN的基础原理，包括SDN的定义、架构、应用，涵盖SDN主流控制器的基础知识，包括概念、架构、主要模块说明；介绍虚拟交换机OVS、SDN仿真环境、SDN主流控制器的安装指南、操作指南、开发环境准备；介绍OpenDaylight的MD-SAL开发流程，以示例详解的方式使用YANG建模语言和Java语言进行MD-SAL相关开发；介绍使用 OpenDaylight 北向 API 接口进行北向开发的过程。书中利用大量的具体示例和实际案例来说明OpenDaylight的开发步骤，读者在阅读学习后既能够掌握基本的开发流程，又能够理解其框架原理。

本书适合所有SDN的爱好者和从业者，尤其是对OpenDaylight感兴趣的开发者，也适合培训机构及大中专院校教学使用。

本书封面贴有清华大学出版社防伪标签，无标签者不得销售。
版权所有，侵权必究。侵权举报电话：010-62782989　13701121933

图书在版编目（CIP）数据

SDN环境部署与OpenDaylight开发入门/程丽明编著 —北京：清华大学出版社，2018
ISBN 978-7-302-49347-1

Ⅰ．①S… Ⅱ．①程… Ⅲ．①计算机网络－网络结构 ②软件开发－基本知识 Ⅳ．①TP393.02 ②TP311.52

中国版本图书馆CIP数据核字（2018）第014518号

责任编辑：王金柱
封面设计：王　翔
责任校对：闫秀华
责任印制：杨　艳

出版发行：清华大学出版社
网　　址：http://www.tup.com.cn，http://www.wqbook.com
地　　址：北京清华大学学研大厦A座　　**邮　　编**：100084
社 总 机：010-62770175　　**邮　　购**：010-62786544
投稿与读者服务：010-62776969，c-service@tup.tsinghua.edu.cn
质 量 反 馈：010-62772015，zhiliang@tup.tsinghua.edu.cn

印 装 者：三河市国英印务有限公司
经　　销：全国新华书店
开　　本：190mm×260mm　　**印　　张**：43.25　　**字　　数**：1107千字
版　　次：2018年3月第1版　　**印　　次**：2018年3月第1次印刷
印　　数：1~3000
定　　价：128.00元

产品编号：073067-01

前　言

SDN（Software Defined Network，软件定义网络）近年在网络部署，特别是在互联网企业的应用不断扩展，OpenDaylight 作为其最出名的控制器，也一同名声大噪，引起了各大 IT 公司和众多编程语言爱好者的注意。OpenDaylight 会员俱乐部已经吸引思科、VMware、微软、因特尔、AT&T、华为、阿里、腾讯等几十家国际一流的硬件商、互联网厂商、虚拟化厂商、新兴技术厂商的加入。

本书是作者在 OpenDaylight 学习、实际工作实践及培训过程中的心得体会和系统总结，内容涵盖 SDN 原理介绍、常用控制器部署指南、OpenDaylight 控制器 MD-SAL 开发和使用北向 API 接口开发入门等内容，也是国内第一部介绍 OpenDaylight 开发的技术书籍。

本书由理论篇“SDN 概述、OpenDaylight 简介、Controller 项目总述”（第 1~6 章）、实操篇“控制器的安装指南、操作指南、开发环境准备”（第 7~11 章）、实操篇“OpenDaylight 之 MD-SAL 开发指南”（第 12~18 章）、实操篇“OpenDaylight 之北向开发指南”（第 19~21 章）组成。

第 1 章主要介绍 SDN 的起源、SDN 的标准及组织机构、SDN 的一些典型应用场景和 SDN 的一些重要学习资源。

第 2 章对 SDN 架构进行介绍，内容包括 SDN 应用层、SDN 控制器层、SDN 基础架构层（SDN 交换机）、SDN 北向接口和 SDN 南向接口。

第 3 章对 OVS 交换机和 11 家 SDN 硬件交换机厂商（思科、博科、华为、瞻博网络、NEC、戴尔、Arista、H3C 新华三、锐捷网络、xNET 网锐科技、盛科网络）及其主打产品进行介绍。

第 4 章对于当前市场上最为出名的 14 种控制器进行简要介绍，包括开源的 SDN 控制器和商用的 SDN 控制器。

第 5 章对 OpenDaylight 项目的起源、目标、特性、发展过程、子项目组成进行基本的介绍。

第 6 章对 OpenDaylight 项目中的核心子项目 Controller（控制器项目）进行介绍，包括其简介、技术关键组成、架构和重点组件（特别是 MD-SAL）。

第 7 章是 SDN 底层架构的搭建指南，包括 SDN 虚拟交换机 OVS（Open vSwitch）的两种安装方法、仿真环境 Mininet 的 3 种安装方法、在 Xen 环境中安装 OVS、在 KVM 环境中安装 OVS、OpenStack 环境部署 SDN 网络的安装指南和硬件环境部署 SDN 网络。

第 8 章是 OpenDaylight 项目的安装指南，介绍下载、编译、启动运行 OpenDaylight 子项目的方法，OpenDaylight 的通用项目快速安装指南和 OpenDaylight 的通用开发环境准备介绍。

第 9 章是控制器 ONOS 安装指南，包括控制器 ONOS 简介、控制器 ONOS 的 3 种安装方式的指南和控制器 ONOS 的使用指南。

第 10 章是 Floodlight 控制器的安装和使用指南，包括 Floodlight 控制器的两种安装方法和控制器 Floodlight 的使用指南。

第 11 章是 Ryu 控制器的安装和使用指南，包括 Ryu 控制器的 3 种安装方法和 Ryu 控制器的使用指南。

第 12 章介绍 MD-SAL 开发的一些必备的知识，包括 OSGi 框架、Karaf 容器、软件项目管理和理解工具 Apache Maven、OpenDaylight 项目中核心的组成服务抽象层 SAL、建模工具 YANG 语言。

第 13 章是一个简单的项目开发过程示例，从简单的 Hello World 开始，使用 Maven 工具基于 opendaylight-startup-archetype 原型创建一个简单的项目。

第 14 章使用 Maven 原型 opendaylight-startup-archetype 的 1.1.4-SNAPSHOT 版本创建 myproject 项目并介绍 myproject 项目的关键目录的文件结构，在此项目上以示例说明 YANG 常用的定义及其自动转化的 Java 代码。

第 15 章主要介绍 RPC 的开发过程，包括创建使用 YANG 语言对 RPC 进行建模、完成 RPC 的具体实现、创建 RPC 实例并将完成其注册和其关闭的相应工作。

第 16 章主要介绍 DataStore 相关的开发，包括利用 DataBroker 实现对 DataStore 的操作和 Data Change 事件的实现。

第 17 章主要介绍通知 Notification 的开发过程，包括利用 YANG 语言实现通知 Notification 的定义、通知提供的实现和通知接收处理的实现。

第 18 章使用 Eclipse 进行项目开发的介绍，主要包括使用 Eclipse 创建项目、导入项目、编辑项目、调试运行项目，以及使用 Eclipse 进行开发时可能出现的错误及其解决方法。

第 19 章介绍 OpenDaylight 北向开发的基础知识，主要包括 RestConf 协议、NetConf 协议、OpenDaylight 主要的北向接口和 OpenDaylight 北向开发的官方参考资料。

第 20 章介绍利用 OpenDaylight 北向接口实现下发流表的简单实例，具体包括利用 Java 语言实现获取流表、添加流表和删除流表的操作。

第 21 章介绍使用 ODL 北向接口的通用应用，包括获取北向接口的信息并进行开发、使用 API 进行北向编程。

书中利用大量的具体示例和实际案例来说明 OpenDaylight 的开发步骤，在阅读学习后既能够掌握基本的开发流程，又能够理解其框架原理。本书适合所有 SDN 的爱好者和从业者，尤其是对 OpenDaylight 感兴趣的开发者，也适合培训机构及大中专院校教学使用。

由于编者学识有限，且本书涉及的知识点较多，书中难免有不妥和错误之处，敬请广大读者批评指正。愿这本书能够抛砖引玉，共同促进 SDN 的发展。

最后感谢我的外公姚文榕先生，MJ、Asher 在我人生中的陪伴和鼓励，感谢其他的家人和朋友，感谢一起为 SDN 奋斗的朋友们，感谢 SDN 社区的伙伴们，是你们的支持和鼓励让我能坚持做自己相信和热爱的事，最终完成这本书。再次感谢你们！

程丽明

2017 年 5 月 31 日

目　　录

第一篇　理论篇——SDN 概述、OpenDaylight 简介、Controller 项目总述

第二篇 实操篇——控制器的安装指南、操作指南、开发环境准备

第三篇　实操篇——OpenDaylight 之 MD-SAL 开发指南

第 14 章 创建一个简单的项目：myproject ······385

第 15 章 RPC 的开发 ······482

第四篇 实操篇——OpenDaylight 之北向开发指南

第一篇　理论篇

SDN概述、OpenDaylight简介、Controller项目总述

第1章

什么是 SDN

SDN 起源于斯坦福大学的 Clean Slate 研究课题，旨在“重塑互联网”，即构建一个集中控制的、具备良好的安全性的网络。Clean Slate 项目可谓是 SDN 的前身。在 2009 年，Nick McKeown 等 8 人在当年的 SIGCOMM 会议上正式推出了 SDN 技术。随后 Nick McKeown 发表了正式的 SDN 定义文档。与 SDN 相伴不断发展的是其标准组织机构的构建和相关标准的逐渐完善。最具影响力的机制是 ONF（开放网络组织），ONF 主要定义了 OpenFlow 协议和 OF-Config 协议。OpenFlow 协议是 SDN 最重要的南向协议，它定义了控制器和交换机通信的信息格式和接口标准；OF-Config 协议是对支持 OpenFlow 协议的交换机进行配置和管理时所使用的协议。

本章首先在 1.1 节“SDN 的诞生”中对 SDN 的起源进行简要介绍，随后在 1.2 节介绍 SDN 的标准及组织机构。随后，为了让读者对 SDN 有一个直观、快速的认识，在 1.3 节介绍 SDN 的一些典型应用场景，包括 Cisco 的 ACI、VMware 的 NSX、谷歌的 B4、一种基于 SDN 的云计算安全保护系统及方法。到目前为止，SDN 在数据中心、软件定义广域网 SD-WAN、管理和编排、云计算、软件定义安全、与 NFV 配合使用、与大数据/WIFI/物联网/IPv6 结合等方面的应用都有不错的表现。

为方便读者进一步学习和更加深入地了解 SDN，在 1.4 节推荐介绍一些 SDN 的重要学习资源。

最后在 1.5 节对全章进行总结。

1.1 SDN 的诞生

进入 21 世纪后，信息技术得到了飞速的发展，特别是自 2010 年以来，各种新型技术层出不穷（如云计算、移动计算、物联网、人工智能），并得到了落地应用，极大地推动了社会的发展，改变了人类生活的方式。这些技术的基础是计算技术、存储技术和网络技术。其中计算技术的发展最为显著，虚拟化技术、分布式处理、并行处理和网格计算在其中发挥了重要的作用，存储技术也得到了不小的发展，但是网络技术在 21 世纪初却几乎没有什么重大的突破。高速发展的计算技术和存储技术迫切要求网络技术也提升至与其相匹配的水平，以适应不断增强的业务要求。

在此背景下，产业界和学术界对未来网络进行了探索，以解决当前 TCP/IP 网络架构中面临的诸多挑战。其中最出名且落地的网络架构有 SDN（软件定义网络）、CDN（内容分发网络）、IPv6、应用定义网络等。其中 SDN 对网络的发展产生了巨大的影响。

SDN 起源于斯坦福大学的 Clean Slate 研究课题（http://cleanslate.stanford.edu/，见图 1-1）。Clean-Slate 项目的全称是 Clean-Slate Design for the Internet，该项目由斯坦福大学主导，获得了美国自然科学基金会（NSF）以及工业界的支持。Clean Slate 项目的使命是“重塑互联网”，实现具备以下 4 个特征的未来网络：

- 克服当前互联网的基础架构限制。
- 采用并引入新技术。
- 启用新应用和服务。
- 成为持续创新的平台，成为社会经济繁荣的引擎。

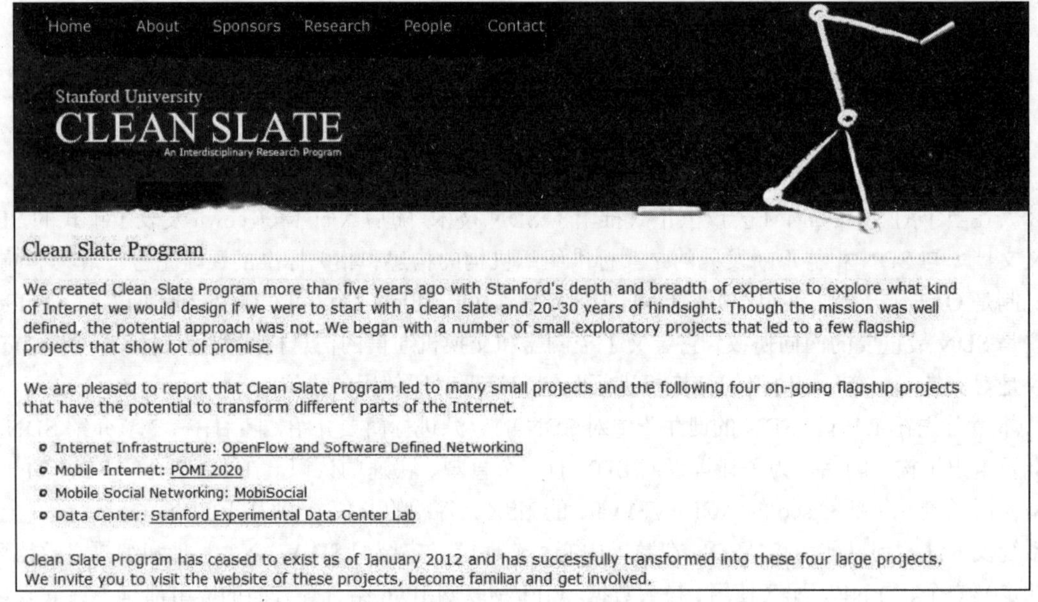

图 1-1　Clean Slate 项目

在此目标的驱动下，Clean Slate 项目组进行了大量的研究，发表了众多影响极大的论文，产生了包括 OpenFlow 和 SDN、POMI2020、Mobi 社会实验室（Mobi-Social 实验室）、斯坦福实验数据中心实验室等旗舰项目，有些项目现已发展为独立的项目和实验室。

Clean Slate 项目可谓是 SDN 的前身。Clean Slate 项目旨在设计一个“干净的”网络，这个网络是集中控制的，能具备良好的安全性。Clean Slate 项目在 2007 年 SIGCOMM 会议上发表的论文 Ethane：Taking Control of the Enterprise 中明确提出了 Ethane 网络的架构，第一次将计算机网络的控制和转发分享，提出了“控制器”这个概念，在这种新型网络架构中，控制器向交换机分发策略以进行网络信息的传输，这也就是 SDN 技术的真正起源。

随后这篇文章的作者 Martin Casado 与 Nick McKeown、Scott Shenker 等人共同创建了 Nicira 公司，继续推广这种新型的网络技术。在 2009 年，Nick McKeown 等 8 人在当年的 SIGCOMM 会议上发表了“OpenFlow：Enabling Innovation in Campus Networks”，并获得会议的最佳演示奖，

被麻省理工学院和多家咨询机构评选为未来十大技术之一。这篇文章标志着 SDN 技术的正式推出，也是这种新型网络架构席卷全球并对 IT 产业界和学术界产生巨大冲击和革新的开始。在这篇文章中，以校园网络为背景，引入了 SDN 架构，使用了南向接口协议 OpenFlow，OpenFlow 基于交换机，内部自带流表，提供一个增加/删除流表项的接口，实现了控制与转发的分享，如图 1-2 所示。使用 OpenFlow 搭建网络具备灵活和可编程的特性，它允许开发者在异构交换机和路由器上以一个统一的方式进行实验而无须掌握底层细节。同年，Nick McKeown 发表了正式的 SDN 定义文档。

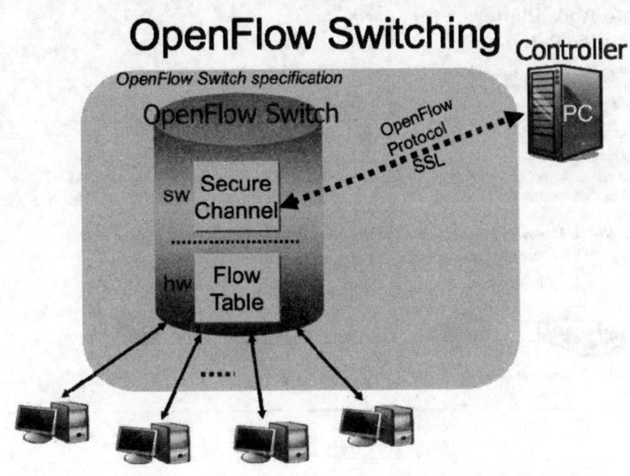

图 1-2　基于 OpenFlow 的 SDN 技术

自 SDN 概念提出后，在产业界和学术界产生了巨大的影响，SDN 相关研究迅速开展，一举成为当年的热点，之后在 SIGCOMM 会议上占据相当重要的位置，直到现在也是信息技术中非常火爆的技术之一。

1.2　SDN 的标准及组织机构

与 SDN 不断发展相伴的是其标准组织机构的构建和其标准的逐渐完善。从国际上来看，对 SDN 进行标准化定义的组织中最为出名的是 ONF（Open Networking Foundation，开放网络基金会），其次是 IETF（The Internet Engineering Task Force，因特网工程任务组）、ITU（International Telecommunication Union，国际电信联盟）、ETSI（European Telecommunication Standards Institute，欧洲电信标准协会）的 NFV 组。这些组织对 SDN 从不同的角度出发进行了标准化定义，除了基础的共性之外，各有不同。在之后的章节，本书将以开放网络组织 ONF（官方网站地址：https://www.opennetworking.org/，见图 1-3）发布的 SDN 标准为指导，向读者进行 SDN 概念及架构的介绍。

2011 年，ONF 由谷歌、微软、Facebook 等互联网/软件行业巨头联合成立，是 SDN 领域最早的一家非营利性组织。ONF 旨在推动软件定义网络及其相关技术（特别是 OpenFlow 协议）的标准化和商业推广。ONF 成立当初的成员由董事会成员及普通会员两部分组成，董事会成员包括谷歌、微软、Facebook、雅虎、Verizon、德国电信、日本 NTT 电信、投行高盛公司 8 家成员；会员则包括网络设备商、网络运营商、服务器虚拟化厂商、网络虚拟化厂商、芯片商、测试仪表厂商等在内的 80 多家成员，至今组织的规模仍在不断扩大。

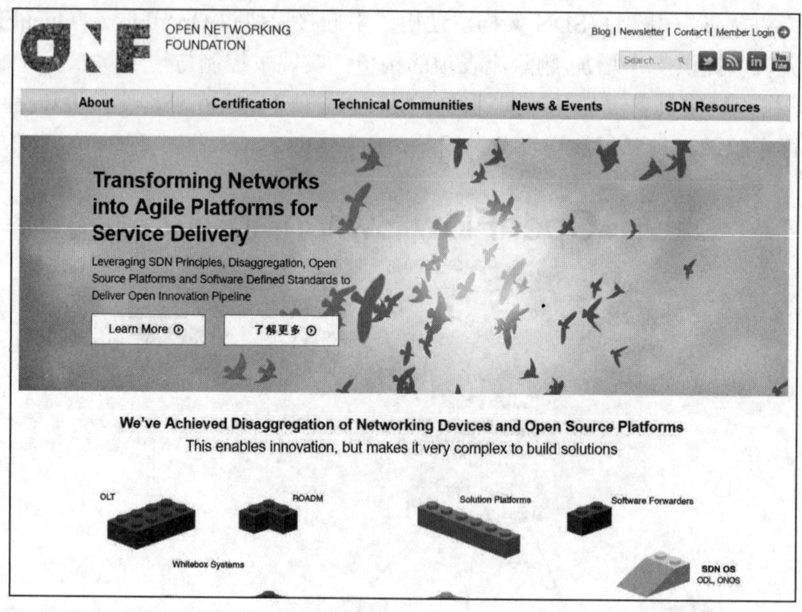

图 1-3　ONF 的官方网站

ONF 最突出的贡献在于定义了 OpenFlow 协议和 OF-Config 协议。

OpenFlow 协议是 SDN 最重要的南向协议，它定义了控制器和交换机通信的信息格式和接口标准，本书将在第 2 章的 2.4 节中进行介绍。

OF-Config 协议是对支持 OpenFlow 协议的交换机进行配置和管理时所使用的协议。到目前为止，ONF 一共定义了 OF-Config 协议的 4 个版本：OF-Config1.0、OF-Config1.1、OF-Config1.1.1、OF-Config1.2。

1.3　SDN 的一些典型应用场景

近几年来，SDN 已落地，在很多领域发挥了巨大的作用，实现了传统网络中很难实现或无法实现的功能，大大推进了产业的发展。到目前为止，SDN 最出色、典型的应用可分为：

- 数据中心
- 软件定义广域网 SD-WAN
- 管理和编排
- 云计算
- 软件定义安全
- 与 NFV 配合使用
- 与大数据/WIFI/物联网/IPv6 结合

下面将简要介绍 SDN 在数据中心的应用、SD-WAN 的应用、SDN 与安全的应用。

1.3.1　SDN 在数据中心的应用：Cisco 的 ACI 和 VMware 的 NSX

SDN 落地后，目标最广泛的应用就是在数据中心的应用，也有人称这种应用为 SDDC（Software-Defined DataCenter，软件定义数据中心）。其中 SDN 在数据中心最出名的两个解决方案是 Cisco 的 ACI 和 VMware 的 NSX。Cisco 的 ACI 在 SDN 领域发力较迟，但是在 2013 年，Amazon 放弃与 Cisco 近 10 亿美元的设备订单后，Cisco 大受触动，进而在 SDN 上投入了大量的精力，随之推出了 ACI 解决方案，目前已实现盈利。而 VMware 作为最知名的虚拟化厂商，比 Cisco 更早察觉到云计算、数据中心等业务中客户对网络虚拟化的强烈需求，通过收购 Nicira 等新兴的 SDN 公司、投入精力研发等方式推出了自己的 NSX 产品，也实现了赢利。Cisco 的 ACI 和 VMware 的 NSX 都能很好地应用于数据中心，但总的来说，Cisco 的解决方案偏向硬件方面，而 VMware 的解决方案偏向软件一些。

1. Cisco 的 ACI 解决方案

2013 年，Cisco 推出了其 SDN 解决方案 ACI（Application Centric Infrastructure，应用为中心的基础设施），如图 1-4 所示。ACI 是 Cisco 针对数据中心的 SDN 解决方案，商业定位与 VMware 的 NSX 相似，但其偏重硬件。ACI 的推出标志着 Cisco 进一步深入 SDN 行业。

图 1-4　Cisco 推出了其 SDN 解决方案 ACI

ACI 由 APIC（Application Policy Infrastructure Controller，应用策略和基础设施控制器）、ACI 构造（ACI Fabric）组成。ACI 构造是由叶脊组成的，这可以由物理叶脊、虚拟叶脊组成或两者混合组成。

应用策略和基础设施控制器 APIC 作为 SDN 架构中的控制平面，向上通过 GUI/CLI/REST API/Python Scripts 向管理员提供配置、管理、策略下发的接口，向下通过 OpFlex 协议将策略推送给 ACI Leaf/vLeaf 设备中的 PE（Policy Element）模块，PE 模块会将策略转换成设备能够理解的配置并部署到设备中。注意，APIC 上的策略都将生效于 ACI 网络的边缘，因此 APIC 只会向 ACI Leaf/vLeaf 推送策略，而并不会向 ACI Spine 推送策略。另外，ACI Leaf/vLeaf/Spine 的转发都不受 APIC 控制。

APIC 向上（北向上）通过开放的 Restful API 与各个第三方的系统或者工具进行集成，这些工具可以通过 APIC 来控制整个物理网络，然后应用策略，进而达到控制所有接入该网络中的其他设备的目的。APIC 向下（南向上）可以去控制整个 ACI 中的物理交换机（Spine/Leaf 节点），不包括连接到这个物理网络中的其他设备（计算、存储、安全或者其他 ACI 之外的交换路由设备）。

ACI 转发设备构成的网络称为 ACI Fabric，Fabric 内部转发设备通过 ISIS 进行 L3 互联。ACI Fabric 是基于 VXLAN Overlay 在租户网络上进行转发的。ACI Fabric 采用 leaf-spine 的物理拓扑，建议在 leaf 与 spine 间采用物理全互联，不允许在 leaf 之间以及 spine 之间进行物理的直连。Cisco 专门为 ACI Fabric 拓展了其 N 系列的交换机——N9K，通常以 N9300 系列作为 ACI Leaf，用于服务器/防火墙/路由器等设备的接入，以 N9500 系列作为 ACI Spine，为 ACI Leaf 间的互联提供高速、无阻塞的连接。ACI 支持的 vSwitch 主要有 3 种：Open vSwitch、VMware VDS 和 Cisco AVS（Application Virtual Switch）。

2. VMware 的 NSX 解决方案

VMware NSX 是专为软件定义的数据中心构建的网络虚拟化平台，NSX 通常由硬件处理的网络连接和安全功能直接嵌入 hypervisor 中。NSX 在软件中再现整个网络连接环境，它提供一套完整的逻辑网络连接元素和服务，其中包括逻辑交换、路由、防火墙、负载均衡、VPN、服务质量和监控。对于虚拟网络，可以独立于底层硬件，以编程的方式对其进行调配和管理。VMware NSX 解决方案（见图 1-5）相对于 Cisco 的解决方案偏向软件一些，特别是编排管理方面的优势特别突出。

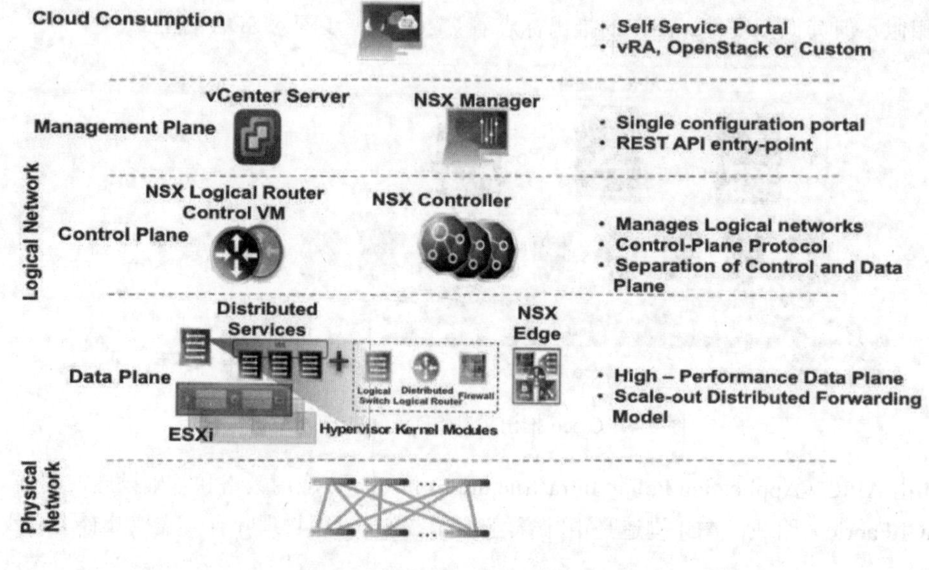

图 1-5 VMware 的 NSX 解决方案

VMware NSX 可提供构成软件定义的数据中心的基础全新网络连接运行模式，因为 NSX 在软件中构建网络，所以数据中心操作员可获得以前借助物理网络无法实现的敏捷性、安全性和经济性。NSX 提供一套完整的逻辑网络连接元素和服务，其中包括逻辑交换、路由、防火墙、负载均衡、VPN、服务质量（QoS）和监控。对于以上这些服务，可通过 NSX API 的云计算管理平台在虚拟网络中进行调配。对于虚拟网络，可以无中断地在任何现有网络硬件上进行部署。

NSX 架构由数据平面、控制平面和管理平台组成，这 3 个平面是相分离的，这种架构能很好地扩展而不影响工作负载。数据平面、控制平面和管理平台的简要介绍如下：

数据平面

NSX 的数据平面由 NSX 虚拟交换机实现。在 vSphere（VMware 的计算虚拟化产品）中，NSX

虚拟交换机是在 VDS（虚拟分布式交换机）产品上扩展形成的。NSX 虚拟交换机使用 VxLAN 协议和集中化网络配置来支持 overlay 网络，最终支持这些特性：在已有物理网络架构上创建一个复杂的逻辑 L2 层 overlay 网络，包括东西向和南北向在内的灵活的通信方式（同时保证租户之间的隔离），应用负载和 VMs 对网络不可知，虚拟管理平台极强的扩展性。

控制平面

NSX 的控制器是 NSX 控制平台的关键部分，与所有的数据平面流量在逻辑上分享，是网络可编程化的重要组件。为了进一步提高可用性和扩展性，NSX 控制器节点通常部署在奇数实例的集群中。除了 NSX 的控制器外，NSX 控制平台还包括控制 VM，提供路由控制平台以允许在 ESXi 中进行本地转发、在 ESXi 之间进行动态路由、由 Edge VM 提供南北向路由。总的来说，这个平面管理着逻辑网络，运行控制平面的协议，实现了控制平台和数据平台的分离。

管理平台

NSX 管理器是为 NSX 生态系统打造的管理平台。NSX 管理器提供了逻辑网络组件（逻辑交换机和路由）、网络和 Edge 服务、安全服务和分布式防火墙的配置和编排。管理平台中的 Edge 服务和安全服务可使用内置组件或外部第三方提供的组件。NSX 管理器允许内置组件或外部服务无缝地集成以进行编排。

1.3.2　SDN 在广域网的应用（SD-WAN）：谷歌的 B4

2013 年 8 月，Google 发布了基于 SDN 的广域网解决方案 B4（数据中心广域网互联）。这一应用在 SDN 产业界产生了极大的影响，是 SDN 落地的一个里程碑，也是 SDN 的重大应用场景之一。

作为一个世界知名的网络服务提供商，Google 十分重视网络技术的发展（见图 1-6），率先采用了许多 SDN 前沿技术，并在自家网络上加以应用，向来是 SDN 界的技术先锋，也是 SDN 技术落地应用的标杆。Google 利用 SDN 主要用于数据中心和 SD-WAN 方面，其中最突出的就是其 B4 项目。

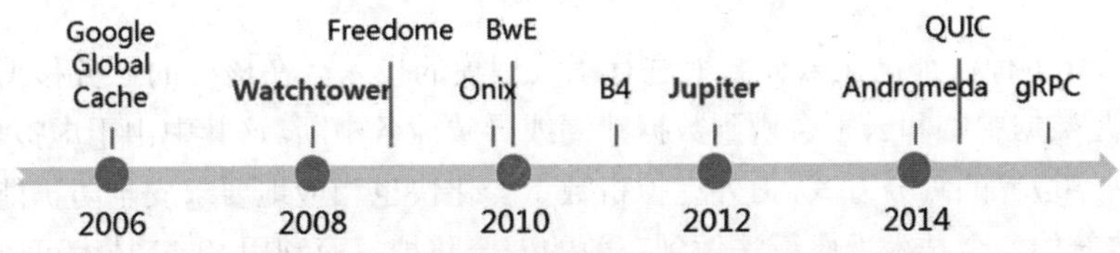

图 1-6　Google 网络技术的演进路径

Google 使用骨干网（也称 WAN 网）来连接其位于世界各地的数据中心，主要通过向运营商按带宽收费的方法来进行租借。Google 的业务同其他典型的互联网服务一样，存在着峰值波动，业务繁忙的高峰期的流量大大高于业务处于低峰时的流量。为了满足业务需求，Google 只能以业务高峰期的流量需求为主来进行采购，这样就造成了平时资源的浪费，带宽的利用率不足，其根本的原因在于传统流量平衡技术是基于静态 Hash 进行工作的。需要改善带宽利用率，那么就需要更强的控制底层网络转发数据的能力，如能直接命令交换机或路由器实时更新转发策略进行流量规划，而 SDN 所具备的特性正好能解决这一问题，能做好流量调度、带宽优化，并且提高利用率，于是 B4 项目正式诞生了。

Google 的 B4 项目使用 SDN 的技术对流量进行直接的控制转发。在 B4 中，Google 自己研发了转发设备的 OS、控制器，使用了 OpenFlow 协议来进行控制器和交换机之间的通信。通过 B4 项目，Google 的带宽利用率大大提升，是当初的 3 倍以上，接近 100%。B4 的架构如图 1-7 所示。

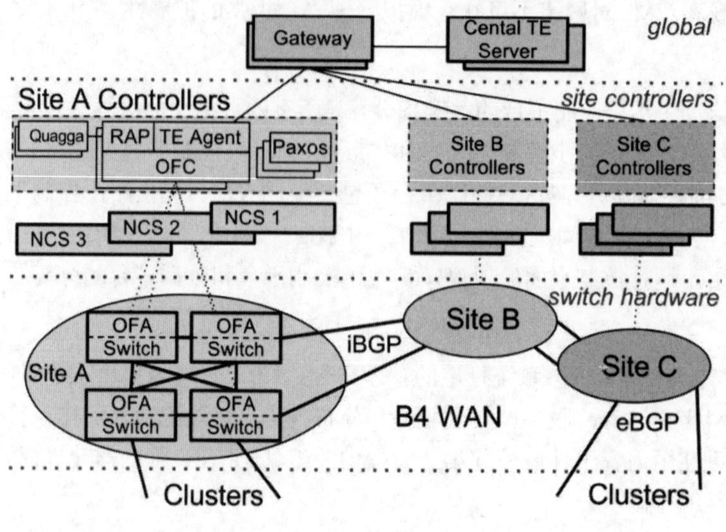

图 1-7　B4 的架构

限于篇幅，这里就不介绍 B4 的具体原理和算法了，有兴趣的读者可以参考：

（1）B4: Experience with a Globally-Deployed Software Defined WAN
http://cseweb.ucsd.edu/~vahdat/papers/b4-sigcomm13.pdf

（2）Lessons Learned from B4, Google's SDN WAN
https://www.usenix.org/sites/default/files/conference/protected-\files/atc15_slides_mandal.pdf

1.3.3　SDN 与安全——一种基于 SDN 的云计算安全保护系统及方法

目前，我国众多行业都已在云计算上进行了大规模的投入。在核心的业务移植到云平台的过程中，最担心的是数据中心和云平台遭到数据泄漏或导致业务中断。这其中由于虚拟化技术的引入，打破了传统的网络边界的划分方式，另外虚拟机数量变化快也相应地要求安全防护能迅速与之相适应，这些使得传统的安全技术手段无法做到有效的安全防护，而利用 SDN 技术可以很好地解决这个问题，这也是 SDN 在安全方面应用的一个典型示例。

蓝盾公司的一种基于 SDN 的云计算安全保护系统及方法（参考资料[19]）针对云计算环境中动态变化的虚拟机数量和虚拟机迁移导致的虚拟机位置变换这些与传统环境不同的特点，对虚拟机进行保护，其网络拓扑如图 1-8 所示。这种方法基于支持 SDN 的虚拟交换机（如 Open vSwitch）和虚拟平台管理接口，在不影响正常业务工作的情况下自动识别如虚拟机迁移、虚拟机增删、其他业务流程变化等而引起的安全需求的变化，制定新的安全策略，并且根据需要在云计算中心的各地、各主机上快速地部署或关闭所需的安全虚拟器件（如 IDS、审计类产品、漏洞扫描、安全管理平台等），向支持 SDN 的虚拟交换机更新安全策略，能实时有效地保护云计算中心（包括其中的虚拟机）的安全，同时节省系统资源。

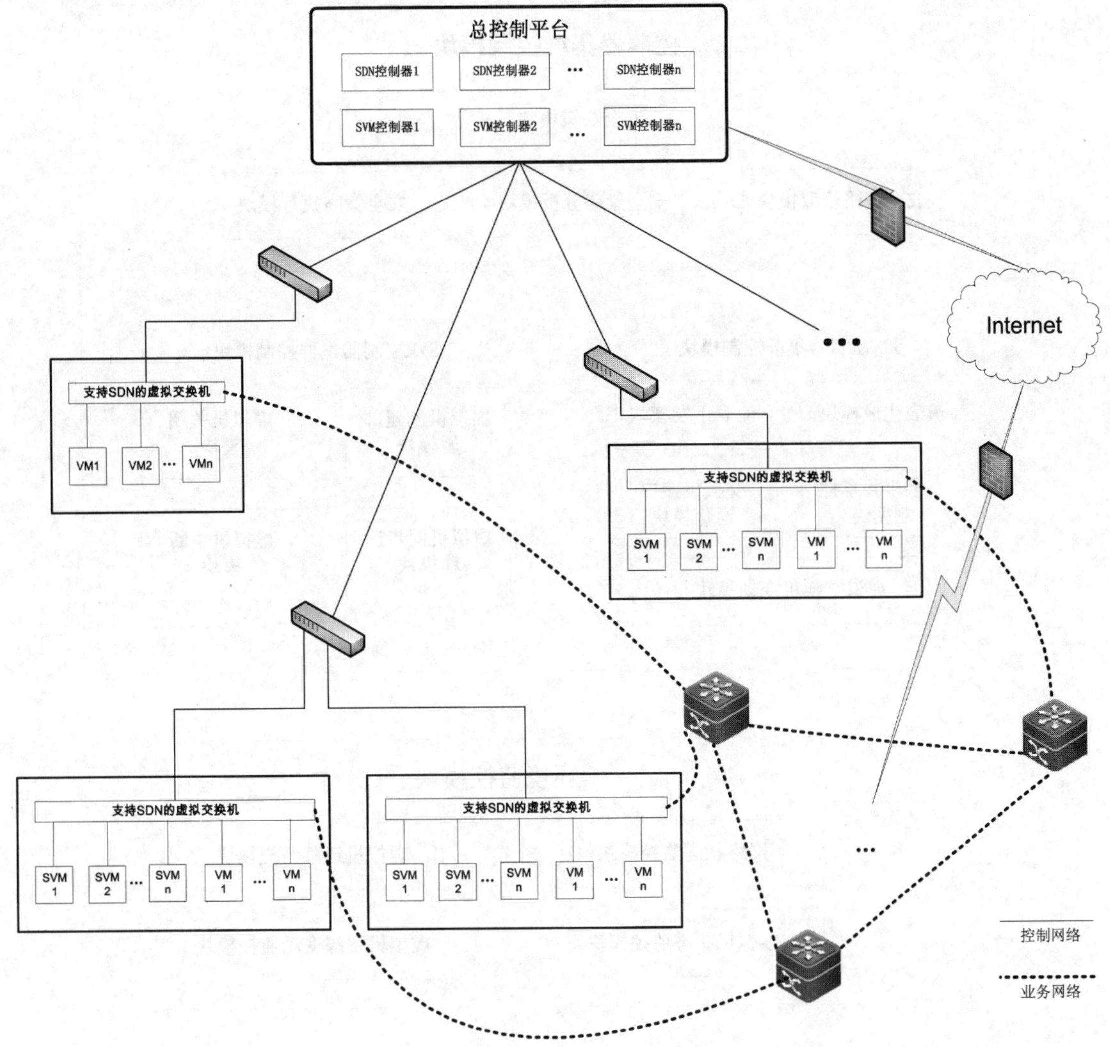

图 1-8　一种基于 SDN 的云计算安全保护系统及方法的网络拓扑

在云计算中，主机的虚拟交换机根据总控制平台下发的流表来工作以保证安全，同时将所需监控端口的流量转发到指定的虚拟安全器件 SVM 上，并且将可疑的流量转发至总控制平台。而总控制平台根据支持 SDN 的虚拟交换机和虚拟化平台接口反馈的安全环境变化情况制定安全防护需求，下发流表至各主机上的相关虚拟交换机，并且通过接口调整各主机的安全虚拟器件（如 IDS 入侵检测、安全审计、SOC 安全管理平台、漏洞扫描等）的增加和删除。其中云计算中的各主机的虚拟网桥已替换成支持 SDN 的虚拟交换机（如支持 Open vSwitch 的交换机），以符合 SDN 网络的要求。

这种方案能有效应对云计算环境中受保护虚拟机的数目突然增加或虚拟机大批迁往异地而引起的数据中心安全保护需求迅速变化的情况。一种基于 SDN 的云计算安全保护系统及方法具体上总控制平台通过支持 SDN 的虚拟交换机和虚拟化平台的接口，在不影响正常业务工作的情况下自动识别安全需求的变化，在云计算中心的各地、各主机上快速地部署或关闭虚拟器件，能有效地保护云计算中心网络环境和其中虚拟机的安全，其功能模块图如图 1-9 所示。

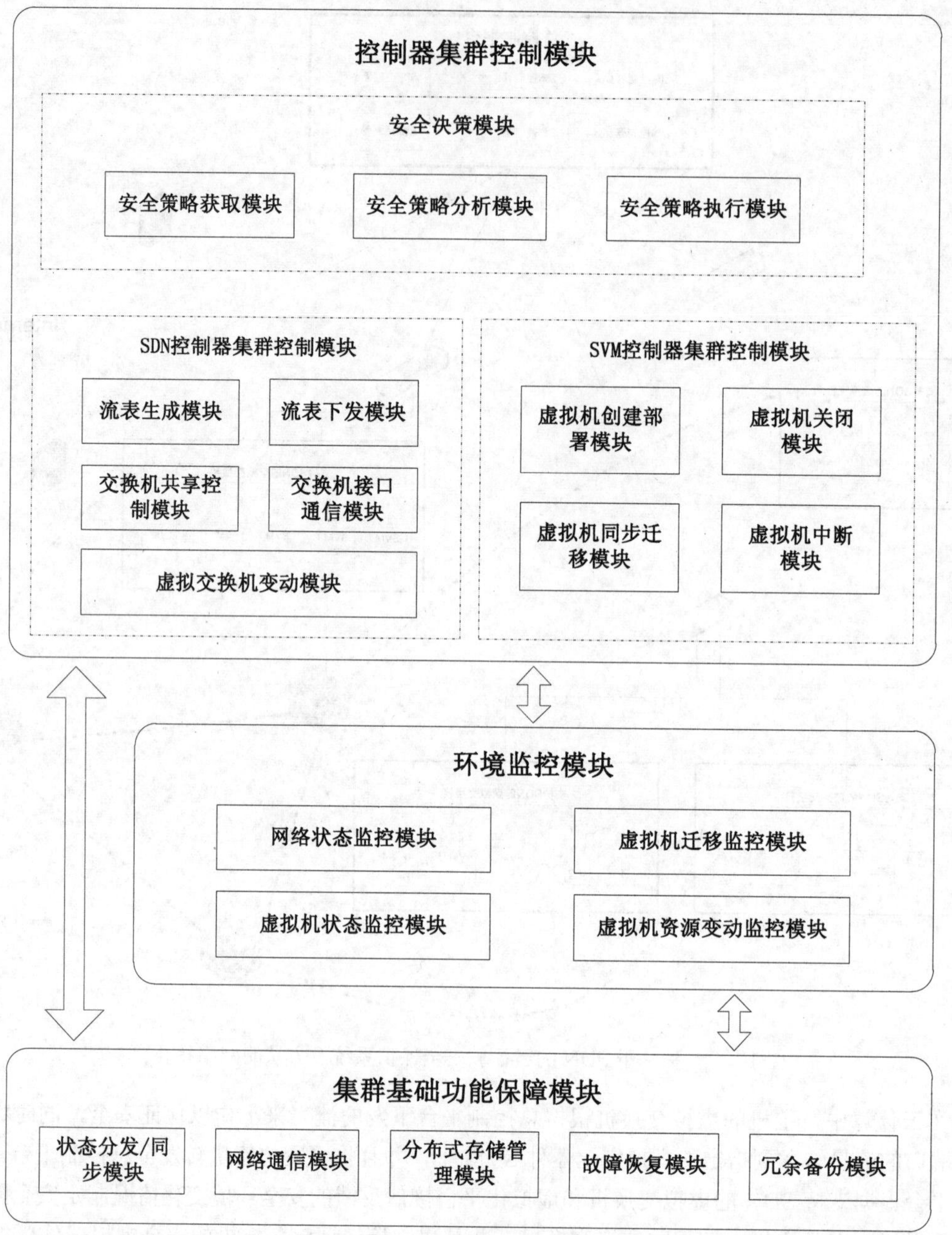

图 1-9 一种基于 SDN 的云计算安全保护系统及方法的功能模块图

1.4 SDN 的一些重要学习资源

1. SDxCentral

SDxCentral 是 SDN 的重要信息和最新信息的权威新闻网站，也提供了一些极有价值的报告。SDxCentral 网站页面如图 1-10 所示，网址为 https://www.sdxcentral.com/。

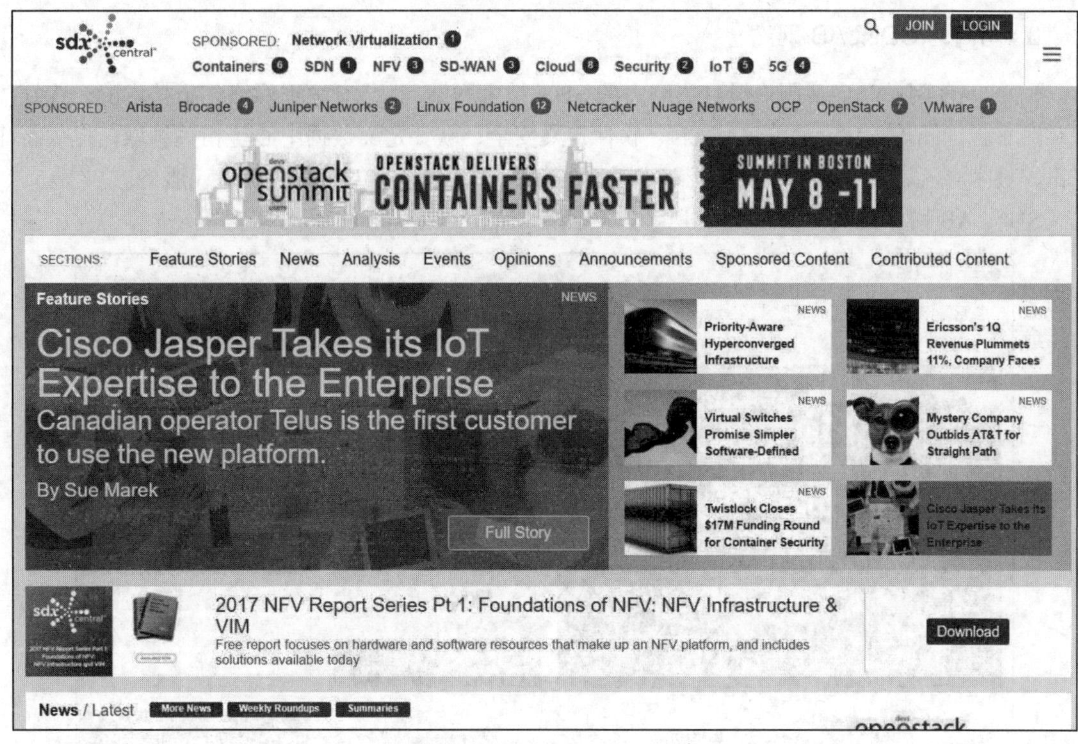

图 1-10　SDxCentral 网站

2. TechTarget 网站的 SDN 专栏

TechTarget 网站是很出名的 IT 技术新闻网站，其专为 SDN 开辟了 SearchSDN 专栏，包括 SDN 应用、SDN 架构、SDN 标准和研究、SDN 商用专刊、主题馆这 5 个话题。

TechTarget 网站 SDN 专栏的页面如图 1-11 所示，网址为 http://searchsdn.techtarget.com/。

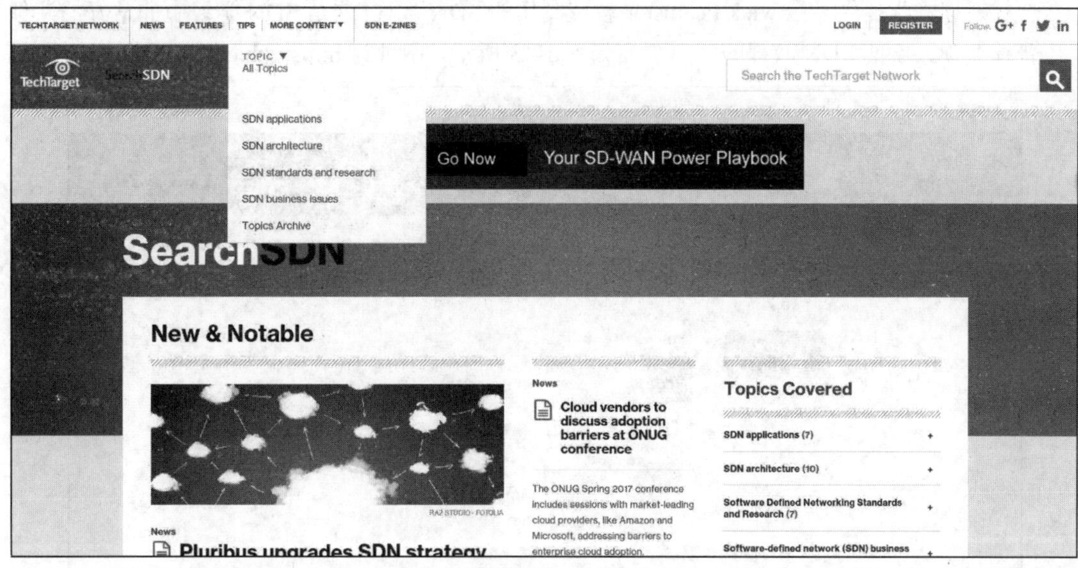

图 1-11　TechTarget 网站的 SDN 专栏

3. 国内的 SDNLAB 网站

SDNLAB 网站是当前国内最具影响力的 SDN 技术网站，也是专注于网络创新技术的先锋媒体和实践平台，涵盖 SDN、NFV、CCN、软件定义安全、软件定义数据中心等相关领域，提供新闻资讯、技术交流、行业分析、求职招聘、教育培训、方案咨询、创业融资等多元服务。

SDNLAB 网站的页面如图 1-12 所示，网址为 http://www.sdnlab.com/。

图 1-12　SDNLAB 网站

4. 普林斯顿大学的 SDN 教程

普林斯顿大学提供了由 Nick Feamster 教授制作的 SDN 教程，这是 SDN 学习中非常好的课件。普林斯顿大学的 SDN 教程的网页页面如图 1-13 所示，网址为 https://zh.coursera.org/learn/sdn。

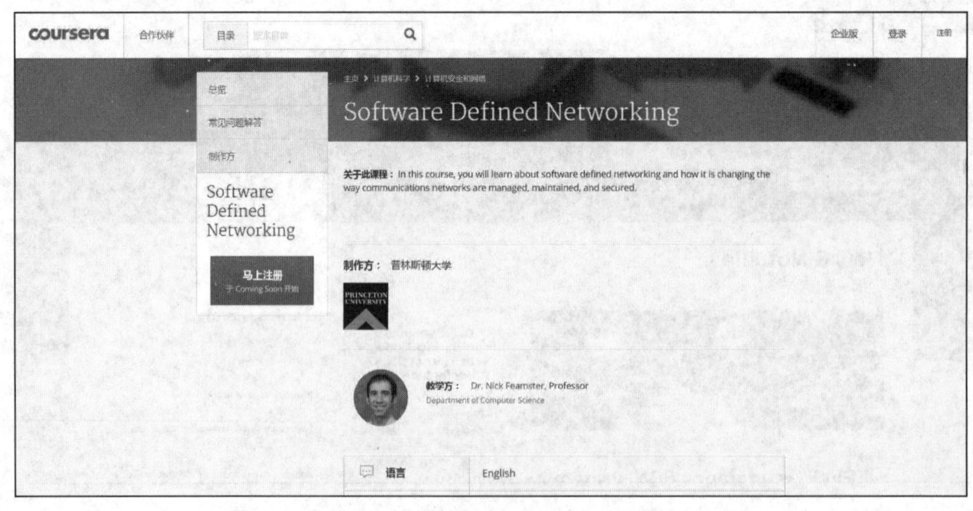

图 1-13　普林斯顿大学的 SDN 教程

5. SDN 重要会议信息网址

（1）Open Networking Summit

http://events.linuxfoundation.org/events/open-networking-summit

（2）SDN & OpenFlow World Congress

https://www.layer123.com/sdn

（3）NV&SDN 世界大会

https://tmt.knect365.com/virtualization-sdn-europe/

（4）中国 SDN/NFV 大会

http://www.infoexevents.com.cn/chinasdn/index_c.htm

1.5　本章总结

进入 21 世纪，信息技术得到了飞速的发展。计算技术、存储技术都有了突破性的发展，然而与之相伴的网络技术在 21 世纪初却几乎没有什么重大的突破，难以匹配高速发展的计算技术和存储技术。为了解决当前 TCP/IP 网络架构中面临的诸多挑战，产业界和学术界对未来网络进行了探索，产生了不少成果，其中最出名的就是 SDN 技术。斯坦福大学的 Clean Slate 可以说是 SDN 的前身，旨在设计一个“干净的”网络，这个网络是集中控制的，具备良好的安全性。

SDN 技术于 2009 年在 SIGCOMM 会议上正式推出，以校园网络为背景，引入了 SDN 架构，使用了南向接口协议 OpenFlow，OpenFlow 基于交换机，内部自带流表，提供一个增加/删除流表项的接口，实现了控制与转发的分享。使用 OpenFlow 搭建网络具备灵活和可编程的特性，它允许开发者在异构交换机和路由器上以一个统一的方式进行实验而无须掌握底层细节。SDN 概念提出后，在产业界和学术界产生了巨大的影响。

从国际上来看，对 SDN 进行标准化定义的组织中最为出名的是 ONF（开放网络基金会），其次是 IETF（因特网工程任务组）、ITU（国际电信联盟）、ETSL（欧洲电信标准协会）的 NFV 组。这些组织对 SDN 从不同的角度出发进行了标准化定义，除了基础的共性之外，各有不同。最具影响力的机制是 ONF，其主要定义了 OpenFlow 协议和 OF-Config 协议。

经过几年的发展，SDN 已经落地，在数据中心、软件定义广域网 SD-WAN、管理和编排、云计算、软件定义安全、与 NFV 配合使用、与大数据/WIFI/物联网/IPv6 结合等方面的应用都有不错的表现。

第 2 章

SDN 架构简析

经过第 1 章的描述，读者对 SDN 有了大体的认识。SDN 的全称是 Software Defined Networking，即软件定义网络。SDN 是近几十年来网络技术中最具重大性突破的技术之一。现在 SDN 已由最初使用 OpenFlow 南向接口协议的狭义 SDN 发展成了广义上的 SDN，并在热潮过后落地生根。目前，SDN 在数据中心、广域网、云计算等方面都得到了广泛的应用。本章主要对 SDN 的架构进行介绍，并对其要素做选择性的介绍。

本章在 2.1 节首先介绍 SDN 的架构，SDN 架构由 SDN 应用层、SDN 控制器层、SDN 基础架构层（SDN 交换机）这三层以及这三层之间的 SDN 北向接口、SDN 南向接口这两个接口组成。随后本章对这 5 个要素进行简要介绍。

本章在 2.2 节介绍 SDN 控制器的主要组成和功能，以 OpenDaylight 为例进行简要描述。本书将在第 4 章对 SDN 控制器进行专门的、更为详细的介绍，有兴趣的读者可在第 4 章进行学习参考。

本章在 2.3 节介绍 SDN 交换机的主要原理以及与传统交换机的区别。SDN 交换机（包括硬件 SDN 交换机和软件 SDN 交换机）主要分为纯 SDN 交换机（仅支持 OpenFlow 协议）、混合交换机（支持 OpenFlow 协议和传统网络协议）、白盒 SDN 交换机、裸交换机。由于硬件研究不是本书的重点，在此节不做详细讨论，有兴趣的读者可参考相关文献进行学习。

本章在 2.4 节介绍南向接口协议。南向接口是 SDN 控制器层与 SDN 基础架构层（SDN 交换机）之间通信的依据，SDN 南向接口的标准化程度要比北向接口好，SDN 有多个南向接口协议，其中最为出名的是 OpenFlow 协议。

本章在 2.5 节介绍 SDN 北向接口协议。北向接口是 SDN 应用层与 SDN 控制器层之间通信的依据，目前，SDN 北向接口还没有统一的规范。

最后，在 2.6 节对全章进行总结。

2.1　SDN 架构总述

SDN 是在物理上网络控制平面和转发平面（数据平面）相分离，控制平面控制多个设备，网络底层抽象，逻辑上控制集中，可编程的网络架构。

SDN 的目标在于使得云计算/网络的开发者、运维人员无须过多了解底层网络的情况，只需通过集中化控制平台/编排器就能对网络进行快速调整，以适应迅速变化的业务需求。SDN 是由多种网络技术组成的，通过这些技术能更加灵敏地支持诸如现代数据中心中虚拟化服务器和存储架构、现代广域网的管理等 IT 服务需求。

SDN 方案供应商提供了多种架构，但总的来说，可以归纳成如图 2-1 所示的 SDN 基本架构。SDN 架构由 SDN 应用层、SDN 控制器层、SDN 基础架构层（SDN 交换机）这三层以及这三层之间的 SDN 北向接口、SDN 南向接口这两个接口组成。所有的 SDN 解决方案都包含这 5 个要素。另外，注意 SDN 架构的控制器层是逻辑上集中的，但其物理的位置可能是分散的。

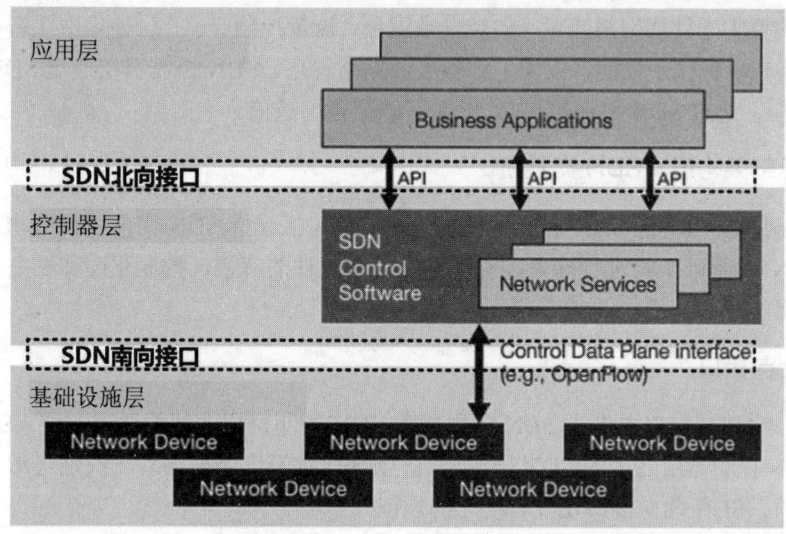

图 2-1　SDN 基本架构

SDN 架构的突出特性（优势）包括以下几点。

- 直接可编程：由于 SDN 控制平面与数据平面解耦，这样就使得数据包在传输工作中的控制功能和转发功能相分离，因此网络控制是直接可编程的。
- 敏捷性：由于 SDN 抽象了底层的网络，转发层对于用户实现了逻辑抽象，管理员可快速、简单地动态调整整个网络范围内的流量，以满足不断变化的业务需求。
- 集中化管理：网络智能从逻辑上是由 SDN 控制器集中化控制的（实际上可能是物理位置分散的控制器集群），SDN 控制器通常维护着一个全网的逻辑拓扑视图，对于 SDN 应用来说，可将数据平面视为一个简单的逻辑交换机。
- 可编程配置：开发者/运维人员可通过编写不依赖于专用软件的程序，以自动化或定制化的方式对网络资源进行配置、管理、安全加固、优化等。

- 开放性的标准和供应商中立：通过实施开放性标准，指令由 SDN 控制器提供，而不像传统网络中由多个供应商专用的设备和协议提供，SDN 简化了网络设计和操作。

以下对 SDN 架构的 5 个要素做简要介绍。

1. SDN 应用层

SDN 应用层是 SDN 架构中的最顶层，这一层也是 SDN 可编程性的体现。这一层的应用（如商业应用）通过 SDN 北向接口与 SDN 控制器进行通信。SDN 应用无须考虑网络底层网元的具体配置和性能，只需将应用的功能分解为 SDN 控制器能执行的粒度发送至 SDN 控制器，以实现应用功能。这样的设计使得应用开发者能不受具体网络的限制，将主要精力放在应用本身的功能实现和性能改善上面，从而在不同网络上实现创新，加快了新功能和服务升级的速度。

2. SDN 控制器层

SDN 控制器是 SDN 网络的核心，类似于人类大脑的功能。SDN 控制器层提供了对于整个网络的一个集中化的视图，使得网络管理员能直接命令网络底层设施（如交换机和路由器），根据所指定的细粒度的要求来处理网络流量（如转发数据包、流量控制等）。这种集中化智能的设计简化了网络服务的提供，优化了性能，实现了细粒度的策略管理。SDN 控制器层通过 SDN 北向接口与 SDN 应用层通信，通过 SDN 南向接口与 SDN 基础架构层通信。

3. SDN 基础架构层（SDN 交换机）

SDN 基础架构层由支持 SDN 的交换机组成，这里包括支持 SDN 南向协议的物理交换机和虚拟交换机。SDN 对基础架构进行抽象，实现了硬件和软件的解耦、控制平面和转发平面的解耦、物理配置和逻辑配置的解耦。

4. SDN 北向接口

SDN 北向（API）接口提供了 SDN 应用层和 SDN 控制器层之间的通信实现。SDN 使用北向 API 接口与 SDN 控制器层之上的 SDN 应用层进行通信，这有助于网络管理员通过编程实现流量和部署服务。目前，SDN 北向接口还没有统一的规范。

5. SDN 南向接口

SDN 南向（API）接口提供了 SDN 控制器层和 SDN 基础架构层（SDN 交换机）之间的通信实现。SDN 使用南向 API 接口与 SDN 控制器层之下的 SDN 基础架构层（SDN 交换机）进行通信，SDN 南向接口的标准化程度要比北向接口好，其中最为出名的 SDN 南向接口标准是 OpenFlow 协议，这也是最早的 SDN 南向接口标准。

2.2 SDN 控制器

当前，SDN 控制器已经比较成熟，种类也相当繁多，包括开源的 SDN 控制器和商用的 SDN 控制器，有些商业控制器是在某个开源控制器的基础上优化和修改而来的，其中一些公司本身也是这个开源控制器贡献成员之一。其中最为出名的 SDN 控制器是 OpenDaylight 项目，其他出名的项目还包括 ONOS 项目、Floodlight 项目、Ryu 项目等。本书将在第 4 章对包括这 3 个项目在内的当前市场上最为出名的 14 种控制器进行介绍。另外，在第 5 章和第 6 章进一步对 OpenDaylight 项目及其子项目 Controller 进行更为详细的介绍，第三篇和第四篇也都是关于 OpenDaylight 项目开发的相关介绍；在第 9 章、第 10 章、第 11 章分别对 ONOS 项目、Floodlight 项目、Ryu 项目的控制器安装进行介绍。

图 2-2 是普适的 SDN 控制器架构。SDN 控制器由网络基础服务模块、网络高级服务模块、模块基础功能保障模块、北向 API（网络服务平台 API）模块、南向 API（网络设备接口 API）模块组成。

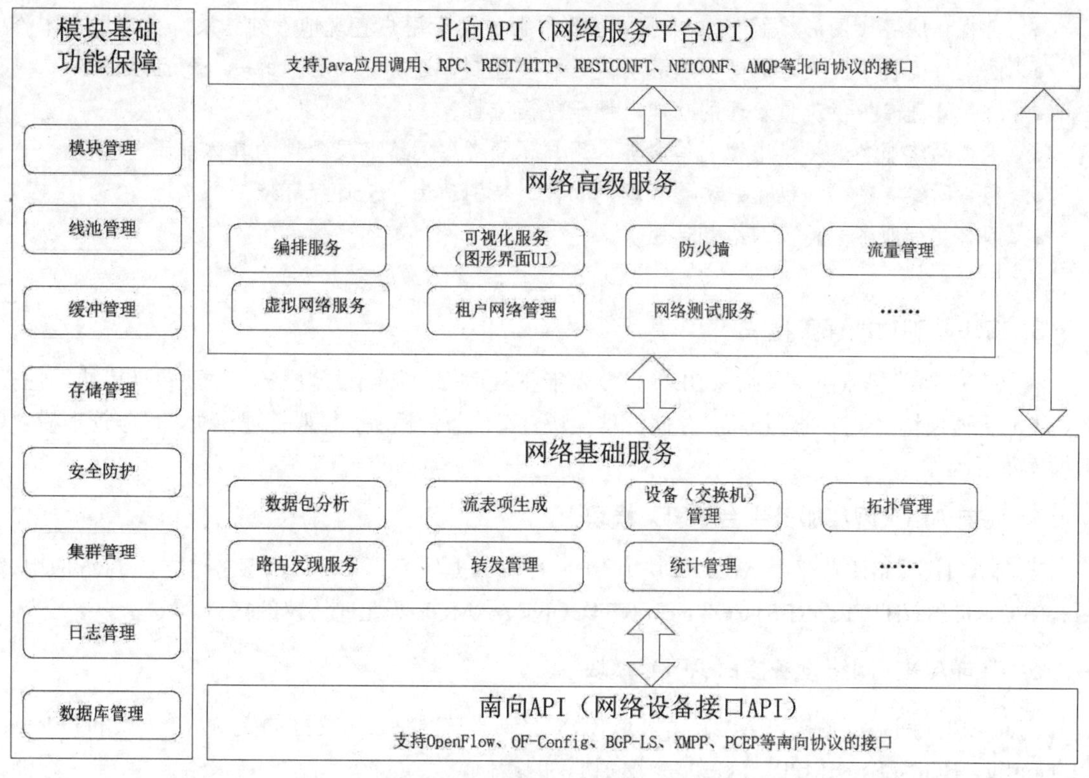

图 2-2　SDN 控制器基本架构

1. 网络基础服务模块

网络基础服务模块提供 SDN 控制器最基础的服务，向网络高级服务模块提供服务，也可直接向北向 API（网络服务平台 API）模块提供服务。网络基础服务模块通过南向 API（网络设备接口 API）获取设备相关信息。网络基础服务模块主要提供以下服务。

- 数据包分析：分析传输至控制器的数据包的信息。
- 流表项生成：根据流表内容生成流表项目。
- 设备（交换机）管理：管理设备（交换机），如查询状态、进行配置等。
- 拓扑管理：发现现有网络拓扑结构，有些控制器还可获取主机信息等。
- 路由发现服务：根据路由算法提供路由服务。
- 转发管理：将流表发送至指定设备。

- 统计管理：提供统计服务，包括指定转发设备或全部转发设备上流表使用次数、数据包收发次数、流量大小等众多统计信息。

……

2. 网络高级服务模块

网络高级服务模块提供进阶的网络服务，用户可以不用自己独立开发相关应用或只需对网络高级服务模块进行少量的修改即可实现待提供的网络服务。网络高级服务模块提供以下服务。

- 编排服务：提供对全网的统一编排服务，这是 SDN 主要的功能之一。
- 可视化服务（图形界面 UI）：提供图形界面，便于用户直观地看到结果，提升用户体验。
- 防火墙：提供防火墙的安全服务功能，有些控制器还会提供其他的安全产品功能。
- 流量管理：提供流量管理的功能，便于平衡流量。
- 虚拟网络服务：提供虚拟网络服务，用户无须考虑网络底层硬件的具体配置和功能。
- 租户网络管理：提供租户网络管理的功能，特别适用于云计算环境。
- 网络测试服务：提供网络测试服务。

……

3. 模块基础功能保障模块

模块基础功能保障模块是确保 SDN 控制器能正常运行的基础设施服务，主要包括模块管理模块、线池管理模块、缓冲管理模块、存储管理模块、安全防护模块、集群管理模块、日志管理模块、数据库管理模块。

4. 北向 API（网络服务平台 API）模块

北向 API（网络服务平台 API）模块为 SDN 控制器提供了北向接口的服务，支持 Java 应用调用、RPC、REST/HTTP、RESTCONFT、NETCONF、AMQP 等北向协议的接口。

5. 南向 API（网络设备接口 API）模块

南向 API（网络设备接口 API）模块是 SDN 控制器与网络设备交互的接口，支持 OpenFlow、OF-Config、BGP-LS、XMPP、PCEP 等南向协议的接口。

2.3 SDN 交换机

按照 SDN 交换机所支持的南向协议来看，SDN 交换机可以分为纯 SDN 交换机（仅支持 OpenFlow 协议）、混合交换机（支持 OpenFlow 协议和传统网络协议）、白盒 SDN 交换机、裸交换机。而从虚拟化的角度来看，SDN 交换机主要分为硬件 SDN 交换机和软件 SDN 交换机（虚拟交换机）。其中软件 SDN 交换机不包含白盒 SDN 交换机、裸交换机这两种。

SDN 最具影响力的虚拟交换机是 OVS（Open vSwitch）交换机，它具备良好的工作性能，在商业上得到了广泛的应用。OVS 是一个使用开源 Apache 2.0 许可证的多层虚拟交换机，通过可编程扩展，OVS 能在支持标准管理接口和协议（如 NetFlow、sFlow、IPFIX、RSPAN、CLI、LACP、802.1ag）的同时实现大规模网络自动化。OVS 的目标是实现一个支持标准管理接口、向外开放转发功能以实现可编程扩展和控制的工业级交换机。OVS 能在 VM 环境中很好地实现虚拟交换机的功能，除向虚拟网络层开放标准控制和可视接口外，OVS 能很好地支持跨物理服务器的分布式虚拟交换机。

SDN 硬件交换机在制造初期性能较差，并且通常只能实现软件交换机一半的功能，但是随着 SDN 的落地发展，SDN 硬件交换机应用在生产环境中的场景不断增长，功能强大、适用于工作压力极大的 SDN 硬件交换机已经广泛生产。本书将在 3.2 节介绍 11 家 SDN 硬件交换机厂商及其主打产品。

纯 SDN 交换机只负责数据包的转发服务。SDN 交换机维护着流表，流表中的流表项全部由控制其的 SDN 控制器下发。当数据包进入交换机时，交换机查找流表以确认是否有流表项匹配，若有流表项匹配成功，则执行该流表项指定的操作（如修改数据包）；若无，则查看是否已设置丢弃；若已设置，则丢弃此数据包；若没有设置，则根据设置完全转发数据包或提取数据包的部分信息转发至控制器，待控制器下发流表项后根据此流表项进行相关操作。这是与传统交换机区别最大的地方，具体的执行请参考本章 2.4 节的南向接口协议中交换机的介绍。

2.4 南向接口协议

南向接口是 SDN 控制器层与 SDN 基础架构层（SDN 交换机）之间通信的依据，SDN 南向接口协议的标准化程度要比北向接口协议标准化的程度高，SDN 有多个南向接口协议，其中最为出名的是 OpenFlow 协议，其他南向接口协议还包括 OF-CONFIG、XMPP、PCEP 等。OpenFlow 协议目前有 12 个正式版本：1.0.0、1.1.0、1.2、1.3.0、1.3.1、1.3.2、1.3.3、1.3.4、1.3.5、1.4.0、1.4.1、1.5.1，两个测试版本：1.0.1 和 1.3.4，其中最出名的是 OpenFlow 1.0 版本和 OpenFlow 1.3 版本，这两个版本在商业上的应用最广。本书分别对这两个协议进行简要说明，有兴趣的读者可参考这两个版本的标准文档，如图 2-3 所示，地址为 https://www.opennetworking.org/sdn-resources/technical-library。

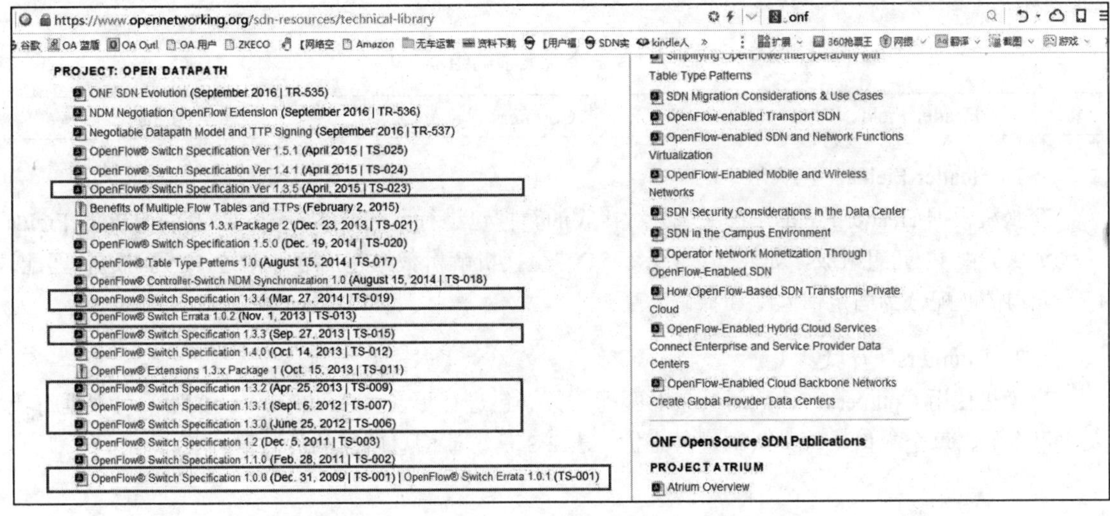

图 2-3 OpenFlow 1.0 版本和 1.3 版本的标准文档

2.4.1　OpenFlow 1.0

一个支持 OpenFlow 1.0 的交换机有一张流表和一个安全通道（Secure Channel），流表（Flow Table）向交换机提供执行数据包的查找和转发工作的依据，安全通道向交换机提供到外部控制器的安全连接，如图图 2-4 所示。控制器使用 OpenFlow 1.0 这一南向协议对交换机进行控制。

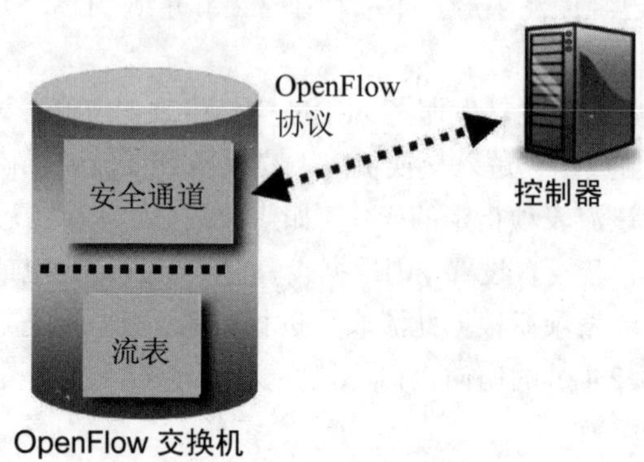

图 2-4　OpenFlow1.0 交换机

1. 流表

一个流表包含一个流表项的集合、一个活动计数器、一个待作用至匹配数据包的操作集（可能包含 0 个或多个操作）。所有交换机处理的数据都要经过流表的比对。若发现一个匹配的流表项，则这个表项中所有的操作都将在这个数据表上执行。若没有匹配任何流表项，则数据包将通过安全通道转发给控制器。控制器负责在没有有效流表项的情况下决定如何处理数据包，并向交换机的流表添加或删除流表项。

一个流表项由 Header Fields（包头域）、Counters（计数器）、Actions（操作集）组成，如表 2-1 所示。

表2-1　一个流表项的组成

Header Fields	Counters	Actions

（1）Header Fields（包头域）

交换机根据 Header Fields（包头域）对接收的数据包进行匹配，OpenFlow 1.0 的 Header Fields（包头域）由 12 元组组成，如表 2-2 所示。SDN 交换机解析数据包后逐一对这 12 元组进行匹配，每一元组的匹配分为固定值匹配和掩码匹配。

（2）Counters（计数器）

交换机使用 Counters（计数器）来对匹配的数据包进行更新，Counters（计数器）可根据每流表、每个流、每个端口、每个队列进行维护。表 2-3 是统计信息所需的计数器列表。

表2-2　Header Fields（包头域）

元组 / 参数	Ingress Port	Ethernet source address	Ethernet destination address	Ethernet type	VLAN id	VLAN priority	IP source address	IP dst	IP protocol	IP ToS bits	TCP/UDP src port	TCP/UDP dst port
中文	入口	以太网源地址	以太网目标地址	以太网类型	VLAN的ID	VLAN的优先级	IP源地址	IP目标地址	IP协议	IP ToS位	TCP/UDP源地址	TCP/UDP目标地址
位（比特）	依赖具体实现	48	48	16	12	3	32	32	8	6	16	16
适用环境	所有数据包	可用端口的所有数据包	可用端口的所有数据包	可用端口的所有数据包	以太网类型为0x8100的所有数据包	以太网类型为0x8100的所有数据包	所有IP和ARP的数据包	所有IP和ARP的数据包	所有IP数据包，以太网上的IP、ARP数据包	所有IP数据包	所有TCP、UDP、ICMP数据包	所有TCP、UDP、ICMP数据包
备注	入口的数字编号，从1开始			OF交换机需匹配标准以太网和802.2的SNAP头及组织唯一代码为0x000000的类型，其中0x05FF用以匹配所有不含SNAP包头的802.3数据包		VLAN PCP 域	可适用子网掩码	可适用子网掩码	ARP的opcode的低8位	值定义为8位，ToS实际在高6位	低8位为ICMP类型传输源端口/ICMP类型	低8位为ICMP类型传输源端口/ICMP类型

表2-3 统计信息所需的计数器列表

计数器	位
每一流表	
Active Entries	32
Packet Lookups	64
Packet Matches	64
每一流量（flow）	
Received Packets	64
Received Bytes	64
Duration (seconds)	32
Duration (nanoseconds)	32
每一端口	
Received Packets	64
Transmitted Packets	64
Received Bytes	64
Transmitted Bytes	64
Receive Drops	64
Transmit Drops	64
Receive Errors	64
Transmit Errors	64
Receive Frame Alignment Errors	64
Receive Overrun Errors	64
Receive CRC Errors	64
Collisions	64
每一队列	
Transmit Packets	64
Transmit Bytes	64
Transmit Overrun Errors	64

（3）Actions（操作集）

交换机对匹配成功的数据包执行相应的 Actions（操作集），每个操作集可能包含 0 个或多个操作。若发现一个匹配的流表项，则这个表项中所有的操作将在这个数据表上执行。若没有匹配任何流表项，也没有包含任何转发操作，交换机将丢弃数据包。用户必须按指定的顺序（如根据优先级编号）来执行待操作列表，但不保证一个端口中数据包的输出顺序。

若一个流表项不能按指定的顺序来对数据包执行列表中的操作，则交换机可能将这个流表项驳回，并立即返回一个不支持流的错误值。不同供应商提供的交换机端口中的顺序可能不同。

操作可分为两种，一种为 Required Actions 必需操作，另一种为 Optional Actions 可选操作。注意交换机不需要支持所有的操作类型，只需要支持 Required Actions 必需操作即可。交换机连接到控制器时将告知哪些是可选操作。

① Required Actions 必需操作

每台交换机都必须支持这些操作，包括转发操作中的必需操作和丢弃。其中转发操作中的必需操作包括以下几项。

- ALL：将数据转发至不包括进入接口的所有接口。
- CONTROLLER：将数据包封装并传输至控制器。
- LOCAL：将数据包发送至本地交换机网络栈。
- TABLE：仅向 packet-out 消息执行流表中的操作。
- IN_PORT：将数据包从其进入的接口发出。

- 丢弃：若数据包不匹配所有的流表项，则交换机将丢弃此数据包。

② Optional Actions 可选操作

可选操作包括转发操作中的可选操作、入队、修改域。

其中转发操作中的可选操作包括以下几项。

- NORMAL：执行传统交换机支持的转发路径。
- FLOOD：使用最小生成树的原理将数据包泛洪至除入口之外的所有接口。

入队：入队操作将数据包转发至一个端口所对应的队列中。

修改域的操作是 SDN 最强大的功能之一。允许修改数据包的包头内容包括以下几项。

- 修改 VLAN 标签。
- 修改 VLAN 优先级。
- 弹出 VLAN 标签。
- 修改源 MAC 地址。
- 修改目的 MAC 地址。
- 修改源 IP 地址。
- 修改目的 IP 地址。
- 修改 IP 服务类型字段。
- 修改源端口号。
- 修改目的端口号。

（4）匹配流表

交换机接收到一个数据包后，执行匹配流程如图 2-5 所示。其中对于数据包的包头进行解析（流程如图 2-6 所示），以用于交换机基于数据包的类型来查找流表。根据数据包是否属于 VLAN（以太网类型 0x8100）、是否为 ARP 数据包（以太网类型 0x0806）、是否为 IP 数据包（以太网类型 0x0800）、是否为 TCP 或 UDP 包（IP 协议为 6 或 7）、是否为 ICMP（IP 协议为 1）来提取关键信息进行比对。

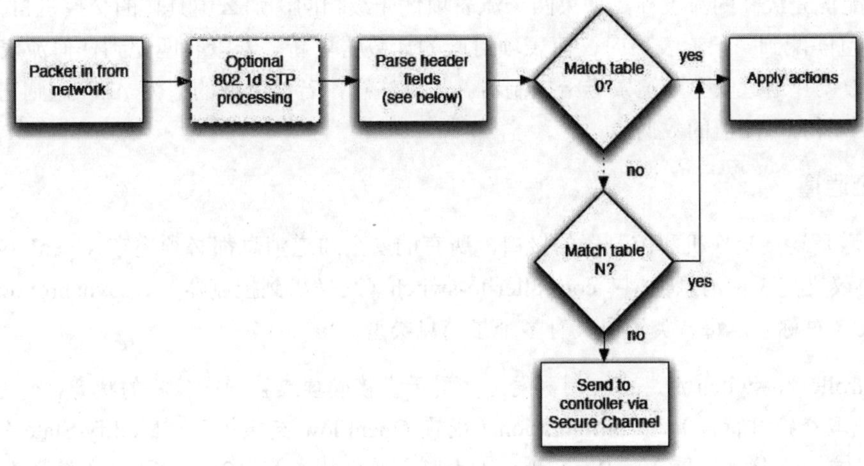

图 2-5　OpenFlow 1.0 的匹配流程

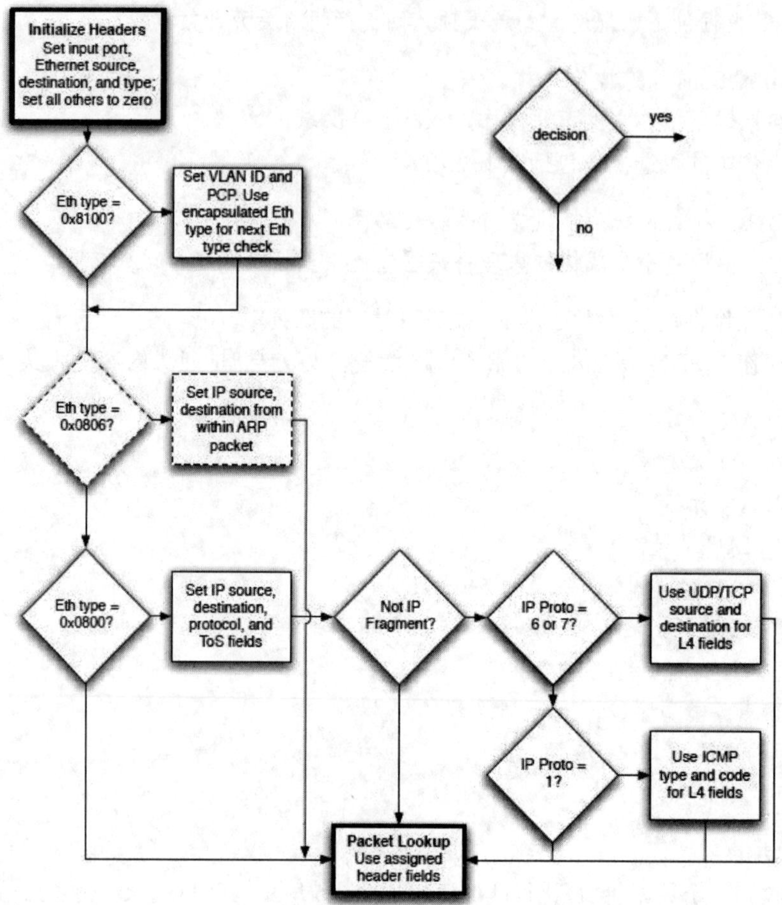

图 2-6　包头解析流程

数据包基于优先级（优先级越高其数字也越高）来对众多流表项进行匹配。若一个流表项指定了精确的匹配（即没有通用符），则它是最高优先级的，其他带有通用符的流表项有其相应的优先级。先匹配优先级高的流表项，如果两个流表项优先级相同，那么由具体的交换机自行决定。

当数据包匹配到一条流表项时，流表项对应的计数器更新。若没有匹配到任何流表项，则交换机将这个数据包通过安全通道发送给控制器。另外注意，若某个域的值为 ANY，则它匹配包头对应这条域中所有可能值的数据包。

2. 安全通道

安全通道是连接交换机和控制器的接口，所有的安全通道消息都必须遵守 OpenFlow 协议。OpenFlow 协议支持 3 种消息类型：controller-to-switch（交换机到控制器）、asynchronous（异步）和 symmetric（对称），每一类消息又有多个子消息类型。

- controller-to-switch 消息由控制器发起，用于直接管理或监视交换机的状态，包括 Features（获取交换机特性）、Configuration（配置 OpenFlow 交换机）、Modify-State（修改交换机状态，即修改流表）、Read-State（读取交换机状态）、Send-Packet（发送数据包）、Barrier（阻塞消息）。

- asynchronous（异步）消息由交换机发起，用以提醒控制器更新网络事件和交换机状态变化的状态，包括 Packet-In（告知控制器交换机接收到数据包，注意此数据包为交换机无法处理的数据包）、Flow-Removed（告知控制器交换机流表被删除）、Port-Status（告知控制器交换机端口状态更新）、Error（告知控制器交换机发生错误，如控制器给交换机下发了一些无法执行的命令）。
- symmetric（对称）消息可以由交换机或控制器发起而无须邀请，包括 Hello（建立 OpenFlow 连接）、Echo（确认交换机与控制器之间的连接状态，互相探测对方是否存在）、Vendor（由厂商自定义消息）。

2.4.2　OpenFlow 1.3

OpenFlow 1.3 和 OpenFlow 1.0 的区别较大，也是当前商业上广泛使用的 OpenFlow 版本之一。OpenFlow 1.3 增加了多级流表（流水线结构）、组表、度量（Meter，此结构体主要用来做流量，定义转发的性能），修改了数据包特征匹配的描述方法（match 方法，更具拓展性），还增加了数据包处理的动作类型，加强了多控制器的支持，提供更安全的连接和辅助连接。

OpenFlow 1.3 交换机的主要组件主要由一到多个流表、一个组表、一个连接到外部控制器的 OpenFlow 通道组成，如图 2-7 所示。流表和组表执行数据包查找和转发功能。由于篇幅原因，本部分重点讲述与 OpenFlow 1.0 的不同之处，有兴趣的读者请参考相关文献进一步学习。

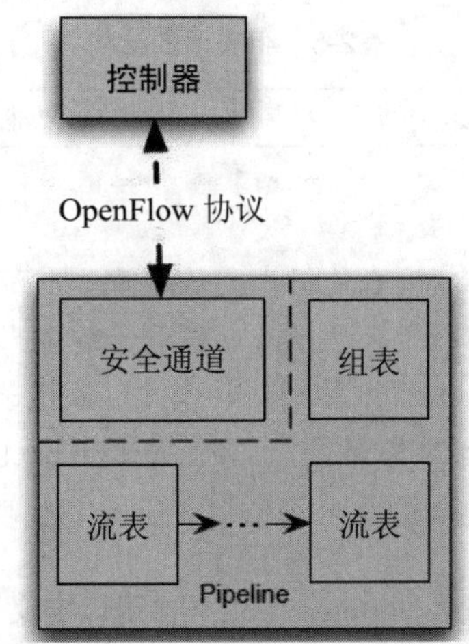

图 2-7　OpenFlow 1.3 交换机的主要组件

1. 流表

每个流表包含一个流表项的集合。每个流表项由一个匹配域、一个计数器、一个待作用到匹配的数据包的指令（instructions）集、一个超时时间、一个 cookie 组成。一个流表项的结构如表 2-4 所示。

表2-4　流表项的结构

匹配域	优先级	计数器	指令	超时时间	cookie

OpenFlow 1.3 的流表与 OpenFlow 1.0 的流表最大的不同是原来的行为（Actions）变成了指令（instructions），可以在流表之间进行跳转。

（1）匹配

OpenFlow 1.0 定义了 12 个匹配的元组，OpenFlow 1.3 定义了 40 个匹配的元组。但并非 OpenFlow 1.3 的匹配全部需要包含这 40 个元组，只需要包含必备的 13 个元组（进入端口、以太网源地址、以太网目标地址、以太网类型、IP 协议<IPv6 或 IPv4>、IPv4 源地址、IPv4 目标地址、IPv6 源地址、IPv6 目标地址、TCP 源端口地址、TCP 目标端口地址、UDP 源端口地址、UDP 目标端口地址），再加入其他所需的可选匹配元组即可。OpenFlow 1.3 的匹配域是变长的。

（2）指令（instructions）

一个指令要么修改流水处理（如将数据包指向另一个流表），要么包含一个待加入操作集（Action Set）的操作集合，要么包含一个立即在数据包上生效的操作列表。其中操作集（Action Set）与数据包相关的操作集合在报文被每个表处理的时候可以累加，在指令集指导报文退出处理流水线的时候这些行动会被执行。

2. 组表

组表（Group Table）是一个行为桶的列表和选择其中一个或多个桶以应用到一个包基础上的方法。一个流表项的结构如表 2-5 所示。

表2-5　组表项的结构

组 ID	组类型	计数器	行为桶

其中组类型包括以下几项。

- indirect: 只包含一个 Action 列表的组表，转发效率更高，可以用于路由聚合。
- all: 执行 action buckets 中的所有动作，可以用于组播。
- select: 随机执行 action buckets 中的一个动作，可以用于多径传播。
- fast failover: 如两端点间有 N 条路径，可写入 action buckets，之后随机选择其中一条路径。

3. 计量表

OpenFlow 1.3 还包括一个计量表（Meter Table），用以定义 OpenFlow 交换机对数据包转发的性能参数，能起限速的作用。计量表的结构如表 2-6 所示。

表2-6　计量表的结构

计量标识（meter identifier）	计量带宽（meter bands）	计数器（counters）

与 OpenFlow 1.0 计数器相比，OpenFlow 1.3 计数器有了扩展，特别是增加了很多可选项目。OpenFlow 1.3 计数器如表 2-7 所示。

表2-7　计数器的结构

计数器	大小/位	必选或可选
每一流表		
Reference Count (active entries)	32	必选
Packet Lookups	64	可选
Packet Matches	64	可选
每一流表项		
Received Packets	64	可选
Received Bytes	64	可选
Duration (seconds)	32	必选
Duration (nanoseconds)	32	可选
每一端口		
Received Packets	64	必选
Transmitted Packets	64	必选
Received Bytes	64	可选
Transmitted Bytes	64	可选
Receive Drops	64	可选
Transmit Drops	64	可选
Receive Errors	64	可选
Transmit Errors	64	可选
Receive Frame Alignment Errors	64	可选
Receive Overrun Errors	64	可选
Receive CRC Errors	64	可选
Collisions	64	可选
Duration (seconds)	32	必选
Duration (nanoseconds)	32	可选
每一队列		
Transmit Packets	64	必选
Transmit Bytes	64	可选
Transmit Overrun Errors	64	可选
Duration (seconds)	32	必选
Duration (nanoseconds)	32	可选

（续表）

计数器	大小/位	必选或可选
每一组		
Reference Count (flow entries)	32	可选
Packet Count	64	可选
Byte Count	64	可选
Duration (seconds)	32	必选
Duration (nanoseconds)	32	可选
每一组桶（Group Bucket）		
Packet Count	64	可选
Byte Count	64	可选
每一度量		
Flow Count	32	可选
Input Packet Count	64	可选
Input Byte Count	64	可选
Duration (seconds)	32	必选
Duration (nanoseconds)	32	可选
每一度量带（Meter Band）		
In Band Packet Count	64	可选
In Band Byte Count	64	可选

4. OpenFlow 1.3 流表的流水线处理

OpenFlow 1.3 交换机接收到一个数据包后，以流水线的方式匹配多个流表，如图 2-8 所示。交换机将匹配域从数据包中提取出来，如图 2-9 所示。之后交换机从第一个流表开始查询可匹配的流表项，依次处理至最后一个流表。流表之间是可以跳转的（根据流表项的指定跳转），流表项的匹配过程与 OpenFlow 1.0 类似，每一个流表必须支持能处理 table-miss 的流表项。table-miss 表项指定在流表中如何处理与其他流表项未匹配的数据包，比如数据包发送到控制器，丢弃数据包或直接将包扔到后续的表。

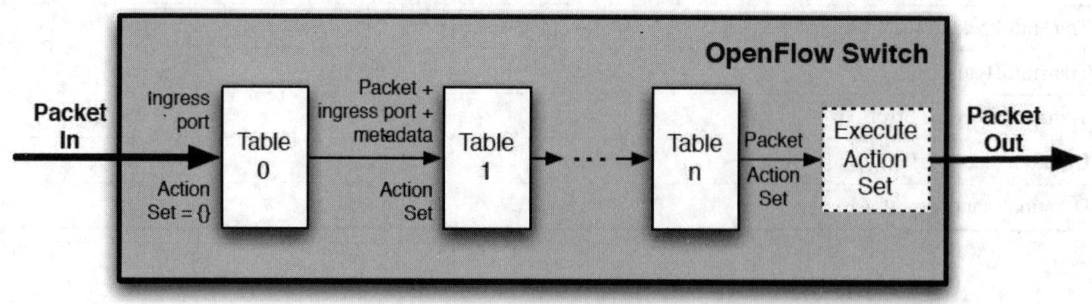

图 2-8　数据包流水线匹配多个流表

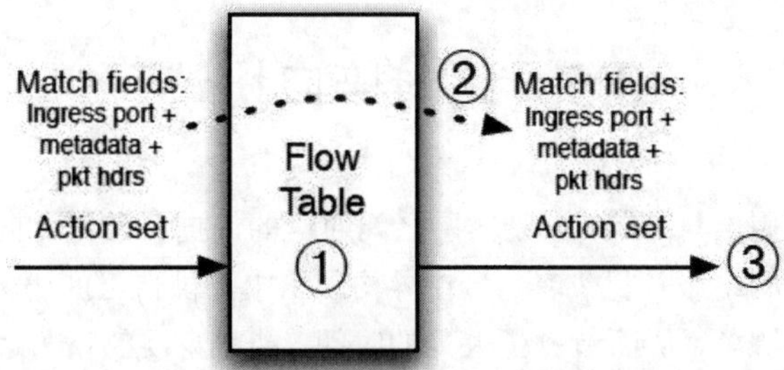

图 2-9 数据包在每个流表的处理

流表中的处理可以分成三步：

（1）找到最高优先级匹配的流表项。

（2）应用指令。

① 修改数据包并更新匹配域（应用操作指令）。

② 更新操作集（清除操作和/或写入操作指令）。

③ 更新元数据。

（3）将匹配数据和操作集发送到下一个流表。

5. OpenFlow 1.3 流表的匹配

OpenFlow 1.3 流表的匹配流程如图 2-10 所示。注意与 OpenFlow 1.0 相比，数据包进入交换机增加一个需要匹配的信息：一个一层的输入端口 In_Port、数据包头（二层、三层、四层的信息）、元数据（64 比特的数据，在流表协议转换的时候携带控制器自定义的一些额外的信息）。

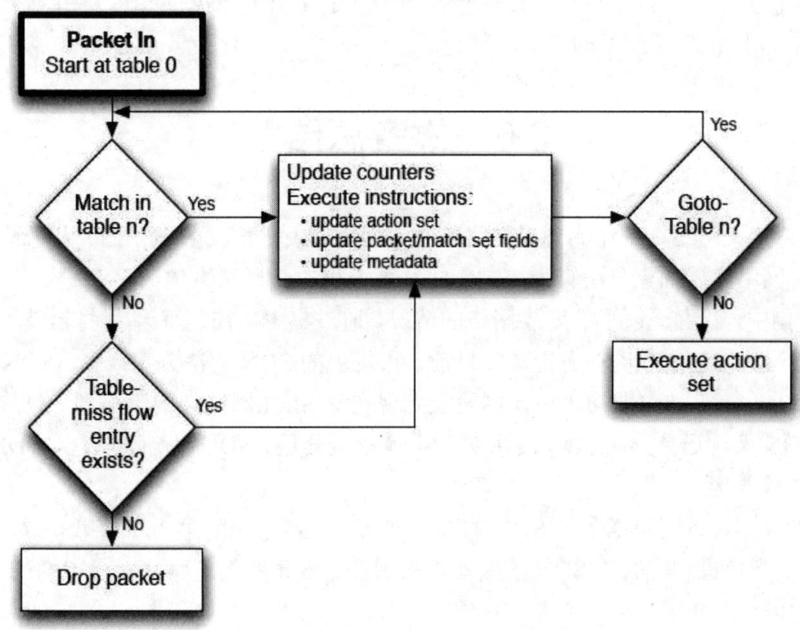

图 2-10 交换机处理数据包的流程

2.5 北向接口协议

北向接口是 SDN 应用层与 SDN 控制器层之间通信的依据。使用北向接口协议可直接调用控制器实现网络功能，作为网络服务提供者，可在异构网络中提供自己的服务，无须根据网络底层的细节来更改、删除自己的服务，从而节省了大量的时间，能将主要的精力运用到自身网络服务的实现上。

北向接口协议的理想是好的，但由于控制器的种类繁多，没有一个控制器完全占据市场份额，所以到目前为止，SDN 北向接口还没有一个统一的规范，各种控制器的北向接口不尽相同。希望在将来，各控制器开源机制和商用厂商可以协商出统一的 SDN 北向接口标准，那时 SDN 将一扫障碍，大展宏图。

下面以 OpenDaylight 控制器为例进行简要介绍。

OpenDaylight 控制器支持两种在控制器外部访问应用和数据的模块驱动协议：RESTCONF 和 NETCONF。RESTCONF 是基于 HTTP 的协议，使用 XML 或 JSON 作为负载格式，提供类 REST 的 APIs 以操作 YANG 建模的数据并且调用 YANG 建模的 RPCs。NETCONF 是基于 XML 的 RPC 协议，向客户端提供调用 YANG 建模的 RPC、接收并读取通知、修改并操作 YANG 建模的数据的功能。

RESTCONF 是一个类 REST（Representational State Transfer），运行在 HTTP 协议之上，访问在 YANG 中定义的数据，使用 NETCONF 定义的数据存储，主要是为 Web 应用提供一个标准的获取设备配置数据及状态数据的途径。RESTCONF 允许访问控制器中的数据存储。

NETCONF 协议是一个基于 XML 的网络配置管理协议（Network Configuration Protocol），能表示复杂的、层次化的数据，为客户端提供一种调用基于 YANG 模型的 RPC，接收和读取通知，提供修改和操作基于 YANG 模型的数据的能力。

2.6 本章总结

SDN 即软件定义网络，是在物理上网络控制平面和转发平面（数据平面）相分离、控制平面控制多个设备、网络底层抽象、逻辑上控制集中、可编程的新型网络架构。

在 SDN 架构中，我们无须了解底层网络的情况，通过集中化控制平台/编排器就可对网络进行快速调整，能够适应迅速变化的业务需求。目前，市场上的 SDN 解决方案众多，SDN 网络也从当初仅支持 OpenFlow 南向协议的简单校园网发展到现在泛 SDN 网络架构、得到广泛应用的网络。但总的来看，SDN 架构还是分成 SDN 应用层、SDN 控制器层、SDN 基础架构层、SDN 北向接口、SDN 南向接口 5 个要素。

通过本章的学习，读者可以了解 SDN 的基本架构，在接下来的第 3 章和第 4 章，我们将分别介绍现有的 SDN 交换机和现有的 SDN 控制器，然后在第 5 章和第 6 章将对最出名的 SDN 控制器 OpenDaylight 做进一步介绍，建议读者认真学习了解。

第3章

现有 SDN 交换机简介

随着 SDN 的落地发展以及 SDN 硬件交换机应用在生产环境中的场景不断增长，已有越来越多的厂商从事 SDN 硬件交换机的生产。SDN 交换机包括 SDN 虚拟交换机和 SDN 硬件交换机。

SDN 虚拟交换机主要包括 OVS（Open vSwitch）交换机，OVS 是最具影响力的虚拟交换机，具有生产级的质量，在商业上得到了广泛的应用，甚至很多云平台的虚拟交换机都是基于 OVS 改造而来的。本章将在 3.1 节首先对其进行介绍。

接着本章将在 3.2 节对市场上主流的 SDN 硬件交换机厂商及其主打产品进行简要介绍，包括思科、博科、华为、瞻博网络、NEC、戴尔、Arista、H3C 新华三、锐捷网络、xNET 网锐科技、盛科网络。

最后在 3.3 节对本章进行总结。

3.1 OVS 简介

3.1.1 认识 OVS

OVS（Open vSwitch）具有生产级的质量，在商业上得到了广泛的应用。OVS 是一个使用开源 Apache 2.0 许可证的多层虚拟交换机。通过可编程扩展，OVS 能在仍支持标准管理接口和协议（如 NetFlow、sFlow、IPFIX、RSPAN、CLI、LACP、802.1ag）的同时实现大规模网络自动化。OVS 的目标是实现一个支持标准管理接口、向外开放转发功能以实现可编程扩展和控制的工业级交换机。

OVS 能在 VM 环境中很好地实现虚拟交换机的功能，如图 3-1 所示。除向虚拟网络层开放标准控制和可视接口外，OVS 能很好地支持跨物理服务器的分布式虚拟交换机（类似的产品如 VMware vNetwork 的虚拟分布式交换机 vSwitch 和思科的 Nexus 1000V）。

OVS 在保证必要性能的情况下尽可能缩小内核代码的规模，并且在适当时尽量复用已有的子系统（如 OVS 使用现有的 QoS 协议栈）。大部分代码是用独立于平台的 C 语言编写的，能很容易地移植到其他环境中。

在 Linux 3.3 及以上的版本中，OVS 是内核和用户空间工具的一部分，得到了广泛的使用。OVS 也可以只在用户空间（无须核心模块）中使用。OVS 在用户空间能访问 Linux 或 DPDK 设备，但需要注意的是，OVS 使用用户空间数据路径和非 DPDK 设备时通常是为实验所有的，这种情况下 OVS 的性能会降低。

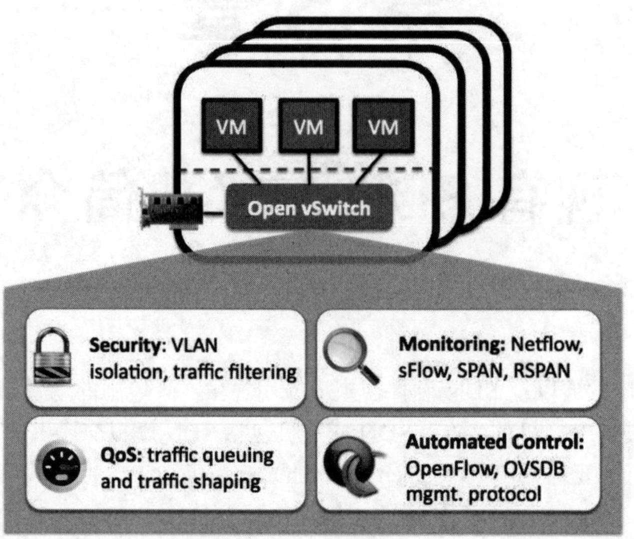

图 3-1 OVS 简介

OVS 目前支持的功能有：

- 标准的 802.1Q VLAN 模型（躯干和接入端口的）。
- 在上游交换机带有或不带有 LACP 的网卡绑定。
- NetFlow、sFlow（R）、提高可见性的镜像。
- QoS（服务质量）配置及策略。
- Geneve、GRE、VxLAN、STT、Lisp 隧道。
- 802.1ag 连接故障管理。
- OpenFlow 1.0 及以上多种扩展。
- （与 C 和 Python 绑定的）事务数据库的配置。
- 使用 Linux 内核模块的高性能转发。

OVS 的主要组成构件包括以下几项。

- ovs-vswitchd: 一个实现基于流的交换机功能的守护进程，包括相伴的一个 Linux 内核模块。
- ovsdb-server: 一个轻量级的数据库服务器，ovs-vswitchd 查询此数据库以获得其配置。
- ovs-dpctl: 一个配置交换机核心模块的工具。
- 为 Citrix XenServer 和红帽 Linux 创建 RPM 的脚本和规范。XenServer RPM 允许 Open vSwitch 被安装在 Citrix XenServer 主机上，作为其交换机带有其他附加功能的 drop-in 替代。

- ovs-vsctl：用于查询和更新的 ovs-vswitchd 配置的工具。
- ovs-appctl：发送命令到运行的 OVS 守护进程的工具。

除以上之外，OVS 还提供以下工具。

- ovs-ofctl：用于查询和控制 OpenFlow 交换机和控制器的工具。
- ovs-pki：为 OpenFlow 交换机创建和管理公钥基础设施的工具。
- ovs-testcontroller：一个简单的 OpenFlow 控制器，可用于测试。

3.1.2　OVS 常用的命令

1. 查询和配置 OVS 的命令：ovs-vsctl

ovs-vsctl 通过提供一个高层次的接口用于查询和更新的 ovs-vswitchd 配置，ovs-vsctl 可连接到一个 ovsdb-server 进程，此进程用于维护一个 OVS 配置数据库。

语法为：

ovs−vsctl *[options] −−[options] command [args] [−−[options] command [args]]...*

ovs-vsctl 的第一个 *options* 是一个全局选项，随后紧跟一个或多个命令。每个命令需要由符号--开始，其自身的参数为一个命令行参数，然后由空格与下一个命令分隔开。

（1）添加一个 OVS 网桥

添加一个名称为 br0 的 OVS 网桥，使用选项 add-br：

```
ovs-vsctl add-br br0
```

（2）删除指定的 OVS 网桥，例如删除 OVS 网桥 br1：

```
ovs-vsctl del−br br1
```

（3）列出当前所有的 OVS 网桥：

```
ovs-vsctl list−br
```

（4）将端口添加到指定的网桥上。

将物理网卡 eth8 添加到 OVS 网桥 br0 上：

```
ovs-vsctl add-port br0 eth8
```

将虚拟网卡 vif2.0 添加到 OVS 网桥 br0 上，并且将 tag 设为 33：

```
ovs-vsctl add-port br0 vif2.0 tag=33
```

结果显示如图 3-2 所示。

（5）删除 OVS 网桥上指定的端口。

删除网桥 br0 上的端口 eth8（注意，若未指定网桥，则在所有网桥的所有端口删除）：

```
ovs-vsctl del-port br0 eth8
```

```
root@ubuntu-cent-host:/home/cc# ovs-vsct
eb6b83ad-5785-4399-989f-ed1fdda112cd
    Bridge "br0"
        Port "eth8"
            Interface "eth8"
        Port "vif4.1"
            Interface "vif4.1"
        Port "vif2.0"
            tag: 33
            Interface "vif2.0"
        Port "br0"
            Interface "br0"
                type: internal
        Port "vif4.0"
```

图 3-2 将端口添加到指定的网桥上

（6）列出 OVS 网桥上的端口：

```
ovs-vsctl list-ports br0
```

（7）设置 OVS 连接的控制器。

连接到 IP 为 192.168.1.55、端口为 6633 的控制器上：

```
ovs-vsctl set-controller br0 tcp:192.168.1.55:6633
```

（8）删除 OVS 连接的控制器。

删除 br0 所连接的控制器：

```
ovs-vsctl del-controller br0
```

（9）列出 OVS 连接的控制器。

列出 br0 所连接的控制器：

```
ovs-vsctl get-controller br0
```

（10）限制端口速度。

将 VM1 的速度限制到 1Mbps，波动为 0.1Mbps，运行：

```
ovs-vsctl set Interface tap0 ingress_policing_rate=1000
ovs-vsctl set Interface tap0 ingress_policing_burst=100
```

（11）端口镜像的相关指令。

将 br0 网桥上端口 eth8、eth9 接收到的流量镜像转发一份给 vif1.0 端口，命令如下：

```
ovs−vsctl set Bridge br0 mirrors=@m \
— —id=@eth8 get Port eth8 \
— —id=@eth9 get Port eth9 \
— —id=@vif1.0 get Port vif1.0\
— —id=@m create Mirror name=BDmirror select-dst-port=@eth8,@eth9 select-src-port=@eth9,@eth8 
output-port=@vif1.0
```

清除 br0 上所有的端口映像，命令如下：

```
ovs-vsctl clear bridge br0 mirrors
```

2. 流操作命令：ovs-ofctl

ovs-ofctl 是监控和管理 OpenFlow 交换机的命令，显示其当前状态，包括功能、配置、流表项。注意，此命令不仅能用于 OVS，还能用于所有支持 OpenFlow 的交换机。

语法为：

ovs–ofctl [*options*] *command* [*switch*][*args*]

ovs-ofctl 的命令（*command*）主要包括添加流（add-flow）、修改流（mod-flows）、删除流（del-flow）、替代流（replace）、区别流（diff-flows）等，其中添加流（add-flow）和删除流（del-flow）的命令使用较多。

ovs-ofctl 的[*options*]中其中一个参数——strict 意味着严格匹配。

ovs-ofctl 命令中最为复杂的是流表的语法，以下一些命令中包含着一条或多条流的引用，这些引用如 field=value 的格式，由逗号或空格（需要引用，以防内核将此描述误认为多个参数）隔离开。流定义必须先在底层已定义的情况才可定义。如果 L2 层（网络第二层）的协议类型（dl_type）是指定匹配的（wildcarded），那么 L3 层（网络第三层）的协议，如 IP 源地址（nw_src）、IP 目标地址（nw_dst）和协议类型（nw_proto）也必须为指定通配的。如果在流中有某个字段省去，就默认该字段为通配的（wildcard）。符号*可以指定为通配的（wildcard），但需要引用起来以与 shell 表达式区分。下面按流表匹配 L1 层、L2 层、L3 层、L4 层的顺序进行简要介绍，接着介绍流表可执行的操作（action=…）部分，最后介绍其他一些值得注意的地方。限于篇幅，还有许多命令没有列出，有兴趣的读者可参考 ovs-ofctl 命令指南自行实验。

（1）匹配 L1 层

下面介绍在 L1 层中，流表匹配 in_port 的情况。

1）in_port

in_port=port，port 为端口号或 LOCAL。匹配 br0 上端口号为 1 的数据包，将其发送到编号为 4 的端口：

```
ovs-ofctl add-flow br0 in_port=1,action=output:4
```

运行后查看，可见 br0 添加流表项，如图 3-3 所示。

```
root@ubuntu-cent-host:/home/cc# ovs-ofctl add-flow br0 in_port=1,action=output:4
root@ubuntu-cent-host:/home/cc# ovs-ofctl dump-flows br0
NXST_FLOW reply (xid=0x4):
 cookie=0x0, duration=5.425s, table=0, n_packets=20, n_bytes=2715, idle_age=0, i
n_port=1 actions=output:4
```

图 3-3　in_port 操作结果

（2）匹配 L2 层

下面介绍在 L2 层中，流表匹配 dl_vlan、dl_vlan_pcp、dl_type、dl_src、dl_dst 的情况。

1）dl_vlan

dl_vlan=vlan，其中 vlan 为 0xffff，意味着无 vlan 标识的数据包，vlan 的范围为[0，4095]。匹配无 vlan 标识的数据包，使其正常转发：

```
ovs-ofctl add-flow br0 dl_vlan=0xffff,action=normal
```

也可使用双引号将流标注起来：

```
ovs-ofctl add-flow br0 "dl_vlan=0xffff,actions=normal"
```

运行后查看，可见 br0 添加流表项，如图 3-4 所示。

```
root@ubuntu-cent-host:/home/cc# ovs-ofctl dump-flows br0
NXST_FLOW reply (xid=0x4):
 cookie=0x0, duration=47.697s, table=0, n_packets=3630, n_bytes=4562210, idle_ag
e=0, vlan_tci=0x0000 actions=NORMAL
```

图 3-4　dl_vlan 操作结果

2）dl_vlan_pcp

dl_vlan_pcp=priority，值为[0，7]，一般为 0。值越高说明帧优先级越高。匹配 vlan 的 pcp 为 0 的数据包，使其正常转发：

```
ovs-ofctl add-flow br0 dl_vlan_pcp=0,action=normal
```

运行后查看，可见 br0 添加流表项，如图 3-5 所示。

```
root@ubuntu-cent-host:/home/cc# ovs-ofctl dump-flows br0
NXST_FLOW reply (xid=0x4):
 cookie=0x0, duration=3.959s, table=0, n_packets=0, n_bytes=0, idle_age=3, dl_vl
an_pcp=0 actions=NORMAL
```

图 3-5　dl_vlan_pcp 操作结果

3）dl_type

匹配 icmp 数据包（需要匹配以下两条），使其正常转发：

```
ovs-ofctl add-flow br0 dl_type=0x0806,action=normal
ovs-ofctl add-flow br0 dl_type=0x0800,action=normal
```

运行后查看，可见 br0 添加流表项，如图 3-6 所示。

```
NXST_FLOW reply (xid=0x4):
 cookie=0x0, duration=59.481s, table=0, n_packets=50, n_bytes=2928, idle_age=0,
arp actions=NORMAL
 cookie=0x0, duration=10.28s, table=0, n_packets=35, n_bytes=5049, idle_age=0, i
p actions=NORMAL
```

图 3-6　dl_type 操作结果

4）dl_src/dl_dst

匹配源/目标 Mac 地址的数据包，格式如下。其中 xx:xx:xx:xx:xx:xx 指代的是某个 Mac 地址，yy:yy:yy:yy:yy:yy 是 Mac 地址通配符掩码。

① 匹配一个源 Mac 地址为 xx:xx:xx:xx:xx:xx 的数据包：

```
dl_src=xx:xx:xx:xx:xx:xx
```

② 匹配一个目标 Mac 地址为 xx:xx:xx:xx:xx:xx 的数据包：

```
dl_dst=xx:xx:xx:xx:xx:xx
```

③ 匹配一个范围内源 Mac 地址的数据包：

```
dl_src=xx:xx:xx:xx:xx:xx/yy:yy:yy:yy:yy:yy
```

④ 匹配一个范围内目标 Mac 地址的数据包：

```
dl_dst=xx:xx:xx:xx:xx:xx/yy:yy:yy:yy:yy:yy
```

注意，OVS 1.8 及之后的版本支持任意的 Mac 地址通配符掩码，之前的版本仅支持以下 4 个通配符掩码。

- 01:00:00:00:00:00：仅匹配多播位，如 dl_dst=01:00:00:00:00:00/01:00:00:00:00:00 匹配所有的组播数据包（包括广播），dl_dst=00:00:00:00:00:00/01:00:00:00:00:00 匹配所有的单播数据包。
- ff:ff:ff:ff:ff:ff：精确匹配，相当于没有掩码。
- 00:00:00:00:00:00：匹配所有的位，相当于 dl_dst=*。
- fe:ff:ff:ff:ff:ff：匹配除了组播位外的所有位。

下面举例说明。

屏蔽所有进入 OVS 网桥 br0 的以太网广播数据包：

```
ovs-ofctl add-flow br0 "dl_src=01:00:00:00:00:00/01:00:00:00:00:00, actions=drop"
```

屏蔽所有从 OVS 发出的以太网广播数据包：

```
ovs-ofctl add-flow br0 "dl_dst=01:00:00:00:00:00/01:00:00:00:00:00, actions=drop"
```

运行后查看，可见 br0 添加流表项，如图 3-7 所示。

```
root@ubuntu-cent-host:/home/cc/openvswitch-1.9.0# ovs-ofctl dump-flows br0
NXST_FLOW reply (xid=0x4):
 cookie=0x0, duration=453.047s, table=0, n_packets=0, n_bytes=0, idle_age=453, p
riority=2,dl_src=01:00:00:00:00:00/01:00:00:00:00:00 actions=drop
 cookie=0x0, duration=398.733s, table=0, n_packets=1634, n_bytes=192491, idle_ag
e=0, priority=2,dl_dst=01:00:00:00:00:00/01:00:00:00:00:00 actions=drop
```

图 3-7　dl_src/dl_dst 操作结果 1

设置两台机器能相互 Ping 通，其中物理机的 MAC 地址为 8c:89:a5:bd:ba:d3，虚拟机（连接 OVS）的 MAC 地址为 00:16:3e:1a:10:28。

```
ovs-ofctl add-flow br0 dl_src=8c:89:a5:bd:ba:d3,action=normal
ovs-ofctl add-flow br0 dl_src=00:16:3e:1a:10:28,action=normal
```

运行后查看，可见 br0 添加流表项，如图 3-8 所示。

```
root@ubuntu-cent-host:/home/cc/openvswitch-1.9.0# ovs-ofctl dump-flows br0
NXST_FLOW reply (xid=0x4):
 cookie=0x0, duration=33.039s, table=0, n_packets=55, n_bytes=3366, idle_age=0,
dl_src=00:16:3e:1a:10:28 actions=NORMAL
 cookie=0x0, duration=164.114s, table=0, n_packets=538, n_bytes=73705, idle_age=
1, dl_src=8c:89:a5:bd:ba:d3 actions=NORMAL
```

图 3-8　dl_src/dl_dst 操作结果 2

运行 Ping 命令，发现可 Ping 通，如图 3-9 所示。

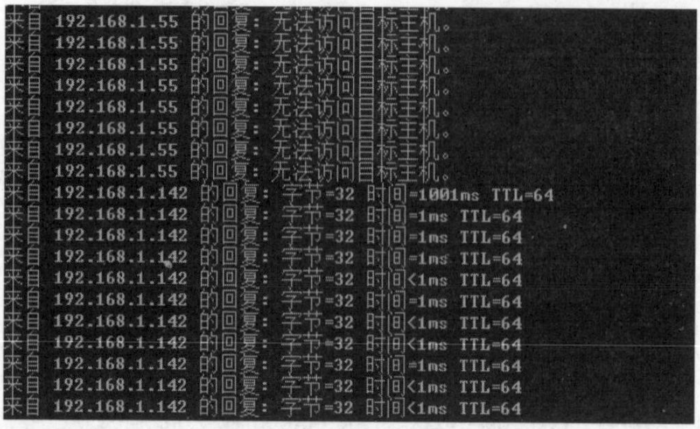

```
来自 192.168.1.55 的回复: 无法访问目标主机。
来自 192.168.1.55 的回复: 无法访问目标主机。
来自 192.168.1.55 的回复: 无法访问目标主机。
来自 192.168.1.55 的回复: 无法访问目标主机。
来自 192.168.1.55 的回复: 无法访问目标主机。
来自 192.168.1.55 的回复: 无法访问目标主机。
来自 192.168.1.55 的回复: 无法访问目标主机。
来自 192.168.1.55 的回复: 无法访问目标主机。
来自 192.168.1.142 的回复: 字节=32 时间=1001ms TTL=64
来自 192.168.1.142 的回复: 字节=32 时间=1ms TTL=64
来自 192.168.1.142 的回复: 字节=32 时间=1ms TTL=64
来自 192.168.1.142 的回复: 字节=32 时间=1ms TTL=64
来自 192.168.1.142 的回复: 字节=32 时间<1ms TTL=64
来自 192.168.1.142 的回复: 字节=32 时间=1ms TTL=64
来自 192.168.1.142 的回复: 字节=32 时间<1ms TTL=64
来自 192.168.1.142 的回复: 字节=32 时间<1ms TTL=64
来自 192.168.1.142 的回复: 字节=32 时间=1ms TTL=64
来自 192.168.1.142 的回复: 字节=32 时间<1ms TTL=64
来自 192.168.1.142 的回复: 字节=32 时间<1ms TTL=64
```

图 3-9 两机相互 ping 通

（3）匹配 L3 层

下面介绍在 L3 层中，流表匹配 nw_proto、nw_tos、nw_ecn、nw_ttl、nw_src、nw_dst 的情况。注意，加入二层流表参数后，三层流表参数才起作用。

1）nw_proto

匹配符合协议类型的数据包。注意和 dl_type 区分，但同时也需要和 dl_type 一起使用，比如 dl_type 是 ip（0x0800），那么 nw_proto=1 就表示 icmp packet。下面介绍一些常见类型的数据包的 dl_type 值和 nw_proto 值。

ip：dl_type=0x0800

arp：dl_type=0x0806

icmp：dl_type=0x0800，nw_proto=1

tcp：dl_type=0x0800，nw_proto=6

udp：dl_type=0x0800，nw_proto=17

注意，以下命令不被 OVS 的 1.1.0 以下版本支持。

ipv6：dl_type=0x86dd

tcp6：dl_type=0x86dd，nw_proto=6

udp6：dl_type=0x86dd，nw_proto=17

icmp6：dl_type=0x86dd，nw_proto=58

以下命令匹配所有的 icmp 数据包，更改其源地址为 192.168.1.47 后正常转发：

```
ovs-ofctl add-flow br0 dl_type=0x0800,nw_proto=1,action=mod_nw_src:192.168.1.47,normal
```

运行后查看，如图 3-10 所示。从 IP 地址为 192.168.1.55 的机器向 IP 地址为 192.168.1.142 的机器 Ping，于是在 IP 地址为 192.168.1.142 的机器上可见源 IP 为 192.168.1.47。

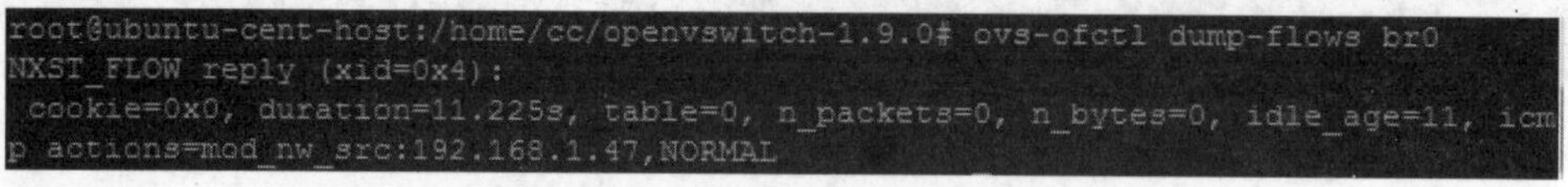

```
root@ubuntu-cent-host:/home/cc/openvswitch-1.9.0# ovs-ofctl dump-flows br0
NXST_FLOW reply (xid=0x4):
 cookie=0x0, duration=11.225s, table=0, n_packets=0, n_bytes=0, idle_age=11, icm
p actions=mod_nw_src:192.168.1.47,NORMAL
```

图 3-10 nw_proto 操作结果

2）nw_tos

匹配 tos，格式为 nw_tos=tos，只有 dl_type 为 wildcard、0x0800、0x86dd 时此参数才有意义（才得到匹配），tos 的值为[0，255]。

运行以下命令，匹配 nw_tos 为 0 且 dl_type=0x0800 的数据包，更改其目标地址为 192.168.1.147 后正常转发：

```
ovs-ofctl add-flow br0 dl_type=0x0800,nw_tos=0,action=mod_nw_dst:192.168.1.147,normal
```

运行后查看结果，如图 3-11 所示。

```
root@ubuntu-cent-host:/home/cc/openvswitch-1.9.0# ovs-ofctl dump-flows br0
NXST_FLOW reply (xid=0x4):
 cookie=0x0, duration=15.656s, table=0, n_packets=40, n_bytes=6414, idle_age=0,
ip,nw_tos=0 actions=mod_nw_dst:192.168.1.147,NORMAL
```

图 3-11　nw_pos 操作结果

3）nw_ecn

匹配指定 ecn 的数据包，格式为 nw_ecn=ecn，只有 dl_type 为 wildcard、0x0800、0x86dd 才有意义，值为 0、1、2、3。与 IP Tos 或 IPv6 流量的 ecn 比特匹配。

4）nw_ttl

匹配指定 nw_ttl 的数据包，只有 dl_type 为 wildcard、0x0800、0x86dd 才有意义，nw_ttl 的值为[0，255]。

举例说明：

```
ovs-ofctl add-flow br0 dl_type=0x0800,nw_ttl>0,action=normal
```

5）nw_src/nw_dst

匹配源/目标 ip 地址的数据包，格式如下（其中[/netmask]为可选参数）：

```
nw_src=ip[/netmask]
nw_dst=ip[/netmask]
```

以上格式中需注意：

当 dl_type=0x0800（可能为 ip 或 tcp）时，匹配源或者目标的 IPv4 地址，可以使用 IP 地址或者域名（192.168.1.1 或 www.example.com）。netmask 是可选的，如 192.168.1.0/255.255.255.0 或 192.168.1.0/24 格式。OVS 1.8 之前的版本只支持后一种。

当 dl_type 设为通配符或除 0x0800、0x0806、0x8035 之外的值时，nw_src 和 nw_dst 的值将被忽视。

下面举例说明 nw_src。

输入以下命令，将来自 192.168.1.55 的 IP 数据包的 IP 地址改成 47：

```
ovs-ofctl add-flow br0 dl_type=0x0800,nw_src=192.168.1.55,action=mod_nw_src:192.168.1.47,normal
```

或将其中的匹配条件直接写为 ip：

```
ovs-ofctl add-flow br0 ip,nw_src=192.168.1.55,action=mod_nw_src:192.168.1.47,normal
```

运行后查看，可见 br0 添加流表项，如图 3-12 所示。

```
root@ubuntu-cent-host:/home/cc# ovs-ofctl add-flow br0 dl_type=0x0800,nw_src=192
.168.1.55,action=mod_nw_src:192.168.1.47,normal
root@ubuntu-cent-host:/home/cc# ovs-ofctl dump-flows br0
NXST_FLOW reply (xid=0x4):
 cookie=0x0, duration=4.16s, table=0, n_packets=3, n_bytes=276, idle_age=2, ip,n
w_src=192.168.1.55 actions=mod_nw_src:192.168.1.47,NORMAL
```

图 3-12　nw_src/nw_dst 操作结果 1

下面举例说明 nw_dst。

输入以下命令，将发送到 192.168.1.142/24 的 IP 数据包的源 Mac 地址改成 11:22:33:44:55:66：

```
ovs-ofctl add-flow br0 dl_type=0x0800,nw_dst=192.168.1.142/24,
action=mod_dl_src:11:22:33:44:55:66,normal
```

运行后查看，可见 br0 添加流表项，如图 3-13 所示。

```
root@ubuntu-cent-host:/home/cc# ovs-ofctl add-flow br0 dl_type=0x0800,nw_dst=192
.168.1.142/24,action=mod_dl_src:11:22:33:44:55:66,normal
root@ubuntu-cent-host:/home/cc# ovs-ofctl dump-flows br0
NXST_FLOW reply (xid=0x4):
 cookie=0x0, duration=36.594s, table=0, n_packets=31, n_bytes=2905, idle_age=7,
ip,nw_dst=192.168.1.0/24 actions=mod_dl_src:11:22:33:44:55:66,NORMAL
```

图 3-13　nw_src/nw_dst 操作结果 2

（4）匹配 L4 层

下面介绍在 L4 层中，流表匹配 icmp_type、icmp_code、tp_src、tp_dst 的情况。

1）icmp_type

输入以下命令，匹配指定 icmp_type 的数据包。

运行以下命令，将其复制转发到编号为 4 的端口，然后正常转发。注意，icmp_type=0 是 reply，icmp_type=8 是 request，arp 必须添加。

```
ovs-ofctl add-flow br0 arp,action=output:4,normal
ovs-ofctl add-flow br0 dl_type=0x0800,nw_proto=1,icmp_type=0,action=output:4,normal
ovs-ofctl add-flow br0 dl_type=0x0800,nw_proto=1,icmp_type=8,action=output:4,normal
```

运行后查看，可见 br0 添加流表项，如图 3-14 所示。

```
 cookie=0x0, duration=237.04s, table=0, n_packets=231, n_bytes=13482, idle_age=0
, arp actions=NORMAL
 cookie=0x0, duration=57.201s, table=0, n_packets=53, n_bytes=3922, idle_age=0,
icmp,icmp_type=8 actions=output:4,NORMAL
 cookie=0x0, duration=65.08s, table=0, n_packets=59, n_bytes=4366, idle_age=0, i
cmp,icmp_type=0 actions=output:4,NORMAL
```

图 3-14　icmp_type 操作结果

2）icmp_code

匹配指定 icmp_code 的数据包，需要注意 dl_type 和 nw_proto 需指定 ICMP or ICMPv6 才有意义，即它们的值分别为 0x0800 和 1。

运行以下命令，匹配数据包，将其复制转发到编号为 4 的端口，然后正常转发。

```
ovs-ofctl add-flow br0 dl_type=0x0800,nw_proto=1,icmp_code=0,action=output:4,normal
```

运行后查看，可见 br0 添加流表项，如图 3-15 所示。

```
NXST_FLOW reply (xid=0x4):
 cookie=0x0, duration=601.683s, table=0, n_packets=553, n_bytes=32460, idle_age=
0, arp actions=NORMAL
 cookie=0x0, duration=3.998s, table=0, n_packets=0, n_bytes=0, idle_age=3, icmp,
icmp_code=0 actions=output:4,NORMAL
```

图 3-15　icmp_code 操作结果

3）tp_src/tp_dst

匹配源/目标端口地址的数据包，格式如下：

```
tp_src=port
tp_dst=port
```

OVS 1.6 及之后的版本还支持掩码的使用：

```
tp_src=port/mask
tp_dst=port/mask
```

注意，dl_type 和 nw_proto 必须指定 TCP 或 UDP 时，此项才生效，port 为[0，65535]（其中 80 为通用的 HTTP 服务器）。mask 的 1 比特表示相应的 port 中的比特必须匹配，0 表示忽略。其中 TCP 和 UDP 的参数分别如下。

- TCP：dl_type=0x0800，nw_proto=6。
- UDP：dl_type=0x0800，nw_proto=17。

实验如下：

① 将 TCP 目标端口为 80 的数据包转发设为正常：

```
ovs-ofctl add-flow br0 dl_type=0x0800,nw_proto=6,tp_dst=80,action=normal、
```

② 将 TCP 源端口为 80 的数据包转发设为正常：

```
ovs-ofctl add-flow br0 dl_type=0x0800,nw_proto=6,tp_src=80,action=normal
```

③ 将 UDP 目标端口为 80 的数据包转发设为正常：

```
ovs-ofctl add-flow br0 dl_type=0x0800,nw_proto=17,tp_dst=80,action=normal
```

④ 将 UDP 源端口为 80 的数据包转发设为正常：

```
ovs-ofctl add-flow br0 dl_type=0x0800,nw_proto=17,tp_src=80,action=normal
```

运行后查看，可见 br0 添加流表项，如图 3-16 所示。

```
root@ubuntu-cent-host:/home/cc/openvswitch-1.9.0# ovs-ofctl dump-flows br0
NXST_FLOW reply (xid=0x4):
 cookie=0x0, duration=9.839s, table=0, n_packets=0, n_bytes=0, idle_age=9, udp,t
p_dst=80 actions=NORMAL
 cookie=0x0, duration=32.488s, table=0, n_packets=0, n_bytes=0, idle_age=32, tcp
,tp_dst=80 actions=NORMAL
 cookie=0x0, duration=3.447s, table=0, n_packets=0, n_bytes=0, idle_age=3, udp,t
p_src=80 actions=NORMAL
 cookie=0x0, duration=38.264s, table=0, n_packets=0, n_bytes=0, idle_age=38, tcp
,tp_src=80 actions=NORMAL
```

图 3-16 tp_src/tp_dst 操作结果

（5）流表可执行的操作

① output:port

指定转发的端口，举例如下：

```
ovs-ofctl add-flow br0 in_port=1,action=output:4
ovs-ofctl add-flow br0 idle_timeout=0,in_port=2,action=output:4,output:6,normal
ovs-ofctl add-flow br0 "table=3,priority=234,in_port=4,actions=output:4,output:6"
```

运行后查看，可见 br0 添加流表项，如图 3-17 所示。

```
root@ubuntu-cent-host:/home/cc# ovs-ofctl dump-flows br0
NXST_FLOW reply (xid=0x4):
 cookie=0x0, duration=53.721s, table=0, n_packets=144, n_bytes=21485, idle_age=0
, in_port=1 actions=output:4
 cookie=0x0, duration=37.951s, table=0, n_packets=0, n_bytes=0, idle_age=37, in_
port=2 actions=output:4,output:6,NORMAL
 cookie=0x0, duration=15.873s, table=3, n_packets=0, n_bytes=0, idle_age=15, pri
ority=234,in_port=4 actions=output:4,output:6,NORMAL
```

图 3-17 output:port 操作结果

② flood

除了入口和禁止 flood 的端口外，将收到的数据包泛洪到其他所有的物理端口。将 br0 接收到的数据包泛洪，命令如下，如图 3-18 所示。

```
ovs-ofctl add-flow br0 in_port=1,ations=flood
```

```
NXST_FLOW reply (xid=0x4):
 cookie=0x0, duration=2.944s, table=0, n_packets=6, n_bytes=530, idle_age=0, in_
port=1 actions=FLOOD
```

图 3-18 flood 操作结果

③ all

除了入口外，将收到的数据包泛洪到其他所有的物理端口，示例如下：

```
ovs-ofctl add-flow br0 in_port=1,ations=all
```

④ normal（L2/L3）

指定数据包不由 OVS 处理，示例如下：

```
ovs-ofctl add-flow br0 action=normal
```

运行后查看，可见 br0 添加流表项，如图 3-19 所示。

```
root@ubuntu-cent-host:/home/cc# ovs-ofctl add-flow br0 action=normal
root@ubuntu-cent-host:/home/cc# ovs-ofctl dump-flows br0
NXST_FLOW reply (xid=0x4):
 cookie=0x0, duration=2.552s, table=0, n_packets=2, n_bytes=120, idle_age=0, act
ions=NORMAL
root@ubuntu-cent-host:/home/cc#
```

图 3-19 all 操作结果

⑤ enqueue

enqueue:port:queue，将带宽限制加于某特征数据包流上，使用后数据包无法传达至原定目的地。port 可以为端口或为 LOCAL。

示例如下，假设 vif0.0 接在交换机 x 号端口上，流量入口为 A，队列号为 y。

```
ovs-ofctl add-flow br0 "in_port=A,idle_timeout=0,actions=enqueue:x:y"
ovs-ofctl add-flow br0 "in_port=1,idle_timeout=0,actions=enqueue:4:0"
```

⑥ drop

丢弃数据包，将数据包直接丢弃，示例如下：

```
ovs-ofctl add-flow br0 action=drop
```

⑦ controller

```
controller(key=value...)
```

向 controller 发送 packet in 信息，支持如下 key-value 对。

max_len=nbytes：发送给控制器的最大长度，默认全发。

reason=reason：说明发送的原因，如 action（默认）no_match、invalid_ttl。

id=controller-id：默认为 0。

示例如下：

```
ovs-ofctl add-flow br0 in_port=1,action=controller:reason:no_match,normal
```

运行后查看，可见 br0 添加流表项，如图 3-20 所示。

```
root@ubuntu-cent-host:/home/cc/openvswitch-1.9.0# ovs-ofctl add-flow br0 in_port
=1,action=controller:reason:no_match
root@ubuntu-cent-host:/home/cc/openvswitch-1.9.0# ovs-ofctl dump-flows br0
NXST_FLOW reply (xid=0x4):
 cookie=0x0, duration=7.416s, table=0, n_packets=0, n_bytes=0, idle_age=7, in_po
rt=1 actions=controller(reason=no_match)
```

图 3-20　controller 操作结果 1

```
ovs-ofctl add-flow br0 table=0,priority=1000,dl_type=0x88cc,
action=CONTROLLER:65535
```

运行后查看，可见 br0 添加流表项，如图 3-21 所示。

```
root@ubuntu-cent-host:/home/cc/openvswitch-1.9.0# ovs-ofctl dump-flows br0
NXST_FLOW reply (xid=0x4):
 cookie=0x0, duration=3.407s, table=0, n_packets=0, n_bytes=0, idle_age=3, prior
ity=1000,dl_type=0x88cc actions=CONTROLLER:65535
```

图 3-21 controller 操作结果 2

⑧ mod_vlan_vid

增加或修改 vlan id。

```
ovs-ofctl add-flow br0 in_port=1,action=mod_vlan_vid:123,normal
```

⑨ mod_dl_src

修改源 MAC 地址。将来自 192.168.1.55 的 IP 数据包的 MAC 地址改成 33:33:33:33:82:1c，然后正常发送：

```
ovs-ofctl add-flow br0 dl_type=0x0800,nw_src=192.168.1.55,
action=mod_dl_src:33:33:33:33:82:1c,normal
```

运行后查看，可见 br0 添加流表项，如图 3-22 所示。

```
root@ubuntu-cent-host:/home/cc# ovs-ofctl add-flow br0 dl_type=0x0800,nw_src=192
.168.1.55,action=mod_dl_src:33:33:33:33:82:1c,normal
root@ubuntu-cent-host:/home/cc# ovs-ofctl dump-flows br0
NXST_FLOW reply (xid=0x4):
 cookie=0x0, duration=54.703s, table=0, n_packets=95, n_bytes=17824, idle_age=0,
 ip,nw_src=192.168.1.55 actions=mod_dl_src:33:33:33:33:82:1c,NORMAL
```

图 3-22 mod_dl_src 操作结果

⑩ mod_dl_dst

修改目标 MAC 地址，示例如下：

```
ovs-ofctl add-flow br0 dl_type=0x0800,nw_scr=192.168.1.55,
action=mod_dl_dst:33:33:33:33:82:1c,normal
```

运行后查看，可见 br0 添加流表项，如图 3-23 所示。

```
root@ubuntu-cent-host:/home/cc/openvswitch-1.9.0# ovs-ofctl dump-flows br0
NXST_FLOW reply (xid=0x4):
 cookie=0x0, duration=16.774s, table=0, n_packets=40, n_bytes=6687, idle_age=1,
ip,nw_src=192.168.1.55 actions=mod_dl_dst:33:33:33:33:82:1c,NORMAL
```

图 3-23 mod_dl_dst 操作结果

⑪ mod_nw_src

修改源 IP 地址。将来自 192.168.1.55 的 IP 数据包的源 IP 地址改成 192.168.1.142，然后正常发送：

```
ovs-ofctl add-flow br0 ip,nw_src=192.168.1.55,
action=mod_nw_src:192.168.1.142,normal
```

运行后查看，可见 br0 添加流表项，如图 3-24 所示。

```
root@ubuntu-cent-host:/home/cc# ovs-ofctl add-flow br0 dl_type=0x0800,nw_src=192
.168.1.55,action=mod_nw_src:192.168.1.47,normal
root@ubuntu-cent-host:/home/cc# ovs-ofctl dump-flows br0
NXST_FLOW reply (xid=0x4):
 cookie=0x0, duration=4.16s, table=0, n_packets=3, n_bytes=276, idle_age=2, ip,n
w_src=192.168.1.55 actions=mod_nw_src:192.168.1.47,NORMAL
```

图 3-24　mod_nw_src 操作结果

⑫ mod_nw_dst

修改目标 IP 地址。将发往 192.168.1.55 的 IP 数据包的目标 IP 地址改成 192.168.1.47，然后正常发送：

```
ovs-ofctl add-flow br0 dl_type=0x0800,nw_src=192.168.1.55,
action=mod_nw_dst:192.168.1.47,normal
```

运行后查看，可见 br0 添加流表项，如图 3-25 所示。

```
NXST_FLOW reply (xid=0x4):
 cookie=0x0, duration=136.714s, table=0, n_packets=234, n_bytes=45427, idle_age=
4, ip,nw_src=192.168.1.55 actions=mod_nw_dst:192.168.1.142,NORMAL
```

图 3-25　mod_nw_dst 操作结果

⑬ mod_tp_src

修改源 4 层地址，示例如下：

```
ovs-ofctl add-flow br0 tcp,action=mod_tp_src:1111,normal
ovs-ofctl add-flow br0 icmp,action=normal
ovs-ofctl add-flow br0 arp,action=normal
```

运行后查看，可见 br0 添加流表项，如图 3-26 所示。

```
NXST_FLOW reply (xid=0x4):
 cookie=0x0, duration=148.946s, table=0, n_packets=160, n_bytes=9276, idle_age=0
, arp actions=NORMAL
 cookie=0x0, duration=143.561s, table=0, n_packets=280, n_bytes=20720, idle_age=
0, icmp actions=NORMAL
 cookie=0x0, duration=120.256s, table=0, n_packets=34, n_bytes=2256, idle_age=25
, tcp actions=mod_tp_src:1111,NORMAL
```

图 3-26　mod_tp_src 操作结果

⑭ mod_tp_dst

修改目标 4 层地址。修改所有进入的 TCP 包的目标端口，示例如下：

```
ovs-ofctl add-flow br0 tcp,action=mod_tp_dst:1111,normal
ovs-ofctl add-flow br0 icmp,action=normal
ovs-ofctl add-flow br0 arp,action=normal
```

运行后查看，可见 br0 添加流表项，如图 3-27 所示。

```
root@ubuntu-cent-host:/home/cc/openvswitch-1.9.0# ovs-ofctl dump-flows br0
NXST_FLOW reply (xid=0x4):
 cookie=0x0, duration=67.398s, table=0, n_packets=69, n_bytes=3960, idle_age=0,
arp actions=NORMAL
 cookie=0x0, duration=93.959s, table=0, n_packets=179, n_bytes=14506, idle_age=1
, icmp actions=NORMAL
 cookie=0x0, duration=207.122s, table=0, n_packets=59, n_bytes=4366, idle_age=1,
 tcp actions=mod_tp_dst:1111,NORMAL
```

图 3-27　mod_tp_dst 操作结果

⑮ mod_nw_tos

修改 TOS 的值，示例如下：

```
ovs-ofctl add-flow br0 ip,action=mod_nw_tos:200,normal
ovs-ofctl add-flow br0 icmp,action=mod_nw_tos:200,normal
```

运行后查看，可见 br0 添加流表项，如图 3-28 所示。

```
NXST_FLOW reply (xid=0x4):
 cookie=0x0, duration=85.074s, table=0, n_packets=3969, n_bytes=3046637, idle_ag
e=0, ip actions=mod_nw_tos:200,NORMAL
 cookie=0x0, duration=80.415s, table=0, n_packets=0, n_bytes=0, idle_age=80, icm
p actions=mod_nw_tos:200,NORMAL
```

图 3-28　mod_nw_tos 操作结果

在 br0 所在的机器上，使用 Wireshark 可见 Differentiated Services Field 为 0xc8（即 200）。

⑯ fin_timeout

fin_timeout(argument[,argument])，当规则符合 TCP 数据包中的 FIN 或 RST 标志时，更改 idle timeout 或/和 hard timeout。当观察到时，action 减少规则相关操作的 timeout，若规则现有的 timeout 已比操作指明的任一个都短，则 timeout 不变。举例说明：

```
ovs-ofctl add-flow br0 "actions=normal,fin_timeout(hard_timeout＝60)"
```

运行后查看，可见 br0 添加流表项，如图 3-29 所示。

```
root@ubuntu-cent-host:/home/cc# ovs-ofctl dump-flows br0
NXST_FLOW reply (xid=0x4):
 cookie=0x0, duration=16.24s, table=0, n_packets=90, n_bytes=9958, idle_age=0, a
ctions=NORMAL,fin_timeout(hard_timeout=60)
root@ubuntu-cent-host:/home/cc#
```

图 3-29　fin_timeout 操作结果

（6）ovs-ofctl 其他重要命令

① 流表有效期的处理

idle_timeout 和 hard_timeout 是流表的两个重要的生存周期，其中 idle_timeout 指的是流表空闲期（未使用流表的时间）的值，hard_timeout 是流表下发到交换机的时间，超过 idle_timeout 和 hard_timeout 中最小的时间，则将此流表丢弃。其中，若时间为 0，则代表此流表永远生效。

举例说明：

```
ovs-ofctl add-flow br0 icmp,idle_timeout=60,action= normal
ovs-ofctl add-flow br0 arp,idle_timeout=60,action= normal
```

运行后查看，可见 br0 添加流表项，如图 3-30 所示。

```
NXST_FLOW reply (xid=0x4):
 cookie=0x0, duration=10.232s, table=0, n_packets=14, n_bytes=768, idle_timeout=
60, idle_age=0, arp actions=NORMAL
 cookie=0x0, duration=16.912s, table=0, n_packets=12, n_bytes=888, idle_timeout=
60, idle_age=5, icmp actions=NORMAL
```

图 3-30　idle_timeout 和 hard_timeout 操作结果

② 改动 OVS 的端口状态

格式为：

```
ovs-ofctl mod−port switch port action
```

switch port action 有多种值，常用的有 up 和 down。将 br0 上的 vif1.0 端口设置为 down，示例如下：

```
ovs-ofctl mod-port br0 vif1.0 down
```

运行后使用 ifconfig 命令查看，可见 br0 上的 vif1.0 端口状态变为 down，如图 3-31 所示。

```
OFPT_FEATURES_REPLY (xid=0x1): dpid:0000b0518e03d5f4
n_tables:255, n_buffers:256
capabilities: FLOW_STATS TABLE_STATS PORT_STATS QUEUE_STATS ARP_MATCH_IP
actions: OUTPUT SET_VLAN_VID SET_VLAN_PCP STRIP_VLAN SET_DL_SRC SET_DL_DST SET_N
W_SRC SET_NW_DST SET_NW_TOS SET_TP_SRC SET_TP_DST ENQUEUE
 1(eth9): addr:b0:51:8e:03:d5:f5
     config:     0
     state:      0
     current:    100MB-FD COPPER AUTO_NEG
     advertised: 10MB-HD 10MB-FD 100MB-HD 100MB-FD 1GB-FD COPPER AUTO_NEG
     supported:  10MB-HD 10MB-FD 100MB-HD 100MB-FD 1GB-FD COPPER AUTO_NEG
     speed: 100 Mbps now, 1000 Mbps max
 2(eth8): addr:b0:51:8e:03:d5:f4
     config:     0
     state:      LINK_DOWN
     current:    COPPER AUTO_NEG
     advertised: 10MB-HD 10MB-FD 100MB-HD 100MB-FD 1GB-FD COPPER AUTO_NEG
     supported:  10MB-HD 10MB-FD 100MB-HD 100MB-FD 1GB-FD COPPER AUTO_NEG
     speed: 100 Mbps now, 1000 Mbps max
 4(vif1.0): addr:fe:ff:ff:ff:ff:ff
     config:     PORT_DOWN
     state:      LINK_DOWN
     speed: 100 Mbps now, 100 Mbps max
 6(vif2.0): addr:fe:ff:ff:ff:ff:ff
     config:     0
     state:      0
     speed: 100 Mbps now, 100 Mbps max
 LOCAL(br0): addr:b0:51:8e:03:d5:f4
     config:     0
     state:      0
     speed: 100 Mbps now, 100 Mbps max
```

图 3-31　改动 OVS 的端口状态

3.1.3　OVS 的学习参考

（1）OVS 的官方网站链接：http://openvswitch.org/。

（2）OVS 的官方学习文档参考：http://openvswitch.org/support/dist-docs/。

（3）OVS 的下载地址：http://openvswitch.org/download/。

（4）OVS 的邮件列表：https://mail.openvswitch.org/mailman/listinfo。

3.2　SDN 硬件交换机简介

SDN 硬件交换机总的来说可以分为 3 种：一种是新兴创业公司，SDN 硬件交换机就是他们起家的产品；一种是传统硬件厂商，为了适应市场的需求专门革新创建的新型交换机或只是对其旧有交换机进行改造，这些交换机通常能够支持传统业务；还有一种是互联网服务提供商（如 Facebook 自主设计的代号为 Wedge 的网络交换机），这类厂商制造其定制的 SDN 硬件交换机，专为自身业务服务，极少会对外出售。需要注意，市场上出售的 SDN 硬件交换机对于 OpenFlow 的协议支持并不完整，与 OVS 对 OpenFlow 的支持能力相比有较大的落差。

另外，SDN 硬件交换机中较有意思的产品是裸交换机。这种裸交换机在销售时不安装任何交换机 OS，其不止能应用于 SDN 场景，也可安装其他交换机 OS，作为传统交换机或定制的交换机应用于指定的生产环境。

下面我们简单介绍 11 家 SDN 硬件交换机厂商及其主打产品。

3.2.1　思科

思科公司是领先的网络解决方案供应商，其设备和软件产品主要用于连接计算机网络系统，它占据全球交换机市场一半以上的份额。思科公司的经营范围几乎覆盖了网络建设的每个部分，以绝对的领先位置控制了互联网和数据传送的路由器、交换机等网络设备市场。

SDN 的飞速发展对生产传统网络产品的思科产生了巨大的压力，在失去亚马逊 10 亿美元订单后，思科终于推出其 SDN 产品，其中也包括 SDN 交换机产品。SDN 交换机产品中比较出名的主要有 catalyst-3850-series-switches（可编程，支持 SDN、onePK）、Cisco Nexus 7000 /7700 Series Switches（可编程，支持 SDN）、Cisco Nexus 3000 Series Switches（可编程，支持 onePK）。

catalyst-3850-series-switches（可编程，支持 SDN，onePK）交换机主要定位于企业园区交换机，具有以下特性：

- 业内一流的堆叠式接入交换机。
  Cisco Catalyst 3850 交换机目前提供业界最高的堆栈带宽 480 Gbps 以满足网络需求，包括千兆位桌面和 802.11ac 无线。此交换机在所有端口上提供高性能 24/48 端口 GE 交换机、480 G 堆叠、增强型以太网供电、StackPower 和 Flexible NetFlow 等大量高级功能。
- 融合有线和无线接入。
  Cisco Catalyst 3850 交换机通过扩展有线基础设施的功能、恢复能力、精细服务质量（QoS）和扩展性，将 Cisco IOS 卓越性引入无线网络。其提供内置无线控制器功能和 40 G 无线吞吐量，不仅支持每个交换机有 50 个接入点和 2000 个无线客户端，而且还支持 802.11ac。
- 分布式智能服务。
  Cisco Catalyst 3850 交换机可在有线和无线网络中为安全和策略、应用可见性和控制、网络恢复能力、智能操作及其他方面实现通用智能服务。此交换机可基于无线网络的 SSID、客户端、无线电、应用和公平共享策略等精细信息实现多级 QoS。

- 思科开放网络环境的基础。

  Cisco Catalyst 3850的核心是新型ASIC，其能够根据未来的功能和智能需要进行编程，并保护投资。新型ASIC可为有线和无线网络融合API、软件定义网络（SDN）支持和思科单平台套件（OnePK）提供基础。

3.2.2 博科

博科是存储网络行业的巨头，其主营业务也涉及SDN交换机，并且积极支持国内的SDN推广和技术共享。博科的SDN硬件交换机硬件产品主要分为两种：ICX系列交换机（混合，支持OpenFlow 1.3）、VDX系列交换机（混合，支持OpenFlow）。

- ICX系列交换机（混合，支持OpenFlow 1.3）：ICX交换机的博科园区矩阵技术具备灵活的可扩展性和简化的管理，并且总体拥有成本（TCO）较低。随着用户的应用和设备数量的增长，可在整个园区范围内轻松扩展端口和服务。高级交换机可与入门级交换机共享高级服务，同时提供集中管理功能。此外，用户还能享受开放标准支持，它提供多供应商互操作性、SDN应用和投资保护。这个系列中接入交换机主要包括BROCADE RUCKUS ICX 7150交换机、BROCADE ICX 7250交换机、BROCADE ICX 6430和6450交换机。核心和聚合的交换机主要是BROCADE ICX 7750交换机。
- VDX系列交换机(混合,支持OpenFlow):运用在数据中心的场景中,主要包括BROCADE VDX 6740、6740T 和6740T-1G 交换机(支持新的软件定义网络(SDN)协议,如OpenFlow和VxLAN/NVGRE等）、BROCADE VDX 6940交换机（提供业内最开放的可编程功能和软件定义网络（SDN）选项，支持REST API、OpenFlow 1.3以及针对Puppet和Python的开发运营集成）、Brocade VDX 8770交换机（设计用于数据平面、控制平面和管理平面，支持SDN技术）。

3.2.3 华为

华为在很早就进入了SDN领域，华为交换机已广泛应用于政府、电信运营商、金融、教育和医疗等行业，敏捷交换机是其SDN战略的核心竞争力之一。到目前为止，华为已经推出了多款SDN硬件交换机产品，在这里简要介绍一下华为的S12700系列敏捷交换机产品。S12700系列敏捷交换机是混合可编程的，支持OpenFlow 1.3。主要的特性为：

- 全可编程架构，新业务通过编程实现，快速灵活，6个月即可上线。
- 利用ENP全可编程能力创新实现随板AC功能，可管理6K AP，64K用户，整机转发性能可达4T-bit。
- 可随时随地、逐点实时检测网络质量，提供秒级的故障检测，可精准定位故障端口，实现精准运维。
- SVF 2.0超级虚拟交换网，将“核心/汇聚+接入交换机+AP”网络架构虚拟化为一台设备进行管理，提供业界最简化网络管理方案。
- 对OpenFlow有很好的支持：支持多控制器、高达九级流表、高达256K流表、Group Table、Meter、Open Flow 1.3标准。

3.2.4 瞻博网络

瞻博（Juniper）网络专注网络创新，是著名的网络通信设备公司，客户包括全球排名前 130 名的服务提供商，财富 100 强中的 96 家企业、数百个公共部门机构，主要供应 IP 网络及资讯安全解决方案。Juniper 的主要产品线包括广域网络加速、VF 系列、E 系列、J 系列、M 系列、T 系列路由器产品家族，SRX 系列防火墙，EX 系列网络交换机及 SDX 服务部署系统等。

瞻博网络在较早时就推出了 SDN 产品，现在已经得到了较为广泛的应用。本书在这里主要介绍其 EX9200 以太网交换机产品。瞻博网络 EX9200 模块化以太网交换机为在园区和数据中心环境交付关键任务型应用提供了一种可编程、灵活和可扩展的核心，在降低成本和复杂性的同时，还提供运营商级的可靠性。EX9200 具有很高的端口密度，能够整合和汇聚网络层，这大幅简化了园区和数据中心的架构，同时还能减少总体拥有成本（TCO），降低在电力、占用空间和冷却方面的要求。

EX9200 主要的特性为：

- 支持 OpenFlow 1.3。
  - 简化的网络架构。
    EX9200 能够压缩网络的层，因而成为简化园区、数据中心以及园区和数据中心混合环境的理想之选。
  - 高可用性。
    EX9200 核心交换机提供大量高可用特性，确保不间断的运营商级性能。每个 EX9200 机箱都配置了一个额外的插槽来安装一个冗余的路由引擎模块（该模块在热备用模式中作为备用），以便在主用路由引擎出现故障时接替其工作。
  - 运营商级操作系统。
    与其他的瞻博网络 EX 系列以太网交换机以及全球最大规模和最复杂网络所采用的瞻博网络路由器一样，EX9200 交换机也运行 Junos 操作系统。
- 简化的管理和运行。
  - MACsec。
    EX9200-40F-M 线卡支持 IEEE 802.1ae MACsec 标准和 AES-128/256 位加密，为链路层的数据保密性、数据完整性和数据源验证提供支持。

3.2.5 NEC

NEC 是全球 IT、通信网络的领先供应商之一，其为 SDN 推出了 PF（ProgrammableFlow）系列产品，其中就包括 pf5200 / pf5400 / pf5800 系列交换机（PFS）。本书在此简要介绍 NEC PF5240-48T4X 交换机（混合，2/3 层协议和 OpenFlow）。

PF5240 系列交换机（PFS）是 NEC 公司设计的 SDN 交换机，可用于 ProgrammableFlow 的核心和边缘，既可以满足传统网络架构需求运行标准的 L2-L3 网络协议，也可以支持最新的软件定义网络（SDN）技术，保证现有网络向 SDN 的平滑过渡。PF5240-48T4X 交换机提供 48 个 1Gb 以太网的多端口和 4 个 10GbE（SFP+）/1GbE（SFP）以太网上行链路，交换容量达到 176Gbps，转发能力达到 131Mpps，支持全线速转发；支持 OpenFlow 协议，配备有 48 个 1Gb 以太网的多端口和 4 个 10GbE（SFP+）/1GbE（SFP）以太网上行链路，可用于 ProgrammableFlow 的核心和边缘；兼容 OpenFlow 1.0 和 1.3.1 版本；执行 OpenFlow 的流条目搜索和硬件转发功能，从而实现满线速转发数据包。

3.2.6 戴尔

戴尔（DELL）是来自美国的全球知名电脑品牌，由迈克尔•戴尔于 1984 年创立。戴尔旗下有多款 SDN 交换机，并能适用于数据中心等要求高性能的场景，较出名的有 Dell Networking Z9100-ON 交换机（混合，支持 OpenFlow 1.3）、Dell Networking S 系列 S4820T 高性能 1/10/40 GbE 交换机（混合，支持 OpenFlow 1.3）、Dell Networking S4048-ON 10/40 GbE 架顶式开放网络交换机（混合，支持 OpenFlow 1.3）、Dell Networking S3048-ON 1 GbE 架顶式开放网络交换机（裸交换机）。本书在此简单介绍 Dell Networking S 系列 S4820T 1/10 GBASE-T 以太网交换机。

Dell Networking S 系列 S4820T 1/10 GBASE-T 以太网交换机专为高性能数据中心而打造。S4820T 采用无阻塞、直通式（默认模式为存储转发）交换体系结构，可以提供线速第 2 层/第 3 层功能，从而最大限度地提升网络性能。S4820T 设计提供 48 个支持 100 Mb/1Gb/10Gb 的 1/10GBASE-T 端口和 4 条 40 GbE QSFP+上行链路。使用分支电缆，每条 40 GbE QSFP+上行链路均可分解为 4 个 10 GbE 端口。

主要的性能有：

- 高性能数据中心环境中的高密度 1/10 GBASE-T ToR 服务器聚合。
- 与 Z 系列核心交换机相结合，可打造双层、无阻塞的 1/10/40 GbE 数据中心网络体系结构。
- 使用 DCB，可实现无损 iSCSI 存储部署。
- 适用于 ToR 和列末式应用程序的企业、Web 2.0 和云服务提供商数据中心网络。
- 启用了高性能 SDN/OpenFlow 1.3，能够与行业标准 OpenFlow 控制器进行互操作。

3.2.7 Arista

Arista Networks 是一家为数据中心提供云计算网络设备的公司，主打数据中心以太网交换机，其核心优势是其网络操作系统 EOS。其产品为 Google 采购，能用于大型网络和数据中心这类的场景。

Arista Networks 出名的 SDN 交换机产品主要包括 7150 系列（支持 OpenFlow 1.0）、7300 系列（支持 OpenFlow 1.0）、7050X 系列（支持 OpenFlow 1.0/1.3）、7500 系列。本书在此简要介绍 Arista 7300X 和 7320X 系列。

Arista 7300X 和 7320X 系列模块化交换机设计用于大规模叶子/骨干和 Spline™ 网络，可提供业界领先的密度和性能，并具有用于服务器叶子和骨干网络部署的丰富的接口类型可供选择。这些交换机将可扩展的 L2 和 L3 特性与全面网络监视、虚拟化及可见性特性相结合。Arista 7300X 系列采用最新的片上系统（SoC）软件设计，7300X 系列优化的系统架构适用于私有和公用云网络、全网状混合流量均有的东-西向流量模式。7300X 系列模块化交换机具有系统级硬件和软件组件监控、简易操作性和逆向气流选项，因而适合持续网络运行。该系列的所有关键组件均具有高可用性，并配备冗余管理引擎、电源、交换矩阵和风扇模块。

3.2.8 新华三

新华三技术有限公司（简称新华三，H3C）主要从事 IT 基础架构产品及方案的研究、开发、生产、销售及服务，拥有完备的路由器、以太网交换机、无线、网络安全、服务器、存储、IT 管理系统、云管理平台等产品。新华三是国内能完整提供从 SDN 设备、SDN 控制器、SDN 业务编排、SDN 应用到 SDN 管理等全套 SDN 解决方案的厂商。

新华三推出了多款 SDN 硬件交换机，其中出名的包括 H3C S5130-HI 系列千兆以太网交换机（混合，可做 SDN 交换机）、H3C S6800 数据中心以太网汇聚交换机（混合，可做 SDN 交换机）。另外，新华三还推出了自己的虚拟 SDN 交换机——H3C S1020V 虚拟交换机产品。

H3C S5130HI 系列交换机是 H3C 公司自主开发的三层千兆以太网交换机产品，是为要求具备高性能、高端口密度且易于安装的网络环境而设计的智能型可网管交换机，基于业界领先的高性能硬件架构和 H3C 先进的 Commware V7 软件平台开发。在大中型企业园区网中，S5130-HI 系列以太网交换机可作为接入交换机，提供了高性能、大容量的交换服务，并支持 10GE/40GE 的上行接口，为接入设备提供了更高的带宽。此外，整网核心层、汇聚层和高性能接入层均采用 H3C 创新的 IRF2（智能弹性架构）技术，在原有网络拓扑不变的情况下，通过将多台设备虚拟为一台统一的逻辑设备实现网络拓扑、业务、管理的简化，1：N 的可靠性成倍提升，网络运行性能大幅提高等多重优点。

H3C S6800 系列交换机是 H3C 公司自主研发的数据中心级智慧以太网交换机产品。S6800 系列交换机支持包含数据中心特性在内的增强二三层软件特性集，提供业界紧凑型交换机最灵活的 40GE、100GE 及万兆端口的动态组合。S6800 系列定位于智慧数据中心及云计算网络中的高密万兆或 40GE、100GE 汇聚交换，也可用于 Overlay 网络或融合网络中的 TOR 架顶接入交换机。S6800 可以配合多个 OpenFlow controller 实现 SDN 方案。

3.2.9 锐捷网络

锐捷网络股份有限公司成立于 2000 年，占据中国数据通信解决方案市场较大的份额，客户涉及互联网、运营商、政府、金融、能源、制造、教育、医疗卫生、文化体育、交通等领域。

锐捷网络也推出了自己的 SDN 硬件交换机产品，主要包括 RG-S2910-H 系列大功率以太网供电（HPoE）交换机（通过 OpenFlow 1.3 认证）、RG-S5750-H 系列新一代高性能以太网交换机（通过 OpenFlow 1.3 认证）、RG-S6220-H 系列数据中心交换机（通过 OpenFlow 1.3 认证）、RG-S2910XS-E 系列新一代高效节能交换机（支持 SDN，符合 OpenFlow 1.3）。本书在此简要介绍一下 RG-S5750-H 系列交换机。

RG-S5750-H 系列提供灵活的千兆接入及高密度的万兆端口扩展能力，全系列交换机均固化 4 端口万兆，采用双扩展槽设计，支持高密、高性能端口上行能力，充分满足用户高密度接入和高性能汇聚的需求。RG-S5750-H 系列的特征包括：

- 高性能、高扩展性
- IPv4/IPv6 双协议栈多层交换
- VSU 虚拟化技术

- 简化管理
- 简化网络拓扑
- 毫秒级故障修复
- 高扩展性
- 完善的安全防护策略
- 高可靠性
- 强大的多业务支撑能力
- 完善的 QoS 策略
- SDN（全面支持 OpenFlow 1.3）
- VXLAN 特性
- 绿色节能
- 简单轻松的网络维护

3.2.10　xNET 网锐科技

xNET 网锐科技成立于 2012 年，总部位于南京，是一家 SDN 创业公司，主要提供包括数据中心网络、园区以及企业网络的 WhiteBox 交换机和 SDN 解决方案。2016 年重组成立艾奈信息技术有限公司，与大唐高鸿信安公司正式签署战略合作协议，在上海设立运营总部，在南京设立研发中心，在北京和深圳分别设立销售分部。xNET 是一个专门做交换机 OS 的厂商，想要打造一个以用户为中心，基于 NITOS/flexSDN 系统，包含芯片商、Bare Metal 硬件商（ODM/OEM）、第三方软件商以及渠道/集成商在内的开放网络生态系统，基于这个平台，可以通过安装各种 App 实现各种功能。

xNET 网锐科技出名的产品主要包括 flexSDN 交换机（混合，具体包含 flexSDN FX1-48T、flexSDN FX10-24S、flexSDN FX10-48S、flexSDN FX10-48T）和 openxnet-5016r 交换机（可编程，混合，支持 OpenFlow）。flexSDN 交换机可以用于企业网络、园区网络、云计算、数据中心或者存储网络等。

flexSDN 交换机不仅支持传统二层/三层网络功能，还能支持新的网络应用，以 flexSDN 本地 SDN APP 方式在交换机上运行。flexSDN 以太网交换机支持如下独特的特性：

- 内置 SDN 控制器支持本地 SDN 模式。
- 内置 flexSDN APP 引擎，支持在交换机上执行可下载的 SDN APP。
- REST 开放 API，支持外置 SDN 控制器的可编程和分担处理负载。

3.2.11　盛科网络

盛科是中国网络芯片及白牌交换机供应商，是全球领先的以太网芯片厂商，主要定位为核心芯片及定制化网络解决方案的合作者和提供者，是目前少数能够提供从高性能以太网设备核心芯片到定制化系统平台全套解决方案的公司，拥有完整自主知识产权。

盛科已经发布了一系列芯片（TransWarpTM 系列），以及基于芯片的完整系统产品和 SDN 硬件交换机，提供灵活的合作方式，如选择基于芯片、板卡、系统、License 等多种合作模式。盛科主要的 SDN 硬件交换机产品包括 V580、V580-TAP、V350、V350-TAP、V330、V150。本书在此简要介绍 V580-TAP。

V580-TAP 基于盛科自主研发的第 4 代以太网交换芯片 CTC8096 构建的高性能、高密度万兆 TAP 交换机，旨在满足下一代企业网、数据中心和城域网对于流量分析和监控的需求。V580-TAP 集成了盛科自主的 OSP 开放交换机系统软件，除了实现网络流量的 M:N 复制、分流、汇聚、过滤以及同源同宿的负载均衡外，还提供了高级的精确时间戳和报文截短等功能。V580-TAP 支持多种管理方式，方便使用者部署。V580-TAP 设备具备 2.4Tbps 的大容量、高密度端口，支持 1G/10G/40G/100G 等多种端口形态。V580-TAP 的主要特性包括：

- 标准的 1RU 盒式解决方案。
- 高达 2.4Tbps 的交换容量。
- 支持 Cut-Through 转发模式，超低的传输延迟。
- 流量复制/汇聚/分流一体化。
- 支持 1G/10G/40G/100G 等多种形态。
- 支持报文截短。
- 支持时戳和用 VLAN 标记源端口。
- 支持通过 VxLAN、MPLS 等 Tunnel 技术将报文送到远端。
- 支持同源同宿的均衡负载，从而保证流量输出过程中的会话完整性。
- 支持基于 L2 或者 IP 五元组、IP 碎片分析、报文内容标识等过滤。
- 支持 console、Telnet、SNMP、syslog、SSH、RPC API、OpenFlow 等管理。
- 支持双电源冗余。
- 较低的系统功耗：V580-20Q4Z 160W、V580-48X2Q4Z 200W、V580-48X6Q 190W、V580-32X2Q/V580-32X 150W。

3.3 本章总结

支持 SDN 的虚拟交换机 OVS 对 OpenFlow 协议具有很完备的支持性，同时也是在虚拟化环境中使用最广的虚拟交换机，我们在 3.1 节中对 OVS 进行了总述，简要介绍了它的功能、主要组件，向读者说明了 OVS 常用的命令，并以示例说明其用法，最后给出了 OVS 的学习参考。

随后我们在 3.2 节“SDN 硬件交换机简介”中对支持 SDN 的硬件交换机进行了介绍，主要介绍了最具影响力的 11 家厂商及其产品。需要注意，由于硬件设计的局限性（特别是在生产环境中需要保障性能的要求），SDN 硬件交换机对于 OpenFlow 的协议支持并不完整。

本书不对交换机的开发进行深入研究，有兴趣的读者请查找相关的资源进行学习研究。

第4章

现有SDN控制器简述

当前，SDN控制器已经比较成熟，种类也相当繁多，而且活跃的一些控制器项目还在不断发展之中，如OpenDaylight项目不到一年就发布一个新的版本。本章主要介绍当前主流的SDN控制器，包括开源控制器和商业控制器。有些商业控制器是在某个开源控制器的基础上优化和修改而来的，其中一些公司本身也是这个开源控制器的贡献成员之一。

本章在4.1节首先介绍最具影响力、活跃度最高的控制器项目OpenDaylight（ODL）。有许多商业控制器是基于ODL改造生成的。OpenDaylight项目中的很多子项目已经在商用领域得到了部署，成效不断。本书之后将着重介绍OpenDaylight项目的Controller子项目的相关开发。

本章在4.2节对开放网络操作系统ONOS（Open Network Operating System）项目进行介绍。ONOS是一款为服务提供商打造的基于集群的分布式SDN操作系统，具有可扩展性、高可用性、高性能以及南北向的抽象化，使得服务提供商能轻松地采用模块化结构来开发应用提供服务。

本章在4.3节对Floodlight项目进行介绍。Floodlight控制器是较早出现的知名度较广的开源SDN控制器之一，它实现了控制和查询一个OpenFlow网络的通用功能集，而在此控制器上的应用集则满足了不同用户对于网络所需的各种功能。

本章在4.4节对Ryu项目进行介绍。Ryu是一个基于组件的SDN网络框架，它是由日本NTT公司使用Python语言研发完成的开源软件，采用Apache License标准。Ryu提供了包含良好定义的API接口的网络组件，开发者使用这些API接口能轻松地创建新的网络管理和控制应用。Ryu支持管理网络设置的多种协议。

本章在4.5节对思科公司的SDN控制器进行介绍。思科公司的SDN控制器有两个：APIC控制器和Open SDN控制器。思科的APIC控制器在商业上有很大的影响力，在商业上得到了很好的部署。思科Open SDN控制器是一个OpenDaylight的商业级版本，通过基于网络基础设施标准的自动化来提供业务的灵活性。

本章在 4.6 节对 Juniper 网络（瞻博网络）发布的 OpenContrail 项目进行介绍。OpenContrail 包含 OpenContrail 控制器和 OpenContrail 虚拟路由。OpenContrail 控制器是一个逻辑上集中但是物理上分布的 SDN 控制器，为虚拟网络提供管理、控制和分析功能。OpenContrail 虚拟路由是一个分布式的路由服务。

本章在 4.7 节对 NOX 项目进行介绍。NOX 控制器是由斯坦福大学在 2008 年提出的第一款 OpenFlow 控制器，NOX 是第一个实现的 SDN 控制器，它的早期版本（NOX-Classic）是由 C++ 和 Python 两种语言实现的，其中 NOX 核心架构及其关键部分都是使用 C++实现的，以保证性能。

本章在 4.8 节对 POX 项目进行介绍。POX 控制器是由 NOX 控制器分隔演变而来的一款基于 OpenFlow 的控制器，是使用 Python 开发的。POX 具有将交换机送来的协议包交给制定软件模块的功能。

本章在 4.9 节对 Beacon 项目进行介绍。Beacon 是基于 Java 语言开发实现的开源控制器，依赖于 OpenFlowJ 项目，以高效性和稳定性应用在多个科研项目及实验环境中，除此之外，具有很好的跨平台性，并支持多线程，可以通过相对友好的 UI 界面进行访问控制、使用和部署。

本章在 4.10 节对 Big Network 项目进行介绍。Big Network 是一款 SDN 商用控制器，由 Big Switch 网络公司推出。Big Switch 网络公司将此控制器放入 Open SDN Suite 套件中，供数据中心运营商使用。

本章在 4.11 节对博科的 Brocade SDN 控制器进行介绍。2015 年，博科推出基于 Open Daylight 代码研发的 Brocade SDN 控制器（原名称为博科 Vyatta 控制器），新版本控制器基于 OpenDaylight 项目进行了优化，添加了两个管理应用，以加强提供对 SDN 操作的支持。Brocade SDN 控制器实际上就是 OpenDaylight 控制器的商用版。

本章在 4.12 节对 Maestro 控制器进行介绍。Maestro 是莱斯大学于 2011 年的一篇学位论文中提出的用 Java 语言实现的一款基于 LGPL V2.1 开原协议标准的 OpenFlow 多线程控制器。Maestro 主要应用于科研领域，具有很好的平台适应性，可以有效地在多种操作系统和体系结构上运行。

本章在 4.13 节对 IRIS 控制器进行介绍。IRIS 是由 ETRI 研究团队创建的递归式 SDN OpenFlow 控制器，OpenIRIS 是 IRIS 的一个开源版本。IRIS 旨在解决 SDN 网络中可扩展性和可用性的问题。IRIS 是在 Beacon 控制器和 Floodlight 控制器的基础上构建的。

本章在 4.14 节对 Extreme 公司的 OneController 控制器进行介绍。OneContrller 控制器是 Extreme 公司基于开源控制器 OpenDaylight 的 Helium SR1.1 版本开发的。OneContrller 控制器旨在提供一个开放、功能灵活加载或卸载、可扩展的平台，使得 SDN 和 NFV 的规则能达到任意规模大小。

最后，在 4.15 节对本章进行总结。

4.1　OpenDaylight 控制器

OpenDaylight（ODL）项目是一个模型开放的、协同开放的开源 SDN 平台，使用 Java 语言创建，适用于任何规模的网络。OpenDaylight（ODL）项目旨在透明地推动软件定义网络（SDN）和网络功能虚拟化（NFV）的运用，同时促进不断创新。OpenDaylight 项目由 Linux Foundation（https://en.wikipedia.org/wiki/The_Linux_Foundation）主持，是 SDN 最大的开源平台，旨在实现 SDN 创建灵活、快速响应组织和用户需求的可编程网络的目标。OpenDaylight 社区联合一个 SDN

公共平台的产业（诸如一起联合解决方案提供商、个人开发者、用户）向服务提供商、企业、大学和全球各地的各种组织提供了互操作、可编程的网络。

OpenDaylight 项目图标如图 4-1 所示。

图 4-1 OpenDaylight 项目图标

OpenDaylight 项目主要由运行在一个 Java 虚拟机（JVM）上的软件组成，能在任何适合 Java 实时运行环境（JRE）运行的操作系统和硬件上运行。OpenDaylight 项目支持诸如 OpenFlow 网络标准协议这样的开源标准，向客户、合作商、开发者提供一个 SDN 产业级的开源框架和平台。

OpenDaylight 项目的第一个版本为氢（H）版本，于 2014 年 2 月正式发布。氢（H）版本最主要的性能为开源控制器、虚拟 overlay 网络、协议插件和交换机设备升级。氢（H）版本包含 3 个子版本：基础版本 Base Edition、虚拟化版本 Virtualization Edition、服务商版本 Service Provider Edition。但后来不再出现子版本，任何发布以统一的版本出现。2014 年 10 月，氦（He）版本正式发布。2015 年 1 月，锂（Li）版本正式发布。2016 年 2 月，铍（Be）版本正式发布。2016 年 9 月 21 日，在社区的积极参与下，硼（Bo）版本正式发布，在集群、云计算、NFV 方面的功能和性能发力，使用更加方便。OpenDaylight 项目的每一个版本在功能和框架上都有较大的变动，在技术上不断走向成熟，落地应用也越来越广，OpenDaylight 项目正变得越来越强大。

OpenDaylight 项目的框架不断完善，图 4-2 是硼 Bo 版本的框架图，图 4-3 是硼 Bo 版本的子项目依赖关系图，我们将在第 5 章向读者详细介绍。

4.2 ONOS 控制器

ONOS 是 Open Network Operating System 的缩写，即开放网络操作系统。ONOS 是一款为服务提供商打造的 SDN 操作系统，具有可扩展性、高可用性、高性能以及南北向的抽象化，使得服务提供商能轻松地采用模块化结构来开发应用提供服务。ONOS 是一款基于集群的分布式操作系统，当网络规模和应用需求发生变化时，ONOS 能在水平方向上随之快速变化以适应业务需要。ONOS 开放网络操作系统图标如图 4-4 所示。

ONOS 使服务提供商采用 SDN 方案，以运用到运营级的服务和网络革新上。旧有的网络提供的服务灵活性十分有限，并且缺乏敏捷性，控制平面和硬件是厂商封闭的。ONOS 将这样封闭的网络进行一个服务的变革，通过 ONOS 的运营商级的 SDN 控制平面，旨在提供“网络功能即服务”的能力。ONOS 能和其他 SDN 控制器一样使用白盒交换机（交换机和服务器），并且可以将现有的网络迁移到新网络中。ONOS 对服务提供商网络的愿景如图 4-5 所示。

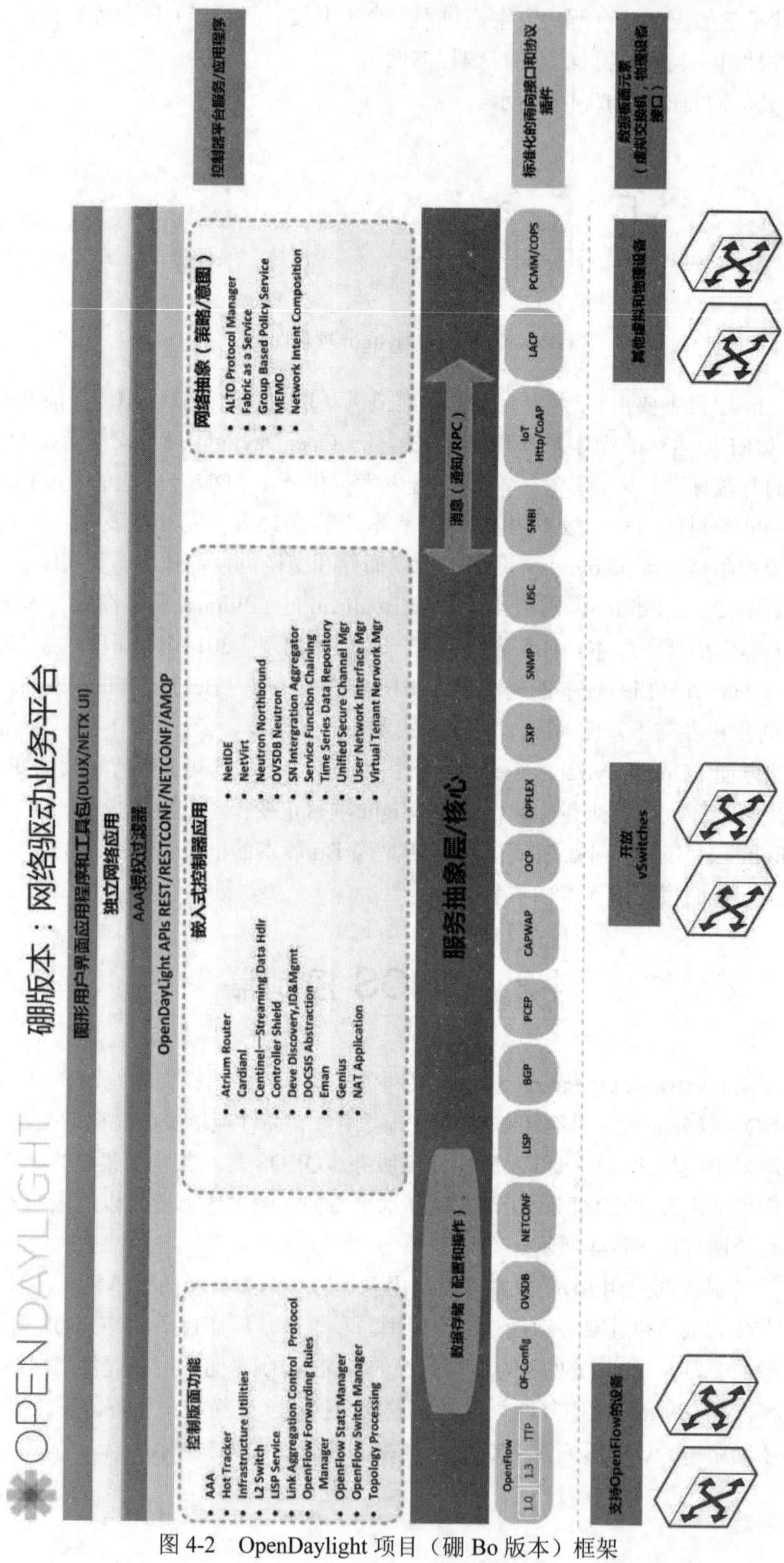

图 4-2 OpenDaylight 项目（硼 Bo 版本）框架

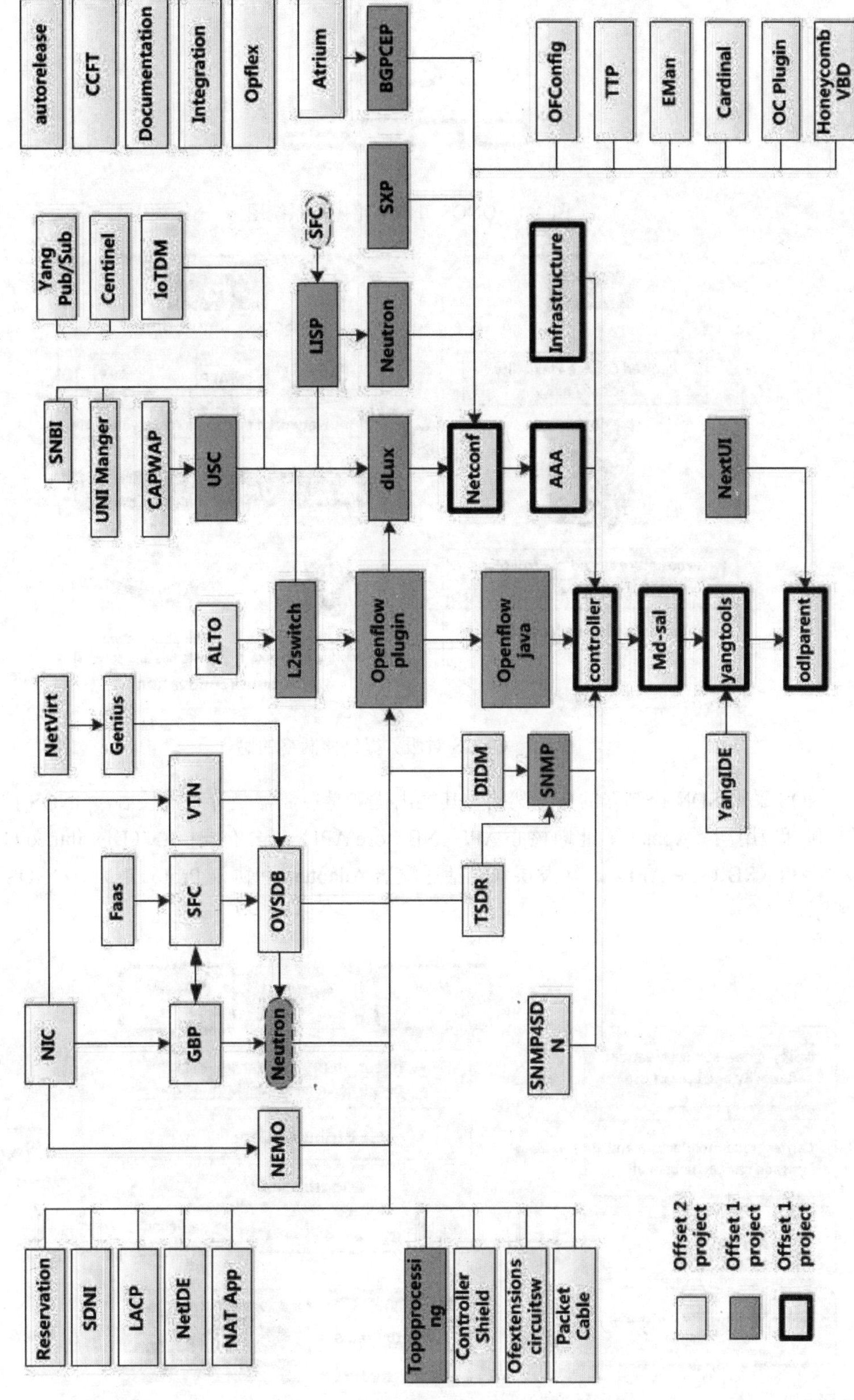

图 4-3　OpenDaylight 项目（硼 Bo 版本）的子项目依赖关系图

图 4-4　ONOS 开放网络操作系统图标

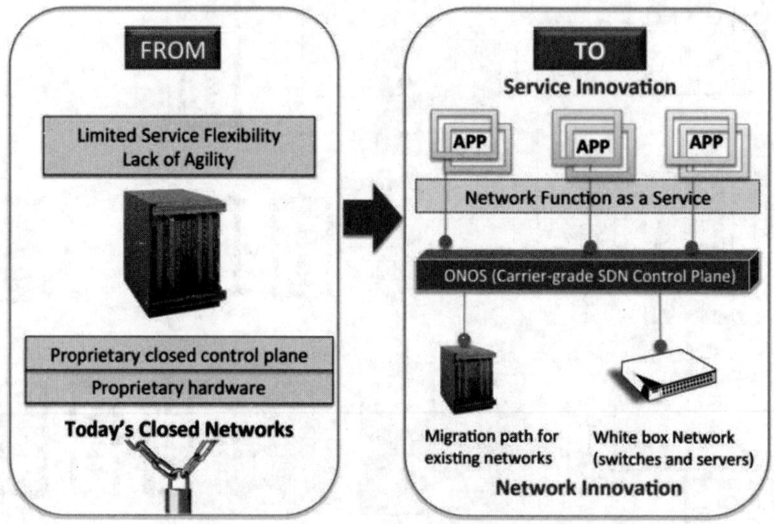

图 4-5　ONOS 对服务提供商网络的愿景

ONOS 采用 SDN 控制器的典型架构，其突出优势是控制器是分布式核心。ONOS 控制器分为 5 层，包括应用层（Apps）、北向核心 API（NB Core API）、分布式核心（Distributed Core）、南向核心 API（SB Core API）、转发层（包括适配器 Adapters 和协议 Protocols）。ONOS 架构如图 4-6 所示。

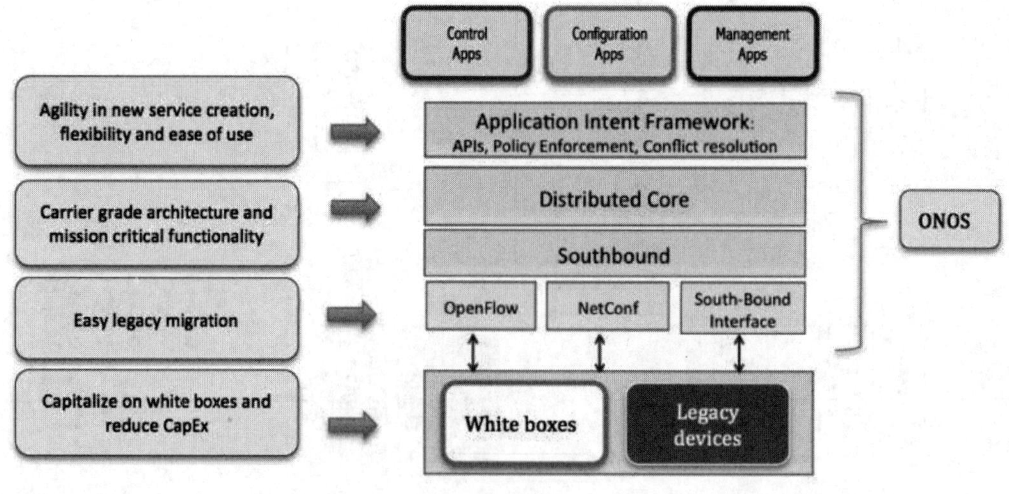

图 4-6　ONOS 架构

ONOS 是由 ON.LAB 组织创建的，它是非常有影响力的 SDN 控制器之一。基于坚实的架构建立的平台现在正不断地成熟完善，目前已经能提供丰富的功能并应用于生产环境中。ONOS 的社团成员不断增加，至今已超过 50 个合作伙伴，这些伙伴中有些正对项目做出贡献，比如一些比较有趣的用例——CORD。

4.3　Floodlight 控制器

Floodlight 项目是一个 OpenFlow 控制器（Floodlight Controller）和在此控制器上的应用集。Floodlight 项目提供了开源代码、开放的标准和开放的 API。Floodlight 项目图标如图 4-7 所示。

Floodlight 控制器是较早出现的知名度较广的开源 SDN 控制器之一，它实现了控制和查询一个 OpenFlow 网络的通用功能集，而在此控制器上的应用集则满足了不同用户对于网络所需的各种功能。Floodlight 的支持团队主要由 Big Switch 网络公司的工程师组成。

图 4-7　Floodlight 项目

Floodlight 能管理较多的支持 OpenFlow 标准的交换机、路由器、虚拟交换机、访问节点。GitHub 平台上 Floodlight 的版本已更新至 v1.2，这一版本强调系统的鲁棒性，提供更丰富的核心模块。Floodlight 提供 IPv6、链路延迟、OF-DPA、消息监控等功能。Floodlight 能支持生产环境下的 OpenFlow 1.0 和 OpenFlow 1.3 协议；在实验环境下，除了上述的 1.0 和 1.3 协议外，还支持 OpenFlow 1.1、OpenFlow 1.2、OpenFlow 1.4 协议。Floodlight 的核心是 OpenFlowJ-Loxigen（简称为 OpenFlowJ-Loxi）生成的 Java 库，这个核心将 OpenFlow 协议简化，并通过一个通用的 API 来使用。

图 4-8 显示了 Floodlight 控制器、使用 Floodlight 编译的应用（Java 模块）、在 Floodlight REST API 上面的应用这 3 者之间的关系以及各模块的组成。图 4-9 所示为 Floodlight 搭建的 SDN 网络。

Floodlight 的重点特性有：

- 提供了一个模块加载系统，使得扩展和增强网络变得更为简单。
- 设置简单，使用最小的依赖。
- 支持大多数的虚拟 OpenFlow 交换机和物理 OpenFlow 交换机。
- 可以处理混合 OpenFlow 和非 OpenFlow 网络，可以管理多个 OpenFlow 硬件交换机的“孤岛”。
- 从底层开始设计的多线程架构，得以实现高性能。
- 支持 OpenStack（链接的）云的业务流程平台。

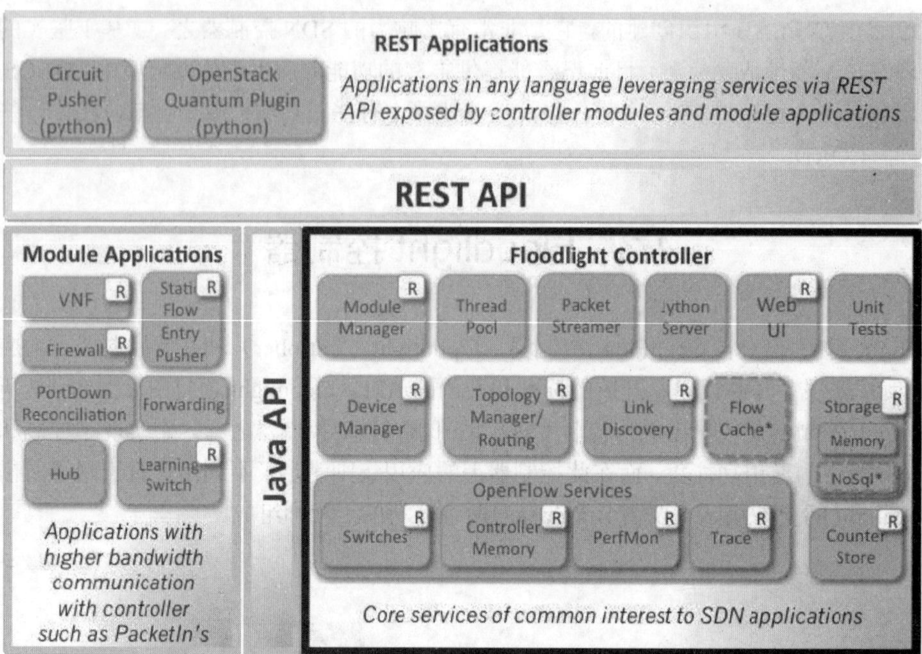

图 4-8　Floodlight 架构图

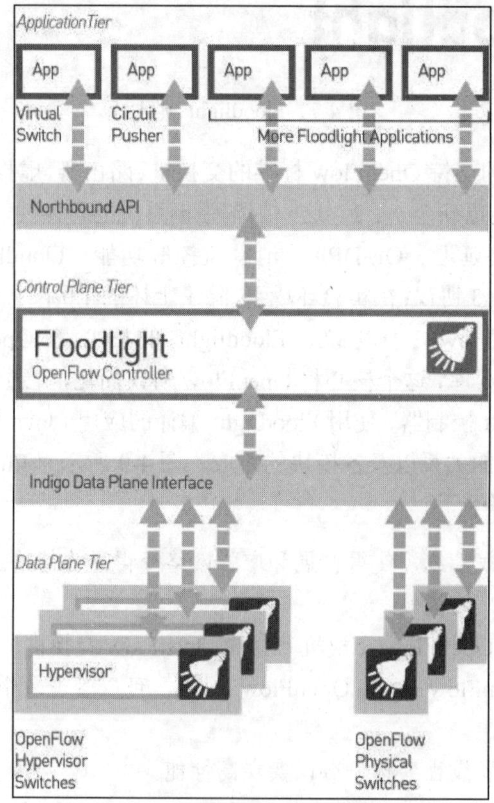

图 4-9　Floodlight 搭建的 SDN 网络

Floodlight 控制器总体规模不算复杂，使用 Java 编写，在学术上得到较大范围的使用。但由于其更新较慢，支持工业相关的功能不齐全，因此较少直接应用在工业环境中。另外，我们将在第 10 章对 Floodlight 控制器的安装和使用做简要介绍。

Floodlight 控制器的学习参考资源如下。

（1）Floodlight 的官方网站地址：http://www.projectfloodlight.org/。

（2）github.com 上 Floodlight 控制器项目的地址：https://github.com/floodlight/floodlight。

（3）Floodlight 的 wiki 地址：https://floodlight.atlassian.net/wiki/display/HOME/Welcome+to+OpenFlow+Hub+and+Project+Floodlight+Documentation。

4.4　Ryu 控制器

Ryu 是一个基于组件的 SDN 网络框架，它是由日本 NTT 公司使用 Python 语言研发完成的开源软件，采用 Apache License 标准。Ryu 提供了包含良好定义的 API 接口的网络组件，开发者使用这些 API 接口能轻松地创建新的网络管理和控制应用。Ryu 支持管理网络设置的多种协议，如 OpenFlow（支持 OpenFlow 1.0、OpenFlow 1.1、OpenFlow 1.2、OpenFlow 1.3、OpenFlow 1.4、OpenFlow 1.5、Nicira 扩展）、NetConf、OF-config 等。Ryu 无须 ovs-vsctl 和 ovsdb-client 组件即可直接对 Open vSwitch 进行配置。Ryu 的图标如图 4-10 所示。

Ryu 已成功实现与其他项目的集成，比如它是最早与 OpenStack 集成的 SDN 控制器之一，还与 Zookeeper（HA）、IDS 实现了集成。Ryu 灵活简洁的代码、多种虚拟和物理交换机的支持、齐全的文档成为其核心优势，使其成为最早在工业界得到应用的控制器之一。不过，最近随着 OpenDaylight 和其他控制器的不断成长、新兴控制器的持续出现，其地位已不如以前。

图 4-10　Ryu

Ryu 的架构如图 4-11 所示。Ryu 的代码主要由 app、base、cmd、contrib、controller、lib、ofproto、services、tests、topology 组成。

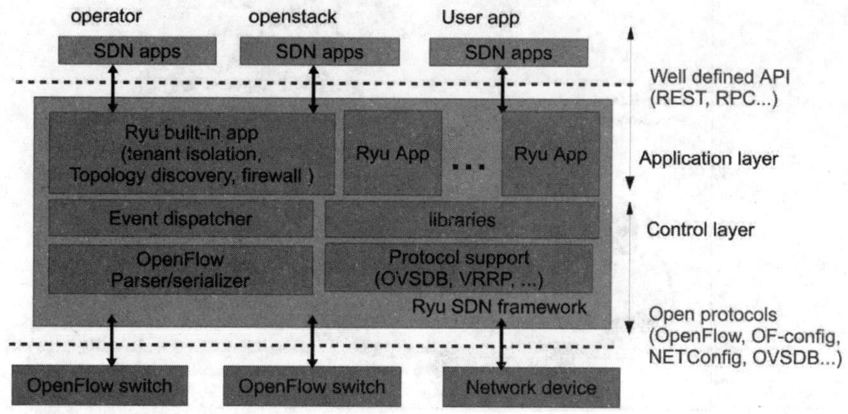

图 4-11　Ryu 架构

我们将在第 11 章对 Ryu 控制器的安装和使用做简要介绍。

Ryu 控制器的学习参考资源如下。

（1）Ryu 控制器的官方网站地址：https://osrg.github.io/ryu/。

（2）Ryu 控制器在 github.com 上的项目地址：https://github.com/osrg/ryu。

4.5　思科的 APIC 控制器和 Open SDN 控制器

思科公司主要推出的 SDN 控制器中最有名的两款控制器为思科 APIC 控制器（思科应用策略基础架构控制器）和思科 Open SDN 控制器。其中，APIC 控制器是由思科在 OpenDaylight 中贡献的项目 BGP（基于组的策略）触发而来的。

4.5.1　思科 APIC 控制器

思科 APIC 控制器采用应用为中心的策略模型，它分离了关于应用连接要求的信息与关于底层网络基础设施的详细信息，可以统一自动化和管理以应用为中心的基础架构（ACI）阵列。思科 APIC 可以集中访问所有阵列信息、优化应用生命周期，以提高扩展性和性能，以及支持对物理和虚拟资源进行灵活地应用设置。思科 APIC 控制器是由控制器集群组成的一个分布式系统，提供单点控制、核心 API、全球数据中央存储库、思科 ACI 策略数据库，是一个外部端点与控制器相连、基于组策略以应用为中心的分布式 overlay 系统。思科 ACI 是一个高速、多叶和脊柱（leaf-spine）的架构，如图 4-12 所示。

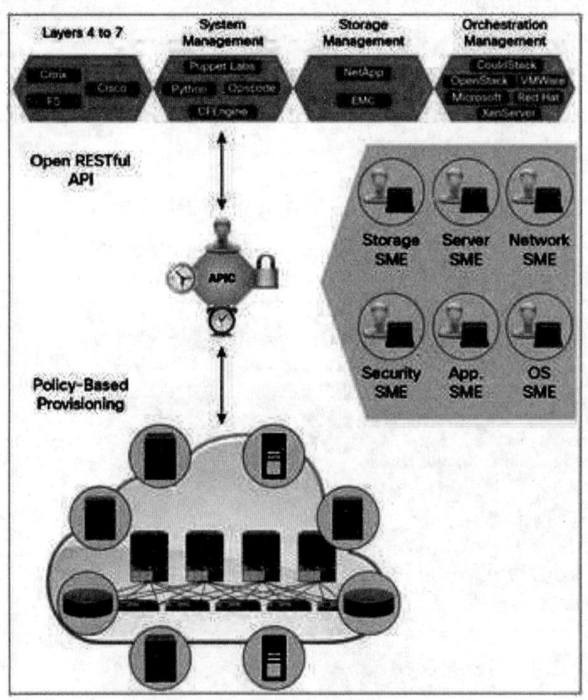

图 4-12　APIC 策略模块

思科 APIC 控制器能对网络、安全和网络服务自动化实现应用级集中式控制，在物理、虚拟和云基础架构上提供通用的策略和管理框架。思科 APIC 控制器采用开放式架构(开放式 API 和标准)，可集成第 4 到第 7 层服务、虚拟化和管理厂商，支持 OpenStack，支持开发操作轻松落实策略可视性和控制力。思科 APIC 控制器还可实现应用感知功能、移动性、集成可视性和控制力，妥善落实多重租赁安全、服务质量（QoS）和高可用性。

4.5.2　思科 Open SDN 控制器

思科 Open SDN 控制器是一个 OpenDaylight 的商业级版本，通过基于网络基础设施标准的自动化来提供业务的灵活性。Open SDN 控制器设计为一个高度可扩展的 SDN 应用平台，将复杂的异构网络管理工作进行抽象，因此改善了服务发布并降低了运营成本。

Open SDN 控制器平台框架如图 4-13 所示。

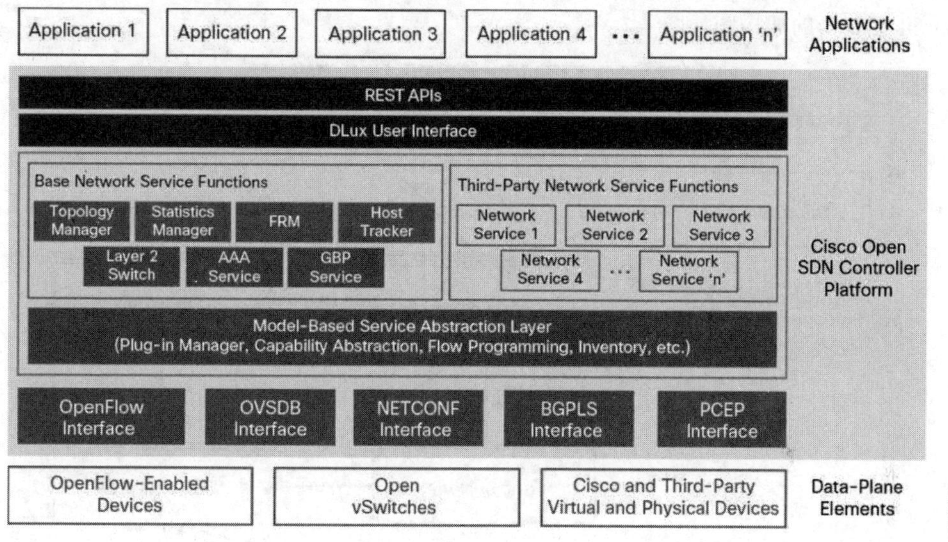

图 4-13　Open SDN 控制器平台框架图

4.5.3　思科 SDN 控制器的学习参考资源

APIC 控制器的学习参考资源如下。

（1）APIC 控制器的官方网站地址：http://www.cisco.com/c/zh_cn/products/cloud-systems-management/application-policy-infrastructure-controller-apic/index.html。

（2）Open SDN 控制器的官方网站地址：http://www.cisco.com/c/zh_cn/support/cloud-systems-management/open-sdn-controller/tsd-products-support-series-home.html

4.6　OpenContrail 控制器

2013 年，Juniper 网络（瞻博网络）发布了一款 SDN 控制器——OpenContrail。OpenContrail

包含 OpenContrail 控制器和 OpenContrail 虚拟路由。OpenContrail 控制器是一个逻辑上集中但物理上分布的 SDN 控制器，为虚拟网络提供管理、控制和分析功能。OpenContrail 虚拟路由是一个分布式的路由服务，运行在虚拟服务器的 hypervisor 上，将网络从一个数据中心的网络物理路由器和交换机扩展成一个虚拟的基于虚拟服务器主机之间通信的 Overlay 网络。

OpenContrail 控制器图标如图 4-14 所示。

OPENCONTRAIL

图 4-14 OpenContrail 控制器

在 OpenContrail 中，虚拟路由器和 hypervisor 紧密结合，借助 MPLS over GRE/UDP 或 VxLAN 实现 Overlay 网络。OpenContrail 的跨数据中心虚拟化是借助 MPLS L3 VPN 或者 EVPN 实现的。OpenContrail 控制器的架构图如图 4-15 所示。

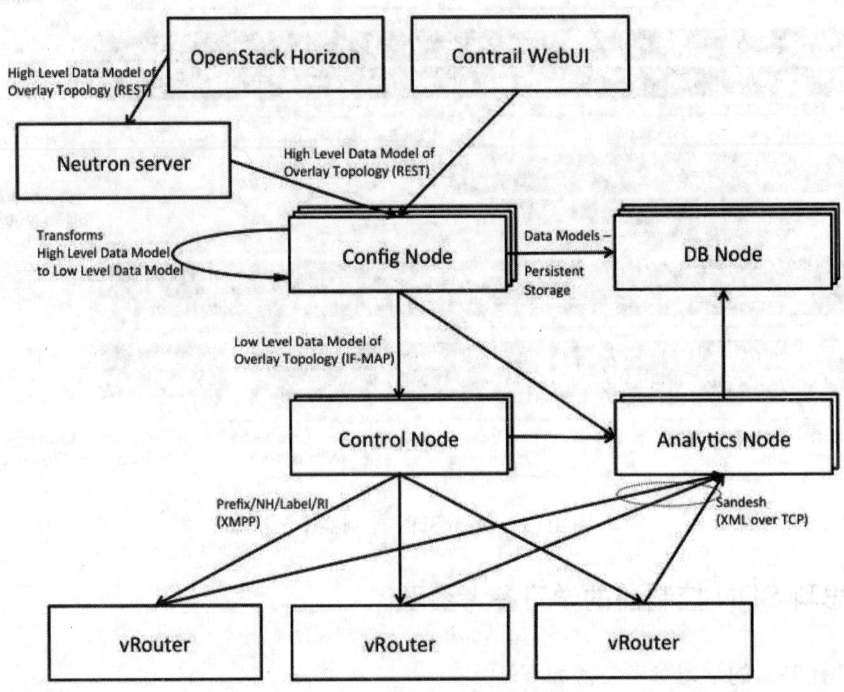

图 4-15 OpenContrail 控制器架构图

OpenContrail 控制器一个突出的特点是物理上分布。OpenContrail 控制器能很好地部署在分布式环境中，并较容易地实现负载均衡，并且能做到冗余，同时保证高可用性。这一特点使得 OpenContrail 控制器能运用在大规模的环境中，较好地在实际的生产环境中得到运用。OpenContrail 控制器物理环境需求如图 4-16 所示。

OpenContrail 控制器的学习参考资源如下。

（1）OpenContrail 控制器的官方网站地址：http://www.opencontrail.org/。

（2）OpenContrail 控制器在 github.com 网站上的地址：https://github.com/Juniper/contrail-controller。

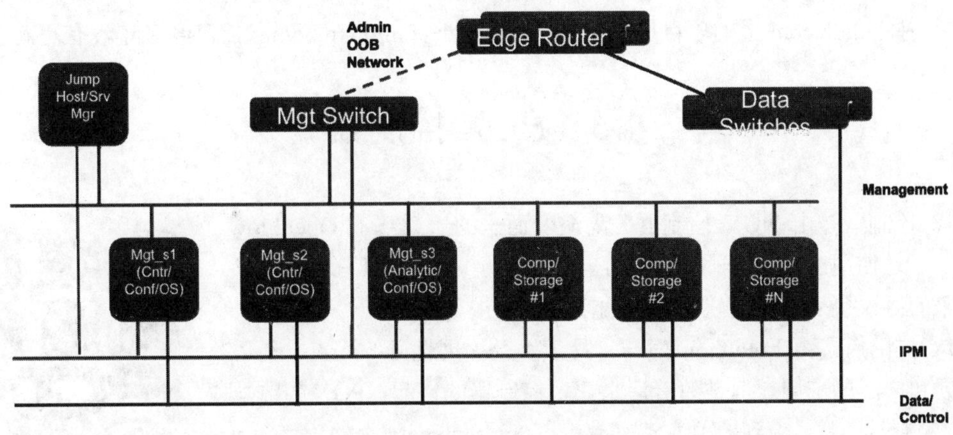

图 4-16　OpenContrail 控制器物理环境需求

4.7　NOX 控制器

NOX 控制器是由斯坦福大学在 2008 年提出的第一款 OpenFlow 控制器，NOX 是第一个实现的 SDN 控制器，它的早期版本（NOX-Classic）是由 C++和 Python 两种语言实现的，其中 NOX 核心架构及其关键部分都是使用 C++实现的，以保证性能。NOX 只能支持单线程操作，控制器提供相应的编程接口，开发人员可以使用 C++或者 Python 语言在这些接口上实现自己的应用。这个版本已经开源了包括 hub、switch、topology 和 route 在内的多种应用。NOX 搭建的 SDN 网络如图 4-17 所示。

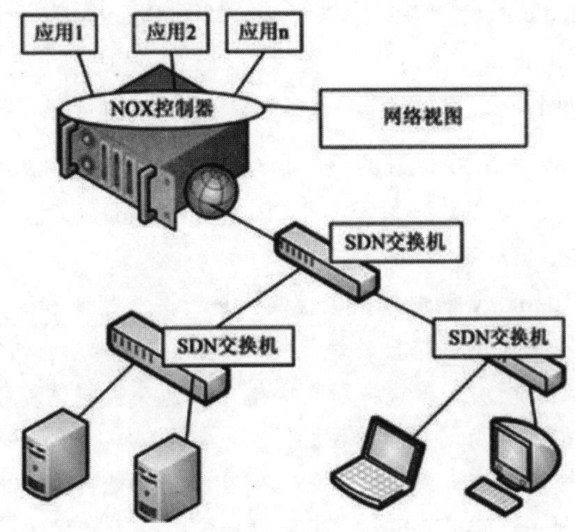

图 4-17　NOX 搭建的 SDN 网络

NOX 于 2015 年 5 月 11 日发布了新版本（1.9.2-core-beta），新版本完全由 C++实现，支持 OpenFlow 1.0 协议，并且提供了多线程的支持。由于 C++语言的灵活性、高效性，并且新版本增加了多线程支持，其性能有了很大的提升，但美中不足的是，新版的 NOX 只提供了基本框架。由于它在代码结构和实现语言上有了一定的调整，因此原来版本中无法直接移植。最新版本的 NOX 只有 switch 一个应用，实现了 learning switch 的功能。

NOX 在 github.com 上的项目地址为 https://github.com/noxrepo/nox，已经多年没有更新了。

4.8　POX 控制器

POX 控制器是由 NOX 控制器分隔演变而来的一款基于 OpenFlow 的控制器，是使用 Python 开发的，如图 4-18 所示。POX 具有能将交换机上送来的协议包交给制定软件模块的功能。

POX 推出后，由于 Python 简洁、易读以及扩展性好等优点，得以快速发展和广泛的应用。但是随着后来众多控制器的兴起，POX 控制器同 NOX 控制器一样，受到的关注越来越少，在 github.com 上的项目（地址：https://github.com/noxrepo/pox）也已经很久没有更新了。

图 4-18　POX 控制器

4.9　Beacon 控制器

Beacon 在 2010 年起源于斯坦福大学，由 Erickson 等人设计开发。Beacon 是基于 Java 语言开发实现的开源控制器，依赖于 OpenFlowJ 项目，以高效性和稳定性应用在多个科研项目及实验环境中，除此之外，具有很好的跨平台性，并支持多线程，可以通过相对友好的 UI 界面进行访问控制、使用和部署。

Beacon 采用 Java 的 Spring 和 Equinox 编程模型，可以提供 OSGi 用户界面。由于 OSGi 的特性，Beacon 的服务以 Bundle 组合的方式提供，这解耦了 Beacon 的各个功能块，便于进一步地开发，能方便地进行使用和部署。

Beacon 的主要模块如下。

- Core 模块：Core 模块是 Beacon 的核心模块，负责整个控制器的启动、停止、与交换机的连接等核心内容。Core 模块提供了一个 IBeaconProvide，其他的 bundle 通过调用该接口来获取相应的 Packet_In 消息。
- Topology 模块：Topology 模块是整个控制器进行网络控制和管理的基础，通过此模块，控制器可以得到整个网络的网络设备连接情况。Beacon 采用标准的 LLDP 协议实现。
- Device-Management 模块：该模块获取终端主机与交换机的连接关系，让控制器得到一张包含交换机和主机的全局网络连接图。
- Learning-Seitch 模块：该模块实现了简单的交换机功能，通过对到达数据包地址的学习，进而形成一个地址表（MacTable），实现数据包的查表转发。这是一个基本功能，几乎所有的开源控制器都会对其进行实现。
- Routing 模块：该模块的实现主要在两个 bundle 中，即 net.beaconcontroller.routing 和 net.beaconcontroller.routing.apsp。前者是数据包路由主要流程的实现，后者是对最短路径路由算法的实现。Beacon 中是采用一种基于权重的所有点对最短路径路由算法实现的。

Beacon 控制器的控制框架如图 4-19 所示。

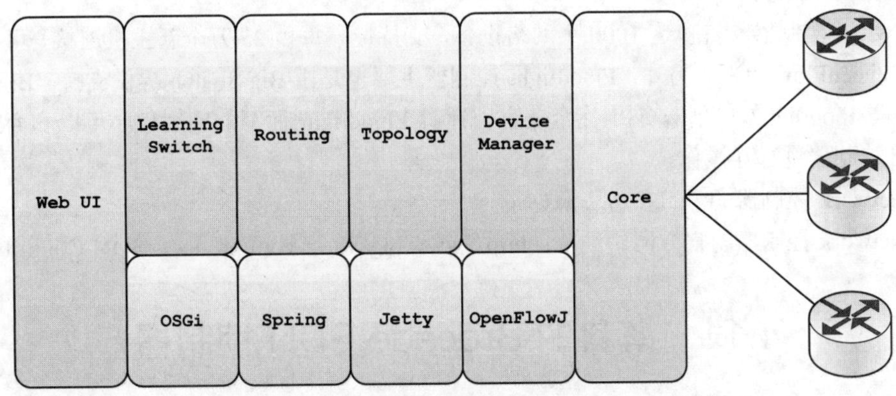

图 4-19　Beacon 控制器的控制框架图

4.10　Big Network 控制器

图 4-20　Big Switch 网络公司

Big Switch 网络公司推出一款称为 Big Network 的 SDN 商用控制器。Big Switch 网络公司将此控制器放入 Open SDN Suite 套件中，供数据中心运营商使用。Big Switch 网络公司图标如图 4-20 所示。

Big Network 控制器是基于 Floodlight 项目开发的，其遵守 OpenFlow 协议，提供统一网络智能的、企业级的可扩展性、高可用性。Big Switch 网络公司采用如 OpenFlow 这样的行业标准协议来从底层网络数据平面的元素创建一个通用的抽象和统一的数据模型，当与开源和发布的 APIs 结合时，Big Network 控制器能够提供一个灵活且可扩展的平台以部署网络应用。Big Network 控制器的部署位置图如图 4-21 所示。

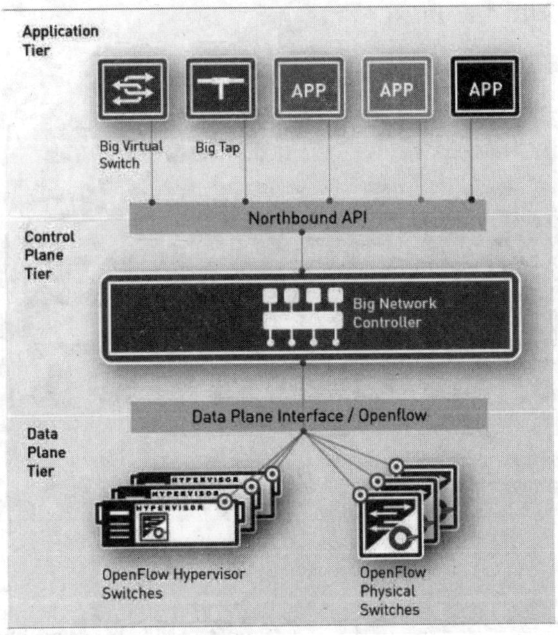

图 4-21　Big Switch 控制器的部署位置图

Big Switch 控制器支持多达 1000 个网络设备，支持最高每秒 25 万个新主机连接，可以每秒提供 60 万个 OpenFlow 更新。另外，Floodlight 控制器主要也是由 Big Switch 提供支持。Big Network Controller 与 Floodlight 控制器 API 完全兼容，针对 Floodlight 而写的应用程序可以和商业版本的 Big Switch 控制器进行互操作。

Big Network 控制器的学习参考资源如下。

Big Network 控制器的官方网站地址：http://www.bigswitch.com/products/SDN-Controller。

4.11　博科的 Brocade SDN 控制器

2015 年，博科推出基于 Open Daylight 代码研发的 Brocade SDN 控制器（原名称为博科 Vyatta 控制器），新版本控制器基于 OpenDaylight 项目进行了优化，添加了两个管理应用以加强对 SDN 操作的支持。Brocade SDN 控制器实际上就是 OpenDaylight 控制器的商用版，如图 4-22 所示。

图 4-22　Brocade SDN 控制器

Brocade SDN 控制器旨在客户迁移至 SDN 环境时最小化风险、保护客户资产，为网络运营商带来可编程网络的灵活性，为多厂商和虚拟机提供一个普通平台，使得客户能快速开发并专注于应用。Brocade SDN 控制器平台如图 4-23 所示。

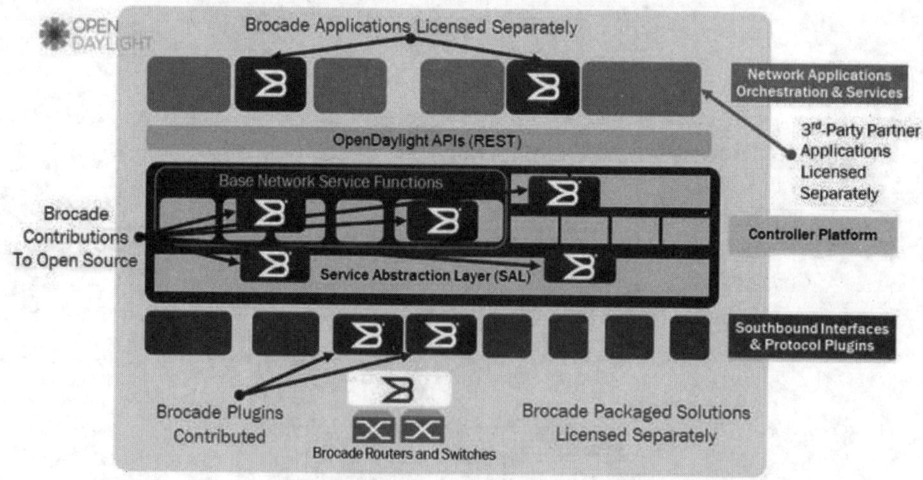

图 4-23　Brocade SDN 控制器平台

Brocade SDN 控制器是一个经充分测试、文档完整、质量保证的 OpenDaylight 版本。它的特征主要包括：

- 平台无关的，无关主机操作系统和虚拟管理程序，能够管理来自各厂商的物理和虚拟网络平台。
- 友好的用户界面和安装工具，部署简单省时。

OpenDaylight 控制器的更新极快（不到一年更新一次），这使得 Brocade SDN 控制器的大部分核心组件的更新速度也是非常明显的，另外 Brocade SDN 控制器也配备了反应迅速的技术支持团队，这都是 Brocade SDN 控制器的核心优势。

Brocade SDN 控制器的学习参考资源如下。

Brocade SDN 控制器的官方网站地址：http://www.brocade.com/en/products-services/software-networking/sdn-controllers-applications/sdn-controller.html。

4.12 Maestro 控制器

Maestro 是莱斯大学于 2011 年的一篇学位论文中提出的用 Java 语言实现的一款基于 LGPL V2.1 开原协议标准的 OpenFlow 多线程控制器。Maestro 主要应用于科研领域，具有很好的平台适应性，可以有效地在多种操作系统和体系结构上运行。到目前为止，Maestro 最新开源版本为 2011 年 5 月发布的 V0.2.1，其实现的应用主要包括 learning switch、discovery、location management、route 等，而对于命令模式，只是实现了一些简单的 display 操作，Maestro 项目的更新也是相当缓慢的。Maestro 控制器结构如图 4-24 所示。

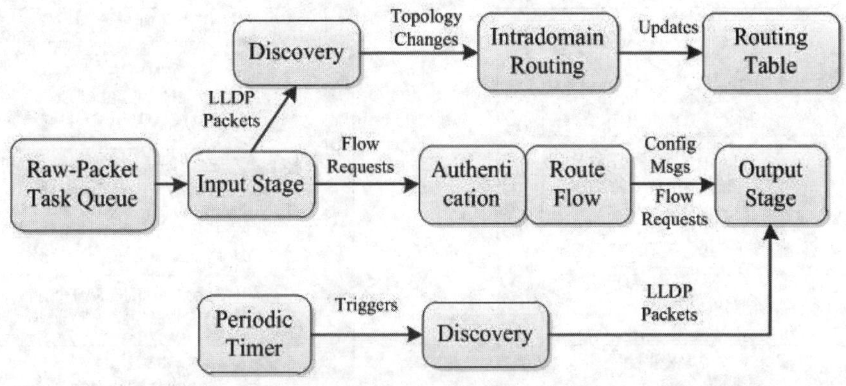

图 4-24 Maestro 控制器结构图

Maestro 控制器主要执行 3 个流程。Maestro 通过与每个交换机的 TCB 连接向交换机网络发送或从其接收 OpenFlow 消息，其中 Input Stage 和 Output Stage 分别处理底层套接字缓存的读取和写入，并将原始 OpenFlow 消息转化为高层次数据结构或将高层次数据结构转换为 OpenFlow 消息。这些底层功能随着 OpenFlow 协议标准更新而变化，上层功能则以应用程序的形式不断地更新和重新实现，编程人员可以灵活修改这些应用程序的行为或添加新的应用程序。

交换机加入网络中时会建立与 Maestro 的 TCP 连接，Discovery 模块周期性地发送探测消息，并通过 LLDP 发现并识别交换机，通过接收来自交换机的对探测报文的回应发现整个网络的拓扑结构。而当拓扑改变时，Discovery 会调用 Intradomain Routing 应用修改路由表信息。

4.13　IRIS 控制器

IRIS 是由 ETRI 研究团队创建的递归式 SDN OpenFlow 控制器，OpenIRIS 是 IRIS 的一个开源版本，如图 4-25 所示。IRIS 旨在解决 SDN 网络中可扩展性和可用性的问题。IRIS 使用 Java 语言编写，在类 Beacon 控制器基于 NIO 的事件句柄上创建。在 IO 引擎之上，IRIS 引入了许多 Floodlight 控制器核心模块和应用模块（包含学习交换机、链路发现、拓扑管理、设备管理、转发、防火墙、统计流实体发布）。IRIS 的目标是创建一个具有水平扩展运营商级别的网络、高可用性及透明故障恢复性能、基于 OpenFlow 的多域支持的递归网络抽象的 SDN 控制器。

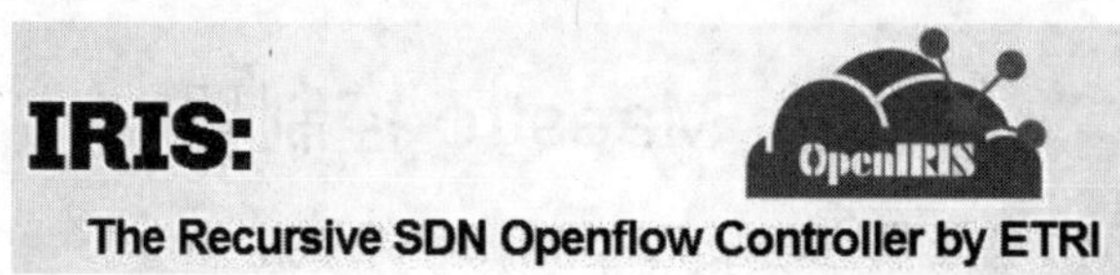

图 4-25　IRIS 控制器

IRIS 的控制器架构如图 4-26 所示。

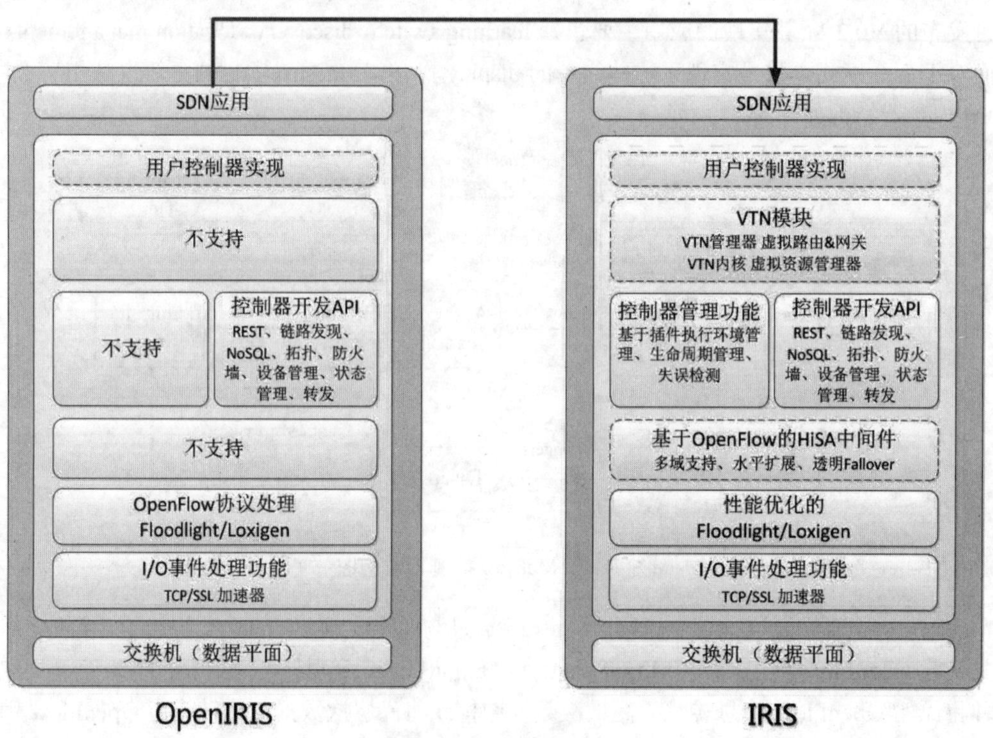

图 4-26　IRIS 控制器架构图

IRIS 控制器的学习参考资源如下。

（1）IRIS 控制器的官方网站地址：http://openiris.etri.re.kr/。

（2）IRIS 控制器在 github.com 上的项目地址：https://github.com/openiris/IRIS。

4.14　Extreme 公司的 OneController 控制器

OneContrller 控制器是 Extreme 公司基于开源控制器 OpenDaylight 的 Helium SR1.1 版本开发的。OneContrller 控制器旨在提供一个开放、功能灵活加载或卸载、可扩展的平台，使得 SDN 和 NFV 的规则能达到任意规模大小。应用程序可以使用 OneContrller 来收集网络智能，运行算法以进行分析，并且利用 OneContrller 在整个网络内制定新的规则。OneContrller 控制器的架构图如图 4-27 所示。

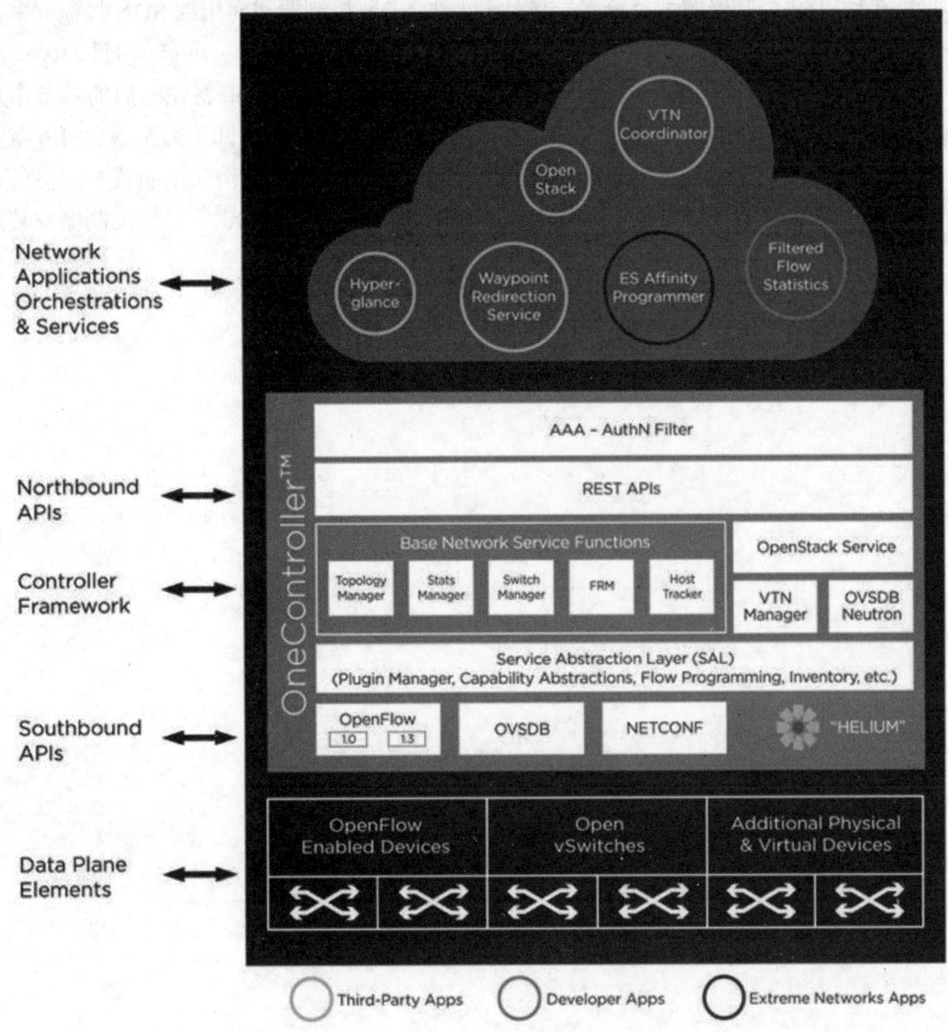

图 4-27　OneController 控制器架构图

OneController 控制器的学习参考资源如下。

OneController 控制器的官方网站地址：http://documentation.extremenetworks.com/sdn_wired_install_user_guide/sdn_wired_install_user_guide/c_onecontroller_overview.shtml。

4.15　本章总结

SDN 控制器是 SDN 网络的核心，是 SDN 的“大脑”。SDN 控制器提供了对于整个网络的一个集中化的视图，使得网络管理员能直接命令网络底层设施（如交换机和路由器）根据所指定的细粒度的要求来处理网络流量（如转发数据包、流量控制等）。这种集中化智能的设计简化了网络服务的提供，优化了性能，实现了细粒度的策略管理。SDN 控制器层通过 SDN 北向接口与 SDN 应用层通信，通过 SDN 南向接口与 SDN 基础架构层通信。

当前市场上 SDN 控制器的种类繁多，包括开源的 SDN 控制器和商用的 SDN 控制器。其中最为出名的是 OpenDaylight 项目，其他出名的项目还包括 ONOS 项目、Floodlight 项目、Ryu 项目等，本章对于当前市场上最为出名的 14 种控制器都进行了简要介绍。本书将在随后的章节中重点对 OpenDaylight 项目进行介绍，包括其整体项目和其子项目 Controller 项目（第 5 章和第 6 章）、安装指南（第 8 章）、基于 MD-SAL 开发指南（第三篇）和北向开发指南（第四篇）。另外，本书在第 9 章、第 10 章、第 11 章分别对 ONOS 项目、Floodlight 项目、Ryu 项目的控制器安装进行了介绍。

第 5 章

OpenDaylight 综述

本章在 5.1 节从总体来向读者介绍 OpenDaylight 项目。首先介绍 OpenDaylight 项目的起源、目标、创始成员，OpenDaylight 项目的重要特性——与其他控制器相比有很大的优势。

接着在 5.2 节介绍 OpenDaylight 项目的 5 个版本，重点介绍每个版本的子项目组成和项目框架，并给出相应的参考链接。

随后在 5.3 节介绍 OpenDaylight 的子项目。随着 OpenDaylight 社区对项目 OpenDaylight 持续活跃的参与贡献，OpenDaylight 原子项目的功能和性能不断发展，新的子项目也不断增加。到 2017 年 2 月为止，OpenDaylight 项目共有 79 个子项目，其中包含 7 个核心子项目、11 个协议相关的项目、6 个应用类项目、3 个服务类项目、6 个支持类项目、其他 46 个未分类子项目。本书在总述之后选取 OpenDaylight 子项目中比较受关注的项目，按照先项目种类（核心项目、协议项目、服务项目、支持项目、其他项目）后字母排列的顺序对这些项目进行简单的介绍。

为方便读者进一步学习，本书在 5.4 节提供 OpenDaylight 学习参考。

最后在 5.5 节对本章进行总结。

5.1 OpenDaylight 项目介绍

2013 年 4 月 8 日，Linux Foundation（https://en.wikipedia.org/wiki/The_Linux_Foundation）宣布成立一个由社区主导的、产业支持的开源框架——OpenDaylight 项目。

OpenDaylight 项目旨在加快创新，并促使 SDN 和 NFV（网络功能虚拟化）变得更加开放和透明。OpenDaylight 项目加快 SDN 网络的采用，培养创新，并且创建一个透明的、实现软件定义网络（SDN）和虚拟功能虚拟化（NFV）的方式。OpenDaylight 项目是社区领导和企业支持的开源框架。

该项目的创始成员有 Arista Networks、Big Switch Networks、Brocade、Cisco、Citrix、爱立信、HP、IBM、Juniper Networks、微软、NEC、Nuage Networks、PLUMgrid、红帽和 VMware。全体成员均致力于向 OpenDaylight 的开源框架贡献软件和工程资源，以帮助定义一个开源 SDN 平台的

未来。到 2016 年 10 月为止，OpenDaylight 项目的白金成员有 Brocade、Cisco、爱立信、HP、Intel 公司、红帽；黄金成员有 Inocybe 科技、NEC；白银成员有 42 家，其中包括中国的阿里巴巴、中国移动、富士通、新华三、华为、腾讯、中兴，如图 5-1 所示。

图 5-1 OpenDaylight 会员

OpenDaylight 项目由 Linux Foundation（https://en.wikipedia.org/wiki/The_Linux_Foundation）托管，是 SDN 最大的开源平台，旨在实现 SDN 创建灵活、快速响应组织和用户需求的可编程网络的目标。OpenDaylight 社区联合一个 SDN 公共平台的产业（诸如一起联合解决方案提供商、个人开发者、用户），向服务提供商、企业、大学和全球各地的各种组织提供互操作、可编程的网络。

OpenDaylight 项目是一个模块化的、开放的、协同开放的开源 SDN 平台，使用 Java 语言创建，适用于任何规模的网络。OpenDaylight 使得网络服务在使用多厂商硬件的环境中开展。OpenDaylight 的“微服务（microservices）”架构允许用户控制应用程序、协议、插件，并且能提供外部消费者和供应商之间的连接。OpenDaylight 的发展是由一个大型的全球社区驱动的，这个社区大约每 6 个月就更新一次平台，以向业界提供最广泛的 SDN 和 NFV 用例。OpenDaylight 的代码是由超过 20 个供应商提供的解决方案和应用整合或内嵌而来的，它能应用到一系列服务和咨询中去。

目前，大多数网络架构的设计都能很好地适应当前的需求和工作负载，SDN 可以更好地优化现有网络来满足当今的需求。OpenDaylight 集成开源代码、开放标准和开放 API，提供一个 SDN 平台，使网络更加可编程、更加智能、更具适应性。

1. 微服务（microservices）架构

OpenDaylight 使用了模块驱动的方式来描述网络、在网络上执行的功能、结果状态或获得的状态。通过在通用的数据存储和消息传送架构中共享 YANG 数据架构，OpenDaylight 允许创建细粒度的服务，然后结合在一起，以解决更复杂的问题。在 OpenDaylight 模块驱动服务抽象层（MD-SAL），任何应用或功能都可以绑定到一个可加载到控制器的服务上。服务可以按很多不同的方式配置并整合，以匹配网络中变动的需求。

- 仅安装所需的协议和服务。
- 有需要时能将多种服务和协议整合到一起以解决更复杂的问题。
- 模块化的设计允许 OpenDaylight 生态系统中的任何人利用其他人创建的服务。

2. 多协议支持

OpenDaylight 包含对任何（包括传统网络的和新兴网络的）SDN 平台中大多协议的支持，这改善了现代网络的可编程性，满足了用户的一系列需求。

例如，OpenDaylight 平台支持 OpenFlow、OpenFlow 的扩展（如 Table Type Patterns、TTP），传统的协议包括 NETCONF、BGP /PCEP、CAPWAP，此外，OpenDaylight 通过 OVSDB 集成项目与 OpenStack 的接口和 Open vSwitch 相连。OpenDaylight 社区将继续评估和集成协议，为用户提供最好的支持。

- 部署至已有或未部署的网络。
- 支持众多协议——从 NETCONF 到 OpenFlow。
- 开源开发模块允许持续创新。

3. S3P：安全性、可扩展性、稳定性和性能

S3P 英文为 Security、Scalability、Stability、Performance，即安全性、可扩展性、稳定性和性能。OpenDaylight 组织对每个子项目（本章的 5.3 节将会介绍）在安全性、可扩展性、稳定性和性能（S3P）这 4 个维度上进行改进。OpenDaylight 还与 OPNFV 在支持控制器性能测试项目中合作，这个项目使得 SDN 控制器能更好地落地，并得到更大规模的自动化地部署。

在这 4 个维度中，安全是 OpenDaylight 发展是否成功的重要取决点之一。每个新版本都包含着更好的、更严格的安全功能。OpenDaylight 平台提供了认证、授权和审计（通称为 AAA）的一个框架，自动发现网络设备和控制器并进行保护。此外，OpenDaylight 有一个强大的安全团队和立即应对任何漏洞的处理流程。

- 强烈关注 OpenDaylight 的安全性、可扩展性、稳定性和性能。
- 持续集成和所有项目的测试。
- 文档化和透明的安全过程，以识别和启用即时修复。

OpenDaylight 的模块化和灵活允许终端用户选择他们所关注的功能以创建所需的“定制的”控制器。OpenDaylight 项目的框架还在不断地完善，到 2017 年 2 月为止，OpenDaylight 项目最新的版本为硼（Bo）版本，硼版本的框架图如图 4-2 所示，硼版本的子项目依赖关系图如图 4-3 所示。

5.2　OpenDaylight 版本介绍

OpenDaylight 项目诞生至今，已先后推出氢（H）版本、氦（He）版本、锂（Li）版本、铍（Be）版本和硼（Bo）版本。OpenDaylight 项目平均不到一年就推出一个新的版本，而且每个新的版本相对于前一版本都有很大的变化，有些版本新增了一些子项目，有些版本的某些子项目的架构进行了大规模的调整。总的来说，OpenDaylight 项目向着功能越来越实用、性能越来越高的方向发展。下面对每个版本进行简单介绍。

5.2.1　氢版本简介

2014 年 2 月，OpenDaylight 项目的氢版本正式发布。氢版本相对于其他版本较为特殊，它同时推出了 3 个版本（见图 5-2）：Base（基础版本）、Virtualization（虚拟化版本）、Service Provider（服务提供商版本）。但后来不再出现子版本，任何发布以统一的版本出现。

Hydrogen	Base	1.0	February 4, 2014	Pre-Built Zip File RPM		Installation Guide User Guide Edition Release Notes Hydrogen Release Notes Hydrogen Developer Guide	Additional Downloads
Hydrogen	Virtualization	1.0	February 4, 2014	Pre-Built Zip File RPM		Installation Guide User Guide Edition Release Notes Hydrogen Release Notes Hydrogen Developer Guide	Additional Downloads
Hydrogen	Service Provider	1.0	February 4, 2014	Pre-Built Zip File RPM		Installation Guide User Guide Edition Release Notes Hydrogen Release Notes Hydrogen Developer Guide	Additional Downloads

图 5-2　OpenDaylight 项目的氢 H 版本

OpenDaylight 项目的氢版本仅包含 Controller、Open DOVE、VTN、SNMP4SDN、LISPFlowMapping、BGP/LS 和 PCEP、YANGTOOLS、Defense4All、OpenFlowJava、OpenFlow 插件、OVSDB、Affinity API、Project 这几个子项目。

1. Base（基础版本）

其中 Base（基础版本）设计为设计和实验性质使用，这个版本仅包含 OpenFlow、OVSDB、Base 版本网络服务功能所用的 NetConf 南向接口。Base（基础版本）的架构如图 5-3 所示。

有兴趣进一步研究的读者可参考网页链接：https://www.opendaylight.org/software/downloads/hydrogen-base-10。

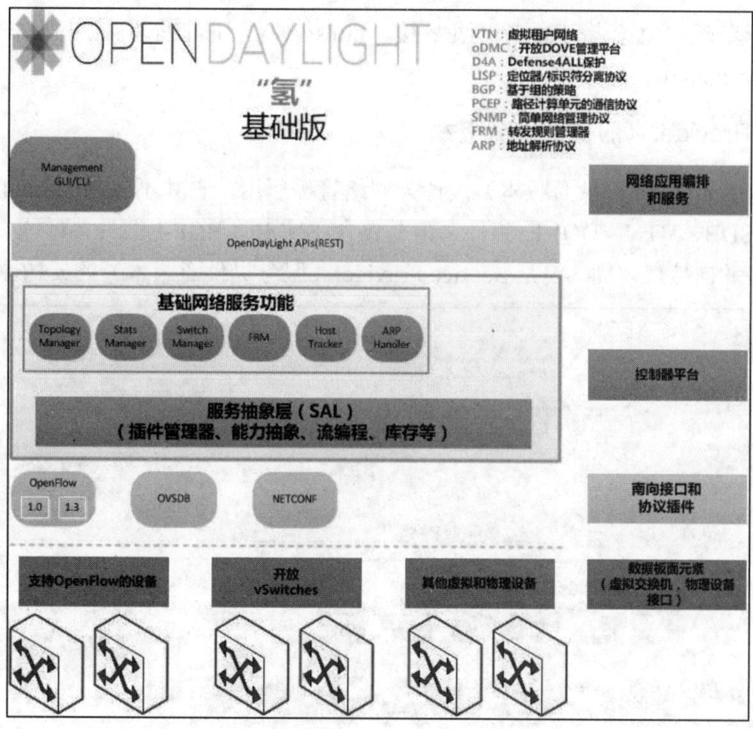

图 5-3　Base（基础版本）的架构图

2. Virtualization（虚拟化版本）

Virtualization（虚拟化版本）设计为数据中心所使用，包括 OVSDB 南向协议和 Affinity 服务、VTN、DOVE、OpenStack 服务。图 5-4 是 Virtualization（虚拟化版本）的架构图。

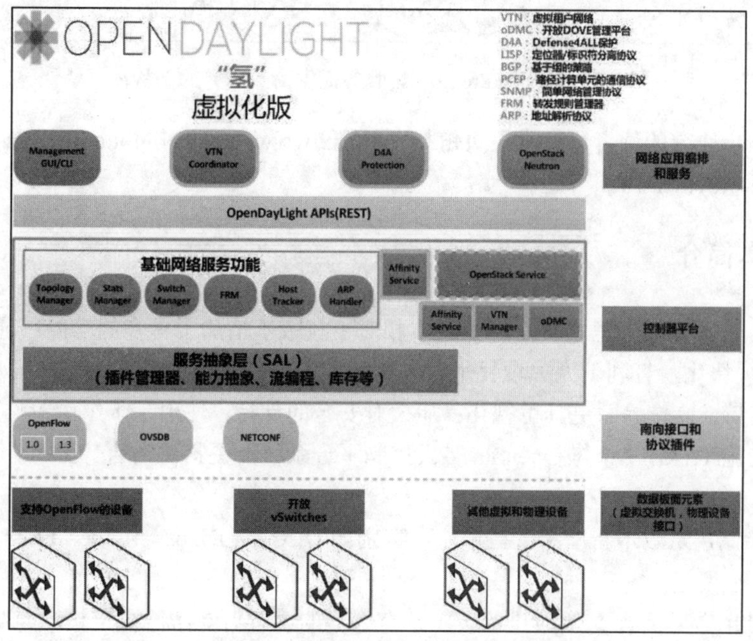

图 5-4　Virtualization（虚拟化版本）的架构图

有兴趣进一步研究的读者可参考网页链接：https://www.opendaylight.org/software/downloads/hydrogen-virtualization-10。

3. Service Provider（服务提供商版本）

Service Provider（服务提供商版本）设计为网络管控所用，它并不包含 Virtualization（虚拟化版本）中的 OVSDB、VTN、DOVE 组件，但是包含 SNMP、BGP-LS、LISP 南向接口、Affinity 服务、LISP 服务北向接口。图 5-5 是 Service Provider（服务提供商版本）的架构图。

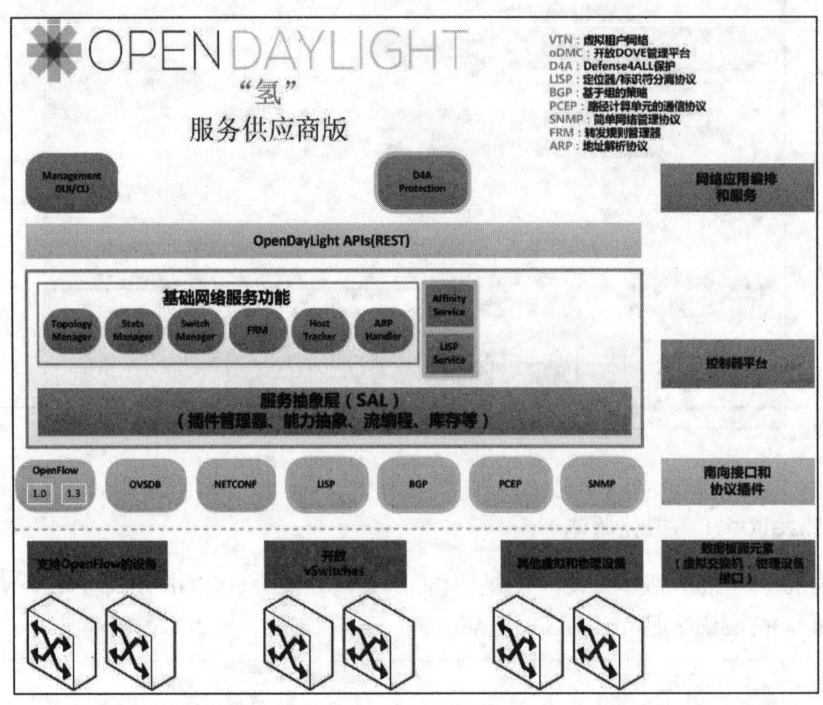

图 5-5　Service Provider（服务提供商版本）的架构图

有兴趣进一步研究的读者可参考网页链接：https://www.opendaylight.org/software/downloads/hydrogen-service-provider-10。

5.2.2　氦版本简介

2014 年 10 月，氦版本正式发布。氦版本相对于氢版本增加了更多的功能：通过采用 Apache Karaf 容器变得模块化，有利于庞大项目平稳又积极的发展；支持分布式部署和同步机制；新增对业务功能链的支持；操作界面更具可视化；加大对安全的支持，使用基于组的策略（GBP）和安全网络引导基础设施（SNBI）；与 OpenStack 云控制平台系统能更紧密结合。图 5-6 所示为氦版本的架构图。

与氢版本相比，氦版本新增了一些模块，特别如 DLUX、DDos、AAA、FRM、LISP、SDNI、SFC 这些模块。

氦版本在推出之后又有 5 个改进的版本，有兴趣的读者可参考网页链接对氦版本的 6 个分支进行进一步研究：

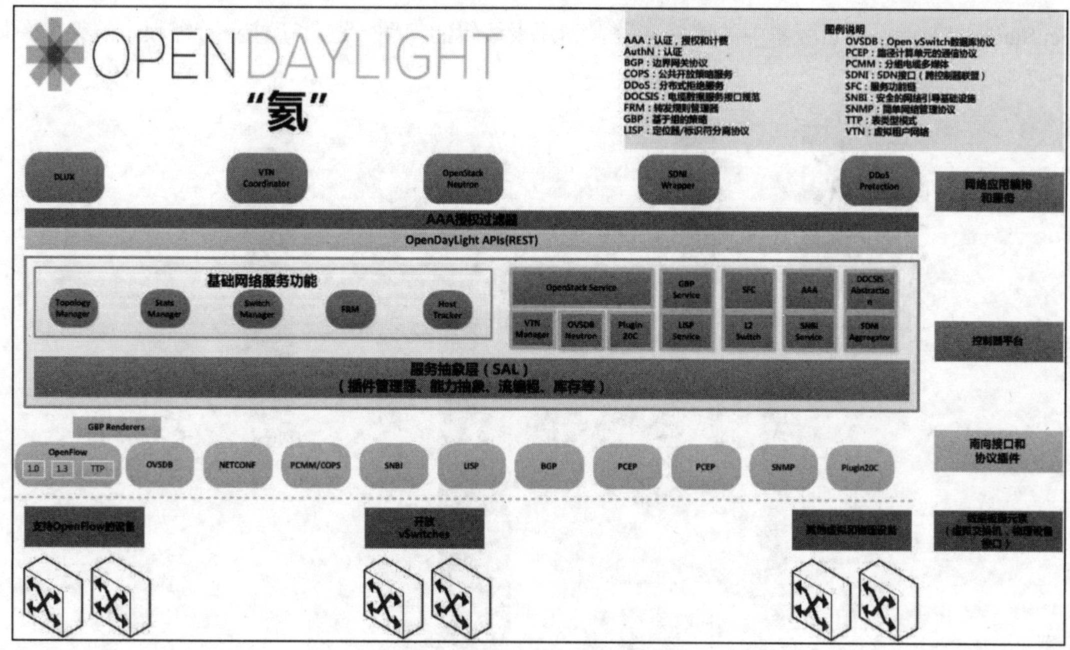

图 5-6　氦版本架构图

- Helium
  https://www.opendaylight.org/software/downloads/helium
- Helium-SR1
  https://www.opendaylight.org/software/downloads/helium-sr1
- Helium-SR1.1
  https://www.opendaylight.org/software/downloads/helium-sr11
- Helium-SR2
  https://www.opendaylight.org/software/downloads/helium-sr2
- Helium-SR3
  https://www.opendaylight.org/software/downloads/helium-sr3
- Helium-SR4
  https://www.opendaylight.org/software/downloads/helium-sr4

5.2.3　锂版本简介

2015 年 1 月，锂版本正式发布。由于之前两个版本的 OpenDaylight 项目在 SDN 众多控制器中呈现出极大的优势，也随着行业巨头的参与开发，从这一版本开始 OpenDaylight 项目的规模开始变大，也更适合在生产环境中使用。据不完全估计，至少有 20 多家企业在自己的商业方案中使用了这一版本的 OpenDaylight 项目。

锂版本在系统架构上进行了调整，在 SAL（服务抽象层）的大多功能主要通过模块驱动的方式来实现（将 AD-SAL 模块大部分的功能转移至 MD-SAL 模块中实现）；将继续加强项目的安全性，如在控制器和网络设备之间增加了新的安全通道，新增了流量审查功能等；持续改善对

OpenStack 的支持；对氦版本中的诸多问题（如流表编辑的问题）进行了修正。锂版本的架构图如图 5-7 所示。

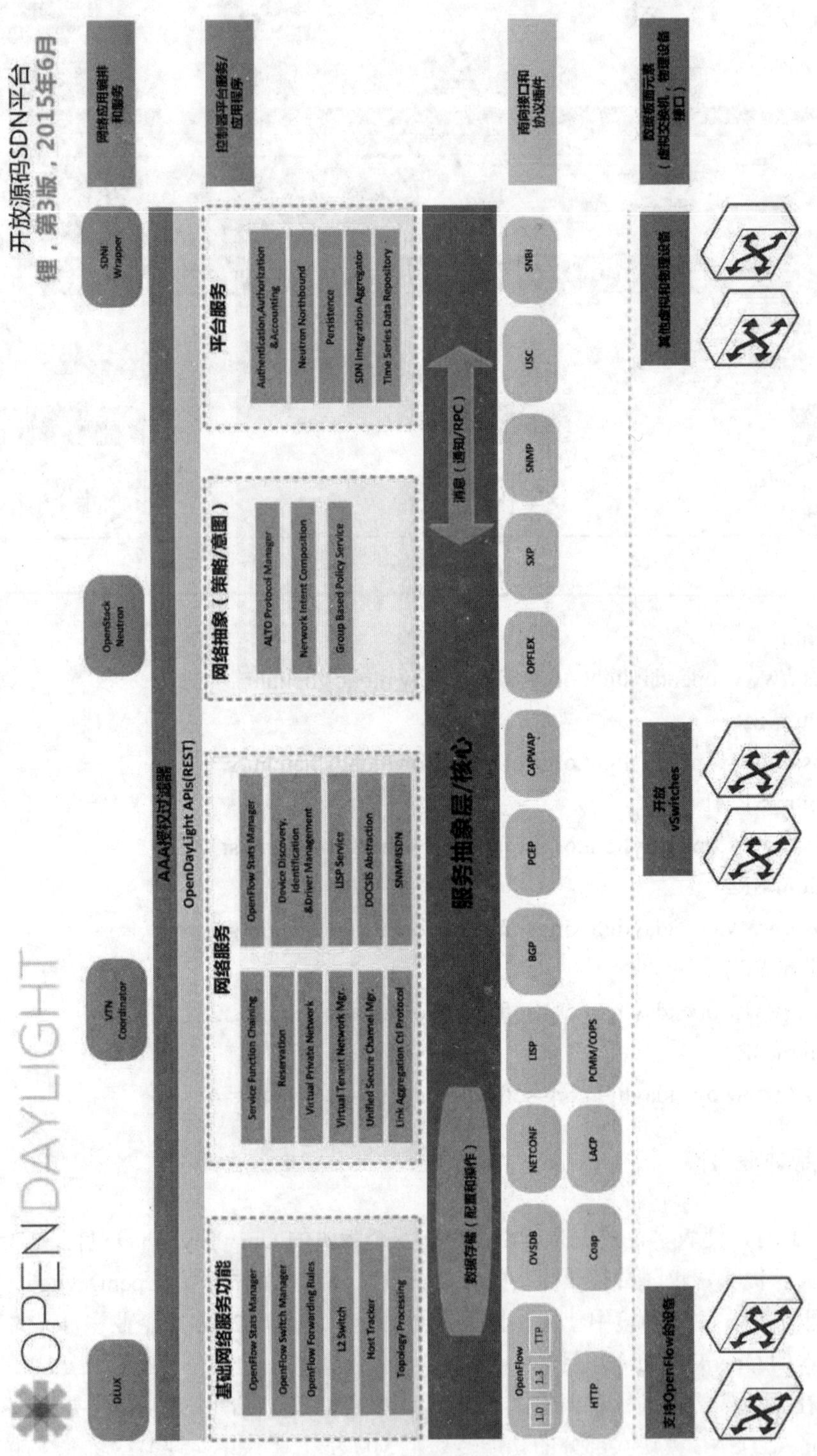

图 5-7　锂版本架构图

锂版本在推出之后又有 4 个改进的版本，有兴趣的读者可参考网页链接对锂版本的 5 个分支进行进一步研究：

- Lithium
  https://www.opendaylight.org/software/downloads/lithium
- Lithium-SR1
  https://www.opendaylight.org/software/downloads/lithium-sr1
- Lithium-SR2
  https://www.opendaylight.org/software/downloads/lithium-sr2
- Lithium-SR3
  https://www.opendaylight.org/software/downloads/lithium-sr3
- Lithium-SR4
  https://www.opendaylight.org/software/downloads/lithium-sr4

5.2.4　铍版本简介

2016 年 2 月，铍版本正式发布。OpenDaylight 项目在这一版本有了里程碑式的进步，极大地提升了性能、可扩展性、功能这 3 方面的能力，更加适合在商业环境中应用。铍版本继续在实现的系统架构上进行调整，在 SAL 层（服务抽象层）干脆将 AD-SAL 模块去掉，自铍版本之后，所有的版本中 SAL 模块仅包含 MD-SAL 模块；加强了对集群的支持，实现了规模灵活的扩展和性能（包括高可用性）的提升；升级数据处理、消息传输性能，以提供更优秀的抽象网络功能；部署 SDN 网络更加方便；与用户的交互界面更加友好；对 OpenStack 的支持升级，支持其高可用性和 neutron APIs。铍版本的架构如图 5-8 所示。

到 2017 年 2 月为止，铍版本在推出之后又有 3 个改进版本，有兴趣的读者可参考网页链接对铍版本的 4 个分支进行进一步研究：

- Beryllium
  https://www.opendaylight.org/software/downloads/beryllium
- Beryllium-SR1
  https://www.opendaylight.org/software/downloads/beryllium-sr1
- Beryllium-SR2
  https://www.opendaylight.org/software/downloads/beryllium-sr2
- Beryllium-SR4
  https://www.opendaylight.org/software/downloads/beryllium-sr4

5.2.5　硼版本简介

2016 年 9 月 21 日，硼版本正式发布。与之前的版本相比，这个版本得到了社区极其积极的参与和代码贡献，硼版本的发布是 OpenDaylight 在技术和社区成熟的里程碑。硼版本加强了 SDN 在云、NFV、大规模的网络工程项目的落地实施、功能加强和性能提升，硼版本也更多的提供了和其他大型工具框架（从 OPNFV、OpenStack、CORD、Atrium Enterprise）的集成。

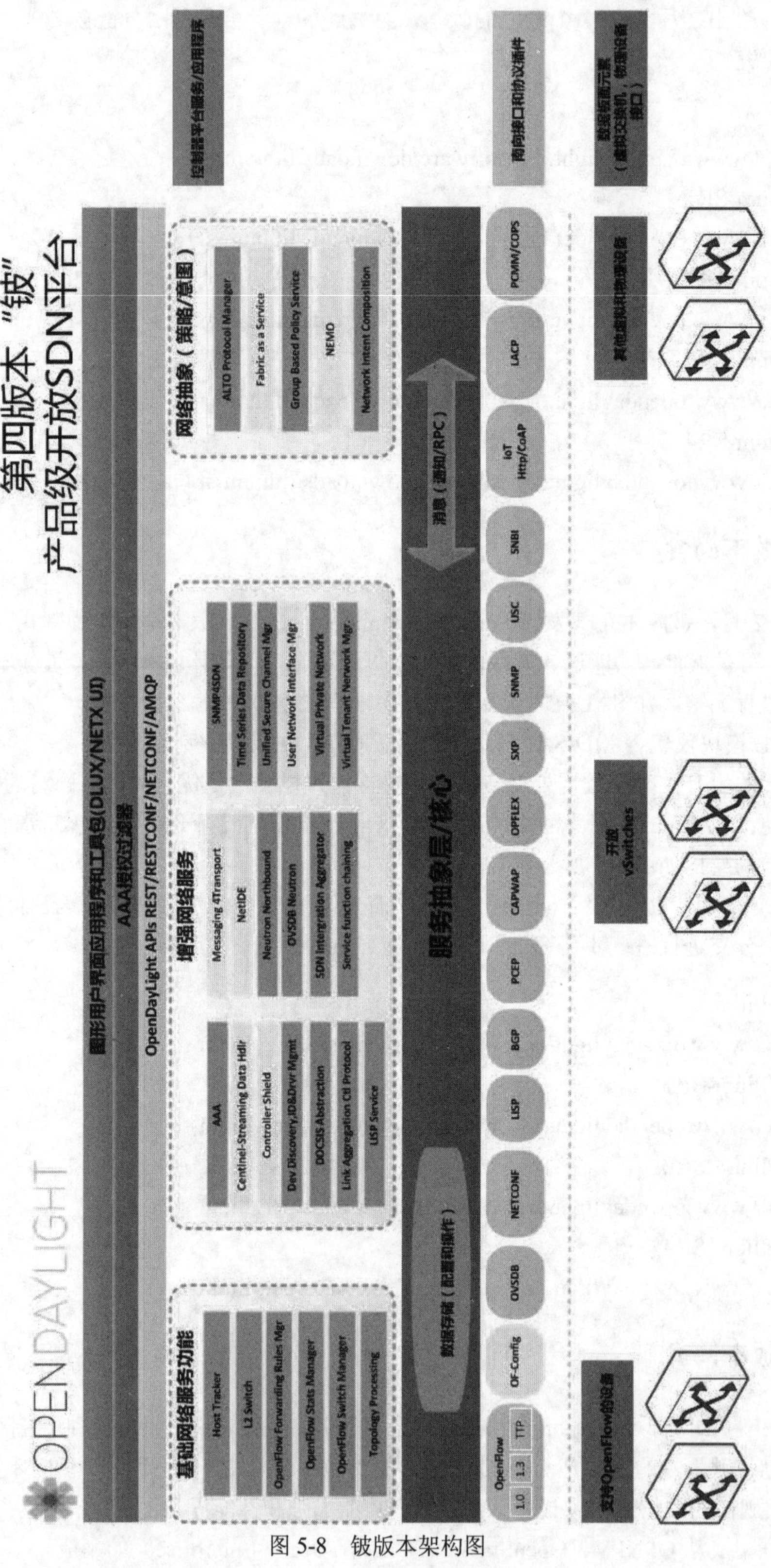
OPENDAYLIGHT
第四版本“铍”
产品级开放SDN平台
图形用户界面应用程序和工具包(DLUX/NETX UI)
AAA授权过滤器
OpenDayLight APIs REST/RESTCONF/NETCONF/AMQP
控制器平台服务/应用程序
基础网络服务功能
Host Tracker
L2 Switch
OpenFlow Forwarding Rules Mgr
OpenFlow Stats Manager
OpenFlow Switch Manager
Topology Processing
增强网络服务
AAA
Centinel-Streaming Data Hdlr
Controller Shield
Dev Discovery,ID&Drvr Mgmt
DOCSIS Abstraction
Link Aggregation Ctl Protocol
LISP Service
Messaging 4Transport
NetIDE
Neutron Northbound
OVSDB Neutron
SDN Integration Aggregator
Service function chaining
SNMP4SDN
Time Series Data Repository
Unified Secure Channel Mgr
User Network Interface Mgr
Virtual Private Network
Virtual Tenant Network Mgr.
网络抽象（策略/意图）
ALTO Protocol Manager
Fabric as a Service
Group Based Policy Service
NEMO
Network Intent Composition
服务抽象层/核心
数据存储（配置和操作）
消息（通知/RPC）
OpenFlow
1.0
1.3
TTP
OF-Config
OVSDB
NETCONF
LISP
BGP
PCEP
CAPWAP
OPFLEX
SXP
SNMP
USC
SNBI
IoT Http/CoAP
LACP
PCMM/COPS
南向接口和协议插件
支持OpenFlow的设备
开放 vSwitches
其他虚拟和物理设备
数据平面元素（虚拟交换机，物理设备接口）

图 5-8　铍版本架构图

硼版本的特性和功能如下。

- 常见的 SDN 工具链
  - 网络虚拟化+ SFC
  - OF + OVSDB + OVS/FD.io
  - Mgmt 平面可编程性（BGP + PCEP + MPLS + NETCONF）
- 操作工具
  - Cardinal 健康监测
  - 数据分析（TSDR&Centinel）
- 应用开发者工具
  - YANG-IDE 工具包
  - 可跨 OSS 控制器互操作的 NetIDE
  - NeXt UI 工具包
  - “Genius” Singleton 应用程序 HA
  - 文档
- 整合-行业框架
  - OPNFV
  - OpenStack
  - CORD/虚拟集中办公（vCO）
  - ECOMP
  - ONF/Atriu

另外，对于使用者和开发者非常重要的一个改进是项目文档的规范化。众多使用者和开发者在之前的版本中深受文档的折磨，诸多找不到文档、文档出错等问题明显提升了 OpenDaylight 项目的使用和开发难度，也是用户抱怨的热点之一。硼版本开始注重文档的规范化，虽然现在还是存在问题，但终于得到了开发团队的重视，总的来说是朝好的方向发展。硼版本的架构图如图 5-9 所示。

到 2017 年 2 月为止，硼版本推出了 1 个正式的版本，有兴趣进一步研究的读者可参考网页链接：

- Boron
  https://www.opendaylight.org/software/downloads/boron-sr2

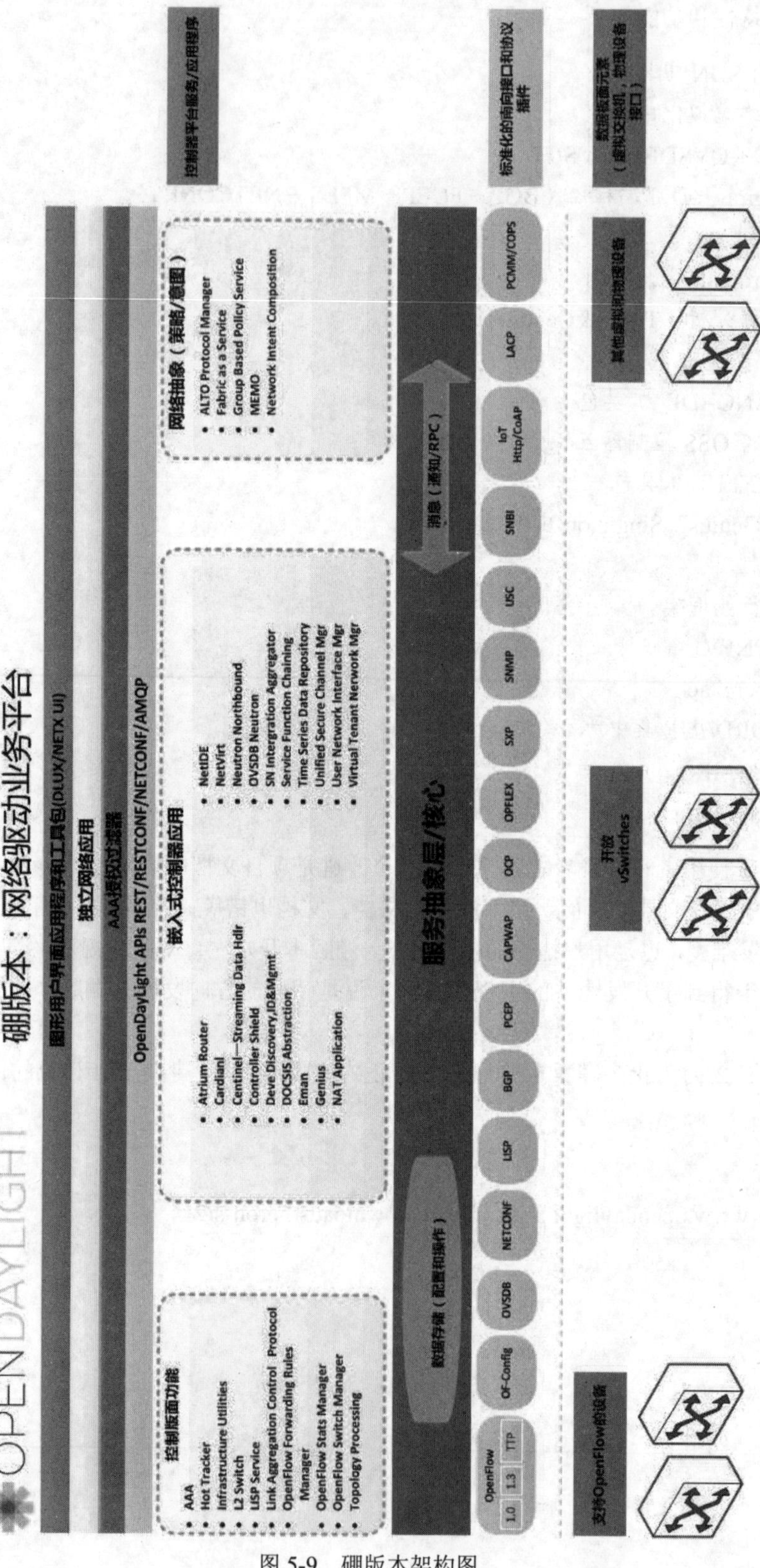
OPENDAYLIGHT
硼版本：网络驱动业务平台
图形用户界面应用程序和工具包(DLUX/NETX UI)
独立网络应用
AAA授权过滤器
OpenDayLight APIs REST/RESTCONF/NETCONF/AMQP
控制器平台服务/应用程序
控制层面功能
AAA
Host Tracker
Infrastructure Utilities
L2 Switch
LISP Service
Link Aggregation Control Protocol
OpenFlow Forwarding Rules Manager
OpenFlow Stats Manager
OpenFlow Switch Manager
Topology Processing
嵌入式控制器应用
Atrium Router
Cardinal
Centinel—Streaming Data Hdlr
Controller Shield
Deve Discovery,ID&Mgmt
DOCSIS Abstraction
Eman
Genius
NAT Application
NetIDE
NetVirt
Neutron Northbound
OVSDB Neutron
SN Intergration Aggregator
Service Function Chaining
Time Series Data Repository
Unified Secure Channel Mgr
User Network Interface Mgr
Virtual Tenant Nerwork Mgr
网络抽象（策略/意图）
ALTO Protocol Manager
Fabric as a Service
Group Based Policy Service
MEMO
Network Intent Composition
数据存储（配置和操作）
服务抽象层/核心
消息（通知/RPC）
OpenFlow 1.0 1.3 TTP
OF-Config
OVSDB
NETCONF
LISP
BGP
PCEP
CAPWAP
OCP
OPFLEX
SXP
SNMP
USC
SNBI
IoT Http/CoAP
LACP
PCMM/COPS
标准化的南向接口和协议插件
支持OpenFlow的设备
开放 vSwitches
其他虚拟和物理设备
数据层面元素（虚拟交换机，物理设备接口）

图 5-9　硼版本架构图

5.3 OpenDaylight 的子项目简介

随着 OpenDaylight 社区对项目 OpenDaylight 持续活跃的参与贡献，OpenDaylight 原子项目的功能和性能不断发展，新的子项目也不断增加。以下是到 2017 年 2 月为止，OpenDaylight 子项目最新的情况。

1. OpenDaylight 项目最核心的子项目为（按字母排列的序列）

- AAA（认证、授权、审计项目）
- Federation（联合体项目）
- Infrastructure Utilities（基础设施项目）
- MD-SAL（模块驱动项目）
- ODL Root Parent（父项目）
- OpenDaylight Controller（控制器项目）
- YANG Tools（YANG 工具项目）

2. OpenDaylight 项目中协议项目（与协议相关的项目）为（按字母排列的序列）

- BGP LS PCEP（BGP 和 PCEP 项目）
- Genius（天才项目）
- NETCONF（NETCONF 项目）
- OCP Plugin（OCP 插件项目）
- OpenDaylight Lisp Flow Mapping（LISP 流映射项目）
- OpenDaylight OpenFlow Plugin（OpenFlow 插件项目）
- Openflow Protocol Library（OpenFlow 协议库项目）
- OVSDB Integration（OVSDB 集成项目）
- SNMP4SDN（SNMP 项目）
- Table Type Patterns（表类型模式项目）
- USC（统一安全通道项目）

3. OpenDaylight 项目中应用类项目为（按字母排列的序列）

- COE（容器总控引擎项目）
- DluxApps（Dlux 的 App 项目）
- FaaS（网络构造即服务项目）
- NEMO（NEMO 语言项目）
- NeutronNorthbound（Neutron 北向项目）
- SystemMetrics（系统度量项目）

4. OpenDaylight 项目中服务类项目为（按字母排列的序列）

- BIER（位索引显式复制项目）

- Topology Processing Framework（拓扑处理框架）
- Unimgr（用户网络接口管理插件项目）

5. OpenDaylight 项目中支持类项目（支持类项目专为 OpenDaylight 的其他子项目提供公共服务）为（按字母排列的序列）

- Documentation（文档类项目）
- Integration/Distribution（集成/发布项目）
- Integration/Packaging（集成/打包项目）
- Integration/Test（集成/测试项目）
- RelEng/Autorelease（发布工程/自动发布项目）
- RelEng/Builder（发布工程/构建项目）

6. 其他 OpenDaylight 项目中未分类子项目为（按字母排列的序列）

- ALTO（应用层流量优化项目）
- Armoury（Armoury 管理计算网络资源的项目）
- Atrium（Atrium 组建完整的 SDN 栈的项目）
- CAPWAP（无线接入点的控制和提供）
- Cardinal（Cardinal 健康监测项目）
- Centinel（Centinel 数据分析项目）
- Controller Core Functionality Tutorials（控制器核心功能向导项目）
- Controller Shield（控制器盾项目）
- Daexim（Daexim 数据导入导出项目）
- DIDM（设备认证和驱动管理项目）
- Discovery（探索项目）
- EMAN（能源管理插件项目）
- Group Based Policy（GBP）/Project Facts（GBP 项目）
- Honeycomb/VBD（蜂窝/系统移动项目）
- IoTDM（物联网数据管理项目）
- JSON-RPC2.0（JSON-RPC2.0 项目）
- Kafka Producer（Kafka 制造项目）
- L2 Switch（L2 层交换机项目）
- LACP（链接聚合控制协议项目）
- Messaging4Transport（消息传送项目）
- NATApp Plugin（NAT 应用插件项目）
- NetIDE（NetIDE 项目）
- NetVirt（NetVirt 网络虚拟化项目）
- Network Intent Composition（网络意图组成项目）
- NeXt（NeXt 拓扑展现项目）
- ODL-SDNi App（OpenDaylight 的 SDN 接口应用项目）

- OF-CONFIG（OF-CONFIG 项目）
- OpenDaylight dlux（OpenDaylight 的 UI——DLUX 项目）
- OpenDaylight OFextensions Circuitsw（ODL 的 Openflow 协议扩展项目）
- OpFlex（OpFlex 协议实现项目）
- PacketCablePCMM（PacketCable PCMM 插件项目）
- Persistence（持久化存储服务项目）
- Reservation（资源预留项目）
- SecureNetworkBootstrapping（安全网络引导项目）
- Service Function Chaining（服务功能链项目）
- SNMP Plugin（SNMP 插件项目）
- Spectrometer（Spectrometer 透明测量项目）
- SXP（SXP 相关项目）
- TCPMD5（TCP-MD5 支持库项目）
- Topology Processing Framework（拓扑处理框架项目）
- TransportPCE（PCE 传输项目）
- TSDR（时间序列数据仓库项目）
- VPNService（VPN 服务项目）
- VTN（VTN 项目）
- YANG PUBSUB（YANG 的 PUBSUB 项目）
- YangIDE（Eclipse 的 YANG 插件项目）

另外，以下已存档的项目是之前的 OpenDaylight 版本出现的子项目，这些项目已经取消（停止更新或项目拆分、项目转化）。

- Affinity Metadata Service（Affinity 元数据服务项目）：停止更新。
- Defense4All（防护项目）：停止更新。
- Integration（集成项目）：项目分裂成 3 个子项目——Integration/Test 项目、Integration/Distribution 项目、Integration/Packaging 项目。
- Open DOVE（开源 DOVE）：停止更新，原专为氢版本设计。
- OpenDaylight SDN Controller Platform（OSCP，ODL 的 SDN 控制器平台）：停止更新。
- OpenDaylight Toolkit（ODL 的工具包）：停止更新，原设计为 ODL 控制器的开发者使用。
- Southbound plugin to the OpenContrail platform（OpenContrail 平台的南向插件）：停止更新。

硼版本的子项目组成如图 5-10 所示。

在本节（5.3 节）的以下部分将选取 OpenDaylight 子项目中比较受关注的项目，按照先项目种类（核心项目、协议项目、服务项目、支持项目、其他项目）后字母的排列顺序对这些项目进行简单的介绍。

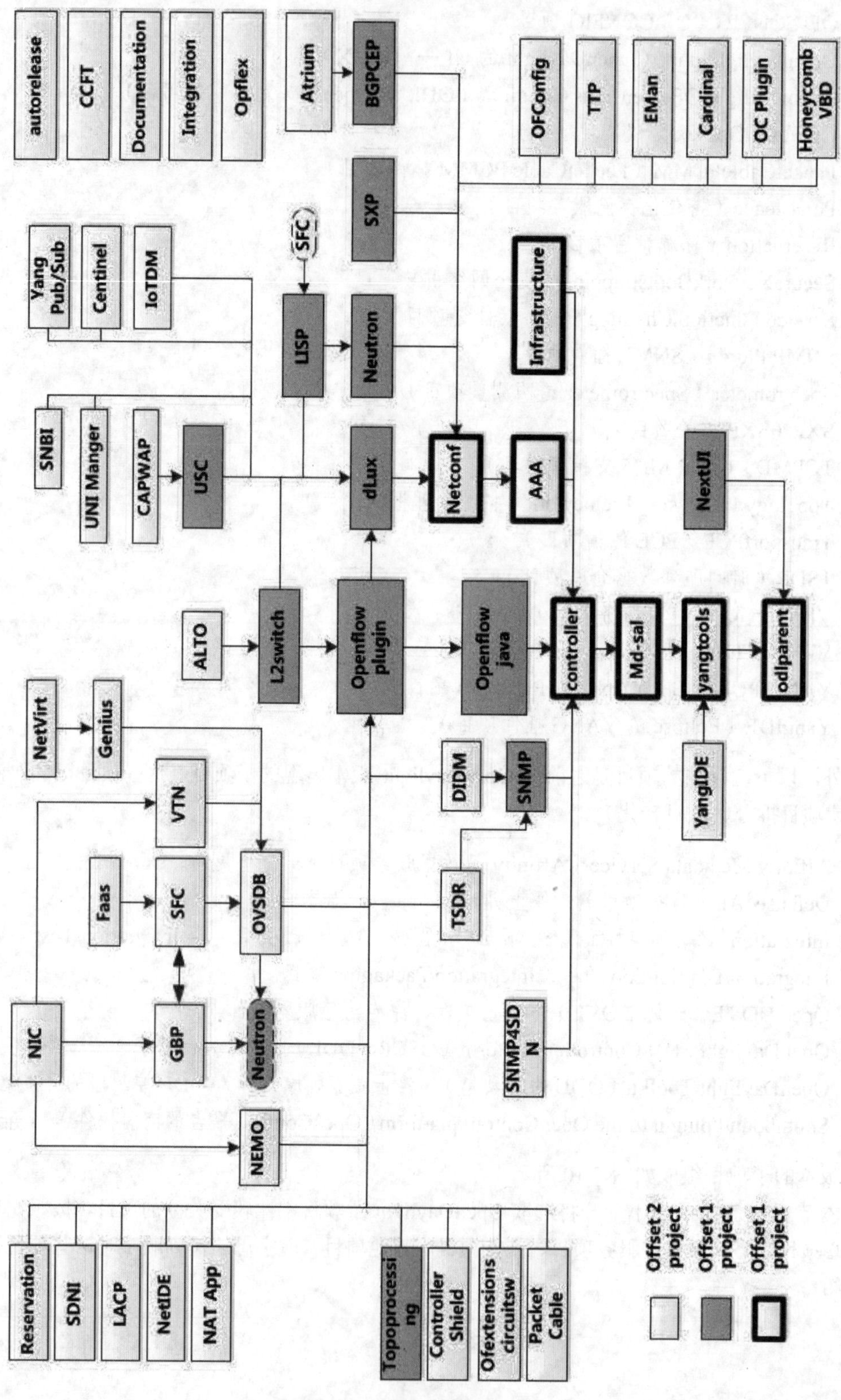

图 5-10　硼版本的子项目组成

5.3.1 子项目 AAA（认证、授权、审计项目）简介

子项目 AAA 是认证、授权、审计的英文缩写。子项目 AAA 提供标准兼容的认证、授权、审计服务，AAA 项目在 OpenDaylight 项目中有很重要的地位，是整个 OpenDaylight 项目安全的基石，如图 5-11 所示。

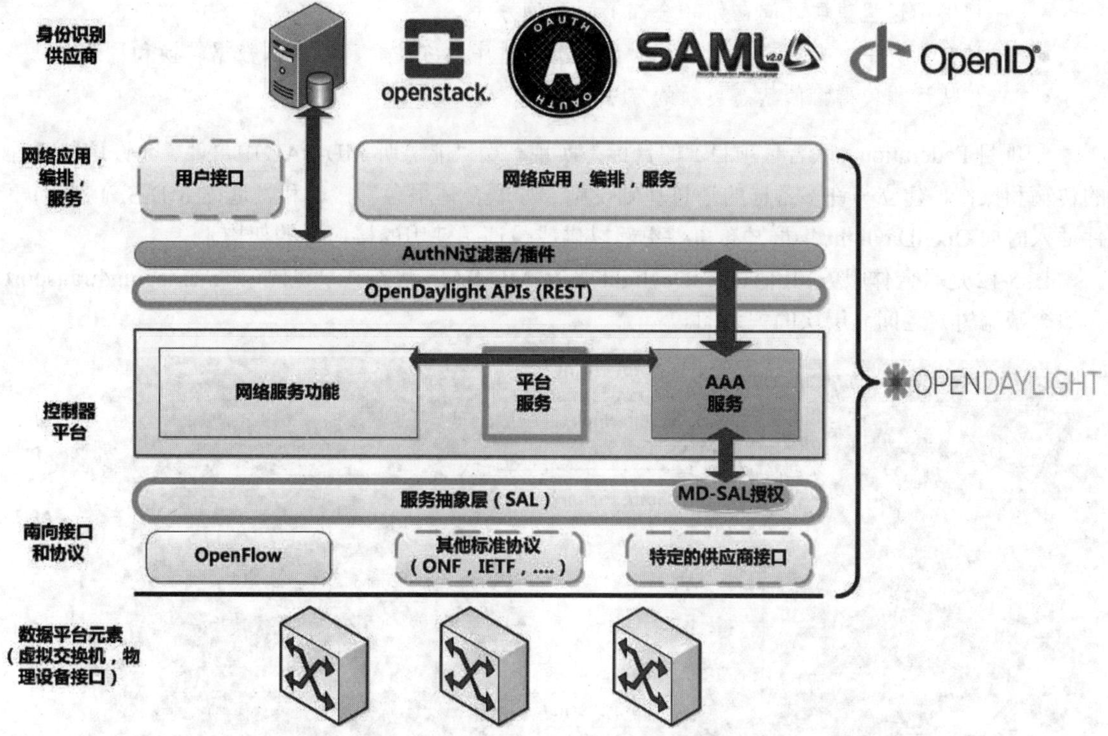

图 5-11 AAA 项目在 OpenDaylight 项目中的作用

身份认证根据用户提供的凭证来识别用户。注意，锂版本的身份认证用户存储功能不支持集群节点部署。具体来说，H2 数据库提供的 AAA 用户存储需要使用带外（out-band，即业务网络之外的网络，通常为与原业务网络相独立的 SDN 控制网络）的方式来达到同步。但 AAA 令牌缓存却能支持集群的方式。

用户在其已定义角色的领域中发送身份认证请求，可选择提供身份凭证或在一个域中创建一个令牌的方式。在 OpenDaylight 项目中，用户主要有基础的 HTTP 认证、直接的基于令牌的认证、以联合身份认证方式进行的基于令牌的认证这 3 种方法进行认证。在直接认证中，在用户和 OpenDaylight 控制器之间存在着服务关系，用户和服务器建立了信任关系，使得他们能使用和验证认证，用户通过凭证来建立用户身份。在联合认证中，由于用户和 OpenDaylight 认证服务之间没有直接的信任关系，因此使用第三访认证提供商（IdP）进行认证，联合认证依赖第三方认证提供商来对用户进行验证。目前，OpenDaylight 认证服务中系统参与者有 3 个：OpenDaylight 控制器管理员、OpenDaylight 资源拥有者和 OpenDaylight 资源使用者。

如果需要进一步学习，请参考链接：https://wiki.opendaylight.org/view/AAA:Main。

5.3.2　子项目 Federation（联合体项目）简介

为了让多个 OpenDaylight 集群合作（联合体）以执行某一应用，需要集群之间的交换状态。虽然许多交换可能是应用特定的，但也有一些通用的基础结构元素，这些基础结构的元素是联合体所需的，包括：

- 一种用于远程集群之间初始（全部）同步的方法。
- 一种在集群中发布状态更新并同时保留事件排序的方法，可能允许数据转换和过滤。
- 一种从远程集群订阅状态更新的方法。

子项目 Federation（联合体项目）的目标是实现一个"能监听 MD-SAL 中事件、允许这些事件的传输和操作、建立与许多备选的消息基础设施（如联合体平台）接口和当远程 MD-SAL 有新事件插入时向 OpenDaylight 集群发布事件更新以供成员订阅使用的接口"的架构。

图 5-12 是联合体服务、其他 OpenDaylight 服务、MD-SAL、状态共享机制（如 messaging4transport 和概念数据树）之间高层次的关系图。

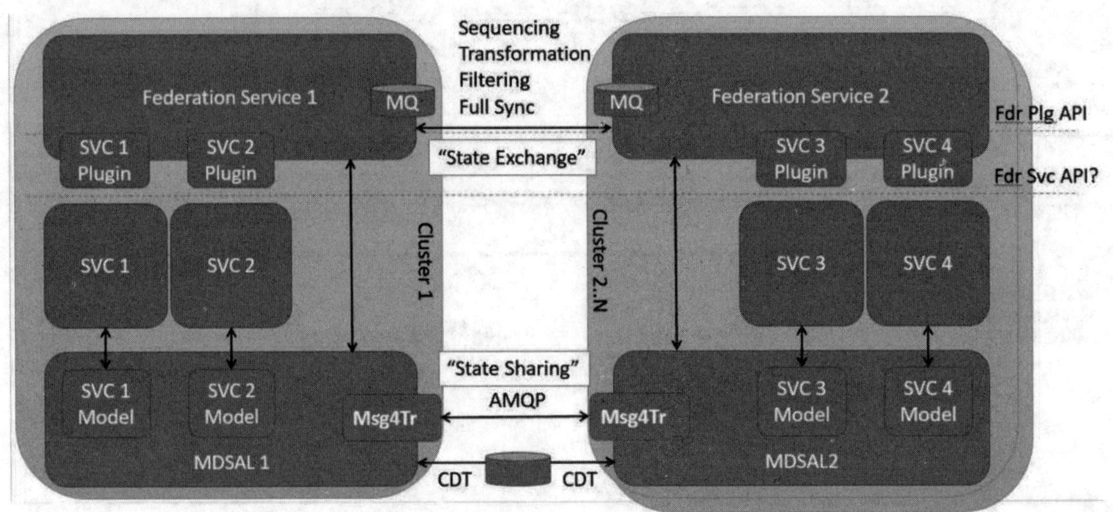

图 5-12　联合体服务、其他 ODL 服务、MD-SAL、状态共享机制之间的关系图

如果需要进一步学习，请参考链接：https://wiki.opendaylight.org/view/Federation:Main。

5.3.3　子项目 Infrastructure Utilities（基础设施项目）简介

子项目 Infrastructure Utilities 为其他项目提供各种公共的基础设施，其中主要的两个基础设施为计数器基础设施和无缝的异步调用公有设施。

计数器基础设施能在任何系统上使用基础工具来创建、更新并输出计数器，以调试和生成统计数据。图 5-13 是使用计数器基础设施的 3 个例子。

无缝的异步调用公有设施将服务分成 1 个或多个线程以异步的方式在线程之间交互，交互的频率基于在开发和开发周期中的事件的最新约束状态。这个架构是配置驱动的，允许在通用约束下编辑未知代码并以稍后根据所需的约束进行定制。

如需进一步学习，请参考链接：https://wiki.opendaylight.org/view/Infrastructure_Utilities:Main。

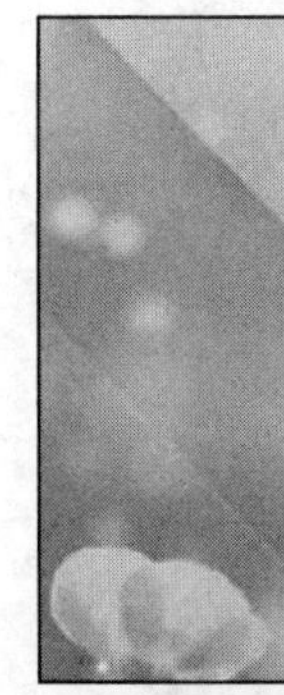


```
SubscriberRegistrarDirect::undefined_nfi_in_show_subscribers_for_eid_by_eid   | 0
SubscriberRegistrarDirect::uninitialized                                       | 0
SwitchConfig::create_actions_remote_nfi_available                              | 0
SwitchConfig::create_actions_remote_nfi_unavailable                            | 0
SwitchConfig::error_installing_nfi_flow                                        | 0
SwitchConfig::install_flow                                                     | 98
SwitchConfig::install_flow_tap                                                 | 0
SwitchConfig::install_flows_filter_group                                       | 0
SwitchConfig::install_flows_health_for_local_controller                        | 553308
SwitchConfig::install_flows_vni                                                | 0
SwitchConfig::install_health_flow_local_nfi                                    | 553308
SwitchConfig::install_health_flow_odl_to_local_nfi                             | 830042
SwitchConfig::install_local_filter_group                                       | 0
SwitchConfig::local_health_interface_is_configured                             | 553308
SwitchConfig::local_switch_recovery                                            | 3
SwitchConfig::no_match_for_filter                                              | 0
SwitchConfig::odlasnfi_not_fully_configured_no_logical_int                     | 0
SwitchConfig::odlasnfi_not_fully_configured_no_mac                             | 0
SwitchConfig::odlasnfi_not_fully_configured_no_vnil2                           | 0
SwitchConfig::remove_flow                                                      | 0
SwitchConfig::skip_install_flow_local_nfi_health_no_direction                  | 0
SwitchConfig::skip_install_flow_mirror_no_iloop                                | 0
SwitchConfig::skip_install_flow_mirror_no_iloop_port                           | 0
SwitchConfig::skip_install_flow_no_nfi_rloc_for_eid                            | 0
SwitchConfig::skip_install_flow_vnil2_is_not_fully_configured                  | 0
SwitchConfig::skip_install_flows_health_no_endpoint                            | 0
SwitchConfig::skip_install_flows_local_nfi_health_no_ip                        | 0
SwitchConfig::skip_install_flows_no_end_point_found_for_health_interface       | 0
SwitchConfig::skip_install_flows_no_vnil_for_controller_as_nfi                 | 0
SwitchConfig::skip_install_nfi_to_odl_health_flow_null_virtual_port            | 0
SwitchConfig::skip_install_odl_to_nfi_health_flow_null_virtual_port            | 0
SwitchConfig::skip_install_remote_nfi_flows_null_endpoint                      | 0
```

图 5-13　使用计数器基础设施的 3 个例子

5.3.4　子项目 MD-SAL（模块驱动项目）简介

子项目 MD-SAL（模块驱动项目）的全称为 Model-Driven Service Adaptation Layer，即模型驱动服务适配层。MD-SAL 是一个消息总线驱动的可扩展的中间件组件，它提供基于由应用开发者定义的数据和接口模型（如用户定义的模型）的消息服务和数据存储功能。MD-SAL 在控制器的架构占据非常重要的作用，MD-SAL 能复用控制器内的模块，并且以灵活的方式将模块分为 providers 和 consumers，解决了 AD-SAL 中南北插件耦合度过高的情况，并且引入 DataStore 提升控制器的性能，自锂版本开始就成为 SAL 层的主要组成部分（见图 5-14），并且在此之后的版本 SAL 层完全由 MD-SAL 组成，不再包含 AD-SAL 模块。

MD-SAL 定义一个通用层、概念、数据模型以构建块和消息模式，并且为应用和应用间的交互通信提供一个架构/框架。MD-SAL 为用户提供通用支持，它定义传输和负载格式，包括负载序列化和同化（如二进制、XML 或 JSON）。

我们将在第 12 章的 12.4.1 节中对 MD-SAL 做专门介绍，另外读者也可参考链接：

https://wiki.opendaylight.org/view/MD-SAL:Main

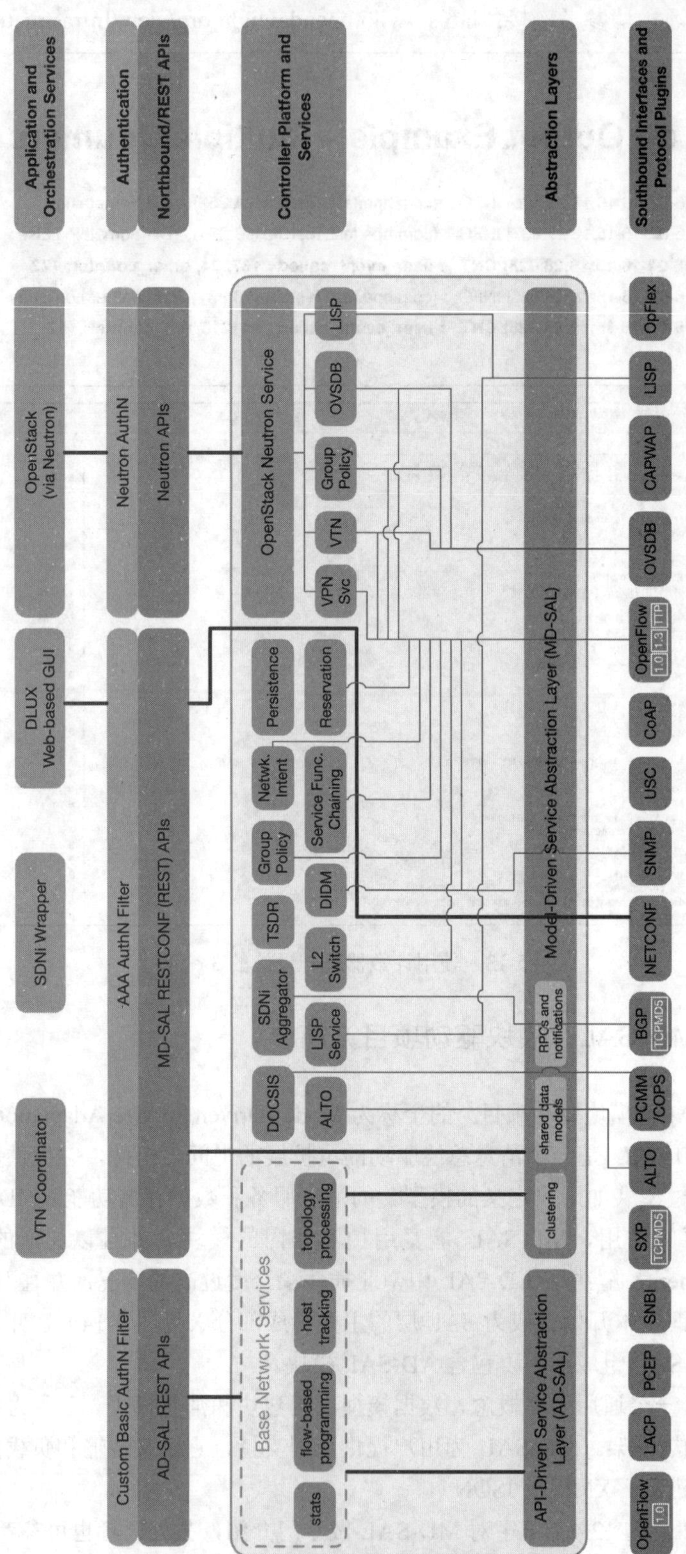

图 5-14　锂版本中的 MD-SAL

5.3.5 子项目 ODL Root Parent（父项目）简介

子项目 ODL Root Parent（父项目，见图 5-15）是 OpenDaylight 项目中所有子项目的上级项目。ODL Root Parent 项目向其所在的 OpenDaylight 版本中的所有子项目提供了通用的设置。ODL Root Parent 项目的 POM 包含了通用的外部依赖、发布版本管理、插件管理、库信息等，这些内容对于所有的项目都是通用的。若 OpenDaylight 的任何一个子项目没有指定这些信息，则这个子项目将自动继承 ODL Root Parent 项目的这些通用设置参数。

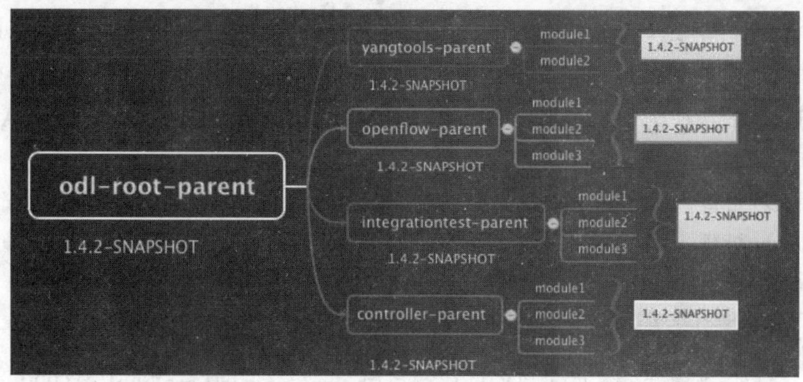

图 5-15 推荐的解决方案

如需进一步学习，请参考链接：https://wiki.opendaylight.org/view/ODL_Root_Parent:Main。

5.3.6 子项目 OpenDaylight Controller（控制器项目）简介

OpenDaylight 的 Controller（控制器项目）是一个基于 Java 的、由模块驱动的控制器，它使用 YANG 作为它的建模语言，对系统和应用的各个方面进行建模。OpenDaylight 的 Controller 项目为在现代多供应商的异构网络上部署 SDN 网络建立了一个高可用性的、模块化的、可扩展的、多协议的控制器基础设施。控制器的架构如图 5-16 所示。

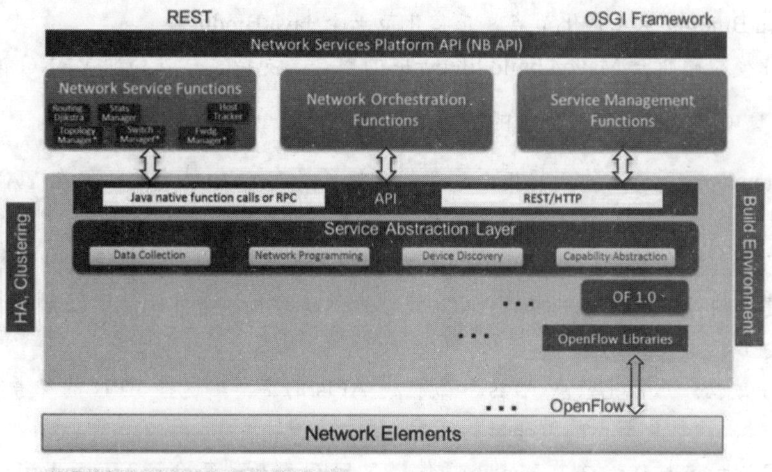

图 5-16 控制器的架构

Controller 项目中的 MD-SAL（模型驱动的服务抽象层）提供了所需的抽象能力，以通过插件支持多种南向协议。面向应用的可扩展的北向架构通过松散耦合应用的 RESTFull 网页服务和合作应用的 OSGi 服务提供了一组丰富的北向 API。

本书将在下一章（第 6 章）专门对 Controller 项目进行介绍，这里就不再赘述，有兴趣的读者也可参考链接：https://wiki.opendaylight.org/view/OpenDaylight_Controller:Main。

5.3.7 子项目 YANG Tools（YANG 工具项目）简介

子项目 YANG 工具项目是一个基础设施项目，旨在开发必需的工具和库以向 Java（JVM 语言基础）的 NETCONF 和 YANG 项目和应用提供支持。其中 Java（JVM 语言基础）的 NETCONF 和 YANG 项目和应用的典型例子：控制器中模型驱动的服务抽象层 MD-SAL（使用 YANG 作为其建模语言）、NETCONF / OFConfig 插件。

YANG 工具项目包含 YANG 相关的工程内容，如 YANG 语言绑定至 Java 的规范、YANG 剖析器、语言模型和 Maven 处理 YANG 文件的插件。YANG 工具项目也包含代码生成器定义和通用类，以生成基于解析 YANG 模型的 Java 源文件。YANG 工具项目还包含基础的 YANG 模型包（如 Maven 项目）。

YANG 工具提供以下在 OpenDaylight 中的特性：

- 解析 YANG 来源和定义在 RFC6020 文件（https://tools.ietf.org/html/rfc6020）中 YANG 模型关系的语义推断。
- 定义在 Java 中 YANG 模型化数据的表达。
  - 正常化节点表示——类 DOM 树模型，其使用 YANG 和 OpenDaylight 用例定制概念元数据而非标准 XML DOM 模型。
  - Java Binding——具体数据模型和由 YANG 模型生成的类，当使用 YANG 模型化数据时，Java Binding 保证编译时的安全。
- 由 YANG 模型驱动的 YANG 模型化数据的序列化/反序列化。
  - XML——在 RFC6020 中定义（https://tools.ietf.org/html/rfc6020）。
  - JSON——在 draft-lhotka-netmod-yang-json-01 中定义（https://tools.ietf.org/html/rfc6020）。
  - Java Binding 至正常化节点、正常化节点至 Java Binding。
- YANG 模型解析至 Maven build lifecycle 的整合，支持第三方处理 YANG 模型。

YANG 工具项目包括以下逻辑上的子系统。

- Commons：通用目的的代码集，这个代码集不是 YANG 特定的，但在 YANG 工具实现之外也十分有用。
- YANG 模型和解析器：YANG 语义模型和 YANG 模型的词法和语义的解析器。这个解析器创建了内存中交叉引用的 YANG 模型表示（为其他组件所使用以判断，以模型为基础的行为）。
- YANG 数据：正常化节点 APIs 和数据树 APIs 的定义，这些 APIs 的参考实现及 XML 和 JSON 针对正常化节点的解码器的实现。
- YANG Maven 插件：这个 Maven 插件将 YANG 解析器集合到 Maven build lifecycle，并且为需要生成代码或其他基于 YANG 模型工件的组件提供代码生成架构。

- YANG Java Binding：映射 YANG 模型以生成 Java APIs。Java Binding 也引用完成这种映射的编译时和运行时的组件集。这些组件集提供基于 YANG 模型的类和 APIs 的生成，并将这些 Java Binding 对象与 YANG 数据 APIs、组件整合到一起。
  - 模型：IETF 和 YANG 工具模型的集合，包含生成的 Java Binding，可简单地在 YANG 工具之外被使用。

YANG 工具项目用户使用指南可参考链接：

https://wiki.opendaylight.org/view/Yang_Tools:Maven_Plugin_Guide

YANG 工具项目可用的模型可参考链接：

https://wiki.opendaylight.org/view/YANG_Tools:Available_Models

如需进一步学习，请参考链接：

https://wiki.opendaylight.org/view/YANG_Tools:Main

本书在后续章节中会特别对 YANG 语言及其应用进行讲解。

5.3.8　子项目 BGP LS PCEP（BGP 和 PCEP 项目）简介

子项目 BGP LS PCEP（BGP 和 PCEP 项目）主要为控制器提供两种南向协议：一个是支持 BGP 链路状态，以 L3 拓扑信息源来发布；另一个是添加路径计算单元协议，以作为在底层网络中实例化路径实现的方式。

BGP 近来是 OpenDaylight 应用的热点之一。BGP 有多个子功能，其中每个子功能代表 BGPCEP 代码库中的一个模块，可能会与其他的子功能存在着交互的关系，如图 5-17 所示。在生成类之外，只存在一个类 NextHopUtil，它包含用来序列化和解析 NextHop 的方法。BGP 项目在 OpenDaylight 的 karaf 容器中安装的 feature 的名称为 feature odl-bgpcep-bgp-all。BGP 的 API 参考文档位于每个子模块的 target/directory 目录中，这个目录是在进行 mvn 编译后自动生成的 Javadocs。

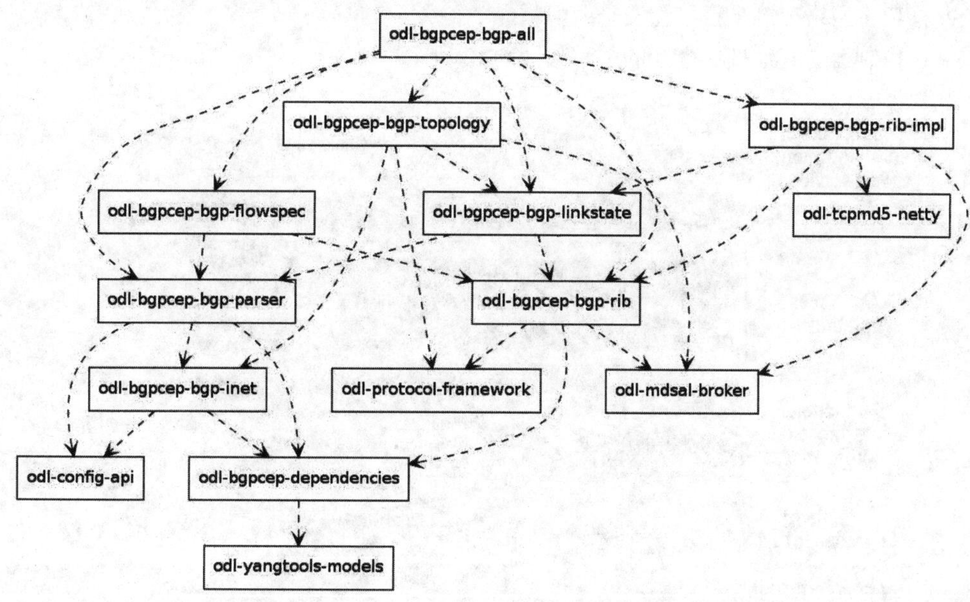

图 5-17　BGP 的子功能组成图

子项目 BGP 包含着在文件 RFC 4271、RFC 4760、RFC 4456、RFC 1997、RFC 4360 中定义的 BGP 基础概念，并在 YANG 文件 bgp-types.yang（https://git.opendaylight.org/gerrit/gitweb?p=bgpcep.git;a=blob;f=bgp/concepts/src/main/yang/bgp-types.yang;hb=refs/heads/stable/boron）中进行了定义。

如需进一步学习，请参考链接：https://wiki.opendaylight.org/view/BGP_LS_PCEP:Main。

其中 BGP 的用例：https://wiki.opendaylight.org/view/BGP_LS_PCEP:BGP_Use_Cases。

其中 PCEP 的用例：https://wiki.opendaylight.org/view/BGP_LS_PCEP:PCEP_Use_Cases。

5.3.9　NETCONF（NETCONF 项目）子项目简介

NETCONF 项目为 OpenDaylight 控制器提供了友好的北向接口，并且得到了 YANG 语言的支持。NETCONF 是基于 XML 的 RPC 协议，它提供了通过客户端调用 YANG 建模的 RPC、接收通知和读改操作 YANG 建模数据的功能。

如需进一步学习，请参考链接：https://wiki.opendaylight.org/view/NETCONF:Main。

5.3.10　子项目 ODL Lisp Flow Mapping（LISP 流映射项目）简介

OpenDaylight 子项目 LISP 的全称是 Locator/ID Separation Protocol，即定位器/ID 分离协议。LISP 提供了一个复杂的 map-and-encap 框架，以用于 overlay 网络应用，如数据中心网络虚拟化和网络功能虚拟化 NFV。

LISP 提供以下的命令空间：

- 终端身份 EIDs。
- 路由定位器 RLOCs。

在虚拟环境中，EIDs 可被视为虚拟地址空间，而 RLOCs 可被视为物理网络地址空间。

LISP 框架将网络控制平台与转发平面解耦。

LISP 在控制器与其他模块交互的关系如图 5-18 所示。

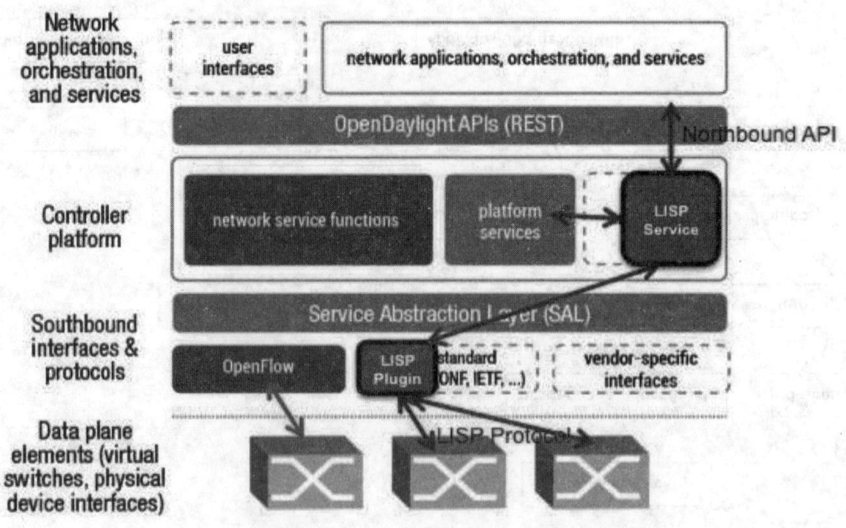

图 5-18　LISP 在控制器与其他模块交互的关系

如需进一步学习，请参考链接：

https://wiki.opendaylight.org/view/OpenDaylight_Lisp_Flow_Mapping:Main

5.3.11　子项目 ODL OpenFlow Plugin（OpenFlow 插件项目）简介

OpenFlow 是厂商中立的标准通信接口定义，通过这个定义能够在 SDN 架构中的控制层和转发层进行交互。OpenFlow 插件项目旨在开发一个支持 OpenFlow 规范的插件，项目将继续支持现有最广泛使用的 OpenFlow 1.0 协议，开发一个支持 OpenFlow 1.3.x，将来支持后续的 OpenFlow 规范。此插件向 OpenDaylight 控制器提供现有的和未来的 OpenFlow 协议规范的集成和发布的实现。

如需进一步学习，请参考链接：https://wiki.opendaylight.org/view/OpenDaylight_OpenFlow_Plugin:Main。

5.3.12　子项目 OpenFlow Protocol Library（OpenFlow 协议库项目）简介

Openflow Protocol Library（OpenFlow 协议库项目）协调 OpenDaylight 控制器和支持 Openflow 的硬件设备之间的通信，主要的目标是提供用户（或 OpenDaylight 的上一层）用以管理网络硬件设置的通信通道。

OpenFlow 协议库是在 Openflow 交换机规范 1.3 及以上版本的 OpenFlow 协议的实现，协议库能从第三方的 bundles 中得到扩展以支持更多供应商的设备，是控制器中 OpenFlow 南向插件的基础。

如需进一步学习，请参考链接：https://wiki.opendaylight.org/view/Openflow_Protocol_Library:Main。

5.3.13　子项目 OVSDB Integration（OVSDB 集成项目）简介

OVSDB 项目为 OpenDaylight 项目提供管理 OVS 设置的南向接口。OVSDB 项目由两个主要的功能组成。

- OVSDB 南向插件: 此插件允许用户管理支持 OVSDB 架构和 OVSDB 管理协议的 OVS 设备。
- OVSDB 硬件 vTep 插件: 此插件处理支持硬件 vTep 架构和 OVSDB 管理协议的 OVS 设备。

如需进一步学习，请参考链接：https://wiki.opendaylight.org/view/OVSDB_Integration:Main。

5.3.14　子项目 USC（统一安全通道项目）简介

USC（统一安全通道项目）是一个在 SDN 控制器与企业网络网元之间使用统一的安全通道的 SDN 组件。USC 是社区驱动的，并且得到了 OpenDaylight 的工业界的支持，是 SDN 和 NFV 的一个开源项目。

USC 使得 SDN 控制器和网元在广域网中的通信更安全、性能更高，通过建立一个统一的安全通道，USC 保证了各种设备（如网络设备、云网关、物联网设备）管理和控制的安全可信。另外，USC 也提供了家庭电话、相互认证和协议复用。

当前，企业网络中越来越多的控制器和网络管理系统被远程部署至云上，随着企业网络变得越来越异构（分支、物联网、无线），企业用户需要一个融合的网络控制器和管理系统解决方案，USC 能解决安全和性能的问题，并且管理这样的解决方案中的问题。

如需进一步学习，请参考链接：https://wiki.opendaylight.org/view/USC:Main。

5.3.15　子项目 FaaS（网络构造即服务项目）简介

FaaS（网络构造即服务项目）旨在创建一个在物理网络上的通用抽象层（见图 5-19），因此北向 API 或能更容易地作为具体的设备配置以映射到物理网络上。这个通用抽象层将物理网络建模为一个包含抽象节点-构造的拓扑，每个构造是抽象物理网络中的一部分，通常在相同的控制面板使用类似数据路径的技术（如 VxLAN 或 VLAN）。每个构造都提供一个统一服务的集合和创建与管理一个用户指定的逻辑网络生命周期的原始结构。

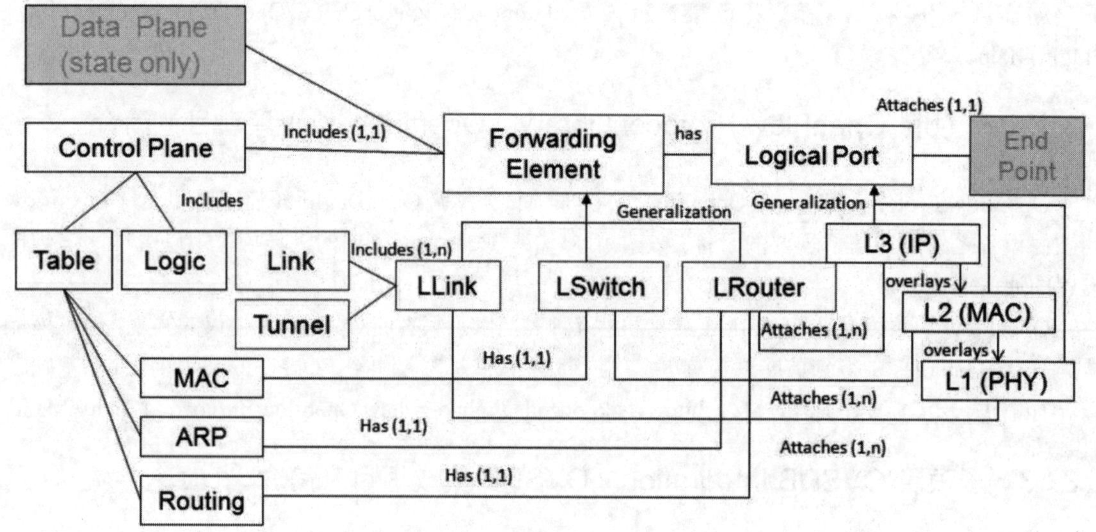

图 5-19　FaaS 在物理网络上提供一个通用的抽象层

如需进一步学习，请参考链接：https://wiki.opendaylight.org/view/FaaS:Main。

5.3.16　子项目 NeutronNorthbound（Neutron 北向项目）简介

NeutronNorthbound（Neutron 北向项目）主要关注 OpenStack 中 OpenDaylight 驱动与 OpenDaylight 中 Neutron 之间的通信服务，将 Neutron 模型保存至 OpenDaylight 数据以供其他供应商使用。NeutronNorthbound 项目不包括对低层次的网络/覆盖元素的直接操作，这些是从项目接收信息的供应者的任务。

NeutronNorthbound 项目的目标：

- 使 ODL Neutron 服务随 API 的 OpenStack 中的 Neutron API 的演化而演化。
- 保持现有 OpenStack 和 OpenDaylight 之间通信的透明度。
- 改进当前将 Neutron 信息传递给多个提供者的方法。
- 吸引更多开发者参与。

如需进一步学习，请参考链接：https://wiki.opendaylight.org/view/NeutronNorthbound:Main。

5.3.17　子项目 ALTO（应用层流量优化项目）简介

ALTO 项目为 RFC7285 定义的应用层流量优化服务提供支持，在锂版本，ALTO 使用 YANG 模型的描述可参考文稿：https://tools.ietf.org/html/draft-shi-alto-yang-model-03。

接下来，本书简单地对 ALTO 的架构进行介绍。在 OpenDaylight 项目中有 3 种 ALTO 包，分别为核心基础和服务。

1. 核心

核心包包括：

（1）alto-model　定义 MD-SAL 中 ALTO 服务的 YANG 模型。

（2）service-api-rfc7285　定义 AD-SAL 中 ALTO 服务的接口。

（3）alto-northbound　实现 RFC7285 兼容的 RESTful API。

2. 基础

基础包包括：

（1）ALTO 服务的基础实现

① alto-provider：实现在 alto-model 中定义的服务。

② simple-impl：实现在 service-api-rfc7285 中定义的服务。

（2）通用件

① alto-manager：提供一个 karaf 命令行工具以操作网络图和成本图。

3. 服务

服务包包括：

alto-hosttrcker　生成一个网络图，其相应的成本图和基于 l2switch 的终端成本服务。

如需进一步学习，请参考链接：https://wiki.opendaylight.org/view/ALTO:Main。

5.3.18　子项目 CAPWAP（无线接入点的控制和提供）简介

CAPWAP 项目的全称为 Control And Provisioning of Wireless Access Points，即无线接入点的控制和提供。CAPWAP 弥补了 OpenDaylight 控制器管理企业组件中无线终端（WTP）网络设备的空缺，智能应用（如集中化固件管理、无线网络计划）能通过 REST APIs 简单地利用 WTP 网元操作状态而进行开发。

- CAPWAP 架构：CAPWAP 性能是基于 MD-SAL 供应的模块而实现的，这将有助于发现 WTP 的设备并且在 MD-SAL 操作数据库（Operational DataStore）更新它们的状态。
- CAPWAP 项目的适用范围：在锂 Li 版本中，CAPWAP 项目的目标仅仅为检测 WTPs，并且将它们的基础特征存储到 MD-SAL 操作数据库（Operational DataStore），随后可通过 REST 和 JAVA APIs 进行访问。

如需进一步学习，请参考链接：https://wiki.opendaylight.org/view/CAPWAP:Main。

5.3.19 子项目 Controller Core Functionality Tutorials（控制器核心功能向导项目）简介

子项目 Controller Core Functionality Tutorials（控制器核心功能向导项目）旨在帮助有志进行 OpenDaylight 开发的人员掌握基础的开发技能，快速开发出一个简单的小项目。Controller Core Functionality Tutorials 项目旨在为开发人员提供：

- 新项目的入门培训，即基础项目的教程、依赖树中早期的项目，了解和利用新项目以开始进行开发。
- 将一个标准项目结构（原型）以模板的方式从“按编号绘画”的角度以文档的方式记录下来。
- 实现代码和配置的复用，将最佳实践的代码模块标准化。

Controller Core Functionality Tutorials 项目提供教程指南的范围包括：

- 配置子系统。
- MD-SAL/YANGTOOLS，包含数据存储、消息通信、通知、库存和拓扑。
- OpenFlowPlugin 和 OpenFlowJava。
- NETCONF/RESTCONF。

项目涉及的 OpenDaylight 子项目主要包括：Controller 项目（其中的 MD-SAL 和集群模块）、YangTools 项目、OpenFlowJava 项目、OpenFlowPlugin 项目。

如需进一步学习，请参考链接：https://wiki.opendaylight.org/view/Controller_Core_Functionality_Tutorials:Main。

5.3.20 子项目 Controller Shield（控制器盾项目）简介

Controller Shield（控制器盾项目）旨在创建一个统一安全插件（USecPlugin）的库。统一安全插件是一个通用目的的插件，目标是向北向应用提供安全的控制器信息，这些安全信息可以用于整理校对来源于南向插件关于受到不同攻击的报告、可疑的控制器入侵报告以及网络中可信控制器信息之类的信息。这个插件收集到的信息也可能用于配置防火墙，并且为网络创建 IP 黑名单。

Controller Shield（控制器盾项目）的架构如图 5-20 所示。

如需进一步学习，请参考链接：https://wiki.opendaylight.org/view/Controller_Shield:Main。

5.3.21 子项目 DIDM（设备认证和驱动管理项目）简介

DIDM 项目的全称为 Device Identification and Driver Management，即设备认证和驱动管理项目。DIDM 项目旨在满足提供设备特定功能的需求，设备特定功能的需求是实现某个功能的代码，并且代码知道设备能力的限制。举例说明，同一功能（比如配置 VLANs 和调整 FlowMods）在不同类型的设备上实现可能是不同的，设备特定的功能以设备驱动的形式实现，设备驱动需要与其使用的设备相关联，而实现这种关联则要求有能力识别设备的类型。

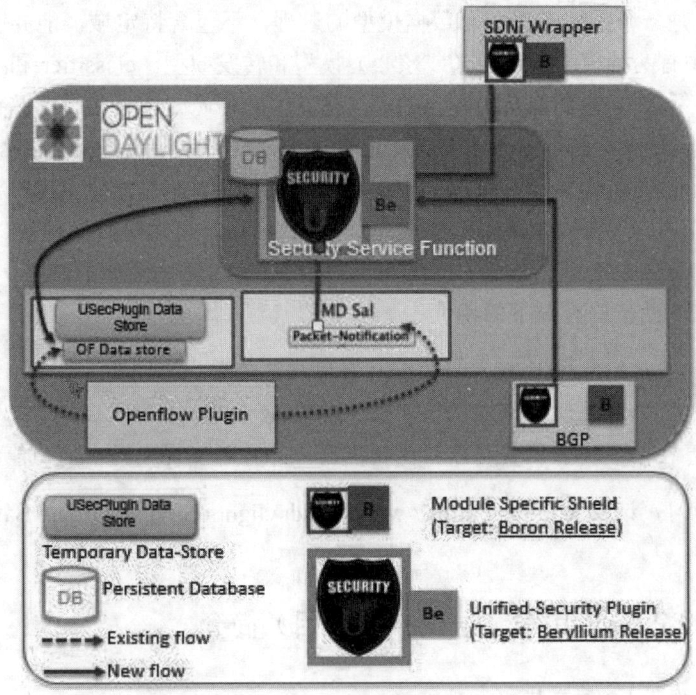

图 5-20 Controller Shield（控制器盾项目）的架构

DIDM 项目创建 DIDM 架构以满足以下功能。

- 发现：判断设备是否存在于控制器的管理域中并且与设备的连接已建立。对于支持 OpenFlow 协议的设备而言，OpenDaylight 项目现有的发现机制已满足需求。对于不支持 OpenFlow 协议的设备而言，需要通过如 GUI 或 REST API 输入设备信息这样的手动方法以满足需求。
- 身份识别：判断设备的类型。
- 驱动注册：以路由 RPCs 的方式注册设备驱动。
- 同步：设备信息、设备配置、链接（连接）信息的收集。
- 通用功能的数据模型：定义该数据模型以实现例如 VLAN 配置这样的通用功能。例如，可以通过将一个 VLAN 数据写入通用数据模型特定的数据库以配置一个 VLAN。
- 通用功能的 RPCs：功能的示例为配置 VLANs 和调整 FlowMods。RPCs 定义将说明这些功能的 APIs。驱动实现这些特定设备的功能并且支持 RPCs 定义的 APIs。注意，不同设备类型的驱动实现可能是不同的。

如需进一步学习，请参考链接：https://wiki.opendaylight.org/view/DIDM:Main。

5.3.22 子项目 Group Based Policy（GBP）/Project Facts（GBP 项目）简介

子项目 BGP 的全称为 Group Based Policy，即基于组的策略，BGP 项目允许用户以陈述的方式而非命令的方式来描述网络配置，这经常被表达为询问“你要什么”而不是“如何去做”。基于组的策略 GBP 的实现以一个意图系统 Intent System 的实现为基础。

一个意图系统是一个围绕意思驱动数据模型的过程，不包含特定域，能弄明白由多主义定义的意图。在 GBP 中有两种模型：访问（或核心）模型和转发模型。classifier 和 action 都是模型的组成部分，可视为“钩”，它们都是由各自的渲染器定义其域特定的性能，这些钩由渲染器提供的议题的功能类型定义组成，并且称为主题功能定义（subject-feature-definitions），这意味着一个描述意图 expressed intent 能由多个渲染器同时提供而无须提供任何特定的 GBP 消耗。自 GBP 在 OpenDaylight 控制器中实现后，GBP 就必须处理解决网络问题，可通过转发模块（forwarding model）来实现，转发模块对于网络而言是域特定的，但其可用于多种不同类型的网络。

总的来看，GBP 的架构有以下的特性。

- 隔离相关：表达的意图 Expressed Intent 与底层渲染器完全隔离。
- 解耦：每一部分能且仅能完成自己部分的功能。
- 可扩展：可在模型映射和实现方面优化代码，并且可实现代码中的功能复用。

如需进一步学习，请参考链接：https://wiki.opendaylight.org/view/Group_Based_Policy_(GBP)/Project_Facts。

5.3.23　子项目 L2 Switch（L2 层交换机项目）简介

L2Switch 项目提供 L2 层交换机的功能。

L2Swtch 架构的主要特性如下：

- 包处理器　将发送至控制器的包解码，并且将它们合适的调遣。
- 环去除功能　移除网络中形成的环。
- ARP 处理器句柄（Handler）　处理解码的 ARP 数据包。
- 地址追踪器　学习网元地址（MAC 地址和 IP 地址）。
- 主机追踪器　追踪网络中主机的位置。
- L2Switch Main　基于网络流量在每个交换机上部署流。

如需进一步学习，请参考链接：https://wiki.opendaylight.org/view/L2_Switch:Main。

5.3.24　子项目 LACP（链接聚合控制协议项目）简介

OpenDaylight 子项目 LACP 的全称是 Link Aggregation Control Protocol，即链接聚合控制协议。LACP 是一个 MD-SAL 服务模块，用于自动发现和聚合 OpenDaylight 控制的网络和 LACP-enable 终端/交换机之间的多个链接。LACP 最终得出一个展现链接聚合的逻辑通道，链接聚合提供了链接弹性和带宽聚合的功能，过程符合 IEEE 802.3ad。

如需进一步学习，请参考链接：https://wiki.opendaylight.org/view/LACP:Main。

5.3.25　子项目 OF-CONFIG（OF-CONFIG 项目）简介

OF-CONFIG（OpenFlow 配置协议）项目旨在能远程对 OpenFlow 数据路径（OpenFlow 功能交换机）进行配置，一个 OpenFlow 配置点与一个包含（使用 OF-CONFIG 协议）OpenFlow 交换机的上下文通信。

OF-CONFIG 将一个 OpenFlow 交换机抽象为一个 OpenFlow 逻辑交换机，这样 OpenFlow 控制器可使用 OpenFlow 协议与 OpenFlow 逻辑交换机通信并进行控制。OF-CONFIG 为一个或多个 OpenFlow 数据路径（OpenFlow 功能交换机）引入了一个操作上下文，一个 OpenFlow 功能交换机的目标是与一个真实的物理网元或一个虚拟网元对等，其中虚拟网元（如一个以太网的交换机）通过划分一个 OpenFlow 相关的资源集（如在托管的 OpenFlow 数据路径中的端口和队列）来受托（hosting）一个或多个 OpenFlow 数据路径。OF-CONFIG 协议使得 OpenFlow 功能交换机上 OpenFlow 相关的资源能与被托管在 OpenFlow 功能交换机上特定的 OpenFlow 逻辑交换机实现动态关联，OF-CONFIG 并未说明或报告在 OpenFlow 功能交换机上的资源是如何实现划分的，OF-CONFIG 假设资源（如端口和队列）被划分在多个 OpenFlow 逻辑交换机中，这样每个 OpenFlow 逻辑交换机能假设完全控制分配给其的资源。

如需进一步学习，请参考链接：https://wiki.opendaylight.org/view/OF-CONFIG:Main。

5.3.26 子项目 OpenDaylight DLUX（ODL 的 DLUX 项目）简介

OpenDaylight 的 DLUX（OpenDaylight 的 UI—— DLUX 项目，之前也被称为 VIEUX）是 OpenDayLight UX 的简称，使用 AngularJS 作为主要技术的客户端 MVW（模型视图等）的 UI。DLUX 项目为控制器的用户提供了更加友好、更具互动性的用户接口，终端用户只需要使用一个 Web 浏览器即可方便地进行操作。

如需进一步学习，请参考链接：https://wiki.opendaylight.org/view/OpenDaylight_dlux:Main。

5.3.27 子项目 Service Function Chaining（服务功能链项目）简介

子项目 Service Function Chaining（服务功能链项目）提供了一种业务形式，它将特定的网络应用功能有序地组合起来，接着让流量通过这些服务功能构成网络服务链（Network Service Chain）。

项目位于 controller 平台上，通过 OpenDaylight 北向 REST APIs 向外部以用户为中心的应用程序提供 SFC 服务，例如创建、更新或者删除 Service Chain，还可以通过配置非透明的元数据段用来在 Service Function 的节点间实现数据共享。API 允许 SFC 使用选定的标准，以确定流量事件经过服务链的执行顺序。SFC 项目的工作流原理图如图 5-21 所示。

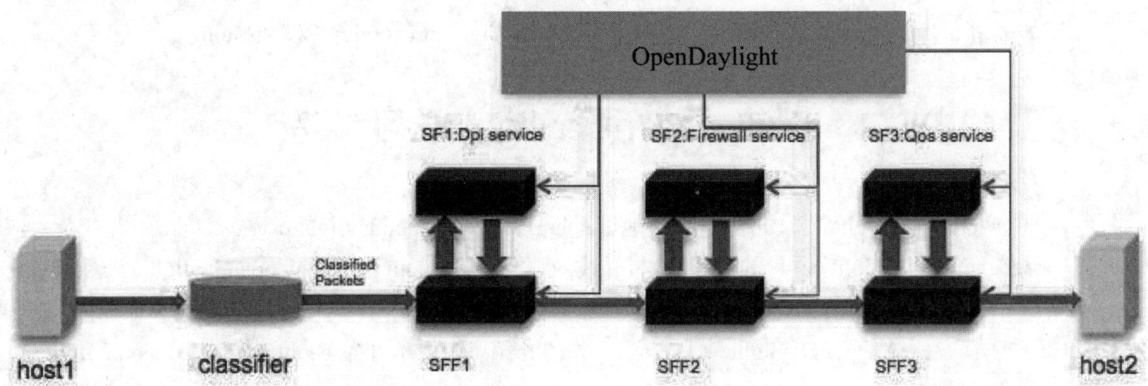

图 5-21 SFC 项目的工作流原理图

如需进一步学习，请参考链接：https://wiki.opendaylight.org/view/Service_Function_Chaining:Main。

5.3.28　子项目 VTN（VTN 项目）简介

VTN 项目的全称是 OpenDaylight 虚拟租户网络，是一个在 SDN 控制器上提供多租户虚拟网络的应用。由于传统网络中每个部门和系统的配置都是不太相同的，因此在网络系统和运营上需要投入大量的资源，也就是说，每个租户需要安装各种网络装置，而这些装置不能实现资源的共享，因此设计、实现和操作整个复杂网络的工程量十分巨大。VTN 是一个独特的逻辑抽象平面，它使得逻辑平面能完全从物理平面上分离开来，用户无须了解物理网络拓扑或带宽限制即可设计并部署任何所需的网络。VTN 允许用户能像定义传统 L2/L3 层网络一样来定义网络，一旦网络在 VTN 上定义好，它将自动映射到底层的物理网络，然后利用 SDN 控制协议在个人交换机上进行配置，逻辑平台的定义能隐藏底层网络的复杂性，并且能更好地管理网络资源。另外，这也降低了网络重配置时的时间，并且降低了网络配置的错误。VTN 概述图如图 5-22 所示。

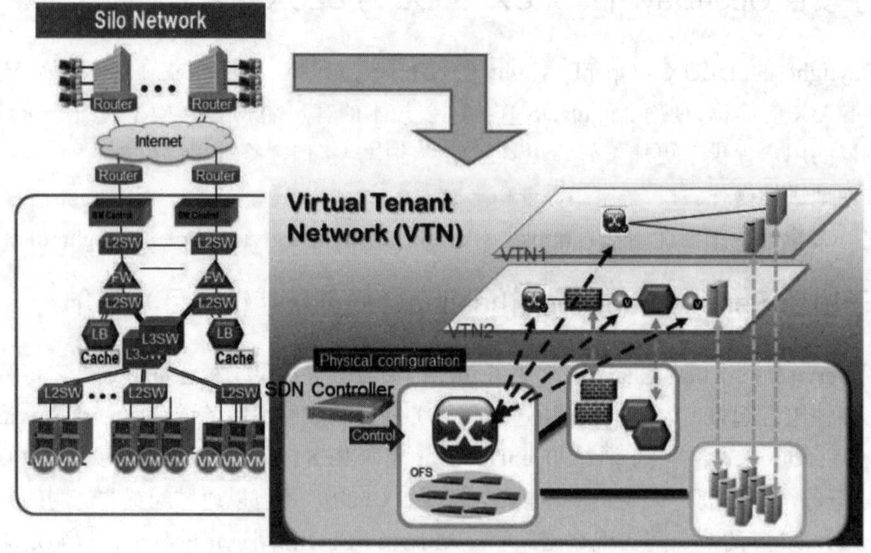

图 5-22　VTN 概述图

如需进一步学习，请参考链接：https://wiki.opendaylight.org/view/VTN:Main。

5.4　OpenDaylight 学习参考

（1）OpenDaylight 项目的官方网站地址：https://www.opendaylight.org/

（2）OpenDaylight 项目的所有版本下载及学习资料：https://www.opendaylight.org/software/release-archives

（3）官方网站 OpenDaylight 项目开发相关的介绍（硼版本开始）：http://docs.opendaylight.org/en/stable-boron/developer-guide/index.html

（4）OpenDaylight 项目的项目列表：https://wiki.opendaylight.org/view/Project_list

（5）OpenDaylight 项目的功能列表：https://www.opendaylight.org/opendaylight-features-list

（6）wiki 网站上关于 OpenDaylight 项目的介绍（硼版本之前）：https://en.wikipedia.org/wiki/OpenDaylight_Project

（7）OpenDaylight 项目的新闻和分析资源查询，联系电子邮箱：pr@opendaylight.org

（8）OpenDaylight 项目的重要大事查询，联系电子邮箱：events@opendaylight.org

（9）OpenDaylight 项目的组织/企业会员加入申请：https://www.opendaylight.org/membership

（10）OpenDaylight 项目的信息查询，联系电子邮箱：info@opendaylight.org

（11）OpenDaylight 项目的安全，安全响应团队的联系邮箱：security@lists.opendaylight.org

5.5　本章总结

OpenDaylight 项目提供了当前最成功的开源控制器，也是影响力最广泛的控制器。OpenDaylight 的模块化和灵活允许终端用户选择他们所关注的功能，以创建所需的“定制的”控制器。许多商用控制器（如博科的 SDN 控制器）也是在 OpenDaylight 控制器的基础上进行优化改造的。

OpenDaylight 项目旨在加快创新，并促使 SDN 和 NFV（网络功能虚拟化）变得更加开放和透明。OpenDaylight 项目加快 SDN 网络的采用，培养创新，并且创建一个透明的实现软件定义网络（SDN）和虚拟功能虚拟化（NFV）的方式。随着 OpenDaylight 社区对项目 OpenDaylight 持续活跃的参与贡献，OpenDaylight 原子项目的功能和性能不断发展，新的子项目也不断增加。到 2017 年 2 月为止，OpenDaylight 项目共有 79 个子项目，其中许多子项目已经落地，在商业领域，如数据中心、SD-WAN、服务功能链等方面已经得到部署，利用 SDN 的优势为社会提供了优秀的服务。

读者通过本章的介绍，对 OpenDaylight 项目的起源、目标、特性、发展过程、子项目组成都可以有基本的了解，读者可选择合适的子项目进一步开发和学习。本书在接下来的一章将重点对子项目中的 Controller 项目进行介绍。

第 6 章

OpenDaylight 的 Controller 项目综述

OpenDaylight 的 Controller（控制器项目）是 OpenDaylight 项目中的核心子项目。Controller（控制器项目）是一个基于 Java 的、由模块驱动的控制器，它使用 YANG 作为建模语言，对系统和应用的各个方面进行建模。

本章在 6.1 节对 OpenDaylight 的 Controller 项目进行介绍，读者能通过阅读对控制器 Controller 及技术关键组成有一个基本的了解。

接下来在 6.2 节介绍 OpenDaylight 的 Controller 架构，并着重介绍其中的一些重点组件。

随后在 6.3 节对 Controller 项目的服务抽象层 SAL 进行讲解。服务抽象层 SAL（英文全称为 Service Abstraction Layer）是 OpenDaylight 项目中核心的组成部分，向动态链接到其上面的系统模块提供服务，南向提供服务以支持多种南向协议，北向提供服务以支持其他模块和应用的功能，使得控制器能支持多种南向协议，并为模块和应用提供多种服务。

为方便读者进一步学习，在 6.4 节提供了 OpenDaylight 的 Controller 项目的学习参考。

最后在 6.5 节对本章进行总结。

6.1 Controller 简介

OpenDaylight 项目的子项目控制器 controller 是一个新网络架构部署的实现方式，是 SDN 概念的实现方式之一。传统的网络体系架构是静态配置和垂直集成的，新一代应用需要网络灵活可变以满足它们的需求，而 SDN 能很好地适应部署在网络上的应用的要求。

6.1.1 OpenDaylight 项目的控制器能满足当今网络发展的需求

当今网络的规模正不断扩大，大型数据中心和云平台不断出现，运维人员迫切需要一种更轻松的统一管理工具，比如使用网络可编程接口（API）进行简单的脚本编写以实现自动化的管控。

同时，应用开发者也期待他们开发的应用能跨数据中心、跨云平台运行，这也要求网络变得灵活，以满足诸如带宽、服务、负载平衡、防火墙此类应用程序的要求。总的来看，网络的发展中有以下 3 个主要的因素促使 SDN 受到重视并得到越来越广泛的应用：

- 网络抽象化和虚拟化要求能在高层次上管理网络而无须关注实际物理网络中不同厂商生产的不同网元产品。
- 能基于厂商定义的算法和应用逻辑来控制流量的转发和其他网络行为，网络不再只是垂直的与网络供应商提供的网络控制逻辑集成。
- 降低供应商（尤其是 Web 服务和建立了大型数据中心的云服务商）提供的网络设备的成本。

在 SDN 中，将网络应用置于最上层，向其提供开放的 API，控制器（Controller）可视为与网元打交道并对网元进行控制的中间层。同时，控制器与网元之间需要一些 API 或协议进行通信，这也称为南向协议，比如 OpenFlow。然后应用通过北向协议与控制器进行通信，以实现具体的定制功能。

OpenDaylight 项目的控制器能很好地实现上述功能。OpenDaylight 的控制器所支持的南向协议不仅包括 OpenFlow，还包括其他允许带有 OpenFlow 和/或相应代理的开放协议。OpenDaylight 的控制器同时向网络应用提供北向 API，以允许用户应用（软件）利用其来控制网络。

6.1.2　OpenDaylight 项目的控制器及技术关键组成介绍

Controller 是一个基于 Java、由模型驱动的控制器，使用 YANG 语言为各方面的系统和应用进行建模，并且 Controller 的组件为其他的 OpenDaylight 项目的子项目（应用）提供一个基础平台的服务。

控制器提供了开放的能为外部应用使用的北向 API 接口。同时，这个北向 API 接口得到了 Controller 项目的 OSGi 框架和 REST 的双向支持。Controller 主要使用以下技术/工具构建：

1. Maven

OpenDaylight 项目使用 Maven 来自动编译项目，Maven 使用 pom.xml（项目对象模型）以描述 bundle 之间脚本的依赖和加载运行这些 bundle 的次序。

2. OSGi

OpenDaylight 项目使用 OSGi 作为后台框架，以允许自动加载 bundles 和 JAR 文件的数据包，并且将 Bundles 捆绑在一起以交换信息。

3. Karaf

Karaf 是构建于 OSGi 上面的应用容器，它简化了打包和安装应用的操作。

4. YANG 语言

YANG 是一种数据建模语言，用于应用的模型配置和状态手动操作、远程过程调用 RPC 和通知。

5. Java 接口

OpenDaylight 项目使用 Java 接口来实现事件监听、规范、形成模式，这是特定 bundles 实现事件的回调函数的主要实现方式，也标识了特定状态。

6. REST APIs

OpenDaylight 项目在拓扑管理、主机跟踪、流编程、路由统计等功能中都使用了 REST API 技术。

控制器提供了开放的能为外部应用使用的北向 API 接口，OSGi 框架和双向的 REST 为这个北向 APIs 提供支撑。OSGi 框架为与控制器 Controller 运行在同一地址空间的应用所使用，而 REST（基于网页的）API 则被非与控制器 Controller 运行在同一地址空间（或者甚至不是同一系统）的应用所使用，业务逻辑和算法都保存在应用中。这些应用使用控制器来收集网络情报，然后根据此情报运行其特有的算法以制定新规则，最终将这些新规则编排至整个网络。在南向，多协议以插件的方式得到支持，如 OpenFlow 1.0、OpenFlow 1.3、BGP-LS，等等，OpenDaylight 控制器默认启动 OpenFlow 1.0 南向插件。

SAL 向北向已开发接口的模块开放服务。SAL 计算出如何在控制器和网元底层协议无关的情况下满足请求的服务，这样 SAL 就能向应用提供无视时间演化的投资保护（如同向 OpenFlow 和其他协议提供的保护一样）。控制器 Controller 需要控制其领域内的设备，了解设备的能力、可达性等，这些信息被拓扑管理组件所管理和存储，其他的组件如 ARP 管理、主机追踪、交换机管理将有助于为拓扑管理组件生成拓扑数据库。

另外，OpenDaylight 项目控制器 Controller 提供了以下模型驱动的子系统，可作为 Java 应用的基础。

1. 配置子系统

配置子系统是一个激活的依赖注入和配置框架，允许两步提交依赖注入和配置，允许实时重关联。

2. MD-SAL

MD-SAL 是一个消息总线驱动的可扩展的中间件组件，它提供基于由应用开发者定义的数据和接口模型（如用户定义的模型）的消息服务和数据存储功能。MD-SAL 使用 YANG 语言进行接口和数据定义的建模，并且为基于 YANG 建模的此类服务提供消息和数据集中的实时支持。

3. MD-SAL 集群

MD-SAL 集群提供核心 MD-SAL 功能集群的能力，并且提供对 YANG 建模的数据位置透明的访问。

OpenDaylight 项目控制器 Controller 支持使用以下两种模型驱动的协议从外面访问应用和数据。

1. NETCONF

NETCONF 是基于 XML 的 RPC 协议，它提供了通过客户端调用 YANG 建模的 RPC、接收通知和读写 YANG 建模数据的功能。

2. RESTCOF

RESTCOF 是基于 HTTP 的协议，使用 XML 或 JSON 这两种加载格式以提供类似 REST 这样的 APIs，以对 YANG 建模的数据进行操作并且能调用 YANG 建模的 RPC。

6.2　Controller 架构

OpenDaylight 项目的控制器 Controller 项目可以独立运行在任何支持 Java 的操作系统上。图 6-1 是 OpenDaylight 的控制器 Controller 的架构。

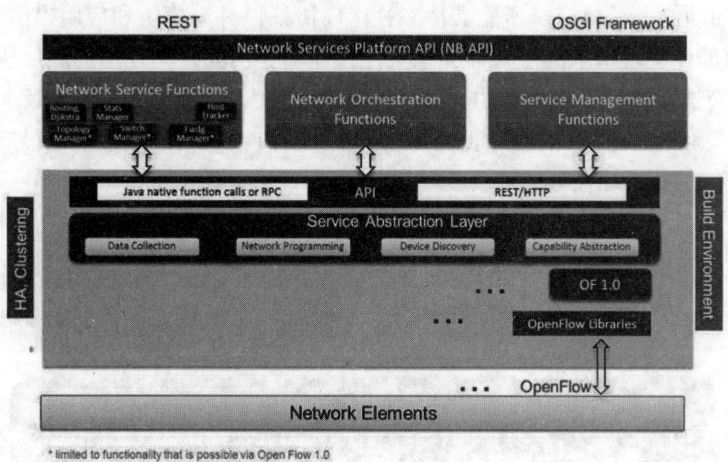

图 6-1　OpenDaylight 的控制器 Controller 的架构（氦版）

OpenDaylight 的控制器 Controller 在南向能支持多种协议（插件），如 OpenFlow 1.0、OpenFlow 1.3、BGP-LS 等。OpenDaylight 的控制器最初仅包含 OpenFlow 1.0 插件，后来其他 OpenDaylight 项目的贡献者将其他南向协议也加入其贡献的代码/其参于开发的项目中，这些模块都动态地链接到一个服务抽象层（SAL），SAL 将服务向北向的模块开放提供。

OpenDaylight 的控制器 Controller 支持 OSGi 框架和双向的 REST，在北向应用提供开放的北向 APIs 接口。在与控制器属于同一地址空间开发的应用使用 OSGi 框架，而与控制器不在同一地址空间甚至物理上也不在同一位置处开发的应用，使用（基于网页的）REST API 作为控制器操作。这些应用程序使用控制器来收集网络情报，运行算法进行分析，然后利用控制器来在整个网络上统一协调以执行新规则。控制器有一个内置的 GUI，这个 GUI 使用所有用户应用通用的北向 API 来实现。

OpenDaylight 的控制器中的 Switch Manager（交换机管理器）的 API 保存网元的详细信息，当一个网元被发现时，这个网元的属性（如交换机/路由器的类型、SW 的版本、性能等）将被 Switch Manager 保存到资料库。

OpenDaylight 的控制器中 GUI 作为一个 APP 来实现，它使用北向的 REST API 与控制器的其他模块进行通信，这样架构就能保证 GUI 中可用的都可通过 REST API 来使用，并且控制器能很容易地与其他管理系统或统一管控平台进行整合。

OpenDaylight 的控制器支持基于高可用性模型的群集，多个 OpenDaylight 的控制器可在逻辑上作为一个逻辑控制器操作，这能提供一个很细粒度的冗余功能和一个线性可扩展的变化模型。支持 OpenFlow 的交换机通过持续点对点的 TCP/IP 连接以连接到两个或多个控制器的实例上，在控制器和应用之间的交互（北向）是通过 RESTful 网页服务来处理请求－应答类型交互来实现的，基于 HTTP 和服务器、客户端之间的非持续通信的 HTTP 可利用所有有益 Web 恢复的高可用技术。

6.3 Controller 项目的服务抽象层 SAL

本书在第 6 章的 6.2 节中提到，服务抽象层 SAL 是 OpenDaylight 项目中核心的组成部分，向动态链接到其上面的系统模块提供服务，南向提供服务以支持多种南向协议，北向提供服务以支持其他模块和应用的功能，使得控制器能支持多种南向协议，并为模块和应用提供多种服务。

SAL 判断出如何实现请求的服务而无须关注控制器与网元之间使用的底层协议，保证了基于 SAL 开发的程序简洁高效。不同版本的 SAL 相差可能较大。在本书介绍的氦版本中，SAL 模块包括 AD-SAL 的模块和 MD-SAL 模块，我们先以氦版为例进行介绍，在本节的最后会对其他版本补充说明。服务抽象层 SAL 如图 6-2 所示。

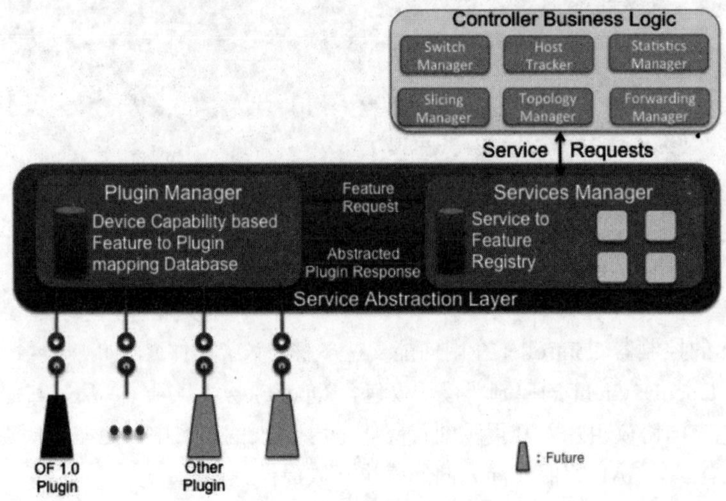

图 6-2 服务抽象层

SAL 采用了 OSGi 框架作为后台架构以支持动态链接插件，从而支持多个南向协议。SAL 向模块提供了基础服务，如向拓扑管理器提供设备发现以构建拓扑和设备性能。服务基于插件的表现和网元的性能由插件提供功能组建而成。SAL 将基于服务的请求映射到合适的插件上，因而使用最合适的南向协议与给定的网元交互，各个插件相互之间独立并与 SAL 处于松耦合的状态。

1. SAL 的系统架构

SAL 的系统架构如图 6-3 所示。

图 6-3 中的子系统解释如下。

- Provider：通过其北向 API 向应用和其他 Providers（插件）提供服务，一个 Provider 也可以是其他 Providers 的 Consumer，有以下两种类型。
  - ➢ Binding Independent Providers：以 Binding-Independent 的数据 POM 的格式提供功能，即此 Provider 的组件是独立 POM 格式，不依赖其他 Provider，以提供服务。
  - ➢ Binding Aware Providers：根据一个或多个生成的 Binding 接口的格式提供功能，即此 Provider 的组件绑定其他内容，如使用其他 Providers 生成的数据或 API 以提供服务。

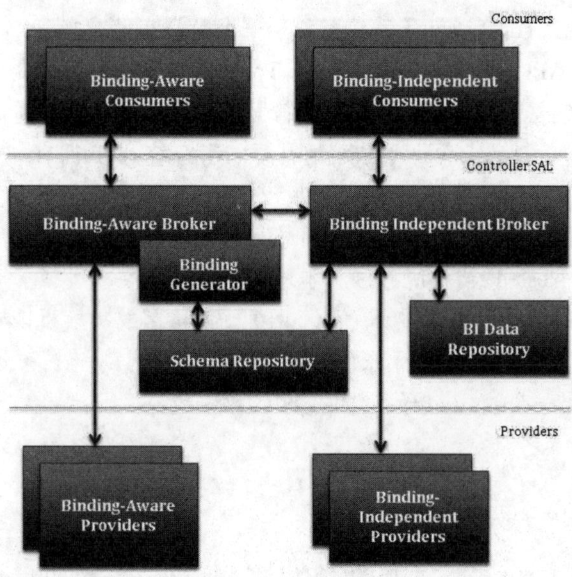

图 6-3 SAL 架构

- Consumer：消耗由一个或多个 Providers 提供的功能。有两种类型：
  - Binding Independent Consumers：以 Binding-Independent 的数据 POM 的格式使用服务，即此 Consumer 是独立 POM 格式，消耗服务时不依赖其他 Provider。
  - Binding Aware Consumers：根据一个或多个生成的 Binding 接口的格式消耗功能，即此 Consumer 消耗服务时绑定其他内容，如其他 Providers 生成的数据或 API。
- Binding-Independent Broker：MD-SAL 核心部分的组件，它在多个 Providers 和 Consumers 之间路由 RPCs、消息、数据交换。
- Binding-Aware Broker：向 Consumers 和 Providers（如控制器应用或插件）提供可编程的 APIs 和 Java 语言支持。Binding-Aware Broker 是在 Binding-Independent Broker 之上建立的代理，这简化了由 Binding Independent Providers 和 Binding Aware Providers 提供的对数据和服务的访问。
- BI Data Repository：BI 数据库是一个 SAL 的 Binding-Independent 的基础设施组成，负责配置和过渡数据的存储。
- Binding Schema Repository: Binding Schema Repository 是负责 YANG-Java 关系存储并在之间映射 Language-Binding APIs 至 Binding-Independent API 的基础设施组件。
- Binding Generator：Binding 生成器是一个 SAL 基础设施组件，生成 Binding 接口的实现和映射至 Binding-Inpendent 格式的数据。

2. 子系统类型

控制器架构定义了两类子系统：Top-Level 子系统和 Nested 子系统。YANG 语言支持通过 YANG 图表（schema）和模块对顶层子系统进行建模，但不允许复用已经存在的模型作为子系统内嵌在顶层子系统的上下文中。YANG 扩展被引入以支持内嵌（nest），内嵌能扩展图表（schema）以允许模型内嵌在子系统的单一数据中。

- Top-Level 子系统：Top-Level 子系统类似于一个数据存储或者一个验证器，它对于一个顶层子系统的一个 API 版本仅有一个实例。Top-Level 子系统可以是控制器组件或部署在控制器中的使用控制器的 SAL 以与其他控制器组件、应用、插件通信的应用（Providers 或 Consumers 均可）。Top-Level 子系统通常每一个系统/API 拥有一个实例或者多个版本的实例（在每个版本中实例是唯一的，并由 YANG 模型定义，每个实例代表一个单独的封闭系统）。Top-Level 子系统的主要例子为代码和数据的库。
- Nested 子系统：Nested 子系统可位于本地或远程。能在多处或于多个实例中提供服务。Nested 子系统代表着非顶层的实体（一个网元，如路由或交换机，都是 Nested 子系统的例子），能有多个实例。Nested 子系统的实例不直接映射到一个 Provider 实例：一个单一 Provider 无法导出一个 Nested 子系统的多个实例。

3. SAL 提供的服务

SAL 主要提供以下服务，如图 6-4 所示。

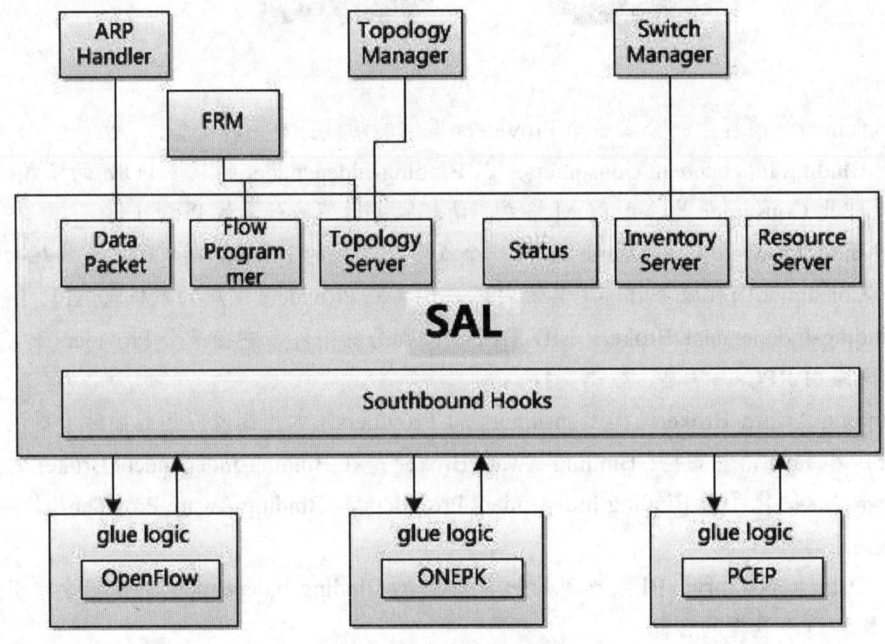

图 6-4　SAL 提供的服务

- 拓扑服务（Topology Service）：一系列服务的集合，允许传递拓扑信息，如发现一个新节点、新链路等。
- 数据包服务（Data Packet Service）：将任何代理发送的数据包发送至应用。
- 流编程服务（Flow Programming Service）：向不同的代理提供编程必须遵守的逻辑——匹配/操作（Match/Actions）规则。
- 统计服务（Statistics Service）：提供搜集统计信息的 API，包括：
  - 流
  - 节点连接器（端口）
  - 队列

- 库存服务（Inventory Service）：提供如返回节点和节点连接器这类库存信息的 APIs。
- 资源服务（Resource Service）：查询资源状态的点位符。

SAL 已经按基于模型的方式演进，在演进中，框架被用于模块化系统，而它的属性和网元动态地在服务/应用之间使用北向 API 和协议插件提供的南向 API 进行映射。图 6-5 介绍了南向插件如何提供整个网络模型树的部分。

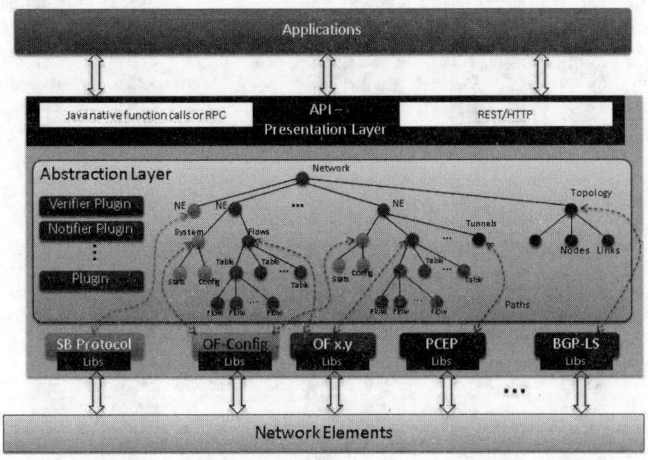

图 6-5　南向插件提供整个网络模型树的部分

图 6-6 介绍了应用如何通过北向 APIs 访问网络模型中的信息。

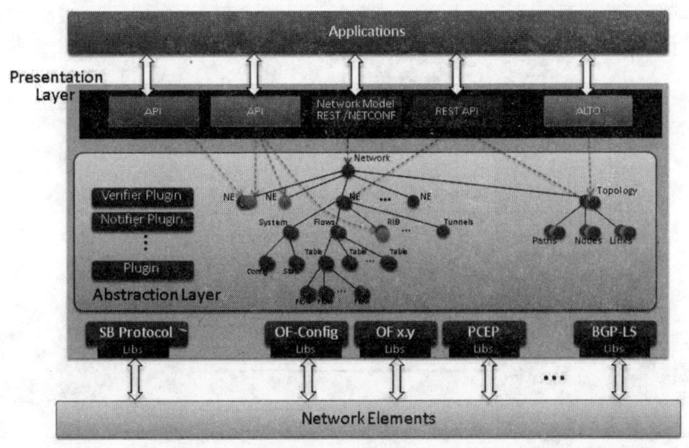

图 6-6　通过北向 APIs 访问网络模型中的信息

注意，从锂版本开始，已经将 AD-SAL 模块大部分功能转移至 MD-SAL 模块中实现，而从铍版本开始，就直接将 AD-SAL 模块去掉，自铍版本之后，所有版本中的 SAL 模块仅包含 MD-SAL 模块。SAL 层完全由 MD-SAL 模块组成，同时 OpenDaylight 官方确认以后的版本中将不再出现 AD-SAL 模块。这也导致了 OpenDaylight 某些不同版本的架构区别相当大，与之相关的开发也需要进行调整的情况。例如，需要实现调用控制器的接口直接获取控制器接收的数据包，在与锂版本相关的开发中可直接调用 AD-SAL 模块中的相关接口（数据包 org.opendaylight.controller.sal.packet），但在锂版本之后的版本中根本没有这个接口，开发者需要使用较复杂的方式实现（有兴趣的读者可参照锂版本之后的 l2switch 项目实现）。图 6-7 所示为锂版本 SAL 中 MD-SAL 和 AD-SAL 的组成部分，接下来我们将对 MD-SAL 模块和 AD-SAL 模块进行简单介绍，我们将在第 12 章的 12.4 节对 MD-SAL 进行更为详细的介绍（偏开发）。由于 AD-SAL 在 OpenDaylight 项目的氢版本和氦版本中还是相当重要的组成，因此本书在此对 AD-SAL 做一些简要的介绍。

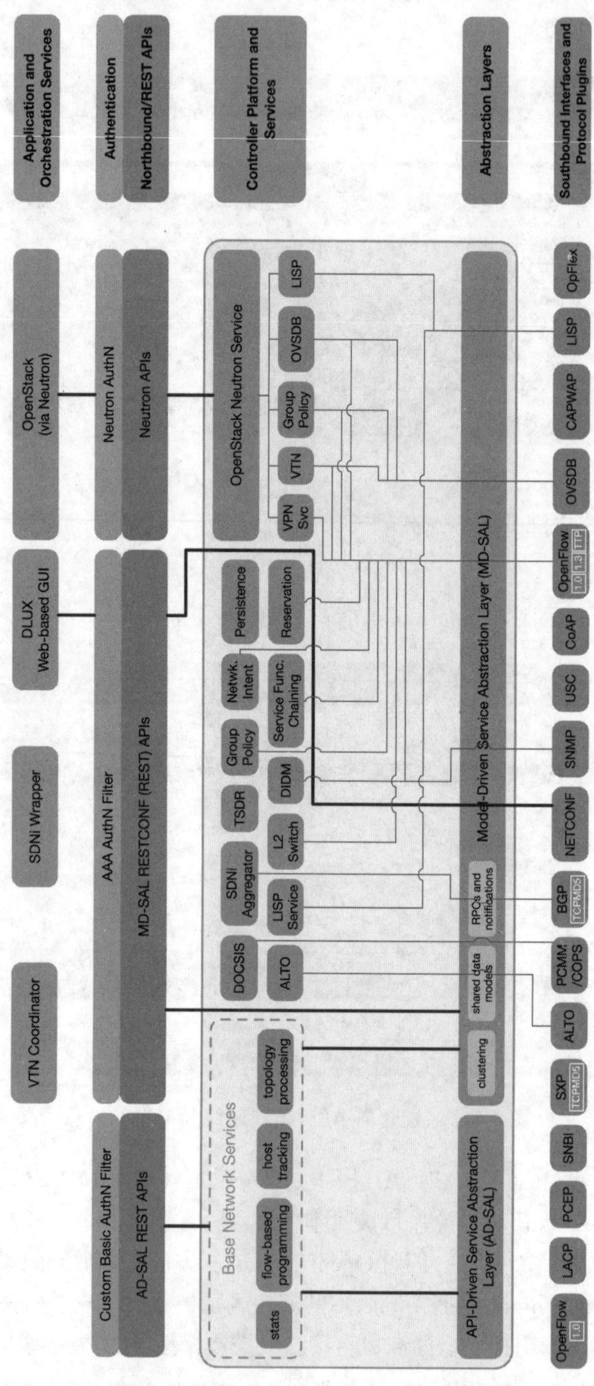

图 6-7　锂版本 SAL 中 MD-SAL 和 AD-SAL 的组成部分

6.3.1 MD-SAL

MD-SAL 的全称为 Model-Driven Service Adaptation Layer，即模型驱动服务适配层。MD-SAL 是一个消息总线驱动的可扩展的中间件组件，它提供基于应用开发者定义的数据和接口模型（如用户定义的模型）的消息和数据存储功能。MD-SAL 在控制器的架构中占据非常重要的作用，MD-SAL 能复用控制器内的模块，并且以灵活的方式将模块分为 Providers 和 Consumers，解决了 AD-SAL 中南北插件耦合度过高的情况，并且引入 DataStore 提升控制器的性能，自锂版本开始，就成为 SAL 层的主要组成部分（见图 6-7），并且在此之后的版本中，SAL 层完全由 MD-SAL 组成，不再包含 AD-SAL 模块。MD-SAL 的框架如图 6-8 所示。

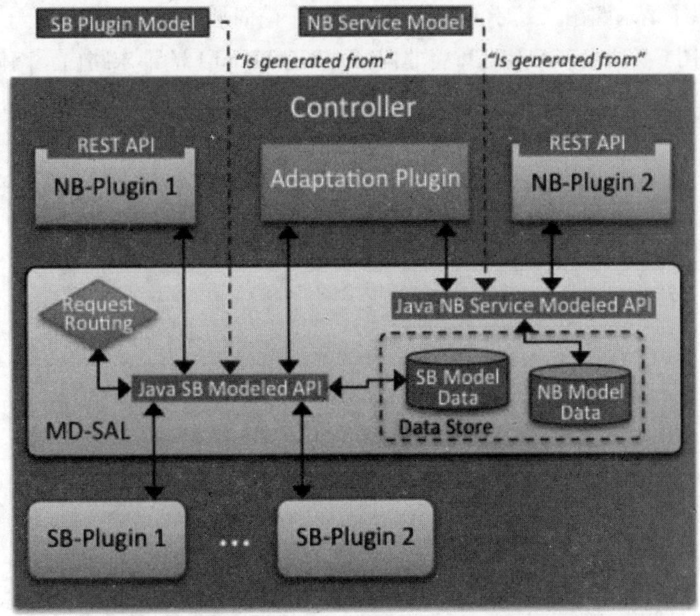

Model-Driven SAL (MD-SAL)

图 6-8 MD-SAL 的框架

模型驱动的 SAL（即 MD-SAL）旨在为应用和插件开发者提供公共通用支持的基础设施服务的集合，MD-SAL 目前主要提供这些基础设施服务给：

- 数据存储；
- RPC/服务路由；
- 通知登记和发布服务。

这个公共通用的模型驱动架构允许应用和插件的开发者针对从一个简单模块（如 Java 生成的 API、DOM API 和 REST API）继承而来的 API 集进行开发。这样，MD-SAL 以这种模块驱动的方式提供了一个统一北向 API 和南向 API 以及使用在各种服务中和 SDN 控制器的各个组件中的数据结构的能力。

6.3.2　AD-SAL

AD-SAL 是 API-Driven SAL 的缩写，即由 API 驱动的服务抽象层。从字面上可得知，与 MD-SAL 不同，它不是由模型驱动的，而是由 API 驱动的。在 AD-SAL 中，服务抽象由南向 API 和北向 API 共同实现，然而南北向的 API 是一一对应的，它们无法被复用。更复杂的是，每个 API 与其相作用模块的耦合度较紧，需要专门的复杂的代码实现。这样一来，整个 AD-SAL 层就变得非常复杂，并且在实现新增、删除、变动等功能时，全部相关的模块必须重写，另外所有的模块也不能得到复用，结果 AD-SAL 的规模日益庞大，其复杂程度也逐版本攀升，严重地影响了 SAL 层的功能扩展和维护。

AD-SAL 提供了请求路由（基于服务类型选择一个南向插件）和服务适配（可选）、统一的抽象服务和 API。如图 6-9 所示，AD-SAL 将北向插件 NB-Plugin1 的请求路由至南向插件 SB-Plugins1 和 SB-Plugins2。注意，在此例中，南向插件和北向插件的 APIs 基本相同（但是它们都需要被定义）。请求路由基于插件的类型：SAL 知道哪个节点实例由哪个插件提供服务。当一个北向插件请求一个给定节点进行操作时，这个请求将被路由到合适的插件，然后这个插件再将请求路由到合适的节点。

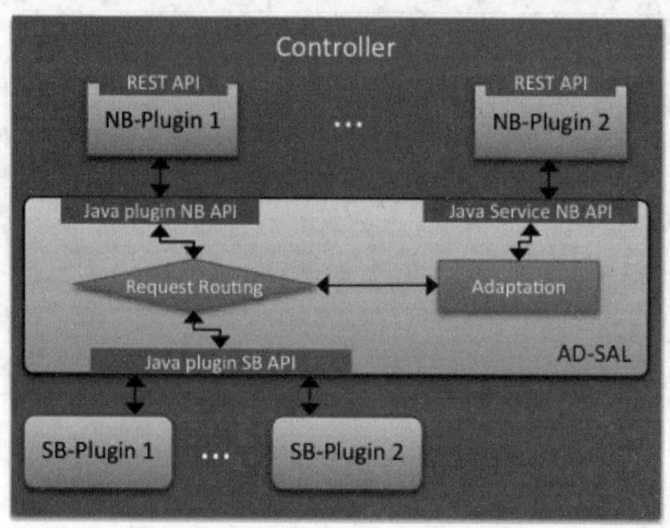

图 6-9　AD-SAL 的框架

AD-SAL 也可提供服务抽象化和服务适配。北向插件 NB-Plugin2 使用一个抽象 API 以访问由南向插件 SB-Plugin 1 和 SB-Plugin 2 提供的服务，南向插件 API 和抽象北向 API 之间的翻译通过 AD-SAL 中的抽象模块来实现，AD-SAL 中的北向插件也向控制器的客户端应用提供 REST APIs。

6.4　Controller 项目的学习参考

（1）Controller 项目的官方网站链接：https://www.opendaylight.org/downloads。

（2）Controller 项目文档的 wiki 链接：https://wiki.opendaylight.org/view/OpenDaylight_Controller:Main。

这里有众多专题，单击相应的链接即可访问相应的资料。

（3）Controller 在 github.com 网站的源代码的链接：https://github.com/opendaylight/controller。

（4）SAL 的学习参考：

https://wiki.opendaylight.org/view/OpenDaylight_Controller:SAL

https://wiki.opendaylight.org/view/OpenDaylight_Controller:Architectural_Framework

https://wiki.opendaylight.org/view/OpenDaylight_Controller:SAL:Services

（5）Controller 的邮件列表：

controller-dev@lists.opendaylight.org

6.5　本章总结

OpenDaylight 的 Controller（控制器项目）是 OpenDaylight 项目中的核心子项目，Controller 项目是一个基于 Java 的、由模块驱动的控制器，它使用 YANG 作为建模语言对系统和应用的各个方面进行建模。OpenDaylight 的 Controller 项目支持集群，为在现代多供应商的异构网络上部署 SDN 网络建立了一个高可用性的、模块化的、可扩展的、多协议的控制器基础设施。

Controller 项目中的服务抽象层 SAL 是 OpenDaylight 项目中核心的组成部分，向动态链接到其上面的系统模块提供服务，南向提供服务以支持多种南向协议，北向提供服务以支持其他模块和应用的功能，使得控制器能支持多种南向协议，并为模块和应用提供多种服务。

从锂版本开始，已经将 AD-SAL 模块大部分功能转移至 MD-SAL 模块中实现，而从铍版本开始，就直接将 AD-SAL 模块去掉，自铍版本之后，所有版本中的 SAL 模块仅包含 MD-SAL 模块。MD-SAL（模型驱动的服务抽象层）提供了所需的抽象能力，以通过插件支持多种南向协议，面向应用的可扩展的北向架构通过松散耦合应用的 RESTfull 网页服务和合作应用的 OSGi 服务来提供一组丰富的北向 API。MD-SAL 模块提供了 OpenDaylight 项目核心的技术优势，本书将在第 12 章的 12.4 节专门对 MD-SAL 进行介绍。

第二篇　实操篇

控制器的安装指南、操作指南、开发环境准备

第 7 章

SDN 底层架构的搭建指南

本章在 7.1 节首先介绍最有影响力、使用最广的 SDN 虚拟交换机 OVS（Open vSwitch）的两种安装方法：使用系统内置命令直接安装 OVS 和下载包并手动安装 OVS。

接着在 7.2 节对仿真环境 Mininet 安装进行介绍。Mininet 是 SDN 实验和 OpenFlow 相关实验的一个很好的平台，是非常出名的网络仿真器之一。Mininet 能通过简单的指令于几秒内在一台配置相当低的机器上创建包含虚拟的主机、交换机、控制器和链接的仿真网络。本节主要介绍通过下载 Mininet 虚拟机文件的方式安装 Mininet、在本地下载源代码进行编译以安装 Mininet 和使用包来安装 Mininet 3 种安装方法；也会介绍如何升级 Mininet，如何升级 Mininet 的 OVS 版本；最后介绍 Mininet 常用的命令。

在 7.3 节介绍在 ubuntu14.04LTS 环境中安装 Xen，然后在 Xen 环境中安装 OVS。在创建虚拟机之后，本书说明了如何修改虚拟机文件，进而使得 Xen 环境中创建的虚拟机能使用 OVS 的网桥，最终实现在 Xen 环境中部署 SDN 网络。

在 7.4 节介绍 KVM 环境部署 SDN 网络的安装指南。首先简单介绍 KVM 的安装步骤，然后在 KVM 环境中安装 OVS。之后讲解如何在 KVM 上进行相关的配置，以便随后使用命令行创建的虚拟机能使用 OVS 网桥，实现 SDN 网络的部署。

在 7.5 节介绍开源 IaaS 架构 OpenStack 环境部署 SDN 网络的安装指南。主要有两种方法，一种是直接在现有的 OpenStack 的基础上安装 OpenDaylight，另一种是在 Linux 环境中使用 DevStack 来同时安装 OpenStack 和 OpenDaylight。

在 7.6 节以某个支持 SDN 的交换机为例，对硬件环境部署 SDN 网络进行介绍。其他厂商的 SDN-Enable 交换机需参照其交换机的专用配置进行，但总体步骤与本实验相同。

最后在 7.7 节对本章进行总结。

7.1　OVS 安装指南

OVS（Open vSwitch）是一个具备生产级能力、在开源 Apache 许可下的多层虚拟交换机。之前我们已经在 3.1 节对 OVS 进行了介绍，而本节介绍使用系统内置命令直接安装 OVS 和通过下载包以手动的方式来安装 OVS 这两种 OVS 的安装方法。

7.1.1　使用系统内置命令直接安装 OVS

以 ubuntu14.04 环境为例，使用 apt-get 命令直接安装 OVS。不同的 ubuntu 版本的安装基本相同，对于其他的 Linux 操作系统，读者可参照此节内容以及参考指南进行相应的安装。

在 ubuntu14.04 环境中

例如安装 bridge，需先移除，执行以下命令：

```
rmmod bridge
```

执行命令以安装 OVS：

```
apt-get install openvswitch-switch
```

之后系统询问是否继续，输入“Y”以继续安装，如图 7-1 所示。

```
root@14:/home/cc# apt-get install openvswitch-switch
Reading package lists... Done
Building dependency tree
Reading state information... Done
The following extra packages will be installed:
  openvswitch-common
Suggested packages:
  openvswitch-datapath-module
The following NEW packages will be installed:
  openvswitch-common openvswitch-switch
0 upgraded, 2 newly installed, 0 to remove and 14 not upgraded.
Need to get 1,309 kB of archives.
After this operation, 6,260 kB of additional disk space will be used.
Do you want to continue? [Y/n]
```

图 7-1　安装提示

最终成功完成安装，如图 7-2 所示。

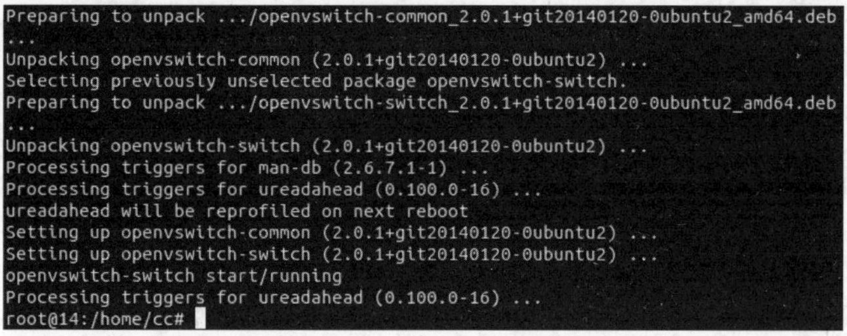

```
Preparing to unpack .../openvswitch-common_2.0.1+git20140120-0ubuntu2_amd64.deb
...
Unpacking openvswitch-common (2.0.1+git20140120-0ubuntu2) ...
Selecting previously unselected package openvswitch-switch.
Preparing to unpack .../openvswitch-switch_2.0.1+git20140120-0ubuntu2_amd64.deb
...
Unpacking openvswitch-switch (2.0.1+git20140120-0ubuntu2) ...
Processing triggers for man-db (2.6.7.1-1) ...
Processing triggers for ureadahead (0.100.0-16) ...
ureadahead will be reprofiled on next reboot
Setting up openvswitch-common (2.0.1+git20140120-0ubuntu2) ...
Setting up openvswitch-switch (2.0.1+git20140120-0ubuntu2) ...
openvswitch-switch start/running
Processing triggers for ureadahead (0.100.0-16) ...
root@14:/home/cc#
```

图 7-2　安装完成

输入命令：

```
ovs-vsctl show
```

检查是否成功安装。若成功安装，系统输出 OVS 版本（当前为 2.0.1）以及端口（若有）、连接的控制器（若有）等信息，如图 7-3 所示。

```
root@14:/home/cc# ovs-vsctl show
a2f8e368-f817-4a63-b701-85954d0189ec
    ovs_version: "2.0.1"
root@14:/home/cc#
```

图 7-3　安装成功

7.1.2　下载包并手动安装 OVS

以在 ubuntu14.04 环境中安装 OVS 为例，从官方网站下载包并手动安装 OVS。不同的 ubuntu 版本的安装基本相同，对于其他的 Linux 的操作系统，读者可参照此节内容以及参考指南进行相应的安装。OVS 的版本很多，最新版本的是 2.6.1（到 2017 年 2 月止）。为方便与 7.1.1 节比较，以安装 2.0.1 版本为例进行实验。

1. 下载安装包

下载安装包：wget http://openvswitch.org/releases/openvswitch-2.0.1.tar.gz，如图 7-4 所示。

```
root@14:/home/cc# wget http://openvswitch.org/releases/openvswitch-2.0.1.tar.gz
--2017-02-16 16:18:22--  http://openvswitch.org/releases/openvswitch-2.0.1.tar.g
z
Resolving openvswitch.org (openvswitch.org)... failed: Name or service not known
.
wget: unable to resolve host address 'openvswitch.org'
root@14:/home/cc# wget http://openvswitch.org/releases/openvswitch-2.0.1.tar.gz
--2017-02-16 16:20:08--  http://openvswitch.org/releases/openvswitch-2.0.1.tar.g
z
Resolving openvswitch.org (openvswitch.org)... 69.56.251.103
Connecting to openvswitch.org (openvswitch.org)|69.56.251.103|:80... connected.
HTTP request sent, awaiting response... 200 OK
Length: 2805819 (2.7M) [application/x-gzip]
Saving to: 'openvswitch-2.0.1.tar.gz'

100%[======================================>] 2,805,819   34.3KB/s   in 1m 54s

2017-02-16 16:22:13 (24.0 KB/s) - 'openvswitch-2.0.1.tar.gz' saved [2805819/2805
819]

root@14:/home/cc# ls
Desktop    Downloads  openvswitch-2.0.1.tar.gz  Public     Videos
Documents  Music      Pictures                  Templates
```

图 7-4　下载安装包

或者从官方网站选择合适的包直接下载（下载地址为 http://openvswitch.org/download）。

注　意

不同版本之间的安装可能有所差别。不同版本的包解压后的文件夹中均包含该版本在不同操作系统环境下的安装方法（此安装方法的文件为.md 格式，如图 7-5 所示），读者可按照说明进行安装。

2. 解压安装包

```
$ tar -xzf openvswitch-2.0.1.tar.gz
```

各环境下的安装说明如图 7-5 所示。

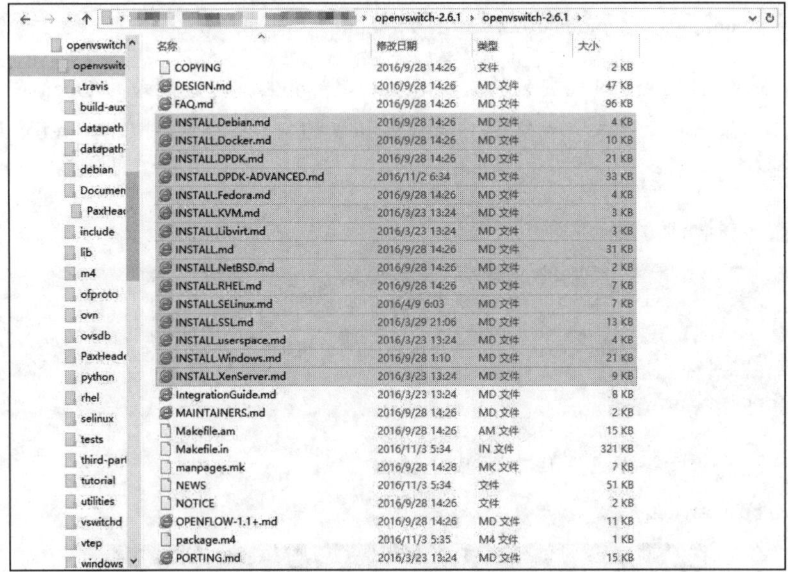

图 7-5 各环境下的安装说明

3. 进入 openvswitch-2.0.1 目录

```
$ cd openvswitch-2.0.1
```

4. 下载 OVS 安装必备的包

```
$ apt-get install dpkg-dev fakeroot build-essential openssl \
debhelper autoconf automake libssl-dev python-all python-twisted-conch \
clang pkg-config gcc m4 libtool sparse
```

注意，还有一个安装的小窍门，可输入命令：

```
$ dpkg-checkbuilddeps
```

查看 OVS 安装所需的必要包还有哪些没有安装，如图 7-6 所示。若直接没有显示包，则说明安装条件已具备。

```
root@14:/home/cc/openvswitch-2.0.1# dpkg-checkbuilddeps
The program 'dpkg-checkbuilddeps' is currently not installed. You can install it
 by typing:
apt-get install dpkg-dev
```

图 7-6 查看所缺的包

5. 移除 bridge

如果要安装 bridge，需先移除，执行以下命令：

```
$ rmmod bridge
```

6. 安装 OVS

使用 uname 命令以获取当前操作系统的 Linux 的内核版本号（*Linux_Kernal*），然后将 Linux 的内核版本号替换为以下命令中的 Linux_Kernal：

```
$ ./configure --with-linux=/lib/modules/Linux_Kernal/build
```

注 意

本实验是基于 Linux 内核安装的。With-linux 表示生成内核模式的 OpenvSwitch 时需指定的内核源码编译目录；若指定 OpenvSwitch 的安装位置，则在“-prefix=/...”后加位置地址。

输入以下命令以完成安装：

```
$ make
$ make install
$ make modules_install
$ /sbin/modprobe openvswitch
```

查看 OpenvSwitch 模块是否加载（见图 7-7）：

```
$ lsmod |grep openvswitch
```

```
root@ubuntu:/home/cc/openvswitch-2.0.1# lsmod|grep open
openvswitch            81184  0
gre                    12989  1 openvswitch
libcrc32c              12615  3 openvswitch,btrfs,xfs
```

图 7-7　查看 OpenvSwitch 模块是否加载

7. 配置 OVS

（1）创建目录及数据库

```
$ mkdir -p /usr/local/etc/openvswitch
$ ovsdb-tool create /usr/local/etc/openvswitch/conf.db \
vswitchd/vswitch.ovsschema
```

（2）启动配置数据库

```
$ ovsdb-server --remote=punix:/usr/local/var/run/openvswitch/db.sock \
--remote=db:Open_vSwitch,Open_vSwitch,manager_options \
                    --private-key=db:Open_vSwitch,SSL,private_key \
                    --certificate=db:Open_vSwitch,SSL,certificate \
                    --bootstrap-ca-cert=db:Open_vSwitch,SSL,ca_cert \
                    --pidfile --detach
```

（3）初始化数据库

```
$ ovs-vsctl --no-wait init
```

（4）启动 vSwitch

```
$ ovs-vswitchd --pidfile --detach
```

8. 开机重启加载 OVS

（1）移除网桥

```
$ rmmod bridge
```

（2）载入模块 Open vSwitch

```
$ /sbin/modprobe openvswitch
```

（3）启动配置数据库

```
$ ovsdb-server --remote=punix:/usr/local/var/run/openvswitch/db.sock \
                    --remote=db:Open_vSwitch,Open_vSwitch,manager_options \
                    --private-key=db:Open_vSwitch,SSL,private_key \
                    --certificate=db:Open_vSwitch,SSL,certificate \
                    --bootstrap-ca-cert=db:Open_vSwitch,SSL,ca_cert \
                    --pidfile --detach
```

（4）启动 vSwitch

```
$ ovs-vswitchd --pidfile --detach
```

注意，读者也可将这些命令制成批处理文件，开机后自动执行。

7.2　仿真环境 Mininet 安装指南

7.2.1　Mininet 的介绍

Mininet 是一个网络仿真器，它能创建一个包含虚拟的主机、交换机、控制器和链接的网络，如图 7-8 所示。Mininet 主机运行标准 Linux 的网络软件。Mininet 创建一个逼真的虚拟网络，通过一个简单的命令即可在几秒内在一个简单的机器上（VM、云或本地）运行实时内核、交换机和应用程序代码。

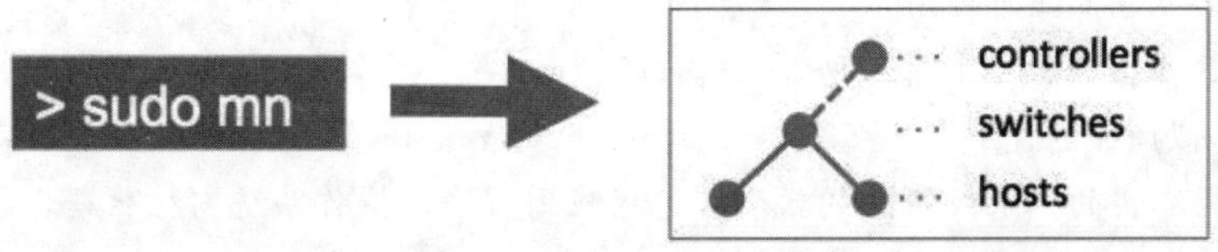

图 7-8　Mininet

Mininet 的交换机支持 OpenFlow 以获取高灵活定制的路由，实现 SDN。Mininet 支持研究、开发、学习、原型建模、测试、调试，甚至可部署在笔记本电脑或其他电脑上以搭建完整的试验网络。Mininet 是 SDN 相关实验和 OpenFlow 相关实验的一个很好的平台，其主要的功能有：

- 提供了一个简单的和廉价的网络测试平台用以进行 OpenFlow 应用开发。
- 允许多个并发开发者同时在同一拓扑上独立的工作。
- 支持系统级回归测试，可复用且易打包。
- 使得能进行复杂的拓扑测试，而不需要连接物理网络。
- 包括一个 CLI（此 CLI 是拓扑感知的和 OpenFlow 感知的），以进行调试和进行全网测试。
- 支持任意的自定义拓扑结构，包括一组基础的参数化拓扑。

- 无须编程即可以使用。
- 还提供了一个简单、可扩展的 Python API 以供创建网络和实验所用。

Mininet 提供了一种简单的方式以获取正确的系统行为和拓扑相关的实验。Mininet 运行真实的代码，这些代码包含标准 UNIX/Linux 网络应用和真正的 Linux 内核网络协议栈（包括与网络命名空间兼容的所有的内核扩展）。因此，对于 OpenFlow 控制器、修改的交换机、主机来说，在 Mininet 上开发和测试的代码（如开发、性能评估、实际场景测试等项目）只需要进行很小的改动即可迁移到一个真实的系统中。这点非常重要，意味着在 Mininet 中可行的设计通常可直接迁移到真实的硬件交换机上，以获取线速率分组转发。

几乎每一个操作系统都使用过程抽象来虚拟化计算资源。Mininet 使用基于过程的虚拟化在单一的操作系统内核上运行许多（目前最多成功启动 4096 个）主机和交换机。Mininet 可以创建内核或用户空间的 OpenFlow 交换机、控制器来控制交换机，使用模拟的网络与主机通信。最初，Mininet 使用虚拟以太网（veth）对来连接交换机和主机，目前，Mininet 取决于所在机器的 Linux 内核，但在未来它可能会支持其他基于过程虚化拟的操作系统。Mininet 的代码除了极少数的 C 程序，其他几乎是由 Python 语言创建而成的。

Mininet 有以下优势。

- 相比基于全系统虚拟化方式的优势。
  - 启动更快：将时间由分钟缩短为秒。
  - 规模较大：主机和交换机的规模由单位数变成数以百计。
  - 提供更大的带宽：通常在最先进的硬件上能实现 2Gbps 的总带宽。
  - 安装容易：预先安装好的虚拟机（带有 OVS）可直接运行在 VMware 上，或者运行在 Mac /Windows/ Linux 操作系统上的 VirtualBox。
- 相比硬件测试平台的优势。
  - 价格低廉，随时可用。
  - 快速可重构和可重新启动。
- 相比类似产品的优势。
  - 运行真实的、未经修改的代码（包括应用程序、操作系统内核代码、控制平面的编码——包括 OpenFlow 控制器代码与 Open vSwitch 代码）。
  - 轻松连接到真实的网络。
  - 提供交互式性能。

Mininet 有以下局限性。

- 基于 Mininet 的网络的 CPU 和带宽目前还是低于一台单独的服务器的 CPU 和带宽。
- 最小网络目前只能运行在 Linux 兼容的 OpenFlow 的交换机或应用上，这在实践中并不是一个主要问题。

如需进一步的帮助，读者可访问官方网站（地址为 http://mininet.org/）以获得更多的学习参考资料。另外，如需获取支持或参与讨论，可登录 mininet-discuss 的邮件（地址为 https://mailman.stanford.edu/mailman/listinfo/mininet-discuss），以参与 mininet 的社区活动。

7.2.2　下载 Mininet 虚拟机文件进行安装

我们推荐读者使用这种方式进行安装——下载 Mininet 虚拟机文件直接进行安装可省去因读者系统环境不同而需要解决安装软件中碰上不同困难的问题，读者可将精力主要集中在 Mininet 的使用上。建议安装最新的版本以获取最新的 OVS 性能，当然读者也可参考 7.2.6 节，在已有的 Mininet 基础上升级 OVS 的版本。

打开在 GitHub 网站上的地址 https://github.com/mininet/mininet/wiki/Mininet-VM-Images，在页面上选择合适的版本进行下载。到 2017 年 3 月为止，最新的下载版本为 Mininet 2.2.1 on Ubuntu 14.04 LTS 版本，可根据运行环境选择 64 位或 32 位的虚拟机文件进行下载（见图 7-9），下载后解压使用。读者可直接在 Linux、Windows 、OS X 等 PC 操作系统上导入解压后的 OVF 进行使用，推荐免费的开源虚拟机软件 VirtualBox（在上述 3 个 PC 操作系统均可用），也可自行选择其他工具，如 VMware Workstation（Linux、Windows 可用）、VMware Fusion（Mac 可用）、KVM（Linux 可用），还可直接在服务器虚拟化平台（如 VMware 的 vSphere、Citrix 的 XenServer、微软的 Hyper-V 等）上使用。

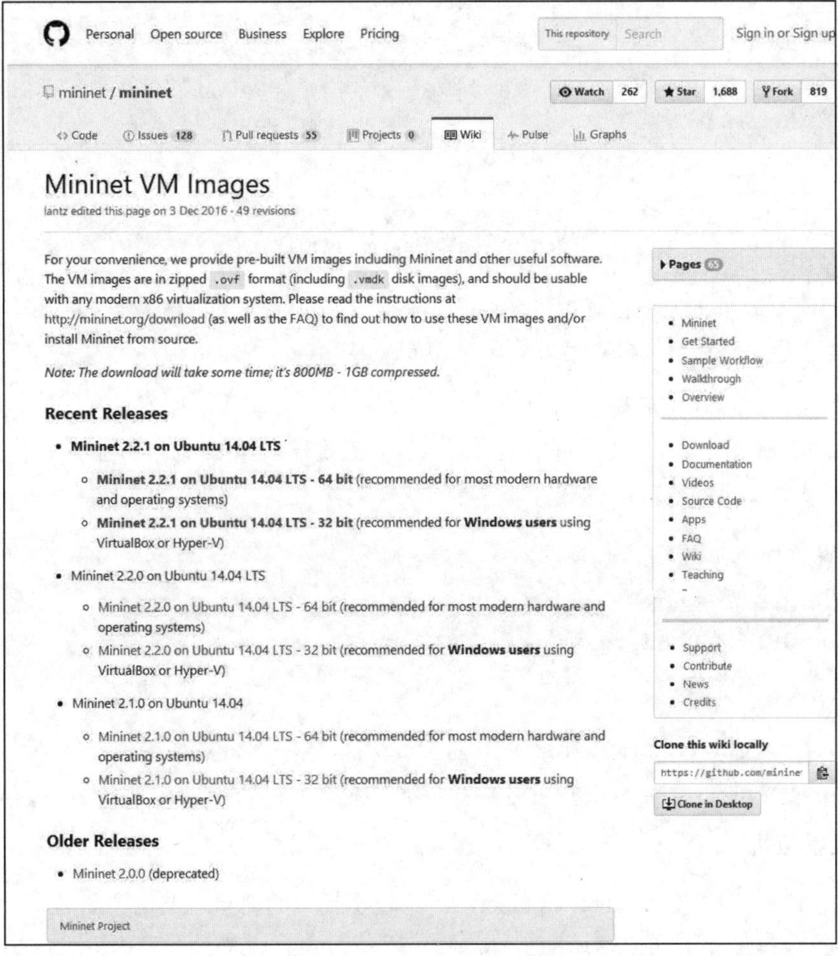

图 7-9　选择合适的虚拟机

1. 加载虚拟机

（1）在 VMware 上加载

在 VMware vSphere 上加载虚拟机，具体如图 7-10 所示。在 VMware Workstation 或 VisualBox 上加载虚拟机与此类似，这里我们就不再另做介绍。

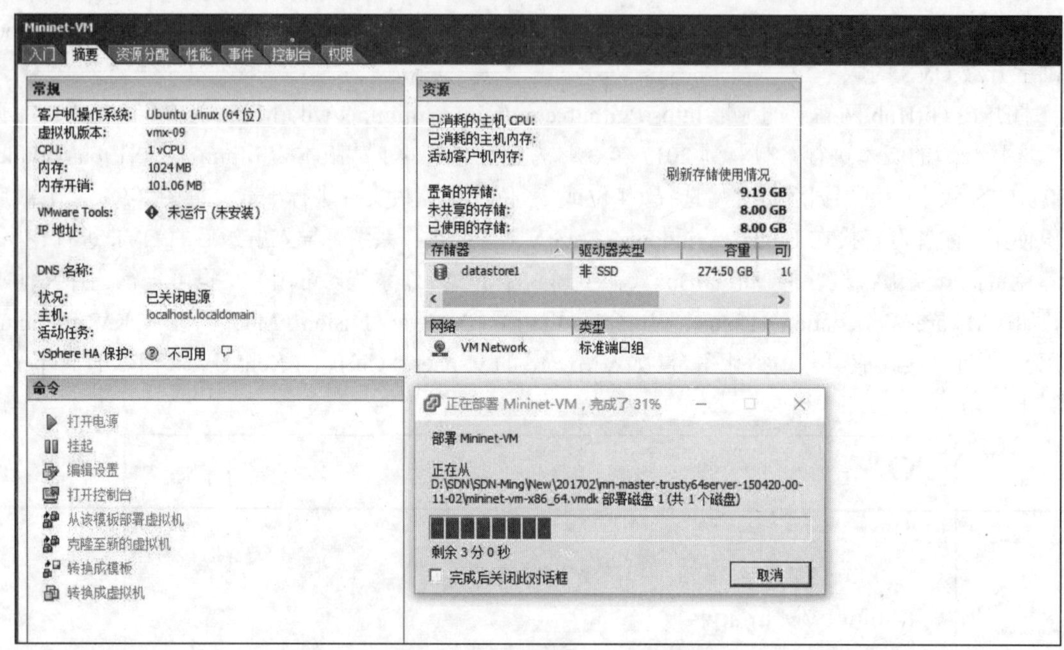

图 7-10　部署 Mininet 虚拟机

打开 VMware vClient，根据虚拟机文件 mininet-2.2.1-150420-ubuntu-14.04-server-amd64.ovf 部署虚拟机，本实验中将此虚拟机命名为默认的 Mininet-VM。

（2）在 Qemu/KVM 上加载

在 Qemu/KVM 操作环境中加载的命令如下（其中设定端口 8022 为 ssh 连接端口），读者可将相关参数替代为自定义的参数。

1）Qemu 环境下的命令：

```
$ qemu-system-i386 -m 2048 mininet-vm-disk1.vmdk -net nic,model=virtio \
-net user,net=192.168.101.0/24,hostfwd=tcp::8022-:22
```

2）KVM 环境下的命令：

```
$ sudo qemu-system-i386 -machine accel=kvm -m 2048 mininet-vm-disk1.vmdk \
-net nic,model=virtio -net user,net=192.168.101.0/24,hostfwd=tcp::8022-:22
```

2. 登录虚拟机

虚拟机用户名/密码为 mininet/ mininet，注意较早版本的虚拟机的用户名/密码为 openflow/ openflow。进入虚拟机后，可立即动手实验。

7.2.3　在本地下载源代码以安装 Mininet

在本地下载源代码以安装 Mininet 的方式较 7.2.2 节下载虚拟机文件进行部署的方式更为复杂，这种方式适用于本地虚拟机、远程 EC2 和本地安装，可将 Mininet 直接安装在 linux 系统上。建议安装最新的版本以获取最新的 OVS 性能，当然读者也可参考 7.2.6 节，在已有的 Mininet 基础上升级 OVS 的版本。

从 GitHub 上下载源代码：

```
$ git clone git://github.com/mininet/mininet
```

下载后进入目录：

```
$ cd mininet
```

列出当时可用的版本，结果如图 7-11 所示。

```
$ git tag
```

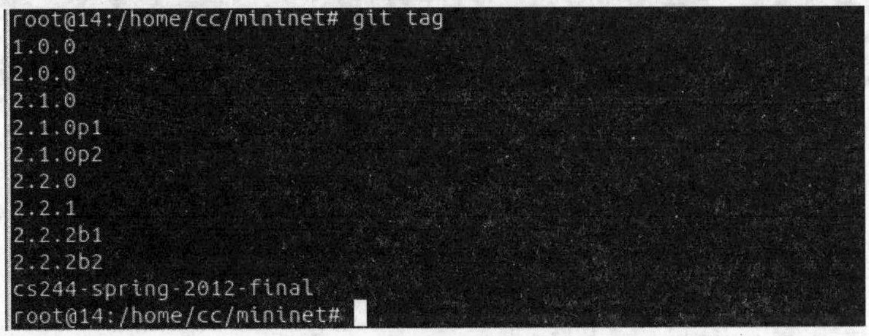

```
root@14:/home/cc/mininet# git tag
1.0.0
2.0.0
2.1.0
2.1.0p1
2.1.0p2
2.2.0
2.2.1
2.2.2b1
2.2.2b2
cs244-spring-2012-final
root@14:/home/cc/mininet#
```

图 7-11　列出可用的 Mininet 源代码版本

本实验选择 2.2.1 版本，读者可自由选择合适的版本：

```
$ git checkout -b 2.2.1 2.2.1
```

返回上一级目录：

```
$ cd ..
```

仅安装 Mininet、OVS、OpenFlow 参考交换机，输入以下命令：

```
$ mininet/util/install.sh -nfv
```

若安装 Mininet 发布版本中所有的组件（包含 Wireshark 等软件），则将上面命令替换为以下命令，输出结果如图 7-12 所示。安装后与发布的 Mininet 虚拟机上的组件相同。

```
$ mininet/util/install.sh -a
```

注意 install.sh 命令中，-a 参数与-nfv 仅能出现一个；另外，若要将 Mininet 安装到指定的位置，则可使用参数-s，后面跟上指定位置的地址。

若需获取更详细的安装参数说明，可输入以下命令以获得帮助：

```
$ mininet/util/install.sh -h
```

```
Setting up openvswitch-controller (2.0.2-0ubuntu0.14.04.3) ...
 * Starting ovs-controller  ovs-controller
2017-02-20T03:35:03Z|00001|stream_ssl|INFO|Trusting CA cert from /etc/openvswitc
h-controller/cacert.pem (/C=US/ST=CA/O=Open vSwitch/OU=switchca/CN=OVS switchca
CA Certificate (2017 Feb 20 11:35:02)) (fingerprint 01:3b:ff:1d:b5:fc:d1:86:d1:1
c:6b:10:e8:c9:01:d5:92:df:ba:10)
                                                                         [ OK ]
Processing triggers for ureadahead (0.100.0-16) ...
 * Stopping ovs-controller ovs-controller                                [ OK ]
Stopped running controller
update-rc.d: warning:  start runlevel arguments (none) do not match openvswitch-
controller Default-Start values (2 3 4 5)
update-rc.d: warning:  stop runlevel arguments (none) do not match openvswitch-c
ontroller Default-Stop values (0 1 6)
 Disabling system startup links for /etc/init.d/openvswitch-controller ...
 Removing any system startup links for /etc/init.d/openvswitch-controller ...
   /etc/rc0.d/K20openvswitch-controller
   /etc/rc1.d/K20openvswitch-controller
   /etc/rc2.d/S20openvswitch-controller
   /etc/rc3.d/S20openvswitch-controller
   /etc/rc4.d/S20openvswitch-controller
   /etc/rc5.d/S20openvswitch-controller
   /etc/rc6.d/K20openvswitch-controller
 Adding system startup for /etc/init.d/openvswitch-controller ...
   /etc/rc0.d/K20openvswitch-controller -> ../init.d/openvswitch-controller
   /etc/rc1.d/K20openvswitch-controller -> ../init.d/openvswitch-controller
   /etc/rc6.d/K20openvswitch-controller -> ../init.d/openvswitch-controller
   /etc/rc2.d/K80openvswitch-controller -> ../init.d/openvswitch-controller
   /etc/rc3.d/K80openvswitch-controller -> ../init.d/openvswitch-controller
   /etc/rc4.d/K80openvswitch-controller -> ../init.d/openvswitch-controller
   /etc/rc5.d/K80openvswitch-controller -> ../init.d/openvswitch-controller
```

图 7-12　在本地从源代码安装 Mininet

输入命令：

```
$ sudo mn --test pingall
```

如图 7-13 所示，Mininet 已经正确安装。

```
root@14:/home/cc/mininet# mn --test pingall
*** Creating network
*** Adding controller
*** Adding hosts:
h1 h2
*** Adding switches:
s1
*** Adding links:
(h1, s1) (h2, s1)
*** Configuring hosts
h1 h2
*** Starting controller
c0
*** Starting 1 switches
s1 ...
*** Waiting for switches to connect
```

图 7-13　测试 Mininet 是否正确安装

输入命令：

```
$ mininet --version
```

输出：

```
2.2.1
```

可见已安装的版本为 Mininet 的指定版本。

7.2.4　使用包安装 Mininet

自 Ubuntu 版本 12.04 起，即可使用提供 Mininet 安装包以进行更为简单的安装，但是这种方式安装的 DVS 版本较旧。以下是在 Ubuntu 14.04 上使用包来安装 Mininet 的介绍。

1. 移除 Mininet 旧有的用户本地文件

若安装过早期的 Mininet 版本（如 1.0），则需要将位于/usr/local 目录下的 Mininet 旧有的用户本地文件（早期的 Mininet 版本和 OVS 版本）移除。若没有安装过，可忽略此步跳到下一步。

```
$ sudo rm -rf /usr/local/bin/mn /usr/local/bin/mnexec \
        /usr/local/lib/python*/*/*mininet* \
        /usr/local/bin/ovs-* /usr/local/sbin/ovs-*
```

2. 安装基础的 Mininet 包（见图 7-14）

```
$ sudo apt-get install mininet
```

```
 * Starting ovs-controller  ovs-controller
2017-02-20T03:50:16Z|00001|stream_ssl|INFO|Trusting CA cert from /etc/openvswitc
h-controller/cacert.pem (/C=US/ST=CA/O=Open vSwitch/OU=switchca/CN=OVS switchca
CA Certificate (2017 Feb 20 11:50:16)) (fingerprint 64:83:af:36:0d:aa:e7:27:fb:2
0:5d:b2:9f:d8:c7:d8:8a:1a:db:83)
                                                                         [ OK ]
Processing triggers for ureadahead (0.100.0-16) ...
Setting up cgroup-bin (0.38-1ubuntu2) ...
Setting up mininet (2.1.0-0ubuntu1) ...
Processing triggers for libc-bin (2.19-0ubuntu6) ...
```

图 7-14　安装基础的 Mininet 包

注　意

Ubuntu 14.10 及之后版本的命令与 Ubuntu 14.04 相同。但 Ubuntu 12.04 版本的命令为：

```
$ sudo apt-get install mininet/precise-backports
```

3. 停用 openvswitch-controller 服务（见图 7-15）

```
$ sudo service openvswitch-controller stop
$ sudo update-rc.d openvswitch-controller disable
```

```
root@14:/home/cc# sudo service openvswitch-controller stop
 * Stopping ovs-controller ovs-controller                                [ OK ]
root@14:/home/cc# sudo update-rc.d openvswitch-controller disable
update-rc.d: warning:  start runlevel arguments (none) do not match openvswitch-
controller Default-Start values (2 3 4 5)
update-rc.d: warning:  stop runlevel arguments (none) do not match openvswitch-c
ontroller Default-Stop values (0 1 6)
 Disabling system startup links for /etc/init.d/openvswitch-controller ...
 Removing any system startup links for /etc/init.d/openvswitch-controller ...
   /etc/rc0.d/K20openvswitch-controller
   /etc/rc1.d/K20openvswitch-controller
   /etc/rc2.d/S20openvswitch-controller
   /etc/rc3.d/S20openvswitch-controller
   /etc/rc4.d/S20openvswitch-controller
   /etc/rc5.d/S20openvswitch-controller
   /etc/rc6.d/K20openvswitch-controller
 Adding system startup for /etc/init.d/openvswitch-controller ...
   /etc/rc0.d/K20openvswitch-controller -> ../init.d/openvswitch-controller
   /etc/rc1.d/K20openvswitch-controller -> ../init.d/openvswitch-controller
   /etc/rc6.d/K20openvswitch-controller -> ../init.d/openvswitch-controller
   /etc/rc2.d/K80openvswitch-controller -> ../init.d/openvswitch-controller
   /etc/rc3.d/K80openvswitch-controller -> ../init.d/openvswitch-controller
   /etc/rc4.d/K80openvswitch-controller -> ../init.d/openvswitch-controller
   /etc/rc5.d/K80openvswitch-controller -> ../init.d/openvswitch-controller
```

图 7-15　停用 openvswitch-controller 服务

输入命令：

```
$ sudo mn --test pingall
```

如图 7-16 所示，Mininet 已经正确安装。

```
root@14:/home/cc# sudo mn --test pingall
*** Creating network
*** Adding controller
*** Adding hosts:
h1 h2
*** Adding switches:
s1
*** Adding links:
(h1, s1) (h2, s1)
*** Configuring hosts
h1 h2
*** Starting controller
*** Starting 1 switches
s1
*** Ping: testing ping reachability
h1 -> h2
h2 -> h1
*** Results: 0% dropped (2/2 received)
*** Stopping 1 switches
s1 ..
*** Stopping 2 hosts
h1 h2
*** Stopping 1 controllers
c0
*** Done
completed in 1.125 seconds
```

图 7-16　测试 Mininet 是否正确安装

若 Mininet 出错称 OVS 无法工作，则需重建内核模式，运行以下命令：

```
$ sudo dpkg-reconfigure openvswitch-datapath-dkms
$ sudo service openflow-switch restart
```

7.2.5　Mininet 的升级

在现有的 Mininet 安装基础上进行 Mininet 的升级有很多方式，如 7.2.6 节升级 Mininet 的 OVS 版本的方法，也有删除 Mininet 后重新安装的方法等。若安装 Mininet 后对 Mininet 的改动不大，则可使用以下命令将 Mininet 升级到最新版本。

```
$ cd mininet
$ git fetch
$ git checkout master    # Or a specific version like 2.2.1
$ git pull
$ sudo make install
```

注意，最后一行命令也可替换为：

```
$ sudo make develop
```

这将创建从目录/usr/python/...至源代码树的符号链接。

注意，Mininet 的升级仅是对自身的升级，像 OVS 这样的组件需要使用 7.2.6 节的方式单独进行升级。

7.2.6　升级 Mininet 的 OVS 版本

本节主要介绍在已安装 Mininet 的环境中升级 OVS 的版本。

1. 查看 OVS 版本

输入以下命令以查看 OVS 的版本，如图 7-17 所示。

```
$ ovs-vsctl show
```

```
root@14:/home/cc# ovs-vsctl show
9a26750b-6852-4f2b-a432-b024cdeb68d8
    ovs_version: "2.0.1"
root@14:/home/cc#
```

图 7-17　查看 OVS 的版本

2. 下载指定的 OVS 版本至指定目录

```
$ mkdir ovs
$ cd ovs
$ wget http://openvswitch.org/releases/openvswitch-2.6.1.tar.gz
```

3. 解压并进入目录

```
$ tar -xzf openvswitch-2.6.1.tar.gz
cd openvswitch-2.6.1
```

4. OVS 的安装准备

下载 OVS 安装依赖的包：

```
$ apt-get install dpkg-dev fakeroot build-essential openssl \
debhelper autoconf automake libssl-dev python-all python-twisted-conch \
clang pkg-config gcc m4 libtool sparse
```

5. 安装 OVS

使用 uname 命令以获取当前操作系统的 Linux 的内核版本号（*Linux_Kernal*）：

```
$ uname -r
```

输出 linux 的内核版本号：

```
3.13.0-24-generic
```

配置内核模式的 OVS 源代码编译目录：

```
$ ./configure --with-linux=/lib/modules/3.13.0-24-generic/build
```

输入以下命令以完成安装：

```
$ make
$ make install
```

```
$ make modules_install
$ /sbin/modprobe openvswitch
```

查看 openvswitch 模块是否加载，如图 7-18 所示。

```
$ lsmod |grep openvswitch
```

```
root@14:/home/cc/ovs/openvswitch-2.6.1# lsmod |grep openvswitch
openvswitch            66901  0
gre                    13808  1 openvswitch
vxlan                  37619  1 openvswitch
libcrc32c              12644  1 openvswitch
```

图 7-18　查看 openvswitch 模块是否加载

6. 配置 OVS

（1）创建目录及数据库

```
$ mkdir -p /usr/local/etc/openvswitch
$ ovsdb-tool create /usr/local/etc/openvswitch/conf.db \
vswitchd/vswitch.ovsschema
```

（2）启动配置数据库

```
$ ovsdb-server --remote=punix:/usr/local/var/run/openvswitch/db.sock \
--remote=db:Open_vSwitch,Open_vSwitch,manager_options \
                    --private-key=db:Open_vSwitch,SSL,private_key \
                    --certificate=db:Open_vSwitch,SSL,certificate \
                    --bootstrap-ca-cert=db:Open_vSwitch,SSL,ca_cert \
                    --pidfile --detach
```

（3）初始化数据库

```
$ ovs-vsctl --no-wait init
```

（4）启动 vSwitch

```
$ ovs-vswitchd --pidfile --detach
```

（5）停用 openvswitch-controller 服务，如图 7-19 所示。

```
$ sudo service openvswitch-controller stop
$ sudo update-rc.d openvswitch-controller disable
```

7. 开机重启加载 OVS

（1）载入模块 openvswitch

```
$ /sbin/modprobe openvswitch
```

（2）启动配置数据库

```
$ ovsdb-server --remote=punix:/usr/local/var/run/openvswitch/db.sock \
--remote=db:Open_vSwitch,Open_vSwitch,manager_options \
```

```
--private-key=db:Open_vSwitch,SSL,private_key \
--certificate=db:Open_vSwitch,SSL,certificate \
--bootstrap-ca-cert=db:Open_vSwitch,SSL,ca_cert \
--pidfile --detach
```

```
root@14:/home/cc# sudo service openvswitch-controller stop
 * Stopping ovs-controller ovs-controller                                  [ OK ]
root@14:/home/cc# sudo update-rc.d openvswitch-controller disable
update-rc.d: warning:  start runlevel arguments (none) do not match openvswitch-
controller Default-Start values (2 3 4 5)
update-rc.d: warning:  stop runlevel arguments (none) do not match openvswitch-c
ontroller Default-Stop values (0 1 6)
 Disabling system startup links for /etc/init.d/openvswitch-controller ...
 Removing any system startup links for /etc/init.d/openvswitch-controller ...
   /etc/rc0.d/K20openvswitch-controller
   /etc/rc1.d/K20openvswitch-controller
   /etc/rc2.d/S20openvswitch-controller
   /etc/rc3.d/S20openvswitch-controller
   /etc/rc4.d/S20openvswitch-controller
   /etc/rc5.d/S20openvswitch-controller
   /etc/rc6.d/K20openvswitch-controller
 Adding system startup for /etc/init.d/openvswitch-controller ...
   /etc/rc0.d/K20openvswitch-controller -> ../init.d/openvswitch-controller
   /etc/rc1.d/K20openvswitch-controller -> ../init.d/openvswitch-controller
   /etc/rc6.d/K20openvswitch-controller -> ../init.d/openvswitch-controller
   /etc/rc2.d/K80openvswitch-controller -> ../init.d/openvswitch-controller
   /etc/rc3.d/K80openvswitch-controller -> ../init.d/openvswitch-controller
   /etc/rc4.d/K80openvswitch-controller -> ../init.d/openvswitch-controller
   /etc/rc5.d/K80openvswitch-controller -> ../init.d/openvswitch-controller
```

图 7-19　停用 openvswitch-controller 服务

（3）启动 vSwitch

```
$ ovs-vswitchd --pidfile --detach
```

注意，读者也可将这些命令制成批处理文件，开机后自动执行。

8. 测试 Mininet 的 OVS 版本是否升级成功

输入命令：

```
$ sudo mn --test pingall
```

如图 7-20 所示，Mininet 可正常使用。

```
root@14:/home/cc# mn --test pingall
*** Creating network
*** Adding controller
*** Adding hosts:
h1 h2
*** Adding switches:
s1
*** Adding links:
(h1, s1) (h2, s1)
*** Configuring hosts
h1 h2
*** Starting controller
*** Starting 1 switches
s1
*** Ping: testing ping reachability
h1 -> h2
h2 -> h1
*** Results: 0% dropped (2/2 received)
*** Stopping 1 switches
s1 ..
*** Stopping 2 hosts
h1 h2
*** Stopping 1 controllers
c0
*** Done
completed in 0.764 seconds
```

图 7-20　Mininet 可正常使用

输入以下命令，查看 OVS 的版本。结果如图 7-21 所示，表示正确安装 OVS 版本。

```
$ ovs-vsctl --version
```

```
root@14:/home/cc/ovs/openvswitch-2.6.1# ovs-vsctl --version
ovs-vsctl (Open vSwitch) 2.6.1
DB Schema 7.14.0
```

图 7-21 正确安装 OVS 版本

7.2.7 Mininet 常用命令

1. Mininet 帮助命令

```
$ sudo mn -h
```

使用此命令可列出当前 Mininet 可用的命令及对应的简单语法和说明。

2. Mininet 打开指定终端

运行以下命令，可打开指定的终端（本实验为 s1）：

```
mininet> xterm s1
```

3. Mininet 拓扑启动命令

（1）最小拓扑创建命令

```
$ sudo mn
```

这个拓扑仅由一个控制器、一个交换机和两个主机组成，实际上等同于以下命令：

```
$ sudo mn --topo single,2
```

（2）单交换机的拓扑创建命令

单交换机的拓扑指的是一个 OVS 交换机下面连接 N 个主机的情况，运行命令：

```
$ sudo mn --topo single,n
```

其中 n 为待创建的主机数。例如 n 为 3，如图 7-22 所示。

```
$ sudo mn --topo single,3
```

```
root@14:/home/cc# mn --topo single,3
*** Creating network
*** Adding controller
*** Adding hosts:
h1 h2 h3
*** Adding switches:
s1
*** Adding links:
(h1, s1) (h2, s1) (h3, s1)
*** Configuring hosts
h1 h2 h3
*** Starting controller
*** Starting 1 switches
s1
*** Starting CLI:
```

图 7-22 创建 3 个主机的单交换机拓扑（n=3）

（3）线性拓扑创建命令

使用以下命令创建：

```
$ sudo mn --topo linear,m,n
```

比如 m=2，n=3，即有两台交换机，每个交换机连接 3 台主机，命令如下：

```
$ sudo mn --topo linear,2,3
```

结果如图 7-23 所示。

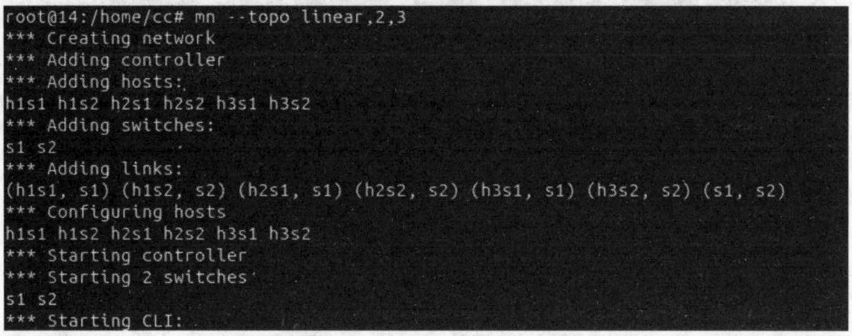

```
root@14:/home/cc# mn --topo linear,2,3
*** Creating network
*** Adding controller
*** Adding hosts:
h1s1 h1s2 h2s1 h2s2 h3s1 h3s2
*** Adding switches:
s1 s2
*** Adding links:
(h1s1, s1) (h1s2, s2) (h2s1, s1) (h2s2, s2) (h3s1, s1) (h3s2, s2) (s1, s2)
*** Configuring hosts
h1s1 h1s2 h2s1 h2s2 h3s1 h3s2
*** Starting controller
*** Starting 2 switches
s1 s2
*** Starting CLI:
```

图 7-23　创建两台交换机，每个交换机连接 3 台主机的拓扑（m=2，n=3）

（4）设置交换机支持 OpenFlow 1.3 协议

默认创建的交换机支持 OpenFlow 1.0 协议，运行以下命令以支持 OpenFlow 1.3 协议，如图 7-24 所示。

```
$ mn --switch ovsk,protocol=OpenFlow13
```

```
root@14:/home/cc# mn --switch ovsk,protocol=OpenFlow13
*** Creating network
*** Adding controller
*** Adding hosts:
h1 h2
*** Adding switches:
s1
*** Adding links:
(h1, s1) (h2, s1)
*** Configuring hosts
h1 h2
*** Starting controller
*** Starting 1 switches
s1
*** Starting CLI:
mininet>
```

图 7-24　设置交换机支持 OpenFlow 1.3 协议

输入以下命令查看 OpenFlow 版本，可见已支持协议：

```
mininet> s1 ovs-ofctl --version
```

（5）设置连接的控制器

输入以下命令将交换机连接至远程控制器。默认情况下，连接到本地的控制器。

```
$ mn --controller remote,ip=<your_host_ip>,port=<your_host_port>
```

本实验控制器为 ODL，IP 地址为 192.168.1.116，端口为 6633（若不设置此参数，则默认为 6633），如图 7-25 所示，运行以下命令：

```
$ mn --controller remote,ip=192.168.1.116,port=6633
```

```
root@14:/home/cc# mn --controller remote,ip=192.168.1.116,port=6633
*** Creating network
*** Adding controller
*** Adding hosts:
h1 h2
*** Adding switches:
s1
*** Adding links:
(h1, s1) (h2, s1)
*** Configuring hosts
h1 h2
*** Starting controller
*** Starting 1 switches
s1
*** Starting CLI:
mininet> pingall
*** Ping: testing ping reachability
h1 -> h2
h2 -> h1
*** Results: 0% dropped (2/2 received)
```

图 7-25 设置连接的控制器

查看控制器连接情况：

```
mininet> s1 ovs-vsctl show
```

如图 7-26 所示，交换机 s1 已成功连接至指定的控制器上。

```
mininet> s1 ovs-vsctl show
bdfc0c39-ce14-4355-b18d-f554345c12c2
    Bridge "s1"
        Controller "tcp:192.168.1.116:6633"
            is_connected: true
        Controller "ptcp:6634"
        fail_mode: secure
        Port "s1-eth1"
            Interface "s1-eth1"
        Port "s1"
            Interface "s1"
                type: internal
        Port "s1-eth2"
            Interface "s1-eth2"
mininet>
```

图 7-26 交换机 s1 已成功连接至指定的控制器上

同时，登录 ODL 界面，可见交换机已显示于拓扑中，运行 pingall 命令后出现完整拓扑，如图 7-27 所示。

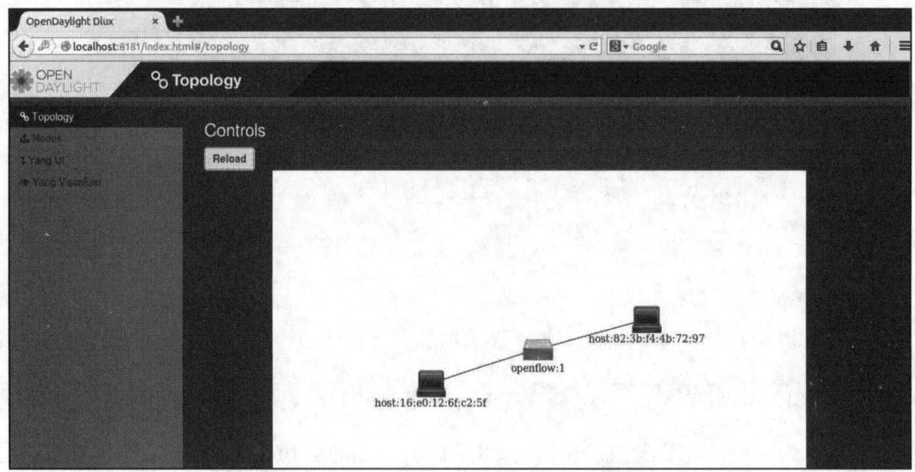

图 7-27 ODL 界面成功显示拓扑信息

4. Mininet 与主机和交换机交互的命令

（1）显示帮助信息（见图 7-28）

```
mininet> help
```

```
mininet> help

Documented commands (type help <topic>):
========================================
EOF    exit   intfs     link   noecho       pingpair      py    source  xterm
dpctl  gterm  iperf     net    pingall      pingpairfull  quit  time
dump   help   iperfudp  nodes  pingallfull  px            sh    x

You may also send a command to a node using:
  <node> command {args}
For example:
  mininet> h1 ifconfig

The interpreter automatically substitutes IP addresses
for node names when a node is the first arg, so commands
like
  mininet> h2 ping h3
should work.

Some character-oriented interactive commands require
noecho:
  mininet> noecho h2 vi foo.py
However, starting up an xterm/gterm is generally better:
  mininet> xterm h2
```

图 7-28　显示帮助信息

（2）显示所有节点（见图 7-29）

```
mininet> nodes
```

```
mininet> nodes
available nodes are:
c0 h1 h2 s1
```

图 7-29　显示所有节点

（3）显示所有链接（见图 7-30）

```
mininet> net
```

```
mininet> net
h1 h1-eth0:s1-eth1
h2 h2-eth0:s1-eth2
s1 lo:  s1-eth1:h1-eth0 s1-eth2:h2-eth0
c0
```

图 7-30　显示所有链接

（4）显示所有节点及其相关信息（见图 7-31）

```
mininet> dump
```

```
mininet> dump
<Host h1: h1-eth0:10.0.0.1 pid=3200>
<Host h2: h2-eth0:10.0.0.2 pid=3201>
<OVSSwitch s1: lo:127.0.0.1,s1-eth1:None,s1-eth2:None pid=3205>
<OVSController c0: 127.0.0.1:6633 pid=3192>
```

图 7-31　显示所有节点及其相关信息

（5）查看网元的网络接口配置信息

可查看主机或交换机上的网络接口配置信息，如图 7-32 所示。

```
mininet> h1 ifconfig –a
mininet> s1 ifconfig –a
```

```
mininet> h1 ifconfig -a
h1-eth0   Link encap:Ethernet  HWaddr 02:bb:f2:46:80:f7
          inet addr:10.0.0.1  Bcast:10.255.255.255  Mask:255.0.0.0
          inet6 addr: fe80::bb:f2ff:fe46:80f7/64 Scope:Link
          UP BROADCAST RUNNING MULTICAST  MTU:1500  Metric:1
          RX packets:764 errors:0 dropped:0 overruns:0 frame:0
          TX packets:12 errors:0 dropped:0 overruns:0 carrier:0
          collisions:0 txqueuelen:1000
          RX bytes:138179 (138.1 KB)  TX bytes:1260 (1.2 KB)

lo        Link encap:Local Loopback
          inet addr:127.0.0.1  Mask:255.0.0.0
          inet6 addr: ::1/128 Scope:Host
          UP LOOPBACK RUNNING  MTU:65536  Metric:1
          RX packets:0 errors:0 dropped:0 overruns:0 frame:0
          TX packets:0 errors:0 dropped:0 overruns:0 carrier:0
          collisions:0 txqueuelen:0
          RX bytes:0 (0.0 B)  TX bytes:0 (0.0 B)
```

```
mininet> s1 ifconfig -a
eth0      Link encap:Ethernet  HWaddr 00:0c:29:b6:a3:25
          inet addr:192.168.1.103  Bcast:192.168.1.255  Mask:255.255.255.0
          inet6 addr: fe80::20c:29ff:feb6:a325/64 Scope:Link
          UP BROADCAST RUNNING MULTICAST  MTU:1500  Metric:1
          RX packets:15046 errors:0 dropped:0 overruns:0 frame:0
          TX packets:587 errors:0 dropped:0 overruns:0 carrier:0
          collisions:0 txqueuelen:1000
          RX bytes:940457 (940.4 KB)  TX bytes:60484 (60.4 KB)

lo        Link encap:Local Loopback
          inet addr:127.0.0.1  Mask:255.0.0.0
          inet6 addr: ::1/128 Scope:Host
          UP LOOPBACK RUNNING  MTU:65536  Metric:1
          RX packets:1380 errors:0 dropped:0 overruns:0 frame:0
          TX packets:1380 errors:0 dropped:0 overruns:0 carrier:0
          collisions:0 txqueuelen:0
          RX bytes:89141 (89.1 KB)  TX bytes:89141 (89.1 KB)

ovs-system Link encap:Ethernet  HWaddr 66:30:e6:40:38:5b
          BROADCAST MULTICAST  MTU:1500  Metric:1
          RX packets:0 errors:0 dropped:0 overruns:0 frame:0
          TX packets:0 errors:0 dropped:0 overruns:0 carrier:0
          collisions:0 txqueuelen:1000
          RX bytes:0 (0.0 B)  TX bytes:0 (0.0 B)
```

```
s1        Link encap:Ethernet  HWaddr 4a:a3:df:12:99:44
          BROADCAST MULTICAST  MTU:1500  Metric:1
          RX packets:0 errors:0 dropped:12 overruns:0 frame:0
          TX packets:0 errors:0 dropped:0 overruns:0 carrier:0
          collisions:0 txqueuelen:1000
          RX bytes:0 (0.0 B)  TX bytes:0 (0.0 B)

s1-eth1   Link encap:Ethernet  HWaddr 42:76:da:3f:bc:16
          inet6 addr: fe80::4076:daff:fe3f:bc16/64 Scope:Link
          UP BROADCAST RUNNING MULTICAST  MTU:1500  Metric:1
          RX packets:12 errors:0 dropped:0 overruns:0 frame:0
          TX packets:765 errors:0 dropped:0 overruns:0 carrier:0
          collisions:0 txqueuelen:1000
          RX bytes:1260 (1.2 KB)  TX bytes:138286 (138.2 KB)

s1-eth2   Link encap:Ethernet  HWaddr 46:65:85:8f:2e:90
          inet6 addr: fe80::4465:85ff:fe8f:2e90/64 Scope:Link
          UP BROADCAST RUNNING MULTICAST  MTU:1500  Metric:1
          RX packets:10 errors:0 dropped:0 overruns:0 frame:0
          TX packets:775 errors:0 dropped:2 overruns:0 carrier:0
          collisions:0 txqueuelen:1000
          RX bytes:828 (828.0 B)  TX bytes:140949 (140.9 KB)
```

图 7-32　查看网元的网络接口配置信息

（6）显示网元上运行的所有进程，如图 7-33 所示。

```
mininet> h1 ps –a
mininet> s1 ps –a
```

```
mininet> h1 ps -a
  PID TTY          TIME CMD
 2358 pts/11   00:00:00 sudo
 2359 pts/11   00:00:00 su
 2360 pts/11   00:00:00 bash
 2743 pts/0    00:00:01 gedit
 3188 pts/11   00:00:00 mn
mininet> s1 ps -a
  PID TTY          TIME CMD
 2358 pts/11   00:00:00 sudo
 2359 pts/11   00:00:00 su
 2360 pts/11   00:00:00 bash
 2743 pts/0    00:00:01 gedit
 3188 pts/11   00:00:00 mn
```

图 7-33　查看网元上运行的所有进程

5. 测试主机间的连接

（1）测试两个主机间的连接

假设测试主机 h1 到主机 h2 之间的连接，ping 的次数为 3，如图 7-34 所示。

```
mininet> h1 ping -c 1 h2
```

```
mininet> h1 ping -c 3 h2
PING 10.0.0.2 (10.0.0.2) 56(84) bytes of data.
64 bytes from 10.0.0.2: icmp_seq=1 ttl=64 time=7.11 ms
64 bytes from 10.0.0.2: icmp_seq=2 ttl=64 time=0.331 ms
64 bytes from 10.0.0.2: icmp_seq=3 ttl=64 time=0.050 ms

--- 10.0.0.2 ping statistics ---
3 packets transmitted, 3 received, 0% packet loss, time 2000ms
rtt min/avg/max/mdev = 0.050/2.498/7.114/3.266 ms
```

图 7-34　测试两个主机间的连接

（2）主机间互 ping 的命令，如图 7-35 所示。

```
mininet> pingall
```

```
mininet> pingall
*** Ping: testing ping reachability
h1 -> h2
h2 -> h1
*** Results: 0% dropped (2/2 received)
```

图 7-35　主机间互 ping 测试

6. 退出 Mininet

```
mininet> exit
```

运行结果如图 7-36 所示。

```
mininet> exit
*** Stopping 1 switches
s1 ..
*** Stopping 2 hosts
h1 h2
*** Stopping 1 controllers
c0
*** Done
completed in 5207.972 seconds
```

图 7-36　退出 Mininet

7. 清理 Mininet 的配置

```
$ sudo mn –c
```

运行结果如图 7-37 所示。

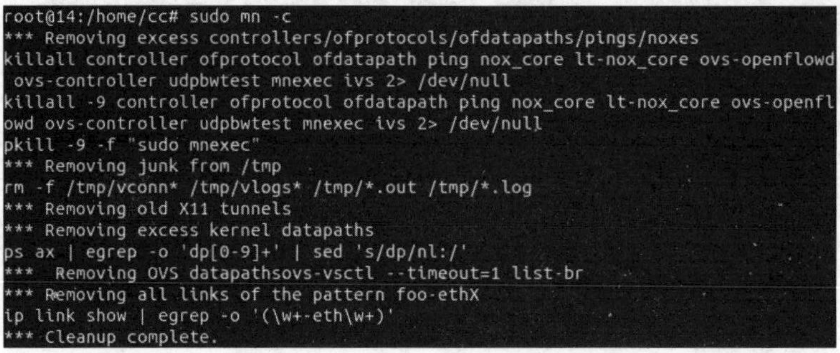

```
root@14:/home/cc# sudo mn -c
*** Removing excess controllers/ofprotocols/ofdatapaths/pings/noxes
killall controller ofprotocol ofdatapath ping nox_core lt-nox_core ovs-openflowd
 ovs-controller udpbwtest mnexec ivs 2> /dev/null
killall -9 controller ofprotocol ofdatapath ping nox_core lt-nox_core ovs-openfl
owd ovs-controller udpbwtest mnexec ivs 2> /dev/null
pkill -9 -f "sudo mnexec"
*** Removing junk from /tmp
rm -f /tmp/vconn* /tmp/vlogs* /tmp/*.out /tmp/*.log
*** Removing old X11 tunnels
*** Removing excess kernel datapaths
ps ax | egrep -o 'dp[0-9]+' | sed 's/dp/nl:/'
***  Removing OVS datapathsovs-vsctl --timeout=1 list-br
*** Removing all links of the pattern foo-ethX
ip link show | egrep -o '(\w+-eth\w+)'
*** Cleanup complete.
```

图 7-37　清理 Mininet 的配置

8. 运行回归测试

建立一个最小拓扑（mn 命令所建的拓扑），并运行回归测试。无须进入 Mininet 命令行，即可通过以下命令运行回归测试，如图 7-38 所示。

```
$ sudo mn --test pingpair
```

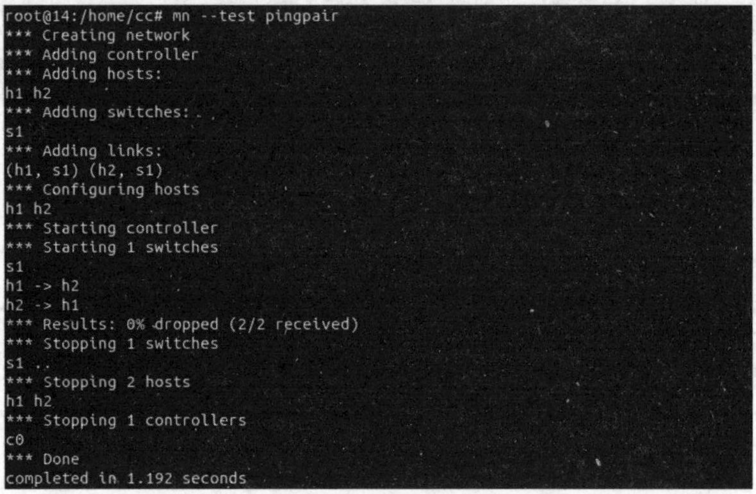

```
root@14:/home/cc# mn --test pingpair
*** Creating network
*** Adding controller
*** Adding hosts:
h1 h2
*** Adding switches:
s1
*** Adding links:
(h1, s1) (h2, s1)
*** Configuring hosts
h1 h2
*** Starting controller
*** Starting 1 switches
s1
h1 -> h2
h2 -> h1
*** Results: 0% dropped (2/2 received)
*** Stopping 1 switches
s1 ..
*** Stopping 2 hosts
h1 h2
*** Stopping 1 controllers
c0
*** Done
completed in 1.192 seconds
```

图 7-38　运行回归测试

9. iperf 测试

将一个主机作为 iperf 服务器，另一个主机作为 iperf 客户端，进行 iperf 测试，如图 7-39 所示。

```
$ sudo mn --test iperf
```

10. 其他命令

Mininet 主机上可运行底层 Linux 所有允许的指令，比如以下的命令均是可运行的：

```
mininet> h1 python -m SimpleHTTPServer 80 &
mininet> h2 wget -O - h1
...
mininet> h1 kill %python
```

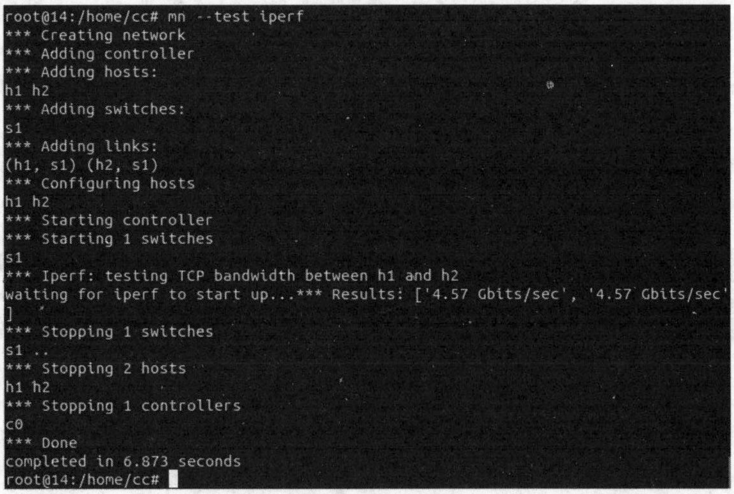

```
root@14:/home/cc# mn --test iperf
*** Creating network
*** Adding controller
*** Adding hosts:
h1 h2
*** Adding switches:
s1
*** Adding links:
(h1, s1) (h2, s1)
*** Configuring hosts
h1 h2
*** Starting controller
*** Starting 1 switches
s1
*** Iperf: testing TCP bandwidth between h1 and h2
waiting for iperf to start up...*** Results: ['4.57 Gbits/sec', '4.57 Gbits/sec'
]
*** Stopping 1 switches
s1 ..
*** Stopping 2 hosts
h1 h2
*** Stopping 1 controllers
c0
*** Done
completed in 6.873 seconds
root@14:/home/cc#
```

图 7-39　iperf 测试

11. 其他命令

以上的命令为 Mininet 常用的命令，如果需要进一步了解，可访问 Mininet 的官方网站进行参考。另外，除运行命令外，也可通过编写 Python 程序来自定义网络拓扑。有兴趣的读者可访问链接：http://mininet.org/walkthrough/ 进行进一步的学习。

7.3　Xen 环境部署 SDN 网络的安装指南

7.3.1　安装 Xen

本书在 ubuntu14.04LTS 环境上安装 Xen，具体步骤如下。

步骤 01 安装 Xen 所需的系统环境：

```
$ sudo apt-get install gcc g++ make patch libssl-dev bzip2 gettext \
zlib1g-dev python libncurses5-dev libjpeg62-dev libx11-dev \
libgcrypt11-dev pkg-config bridge-utils bcc bin86 libpci-dev \
libsdl-dev python-dev texinfo libc6-dev uuid-dev bison flex \
fakeroot ash kexec-tools makedumpfile    libncurses5 \
libncurses5-dev iasl gawk binutils libcurl4-openssl-dev xorg-dev \
udev libgcrypt11-dev pciutils libglib2.0-dev gcc-multilib
```

步骤 02 安装 64 位 Xen：

```
$ sudo apt-get install xen-hypervisor-4.1-amd64 xen-utils-4.1 xenwatch \
          xen-tools xen-utils-common xenstore-utils
```

步骤 03 安装 libvirt 和 Virtual Manager：

```
$ sudo apt-get install virtinst python-libvirt virt-viewer virt-manager
```

步骤 04 设置启动项：

```
$ mv /etc/grub.d/10_linux /etc/grub.d/50_linux
$ update-grub2
```

重启系统，进入命令行界面，运行 xm list。若运行结果类似图 7-40 所示，则说明 Xen 已经安装就绪。

图 7-40　Xen 已经安装就绪

步骤 05 修改 Xen 配置文件并重启 Xen 服务。

编辑 xend-config.sxp 文件（所在目录为 gedit /etc/xen/）：

```
$ sudo vi /etc/xen/xend-config.sxp
```

修改其中的#(xend-unix-server no)为 (xend-unix-server yes)，注意需要括号，如图 7-41 所示。

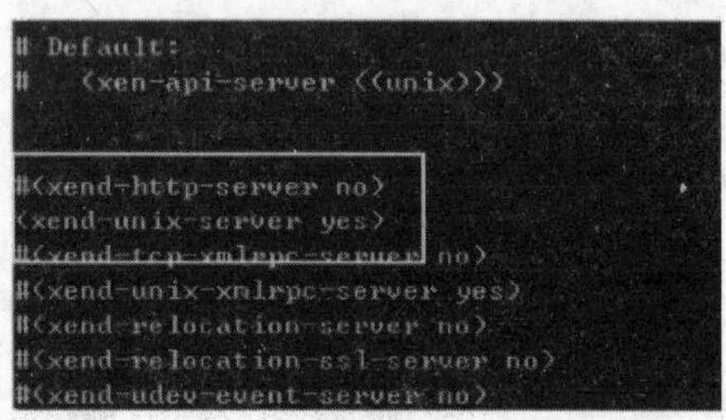

图 7-41　Xen 编辑 xend-config.sxp 文件

保存后，执行命令重启 Xen：

```
$ service xend restart
```

步骤 06 更新.bashrc 文件。

修改当前用户的.bashrc 资源标志符变量：

```
$ sudo vi  ~/.bashrc
```

在文件中加入 export VIRSH_DEFAULT_CONNECT_URI="xen:///"，如图 7-42 所示。

图 7-42　Xen 修改当前用户的.bashrc 资源标志符变量

步骤 07 检查是否正确安装。

通过 libvirt 查看 libvirt 和 Xen 的版本信息，以确认它们成功安装。

```
$ virsh version
```

若 Xen 成功安装，则结果如图 7-43 所示。

```
root@xen-server:/home/cc# virsh version
Compiled against library: libvir 0.9.8
Using library: libvir 0.9.8
Using API: QEMU 0.9.8
Running hypervisor: QEMU 1.0.0
```

图 7-43　查看 Xen 的版本信息

检查 libvirt 是否正常运行（libvirtd）：

```
$ ps ax|grep libvirt
```

若 libvirt 正常运行，则结果如图 7-44 所示。

```
root@xen-server:/home/cc# ps ax|grep libvirt
 1359 ?        Sl     0:00 /usr/sbin/[illegible]d -d
 1523 ?        S      0:00 /usr/sbin/dnsmasq -u [illegible]-dnsmasq --strict-order --bind-interfaces --p
id-file=/var/run/[illegible]/network/default.pid --conf-file= --except-interface lo --listen-address 192
.168.122.1 --dhcp-range 192.168.122.2,192.168.122.254 --dhcp-leasefile=/var/lib/[illegible]/dnsmasq/defa
ult.leases --dhcp-lease-max=253 --dhcp-no-override
 2602 tty1     S+     0:00 grep --color=auto
root@xen-server:/home/cc#
```

图 7-44　libvirt 正常运行

只有以上两个条件都满足，才会出现正确的版本信息。

重启系统，输入命令：

```
$ virsh version
```

结果类似图 7-45 所示。

```
root@xen-server:~# virsh version
Compiled against library: libvir 0.9.8
Using library: libvir 0.9.8
Using API: Xen 0.9.8
Running hypervisor: Xen 4.1.0

root@xen-server:~# a
```

图 7-45　Xen 成功安装

7.3.2　安装 OVS

接下来在 KVM 中安装 OVS，OVS 的具体安装可参考 7.1 节 OVS 的安装指南。

1. 下载及解压 OVS

（1）下载 OVS

本实验选择 OVS 的 2.0.0 版本，通过 wget 下载。读者可选择 OVS 的其他版本进行实验，下载的方式除了 wget 外，也可从官方网站的下载页面选择合适的版本进行下载。

```
$ wget http://openvswitch.org/releases/openvswitch-2.0.0.tar.gz
```

（2）解压 OVS：

```
$ tar -xzf openvswitch-2.0.0.tar.gz
```

（3）进入 openvswitch-2.0.0 目录：

```
$ cd openvswitch-2.0.0
```

2. OVS 的安装准备

下载 OVS 安装依赖的包：

```
$ apt-get install dpkg-dev fakeroot build-essential openssl \
debhelper autoconf automake libssl-dev python-all python-twisted-conch \
clang pkg-config gcc m4 libtool sparse
```

3. 安装 OVS

在 KVM 所在机器的内核安装 OVS。使用 uname 命令以获取当前操作系统的 Linux 的内核版本号（*Linux_Kernal*），将 Linux 的内核版本号替换为以下命令中的 Linux_Kernal：

```
$ ./configure --with-linux=/lib/modules/Linux_Kernal/build
```

输入以下命令以完成安装：

```
$ make
$ make install
$ make modules_install
$ /sbin/modprobe openvswitch
```

4. 配置 OVS

（1）创建目录及数据库

```
$ mkdir -p /usr/local/etc/openvswitch
$ ovsdb-tool create /usr/local/etc/openvswitch/conf.db \
vswitchd/vswitch.ovsschema
```

（2）启动配置数据库

```
$ ovsdb-server --remote=punix:/usr/local/var/run/openvswitch/db.sock \
--remote=db:Open_vSwitch,Open_vSwitch,manager_options \
                        --private-key=db:Open_vSwitch,SSL,private_key \
                        --certificate=db:Open_vSwitch,SSL,certificate \
                        --bootstrap-ca-cert=db:Open_vSwitch,SSL,ca_cert \
                        --pidfile --detach
```

（3）初始化数据库

```
$ ovs-vsctl --no-wait init
```

（4）启动 vSwitch

```
$ ovs-vswitchd --pidfile --detach
```

5. 开机重启的加载

（1）移除网桥

```
$ rmmod bridge
```

（2）载入模块 OpenvSwitch

```
$ /sbin/modprobe openvswitch
```

（3）启动配置数据库

```
$ ovsdb-server --remote=punix:/usr/local/var/run/openvswitch/db.sock \
--remote=db:Open_vSwitch,Open_vSwitch,manager_options \
                    --private-key=db:Open_vSwitch,SSL,private_key \
                    --certificate=db:Open_vSwitch,SSL,certificate \
                    --bootstrap-ca-cert=db:Open_vSwitch,SSL,ca_cert \
                    --pidfile --detach
```

（4）启动 vSwitch

```
$ ovs-vswitchd --pidfile --detach
```

注　意

读者也可将这些命令制成批处理文件，开机后自动执行。

7.3.3　创建虚拟机

打开 virt-manager 工具，如图 7-46 所示。

在 Xen 平台上创建一个虚拟机（网络设置为默认选项），假设命名为 test2014，如图 7-47 所示。注意：接口类型必须设置为 bridge，之后将使用网桥参数来指明使用了 OVS 创建的网桥。

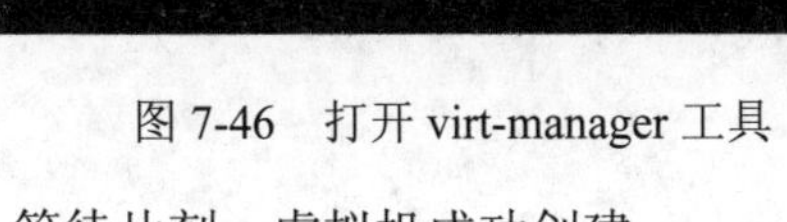

图 7-46　打开 virt-manager 工具

New VM
Create a new virtual machine
Ready to begin installation of test2014
OS: Ubuntu 14.04 LTS (Trusty Tahr)
Install: Import existing OS image
Memory: 300 MB
CPUs: 1
Storage: 0.0 GB /initrd.img
Customize configuration before install
Advanced options
Virtual network 'default' : NAT
Set a fixed MAC address
00:16:3e:fd:1d:8a
Virt Type: xen (paravirt)
Architecture: x86_64
Firmware: Default
Cancel　Back　Finish

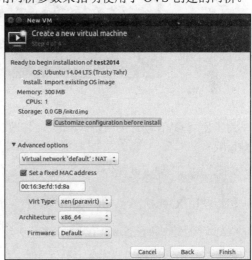

图 7-47　在 Xen 平台上创建一个虚拟机

等待片刻，虚拟机成功创建。

7.3.4　对虚拟机文件进行修改

打开虚拟机文件进行编辑，如图 7-48 所示。

```
$ sudo virsh edit test2014
```

注意，读者可将 test2014 替换成自己虚拟机的名字。

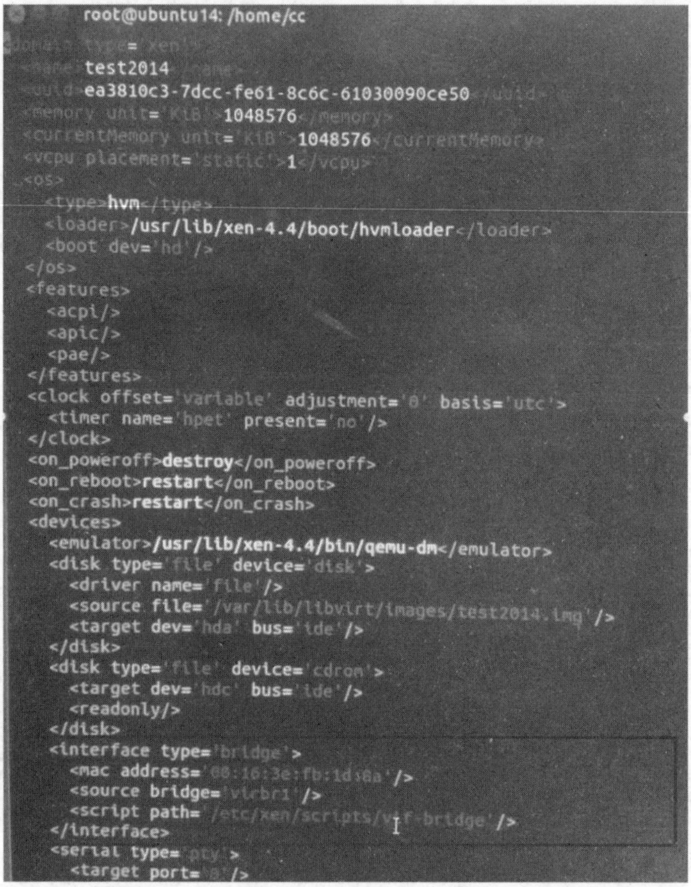

```
root@ubuntu14: /home/cc
<domain type='xen'>
  <name>test2014</name>
  <uuid>ea3810c3-7dcc-fe61-8c6c-61030090ce50</uuid>
  <memory unit='KiB'>1048576</memory>
  <currentMemory unit='KiB'>1048576</currentMemory>
  <vcpu placement='static'>1</vcpu>
  <os>
    <type>hvm</type>
    <loader>/usr/lib/xen-4.4/boot/hvmloader</loader>
    <boot dev='hd'/>
  </os>
  <features>
    <acpi/>
    <apic/>
    <pae/>
  </features>
  <clock offset='variable' adjustment='0' basis='utc'>
    <timer name='hpet' present='no'/>
  </clock>
  <on_poweroff>destroy</on_poweroff>
  <on_reboot>restart</on_reboot>
  <on_crash>restart</on_crash>
  <devices>
    <emulator>/usr/lib/xen-4.4/bin/qemu-dm</emulator>
    <disk type='file' device='disk'>
      <driver name='file'/>
      <source file='/var/lib/libvirt/images/test2014.img'/>
      <target dev='hda' bus='ide'/>
    </disk>
    <disk type='file' device='cdrom'>
      <target dev='hdc' bus='ide'/>
      <readonly/>
    </disk>
    <interface type='bridge'>
      <mac address='00:16:3e:fb:1d:8a'/>
      <source bridge='virbr1'/>
      <script path='/etc/xen/scripts/vif-bridge'/>
    </interface>
    <serial type='pty'>
      <target port='0'/>
```

图 7-48　打开虚拟机文件

为了使用 OVS 创建的网桥（br0），修改 XML 元素<source>描述此接口所附的网桥，将其指定为 br0：

```
<source bridge='br0'/>
```

然后使用 XML 元素<virtualport>指明此网桥是一个 OVS 网桥：

```
<virtualport type='openvswitch'/>
```

综上，我们将方框内的内容替换为：

```
<interface type='bridge'>
  <mac address='00:16:3e:fb:1d:8a'/>   #不用变
  <source bridge='br0'/>               #br0 为所创建 OVS 网桥的名称
  <virtualport type='openvswitch'/>
  <modle type='pcnet'/>
</interface>
```

7.3.5　启动虚拟机

返回 virt-manager 界面，启动虚拟机 test2014。

输入以下命令：

```
$ ovs-vsctl show
```

可见网桥已替换成 OVS 交换机 br0。

7.4　KVM 环境部署 SDN 网络的安装指南

7.4.1　安装 KVM

本书在 ubuntu14.04LTS 环境中安装 KVM，具体步骤如下。

步骤 01 准备系统环境。

打开主板配置，使得 CPU 支持虚拟化。

步骤 02 安装 KVM：

```
$ sudo apt-get install qemu-kvm libvirt-bin virt-manager bridge-utils
```

步骤 03 检查 KVM 是否正常运行。

（1）检查 KVM 内核是否加载成功。

输入命令：

```
$ lsmod | grep kvm
```

输出类似以下的结果：

```
kvm_intel        47162    0
kvm              317577   1   kvm_intel
```

若 KVM 内核没加载，则执行下面的命令加载：

```
$ sudo modprobe kvm
$ sudo modprobe kvm-intel
```

注意，最后一条命令是在 intel 内核所在环境中执行的命令，如果在 amd 环境中，请将 kvm-intel 改成 kvm-amd，即执行：

```
$ sudo modprobe kvm-amd
```

（2）检查 KVM 是否正常运行。

输入命令：

```
$ virsh -c qemu:///system list
```

如果 KVM 正常运行，将输出 Id、Name、State 的信息，如图 7-49 所示。

```
root@14:/home/cc# virsh -c qemu:///system list
 Id    Name                           State
----------------------------------------------------
```

图 7-49　KVM 正常运行

由于刚安装 KVM，并没有建立虚拟机，因此这里的清单是空的。

7.4.2　安装 OVS

接下来在 KVM 中安装 OVS，OVS 的具体安装可参考 7.1 节 OVS 的安装指南。

1. 下载及解压 OVS

（1）下载 OVS

本实验选择 OVS 的 2.0.0 版本，通过 wget 方式下载。读者可选择 OVS 的其他版本进行实验，下载的方式除了 wget 方式外，也可从官方网站的下载页面选择合适的版本进行下载。

```
$ wget http://openvswitch.org/releases/openvswitch-2.0.0.tar.gz
```

（2）解压 OVS

```
$ tar -xzf openvswitch-2.0.0.tar.gz
```

（3）进入 openvswitch-2.0.0 目录

```
$ cd openvswitch-2.0.0
```

2. OVS 的安装准备

下载 OVS 安装依赖的包：

```
$ apt-get install dpkg-dev fakeroot build-essential openssl \
debhelper autoconf automake libssl-dev python-all python-twisted-conch \
clang pkg-config gcc m4 libtool sparse
```

3. 安装 OVS

在 KVM 所在机器的内核安装 OVS。使用 uname 命令以获取当前操作系统的 Linux 的内核版本号（*Linux_Kernal*），将 Linux 的内核版本号替换以下命令中的 Linux_Kernal：

```
$ ./configure --with-linux=/lib/modules/Linux_Kernal/build
```

输入以下命令以完成安装：

```
$ make
$ make install
$ make modules_install
$ /sbin/modprobe openvswitch
```

4. 配置 OVS

（1）创建目录及数据库

```
$ mkdir -p /usr/local/etc/openvswitch
$ ovsdb-tool create /usr/local/etc/openvswitch/conf.db \
vswitchd/vswitch.ovsschema
```

（2）启动配置数据库

```
$ ovsdb-server --remote=punix:/usr/local/var/run/openvswitch/db.sock \
--remote=db:Open_vSwitch,Open_vSwitch,manager_options \
                        --private-key=db:Open_vSwitch,SSL,private_key \
                        --certificate=db:Open_vSwitch,SSL,certificate \
                        --bootstrap-ca-cert=db:Open_vSwitch,SSL,ca_cert \
                        --pidfile --detach
```

（3）初始化数据库

```
$ ovs-vsctl --no-wait init
```

（4）启动 vSwitch

```
$ ovs-vswitchd --pidfile --detach
```

5. 开机重启的加载

（1）移除网桥

```
$ rmmod bridge
```

（2）载入模块 OpenvSwitch

```
$ /sbin/modprobe openvswitch
```

（3）启动配置数据库

```
$ ovsdb-server --remote=punix:/usr/local/var/run/openvswitch/db.sock \
--remote=db:Open_vSwitch,Open_vSwitch,manager_options \
                        --private-key=db:Open_vSwitch,SSL,private_key \
                        --certificate=db:Open_vSwitch,SSL,certificate \
                        --bootstrap-ca-cert=db:Open_vSwitch,SSL,ca_cert \
                        --pidfile --detach
```

（4）启动 vSwitch

```
$ ovs-vswitchd --pidfile --detach
```

注意，读者也可将这些命令制成批处理文件，开机后自动执行。

7.4.3 在 KVM 上进行相关的配置

1. 安装 uml-utilities

```
$ apt-get install uml-utilities
```

2. 编写 ovs-ifup 和 ovs-ifdown 脚本

在目录/etc/下创建 ovs-ifup 和 ovs-ifdown 脚本，将网卡连接到指定的 OVS 创建的网桥（本实验中所创建的网桥命名为 br0，读者可将之替代为自己所创建的网桥）。

（1）创建 ovs-ifup 脚本

创建文件 ovs-ifup：

```
$ vi /etc/ovs-ifup
```

将以下内容复制到文件中，并保存：

```
#!/bin/sh

switch='br0'
/sbin/ifconfig $1 0.0.0.0 up
ovs-vsctl add-port ${switch} $1
```

（2）创建 ovs-ifdown 脚本

创建文件 ovs-ifdown：

```
$ vi /etc/ovs-ifdown
```

将以下内容复制到文件中，并保存：

```
#!/bin/sh


switch='br0'
/sbin/ifconfig $1 0.0.0.0 down
ovs-vsctl del-port ${switch} $1
```

（3）设置两个脚本的执行权限

```
$ sudo chmod 777 ovs-ifup
$ sudo chmod 777 ovs-ifdown
```

3. 创建网桥，添加网卡，指定控制器

```
$ ifconfig eth0 0.0.0.0 up
$ ovs-vsctl add-br br0
$ ovs-vsctl add-port br0 eth0
$ ifconfig br0 192.168.10.1/24
$ ovs-vsctl set-controller br0 tcp:192.168.1.67:6633
```

本实验中所创建的网桥命名为 br0，读者可将之替代为自己所创建的网桥。192.168.1.67 为控制器的 IP 地址，对于 br0 而言，broadcast 为 192.168.1.255，Mask 为 255.255.255.0，br0 地址设为 192.168.10.1，另外，eth0 为网桥 br0 所对应的物理网卡，注意 eth0 需删除网址，以免发生 arp 风暴等网络故障。

7.4.4　创建虚拟机并将其连接到 OVS 网桥上

手动为每个 VM 启动 KVM 进程以使用 OVS。

1. 准备虚拟机磁盘 image

```
$ kvm-img create -f raw kvm_with_ovs.img 20G
```

kvm_with_ovs.img 为虚拟机磁盘 image 的名称，大小为 20G。读者可自行替换成自己所用的虚拟机磁盘名和对应的大小。

2. 创建虚拟机

```
$ kvm -m 512 -boot d -hda kvm-with-ovs.img -cdrom \
/home/asher/Downloads/ubuntu-12.iso -net nic,macaddr= \
00:11:22:EE:EE:EE –net tap,script=/etc/ovs-ifup, \
downscript=/etc/ovs-ifdown
```

kvm-with-ovs.img 为所创建虚拟机文件的名称，/home/asher/Downloads 为安装文件所在的地址，ubuntu-12.iso 为安装文件，00:11:22:EE:EE:EE 为所创建虚拟机的虚拟网卡的 MAC 地址。读者对应的替换成自己的虚拟机文件名、待安装文件所在地址、待安装文件名、所创建虚拟机的虚拟网卡的 MAC 地址。

3. 启动虚拟机

```
$ kvm kvm-with-ovs.img -m 512 -boot d –net nic,macaddr=00:11:22:EE:EE:EE \
- net tap,script=/etc/ovs-ifup,downscript=/etc/ovs-ifdown
```

7.5　OpenStack 环境部署 SDN 网络的安装指南

OpenStack 是一个流行的开源 IaaS 架构，覆盖计算、存储和网络管理。OpenStack 能通过模块化层 2（ML2）这一北向插件来使用 ODL 作为其网络管理提供方。ODL 通过 OVSDB 南向插件来为 OpenStack 的计算节点管理网络流。

最简单的 OpenStack 环境建议包含 3 点集群：

- 1 个控制节点，包含所有 OpenStack 管理服务（Nova、Neutron、Glance、Swift、Cinder、Keystone）。
- 2 个运行 nova-compute 的计算节点。
- Neutron 使用 OVS 作为后端，使用 vxlan 作为隧道。

一旦安装了 OpenStack，就可验证是否已连接到 Horizon 并进行一些操作。若要检查 Neutron 配置，则可在连接到公共网络上的私有子网桥上创建两个实例，然后验证是否可以连接到这两个实例、这两个实例之间是否可以相互访问。

OpenDaylight 与 OpenStack 的整合方式：在现有的 OpenStack 的基础上安装 OpenDaylight、使用 DevStack 以同时安装 OpenStack 和 OpenDaylight。

7.5.1 在现有的 OpenStack 的基础上安装 OpenDaylight

1. 基础 ODL 安装说明

在 OpenStack 的控制节点上下载最新的 ODL 版本：

```
https://nexus.opendaylight.org/content/repositories/opendaylight.release/org/opendaylight/integration/distribution-karaf/0.5.2-Boron-SR2/distribution-karaf-0.5.2-Boron-SR2.tar.gz
```

以 root 身份解压（位置任意），并且启动 ODL（可直接通过运行 karaf 来启动，但在退出 shell 时将关闭）：

```
tar xvfz distribution-karaf-0.5.1-Boron-SR1.tar.gz
cd distribution-karaf-0.5.1-Boron-SR1
./bin/start # 启动 OpenDaylight（作为一个服务进程）
```

连接至 Karaf shell，并安装 odl-netvirt-openstack、odl-dlux-core 及其依赖：

```
./bin/client # 使用 client 连接到 OpenDaylight
opendaylight-user@root> feature:install odl-netvirt-openstack odl-dlux-core odl-mdsal-apidocs
```

若以上安装正确，则可登录页面（链接地址：http://CONTROL_HOST:8181/index.html，其 CONTROL_HOST 为控制器的 IP 地址）上的 dlux 界面，默认的用户名/密码为 admin/admin，如图 7-50 所示。

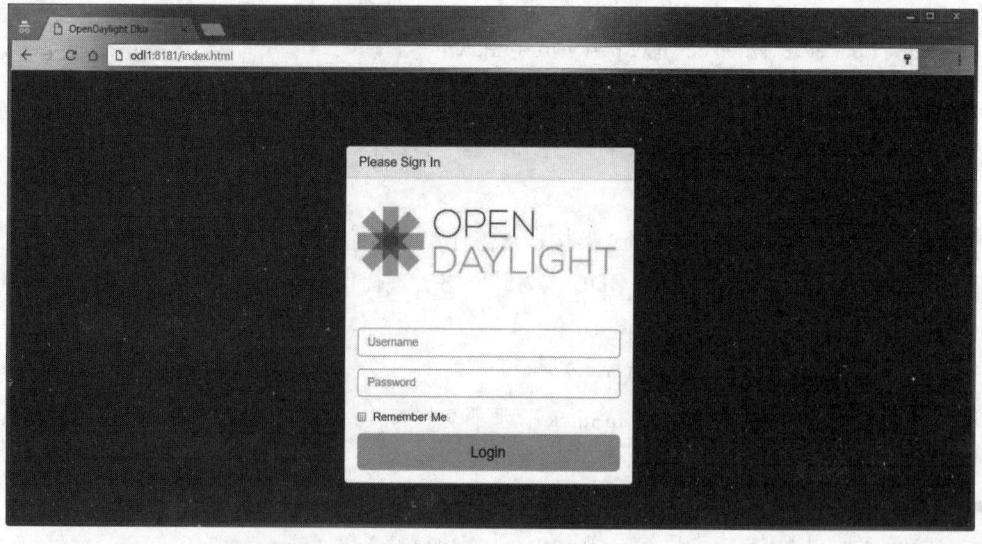

图 7-50 ODL 成功安装

2. 可选：高级的 ODL 安装——配置和集群

- ACL 实现——安全组-状态。
  - 使用的默认实现是有状态的，需要 OVS 与连接跟踪（conntrack）模块编译。
  - 需要使用 4.3 及以上版本的 linux 内核。
  - 检查 OVS 是否有连接跟踪（conntrack）支持。

```
root@devstack:~/# lsmod | grep conntrack | grep openvswitch
   nf_conntrack                106496   9 xt_CT,openvswitch,nf_nat,nf_nat_ipv4,xt_conntrack,
nf_conntrack_netlink,xt_connmark,nf_conntrack_ipv4,nf_conntrack_ipv6
```

  - 若 OVS 没安装连接跟踪（conntrack）模块，要么重编译或安装一个带有 conntrack 支持的 OVS，要么配置 ODL 以使用一个无状态的实现。
  - 可使用以下命令在基于 yum 的 Linux 发布版本上安装带 conntrack 支持的 OVS2.5。

```
yum install –y \
http://rdoproject.org/repos/openstack-newton/rdo-release-newton.rpm
yum install -y --nogpgcheck openvswitch
```

- ACL 实现——替代方案。
  - learn：半状态实现，无须 conntrack 支持，这是最完整的非 conntrack 实现。
  - stateless：仅 TCP 连接的单纯的安全组实现。默认允许 UDP 和 ICMP 包。
  - transparent：无安全组支持。允许所有类型的流量，若无须使用安全组，则推荐此模式。
  - 在 ODL 运行之前，使用以下命令配置以上几个替代的实现：

```
mkdir -p <ODL_FOLDER>/etc/opendaylight/datastore/initial/config/
export CONFFILE=\`find <ODL_FOLDER> -name "\*aclservice\*config.xml"\`
cp \CONFFILE <ODL_FOLDER>/etc/opendaylight/datastore/initial/config/netvirt-aclservice-config.xml
sed -i s/stateful/<learn/transparent>/<ODL_FOLDER>/etc/opendaylight/datastore/initial/config/
netvirt-aclservice-config.xml
cat <ODL_FOLDER>/etc/opendaylight/datastore/initial/config/netvirt-aclservice-config.xml
```

- 在一个集群中运行多个 ODL 控制器。
  - 若为冗余目的，则至少需要使用 3 个节点的 ODL 集群（设置集群可进一步参考 http://docs.opendaylight.org/en/latest/getting-started-guide/common-features/clustering.html）。
  - 在集群模式下配置 ODL，需要在运行 ODL 之前在每个节点上运行<ODL_FOLDER>/bin/configure_cluster.sh（其中<ODL_FOLDER>是 ODL 在该节点的目录位置）。使用以下脚本来在此控制器上配置集群参数。在改动生效后需要重启控制器。

使用方法：

```
./configure_cluster.sh <index> <seed_nodes_list>
```

说明：

- - index：在 1 ~ N 范围内的整数，N 是所需种子节点（seed_nodes）的数目。

- - seed_nodes_list：种子节点（seed_nodes）的列表，由逗号或空格分隔。
  - 所提供索引的地址应属于控制器。当在多个种子节点运行此脚本时，保持 seed_node_list 一致，并且从 1 到 N 变动 index。
  - 或者也可通过修改 shards 同一目录中的 custom_shard_configs.txt 文件以更精细地修改。

3. 清空 OpenStack 的网络状态

作为 Neutron 的后端，使用 ODL 时，ODL 最好成为 Neutron 配置的真实的唯一来源。因此，需要从现有 OpenStack 配置中删除一些信息，以为 ODL 提供一个干净的历史。

- 删除实例：

```
nova list
nova delete <instance names>
```

- 将子网到路由的链接删除：

```
neutron subnet-list
neutron router-list
neutron router-port-list <router name>
neutron router-interface-delete <router name> <subnet ID or name>
```

- 删除子网、网络、路由：

```
neutron subnet-delete <subnet name>
neutron net-list
neutron net-delete <net name>
neutron router-delete <router name>
```

- 检查所有端口是否被清空——若清空，则此时应为一个空列表：

```
neutron port-list
```

4. 停止 Neutron 服务

当 Neutron 管理在计算节点和控制节点的 OVS 实例时，ODL 和 Neutron 可能会发生冲突。因此，需要关闭在网络控制器上的 Neutron 服务和在所有主机上的 Neutron 的 OVS 代理。

- 关闭在控制器节点上的 Neutron 服务：

```
systemctl stop neutron-server
systemctl stop neutron-l3-agent
```

- 在集群中的每一个节点关闭并取消 Neutron 代理服务，以确保重启后服务不会重新启动：

```
systemctl stop neutron-openvswitch-agent
systemctl disable
neutron-openvswitch-agent
systemctl stop neutron-l3-agent
systemctl disable neutron-l3-agent
```

5. 配置 OVS 以接受 ODL 管理

在每个节点（包括每个计算节点和每个控制节点）需要清除之前存在的 OVS 配置，并且设置 ODL 以管理交换机。

- 关闭 OVS 服务，并且清除之前存在的 OVSDB（ODL 需完全管理虚拟交换机）：

```
systemctl stop openvswitch
rm -rf /var/log/openvswitch/*
rm -rf /etc/openvswitch/conf.db
systemctl start openvswitch
```

- 检查 OVS 配置，此时应为空：

```
[root@odl-compute2 ~]# ovs-vsctl show
```

结果显示为：

```
9f3b38cb-eefc-4bc7-828b-084b1f66fbfd
    ovs_version: "2.5.1"
```

- 设置 ODL 为所有节点的管理：

```
ovs-vsctl set-manager tcp:{CONTROL_HOST}:6640
```

注 意

CONTROL_HOST 应为 ODL 控制器所在机器的 IP 地址。

- 设置连接所有节点的 VXLAN 所使用的 IP，此 IP 必须关联至每个机器的一个真实的 Linux 接口：

```
sudo ovs-vsctl set Open_vSwitch . other_config:local_ip=<ip>
```

- 此时在 OVS 配置中可见已经通过 OVSDB 连接至 ODL 服务器，并且 ODL 将自己创建一个 br-int 网桥（此网桥通过 OpenFlow 连接到控制器）：

```
[root@odl-compute2 ~]# ovs-vsctl show
```

输出结果如下：

```
9f3b38cb-eefc-4bc7-828b-084b1f66fbfd
    Manager "tcp:172.16.21.56:6640"
        is_connected: true
    Bridge br-int
        Controller "tcp:172.16.21.56:6633"
            is_connected: true
        fail_mode: secure
        Port br-int
            Interface br-int
    ovs_version: "2.5.1"
```

输入命令以获取 OVS 的 IP 地址：

```
[root@odl-compute2 ~]# ovs-vsctl get Open_vSwitch . other_config
```

输出本地 IP：

```
{local_ip="10.0.42.161"}
```

- 若未出现以上输出（特别是在控制器字段没有 is_connected: true），则可能是没有设置好安全策略以至于 OVS 远程管理失败。
  - 错误有可能是 iptables 限制引起的，那么这种情况下应将相关的端口（6640，6653）打开。若 SELinux 在 Linux 上运行，则在所有节点上设置为允许状态并且保证在重启后持续生效：

```
setenforce 0
sed -i -e 's/SELINUX=enforcing/SELINUX=permissive/g' /etc/selinux/config
```

- 确保所有的节点（包括控制节点）都连接至 ODL。
- 重启 DLUX，可见所有的节点都已连接至 ODL，如图 7-51 所示。

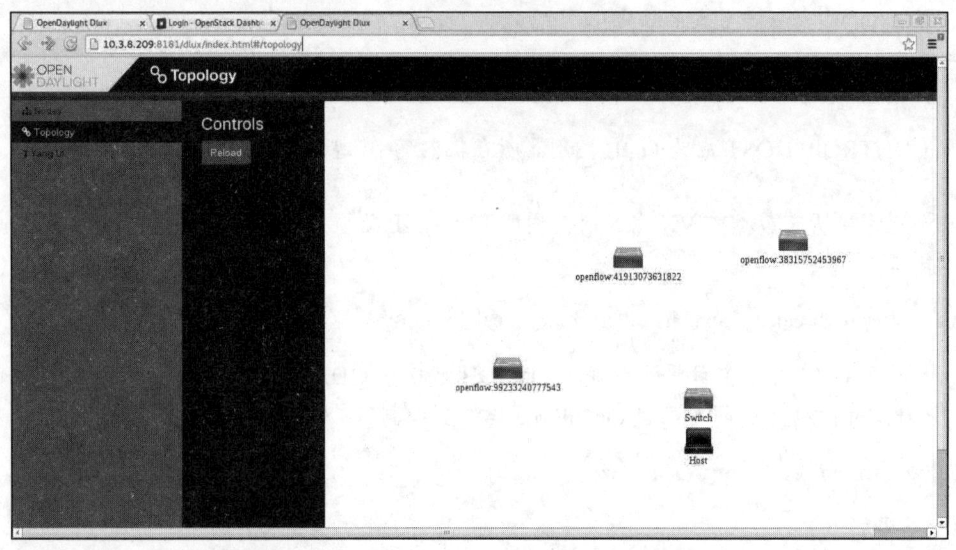

图 7-51 重启 DLUX

- 若其中出错，则在 ODL 发布目录下检查 data/log/karaf.log 文件。若没发现可疑的日志条目，则执行以下命令，在 Karaf 内设置 netvirt 为 TRACE 级别，再执行一次：

```
log:set TRACE netvirt
```

6. 配置 Neutron 以使用 ODL

在以上配置工作完成后，OVS 已正确连接至 ODL。现在可配置 OpenStack Neutron 使用 ODL，这需要安装 neutron networking-odl 模块：

```
pip install networking-odl
```

首先需确保 8080 端口可用（ODL 使用此端口以监听 REST 调用）。默认 swift-proxy-service 也监听此端口，那么可移动此端口（至另一端口或另一主机）或者取消此服务。可通过编辑 /etc/swift/proxy-server.conf 和/etc/cinder/cinder.conf 文件将此端口转移至另一端口（如 8081），适当地修改 iptables，最后重启 swift-proxy-service。当然，也可修改 ODL 的端口，以在另一端口进行监控，此时需要修改 etc/jetty.conf 文件中的 jetty.port 属性：

```
<Set name="port">
    <Property name="jetty.port" default="8080" />
</Set>
```

配置 Neutron 以使用 ODL 的 ML2 驱动：

```
crudini --set /etc/neutron/plugins/ml2/ml2_conf.ini ml2 mechanism_drivers opendaylight
crudini --set /etc/neutron/plugins/ml2/ml2_conf.ini ml2 tenant_network_types vxlan
```

修改文件：

```
cat <<EOT>> /etc/neutron/plugins/ml2/ml2_conf.ini
[ml2_odl]
url = http://{CONTROL_HOST}:8080/controller/nb/v2/neutron
password = admin
username = admin
EOT
```

配置 Neutron 以使用 ODL-router 服务插件，最终服务于 L3 连接：

```
crudini --set /etc/neutron/plugins/neutron.conf DEFAULT service_plugins odl-router
```

配置 Neutron 以使用 DHCP 代理，最终提供元数据服务：

```
crudini --set /etc/neutron/plugins/dhcp_agent.ini DEFAULT force_metadata True
```

注意，若 OpenStack 的版本为 Newton，则应使用以下方法，配置 Neutron DHCP 代码以使用 vsctl 作为 OVSDB 接口：

```
crudini --set /etc/neutron/plugins/dhcp_agent.ini OVS ovsdb_interface vsctl
```

重新设置 Neutron 的 ML2 的数据库：

```
mysql -e "drop database if exists neutron_ml2;"
mysql -e "create database neutron_ml2 character set utf8;"
mysql -e "grant all on neutron_ml2.* to 'neutron'@'%';"
neutron-db-manage --config-file /usr/share/neutron/neutron-dist.conf --config-file /etc/neutron/neutron.conf \
--config-file /etc/neutron/plugin.ini upgrade head
```

重启 neutron-server 服务：

```
systemctl start neutron-server
```

7. 检验工作情况

检验 ODL 的 ML2 接口是否处于工作状态：

```
curl -u admin:admin http://{CONTROL_HOST}:8080/controller/nb/v2/neutron/networks
{
    "networks" : [ ]
}
```

若运行命令后没有反应，或者返回一个错误，则检查在/var/log/neutron/server.log 文件中的 Neutron 日志，查找连接至 ODL 出现的问题。

创建一个网络、子网、路由器、连接端口，并且使用 Neutron CLI 以启动一个实例：

```
neutron router-create router1
neutron net-create private
neutron subnet-create private --name=private_subnet 10.10.5.0/24
neutron router-interface-add router1 private_subnet
nova boot --flavor <flavor> --image <image id> --nic net-id=<network id> test1
nova boot --flavor <flavor> --image <image id> --nic net-id=<network id> test2
```

此时，可确定 ODL 在你的网络中为实例创建网络端点，并且管理它们的流量。

可使用 Horizon 控制台以访问 VM，也可使用：

```
nova get-vnc-console <vm> novnc
```

通过控制台可验证 VM 之间的连接性。

8. 为浮动 IP 连接增加一个额外的网络

为一个浮动 IP 连接 VM 需要配置外部网络的连接，通过创建一个外部网络和子网实现。此外部网络必须连接到一个机器的物理端口，这个机器提供至外部网关的连接。

```
sudo ovs-vsctl set Open_vSwitch . other_config:provider_mappings=physnet1:eth1
neutron net-create public-net -- --router:external --is-default --provider:network_type=flat
--provider:physical_network=physnet1
neutron subnet-create --allocation-pool start=10.10.10.2,end=10.10.10.254 --gateway 10.10.10.1 --name
public-subnet public-net 10.10.0.0/16 -- --enable_dhcp=False
neutron router-gateway-set router1 public-net
neutron floatingip-create public-net
nova floating-ip-associate test1 <floating_ip>
```

7.5.2 使用 DevStack 以同时安装 OpenStack 和 OpenDaylight

可使用 DevStack 工具来加载 OpenStack 使用 ODL 的相关设置（能完成 7.5.1 的所有步骤）。

1. 下载 DevStack 工具：

```
git clone https://git.openstack.org/openstack-dev/devstack
```

2. 在 local.conf 中添加以下语句：

```
enable_plugin networking-odl http://git.openstack.org/openstack/networking-odl <branch>
ODL_MODE=allinone
Q_ML2_PLUGIN_MECHANISM_DRIVERS=opendaylight,logger
ODL_GATE_SERVICE_PROVIDER=vpnservice
disable_service q-l3
ML2_L3_PLUGIN=odl-router
ODL_PROVIDER_MAPPINGS={PUBLIC_PHYSICAL_NETWORK}:<external linux interface>
```

3. 进一步的信息参考：

（1）Devstack All-In-One Single Machine Tutorial

http://docs.openstack.org/developer/devstack/guides/single-machine.html

（2）Devstack networking-odl README

https://github.com/openstack/networking-odl/blob/master/devstack/README.rst

7.6　硬件环境部署 SDN 网络的安装指南

SDN 的概念提出不久，有许多硬件厂商便开始推出支持 SDN 的交换机，这些 SDN 硬件交换机可直接连接控制器，实现 SDN 网络。本书中以 xNet 公司的交换机 xNetware version 3.0.b1.with-openflow 配合 floodlight 控制器为例进行硬件环境部署 SDN 网络的介绍，其他厂商的 SDN-enable 交换机需参照其交换机的专用配置进行，但总体步骤与本实验相同。

7.6.1　配置硬件交换机

1. 安装 minicom 工具

（1）在终端中输入以下命令进行安装：

```
$ sudo apt-get install minicom
```

（2）进行 minicom 的初配置。

配置 minicom 第一次启动前，在终端中输入以下命令，对 minicom 进行第一次的配置：

```
$ sudo minicom -s
```

在弹出的对话框内，选择 Serial port setup 项，按 A 键，修改为/dev/ttyUSB0，然后按回车键；再按 E 键，修改为 115200 8N1，设置传输的比特率等，然后按回车键；再按 F 键，把 Hardware Flow Control 修改为 No，然后按回车键。再在刚才的主菜单中选择 Save setup as dfl，保存为默认配置，最后选择 Exit from minicom，退出配置菜单。

（3）启动 minicom。在终端中输入 sudo minicom，启动 minicom，这时就进入了 minicom 的界面。

2. 远程登录管理界面

（1）使用 putty 连接至 xNet 交换机上，输入用户名。

（2）enable 获得 root 权限（相当于 sudo）。

```
xNet>enable
xNet#
```

3. 设置交换机支持 OpenFlow 1.0

由于 Floodlight 只支持 OpenFlow 1.0，因此需要将 version 版本设置成 OpenFlow 1.0。输入以下命令：

```
xNet#con t
Enter configuration commands, one per line.   End with CNTL/Z.
xNet(config)#openflow
xNet(config-openflow)#version 1.0
xNet(config-openflow)#
```

7.6.2 配置硬件交换机所连接的控制器

进入 xNet 命令行，执行 config 配置。运行以下命令：

```
xNet#con t
Enter configuration commands, one per line.  End with CNTL/Z.
xNet(config)#openflow
```

配置控制器的连接类型：

```
xNet(config-openflow)#controller ?
 tcp  TCP
```

配置控制器的 IP 地址（A.B.C.D，本实验为 10.204.252.16）：

```
xNet(config-openflow)#controller tcp ?
 A.B.C.D  The address of controller

xNet(config-openflow)#controller tcp 10.204.252.16 ?
 PORT  The port number of controller
 <cr>

xNet(config-openflow)#controller tcp 10.204.252.16
```

10.204.252.16 是 floodlight 的机器地址。

这样就可以在 floodlight 的 UI 上看到 xNet OpenFlow 交换机了。

1. 查看交换机端口

交换机默认开放 4 个支持 OF 的端口，在 floodlight 面板中可见，其中 br0 是默认接口，其余 4

个接口是交换机适用 OpenFlow 协议的接口。show run（或者 show running-config）用于查看配置，你可以看到 member 1 等配置信息。

在控制器面板可见这些 OpenFlow 接口，以及是否与接线无关，在接线的 OpenFlow 接口可以进一步看到主机（即 Hosts）的信息。如需增加支持 OF 的端口，通过 member 命令可以加入其他端口，先进入 config-openflow：

```
xNet# configure
xNet(config)#openflow
```

增加端口 12：

```
xNet(config-openflow)#member 12
```

删除端口 6 和 7：

```
xNet(config-openflow)#no member 6,7
```

2. 查看交换机状态

```
admin#sho openflow controller status
```

显示结果如下：

```
% controller            : "tcp:172.16.100.7:6633"
% is_connected          : false
% role                  : other
% status                : {last_error="Network is unreachable", state=BACKOFF}
%
% controller            : "tcp:192.168.1.17:6633"
% is_connected          : false
% role                  : other
% status                : {last_error="No route to host", sec_since_disconnect="1"
, state=BACKOFF}
%
% controller            : "tcp:192.168.1.101:6633"
% is_connected          : false
% role                  : other
% status                : {last_error="Protocol error", sec_since_disconnect="4",
state=BACKOFF}
```

可见硬件 SDN 交换机已经成功连接到控制器。

7.7 本章总结

SDN 底层架构即 SDN 网络的数据转发层，是 SDN 网络中非常重要的部分，也是 SDN 网络实现的基础。这个层次的具体性能决定了此网络的控制与转发分离程度、可编程性等 SDN 网络的重要特性实现的程度。如果这个层次没能很好地支持 SDN 相关协议，没能很好地对北向的 SDN 控制器进行支持，那么即使上层控制器设计或实现得很完善，SDN 网络也不能如预期般地发挥功能，真正体现 SDN 网络的优越性。

我们可以把 SDN 底层架构分成虚拟化的底层架构、物理底层架构以及这两者的组合（即混合架构）。针对这些情况，在本章中我们对 6 种特例进行了重点说明，重点讲解了这 6 种 SDN 底层架构的安装指南，分别为纯 OVS 安装指南、仿真环境 Mininet 安装指南、Xen 环境部署 SDN 网络的安装指南、KVM 环境部署 SDN 网络的安装指南、OpenStack 环境部署 SDN 网络的安装指南、硬件环境部署 SDN 网络的安装指南。本章在这 6 个指南中均详细讲解了步骤，并提供了其中重要安装步骤的截图以供读者参考。

读者需要注意，以上的这 6 个指南的安装准备环境都是指定的，相关的 SDN 虚拟交换机 OVS 的版本和 SDN 物理交换机的厂商型号也是相对固定的。这是由于不同虚拟化平台版本/操作系统版本安装虚拟交换机的操作并不是完全相关的，但是对于某一环境下进行的安装方法，大体的步骤都是相同的，读者可阅读相关的参考资料以进行正确的安装。另外，虚拟交换机和硬件交换机需要仔细阅读其对应的安装说明，以进行正确的安装。

第 8 章

控制器 OpenDaylight 安装指南、操作指南和开发环境准备

本章先从控制器 OpenDaylight 的子项目 Controller 项目的源码安装指南开始，在 8.1 节向读者依次介绍 Controller 项目源码安装的基础安装环境要求、项目编译和运行的软件环境要求、下载 Controller 项目的源码、编译 Controller 子项目的源码、Controller 项目更新、启动运行 Controller 项目、安装参考等内容。

接着在 8.2 节介绍 Controller 项目的快速安装指南。

随后在 8.3 节详细介绍 OpenDaylight 的 Controller 项目的开发环境准备，包括注册和配置 Gerrit 账户、Eclipse 的安装和设置。

在接下来的 8.4 节，使用仿真环境 Mininet 与控制器 Controller 连接进行一个简单的实验，展示控制器开启后的一些重要界面，然后介绍通过 Postman 下发、删除、更新流表的操作指南。

介绍完 Controller 项目后，在 8.5 节介绍 OpenDaylight 的通用项目源码安装指南，以及下载、编译、启动运行 OpenDaylight 子项目的方法；在 8.6 节介绍 OpenDaylight 的通用项目快速安装指南；在 8.7 节介绍 OpenDaylight 的通用开发环境准备。

在 8.8 节给出控制器 OpenDaylight 主要的学习指南、参考，以供读者进一步学习研究。

最后在 8.9 节为本章进行总结。

8.1 Controller 项目的源码安装指南

对于 OpenDaylight 项目的 Controller 子项目的开发成员来说，掌握控制器 Controller 源码安装的方式有助于深入理解 Controller 项目，同时有利于有意加入 Controller 项目开发者的读者进行下一步工作。另外，Controller 源码安装指南中的安装环境的搭建也是进行与 Controller 项目相关开发的必备条件。本节首先介绍实验的基础安装环境要求，然后详细地讲解项目编译和运行的软件环境

要求，包括 Oracle Java 8 JDK 和 Apache Maven 3.3.9 的安装和配置，最后介绍 Controller 项目的源码下载编译的过程。

8.1.1 基础安装环境要求

以下为建议的最低软件安装要求：

- 64 位 Linux 系统
- 内存 2GB
- 硬盘空间 16GB
- 处理器双核

本书实验中配置的基础安装环境：

- 操作系统 Ubuntu Server 14.04 LTS 64-bit
- 内存 4GB
- 硬盘空间 30GB
- 处理器双核

8.1.2 项目编译和运行的软件环境要求

OpenDaylight 主要是由 Java 语言编写完成的，并且主要使用 Maven 作为编译工具。相应地，OpenDaylight 源码安装时最基本需要安装 Java 7 以上或 Java 8 以上兼容的 JDK 和 3.1.1 及以上版本的 Maven。本书的实验采用 Oracle Java 8 JDK 和 Apache Maven 3.3.9 进行安装。

1. Java 8 JDK 的安装

建议最好使用 Oracle Java，OpenJDK 未完全测试过。

首先删除 openjdk（若未安装 openjdk，则跳过此步），输入命令：

```
$ sudo apt-get remove openjdk*
```

打开链接 http://www.oracle.com/technetwork/java/javase/downloads/index.html，下载 jdk-8u101-linux-x64.tar.gz（假设放入的目录为/home/Applications），如图 8-1 所示。

进入目录/home/Applications，输入命令：

```
$ cd /home/Applications
```

解压缩文件 jdk-8u101-linux-x64.tar.gz，输入命令（系统在当前目录下自动创建文件夹 jdk1.8.0_101）：

```
$ tar -zxvf jdk-8u101-linux-x64.tar.gz
```

配置环境变量，将以下字段写入~/.bashrc 文件（也可写入/etc/profile）：

```
export JAVA_HOME=/home/Applications /jdk1.8.0_101
export JRE_HOME=$JAVA_HOME/jre
export CLASSPATH=.:$JAVA_HOME/lib:$JRE_HOME/lib:$CLASSPATH
export PATH=$JAVA_HOME/bin:$JRE_HOME/bin:$PATH
```

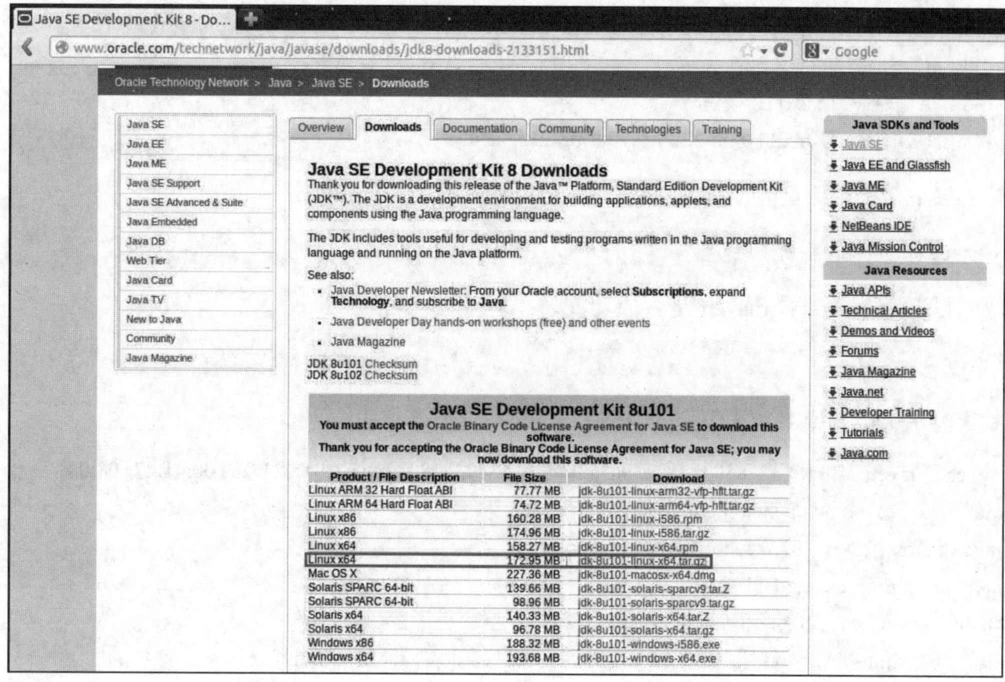

图 8-1　下载 jdk-8u101-linux-x64.tar.gz 页面

输入以下命令，令配置立即生效：

```
$ source ~/.bashrc
```

输入以下命令，查看 Oracle Java 是否成功安装：

```
$ java -version
```

若安装正确，则应显示：

```
java version "1.8.0_101"
Java(TM) SE Runtime Environment (build 1.8.0_101-b13)
Java HotSpot(TM) 64-Bit Server VM (build 25.101-b13, mixed mode )
```

2. Apache Maven 3.3.9 的安装

打开链接 http://maven.apache.org/download.html，下载 Maven 的 3.3.9 版本（假设放入的目录为/home/Applications）。

进入目录/home/Applications，输入命令：

```
$ cd /home/Applications
```

解压缩文件 apache-maven-3.3.9-bin.tar.gz，输入命令（系统在当前目录下自动创建文件夹 apache-maven-3.3.9）：

```
$ tar －zxvf apache-maven-3.3.9-bin.tar.gz
```

配置环境变量，将以下字段写入~/.bashrc 文件（也可写入/etc/profile）：

```
export M2_HOME=/home/Applications /apache-maven-3.3.9
export M2=$M2_HOME/bin
export PATH=$M2:$PATH
MAVEN_OPTS="-Xmx2048m -XX:MaxPermSize=512m"
```

输入以下命令，令配置立即生效：

```
$ source /etc/bashrc
```

输入以下命令，查看 maven 是否成功安装：

```
$ mvn -v
```

若安装正确，则应显示类似以下反馈：

```
Apache Maven 3.39 (bb52d8502b132ec0a5a3f4c09453c07478323dc5; 2015-11-11T00:41:47+08:00)
Maven home: /home/opendaylight/apache-maven-3.3.9
Java version : 1.8.0_101, vendor: Oracle Corporation
Java home: /home/opendaylight/1.8.0_101/jre
Default locale: en_US, platform encoding: UTF-8
OS name: "linus", version: "3.13.0-24-generic", arch: "amd64", family: "unix"
```

Maven 安装成功后，需要为 OpenDaylight 项目设置其特定的 settings.xml 内容以方便项目编译。输入以下命令直接将网上共享的 settings.xml 复制至本地：

```
$ cp -n ~/.m2/settings.xml{,.orig} ; \
wget -q -O - \
https://raw.githubusercontent.com/opendaylight/odlparent/master/settings.xml \
 > ~/.m2/settings.xml
```

或者直接打开网页（https://raw.githubusercontent.com/opendaylight/odlparent/master/settings.xml），将此 settings.xml 的内容复制至~/.m2 目录内。

注 意

settings.xml 文件也可以根据编译的版本不同选择不同的共享资源复制，如编译 bo 版本时可选择以下来源的 settings.xml 文件：https://raw.githubusercontent.com/opendaylight/odlparent/stable/boron/settings.xml。

3. Git 的安装

```
$ sudo apt-get install git
```

打开配置文件～/.bashrc，输入以下命令：

```
export GIT_SSL_NO_VERIFY=1    #指定无须证书校验
```

保存后，输入以下命令以使配置生效：

```
$ source ~/.bashrc
```

Git 安装成功后，即可通过 Git 工具下载 OpenDaylight 源码。

8.1.3　下载 Controller 项目的源码

有两种方式下载 Controller 子项目的源码，一种是通过 Git 工具使用下载链接参数下载，另一种是访问 github.com 网站，寻找对应的版本下载。

1. 通过 Git 工具下载源码

打开终端，输入以下命令下载 Controller 子项目的源码：

```
$ git clone https://git.opendaylight.org/gerrit/p/controller.git
```

可用以下命令查看当前下载的版本：

```
$ git branch
```

使用 git checkout 命令可选择所需的版本，如选择锂版本：

```
$ git checkout -b origin/stable/lithium
```

2. 访问 github.com 网站下载源码

Controller 项目在 github.com 网站上的下载地址为 https://github.com/opendaylight/controller ，读者可选择所需的版本进行下载，如图 8-2 所示。

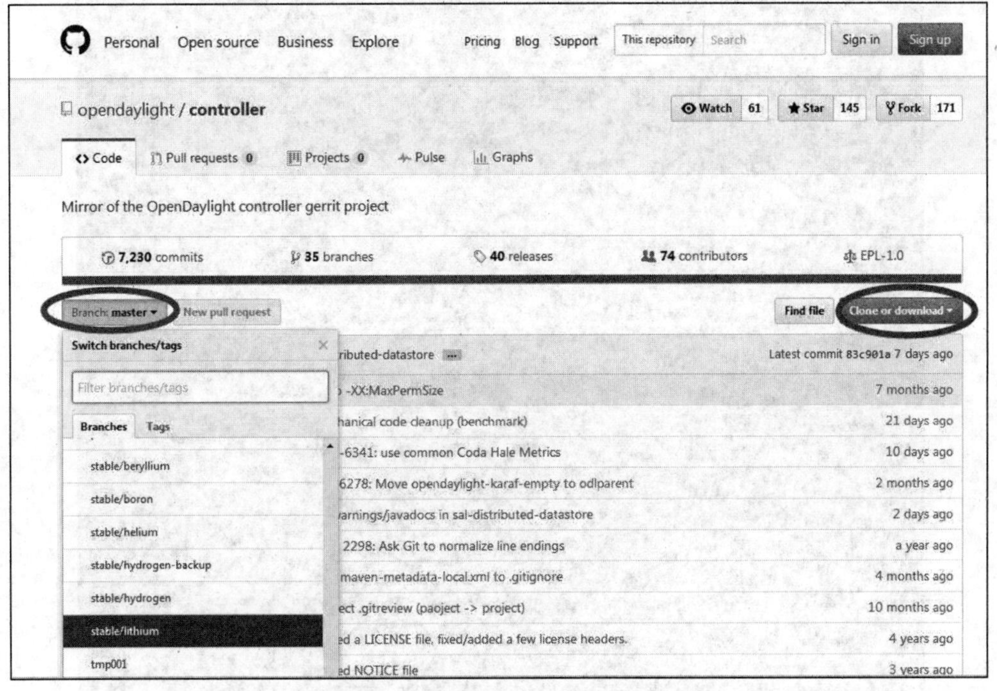

图 8-2　下载 Controller 项目的页面

将文件保存至合适的位置（本书为~/odl/），运行 unzip 命令解压即可。

8.1.4 编译 Controller 子项目的源码

进入目录 controller：

```
$ cd controller
```

运行以下命令：

```
$ mvn clean install
```

由于默认下载的包在国外，第一次编译时速度较慢，可以跳过测试以加快速度，运行以下命令：

```
$ mvn clean install -DskipTests
```

项目编译成功后出现类似图 8-3 所示的结果。

```
[INFO]
[INFO] --- maven-archetype-plugin:2.4:update-local-catalog (default-update-loca
[INFO] ------------------------------------------------------------------------
[INFO] Reactor Summary:
[INFO]
[INFO] mdsal-artifacts .................................... SUCCESS [  0.563 s]
[INFO] checkstyle ......................................... SUCCESS [  2.085 s]
[INFO] commons.opendaylight ............................... SUCCESS [02:31 min]
[INFO] config-subsystem ................................... SUCCESS [ 36.307 s]
[INFO] config-api ......................................... SUCCESS [33:30 min]
[INFO] yang-jmx-generator ................................. SUCCESS [  8.368 s]
[INFO] yang-jmx-generator-plugin .......................... SUCCESS [01:39 min]
[INFO] sal-parent ......................................... SUCCESS [ 10.403 s]
[INFO] sal-common-api ..................................... SUCCESS [  7.826 s]
[INFO] sal-common-util .................................... SUCCESS [  3.808 s]
[INFO] sal-common-impl .................................... SUCCESS [  4.364 s]
[INFO] sal-test-model ..................................... SUCCESS [01:00 min]
[INFO] sal-core-api ....................................... SUCCESS [  5.727 s]
[INFO] sal-core-spi ....................................... SUCCESS [  5.466 s]
[INFO] sal-binding-api .................................... SUCCESS [  5.105 s]
[INFO] sal-dom-config ..................................... SUCCESS [  5.826 s]
[INFO] sal-inmemory-datastore ............................. SUCCESS [  7.215 s]
[INFO] sal-broker-impl .................................... SUCCESS [  6.417 s]
[INFO] sal-binding-util ................................... SUCCESS [  3.564 s]
[INFO] sal-binding-broker-impl ............................ SUCCESS [ 10.624 s]
[INFO] sal-dom-broker-config .............................. SUCCESS [01:21 min]
[INFO] sal-binding-config ................................. SUCCESS [ 10.243 s]
[INFO] md-sal-config ...................................... SUCCESS [  0.467 s]
[INFO] sal-samples ........................................ SUCCESS [  0.410 s]
[INFO] sample-toaster ..................................... SUCCESS [  5.403 s]
[INFO] sample-toaster-consumer ............................ SUCCESS [  5.604 s]
[INFO] sample-toaster-provider ............................ SUCCESS [  9.511 s]
[INFO] toaster-config ..................................... SUCCESS [  0.286 s]
[INFO] clustering-it ...................................... SUCCESS [  0.313 s]
[INFO] clustering-it-config ............................... SUCCESS [  0.422 s]
[INFO] clustering-it-model ................................ SUCCESS [ 12.373 s]
[INFO] clustering-it-provider ............................. SUCCESS [  5.683 s]
[INFO] config-util ........................................ SUCCESS [  7.136 s]
[INFO] config-manager ..................................... SUCCESS [ 12.072 s]
[INFO] config-manager-facade-xml .......................... SUCCESS [ 10.119 s]
[INFO] config-persister-api ............................... SUCCESS [  3.317 s]
[INFO] config-persister-file-xml-adapter .................. SUCCESS [  4.588 s]
[INFO] config-persister-directory-xml-adapter ............. SUCCESS [  5.424 s]
```

图 8-3 Controller 成功编译

```
[INFO] config-persister-impl ............................. SUCCESS [  5.168 s]
[INFO] config-plugin-parent .............................. SUCCESS [  0.328 s]
[INFO] logback-config .................................... SUCCESS [  6.129 s]
[INFO] sal-binding-it .................................... SUCCESS [  6.409 s]
[INFO] sample-toaster-it ................................. SUCCESS [  0.753 s]
[INFO] sal-remote ........................................ SUCCESS [  4.501 s]
[INFO] sal-connector-api ................................. SUCCESS [  2.715 s]
[INFO] sal-clustering-commons ............................ SUCCESS [ 24.017 s]
[INFO] sal-akka-raft ..................................... SUCCESS [  9.412 s]
[INFO] sal-akka-raft-example ............................. SUCCESS [  4.372 s]
[INFO] sal-clustering-config ............................. SUCCESS [  0.403 s]
[INFO] sal-distributed-datastore ......................... SUCCESS [ 21.466 s]
[INFO] sal-dummy-distributed-datastore ................... SUCCESS [  8.195 s]
[INFO] sal-dom-xsql ...................................... SUCCESS [  8.540 s]
[INFO] Apache Karaf :: Shell odl/xsql Commands ........... SUCCESS [  7.684 s]
[INFO] sal-dom-xsql-config ............................... SUCCESS [  0.339 s]
[INFO] sal-remoterpc-connector ........................... SUCCESS [  6.772 s]
[INFO] model-parent ...................................... SUCCESS [  2.319 s]
[INFO] model-inventory ................................... SUCCESS [  5.447 s]
[INFO] messagebus-api .................................... SUCCESS [  7.899 s]
[INFO] messagebus-spi .................................... SUCCESS [  3.388 s]
[INFO] messagebus-util ................................... SUCCESS [  3.370 s]
[INFO] messagebus-impl ................................... SUCCESS [  5.433 s]
[INFO] messagebus-config ................................. SUCCESS [  0.441 s]
[INFO] sal-binding-dom-it ................................ SUCCESS [  0.584 s]
[INFO] config-parent ..................................... SUCCESS [  0.592 s]
[INFO] config-it-base .................................... SUCCESS [  3.721 s]
[INFO] mdsal-it-base ..................................... SUCCESS [  3.000 s]
[INFO] mdsal-it-parent ................................... SUCCESS [  0.872 s]
[INFO] config-persister-feature-adapter .................. SUCCESS [  3.490 s]
[INFO] yang-test-plugin .................................. SUCCESS [  4.292 s]
[INFO] yang-test ......................................... SUCCESS [ 13.050 s]
[INFO] threadpool-config-api ............................. SUCCESS [  4.148 s]
[INFO] netty-config-api .................................. SUCCESS [  3.588 s]
[INFO] threadpool-config-impl ............................ SUCCESS [  8.253 s]
[INFO] netty-threadgroup-config .......................... SUCCESS [  4.563 s]
[INFO] netty-event-executor-config ....................... SUCCESS [  4.492 s]
[INFO] netty-timer-config ................................ SUCCESS [  4.036 s]
[INFO] shutdown-api ...................................... SUCCESS [  2.972 s]
[INFO] shutdown-impl ..................................... SUCCESS [  4.621 s]
[INFO] config-module-archetype ........................... SUCCESS [  0.554 s]
[INFO] config-netty-config ............................... SUCCESS [  0.442 s]
[INFO] config-artifacts .................................. SUCCESS [  0.011 s]
```

```
[INFO] model-topology .................................... SUCCESS [  4.563 s]
[INFO] concepts .......................................... SUCCESS [  2.817 s]
[INFO] protocol-framework ................................ SUCCESS [  5.948 s]
[INFO] commons.logback_settings .......................... SUCCESS [  1.160 s]
[INFO] filter-valve ...................................... SUCCESS [  3.452 s]
[INFO] liblldp ........................................... SUCCESS [  4.488 s]
[INFO] enunciate-parent .................................. SUCCESS [  0.245 s]
[INFO] benchmark-api ..................................... SUCCESS [  6.810 s]
[INFO] dsbenchmark ....................................... SUCCESS [  7.843 s]
[INFO] ntfbenchmark ...................................... SUCCESS [  5.618 s]
[INFO] rpcbenchmark ...................................... SUCCESS [  4.964 s]
[INFO] benchmark-artifacts ............................... SUCCESS [  0.010 s]
[INFO] benchmark-aggregator .............................. SUCCESS [  0.010 s]
[INFO] odl-jolokia-osgi .................................. SUCCESS [  0.252 s]
[INFO] controller ........................................ SUCCESS [  0.407 s]
[INFO] OpenDaylight :: Karaf :: Branding ................. SUCCESS [  1.544 s]
[INFO] opendaylight-karaf-resources ...................... SUCCESS [  0.806 s]
[INFO] karaf-parent ...................................... SUCCESS [  9.769 s]
[INFO] opendaylight-karaf-empty .......................... SUCCESS [ 13.482 s]
[INFO] features-akka ..................................... SUCCESS [  6.310 s]
[INFO] features-config ................................... SUCCESS [ 59.981 s]
[INFO] features-config-persister ......................... SUCCESS [  2.102 s]
[INFO] features-config-netty ............................. SUCCESS [  1.227 s]
[INFO] features-mdsal .................................... SUCCESS [02:03 min]
[INFO] features-extras ................................... SUCCESS [  0.990 s]
[INFO] distribution.opendaylight-karaf ................... SUCCESS [  9.514 s]
[INFO] karaf-aggregator .................................. SUCCESS [  0.497 s]
[INFO] features-protocol-framework ....................... SUCCESS [  1.036 s]
[INFO] features-mdsal-benchmark .......................... SUCCESS [  1.099 s]
[INFO] features-controller ............................... SUCCESS [  0.412 s]
[INFO] archetypes-parent ................................. SUCCESS [  3.188 s]
[INFO] odl-model-project ................................. SUCCESS [  1.814 s]
[INFO] opendaylight-configfile-archetype ................. SUCCESS [  0.348 s]
[INFO] distribution-karaf-archetype ...................... SUCCESS [  0.461 s]
[INFO] opendaylight-karaf-features-archetype ............. SUCCESS [  0.519 s]
[INFO] opendaylight-startup-archetype .................... SUCCESS [  0.922 s]
[INFO] ------------------------------------------------------------------------
[INFO] BUILD SUCCESS
[INFO] ------------------------------------------------------------------------
[INFO] Total time: 53:09 min
[INFO] Finished at: 2016-08-20T23:31:44+08:00
[INFO] Final Memory: 357M/852M
[INFO] ------------------------------------------------------------------------
```

图 8-3　Controller 成功编译（续）

8.1.5 Controller 项目更新

1. 使用 Git 工具进行更新

从远程资源库获取最新的版本，使用以下命令：

```
$ git remote update
$ git rebase origin/master
```

运行以下命令重新编译即可：

```
$ mvn clean install
```

或运行以下命令以活动测试步骤：

```
$ mvn clean install -DskipTests
```

2. 访问 github.com 网站更新源码

访问 Controller 项目在 github.com 网站上的资源（地址：https://github.com/opendaylight/controller）。操作与前面下载源码相同，选择所需的版本重新进行下载，将文件保存至合适的位置（本书为~/odl/），运行 unzip 命令解压即可。

8.1.6 启动运行 Controller 项目

进入 Controller 项目下 karaf 发布的子目录：

```
$ cd ~/odl/controller/karaf/opendaylight-karaf
```

运行以下命令以启动 Controller 项目：

```
$ sudo ./target/assembly/bin/karaf
```

如果 OpenDaylight 子项目 Controller 项目成功启动，在终端显示类似图 8-4 所示的信息。

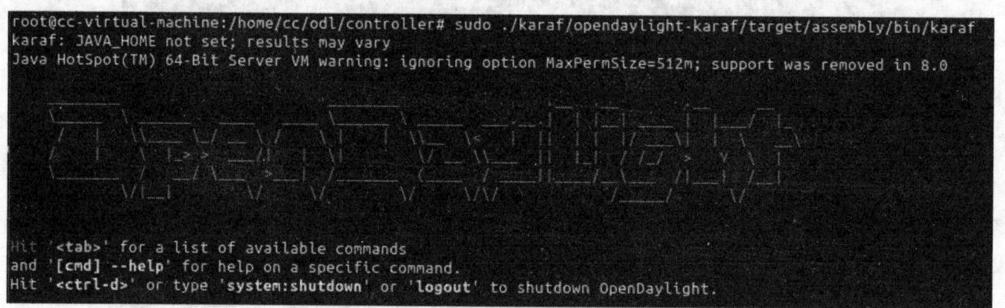

图 8-4 Controller 成功启动界面

现在 OpenDaylight 的 Controller 已经运行，但需要安装必要的组件（在提示符“>”后执行 feature:install 命令）才可通过 Web 浏览器查看 Controller 的控制台界面。

若是硼版本：

```
opendaylight-user@root>feature:install odl-dlux-core odl-dlux-node odl-dlux-yangui odl-dlux-yangvisualizer
```

铍版本和锂版本，建议安装以下组件（硼版本也建议安装以下所有的组件）：

```
opendaylight-user@root>feature:install odl-restconf odl-l2switch-switch odl-openflowplugin-all odl-dlux-all odl-mdsal-all
```

若是锂版本，则还需要再加上以下组件（锂版本仍保存 AD-SAL 以执行 odl-adsal-*的功能）：

```
opendaylight-user@root>feature:install odl-adsal-northbound
```

现在打开浏览器，输入网址（http:// <controller 所在主机的 IP 地址>:8181/ index.html），以通过 Web 浏览器查看 Controller 控制台界面，如图 8-5 所示。若在 Controller 所在主机直接打开浏览器，则可直接输入网址：http://localhost:8181/ index.html。

图 8-5　通过 Web 浏览器查看 Controller 控制台界面

输入默认的用户名（admin）和密码（admin）即可登录控制台。

8.1.7　安装参考

http://docs.opendaylight.org/en/stable-boron/developer-guide/index.html

https://wiki.opendaylight.org/view/Main_Page

8.2　Controller 项目的快速安装指南

选择使用控制器 Controller 源码安装的方式有助于深入理解 Controller 项目，同时有利于有意加入 Controller 项目开发者的读者进行下一步工作。如果读者只需要快速了解 Controller 项目的性能并且在新版本发布后立即上手操作，那么直接下载 Controller 项目的发布版本，然后在目标机器上进行部署是很好的选择。

下载包可登录网页 https://www.opendaylight.org/downloads，选择合适的发布版本下载，如图 8-6 所示。本节选择 Controller 项目的铍发布版本进行下载安装，选择发布版本的 Zip 打包格式或 Tar 打包格式下载均可。本节选择 Zip 打包格式（文件 distribution-karaf-0.4.3-Beryllium- SR3.zip）下载。

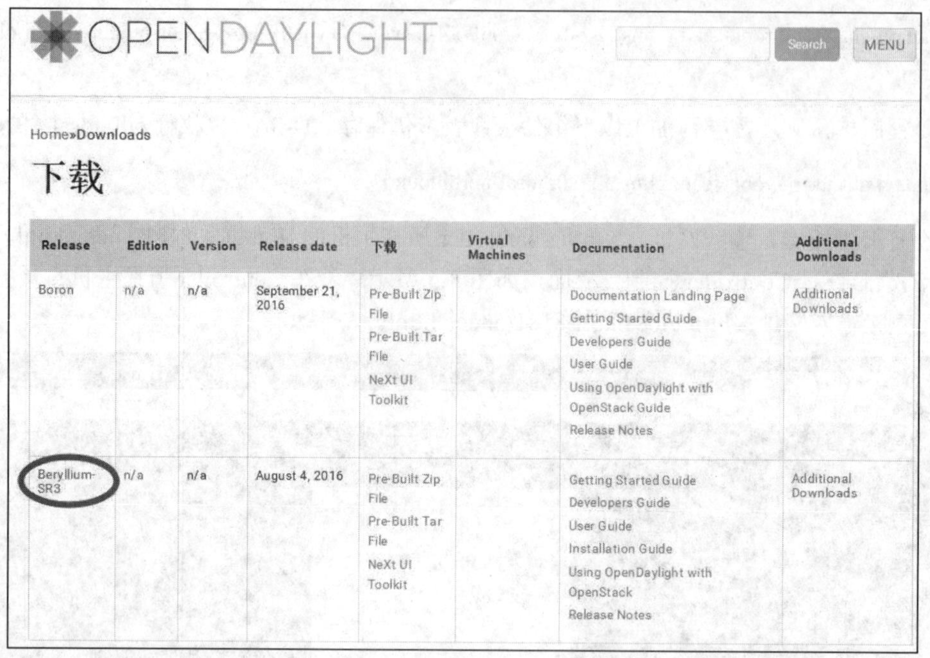

Release	Edition	Version	Release date	下载	Virtual Machines	Documentation	Additional Downloads
Boron	n/a	n/a	September 21, 2016	Pre-Built Zip File Pre-Built Tar File NeXt UI Toolkit		Documentation Landing Page Getting Started Guide Developers Guide User Guide Using OpenDaylight with OpenStack Guide Release Notes	Additional Downloads
Beryllium-SR3	n/a	n/a	August 4, 2016	Pre-Built Zip File Pre-Built Tar File NeXt UI Toolkit		Getting Started Guide Developers Guide User Guide Installation Guide Using OpenDaylight with OpenStack Release Notes	Additional Downloads

图 8-6　选择合适包的发布版本进行下载

将所下载的 distribution-karaf-0.4.3-Beryllium-SR3.zip 文件保存到所创建的 controller 目录（~/odl/controller）下，并解压缩至当前目录，运行以下命令：

```
unzip distribution-karaf-0.4.3-Beryllium-SR3.zip
```

进入解压的文件夹：

```
$cd distribution-karaf-0.4.3-Beryllium-SR3
```

启动 Controller 控制器：

```
$ sudo ./bin/karaf
```

若 OpenDaylight 子项目 Controller 项目成功启动，则在终端显示类似图 8-7 所示的信息。

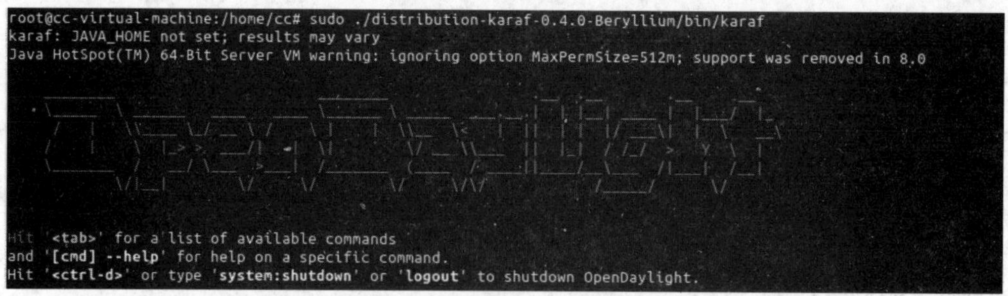

图 8-7　Controller 项目成功启动

现在 OpenDaylight 的 Controller 已经运行，但需要安装必要的组件（在提示符“>”后执行 feature:install 命令）才可通过 Web 浏览器查看 Controller 的控制台界面。铍版本的安装如下，其他版本可通过本章提供的学习参考或查看本章 8.1 节的源码安装指南以安装不同的组件。

```
opendaylight-user@root>feature:install odl-restconf odl-l2switch-switch odl-openflowplugin-all odl-dlux-all odl-mdsal-all odl-adsal-northbound
```

待 Controller 控制器完全启动后，输入网址（http:// <controller 所在主机的 IP 地址>:8181/ index.html），以通过 Web 浏览器查看 Controller 控制台界面，如图 8-8 所示。若在 Controller 所在主机直接打开浏览器，可直接输入网址：http://localhost:8181/ index.html。

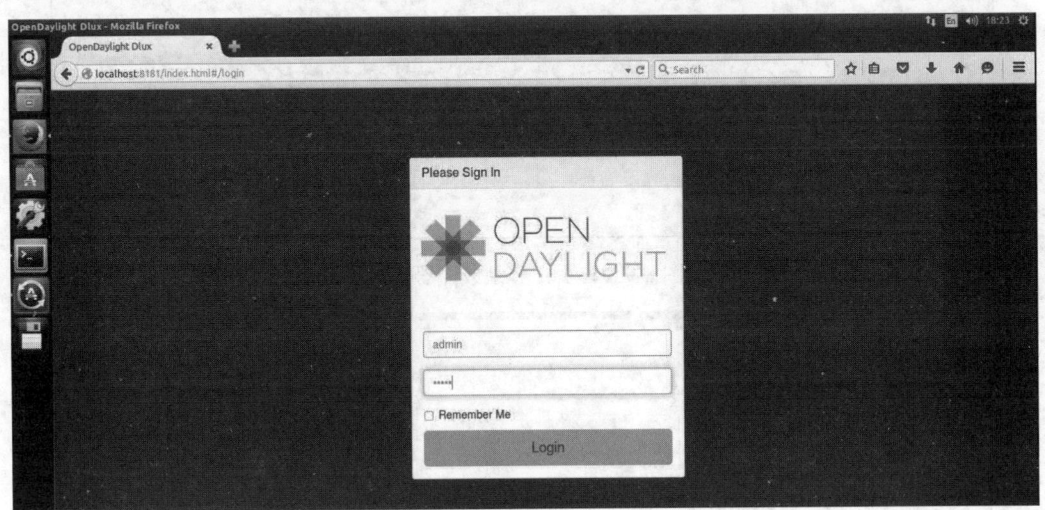

图 8-8　通过 Web 浏览器查看 Controller 控制台界面

注意，这种 OpenDaylight 的安装也需要满足一定条件，推荐安装 Java 7 以上或 Java 8 以上兼容的 JDK（若使用 Oracle JDK，则要求 1.7.0_45 或以上版本）和 3.1.1 及以上版本的 Maven。本书的实验采用 Oracle Java 8 JDK 和 Apache Maven 3.3.9 进行安装。注意，OpenDaylight 的一些项目还需要安装其他的工具包。若 SFC 项目需要添加某些特定的包以满足特定的配置，则 SNBI 项目需要 Linux 和 Docker 环境，等等。具体可以参考本章介绍的学习参考进行安装。

8.3　OpenDaylight 的 Controller 项目的开发环境准备

本节主要介绍基于 Controller 项目进行开发的环境准备。首先，必须完成 8.1 节“Controller 项目的源码安装指南”中的准备条件，然后推荐注册 Gerrit 账号以参与 OpenDaylight 项目的建设（非必须），最后介绍流行的 IDE 之一——Eclipse 的安装和针对 OpenDaylight 项目的一些配置。

8.3.1　设置 Gerrit 账户

使用浏览器打开链接 https://git.opendaylight.org/gerrit，首页显示现有的 Gerrit 请求。这些补丁已被推到存储库中，但是尚未验证、审查和合并。若有账号，则直接单击 SignIn 登录即可；否则单击 AcconntSignup/management 进行注册，如图 8-9 所示。

若需注册，则在单击 AcconntSignup/management 后出现的页面中，单击左侧导航栏的 Sign-up，如图 8-10 所示。

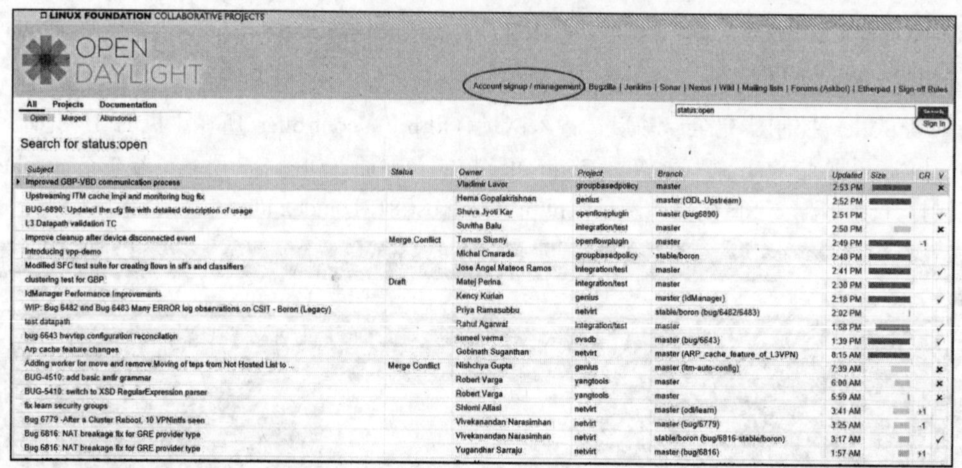

图 8-9　首页：登录或注册账户

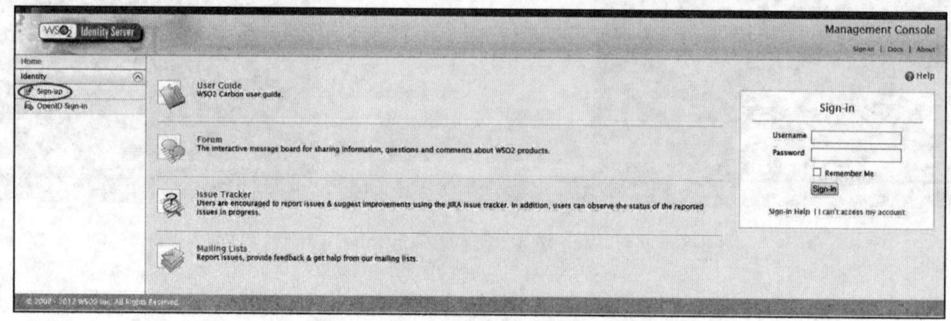

图 8-10　单击左侧导航栏的 Sign-up

单击后，右方网页空间刷新出现新的视图，单击 Sign-up with User Name/Password 下的图片，如图 8-11 所示。

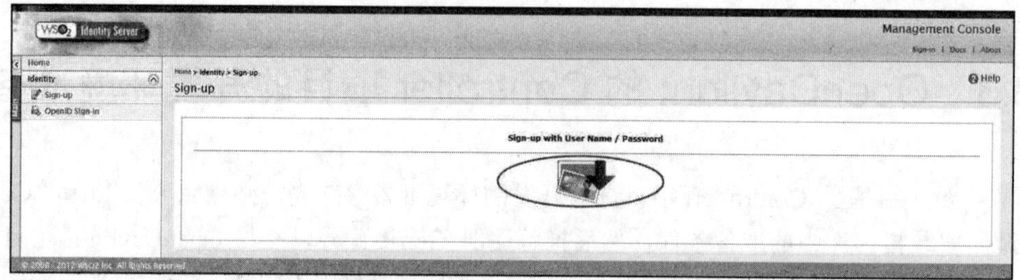

图 8-11　单击 Sign-up with User Name/Password 下的图片

出现注册填写信息界面，读者填写信息后完成注册，如图 8-12 所示。这样读者有了一个能使用 Gerrit 下载 OpenDaylight 代码的 OpenDaylight 账户。

注册好 Gerrit 账户后，还需要为系统生成 SSH 键值才可直接使用。对于不同的操作系统，生成 SSH 键值的方法是不同的。本书实验所用的操作系统为 Ubuntu，执行以下步骤：

```
mkdir ~/.ssh
chmod 700 ~/.ssh
ssh-keygen -t rsa
```

Management Console
Sign-up with User Name/Password
User Registration
User name*
Password*
Re-type Password*
Full Name *
First Name *
Last Name *
Organization
Address
City
State or Province
Country
Email *
Telephone
Mobile
IM
URL
Role
Submit Cancel

图 8-12　注册信息填写

接着读者输入密码与此键值对应，并且将其保存到合适的位置，这样共有键值（.ssh/id_rsa.pub）正式生效。期间，系统可能输出类似以下的提示符：

```
Generating public/private rsa key pair.
Enter file in which to save the key (/home/b/.ssh/id_rsa):
Enter passphrase (empty for no passphrase):
Enter same passphrase again:
Your identification has been saved in /home/b/.ssh/id_rsa.
Your public key has been saved in /home/b/.ssh/id_rsa.pub.
```

此时将已经生效的 SSH 键值在 Gerrit 中注册。首先登录网站（https://git.opendaylight.org/gerrit），单击 Settings，如图 8-13 所示。

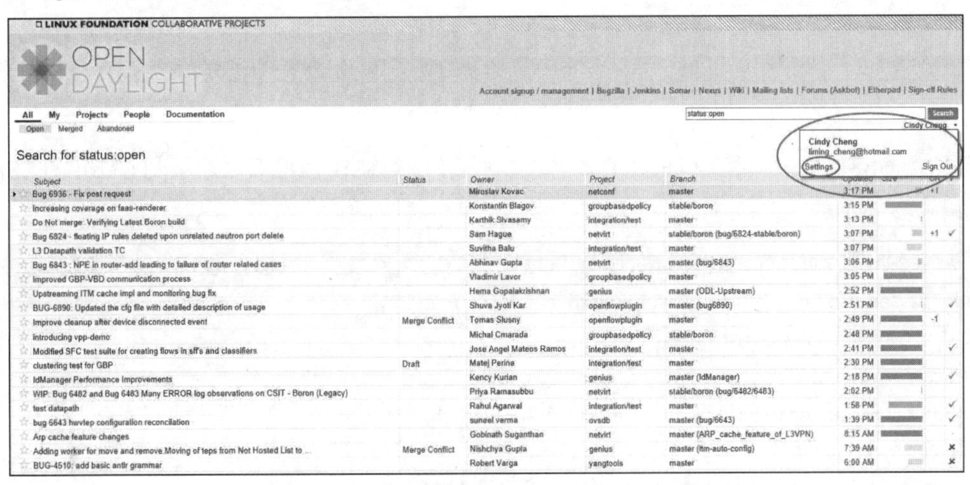

图 8-13　单击 Settings

在 Settings 目录下单击 SSH Public Keys，再单击 Add Key，如图 8-14 所示。

在 Add SSH Public Key 下面的文本框中，将刚刚生成的 id_rsa.pub 复制粘贴，并且单击 Add，完成 SSH 公有键的添加，如图 8-15 所示。

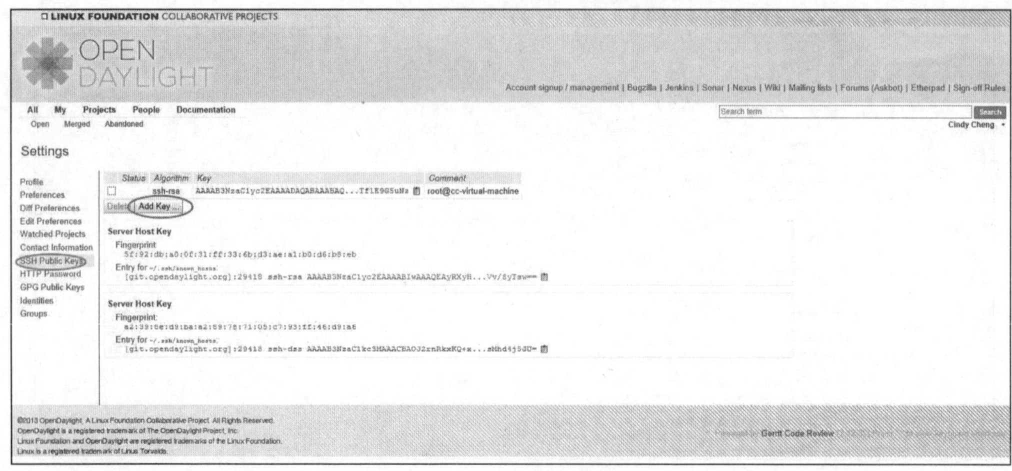

图 8-14 准备添加键值

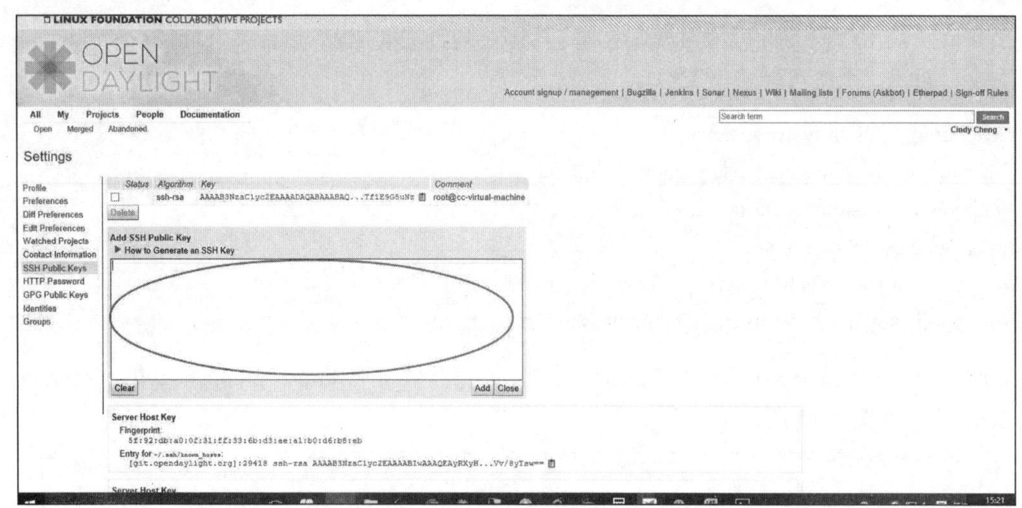

图 8-15 添加 SSH 公有键

若需验证 SSH key 是否正确的工作，可尝试使用一个 SSH 客户端以连接到 Gerrit 的 SSHD 端口。大致命令如下：

```
$ ssh -p 29418 <sshusername>@git.opendaylight.org
Enter passphrase for key '/home/cisco/.ssh/id_rsa':
****    Welcome to Gerrit Code Review    ****
Hi <user>, you have successfully connected over SSH.
Unfortunately, interactive shells are disabled.
To clone a hosted Git repository, use: git clone ssh://
<user>@git.opendaylight.org:29418/REPOSITORY_NAME.git
Connection to git.opendaylight.org closed.
```

至此，读者可基于你的实现使用 CLI 命令行或从 Eclipse 上传、下载、更改代码。

8.3.2　Eclipse 的安装和设置

1. 下载安装 Eclipse 软件

打开浏览器，输入网址 http://www.eclipse.org/downloads/，进入 Eclipse 的官方下载页面，如图 8-16 所示。初学者可下载 Eclipse Java Developers Edition 版本，本书实验均采用 for Java EE Developers 的 mars 版本，读者可从 Eclipse 官方当时提供的版本中选择合适的版本下载。

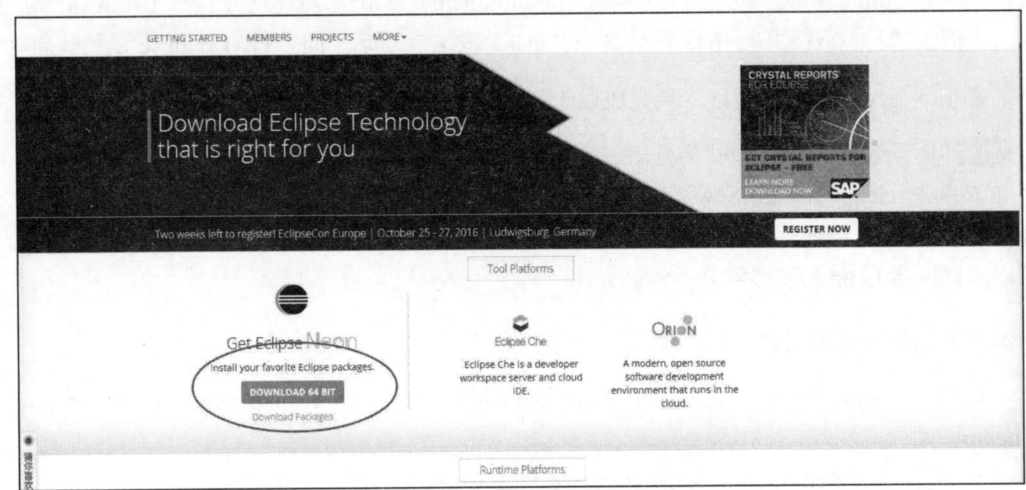

图 8-16　下载合适的 Eclipse 版本

将文件 eclipse-jee-mars-1-linux-gtk-x86_64.tar.gz 下载并保存在默认位置（~/ Downloads/文件夹）。运行解压缩命令（注意文件需要解压缩至/usr/lib/目录内）：

```
$tar -xzvf /home/cc/Downloads/eclipse-jee-mars-1-linux-gtk-x86_64.tar.gz   \
-C /usr/lib/
```

然后运行以下命令启动 Eclipse 软件：

```
$ sudo /usr/lib/eclipse/eclipse
```

注 意　Eclipse 安装运行的必要前提是要安装 Java 1.7 或 1.8 的 JDK。

2. 配置 Eclipse 软件

（1）修改 eclipse.ini 文件以更改 Eclipse 安装内存

eclipse.ini 文件位于 eclipse 执行文件的同一目录内。将-Xmx 设置为 AT 至少 1G（推荐 2GB，即 Xmx2048m）。将 PermGen 空间（-XX:MaxPermSize）设置为至少 512MB，即-XX:MaxPermSize=512m。

（2）安装 Eclipse Maven Integration（4.4 版本及以上无须安装）

依次单击 Help→Install New Software。在 Work with:栏填写网址 http://download.eclipse.org/technology/m2e/releases，选择所有选项，依次单击 Next→OK→Finished 完成安装。安装完毕后，同意重启 Eclipse 以加载新功能。

（3）安装 Eclipse Tycho integration

依次单击 Help→Install New Software。在 Work with:栏填写网址 http://repo1.maven.org/maven2/.m2e/connectors/m2eclipse-tycho/0.7.0/N/0.7.0.201309291400/，选择 Tycho Project Configurators，依次单击 Next→OK→Finished 完成安装。安装完毕后，同意重启 Eclipse 以加载新功能。

（4）安装 build-helper-maven 插件

依次单击 Windows→Preferences→Maven→Discovery。在右侧的面板单击 Open Catalog，在过滤条件中填写 build。可见筛选出的内容有一个 buildhelper 列出，勾选它并且单击 Finish。在接下来的两个面板选择 Next，接受条件并且单击 Finish。安装完毕后，同意重启 Eclipse 以加载新功能。

若需引入 YANG Tools 项目，除完成以上步骤外，还需要完成以下步骤。

步骤 01 安装 Eclipse Xtend 插件。

依次单击 Help→Install New Software。在 Work with:栏填写网址 http://download.eclipse.org/modeling/tmf/xtext/updates/composite/releases，依次单击 Next→OK→Finished 以完成安装。安装完毕后，同意重启 Eclipse 以加载新功能。

若安装插件时出现问题，则可尝试：

（1）安装 xtend 插件，不选择 Show only the latest versions of available software 和 Group items by category。

（2）选择 Xtend SDK 2.4.3.XXX 和 Xtend M2E extensions 2.4.3.XXX。

步骤 02 安装 Groovy 插件。

依次单击 Help→About，查看目前所下载的 Eclipse 的版本，然后单击 Help→Install New Software，在 Work with:栏填写网址 http://dist.springsource.org/release/GRECLIPSE/e4.4（在 4.3 及更早的版本链接为 http://dist.springsource.org/release/GRECLIPSE/e4.3），选择 Groovy-Eclipse 和 m2e Configurator for Groovy-Eclipse 以安装。单击 Next 接受条款，最后单击 Finished 以完成安装。安装完毕后，同意重启 Eclipse 以加载新功能。

还有一些建议的设置，如自动避免尾随空格、自动使用空格以代替 Tabs 键。

（1）自动避免尾随空格

依次单击 Window→Preferences→Java→ Editor→Save Actions，然后单击 Perform the selected actions on save 和 Additional actions，其他不选择。单击添加操作后面的 Configure，然后单击 Remove trailing whitespace 和 Code Organizing，其他 tabs 的选项均不选择。在表格的最下面显示 1 of 27 save actions activated，注意不同版本中前面的 1 均显示，后面的总数（4.4 版本为 27）随不同版本而不同。

（2）自动使用空格以代替 Tabs 键

打开 Preferences 选项，依次单击 Java→Code Style→Formatter。然后单击 Active Profile 旁边的 edit，再单击 Indentation 标签。将标签的策略改成 Spaces only，单击 OK，完成设置。

8.3.3　参考链接

https://wiki.opendaylight.org/view/OpenDaylight_Controller:Eclipse_Setup

8.4　OpenDaylight 的 Controller 项目的使用指南

本节首先使用 SDN 网络仿真软件 Mininet 和 OpenDaylight 的铍版本的 Controller 控制器搭建一个简单的 SDN 环境。然后打开 Web 浏览器，登录 Controller 控制台，针对一些重点功能进行讲解，以达到初步了解的目的。更加详细的内容请参考本章给出的学习参考，进行进一步的实验学习。

8.4.1　使用 Controller 和 Mininet 搭建一个简单的 SDN 环境

1. 实验环境

实验配备机器 2 台，一台为在 Ubuntu14.04LTS 操作系统上安装好 Mininet（2.2.1 版本）的主机，另一台为在 Ubuntu14.04LTS 操作系统以下载发布版本方式安装好 Controller（铍版本）的主机。这 2 台主机连接到同一网络中，假设装有 Mininet 主机的 IP 地址为 192.168.1.37，装有 OpenDaylight 主机的 IP 地址为 192.168.1.44。

2. 仿真环境

预期的仿真环境为一台安装 OpenDaylight 控制器的机器，以及与其相连的 1 台支持 SDN 的交换机，每台交换机各自连接一台机器。预期仿真环境如图 8-17 所示。

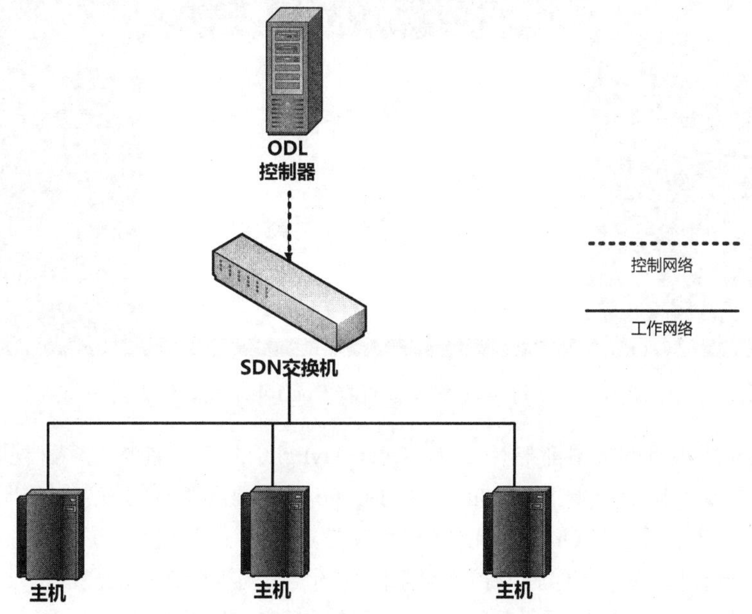

图 8-17　Controller 仿真实验图

启动装有 Mininet 的主机和装有 OpenDaylight 的主机，在 Mininet 的命令终端输入以下命令：

```
$ sudo mn --topo single,3 --mac --switch ovsk --controller remote,ip=192.168.1.44
```

运行结果如图 8-18 所示。

```
root@cc-virtual-machine:/home/cc# sudo mn --topo single,3 --mac --switch ovsk --
controller remote,ip=192.168.1.44
*** Creating network
*** Adding controller
*** Adding hosts:
h1 h2 h3
*** Adding switches:
s1
*** Adding links:
(h1, s1) (h2, s1) (h3, s1)
*** Configuring hosts
h1 h2 h3
*** Starting controller
c0
*** Starting 1 switches
s1 ...
*** Starting CLI:
mininet>
```

图 8-18　使用 Mininet 搭建仿真环境图

仿真环境搭建成功。

8.4.2　控制器 OpenDaylight 之 Controller 控制台界面介绍

待 Controller 控制器完全启动并安装所需的基本组件后，输入网址（http:// <controller 所在主机的 IP 地址>:8181/index.html），以通过 Web 浏览器查看 Controller 控制台界面。若在 Controller 所在主机直接打开浏览器，则可直接输入网址：http://localhost:8181/index.html。输入用户名和密码（admin:admin）进入控制台。控制台布局如图 8-19 所示。

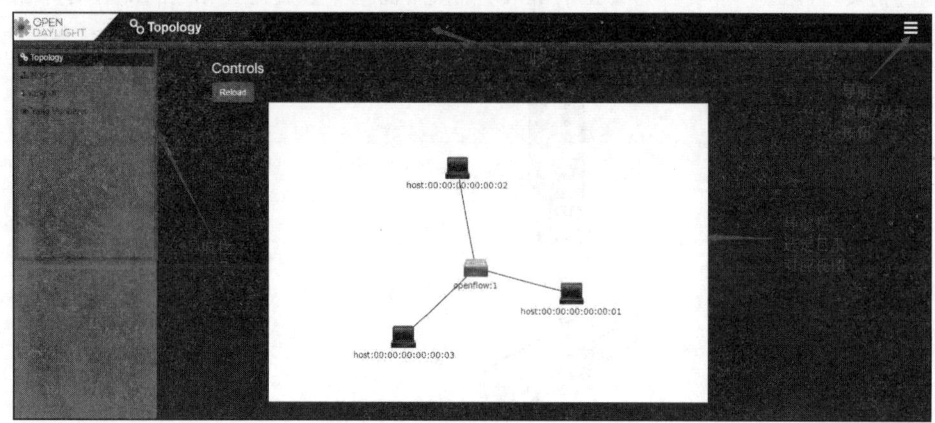

图 8-19　通过 Web 浏览器查看 Controller 控制台界面

OpenDaylight 子项目的视图都与其类似，OpenDaylight 的 GUI 能提供多种视图。从界面上来看，最顶部的是刊头，显示 OpenDaylight 项目的 Logo 和当前选项卡的信息（如图 8-19 显示的视图为 Topology），基本所有的 OpenDaylight 项目都是一致的。最左侧为导航栏，上面的选择卡为可显示的视图，可通过动态安装组件以扩展显示的视图（不同视图在导航栏的选项卡上显现）。界面最大的空间为视图窗口，这里显示导航栏选定目录所对应出现的视图。

1. 拓扑 Topology 视图

图 8-19 所示的是所连接的 SDN 网络的拓扑视图。注意：若拓扑界面未显示交换机所连接的 3 台机器，可在 Mininet 的命令终端执行命令：

```
$ pingall
```

控制器即可通过流发现这 3 台机器，并在拓扑界面中显现出来。

2. 节点 Nodes 视图

节点 Nodes 视图是控制器所管理的 SDN 网络中 OpenDaylight 控制器节点的信息表格图。其中包括节点的 ID、节点的名称、节点所相接的网元节点数和统计信息，如图 8-20 所示。

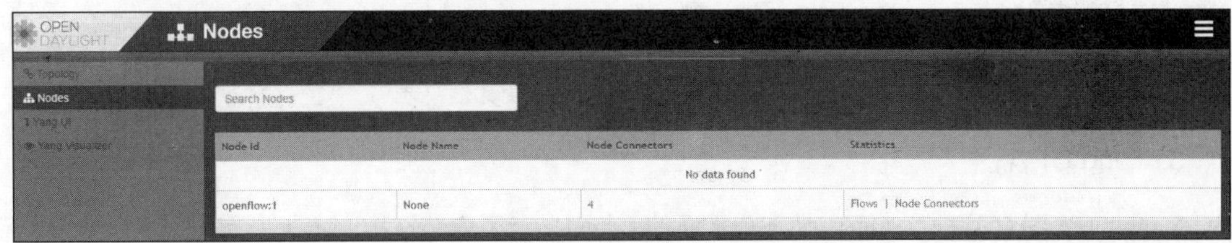

图 8-20　节点 Nodes 视图

在节点所相接的网元节点数中，可单击所显示的数字以查看交换机信息表，如图 8-21 所示。

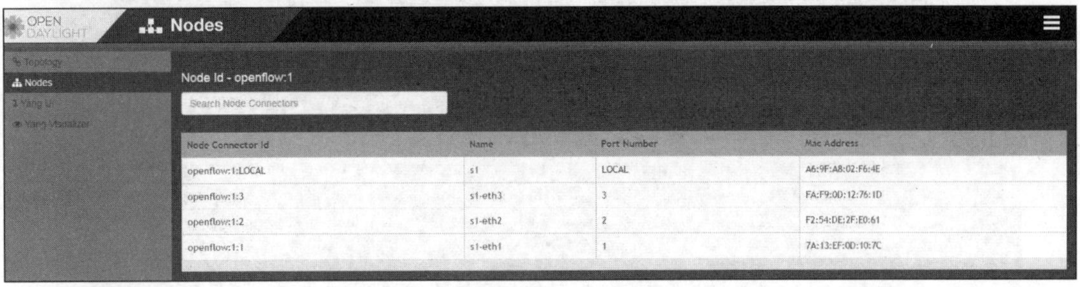

OPEN DAYLIGHT　Nodes

Topology / Nodes / Yang UI / Yang Visualizer

Node Id - openflow:1

Search Node Connectors

Node Connector Id	Name	Port Number	Mac Address
openflow:1:LOCAL	s1	LOCAL	A6:9F:A8:02:F6:4E
openflow:1:3	s1-eth3	3	FA:F9:0D:12:76:1D
openflow:1:2	s1-eth2	2	F2:54:DE:2F:E0:61
openflow:1:1	s1-eth1	1	7A:13:EF:0D:10:7C

图 8-21　交换机信息表

其中统计信息又包括流的信息和节点连接的信息，可以单击相应的链接以查看交换机的流表统计信息表和交换机的连接节点统计信息表，如图 8-22 和图 8-23 所示。

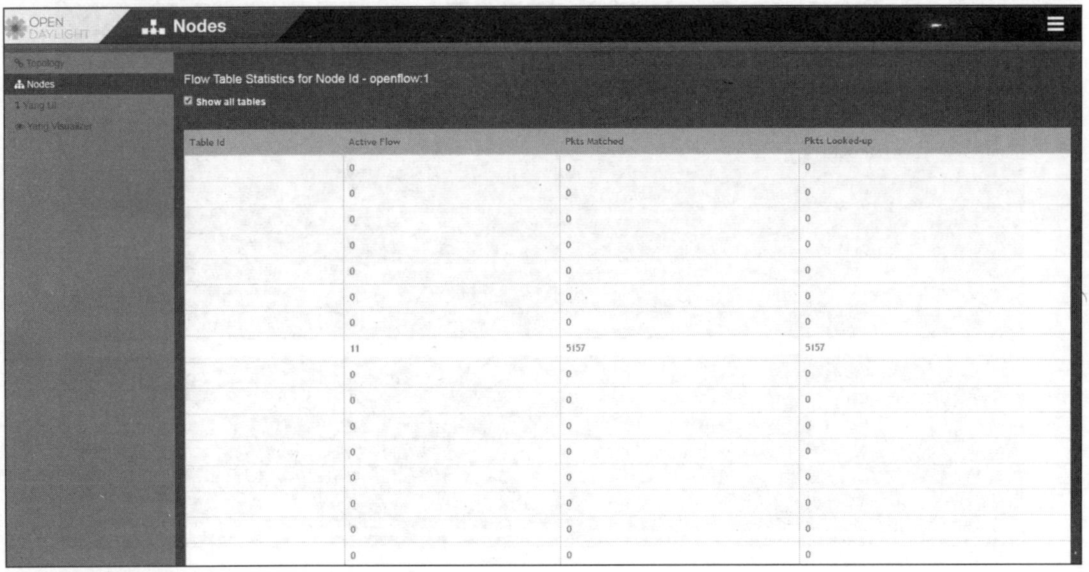

OPEN DAYLIGHT　Nodes

Topology / Nodes / Yang UI / Yang Visualizer

Flow Table Statistics for Node Id - openflow:1

Show all tables

Table Id	Active Flow	Pkts Matched	Pkts Looked-up
	0	0	0
	0	0	0
	0	0	0
	0	0	0
	0	0	0
	0	0	0
	0	0	0
	11	5157	5157
	0	0	0
	0	0	0
	0	0	0
	0	0	0
	0	0	0
	0	0	0
	0	0	0
	0	0	0

图 8-22　交换机的流表统计信息表

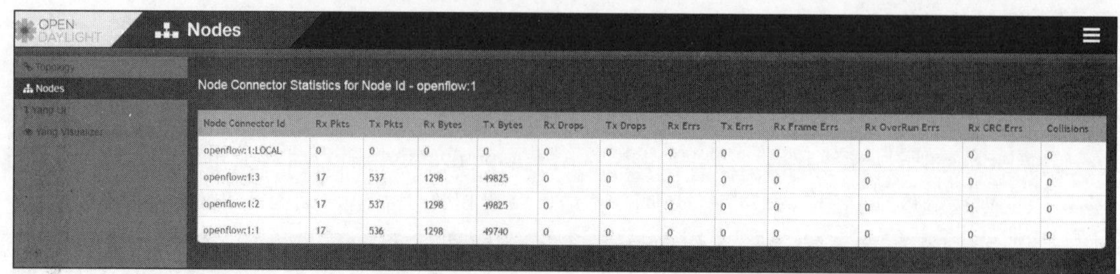

Node Connector Id	Rx Pkts	Tx Pkts	Rx Bytes	Tx Bytes	Rx Drops	Tx Drops	Rx Errs	Tx Errs	Rx Frame Errs	Rx OverRun Errs	Rx CRC Errs	Collisions
openflow:1:LOCAL	0	0	0	0	0	0	0	0	0	0	0	0
openflow:1:3	17	537	1298	49825	0	0	0	0	0	0	0	0
openflow:1:2	17	537	1298	49825	0	0	0	0	0	0	0	0
openflow:1:1	17	536	1298	49740	0	0	0	0	0	0	0	0

图 8-23 交换机的连接节点统计信息表

3. Yang UI 视图

Yang UI 视图对于开发者而言是十分重要的。上面显示了安装在控制器上所有应用的信息，并且可以通过 Yang UI 视图进行测试和查询信息（读者也使用 Postman 以进行测试，目前铍版本及其之后的版本的 Yang UI 功能比之前的版本强大，已经是一个很好的测试工具），如图 8-24 所示。

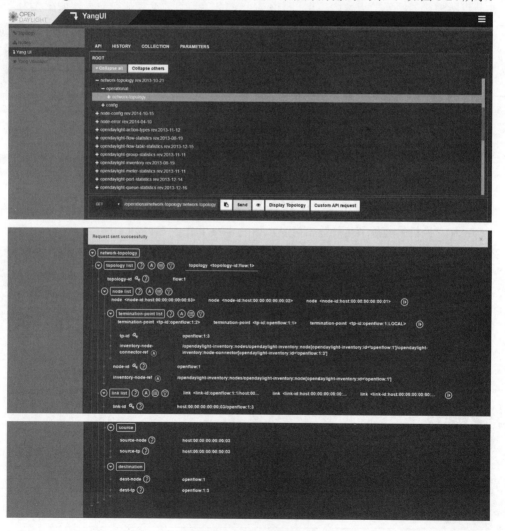

图 8-24 Yang UI 视图

具体的应用我们将在第三篇“实操篇：OpenDaylight 之 MD-SAL 开发指南”中测试时用到，有兴趣的读者可查找相应章节进行了解。

4. Yang Visualizer 视图

从锂（Li）版本开始，提供了 Yang Visualizer 可视化功能，如图 8-25 所示。

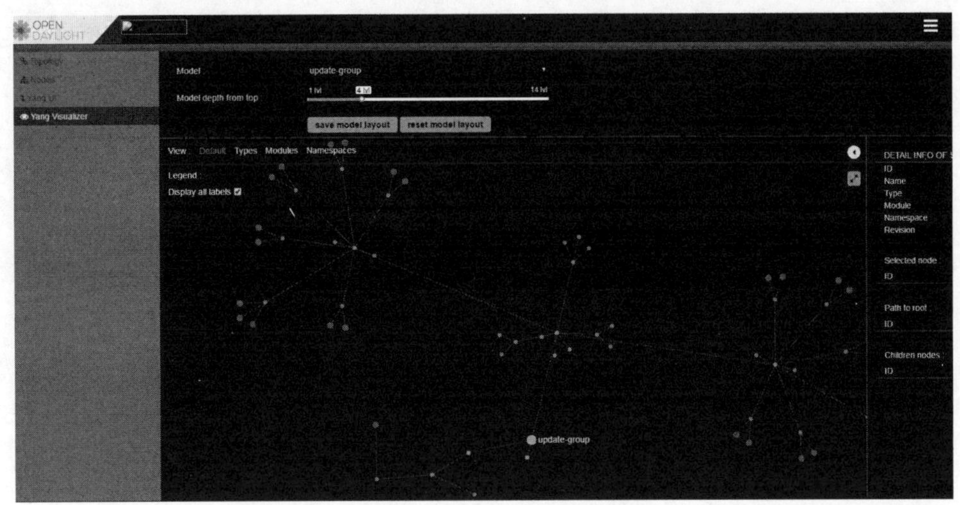

图 8-25　Yang Visualizer 视图

8.4.3　通过 Postman 下发、删除、更新流表的操作

1. 安装 Postman

安装 Google 浏览器 Chrome，然后在应用商店下载 Postman，并且安装。或者下载软件包后，在“扩展程序”中导入文件夹安装，如图 8-26 所示。

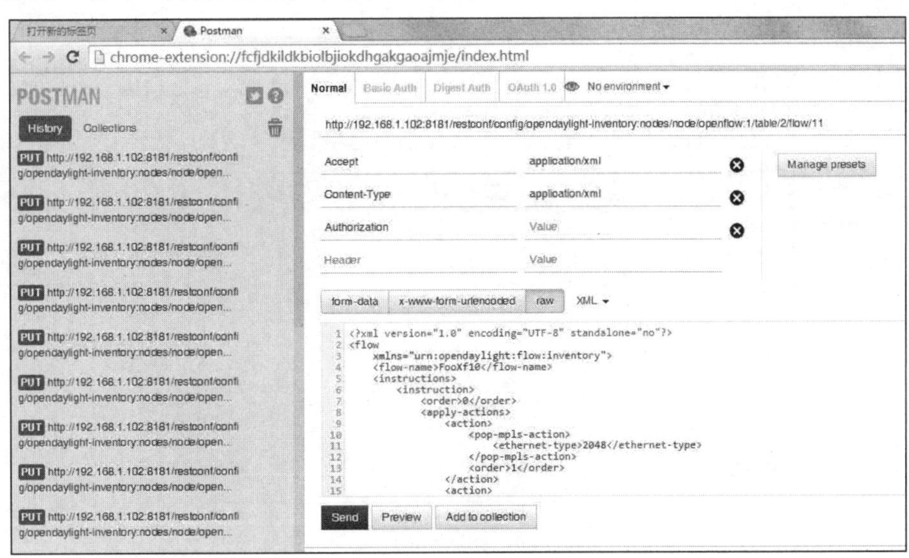

图 8-26　Postman

2. POSTMAN 的基本范式

（1）下发流表的 Postman 参数基本设置（PUT）

1）Headers 字段的固定添加（见图 8-27）

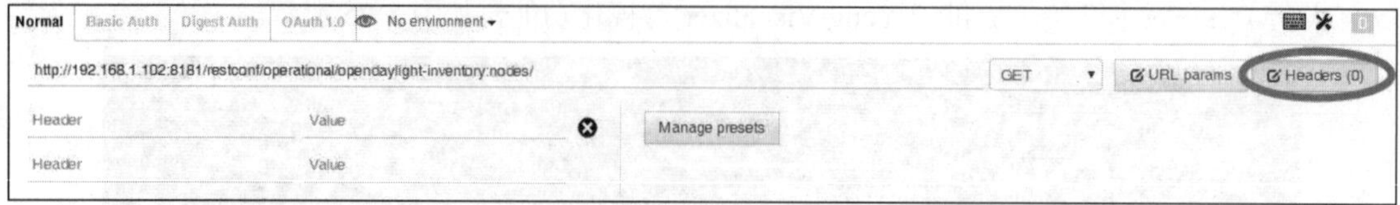

图 8-27　Headers 字段的固定添加

在 Header 字段写入以下参数。

- Content-Type:　application/xml
- Accept:　application/xml

2）Basic Auth 选项卡
在 Basic Auth 选项卡输入用户 ID 和密码。

3）URL 字段
在 URL 字段输入：

http://<controller 的 IP>:8181/restconf/config/opendaylight-inventory:nodes/node/<节点名>/table/<tabie 的 id>/flow/< flow 的 id>

例如，对 IP 地址为 192.168.1.102 的控制器进行操作时输入：

http://192.168.1.102:8181/restconf/config/opendaylight-inventory:nodes/node/openflow:1/table/3/flow/27

4）具体输入

- 选择 PUT。
- 选择 raw+XML。

输入 XML 代码（在下面的“XML 范式”中会介绍如何填写以下 XML 代码），如图 6-58 所示。

form-data　x-www-form-urlencoded　raw　XML

```
<?xml version="1.0" encoding="UTF-8" standalone="no"?>
<flow
    xmlns="urn:opendaylight:flow:inventory">
    <flow-name>FooXf10</flow-name>
    <instructions>
        <instruction>
            <order>0</order>
            <apply-actions>
                <action>
                    <pop-mpls-action>
                        <ethernet-type>2048</ethernet-type>
                    </pop-mpls-action>
                    <order>1</order>
                </action>
                <action>
```

Send　Preview　Add to collection

图 8-28　输入 XML 代码

单击 send 发送命令。

（2）下发流表的 Postman 参数基本设置（GET）

1）Headers 字段的固定添加（见图 8-29）

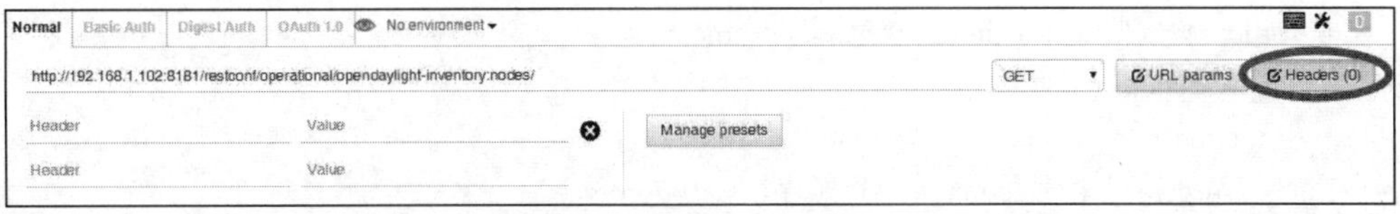

图 8-29　Headers 字段的固定添加

在 Header 字段写入以下参数。

- Content-Type: application/xml
- Accept: application/xml

2）Basic Auth 选项卡
在 Basic Auth 选项卡输入用户 ID 和密码。

3）URL 字段

① 如果查看表的 URL 输入，在 URL 字段输入：

```
http://<controller 的 IP>:8181/restconf/operational/opendaylight-inventory:nodes/node/<节点名>/table/<table 的 id>
```

例如，对 IP 地址为 192.168.1.102 的控制器连接的 id 为 openflow:1 的交换机中编号为 2 的流表进行操作时输入：

```
http://192.168.1.102:8181/restconf/operational/opendaylight-inventory:nodes/node/openflow:1/table/2/
```

② 如果查看表中指定流表项的 URL 输入，在 URL 字段输入：

```
http://<controller 的 IP>:8181/restconf/operational/opendaylight-inventory:nodes/node/<节点名>/table/<table 的 id>/flow/< flow 的 id>
```

例如，对 IP 地址为 192.168.1.102 的控制器连接的 id 为 openflow:1 的交换机中编号为 2 的流表的第 51 条流表项进行操作时输入：

```
http://192.168.1.102:8181/restconf/operational/opendaylight-inventory:nodes/node/openflow:1/table/2/flow/51
```

4）发送请求

- 选择 GET。
- 选择 raw+XML。
- 单击 send 发送命令。

3. XML 的基本范式

在 PUT 操作所需填写的 XML 代码基本是以下形式：

```
<?xml version="1.0" encoding="UTF-8" standalone="no"?>
<flow xmlns="urn:opendaylight:flow:inventory">
```

```
    <strict>false</strict>
    <instructions>
      <instruction>
        <order>设定此 instruction 的执行顺序</order>
        <apply-actions>
          <action>
            <order>设定此 action 的执行顺序，如 0</order>
            <执行操作/>
             <!--    如：<dec-nw-ttl/>   -->
          </action>
        </apply-actions>
      </instruction>
    </instructions>
    <table_id>设定下发到流表的 id</table_id>
    <id>此下发流在将来流表中的 id</id>
    <cookie_mask>通常 255</cookie_mask>
    <installHw>false</installHw>
  <match>
  <!-- 操作匹配的流的条件，如：
      <ethernet-match>
        <ethernet-type>
          <type>2048</type>
        </ethernet-type>
      </ethernet-match>
      <ipv4-destination>10.0.0.1/24</ipv4-destination>
  -->
  </match>
  <hard-timeout> hard-timeout 时间设定</hard-timeout>
    <idle-timeout> idle-timeout 时间设定</idle-timeout>
    <cookie> 设定 cookie 名 </cookie>
    <flow-name>设定此流表项的名字</flow-name>
    <priority>优先级设定</priority>
    <barrier>默认为 false</barrier>
  </flow>
```

以上两处用黑体字标注的地方为重点部分，说明如下：

（1）<action>字段说明

<action>字段包含在字段<apply-actions>内，以下给出<action>字段常用的范式和实例的说明。有兴趣的读者可参考 opendaylight-action-types 的 Yang 模型进行进一步的研究。

1）<action>的范式

<action>的范式可总结为：

```
<action>
        <order>设定此 action 的执行顺序</order>
        <执行的具体 action 名>
                细节说明
        </执行的具体 action 名>
</action>
```

或

```
<action>
        <order>设定此 action 的执行顺序</order>
        <执行的具体 action 名/>
</action>
```

2）操作正常执行

交换机收到数据包后，以与在传统交换机/路由器处理数据包一样的方法对数据包进行处理：

```
<action>
        <order>0</order>
        <output-action>
                <output-node-connector>NORMAL</output-node-connector>
                <max-length>60</max-length>
        </output-action>
</action>
```

3）转发至控制器

交换机收到数据包后，将数据包转发至控制器：

```
<action>
        <order>0</order>
        <output-action>
<output-node-connector>CONTROLLER</output-node-connector>
    <max-length>60</max-length>
        </output-action>
</action>
```

4）转发到流表

交换机收到数据包后，将数据包转发到流表：

```
<action>
        <order>0</order>
                <output-action>
                        <output-node-connector>TABLE</output-node-connector>
                        <max-length>60</max-length>
                </output-action>
</action>
```

5）转发到物理端口

交换机收到数据包后，将数据包转发到物理端口：

```
<action>
    <order>0</order>
    <output-action>
        <output-node-connector>物理端口号，如 2</output-node-connector>
        <max-length>60</max-length>
    </output-action>
</action>
```

6）转发到 LOCAL

交换机收到数据包后，将数据包转发到本地 LOCAL：

```
<action>
    <order>0</order>
    <output-action>
        <output-node-connector>LOCAL</output-node-connector>
        <max-length>60</max-length>
    </output-action>
</action>
```

7）转发到 ALL

交换机收到数据包后，将数据包转发到 ALL：

```
<action>
    <order>0</order>
    <output-action>
        <output-node-connector>ALL</output-node-connector>
        <max-length>60</max-length>
    </output-action>
</action>
```

8）转发到 ANY

交换机收到数据包后，将数据包转发到 ANY：

```
<action>
    <order>0</order>
    <output-action>
        <output-node-connector>ANY</output-node-connector>
        <max-length>60</max-length>
    </output-action>
</action>
```

9）泛洪

交换机收到数据包后，将数据包泛洪发出：

```
<action>
    <order>0</order>
    <output-action>
        <output-node-connector>FLOOD</output-node-connector>
        <max-length>60</max-length>
    </output-action>
</action>
```

10）加 VLAN 报头

交换机收到数据包后，对数据包添加一个 VLAN 报头：

```
<action>
    <order>0</order>
    <push-vlan-action>
        <ethernet-type>33024</ethernet-type>
    </push-vlan-action>
</action>
<action>
    <order>1</order>
    <set-field>
        <vlan-match>
            <vlan-id>
                <vlan-id>设定 vlan 的 id </vlan-id>
                <vlan-id-present>true</vlan-id-present>
            </vlan-id>
        </vlan-match>
    </set-field>
</action>
```

11）加 MPLS 报头

交换机收到数据包后，对数据包添加一个 MPLS 报头：

```
<action>
    <order>0</order>
    <push-mpls-action>
        <ethernet-type>34887</ethernet-type>
    </push-mpls-action>
</action>
<action>
    <order>1</order>
    <set-field>
        <protocol-match-fields>
            <mpls-label>设定 mpls 的 label 值</mpls-label>
        </protocol-match-fields>
```

```
        </set-field>
    </action>
```

12）MPLS 报头出栈

交换机收到数据包后，将数据包的 MPLS 报头出栈：

```
    <action>
        <order>0</order>
        <pop-mpls-action>
            <ethernet-type>2048</ethernet-type>
        </pop-mpls-action>
    </action>
```

（2）<match>字段说明

以下给出< match >字段的常用范式和实例的说明。有兴趣的读者可参考 opendaylight-match-types 的 Yang 模型进行进一步的研究。

1）匹配交换机端口

```
<in-port>交换机端口，如 3</in-port>
```

2）匹配以太网类型

注意，设定<ethernet-match>的值时，需要同时指定 ethernet-type。

```
    <ethernet-match>
        <ethernet-type>
            <type> ethernet-type 的数值，2054</type>
        </ethernet-type>
    </ethernet-match>
```

3）匹配以太网源地址

注意，设定<ethernet-match>的值时，需要同时指定 ethernet-type。

```
<ethernet-match>
        <ethernet-source>
            <address>以太网的源地址，如 00:00:00:00:00:01</address>
        </ethernet-source>
    </ethernet-match>
```

4）匹配以太网目标地址

注意，设定<ethernet-match>的值时，需要同时指定 ethernet-type。

```
    <ethernet-match>
        <ethernet-destination>
            <address>以太网的目标地址，ff:ff:ff:ff:ff:ff</address>
        </ethernet-destination>
</ethernet-match>
```

5）匹配 IPv4 源地址

注意，设定 IPv4 源地址的值时，需要同时设定底层参数（<ethernet-match>，<ethernet-type>）。

```
<ipv4-source> ipv4 的源地址，如 10.0.0.1/24</ipv4-source>
```

6）匹配 IPv4 目标地址

注意，设定 IPv4 目标地址的值时，需要同时设定底层参数（<ethernet-match>，<ethernet-type>）。

```
<ipv4-destination> ipv4 的目标地址，如 10.0.0.1/24</ipv4-destination>
```

7）匹配 IPv6 源地址

注意，设定 IPv6 源地址的值时，需要同时设定底层参数（<ethernet-match>，<ethernet-type>）。

```
<ipv6-source> ipv6 的源地址，如 fe80::2acf:e9ff:fe21:6431/128</ipv6-source>
```

8）匹配 IPv6 目标地址

注意，设定 IPv6 目标地址的值时，需要同时设定底层参数（<ethernet-match>，<ethernet-type>）。

```
<ipv6-destination>ipv6 的目标地址，如 ab:14:2f:ef::2:61/64</ipv6-destination>
```

9）匹配 IPv6 Label

```
<ipv6-label>
    <ipv6-flabel> ipv6 的 label ，如 33</ipv6-flabel>
</ipv6-label>
```

10）匹配 IPv6 Ext Header

```
<ipv6-ext-header>
    <ipv6-exthdr> ipv6-exthdr 的数值，如 0</ipv6-exthdr>
</ipv6-ext-header>
```

11）匹配 IP 协议

```
<ip-match>
    <ip-protocol>ip 协议号，如 56</ip-protocol>
</ip-match>
```

12）匹配 IP DSCP

```
<ip-match>
    <ip-dscp> ip-dscp 号，如 15</ip-dscp>
</ip-match>
```

13）匹配 IP ECN

```
<ip-match>
    <ip-ecn> ip-ecn 号，如 1</ip-ecn>
</ip-match>
```

14）匹配 TCP 源端口

```
<tcp-source-port>tcp 源端口号，如 25364</tcp-source-port>
```

15）匹配 TCP 目标端口

```
<tcp-destination-port> tcp 目标端口号，如 8080</tcp-destination-port>
```

16）匹配 UDP 源端口

```
<udp-source-port> udp 源端口号，如 25364</udp-source-port>
```

17）匹配 UDP 目标端口

```
<udp-destination-port> udp 目标端口号，如 8080</udp-destination-port>
```

18）匹配 ICMPv4 类型

注意，ethernet-type 必须为 2048（0x800，ip），IP 协议类型必须为 1。

```
<icmpv4-match>
    <icmpv4-type> icmpv4 的类型的数值，如 6</icmpv4-type>
</icmpv4-match>
```

19）匹配 ICMPv4 Code

注意，ethernet-type 必须为 2048（0x800，ip），IP 协议类型必须为 1。

```
<icmpv4-match>
    <icmpv4-code> icmpv4 的代码的数值，如 63</icmpv4-code>
</icmpv4-match>
```

20）匹配 ICMPv6 类型

注意，ethernet-type 必须为 34525（0x86DD，ip），IP 协议类型必须为 58。

```
<icmpv6-match>
    <icmpv6-type> icmpv6 的类型的数值，如 6</icmpv4-type>
</icmpv6-match>
```

21）匹配 ICMPv6 Code

注意，ethernet-type 必须为 34525（0x86DD，ip），IP 协议类型必须为 58。

```
<icmpv6-match>
    <icmpv4-code> icmpv6 的代码的数值，如 3</icmpv4-code>
</icmpv6-match>
```

22）匹配 ARP Operation

```
<arp-op>arp 操作代码，如 1</arp-op>
```

23）匹配 ARP Src Transport Addresses

注意，需要在前面加上 ARP Operation 的值。

```
<arp-source-transport-address>arp 的源 ip 地址，如 192.168.4.1</arp-source-transport-address>
```

24）匹配 ARP Target Transport Addresses

注意，需要在前面加上 ARP Operation 的值。

```
<arp-target-transport-address> arp 的目标 ip 地址，如 10.21.22.23</arp-target-transport-address>
```

25）匹配 ARP 源硬件地址

注意，需要在前面加上 ARP Operation 的值，并且去掉<installHw>字段。

```
<arp-source-hardware-address>
    <address> arp 源 ethernet 地址，如 12:34:56:78:98:AB</address>
</arp-source-hardware-address>
```

26）匹配 ARP 目标硬件地址

注意，需要在前面加上 ARP Operation 的值，并且去掉<installHw>字段。

```
<arp-target-hardware-address>
    <address> arp 目标 ethernet 地址，如 FE:DC:BA:98:76:54</address>
</arp-target-hardware-address>
```

27）匹配 VLAN ID

```
<vlan-match>
    <vlan-id>
        <vlan-id> vlan 的 id，如 78</vlan-id>
        <vlan-id-present>true</vlan-id-present>
    </vlan-id>
</vlan-match>
```

28）匹配 VLAN PCP

```
<vlan-match>
    <vlan-pcp>3</vlan-pcp>
</vlan-match>
```

29）匹配 MPLS Label

```
<protocol-match-fields>
    <mpls-label> mpls 的 label，如 567</mpls-label>
</protocol-match-fields>
```

30）匹配 MPLS TC

```
<protocol-match-fields>
    <mpls-tc> mpls 的 tc，如 3</mpls-tc>
</protocol-match-fields>
```

31）匹配 MPLS BoS

```
<protocol-match-fields>
    <mpls-bos> mpls 的 bos，如 1</mpls-bos>
</protocol-match-fields>
```

32）匹配 Metadata

```
<metadata>
    <metadata> metadata 的数值，如 12345</metadata>
</metadata>
```

33）匹配 Metadata 掩码

```
<metadata>
    <metadata-mask> metadata 的数值，如//FF</metadata-mask>
</metadata>
```

34）匹配 Tunnel ID

```
<tunnel>
    <tunnel-id> tunnel 的 id 值，如 2591</tunnel-id>
</tunnel>
```

4. 直接使用浏览器查看相关信息的方法

（1）查看全部交换机节点的相关信息

在浏览器输入以下网址查看 SDN 网络的全部节点：

```
http://<CONTROLLER 的 IP>:8181/restconf/operational/opendaylight-inventory:nodes/
```

例如，查看控制器 IP 为 192.168.1.102 连接的 SDN 网络的全部节点：

```
http://192.168.1.102:8181/restconf/operational/opendaylight-inventory:nodes/
```

（2）查看某个指定的交换机节点的相关信息

在浏览器输入以下网址查看 SDN 网络中指定的节点：

```
http:// <CONTROLLER 的 IP>:8181/restconf/operational/opendaylight-inventory:nodes/node/<id>
```

例如，查看控制器 IP 为 192.168.1.102 连接的 SDN 网络中编号为 openflow:1 的交换机节点：

```
http://192.168.1.102:8181/restconf/operational/opendaylight-inventory:nodes/node/openflow:1
```

8.4.4 相关参考

更详细的内容可参考：

http://docs.opendaylight.org/en/stable-boron/developer-guide/controller.html

8.5 OpenDaylight 的通用项目源码安装指南

OpenDaylight 其他子项目的安装与 Controller 子项目类似，我们简要地介绍一下。

首先，OpenDaylight 其他子项目安装的准备条件至少需要具备 Controller 子项目的安装条件，具体的条件根据子项目的不同有所增加，有需要的读者可参考本章给出的参考内容进一步探讨。

接着看一下通用的安装指南。相应地，我们分为源码的下载和编译两部分，以 OpenDaylight 项目的子项目 integration 项目为例进行介绍。

8.5.1　下载 OpenDaylight 子项目的源码

有两种方式下载 OpenDaylight 子项目的源码，一种是通过 Git 工具使用下载链接参数下载，另一种是访问 github.com 网站，寻找对应的版本下载。

1. 通过 git 工具下载源码

打开终端，输入以下命令下载 OpenDaylight 子项目的源码（其中 project_repo_name 为 OpenDaylight 子项目的名称）：

```
git clone https://git.opendaylight.org/gerrit/p/<project_repo_name>.git
```

注 意

OpenDaylight 的子项目有 aaa、affinity、bgpcep、controller、defense4all、dlux、docs、groupbasedpolicy、integration、l2switch、lispflowmapping、odlparent、opendove、openflowjava、openflowplugin、opflex、ovsdb、packetcable、reservation、sdninterfaceapp、sfc、snbi、snmp4sdn、toolkit、ttp、vtn、yangtools 等，将以上项目名称填入<project_repo_name>即可。例如，下载 OpenDaylight 项目的子项目 integration 项目，对应的命令应该为：

```
$ git clone https://git.opendaylight.org/gerrit/p/integration.git
```

可用以下命令查看当前下载的版本：

```
$ git branch
```

可使用 git checkout 命令选择所需的版本，如选择锂（Li）版本：

```
$ git checkout -b origin/stable/lithium
```

2. 访问 github.com 网站下载源码

OpenDaylight 项目在 github.com 网站上的项目地址为 https://github.com/opendaylight ，读者通过过滤条件搜索找到所需的子项目，然后根据需要选择所需的版本进行下载，如图 8-30 所示。

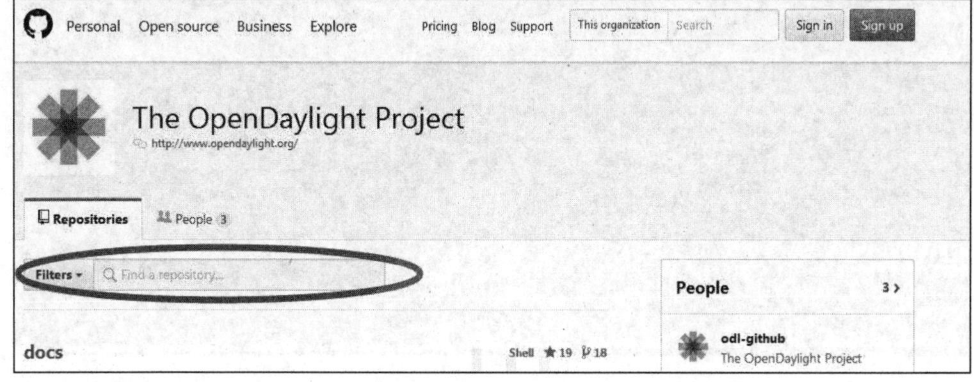

图 8-30　github.com 网站上 OpenDaylight 的项目图

例如，需要下载 integration 项目，通过 github.com 网站上 OpenDaylight 的项目图进入 integration 项目，选择合适的版本进行下载，如图 8-31 所示。

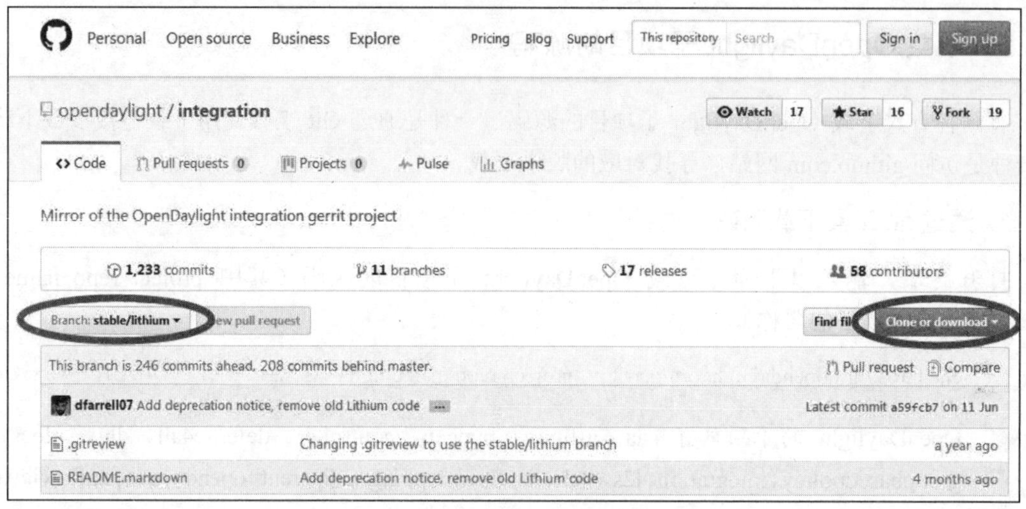

图 8-31　下载 integration 项目的页面

将文件保存至合适的位置（本书为~/odl/），运行 unzip 命令解压即可。

8.5.2　编译 OpenDaylight 子项目的源码

进入目录<project_repo_name>（如 cd integration），运行以下命令：

```
$ mvn clean install
```

由于默认下载的数据来源在国外，特别是第一次编译时速度较慢，因此可以跳过测试以加快速度，即运行以下命令：

```
$ mvn clean install -DskipTests
```

若执行成功，则显示 BUILD SUCCESS。具体的输出如图 8-32 所示。

```
[INFO] ------------------------------------------------------------------------
[INFO] Reactor Summary:
[INFO]
[INFO] integration ........................................ SUCCESS [ 17.113 s]
[INFO] features-integration-index ......................... SUCCESS [  06:41 h]
[INFO] features-integration-test .......................... SUCCESS [  2.892 s]
[INFO] distribution-karaf ................................. SUCCESS [35:41 min]
[INFO] OpenDaylight Distributions ......................... SUCCESS [  1.438 s]
[INFO] features-integration-aggregator .................... SUCCESS [  1.115 s]
[INFO] feature-selector Webapp ............................ SUCCESS [ 13.004 s]
[INFO] ------------------------------------------------------------------------
[INFO] BUILD SUCCESS
[INFO] ------------------------------------------------------------------------
[INFO] Total time: 07:18 h
[INFO] Finished at: 2016-10-17T02:25:10+08:00
[INFO] Final Memory: 142M/339M
[INFO] ------------------------------------------------------------------------
root@cc-virtual-machine:/home/cc/odl/integration#
```

图 8-32　integration 项目成功编译

8.5.3　编译 OpenDaylight 子项目更新

1. 使用 Git 工具进行更新

从远程资源库获取最新的版本，使用以下命令：

```
$ git remote update
$ git rebase origin/<project_main_branch_name>
```

其中<project_main_branch_name>是项目更新所需要转向的项目分支号。如果要更新到最新，那么大多项目是 master 分析，某些项目（如 lispflowmapping）则不同。

运行以下命令重新编译即可：

```
$ mvn clean install
```

或运行以下命令以活动测试步骤：

```
$ mvn clean install -DskipTests
```

2. 访问 github.com 网站更新源码

访问 Controller 项目在 github.com 网站上的资源 https://github.com/opendaylight/controller。操作与前面下载源码相同，选择所需的版本重新进行下载，将文件保存至合适的位置（本书为~/odl/），运行 unzip 命令解压即可。

8.5.4　启动运行 OpenDaylight 子项目

进入 OpenDaylight 子项目下 karaf 发布的子目录以运行 karaf，各子项目具体的启动目录均不同。可用 find 命令搜索 karaf 以查找。以锂版本的 integration 项目为例：

```
$ cd ~/odl/controller/integration/distributions/karaf
```

运行以下命令以启动 integration 项目：

```
$ sudo ./target/assembly/bin/karaf
```

若 OpenDaylight 子项目 integration 项目成功启动，则在终端显示图 8-33 所示的信息。

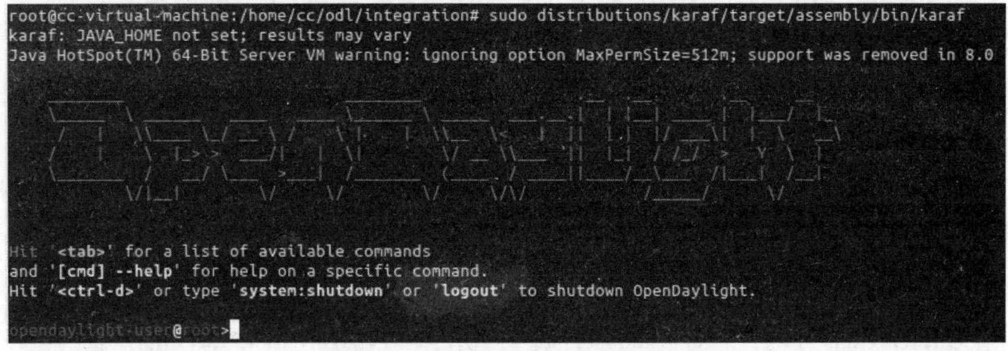

图 8-33　integration 成功启动界面

同 OpenDaylight 的 Controller 一样，需要安装必要的组件（在提示符“>”后执行 feature: install 命令）才可通过 Web 浏览器查看 Controller 的控制台界面。在这里对于锂版本的 integration 项目，我们安装以下组件：

```
opendaylight-user@root>feature:install odl-restconf odl-l2switch-switch odl-openflowplugin-all odl-dlux-all odl-mdsal-all odl-adsal-northbound
```

现在打开浏览器，输入网址（http:// <integration 所在主机的 IP 地址>:8181/ index.html），以通过 Web 浏览器查看 Integration 控制台界面，如图 8-34 所示。若在 integration 所在主机直接打开浏览器，则可直接输入网址：http://localhost:8181/ index.html。

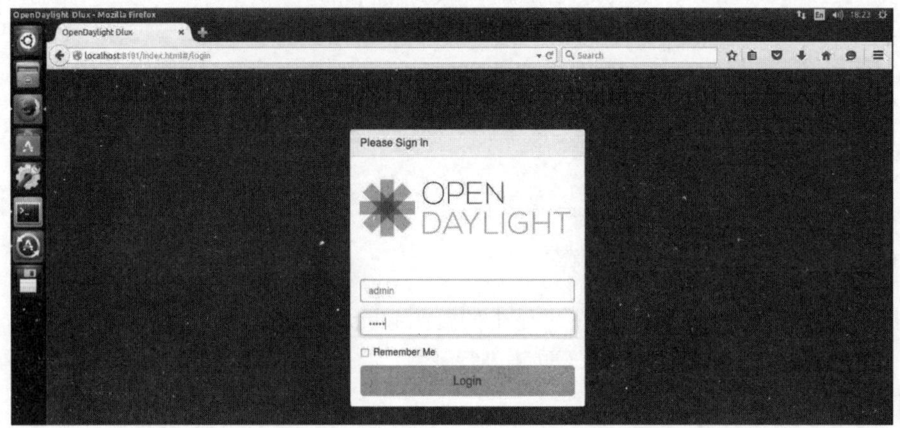

图 8-34 通过 Web 浏览器查看 Integration 控制台界面

输入默认的用户名（admin）和密码（admin）即可登录控制台。

8.5.5 安装参考

http://docs.opendaylight.org/en/stable-boron/developer-guide/index.html

https://wiki.opendaylight.org/view/Main_Page

8.6 OpenDaylight 的通用项目快速安装指南

OpenDaylight 的通用项目快速安装指南基本和子项目 Controller 的快速安装指南类似，登录子项目打包版本共享的链接，选择合适的发布版本下载即可。将下载的发布版本的打包文件保存到所创建的目录下，并解压缩至当前目录。

进入子项目下 karaf 发布的子目录，各子项目具体的启动目录均不同。可用 find 命令搜索 karaf 以查找。进入所查找到的 karaf 发布子目录，运行以下命令以启动子项目：

```
$ sudo ./target/assembly/bin/karaf
```

若 OpenDaylight 子项目 integration 项目成功启动，则终端显示图 8-35 所示的信息。

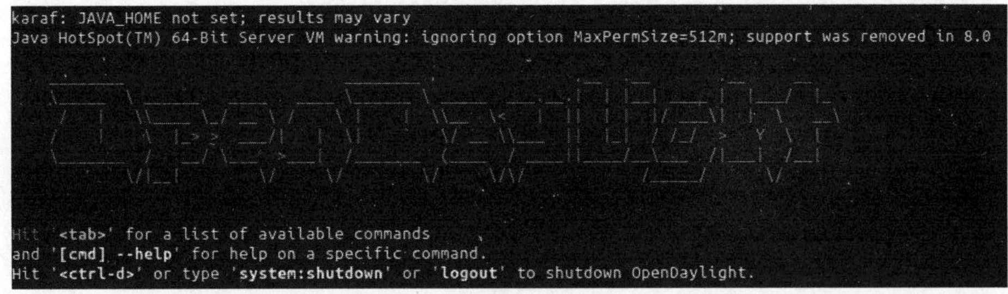

图 8-35　子项目成功启动界面

需要安装必要的组件（在提示符“>”后执行 feature: install 命令）才可通过 Web 浏览器查看 Controller 控制台界面。

若是硼版本：

```
opendaylight-user@root>feature:install odl-dlux-core odl-dlux-node odl-dlux-yangui odl-dlux-yangvisualizer
```

铍版本和锂版本建议安装以下组件（硼版本也建议安装以下所有的组件）：

```
opendaylight-user@root>feature:install odl-restconf odl-l2switch-switch odl-openflowplugin-all odl-dlux-all odl-mdsal-all
```

若是锂版本，则还需要加上以下组件（锂版本仍保存 AD-SAL，以执行 odl-adsal-*的功能）：

```
opendaylight-user@root>feature:install odl-adsal-northbound
```

现在打开浏览器，输入网址（http:// <子项目所在主机的 IP 地址>:8181/ index.html），以通过 Web 浏览器查看 Integration 控制台界面，如图 8-36 所示。若在 integration 所在主机直接打开浏览器，则可直接输入网址：http://localhost:8181/ index.html。

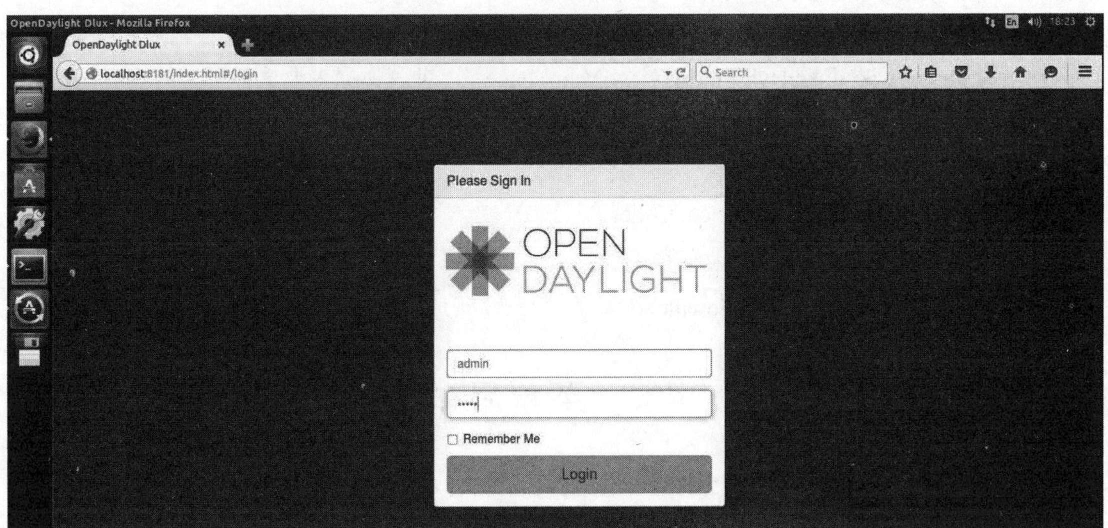

图 8-36　通过 Web 浏览器查看子项目控制台界面

输入默认的用户名（admin）和密码（admin）即可登录控制台。

8.7　OpenDaylight 的通用开发环境准备

OpenDaylight 子项目的通用开发环境准备与 OpenDaylight 的 Controller 项目的开发环境准备基本一致，读者照 8.3 节的 OpenDaylight 的 Controller 项目的开发环境准备搭建即可。

注 意

某些子项目需要安装一些额外的软件，有需要的读者可参考本章给出的参考资料进一步探讨。

8.8　控制器 OpenDaylight 的学习参考

OpenDaylight 主要的学习指南、参考的链接如下：

（1）OpenDaylight 的官方网站地址（可选择中文页面）

https://www.opendaylight.org/。

（2）OpenDaylight 官方网站学习文档地址

官方网站学习文档在硼版本发布后才建立，之前的学习资料都放在 wiki 网站上的 OpenDaylight 学习资源中，最近才将资料进行转移，虽然很多内容还在完善之中，但预计这是将来 OpenDaylight 文档最规范、完善的地址。官方网站手册：http://docs.opendaylight.org/en/stable-boron/ index.html。

其中特别指出网站中专为开发者提供帮助的开发者指南专栏，地址为 http://docs.opendaylight.org/en/stable-boron/developer-guide/index.html。

（3）OpenDaylight 在 wiki 上的学习地址

在硼版本之前发布的氢版本、氦版本、锂版本、铍版本的学习参考资料主要都放在 wiki 上，访问网址为 https://wiki.opendaylight.org/view/Main_Page。读者可根据需要选择所需的内容，不过在此网站上的资料较为混乱。

（4）OpenDaylight 的源码下载地址

https://github.com/opendaylight/controller。

（5）OpenDaylight 的发布版本下载地址

https://www.opendaylight.org/downloads。

8.9　本章总结

OpenDaylight 控制器是 SDN 控制器中最为出名的一种，为各大公司、学校、研究机构所使用，部分商业控制器也是基于 OpenDaylight 改造开发的。OpenDaylight 项目是一个合作的开源项目，旨在透明地推动软件定义网络（SDN）和网络功能虚拟化（NFV）的运用，同时促进不断创新。其中 OpenDaylight 控制器的 Controller 基于 JVM 软件，能运行在任意支持 Java 的操作系统或硬件上，主要使用了 Maven、OSGi、Java 接口、REST APIs 技术。

本章介绍了 OpenDaylight 控制器子项目的两种不同的部署方式：通过源码进行安装和通过下载发布版本进行安装。选择使用源码安装的方式有助于深入理解 OpenDaylight 的相关子项目，同时有利于有意加入 OpenDaylight 项目开发者的读者进行下一步工作。而作为普通 OpenDaylight 控制器使用者而言，快速地部署控制器（通过下载发布版本进行安装）是一个更好的选择。

本书在第三篇"实操篇：OpenDaylight 之 MD-SAL 开发指南"和第四篇"实操篇：OpenDaylight 之北向开发指南"中分别对基于 OpenDaylight 项目的 MD-SAL 开发和在 OpenDaylight 之上进行北向开发进行了举例讲解，提供了大量的代码实例，读者可查找相关的章节及其中提供的学习参考链接进行更加深入的了解和研究。

第 9 章

控制器 ONOS 安装指南

本章先从控制器 ONOS 的起源说起，在 9.1 节向读者简单介绍 ONOS 的基本概念、ONOS 的技术架构、ONOS 的宗旨、创建组织及其发展现状。

接着介绍控制器 ONOS 源码的安装步骤、通过下载包安装控制器 ONOS 的安装步骤、通过下载虚拟机以部署 ONOS 控制器的安装步骤，9.2 节介绍控制器 ONOS 源码的安装指南，9.3 节介绍控制器 ONOS 下载包的安装指南，9.4 节介绍控制器 ONOS 通过下载虚拟机进行部署的安装指南。

在介绍这 3 种安装部署方式之后，本书在 9.5 节展示 ONOS 控制器启动后的基本操作界面，完成与仿真环境 Mininet 连接的一个简单实验。

在 9.6 节给出控制器 ONOS 的一些重点参考网站，以供有志从事 ONOS 控制器开发或深入学习的读者进行学习。

最后在 9.7 节为本章进行总结。

9.1 控制器 ONOS 简介

ONOS 是由 ON.LAB 组织于 2014 年 11 月创建的，它是非常有影响力的 SDN 控制器之一。

9.1.1 ONOS 简述

随着软件定义网络 SDN 的落地发展，各种 SDN 控制器层出不穷，到 2013 年底，开源控制器 OpenDaylight 成了最具影响力、使用最广的控制器，没有之一。但 OpenDaylight 并不能满足所有人的预期要求，服务提供商特别是电信运营商期待开发出一款针对自身现状及业务开发的 SDN 控制器。2014 年 11 月，ON.LAB 组织推出了开放网络操作系统 ONOS 控制器，如图 9-1 所示。ONOS 控制器在一推出就引起了业界广泛的关注，众多公司立即跟进，SDN 领域业内竞争骤然升级，ONOS 立即成为具有影响力的 SDN 控制器之一。

图 9-1　ONOS 开放网络操作系统

ONOS 是 Open Network Operating System 的缩写，即开放网络操作系统。ONOS 是一款为服务提供商打造的软件定义网络（SDN）操作系统，具有可扩展性、高可用性、高性能以及南北向的抽象化，使得服务提供商能轻松地采用模块化结构来开发应用提供服务。ONOS 是一个基于集群的分布式操作系统。当网络规模和应用需求发生变化时，ONOS 能在水平方向上随之快速变化以适应业务需要。

ONOS 的架构分为 5 层，包括应用层（Apps）、北向核心 API（NB Core API）、分布式核心（Distributed Core）、南向核心 API（SB Core API）、转发层（包括适配器 Adapters 和协议 Protocols），如图 9-2 所示。其中 ONOS 的分布式核心管理所有实例的状态，维护消息通知，是实现高可用性和扩展性的关键实现。南向核心 API 是设计为可插拔的，能使用 OpenFlow 或其他南向协议与网元进行通信。北向核心 API 能以抽象的方式使用 API 与应用层进入通信，达到简化应用编程的目标。

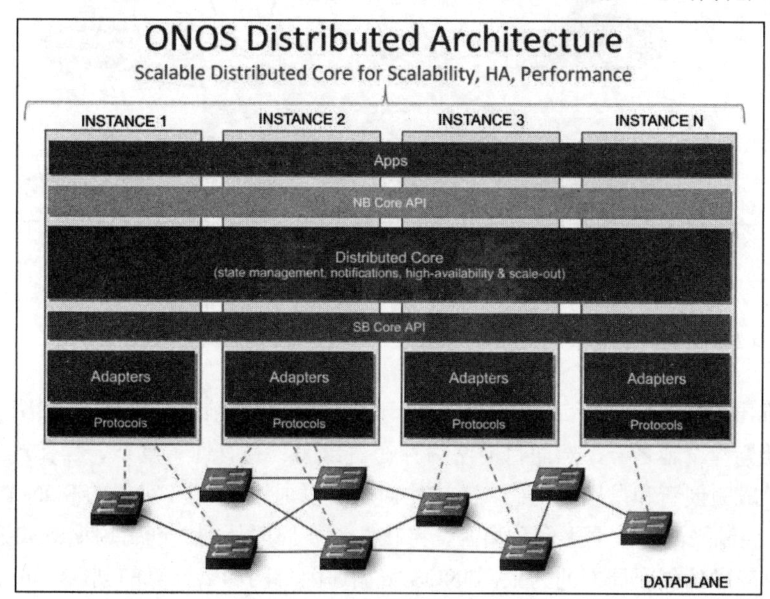

图 9-2　ONOS 分布式架构图

ONOS 能提供相当丰富的用例，主要包括以下几项。

- 多层 SDN 控制：多层 SDN 控制和优化光包核心。
- SDN-IP：针对 SDN 网与因特网无缝对接。
- 分段路由：网络分段路由。
- NFaaS：NFV 上一个可扩展的、复杂的、直观的采用。

ONOS 典型的用例如图 9-3 所示。

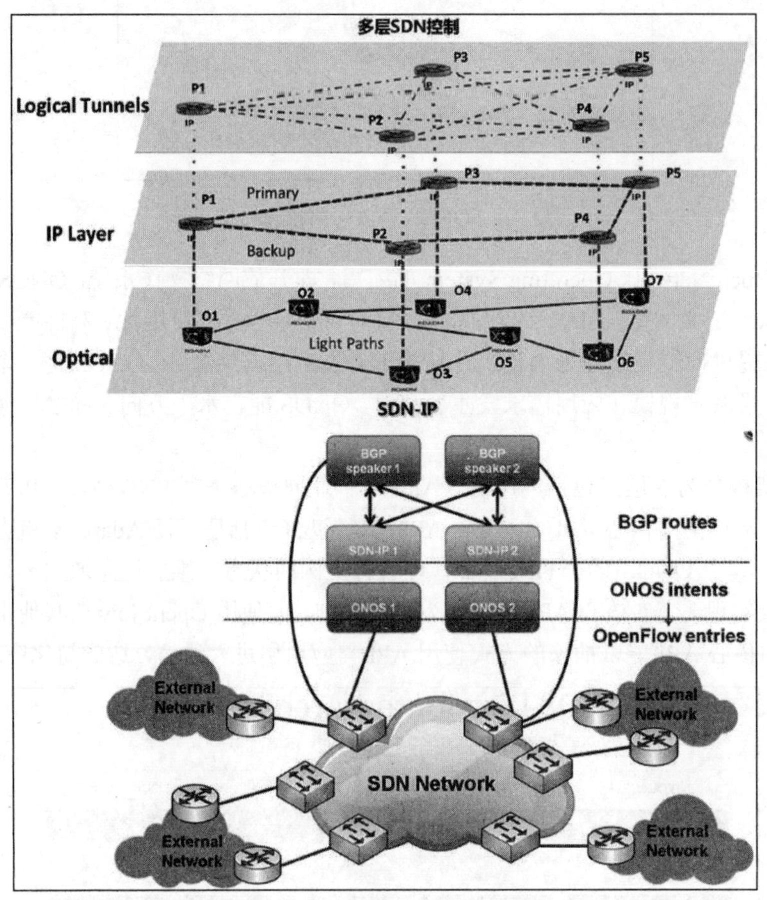

图 9-3 ONOS 典型用例图

9.1.2 ONOS 的使命

ON.LAB 推出 ONOS 项目旨在为公众实现一个更好的网络前景。当前，网络已成为社会大众非常重要的基础架构设施之一，然而目前网络存在着封闭、私有性、复杂、操作难且死板的问题，现有的网络已经成为创新和发展的阻碍，而这些问题可以通过 ONOS 实现的 SDN 软件定义网络来解决。ONOS 将控制平面与数据平面分离开，将软件创新周期从硬件创新周期解放独立出来，最终软件创新就不再受硬件创新周期的约束。ONOS 将加速因特网和云计算的创新，同时也将显著降低网络搭建和操作的成本。

ONOS 的使命是创建一个开源网络操作系统，使得服务提供商能创建真正的 SDN 软件定义网络。ONOS 的目标包括以下几点，如图 9-4 所示。

（1）ONOS 社区不断成长，有越来越多能共享 ON.LAB 的愿景和使命的合作伙伴加入。

（2）生产出高质量的网络操作系统软件。

（3）创建一个有效的开源进程，使得贡献者能积极参加项目的发展。

（4）通过我们的努力改善人类的生活。

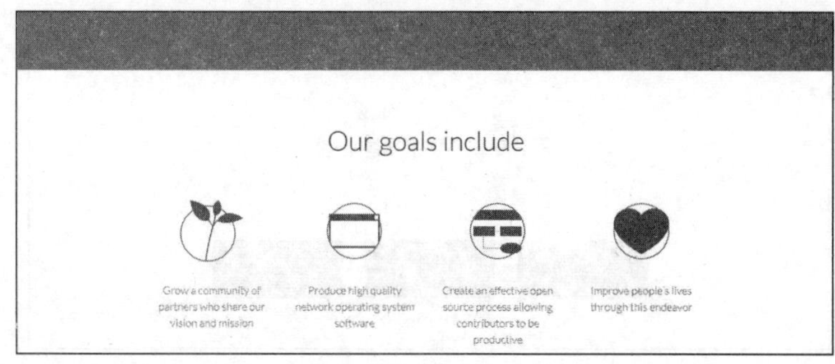

图 9-4　ONOS 的目标图

为了实现以上的使命和目标，ONOS 坚持以下价值观：

（1）服务客户。

（2）实践出真知。

（3）价值和使能创新。

（4）为高质量而持续努力。

（5）尊重所有互动者。

（6）透明操作。

9.1.3　ONOS 创建组织简介

ON.LAB 组织的全称是 Open Networking Lab（公开网络实验室）。ON.LAB 是由斯坦福大学和加州大学伯克利分校 SDN 先驱创立的非营利性组织，其旨在开发工具和平台及创立开源团体，以最终达到将 SDN 潜能充分发挥的目的。ON.LAB 官方网站页面如图 9-5 所示。

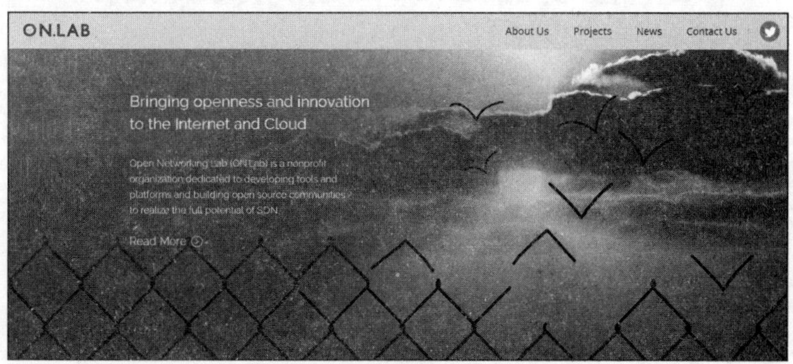

图 9-5　ON.LAB 官方网站

ON.LAB 组织除了创立提出 ONOS 项目外，还创立了著名的 SDN 仿真实验环境 Mininet 以及 XOS、OVS、CORD 这样重要项目，如图 9-6 所示。

ONOS 的赞助商主要有 AT&T 公司、中国联通集团、Ciena 公司、思科 Cisco 公司、爱立信 Ericsson 公司、富士通 Fujitsu、谷歌 Google、华为公司、因特尔公司、NEC、诺基亚 Nokia、通信 NTT、锐德世 Radisys 公司、三星集团、SK 电信、威瑞森 Verizon 电信，如图 9-7 所示。ONOS 的社团成员已超过 50 个，并且合作伙伴还在不断增加。有些伙伴贡献出了一些有趣的项目，比如一些比较有趣的用例，如 CORD。

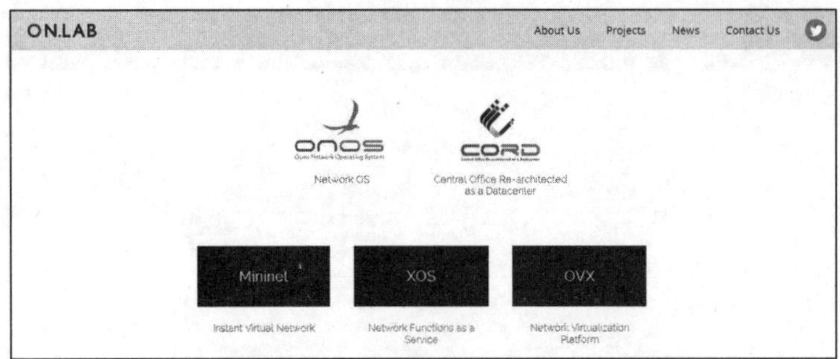

图 9-6　ON.LAB 创立的著名项目

图 9-7　ONOS 社区概览

ONOS 也获得了 ONF 组织的鼎力支持。

9.2　控制器 ONOS 源码安装指南

9.2.1　安装前提环境的准备

ONOS 安装前提环境的推荐如下：

- 基础安装环境要求。
  - 操作系统 Ubuntu Server 14.04 LTS 64-bit。
  - 内存 2GB 或者更高。
  - 处理器双核或更高。
- ONOS 编译和运行的软件环境要求。
  - Java 8 JDK 安装。
  - Apache Maven 3.3.9 安装。
  - git 安装。
  - bash 安装（用于打包和测试）。
  - Apache Karaf 3.0.5 安装。
- ONOS 开发、测试的软件环境要求。

若想充分利用 ONOS 测试套件和各种开发者便利条件，建议最好在运行的机器上安装以下软件工具：

- 集成开发环境 IDE，如 IntelliJ、Eclipse，等等。
- 虚拟机软件，如 VirtualBox 或其他虚拟主机软件（VMware Workstation、VMware vSphere 等）。

ONOS 安装过程依赖于环境变量 JAVA_HOME 能被正确的设置，也就是说使用命令 mvn -version 和 java -version 返回 Java 的版本应该一致。

提示

一个解决版本冲突很好的办法是在安装 Java 8 之前先安装 Maven。

以下是安装 Java、Maven、Karaf 和 Git 具体的安装说明。

1. Maven 和 Karaf 的安装和配置

可下载 Maven 和 Karaf 的二进制压缩文件（tar 格式），之后将其解压缩到所需的位置。将 Maven 和 Karaf 的解压缩文件放到~/Application 文件夹内（ONOS 源码已经设置 apache-karaf 的默认位置为~/Applications 目录）。

输入以下命令，以创建 Application 文件夹：

```
$ mkdir ~/Applications
```

进入系统自建的文件夹 Downloads，输入命令：

```
$ cd Downloads
```

（1）karaf 的安装和配置

下载 karaf 的二进制压缩文件：

```
$ wget http://archive.apache.org/dist/karaf/3.0.5/apache-karaf-3.0.5.tar.gz
```

将 karaf 的二进制压缩文件解压缩至~/Application 文件夹内，输入命令：

```
$ tar -zxvf apache-karaf-3.0.5.tar.gz -C ../Applications/
```

配置 karaf 的环境变量，需要手动将以下变量加入 shell profile（本实验写入文件~/.bashrc）内：

```
export KARAF_ROOT=~/apache-karaf-3.0.5
export PATH=${KARAF_ROOT }/bin:$PATH
```

输入以下命令，令设置的环境变量立即生效：

```
$ source ~/.bashrc
```

注意

$ONOS_ROOT/tools/dev/bash_profile 文件默认 $KARAF_ROOT 为 ~/Applications/apache-karaf-$KARAF_VERSION。所以最好将 karaf 放入~/Application 文件夹内，并且将此位置写入 ubuntu 的系统环境变量 PATH 中。如果 karaf 放置的位置不位于~/Application 文件夹中，那么需要在$ONOS_ROOT/tools/dev/bash_profile 文件中重新定义$KARAF_ROOT 以指向 karaf 的实际安装位置。

（2）maven 的安装和配置

下载 maven 的二进制压缩文件：

```
$ wget http://archive.apache.org/dist/maven/maven-3/3.3.9/binaries/ \
apache-maven-3.3.9-bin.tar.gz
```

将 maven 的二进制压缩文件解压缩至~/Application 文件夹内，输入命令：

```
$ tar -zxvf apache-maven-3.3.9-bin.tar.gz -C ../Applications/
```

配置 karaf 的环境变量，需要手动将以下变量加入 shell profile（本实验写入文件~/.bashrc）内：

```
export M2_HOME=~/apache-maven-3.3.9
export M2=$M2_HOME/bin
export PATH=$M2:$PATH
```

输入以下命令，令设置的环境变量立即生效：

```
$ source ~/.bashrc
```

输入以下命令，查看 maven 是否成功安装：

```
$ mvn -v
```

若安装正确，则应显示类似以下反馈：

```
Apache Maven 3.39 (bb52d8502b132ec0a5a3f4c09453c07478323dc5; 2015-11-11T00:41:47+08:00)
Maven home: /home/onos/apache-maven-3.3.9
Java version : 1.8.0_101, vendor: Oracle Corporation
Java home: /usr/lib/jvm/java-8-oracle/jre
Default locale: en_US, platform encoding: UTF-8
OS name: "linus", version: "3.13.0-24-generic", arch: "amd64", family: "unix"
```

2. Oracle Java 8 的安装和配置

（1）下载安装 Oracle Java 8

输入以下命令以安装 Oracle Java 8（需输入管理员密码以提供安装授权）：

```
$ sudo apt-get install software-properties-common -y
$ sudo add-apt-repository ppa:webupd8team/java -y
$ sudo apt-get update
$ sudo apt-get install oracle-java8-installer oracle-java8-set-default -y
```

执行以上命令安装软件时，将会跳出提示以告知需授权同意，输入管理员密码表示同意即可。另外，也有可能跳出提示安装 *python-software-properties*，若出现提示，同意即可。

此外，安装 Oracle Java 8 时会弹出窗口，需要同意 Oracle 的二进制许可条款以进行安装，如图 9-8 所示。

注 意

若机器已经安装 Java，则执行以下操作以升级到 Oracle Java 8:

```
$ su -
$ echo "deb http://ppa.launchpad.net/webupd8team/java/ubuntu trusty main" | tee /etc/apt/sources.list.d/webupd8team-java.list
$ echo "deb-src http://ppa.launchpad.net/webupd8team/java/ubuntu trusty main" | tee -a /etc/apt/sources.list.d/webupd8team-java.list
$ apt-key adv --keyserver hkp://keyserver.ubuntu.com:80 --recv-keys EEA14886
$ apt-get update
$ apt-get install oracle-java8-installer oracle-java8-set-default -y
$ exit
```

同样地，安装 Oracle Java 8 时会弹出窗口，需要同意 Oracle 的二进制许可条款以进行安装。

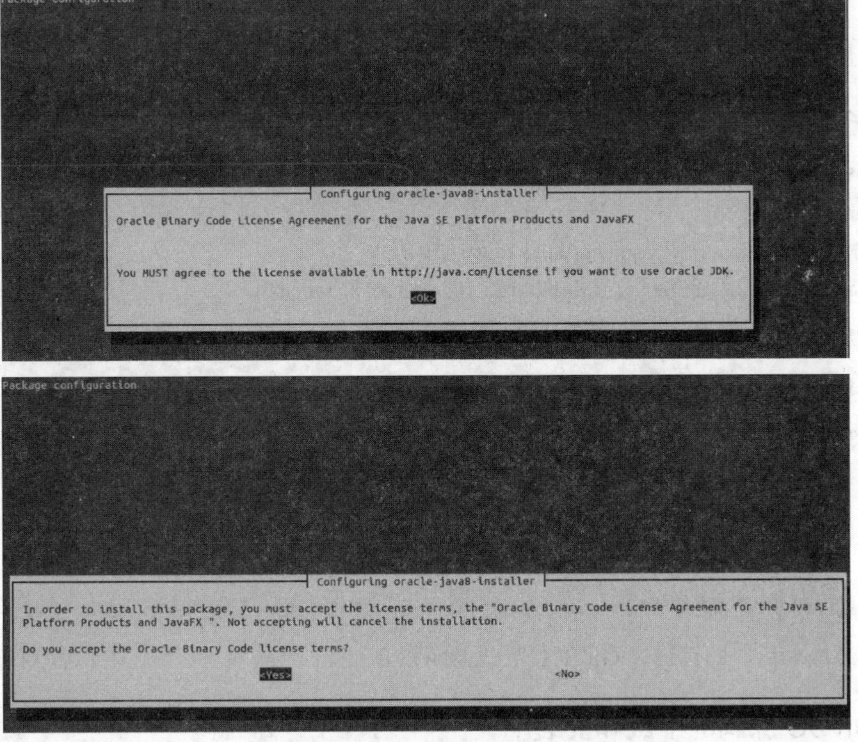

图 9-8　同意条款以安装 Oracle Java 8

（2）设置 JAVA_HOME

若在 Java 8 的安装过程中未自动设置，则应该手动添加 JAVA_HOME 环境变量，以为 Java 8 设置 JRE 的安装位置。

首先输入以下命令，查看 JAVA_HOME 是否被正确的设置：

```
$ env | grep JAVA_HOME
```

若设置正确，则应出现（假设目录/usr/lib/jvm/java-8-oracle 是 Java 安装的默认目录）：

```
JAVA_HOME=/usr/lib/jvm/java-8-oracle
```

若没有结果输出或输入的目录不是Oracle Java 8的安装目录，则需要手动将以下变量加入shell profile（如.bash_aliases、.profile，等等）内，本实验写入文件~/.bashrc以下变量：

```
export JAVA_HOME=/usr/lib/jvm/java-8-oracle
export JRE_HOME=${JAVA_HOME}/jre
export CLASSPATH=.:${JAVA_HOME}/lib:${JRE_HOME}/lib
export PATH=${JAVA_HOME}/bin:$PATH
```

输入以下命令，令设置的环境变量立即生效：

```
$ source ~/.bashrc
```

注 意

也可在ubuntu命令窗口下直接输入命令运行:

```
$ export JAVA_HOME=/usr/lib/jvm/java-8-oracle
```

（3）查看Oracle Java是否正确安装

使用以下命令以查看Java版本是否安装正确：

```
$ java -version
```

若安装正确，则应显示：

```
java version "1.8.0_101"
Java(TM) SE Runtime Environment (build 1.8.0_101-b13)
Java HotSpot(TM) 64-Bit Server VM (build 25.101-b13, mixed mode )
```

使用以下命令以查看JAVA_HOME是否设置正确：

```
$ echo $JAVA_HOME
```

若设置正确，则应出现（假设目录/usr/lib/jvm/java-8-oracle是Java安装的默认目录）：

```
/usr/lib/jvm/java-8-oracle
```

3. Git的安装

```
$ sudo apt-get install git
```

Git安装成功后，即可通过Git工具下载ONOS源码。

9.2.2 ONOS源码的下载和安装

ONOS源码的下载和安装是最有助于ONOS的开发人员和高级使用者了解ONOS项目、基于ONOS项目开发或为ONOS贡献代码的方式。

1. ONOS源码的下载

ONOS官方网站给出了3种下载的方法：

- 复制ONOS的代码资料库。
- 下载包（格式为tar.gz、zip、deb或rpm）或虚拟机tutorial VM。
- 通过Docker Hub下载。

ONOS 源码下载采用复制 ONOS 的代码资料库源码的方式，9.3 节将介绍下载包的安装方式，9.4 节以下载安装虚拟机 tutorial VM 为例介绍下载虚拟机以安装的方式；至于通过 Docker Hub 下载以安装 ONOS 控制器的方法涉及 Docker 工具，限于篇幅本书不在此介绍，有兴趣的读者可通过本章给出的学习参考链接自行实验。

ONOS 项目在 GitHub 平台上分享了源码，可通过 Git 工具下载。

进入用户根目录准备下载，输入命令：

```
$ cd ~
```

执行以下命令，以下载源码，在用户根目录下创建 onos 目录：

```
$ sudo git clone https://github.com/opennetworkinglab/onos.git
```

或者通过 Git 工具直接从官方网站下载。执行以下命令，以下载源码，在用户根目录下创建 onos 目录：

```
$ sudo git clone https://gerrit.onosproject.org/onos
```

下载的版本是当前最新的版本，打开目录，ONOS 项目的子目录如图 9-9 所示。

```
apps  bucklets    cli   docs     features   lib          modules.defs  pom.xml    providers  tools  web
BUCK  buck-tools  core  drivers  incubator  LICENSE.txt  onos.defs     protocols  README.md  utils
```

图 9-9　ONOS 项目的子目录

若要切换到其他项目分支，则可在 onos 目录内使用 git checkout 命令。例如执行以下命令，可将项目分支切换到 master：

```
$ git checkout master
```

输入以下命令，查看项目是否切换到指定的项目分支：

```
$ git branch
```

若项目正确切换到 master 项目分支，则显示：

```
* master
```

也可登录 https://github.com/opennetworkinglab/onos，选择合适的项目分支（本实验使用的项目分支为 master（默认项目分支）），将源码下载至~/onos 目录内，如图 9-10 所示。

2. ONOS 项目的环境设置

为了在以后的运行环境和开发环境中能更好地使用工具命令，推荐在 shell profile 中（即~/.bashrc 文件中）定义一个 ONOS_ROOT 系统环境变量以指向 ONOS 源码树的最顶层。

配置 ONOS 的环境变量，需要手动将以下变量加入 shell profile（本实验写入文件~/.bashrc）内：

```
export ONOS_ROOT=~/onos
```

输入以下命令，令设置的环境变量立即生效：

```
$ source ~/.bashrc
$ source $ONOS_ROOT/tools/dev/bash_profile
```

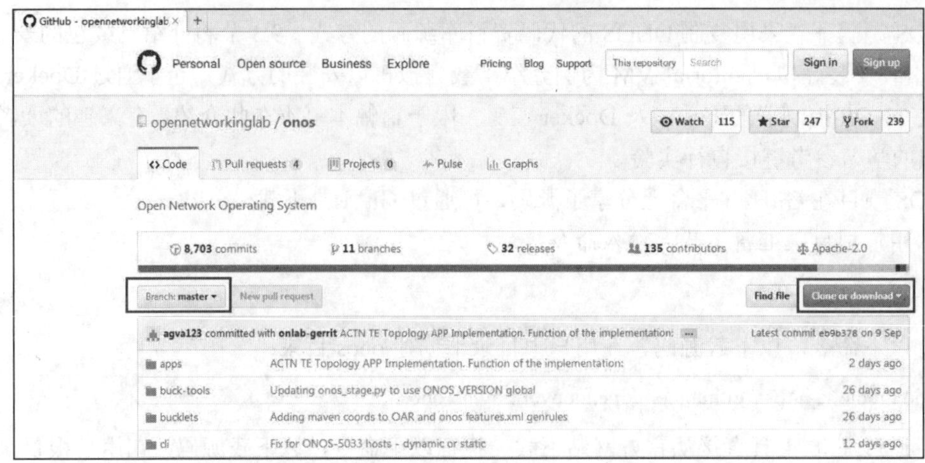

图 9-10　登录 GitHub 平台上项目的网页进行下载

3. ONOS 项目的源码安装

ONOS 使用 Maven 工具以管理安装过程。使用以下命令，从最上层目录开始编译 ONOS 代码库：

```
$ cd ~/onos
$ mvn clean install
```

编译需要一段时间，若要跳过测试，则可以执行以下命令：

```
$ mvn clean install -DskipTests
```

若项目成功编译，则会出现 BUILD SUCCESS。部分输出结果显示如图 9-11 所示。

```
[INFO] ------------------------------------------------------------------------
[INFO] Reactor Summary:
[INFO]
[INFO] onos ............................................... SUCCESS [  4.524 s]
[INFO] onlab-utils ........................................ SUCCESS [  2.109 s]
[INFO] onlab-junit ........................................ SUCCESS [  5.939 s]
[INFO] onlab-misc ......................................... SUCCESS [  9.405 s]
[INFO] onos-yang-utils-plugin ............................. SUCCESS [ 15.434 s]
[INFO] onlab-osgi ......................................... SUCCESS [  1.237 s]
[INFO] onlab-rest ......................................... SUCCESS [  1.416 s]
[INFO] onlab-thirdparty ................................... SUCCESS [  5.020 s]
[INFO] onlab-stc .......................................... SUCCESS [  3.168 s]
[INFO] jdvue .............................................. SUCCESS [  2.546 s]
[INFO] onlab-jnc-osgi ..................................... SUCCESS [  1.222 s]
[INFO] utils.catalyst ..................................... SUCCESS [  1.646 s]
[INFO] onos-core .......................................... SUCCESS [  0.951 s]
[INFO] onos-api ........................................... SUCCESS [ 15.057 s]
[INFO] onos-core-common ................................... SUCCESS [  4.907 s]
[INFO] onos-incubator ..................................... SUCCESS [  0.482 s]
[INFO] onos-incubator-api ................................. SUCCESS [  2.240 s]
[INFO] onos-cli ........................................... SUCCESS [  3.912 s]
[INFO] onos-core-store .................................... SUCCESS [  0.468 s]
[INFO] onos-core-serializers .............................. SUCCESS [  1.805 s]
[INFO] onos-core-persistence .............................. SUCCESS [  1.393 s]
[INFO] onos-core-dist ..................................... SUCCESS [  8.203 s]
[INFO] onos-core-net ...................................... SUCCESS [  8.015 s]
[INFO] onos-core-primitives ............................... SUCCESS [  5.224 s]
[INFO] onos-security ...................................... SUCCESS [  1.707 s]
[INFO] onos-web ........................................... SUCCESS [  0.623 s]
[INFO] onos-gui ........................................... SUCCESS [  4.610 s]
[INFO] onos-rest .......................................... SUCCESS [  4.220 s]
[INFO] onos-protocols ..................................... SUCCESS [  0.668 s]
[INFO] onos-of ............................................ SUCCESS [  0.480 s]
[INFO] onos-of-api ........................................ SUCCESS [ 31.391 s]
[INFO] onos-of-ctl ........................................ SUCCESS [  2.711 s]
[INFO] onos-netconf ....................................... SUCCESS [  0.554 s]
[INFO] onos-netconf-api ................................... SUCCESS [  0.963 s]
[INFO] onos-netconf-ctl ................................... SUCCESS [  1.678 s]
```

图 9-11　项目成功编译（部分截图）

项目编译的时间较长，中间可能由于网络等原因会显示编译失败，这时只要输入以下命令，重新编译即可：

```
$ mvn clean install –DskipTests
```

4. 打包 ONOS（未安装必要步骤）

若有必要，则可以将 ONOS 项目打包成 tar.gz 文件或 zip 文件进行发布。

当安装完成后，可以使用命令 onos-package 内核工具以生成一个可安装的 tar 压缩文件。这个文件包含 ONOS 组件和 ONOS 版的 Apache Karaf。若读者的开发机器也有 zip 命令，onos-package 内核工具也能生成一个 ZIP 文件，其内容与 tar 文件差不多。同 onos-build 一样，onos-package 也称为 op。以下展示了使用 onos-package 命令的情况：

```
$ op
-rw-r--r--  1 tom   wheel  101196349 Apr 30 14:39 /tmp/onos-1.2.0.user.tar.gz
-rw-r--r--  1 tom   wheel  101763602 Apr 30 14:39 /tmp/onos-1.2.0.user.zip
$
```

9.2.3　在本地的开发机器上运行控制器 ONOS

本节仅在本地的开发机器上运行控制器 ONOS，这可用于在无须 ONOS 集群的条件下开发某些功能。为了能直接在开发机器上运行 ONOS，ONOS 工具箱使用 onos-karaf 命令，也简写为 ok，这是为了确保 Apache Karaf 在 ONOS 运行之前就已经正确地安装并且经过合适的配置。

注 意

这个工具是为了开发机器所设计，而不是为了给生产环境所使用。这个工具和原始命令一样接收同样的参数。

1. 设置 IP 地址

目前，如需在本地运行 ONOS，需要导出 ONOS_IP 或 ONOS_NIC 带有 IP 地址前缀的环境变量，以配置 ONOS 集群组件。预计 Cardinal 发布后将无须以下设置。

输入以下命令以设置 ONOS 所在主机的 IP（本书实验中本机的 IP 地址为 192.168.1.130）：

```
$ export ONOS_IP=192.168.1.130
```

2. 配置 ONOS 启动后激活的应用

为了配置 ONOS 启动后需要自动激活的应用集，使用以下命令以设置 ONOS_APPS 环境变量：

```
$ export ONOS_APPS=drivers,openflow,proxyarp,mobility,fwd
```

3. 启动控制器 ONOS

输入以下命令以启动 ONOS：

```
$ ok clean
```

屏幕如图 9-12 所示。

```
^Ccc@14:~/onos$ ok clean
Creating local cluster configs for IP 192.168.1.38...
Staging builtin apps...
Customizing apps to be auto-activated: drivers,openflow,proxyarp,mobility,fwd...
Welcome to Open Network Operating System (ONOS)!

Documentation: wiki.onosproject.org
Tutorials:     tutorials.onosproject.org
Mailing lists: lists.onosproject.org

Come help out! Find out how at: contribute.onosproject.org

Hit '<tab>' for a list of available commands
and '[cmd] --help' for help on a specific command.
Hit '<ctrl-d>' or type 'system:shutdown' or 'logout' to shutdown ONOS.
```

图 9-12 ONOS 成功启动

此时可在>提示符后输入 help onos，将会显示出可用的帮助命令。按键盘组合 Ctrl+D 或输入 logout 即可退出命令行 CLI。

4. 升级 ONOS

如本地安装的 ONOS 需要升级到新版本，Karaf 配置文件必须在 Karaf 启动之前更新，可输入以下命令进行：

```
$ onos-setup-karaf clean
$ ok clean
```

5. 登录控制器 ONOS 控制台

打开浏览器，输入网址（http://<ONOS 所在主机的 IP 地址>:8181/onos/ui）以访问 ONOS 控制台，如图 9-13 所示。如在 ONOS 所在主机上直接打开浏览器，可直接输入网址：http://localhost:8181/onos/ui。

图 9-13 登录 ONOS 控制台

输入默认的用户名和密码 onos/rocks 即可登录控制台，也可使用 karaf/karaf 传统的凭据登录控制台。

9.2.4 安装参考

ONOS 的安装步骤可以参考官方网站，链接地址为：

https://wiki.onosproject.org/display/ONOS/Installing+and+Running+ONOS
https://wiki.onosproject.org/display/ONOS/Getting+ONOS
https://wiki.onosproject.org/display/ONOS/Distributed+ONOS+Tutorial
https://wiki.onosproject.org/display/ONOS/Downloads
http://sdnhub.org/tutorials/onos/
https://wiki.onosproject.org/display/ONOS15/ONOS+from+Scratch
http://sdnhub.org/tutorials/onos/experimenting-with-onos-clustering/

9.3　控制器 ONOS 下载包的安装指南

选择使用控制器 ONOS 源码安装的方式有助于深入理解 ONOS 项目，同时有利于有意加入 ONOS 项目开发者的读者进行下一步工作。而作为普通 ONOS 控制器使用者，快速地部署控制器 ONOS 是他们更倾向的选择。下载数据包（格式为 tar.gz、zip、deb 或 rpm）直接安装是最简单、快速的部署控制器 ONOS 的方式。下载包可登录网页 https://wiki.onosproject.org/display/ONOS/Downloads，选择合适的版本下载，如图 9-14 所示。本节选择 onos 1.5.0 版本的数据包进行下载安装。

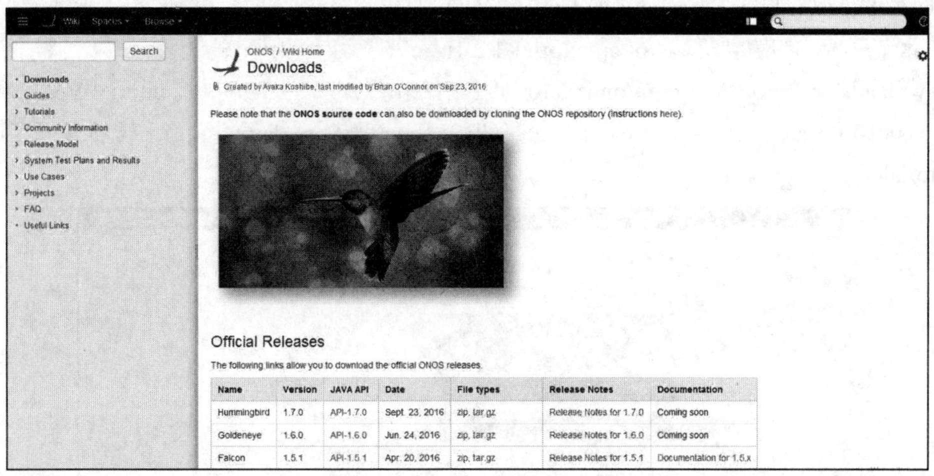

图 9-14　登录网页选择合适包的版本进行下载

将所下载的 onos-1.5.0.tar.gz 文件保存到所创建的 onos 目录（~/onos）下，并解压缩至当前目录，运行以下命令：

```
sudo tar -xzxf onos-1.5.0.tar.gz
```

进入解压的文件夹：

```
$cd onos-1.5.0.onos
```

启动 ONOS 控制器，如图 9-15 所示。

```
$cd apache-karaf-3.0.5/bin
$./karaf clean
```

```
cc@14:~/onos/onos-1.5.0/apache-karaf-3.0.5/bin$ ./karaf clean
Welcome to Open Network Operating System (ONOS)!

Documentation: wiki.onosproject.org
Tutorials:     tutorials.onosproject.org
Mailing lists: lists.onosproject.org

Come help out! Find out how at: contribute.onosproject.org

Hit '<tab>' for a list of available commands
and '[cmd] --help' for help on a specific command.
Hit '<ctrl-d>' or type 'system:shutdown' or 'logout' to shutdown ONOS.
```

图 9-15　启动 ONOS 控制器

待 ONOS 控制器完全启动后，打开浏览器访问 http://<ONOS 的 IP 地址>:8181/onos/ui（本机可使用地址 http://localhost:8181/onos/ui）即可正常访问。

9.4　控制器 ONOS 通过下载虚拟机进行部署的安装指南

快速地部署控制器 ONOS 除了使用前面提到的下载包的方法之外，还有下载虚拟机的方法。本节以下载 ONOS 向导虚拟机（tutorial VM）为例讲解如何通过下载虚拟机进行部署。其中下载包可登录网页 https://wiki.onosproject.org/display/ONOS/Downloads，选择合适的版本下载，如图 9-16 所示。此节下载的虚拟机为 onos-tutorial-1.2.1r2-ovf，可使用下载工具下载（链接地址为 http://downloads.onosproject.org/vm/onos-tutorial-1.2.1r2-ovf.zip），将虚拟机 tutorial VM（本书下载虚拟机 onos-tutorial-1.2.1r2-ovf.zip，约 3.25GB）下载到合适的位置。下载后解压到文件夹 onos-tutorial-1.2.1r2-ovf。

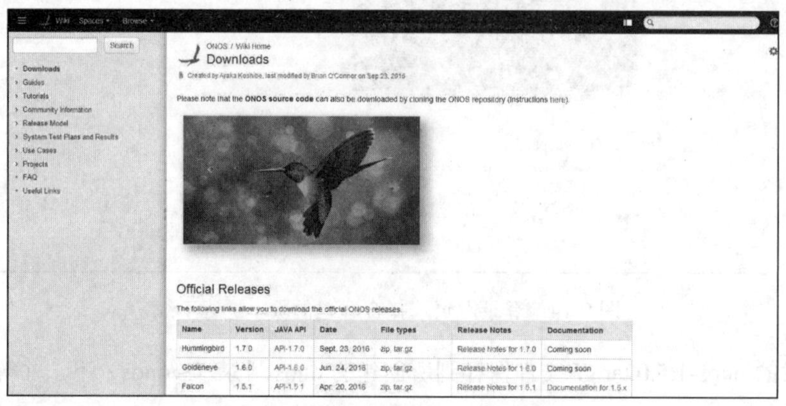

图 9-16　登录网页，选择合适的版本进行下载

注　意

若在 Windows 操作系统下运行，需要下载 7-Zip 软件（下载地址：http://www.7-zip.org/）以解压缩虚拟机 tutorial VM，否则在导入虚拟机时会出现文件大小与 ovf 说明不一致的情况，这是默认 zip 程序的一个 bug。

1. 虚拟机监控管理工具 VirtualBox 的准备

当虚拟机文件 onos-tutorial-1.2.1r2-ovf.zip 成功下载到本地后，将其解压缩，选择合适的虚拟机监控管理工具进行安装。推荐选择轻量级的虚拟化工具（如 VirtualBox），因为部分官方网站共享的虚拟机文件指定在 VirtualBox 平台上运行。VirtualBox 是免费的、使用较广的 CMM 工具，可通过访问其官方网站（https://www.virtualbox.org/wiki/Downloads）选择合适的版本进行下载，安装过程较为简单，这里就不多加叙述。注意，安装 VirtualBox 的主机至少要有 2GB 及以上的内存空间，并且至少有 5GB 的空闲硬盘空间以为虚拟机运行所用。另外，也可在其他平台（如 VMware Workstation、VMware vSphere 等平台）上运行虚拟机，但存在部分虚拟机文件无法在这些平台上运行的情况。

2. 在 VirtualBox 上部署虚拟机

选择 onos-tutorial-1.2.1r2-ovf 文件夹内的 onos-tutorial- x86_64.ovf 文件，将模板部署到合适的存储位置上，如图 9-17 所示。

打开 VirtualBox，单击启动按钮以开启虚拟机。

3. 在 VirtualBox 上启动虚拟机

虚拟机开启之后转到登录界面，输入用户名和密码。部分虚拟机需要输入用户名和密码，请参考网站 https://wiki.onosproject.org/display/ONOS/Downloads，根据下载的版本进行输入。一般来说，有以下 6 个常用的用户名和密码：

（1）Username / Password: tutorial1 / tutorial1

（2）Username / Password: onos/onos

（3）Username / Password: sdnip / sdnip

（4）Username / Password: distributed / distributed

（5）Username / Password: optical / optical

图 9-17　将虚拟机文件导入 VirtualBox

开启虚拟机和登录虚拟机的界面如图 9-18 和图 9-19 所示。

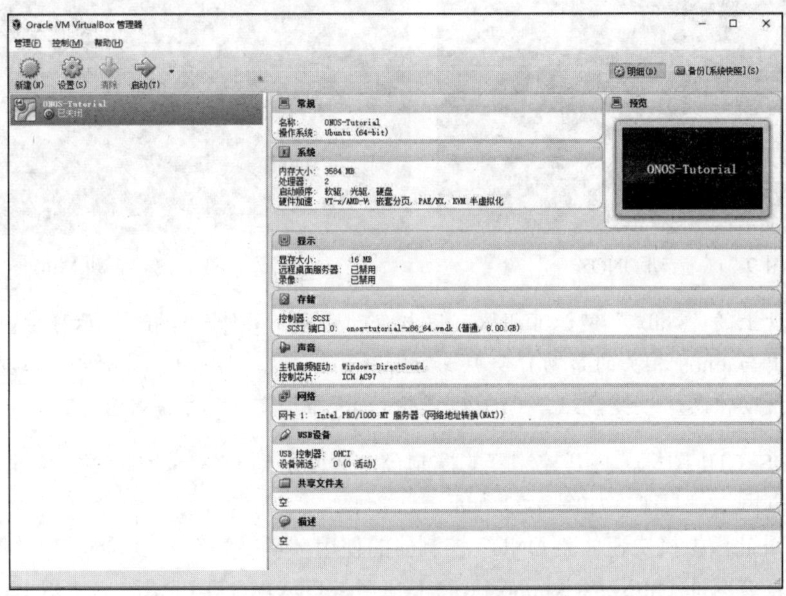

图 9-18　开启虚拟机

在登录系统后，可见桌面如图 9-20 所示。

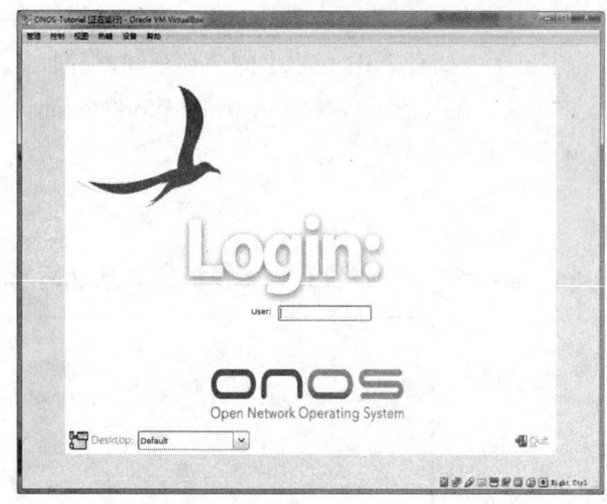

图 9-19　虚拟机登录界面

图 9-20　进入虚拟机界面

4. 运行控制器 ONOS

虚拟机提供了安装好的 ONOS 控制器和仿真网络 Mininet，以及一些有用的工具，如 Wireshark。单击 ONOS 图标可启动控制器 ONOS，单击 Mininet 图标可运行仿真网络 Mininet，如图 9-21 和图 9-22 所示。

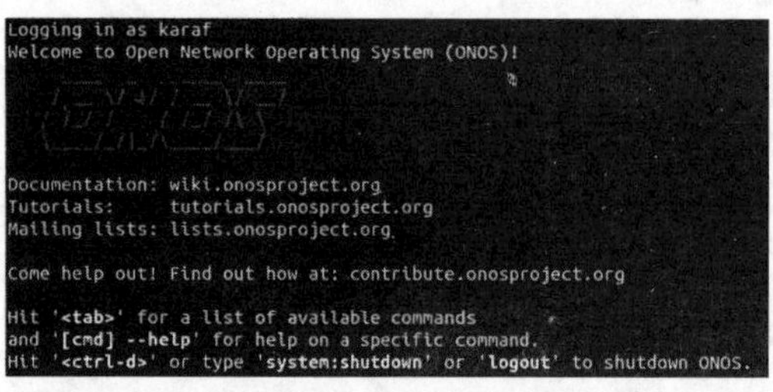

图 9-21　启动 ONOS

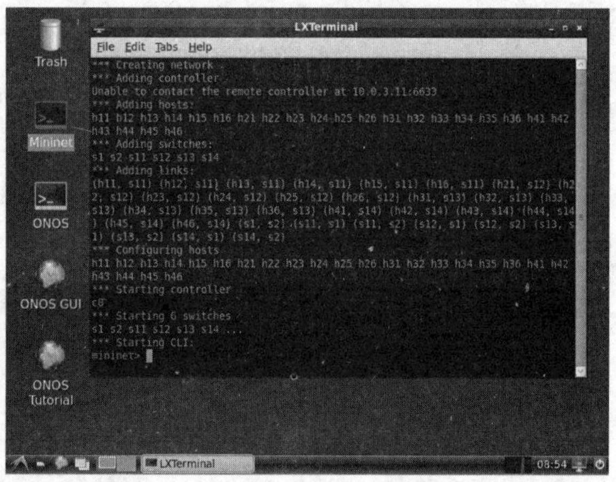

图 9-22　启动 Mininet

注　意

按键盘上的“<tab>”键，可获取可用命令的列表。另外，可在>提示符后输入 help onos（输出与 onos 相关的帮助命令）或 help（输出当前可用的帮助命令），以得到指定命令的帮助信息。按键盘组合 Ctrl+D 或输入 logout 即可关闭 ONOS。

单击 ONOS GUI 图标，打开控制器的控制台，可以看到 ONOS 控制器已经可以获取 Mininet 刚刚建立的仿真网络信息了，如图 9-23 所示。

读者可通过此虚拟机快速体验 ONOS 控制器的使用环境，感受 ONOS 的主要功能和示例应用，具体建议访问官方网址（https://wiki.onosproject.org/display/ONOS15/Basic+ONOS+Tutorial）以获取更多使用帮助。

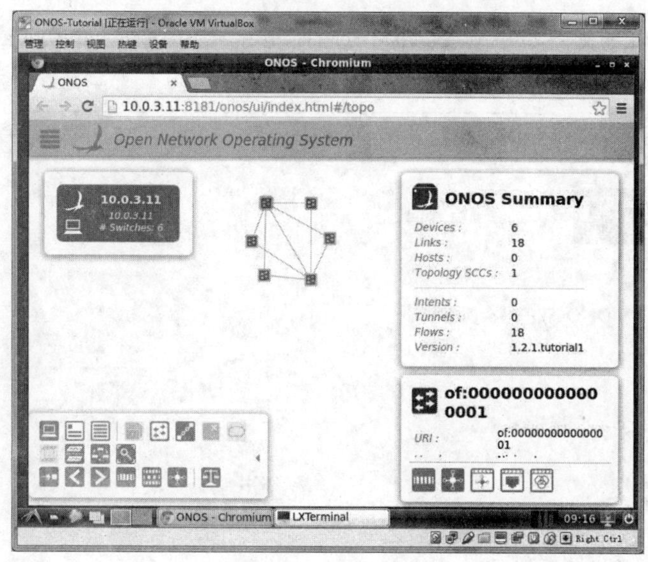

图 9-23　ONOS 的 UI

5. 安装参考

ONOS 控制器通过下载包进行部署的安装步骤可以参考官方网站，链接地址为：https://wiki.onosproject.org/display/ONOS15/Basic+ONOS+Tutorial

9.5　控制器 ONOS 的使用指南

9.5.1　控制器 ONOS 的控制台界面介绍

在 ONOS 控制器启动完成之后，打开浏览器，输入网址（http://<ONOS 所在主机的 IP 地址>>:8181/onos/ui）以访问 ONOS 控制台，如图 9-24 所示。如在 ONOS 所在主机上直接打开浏览器，直接输入网址：http://localhost:8181/onos/ui，即可访问控制台。

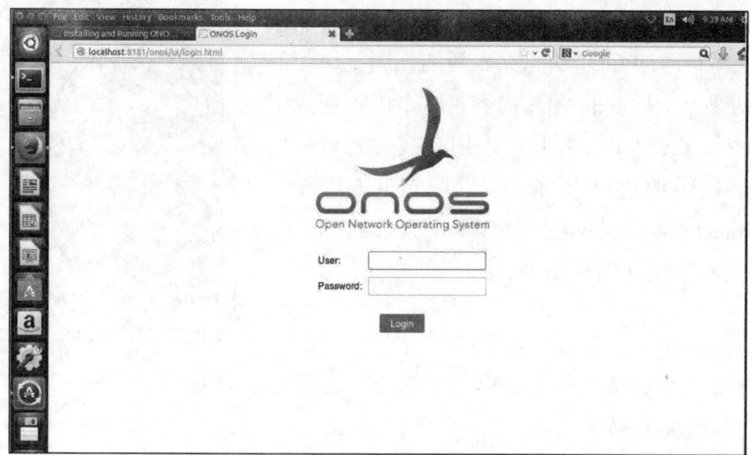

图 9-24　登录 ONOS 控制台

输入默认的用户名和密码 onos/rocks 即可登录控制台，也可使用 karaf/karaf 传统的凭据登录控制台。ONOS 控制台布局如图 9-25 所示。

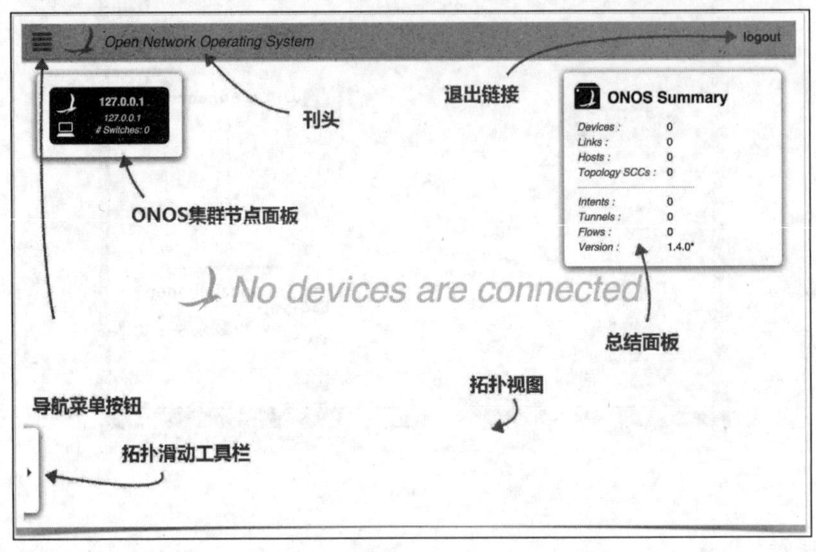

图 9-25　ONOS 控制台布局展示

ONOS 控制台最上面的刊头（Masthead）包含导航菜单按钮、ONOS 的 Logo、退出链接。ONOS 项目组考虑在将来的版本中再加入一些会话信息，如用户 ID、用户喜好、通用设置等。接下来的屏幕是“视图”部分，默认包含拓扑视图（当 GUI 第一次加载后）——集群范围的拓扑视图：

- ONOS 集群节点面板代表集群中的控制器。
- 总结面板对网络拓扑的特征进行简要的总结。
- 拓扑滑动工具栏（默认收起）提供了与拓扑视图相对应的按压按钮。

其他的视图可通过刊头包含的导航菜单按钮导航到合适的位置，即单击导航菜单按钮，然后在下拉的菜单中选择所需的内容，如图 9-26 所示。

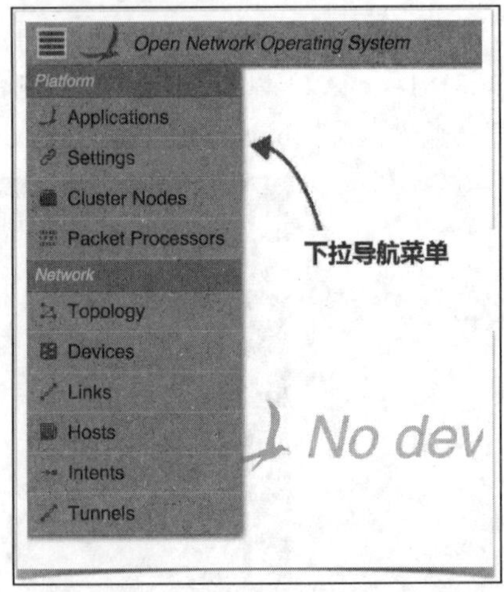

图 9-26　ONOS 导航菜单按钮导航图

由以上可见，ONOS 的 GUI 能提供多种视图。更为出色的是，ONOS 能在运行时向 GUI 动态加入新的视图。这使得开发者为其应用创建一个特制的 GUI 内容，这个内容在应用安装好后将自动注入 GUI 中，并且在应用卸载后能自动从 GUI 中移除。如有兴趣进一步了解，可访问官方链接 https://wiki.onosproject.org/display/ONOS/Web+UI+Tutorials。

目前，基础版本中包含的视图有：

（1）平台类

- 应用：应用视图提供了所安装应用的列表，在网络视图上也可与其互动。
- 设置：设置视图提供系统中所有配置设置的信息。

- 集群节点：集群节点视图提供网络中集群节点和 ONOS 实例的顶级列表。
- 包处理器：包处理器视图展示了目前参与处理转发至控制器的数据包的配置组件。

（2）网络类

- 拓扑：拓扑视图提供了网络拓扑的一个互动可视化界面，包括由每个 ONOS 控制器实例掌管的设置（交换机）标志。
- 设备：设备视图提供网络中设备的顶层列表。
  - ➢ 流：流视图提供所选定设备上所有流的顶层列表（此视图不在导航工具栏上出现）。
  - ➢ 端口：端口视图提供所选定设备上所有端口的顶层列表（此视图不在导航工具栏上出现）。
  - ➢ 组：组视图提供所选定设备上所有组的顶层列表（此视图不在导航工具栏上出现）。
  - ➢ 表：表视图提供所选定设备上所有表的顶层列表（此视图不在导航工具栏上出现）。
- 链接：链接视图提供网络中所有链接的顶层列表。
- 主机：主机视图提供网络中所有主机的顶层列表。
- 目标：目标视图提供网络中所有目标的顶层列表。
- 通道：通道视图提供在网络中定义的所有通道的顶层列表。

9.5.2 使用 ONOS 和 Mininet 搭建一个简单的 SDN 环境

1. 实验环境

实验配备机器两台，一台为在 Ubuntu14.04LTS 操作系统上安装好 Mininet（2.2.1 版本）的主机，另一台为在 Ubuntu14.04LTS 操作系统上以源码方式安装好 ONOS（1.5.0 版本）的主机。这两台主机连接到同一网络中，假设装有 Mininet 主机的 IP 地址为 192.168.1.37，装有 ONOS 主机的 IP 地址为 192.168.1.38。

2. 仿真环境

预期的仿真环境为一台安装 ONOS 控制器的机器，以及与其相连的 3 台支持 SDN 的交换机，每台交换机各自连接一台机器。仿真环境如图 9-27 所示。

启动装有 Mininet 的主机和装有 ONOS 的主机。在 Mininet 的命令终端输入以下命令：

```
$ sudo mn --topo linear,3 --controller remote,ip=192.168.1.38
```

仿真环境搭建成功。

3. 实验结果

在 ONOS 所在主机上直接打开浏览器，输入网址 http://localhost:8181/onos/ui，在输入用户名和密码后进入 ONOS 控制台。

注意

界面上显示的拓扑中未显示 3 台交换机连接的机器。在 Mininet 的命令终端执行命令：

```
$ pingall
```

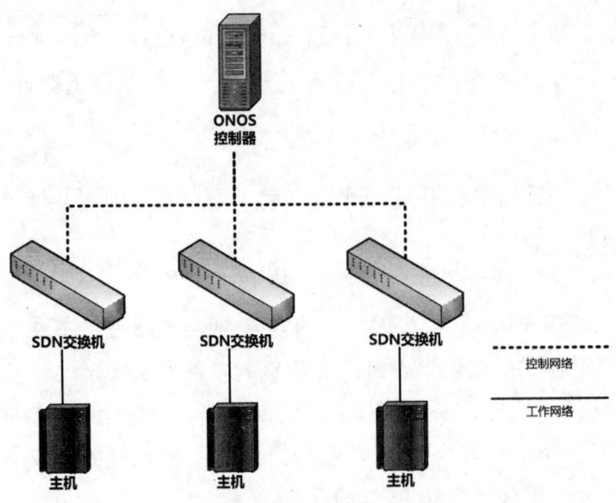

图 9-27　ONOS 仿真实验图

控制器即可发现这 3 台机器，并在拓扑界面中显现出来，如图 9-28 所示。

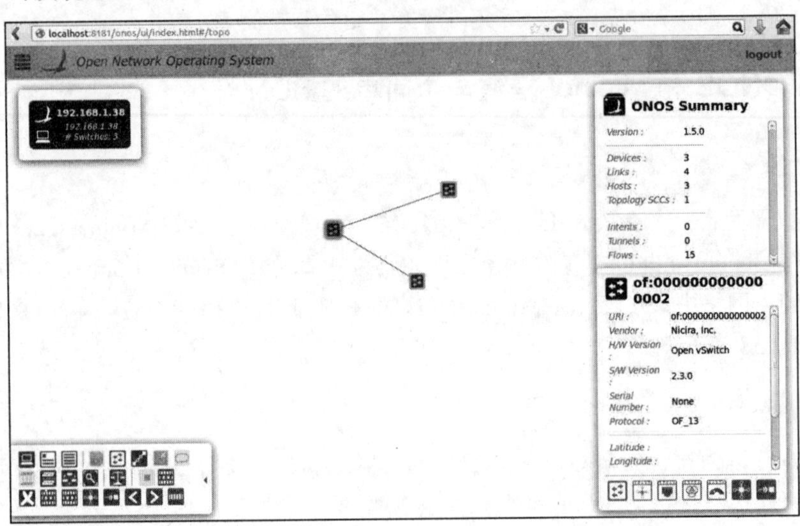

图 9-28　仿真拓扑搭建后的 ONOS 控制台

9.6　控制器 ONOS 的学习参考

ONOS 主要的学习指南、参考的链接如下：

（1）ONOS 的官方网站地址为 http://onosproject.org/。

（2）ONOS 学习文档地址为 https://wiki.onosproject.org/display/ONOS/Tutorials。

（3）ONOS 的源码下载地址为 https://github.com/opennetworkinglab/onos。

（4）ONOS 开发指南地址为 https://wiki.onosproject.org/display/ONOS/Developer%27s+Guide。

（5）ONOS 虚拟机下载地址为 https://wiki.onosproject.org/display/ONOS/Downloads。

9.7 本章总结

ONOS 是一款为服务提供商打造的软件定义网络（SDN）操作系统，具有可扩展性、高可用性、高性能以及南北向的抽象化，使得服务提供商能轻松地采用模块化结构来开发应用提供服务。ONOS 是一个基于集群的分布式操作系统。当网络规模和应用需求发生变化时，ONOS 能在水平方向上随之快速变化以适应业务需要。

ONOS 采用 SDN 控制器的典型架构，其突出优势是控制器是分布式核心。ONOS 控制器分为 5 层，包括应用层（Apps）、北向核心 API（NB Core API）、分布式核心（Distributed Core）、南向核心 API（SB Core API）、转发层（包括适配器 Adapters 和协议 Protocols）。

ONOS 控制器有 3 种不同的部署方式：通过源码进行安装、通过下载包进行安装和通过下载虚拟机进行安装。选择使用控制器 ONOS 源码安装的方式有助于深入理解 ONOS 项目，同时有利于有意加入 ONOS 项目开发者的读者进行下一步工作。而作为普通 ONOS 控制器使用者，快速地部署控制器 ONOS（通过下载包或虚拟机进行安装）是他们更倾向的选择。

ONOS 控制器是除 OpenDaylight 控制器之外最有影响力的 SDN 控制器，有兴趣的读者可以通过本章 9.6 节提供的学习参考链接进行更加深入的了解和研究。

第10章

控制器 Floodlight 安装指南

本章介绍 Floodlight 控制器的安装和使用指南。Floodlight 控制器的安装有两种方法：源码安装和下载虚拟机进行部署。

首先在 10.1 节介绍控制器 Floodlight 源码的安装，包括安装前提硬件和系统环境的准备、安装 Floodlight 的具体步骤、Floodlight 的更新升级。然后在 10.2 节中介绍通过下载虚拟机以部署控制器 Floodlight 的安装步骤。

在介绍这两种部署方法之后，本书在 10.3 节展示 Floodlight 控制器启动后的基本操作界面，介绍控制器 Floodlight 的常用命令，使用 Floodlight 和 Mininet 以及使用 Floodlight 和硬件交换机连接搭建了一个简单的 SDN 环境。

本章在 10.4 节给出控制器 Floodlight 的一些重点参考网站，以供有志从事 Floodlight 控制器开发或深入学习的读者进行学习。

最后在 10.5 节为本章进行总结。

10.1 控制器 Floodlight 源码安装指南

10.1.1 安装前提环境的准备

Floodlight 安装的准备实验环境如下：

- 最低安装硬件环境要求。
  - 内存 512M 或者更高。
  - 处理器单核或更高。
- 安装系统环境要求。
  - 推荐 Linux 操作系统或 Mac 操作系统，不推荐使用 Windows 操作系统。
  - Ubuntu10.04 及以上版本，本实验使用 Ubuntu13.04 版本。

- JDK（Java development kit）的要求：若安装 Floodlight 的 master 或以上版本，则最低需要配备 JDK8；若安装 Floodlight 1.2 及以下版本，则最低需要配备 JDK7。
- 需要使用 Ant 或 Maven 以编译项目。
- 需要 Python 开发包。
- 需要 Eclipse IDE 环境。

具体地来说：

若安装 Floodlight 的 master 或以上版本，除 Java 8 外（详见 http://www.webupd8.org/2012/09/install-oracle-java-8-in-ubuntu-via-ppa.html）还需要安装：

```
$ sudo apt-get install build-essential ant maven python-dev
```

若安装 Floodlight 的 Floodlight 1.2 及以下版本，则需要安装：

```
$ sudo apt-get install build-essential openjdk-7-jdk ant maven \
python-dev eclipse
```

10.1.2　安装 Floodlight

以下为使用 master 版本的 Floodlight。若需要安装其他版本，则可在 git clone 命令中使用参数“-b <版本名>”指定版本分支，如-b v1.2。

（1）下载源代码并进入目录

```
$ git clone git://github.com/floodlight/floodlight.git
$ cd floodlight
```

注意，也可进入网页（http://www.projectfloodlight.org/download/）选择合适版本的源码压缩文件进行下载。

（2）更新子模块

```
$ git submodule init
$ git submodule update
```

（3）编译项目

```
$ ant
```

（4）创建目录并赋予读写权利

```
$ sudo mkdir /var/lib/floodlight
$ sudo chmod 777 /var/lib/floodlight
```

Floodlight 成功安装。

10.1.3　Floodlight 的更新升级

在 Floodlight 项目安装后，可在此现存项目上进行更新升级。以下仍以升级至 master 版本为例。读者可自行替代成所需安装的 Floodlight 版本。

（1）进入旧版本所在目录

```
$ cd floodlight
```

（2）下载所需的 master 版本

```
$ git pull origin master
```

（3）更新子模块

```
$ git submodule init
$ git submodule update
```

（4）编译项目

```
$ ant
```

注意　若从 Floodlight 的 1.2 及以下版本升级至 master 或以上版本，需要安装 JDK8，这是 master 或以上版本的必备条件。

10.2 控制器 Floodlight 通过下载虚拟机进行部署的安装指南

快速地部署控制器 Floodlight 除了使用前面提到的下载包的方法之外，还有下载虚拟机的方法。本节介绍如何下载 Floodlight 虚拟机并进行部署。登录网页 https://floodlight.atlassian.net/wiki/display/floodlightcontroller/Floodlight+VM，下载虚拟机的压缩包，如图 10-1 所示。

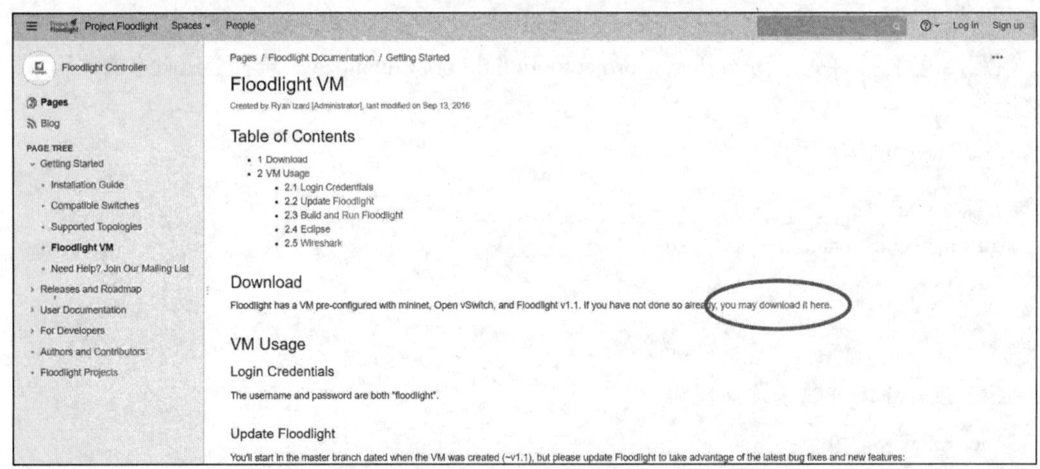

图 10-1　从页面下载虚拟机

下载的虚拟机的压缩包名为 floodlight-vm.zip，读者也可使用下载工具访问地址 http://opennetlinux.org/binaries/floodlight-vm.zip 直接下载。

下载完成后解压文件，将虚拟机放置到合适的位置。推荐选择轻量级的虚拟化工具（如 VirtualBox），因为部分官方网站共享的虚拟机文件指定在 VirtualBox 平台上运行。VirtualBox 是免费的、使用较广的CMM工具，可通过访问其官方网站（https://www.virtualbox.org/wiki/Downloads）

选择合适的版本进行下载，安装过程较为简单，这里就不多叙述。注意，安装 VirtualBox 的主机至少要有 2GB 及以上的内存空间，并且至少有 5GB 的空闲硬盘空间以为虚拟机运行所用。另外，也可在其他平台（如 VMware Workstation、VMware vSphere 等平台）上运行虚拟机，但存在部分虚拟机文件无法在这些平台上运行的情况。

本书之前在 9.4 节已经介绍过 VirtualBox 上部署和启动虚拟机的方式。读者可参考此节进行 Floodlight 虚拟机的部署和启动。

10.3　控制器 Floodlight 的使用指南

10.3.1　控制器 Floodlight 的常用命令介绍

Floodlight 控制器与应用程序交互主要的路径是通过 REST API 来完成的。REST API 将应用的请求及信息的返回封闭成 HTTP GET/PUT 的形式，向控制器发送 HTTP 请求并从控制器处获取信息。使用 Floodlight 控制器的 Restful API 返回的信息为 JSON 格式。

1. Floodlight 控制器的 Restful API

通过静态流表推送模块可手动修改每个交换机上的流表项，从而创建任意转发路径。默认情况下，Forwarding 模块被加载，控制器进行被动的流加载。静态流表推送模块支持的 API 有：

- 添加流表。

URI：/wm/staticflowentrypusher/json

参数：HTTP POST 数据

举例说明，比如 Floodlight 控制器（IP 地址为 192.168.1.114）向 Mininet 搭建的仿真网络中的交换机 s1（地址为 00:00:00:00:00:00:00:01）添加一条流表，应执行以下添加命令（curl 命令及其中流表的格式在之后部分讲解）：

```
$ curl -d '{"switch": "00:00:00:00:00:00:00:01", "name":"flow-mod-1",\
 "cookie":"0", "priority":"32768", "ingress-port":"1","active":"true",\
 "actions":"output=2"}' \
http:// 192.168.1.114:8080/wm/staticflowentrypusher/json
```

- 删除流表。

URI：/wm/staticflowentrypusher/json

参数：HTTP DELETE 数据

将名称为 flow-mod-1 的流表删除：

```
$ curl -X DELETE -d '{"name":"flow-mod-1"}'\
 http://192.168.1.114:8080/wm/staticflowentrypusher/json
```

- 列出指定交换机或所有交换机的所有静态流表。

URI：/wm/staticflowentrypusher/list/<switch>/json

switch：若要查看指定的交换机的所有静态流表，则输入此交换机有效的 DPIP（XX:XX:XX:XX:XX:XX:XX:XX）；若要查看所有的交换机的所有静态流表，则输入 all。

举例说明，比如 floodlight 控制器（IP 地址为 192.168.1.114）需要查看交换机 1（地址为 00:00:00:1e:08:00:03:d7）的所有流表，应执行以下添加命令（curl 命令中流表的格式在之后部分讲解）：

```
$ curl http:// 192.168.1.114:8080/wm/core/switch/00:00:00:1e:08:00:03:d7\
/flow/json;
```

或执行以下命令，效果也是一样的：

```
$ curl http:// 192.168.1.114:8080/wm/core/switch/1/flow/json;
```

根据上面的 API，可得到获取信息和执行命令的命令。

- 清空指定交换机或所有交换机的所有静态流表。

URI：/wm/staticflowentrypusher/clear/<switch>/json

switch：若要清空指定的交换机的所有静态流表，则输入此交换机有效的 DPIP（XX:XX:XX:XX:XX:XX:XX:XX）；若要清空所有的交换机的所有静态流表，则输入 all。

举例说明，比如 Floodlight 控制器（IP 地址为 192.168.1.114）需要删除其连接的所有交换机上的所有流表，应执行以下添加命令（curl 命令中流表的格式在之后部分讲解）：

```
$ curl http:// 192.168.1.114:8080/wm/ staticflowentrypusher/clear/all/json;
```

2. 命令的格式说明

- switch: 交换机（数据路径）的 ID，大致为 xx:xx:xx:xx:xx:xx:xx:xx 的格式。
- name: 流表项的名称，这是流表项的主键，必须是唯一的，字符串参数。
- cookie: 暂时存储在本地的用户相关信息。
- priority: 流表执行的优先顺序，正整数，值从 0 到 32767，默认值为 32767。
- ingress-port: 接收到包的端口，可为 16 进制或 10 进制。
- src-mac: 源 MAC 地址，发送包的机器的 MAC 地址。
- dst-mac: 目标 MAC 地址，接收包的机器的 MAC 地址。
- vlan-id: vlan 的 ID，可为 16 进制或 10 进制。
- vlan-priority: 可为 16 进制或 10 进制。
- ether-type: 以太网类型，可为 16 进制或 10 进制。
- tos-bits: 可为 16 进制或 10 进制。
- protocol: 协议，可为 16 进制或 10 进制。
- src-ip: 源 IP 地址，发送包的机器的 IP 地址。
- dst-ip: 目标 IP 地址，接收包的机器的 IP 地址。
- src-port: 源端口地址，发送包的机器的端口地址。
- dst-port: 目标端口地址，接收包的机器的端口地址。
- active: 布尔值。
- wildcards: 通配符。
- actions: 描述条件匹配后执行的操作集，若为空，则将包丢弃。格式为<key>=<value>，有以下操作。

➢ output: 将包转发的目标，可选择的参数为<number> 、all、controller、local、ingress-port、normal、flood。
➢ enqueue: <数字>:<数字>的格式，第 1 个数字为端口号，第 2 个为唯一的 ID。
➢ strip-vlan: 将 vlan 头去掉。
➢ set-vlan-id: 设置 vlan 的 ID，参数为 10 进制或 16 进制的数字。
➢ set-vlan-priority: 设置 vlan 的优先级，参数为 10 进制或 16 进制的数字。
➢ set-src-mac: 设置源 MAC 地址。
➢ set-dst-mac: 设置目标 MAC 地址。
➢ set-tos-bits: 设置 tos。
➢ set-src-ip: 设置源 IP 地址。
➢ set-dst-ip: 设置目标 IP 地址。
➢ set-src-port: 设置源端口地址。
➢ set-dst-port: 设置目标端口地址。

10.3.2　控制器 Floodlight 的启动

1. 直接启动控制器

运行以下命令，启动 Floodlight 控制器:

```
$ sudo java -jar floodlight/target/floodlight.jar
```

Floodlight 控制器启动，在控制台输出日志并调试相关信息，如图 10-2 所示。

```
root@cc-virtual-machine:/home/cc/floodlight# java -jar target/floodlight.jar
19:21:36.925 INFO [n.f.c.m.FloodlightModuleLoader:main] Loading default modules
19:21:37.592 INFO [n.f.c.i.Controller:main] Controller role set to MASTER
19:21:37.604 INFO [n.f.c.i.Controller:main] Flush switches on reconnect -- Disab
led
19:21:39.142 INFO [n.f.l.i.LinkDiscoveryManager:main] Setting autoportfast featu
re to OFF
19:21:39.871 INFO [o.s.s.i.c.FallbackCCProvider:main] Cluster not yet configured
; using fallback local configuration
19:21:39.875 INFO [o.s.s.i.SyncManager:main] [32767] Updating sync configuration
 ClusterConfig [allNodes={32767=Node [hostname=localhost, port=6642, nodeId=3276
7, domainId=32767]}, authScheme=CHALLENGE_RESPONSE, keyStorePath=/etc/floodlight
/auth_credentials.jceks, keyStorePassword is unset]
19:21:40.172 INFO [o.s.s.i.r.RPCService:main] Listening for internal floodlight
RPC on localhost/127.0.0.1:6642
19:21:40.635 INFO [n.f.c.i.Controller:main] Listening for switch connections on
0.0.0.0/0.0.0.0:6633
19:21:49.660 INFO [n.f.j.JythonServer:debugserver-main] Starting DebugServer on
:6655
```

图 10-2　启动 Floodlight 控制器

输入以下命令，查看 Floodlight 进程是否加载:

```
$ ps-ef |grep floodlight
```

若成功加载，结果如图 10-3 所示。

```
cc@cc-virtual-machine:~$ ps -ef |grep floodlight
root      6451  2463  2 19:21 pts/0    00:00:13 java -jar target/floodlight.jar
cc        6572  6487  0 19:31 pts/2    00:00:00 grep --color=auto floodlight
```

图 10-3　Floodlight 进程成功加载

启动后，Floodlight 就开始监听了。

2. 在 Eclipse 中启动控制器

我们也可使用 Eclipse 来运行、开发和配置 Floodlight。

我们可手动设置项目，或使用以下命令来准备项目的导入：

```
$ ant eclipse
```

运行命令后生成 Floodlight.launch、Floodlight_junit.launch、classpath 和.project 四个文件。使用这 4 个文件可设置一个新的 Eclipse 项目。接下来，将 Floodlight 项目导入：

（1）打开 eclipse 并新建一个工作区。

（2）单击 File→Import→General→Existing Projects into Workspace，然后单击下一步（Next）。

（3）在 Select root directory 中单击 Browse，选择 Floodlight 所在位置的路径。

（4）选中 Floodlight，此时应该没有其他任何项目显示或选中。

（5）单击 Finish。

准备运行 Floodlight：

（1）单击 Run→Run Configurations。

（2）右击 Java Application→New。

（3）Name 使用 FloodlightLaunch。

（4）Project 使用 Floodlight。

（5）Main 使用 net.floodlightcontroller.core.Main。

（6）单击 Apply。

（7）选择合适的项目，单击 Run 即可运行。

3. Floodlight 的一些参数设置

（1）配置侦听端口及 Web 端口等信息

默认 Floodlight 的侦听端口是 6633，Web 端口是 8080。可通过访问位置 floodlight/src/main/resources/的 learningswitch.properties 进行变更。如果需要加载其他模块或其他 Floodlight 默认属性，可更改此目录下的 floodlightdefault.properties 文件。更改后，运行 ant 命令重新编译，然后启动 floodlight 即可。

（2）使用其他方式转发

默认 Floodlight 是在 vlan 中转发的，若根据流表转发，则可先修改注释掉 forwarding：

```
$ vi src/main/resources/META-INF/services/net.floodlightcontroller.\
core.module.IFloodlightModule
```

注释掉文件中的这一行：

```
net.floodlightcontroller.forwarding.Forwarding
```

然后重启，执行以下命令：

```
$ java -jar floodlight/target/floodlight.jar
```

10.3.3　控制器 Floodlight 的界面介绍

打开浏览器，输入 Floodlight 的 UI 界面的地址：

```
http://<controller ip>:8080/ui/index.html
```

其中<controller ip>是控制器所在的 IP 地址，若在本地打开，则可写成 localhost，即：

```
http://localhost:8080/ui/index.html
```

进入登录界面，输入用户名 floodlight 和密码 floodlight。进入 Dashboard 面板，如图 10-4 所示。

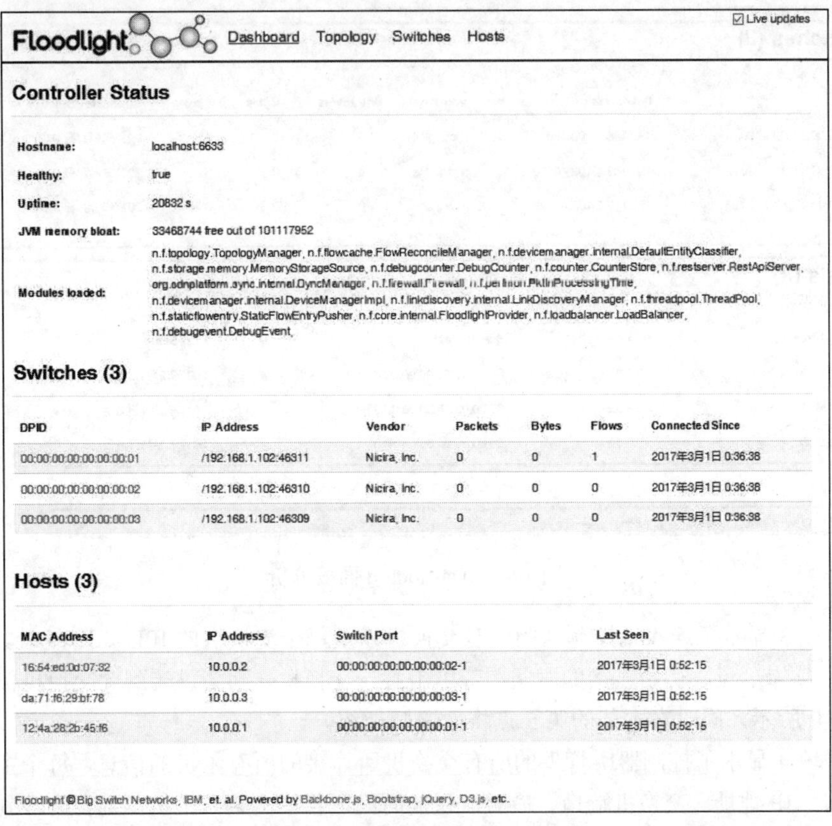

图 10-4　Floodlight 的 Dashboard 面板

1. Dashboard 面板

单击 Dashboard 选项卡可进入 Dashboard 面板，或者登录 Floodlight 后默认也会进入 Dashboard 面板，如图 10-5 所示。

图 10-5 将面板划分为 5 个区域：

（1）区域 1 是 Floodlight 控制台最上面的刊头，包含导航的 4 个选项卡 Dashboard、Topology（拓扑）、Switches（交换机）和 Hosts（主机）。单击相应的选项卡将进入相应的页面。

（2）区域 2 显示了控制器的状态，包括控制器所在的主机名、健康程度、正常运行时间、JVM 内存使用情况和加载的模块。

图 10-5　Dashboard 面板分析

（3）区域 3 显示了连接到控制器的所有交换机以及每个交换机的 IPID、IP 地址、供应商、接收的数据包、字节、流、初始连接的时间。若单击某一交换机，则会跳转到此交换机信息相应的页面（如图 10-9 所示，同时在本节的第 5 点将做专门介绍）。

（4）区域 4 显示了控制器所管理的所有交换机所连接的所有主机的信息，每个主机的信息包括 MAC 地址、IP 地址、交换机端口、最后活跃的时间。若单击某一主机，则会跳转到此主机信息相应的页面（如图 10-10 所示，同时在本节的第 6 点将做专门介绍）。

2. Topology 页面

Topology（拓扑）页面展示连接到 Floodlight 控制器的交换机和这些交换机上所连接的主机的拓扑关系，如图 10-6 所示。

3. Switches 页面

Switches（交换机）页面展示连接到 Floodlight 控制器的交换机的详细信息，包括每个交换机的 IPID、IP 地址、供应商、接收的数据包、字节、流、初始连接的时间，如图 10-7 所示。若单击某一交换机，则会跳转到此交换机信息相应的页面（如图 10-9 所示，同时在本节的第 5 点将做专门介绍）。这部分显示的信息与 Dashboard 面板中区域 3 的信息完全相同。

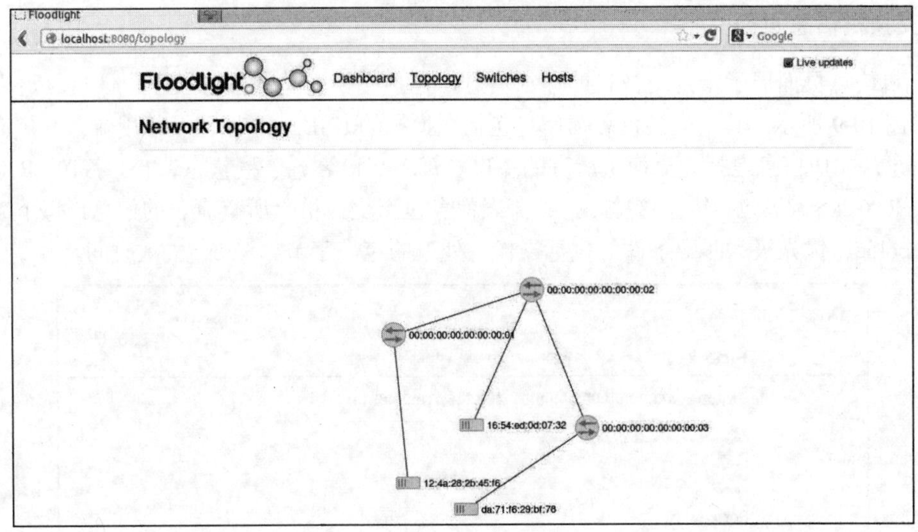

图 10-6　Topology 面板

localhost:8080/switches

Floodlight　Dashboard　Topology　Switches　Hosts　Live updates

Switches (3)

DPID	IP Address	Vendor	Packets	Bytes	Flows	Connected Since
00:00:00:00:00:00:00:01	/192.168.1.102:46311	Nicira, Inc.	0	0	0	2017年03月01日 星期三 00时36分38秒
00:00:00:00:00:00:00:02	/192.168.1.102:46310	Nicira, Inc.	0	0	0	2017年03月01日 星期三 00时36分38秒
00:00:00:00:00:00:00:03	/192.168.1.102:46309	Nicira, Inc.	0	0	0	2017年03月01日 星期三 00时36分38秒

Floodlight © Big Switch Networks, IBM, et. al. Powered by Backbone.js, Bootstrap, jQuery, D3.js, etc.

图 10-7　Switches 面板

4. Hosts 页面

Hosts（主机）页面展示控制器所管理的所有交换机所连接的所有主机的信息，每个主机的信息包括 MAC 地址、IP 地址、交换机端口、最后活跃的时间，如图 10-8 所示。若单击某一主机，则会跳转到此主机信息相应的页面（如图 10-10 所示，同时在本节的第 6 点将做专门介绍）。这部分显示的信息与 Dashboard 面板中区域 4 的信息完全相同。

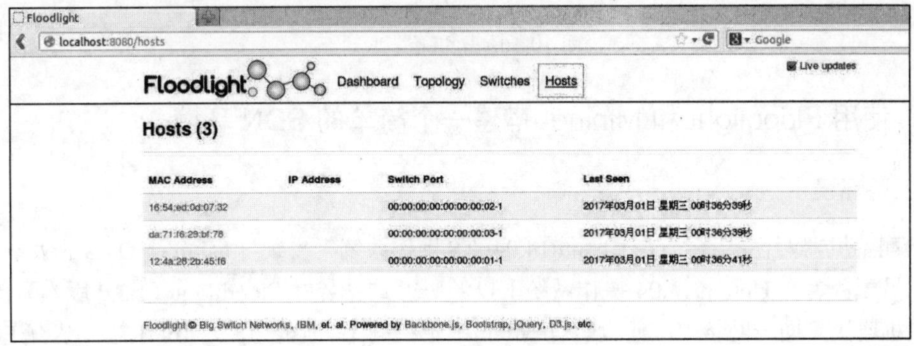

图 10-8　Hosts 面板

5. 交换机信息页面

交换机信息页面展示指定交换机的详细信息，包括交换机总体信息、端口信息、流表信息 3 部分，如图 10-9 所示。其中交换机总体信息包括交换机的 IPID、IP 地址及使用端口、供应商、版本号等信息；端口信息包括此交换机所有的端口及每个端口名、连接状态、TX 字节、RX 字节、TX Pkts、R X Pkts、丢包、错误这些信息；流表信息包括交换机上所有流表的信息，每个流表的信息包括 Cookie、优先级、匹配条件、执行操作、处理的包、字节、Age、失效时间。

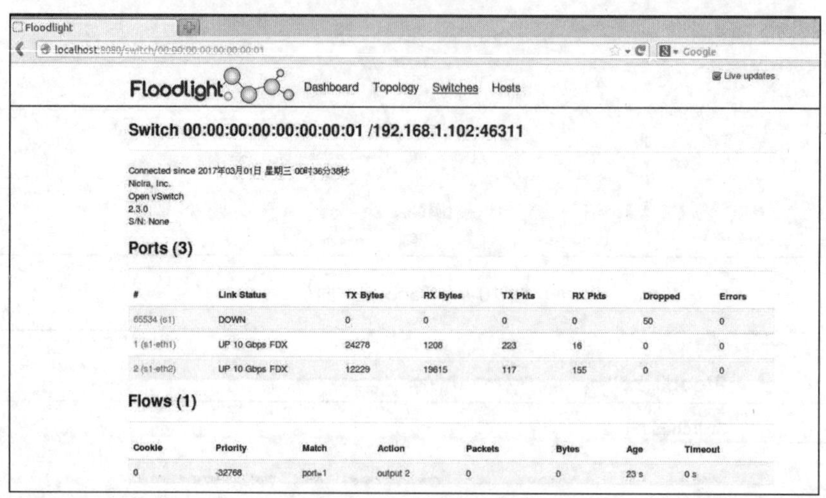

图 10-9　交换机信息页面

6. 主机信息页面

主机信息页面展示指定主机的信息，包括主机的 MAC 地址、IP 地址、连接点、最后活跃时间，如图 10-10 所示。

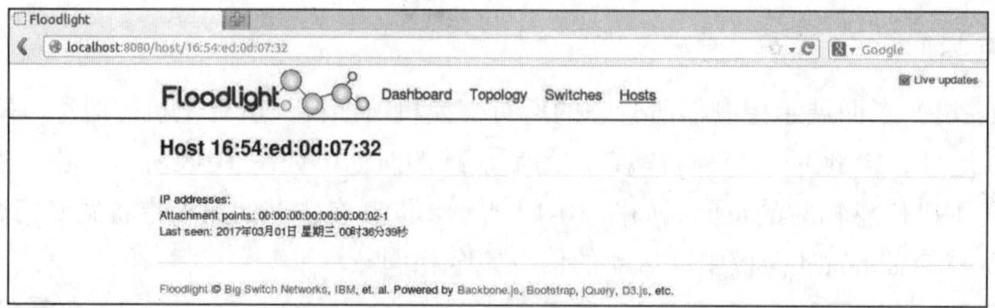

图 10-10　主机信息页面

10.3.4　使用 Floodlight 和 Mininet 搭建一个简单的 SDN 环境

1. 实验环境

实验配备机器两台，一台为在 Ubuntu14.04LTS 操作系统上安装好 Mininet（OVS 的版本为 2.3.0）的主机，另一台为在 Ubuntu13.04 操作系统上以源码方式安装好 Floodlight（1.2.0 版本）的主机。这两台主机连接到同一网络中，假设装有 Mininet 主机的 IP 地址为 192.168.1.37，装有 Floodlight 主机的 IP 地址为 192.168.1.114。

2. 仿真环境

预期的仿真环境为一台安装 Floodlight 控制器的机器，以及与其相连的 3 台支持 SDN 的交换机，每台交换机各自连接一台机器。仿真环境如图 10-11 所示。

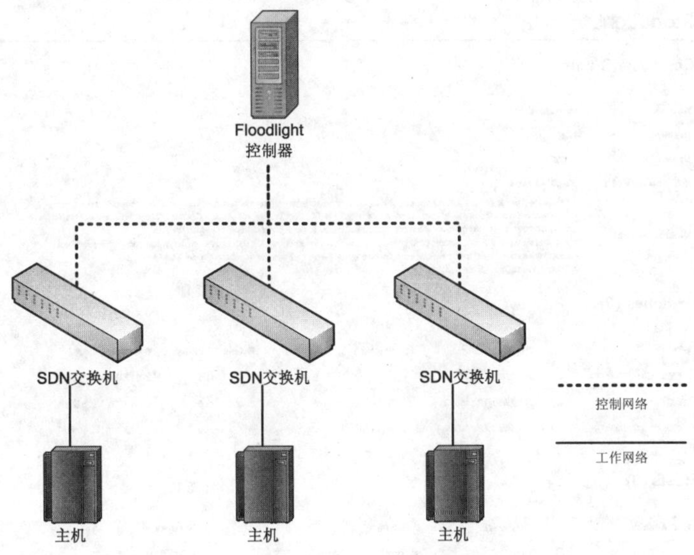

图 10-11　Floodlight 仿真实验图

启动装有 Mininet 的主机和装有 Floodlight 的主机。在 Mininet 的命令终端输入以下命令：

```
$ sudo mn --topo linear,3 --controller remote,ip=192.168.1.114,port=6633
```

或者使用 mn 命令创建仿真网络，然后为仿真网络中的每个交换机指定其所连接的控制器：

```
$ sudo mn --topo linear,3
$ ovs-vsctl set-controller s1 tcp:192.168.1.114:6633
$ ovs-vsctl set-controller s2 tcp:192.168.1.114:6633
$ ovs-vsctl set-controller s3 tcp:192.168.1.114:6633
```

仿真环境搭建成功，如图 10-12 所示。

```
root@cc-virtual-machine:/home/cc# sudo mn --topo linear,3 --controller remote,ip
=192.168.1.114,port=6633
*** Creating network
*** Adding controller
*** Adding hosts:
h1 h2 h3
*** Adding switches:
s1 s2 s3
*** Adding links:
(h1, s1) (h2, s2) (h3, s3) (s2, s1) (s3, s2)
*** Configuring hosts
h1 h2 h3
*** Starting controller
c0
*** Starting 3 switches
s1 s2 s3 ...
*** Starting CLI:
mininet>
```

图 10-12　Floodlight 仿真环境搭建成功

3. 实验结果

在 Floodlight 所在主机上直接打开浏览器，输入网址 http://localhost:8080/ui/index.html，在输入

用户名和密码（floodlight/floodlight）后进入 Floodlight 控制台。

在 Dashboard 页面已显示所连接的仿真网络的情况（见图 10-13），有 3 个连接到控制器的交换机以及每个交换机连接的主机（每个交换机连接 1 个，共 3 个）的信息。

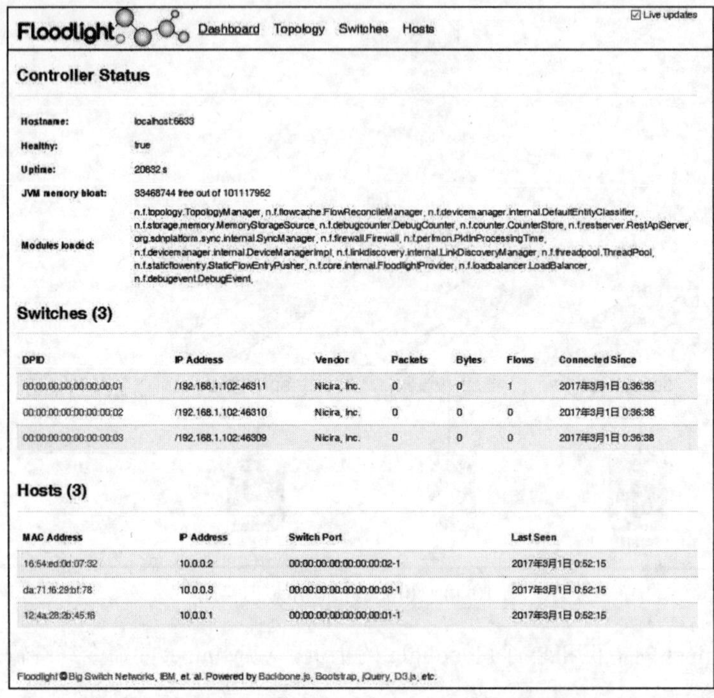

图 10-13　Dashboard 页面显示仿真环境的情况

在 Topology（拓扑）页面则显示所连接的仿真网络的拓扑情况（见图 10-14），对比仿真实验的拓扑设计图（见图 10-11），可发现完全相符。

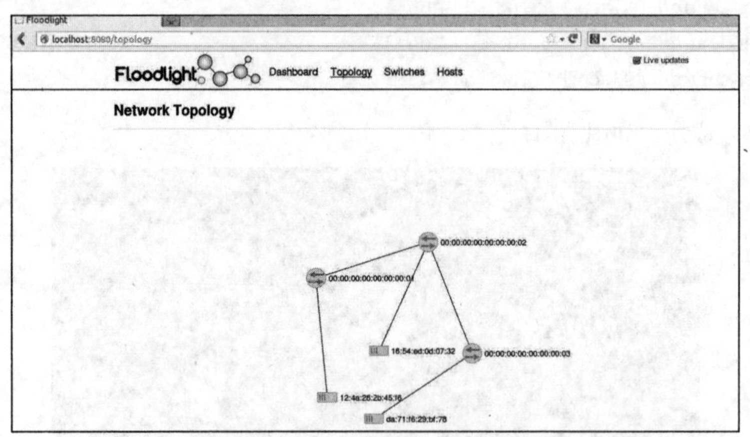

图 10-14　Topology（拓扑）页面显示仿真环境的情况

在 Switches（交换机）页面已显示控制器所连接的 3 台交换机的相关信息，如图 10-15 所示。

在 Hosts（主机）页面已显示控制器所连接的所有交换机所连接的主机（控制器连接 3 台交换机，每台交换机各连接一台主机，共 3 台主机）的相关信息，如图 10-16 所示。

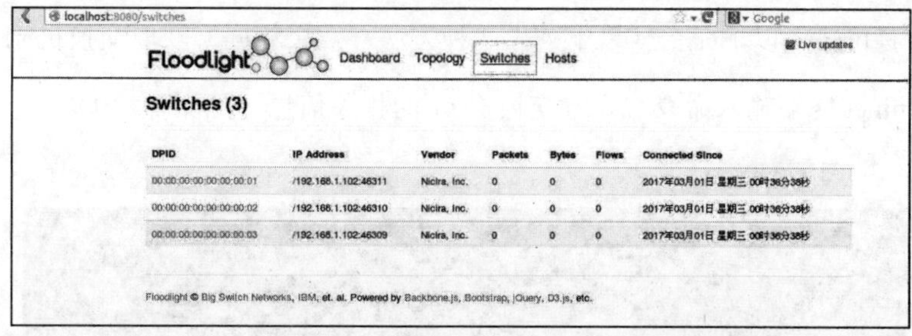

图 10-15　Switches（交换机）页面显示仿真环境的情况

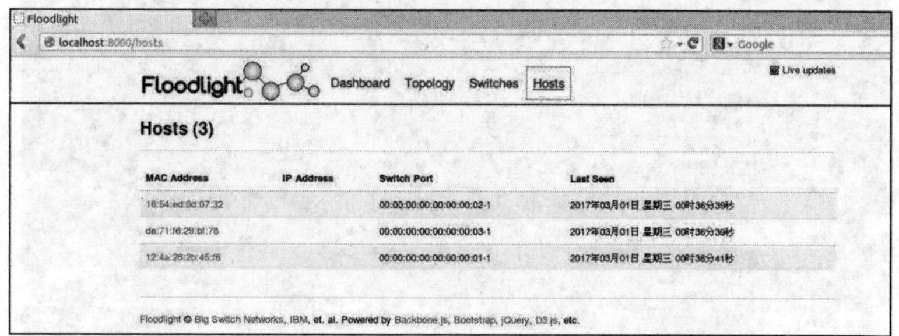

图 10-16　Hosts（主机）页面显示仿真环境的情况

单击交换机 s1，可打开其信息页面，上面有 s1 的相关信息如图 10-17 所示。

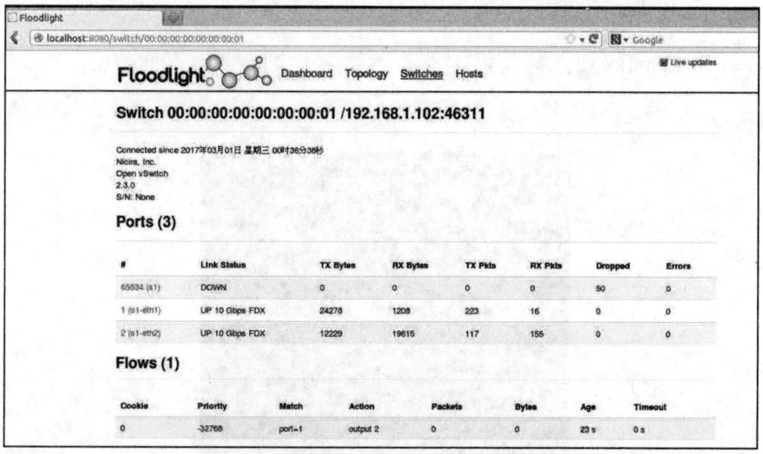

图 10-17　交换机信息显示仿真环境的情况

单击主机 h1，可打开其主机信息页面，上面有 h1 的相关信息，如图 10-18 所示。

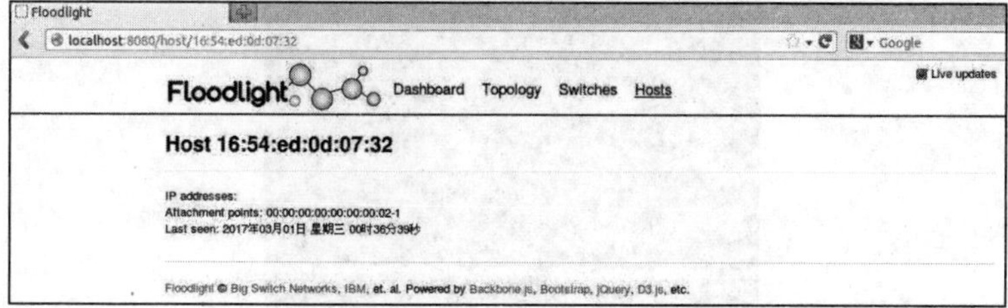

图 10-18　主机信息显示仿真环境的情况

有兴趣的读者可输入以下命令（以下列出两种方法，效果相同）获取交换机 s1 的相关信息。

（1）在 Mininet 终端输入命令，查看交换机 s1 的相关信息（见图 10-19）：

```
mininet> s1 ovs-vsctl show
```

```
mininet> s1 ovs-vsctl show
bad63105-b5fe-4f1b-958a-3a5bce10d8a3
    Manager "tcp:192.168.1.110:6640"
    Bridge "s2"
        Controller "ptcp:6635"
        Controller "tcp:192.168.1.114:6633"
            is_connected: true
        fail_mode: secure
        Port "s2"
            Interface "s2"
                type: internal
        Port "s2-eth1"
            Interface "s2-eth1"
        Port "s2-eth2"
            Interface "s2-eth2"
        Port "s2-eth3"
            Interface "s2-eth3"
    Bridge "s3"
        Controller "ptcp:6636"
        Controller "tcp:192.168.1.114:6633"
            is_connected: true
        fail_mode: secure
        Port "s3-eth1"
            Interface "s3-eth1"
        Port "s3-eth2"
            Interface "s3-eth2"
        Port "s3"
            Interface "s3"
                type: internal
    Bridge "s1"
        Controller "ptcp:6634"
        Controller "tcp:192.168.1.114:6633"
            is_connected: true
        fail_mode: secure
        Port "s1"
            Interface "s1"
                type: internal
        Port "s1-eth2"
            Interface "s1-eth2"
        Port "s1-eth1"
            Interface "s1-eth1"
    ovs_version: "2.3.0"
mininet>
```

图 10-19　在 Mininet 终端输入命令，查看交换机 s1 的相关信息

（2）打开交换机 s1 的终端，输入以下命令查看其相关信息（见图 10-20）：

```
# ovs-vsctl show
```

```
root@cc-virtual-machine:/home/cc# ovs-vsctl show
bad63105-b5fe-4f1b-958a-3a5bce10d8a3
    Manager "tcp:192.168.1.110:6640"
    Bridge "s2"
        Controller "ptcp:6635"
        Controller "tcp:192.168.1.114:6633"
            is_connected: true
        fail_mode: secure
        Port "s2"
            Interface "s2"
                type: internal
        Port "s2-eth1"
            Interface "s2-eth1"
        Port "s2-eth2"
            Interface "s2-eth2"
        Port "s2-eth3"
            Interface "s2-eth3"
    Bridge "s3"
        Controller "ptcp:6636"
        Controller "tcp:192.168.1.114:6633"
            is_connected: true
        fail_mode: secure
        Port "s3-eth1"
            Interface "s3-eth1"
        Port "s3-eth2"
            Interface "s3-eth2"
        Port "s3"
            Interface "s3"
                type: internal
    Bridge "s1"
        Controller "ptcp:6634"
        Controller "tcp:192.168.1.114:6633"
            is_connected: true
        fail_mode: secure
        Port "s1"
            Interface "s1"
                type: internal
        Port "s1-eth2"
            Interface "s1-eth2"
        Port "s1-eth1"
            Interface "s1-eth1"
    ovs_version: "2.3.0"
root@cc-virtual-machine:/home/cc#
```

图 10-20　在 s1 终端输入命令查看交换机的相关信息

10.3.5　使用 Floodlight 和硬件交换机连接以搭建一个简单的 SDN 环境

Floodlight 控制器能控制多种厂商的 SDN 交换机，本节以 xNet 公司的交换机 xNetware version 3.0.b1.with-openflow 为例进行介绍，其他厂商的 SDN-enable 交换机需参照其交换机的专用配置进行，但总体步骤与本实验类似。

1. 配置硬件交换机

对硬件交换机进行基础配置，主要包括安装 Minicom 工具、进行 Minicom 的初配置、远程登录管理界面、设置交换机支持 OpenFlow 的协议为 1.0，具体在第 7 章的 7.6.1 已经介绍过，这里就不再赘述。

2. 配置硬件交换机连接至 Floodlight 控制器

进入 xNet 命令行，执行 Config 配置。运行以下命令：

```
xNet#con t
Enter configuration commands, one per line.  End with CNTL/Z.
xNet(config)#openflow
```

配置控制器的连接类型：

```
xNet(config-openflow)#controller ?
 tcp  TCP
```

配置控制器的 IP 地址（A.B.C.D，本实验为 192.168.1.100）：

```
xNet(config-openflow)#controller tcp ?
 A.B.C.D  The address of controller

xNet(config-openflow)#controller tcp 192.168.1.100 ?
 PORT  The port number of controller
 <cr>

xNet(config-openflow)#controller tcp 192.168.1.100
```

命令执行后，可在 Floodlight 的 UI 上看到 xNet OpenFlow 交换机。

具体可见第 7 章的 7.6.2 节。

10.4　控制器 Floodlight 的学习参考

Floodlight 主要的学习指南、参考的链接如下：

（1）Floodlight 的官方网站地址为 http://www.projectfloodlight.org。

（2）Floodlight 学习文档地址为 https://floodlight.atlassian.net/wiki/display/floodlightcontroller/Floodlight+Documentation。

（3）Floodlight 的源码下载地址：

1）wiki 上的 Floodlight 的源码下载地址为 https://github.com/floodlight/floodlight。

2）官方网站上的 Floodlight 的源码下载地址为 http://www.projectfloodlight.org/download/。

（4）Floodlight 开发指南地址为 https://floodlight.atlassian.net/wiki/display/floodlightcontroller/For+Developers。

（5）Floodlight 虚拟机下载地址为 https://floodlight.atlassian.net/wiki/display/floodlightcontroller/Floodlight+VM。

10.5 本章总结

Floodlight 控制器是较早出现的开源 SDN 控制器，也是知名度较广的控制器之一。在许多 SDN 的学术研究中，学者采用 Floodlight 作为实验工具，在一些公司，也基于 Floodlight 进行优化和功能扩展。Floodlight 控制器实现了控制和查询一个 OpenFlow 网络的通用功能集，而在此控制器上的应用集则满足了不同用户对于网络所需的各种功能。

Floodlight 控制器有两种不同的安装方法：通过源码进行安装和通过下载虚拟机进行安装。选择使用控制器 Floodlight 源码安装的方式有助于深入理解 Floodlight 项目，同时有利于有意加入 Floodlight 项目开发者的读者进行下一步工作。而作为普通 Floodlight 控制器使用者而言，快速地部署控制器 Floodlight 即通过下载虚拟机进行部署安装是他们更倾向的选择。

第 11 章

控制器 Ryu 安装指南

本章介绍 Ryu 控制器的安装和使用指南。Ryu 控制器的安装有 3 种方法：源码安装、系统内置命令直接安装和下载虚拟机以部署。

本章首先在 11.1 节介绍使用控制器 Ryu 源码的安装，然后在 11.2 节中介绍使用系统内置命令直接安装控制器 Ryu 的方法，接着在 11.3 节介绍通过下载虚拟机以部署控制器 Ryu 的安装步骤。

在介绍完这 3 种安装方法之后，本书在 11.4 节展示 Ryu 控制器开启后的基本操作界面，并演示使用 Ryu 和 Mininet 搭建简单的 SDN 环境。

本章在 11.5 节给出控制器 Ryu 的一些重点参考网站，以供有志从事 Ryu 控制器开发或深入学习的读者进行学习。

最后在 11.6 节为本章进行总结。

11.1　控制器 Ryu 源码安装指南

11.1.1　安装前提环境的准备

本实验在 Ubuntu14.04LTS 上安装。运行以下命令，以准备安装的环境：

```
$ sudo apt-get install build-essential ant maven python-dev python-pip
$ apt-get install python-eventlet python-routes python-webob \
python-paramiko
```

升级 pip：

```
$ sudo pip install --upgrade pip
```

安装版本为 6 的 pip，运行以下命令：

```
$ sudo pip uninstall six
```

```
$ pip install six
```

或者运行以下命令以安装版本为 6 的 pip：

```
$ sudo pip install --upgrade six
```

11.1.2　安装 Ryu

（1）下载源代码

```
$ git clone https://github.com/osrg/ryu.git
```

注意，也可进入 GitHub 网站上 Ryu 的项目地址（https://github.com/osrg/ryu）选择合适版本的源码压缩文件进行下载，如图 11-1 所示。下载的文件为 ZIP 格式，解压到合适的位置即可。

（2）进入 Ryu 项目目录

```
$ cd ryu
```

使用 Python 来安装 Ryu：

```
$ sudo python setup.py install
```

Ryu 成功安装。

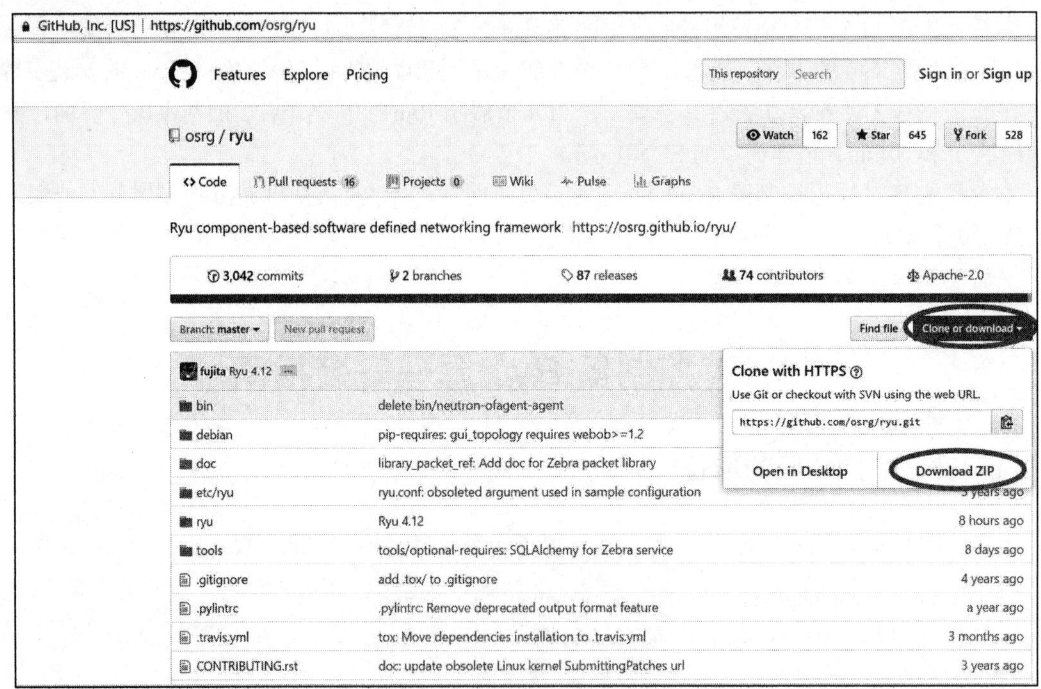

图 11-1　github.com 上的 Ryu 源码

11.1.3　安装参考

GitHub 网站上的安装参考：https://github.com/osrg/ryu.git。

11.2　使用系统内置命令直接安装控制器的安装指南

11.2.1　安装前提环境的准备

本实验在 Ubuntu14.04LTS 上安装。安装前提环境的准备与 11.1.1 节相同，这里就不再重复介绍了。

11.2.2　使用系统内置命令直接安装 Ryu

```
$ sudo pip install ryu
```

Ryu 成功安装。

11.2.3　安装参考

GitHub 网站上的安装参考：https://github.com/osrg/ryu.git。

11.3　控制器 Ryu 通过下载虚拟机进行部署的安装指南

快速地部署控制器 Ryu 除了使用前面提到的源码安装和直接安装的方法之外，还有下载虚拟机的方法。本节介绍下载 Ryu 虚拟机并进行部署，登录网页 https://sourceforge.net/projects/ryu/files/vmimages/OpenFlowTutorial，下载虚拟机的压缩包，如图 11-2 所示。

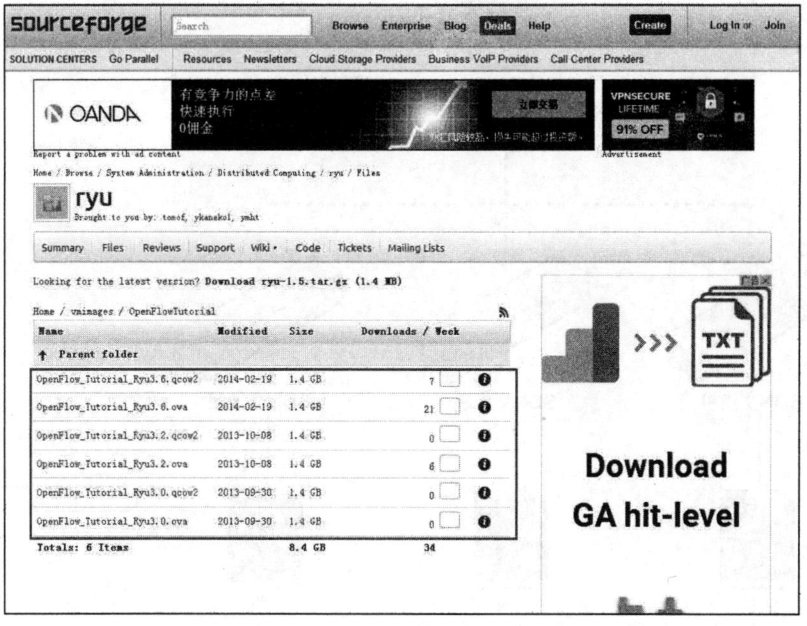

图 11-2　github.com 上的 Ryu 源码

下载的虚拟机有 ova 和 qcow2 两种格式，选择所需的版本进行下载，然后将虚拟机放置到合适的位置。推荐选择轻量级的虚拟化工具（如 VirtualBox），因为部分官方网站共享的虚拟机文件指定在 VirtualBox 平台上运行。VirtualBox 是免费的、使用较广的 CMM 工具，可通过访问其官方网站（https://www.virtualbox.org/wiki/Downloads）选择合适的版本进行下载，安装过程较为简单，这里就不多加叙述。注意，安装 VirtualBox 的主机至少要有 2GB 及以上的内存空间，并且至少有 5GB 的空闲硬盘空间以为虚拟机运行所用。另外，也可在其他平台（如 VMware Workstation、VMware vSphere 等平台）上运行虚拟机，但存在部分虚拟机文件无法在这些平台上运行的情况。

本书之前在 9.4 节已经介绍过 VirtualBox 上部署和启动虚拟机的方式，读者可参考此节进行 Floodlight 虚拟机的部署和启动。

11.4　控制器 Ryu 连接 Mininet 的实验

11.4.1　实验环境设计

实验配备机器两台，一台为在 Ubuntu14.04LTS 操作系统上安装好 Mininet（OVS 的版本为 2.3.0）的主机，另一台为在 Ubuntu14.04LTS 操作系统上以源码方式安装好 Ryu 的主机。这两台主机连接到同一网络中，假设装有 Mininet 主机的 IP 地址为 192.168.1.37，装有 Ryu 主机的 IP 地址为 192.168.1.116。

预期的仿真环境为一台安装 Ryu 控制器的机器，以及与其相连的 3 台支持 SDN 的交换机，每台交换机各自连接一台机器。仿真环境如图 11-3 所示。

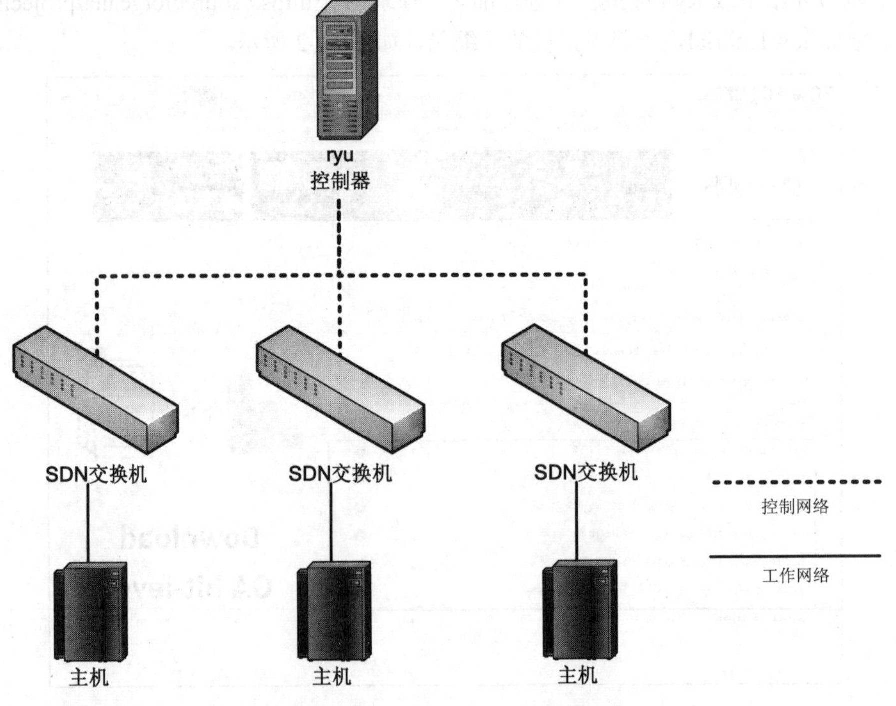

图 11-3　Ryu 仿真实验图

11.4.2　控制器 Ryu 的启动

进入 Ryu 目录：

```
$ cd ryu
```

启动控制器 Ryu：

```
$ ryu-manager yourapp.py
```

注意　这里 yourapp.py 为自定义的 Ryu 应用。开发自定义的 Ryu 应用可参考链接 http://ryu.readthedocs.io/en/latest/writing_ryu_app.html。

实验中，本书选择控制器 Ryu 自带的应用之一——simple_switch.py 进行实验，运行以下命令：

```
$ sudo ./bin/ryu-manager --verbose ryu/app/simple_switch.py
```

控制台显示结果如图 11-4 所示。

```
root@14:/home/cc/ryu# sudo ./bin/ryu-manager --verbose ryu/app/simple_switch.py
loading app ryu/app/simple_switch.py
loading app ryu.controller.ofp_handler
instantiating app ryu.controller.ofp_handler of OFPHandler
instantiating app ryu/app/simple_switch.py of SimpleSwitch
BRICK SimpleSwitch
  CONSUMES EventOFPPacketIn
  CONSUMES EventOFPPortStatus
BRICK ofp_event
  PROVIDES EventOFPPacketIn TO {'SimpleSwitch': set(['main'])}
  PROVIDES EventOFPPortStatus TO {'SimpleSwitch': set(['main'])}
  CONSUMES EventOFPSwitchFeatures
  CONSUMES EventOFPEchoRequest
  CONSUMES EventOFPPortDescStatsReply
  CONSUMES EventOFPHello
  CONSUMES EventOFPErrorMsg
```

图 11-4　启动 Ryu

11.4.3　启动 Mininet 创建仿真网络

启动装有 Mininet 的主机和装有 Ryu 控制器（控制器地址为 192.168.1.116）的主机。在 Mininet 的命令终端输入以下命令：

```
$ sudo mn --topo linear,3 --controller remote,ip=192.168.1.116
```

或者先使用 mn 命令创建仿真网络，然后为仿真网络中的每个交换机指定其所连接的控制器。结果类似图 11-5 所示。

```
root@cc-virtual-machine:/home/cc# sudo mn --topo linear,3 --controller remote,ip=192.168.1.116
*** Creating network
*** Adding controller
*** Adding hosts:
h1 h2 h3
*** Adding switches:
s1 s2 s3
*** Adding links:
(h1, s1) (h2, s2) (h3, s3) (s2, s1) (s3, s2)
*** Configuring hosts
h1 h2 h3
*** Starting controller
c0
*** Starting 3 switches
s1 s2 s3 ...
*** Starting CLI:
mininet>
```

图 11-5　在 Mininet 上连接 Ryu 控制器

在 Ryu 终端显示连接信息，图 11-6 所示为部分显示内容。

```
connected socket:<eventlet.greenio.GreenSocket object at 0x7ff3160f9f90> address:('192.168.1.102', 51790)
connected socket:<eventlet.greenio.GreenSocket object at 0x7ff316106090> address:('192.168.1.102', 51791)
hello ev <ryu.controller.ofp_event.EventOFPHello object at 0x7ff316106610>
move onto config mode
connected socket:<eventlet.greenio.GreenSocket object at 0x7ff316106250> address:('192.168.1.102', 51792)
hello ev <ryu.controller.ofp_event.EventOFPHello object at 0x7ff3161069d0>
move onto config mode
connected socket:<eventlet.greenio.GreenSocket object at 0x7ff316106350> address:('192.168.1.102', 51793)
hello ev <ryu.controller.ofp_event.EventOFPHello object at 0x7ff316106ed0>
move onto config mode
switch features ev version: 0x1 msg_type 0x6 xid 0xff94f4e3 OFPSwitchFeatures(actions=4095,capabilities=199,datapath_id
=3,n_buffers=256,n_tables=254,ports={1: OFPPhyPort(port_no=1,hw_addr='fa:6a:c9:3a:d5:f2',name='s3-eth1',config=0,state=
0,curr=192,advertised=0,supported=0,peer=0), 2: OFPPhyPort(port_no=2,hw_addr='ea:6a:12:59:20:30',name='s3-eth2',config=
0,state=0,curr=192,advertised=0,supported=0,peer=0), 65534: OFPPhyPort(port_no=65534,hw_addr='a2:c8:68:49:6b:49',name='
s3',config=1,state=1,curr=0,advertised=0,supported=0,peer=0)})
move onto main mode
switch features ev version: 0x1 msg_type 0x6 xid 0x2f880347 OFPSwitchFeatures(actions=4095,capabilities=199,datapath_id
=2,n_buffers=256,n_tables=254,ports={1: OFPPhyPort(port_no=1,hw_addr='de:30:7e:01:37:f2',name='s2-eth1',config=0,state=
0,curr=192,advertised=0,supported=0,peer=0), 2: OFPPhyPort(port_no=2,hw_addr='82:e2:cc:f8:ff:ae',name='s2-eth2',config=
0,state=0,curr=192,advertised=0,supported=0,peer=0), 3: OFPPhyPort(port_no=3,hw_addr='1a:27:de:67:96:dd',name='s2-eth3'
,config=0,state=0,curr=192,advertised=0,supported=0,peer=0), 65534: OFPPhyPort(port_no=65534,hw_addr='96:d0:13:89:84:49
',name='s2',config=1,state=1,curr=0,advertised=0,supported=0,peer=0)})
move onto main mode
switch features ev version: 0x1 msg_type 0x6 xid 0x50897aa0 OFPSwitchFeatures(actions=4095,capabilities=199,datapath_id
=1,n_buffers=256,n_tables=254,ports={1: OFPPhyPort(port_no=1,hw_addr='7a:4b:62:9c:5a:05',name='s1-eth1',config=0,state=
1,curr=192,advertised=0,supported=0,peer=0), 2: OFPPhyPort(port_no=2,hw_addr='62:97:1a:79:af:94',name='s1-eth2',config=
0,state=0,curr=192,advertised=0,supported=0,peer=0), 65534: OFPPhyPort(port_no=65534,hw_addr='fe:cc:c3:ff:10:48',name='
s1',config=1,state=1,curr=0,advertised=0,supported=0,peer=0)})
move onto main mode
EVENT ofp_event->SimpleSwitch EventOFPPacketIn
packet in 3 1a:27:de:67:96:dd 33:33:00:00:00:16 2
EVENT ofp_event->SimpleSwitch EventOFPPacketIn
packet in 3 3a:aa:a5:b3:94:64 33:33:00:00:00:16 1
EVENT ofp_event->SimpleSwitch EventOFPPacketIn
packet in 2 3a:aa:a5:b3:94:64 33:33:00:00:00:16 3
EVENT ofp_event->SimpleSwitch EventOFPPacketIn
packet in 1 3a:aa:a5:b3:94:64 33:33:00:00:00:16 2
EVENT ofp_event->SimpleSwitch EventOFPPacketIn
packet in 2 ea:6a:12:59:20:30 33:33:00:00:00:16 3
EVENT ofp_event->SimpleSwitch EventOFPPacketIn
packet in 1 ea:6a:12:59:20:30 33:33:00:00:00:16 2
EVENT ofp_event->SimpleSwitch EventOFPPacketIn
packet in 3 3a:aa:a5:b3:94:64 33:33:ff:b3:94:64 1
EVENT ofp_event->SimpleSwitch EventOFPPacketIn
packet in 2 3a:aa:a5:b3:94:64 33:33:ff:b3:94:64 3
EVENT ofp_event->SimpleSwitch EventOFPPacketIn
packet in 1 3a:aa:a5:b3:94:64 33:33:ff:b3:94:64 2
EVENT ofp_event->SimpleSwitch EventOFPPacketIn
packet in 2 3a:1f:a7:fa:b7:7b 33:33:00:00:00:16 1
EVENT ofp_event->SimpleSwitch EventOFPPacketIn
EVENT ofp_event->SimpleSwitch EventOFPPacketIn
packet in 1 3a:1f:a7:fa:b7:7b 33:33:00:00:00:16 2
packet in 3 3a:1f:a7:fa:b7:7b 33:33:00:00:00:16 2
EVENT ofp_event->SimpleSwitch EventOFPPacketIn
packet in 1 82:e2:cc:f8:ff:ae 33:33:ff:f8:ff:ae 2
EVENT ofp_event->SimpleSwitch EventOFPPacketIn
packet in 1 e2:a4:7b:e3:1b:2e 33:33:ff:e3:1b:2e 1
EVENT ofp_event->SimpleSwitch EventOFPPacketIn
packet in 2 3a:1f:a7:fa:b7:7b 33:33:ff:fa:b7:7b 1
EVENT ofp_event->SimpleSwitch EventOFPPacketIn
EVENT ofp_event->SimpleSwitch EventOFPPacketIn
packet in 2 e2:a4:7b:e3:1b:2e 33:33:ff:e3:1b:2e 2
packet in 1 82:e2:cc:f8:ff:ae 33:33:00:00:00:16 2
EVENT ofp_event->SimpleSwitch EventOFPPacketIn
EVENT ofp_event->SimpleSwitch EventOFPPacketIn
packet in 3 3a:1f:a7:fa:b7:7b 33:33:ff:fa:b7:7b 2
packet in 1 3a:1f:a7:fa:b7:7b 33:33:ff:fa:b7:7b 2
EVENT ofp_event->SimpleSwitch EventOFPPacketIn
packet in 3 e2:a4:7b:e3:1b:2e 33:33:ff:e3:1b:2e 2
EVENT ofp_event->SimpleSwitch EventOFPPacketIn
packet in 1 e2:a4:7b:e3:1b:2e 33:33:00:00:00:16 1
EVENT ofp_event->SimpleSwitch EventOFPPacketIn
packet in 2 e2:a4:7b:e3:1b:2e 33:33:00:00:00:16 2
EVENT ofp_event->SimpleSwitch EventOFPPacketIn
packet in 3 e2:a4:7b:e3:1b:2e 33:33:00:00:00:16 2
EVENT ofp_event->SimpleSwitch EventOFPPacketIn
packet in 2 62:97:1a:79:af:94 33:33:00:00:00:16 2
EVENT ofp_event->SimpleSwitch EventOFPPacketIn
packet in 3 62:97:1a:79:af:94 33:33:00:00:00:16 2
EVENT ofp_event->SimpleSwitch EventOFPPacketIn
packet in 3 1a:27:de:67:96:dd 33:33:ff:67:96:dd 2
EVENT ofp_event->SimpleSwitch EventOFPPacketIn
packet in 2 62:97:1a:79:af:94 33:33:ff:79:af:94 2
EVENT ofp_event->SimpleSwitch EventOFPPacketIn
packet in 3 62:97:1a:79:af:94 33:33:ff:79:af:94 2
EVENT ofp_event->SimpleSwitch EventOFPPacketIn
packet in 2 ea:6a:12:59:20:30 33:33:ff:59:20:30 3
EVENT ofp_event->SimpleSwitch EventOFPPacketIn
packet in 1 ea:6a:12:59:20:30 33:33:ff:59:20:30 2
EVENT ofp_event->SimpleSwitch EventOFPPortStatus
port modified 1
EVENT ofp_event->SimpleSwitch EventOFPPacketIn
EVENT ofp_event->SimpleSwitch EventOFPPacketIn
packet in 3 3a:aa:a5:b3:94:64 33:33:00:00:00:16 1
packet in 3 3a:aa:a5:b3:94:64 33:33:00:00:00:02 1
EVENT ofp_event->SimpleSwitch EventOFPPacketIn
EVENT ofp_event->SimpleSwitch EventOFPPacketIn
packet in 2 3a:aa:a5:b3:94:64 33:33:00:00:00:16 3
packet in 2 3a:aa:a5:b3:94:64 33:33:00:00:00:02 3
EVENT ofp_event->SimpleSwitch EventOFPPacketIn
EVENT ofp_event->SimpleSwitch EventOFPPacketIn
packet in 1 3a:aa:a5:b3:94:64 33:33:00:00:00:16 2
packet in 1 3a:aa:a5:b3:94:64 33:33:00:00:00:02 2
EVENT ofp_event->SimpleSwitch EventOFPPacketIn
packet in 3 3a:aa:a5:b3:94:64 33:33:00:00:00:16 1
```

图 11-6　Ryu 终端显示信息

```
EVENT ofp_event->SimpleSwitch EventOFPPacketIn
packet in 1 ea:6a:12:59:20:30 33:33:00:00:00:fb 2
EVENT ofp_event->SimpleSwitch EventOFPPacketIn
packet in 1 82:e2:cc:f8:ff:ae 33:33:00:00:00:fb 2
EVENT ofp_event->SimpleSwitch EventOFPPacketIn
packet in 3 1a:27:de:67:96:dd 33:33:00:00:00:fb 2
EVENT ofp_event->SimpleSwitch EventOFPPacketIn
packet in 2 62:97:1a:79:af:94 33:33:00:00:00:fb 2
EVENT ofp_event->SimpleSwitch EventOFPPacketIn
packet in 3 62:97:1a:79:af:94 33:33:00:00:00:fb 2
EVENT ofp_event->SimpleSwitch EventOFPPacketIn
packet in 2 ea:6a:12:59:20:30 33:33:00:00:00:fb 3
EVENT ofp_event->SimpleSwitch EventOFPPacketIn
packet in 1 ea:6a:12:59:20:30 33:33:00:00:00:fb 2
EVENT ofp_event->SimpleSwitch EventOFPPacketIn
packet in 1 82:e2:cc:f8:ff:ae 33:33:00:00:00:fb 2
EVENT ofp_event->SimpleSwitch EventOFPPacketIn
packet in 3 1a:27:de:67:96:dd 33:33:00:00:00:fb 2
EVENT ofp_event->SimpleSwitch EventOFPPacketIn
packet in 2 62:97:1a:79:af:94 33:33:00:00:00:fb 2
EVENT ofp_event->SimpleSwitch EventOFPPacketIn
packet in 3 62:97:1a:79:af:94 33:33:00:00:00:fb 2
EVENT ofp_event->SimpleSwitch EventOFPPacketIn
packet in 2 ea:6a:12:59:20:30 33:33:00:00:00:fb 3
EVENT ofp_event->SimpleSwitch EventOFPPacketIn
packet in 1 ea:6a:12:59:20:30 33:33:00:00:00:fb 2
EVENT ofp_event->SimpleSwitch EventOFPPacketIn
packet in 1 82:e2:cc:f8:ff:ae 33:33:00:00:00:fb 2
EVENT ofp_event->SimpleSwitch EventOFPPacketIn
packet in 3 1a:27:de:67:96:dd 33:33:00:00:00:fb 2
EVENT ofp_event->SimpleSwitch EventOFPPacketIn
packet in 2 62:97:1a:79:af:94 33:33:00:00:00:fb 2
EVENT ofp_event->SimpleSwitch EventOFPPacketIn
packet in 3 62:97:1a:79:af:94 33:33:00:00:00:fb 2
EVENT ofp_event->SimpleSwitch EventOFPPacketIn
packet in 2 ea:6a:12:59:20:30 33:33:00:00:00:fb 3
EVENT ofp_event->SimpleSwitch EventOFPPacketIn
packet in 1 ea:6a:12:59:20:30 33:33:00:00:00:fb 2
```

图 11-6　Ryu 终端显示信息（续）

在 Mininet 界面查看控制器连接情况，输入以下命令：

```
mininet> pingall
```

结果如图 11-7 所示，可见 3 个交换机均成功连接至控制器 Ryu 上。

```
mininet> s1 ovs-vsctl show
bad63105-b5fe-4f1b-958a-3a5bce10d8a3
    Manager "tcp:192.168.1.110:6640"
    Bridge "s3"
        Controller "tcp:192.168.1.116:6633"
            is_connected: true
        Controller "ptcp:6636"
        fail_mode: secure
        Port "s3-eth2"
            Interface "s3-eth2"
        Port "s3"
            Interface "s3"
                type: internal
        Port "s3-eth1"
            Interface "s3-eth1"
    Bridge "s2"
        Controller "ptcp:6635"
        Controller "tcp:192.168.1.116:6633"
            is_connected: true
        fail_mode: secure
        Port "s2-eth2"
            Interface "s2-eth2"
        Port "s2"
            Interface "s2"
                type: internal
        Port "s2-eth1"
            Interface "s2-eth1"
        Port "s2-eth3"
            Interface "s2-eth3"
    Bridge "s1"
        Controller "tcp:192.168.1.116:6633"
            is_connected: true
        Controller "ptcp:6634"
        fail_mode: secure
        Port "s1-eth1"
            Interface "s1-eth1"
        Port "s1"
            Interface "s1"
                type: internal
        Port "s1-eth2"
            Interface "s1-eth2"
    ovs_version: "2.3.0"
mininet> 
```

图 11-7　3 个交换机均成功连接至控制器 Ryu 上

11.5 控制器 Ryu 的学习参考

Ryu 主要的学习指南、参考的链接如下：

- Ryu 的官方网站地址为 http://osrg.github.io/ryu/。
- Ryu 学习文档地址为 http://ryu.readthedocs.io/en/latest/index.html。
- GitHub 上的 Ryu 源码的下载地址为 https://github.com/osrg/ryu。
- Ryu 的虚拟机下载地址为 https://sourceforge.net/projects/ryu/files/vmimages/OpenFlowTutorial/。
- Ryu 开发指南地址为 http://osrg.github.io/ryu/resources.html#books。

11.6 本章总结

Ryu 控制器是较出名的开源 SDN 控制器，它是由日本 NTT 公司使用 Python 语言研发完成的开源软件，采用 Apache License 标准。由于在控制器发展的早期（2012 年左右）率先支持 OpenFlow 并能与 OpenStack 较好地整合，因此在许多 SDN 的学术研究和商业生产环境中都得到了相当不错的应用。

Ryu 控制器有 3 种不同的安装方法：通过源码进行安装、使用系统内置命令直接安装和通过下载虚拟机进行安装。选择使用控制器 Ryu 源码安装的方式有助于深入理解 Ryu 项目，同时有利于有意加入 Ryu 项目开发者的读者进行下一步工作。而作为普通 Ryu 控制器使用者，快速地部署控制器 Ryu 即通过下载虚拟机进行部署安装是他们更倾向的选择。

第三篇　实操篇

OpenDaylight之MD-SAL开发指南

第 12 章

MD-SAL 开发的一些必备知识

工欲善其事，必先利其器。OpenDaylight 是一个庞大的项目，而基于 MD-SAL 开发也涉及多方面的知识，本章主要介绍 MD-SAL 开发中一些必须具备的知识。建议读者在开始后面几章的学习之前，先阅读本章，对其中的必备知识有所了解，在之后的开发过程中，如果碰到困难，可再次返回本章查找相关内容或参考文献以解决问题。如果读者已具备相关知识，略过本章的相关内容即可。

首先介绍 OpenDaylight 后端使用框架——OSGi 技术。在 OpenDaylight 中，OSGi 架构为运行在与 OpenDaylight 控制器相同的地址空间的应用提供支撑，使得 OpenDaylight 能动态地加载 bundles 和数据包 JAR 文件。

在介绍完 OSGi 之后，本书将介绍一个基于实时运行的轻量级的基于 OSGi 的容器——Karaf，从氦（He）版开始使用这一技术，以方便部署各种选定的组件，简化打包和安装应用的操作难度。

随后，本书介绍 Apache Maven 软件项目管理和理解工具，OpenDaylight 项目使用它进行管理，Maven 能帮助开发人员管理项目的构建 builds、文档、报告、依赖、SCMs、发布、分发。本书在此节主要介绍 Maven 的基本概念、常用的命令、POM 及 pom.xml 文件的简要介绍、项目配置文件 settings.xml。

接下来，本书介绍 OpenDaylight 项目中核心的组成部分——服务抽象层 SAL 的 MD-SAL 模块，它向动态链接到其上面的系统模块提供服务：MD-SAL 在南向提供服务以支持多种南向协议，在北向提供服务以支持其他模块和应用的功能。MD-SAL 使得控制器能支持多种南向协议并为模块和应用提供多种服务介绍。MD-SAL（模型驱动服务适配层）在控制器的架构占据非常重要的作用，能复用控制器内的模块。

最后介绍 YANG 语言。YANG 语言是整个 OpenDaylight 基础架构的基石，是数据模型驱动开发的基础，掌握 YANG 语言后能更好地理解和调试 OpenDaylight 相关的项目。YANG 语言不仅在 OpenDaylight 项目 MD-SAL 开发中占有十分重要的地位，同时也是 OpenDaylight 项目北向开发的关键。

最后在 12.5 节为本章进行总结。

12.1　OSGi

OpenDaylight 后端的框架就是使用的 OSGi 技术，这就使得 OpenDaylight 动态地加载 bundles 和数据包 JAR 文件，并且将 bundles 一起绑定起来以交换信息。OSGi 架构和双向的 REST 技术支持 OpenDaylight 的北向 APIs。在 OpenDaylight 中，OSGi 架构为运行在与控制器相同的地址空间的应用提供支撑，而 REST（基于网页的）APIs 则为运行在与控制器不同的地址空间的应用提供支撑。以下我们简单地对 OSGi 技术进行介绍。

OSGi 的英文全称是 Open Services Gateway initiative，即开放服务网关协议。OSGi 技术源于 JSR-8，是最早由 OSGi 联盟提出的一套适用于嵌入式领域的服务网关协议。但随着 OSGi 联盟成员关注重心的转移，OSGi 技术已经扩展到企业级应用领域（即 Java SE 和 EE 领域），成为 Java 平台的事实标准。现在 OSGi 联盟正式定义为面向 Java 的动态模块化系统（Dynamic Module System for Java）。

OSGi 从 2000 年发布 R1 版本至今天共发布了 10 个版本，现在最新的标准版本是 R6。其中 OSGi 从 R4 版本开始飞速发展起来。R4 版本的目标平台转为 Java SE/EE，在桌面、服务端、互联网等领域都得到了广泛的应用（其中 Eclipse 对此贡献极大，特别是 Equinox 影响力不容忽视），成为当前广泛使用的版本之一。OSGi 的各版本均可在网页上下载（链接：https://www.osgi.org/developer/downloads/或 https://www.osgi.org/developer/specifications/）。

OSGi 技术实际上是 Java 动态组件化系统的一系列规范。这些规范使得创建一个由不同（可复用）组件动态组成的开发模型成为可能。OSGi 技术还使得当通过服务通信时（特别是服务在不同组件时共享的情景），这些组件的实现能对其他组件隐藏。这种模型简洁有力，对软件开发过程中几乎任何方面都产生了深远的影响。

虽然这些组件停滞了较长一段时间，最终也未完全实现当初的目标，但是 OSGi 却是第一个实际上成功解决组件系统在软件开发中许多实际问题的技术。采用 OSGi 技术的开发者发现，几乎在开发的任何方面都能显著地降低复杂性：编码更加容易编写和测试、复用增加了、构建（编译）系统明显变简单、部署更加可控、bugs 更早能检测出，并且能实时提供对运行情况的众多监测。更重要的是，在广泛的应用中，OSGi 技术被验证，并且在如 Eclipse 和 Spring 这样的流行应用中被使用。

OSGi 技术的目标在于创建一个协同工作的软件环境，而不寻求在一个简单的虚拟机中运行多个应用的可能性。在 OSGi 技术中，一个应用与其他不同的可复用的组件（甚至是动态的）放在一起，而彼此之间没有预先获得对方的知识。这样，使用了 OSGi 技术后，开发者无须预先知晓其他组件的信息即可添加自己开发的功能，并且保持功能的独立性。

OSGi 的分层模型如图 12-1 所示。

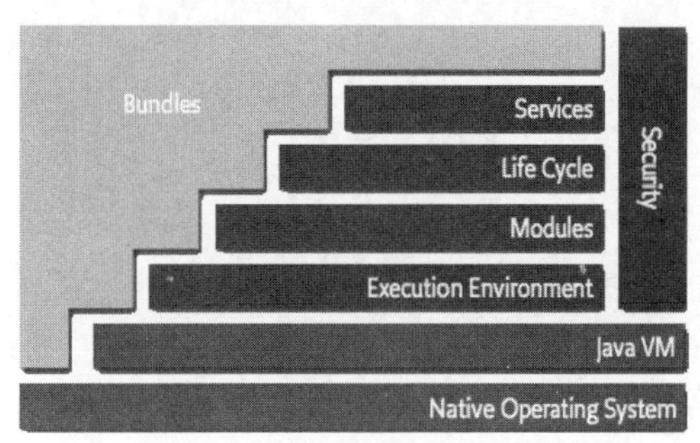

图 12-1　OSGi 的分层模型

图中一些术语的解释如下。

- Bundles: Bundles 是由开发者开发的 OSGi 组件。
- Services: 服务层以动态的方式连接着 Bundles，具体来说，就是通过提供一个发布-寻找-绑定的模型以平面化 Java 对象的方式。
- Life-Cycle: 安装、启动、停止、更新、卸载 Bundles 的 API。
- Modules : 模块，定义如何导入和导出一个 Bundles 的层。
- Execution Environment: 执行环境，定义在一个特定的平台上可用的方法和类。

针对 OSGi 技术中的重点内容做以下解释：

1. Modules

构成 OSGi 系统最基础的概念是模块化（modularity）。简单来说，模块化就是极简。模块化重点在于保持本地化、减少共享。处理一个不了解又不做假设的事物是容易出错的。因此模块化是整个 OSGi 规范的核心，并体现在 bundle 这个概念上。在 Java 的表示上，一个 bundle 就是一个老式的 JAR 文件。但在标准 Java 中，在一个 JAR 中的内容对于其他 JARs 是完全可见的；而 OSGi 则隐藏了 JAR 文件中的内容，除非显式导出 JAR 文件，否则其中的内容对外是不可见的。如果一个 Bundle 需要使用另一个 JAR 文件，那么它需要显式导入其所需的部分。默认不共享条款。

虽然代码隐藏和显式共享提供了许多便利（如允许在一个单一的虚拟机内使用同一库的多版本），但代码共享只支持 OSGi 服务模型。服务模型是协作的 bundles。

2. Services

Services 模型主要是为了解决 Java 中仅共享类的协同模块编写的问题。在 Java 中，标准的解决方法是利用动态类加载和静态的工厂 factories（即工厂机制），这带来了一系列问题，如不够动态、不能主动广告自己、创建实例后不能撤回、每一工厂的 API 和配置机制不同、没有代码绑定实现的集中视图等。OSGi 中使用服务登记来解决这些问题。OSGi 的 Services 模型如图 12-2 所示。

一个 bundle 能创建一个对象，并且将这个对象向 OSGi 服务登记进行登记（可登记一个或多个接口）。其他的 bundle 可查找 OSGi 服务登记，并且列出在一个指定的接口或类下注册的所有对象，甚至这个 bundle 能等待一个特定的服务再现后获取一个回调。

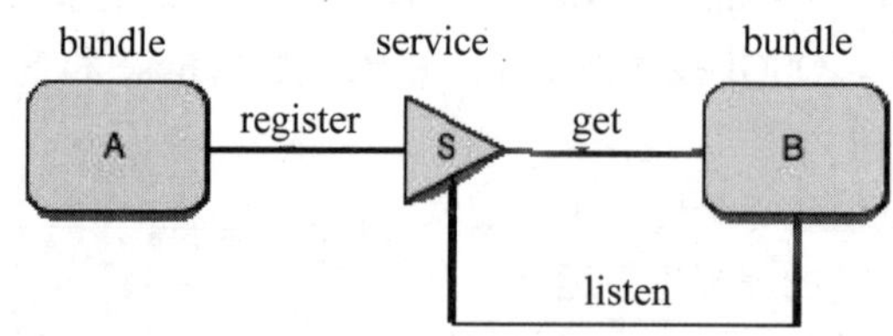

图 12-2　OSGi 的 Services 模型

每个服务注册都有一组标准和自定义属性的集合。利用一种表达性的过渡语言可选择感兴趣的服务。属性可用于寻找合适的服务或可用于在应用级发挥作用，它是在同一个接口或类中注册对象区别的根据。

服务是动态的。这意味着一个 bundle 可决定从注册表中撤回其提供的服务，而同时其他 bundles 仍在使用这个服务。使用这类服务的 bundles 需要确保它们不再使用这个服务对象并且删除所有的引用。这种机制看起来很复杂，但对于诸如服务跟踪的类和诸如 iPOJO、Spring、声明式服务此类框架而言，带来的优势远大于劣势。在增加了服务动态的性能后，能够临时安装和卸载 bundles，而同时其他 bundles 不受影响。能做到这点非常重要，因为在现实世界中，大多问题更容易按照动态服务而非工厂模式来进行建模。这种模型在分布式的 OSGi 模型中能很好地工作，比如当远程机器的连接断开时，服务可被撤回。同时，这种模型也能解决初始化问题。OSGi 应用在它们的 bundles 中并不需要一个特定的开始顺序。

许多特定的 APIs 接口可以使用服务注册进行建模，这是服务注册最大的作用之一。这不仅简化了整个应用，也意味着标准工具能用来调试和查看系统如何组装（wire up）起来。虽然服务登记能接受任何对象作为一个服务，但最好达到复用的方法是将这些对象登记到（标准的）接口，以达到将实现和用户代码解耦的目的。这也是 OSGi 规范的宗旨。

以上只是简单介绍 OSGi 及其总体架构。如果读者有兴趣进一步了解，可参考以下的学习参考链接：

https://www.osgi.org/developer/architecture/

https://www.osgi.org/developer/

http://osgi.com.cn/

12.2 Karaf

Karaf 是基于 OSGi 之上建立的应用容器，能方便部署各种选定的组件，简化打包和安装应用的操作难度。OpenDaylight 项目发布之初，后台框架仅采用 OSGi 技术，但自从第二版（氦 He 版）开始至今，OpenDaylight 项目就采用了 Karaf 作为后台的框架，明显提升了项目的可用性和灵活性。

Karaf 是一个 Apache 软件基金会项目，具有 Apache v2 许可证。Karaf 是一个基于实时运行的轻量级的基于 OSGi 的容器，各种组件和应用都能部署到这个容器中。可以将 Karaf 想象成为应用提供一个生态系统，Karaf 已经拥有各种库和框架（并且测试过这些库和框架的协调性），能大大简化开发者运行时的难度。

1. Karaf 的基本特性

Karaf 典型的特性有：

- 热部署　Karaf 支持 OSGi bundles 的热部署。实现这个支持的关键在于 Karaf 持续监测 [home]/deply 目录内的 jar 文件。每次当一个 jar 文件被复制到这个文件夹内，它将在运行时被安装。可以更新或删除它，这个改动将被自动处理。此外，Karaf 也支持 exploded bundles 和自定义的部署（默认包含 blueprint 和 spring）。
- 动态配置　服务通常通过 OSGi 服务的配置管理来进行配置。这样的配置可在 Karaf 中的 [home]/etc 目录使用合适的文件进行定义。这样配置被监控，并且属性的改变将传播给服务。
- 日志系统　使用 Log4J 支持的集中日志后端，Karaf 能支持许多不同的 APIs（JDK1.4、JCL、SLF4J、Avalon、Tomcat、OSGi）。
- 供应　库或应用的供应（Provisioning）能通过不同的方式完成。供应在本地下载、安装、启动。

- 原生 OS 整合 Karaf 能以服务的方式整合到一个操作系统 OS 中，这样生命周期就和这个 OS 相绑定。
- 扩展的内核控制台 Karaf 的内核控制台可管理服务、安装新应用或库，并且管理它们的状态。这个内核能通过部署新命令以安装新功能或应用实现动态扩展。
- 远程访问 使用任何的 SSH 客户端以连接 Karaf 并且在控制台发出命令。
- 基于 JAAS 的安全框架
- 管理实例 Karaf 提供简单的命令以管理多实例。通过控制台能简单地创建、删除、启动、终止 Karaf 的实例。

2. Karaf 在 OpenDaylight 使用中的一些常用命令

- [*cmd*] –help：获取一个指定命令的相关帮助。若需要了解 bundle:list 命令，则输入：bundle:list --help；Karaf 将返回有关这个命令的帮助。
- features:list：查看已安装的 features。
- feature:install my_feature：安装本地 feature 的命令，如 feature:install odl-restconf。
- feature:uninstall my_feature：卸载已经安装的 feature 的命令，如：

```
feature:uninstall odl-restconf
```

- feature:repo-add my_repo：将库安装至本地，如 feature:repo-add camel 2.15.2。
- log:display：显示系统日志，可配合 grep 来筛选需要查看的内容。
- system:shutdown：关闭系统，退出 Karaf。同样也可运行 halt 命令退出 Karaf。

另外注意：

（1）进入 Karaf 的控制台后，按<Tab>键即可显示目前所有可用的命令。

（2）控制台支持<Tab>键的输入辅助完成功能，当输入一个命令的前面一些字符时，按<Tab>键后，控制台将自动列出所有可能的命令，并且在只有一个提示命令时自动完成该命令的输入。

3. Karaf 的参考

有兴趣进一步了解的读者可参考以下网站：

http://karaf.apache.org/
http://karaf.apache.org/documentation.html
https://wenxueliu.gitbooks.io/opendaylight-karaf/content/karaf_guide/README.html

12.3 Maven

Apache Maven 是一个软件项目管理和理解工具，基于 POM（全称为 Project Object Model，即项目对象模型）的概念，Maven 能管理一个项目的创建、报告和信息中心部分的文档，主要的目标是允许开发者在尽可能短的时间内理解一个开发工作的完整状态。总的来看，Maven 本质上是一个项目管理和理解工具，主要是为了帮助开发人员管理项目的构建 builds、文档、报告、依赖、SCMs、发布和分发。为了实现这个目标，Maven 具备了以下能力：

- 使构造（build）过程容易　使用 Maven 时无须了解底层机制，Maven 已提供不少的细节屏蔽。
- 提供统一的构造系统　Maven 允许项目使用其项目对象模型 POM 和与其他使用 Maven 的项目共享的插件集，以提供一个统一的构建系统。
- 提供质量项目信息　Maven 提供了很多有用的项目信息。这些信息有些来自于 POM，而另外一些则由项目的源文件生成。例如 Maven 能提供这些功能：修改从源代码管理直接创建的日志文件、交叉引用来源、邮件列表、依赖列表、单元测试报告（包括覆盖范围）。
- 为更好地实践开发提供指南　Maven 旨在为更好地开发收集最新的原则，便于指导项目按此方向发展。例如规范、执行、单元测试的报告都是 Maven 使用的正常构建周期的一部分，同时目前单元测试是最佳的实践指南。Maven 也旨在协助诸如发布管理和问题跟踪这样的项目流程。Maven 同时提出了一些指导设计项目目录架构的建议。
- 允许透明迁移到新的功能　Maven 向 Maven 客户提供了一个简单的方式以升级安装，这样 Maven 一旦有任何变动，他们就可立即同步以获取最新功能。同时 Maven 也能轻松地安装或升级第三方的插件。

12.3.1　Maven 的安装和配置

Maven 的安装和配置已经在第 8 章和第 9 章详细介绍过了，读者可查看相关章节，或参考以下链接进行安装和配置：

http://maven.apache.org/install.html

http://maven.apache.org/run-maven/index.html

http://maven.apache.org/ide.html

http://maven.apache.org/configure.html

12.3.2　Maven 常用的命令

下面介绍在 OpenDaylight 项目 MD-SAL 开发中常用的一些 Maven 命令。注意，除以下命令外，还有很多有用的 Maven 命令，大家可查找本章 12.3.5 小节提供的资源进行学习。

1. Maven 命令的语法

Maven 命令的语法如下：

```
mvn [options] [<goal(s)>] [<phase(s)>]
```

2. Maven 命令帮助

若需获取 mvn 所有可用命令及帮助，则输入：

```
mvn –h
```

3. Maven 使用原型创建项目

```
mvn -B archetype:generate \
  -DarchetypeGroupId=org.apache.maven.archetypes \
```

```
-DgroupId=com.mycompany.app \
-DartifactId=my-app
```

以上是一个简单的 Maven 使用原型创建项目的例子，执行命令后将自动创建 my-app 目录，其中包含 pom.xml 文件，代码如下：

```
<project xmlns="http://maven.apache.org/POM/4.0.0"
  xmlns:xsi="http://www.w3.org/2001/XMLSchema-instance"
  xsi:schemaLocation="http://maven.apache.org/POM/4.0.0
                      http://maven.apache.org/xsd/maven-4.0.0.xsd">
  <modelVersion>4.0.0</modelVersion>
  <groupId>com.mycompany.app</groupId>
  <artifactId>my-app</artifactId>
  <packaging>jar</packaging>
  <version>1.0-SNAPSHOT</version>
  <name>Maven Quick Start Archetype</name>
  <url>http://maven.apache.org</url>
  <dependencies>
    <dependency>
      <groupId>junit</groupId>
      <artifactId>junit</artifactId>
      <version>4.11</version>
      <scope>test</scope>
    </dependency>
  </dependencies>
</project>
```

pom.xml 文件包含这个项目的项目对象模型 POM。POM 是 Maven 工作的基础单元，包含项目信息每个重要的部分，是寻找项目相关事物的“一站式购物平台”。本书将在后面接着介绍 POM。

之后在第 13 章、第 14 章将使用较复杂的方式创建项目。

4. Maven 项目打包

Maven 项目打包就是使用一个 Maven 生命周期阶段以构建 Maven 项目。简单来说，就是生成一个 JAR 文件，并将它安装到本地库：

```
mvn package
```

Maven 生命周期内置阶段中各子阶段的顺序为：

- clean：pre-clean、clean、post-clean。
- 默认：validate、initialize、generate-sources、process-sources、generate-resources、process-resources、compile、process-classes、generate-test-sources、process-test-sources、generate-test-resources、process-test-resources、test-compile、process-test-classes、test、prepare-package、package、pre-integration-test、integration-test、post-integration-test、verify、install、deploy。
- site：pre-site、site、post-site、site-deploy。

将一个项目打包输出（包含数据包和文档）并部署到一个库管理器中，使用以下命令：

```
mvn clean deploy site-deploy
```

5. Maven 项目安装

若只生成数据包，并且将其安装至本地库以让其他项目利用此项目，则使用以下命令：

```
mvn clean install
```

这是构建 Maven 项目常用的命令，在 OpenDaylight 的 MD-SAL 开发中基本使用此命令构建项目，有时也加上-DskipTests 参数跳过测试过程以节省编译时间。这个命令告诉 Maven 构建所有的模块，并且将其安装到本地库中。本地库默认在用户根目录下创建（用户可指定位置），所有构建项目时下载的二进制文件和项目都存储于此。

若查看 target 子目录，则可发现构建的输入、最终库（library）和曾构建的应用。注意，有些项目包含多模块，这时查找的库（library）和应用可能在模块的子目录中。

6. Maven 项目编译

使用以下命令进行 Maven 的项目编译：

```
mvn compile
```

若成功编译，则将显示 BUILD SUCCESSFUL 字样，并有其他统计信息。

7. Maven 项目测试

使用以下命令进行 Maven 的项目测试：

```
mvn test
```

若成功编译，则将显示 BUILD SUCCESSFUL 字样，并有其他统计信息。

注意，若要编译测试代码而非执行这些测试，则使用以下命令：

```
mvn test -compile
```

8. Maven 插件处理

当在一些用户实例而非项目中调用 Maven 一部分完成的某个任务（如插件目标）时，使用以下命令：

```
mvn archetype:generate
```

或

```
mvn checkstyle:check
```

9. Maven 出错处理

Maven 编译中可能会出现一些错误提示，本书将在 13～18 章的项目开发过程中加以提示，这里就不单独说明了。

12.3.3　POM 及 pom.xml 文件的简要介绍

项目对象模型 POM 的英文全称为 Project Object Model。POM 在 Maven 项目中表示为 XML

文件的格式，命名为 pom.xml。一个 Maven 项目包含配置文件（如涉及的开发者及其角色）、缺陷跟踪系统、组织、许可证、项目的 URL 地址、项目依赖、其他在代码生命周期中的相关事件。这是一个项目所有内容的一站式（one-stop-shop）。事实上在 Maven 世界，一个项目可以仅包含一个 pom.xml 文件而无任何代码文件。下面介绍 pom.xml 文件基本组件以及在开发 OpenDaylight 项目中常用的 POM 中的元素。

1. pom.xml 文件基本组件简介

POM 项目元素的列表大致如下，注意<modelVersion>的值为 4.0.0，这是唯一同时支持 Maven 2 和 Maven 3 的版本。

```
<project xmlns="http://maven.apache.org/POM/4.0.0"
xmlns:xsi="http://www.w3.org/2001/XMLSchema-instance"
xsi:schemaLocation="http://maven.apache.org/POM/4.0.0
http://maven.apache.org/xsd/maven-4.0.0.xsd">
<modelVersion>4.0.0</modelVersion>

<!-- The Basics -->
<groupId>...</groupId>
<artifactId>...</artifactId>
<version>...</version>
<packaging>...</packaging>
<dependencies>...</dependencies>
<parent>...</parent>
<dependencyManagement>...</dependencyManagement>
<modules>...</modules>
<properties>...</properties>

<!-- Build Settings -->
<build>...</build>
<reporting>...</reporting>

<!-- More Project Information -->
<name>...</name>
<description>...</description>
<url>...</url>
<inceptionYear>...</inceptionYear>
<licenses>...</licenses>
<organization>...</organization>
<developers>...</developers>
<contributors>...</contributors>

<!-- Environment Settings -->
<issueManagement>...</issueManagement>
<ciManagement>...</ciManagement>
```

```
<mailingLists>...</mailingLists>
<scm>...</scm>
<prerequisites>...</prerequisites>
<repositories>...</repositories>
<pluginRepositories>...</pluginRepositories>
<distributionManagement>...</distributionManagement>
<profiles>...</profiles>
</project>
```

下面来分析一下 pom.xml 文件中的基本元素。

POM 包含一个项目所有必需的信息，如在构建过程中使用到的插件的配置。它是有效的 who、what、where 的声明性表示，而构建生命周期是 when、how 的声明性表示（注意 POM 也能影响生命周期流）。

我们先来看一个简单的 pom.xml 例子：

```
<project xmlns="http://maven.apache.org/POM/4.0.0"
  xmlns:xsi="http://www.w3.org/2001/XMLSchema-instance"
  xsi:schemaLocation="http://maven.apache.org/POM/4.0.0
                      http://maven.apache.org/xsd/maven-4.0.0.xsd">
  <modelVersion>4.0.0</modelVersion>

  <groupId>org.codehaus.mojo</groupId>
  <artifactId>my-project</artifactId>
  <version>1.0</version>
</project>
```

以上 POM 是 Maven 2 和 Maven 3 中允许的简短定义。其中 groupId:artifactId:version 是必须存在的（若从父类继承，groupId 和 version 的信息已经在父类定义出，则无须再重复书写）。通过这三要素在库中定义了唯一的项目，指出了特定的空间，可以说这三要素就是 Maven 项目的坐标系统。这 3 个元素定义了一个项目唯一的版本，这样 Maven 就可以明确需要处理的内容以及当前所处的软件的生命周期。

groupId

在一个组织或一个项目中具有唯一性。groupId 不一定需要使用“.”符号（如 junit 项目）。注意以点标记的 groupId 不一定需要和数据包架构相关，但建议数据包架构一致。组在库中存储的行为类似 Java 封装架构在操作系统中的行为。groupId 中的点由操作系统特定的目录分隔符所替代（如 UNIX 中目录分隔符为“/”）而成为基础库中的相对目录结构，如组 org.codehaus.mojo 存放的目录为$M2_REPO/org/codehaus/mojo。

artifactId

项目的名称。工作时对本组内的项目通常不提及 groupId。artifactId 和 groupId 一起创建了一个密钥，以使此项目与其他的项目区别开，并且在库中完全定义了工件（artifact）的安置点。例如在上面的例子中，my-project 存放的目录为$M2_REPO/org/codehaus/mojo/my-project。

version

由 artifactId 和 groupId 定位的项目可能有许多不同的版本，需要 version 进一步指定所需的项目。总而言之，代码变动需要版本化，并且线性地保存项目的不同版本，这也可使用在一个 artifact 库中以区分不同的版本。例如上面的例子中，my-project 版本为 1.0 的文件存放在目录$M2_REPO/org/codehaus/mojo/my-project/1.0 中。

packaging

如果需要按更标准的方式实现一个完整的地址，那么还需要项目的 artifact 类型。在上面的例子中，项目打包成 jar 文件，我们也可显式地将它声明为 war 格式，例如：

```
<project xmlns="http://maven.apache.org/POM/4.0.0"
xmlns:xsi="http://www.w3.org/2001/XMLSchema-instance"
xsi:schemaLocation="http://maven.apache.org/POM/4.0.0
http://maven.apache.org/xsd/maven-4.0.0.xsd">
  ...
  <packaging>war</packaging>
  ...
</project>
```

如果不显式地声明 packing 的类型，Maven 默认 artifact 是 jar 类型。其他常用的类型还有 pom、maven-plugin、ejb、war、ear、rar 和 par。<packaging>定义了构建特定数据包结构生命周期的目标默认的列表。

完整的项目坐标的表达式为：groupId:artifactId:packaging:version。

classifier

项目坐标有时可能会出现第 5 个元素——分类器 classifier。

2. POM 之间的关系

POM 之间的关系主要有依赖（包括传递依赖）、继承和聚合（多模块项目）。使用 POM 时，Maven 能很好地隐藏这些关系的细节，并且能使开发者简单轻松地管理这些关系，从而把精力集中在核心内容的开发上面。

（1）依赖

POM 的基础是其依赖项列表。大多数项目取决于其他相关内容能正确的构建和运行，Maven 已做到这点。Maven 下载相关目标所需的依赖，编译并进行链接。同时，Maven 还能将这些依赖的依赖引入（传递依赖），以允许开发者仅列出项目直接需要的依赖项。以下是一个依赖的实例：

```
<project xmlns="http://maven.apache.org/POM/4.0.0"
  xmlns:xsi="http://www.w3.org/2001/XMLSchema-instance"
  xsi:schemaLocation="http://maven.apache.org/POM/4.0.0
                      https://maven.apache.org/xsd/maven-4.0.0.xsd">
  ...
  <dependencies>
    <dependency>
```

```
            <groupId>junit</groupId>
            <artifactId>junit</artifactId>
            <version>4.0</version>
            <type>jar</type>
            <scope>test</scope>
            <optional>true</optional>
        </dependency>
        ...
    </dependencies>
    ...
</project>
```

下面对其中的重点元素进行解释。

groupId，artifactId，version

根据这 3 个元素能定位到唯一的依赖包。但不幸的是，有时某个项目无法从中央 Maven 库下载到本地。若项目可能依赖一个闭源许可证的 jar 包，而它的闭源许可证禁止其下载到中央库，有 3 种方法可以解决：

1）使用安装插件在本地安装依赖。这种方法最为简单，推荐读者使用，例如：

```
mvn install:install-file -Dfile=non-maven-proj.jar -DgroupId=some.group \ -DartifactId=non-maven-proj
-Dversion=1 -Dpackaging=jar
```

我们可以看到这种方式仅需要坐标（groupId、artifactId 和 version）定位。安装的插件将创建一个带有坐标的 POM。

2）创建自己的库并且将此依赖部署至其中。推荐使用内网并需要保证全员一致的机构使用这种方式。有一种 Maven 目标（Maven goal）是 deploy:deploy-file，它与 install:install-file 目标类似。

3）将依赖范围设置到 system，并且定义一个 systemPath。不推荐此方法。

classifier

分类器 classifier 允许区分从同一 POM 构建不同的工件 artifacts。分类器是一些可选和任意的字符串，若存在，则增加到 artifact 名中的版本号后。

type

类型 type 与所依赖的 artifact 的打包（packaging）类型相对应，默认为 jar。通常 type 代表依赖文件名的扩展，但其也可映射一个不同的扩展和分类器。type 通常对应使用过的 packaging，但有时则不然。新的 type 可由设置 extensions 为真的插件定义，已有的 types 为 jar、ejb-client 和 test-jar。

scope

范围 scope 指的是目前任务（编译和运行时、测试等）的 classpath 和一个依赖传递的限制。有以下 5 类可用的 scope。

- compile：默认的 scope 类型，当没有指定时使用。编译依赖在所有的 classpaths 中均可用。进一步来说，这些依赖被传播到依赖的项目。

- provided: 非常类似 compile，表示期待 JDK 或容器在运行时提供。仅在编译和测试 classpath 时使用，不可传递。
- runtime: 表示在编译时并不需要此依赖，仅在执行时需要此依赖。runtime 在运行时和测试 classpath 中使用，但在编译 classpath 中不存在。
- test: 表示应用正常的使用中不需要此依赖，仅在测试编译和执行阶段需要，不可传递。
- system: 类似 provided，默认使用时，开发者需要提供显式包含其的 JAR。artifact 永远可用，并不会在库中被查找。

systemPath

注意，systemPath 仅在依赖的 scope 属性为 system 的时候使用，否则构建会失败。路径必须为绝对路径，建议使用属性以指定特定机器的路径，如${java.home}/lib。systemPath 假设系统 scope 依赖已经全部安装了 priori，Maven 不会为项目检查库，而是检查文件是否存在。若文件不存在，则 Maven 无法构建，建议开发者下载并手动安装。

optional

当项目本身是一个依赖时，开发者需要标记可选依赖项。例如假设项目 A 依赖于项目 B，以编译其可能不在运行时使用的部分代码，那么可能在全部项目中都不需要项目 B。所以若项目 X 添加项目 A 为自己的依赖，Maven 将不会安装项目 B。若“=>”代表一个必需依赖，而“-->”代表一个可选依赖，虽然当构建 A 时可能是 A=>B，但构建 X 时是 X=>A-->B。简单而言，optional 告之其他项目，当使用此项目时无须这个依赖。

（2）依赖版本需求说明

依赖版本元素 version 定义所需的版本，以计算有效的依赖版本。下面举例说明版本的语法定义。

- 1.0: “软性”要求为 1.0（仅为一个推荐）。
- [1.0]: “硬性”要求为 1.0。
- (,1.0:　x <= 1.0。
- [1.2,1.3]: 1.2 <= x <= 1.3。
- [1.0,2.0): 1.0 <= x < 2.0。
- [1.5,): x >= 1.5。
- (0,1.0],[1.2,5): 0<x <= 1.0 或者 1.2 <= x <5，多个条件可用英文逗号分隔。
- (,1.1),(1.1,): 排除数值 1.1。

exclusions

排除在 Maven 中显式声明指定项目不包含一个依赖项目的某个依赖，即不包含其中一个传递依赖。若项目的一个依赖 maven-embedder 的依赖为 maven-core，而此项目不希望依赖 maven-core，则需要加入 exclusions 元素指定：

```
<project xmlns="http://maven.apache.org/POM/4.0.0"
  xmlns:xsi="http://www.w3.org/2001/XMLSchema-instance"
  xsi:schemaLocation="http://maven.apache.org/POM/4.0.0
                      https://maven.apache.org/xsd/maven-4.0.0.xsd">
```

```
  ...
  <dependencies>
    <dependency>
      <groupId>org.apache.maven</groupId>
      <artifactId>maven-embedder</artifactId>
      <version>2.0</version>
      <exclusions>
        <exclusion>
          <groupId>org.apache.maven</groupId>
          <artifactId>maven-core</artifactId>
        </exclusion>
      </exclusions>
    </dependency>
    ...
  </dependencies>
  ...
</project>
```

有时需要调整一个依赖的传递依赖。可能存在一个依赖 scopes 指定不正确或依赖与项目中的其他依赖冲突的情况。可使用通配符排除一个依赖所有的传递依赖，例如：

```
<project xmlns="http://maven.apache.org/POM/4.0.0"
  xmlns:xsi="http://www.w3.org/2001/XMLSchema-instance"
  xsi:schemaLocation="http://maven.apache.org/POM/4.0.0
                      https://maven.apache.org/xsd/maven-4.0.0.xsd">
  ...
  <dependencies>
    <dependency>
      <groupId>org.apache.maven</groupId>
      <artifactId>maven-embedder</artifactId>
      <version>3.1.0</version>
      <exclusions>
        <exclusion>
          <groupId>*</groupId>
          <artifactId>*</artifactId>
        </exclusion>
      </exclusions>
    </dependency>
    ...
  </dependencies>
  ...
</project>
```

综上所述，exclusions 包含一个或多个 exclusion 元素，每个包含一个 groupId 和 artifactId 以指定要排除的一个依赖。

Inheritance

Maven 拥有强有力的继承功能，在 POM 中项目继承是显式的。假设父项目的 pom.xml 文件如下：

```
<project xmlns="http://maven.apache.org/POM/4.0.0"
  xmlns:xsi="http://www.w3.org/2001/XMLSchema-instance"
  xsi:schemaLocation="http://maven.apache.org/POM/4.0.0
                      https://maven.apache.org/xsd/maven-4.0.0.xsd">
  <modelVersion>4.0.0</modelVersion>

  <groupId>org.codehaus.mojo</groupId>
  <artifactId>my-parent</artifactId>
  <version>2.0</version>
  <packaging>pom</packaging>
</project>
```

注意

父项目和聚合项目（多项目模块）的 pom.xml 文件中的 packaging 类型需要设置为 pom。这些类型定义了一系列生命周期步骤的目标。例如，若 packaging 类型为 jar，则 package（打包）阶段将执行 jar:jar 目标；若 packaging 类型为 pom，则 package（打包）阶段将执行©site:attach-descriptor 目标。

父项目的 POM 中能被继承的元素有：

- dependencies（依赖）
- developers and contributors（开发者和代码贡献者）
- plugin lists（插件列表）
- reports lists（报告列表）
- plugin executions with matching ids（匹配 Id 的插件的执行）
- plugin configuration（插件配置）

现在来看一个继承以上项目的子项目的 pom.xml 文件，代码如下：

```
<project xmlns="http://maven.apache.org/POM/4.0.0"
  xmlns:xsi="http://www.w3.org/2001/XMLSchema-instance"
  xsi:schemaLocation="http://maven.apache.org/POM/4.0.0
                      https://maven.apache.org/xsd/maven-4.0.0.xsd">
  <modelVersion>4.0.0</modelVersion>

  <parent>
    <groupId>org.codehaus.mojo</groupId>
    <artifactId>my-parent</artifactId>
    <version>2.0</version>
    <relativePath>../my-parent</relativePath>
  </parent>

  <artifactId>my-project</artifactId>
</project>
```

注意，relativePath 元素并非必需项目，其使用以向 Maven 提供搜索项目父项目的第一搜索路径。若 Maven 搜索不到父项目，则再搜索默认路径。Maven 搜索的默认路径为本地库→远程库。若需要了解行动中的继承，则需要查看 ASF 或 Maven 父项目的 POM 的相关信息。

- The Super POM　The Super POM 类似面向对象的程序设计中的对象继承。POM 扩展了父 POM 并从其中继承一些值。如同 Java 对象最终是从 java.lang.Object 中继承一样，所有的 POM 从一个基础的 Super POM 中继承。有兴趣的读者可访问链接 http://maven.apache.org/ref/3.0.4/maven-model-builder/super-pom.html 以了解 Maven 3.0.4 的 Super POM。
- Dependency Management　父项目含有一些元素以对子项目 POMs 和传递依赖进行配置。其中一个重要的元素就是 dependencyManagement。POM 使用 dependencyManagement 以管理其子项目的依赖信息。若之前的 my-parent 项目使用 dependencyManagement 以定义依赖于 junit:junit:4.0，则从 my-parent 项目继承的 POMs 只能设置 groupId=junit 和 artifactId=junit 的依赖（Maven 会将 version 设置为父项目的值）。
- Aggregation (or Multi-Module)　带有多个模块的项目称为 Multi-Module 或聚合项目（aggregator project）。多模块中的每一个模块都拥有一个独立的 POM 列表，并且这些模块最终作为一个组被执行。一个 pom 打包的项目可能通过项目集合列表的方式为多模块进行集成构建。举一个简单的例子：

```
<project xmlns="http://maven.apache.org/POM/4.0.0"
  xmlns:xsi="http://www.w3.org/2001/XMLSchema-instance"
  xsi:schemaLocation="http://maven.apache.org/POM/4.0.0
                      https://maven.apache.org/xsd/maven-4.0.0.xsd">
  <modelVersion>4.0.0</modelVersion>

  <groupId>org.codehaus.mojo</groupId>
  <artifactId>my-parent</artifactId>
  <version>2.0</version>
  <packaging>pom</packaging>

  <modules>
    <module>my-project</module>
    <module>another-project</module>
  </modules>
</project>
```

当列表多模块时，无须考虑它们之间的依赖关系。实际上，POM 中多模块的顺序并不重要，Maven 会自动整理多模块的拓扑顺序，保证在一个模块编译之前，其依赖模块先编译完成。

3. 构建（Build）设置

build 元素处理类似声音项目目录架构和管理插件，而 reporting 元素大量地镜像 build 元素以进行报告。

根据 POM 4.0.0 XSD，build 元素概念上分为以下两部分。

- BaseBuild 类型：包含一系列 build 元素共用的元素（注意，顶层 build 元素在 project 元素定义中，构建元素在 profiles 元素定义中）。

- Build 类型：包含 BaseBuild 集合和一些顶层定义的元素。

以下是构建（Build）设置的大体结构：

```
<project xmlns="http://maven.apache.org/POM/4.0.0"
  xmlns:xsi="http://www.w3.org/2001/XMLSchema-instance"
  xsi:schemaLocation="http://maven.apache.org/POM/4.0.0
                      https://maven.apache.org/xsd/maven-4.0.0.xsd">
  ...
  <!-- "Project Build" contains more elements than just the BaseBuild set -->
  <build>...</build>

  <profiles>
    <profile>
      <!-- "Profile Build" contains a subset of "Project Build"s elements -->
      <build>...</build>
    </profile>
  </profiles>
</project>
```

（1）BaseBuild 元素设置

BaseBuild 元素是在 POM 的 build 字段中的基础元素集，例如：

```
<build>
  <defaultGoal>install</defaultGoal>
  <directory>${basedir}/target</directory>
  <finalName>${artifactId}-${version}</finalName>
  <filters>
    <filter>filters/filter1.properties</filter>
  </filters>
  ...
</build>
```

- defaultGoal：未设置任何值时的默认目标或阶段。若已设置目标，则应定义在命令行时定义（如 jar:jar）。阶段也是类似的（如安装）。
- directory：目录（directory）是 Maven 项目的目标目录（target），即项目生成文件放置的目录。默认的位置为${basedir}/target。
- finalName：finalName 是绑定的项目（bundled project）最终生成的文件名（无扩展名，如 my-project-1.0.jar），默认为${artifactId}-${version}。构建绑定项目（bundled project）的插件有仅忽略或修改 finalName。
- filter：过滤器定义了包含一个属性列表的*.properties 文件，其中属性列表在接受此列表的资源中得到应用。即在过滤器中定义的 name=value 对在构建时，将资源中的${name}字符串替代掉。上面的例子中定义了在 filter/目录下的 filter1.properties 文件。Maven 默认的过滤器的目录为${basedir}/src/main/filters/。

除上面 4 个基础元素外，资源元素定义了项目中的资源位置，资源通常不是代码，不被编译，但与项目相绑定或因各种原因所使用（如代码生成）。

例如一个 Plexus 项目需要一个 configuration.xml 文件（向窗口描述组件配置）放置在 META-INF/plexus 目录内。虽然可将文件放置在 src/main/resource/META-INF/plexus 目录内，但相反地，我们为 Plexus 提供一个独立的目录 src/main/plexus。为使 JAR 插件正确地与资源绑定，需要使用以下形式进行资源的描述：

```
<project xmlns="http://maven.apache.org/POM/4.0.0"
  xmlns:xsi="http://www.w3.org/2001/XMLSchema-instance"
  xsi:schemaLocation="http://maven.apache.org/POM/4.0.0
                      https://maven.apache.org/xsd/maven-4.0.0.xsd">
  <build>
    ...
    <resources>
      <resource>
        <targetPath>META-INF/plexus</targetPath>
        <filtering>false</filtering>
        <directory>${basedir}/src/main/plexus</directory>
        <includes>
          <include>configuration.xml</include>
        </includes>
        <excludes>
          <exclude>**/*.properties</exclude>
        </excludes>
      </resource>
    </resources>
    <testResources>
      ...
    </testResources>
    ...
  </build>
</project>
```

其中的一些元素的解释如下：

- resources　资源是一个资源元素的列表，每个资源元素均描述了与此项目相关的文件及其位置。
- targetPath　targetPath 指定从构建而来的资源集的目录结构。目标路径默认为基础目录。通常指定一个打包放置 JAR 文件的资源目录目标路径为 META-INF。
- filtering　过滤的值只能设为 true 或者 false，表示对此资源是否开启过滤。注意，过滤器 *.properties 文件无须定义为开启过滤功能，资源也能使用在 POM 中默认定义的属性（如 ${project.version}），使用“-D”标志的命令（如“-Dname=value”）或由属性元素显式定义。过滤器文件覆盖上述情况。

- directory　此元素值定义了需要寻找的资源的位置。默认的构建所需资源的目录为 ${basedir}/src/main/resources。
- includes　一组文件模式的集合，指定了特定目录下包含哪些文件以作为资源，使用*作为通配符。
- excludes　与 includes 相同的架构，但是指定需要忽略的文件。若 include 和 exclude 发生，exclude 优先。
- testResources　testResources 元素块包含 testResource 元素。它们的定义类似 resource 元素，但在测试阶段使用。一个区别是默认的（超级 POM 定义的）某项目的测试资源目录为 ${basedir}/src/test/resources。测试资源不进行部署。

接下来将对插件（Plugins）进行介绍，首先来看以下带有插件的简单 POM 的例子：

```
<project xmlns="http://maven.apache.org/POM/4.0.0"
   xmlns:xsi="http://www.w3.org/2001/XMLSchema-instance"
   xsi:schemaLocation="http://maven.apache.org/POM/4.0.0
                       https://maven.apache.org/xsd/maven-4.0.0.xsd">
   <build>
     ...
    <plugins>
       <plugin>
          <groupId>org.apache.maven.plugins</groupId>
          <artifactId>maven-jar-plugin</artifactId>
          <version>2.6</version>
          <extensions>false</extensions>
          <inherited>true</inherited>
          <configuration>
             <classifier>test</classifier>
          </configuration>
          <dependencies>...</dependencies>
          <executions>...</executions>
       </plugin>
    </plugins>
  </build>
</project>
```

除标准坐标 groupId:artifactId:version 外，还将介绍以下配置插件或建立互动的配置：

- extensions　extensions 的值仅为 true 或 false，代表此插件是否加载扩展，默认为 false。
- inherited　inherited 的值仅为 true 或 false，代表此插件配置是否应用至从此项目继承的 POMs，默认为 true。
- configuration　配置（configuration）具体到个体的插件。无须深入了解插件的工作机制，插件 Mojo 可能期待的任何属性（在 Java Mojo bean 表示为 getters 和 setters）都能在此定义。在上例中，我们在分类上设置 maven-jar-plugin 的 Mojo 为测试。注意，在 POM 中任何位置的所有配置元素都是为了向另一个 underlying 系统传递值（如一个插件），即 POM

概念从不显式要求在配置元素中必须包含值，但一个插件目标有权要求配置值。若一个项目的 POM 声明父项目，它将从构建/插件或插件管理部分继承父项目 POM 的插件配置。

默认情况下，子项目和父项目的配置元素根据元素名进行合并：若子 POM 有一个独有的元素，则值为有效值；若子 POM 没有独有的元素而其父 POM 有，则父项目中配置元素的值为有效值。例如父 POM 为：

```
<plugin>
<groupId>my.group</groupId>
<artifactId>my-plugin</artifactId>
<configuration>
  <items>
    <item>parent-1</item>
    <item>parent-2</item>
  </items>
  <properties>
    <parentKey>parent</parentKey>
  </properties>
</configuration>
</plugin>
```

而子项目的 POM 为：

```
<plugin>
<groupId>my.group</groupId>
<artifactId>my-plugin</artifactId>
<configuration>
  <items>
    <item>child-1</item>
  </items>
  <properties>
    <childKey>child</childKey>
  </properties>
</configuration>
```

则最终 Maven 合并后的实际子 POM 为：

```
<plugin>
<groupId>my.group</groupId>
<artifactId>my-plugin</artifactId>
<configuration>
  <items>
    <item>child-1</item>
  </items>
  <properties>
    <childKey>child</childKey>
    <parentKey>parent</parentKey>
```

```
    </properties>
</configuration>
```

也可在子 POM 的配置元素中添加属性（combine.children 和 combine.self）以控制从父 POM 中的继承。下面的例子中，子项目使用了这两个属性进行配置：

```
 <configuration>
   <items combine.children="append">
     <!-- combine.children="merge" is the default -->
     <item>child-1</item>
   </items>
  <properties combine.self="override">
     <!-- combine.self="merge" is the default -->
     <childKey>child</childKey>
  </properties>
</configuration>
```

若父 POM 不变，则最终 Maven 合并后的实际子 POM 为：

```
<configuration>
  <items combine.children="append">
     <item>parent-1</item>
     <item>parent-2</item>
     <item>child-1</item>
  </items>
  <properties combine.self="override">
     <childKey>child</childKey>
  </properties>
</configuration>
```

在默认情况下，combine.children="merge"，combine.self="merge"。上例中在 items 指定 combine.children="append"，使得父 POM 和子 POM 的元素串联起来，在 properties 指定 combine.self="override"，使得子 POM 隐藏了父 POM 中的配置。注意，若在一个元素中同时使用 combine.self="override"和 combine.children="append"，结果相当于两项的值都设为 override。另外，这种设置只能影响当前的元素，无法传递给其嵌套元素（需要为所有的元素单独进行设置）。

dependencies

dependencies 在所有插件元素块中都出现。dependencies 在 baseBuild 中的结构和功能与其他地方一样，主要的区别是它不作为项目的依赖关系，而是项目中插件的依赖。这样做的好处是，若需改变一个插件的依赖，则只需要通过排除的方式来删除一个未使用的实现依赖或者改变一个所需依赖的版本。

executions

一个插件可能有许多目标，每个目标有一个独立的配置，甚至可能将一个插件的目标绑定到一个完全不同的阶段。executions 配置一个插件目标的 execution。例如，假设需要将目标 antrun:run 绑定至 verify 阶段，这需要任务回应构建目录（也是为了避免将这个配置传递给其子项目的配置，可以将 inherited 的值设置为 false）。以下是代码示例：

```
<project xmlns="http://maven.apache.org/POM/4.0.0"
  xmlns:xsi="http://www.w3.org/2001/XMLSchema-instance"
  xsi:schemaLocation="http://maven.apache.org/POM/4.0.0
                      https://maven.apache.org/xsd/maven-4.0.0.xsd">
  ...
  <build>
    <plugins>
      <plugin>
        <artifactId>maven-antrun-plugin</artifactId>
        <version>1.1</version>
        <executions>
          <execution>
            <id>echodir</id>
            <goals>
              <goal>run</goal>
            </goals>
            <phase>verify</phase>
            <inherited>false</inherited>
            <configuration>
              <tasks>
                <echo>Build Dir: ${project.build.directory}</echo>
              </tasks>
            </configuration>
          </execution>
        </executions>

      </plugin>
    </plugins>
  </build>
</project>
```

下面对其中的重点元素进行介绍。

- id　自我解释。它指定了所有其他块之间的这个执行块。当指定阶段运行时，它显现的格式为[plugin:goal execution: id]。在这个例子中为[antrun:run execution: echodir]。
- goals　像所有的多元化 POM 元素一样，goals 包含一系列单独的元素。在这种情况下，一个插件的目标列表是由这个 execution 块指定的。
- phase　这是目标列表即将执行的阶段。这个选项的功能非常强大，允许在构建生命周期中将任何目标绑定至任何阶段，改变 Maven 默认的行为。
- inherited　与之前不同字段中的 inherited 元素一样，将这个值设置为 false 将为子 POM 隐藏父 POM 相应的元素的值。此元素仅对父 POMs 有意义。
- configuration　与之前不同字段中的 configuration 元素一样，是将配置局限于这个特定的目标列表，而非插件中所有的目标。

接下来看一段插件管理的代码实例。

```
<project xmlns="http://maven.apache.org/POM/4.0.0"
  xmlns:xsi="http://www.w3.org/2001/XMLSchema-instance"
  xsi:schemaLocation="http://maven.apache.org/POM/4.0.0
                      https://maven.apache.org/xsd/maven-4.0.0.xsd">
 ...
 <build>
   ...
   <pluginManagement>
      <plugins>
        <plugin>
          <groupId>org.apache.maven.plugins</groupId>
          <artifactId>maven-jar-plugin</artifactId>
          <version>2.6</version>
          <executions>
            <execution>
              <id>pre-process-classes</id>
              <phase>compile</phase>
              <goals>
                <goal>jar</goal>
              </goals>
              <configuration>
                <classifier>pre-process</classifier>
              </configuration>
            </execution>
          </executions>
        </plugin>
      </plugins>
   </pluginManagement>
   ...
 </build>
</project>
```

pluginManagement

插件管理的目的是配置项目构建。pluginManagement 也配置从此项目继承的项目的构建，但仅配置实现在子项目中也被引用的插件，子项目也能覆盖 pluginManagement 的定义。例如一个包含 pluginManagement 的父 POM 的定义如下：

```
<project xmlns="http://maven.apache.org/POM/4.0.0"
  xmlns:xsi="http://www.w3.org/2001/XMLSchema-instance"
  xsi:schemaLocation="http://maven.apache.org/POM/4.0.0
                      https://maven.apache.org/xsd/maven-4.0.0.xsd">
 ...
 <build>
   ...
```

```
        <pluginManagement>
          <plugins>
          <plugin>
            <groupId>org.apache.maven.plugins</groupId>
            <artifactId>maven-jar-plugin</artifactId>
            <version>2.6</version>
            <executions>
              <execution>
                <id>pre-process-classes</id>
                <phase>compile</phase>
                <goals>
                  <goal>jar</goal>
                </goals>
                <configuration>
                  <classifier>pre-process</classifier>
                </configuration>
              </execution>
            </executions>
          </plugin>
        </plugins>
      </pluginManagement>
      ...
    </build>
  </project>
```

若将这些定义（工件 maven-jar-plugin 的定义）增加到插件元素字段，则应用至当前的 POM；若将定义增加到 pluginManagement 元素字段，则将应用到当前 POM 及其从此 POM 继承的所有在 build 字段包含工件 maven-jar-plugin 的子 POMs，同时子 POMs 也将赋予 pre-process-classes 执行。子 POM 在 build 字段包含工件 maven-jar-plugin 的要求非常简单，代码如下：

```
<project xmlns="http://maven.apache.org/POM/4.0.0"
   xmlns:xsi="http://www.w3.org/2001/XMLSchema-instance"
   xsi:schemaLocation="http://maven.apache.org/POM/4.0.0
                      https://maven.apache.org/xsd/maven-4.0.0.xsd">
   ...
   <build>
     ...
     <plugins>
       <plugin>
         <groupId>org.apache.maven.plugins</groupId>
         <artifactId>maven-jar-plugin</artifactId>
       </plugin>
     </plugins>
     ...
   </build>
</project>
```

2. Build 元素设置

在 XSD 中的 Build 类型表示那些对“项目构建”为可用的元素。虽然额外元素的数量有 6 个，但实际上项目构建包含 profile 构建中缺少的两组元素：Directories 和 Extensions。

Directories

目录集存在父构建元素（此元素设置 POM 整体的各种目录架构）中。由于它们不存在于 profile 构建中，因此无法被 profiles 改动，例如：

```
<project xmlns="http://maven.apache.org/POM/4.0.0"
  xmlns:xsi="http://www.w3.org/2001/XMLSchema-instance"
  xsi:schemaLocation="http://maven.apache.org/POM/4.0.0
                      https://maven.apache.org/xsd/maven-4.0.0.xsd">
  ...
  <build>
    <sourceDirectory>${basedir}/src/main/java</sourceDirectory>
    <scriptSourceDirectory>${basedir}/src/main/scripts</scriptSourceDirectory>
    <testSourceDirectory>${basedir}/src/test/java</testSourceDirectory>
    <outputDirectory>${basedir}/target/classes</outputDirectory>
    <testOutputDirectory>${basedir}/target/test-classes</testOutputDirectory>
    ...
  </build>
</project>
```

Extensions

Extensions 是在此构建中将使用的工件集，包含于运行构建的 classpath 中。它们通过扩展适用性功能（使能扩展）以构建过程（如下例中为 wagon 传输机制增加一个 ftp 供应）、使得改动构建的生命周期的插件活跃。简而言之，扩展（extensions）是在构建过程中活跃的工件。extensions 实际上不完成任何事件，也不包含一个 Moji。因此，extensions 极适合指定一个通用插件接口多个实现之外的一个实现。下面是关于 extensions 的一个例子：

```
<project xmlns="http://maven.apache.org/POM/4.0.0"
  xmlns:xsi="http://www.w3.org/2001/XMLSchema-instance"
  xsi:schemaLocation="http://maven.apache.org/POM/4.0.0
                      https://maven.apache.org/xsd/maven-4.0.0.xsd">
  ...
  <build>
    ...
    <extensions>
      <extension>
        <groupId>org.apache.maven.wagon</groupId>
        <artifactId>wagon-ftp</artifactId>
        <version>1.0-alpha-3</version>
      </extension>
    </extensions>
```

```
    ...
  </build>
</project>
```

4. 环境设置

（1）问题管理

问题管理定义了使用的缺陷跟踪系统（如 Bugzilla、TestTrack、ClearQuest 等），主要用以生成项目文档，当然也可为插件，用于其他目的。以 Bugzilla 为例，示例代码如下：

```
<project xmlns="http://maven.apache.org/POM/4.0.0"
   xmlns:xsi="http://www.w3.org/2001/XMLSchema-instance"
   xsi:schemaLocation="http://maven.apache.org/POM/4.0.0
                        https://maven.apache.org/xsd/maven-4.0.0.xsd">
   ...
   <issueManagement>
      <system>Bugzilla</system>
      <url>http://127.0.0.1/bugzilla/</url>
   </issueManagement>
   ...
</project>
```

（2）SCM

软件配置管理 SCM 的英文全称为 Software Configuration Management。SCM 也称为源代码/控制管理（Source Code/Control Management）。SCM 是一个大型项目的重要部分。以下是包含 SCM 的一个 POM 代码示例：

```
<project xmlns="http://maven.apache.org/POM/4.0.0"
   xmlns:xsi="http://www.w3.org/2001/XMLSchema-instance"
   xsi:schemaLocation="http://maven.apache.org/POM/4.0.0
                        https://maven.apache.org/xsd/maven-4.0.0.xsd">
   ...
   <scm>
      <connection>scm:svn:http://127.0.0.1/svn/my-project</connection>
<developerConnection>scm:svn:https://127.0.0.1/svn/my-project</developerConnection>
      <tag>HEAD</tag>
      <url>http://127.0.0.1/websvn/my-project</url>
   </scm>
   ...
</project>
```

- connection，developerConnection　这 2 个连接元素说明通过 Maven 连接至版本控制系统的方法。connection 需要 Maven 读权限访问以能寻找源代码（如更新），developerConnection 需要写权限访问的连接。Maven 版本催生了 Maven SCM 项目。Maven SCM 项目为任意 SCMs 创建通用的 API 以完成相应的实现。SCM 支持的列表请参考网页 http://maven.apache.org/scm/scms-overview.html。SCM 连接以 URL 结构表示为:

```
scm:[provider]:[provider_specific]
```

连接到 CVS 库的 SCM 连接为：

```
scm:cvs:pserver:127.0.0.1:/cvs/root:my-project
```

- tag 描述在项目存放的标志。默认为 HEAD（SCM 根目录）。
- url 一个公共可浏览的库，如通过 ViewCVS。

（3）库

库是附属于 Maven 库目录布局的工件的集合。若需成为一个 Maven 的工件，则 POM 文件必须存在于结构$BASE_REPO/groupId/artifactId/version/artifactId-version.pom 内。其中$BASE_REPO 可以是本地地址（文件架构）或远程地址（基础 URL），其他部分不变。库用于收集和存放工件。当一个项目依赖于一个工件，Maven 首先尝试使用指定工件的本地复制，若工件不存在于本地库，Maven 将继续尝试从远程库中下载。在 POM 中的库元素指定可搜索查询的库。库是 Maven 强大的功能之一，默认的中央 Maven 库存在于 https://repo.maven.apache.org/maven2/。以下是包含库的一个 POM 的代码实例：

```
<project xmlns="http://maven.apache.org/POM/4.0.0"
  xmlns:xsi="http://www.w3.org/2001/XMLSchema-instance"
  xsi:schemaLocation="http://maven.apache.org/POM/4.0.0
                      https://maven.apache.org/xsd/maven-4.0.0.xsd">
  ...
  <repositories>
    <repository>
      <releases>
        <enabled>false</enabled>
        <updatePolicy>always</updatePolicy>
        <checksumPolicy>warn</checksumPolicy>
      </releases>
      <snapshots>
        <enabled>true</enabled>
        <updatePolicy>never</updatePolicy>
        <checksumPolicy>fail</checksumPolicy>
      </snapshots>
      <id>codehausSnapshots</id>
      <name>Codehaus Snapshots</name>
      <url>http://snapshots.maven.codehaus.org/maven2</url>
      <layout>default</layout>
    </repository>
  </repositories>
  <pluginRepositories>
    ...
  </pluginRepositories>
  ...
</project>
```

- releases，snapshots　这两项元素是工件每个类型的策略。通过这两项元素，POM 能改变在一个单独的库中与其他无关的每个类型的策略。例如可决定下载开发所需使用的快照。
- enabled　决定相应的类型（releases 或 snapshots）是（true）否（false）启用。
- updatePolicy　此元素指定更新的频率。Maven 将本地 POM 的时间戳（存储在库的 maven-metadata 文件内）和远程对比，可用选项为 always、daily（默认）、interval:X（X 是表示分钟的整数）和 never。
- checksumPolicy　当 Maven 将文件部署至库时，同时也部署相应的校验和文件。对于丢失和不正确的校验和，可用选项为 ignore、fail 和 warn。
- 插件库　库存储的工件的类型可分为两种：一种是作为其他工件依赖的工件，这是在中央库中主要的插件；另一种是插件。Maven 插件本身是一种特殊类型的工件。因此，插件库能与其他库分隔开。任何情况下，pluginRepositories 元素块的架构都与库元素类似。每个 pluginRepositories 元素定义一个 Maven 能查到的新插件的远程地址。

12.3.4　Maven 项目的配置文件 settings.xml 介绍

在 settings.xml 文件中定义的 settings 元素包含多个元素，使用这些元素定义以多种方式配置 Maven 操作的值（如 pom.xml），但不能同任何特定的项目绑定，也不能被分发给收听者，包含类似本地库地址、备用远程存储服务器、认证信息这样的值。settings.xml 文件有以下两个可能存放的位置。

- Maven 安装：${maven.home}/conf/settings.xml。
- 用户安装：${user.home}/.m2/settings.xml。

前一个 settings.xml 也称为全局设置，后一个 settings.xml 称为用户设置。若两个文件均存在，则用户 settings.xml 文件的设置优先。

若需创建用户指定的设置，建设将 Maven 安装的全局设置复制至${user.home}/.m2 目录。Maven 默认的 settings.xml 文件实际上是一个组件和示例的模块，可快速地稍加调整以满足需求。

以下是在 settings 下最顶层的元素概述：

```
<settings xmlns="http://maven.apache.org/SETTINGS/1.0.0"
        xmlns:xsi="http://www.w3.org/2001/XMLSchema-instance"
        xsi:schemaLocation="http://maven.apache.org/SETTINGS/1.0.0
                            https://maven.apache.org/xsd/settings-1.0.0.xsd">
        <localRepository/>
        <interactiveMode/>
        <usePluginRegistry/>
        <offline/>
        <pluginGroups/>
        <servers/>
        <mirrors/>
        <proxies/>
```

```
        <profiles/>
        <activeProfiles/>
</settings>
```

settings.xml 的内容可使用以下表达式：

- ${user.home}和其他所有的系统特性（Maven 3.0 及以上）。
- ${env.HOME}等环境变量。

在 settings.xml 中 profiles 定义的属性不可改动。

下面来了解一下设置的细节。

1. 简单值

大半顶层的 settings 元素是简单的值，代表了描述活动全职的构建系统的元素的值的范围。

```
<settings xmlns="http://maven.apache.org/SETTINGS/1.0.0"
  xmlns:xsi="http://www.w3.org/2001/XMLSchema-instance"
  xsi:schemaLocation="http://maven.apache.org/SETTINGS/1.0.0
                      https://maven.apache.org/xsd/settings-1.0.0.xsd">
  <localRepository>${user.home}/.m2/repository</localRepository>
  <interactiveMode>true</interactiveMode>
  <usePluginRegistry>false</usePluginRegistry>
  <offline>false</offline>
  ...
</settings>
```

- localRepository　这个值代表此构建系统本地库的路径，默认的值为${user.home}/.m2/repository。
- interactiveMode　值为 true 代表 Maven 应尝试与用户交互以获取输入，false 则相反，默认为 true。
- usePluginRegistry　值为 true 代表 Maven 应该使用${user.home}/.m2/plugin-registry.xml 文件以管理插件版本，默认为 false。
- offline　值为 true 代表此构建系统应在离线模式下操作，默认为 false。当无法连接到远程库、网络设置或安全因素时，推荐将值设置为 true。

2. 插件组

插件组包含一个 pluginGroup 元素的列表，每个元素包含一个 groupId。当一个插件使用并且命令行不包含 groupId 时，搜索这个表。这个列表自动包含 org.apache.maven.plugins 和 org.codehaus.mojo。

```
<settings xmlns="http://maven.apache.org/SETTINGS/1.0.0"
  xmlns:xsi="http://www.w3.org/2001/XMLSchema-instance"
  xsi:schemaLocation="http://maven.apache.org/SETTINGS/1.0.0
                      https://maven.apache.org/xsd/settings-1.0.0.xsd">
```

```
  ...
  <pluginGroups>
    <pluginGroup>org.mortbay.jetty</pluginGroup>
  </pluginGroups>
  ...
</settings>
```

根据以上设置，Maven 命令行执行命令 org.mortbay.jetty:jetty-maven-plugin:run 时可使用命令：

```
mvn jetty:run
```

3. 服务器

下载和部署的库由 POM 中的 repositories 和 distributionManagement 元素定义。然而有些设置（如 username 和 password）不可同 pom.xml 一样被分发。这些信息应该存放在 settings.xml 的构建服务器上。

```
<settings xmlns="http://maven.apache.org/SETTINGS/1.0.0"
  xmlns:xsi="http://www.w3.org/2001/XMLSchema-instance"
  xsi:schemaLocation="http://maven.apache.org/SETTINGS/1.0.0
                      https://maven.apache.org/xsd/settings-1.0.0.xsd">
  ...
  <servers>
    <server>
      <id>server001</id>
      <username>my_login</username>
      <password>my_password</password>
      <privateKey>${user.home}/.ssh/id_dsa</privateKey>
      <passphrase>some_passphrase</passphrase>
      <filePermissions>664</filePermissions>
      <directoryPermissions>775</directoryPermissions>
      <configuration></configuration>
    </server>
  </servers>
  ...
</settings>
```

- id　服务器的 ID，这个服务器匹配 Maven 计划连接的库/镜像的 ID 元素。
- username，password　登录服务器的用户密码对。
- privateKey，passphrase　这对值描述到一个私有密钥的路径（默认为${user.home}/.ssh/id_dsa）和一个 passphrase，当前仅能存储在 settings.xml 文件内。
- filePermissions，directoryPermissions　在部署时创建一个库文件或目录时，使用 filePermissions 和 directoryPermissions。

若使用一个私有密钥访问服务器，则必须忽略<password>元素，否则 Maven 将忽略此私有密钥。

若对密码加密有兴趣，可访问链接 http://maven.apache.org/guides/mini/guide-encryption.html。

4. 镜像

```
<settings xmlns="http://maven.apache.org/SETTINGS/1.0.0"
  xmlns:xsi="http://www.w3.org/2001/XMLSchema-instance"
  xsi:schemaLocation="http://maven.apache.org/SETTINGS/1.0.0
                      https://maven.apache.org/xsd/settings-1.0.0.xsd">
  ...
  <mirrors>
    <mirror>
      <id>planetmirror.com</id>
      <name>PlanetMirror Australia</name>
      <url>http://downloads.planetmirror.com/pub/maven2</url>
      <mirrorOf>central</mirrorOf>
    </mirror>
  </mirrors>
  ...
</settings>
```

- id，name　镜像唯一的 ID 和用户友好的名字。ID 用以区别 mirror 元素，并且当连接到镜像时，从<servers>字段选出相应的凭证。
- url　此镜像基本的 URL。构建系统将使用 URL（而非原始库的 URL）以连接到一个库。
- mirrorOf　镜像库的 ID。例如指向 Maven central 库的镜像（https://repo.maven.apache.org/maven2/），将此元素设置为 central。其他高级映射还有 repo1、repo2、*和!inhouse。更多详细信息见 http://maven.apache.org/guides/mini/guide-mirror-settings.html。

5. 代理

```
<settings xmlns="http://maven.apache.org/SETTINGS/1.0.0"
  xmlns:xsi="http://www.w3.org/2001/XMLSchema-instance"
  xsi:schemaLocation="http://maven.apache.org/SETTINGS/1.0.0
                      https://maven.apache.org/xsd/settings-1.0.0.xsd">
  ...
  <proxies>
    <proxy>
      <id>myproxy</id>
      <active>true</active>
      <protocol>http</protocol>
      <host>proxy.somewhere.com</host>
      <port>8080</port>
      <username>proxyuser</username>
      <password>somepassword</password>
      <nonProxyHosts>*.google.com|ibiblio.org</nonProxyHosts>
    </proxy>
  </proxies>
```

```
    ...
</settings>
```

- id　此代理唯一的标志。用以代理元素之间的区分。
- active　true 代表此代理是活跃的。适用于声明一个代理集，但同一时间只有一个代理保持活跃状态。
- protocol，host，port　这 3 个元素是代理的 protocol://host:port 参数所分开表示的 3 个元素。
- username，password　此代理服务登录认证所需的用户名和密码对。
- nonProxyHosts　不可作为代理的主机列表。列表的分隔符是代理服务器期待的类型。

6. 描述（Profiles）

在 settings.xml 文件中的 profile 元素是 pom.xml 文件中的 profile 元素的删节版本，其包含 activation、repositories、pluginRepositories 和 properties 四个元素。这 4 个元素一起关注构建系统（这也是 settings.xml 文件的角色）而非个人 POM 设置。若 profile 由 settings 激活，它的值将覆盖任何 POM 或 profile.xml 文件中同行的 ID's profiles 值。

（1）激活

激活（activations）是 profile 的关键。例如 POM 的 profile，一个 profile 仅能在某些情况下修改一些值，这个情况通过激活元素来描述。

```
<settings xmlns="http://maven.apache.org/SETTINGS/1.0.0"
  xmlns:xsi="http://www.w3.org/2001/XMLSchema-instance"
  xsi:schemaLocation="http://maven.apache.org/SETTINGS/1.0.0
                      https://maven.apache.org/xsd/settings-1.0.0.xsd">
  ...
  <profiles>
    <profile>
      <id>test</id>
      <activation>
        <activeByDefault>false</activeByDefault>
        <jdk>1.5</jdk>
        <os>
          <name>Windows XP</name>
          <family>Windows</family>
          <arch>x86</arch>
          <version>5.1.2600</version>
        </os>
        <property>
          <name>mavenVersion</name>
          <value>2.0.3</value>
        </property>
        <file>
          <exists>${basedir}/file2.properties</exists>
          <missing>${basedir}/file1.properties</missing>
        </file>
```

```
            </activation>
            ...
        </profile>
    </profiles>
    ...
</settings>
```

当特定标准满足时，激活就会发生。

jdk

activation 有个内置的、jdk 元素中 Java 中心的检查。当测试中 jdk 版本号匹配此元素值时，这个激活将生效，详见 https://maven.apache.org/enforcer/enforcer-rules/versionRanges.html。

os

os 元素能定义上述的一些操作系统的特征，详见 https://maven.apache.org/plugins/maven-enforcer-plugin/rules/requireOS.html。

property

当 Maven 检测到一个属性（property，在 POM 中以${name}作为区分根据）时，将激发带有相应 name=value 对的 profile。

file

一个给定的文件名可能通过一个文件的存在或消失来激发 profile。

b）属性

在 POM 中访问 Maven 属性的值通过使用${X}的方式（假设 X 是属性）。settings.xml 中有 5 种不同的风格。

env.X

前缀为 env 加一个变量的形式，将返回内核的环境变量，例如${env.PATH}包含\$path 环境变量（在 Windows 中为%PATH%）。

project.x

点(.)代表 POM 中的路径将包含相应的元素值，例如<project><version>1.0</version></project>能通过${project.version}的形式进行访问。

settings.x

点(.)代表 POM 中的路径将包含相应的元素值，例如<settings><offline>false</offline></settings>可通过${settings.offline}的形式进行访问。

（2）Java 系统属性

所有通过 java.lang.System.getProperties()获取的属性均为可用的 POM 属性，如${java.home}。

x

在<properties /> 元素或一个外部文件中设置可使用${someVar}形式的值。

```
<settings xmlns="http://maven.apache.org/SETTINGS/1.0.0"
  xmlns:xsi="http://www.w3.org/2001/XMLSchema-instance"
```

```
    xsi:schemaLocation="http://maven.apache.org/SETTINGS/1.0.0
                        https://maven.apache.org/xsd/settings-1.0.0.xsd">
    ...
    <profiles>
      <profile>
        ...
        <properties>
          <user.install>${user.home}/our-project</user.install>
        </properties>
        ...
      </profile>
    </profiles>
    ...
</settings>
```

属性${user.install}可通过激活 profile 时的 POM 文件获取。

（3）库（Repositories）

Repositories 是项目远程的集合，Maven 通过这个集合填充构建系统的本地库。Maven 从本地库调用其插件的依赖。不同的远程库可能包含不同的项目，在活跃 profile 下搜索这些库以获取匹配的发布或快照工件。

```
<settings xmlns="http://maven.apache.org/SETTINGS/1.0.0"
    xmlns:xsi="http://www.w3.org/2001/XMLSchema-instance"
    xsi:schemaLocation="http://maven.apache.org/SETTINGS/1.0.0
                        https://maven.apache.org/xsd/settings-1.0.0.xsd">
    ...
    <profiles>
      <profile>
        ...
        <repositories>
          <repository>
            <id>codehausSnapshots</id>
            <name>Codehaus Snapshots</name>
            <releases>
              <enabled>false</enabled>
              <updatePolicy>always</updatePolicy>
              <checksumPolicy>warn</checksumPolicy>
            </releases>
            <snapshots>
              <enabled>true</enabled>
              <updatePolicy>never</updatePolicy>
              <checksumPolicy>fail</checksumPolicy>
            </snapshots>
            <url>http://snapshots.maven.codehaus.org/maven2</url>
            <layout>default</layout>
```

```
            </repository>
        </repositories>
        <pluginRepositories>
          ...
        </pluginRepositories>
        ...
      </profile>
    </profiles>
    ...
</settings>
```

releases，snapshots

工件、发布、快照的每个类型的策略。通过这两个元素，POM 能改变每种类型的策略而无须依赖同一库中的其他值。

enabled

值可选择为 true 或 false，以表示此库能使用相应的类型（值为 true 时使用 releases 类型，值为 false 时使用 snapshots 类型）。

updatePolicy

说明更新的频率。Maven 将本地 POM 的时间戳（存储在库的 maven-metadata 文件中）与远程的对比，可选项为 always、daily（默认选项）、interval:X（X 是分钟的整数）和 never。

checksumPolicy

当 Maven 将文件部署到库，也同时部署相应的校验和。针对丢失和错误的校验和的可用选项为 ignore、fail 和 warn。

layout

在上述的库描述中提到它们遵循一个通用的面布局（layout）。Maven 2 有一个库的默认部署，但是 Maven 1.x 有另一个不同的部署。使用此元素以指明此元素是 default 还是 legacy。

（4）插件库

库是两类工件存放的地方。第一类工件是其他工件的依赖，这是中央库存放最多的插件。另一类是插件，Maven 插件本身是一种特别类型的工件。因此插件库能与其他库区分开。在任何情况下，pluginRepositories 元素的结构与 repositories 结构类似。pluginRepositories 的每个元素均指定一个远程位置以便 Maven 能查找到新插件。

7. 活跃描述（Active Profiles）

```
<settings xmlns="http://maven.apache.org/SETTINGS/1.0.0"
  xmlns:xsi="http://www.w3.org/2001/XMLSchema-instance"
  xsi:schemaLocation="http://maven.apache.org/SETTINGS/1.0.0
                      https://maven.apache.org/xsd/settings-1.0.0.xsd">
  ...
  <activeProfiles>
    <activeProfile>env-test</activeProfile>
```

```
8      </activeProfiles>
9  </settings>
```

activeProfiles 元素包含一个 activeProfile 元素集合，其中每个 activeProfile 元素都有一个 profile id。一个定义为 activeProfile 的 profile id 在任何环境设置下都能活跃。例如，若 env-test 是一个 activeProfile，则 pom.xml 或 profile.xml 中的 profile 对应的 id 将被激活。

12.3.5 Maven 的学习参考

Maven 的学习资源十分丰富，以下是本书重点推荐学习网站。

（1）Maven 的官方网站：http://maven.apache.org/。

（2）Maven 官方网站的学习指南：http://maven.apache.org/guides/index.html。

（3）Maven 官方网站的快速入门：http://maven.apache.org/guides/getting-started/index.html。

12.4 MD-SAL

MD-SAL 的全称为 Model-Driven Service Adaptation Layer，即模型驱动服务适配层。MD-SAL 定义一个通用层、概念、数据模型以构建块和消息模式，并且为应用和应用间的交互通信提供一个架构/框架；为用户提供通用支持——定义传输和负载格式，包括负载序列化和同化（如二进制、XML 或 JSON）。MD-SAL 在 OpenDaylight 的控制器的架构中占据非常重要的作用，如图 12-3 所示。我们在第 6 章“OpenDaylight 的 Controller 项目综述”的第 6.3 节“Controller 项目的服务抽象层 SAL”中已经对 MD-SAL 进行过概念性的描述，此节主要介绍与 MD-SAL 开发相关的一些基础概念和 MD-SAL 的消息类型。

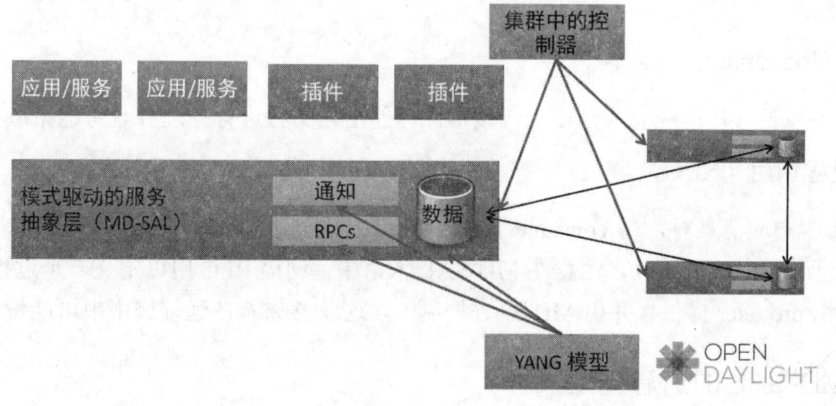

图 12-3 MD-SAL 在控制器的架构中占据非常重要的作用

MD-SAL 使用 YANG 语言作为定义接口和数据的建模语言，并且为通过 YANG 建模的服务提供一个运行时消息和数据集中的服务。

MD-SAL 提供以下两种不同的 API 类型。

- MD-SAL Binding: MD-SAL API 能扩展地使用由 YANG 生成的 APIs 和类，提供编译安全。

- MD-SAL dom：文件类型模型的 APIs，格式类似于 DOM，功能更为强大，但编译安全性不如 MD-SAL Binding。

MD-SAL 和基于 DOM 的 APIs 的模型驱动特性允许幕后的 API、负载类型协调和转换能方便无缝地在应用间交流。这使得其他组件和应用能提供连接器或展示不同的 APIs 集，并且仅从模型中就能得到尽可能多的功能。例如 RESTCONF 连接器是在 MD-SAL 上搭建的，通过 HTTP 提供透明的 YANG 模块化应用 APIs，并且增加了对 XML 和 JSON 负载类型的支持。

以下分别介绍 MD-SAL 开发相关的一些基础概念和 MD-SAL 的消息类型。

12.4.1 MD-SAL 的基本概念

基本概念是应用程序所使用的构建块，MD-SAL 使用此构建块来定义消息传递模式，并且根据开发者提供的 YANG 模型来提供服务和行为。

数据树 Data Tree

所有与状态相关的数据被建模且表示为数据树，可编址任何元素/子树。数据树分为以下两种类型。

- Operational Data Tree（操作数据树）：通过使用由 providers 发布的 MD-SAL 来上报系统状态。对于一个应用来说，代表应用观察一个网络/系统状态的反馈回路。
- Configuration Data Tree（配置数据树）：consumers 会下发一些配置，使系统或者网络达到他们所预期的状态。

实例标识 Instance Identifier

唯一标识数据树中一个节点/子树，在概念数据树中，它提供了明确的信息表示引用和检索节点子树的方法。

通知（Notification）

异步暂态事件（从供应商的角度），该事件可能由订阅者进行处理并且可能采取相应的操作。

远程过程调用（RPC）

异步请求-响应消息对，由 consumer 触发请求并发送到 provider，provider 在将来某个时刻将会返回一个回复消息给此事件。注意在 MD-SAL 术语中，词语 RPC 用以定义一个过程（函数）的输入输出（由 provider 提供，并由 MD-SAL 控制），这就意味着在远程调用中可能没有任何结果。

12.4.2 MD-SAL 的消息类型

MD-SAL 提供了几种消息传递方式在应用程序间传递 YANG 模型数据，这样就在应用间提供了数据为中心的集成以替换 API 为中心的集成，具体如图 12-4 所示。

1. 单播通信（Unicast Communication）

远程过程调用 RPC（Remote Procedure Calls）：在 consumer 和 provider 之间单播通信，consumer 发送请求消息到 provider，RPC 以异步方式作为应答。

2. 发布者/订阅者（Publish / Subscribe）

- 通知（Notifications）：这是由 provider 发布和传递到订阅者的多播暂态消息。

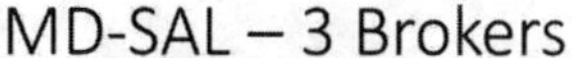

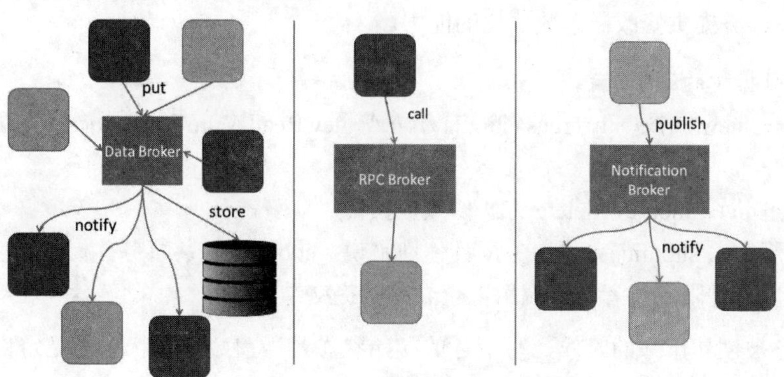

图 12-4　MD-SAL 的代理及消息类型

- 数据改变事件（Data Change Events）：多播异步事件，如果在概念数据树中数据发生变动，数据代理就发送多播异步事件并传递给订阅者。

3. 事务性访问数据树（Transactional Access to Data Tree）

- 事务性读取概念数据树：只读事务并与从其他正在运行的事务隔离。
- 事务性修改概念数据树：写事务并与从其他正在运行的事务隔离。
- 事务链：一个由多个子事务链组成的事务集合结构。

12.4.3　MD-SAL 的数据事务

MD-SAL 数据代理（Data Broker）提供了事务性访问配置和业务状态的概念数据树（data trees）。注意，数据树通常表示建模数据的状态，通常是控制器、应用程序和外部系统（网络设备）的状态。

对于其他正在运行的事务，数据树提供了稳定和独立的视图。当前正在运行的事务和基础数据树不受其他并发运行的事务影响。

1. 事务类型

- 只写：事务只提供修改功能，不提供读功能。只读功能通过方法 newWriteOnlyTransaction()配置使用。注意，只写事务的跟踪记录状态较少，并且允许优化 MD-SAL 集群中事务的表示。
- 读写：读写事务提供读和写的功能，通过方法 newReadWriteTransaction()配置使用。
- 只读：只读事务基于当前数据树提供了稳定的只读视图。只读视图不受任何后续写事务的影响。只读事务通过方法 newReadOnlyTransaction()配置使用。

注 意　若一个应用需要监听其在数据树上状态的变化，则应使用数据树监听（data tree listeners）而非轮询数据树。

事务通过数据代理（data broker）或者事务链（transaction chain）配置使用。在事务链的情况下，新分配的事务不是基于当前数据树的状态，而是基于同一个链之前事务引入的状态，即使前一个事务还没有发生（但事务已经提交）。

2. 只写&读写事务

只写和读写事务提供修改概念数据树的能力。

（1）修改数据树的通用流程

① 应用通过 newWriteOnlyTransaction()方法或 newReadWriteTransaction()方法创建一个新的事务。

② 应用通过 put、merge、delete 方法修改数据树。

③ 应用使用方法 submit()完成事务，具体地来说，submit()封装事务并提交它以进行处理。

④ 应用可以通过阻塞或者异步调用以查看事务提交结果。

当一个事务被创建出来的时候，写事务的初始状态是当前数据树状态的稳定快照，并且它的状态和底层数据树不受其他并发运行事务的影响。

写事务独立于其他并发写事务。所有的写操作都在本地事务中，并且只代表数据树一个状态变化的建议，对其他并发运行的事务是不可见的（包括只读事务）。

在不兼容方式下，由于数据校验失败、当前并发事务修改、受影响的数据的原因，可能会导致事务提交失败。

（2）修改数据树

只写事务和读写事务提供了以下的方式以修改数据树。

① put

```
<T> void put(LogicalDatastoreType store, InstanceIdentifier<T> path, T data);
```

在指定的路径存储一条数据，实际的效果为添加和替换（add /replace）的操作，即整个子树将被所指定的数据替换。

② merge

```
<T> void merge(LogicalDatastoreType store, InstanceIdentifier<T> path, T data);
```

在指定路径将一条数据与现有数据合并。任何不会显式覆写的预先存储的数据将被保留，即如果存储一个容器，那么它的子树将被合并。

③ delete

```
void delete(LogicalDatastoreType store, InstanceIdentifier<?> path);
```

在指定路径上删除整棵子树。

（3）提交事务

提交事务通过下面的方法得到处理和提交：

```
CheckedFuture<Void,TransactionCommitFailedException> submit();
```

应用在事务中通过调用 submit()发布在事务中提出的更改。这样就能封装事务（防止任何使用此事务进行写的操作）并提交处理，最终将其应用到全局概念数据树中。submit()方法不使用阻塞，而是在事务处理完成并且改动部署至数据树后立即成功返回 ListenableFuture。若 submit()方法提交数据失败，则 future 函数返回 TransactionFailedException 的失败提示。

应用程序可使用 ListenableFuture 以异步地监听事务提交状态。

```
Futures.addCallback( writeTx.submit(), new FutureCallback<Void>() {            ①
public void onSuccess( Void result ) {                                         ②
LOG.debug("Transaction committed successfully.");
}
public void onFailure( Throwable t ) {                                         ③
LOG.error("Commit failed.",e);
}
});
```

以上代码中编号所在行的语句说明如下：

① 提交 writeTx 事务并且在将来的返回（returned future）中提供 FutureCallback 函数。

② 当将来成功完成时调用，此时写事务 writeTx 已成功提交到数据树中。

③ 当将来执行失败时调用，此时写事务 writeTx 提交失败。提交的异常提供了额外的失败原因的细节。

若应用程序需要阻塞直到提交成功，则可使用 checkedGet()方法进行等待，直到提交完成。

```
try {
writeTx.submit().checkedGet();                                                 ①
} catch (TransactionCommitFailedException e) {                                 ②
LOG.error("Commit failed.",e);
}
```

① 提交 writeTx 并且阻塞其直到 writeTx 事务完成。若提交失败，则抛出 TransactionCommitFailedException 异常。

② 捕获 TransactionCommitFailedException 异常，并记录至日志。

（4）本地事务状态

读写事务维护着本地事务的状态（transaction-local state），其中 transaction-local state 在有修改发生时保持所有修改的信息，但这仅针对本地事务。若之前的事务已发生过修改的情况，则读取事物可返回数据。

假设路径 PATH 的数据树的初始状态为 A：

```
ReadWriteTransaction rwTx = broker.newReadWriteTransaction();                   ①
rwRx.read(OPERATIONAL,PATH).get();                                              ②
rwRx.put(OPERATIONAL,PATH,B);                                                   ③
rwRx.read(OPERATIONAL,PATH).get();                                              ④
rwRx.put(OPERATIONAL,PATH,C);                                                   ⑤
rwRx.read(OPERATIONAL,PATH).get();                                              ⑥
```

① 分配新的 ReadWriteTransaction。

② 读取 rwTx 以返回路径 PATH 值 A。

③ 使用 rwTx 将 B 写入 PATH。

④ 读取 rwTx，返回路径 PATH 值为 B，说明之前的写操作在同一个事务中完成。

⑤ 通过 rwTx 将 C 写入 PATH。

⑥ 读取 rwTx，返回路径 PATH 值为 C，说明之前的写操作在同一个事务中完成。

3. 事务隔离

正在运行的（未提交）的事务间是相互隔离的并且在一个事务中修改，对于其他正在运行的事务是不可见的。

假设路径 PATH 的初始化状态是 A：

```
ReadOnlyTransaction txRead = broker.newReadOnlyTransaction();          ①
ReadWriteTransaction txWrite = broker.newReadWriteTransaction();       ②
txRead.read(OPERATIONAL,PATH).get();                                   ③
txWrite.put(OPERATIONAL,PATH,B);                                       ④
txWrite.read(OPERATIONAL,PATH).get();                                  ⑤
txWrite.submit().get();                                                ⑥
txRead.read(OPERATIONAL,PATH).get();                                   ⑦
txAfterCommit = broker.newReadOnlyTransaction();                       ⑧
txAfterCommit.read(OPERATIONAL,PATH).get();                            ⑨
```

① 基于包含路径 PATH 值为 A 的数据树分配新的只读事务。

② 基于包含路径 PATH 值为 A 的数据树分配新的读写事务。

③ 从只读事务 txRead 读取路径 PATH 的值为 A。

④ 通过读写事务对数据树进行更新，PATH 包含值 B。这个修改没有公开，只是在本地发生等待处理。

⑤ 从读写事务 txWrite 读取路径 PATH 的值为 B。

⑥ 使用读写事务提交修改至数据树中。一旦提交完成，修改将被公开，PATH 将更新为值 B。之前已经创建的事务不受这次修改的影响。

⑦ 从之前创建的只读事务 txRead 读取路径 PATH 的值为 A，因为只读事务 txRead 提供了稳定和隔离的视图。

⑧ 基于包含路径 PATH 值为 A 的数据树分配新的只读事务 txAfterCommit。注意此时的数据树包含的 PATH 的值为 B。

⑨ 因为读写事务已经提交，所以新的只读事务 txAfterCommit 读取返回 PATH 的值为 B。

注 意

示例中包含将来调用的阻塞调用，仅为说明操作发生在其他异步操作之后。对于大部分用例来说，不鼓励使用阻塞调用 ListenableFuture#get()，建议使用异步函数 Futures#addCallback(ListenableFuture, FutureCallback)以对结果进行异步监听。

4. 事务提交失败场景

一个事务提交失败可能由于以下原因：

（1）乐观锁失败

另一个事务较早完成并以非兼容的方式修改了同一个节点。这次提交（和返回的 future）将会失败并且抛出 OptimisticLockFailedException 异常。调用者的责任是创建一个新的事务并再次提交同样的修改以更新数据树。

注 意

OptimisticLockFailedException 异常通常是多个写事务向同一数据子树进行操作，这可能引起同资源的冲突。在大多数情况下，尝试多次可成功写入。但有一些场景无论尝试多少次都不会成功，因此强烈建议限制重试的次数（设置为 2 或 3 次）以避免死循环。

（2）数据校验

本次事务导致数据变化没有通过验证，原来是因为提交的句柄或数据的结构错误。将会抛出 DataValidationFailedException 异常，用户不应再尝试使用同样的数据创建新的事务，因为它非常可能会再次失败。

5. 并发更改兼容性

从相同的初始状态起源的两个事务之间有一些修改操作集被认为是不兼容的。冲突检查的原则：以递归的方式遍历每个子树进行冲突检查。

12.4.4　MD-SAL 的 RPC 路由

MD-SAL 提供一种方式将远程过程调用（RPC）传递至一个特殊的实现，这种特定实现方式是基于 YANG 中定义的内容。RPC 输入的这部分称为上下文参考（context reference）。MD-SAL 没有规定在此次 RPC 路由中的叶子节点的名称，但为 YANG 建模中提供了必要的功能，以在 RPCs 模型中定义 context reference。

MD-SAL 路由行为使用以下术语进行建模并且其应用也使用以下术语：

- 上下文类型（Context Type）

RPC 路由的逻辑类型。上下文类型作为 YANG 标识进行建模，并且在模型中被引用以提供作用域信息。

- 上下文实例（Context Instance）

在数据树中的概念定位，此数据树 RPC 将要执行的内容。上下文实例通常代表逻辑点，此逻辑点是 RPC 执行所连接的点。

- 上下文引用（Context Reference）

RPC-Input 输入字段，包含引用的上下文实例的实例标识，RPC 就将在此实例中执行。

1. 建模一个路由的 RPC

为了定义路由的 RPC，YANG 模型创建者需要声明（或复用）一个上下文类型、可能的上下文实例集和最终包含上下文引用（此引用可以被路由到）的 RPC。

声明一个路由上下文类型：

```
identity node-context {
description "Identity used to mark node context";
}
```

以上声明一个名为 node-context 的标识符，将用于基于节点的路由标记，并且在其他地方用于引用该路由类型。

（1）声明可能的上下文实例

对于路由的 RPCs 来说，为了定义可能的上下文实例的值，需要使用由 yang-ext 模型扩展而来的 context-instance 模型对其（可能的上下文实例的值）进行建模。

```
import yang-ext { prefix ext; }
/** Base structure **/
container nodes {
list node {
key "id";
ext:context-instance "node-context";
// other node-related fields would go here
}
}
```

声明 ext:context-instance "node-context"，标记 list node 中的任何元素在基于 node-context 路由中为一个可能的有效的上下文实例。

注 意

在操作数据树或配置数据树（operational or config data tree）中，上下文实例节点的存在并非强烈依赖于 RPC 实例的存在。对于大部分路由的 RPC 模型，在操作数据树中的数据展示和 RPC 的实现有关系，但在 MD-SAL 中这种关系不是必需的。这就为 YANG 模型构建者提供了一定的灵活性，有助于更好地定义路由模型和实现的要求。在 YANG 模型中，当 RPC 实现存在时，应该记录下这些细节。若用户使用上下文实例来调用一个 RPC，而此 RPC 没有注册其实现，则这个 RPC 调用将会失败，并且会抛出 DOMRpcImplementationNotAvailableException 异常。

（2）声明一个路由的 RPC（routed RPC）

基于 node-context 声明一个将被路由的 RPC，需要向 RPC 添加一个 Instance-Identifier 类型（或继承 Instance-Identifier 的类型）的叶子节点并且标记它为上下文引用。这使用由 yang-ext 模型扩展而来的 context-reference 模型以在叶子节点上建模实现，将来提供给 RPC 路由使用。

```
rpc example-routed-rpc {
input {
leaf node {
ext:context-reference "node-context";
type "instance-identifier";
}
// other input to the RPC would go here
}
}
```

声明 ext:context-reference "node-context"，将叶子节点标记为 node-context 类型的上下文引用（context reference）。MD-SAL 通过这个叶子节点的值去选择特定的（已注册为 RPC 指定内容实例的实现）RPC 实现。

2. 使用路由的 RPCs

从用户角度（如调用 RPC）来说，有路由的 RPC 和无路由的 RPC 是没有区别的。路由信息仅是 RPC 中一个必须添加的扩充的叶子节点。

3. 完成一个路由的 RPC

首先根据项目需求用 Java 实现这个 RPC，具体方式根据项目所定，读者可参考后面的章节（如第 13 章、第 14 章、第 15 章）实现，这里就不再赘述。完成路由的 RPC 实现后，需要注册此实现，下面继续进行介绍。路由 RPC 的实现（如南向插件）将为上下文引用（此例中为节点）指定一个实例标识，在注册阶段需要向此实例标识提供一个实现，例如调用 RPC 时需要指定实例标识（在此例中为一个节点的标记）。

以下代码展示通过 Binding-Aware API 添加流表（RoutedServiceTest.java）：

```
@Override
public void onSessionInitiated(ProviderContext session) {
assertNotNull(session);
    firstReg = session.addRoutedRpcImplementation(SalFlowService.class, salFlowService1);    ①
}
```

① 将 salFlowService1 注册为 SalFlowService RPC 的实现：

```
NodeRef nodeOne = createNodeRef("foo:node:1");    ①
/**
* Provider 1 registers path of node 1
*/
firstReg.registerPath(NodeContext.class, nodeOne);    ②
```

② 为 foo:node:1 创建了一个 NodeRef（实例标识的封装）。

③ 将 salFlowService1 注册为 nodeOne 的实现。

结合以上两段代码，SalFlowService1 包含实例标识符为 foo:node:1 的 RPC 才会被执行。

12.4.5　OpenDaylight 控制器 MD-SAL：RESTCONF

OpenDaylight 控制器支持两种在控制器外部访问应用和数据的模块驱动协议：RESTCONF 和 NETCONF。RESTCONF 是基于 HTTP 的协议，使用 XML 或 JSON 作为负载格式，提供类 REST 的 APIs 以操作 YANG 建模的数据并且调用 YANG 建模的 RPCs。本书开发主要使用 RESTCONF 方式，以下对 RESTCONF 进行简要的介绍。更为具体的 RESTCONF 介绍请见第 19 章的 19.1 节。

RESTCONF 允许访问控制器中的数据存储。控制器中的数据存储分为以下两种类型。

- Config（配置型）：包含通过控制器插入的数据。
- Operational（操作性）：包含其他数据。

注意

每一个请求必须以 URI /restconf 开头。RESTCONF 监听 8080 端口以获取 HTTP 请求。

RESTCONF 支持 OPTIONS、GET、PUT、POST、DELETE 这些操作。请求和应答可以是 XML 或 JSON 格式。根据 YANG 定义而成的 XML 结构的定义在 rfc6020 的 XML-YANG（http://tools.ietf.org/html/rfc6020）中。JSON 结构的定义在文件 JSON-YANG（http://tools.ietf.org/html/draft-lhotka-netmod-yang-json-02）中。请求（request）的数据必须在 HTTP 报文头有一个正确设置的 Content-Type 字段，这个值必须是媒体类型的允许值。所请求的数据的媒体类型需要在 Accept 字段中设置。通过调用 OPTIONS 操作可获取每一个资源的媒介类型。大部分 pathsRestconf 的路径的末端都使用实例标识符。<identifier>在操作的解释中使用。下面介绍 RESTCONF 中一些重要的元素和概念。

1. <identifier>

必须以<moduleName>:<nodeName>开头，其中<moduleName>是模块名称，<nodeName>是模块中一个节点的名称。在<moduleName>:<nodeName>之后完全可以继续使用<nodeName>，每个<nodeName>必须用/分割。

2. <nodeName>

代表一个数据节点，这个节点是在 YANG 文件定义的 list 或者 container 类型。如果这个数据节点是 list，那么在数据节点名称后面必须定义这个 list 的关键字，例如<nodeName>/<valueOfKey1>/<valueOfKey2>。

3. <moduleName>

<nodeName>的格式在这种情况下也能使用：模块 A 有节点 A1，模块 B 通过添加节点 X 扩展 A1，模块 C 也通过添加节点 X 扩展节点 A1。为了清楚可见，必须知道哪个节点是 X（例如 C:X）。详细的编码规则见 RESTCONF 02 - Encoding YANG Instance Identifiers in the Request URI（http://tools.ietf.org/html/draft-bierman-netconf-restconf-02#section-5.3.1）。

4. 挂载点

一个节点可以放置到挂载点后面。在这种情况下，URI 必须是<identifier>/yang-ext:mount/<identifier>这种格式。第一个<identifier>代表挂载点路径，第二个<identifier>代表被挂载的节点。一个 URI 也可以用<identifier>/yang-ext:mount 代表一个挂载点节点。更多详细介绍可以参考：OpenDaylight Controller:Config:Examples:Netconf（https://wiki.opendaylight.org/view/OpenDaylight_Controller:Config:Examples:Netconf）。

12.4.6 WebSocket 变化事件通知订阅

订阅数据变化通知使得获取（任何范围内的任何指定数据存储的任何指定路径的）数据操作（插入、改变、删除）的通知变为可能。在下面的例子中，{odlAddress}是 ODL 所在服务器的地址，{odlPort}是 ODL 使用的端口。

以下简要说明成功订阅数据改变事件通知的步骤。

1. 创建流（stream）

使用事件通知之前需要调用创建待监听的通知流的 RPC。需要向此 RPC 提供以下 3 个参数。

- path：待监听的数据存储路径，能注册关于 container、lists、leaves 的监听。

- datastore：数据存储类型，即 OPERATIONAL 或 CONFIGURATION。
- scope：代表数据变化的范围。可能的选项有以 3 项。
  - BASE：仅报告路径中指定数据树节点直接的变化。
  - ONE：报告节点及其直接子节点的变化。
  - SUBTREE：报告节点及其子树中的任何变化。

创建流的 RPC 能通过类似以下 RESTCONF 的形式调用。

- URI：http://{odlAddress}:{odlPort}/restconf/operations/sal-remote:create-data-changeevent-subscription。
- HEADER：Content-Type=application/json。
- OPERATION：POST。
- DATA:

```
{
"input": {
"path": "/toaster:toaster/toaster:toasterStatus",
"sal-remote-augment:datastore": "OPERATIONAL",
"sal-remote-augment:scope": "ONE"
}
}
```

响应应该类似以下形式（若不存在 stream-name 的监听器，则为其创建一个新的监听器）：

```
{
"output": {
"stream-name": "toaster:toaster/toaster:toasterStatus/datastore=
CONFIGURATION/scope=SUBTREE"
}
}
```

stream-name 在下一步向流订阅时需要使用到。

2. 向流订阅

需要在流路径上调用 GET 以向流订阅并且获取 WebSocket 的位置。URI 通常应为以下格式：

```
http://{odlAddress}:{odlPort}/restconf/streams/stream/{streamName}
```

在本例中，其中{streamName}为上一步中从创建待监听的通知流的 RPC（create-data-change-event-subscription）返回的 stream-name 参数（toaster:toaster/toaster:toasterStatus/datastore=CONFIGURATION/scope=SUBTREE）。

- URI：http://{odlAddress}:{odlPort}/restconf/streams/stream/toaster:toaster/datastore=CONFIGU-RATION/scope=SUBTREE。
- OPERATION：GET。

期待的返回状态码为 200OK 并且返回主体为空。可从响应的 Location 头中获取 WebSocket 的定位。例如在 toaster 例子中，位置头的值应为：

```
ws://{odlAddress}:8185/toaster:toaster/datastore=CONFIGURATION/scope=SUBTREE
```

注　意

在此步骤中有一个测试 URI 中的 stream-name 是否存在的内部检查。若不存在，则使用 DOM 数据代理新建一个监听器。

3. 接收通知

到目前为止，已经创建了数据变化通知流和一个 WebSocket 的位置，现在可使用这个 WebSocket 以监听数据变化通知。具体可使用 JavaScript 客户端或支持 Simple WebSocket Client 的浏览器以监听数据变化通知。

另外，有一个简单的 Java 应用—— WebSocketClient 可以用来测试。应用放置在-sal-rest-connector-classes.class 项目内，接收一个 WebSocket URI 为输入参数。在启动组件（WebSocketClient 类直接在 Eclipse/InteliJ Idea 中）之后，接收到的通知应该会在控制台呈现出来。

XML 格式的通知类似以下格式：

```
<notification xmlns="urn:ietf:params:xml:ns:netconf:notification:1.0">
<eventTime>2014-09-11T09:58:23+02:00</eventTime>
<data-changed-notification xmlns=
"urn:opendaylight:params:xml:ns:yang:controller:md:sal:remote">
<data-change-event>
<path xmlns:meae="http://netconfcentral.org/ns/toaster">/meae:toaster</path>
<operation>updated</operation>
<data>
<!-- updated data -->
</data>
</data-change-event>
</data-changed-notification>
</notification>
```

12.4.7　配置子系统

控制器配置操作有 3 个步骤：

步骤 01 创建一个提出的配置，目标为替换旧的配置。

步骤 02 第一步创建的配置经过确认后提交。如果新创建的配置成功生效，此配置的状态修改为 Validated。

步骤 03 一个生效（Validated）的配置可为 Committed，并且受影响的模块可以重新配置。

实际上，每个配置操作都会在一个事务中被包装（wrapped）起来。当一个事务被创建后，它就是可配置的，即在这个阶段用户可终止此事务。在事务配置完成之后，它提交到有效性检验阶段。在此阶段，有效性检验的程序被调用。如果有一个或多个校验失败，这个事务能重新配置。一旦检验成功，就调用第二个阶段的提交。若成功提交，则事务将进入最后一个阶段。在那之后，欲配置模块的重配置就完成了。如果第二个阶段提交失败，就意味着事务是有问题的，即一条新的配置实例创建失败了，并且应用可能处于不一致的状态。以上配置状态的转化如图 12-5 所示，事务状态的转化如图 12-6 所示。

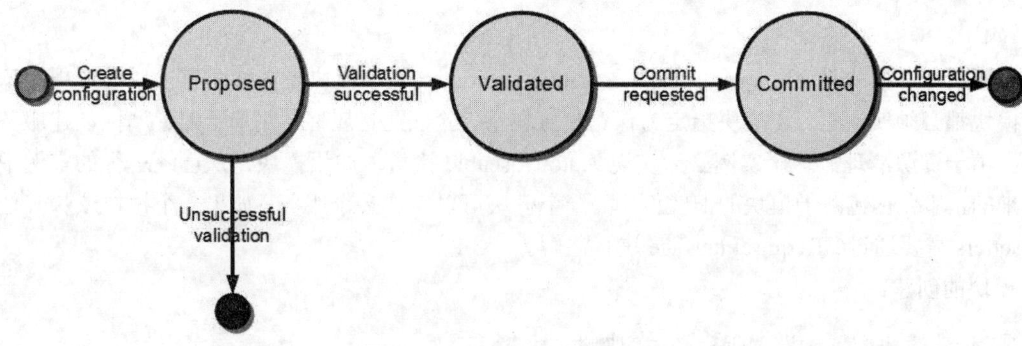

图 12-5　配置状态

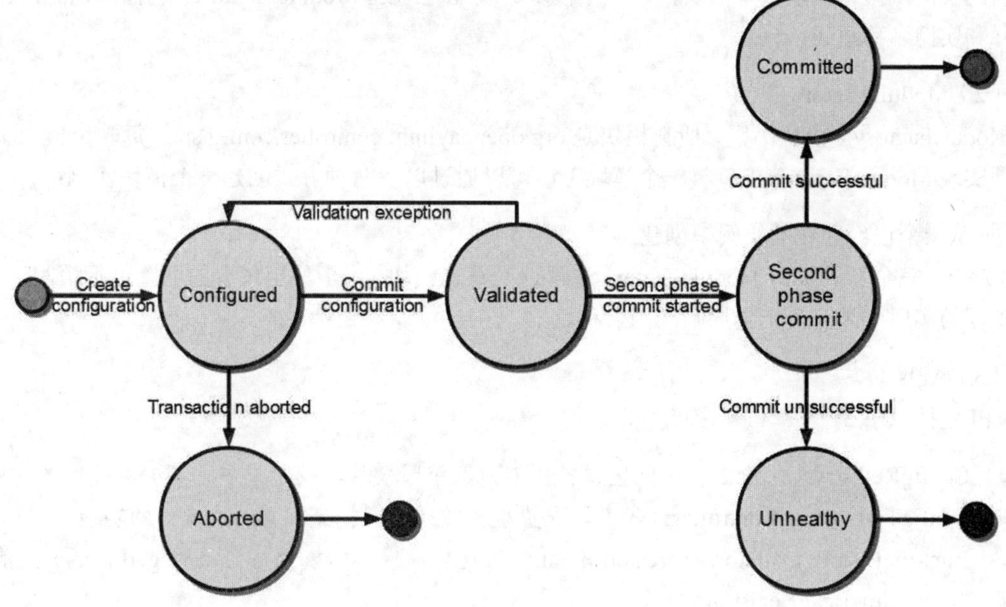

图 12-6　事务状态

1. 校验

为保证新配置的一致性和安全性并且避免冲突，配置校验过程十分有必要。通常有效性检查一个新配置的输入参数，并且主要核查特定模块的关系。有效验证过程的结果将决定提出的配置是否健康。

2. 依赖解析器

由于模块之间可能存在着依赖关系，一个模块配置的改变可能会影响其他模块的状态，因此需要确认能解决模块间的依赖关系。依赖解析器的行为类似依赖注入，基本上用于创建依赖树。

3. APIs 和 SPIs

下面主要描述配置系统的 APIs 和 SPIs。

（1）SPIs

SPI 所在的模块是 org.opendaylight.controller.config.spi。该模块是其他所有模块的通用接口，每个模块都必须实现它。该模块指定为保存配置属性、验证配置属性，并基于配置属性创建服务的实例。由于资源清理，这个实例必须实现 AutoCloseable 接口。如果模块是从已经运行的实例中创建而来的，那么它包含于模块的旧实例中。一个模块可以实现多个服务。如果一个模块依赖其他模块，setters 需要通过@RequireInterface 进行注解。

模块的创建：

① 创建模块配置，设置所有必需的属性。

② 进入提交阶段以进行校验。若校验失败，则可以重新配置模块属性。若校验成功，则创建一个新的实例或重新配置一个旧实例。一个模块的实例是通过 ModuleIdentifier 进行标识的，由工厂名称和实例名称组成。

（2）ModuleFactory

ModuleFactory（模块工厂）所在模块是 org.opendaylight.controller.config.spi。每一个模块工厂都必须实现 ModuleFactory 接口。一个模块工厂可以通过以下两种方式创建一个模块实例：

① 从一个已经存在的实例中创建。

② 一个完全新的实例 ModuleFactory 也可返回默认模块，用于使用现有的配置进行填写注册。模块工厂的实现必须有一个全局唯一的名称。

（3）APIs

API 包括以下 3 个接口。

- ConfigRegistry：代表由一个配置事务（创建、销毁模块，校验或中止事务）提供的功能。
- ConfigTransactionController：代表与配置事务（开始，提交配置）的操作的功能。
- RuntimeBeanRegistratorAwareConfiBean：实现自身接口的模块将在调用 getInstanc 之前接收 RuntimeBeanRegistrator。

（4）运行时 APIs

运行时 API 包括以下 3 个接口。

- RuntimeBean：所有运行时 beans 的通用接口。
- RootRuntimeBeanRegistrator：代表根运行时 beans 注册的功能，这个功能接下来允许分层注册。
- HierarchicalRuntimeBeanRegistration：代表分层的运行时 beans 注册和非注册的功能。

（5）JMX APIs

JMX API 连接客户端 API 和 JMX 平台的传递，包括以下 3 个接口。

- ConfigTransactionControllerMXBean：扩展 ConfigTransactionController，由配置事务的 Jolokia 客户端执行。
- ConfigRegistryMXBean：代表 MXBeans 配置管理的入口点。
- Object names：对象名（Object names）是在 JMX 中用以定位 JMX beans 的模式。它饲养

域和键属性（至少一个键值对）。域定义为“org.opendaylight.controller”。唯一的强制属性为“type”。

（6）用例场景

成功提交场景：

① 用户通过调用 ConfigRegistry 中的 creteTransaction()方法以创建一个事务。
② ConfigRegisty 创建一个事务控制器，并且将事务注册为一个新的 Bean。
③ 运行时配置被复制到事务中。用户可创建模块并且配置模块的属性。
④ 提交配置事务。
⑤ 执行验证过程。
⑥ 验证成功之后，第二阶段提交开始。
⑦ 提交待销毁的模块被销毁，并且它们的服务实例也被关闭。
⑧ 运行时 Beans 设置到注册器。
⑨ 事务控制器调用每个模块的 getInstance 方法。
⑩ 提交事务并且关闭或释放资源。

验证失败场景：

① 若校验失败（即非法输入属性值或依赖解析失败），则抛出异常并暴露给用户。
② 用户可决定重新配置事务并再次提交或终止当前事务。
③ 对于终止的事务，TransactionController 和 JMXRegistrator 将适当的关闭。
④ 发送未注册的事件到 ConfigRegistry。

（7）默认模块实例

配置子系统向模块提供了一种创建默认实例的方法。一个默认实例是一个模块的一个实例，它在模块 bundle 的启动状态（模块对配置子系统可见，如在 OSGi 环境中模块的 bundle 是激动的）下创建。默认情况下，没有默认实例产生。

默认实例与在模块生命周期后面创建的实例没有什么不同。唯一不同的是配置子系统不能提供默认实例的配置。模块必须自己获取这些实例的配置。例如可以从环境变量中获取，在一个默认实例创建后，其表现为一个常规的实例并且充分参与配置子系统中（在之后的事务中可以重新配置或删除这个实例）。

12.4.8　MD-SAL 的学习参考

MD-SAL 项目文档的 wiki 链接：

https://wiki.opendaylight.org/view/OpenDaylight_Controller:MD-SAL

12.5　YANG

使用 YANG 进行建模能为开发带来很多便利，YANG 语言是整个 OpenDaylight 基础架构的基石，也是数据模型驱动开发的基础，掌握 YANG 语言后能更好地理解和调试 OpenDaylight 相关的项目。另外，YANG 语言支持 JSON 绑定，支持 RESTCONF 协议，支持远程过程调用 RPC。YANG 语言不仅在 OpenDaylight 项目 MD-SAL 开发中占有十分重要的地位，而且它是 OpenDaylight 项目北向开发的关键。

YANG 是一种数据建模语言（见图 12-7），用以建模由网络配置协议（NECONF）操作的配置和状态数据、NETCONF 远程过程调用 RPC 和 NETCONF 通知。在 OpenDaylight 项目中，MD-SAL 模块及其相关的开发也是使用 YANG 语言进行接口和数据定义的建模，并且为基于 YANG 建模的此类服务提供消息和数据集中的实时支持。YANG 语言最早是由 NETCONF 数据建模语言工作组（NETMOD）为 NETCONF 协议开发的一种高级数据建模语言，向基于 NETCONF 的操作提供服务，包括配置、状态数据、远程过程调用 RPCs、通知等。这就描述了在 NETCONF 客户与服务器之间传送的所有数据。

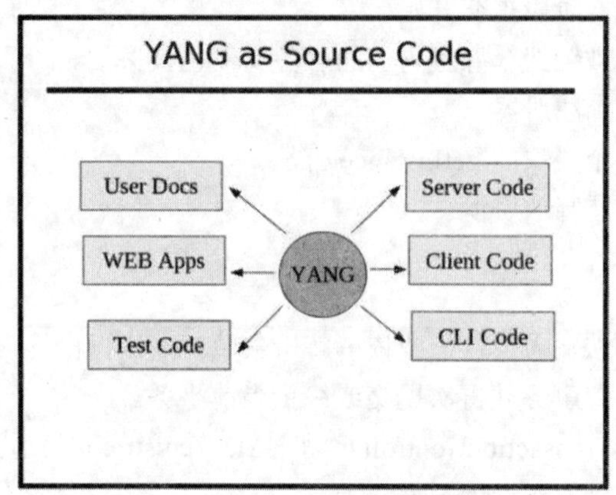

图 12-7 YANG 数据建模语言

YANG 将数据按层次进行组织，建模成一棵树。在这棵树中的每个节点都有一个名字、一个值或一个子节点集。YANG 提供简洁明了的节点描述以及这些节点之间的互作用。YANG 将数据模型在结构上分为模块和子模块。一个模块能导入其他外部模型的数据并且包含子模块的数据。这种层次结构是可以扩展的，它允许一个模块将一个或多个数据节点添加到在其他模块定义的层次结构中去。这种扩展可以是条件限定的，即只有某些条件符合时新的节点才出现。

YANG 模块能描述在数据上执行的约束条件，限制在层次结构中基于存在的节点的值或其他节点的值。这些约束由客户或服务器执行，这些是必须条件。

YANG 定义了一个内置类型（built-in types）的集。YANG 有一套类型机制，通过它来定义附加类型（additional types）。派生类型可使用类似范围或模式限制等机制（这些机制由客户或服务器执行），以限制它们基础类型有效值的集合。也可定义使用派生类型的用法常规，如一个基于字符串的类型（其包含一个主机名）。

YANG 允许定义可复用的节点组。这些组的实例化可细化或扩展节点，允许根据特定需求调整细化节点。派生类型和组可在一个模块或子模块中定义，并且可在这些模块中或者在其他模块或子模块（需要导入或包含此派生类型和组）中使用。

YANG 数据派生结构包括定义列表集（lists），其中列表集中的列表条目根据键来标识以与其他列表条目区分开来。这样的列表集可由用户排序或由系统自动排序。对于用户排序的列表集，将定义操作以控制列表实例的顺序。

YANG 模型可被翻译成一个对等的 XML 语法——YIN（YANG 独立符号），以允许使用 XML 解析器和可扩展样式表语言转换（XSLT）脚本的应用对模型进行操作。从 YANG 到 YIN 的转换是无损的，YIN 中的内容也可转换回 YANG。

YANG 冲击了高级数据建模和底层“线上编码（bits-on-the-wire）”的平衡。查看 YANG 模块可在获取数据模型高层视图的同时理解数据在 NETCONF 操作中的编码。YANG 是一个可扩展的语言，允许通过标准机构、供应商和个人定义扩展声明。声明语法允许这些扩展以正常方式与标准 YANG 声明共存。YANG 尽可能保持与 SNMP 协议的 SMIv2 兼容。基于 SMIv2 的 MIB 模块能被自动翻译成只读访问的 YANG 模块。然而反过来就不行了。

如同 NETCONF 一样，YANG 旨在实现与设备自然管理基础架构平衡的整合。这允许利用它们现有的访问控制机制来保护或暴露数据模型的元素。

本节在以下部分将重点介绍 YANG 语言的语法和语义，以及将 YANG 语言映射至 Java 语言的映射规则。

12.5.1 YANG 的重要术语说明

YANG 语言的一些关键术语如下。

- anyxml：一个包含未知内容的 XML 数据的数据节点。
- augment：将新的架构节点添加到之前定义的架构节点上。
- base type（基础类型）：派生类由此类派生，可为内置类型或其他派生类型。
- built-in type（内置类型）：由 YANG 语言定义的一个 YANG 数据类型，如 uint32 或 string。
- choice：一个架构节点，注意只有确认选项（identified alternatives）中的一个才是有效的。
- configuration data（配置数据）：一个可写数据的集合，这些数据需要将一个系统从其初始默认状态变换到其现在的状态。
- conformance（一致性）：检测一个设备遵循数据模型的准确度。
- container（容器）：容器是在数据树中至多一个实例中存在的内部数据节点（在一个实例中是唯一的，并且其他实例不共用这个容器节点）。容器不包含值，而是包含子节点的集合。
- data definition statement（数据定义声明）：数据定义声明定义新的数据节点。这里的数据节点可以是 container、leaf、leaf-list、list、choice、case、augment、uses、anyxml。
- data model（数据模型）：数据模型描述如何展示和访问数据。
- data node（数据节点）：数据节点就是概要树中的节点，它在数据树中可被实例化。这里的数据节点可以是 container、leaf、leaf-list、list、anyxml。
- data tree（数据树）：数据树是一个设备的配置数据和状态数据实例化的树。
- derived type（派生类型）：派生类型从一个内置类型（如 uint32）或其他派生类型派生出来。
- device deviation（设备偏差）：设备无法忠实实现模块的错误。
- extension:（扩展）：扩展将非 YANG 语义连接至声明。扩展声明定义新声明以表达这些语义。
- feature（功能）：功能可以看成是一种机制，这种机制将模型中一部分标记为可选。定义可使用一个功能名来标记，并且只在支持这个功能的设备上是有效的。

- grouping（组）：一个可复用的概要节点的集合。组可在包含这个组的本地模块中使用，也可以引入这个组的其他模块中使用。组声明不是一个数据定义声明，它在概要树中没有定义任何节点。
- identifier（标识符）：标识符用以通过名字来标识不同类型的 YANG 项目。
- instance identifier（实例标识符）：实例标识符是用以标识数据树中一个特定节点的机制。
- interior node（内部节点）：是在层次结构中的非叶子的节点。
- leaf（叶子节点）：叶子节点是在数据树中至多一个实例中存在的数据节点（在一个实例中是唯一的，并且其他实例不共用这个叶子节点）。一个叶子节点有一个值，但没有子节点。
- leaf-list（叶子列表节点）：类似叶子节点，但是定义了一个唯一可识别的节点集（而不是一个单独的节点）。每个节点有一个值，但没有子节点。
- list（列表）：列表是一个内部数据节点，其可能存在于数据树中的多个实例中。列表没有值，但包含一个子节点集。
- module（模块）：一个 YANG 模块定义了一个可被基于 NETCONF 的操作使用的节点的层次结构。基于模块自身的定义和从其他地方导入或包含的定义，模块是“自给自足”和“可编译”的。
- RPC（远程过程调用）：在 NETCONF 协议内使用。
- RPC operation（RPC 操作）：一种特殊的 RPC 操作，也被称为协议操作。
- schema node（概要节点）：在概要树中的节点。概要节点可以是 container、leaf、leaf-list、list、choice、case、rpc、input、output、notification、anyxml 中的一种。
- schema node identifier（概要节点标识符）：概要节点标识符是一个用以标识概要树中一个特定节点的机制。
- schema tree（概要树）：在一个模块内指定的定义层次结构。
- state data（状态数据）：系统中除配置数据外的其他数据，如只读信息和收集的统计信息。
- submodule（子模块）：一个部分模块定义，向一个模块贡献派生类型、组、数据节点、RPCs、通知。一个 YANG 模块能从一些子模块中创建。
- top-level data node（顶层数据节点）：若一个数据节点与一个模块声明（或子模块声明）之间没有其他的数据节点，则这个节点称为顶层数据节点。
- uses: uses 声明用以实例化在组声明中定义的概要节点集。实例化的节点可能需要根据需求进行重定义并且被扩展（augmented）以细化。

12.5.2 YANG 的语法规则

YANG 的语法类似于编程语言（如 C 和 C++）。YANG 这种类 C 的语法使得它的可读性极强。YANG 模型使用 UTF-8 字符编码。以下简单介绍 OpenDaylight 项目中主要运用到的 YANG 语法。

1. 注释

C++风格的注释在单一行进行注释时使用“//”开头，在行尾自动结束；在多行进行注释时使用“/*”与“*/”将注释的内容包裹起来。

2. Tokens

YANG 中的一个 token 可是一个关键字、一个字符串、一个分号（“；”）和括弧（“{”或“}”）。其中关键字可是在此文档中定义的 YANG 关键字，或者是一个前缀标识符+“：”+一个语言扩展关键字。关键字是区分大小写的。

3. 标识符

标识符用以通过名字来标识不同类型的 YANG 项目。标识符由一个大写或小写字母的 ASCII 字符或下划线字符打头，后跟随 0 或多个 ASCII 字符、数字、下划线、连字符和点。标识符最长包含 64 个字符，可被描述为带引号或不带引号的字符串。标识符也是区分大小写的。每个标识符在依赖被定义的 YANG 项目的类型的命名空间内是有效的。所有定义在一个命名空间内的标识符必须是唯一的。

4. 声明

一个 YANG 模块包含一个声明的序列。每个声明由一个关键字打头，随后是 0 或 1 个参数（argument），再随后是一个分号（“；”）或由括号（“{}”）封装的子声明块，例如：

```
statement = keyword [argumcnt] (";" / "{" *statement "}")
```

其中参数（argument）是一个字符串。

一个模块可使用扩展（extension）关键字以引入 YANG 扩展。扩展可由其他带有 import 声明的模块导入。若要使用一个导入的扩展，扩展的关键字前必须使用扩展模块导入的前缀来进行限定，即这个扩展的关键字前必须加上其被定义的模块的前缀。另外，由于子模块无法包括父模块，因此所有在一个模块中需要向子模块暴露细节的扩展必须在子模块中定义。这样子模块群就可以包括这个子模块以寻找扩展的定义。若 YANG 编译器不支持其中在 YANG 模块中以未知声明出现的某个扩展，则编译器将忽视整个未知声明。

12.5.3 YANG 的声明介绍

本节将向读者介绍 YANG 中所有的声明。

1. module（模块）声明

module 声明定义了模块的名称，并且包含所有属于此模块的声明的组合。module 声明由模块的名称加上包含模块细节信息的子声明的代码块组成。建议模块的名称以企业或组织名作为前缀，以防止模块名与标准或企业模块和子模块的名称冲突。一个典型的模块名有如下的结构：

```
module <module-name> {
/*
以下至<other statements>均为模块头信息，包括 YANG 版本声明、命名空间声明、前缀声明
*/
// 可选的模块开发所用的 YANG 版本声明、字符串参数（必须包含值 1——当前版本值）
<yang-version statement>
/* 模块所定义的（除组内定义的数据节点标识符之外的）所有标识符的命名空间定义，是命名空间的
URI 表示 */
```

```
<namespace statement>
/* 用以定义模块及其命名空间相关的前缀。前缀是一个字符串，通过它来访问一个模块。使用前缀可用于指向模块中包含的定义，如"前缀:待引用对象"（if:ifName）。若在 module 声明内使用前缀，则 prefix 声明定义此模块被导入时所使用的前缀。若在 import 声明内使用前缀，则 prefix 声明定义访问被引入模块中的定义所使用的前缀。注意，所有的前缀在此模块或子模块中必须是唯一的 */
<prefix statement>
/* 模块相关链接声明，包含导入的模块声明和包含的模块声明。通过此声明可使用导入的模块中的定义。格式：在 import 关键字后说明待导入模块的名称，然后加上一段子声明以详细描述引入的相关信息。其中模块可使用被导入模块或其子模块中顶层定义的组或自定义类型（typedef），可使用导入模块或其子模块中定义的任何扩展、功能（feature）、标识，可在 must、path、when 声明中或以目标节点在 augment、deviation 中使用导入模块或其子模块中的任何节点，可引入多个模块。另外，导入声明还有一个可选子声明 revision-date，以指明需要导入哪个版本的模块，注意只能导入一个版本 */
<import statements>
/* include 声明将子模块中的内容对其父模块可用，对其父模块的其他子模块也可用。格式：include 后加上需要包含的子模块的标识，可使用 include 包含多个模块。 注意，include 声明仅能导入属于这个模块的子模块（由 belongs-to 声明定义），或这个模块的父模块包含的其他子模块。另外，包含声明还有一个可选子声明 revision-date，以指明需要包含哪个版本的模块，注意只能包含一个版本 */
<include statements>
// 元数据信息，包括组织信息、联系信息、描述信息、参考信息
<organization statement>
<contact statement>
<description statement>
<reference statement>
/* 修订历史，包括修订声明，以 revision 加上 YYYY-MM-DD 的格式，后面还可加上一段子声明以详细描述修订信息 */
<revision statements>
// 模块的其他定义，模块声明的主体部分
<other statements>
}
```

表 12-1 说明了模块定义中的模块子声明主要包含的子声明及其组成个数限制。

表12-1　模块定义中的模块子声明主要包含的元素及其组成个数限制

子声明	一个模块中允许的数量（整数）
anyxml	[0, n]
augment	[0, n]
choice	[0, n]
contact	[0, 1]
container	[0, n]
description	[0, 1]
deviation	[0, n]
description	[0, n]
extension	[0, n]

（续表）

子声明	一个模块中允许的数量（整数）
feature	[0, n]
grouping	[0, n]
identity	[0, n]
import	[0, n]
include	[0, n]
leaf	[0, n]
leaf-list	[0, n]
list	[0, n]
namespace	1
notification	[0, n]
organization	[0, 1]
prefix	1
reference	[0, 1]
revision	[0, n]
rpc	[0, n]
typedef	[0, n]
uses	[0, n]
yang-version	[0, 1]

下面介绍一个简单的 YANG 文件的示例：

```
module acme-system {
namespace "http://acme.example.com/system";
prefix "acme";
import ietf-yang-types {
prefix "yang";
}
include acme-types;
organization "ACME Inc.";
contact
"Joe L. User
ACME, Inc.
42 Anywhere Drive
Nowhere, CA 95134
USA
Phone: +1 800 555 0100
EMail: joe@acme.example.com";
description
"The module for entities implementing the ACME protocol.";
revision "2007-06-09" {
description "Initial revision.";
```

```
    }
  }
  // 模块的其他定义，模块声明的主体部分
}
```

2. submodule（子模块）声明

有时一个模块过于庞大，可将其细分为多个子模块，并在各个的定义中说明这种关系。submodule 声明定义了子模块的名字，并且包含所有属于此子模块的声明的组合。submodule 声明的格式：子模块名称加上详细描述子模块信息的子声明的语句段。私有模块名由拥有其的组织分配而无须中央登记，但推荐尽量不与标准命名或其他企业模块或子模块名相同，以避免可能的冲突，如使用企业名/组织名作为子模块名的前缀。一个典型的子模块格式如下：

```
submodule <module-name> {
// 以下至<other statements>均为模块头信息
// 可选的模块开发所用的 YANG 版本声明、字符串参数（必须包含值 1——当前版本值）
<yang-version statement>
/* 模块标识，这个参数是子模块定义所独有的。belongs-to 声明指定了此子模块所属的父模块名。此声明的格式为 belongs-to 加上模块的名称。子模块必须只被其所属的父模块所包含或此父模块的其他子模块所包含。belongs-to 声明有一个强制的子声明 prefix 分配给此模块所属的父模块，所有本地子模块和其他被包含的模块中的定义都可通过前缀来访问
*/
<belongs-to statement>
// 相关链接的声明，与模块声明一样
<import statements>
<include statements>
// 元数据信息，包括组织信息、联系信息、描述信息、参考信息
<organization statement>
<contact statement>
<description statement>
<reference statement>
/* 修订历史，包括修订声明，以 revision 加上 YYYY-MM-DD 的格式，后面还可加上一段子声明以详细描述修订信息 */
<revision statements>
// 模块的其他定义，模块声明的主体部分
<other statements>
}
```

表 12-2 说明了模块子定义中主要包含的子声明及其组成个数限制。

表12-2　子模块定义主要包含的元素及其组成个数限制

子声明	子模块中允许的数量（整数）
anyxml	[0, n]
augment	[0, n]
belongs-to	1

（续表）

子声明	子模块中允许的数量（整数）
choice	[0, n]
contact	[0, 1]
container	[0, n]
description	[0, 1]
deviation	[0, n]
extension	[0, n]
feature	[0, n]
grouping	[0, n]
identity	[0, n]
import	[0, n]
include	[0, n]
leaf	[0, n]
leaf-list	[0, n]
list	[0, n]
notification	[0, n]
organization	[0, 1]
prefix	1
reference	[0, 1]
revision	[0, n]
rpc	[0, n]
typedef	[0, n]
uses	[0, n]
yang-version	[0, 1]

以下是一个简单的子模块的定义：

```
submodule acme-types {
belongs-to "acme-system" {
prefix "acme";
}
import ietf-yang-types {
prefix "yang";
}
organization "ACME Inc.";
contact
"Joe L. User
ACME, Inc.
42 Anywhere Drive
Nowhere, CA 95134
USA
```

```
Phone: +1 800 555 0100
EMail: joe@acme.example.com";
description
"This submodule defines common ACME types.";
revision "2007-06-09" {
description "Initial revision.";
}
// definitions follows...
}
```

3. typedef（自定义类型）声明

typedef（自定义类型）声明定义了在模型中本地使用的一种新类型，并且在包含其的模块或子模块、在导入其的其他模块中也可使用这个新类型。这个新类型也称为 derived type（派生类型），派生类起源的类型称为 base type（基类型，指的是基于 base type 派生而出 derived type）。所有派生类型可追溯至 YANG 内置类型（built-in type）。

typedef 声明的格式为 typedef 加上欲定义派生类型的名称标识符，（必须）再加上详细描述派生类型信息的子声明语句段。注意，派生类型的名称不能命名为 YANG 内置类的名称，若派生类型定义在 YANG 模块或子模块的最高层，则派生类型的名称在模块中必须是唯一的。

表 12-3 说明了派生类型中主要包含的子声明及其组成个数限制。

表12-3　派生类型中主要包含的子声明及其组成个数限制

子声明	派生类型中允许的数量（整数）
default	[0, 1]
description	[0, 1]
reference	[0, 1]
status	[0, 1]
type	1
units	[0, 1]

说明：

- type　声明必须为已有的类型，它定义了派生类型的基类型。
- units　声明是可选的，是一个包含与类型相关单位的文本定义的字符串。
- default　声明是可选的，是一个记录新类型的默认值的字符串。若其派生类型未指定默认值，则这个值也会成为其子类型的默认值。若派生类型或叶子节点的值约束与默认值冲突，则结果将出错，这时必须在其派生类型或叶子节点中指定默认值。

以下是 typedef（自定义类型）声明的一个简单示例：

```
typedef listen-ipv4-address {
type inet:ipv4-address;
default "0.0.0.0";
}
```

4. type（类型）声明

type 声明的格式为 YANG 内置类型或派生类型加上一个可选的代码段（子声明），这个代码段进一步描述了类型的限制。表 12-4 说明了 type 声明中主要包含的子声明及其组成个数限制。

表12-4　type声明中主要包含的子声明及其组成个数限制

子声明	type 声明允许的数量（整数）
bit	[0, n]
enum	[0, n]
length	[0, 1]
path	[0, 1]
pattern	[0, n]
range	[0, 1]
require-instance	[0, 1]
type	[0, n]

5. container（容器）声明

container（容器）声明用以定义概要树中一个内部的数据节点。container（容器）声明的格式为 container 加上一个标识符，随后为一段详细描述容器信息的子声明。container（容器）声明不包含值，只包含在数据树中的一个子节点列表。子节点在容器的子声明中定义。

YANG 支持两种类型的容器，一种仅为组织数据节点的层次结构，另一种在配置中出现并有明确的意义。第一种类型的容器自身是没有意义的，其存在仅为包含子节点以方便层次组织，这种是默认的类型。第二种类型的容器本身为配置数据，代表配置数据的一个位，容器的作用类似于配置调节和组织相关配置的一种手段。这些容器被显式创建和显式删除。YANG 称第二种方式为一个 presence container，并且使用 presence 声明来标识。其中 presence 声明以一个文本字符串来指示节点的代表。表 12-5 说明了 container 声明中主要包含的子声明及其组成个数限制。

表12-5　container声明中主要包含的子声明及其组成个数限制

子声明	container 声明允许的数量（整数）
anyxml	[0, n]
choice	[0, n]
config	[0, 1]
container	[0, n]
description	[0, 1]
grouping	[0, n]
if-feature	[0, n]
leaf	[0, n]
leaf-list	[0, n]
list	[0, n]
must	[0, n]

（续表）

子声明	container 声明允许的数量（整数）
presence	[0, 1]
reference	[0, 1]
status	[0, 1]
typedef	[0, n]
uses	[0, n]
when	[0, 1]

以下简单介绍表 12-5 中包含的一些子声明。

- must 声明：可选，参数包含 XPath 表达式，用以正式声明一个有效数据的限制。当校验数据库时，对数据树中每个数据节点和每个默认值正在使用的叶子节点验证所有的 must 限制。must 声明包含 4 个子声明（每个子声明均为可选，数量为 0 或 1 个）：description、error-app-tag（校验限制条件失败时，值复制到<rpc-error>字段的< error-app-tag >子字段内）、error-message（校验限制条件失败时，值复制到<rpc-error>字段的<error-message>子字段内）和 reference。
- presence 声明：数据树中容器存在的意义。
- 容器的子节点的声明：可使用 container、leaf、list、leaf-list、uses、choice、anyxml 这些声明以定义子节点。
- XML 映射规则：一个容器节点将被编码为一个 XML 要素。这个要素的本地名称是容器的标识符，它的命名空间是模块的 XML 命名空间。容器的子节点将编码为容器要素的子要素。若容器定义了 RPC 输入或输出参数，这些子要素按照其在 container 声明中的顺序编码。另外，若容器节点不包含 presence 声明并且不存在任何子节点，则 NETCONF 服务器回应<get>或<get-config>请求时可能不会返回一个容器要素。
- NETCONF <edit-config>操作：可使用容器 XML 要素中的 operation 属性来创建、删除、替换、修改容器。注意，在容器不包含 presence 声明并且最后一个子节点被删除的情况下，NETCONF 服务器可能会删除容器。在 NETCONF 服务器处理<edit-config>请求时：
  - 操作为 merge 或 replace，若节点不存在，则新建节点。
  - 操作为 create，若节点不存在，则新建节点；若存在，则返回 data-exists 错误。
  - 操作为 delete，若存在，则删除节点；若不存在，则返回 data-missing 错误。

以下是容器的一个简单的例子：

```
container system {
description "Contains various system parameters";
container services {
description "Configure externally available services";
container "ssh" {
presence "Enables SSH";
description "SSH service specific configuration";
```

```
// 此处可定义叶子节点、容器等要素
}
}
}
```

对应的 XML 实例为：

```
<system>
<services>
<ssh/>
</services>
</system>
```

使用<edit-config>以删除容器的例子：

```
<rpc message-id="101"
xmlns="urn:ietf:params:xml:ns:netconf:base:1.0"
xmlns:nc="urn:ietf:params:xml:ns:netconf:base:1.0">
<edit-config>
<target>
<running/>
</target>
<config>
<system xmlns="http://example.com/schema/config">
<services>
<ssh nc:operation="delete"/>
</services>
</system>
</config>
</edit-config>
</rpc>
```

6. leaf（叶子节点）声明

leaf 声明用以定义在概要树中的一个叶子节点。它的格式为 leaf 加上一个标识符作为参数，再加上一个详细描述叶子节点信息的子声明段。leaf 声明用以定义一个特定内置类型或派生类型标准形式的变量。一个叶子节点有一个值，但没有子节点。一个叶子节点存在于数据树中的 0 个或 1 个实例中。叶子节点的默认值指的是数据树中不存在叶子节点时，服务器使用的值。默认值的使用依赖于（不是非存在容器的）概要树中最接近的祖先节点，具体使用见 RFC6020 的 7.6 节。表 12-6 说明了 leaf 声明中主要包含的子声明及其组成个数限制。

表12-6　leaf声明中主要包含的子声明及其组成个数限制

子声明	leaf 声明允许的数量（整数）
config	[0, 1]
default	[0, 1]
description	[0, 1]

（续表）

子声明	leaf 声明允许的数量（整数）
if-feature	[0, n]
mandatory	[0, 1]
must	[0, n]
reference	[0, 1]
status	[0, 1]
type	1
units	[0, 1]
when	[0, 1]

以下简单介绍表 12-6 中包含的一些子声明。

- type 声明：此子声明必须存在，包含一个参数，即现存内置类型或派生类型的名称。type 声明的子声明为可选，说明此类型的限制。
- default 声明：可选，带有一个参数为包含叶子节点默认值的字符串。默认值需满足叶子节点 type 声明的条件。注意，当节点的 mandatory 为 true 时，default 声明不可出现。
- mandatory 声明：可选，带有一个值为 true 或 false 的字符串作为参数，并且带有对有效数据的约束。若未特别指明，则默认值为 false。若值为 true，约束的行为依赖于（不是非存在容器的）概要树中最接近的祖先节点，具体使用见 RFC6020 的 7.6 节。
- XML 映射规则：一个叶子节点将被编码为一个 XML 要素。这个要素的本地名称是叶子节点的标识符，它的命名空间是模块的 XML 命名空间。叶子节点的值将根据其类型被编码为 XML 并且转化成要素中的字符数据被发送出去。当叶子节点的值为默认值时，NETCONF 服务器回应<get>或<get-config>请求时可能不会返回一个叶子节点要素。
- NETCONF <edit-config>操作：在 NETCONF 服务器处理<edit-config>请求时：
  - 操作为 merge 或 replace，若节点不存在，则新建节点，并且将它的值设置为在 XML RPC 数据中发现的值。
  - 操作为 create，若节点不存在，则新建节点；若存在，则返回 data-exists 错误。
  - 操作为 delete，若存在，则删除节点；若不存在，则返回 data-missing 错误。

以下是叶子节点的一个简单的例子。我们将 leaf 声明放入上面定义的 ssh 容器中：

```
leaf port {
type inet:port-number;
default 22;
description "The port to which the SSH server listens"
}
```

相应的一个 XML 示例如下：

```
<port>2022</port>
```

使用<edit-config>以设置叶子节点值的示例如下：

```
<rpc message-id="101"
xmlns="urn:ietf:params:xml:ns:netconf:base:1.0"
xmlns:nc="urn:ietf:params:xml:ns:netconf:base:1.0">
<edit-config>
<target>
<running/>
</target>
<config>
<system xmlns="http://example.com/schema/config">
<services>
<ssh>
<port>2022</port>
</ssh>
</services>
</system>
</config>
</edit-config>
</rpc>
```

7. leaf-list（叶子列表）声明

leaf-list 用以定义一个特定类型的数组。leaf-list 有一个标识符参数，后面带有一段描述 leaf-list 信息的子声明语句。leaf-list 中的值必须是唯一的。leaf-list 引用的类型的默认值不对 leaf-list 产生影响。

YANG 支持两种对列表和 leaf-lists 进行排序的方法。在大多数列表中，要素的顺序无关紧要，但 description 中可能会建议按一定的原则进行排序，这种列表的方式称为 system ordered，使用 ordered-by system 声明。另一种方式中，要素的顺序很关键，需要用户进行排序且由设备维持顺序，这种列表的方式称为 user ordered，使用 ordered-by user 声明，如防火墙中条目的部署顺序是非常关键的。使用 NETCONF 的<edit-config>能很好地进行顺序的操作。

表 12-7 说明了 leaf-list 声明中主要包含的子声明及其组成个数限制。

表12-7　leaf-list声明中主要包含的子声明及其组成个数限制

子声明	leaf-list 声明允许的数量（整数）
config	[0, 1]
description	[0, 1]
if-feature	[0, n]
max-elements	[0, 1]
min-elements	[0, 1]
must	[0, n]
ordered-by	[0, 1]
reference	[0, 1]
status	[0, 1]
type	1

（续表）

子声明	leaf-list 声明允许的数量（整数）
units	[0, 1]
when	[0, 1]

以下简单介绍表 12-7 中包含的一些子声明。

- min-elements 声明：可选，带有一个非负整数参数，这个参数对有效列表条目进行限制。这个值是一个有效的 leaf-list 至少需要包含的要素的数量，默认值为 0。约束的行为依赖于（不是非存在容器的）概要树中最接近的祖先节点，具体使用见 RFC6020 的 7.5 节。
- max-elements 声明：可选，带有一个正整数参数或 unbounded 的字符串参数。这个值是一个有效的 leaf-list 最多能包含的要素的数量，默认值为 unbounded，即没有上限。
- ordered-by 声明：定义顺序由用户还是系统来决定。参数为 system 和 user 中的一个，默认为 system。若列表代表状态数据、RPC 输出参数、通知内容，则此声明被忽略。
- XML 映射规则：一个 leaf-list 节点将被编码为一个 XML 要素的串联。每个要素的本地名称是 leaf-list 的标识符，它的命名空间是模块的 XML 命名空间。每个 leaf-list 节点的值将根据其类型被编码为 XML 并且转化成要素中的字符数据被发送出去。若 leaf-list 是 ordered-by user，则代表 leaf-list 条目的 XML 要素必须按照用户指定的顺序出现，否则顺序是依赖实现的。
- NETCONF <edit-config>操作：可通过<edit-config>操作来使用 leaf-list 条目的 XML 元素中的 operation 操作，以创建或删除叶子节点，但注意不可修改叶子节点。在 ordered-by user 的 leaf-list 中，YANG XML 命名空间的 insert 和 value 属性可用于控制条目插入至 leaf-list 的位置。这种功能可使用在这 3 种情况：create 操作插入新条目、merge 操作插入新条目、replace 操作移除已存在的一个条目。其中 insert 属性接收值 first、last、before、after。若值为 before 或 after，则必须使用 value 属性以指定在 leaf-list 中存在的条目。若在 create 操作中未出现 insert 属性，则 insert 默认设为 last。若 ordered-by user 的 leaf-list 在同一<edit-config>请求中修改，则多个条目将按请求中 XML 元素的顺序同时被修改。若在<copy-config>或<edit-config>中带有覆盖整个 leaf-list 的 replace 操作，则 leaf-list 的顺序同请求中 XML 要素的顺序一致。在 NETCONF 服务器处理<edit-config>请求时：
  - 操作为 merge 或 replace，若节点不存在，则新建节点，并且将它的值设置为在 XML RPC 数据中发现的值。
  - 操作为 create，若节点不存在，则新建节点；若存在，则返回 data-exists 错误。
  - 操作为 delete，若存在，则删除节点；若不存，在则返回 data-missing 错误

以下是一段 leaf-list 的简单示例：

```
leaf-list allow-user {
type string;
description "A list of user name patterns to allow";
}
```

其对应的一个 XML 实例为：

```
<allow-user>alice</allow-user>
<allow-user>bob</allow-user>
```

使用默认<edit-config>操作 merge 以在此列表中创建一个新要素：

```
<rpc message-id="101"
xmlns="urn:ietf:params:xml:ns:netconf:base:1.0"
xmlns:nc="urn:ietf:params:xml:ns:netconf:base:1.0">
<edit-config>
<target>
<running/>
</target>
<config>
<system xmlns="http://example.com/schema/config">
<services>
<ssh>
<allow-user>eric</allow-user>
</ssh>
</services>
</system>
</config>
</edit-config>
</rpc>
```

以下给出 ordered-by user（用户排序）的 leaf-list：

```
leaf-list cipher {
type string;
ordered-by user;
description "A list of ciphers";
}
```

以下代码将在 3des-cbc 后插入新的一个 cipher——blowfish-cbc：

```
<rpc message-id="101"
xmlns="urn:ietf:params:xml:ns:netconf:base:1.0"
xmlns:nc="urn:ietf:params:xml:ns:netconf:base:1.0"
xmlns:yang="urn:ietf:params:xml:ns:yang:1">
<edit-config>
<target>
<running/>
</target>
<config>
<system xmlns="http://example.com/schema/config">
<services>
<ssh>
<cipher nc:operation="create" yang:insert="after"
yang:value="3des-cbc">blowfish-cbc</cipher>
```

```
</ssh>
</services>
</system>
</config>
</edit-config>
</rpc>
```

8. list（列表）声明

list（列表）声明用以定义在概要树的一个内部数据节点。一个列表节点可能存在于数据树的多个实例中。每个这样的实例被称为一个列表条目。list 声明有一个标识符参数，后面加上包含列表信息的子声明字段。每个列表条目都是由列表键值唯一标识的。

表 12-8 说明了 list 声明中主要包含的子声明及其组成个数限制。

表12-8 list声明中主要包含的子声明及其组成个数限制

子声明	leaf-list 声明允许的数量（整数）
anyxml	[0, n]
choice	[0, n]
config	[0, 1]
container	[0, n]
description	[0, 1]
grouping	[0, n]
if-feature	[0, n]
key	[0, 1]
leaf	[0, n]
leaf-list	[0, n]
list	[0, n]
max-elements	[0, 1]
min-elements	[0, 1]
must	[0, n]
ordered-by	[0, 1]
reference	[0, 1]
status	[0, 1]
typedef	[0, n]
unique	[0, n]
uses	[0, n]
when	[0, 1]

以下简单介绍表 12-8 中包含的一些子声明。

- key 声明：若列表代表配置，则 key 声明必须出现，其他情况可选。key 声明包含一个参数，这个参数描述了此列表中一个空间隔离的叶子标识符列表。一个叶子标识符在 key 中最多只能出现一次。每个这样的叶子标识符必须指向列表中的子叶子。叶子可直接在列表的子声明中定义，或者在列表使用的组中定义。所有在 key 中定义的叶子的值的集合能唯一定义一个列表条目。在一个列表条目创建时，所有 key 的叶子必须赋值。其中的叶子节点可为除 empty 类型之外的内置类型或派生类型。

- unique 声明：使用 unique 声明对有效列表条目添加限制。unique 声明带有一个字符串参数，此参数包含一个空间隔离的概要节点标识符的列表。每个这种概要节点标识符必须指向一个叶子。若其中一个被引用的叶子代表了配置数据，则所有被引用的叶子必须都代表配置数据。unique 限制指定了在参数字符串中所有叶子节点实例的组合值（包括带有默认值的叶子节点），在所有引用的叶子节点所存在的所有列表条目实例中都必须是唯一的。

以下是 unique 声明的一个简单的例子：

```
list server {
key "name";
unique "ip port";
leaf name {
type string;
}
leaf ip {
type inet:ip-address;
}
leaf port {
type inet:port-number;
}
}
```

- 列表的子节点声明：在列表中，可使用 container、leaf、list、leaf-list、uses、choice、anyxml 等声明以定义列表的子节点。
- XML 映射规则：一个列表节点将被编码为一个 XML 要素的串联。每个要素的本地名称是列表的标识符，它的命名空间是模块的 XML 命名空间。列表的 key 节点按照在 key 声明中定义的顺序被编码为列表标识符要素的子要素。列表其他的子节点被编码为跟随 keys 之后的列表要素的子要素。若列表定义了 RPC 输入或输出参数，则子要素按在 list 声明中定义的顺序编码，否则子要素按其他顺序编码。若 leaf-list 是 ordered-by user，代表 leaf-list 条目的 XML 要素必须按照用户指定的顺序出现；否则顺序是依赖实现的。除非列表定义了 RPC 输入或输出参数，代表 leaf-list 条目的 XML 要素可能与其他兄弟元素交错。每个 leaf-list 节点的值将根据其类型被编码为 XML 并且转化成要素中的字符数据被发送出去。
- NETCONF <edit-config>操作：可通过<edit-config>操作来使用列表的 XML 元素中的 operation 操作，以创建、删除、替换、修改列表条件。在以上每种情况下，所有 keys 的值将用于唯一标识一个列表条目。若没有为一个列表条目的所有 keys 指定值，则将返回 missing-element 错误。在 ordered-by user 的列表中，YANG XML 命名空间的 insert 和 key 属性可用于控制条目插入至列表的位置。这种功能可使用在这 3 种情况：create 操作插入新列表条目、merge 操作插入新列表条目、replace 操作移除已存在的一个列表条目。其中

insert 属性接收值 first、last、before、after。若值为 before 或 after，则必须使用 value 属性以指定在列表存在的条目。“键”属性的值是列表项中完整实例标识符的关键断言。若在 create 操作中未出现 insert 属性，则 insert 默认设为 last。若 ordered-by user 的 leaf-list 在同一<edit-config>请求中修改，则多个条目将按请求中 XML 元素的顺序同时被修改。若在<copy-config>或<edit-config>中带有覆盖整个 leaf-list 的 replace 操作，则 leaf-list 的顺序同请求中 XML 要素的顺序一致。在 NETCONF 服务器处理<edit-config>请求时：

- 操作为 merge 或 replace，若列表项不存在，则新建列表项，并且将它的值设置为在 XML RPC 数据中发现的值。若列表项已存在并且 insert 和 key 属性也存在，则列表项根据这两个参数的值进行移动。若若列表项已存在但 insert 和 key 属性不存在，则不移动列表项。
- 操作为 create，若节点不存在，则新建节点；若存在，则返回 data-exists 错误。
- 操作为 delete，若存在，则删除节点；若不存在，则返回 data-missing 错误。

以下是一段列表的简单示例：

```
list user {
key "name";
config true;
description "This is a list of users in the system.";
leaf name {
type string;
}
leaf type {
type string;
}
leaf full-name {
type string;
}
}
```

其对应的一个 XML 实例：

```
<user>
<name>fred</name>
<type>admin</type>
<full-name>Fred Flintstone</full-name>
</user>
```

使用以下代码可创建一个新用户 barney：

```
<rpc message-id="101"
xmlns="urn:ietf:params:xml:ns:netconf:base:1.0"
xmlns:nc="urn:ietf:params:xml:ns:netconf:base:1.0">
<edit-config>
<target>
<running/>
</target>
```

```
<config>
<system xmlns="http://example.com/schema/config">
<user nc:operation="create">
<name>barney</name>
<type>admin</type>
<full-name>Barney Rubble</full-name>
</user>
</system>
</config>
</edit-config>
</rpc>
```

使用以下代码将 fred 的类型改成 superuser：

```
<rpc message-id="101"
xmlns="urn:ietf:params:xml:ns:netconf:base:1.0"
xmlns:nc="urn:ietf:params:xml:ns:netconf:base:1.0">
<edit-config>
<target>
<running/>
</target>
<config>
<system xmlns="http://example.com/schema/config">
<user>
<name>fred</name>
<type>superuser</type>
</user>
</system>
</config>
</edit-config>
</rpc>
```

给出以下用户排序的列表：

```
list user {
description "This is a list of users in the system.";
ordered-by user;
config true;
key "name";
leaf name {
type string;
}
leaf type {
type string;
}
leaf full-name {
type string;
```

```
}
}
```

以下代码在用户 fred 之后插入新用户 barney：

```
<rpc message-id="101"
xmlns="urn:ietf:params:xml:ns:netconf:base:1.0"
xmlns:nc="urn:ietf:params:xml:ns:netconf:base:1.0"
xmlns:yang="urn:ietf:params:xml:ns:yang:1">
<edit-config>
<target>
<running/>
</target>
<config>
<system xmlns="http://example.com/schema/config"
xmlns:ex="http://example.com/schema/config">
<user nc:operation="create" yang:insert="after"
yang:key="[ex:name='fred']">
<name>barney</name>
<type>admin</type>
<full-name>Barney Rubble</full-name>
</user>
</system>
</config>
</edit-config>
</rpc>
```

使用以下代码以移除用户 fred 之前的用户 barney：

```
<rpc message-id="101"
xmlns="urn:ietf:params:xml:ns:netconf:base:1.0"
xmlns:nc="urn:ietf:params:xml:ns:netconf:base:1.0"
xmlns:yang="urn:ietf:params:xml:ns:yang:1">
<edit-config>
<target>
<running/>
</target>
<config>
<system xmlns="http://example.com/schema/config"
xmlns:ex="http://example.com/schema/config">
<user nc:operation="merge" yang:insert="before"
yang:key="[ex:name='fred']">
<name>barney</name>
</user>
</system>
</config>
```

```
</edit-config>
</rpc>
```

9. choice（选择）声明

choice（选择）声明定义了一个可选项的集合，同一时间中在这个集合中仅有一个能生效。choice（选择）声明带有一个标识符参数，后面跟着一段描述 choice（选择）信息的子声明语句段。标识符用以标识选择节点在概要树中的位置。选择节点不出现在数据树中。一个选择由一些分支组成，每个分支使用 case 子声明来定义，包含一定数目的子节点。由最多一个选择分支而来的节点在同一时间存在。

表 12-9 说明了 choice 声明中主要包含的子声明及其组成个数限制。

表12-9　choice声明中主要包含的子声明及其组成个数限制

子声明	choice 声明允许的数量（整数）
anyxml	[0, n]
case	[0, n]
config	[0, 1]
container	[0, n]
default	[0, 1]
description	[0, 1]
if-feature	[0, n]
leaf	[0, n]
leaf-list	[0, n]
list	[0, n]
mandatory	[0, 1]
reference	[0, 1]
status	[0, 1]
when	[0, 1]

以下简单介绍表 12-9 中包含的一些子声明。

- case 声明：用以定义选择的分支，带有一个标识符参数，后面跟着一段描述情况（case）信息的子声明语句段。标识符用以标识情况（case）节点在概要树中的位置。情况（case）节点不出现在数据树中。在一个 case 声明中，可使用 anyxml、choice、container、leaf、list、leaf-list、uses 这些声明以定义情况节点的子节点。在一个选择的所有情况中，每种情况的每个子节点的标识符必须是唯一的，即与其他情况的其他子节点的标识符都必须是不同的。注意，在分支包含一个简单的 anyxml、container、leaf、list 或 leaf-list 声明时，case 声明可省略。在这种情况下，情况节点的标识符与分支声明中的标识符相同。

例如语句：

```
choice interface-type {
container ethernet { ... }
}
```

与下面的语句相同（注意，在一个选择中，情况标识符必须是唯一的）：

```
choice interface-type {
case ethernet {
container ethernet { ... }
}
}
```

表 12-10 说明了 case 声明中主要包含的子声明及其组成个数限制。

表12-10 case声明中主要包含的子声明及其组成个数限制

子声明	case 声明允许的数量（整数）
anyxml	[0, n]
choice	[0, n]
container	[0, n]
description	[0, 1]
if-feature	[0, n]
leaf	[0, n]
leaf-list	[0, n]
list	[0, n]
reference	[0, 1]
status	[0, 1]
uses	[0, n]
when	[0, 1]

- 默认声明：指示在选择（choice）的所有情况（cases）都没有任何子节点时，一个情况（case）是否应视为默认的。默认声明带有 case 声明标识符的参数。若缺失 default 声明，则没有默认的情况。注意，当 mandatory 为 true，即强制声明为真时，default 声明不能出现。

在下例中，当 daily、time-of-day、manual 都不出现时，将选择默认值 interval。若 daily 出现，则 time-of-day 的默认值将被使用：

```
container transfer {
choice how {
default interval;
case interval {
leaf interval {
type uint16;
default 30;
units minutes;
}
}
case daily {
leaf daily {
type empty;
```

```
}
leaf time-of-day {
type string;
units 24-hour-clock;
default 1am;
}
}
case manual {
leaf manual {
type empty;
}
}
}
}
```

- 强制声明：可选，带有值为 true 或 false 的字符串作为参数，施加对有效数据的限制。若 mandatory 为 true，则选择的情况分支（one of the choice’s case branches）中至少有一个节点必须存在。若未定义，则默认值为 default。限制使用依赖于（不是非存在容器的）概要树中最接近 choice 的祖先节点（具体使用见 RFC6020 的 7.5 节）：
    - 若祖先为情况节点，情况中有其他一个节点存在，则执行这个限制。
    - 否则，若祖先节点存在，则执行这个限制。
- XML 映射规则：choice 和 case 节点在 XML 中不可见。若所选 case 声明的子节点是一个 RPC 的输入或输出参数定义的一部分，则它们必须按其在 case 声明中定义的顺序进行编码。
- NETCONF <edit-config>操作：由于同一时间选择中只有一项是有效的，因此从一个情况创建的节点隐式删除了其他情况的其他节点。若<edit-config>操作从一个情况创建了一个节点，则 NETCONF 服务器将删除在选择中其他情况定义的任何存在的节点。

以下是 choice 声明的一段简单用例：

```
container protocol {
choice name {
case a {
leaf udp {
type empty;
}
}
case b {
leaf tcp {
type empty;
}
}
}
}
```

其相应的一个 XML 实例如下：

```
<protocol>
<tcp/>
</protocol>
```

可使用以下代码将协议（protocol）的值由 tcp 改为 udp：

```
<rpc message-id="101"
xmlns="urn:ietf:params:xml:ns:netconf:base:1.0"
xmlns:nc="urn:ietf:params:xml:ns:netconf:base:1.0">
<edit-config>
<target>
<running/>
</target>
<config>
<system xmlns="http://example.com/schema/config">
<protocol>
<udp nc:operation="create"/>
</protocol>
</system>
</config>
</edit-config>
</rpc>
```

10. anyxml 声明

anyxml 声明定义了概要树是一个内部节点。anyxml 声明使用一个标识符参数，后面紧跟一段描述 anyxml 信息的子声明代码段。anyxml 声明用以代表一段未知内容的 XML 代码段。对 XML 没有附加限制，这种机制在类似 RPC 回复中十分有用。一个典型的例子为在<get-config>操作中的<filter>参数。注意，任何 anyxml 节点都不可扩展。不建议将此声明使用为配置数据的代码。一个 anyxml 节点在数据树中存在 0 个或 1 个实例。

表 12-11 说明了 anyxml 声明中主要包含的子声明及其组成个数限制。

表12-11 anyxml声明中主要包含的子声明及其组成个数限制

子声明	anyxml 声明允许的数量（整数）
config	[0, 1]
description	[0, 1]
if-feature	[0, n]
mandatory	[0, 1]
must	[0, n]
reference	[0, 1]
status	[0, 1]
when	[0, 1]

以下简单介绍表 12-11 中包含的一些子声明。

- XML 映射规则：一个 anyxml 节点被编码为一个 XML 元素。元素的本地名为 anyxml 的标识符，它的命名空间是模块的 XML 命名空间。anyxml 节点的值被编码为此元素的 XML 内容。注意，在此编码中使用的任何前缀对于每个实例都是本地的，也就是说对于同一个 XML 通过不同的实现可能会进行不同的编码。
- NETCONF <edit-config>操作：一个 anyxml 节点被视为数据的一个不透明的部分。这个数据只能以整体的形式被修改。一个 anyxml 节点的子元素的 operation 属性将被 NETCONF 服务器忽视。在 NETCONF 服务器处理<edit-config>请求时：
  - 操作为 merge 或 replace，若节点不存在，则新建节点，并且将它的值设置为在 XML RPC 数据中发现的 anyxml 节点的 XML 内容的值。
  - 操作为 create，若节点不存在，则新建节点并且将它的值设置为在 XML RPC 数据中发现的 anyxml 节点的 XML 内容的值，若存在，则返回 data-exists 错误。
  - 操作为 delete，若存在，则删除节点；若不存在，则返回 data-missing 错误。

给出下列 anyxml 声明：

```
anyxml data;
```

以下是相同 anyxml 值的两个有效编码的简单示例：

```
<data xmlns:if="http://example.com/ns/interface">
<if:interface>
<if:ifIndex>1</if:ifIndex>
</if:interface>
</data>
<data>
<interface xmlns="http://example.com/ns/interface">
<ifIndex>1</ifIndex>
</interface>
</data>
```

11. grouping（组）声明

grouping 声明用以定义一块可复用的节点，这块可复用的节点可在模块中本地使用、在包含其的模块中使用、在其他导入它的模块中使用。grouping 声明带有一个标识符参数，后紧跟一个描述组信息的子声明语句块。grouping 声明不是一个数据定义声明，并且在概要树中也没有定义任何节点。组声明类似传统编程语言中的 structure 和 record 声明。一旦定义了一个组，我们就可以通过一个 uses 声明来引用它。注意，一个组不可以引用自身，也不可以直接或间接通过其他组链接引用至自身。若组在一个 YANG 模块或子模块的顶层定义，则组的标识符在模块内必须是唯一的。一个组定义了一个节点的集合（而不只是一个文本替换的机制）。在组内的标识符在组定义的范围内而非其使用处被解析。前缀映射、类型名、组名、扩展使用将在 grouping 声明出现的层次结构处被评估。对于扩展来说，扩展将应用到组节点（grouping node），而非使用节点（uses node）。

表 12-12 说明了 grouping 声明中主要包含的子声明及其组成个数限制。

表12-12 grouping声明中主要包含的子声明及其组成个数限制

子声明	grouping 声明允许的数量（整数）
anyxml	[0, n]
choice	[0, n]
container	[0, n]
description	[0, 1]
grouping	[0, n]
leaf	[0, n]
leaf-list	[0, n]
list	[0, n]
reference	[0, 1]
status	[0, 1]
typedef	[0, n]
uses	[0, n]

以下是 grouping 声明的一个简单示例：

```
import ietf-inet-types {
prefix "inet";
}
grouping endpoint {
description "A reusable endpoint group.";
leaf ip {
type inet:ip-address;
}
leaf port {
type inet:port-number;
}
}
```

12. uses（使用）声明

uses 声明用以引入一个 grouping 定义，使用组名作为参数。uses 引用一个组的实际效果：将由组定义的节点复制到当前的概要树，然后根据 refine 和 augment 声明进行更新。在组中定义的标识符不受限于命名空间，当使用（不出现在一个 grouping 声明中的）uses 声明将这个组的内容添加至概要树中时，组中定义的标识符才被绑定到当前模块的命名空间。注意，使用 uses 声明后，导入节点的标识符不可与模块中的其他节点的标识符相同。

表 12-13 说明了 uses 声明中主要包含的子声明及其组成个数限制。

表12-13　uses声明中主要包含的子声明及其组成个数限制

子声明	uses 声明允许的数量（整数）
augment	[0, 1]
description	[0, 1]
if-feature	[0, n]
refine	[0, 1]
reference	[0, 1]
status	[0, 1]
when	[0, 1]

以下简单介绍表 12-13 中包含的一些子声明。

- refine 声明：在组中的每个节点的一些属性可使用 refine 声明进行完善。refine 声明带有一个字符串参数，此参数标识在组中的一个节点。这个节点称为待完善的目标节点。若节点在组中没定义为 refine 声明的目标节点，则忽视之后的完善。参数字符串是一个后裔架构节点标识符。可进行以下的完善：
  - 叶子节点或选择节点可获取一个默认值（若已存在默认值，则更新为新的默认值）。
  - 任何节点可能获取一个特定的 description 字符串。
  - 任何节点可能获取一个特定的 reference 字符串。
  - 任何节点可能获取一个特定的 config 字符串。
  - 一个叶子节点、anyxml 节点或选择节点可能获取一个不同的 mandatory 声明。
  - 容器节点可能获取一个 presence 声明。

一个叶子节点、leaf-list 节点、列表节点、容器节点、anyxml 节点可能获取添加的 must 表达式。一个 leaf-list 节点或列表节点可能获取一个不同的 min-elements 或 max-elements 声明。

以下是 uses 声明的一个简单示例，在这个例子中我们要使用之前定义（grouping 声明中的示例）的 acme-system 模块中的组 endpoint：

```
import acme-system {
prefix "acme";
}
container http-server {
leaf name {
type string;
}
uses acme:endpoint;
}
```

一个相关的 XML 实例如下：

```
<http-server>
<name>extern-web</name>
<ip>192.0.2.1</ip>
```

```
<port>80</port>
</http-server>
```

若端口 80 是 HTTP 服务器的默认端口，则可通过以下代码添加：

```
container http-server {
leaf name {
type string;
}
uses acme:endpoint {
refine port {
default 80;
}
}
}
```

若需定义一个服务器列表，并且列表中每个服务器将 IP 和端口作为键，则可使用以下代码：

```
list server {
key "ip port";
leaf name {
type string;
}
uses acme:endpoint;
}
```

13. rpc（远程过程调用）声明

rpc 声明用以定义一个 NETCONF RPC 操作。rpc 声明带有一个标识符作为参数，后面紧跟一段描述 RPC 信息的子声明代码块。这个参数是 RPC 的名字，在<rpc>元素下直接作为元素名使用。rpc 声明定义了在概要树中的一个 RPC 节点。在 RPC 节点下，有一个名为 input 的概要节点和一个名为 output 的概要节点。节点 input 和节点 output 都在模块的命名空间内定义。

表 12-14 说明了 rpc 声明中主要包含的子声明及其组成个数限制。

表12-14 rpc声明中主要包含的子声明及其组成个数限制

子声明	rpc 声明允许的数量（整数）
description	[0, 1]
grouping	[0, n]
if-feature	[0, n]
input	[0, 1]
output	[0, 1]
reference	[0, 1]
status	[0, 1]
typedef	[0, n]

以下简单介绍表 12-14 中包含的一些子声明。

- input 声明：可选项，用以定义 RPC 操作的输入参数，不带任何参数。其子声明定义在 RPC 输入节点下的子节点。若在输入树内的一个叶子节点有一个值为 true 的 mandatory 声明，则这个叶子节点必须出现在 NETCONF RPC 调用中；否则服务器返回 missing-element 错误。若在输入树内的一个叶子节点有一个默认值，则 NETCONF 服务器必须根据之前第 6 点 leaf 声明中介绍的方式使用。若 config 声明对输入树中的任何节点都是存在的，则将忽视此声明。任何带有值为 false 的 when 声明将不能出现在输入树中。

表 12-15 说明了 input 声明中主要包含的子声明及其组成个数限制。

表12-15　input声明中主要包含的子声明及其组成个数限制

子声明	input 声明允许的数量（整数）
anyxml	[0, n]
choice	[0, n]
container	[0, n]
grouping	[0, n]
leaf	[0, n]
leaf-list	[0, n]
list	[0, n]
typedef	[0, n]
uses	[0, n]

- output 声明：可选项，用以定义 RPC 操作的输出参数，不带任何参数。其子声明定义在 RPC 输出节点下的子节点。若在输出树内的一个叶子节点有一个值为 true 的 mandatory 声明，则这个叶子节点必须出现在 NETCONF RPC 调用中；否则服务器返回 missing-element 错误。若在输出树内的一个叶子节点有一个默认值，则 NETCONF 服务器必须根据之前第 6 点 leaf 声明中介绍的方式使用。若 config 声明对输出树中的任何节点都是存在的，则将忽视此声明。任何带有值为 false 的 when 声明将不能出现在输出树中。

表 12-16 说明了 output 声明中主要包含的子声明及其组成个数限制。

表12-16　output声明中主要包含的子声明及其组成个数限制

子声明	output 声明允许的数量（整数）
anyxml	[0, n]
choice	[0, n]
container	[0, n]
grouping	[0, n]
leaf	[0, n]
leaf-list	[0, n]
list	[0, n]
typedef	[0, n]
uses	[0, n]

- XML 映射规则：一个 RPC 节点被编码为一个 XML 元素（具体编码规则请参考 RFC4741）。元素的本地名为 RPC 的标识符，它的命名空间是模块的 XML 命名空间。输入参数按 input 声明中定义的顺序被编码为 rpc 节点 XML 元素的子 XML 元素。若 RPC 操作调试成功且没有返回任何参数，则<rpc-reply>（具体编码规则请参考 RFC4741）包含一个简单的<ok/>元素。若返回输出参数，则它们将按 output 声明中定义的顺序被编码为<rpc-reply>元素的子元素。

以下是一个定义 RPC 操作的例子：

```
module rock {
namespace "http://example.net/rock";
prefix "rock";
rpc rock-the-house {
input {
leaf zip-code {
type string;
}
}
}
}
```

相对应的一个完整 RPC 的 XML 实例如下：

```
<rpc message-id="101"
xmlns="urn:ietf:params:xml:ns:netconf:base:1.0">
<rock-the-house xmlns="http://example.net/rock">
<zip-code>27606-0100</zip-code>
</rock-the-house>
</rpc>
```

相对应的一个完整 rpc-reply 的 XML 实例如下：

```
<rpc-reply message-id="101"
xmlns="urn:ietf:params:xml:ns:netconf:base:1.0">
<ok/>
</rpc-reply>
```

14. notification（通知）声明

notification 声明用以定义一个 NETCONF 通知。它带有一个标识符参数，紧跟一个描述通知信息的子声明块。notification 声明在概要树中定义了一个通知节点。若通知树内的一个叶子节点有一个值为 true 的 mandatory 声明，则这个叶子节点必须出现在 NETCONF 通知中。若在通知树内的一个叶子节点有一个默认值，则 NETCONF 服务器必须根据之前第 6 点 leaf 声明中介绍的方式使用。若 config 声明对通知树中的任何节点都是存在的，则将忽视此声明。

表 12-17 说明了 notification 声明中主要包含的子声明及其组成个数限制。

表12-17　notification声明中主要包含的子声明及其组成个数限制

子声明	notification 声明允许的数量（整数）
anyxml	[0, n]
choice	[0, n]
container	[0, n]
description	[0, 1]
grouping	[0, n]
if-feature	[0, n]
leaf	[0, n]
leaf-list	[0, n]
list	[0, n]
reference	[0, 1]
status	[0, 1]
typedef	[0, n]
uses	[0, n]

以下对表 12-17 中的一些元素进行简单介绍。

- XML 映射规则：一个通知节点被编码为 NETCONF 事件通知（具体可参考 RFC5277 内定义）定义< notification>元素的子 XML 元素。元素的本地名为通知的标识符，并且它的命名空间是模块的 XML 命名空间。

以下是通知的一个简单示例：

```
module event {
namespace "http://example.com/event";
prefix "ev";
notification event {
leaf event-class {
type string;
}
anyxml reporting-entity;
leaf severity {
type string;
}
}
}
```

完整通知的一个相应的 XML 实例如下：

```
<notification
xmlns="urn:ietf:params:xml:ns:netconf:notification:1.0">
<eventTime>2008-07-08T00:01:00Z</eventTime>
<event xmlns="http://example.com/event">
<event-class>fault</event-class>
```

```
<reporting-entity>
<card>Ethernet0</card>
</reporting-entity>
<severity>major</severity>
</event>
</notification>
```

15. augment（扩展）声明

augment 声明允许模块或子模块添加至外部模块定义的概要树中，或添加至当前模块和其子模块定义的概要树中，并且添加至一个 uses 声明中的一个组的节点中。augment 声明带有一个标识概要树中节点（这个节点被称为扩展的目标节点）的字符串为参数。目标节点必须是容器节点、列表节点、选择节点、情况节点、输入节点、输出节点、通知节点中的一种。目标节点使用定义在子声明中符合 augment 声明的节点来进行扩展。这个参数是一个概要树标识符。若 augment 声明在一个模型或子模型的顶层，则必须使用概要树节点标识符的绝对形式（具体见 RFC6020 的第 12 章）。若 augment 声明是 uses 声明的一个子声明，则必须使用后裔形式。若目标节点是一个容器节点、列表节点、情况节点、输入节点、输出节点、通知节点，则在 augment 声明内可使用 container、leaf、list、leaf-list、uses、choice 这些声明。若目标节点为一个选择节点，则在 augment 声明内可使用 case 声明或一个情况缩写的声明。若目标节点在另一个模块内，则由扩展添加的节点一定不能为强制（mandatory）节点。augment 声明添加的节点不能为多个“相同的节点名加相同模块名”这样冲突的元素。

表 12-18 说明了 augment 声明中主要包含的子声明及其组成个数限制。

表12-18 augment声明中主要包含的子声明及其组成个数限制

子声明	augment 声明允许的数量（整数）
anyxml	[0, n]
case	[0, n]
choice	[0, n]
container	[0, n]
description	[0, 1]
if-feature	[0, n]
leaf	[0, n]
leaf-list	[0, n]
list	[0, n]
reference	[0, 1]
status	[0, 1]
uses	[0, n]
when	[0, 1]

以下对表 12-18 中的一些元素进行简单介绍。

- XML 映射规则：在包含 augment 说明模块的 XML 命名空间内，所有在 augment 声明中定义的数据节点都定义为 XML 元素。当一个节点被扩展的，扩展进来的子节点以任意的顺序被编码为被扩展节点的子元素。

举一个扩展的简单例子，假设在命名空间 http://example.com/schema/interfaces 内，我们有：

```
container interfaces {
list ifEntry {
key "ifIndex";
leaf ifIndex {
type uint32;
}
leaf ifDescr {
type string;
}
leaf ifType {
type iana:IfType;
}
leaf ifMtu {
type int32;
}
}
}
```

然后在命名空间 http://example.com/schema/ds0 内，我们有：

```
import interface-module {
prefix "if";
}
augment "/if:interfaces/if:ifEntry" {
when "if:ifType='ds0'";
leaf ds0ChannelNumber {
type ChannelNumber;
}
}
```

一个相应的 XML 实例示例如下：

```
<interfaces xmlns="http://example.com/schema/interfaces"
xmlns:ds0="http://example.com/schema/ds0">
<ifEntry>
<ifIndex>1</ifIndex>
<ifDescr>Flintstone Inc Ethernet A562</ifDescr>
<ifType>ethernetCsmacd</ifType>
<ifMtu>1500</ifMtu>
</ifEntry>
<ifEntry>
<ifIndex>2</ifIndex>
<ifDescr>Flintstone Inc DS0</ifDescr>
<ifType>ds0</ifType>
<ds0:ds0ChannelNumber>1</ds0:ds0ChannelNumber>
```

```
</ifEntry>
</interfaces>
```

再举一个例子，假设使用在前面 choice 声明中的例子（容器 protocol），以下结构能用来扩展协议的定义：

```
augment /ex:system/ex:protocol/ex:name {
case c {
leaf smtp {
type empty;
}
}
}
```

一个对应的 XML 实例（选择原有定义的选项）如下：

```
<ex:system>
<ex:protocol>
<ex:tcp/>
</ex:protocol>
</ex:system>
```

或者（选择扩展定义的选项）：

```
<ex:system>
<ex:protocol>
<other:smtp/>
</ex:protocol>
</ex:system>
```

16. identity（标识）声明

identity 声明用来定义一个新的全局唯一的、抽象的、隐式的标识，唯一的目的是表示它的名字、语义、存在。一个标识可从零开始定义或从一个基标识派生。标识的参数是一个标识符，这个标识符是标识的名称。标识的参数后面紧跟一段描述标识信息的子声明块。YANG 内置的数据类型 identityref 可用于引用一个数据模型中的多个标识。

表 12-19 说明了 identity 声明中主要包含的子声明及其组成个数限制。

表12-19 identity声明中主要包含的子声明及其组成个数限制

子声明	identity 声明允许的数量（整数）
base	[0, 1]
description	[0, 1]
reference	[0, 1]
status	[0, 1]

以下对表 12-19 中的一些元素进行简单介绍。

- base 声明：可选，带有一个字符串参数，这个参数是一个已存标识的名字，将基于此标识派生新标识。若不存在此声明，则说明标识是从零开始创建的。若前缀在基标识名字出现，它引用根据前缀所导入的模块中定义的标识，或者引用模块前缀与前缀相同的本地模块中定义的标识，否则具有匹配名称的标识必须在当前模块或一个被包含的模块中定义。由于子模块无法包含父模块，因此在模块中的任何标识如需向子模块暴露，必须在一个子模块中定义，然后其他子模块可包含这个子模块，以获取这个标识的定义。注意，标识禁止引用自身，即不可直接引用自身，也不可通过链接其他标识来间接引用自身。

以下是标识的一些示例：

```
module crypto-base {
namespace "http://example.com/crypto-base";
prefix "crypto";
identity crypto-alg {
description
"Base identity from which all crypto algorithms are derived.";
}
}
module des {
namespace "http://example.com/des";
prefix "des";
import "crypto-base" {
prefix "crypto";
}
identity des {
base "crypto:crypto-alg";
description "DES crypto algorithm";
}
identity des3 {
base "crypto:crypto-alg";
description "Triple DES crypto algorithm";
}
}
```

17. extension（延伸）声明

extension 声明允许在 YANG 语言内定义新声明。然后这个新声明可被其他模块导入并且使用。该声明带有一个标识符参数，这个参数是待加入的延伸声明的关键字，后面紧跟（可选）描述延伸信息的子声明段。该声明完成后，可同其他正常的 YANG 声明一样被使用。使用此声明的写法：先给出此声明所在的模块前缀，然后加上“:”，最后加上扩展关键字即可。

表 12-20 说明了 extension 声明中主要包含的子声明及其组成个数限制。

表12-20 extension声明中主要包含的子声明及其组成个数限制

子声明	extension 声明允许的数量（整数）
argument	[0, 1]
description	[0, 1]
reference	[0, 1]
status	[0, 1]

以下对表 12-20 中的一些元素进行简单介绍。

- argument 声明：可选，带有一个关键字名的字符串参数。若此声明不出现，则使用关键字时不带参数。此参数名在 YIN 映射中使用。此声明有一个子声明 yin-element，值为 true 或 false 代表参数映射到 YIN 中的 XML 元素还是映射到一个 XML 属性。有兴趣的读者可查看 RFC6020 的相关章节。

一个延伸的例子如下：

```
module my-extensions {
...
extension c-define {
description
"Takes as argument a name string.
Makes the code generator use the given name in the #define.";
argument "name";
}
}
```

使用这个延伸声明的示例：

```
module my-interfaces {
...
import my-extensions {
prefix "myext";
}
...
container interfaces {
...
myext:c-define "MY_INTERFACES";
}
}
```

18. 一致性相关的声明

以下这 3 个声明与一致性相关，下面分别进行介绍。

（1）feature（功能）声明

feature 声明用以定义一种机制，通过这种机制概要的一部分能被标记为条件式的。若设备不支持某功能，则此功能被忽略。一个功能的名称定义后，可使用 if-feature 声明来引用它。概要节点贴上一个功能标记，就允许 YANG 模块的一部分能基于设备情况变成有条件的。模型能体现模型内设备的能力，给出更丰富的允许区分设备能力和角色的模型。feature 声明带有新功能名作为参数，后面紧跟一段描述功能信息的子声明语句块。if-feature 声明使用这个名字将概要节点绑定到功能上。

表 12-21 说明了 feature 声明中主要包含的子声明及其组成个数限制。

表12-21　feature声明中主要包含的子声明及其组成个数限制

子声明	feature 声明允许的数量（整数）
description	[0, 1]
if-feature	[0, n]
reference	[0, 1]
status	[0, 1]

在以下的示例中，local-storage 功能代表设备按某种排序存储系统日志消息（syslog messages）到本地的功能。使用这个功能以使得叶子节点 local-storage-limit 条件依赖于某些类型本地存储的存在。若设备未报名其支持此功能，则不支持 local-storage-limit 节点。其代码如下：

```
module syslog {
...
feature local-storage {
description
"This feature means the device supports local storage (memory, flash or disk) that can be used to store syslog messages.";
}
container syslog {
leaf local-storage-limit {
if-feature local-storage;
type uint64;
units "kilobyte";
config false;
description
"The amount of local storage that can be used to hold syslog messages.";
}
}
}
```

注 意

功能禁止引用自身，无论是直接引入还是通过链接其他功能引用自身都是禁止的。另外，若一个设备要实现一个功能，则它也需要能支持此功能依赖的所有其他功能。

（2）if-feature 声明

if-feature 声明使其父声明成为条件式的。if-feature 声明带有功能名作为参数，这个功能是由一个 feature 声明定义的。if-feature 声明能在 YANG 语法内很多地方出现。当设备不支持某功能时，带有此功能 if-feature 标志的定义全被忽略。父声明由支持此功能的服务器实现。若功能名带有一个前缀，则此前缀指向被导入的模块中的功能（此模块导入时指定此前缀名），或者指向前缀匹配的本地模块的功能；否则带有匹配名的功能必须在当前模块或被包含的子模块中定义。由于子模块不能包含父模块，因此任何模块中需要向子模块展现的功能必须在一个子模块中定义，然后其他子模块再通过包含这个子模块以获取功能的定义。

（3）deviation（偏离）声明

deviation 声明定义了一个模块的层次结构，在这个模块中，设备不能可靠的实现目标。deviation 声明的参数是一个字符串（绝对概要树节点标识），其标识偏离模块发生偏差的概要树中的节点。这个节点被称为偏差的目标节点。deviation 声明的内容描述了偏差。偏差定义了一个设备或一类设备从标准偏离的方式，是一种学习偏离标准实现的机制。偏差禁止成为一个发布标准的一部分。强烈不建议设备偏差，这仅为一些无法在硬件或软件上支持标准模块部分功能的特殊设备所使用。这里就不再多做介绍了，有兴趣的读者可查看 RFC6020 的第 7 章的“7.18.3 The deviation Statement”部分以进一步了解。

19. 通用声明

除上面介绍的声明外，还有以下 5 种经常使用的通用声明。

（1）config（配置）声明

config 声明带有一个字符串参数，这个字符串参数值为 true 或 false。若值为 true，则定义代表配置，代表配置的数据节点将成为回复<get-config>请求内容的一部分，并且可包含在<copy-config>或<edit-config>请求中被发送。若值为 false，则定义代表状态数据，代表状态数据的数据节点将成为回复<get>（而非<get-config>！）请求内容的一部分，并且不能包含在<copy-config>或<edit-config>请求中被发送。若未指定 config，则默认值设为父概要树节点的 config 的值，其中若父概要树节点是一个 case 节点，则值将设为 case 节点的父 choice 节点的值。若顶层节点未指定 config 声明，则默认值为 true。若一个节点有 config 声明且值为 false，则它所有的后裔节点的 config 值都不能为 true。

（2）status（状态）声明

status 声明带有一个字符串参数，参数的值为 current、deprecated、obsolete 中的一个。其中 current 代表注定是当前的并且有效的；deprecated 代表一个过时的定义，但其允许新的/继续实现以与旧有/现有的实现进行互操作；obsolete 代表一个过时的定义，并且禁止被实现且/或从实现中移除。若没指定状态，则默认值为 current。若定义为 current，则在同一模块中禁止引用一个 deprecated 或 obsolete 的定义。若定义为 deprecated，则在同一模块中禁止引用一个 obsolete 的定义。

（3）description（描述）声明

description 声明带有一个字符串参数，这个参数包含一个文件描述，这个文件描述能很好地对定义进行解释，实现人性化阅读的目的。

（4）reference（参考）声明

reference 声明带有一个字符串参数，这个参数用以指定一个外部文档的文本交叉引用，可以是定义相关的管理信息的其他模块，也可以是对此定义提供额外信息的一个文档。

以下是对一个 uri 数据类型进行 typedef 的例子：

```
typedef uri {
type string;
reference
```

```
"RFC 3986: Uniform Resource Identifier (URI): Generic Syntax";
...
}
```

（5）when（情景条件）声明

when 声明使得其父数据定义声明成为有条件的。由父数据定义声明的节点仅在满足 when 声明的情况下才是有效的。声明的参数是一个 XPath 表达式（有兴趣的读者可查看 RFC6020 的第 6 章的“6.4　Xpath Evaluations”部分），用以正式定义这种条件。若对于一个特定实例，对应的 XPath 表达式计算的结果为 true，则由数据定义声明的节点是有效的；否则是无效的。

XPath 表达式主要的原则如下：

- 若 when 声明是 augment 声明的子声明，并且数据树中扩展的目标节点是一个数据节点，则上下文节点是这个扩展的目标节点。否则，上下文节点是离目标节点最近的数据节点的祖先节点。
- 若 when 声明是 uses、choice、case 三种声明其中之一的子声明，则上下文节点是离 uses、choice、case 声明最近的数据节点的祖先节点。
- 若 when 声明是其他数据定义声明的子声明，则上下文节点是数据树中的数据定义节点。
- 访问树是由数据树中所有的节点组成的，并且所有的叶子节点的值为使用中的默认值。

访问树基于上下文节点：

- 若上下文节点代表配置，则树为上下文节点存在的 NETCONF 数据存储中的数据。XPath 根节点将所有模块中顶层的配置数据节点作为其子节点。
- 若上下文节点代表状态数据，则树是在设备上所有状态的数据和<running/>数据存储。XPath 根节点将所有模块中顶层的数据节点作为其子节点。
- 若上下文节点代表通知内容，则树是通知的 XML 实例的文档。XPath 根节点将代表通知的元素定义为唯一的子节点。
- 若上下文节点代表 RPC 输入参数，则树是 RPC 的 XML 实例的文档。XPath 根节点将代表 RPC 操作的元素定义为唯一的子节点。
- 若上下文节点代表 RPC 输出参数，则树是 RPC 回复实例的文档。XPath 根节点将代表 RPC 输出参数的元素定义为子节点。

根据以上原则，使用标准 XPath 规则将 XPath 表达式转换为一个布尔值。注意，XPath 表达式在概念上被评估，这意味着一个实现不强制需要使用设备上的 XPath 评估。when 声明语可以很好地使用专门编写的代码实现。

12.5.4　YANG Java Binding：映射规则

YANG 工具将 YANG 文件映射至 Java 文件带来了许多便利：能避免线程竞争，实现强类型以降低代码错误，降低学习曲线，持续改进（能不断改进代码生成，并且所有的数据传输对象 DTOs 立即在系统范围内获取这些改进），自动绑定（自动生成 REST API 以供北向接口调用），能实时的在客户端和服务器端生成。以下用示例简单地说明 YANG 文件映射到 Java 文件，注意本节示例仅展现出为方便理解映射规则的部分代码，示例并不完整。在第 14 章至第 17 章中有一些将 YANG

文件映射至 Java 文件的完整而真实的映射实例，有兴趣的读者可参考这些章节进行理解。

1. 一般的转换规则

（1）YANG 模块的包名

包名由以下部分组成：

- Opendaylight prefix（ODL 前缀）：指定 OpenDaylight 的前缀，每个包名必须以前缀 org.opendaylight.yang.gen.v 打头。
- Java Binding version（Java 绑定版本）：指定 YANG Java 绑定版本，当前绑定版本为 1。
- Namespace（命名空间）：由 namespace 子句的值指定，URI 转换为包名结构。
- Revision（修订）：指定单词 rev 和 module 值子声明的 revision 参数值的串联（把月和日之前的 0 去掉），如 rev201379。

转换后的模块名不能包含 Java 语言中任何关键字或以数字打头，这种命名方式是禁止的，可在前面加上一个下载线来表示。以下是需要在前面加上下载线的一些关键字：

abstract、assert、boolean、break、byte、case、catch、char、class、const、continue、default、double、do、else、enum、extends、false、final、finally、float、for、goto、if、implements、import、instanceof、int、interface、long、native、new、null、package、private、protected、public、return、short、static、strictfp、super、switch、synchronized、this、throw、throws、transient、true、try、void、volatile、while。

以下是一个遵守 YANG 模型的例子：

```
module module {
namespace "urn:2:case#module";
prefix "sbd";
organization "OPEN DAYLIGHT";
contact "http://www.example.com/";
revision 2013-07-09 {
}
}
```

运用了以上规则（代替数字和 Java 关键字）转换成的包名为：

org.opendaylight.yang.gen.v1.urn._2._case.module.rev201379

（2）加包

当 YANG 声明包含一些特定的 YANG 声明时，会生成附加包以指定此容器。表 12-22 提供了生成附加包的父声明和嵌套声明的描述。

表12-22 生成附加包的父声明和嵌套声明的描述

父声明	子声明
list	list、container、choice
container	list、container、choice

（续表）

父声明	子声明
choice	leaf、list、leaf-list、container、case
case	list、container、choice
rpc 的 input 或 output	list、container（不支持 choice）
notification	list、container（不支持 choice）
Augment	list、container、choice、case

子声明不仅会映射到代表父声明的接口中提供的 Java 的 setter 方法，而且会生成名称由父声明包名加其声明名组成的包。例如下例中 YANG 模型将容器声明 cont 定义为模型直接的子声明：

```
container cont {
  container cont-inner {
  }
  list outter-list {
    list list-in-list {
    }
  }
}
```

容器 cont 是子声明 cont-inner 和 outter-list 的父声明。列表 outter-list 是子声明 list-in-list 的父声明。

Java 代码按以下结构生成。

- org.opendaylight.yang.gen.v1.urn.module.rev201379：此包中包含模块声明的直接子模块。
  - Cont.java：最顶层容器 Cont 的接口。
- org.opendaylight.yang.gen.v1.urn.module.rev201379.cont：此包中包含 cont 容器声明中的子声明。
  - ContInner.java：代表容器 cont-inner 的接口。
  - OutterList.java：代表列表 outter-list 的接口。
- org.opendaylight.yang.gen.v1.urn.module.rev201379.cont.outter.list：此包中包含列表 outter-list 元素的子声明。
  - ListInList.java：列表 outter-list 元素的子列表 list-in-list 的接口。

（3）类名和接口名

某些 YANG 元素映射为 Java 的类和接口。YANG 元素的名字可能包含 Java 语言中的类不允许出现的字符。需要进行以下处理：

- 将空格从 YANG 元素名中去掉。
- 字符空间（characters space）、“-、_”这 3 个字符也将被删掉并且将其下一个字母变为大写。
- 首字母大写。

举例说明，YANG 中一个元素名为：

```
example-name without_capitalization
```

将映射为：

```
ExampleNameWithoutCapitalization
```

（4）getter 和 setter 的名字

在某些情况下，YANG 声明被转化为 getter 方法和 setter 方法。

getter 的处理过程：

- YANG 声明的名字按上述介绍的方式被转换为 Java 风格的类名。
- 若结果为布尔类型，则名字前面加上前缀 is；否则其他情况下，名字前面加上前缀 get。
- getter 方式的返回类型被设置为代表子声明的 Java 类型。

setter 的处理过程如下：

- YANG 声明的名字按上述介绍的方式被转换为 Java 风格的类名。
- 名字前面加上前缀 get。
- 输入参数名被设置为转换成 Java 参数风格的元素名。
- 返回参数被设置为 builder 类型。

2. 声明特定的映射

（1）模块声明

YANG 模块（module）声明映射为 Java 的两个类。每个类都存放在各自独立的 Java 文件中。它们对应的 Java 文件的名字为<modulename><suffix>.java，其中<suffix>为数据或者服务。

① 数据接口

数据接口有一个类似容器的映射，但仅包含在模块中定义的顶层节点中。数据接口仅将 InstanceIdentifier 的类型安全的 APIs 作为标记接口以提供服务。

② 服务接口

服务接口提供对模块中定义的 RPC 合同（RPC contract）进行描述的服务。这个 RPC 合同由 RPC 声明进行定义。RPC 通常实现此接口并且 RPCs 用户使用此接口以调用 RPCs。

（2）容器声明

YANG 容器映射至 Java 接口，此 Java 接口扩展了 Java DataObject 和 Augmentable <container-interface>，其中 container-interface 为映射接口的名字。

例如，以下 YANG 文件定义了一个 YANG 模型：

```
container cont {
}
```

将被转换为以下的 Java 文件（Cont.java）：

```
public interface Cont extends ChildOf<...>, Augmentable<Cont> {
}
```

（3）叶子声明

每个叶子节点需要包含至少一个类型的子声明。叶子节点被映射为父声明中的 getter 方法，并且 getter 方法的返回值类型为子声明值的类型。

例如，使用 YANG 语言定义了一个 YANG 模型：

```
container cont {
leaf lf {
type string;
}
}
```

将被转换为以下 Java 文件（Cont.java）：

```
public interface Cont extends DataObject, Augmentable<Cont> {
//代表叶子节点 lf
String getLf();
}
```

（4）leaf-list 声明

每个 leaf-list 节点需要包含一个类型的子声明。leaf-list 被映射为父声明中的 getter 方法，并且 getter 方法的返回值类型为子声明值列表的类型（即 List<子声明值的类型>）。

例如，使用 YANG 语言定义了一个 YANG 模型：

```
container cont {
  leaf-list lf-lst {
    type string;
  }
}
```

将被转换为以下 Java 文件（Cont.java）：

```
public interface Cont extends DataObject, Augmentable<Cont> {
  List<String> getLfLst();
}
```

（5）列表声明

列表声明被映射为 Java 接口，并且在与其父声明相关联的接口生成一个 getter 方法。getter 方法的返回值类型为一个实现列表声明相应的生成接口的 Java 列表的对象（即 List<子声明值的类型>）。

例如，使用 YANG 语言定义了一个 YANG 模型：

```
container cont {
  list outter-list {
    key "leaf-in-list";
    leaf number {
      type uint64;
    }
  }
}
```

以上示例中的列表声明 outter-list 将映射到 Java 接口 OutterList 和 Cont 接口（OutterList 的父结构），其中 Cont 接口包含返回值为 List<OutterList>的 getter 方法。key 声明的存在将生成 OutterListKey（用以标识列表中的项目）。

下面列出映射的两个 Java 文件。

① OutterList.java，代码如下：

```
package org.opendaylight.yang.gen.v1.urn.module.rev201379.cont;
import org.opendaylight.yangtools.yang.binding.DataObject;
import org.opendaylight.yangtools.yang.binding.Augmentable;
import Java.util.List;
import org.opendaylight.yang.gen.v1.urn.module.rev201379.cont.outter.list. ListInList;
public interface OutterList extends DataObject, Augmentable<OutterList> {
    List<String> getLeafListInList();
    List<ListInList> getListInList();
    //Returns Primary Key of Yang List Type
    OutterListKey getOutterListKey();
}
```

② OutterListKey.java，代码如下：

```
package org.opendaylight.yang.gen.v1.urn.module.rev201379.cont;
import org.opendaylight.yang.gen.v1.urn.module.rev201379.cont.OutterListKey;
import Java.math.BigInteger;
public class OutterListKey {
    private BigInteger _leafInList;
    public OutterListKey(BigInteger _leafInList) {
        super();
        this_leafInList = _leafInList;
    }
    public BigInteger getLeafInList() {
        return _leafInList;
    }
    @Override
    public int hashCode() {
        final int prime = 31;
        int result = 1;
        result = prime * result + ((_leafInList == null) ? 0 : _leafInList. hashCode());
        return result;
    }
    @Override
    public boolean equals(Object obj) {
        if (this == obj) {
            return true;
        }
        if (obj == null) {
```

```
            return false;
        }
        if (getClass() != obj.getClass()) {
            return false;
        }
        OutterListKey other = (OutterListKey) obj;
        if (_leafInList == null) {
            if (other._LeafInList != null) {
                return false;
            }
        }else if(!_leafInList.equals(other._leafInList)) {
            return false;
        }
        return true;
    }
    @Override
    public String toString() {
        StringBuilder builder = new StringBuilder();
        builder.append("OutterListKey [_leafInList=");
        builder.append(_leafInList);
        builder.append("]");
        return builder.toString();
    }
}
```

（6）选择声明和情况声明（choice and case statements）

一个 choice 元素映射到 Java 的方式非常类似 list 元素的方式。choice 元素被映射到（标记接口）接口和一个新的 getter 方法。这个 getter 方法的返回值类型为一个此标识接口的 Java List，并且 getter 方法被添加到与父声明相关的接口中。任何 cases 子声明将被映射到扩展标记接口的 Java 接口。

例如，YANG 语言定义了以下 YANG 模型：

```
container cont {
    choice example-choice {
        case foo-case {
            leaf foo {
                type string;
            }
        }
        case bar-case {
            leaf bar {
            type string;
            }
        }
    }
}
```

转化为以下几个 Java 文件：

① Cont.java，代码如下：

```
package org.opendaylight.yang.gen.v1.urn.module.rev201379;
import org.opendaylight.yangtools.yang.binding.DataObject;
import org.opendaylight.yangtools.yang.binding.Augmentable;
import org.opendaylight.yang.gen.v1.urn.module.rev201379.cont.ChoiceTest;
public interface Cont extends DataObject, Augmentable<Cont> {
    ExampleChoice getExampleChoice();
}
```

② ExampleChoice.java，代码如下：

```
package org.opendaylight.yang.gen.v1.urn.module.rev201379.cont;
import org.opendaylight.yangtools.yang.binding.DataObject;
public interface ExampleChoice extends DataContainer {
}
```

③ FooCase.java，代码如下：

```
package org.opendaylight.yang.gen.v1.urn.module.rev201379.cont.example.choice;
import org.opendaylight.yangtools.yang.binding.DataObject;
import org.opendaylight.yangtools.yang.binding.Augmentable;
import org.opendaylight.yang.gen.v1.urn.module.rev201379.cont.ChoiceTest;
public interface FooCase extends ExampleChoice, DataObject, Augmentable<FooCase> {
    String getFoo();
}
```

④ BarCase.java，代码如下：

```
package org.opendaylight.yang.gen.v1.urn.module.rev201379.cont.example.choice;
import org.opendaylight.yangtools.yang.binding.DataObject;
import org.opendaylight.yangtools.yang.binding.Augmentable;
import org.opendaylight.yang.gen.v1.urn.module.rev201379.cont.ChoiceTest;
public interface BarCase extends ExampleChoice, DataObject, Augmentable<BarCase> {
    String getBar();
}
```

（7）组声明和 uses 声明

grouping 声明被映射到 Java 接口，一些元素（具体的组的使用）内的 uses 声明被映射到此元素接口（此接口为组映射到 Java 的接口）的扩展。

例如，YANG 语言定义了以下 YANG 模型：

```
grouping grp {
    leaf foo {
        type string;
    }
}
```

```
container cont {
    uses grp;
}
```

转化为以下几个 Java 文件：

① Grp.java，代码如下：

```
package org.opendaylight.yang.gen.v1.urn.module.rev201379;
import org.opendaylight.yangtools.yang.binding.DataObject;
public interface Grp extends DataObject {
    String getFoo();
}
```

② Cont.java，代码如下：

```
package org.opendaylight.yang.gen.v1.urn.module.rev201379;
import org.opendaylight.yangtools.yang.binding.DataObject;
import org.opendaylight.yangtools.yang.binding.Augmentable;
public interface Cont extends DataObject, Augmentable<Cont>, Grp {
}
```

（8）RPC 声明、输入声明和输出声明

一个 RPC 声明被映射到 Java 的类 ModuleService.java 的一个方法。任何 RPC 的子声明的映射规则如表 12-23 所示。

表12-23　RPC子声明的映射规则

RPC 子声明	映射规则
input（输入）	输入声明将映射为接口
output（输出）	输出声明将映射为接口

例如，YANG 语言定义以下 YANG 模型：

```
rpc rpc-test1 {
    output {
        leaf lf-output {
            type string;
        }
    }
    input {
        leaf lf-input {
            type string;
        }
    }
}
```

转化为以下几个 Java 文件：

① ModuleService.java，代码如下：

```
package org.opendaylight.yang.gen.v1.urn.module.rev201379;
import Java.util.concurrent.Future;
import org.opendaylight.yangtools.yang.common.RpcResult;
public interface ModuleService {
  Future<RpcResult<RpcTest1Output>> rpcTest1(RpcTest1Input input);
}
```

② RpcTest1Input.java，代码如下：

```
package org.opendaylight.yang.gen.v1.urn.module.rev201379;
public interface RpcTest1Input {
  String getLfInput();
}
```

③ RpcTest1Output.java，代码如下：

```
package org.opendaylight.yang.gen.v1.urn.module.rev201379;
public interface RpcTest1Output {
  String getLfOutput();
}
```

（9）通知声明

notification 声明被映射到扩展通知接口的 Java 接口。

例如，YANG 语言定义了以下 YANG 模型：

```
notification notif {
}
```

转化为以下 Java 文件（Notif.java）：

```
package org.opendaylight.yang.gen.v1.urn.module.rev201379;
import org.opendaylight.yangtools.yang.binding.DataObject;
import org.opendaylight.yangtools.yang.binding.Augmentable;
import org.opendaylight.yangtools.yang.binding.Notification;
public interface Notif extends DataObject, Augmentable<Notif>, Notification {
}
```

3. 扩展声明

augment 声明被映射到 Java 接口。这个接口由与扩展的接口相同的名字开头，然后在后面加上扩展接口序号作为后缀。扩展接口的同时，也使用等同扩展接口的实际类型参数来扩展 Augmentation< >，即 Augmentation<扩展接口的实际类型参数>。

例如，YANG 语言定义了以下 YANG 模型：

```
container cont {
}
augment "/cont" {
```

```
    leaf additional-value {
      type string;
    }
}
```

转化为以下 Java 文件：

① Cont.java，代码如下：

```
package org.opendaylight.yang.gen.v1.urn.module.rev201379;
import org.opendaylight.yangtools.yang.binding.DataObject;
import org.opendaylight.yangtools.yang.binding.Augmentable;
public interface Cont extends DataObject, Augmentable<Cont> {
}
```

② Cont1.java，代码如下：

```
package org.opendaylight.yang.gen.v1.urn.module.rev201379;
import org.opendaylight.yangtools.yang.binding.DataObject;
import org.opendaylight.yangtools.yang.binding.Augmentation;
public interface Cont1 extends DataObject, Augmentation<Cont> {
}
```

4. YANG 类型映射

（1）typedef 声明

YANG typedef 声明映射到 Java 类。一个 typedef 可能包含如表 12-24 所示的子声明。

表12-24　一个typedef可能包含的子声明

子声明	行为
type（类型）	决定打包的类型（wrapped type）以及如何生成类
description（描述）	Javadoc 描述
units	不映射
default	不映射

- 有效的参数类型

类型参数的简单值的映射如表 12-25 所示。

表12-25　类型参数的简单值的映射

YANG 类型	Java 类型
boolean	Boolean
empty	Boolean
int8	Byte
int16	Short
int32	Integer
int64	Long
string	String 或者 wrapper class（打包类，如指定了模式子声明）

（续表）

YANG 类型	Java 类型
decimal64	Double
unit8	Short
unit16	Integer
unit32	Long
unit64	BigInteger
binary	byte[]

类型参数的复杂值的映射如表 12-26 所示。

表12-26 类型参数的复杂值的映射

YANG 类型	Java 类型
enumeration	生成的 java enum
bits	为位（bits）生成的类
leafref	与被引用的叶子相同的类型
identityref	Class
union	生成的 java 类
instance-identifier	org.opendaylight.yangtools.yang.binding.InstanceIdentifier

（2）枚举（enumeration）子声明 enum

YANG 的 enumeration 类型需要包含一些 enum 子声明。enumeration 被映射为 Java 枚举类型（独立类），并且每个 YANG enum 子声明都被映射为 Java 枚举的预定义值。

一个 enum 声明的子声明的映射如表 12-27 所示。

表12-27 enum声明的子声明的映射

enum 声明的子声明	Java 映射
description（描述）	不被映射到 API
value（值）	作为每个 enum 的预定义值的输入参数

例如，YANG 语言定义了以下 YANG 模型：

```
typedef typedef-enumeration {
  type enumeration {
    enum enum1 {
      description "enum1 description";
      value 18;
    }
    enum enum2 {
      value 16;
    }
```

```
        enum enum3 {
        }
    }
}
```

转化为以下 Java 文件（TypedefEnumeration.java）：

```
public enum TypedefEnumeration {
    Enum1(18),
    Enum2(16),
    Enum3(19);
    int value;
    private TypedefEnumeration(int value) {
        this.value = value;
    }
}
```

（3）位（bits）的子声明 bit

YANG 的 bits 类型需要包含一些 bit 子声明。YANG 的 bits 被映射到一个 Java 类（单独类），并且每个 YANG bits 声明被映射到一个此类的布尔属性。另外，类提供对对象方法（hashCode、toString、equals）的覆写版本。

例如，YANG 语言定义了以下 YANG 模型：

```
typedef typedef-bits {
    type bits {
    bit first-bit {
        description "first-bit description";
        position 15;
    }
    bit second-bit;
    }
}
```

转化为以下 Java 文件（TypedefBits.java）：

```
public class TypedefBits {
    private Boolean firstBit;
    private Boolean secondBit;
    public TypedefBits() {
        super();
    }
    public Boolean getFirstBit() {
        return firstBit;
    }
    public void setFirstBit(Boolean firstBit) {
        this.firstBit = firstBit;
    }
```

```
public Boolean getSecondBit() {
   return secondBit;
}
public void setSecondBit(Boolean secondBit) {
   this.secondBit = secondBit;
}
@Override
public int hashCode() {
   final int prime = 31;
   int result = 1;
   result = prime * result +
   ((firstBit == null) ? 0 : firstBit.hashCode());
   result = prime * result +
    ((secondBit == null) ? 0 : secondBit.hashCode());
   return result;
}
@Override
public boolean equals(Object obj) {
   if (this == obj) {
      return true;
   }
   if (obj == null) {
      return false;
   }
   if (getClass() != obj.getClass()) {
      return false;
   }
   TypedefBits other = (TypedefBits) obj;
   if (firstBit == null) {
      if (other.firstBit != null) {
         return false;
      }
   }else if(!firstBit.equals(other.firstBit)) {
      return false;
   }
   if (secondBit == null) {
      if (other.secondBit != null) {
         return false;
   }
   }else if(!secondBit.equals(other.secondBit)) {
      return false;
   }
   return true;
}
@Override
```

```
    public String toString() {
        StringBuilder builder = new StringBuilder();
        builder.append("TypedefBits [firstBit=");
        builder.append(firstBit);
        builder.append(", secondBit=");
        builder.append(secondBit);
        builder.append("]");
        return builder.toString();
    }
}
```

（4）联合体（union）子声明类型

若 typedef 的类型为 union，则 union 需要包含 type 子声明。union typedef 被映射成类，并且它的 type 子声明被映射成私有类成员。每个 YANG union 子类型有其自己的 Java 架构，并且带有一个仅代表那个属性的参数。

例如，YANG 语言定义了以下 YANG 模型：

```
typedef typedef-union {
    type union {
    type int32;
    type string;
  }
}
```

转化为以下 Java 文件（TypdefUnion.java）：

```
public class TypedefUnion {
    private Integer int32;
    private String string;
    public TypedefUnion(Integer int32) {
        super();
        this.int32 = int32;
    }
    public TypedefUnion(String string) {
        super();
        this.string = string;
    }
    public Integer getInt32() {
        return int32;
    }
    public String getString() {
        return string;
    }
    @Override
    public int hashCode() {
        final int prime = 31;
```

```
        int result = 1;
        result = prime * result + ((int32 == null) ? 0 : int32.hashCode());
        result = prime * result + ((string == null) ? 0 : string.hashCode());
        return result;
    }
    @Override
    public boolean equals(Object obj) {
        if (this == obj) {
            return true;
        }
        if (obj == null) {
            return false;
        }
        if (getClass() != obj.getClass()) {
            return false;
    }
    TypedefUnion other = (TypedefUnion) obj;
    if (int32 == null) {
        if (other.int32 != null) {
            return false;
        }
    } else if(!int32.equals(other.int32)) {
        return false;
    }
    if (string == null) {
        if (other.string != null) {
            return false;
        }
    } else if(!string.equals(other.string)) {
        return false;
    }
        return true;
    }
    @Override
    public String toString() {
        StringBuilder builder = new StringBuilder();
        builder.append("TypedefUnion [int32=");
        builder.append(int32);
        builder.append(", string=");
        builder.append(string);
        builder.append("]");
        return builder.toString();
    }
}
```

（5）字符串映射

YANG string 映射可包含子声明 length 和 pattern，它们映射如表 12-28 所示。

表12-28　string声明的子声明的映射

string 声明的子声明	Java 映射
length	不映射
pattern	.字符常量列表＝模式列表.Pattern 对象.静态初始化块列表（其中模式列表从常量列表中初始化）

例如，YANG 语言定义了以下 YANG 模型：

```
typedef typedef-string {
    type string {
        length 44;
        pattern "[a][.]*"
    }
}
```

转化为以下 Java 文件（TypedefString.java）：

```
public class TypedefString {
    private static final List<Pattern> patterns = new ArrayList<Pattern>();
    public static final List<String> PATTERN`CONSTANTS = Arrays.asList("[a][.]*");
    static {
        for (String regEx : PATTERN`CONSTANTS) {
        patterns.add(Pattern.compile(regEx));
    }
    }
    private String typedefString;
    public TypedefString(String typedefString) {
        super();
        // Pattern validation
        this.typedefString = typedefString;
    }
    public String getTypedefString() {
        return typedefString;
    }
    @Override
    public int hashCode() {
        final int prime = 31;
        int result = 1;
        result = prime * result + ((typedefString == null) ? 0 :
        typedefString.hashCode());
        return result;
    }
    @Override
```

```
    public boolean equals(Object obj) {
        if (this == obj) {
            return true;
        }
        if (obj == null) {
            return false;
        }
        if (getClass() != obj.getClass()) {
            return false;
        }
        TypedefString other = (TypedefString) obj;
        if (typedefString == null) {
            if (other.typedefString != null) {
                return false;
            }
        } else if(!typedefString.equals(other.typedefString)) {
            return false;
        }
        return true;
    }
    @Override
    public String toString() {
        StringBuilder builder = new StringBuilder();
        builder.append("TypedefString [typedefString=");
        builder.append(typedefString);
        builder.append("]");
        return builder.toString();
    }
}
```

5. 身份（identity）声明

identity 声明的目的是定义一个全局唯一的、抽象的、无类型的值。base 子声明参数是现存身份的名称，从这个身份将派生出新身份。因而，identity 声明被映射到 Java 抽象类，并且任何 base 子声明被映射为扩展（extends）Java 关键字。身份名被翻译为类名。

例如，YANG 语言定义了以下 YANG 模型：

```
identity toast-type {
}
identity white-bread {
    base toast-type;
}
```

转化为以下 Java 文件：

① ToastType.java，代码如下：

```
public abstract class ToastType extends BaseIdentity {
    protected ToastType() {
        super();
    }
}
```

② WhiteBread.java，代码如下：

```
public abstract class WhiteBread extends ToastType {
    protected WhiteBread() {
        super();
    }
}
```

12.5.5　YANG 的学习参考

1. YANG 的完整规范

（1）RFC6020

内容：YANG 全面、概要性的介绍，包括其关键组成、语法、声明、约束、内置类型、错误处理等的介绍。

状态：YANG 的 RPC 标准，强制执行。

链接地址：http://www.ietf.org/rfc/rfc6020.txt。

（2）RFC6021

内容：本文档介绍了与 YANG 数据建模语言一起使用的一个常见数据类型的集合。

状态：YANG 的 RPC 标准，强制执行。

链接地址：http://www.ietf.org/rfc/rfc6021.txt。

（3）RFC6110

内容：将 YANG 文档映射至文件的架构定义语言和验证 NETCONF 内容。

状态：YANG 的 RPC 标准，可选执行。

链接地址：http://www.ietf.org/rfc/rfc6110.txt。

（4）RFC6643

内容：将 SMIv2 MIB 翻译至 YANG 的语法。

状态：YANG 的 RPC 标准，可选执行。

链接地址：http://www.ietf.org/rfc/rfc6643.txt。

（5）RFC4741

内容：YANG 的配置数据。

链接地址：http://www.ietf.org/rfc/rfc4741.txt。

2. YANG Central

YANG Central 是提供 YANG 语言新闻和信息的网站，需要科学上网才可访问。

链接地址：http://www.yang-central.org/。

其中向导的链接地址：http://www.yang-central.org/twiki/bin/view/Main/YangTutorials。

示例的链接地址：http://www.yang-central.org/twiki/bin/view/Main/YangExamples。

3. OpenDaylight Developer Guide

见 YANG Tools 章的"YANG Java Binding: Mapping rules"部分的内容，

4. 其他的一些 YANG 学习参考

（1）RFC6022

http://www.rfc-editor.org/rfc/rfc6022.txt

（2）RFC7498

http://www.rfc-editor.org/rfc/rfc7498.txt

（3）RFC7665

http://www.rfc-editor.org/rfc/rfc7665.txt 或 http://www.rfc-editor.org/info/rfc7665

（4）draft-penno-sfc-yang-14

https://tools.ietf.org/html/draft-penno-sfc-yang-14

（5）draft-lhotka-netmod-yang-json-02

https://tools.ietf.org/html/draft-lhotka-netmod-yang-json-02

（6）draft-ietf-netconf-restconf-08

https://datatracker.ietf.org/doc/draft-ietf-netconf-restconf/08/

（7）draft-bierman-netconf-restconf-04

https://datatracker.ietf.org/doc/draft-bierman-netconf-restconf/

12.6 本章总结

读者在经过本章的学习后，基本可以掌握 MD-SAL 开发的必备知识（其实这些知识也是更好地理解 OpenDaylight 项目的基础）。OpenDaylight 项目还在不断变化发展之中，但总体的框架是固定采用 OSGi 技术和 Karaf 技术的。了解这两个技术能对整个 OpenDaylight 项目有更好的理解，进而更好地设计所开发应用的架构。而 OpenDaylight 项目的项目管理工具 Maven 则是一个简洁且强有力的开发工具，它能使构造过程更容易，提供统一的构造系统和质量项目信息，为更好地实践开发提供指南，允许透明迁移到新的功能。读者可通过命令行直接使用 Maven 的命令对项目进行管理，或者在集成开发环境（如 Eclipse，在 18 章介绍）中使用 IDE 自带的工具调用 Maven 命令进行项目管理。

MD-SAL 是整个 OpenDaylight 项目的关键组成部分。MD-SAL 采用了 OSGi 框架作为后台架构以支持动态链接插件，从而支持多个南向协议。MD-SAL 向模块提供了基础服务，服务基于插件的表现和网元的性能由插件提供的功能组建而成。MD-SAL 将基于服务的请求映射到合适的插件上，因而使用合适的南向协议与给定的网元交互。各个插件相互之间独立并与 MD-SAL 处于松耦合的状态。自第 4 个版本（铍 Be）开始，SAL 层完全由 MD-SAL 组成，不再包含 AD-SAL 模块。

YANG 是一种很强大的数据建模语言，用以建模由网络配置协议操作的配置和状态数据、RPC、通知。OpenDaylight 项目中 MD-SAL 模块及其相关的开发也是使用 YANG 语言进行接口和数据定义的建模，并且为基于 YANG 建模的此类服务提供消息和数据集中的实时支持。

接下来，我们将从一个简单的 Hello World 开始了解掌握 OpenDaylight 项目的开发。

第 13 章

从简单的 Hello World 开始

如同其他语言的第一个示例通常是 Hello World 一样，本章从简单的 Hello World 开始，使用 Maven 工具基于 opendaylight-startup-archetype 原型创建一个简单的项目，进行极少的编码后编译，项目运行后能接收用户输入的名字，将 Hello 加上用户的名字作为一个字符串输出。

OpenDaylight 项目提供了很多原型，使用 Maven 工具能快速地基于这些原型开发出自己的项目。读者只需要选择合适的、贴近自己项目的原型，以此为基础使用 Maven 直接搭建出一个项目框架。之后读者只需要完成其中类（数据、方法）和 API 接口的 YANG 语言定义，及随后实现其相关生成的具体方法，最后如有必要再进行配置的改动，基本上就能创建自己的项目。即使这些原型都不能贴近项目的架构，读者也可在此基础上较为轻松地进行架构的调整，而不是从零开始搭建一个复杂的项目。

注意，由于 OpenDaylight 项目的代码贡献十分活跃，原型可能在版本方面不断地有较大的变动（如新增版本、原版本删除等），而且原型所依赖的其他版本的其他项目也可能因为自身的变化而产生无法正确编译的情况，这时需要根据 OpenDaylight 项目在 nexus 平台上库的最新资源（https://nexus.opendaylight.org/content/repositories/）手动修改 pom.xml 文件以确保项目正常运行。另外，由于国外 Maven 库下载的速度较慢，读者可转向国内 Maven 库下载以节省时间。

13.1 项目开发环境准备

本章实验使用两台机器，配置如下：

- 操作系统 Ubuntu Server 14.04 LTS 64-bit
- 内存 6GB（最低配置建议在 2GB 及以上）
- 硬盘空间 30GB（最低配置建议在 20GB 及以上）
- 处理器双核

另外，项目开发环境的准备与 OpenDaylight 的 Controller 项目的开发环境准备基本一致，读者按照 8.3 节的 OpenDaylight 的 Controller 项目的开发环境准备搭建即可。

13.2　使用 Maven 原型 opendaylight-startup-archetype 创建项目

OpenDaylight 项目的共享原型在版本方面不断有较大的变动，到本章实验时（2016 年 10 月），opendaylight-startup-archetype 原型有 4 个版本：1.1.4-SNAPSHOT、1.1.5-SNAPSHOT、1.2.1-SNAPSHOT 和 1.3.0-SNAPSHOT。这些相对于之前较早的版本（如 1.0.5-SNAPSHOT 版本），增加了 it（集成测试）目录。

OpenDaylight 项目在 nexus 平台上库的资源如图 13-1 所示。


```
This XML file does not appear to have any style information associated with it. The document tree is shown below.

▼<archetype-catalog xmlns="http://maven.apache.org/plugins/maven-archetype-plugin/archetype-catalog/1.0.0" xmlns:xsi="http://www.w3.org/2001/XMLSchema-instance"
 xsi:schemaLocation="http://maven.apache.org/plugins/maven-archetype-plugin/archetype-catalog/1.0.0 http://maven.apache.org/xsd/archetype-catalog-1.0.0.xsd">
 ▼<archetypes>
  ▼<archetype>
     <groupId>org.opendaylight.controller.archetypes</groupId>
     <artifactId>odl-model-project</artifactId>
     <version>1.5.0-SNAPSHOT</version>
   ▼<repository>
      https://nexus.opendaylight.org/content/repositories/opendaylight.snapshot
     </repository>
   </archetype>
  ▼<archetype>
     <groupId>org.opendaylight.controller</groupId>
     <artifactId>opendaylight-configfile-archetype</artifactId>
     <version>1.5.0-SNAPSHOT</version>
   ▼<repository>
      https://nexus.opendaylight.org/content/repositories/opendaylight.snapshot
     </repository>
     <description>Configuration files for md-sal</description>
   </archetype>
  ▼<archetype>
     <groupId>org.opendaylight.controller</groupId>
     <artifactId>opendaylight-karaf-distro-archetype</artifactId>
     <version>1.4.0-SNAPSHOT</version>
   ▼<repository>
      https://nexus.opendaylight.org/content/repositories/opendaylight.snapshot
     </repository>
   </archetype>
  ▼<archetype>
     <groupId>org.opendaylight.controller</groupId>
     <artifactId>opendaylight-karaf-features-archetype</artifactId>
     <version>1.4.0-SNAPSHOT</version>
   ▼<repository>
      https://nexus.opendaylight.org/content/repositories/opendaylight.snapshot
     </repository>
   </archetype>
  ▼<archetype>
     <groupId>org.opendaylight.controller</groupId>
     <artifactId>config-module-archetype</artifactId>
     <version>0.4.4-SNAPSHOT</version>
   ▼<repository>
      https://nexus.opendaylight.org/content/repositories/opendaylight.snapshot
     </repository>
   ▼<description>
```


图 13-1　OpenDaylight 项目在 nexus 平台上库的资源

资源库的目录清单以 XML 语言来描述，其中一个原型可描述为以下的形式：

```
<archetype>
<groupId>org.opendaylight.controller</groupId>
<artifactId>opendaylight-startup-archetype</artifactId>
<version>1.1.4-SNAPSHOT</version>
<repository>
https://nexus.opendaylight.org/content/repositories/opendaylight.snapshot
</repository>
</archetype>
```

其中，<groupId>是原型所属组的 ID，<artifactId>是原型自身的 ID，<version>是原型的版本，<repository>是原型存储的数据库的位置。

现在，我们使用 maven 原型 opendaylight-startup-archetype 以构建项目。实验中将目录存放在“~/c13/com.ming.hello/”目录内。第一次下载项目时需要花费较长的时间，以从远程资源库中下载资源。

在用户目录下创建目录 c13，在目录下输入以下命令：

```
mvn archetype:generate -DarchetypeGroupId=org.opendaylight.controller
-DarchetypeArtifactId=opendaylight-startup-archetype \
-DarchetypeRepository=http://nexus.opendaylight.org/content/repositories/opendaylight.snapshot/ \
-DarchetypeCatalog=http://nexus.opendaylight.org/content/repositories/opendaylight.snapshot/archetype-catal
og.xml
```

以上为 mvn 根据原型创建项目的命令，其中 DarchetypeRepository 指定了 Maven 原型资源库的位置，DarchetypeCatalog 是这些原型库的目录清单，DarchetypeArtifactId 指定了原型自身的 ID，DarchetypeGroupId 是原型所属组的 ID。注意，这里我们没有指定 DarchetypeVersion 的值，Maven 将从 DarchetypeCatalog 中查找原型 opendaylight-startup-archetype 的相关信息，然后将搜索到的第一个版本作为默认的版本号（实验时版本号为 1.1.4-SNAPSHOT）。由于版本不断更新，建议读者在开发时指定版本号，例如：

```
-DarchetypeVersion=1.1.4-SNAPSHOT
```

以更精确的定义创建项目，如图 13-2 所示。

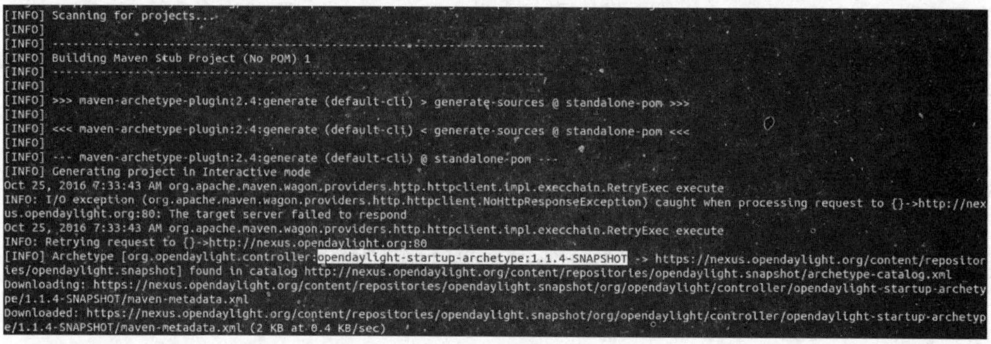

```
[INFO] Scanning for projects...
[INFO]
[INFO] ------------------------------------------------------------------------
[INFO] Building Maven Stub Project (No POM) 1
[INFO] ------------------------------------------------------------------------
[INFO]
[INFO] >>> maven-archetype-plugin:2.4:generate (default-cli) > generate-sources @ standalone-pom >>>
[INFO]
[INFO] <<< maven-archetype-plugin:2.4:generate (default-cli) < generate-sources @ standalone-pom <<<
[INFO]
[INFO] --- maven-archetype-plugin:2.4:generate (default-cli) @ standalone-pom ---
[INFO] Generating project in Interactive mode
Oct 25, 2016 7:33:43 AM org.apache.maven.wagon.providers.http.httpclient.impl.execchain.RetryExec execute
INFO: I/O exception (org.apache.maven.wagon.providers.http.httpclient.NoHttpResponseException) caught when processing request to {}->http://nex
us.opendaylight.org:80: The target server failed to respond
Oct 25, 2016 7:33:43 AM org.apache.maven.wagon.providers.http.httpclient.impl.execchain.RetryExec execute
INFO: Retrying request to {}->http://nexus.opendaylight.org:80
[INFO] Archetype [org.opendaylight.controller:opendaylight-startup-archetype:1.1.4-SNAPSHOT -> https://nexus.opendaylight.org/content/repositor
ies/opendaylight.snapshot] found in catalog http://nexus.opendaylight.org/content/repositories/opendaylight.snapshot/archetype-catalog.xml
Downloading: https://nexus.opendaylight.org/content/repositories/opendaylight.snapshot/org/opendaylight/controller/opendaylight-startup-archety
pe/1.1.4-SNAPSHOT/maven-metadata.xml
Downloaded: https://nexus.opendaylight.org/content/repositories/opendaylight.snapshot/org/opendaylight/controller/opendaylight-startup-archetyp
e/1.1.4-SNAPSHOT/maven-metadata.xml (2 KB at 0.4 KB/sec)
```

图 13-2 Maven 选择 1.1.4 版本的模型以下载创建项目的必要资源

另外，通过 DarchetypeGroupId 可更加精确地定位到原型存储的位置，如此例中 DarchetypeGroupId 的值为 org.opendaylight.controller，DarchetypeRepository 的值为 https://nexus.opendaylight.org/content/repositories/opendaylight.snapshot，则版本号为 1.1.4-SNAPSHOT 的 opendaylight-startup-archetype 的资源位置为 https://nexus.opendaylight.org/content/repositories/opendaylight.snapshot/org/opendaylight/controller/。

下载完数据包后要求输入项目基本信息：输入所在组的 ID 为 com.ming.hello，输入项目的 ID 为 hello，设置项目版本号（默认的版本号为 1.0.0-SNAPSHOT），设置数据包名称（根据用户设置的组 ID，系统自动得出的默认数据包为 com.ming.hello），设置类前缀（默认的类前缀为 Hello），输入版权相关信息（如 Copyright(c) Cindy Ming.）。

注 意

- groupId 命名建议：maven 根据组创建不同的目录，在随后开发的目录也相应不同，原则上可任意命名，但建议：其中 com 可以为 org/edu 等项目组织性质的后缀；ming 可选择为项目组织的名称，如 opendaylight；hello 为项目名，需要小写。
- package 命名建议：与项目的 groupId 命名相同，最终建立包及以后的目录结构和开发文件的命名标准。
- artifactid 命名建议：需要小写。
- classPrefix 命名建议：通常将 artifactid 的首字母大写，然后作为 classPrefix。

```
Define value for property 'groupId': : com.ming.hello
Define value for property 'artifactId': : hello
[INFO] Using property: version = 1.0.0-SNAPSHOT
Define value for property 'package':    com.ming.hello: :
Oct 24, 2016 11:01:15 PM org.apache.velocity.runtime.log.JdkLogChute log
INFO: FileResourceLoader : adding path '.'
Define value for property 'classPrefix':    Hello: :
Define value for property 'copyright': : Copyright(c) Cindy Ming.
```

随后系统返回用户所输入的信息，若发现信息输入不正确，读者可输入 N 重新再输入信息。这里输入 Y 以确认项目信息输入正确，如图 13-3 所示。

```
Define value for property 'groupId': : com.ming.hello
Define value for property 'artifactId': : hello
[INFO] Using property: version = 1.0.0-SNAPSHOT
Define value for property 'package':  com.ming.hello: :
Oct 25, 2016 7:34:29 AM org.apache.velocity.runtime.log.JdkLogChute log
INFO: FileResourceLoader : adding path '.'
Define value for property 'classPrefix':  Hello: :
Define value for property 'copyright': : Copyright(c) Cindy Ming.
[INFO] Using property: copyrightYear = 2015
Confirm properties configuration:
groupId: com.ming.hello
artifactId: hello
version: 1.0.0-SNAPSHOT
package: com.ming.hello
classPrefix: Hello
copyright: Copyright(c) Cindy Ming.
copyrightYear: 2015
 Y: : Y
```

图 13-3　输入项目基本信息

确认后，系统根据原型自动创建项目，如图 13-4 所示。

```
[INFO] ----------------------------------------------------------------------------
[INFO] Using following parameters for creating project from Archetype: opendaylight-startup-archetype:1.1.4-SNAPSHOT
[INFO] ----------------------------------------------------------------------------
[INFO] Parameter: groupId, Value: com.ming.hello
[INFO] Parameter: artifactId, Value: hello
[INFO] Parameter: version, Value: 1.0.0-SNAPSHOT
[INFO] Parameter: package, Value: com.ming.hello
[INFO] Parameter: packageInPathFormat, Value: com/ming/hello
[INFO] Parameter: classPrefix, Value: Hello
[INFO] Parameter: package, Value: com.ming.hello
[INFO] Parameter: version, Value: 1.0.0-SNAPSHOT
[INFO] Parameter: copyright, Value: Copyright(c) Cindy Ming.
[INFO] Parameter: groupId, Value: com.ming.hello
[INFO] Parameter: artifactId, Value: hello
[INFO] Parameter: copyrightYear, Value: 2015
[WARNING] Don't override file /home/cc/c13/com.ming.hello/hello/pom.xml
[INFO] project created from Archetype in dir: /home/cc/c13/com.ming.hello/hello
[INFO] ------------------------------------------------------------------------
[INFO] BUILD SUCCESS
[INFO] ------------------------------------------------------------------------
[INFO] Total time: 01:44 min
[INFO] Finished at: 2016-10-25T07:35:19+08:00
[INFO] Final Memory: 20M/90M
[INFO] ------------------------------------------------------------------------
```

图 13-4　系统根据原型自动创建项目

根据版本 1.1.4-SNAPSHOT 的 opendaylight-startup-archetype 原型创建的项目的最顶层目录下共有 6 个目录（api、artifacts、features、impl、it、karaf）和一个说明项目信息的 pom.xml 文件。

其中 api 文件夹存放项目的 API 接口，artifacts 是工作目录夹，features 文件夹存放项目的配置信息，impl 文件夹存放项目的具体实体，it 文件夹是集成测试所用，如图 13-5 所示。

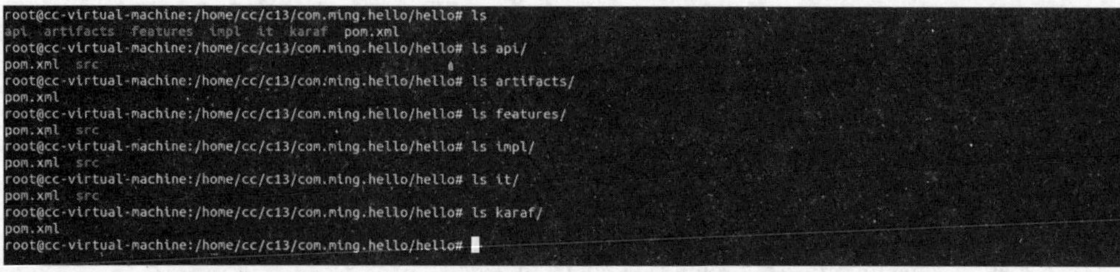

```
root@cc-virtual-machine:/home/cc/c13/com.ming.hello/hello# ls
api  artifacts  features  impl  it  karaf  pom.xml
root@cc-virtual-machine:/home/cc/c13/com.ming.hello/hello# ls api/
pom.xml  src
root@cc-virtual-machine:/home/cc/c13/com.ming.hello/hello# ls artifacts/
pom.xml
root@cc-virtual-machine:/home/cc/c13/com.ming.hello/hello# ls features/
pom.xml  src
root@cc-virtual-machine:/home/cc/c13/com.ming.hello/hello# ls impl/
pom.xml  src
root@cc-virtual-machine:/home/cc/c13/com.ming.hello/hello# ls it/
pom.xml  src
root@cc-virtual-machine:/home/cc/c13/com.ming.hello/hello# ls karaf/
pom.xml
root@cc-virtual-machine:/home/cc/c13/com.ming.hello/hello#
```

图 13-5 系统自动创建的项目

其中的 pom.xml 的信息如下：

```
//头文件的信息是根据输入的项目信息所创建的
<?xml version="1.0" encoding="UTF-8"?>
<!--
Copyright @ 2015 Copyright(c) Cindy Ming. and others. All rights reserved.
This program and the accompanying materials are made available under the
terms of the Eclipse Public License v1.0 which accompanies this distribution,
and is available at http://www.eclipse.org/legal/epl-v10.html INTERNAL
-->
//这段信息是对 Maven 工具的说明，pom.xml 文件中基本相同
<project xmlns="http://maven.apache.org/POM/4.0.0"
xmlns:xsi="http://www.w3.org/2001/XMLSchema-instance"
xsi:schemaLocation="http://maven.apache.org/POM/4.0.0 http://maven.apache.org/xsd/maven-4.0.0.xsd">
//说明项目的父项目，一般来说 OpenDaylight 的 MD-SAL 开发最高层项目为 odlparent
  <parent>
    <groupId>org.opendaylight.odlparent</groupId>
    <artifactId>odlparent</artifactId>
    <version>1.6.4-SNAPSHOT</version>
    <relativePath/>
  </parent>
//本项目的组 ID、本项目的 ID、版本、名称的说明
  <groupId>com.ming.hello</groupId>
  <artifactId>hello-aggregator</artifactId>
  <version>1.0.0-SNAPSHOT</version>
  <name>hello</name>
//要求打包方式为 pom，仅仅引用其他 Maven 项目，通常项目最高层都使用这种方式
  <packaging>pom</packaging>
  <modelVersion>4.0.0</modelVersion>
//项目使用 maven 的最低版本为 3.1.1
  <prerequisites>
    <maven>3.1.1</maven>
  </prerequisites>
//指定关联的模块
```

```
    <modules>
      <module>api</module>
      <module>impl</module>
      <module>karaf</module>
      <module>features</module>
      <module>artifacts</module>
      <module>it</module>
    </modules>
  //项目编译所需的基本插件及其配置
    <!-- DO NOT install or deploy the repo root pom as it's only needed to initiate a build -->
    <build>
      <plugins>
        <plugin>
          <groupId>org.apache.maven.plugins</groupId>
          <artifactId>maven-deploy-plugin</artifactId>
          <configuration>
            <skip>true</skip>
          </configuration>
        </plugin>
        <plugin>
          <groupId>org.apache.maven.plugins</groupId>
          <artifactId>maven-install-plugin</artifactId>
          <configuration>
            <skip>true</skip>
          </configuration>
        </plugin>
      </plugins>
    </build>
  //固定的<scm>和<developerConnection>信息
    <scm>
  <connection>
  scm:git:ssh://git.opendaylight.org:29418/hello.git
  </connection>
  <developerConnection>
  scm:git:ssh://git.opendaylight.org:29418/hello.git
  </developerConnection>
      <tag>HEAD</tag>
      <url>https://wiki.opendaylight.org/view/hello:Main</url>
    </scm>
  </project>
```

此时项目尚未编译，进入最顶层的目录（hello/），运行以下命令跳过测试以编译项目：

```
$ mvn clean install -DskipTests
```

项目成功编译后，终端显示如图 13-6 所示的信息。

```
[INFO] ------------------------------------------------------------------------
[INFO] Reactor Summary:
[INFO]
[INFO] hello-api .......................................... SUCCESS [ 13.574 s]
[INFO] hello-impl ......................................... SUCCESS [  9.614 s]
[INFO] hello-features ..................................... SUCCESS [  8.642 s]
[INFO] hello-karaf ........................................ SUCCESS [ 45.498 s]
[INFO] hello-artifacts .................................... SUCCESS [  0.185 s]
[INFO] hello-it ........................................... SUCCESS [  3.585 s]
[INFO] hello .............................................. SUCCESS [  2.971 s]
[INFO] ------------------------------------------------------------------------
[INFO] BUILD SUCCESS
[INFO] ------------------------------------------------------------------------
[INFO] Total time: 01:28 min
[INFO] Finished at: 2016-10-25T07:42:07+08:00
[INFO] Final Memory: 146M/349M
[INFO] ------------------------------------------------------------------------
```

图 13-6 项目成功编译

输入命令：

```
$ sudo karaf/target/assembly/bin/karaf
```

以启动项目，如图 13-7 所示。

```
root@cc-virtual-machine:/home/cc/c13/com.ming.hello/hello# sudo karaf/target/assembly/bin/karaf
karaf: JAVA_HOME not set; results may vary
Java HotSpot(TM) 64-Bit Server VM warning: ignoring option MaxPermSize=512m; support was removed in 8.0

Hit '<tab>' for a list of available commands
and '[cmd] --help' for help on a specific command.
Hit '<ctrl-d>' or type 'system:shutdown' or 'logout' to shutdown OpenDaylight.

opendaylight-user@root>
```

图 13-7 成功启动项目

检查 hello 项目是否成功创建，搜索日志查看包含 HelloProvider Session Intiated 的信息。输入命令：

```
opendaylight-user@root> log:display | grep Hello
```

以查看启动日志，如图 13-8 所示。

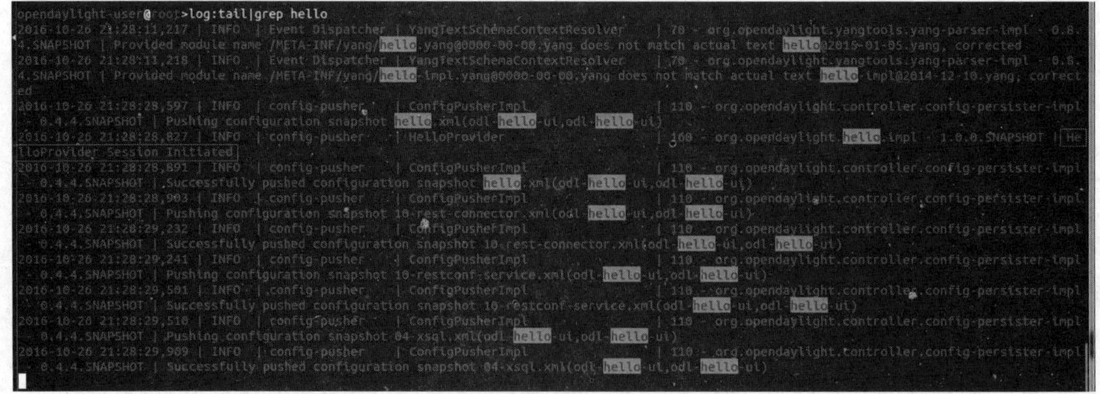

图 13-8 启动日志

日志中出现 HelloProvider Session Intitiated（框内字体）的信息，这部分的信息是由文件

HelloProvider.java（位于 Hello/impl/src/main/java/org/opendaylight/hello/impl/ 目录下）中的 onSessionInitiated 方法实现的：

```
@Override
public void onSessionInitiated(ProviderContext session) {
    LOG.info("HelloProvider Session Initiated");
}
```

在登录界面（http://<controller’s IP>:8181/index.html）输入用户名/密码（admin/admin）后进入控制台，如图 13-9 所示。注意默认仅有两个选项卡，一个显示拓扑界面，另一个显示 Yang UI。用户可使用 Yang UI 或访问链接 http://<controller’s IP>:8181/apidoc/explorer/index.html 进行调试。用户也可在后台使用 feature:install 语句安装新功能。

图 13-9　控制台界面

此时访问 YangUI 和 apidoc explorer 发现虽然尚未进行任何定义，OpenDaylight 项目已经安装一些默认的接口，如图 13-10 所示。

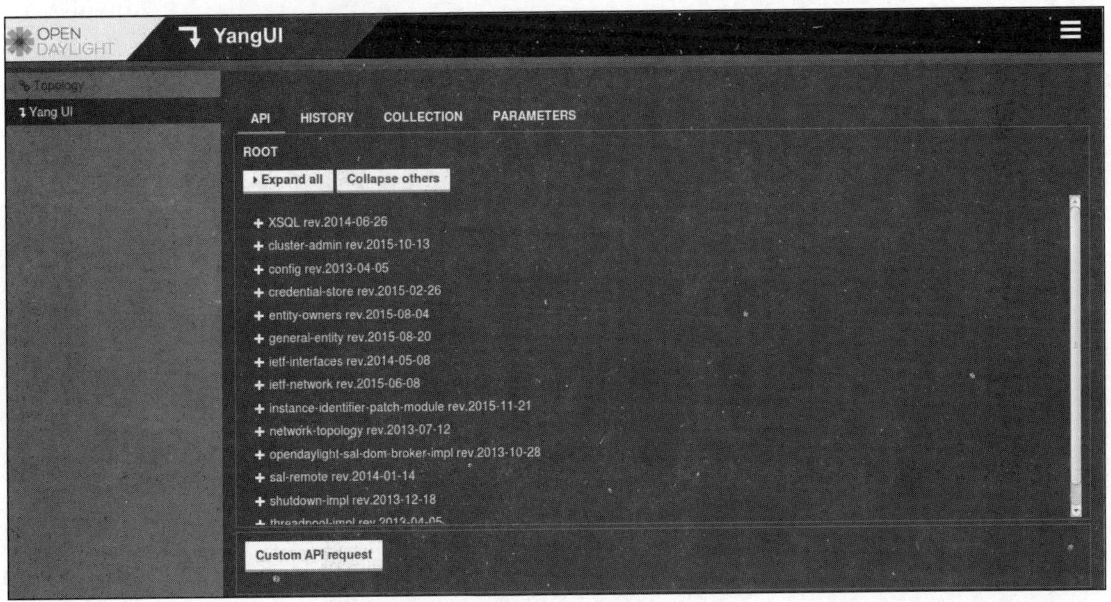

图 13-10 通过 Yang UI 查看 API 列表

OpenDaylight 项目除了 YangUI 之外，还可以访问链接 http://<controller’s IP>:8181/apidoc/explorer/index.html，输入用户名和密码以查看 API 列表，如图 13-11 和图 13-12 所示。

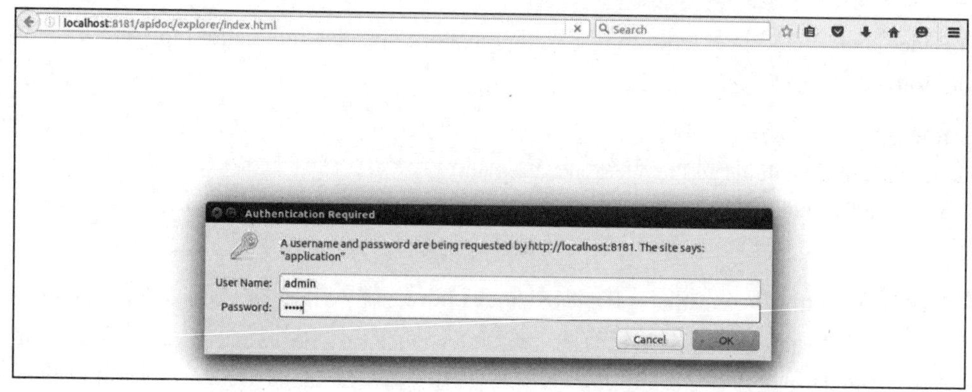

图 13-11　输入用户名和密码

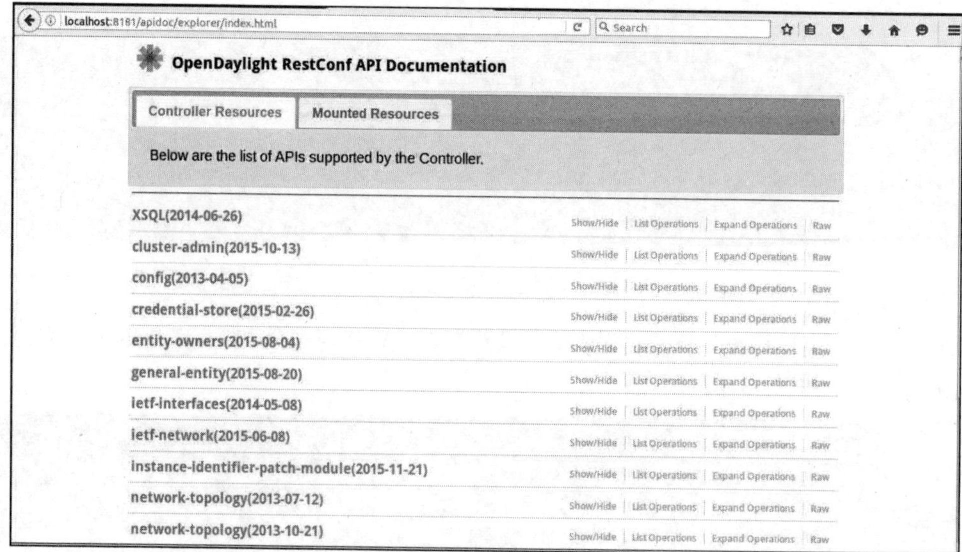

图 13-12　通过 apidoc explorer 查看 API 列表

13.3　实现 Hello World 功能

接下来需要做一点简单的工作，以实现 Hello World 功能。我们的目标是用户输入自己的名字后，调用 RPC 返回 Hello 加上用户名字的字符串，实现打招呼的功能。

13.3.1　在 API 目录下编写 YANG 模型

首先需要使用 YANG 语言来定义 HelloWorld RPC API。进入 API 目录，找到默认定义 API 的 yang 文件：

```
cd hello/api/src/main/yang/hello.yang
```

在文件中加入 RPC 的定义，假设 RPC 的名称为 hello-world。这里创建的 RPC 有一个输入变量 name，类型为字符串，还有一个输出变量 greating，类型为字符串。

```
rpc hello-world {
input {
leaf name {
type string;
}
}
output {
leaf greating {
type string;
}
}
}
```

编译 yang 文件以生成相应的接口、数据和方法。在 API 目录下输入命令：

```
mvn clean install
```

编译成功后如图 13-13 所示。

```
[INFO] ------------------------------------------------------------------------
[INFO] BUILD SUCCESS
[INFO] ------------------------------------------------------------------------
[INFO] Total time: 28.801 s
[INFO] Finished at: 2016-10-27T00:33:18+08:00
[INFO] Final Memory: 39M/164M
[INFO] ------------------------------------------------------------------------
```

图 13-13　编译成功

查看 API 的 target 目录，可见使用 YANG 语言自动将由 yang 文件转化而来的 Java 文件放置在项目的目录 api/target/generated-sources/mdsal-binding/org/opendaylight/yang/gen/v1/urn/opendaylight/params/xml/ns/yang/hello/rev15015/ 内（可参考第 14 章中 YANG 语言自动生成 Java 文件的相关介绍），如图 13-14 所示。

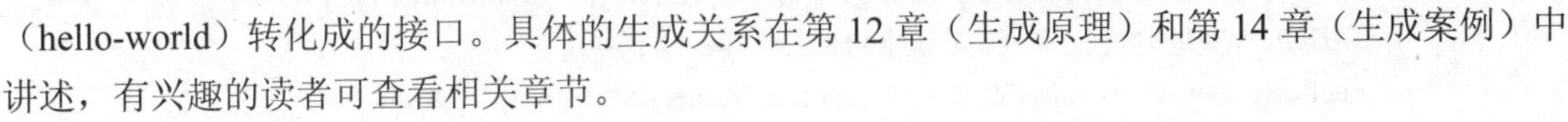

```
root@cc-virtual-machine:/home/cc/c13/com.ming.hello/hello/api# ls target/generated-sources/mdsal-binding/org/opendaylight/yang/gen/v1/urn/opendaylight/params/xml/ns/yang/hello/rev150105/
HelloService.java              HelloWorldInput.java           HelloWorldOutput.java                    $YangModuleInfoImpl.java
HelloWorldInputBuilder.java    HelloWorldOutputBuilder.java   $YangModelBindingProvider.java
```

图 13-14　使用 YANG 语言自动生成多个 Java 文件

其中 HelloWorldInput.java 是生成的输入类，HelloWorldOutput.java 是生成的输出类，HelloWorldOutputBuilder.java 是类 HelloWorldOutput 的创建器，HelloService.java 是定义的 RPC（hello-world）转化成的接口。具体的生成关系在第 12 章（生成原理）和第 14 章（生成案例）中讲述，有兴趣的读者可查看相关章节。

13.3.2　在 impl 目录下写实现功能代码——实现 HelloService 接口

新建方法（假设类名为 HelloWorldImpl）以实现 HelloService 接口。类放置在位置任意，此实验中放在 impl 目录下：

```
$ cd    c13/com.ming.hello/hello
$ cd    ./impl/src/main/java
$ gedit    ./com/ming/hello/impl/HelloWorldImpl.java
```

注意加粗字体，这部分目录是根据创建项目时的 package 信息所创建的，比如创建时的 package 为 org.opendaylight.myproject，那么加粗字体应替换为 org/opendaylight/myproject。

将以下代码复制到文件 HelloWorldImpl.java 中：

```
/*
 * Copyright © 2015 Copyright(c) Cindy Ming. and others.  All rights reserved.
 *
 * This program and the accompanying materials are made available under the
 * terms of the Eclipse Public License v1.0 which accompanies this distribution,
 * and is available at http://www.eclipse.org/legal/epl-v10.html
 */
package com.ming.hello.impl;
// 以上是 Java 必要的说明（包括所属数据的说明），注意/**/内的字段不可缺，否则不能正确编译
// 引用 RPC 所依赖的 Future 类
import java.util.concurrent.Future;
// 引入类 HelloWorldImpl 所实现的接口 HelloService
import org.opendaylight.yang.gen.v1.urn.opendaylight.params.xml.ns.yang.hello.rev150105.HelloService;
/*
    以下加入 HelloWorldInput、HelloWorldOutput 和 HelloWorldOutputBuilder，其中黑体字
HelloWorld 是由 RPC（假设为 hello-world）生成的
*/
import org.opendaylight.yang.gen.v1.urn.opendaylight.params.xml.ns.yang.hello.rev150105.HelloWorldInput;
import org.opendaylight.yang.gen.v1.urn.opendaylight.params.xml.ns.yang.hello.rev150105.HelloWorldOutput;
import org.opendaylight.yang.gen.v1.urn.opendaylight.params.xml.ns.yang.hello.rev150105.HelloWorldOutputBuilder;
// 引用 RPC 所依赖的相关的类
import org.opendaylight.yangtools.yang.common.RpcResult;
import org.opendaylight.yangtools.yang.common.RpcResultBuilder;
public class HelloWorldImpl implements HelloService {
    @Override
/*实现 HelloService.java 中的接口——RpcService 的语句
Future<RpcResult<HelloWorldOutput>> helloWorld(HelloWorldInput input);
*/
    public Future<RpcResult<HelloWorldOutput>> helloWorld(HelloWorldInput input) {
        HelloWorldOutputBuilder helloBuilder = new HelloWorldOutputBuilder();
        //Hello World 功能的实现，即返回 Hello 和输入的名字
        helloBuilder.setGreating("Hello " + input.getName());
        return RpcResultBuilder.success(helloBuilder.build()).buildFuture();
    }
}
```

13.3.3　注册 RPC

我们之前将 HelloWorldImpl.java 文件与 HelloProvider.java 放在同一目录内，并且实现了 HelloService 接口。接下来，打开文件 HelloProvider.java，对 RPC（由 hello.yang 文件定义转化成 java 文件）进行注册。HelloProvider.java 的代码最终如下：

```
/*
 * Copyright © 2015 Copyright(c) Cindy Ming. and others.  All rights reserved.
 *
 * This program and the accompanying materials are made available under the
 * terms of the Eclipse Public License v1.0 which accompanies this distribution,
 * and is available at http://www.eclipse.org/legal/epl-v10.html
 */
package com.ming.hello.impl;

import org.opendaylight.controller.sal.binding.api.BindingAwareBroker.ProviderContext;
//需要引入数据包 RpcRegistration 以完成注册工作
import org.opendaylight.controller.sal.binding.api.BindingAwareBroker.RpcRegistration;
import org.opendaylight.controller.sal.binding.api.BindingAwareProvider;
//需要引入数据包 HelloService（由项目 hello 生成）以完成对此数据包的注册
import org.opendaylight.yang.gen.v1.urn.opendaylight.params.xml.ns.yang.hello.rev150105.HelloService;
import org.slf4j.Logger;
import org.slf4j.LoggerFactory;

public class HelloProvider implements BindingAwareProvider, AutoCloseable {
private static final Logger LOG = LoggerFactory.getLogger(HelloProvider.class);
//在 HelloProvider 类下加入私有类成员 helloService，以注册 RPC
    private RpcRegistration<HelloService> helloService;
    @Override
    public void onSessionInitiated(ProviderContext session) {
        LOG.info("HelloProvider Session Initiated");
        /*
在 onSessionInitiated 函数中对项目 hello 的 RPC（hello-world）进行注册，将接口与实现接口的类关联
*/
        helloService = session.addRpcImplementation(HelloService.class, new HelloWorldImpl());
    }
    @Override
    public void close() throws Exception {
        LOG.info("HelloProvider Closed");
        //在 close()中加入结束后对服务的关闭
        if (helloService != null) {
            helloService.close();
        }
    }
}
```

进入项目的最顶层目录下的 impl 目录下进行编译：

```
$  cd   hello/impl
$  mvn clean install
```

编译结果如图 13-15 所示。

```
[INFO] Writing OBR metadata
[INFO] ------------------------------------------------------------------------
[INFO] BUILD SUCCESS
[INFO] ------------------------------------------------------------------------
[INFO] Total time: 03:22 min
[INFO] Finished at: 2016-10-27T00:37:14+08:00
[INFO] Final Memory: 45M/140M
[INFO] ------------------------------------------------------------------------
root@cc-virtual-machine:/home/cc/c13/com.ming.hello/hello/impl# cd ..
```

图 13-15　在 impl 文件夹内成功编译

进入项目顶层目录进行编译：

```
cd ..
mvn clean install
```

编译结果如图 13-16 所示。

```
[INFO] ------------------------------------------------------------------------
[INFO] Reactor Summary:
[INFO]
[INFO] hello-api .......................................... SUCCESS [ 14.218 s]
[INFO] hello-impl ......................................... SUCCESS [  9.434 s]
[INFO] hello-features ..................................... SUCCESS [09:38 min]
[INFO] hello-karaf ........................................ SUCCESS [ 46.197 s]
[INFO] hello-artifacts .................................... SUCCESS [  1.562 s]
[INFO] hello-it ........................................... SUCCESS [ 41.605 s]
[INFO] hello .............................................. SUCCESS [  2.888 s]
[INFO] ------------------------------------------------------------------------
[INFO] BUILD SUCCESS
[INFO] ------------------------------------------------------------------------
[INFO] Total time: 11:56 min
[INFO] Finished at: 2016-10-27T00:50:35+08:00
[INFO] Final Memory: 141M/337M
[INFO] ------------------------------------------------------------------------
root@cc-virtual-machine:/home/cc/c13/com.ming.hello/hello#
```

图 13-16　项目成功编译

项目成功编译后进入后台，同样地加载 HelloProvider Session Initiated 信息，如图 13-17 所示。

```
root@cc-virtual-machine:/home/cc/c13/com.ming.hello/hello# sudo ./karaf/target/assembly/bin/karaf
karaf: JAVA_HOME not set; results may vary
Java HotSpot(TM) 64-Bit Server VM warning: ignoring option MaxPermSize=512m; support was removed in 8.0

Hit '<tab>' for a list of available commands
and '[cmd] --help' for help on a specific command.
Hit '<ctrl-d>' or type 'system:shutdown' or 'logout' to shutdown OpenDaylight.

opendaylight-user@root>log:tail |grep Hello
2016-10-27 00:52:04,538 | INFO  | config-pusher    | HelloProvider    | 160 - com.ming.hello.impl - 1.0.0.SNAPSHOT | HelloProvider Session Initiated
```

图 13-17　项目成功编译的后台显示

13.4　项目 hello 的测试

至此项目已经成功完成了。下面对项目的功能进行测试，以验证实验成功。OpenDaylight 的项目有多种测试方法，到锂（Li）版本为止，主要使用的方法有 4 种：

- 使用 HTTP 协议通过 API 浏览器进行测试。
- 使用 OpenDaylight 自带的 YANG UI 工具进行测试。
- 使用 REST 客户端工具 Postman 进行测试。
- 使用 REST 客户端 curl 命令行工具进行测试。

下面将分别说明。

13.4.1　使用 HTTP 协议通过 API 浏览器进行测试

打开链接 http://<controller's IP>:8181/apidoc/explorer/index.html（若在本机上测试，则网址也可为 http://localhost:8181/apidoc/explorer/index.html），使用 HTTP 协议通过 API 浏览器进行测试。输入用户名和密码后登录界面，现在可以看到 OpenDaylight Restconf API 文档的控制器资源选项卡中所示的控制器支持的 APIs 列表中已经有 hello 项目了（对比图 13-10 或图 13-12，当时无 hello 项目列出），如图 13-18 所示。

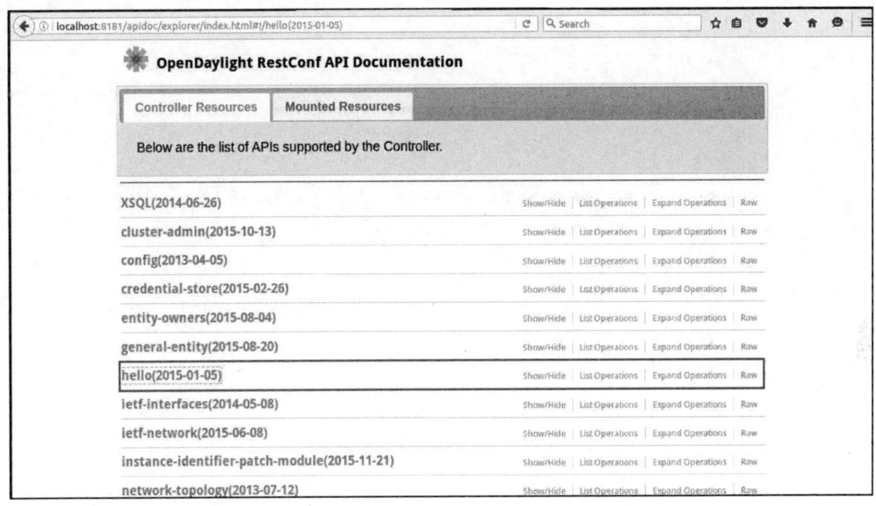

图 13-18　hello 项目出现在 API 列表

单击 hello(2015-01-15)，展开选项，在(hello-world)input 的文本框内输入：

```
{"hello:input":{"name":"Ming"}}
```

单击“Try it out!”按钮，调用 RPC，如图 13-19 所示。

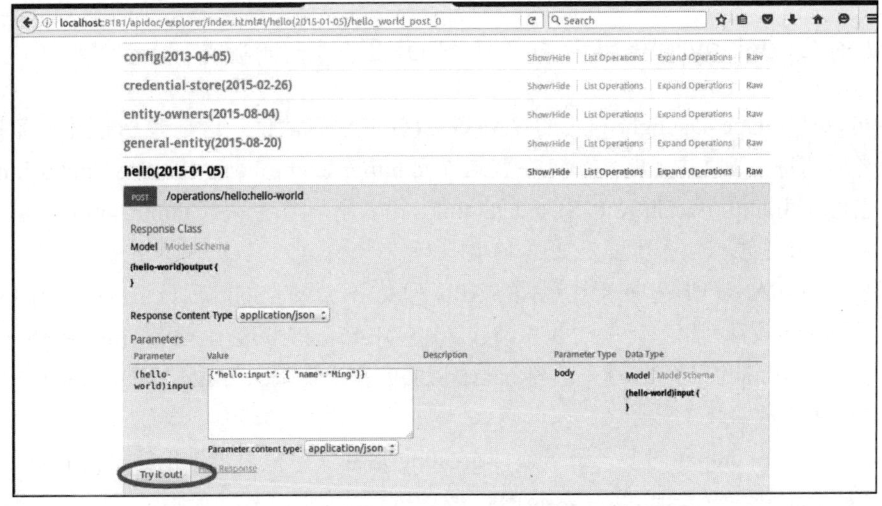

图 13-19　调用 hello 项目的 RPC（hello-world）

成功返回结果。在 Response Body 中显示输出结果为 Hello Ming，Response Code 为 200，表示 RPC 成功执行，如图 13-20 所示。

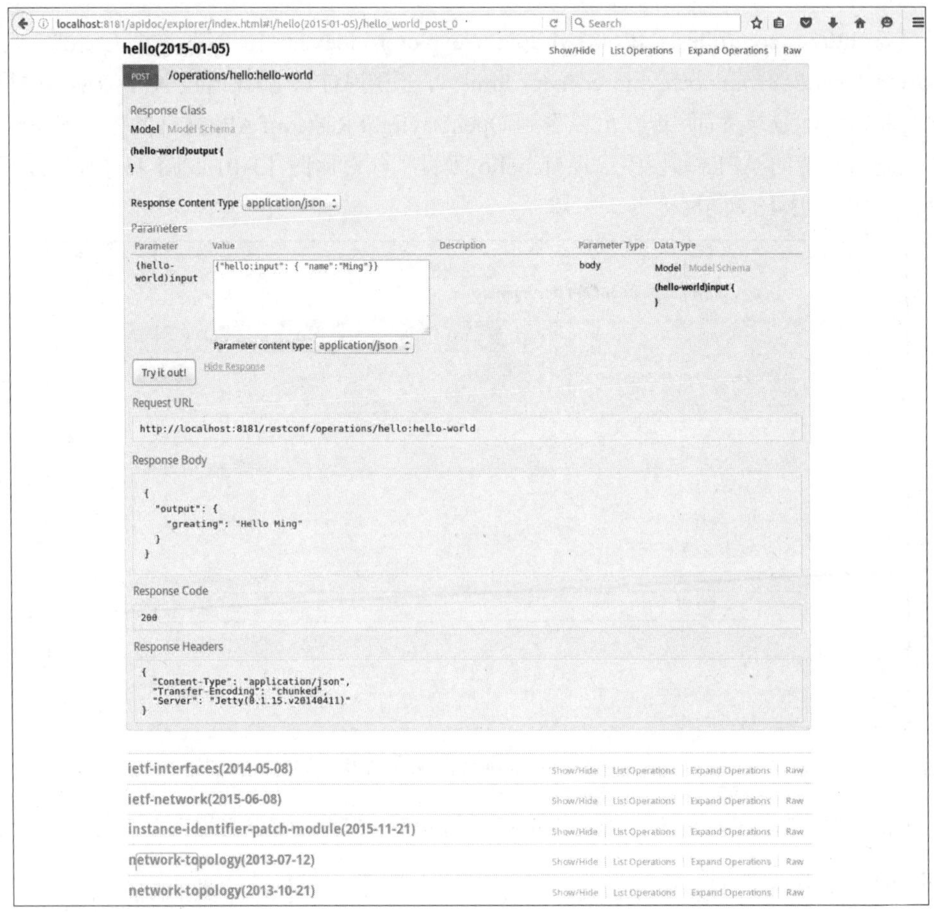

图 13-20　hello 项目的 RPC（hello-world）成功调用

13.4.2　使用 OpenDaylight 自带的 YANG UI 工具进行测试

我们还可以使用 OpenDaylight 自带的 YANG UI 工具进行测试。这是锂 Li 版本开始提供的功能，并且在之后的每个版本中不断完善。在登录界面 http://<controller's IP>:8181/index.html（若在本地登录，也可使用 http://localhost:8181/index.html）输入用户名/密码（admin/admin）后进入控制台，单击 YANG UI 选项卡进入界面，如图 13-21 所示。

现在可以看到 YANG UI 选项卡中所示的 APIs 列表中已经有 hello 项目了（对比图 13-10 或图 13-12，当时无 hello 项目列出）。单击 hello rev.2015-01-15，展开选项，再单击 operations 下面的列表 hello-world。在 input 下一级输入选项 name 后面的文本框输入 Ming。单击 Send 按钮，调用 RPC，如图 13-22 所示。

成功返回结果。在 output 的下一级子条目 greating 后的文本框显示调用结果为 Hello Ming，同时显示信息 Request sent successfully，表示 RPC 成功执行，如图 13-23 所示。

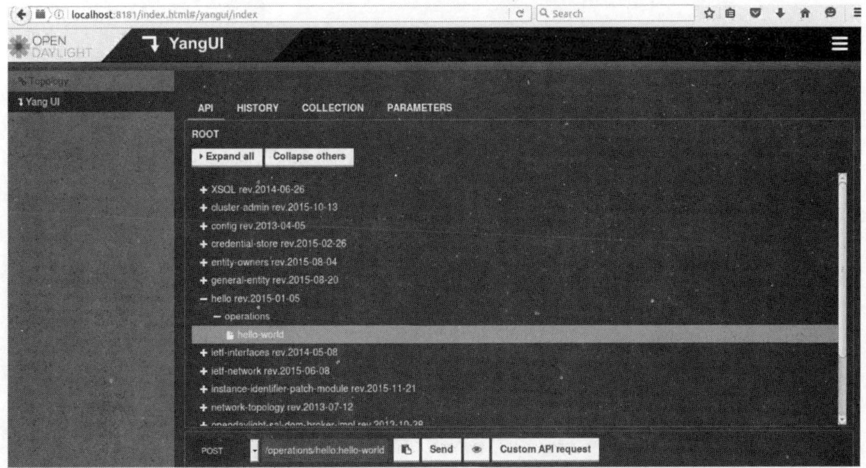

图 13-21　使用 OpenDaylight 自带的 YANG UI 工具进行测试

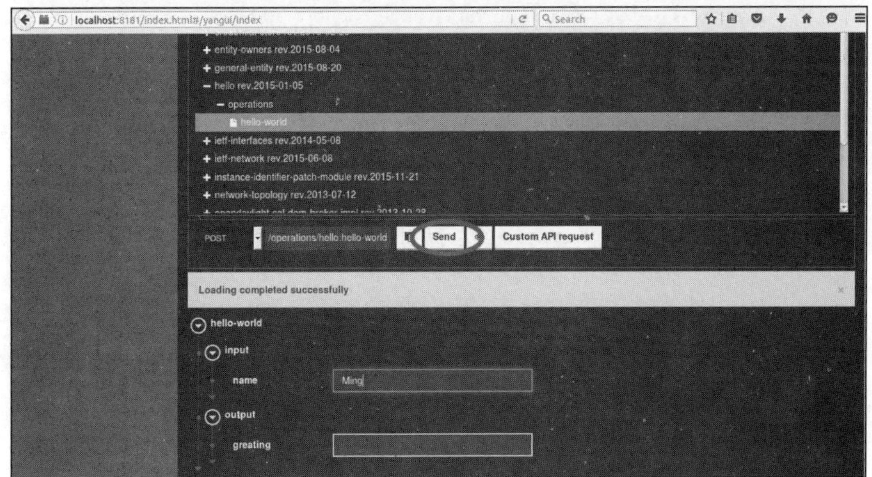

图 13-22　调用 hello 项目的 RPC（hello-world）

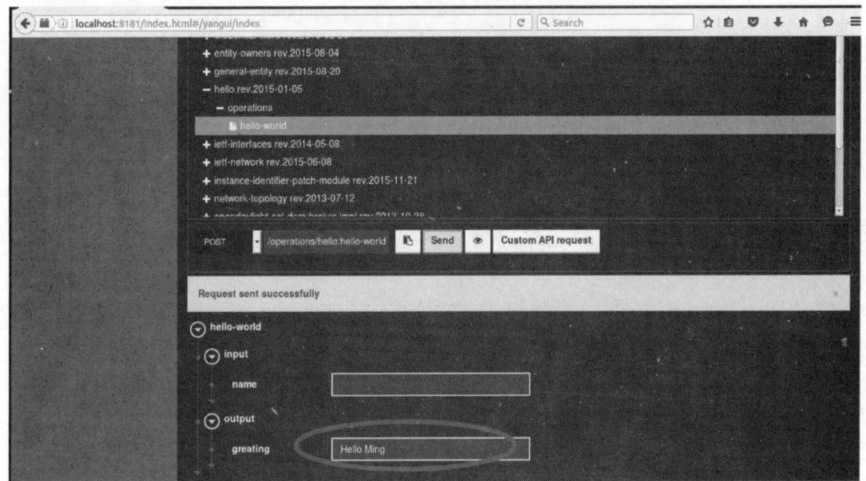

图 13-23　hello 项目的 RPC（hello-world）成功调用

13.4.3 使用 REST 客户端工具 Postman 进行测试

使用 REST 客户端工具 Postman 进行测试，以验证结果（Postman 具体的使用方法，读者可参考第 8 章中关于使用 Postman 获取交换机流表的教程）。

（1）在 Header 字段写入以下参数

- Content-Type：application/json。
- Accept：application/json。

（2）Basic Auth 选项卡

在 Basic Auth 选项卡输入用户 ID 和密码。

（3）URL 字段

在 URL 字段输入：

```
http://<controller's IP address>:8181/restconf/operations/hello:hello-world
```

（4）具体输入

- 选择 POST。
- 选择 raw+JSON。
- 在下方输入代码：

```
{"input": {
    "name": "Ming"
  }
}
```

（5）单击 Send 发送命令，如图 13-24 所示。

成功返回结果：

```
{
"output": {
    "greating": "Hello Ming"
  }
}
```

同时 Response Code（Status）显示为 200，表示 RPC 成功执行。

13.4.4 使用 REST 客户端 curl 命令行工具进行测试

我们还可以使用 REST 客户端 curl 命令行工具进行测试。curl 工具简单易用，打开一个与控制器相连的终端，输入以下命令：

```
curl -H 'Content-type:application/json' -X POST -d '{"input": {"name": "Ming"}}' --verbose -u admin:admin
http://<Controller's IP Address>:8181/\ restconf/operations/hello:hello-world
```

回车后调用 RPC，如图 13-25 所示。

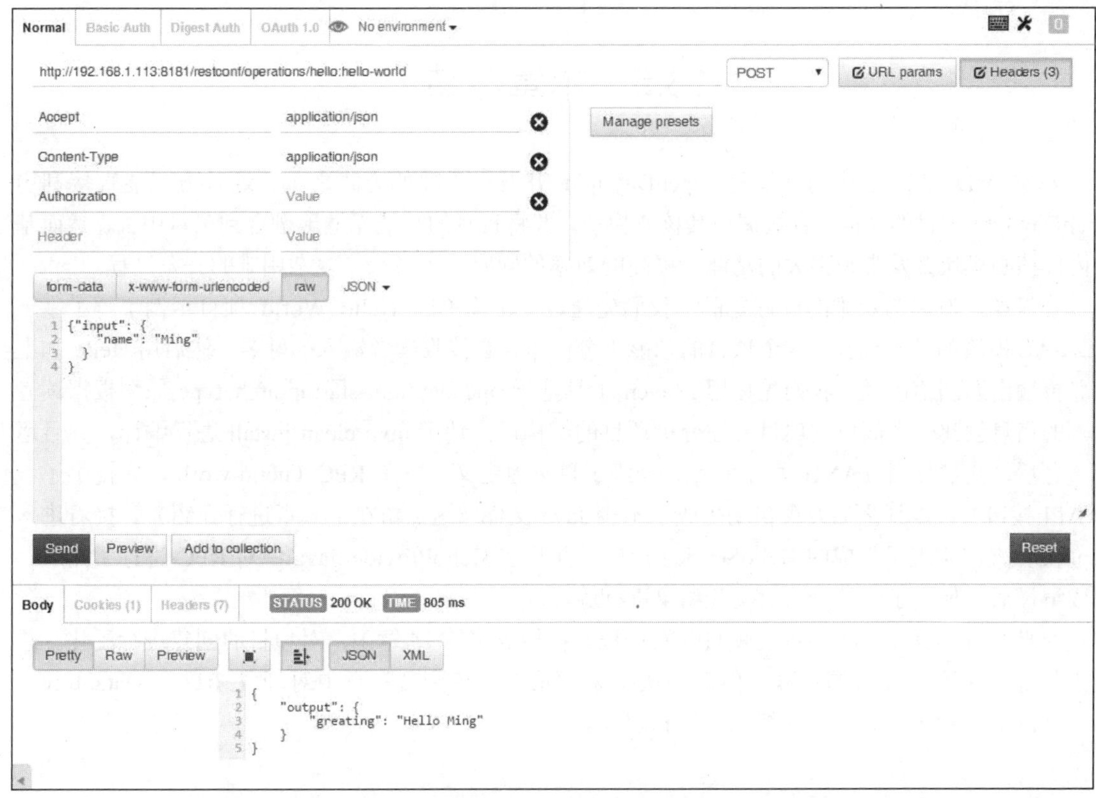

图 13-24　使用 REST 客户端工具 Postman 进行测试

```
root@cc-virtual-machine:/home/cc/c13/com.ming.hello/hello# curl -H 'Content-type:application/json' -X POST -d '{"input":{"name":"Ming"}}' --ver
bose -u admin:admin http://localhost:8181/restconf/operations/hello:hello-world
* Hostname was NOT found in DNS cache
*   Trying 127.0.0.1...
* Connected to localhost (127.0.0.1) port 8181 (#0)
* Server auth using Basic with user 'admin'
> POST /restconf/operations/hello:hello-world HTTP/1.1
> Authorization: Basic YWRtaW46YWRtaW4=
> User-Agent: curl/7.35.0
> Host: localhost:8181
> Accept: */*
> Content-type:application/json
> Content-Length: 25
>
* upload completely sent off: 25 out of 25 bytes
< HTTP/1.1 200 OK
< Set-Cookie: JSESSIONID=w9gmqj21lso0u6xwzchc73hy;Path=/restconf
< Expires: Thu, 01 Jan 1970 00:00:00 GMT
< Set-Cookie: rememberMe=deleteMe; Path=/restconf; Max-Age=0; Expires=Wed, 26-Oct-2016 10:35:25 GMT
< Content-Type: application/yang.operation+json
< Transfer-Encoding: chunked
* Server Jetty(8.1.15.v20140411) is not blacklisted
< Server: Jetty(8.1.15.v20140411)
<
* Connection #0 to host localhost left intact
{"output":{"greating":"Hello Ming"}}root@cc-virtual-machine:/home/cc/c13/com.ming.hello/hello#
```

图 13-25　使用 REST 客户端 curl 命令行工具进行测试

成功返回结果。输出结果为：

```
{"output": {"greating": "Hello Ming"}}
```

Response Code 为 200， RPC 成功执行。

13.5　本章总结

基于 MD-SAL 模块的开发是 OpenDaylight 开发中重要的方式之一。这种方式能直接利用 OpenDaylight 项目的功能，直接调用其核心模块，并将自身的功能无缝地融合到项目中去，然而基于内部核心模块开发带来强大的功能、极高的效率的同时，也带来了复杂困难的开发过程。

在开始一段略为艰难的旅程之前，我们先通过一个简单的 Hello World 项目示例了解了基于 MD-SAL 模块的开发过程。这个项目的功能十分简单，它接收读者输入的姓名，然后用 Hello 加上姓名再输出返回给读者。我们先使用 Maven 工具基于 opendaylight-startup-archetype 原型根据读者输入的信息创建一个简单的项目。在分析项目的结构后，使用 mvn clean install 进行编译，并且运行。之后，我们使用 YANG 语言在 API 一级子目录内定义了一个 RPC（hello-world，它提供了一个 API 接口），编译之后发现自动生成了不少 Java 文件（这点留在下一章进行介绍）。接着进入 impl 文件夹，实现了生成的 HelloService 接口，并且在 HelloProvider.java 中对 RPC 进行了注册。完成编译后，使用了 4 种方法对实验结果进行验证。

至此，介绍完了一个简单的项目开发过程。在接下来的 14 章中，对项目的创建进行泛化，总结出创建一个通用项目的过程；然后在接下来的第 15 章到 17 章中对开发 RPC、DataStore、Notification 的相关步骤进行详细的介绍和解释。

第 14 章

创建一个简单的项目：myproject

经过第 13 章的 Hello World 项目示例后，本章将创建的项目变得更通用一些，比如创建一个不带 RPC、不带 DataStore、不带通知的简单项目。读者可依据本章的例子稍加改动实现自己的项目编写，另外，本书第 15 章到 18 章均以此为基础进行相关概念、开发方式的举例说明。

本章从创建一个通用项目的步骤说起，使用 Maven 原型 opendaylight-startup-archetype 的 1.1.4-SNAPSHOT 版本创建 myproject 项目并且编译。随后介绍 myproject 项目的关键目录的文件结构。

接下来进入本章的重点，依次在 myproject 模块内创建 identity（标识）声明、container（容器）声明、typedef 声明、leaf（叶子）声明、leaf-list 声明、list（列表）声明、choice（选择）声明、case（情况）声明、grouping（组）声明、uses（使用）声明和 augment（扩展）声明，并且介绍经编译映射生成的包和 Java 文件，以实例的方式向读者展示从 YANG 声明到 Java 的映射关系。由于我们将在第 15 章和第 17 章分别介绍 RPC 声明和 Notification（通知）声明，因此在此章不对这两个声明进行介绍。

最后在 14.4 节为本章进行总结。

14.1 创建项目

首先，使用 Maven 原型创建一个项目。类似第 13 章，下面介绍简单的步骤。

14.1.1 使用 Maven 原型创建项目

1. 硬件配置

本章实验使用两台机器，配置如下：

- 操作系统 Ubuntu Server 14.04 LTS 64-bit
- 内存 6GB（最低配置建议在 2GB 及以上）

- 硬盘空间 30GB（最低配置建议在 20GB 及以上）
- 处理器双核

另外，项目开发环境的准备与 OpenDaylight 的 Controller 项目的开发环境准备基本一致，读者按照 8.3 节的 OpenDaylight 的 Controller 项目的开发环境准备搭建即可。

2. 使用 Maven 原型 opendaylight-startup-archetype 的 1.1.4-SNAPSHOT 版本创建项目

在用户目录下创建目录 c14，在目录下输入以下命令：

```
mvn archetype:generate -DarchetypeGroupId=org.opendaylight.controller
-DarchetypeArtifactId=opendaylight-startup-archetype \
-DarchetypeVersion= 1.1.4-SNAPSHOT
-DarchetypeRepository=http://nexus.opendaylight.org/content/repositories/opendaylight.snapshot/ \
-DarchetypeCatalog=http://nexus.opendaylight.org/content/repositories/opendaylight.snapshot/archetype-catal
og.xml
```

Maven 将基于原型 opendaylight-startup-archetype 自动构建项目。实验中将目录存放在“~/c14/”目录内。其中 DarchetypeRepository 指定了 Maven 原型资源库的位置，DarchetypeCatalog 是这些原型库的目录清单，DarchetypeArtifactId 指定了原型自身的 ID，DarchetypeVersion 是此原型的版本号，DarchetypeGroupId 是原型所属组的 ID。

注 意

- groupId 命名建议：maven 根据组创建不同的目录，在随后开发的目录也相应不同，原则上可任意命名。读者在开发自己的项目时，可根据项目所在组的属性来替换 com，如可以替换为 org/edu 等项目组织性质的后缀；ming 是项目组织的名称，读者可替换为 ODL 项目的名称 opendaylight 或自己公司名称等有意思的名称；myproject 为项目名。注意 groupId 必须小写。
- package 命名建议：与项目的 groupId 命名相同，最终建立包及以后的目录结构和开发文件的命名标准。
- artifactid 命名建议：注意 artifactid 必须小写。
- classPrefix 命名建议：通常将 artifactid 的首字母大写，然后作为 classPrefix。

输入项目基本信息如下：

```
Define value for property 'groupId': : com.ming.myproject
Define value for property 'artifactId': : myproject
[INFO] Using property: version = 0.1.0-SNAPSHOT
Define value for property 'package':   com.ming. myproject: :
Oct 27, 2016 11:24:42 PM org.apache.velocity.runtime.log.JdkLogChute log
INFO: FileResourceLoader : adding path '.'
Define value for property 'classPrefix':   Myproject: :
Define value for property 'copyright': : Copyright(c) Cindy Ming.
```

随后，系统请用户确认设定的项目信息，若发现信息输入不正确，读者可输入 N 重新再输入信息。这里输入 Y 以确认项目信息输入正确，如图 14-1 所示。

```
Define value for property 'groupId': : com.ming.myproject
Define value for property 'artifactId': : myproject
[INFO] Using property: version = 0.1.0-SNAPSHOT
Define value for property 'package':  com.ming.myproject: :
Oct 27, 2016 11:24:42 PM org.apache.velocity.runtime.log.JdkLogChute log
INFO: FileResourceLoader : adding path '.'
Define value for property 'classPrefix':  Myproject: :
Define value for property 'copyright': : Copyright(c) Cindy Ming.
[INFO] Using property: copyrightYear = 2016
Confirm properties configuration:
groupId: com.ming.myproject
artifactId: myproject
version: 0.1.0-SNAPSHOT
package: com.ming.myproject
classPrefix: Myproject
copyright: Copyright(c) Cindy Ming.
copyrightYear: 2016
 Y: : Y
```

图 14-1　输入项目基本信息

确认后，系统根据原型自动创建项目。

14.1.2　编译项目

进入最顶层的目录（myproject/），运行以下命令跳过测试以编译项目：

```
$ mvn clean install -DskipTests
```

项目成功编译后，显示如图 14-2 所示的信息。

```
[INFO] ------------------------------------------------------------------------
[INFO] Reactor Summary:
[INFO]
[INFO] myproject-api ...................................... SUCCESS [ 32.393 s]
[INFO] myproject-impl ..................................... SUCCESS [ 19.057 s]
[INFO] myproject-cli ...................................... SUCCESS [ 14.748 s]
[INFO] myproject-features ................................. SUCCESS [ 16.420 s]
[INFO] myproject-karaf .................................... SUCCESS [36:16 min]
[INFO] myproject-artifacts ................................ SUCCESS [  2.990 s]
[INFO] myproject-it ....................................... SUCCESS [01:49 min]
[INFO] myproject .......................................... SUCCESS [02:15 min]
[INFO] ------------------------------------------------------------------------
[INFO] BUILD SUCCESS
[INFO] ------------------------------------------------------------------------
[INFO] Total time: 41:51 min
[INFO] Finished at: 2016-10-28T10:52:02+08:00
[INFO] Final Memory: 213M/509M
[INFO] ------------------------------------------------------------------------
root@cc-virtual-machine:/home/cc/c14/myproject#
```

图 14-2　项目成功编译

14.1.3　将项目导入 IDE 中

读者可将项目导入 Eclipse 工具中进行编辑（见图 14-3），也可自行选择习惯的 IDE 工具进行操作。具体导入的步骤可参考第 18 章的 18.2 节。

读者也可直接使用 Eclipse 工具的 Maven 原型创建项目，然后在 Eclipse 环境中使用自带工具进行编译，具体参考第 18 章的 18.1 节。

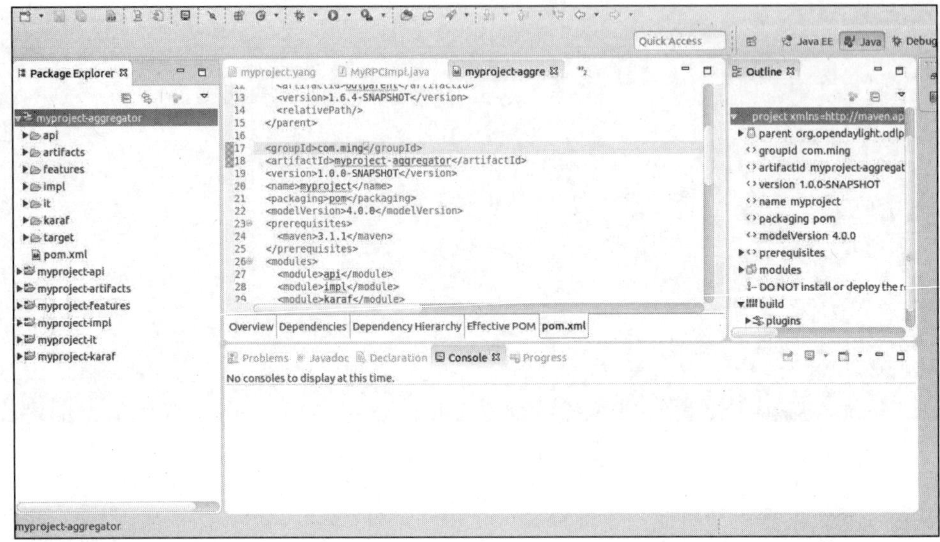

图 14-3 将项目导入 Eclipse 工具中进行编辑

14.2 项目创建的关键目录和文件介绍

版本 1.1.4-SNAPSHOT 的 opendaylight-startup-archetype 原型创建的项目的最项层目录下共有 6 个目录（api、artifacts、features、impl、it、karaf）和一个说明项目信息的 pom.xml 文件。当然，在编译之后会现一个新目录 target，在导入 Eclipse 之后，在根目录下还会出现一个新文件夹 src 和一个新文件 deploy-site.xml，在各子目录下都会出现 target 文件夹，并且有些子目录下还会出现 target-ide 文件夹。其中 api 文件夹存放项目的 API 接口，artifacts 是工件目录文件夹，features 文件夹存放项目的配置信息，impl 文件夹存放项目的具体实体，it 文件夹是集成测试所用。其中子目录 api、features、impl、it 目录下均包含一个 pom.xml 文件和一个包含源文件的子目录 src，而子目录 artifacts、karaf 仅包含一个 pom.xml 文件。

将项目导入 Eclipse 之后可以发现，实际上生成了 6 个 bundles 和一个 aggregator。aggregator 由项目的根目录的 pom.xml 文件表示，它将把 sub-bundles 聚合（aggregate）成模块（modules）。这个聚合的 pom.xml 文件是 pom 类型，不产生任何 jar 文件。子文件夹代表 bundles，并且也会有其自己的 pom.xml 文件，每个子文件夹都会生成一个 jar 文件。

以下是根目录的 pom.xml 文件：

```
<!--
Copyright © 2016 Copyright(c) Cindy Ming. and others. All rights reserved.
This program and the accompanying materials are made available under the
terms of the Eclipse Public License v1.0 which accompanies this distribution,
and is available at http://www.eclipse.org/legal/epl-v10.html INTERNAL
-->
<project xmlns="http://maven.apache.org/POM/4.0.0" xmlns:xsi="http://www.w3.org/2001/
XMLSchema-instance" xsi:schemaLocation="http://maven.apache.org/POM/4.0.0 http://maven.apache.org/
xsd/maven-4.0.0.xsd">
```

```
<modelVersion>4.0.0</modelVersion>
<parent>
<groupId>org.opendaylight.odlparent</groupId>
<artifactId>odlparent</artifactId>
<version>1.6.4-SNAPSHOT</version>
<relativePath/>
</parent>
<groupId>com.ming.myproject</groupId>
<artifactId>myproject-aggregator</artifactId>
<version>1.0.0-SNAPSHOT</version>
<name>myproject</name>
<packaging>pom</packaging>
<modelVersion>4.0.0</modelVersion>
<prerequisites>
<maven>3.1.1</maven>
</prerequisites>
<modules>
<module>api</module>
<module>impl</module>
<module>karaf</module>
<module>features</module>
<module>artifacts</module>
<module>it</module>
</modules>
<!--
   DO NOT install or deploy the repo root pom as it's only needed to initiate
 a build
-->
<build>
<plugins>
<plugin>
<groupId>org.apache.maven.plugins</groupId>
<artifactId>maven-deploy-plugin</artifactId>
<configuration>
<skip>true</skip>
</configuration>
</plugin>
<plugin>
<groupId>org.apache.maven.plugins</groupId>
<artifactId>maven-install-plugin</artifactId>
<configuration>
<skip>true</skip>
</configuration>
</plugin>
</plugins>
```

```
</build>
<scm>
<connection>
scm:git:ssh://git.opendaylight.org:29418/myproject.git
</connection>
<developerConnection>
scm:git:ssh://git.opendaylight.org:29418/myproject.git
</developerConnection>
<tag>HEAD</tag>
<url>https://wiki.opendaylight.org/view/myproject:Main</url>
</scm>
</project>
```

项目的父项目为odlparent。事实上，基本每个基于MD-SAL开发的项目的父项目均为odlparent。在运行 mvn clean install 进行编译之后，可以发现总项目及除 artifacts 之外的所有子项目下都新生成了一个 target 文件夹。以下分别对各子项目进行介绍。

14.2.1 子项目 myproject-api 介绍

首先来看一下子目录 api（子项目 myproject-api）的情况。这个文件夹用以定义整个项目的模型。之所以子项目 myproject-api 的名字后面带着 api，是因为它被 RestConf 使用以定义一个 Rest APIs 的集合。推荐在子项目 myproject-api 中通过对 YANG 文件的定义创建整个项目（myproject）的接口 APIs、通用数据类型、框架树/数据树、RPCs、通知等。其他子项目（通常是 myproject-impl 子项目）可以以此项目中创建的框架树/数据树为准，在自己的 YANG 文件中将后续的定义（如配置）扩展到此框架树/数据树中。另外，子项目 myproject-api 通过 YANG 文件生成的数据类型存放在自身目录下，而 RPCs、通知等生成的数据则放置到子项目 myproject-impl 中。子项目 myproject-api 中的父项目为组 ID 为 org.opendaylight.mdsal 的 binding-parent 项目，如图 14-4 所示。

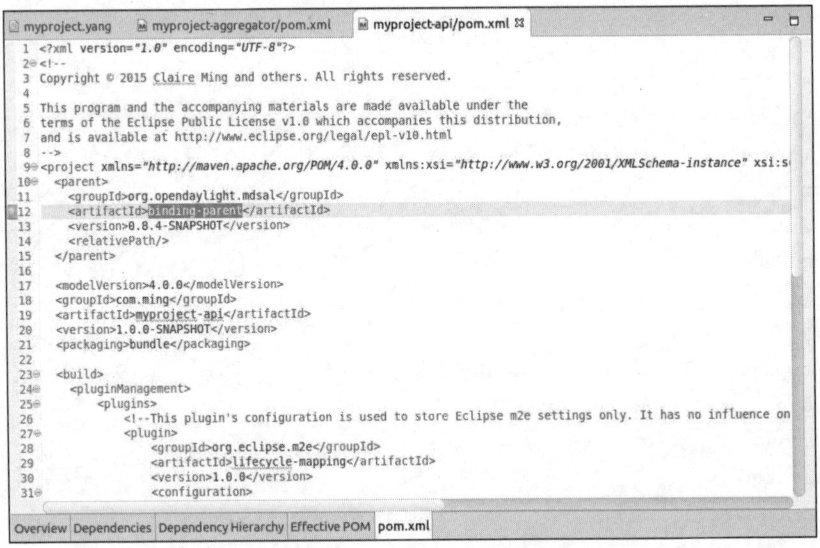

```
myproject.yang   myproject-aggregator/pom.xml   myproject-api/pom.xml
<?xml version="1.0" encoding="UTF-8"?>
<!--
Copyright © 2015 Claire Ming and others. All rights reserved.

This program and the accompanying materials are made available under the
terms of the Eclipse Public License v1.0 which accompanies this distribution,
and is available at http://www.eclipse.org/legal/epl-v10.html
-->
<project xmlns="http://maven.apache.org/POM/4.0.0" xmlns:xsi="http://www.w3.org/2001/XMLSchema-instance" xsi:s
  <parent>
    <groupId>org.opendaylight.mdsal</groupId>
    <artifactId>binding-parent</artifactId>
    <version>0.8.4-SNAPSHOT</version>
    <relativePath/>
  </parent>

  <modelVersion>4.0.0</modelVersion>
  <groupId>com.ming</groupId>
  <artifactId>myproject-api</artifactId>
  <version>1.0.0-SNAPSHOT</version>
  <packaging>bundle</packaging>

  <build>
    <pluginManagement>
        <plugins>
            <!--This plugin's configuration is used to store Eclipse m2e settings only. It has no influence on
            <plugin>
                <groupId>org.eclipse.m2e</groupId>
                <artifactId>lifecycle-mapping</artifactId>
                <version>1.0.0</version>
                <configuration>
Overview Dependencies Dependency Hierarchy Effective POM pom.xml
```

图 14-4 子项目 myproject-api 的 pom.xml 文件

子项目 myproject-api 中的初始 YANG 文件如图 14-5 所示。

```
myproject.yang

module myproject {
    yang-version 1;
    namespace "urn:opendaylight:params:xml:ns:yang:myproject";
    prefix "myproject";

    revision "2015-01-05" {
        description "Initial revision of myproject model";
    }


}
```

图 14-5　基于原型创建的子项目 myproject-api 中的初始 YANG 文件

这个YANG文件中定义了项目使用的YANG版本为1，命名空间为urn:opendaylight:params:xml:ns:yang:myproject，修订日期为 2015-01-05。这样根据最新的命令规则（注意：每个版本修订日期的转换规则不同），我们得到 YANG 模块的包名应该为：org.opendaylight.yang.gen.v+1+.+urn.opendaylight.params.xml.ns.yang.myproject+.+rev150105，即包名为 org.opendaylight.yang.gen.v1.urn.opendaylight.params.xml\.ns.yang.myproject. rev150105”。

另外注意，在子项目 myproject-api 的目录下的子目录 target 内生成了 3 个 jar 文件，如图 14-6 所示。

```
apidocs                   classes                              maven-metadata-local.xml
checkstyle-cachefile      dependency-maven-plugin-markers      maven-status
checkstyle-checker.xml    generated-sources                    myproject-api-1.0.0-SNAPSHOT.jar
checkstyle-header.txt     javadoc-bundle-options               myproject-api-1.0.0-SNAPSHOT-javadoc.jar
checkstyle-result.xml     maven-archiver                       myproject-api-1.0.0-SNAPSHOT-sources.jar
```

图 14-6　target 目录内生成了 3 个 jar 文件

14.2.2　子项目 myproject-artifacts 介绍

子项目 myproject-artifacts 在计算机的存储结构中放在 myproject 目录下的 artifacts 子目录内，是 bundles 生成的地方。子项目 myproject-artifacts 的父项目是组名为 org.opendaylight.oldparent 中的 odlparent-lite 项目，依赖项目为兄弟项目 myproject-api、myproject-impl 和 myproject-features，如图 14-7 所示。

```
myproject.yang    myproject-aggregator/pom.xml    myproject-artifacts/pom.xml

  <parent>
    <groupId>org.opendaylight.odlparent</groupId>
    <artifactId>odlparent-lite</artifactId>
    <version>1.6.4-SNAPSHOT</version>
    <relativePath/>
  </parent>

  <groupId>com.ming</groupId>
  <artifactId>myproject-artifacts</artifactId>
  <version>1.0.0-SNAPSHOT</version>
  <packaging>pom</packaging>

  <dependencyManagement>
    <dependencies>
      <dependency>
        <groupId>${project.groupId}</groupId>
        <artifactId>myproject-api</artifactId>
        <version>${project.version}</version>
      </dependency>
      <dependency>
        <groupId>${project.groupId}</groupId>
        <artifactId>myproject-impl</artifactId>
        <version>${project.version}</version>
      </dependency>
      <dependency>
        <groupId>${project.groupId}</groupId>
        <artifactId>myproject-features</artifactId>
        <version>${project.version}</version>
        <classifier>features</classifier>
        <type>xml</type>
      </dependency>

Overview  Dependencies  Dependency Hierarchy  Effective POM  pom.xml
```

图 14-7　子项目 myproject-artifacts 的 pom.xml 文件

14.2.3 子项目 myproject-features 介绍

子项目 myproject-features 在计算机的存储结构中放在 myproject 目录下的 features 子目录内。这个 bundle 用以部署模块到 karaf 实例中，其包含一个功能（feature）描述或一个 features.xml 文件。

子项目 myproject-features 的父项目是组编号为 org.opendaylight.odlparent 的 features-parent 项目，依赖于组编号为 org.opendaylight.yangtools 的 features-yangtools 项目、组编号为 org.opendaylight.mdsal.model 的 features-mdsal-model 项目、组编号为 org.opendaylight.controller 的 features-mdsal 项目、组编号为 org.opendaylight.netconf 的 features-restconf 项目、组编号为 org.opendaylight.dlux 的 features-dlux 项目，依赖于兄弟项目 myproject-api、myproject-impl；其子项目依赖于组编号为 org.opendaylight.controller 的 mdsal-artifacts 项目、组编号为 org.opendaylight.netconf 的 restconf-artifacts 项目、组编号为 org.opendaylight.yangtools 的 yangtools-artifacts 项目，如图 14-8 所示。

myproject.yang | myproject-aggregator/pom.xml | myproject-features/pom.xml

```
<?xml version="1.0" encoding="UTF-8"?>
<!--
Copyright © 2015 Claire Ming and others. All rights reserved.

This program and the accompanying materials are made available under the
terms of the Eclipse Public License v1.0 which accompanies this distribution,
and is available at http://www.eclipse.org/legal/epl-v10.html INTERNAL
-->
<project xmlns="http://maven.apache.org/POM/4.0.0" xmlns:xsi="http://www.w3.org/2001/XMLSchema-instance" xsi:schemaLocation="http://maven.apa
  <parent>
    <groupId>org.opendaylight.odlparent</groupId>
    <artifactId>features-parent</artifactId>
    <version>1.6.4-SNAPSHOT</version>
    <relativePath/>
  </parent>
  <groupId>com.ming</groupId>
  <artifactId>myproject-features</artifactId>
  <version>1.0.0-SNAPSHOT</version>
  <name>${project.artifactId}</name>
  <modelVersion>4.0.0</modelVersion>
  <prerequisites>
    <maven>3.1.1</maven>
  </prerequisites>
  <properties>
    <mdsal.model.version>0.8.4-SNAPSHOT</mdsal.model.version>
    <mdsal.version>1.3.4-SNAPSHOT</mdsal.version>
    <restconf.version>1.3.4-SNAPSHOT</restconf.version>
    <yangtools.version>0.8.4-SNAPSHOT</yangtools.version>
    <dlux.version>0.3.4-SNAPSHOT</dlux.version>
    <configfile.directory>etc/opendaylight/karaf</configfile.directory>
  </properties>
  <dependencyManagement>
    <dependencies>
      <!-- project specific dependencies -->
      <dependency>
        <groupId>org.opendaylight.controller</groupId>
        <artifactId>mdsal-artifacts</artifactId>
        <version>${mdsal.version}</version>
        <type>pom</type>
        <scope>import</scope>
      </dependency>
      <dependency>
        <groupId>org.opendaylight.netconf</groupId>
        <artifactId>restconf-artifacts</artifactId>
        <version>${restconf.version}</version>
        <type>pom</type>
        <scope>import</scope>
      </dependency>
      <dependency>
        <groupId>org.opendaylight.yangtools</groupId>
        <artifactId>yangtools-artifacts</artifactId>
        <version>${yangtools.version}</version>
        <type>pom</type>
        <scope>import</scope>
      </dependency>
    </dependencies>
  </dependencyManagement>
```

图 14-8 子项目 myproject-features 的 pom.xml 文件

```
 <dependencies>
   <dependency>
     <groupId>org.opendaylight.yangtools</groupId>
     <artifactId>features-yangtools</artifactId>
     <classifier>features</classifier>
     <type>xml</type>
     <scope>runtime</scope>
   </dependency>
   <dependency>
     <groupId>org.opendaylight.mdsal.model</groupId>
     <artifactId>features-mdsal-model</artifactId>
     <version>${mdsal.model.version}</version>
     <classifier>features</classifier>
     <type>xml</type>
     <scope>runtime</scope>
   </dependency>
   <dependency>
     <groupId>org.opendaylight.controller</groupId>
     <artifactId>features-mdsal</artifactId>
     <classifier>features</classifier>
     <type>xml</type>
     <scope>runtime</scope>
   </dependency>
   <dependency>
     <groupId>org.opendaylight.netconf</groupId>
     <artifactId>features-restconf</artifactId>
     <classifier>features</classifier>
     <type>xml</type>
     <scope>runtime</scope>
   </dependency>
   <dependency>
     <groupId>org.opendaylight.dlux</groupId>
     <artifactId>features-dlux</artifactId>
     <classifier>features</classifier>
     <version>${dlux.version}</version>
     <type>xml</type>
     <scope>runtime</scope>
   </dependency>
   <dependency>
     <groupId>${project.groupId}</groupId>
     <artifactId>myproject-impl</artifactId>
     <version>${project.version}</version>
   </dependency>
   <dependency>
     <groupId>${project.groupId}</groupId>
     <artifactId>myproject-impl</artifactId>
     <version>${project.version}</version>
     <type>xml</type>
     <classifier>config</classifier>
   </dependency>
   <dependency>
     <groupId>${project.groupId}</groupId>
     <artifactId>myproject-api</artifactId>
     <version>${project.version}</version>
   </dependency>
 </dependencies>
 <build>
   <pluginManagement>
       <plugins>
           <!--This plugin's configuration is used to store Eclipse m2e settings only. It has no influence on the Maven build itself.-->
           <plugin>
               <groupId>org.eclipse.m2e</groupId>
               <artifactId>lifecycle-mapping</artifactId>
               <version>1.0.0</version>
               <configuration>
                   <lifecycleMappingMetadata>
                       <pluginExecutions>
                           <pluginExecution>
                               <pluginExecutionFilter>
                                   <groupId>org.jacoco</groupId>
                                   <artifactId>
                                       jacoco-maven-plugin
                                   </artifactId>
                                   <versionRange>
                                       [0.7.2.201409121644,)
                                   </versionRange>
                                   <goals>
                                       <goal>prepare-agent</goal>
                                   </goals>
                               </pluginExecutionFilter>
                               <action>
                                   <ignore></ignore>
                               </action>
                           </pluginExecution>
                       </pluginExecutions>
                   </lifecycleMappingMetadata>
               </configuration>
           </plugin>
       </plugins>
   </pluginManagement>
 </build>
</project>
```

图 14-8　子项目 myproject-features 的 pom.xml 文件（续）

在子项目 myproject-features 的目录下的子目录 target 内生成了两个 jar 文件，如图 14-9 所示。

```
checkstyle-cachefile          generated-resources
checkstyle-checker.xml        javadoc-bundle-options
checkstyle-header.txt         maven-archiver
checkstyle-result.xml         myproject-features-1.0.0-SNAPSHOT.jar
classes                       myproject-features-1.0.0-SNAPSHOT.kar
dependencies.txt              myproject-features-1.0.0-SNAPSHOT-sources.jar
dependency-maven-plugin-markers
```

图 14-9　子项目 myproject-features 的目录 target 内生成了 2 个 jar 文件

14.2.4　子项目 myproject-impl 介绍

子项目 myproject-impl 在计算机的存储结构中放在 myproject 目录下的 impl 子目录内。在这个项目中，我们定义模块的主要功能的实现（如 API 如何实现）。这个 bundle 依赖 bundle api（子项目 myproject-api）以定义它的操作。

注意，由项目 myproject-api 通过 YANG 文件创建的模型将映射到包 com.ming.myproject.impl（图 14-10 焦点处）中。在实验工作中，建议将项目的实现文件放入此包中，当然读者也可任意设定实现文件的位置。

子项目 myproject-impl 的父项目是组编号为 org.opendaylight.controller 的 config-parent 项目，依赖于组编号为 junit 的 junit 项目、组编号为 org.mockito 的 mockito-all 项目，依赖于兄弟项目 myproject-api，如图 14-11 所示。

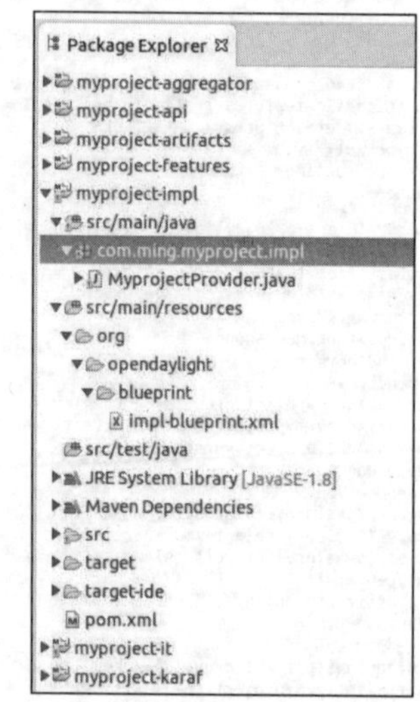

图 14-10　子项目 myproject-impl 的目录结构

```
myproject.yang    myproject-aggregator/pom.xml    myproject-impl/pom.xml

<parent>
  <groupId>org.opendaylight.controller</groupId>
  <artifactId>config-parent</artifactId>
  <version>0.4.4-SNAPSHOT</version>
  <relativePath/>
</parent>

<modelVersion>4.0.0</modelVersion>
<groupId>com.ming</groupId>
<artifactId>myproject-impl</artifactId>
<version>1.0.0-SNAPSHOT</version>
<packaging>bundle</packaging>
<dependencies>
  <dependency>
    <groupId>${project.groupId}</groupId>
    <artifactId>myproject-api</artifactId>
    <version>${project.version}</version>
  </dependency>

  <!-- Testing Dependencies -->
  <dependency>
    <groupId>junit</groupId>
    <artifactId>junit</artifactId>
    <scope>test</scope>
  </dependency>

  <dependency>
    <groupId>org.mockito</groupId>
    <artifactId>mockito-all</artifactId>
    <scope>test</scope>
  </dependency>

Overview  Dependencies  Dependency Hierarchy  Effective POM  pom.xml
```

图 14-11　子项目 myproject-impl 的 pom.xml 文件

在子项目 myproject-impl 的目录下的子目录 target 内生成了 3 个 jar 文件，如图 14-12 所示。

```
apidocs                   dependency-maven-plugin-markers  maven-status
checkstyle-cachefile      generated-sources                myproject-impl-1.0.0-SNAPSHOT.jar
checkstyle-checker.xml    generated-test-sources           myproject-impl-1.0.0-SNAPSHOT-javadoc.jar
checkstyle-header.txt     javadoc-bundle-options           myproject-impl-1.0.0-SNAPSHOT-sources.jar
checkstyle-result.xml     maven-archiver                   test-classes
classes                   maven-metadata-local.xml
```

图 14-12　子项目 myproject-impl 的目录 target 内生成了 3 个 jar 文件

14.2.5　子项目 myproject-it 介绍

子项目 myproject-it 在计算机的存储结构中放在 myproject 目录下的 it 子目录内。这个子项目主要用以测试项目运行的目的。我们可在此目录设定测试内容，以完成集成测试（Integration Test，这也是 it 的全称来源）的目的。子项目 myproject-it 的包为 com.ming.myproject.it。一开始原型中并没有这个子项目。

子项目 myproject-it 的父项目是组编号为 org.opendaylight.controller 的 mdsal-it-parent 项目，依赖于兄弟项目 myproject-features，如图 14-13 所示。

```
myproject.yang   myproject-aggregator/pom.xml   myproject-it/pom.xml ⊠
<parent>
  <groupId>org.opendaylight.controller</groupId>
  <artifactId>mdsal-it-parent</artifactId>
  <version>1.3.4-SNAPSHOT</version>
  <relativePath/>
</parent>

<modelVersion>4.0.0</modelVersion>
<groupId>com.ming</groupId>
<artifactId>myproject-it</artifactId>
<version>1.0.0-SNAPSHOT</version>
<packaging>bundle</packaging>

<properties>
  <skipITs>false</skipITs>
  <karaf.distro.groupId>com.ming</karaf.distro.groupId>
  <karaf.distro.artifactId>myproject-karaf</karaf.distro.artifactId>
  <karaf.distro.version>1.0.0-SNAPSHOT</karaf.distro.version>
  <karaf.distro.type>zip</karaf.distro.type>
</properties>

<dependencies>
  <dependency>
    <groupId>${project.groupId}</groupId>
    <artifactId>myproject-features</artifactId>
    <version>${project.version}</version>
  </dependency>
</dependencies>
```

图 14-13　子项目 myproject-it 的 pom.xml 文件

在子项目 myproject-impl 的目录下的子目录 target 内生成了 1 个 jar 文件，如图 14-14 所示。

```
checkstyle-cachefile      classes                          maven-status
checkstyle-checker.xml    dependency-maven-plugin-markers  myproject-it-1.0.0-SNAPSHOT.jar
checkstyle-header.txt     generated-test-sources           test-classes
checkstyle-result.xml     javadoc-bundle-options
```

图 14-14　子项目 myproject-it 的目录 target 内生成了 1 个 jar 文件

14.2.6　子项目 myproject-karaf 介绍

子项目 myproject-karaf 在计算机的存储结构中放在 myproject 目录下的 karaf 子目录内。这是我们部署模型实例的地方。一旦编译，它将创建一个发布版本，在这个发布版本中可运行 Karaf 实例。

子项目 myproject-karaf 的父项目是组编号为 org.opendaylight.odlparent 的 karaf-parent 项目，依赖于组编号为 org.apache.karaf.features 的 framework 项目，依赖于兄弟项目 myproject-features，如图 14-15 所示。

myproject.yang　myproject-aggregator/pom.xml　myproject-karaf/pom.xml

```
<parent>
  <groupId>org.opendaylight.controller</groupId>
  <artifactId>karaf-parent</artifactId>
  <version>1.6.4-SNAPSHOT</version>
  <relativePath/>
</parent>
<modelVersion>4.0.0</modelVersion>
<groupId>com.ming</groupId>
<artifactId>myproject-karaf</artifactId>
<version>1.0.0-SNAPSHOT</version>
<name>${project.artifactId}</name>
<prerequisites>
  <maven>3.1.1</maven>
</prerequisites>
<properties>
  <karaf.localFeature>odl-myproject-ui</karaf.localFeature>
</properties>
<dependencyManagement>
  <dependencies>
    <dependency>
      <groupId>${project.groupId}</groupId>
      <artifactId>myproject-artifacts</artifactId>
      <version>${project.version}</version>
      <type>pom</type>
      <scope>import</scope>
    </dependency>
  </dependencies>
</dependencyManagement>
<dependencies>
  <dependency>
    <!-- scope is compile so all features (there is only one) are installed
    into startup.properties and the feature repo itself is not installed -->
    <groupId>org.apache.karaf.features</groupId>
    <artifactId>framework</artifactId>
    <type>kar</type>
  </dependency>

  <dependency>
    <groupId>${project.groupId}</groupId>
    <artifactId>myproject-features</artifactId>
    <classifier>features</classifier>
    <type>xml</type>
    <scope>runtime</scope>
  </dependency>
</dependencies>
<!-- DO NOT install or deploy the karaf artifact -->
<build>
  <plugins>
    <plugin>
      <groupId>org.apache.maven.plugins</groupId>
      <artifactId>maven-deploy-plugin</artifactId>
      <configuration>
        <skip>true</skip>
```

图 14-15　子项目 myproject-karaf 的 pom.xml 文件

在子项目 myproject-karaf 的目录下的子目录 target 内生成了 1 个 jar 文件，如图 14-16 所示。

```
antrun                   checkstyle-result.xml              myproject-karaf-1.0.0-SNAPSHOT.jar
assembly                 classes                            myproject-karaf-1.0.0-SNAPSHOT.tar.gz
checkstyle-cachefile     dependency-maven-plugin-markers    myproject-karaf-1.0.0-SNAPSHOT.zip
checkstyle-checker.xml   javadoc-bundle-options
checkstyle-header.txt    maven-archiver
```

图 14-16 子项目 myproject-karaf 的目录 target 内生成了 1 个 jar 文件

14.3　YANG 常用的定义及其自动转化的 Java 代码

本节将介绍一些常用的数据类型的定义方法，说明其映射生成的包和 Java 文件，并选取其中有代表性的 Java 文件进行说明。

14.3.1　identity 声明实例及其生成的 Java 文件

在模块 myproject 中定义 identity 声明，代码如下（见图 14-17）：

```
identity base-id {
}
identity my- id1{
base base-id;
}
```

```
*myproject.yang
module myproject {
    yang-version 1;
    namespace "urn:opendaylight:params:xml:ns:yang:myproject";
    prefix "myproject";

    revision "2015-01-05" {
        description "Initial revision of myproject model";
    }

    identity base-id{
    }
    identity my-id1{
        base base-id;
    }


}
```

图 14-17　identity 示例

编译之后刷新（具体方法见第 18 章），可见在数据包 org.opendaylight.yang.gen.v1.urn.opendaylight.params.xml.ns.yang.myproject.rev150105 中生成了 2 个映射的 Java 文件（每个 identity 声明映射一个 Java 文件，命名规则符合第 12 章的 12.4 节中的 YANG 语言对于 identity 映射于 Java 语言的命名规则介绍），BaseId.java 和 MyId.java，如图 14-18 所示。

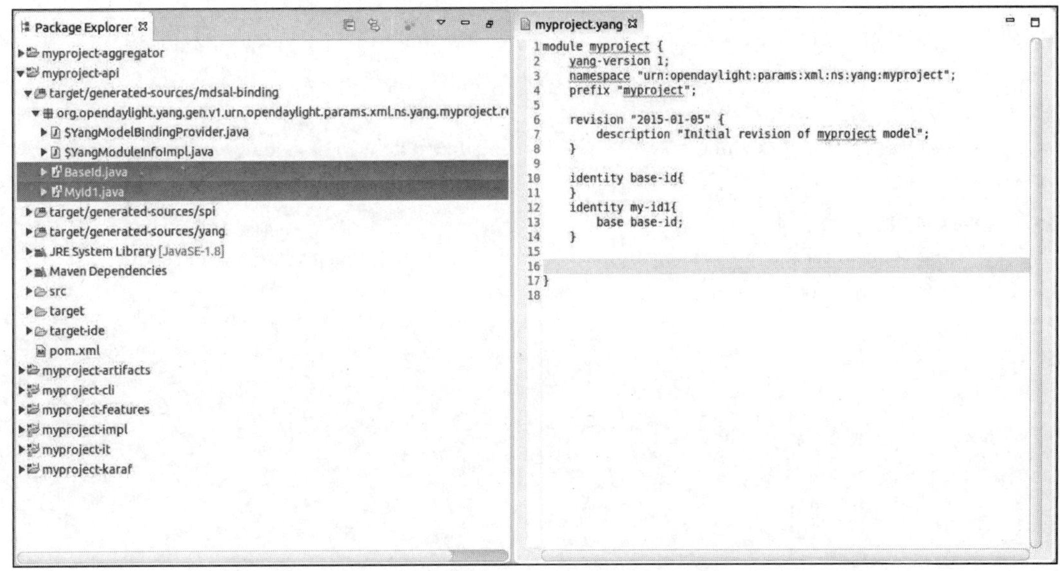

图 14-18　生成了 2 个映射的 Java 文件

到本书实验为止，映射规则有了一定的变化，实际上的代码如下：

（1）BaseId.java，代码如下：

```
package org.opendaylight.yang.gen.v1.urn.opendaylight.params.xml.ns.yang.myproject.rev150105;
import org.opendaylight.yangtools.yang.common.QName;
import org.opendaylight.yangtools.yang.binding.BaseIdentity;
```

```
/**
 * <p>This class represents the following YANG schema fragment defined in module <b>myproject</b>
 * <pre>
 * identity base-id {
 *        status CURRENT;
 * }
 * </pre>
 * The schema path to identify an instance is
 * <i>myproject/base-id</i>
 *
 */
public abstract class BaseId extends BaseIdentity
 {
public static final QName QNAME =
org.opendaylight.yangtools.yang.common.QName.create("urn:opendaylight:
params:xml:ns:yang:myproject", "2015-01-05", "base-id").intern();
    public BaseId() {
    }
}
```

（2）MyId.java，代码如下：

```
package org.opendaylight.yang.gen.v1.urn.opendaylight.params.xml.ns.yang.myproject.rev150105;
import org.opendaylight.yangtools.yang.common.QName;
/**
 * <p>This class represents the following YANG schema fragment defined in module <b>myproject</b>
 * <pre>
 * identity my-id1 {
 *        base "()IdentityEffectiveStatementImpl[base=null, qname=(urn:opendaylight:params:xml:ns:yang:
myproject?revision=2015-01-05)base-id]";
 *        status CURRENT;
 * }
 * </pre>
 * The schema path to identify an instance is
 * <i>myproject/my-id1</i>
 *
 */
public abstract class MyId1 extends BaseId
 {
    public static final QName QNAME =
    org.opendaylight.yangtools.yang.common.QName.create("urn:opendaylight:par
    ams:xml:ns:yang:myproject", "2015-01-05", "my-id1").intern();
    public MyId1() {
    }
}
```

14.3.2　container 声明实例及其生成的 Java 文件

container 声明可包含 leaf、leaf-list、list、container、grouping、uses、choice、config 等多种子声明（如表 12-5 所示），可作为模块的直接子声明和 container、list、choice、grouping、rpc 的 input、rpc 的 output、notification、augment 声明的子声明。注意，当 container 声明包含 list 子声明、container 子声明、choice 子声明时，会生成附加包以指定此容器。

1. 不带孩子声明的 container 声明

在模块 myproject 中，首先定义一个不带孩子声明的 container 声明，代码如下（见图 14-19）：

```
container my-container1 {
    description "An example of container.";
}
```

```
myproject.yang
module myproject {
    yang-version 1;
    namespace "urn:opendaylight:params:xml:ns:yang:myproject";
    prefix "myproject";

    revision "2015-01-05" {
        description "Initial revision of myproject model";
    }

    identity base-id{
    }
    identity my-id1{
        base base-id;
    }

    container my-container1{
        description "An example of container.";
    }

}
```

图 14-19　不带孩子的 container 示例

编译之后刷新（具体方法见第 18 章），可见在数据包 org.opendaylight.yang.gen.v1.urn.opendaylight.params.xml.ns.yang.myproject.rev150105 中生成了 2 个直接映射的 Java 文件（每个 container 声明映射一个 Java 文件，命名规则符合第 12 章的 12.4 节中 YANG 语言对于 Container 映射于 Java 语言的命名规则介绍）——MyContainer1.java 和 MyContainer1Builder.java，并且改动了一个项目类接口文件 MyprojectData.java，如图 14-20 所示。注意，当 YANG 定义的声明具备其对应的 get 或 set 方法时，将在类接口 MyprojectData.java 中添加其相应的方法，当类接口 MyprojectData.java 不存在时则创建。

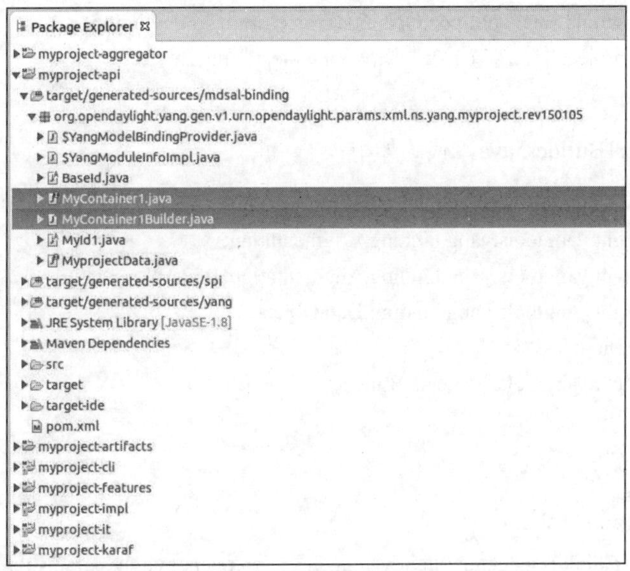

图 14-20　生成了两个映射的 Java 文件并改动了 MyprojectData.java 文件

（1）MyContainer1.java，代码如下：

```
package org.opendaylight.yang.gen.v1.urn.opendaylight.params.xml.ns.yang.myproject.rev150105;
import org.opendaylight.yangtools.yang.binding.ChildOf;
import org.opendaylight.yangtools.yang.common.QName;
import org.opendaylight.yangtools.yang.binding.Augmentable;
/**
 * This container has no child.
 *
 * <p>This class represents the following YANG schema fragment defined in module <b>myproject</b>
 * <pre>
 * container my-container1 {
 * }
 * </pre>
 * The schema path to identify an instance is
 * <i>myproject/my-container1</i>
 *
 * <p>To create instances of this class use {@link
org.opendaylight.yang.gen.v1.urn.opendaylight.params.xml.ns.yang.myproject.rev150105.MyContainer1Builder}.
 * @see
org.opendaylight.yang.gen.v1.urn.opendaylight.params.xml.ns.yang.myproject.rev150105.MyContainer1Builder
 *
 */
public interface MyContainer1 extends ChildOf<MyprojectData>,
Augmentable<org.opendaylight.yang.gen.v1.urn.opendaylight.params.xml.ns.yang.myproject.rev150105.My
Container1>
{
public static final QName QNAME =
org.opendaylight.yangtools.yang.common.QName.create("urn:opendaylight:par
ams:xml:ns:yang:myproject", "2015-01-05", "my-container1").intern();
}
```

（2）MyContainer1Builder.java，代码如下：

```
package org.opendaylight.yang.gen.v1.urn.opendaylight.params.xml.ns.yang.myproject.rev150105;
import org.opendaylight.yangtools.yang.binding.Augmentation;
import org.opendaylight.yangtools.yang.binding.AugmentationHolder;
import org.opendaylight.yangtools.yang.binding.DataObject;
import java.util.HashMap;
import org.opendaylight.yangtools.concepts.Builder;
import java.util.Objects;
import java.util.Collections;
import java.util.Map;
/**
 * Class that builds {@link org.opendaylight.yang.gen.v1.urn.opendaylight.params.xml.ns.yang.
myproject.rev150105.MyContainer1} instances.
```

```
 *
 * @see org.opendaylight.yang.gen.v1.urn.opendaylight.params.xml.ns.yang.myproject.rev150105.
MyContainer1
 *
 */
public class MyContainer1Builder implements Builder <org.opendaylight.yang.gen.v1.urn.opendaylight.
params.xml.ns.yang.myproject.rev150105.MyContainer1> {
    Map<java.lang.Class<? extends
    Augmentation<org.opendaylight.yang.gen.v1.urn.opendaylight.params.xml.ns.
    yang.myproject.rev150105.MyContainer1>>,
    Augmentation<org.opendaylight.yang.gen.v1.urn.opendaylight.params.xml.ns.
    yang.myproject.rev150105.MyContainer1>> augmentation =
    Collections.emptyMap();
    public MyContainer1Builder() {
    }
    public MyContainer1Builder(MyContainer1 base) {
        if (base instanceof MyContainer1Impl) {
            MyContainer1Impl impl = (MyContainer1Impl) base;
            if (!impl.augmentation.isEmpty()) {
                this.augmentation = new HashMap<>(impl.augmentation);
            }
        } else if (base instanceof AugmentationHolder) {
            @SuppressWarnings("unchecked")
            AugmentationHolder<org.opendaylight.yang.gen.v1.urn.opendaylight.
            params.xml.ns.yang.myproject.rev150105.MyContainer1> casted
            =(AugmentationHolder<org.opendaylight.yang.gen.v1.urn.opendaylight
            .params.xml.ns.yang.myproject.rev150105.MyContainer1>) base;
            if (!casted.augmentations().isEmpty()) {
                this.augmentation = new HashMap<>(casted.augmentations());
            }
        }
    }

    @SuppressWarnings("unchecked")
    public <E extends
    Augmentation<org.opendaylight.yang.gen.v1.urn.opendaylight.params.xml.ns.
    yang.myproject.rev150105.MyContainer1>> E
    getAugmentation(java.lang.Class<E> augmentationType) {
        if (augmentationType == null) {
            throw new IllegalArgumentException("Augmentation Type reference
            cannot be NULL!");
        }
        return (E) augmentation.get(augmentationType);
    }
    public MyContainer1Builder addAugmentation(java.lang.Class<? extends
```

```
Augmentation<org.opendaylight.yang.gen.v1.urn.opendaylight.params.xml.ns.
yang.myproject.rev150105.MyContainer1>> augmentationType,
Augmentation<org.opendaylight.yang.gen.v1.urn.opendaylight.params.xml.ns.
yang.myproject.rev150105.MyContainer1> augmentation) {
    if (augmentation == null) {
        return removeAugmentation(augmentationType);
    }
    if (!(this.augmentation instanceof HashMap)) {
        this.augmentation = new HashMap<>();
    }
    this.augmentation.put(augmentationType, augmentation);
    return this;
}
public MyContainer1Builder removeAugmentation(java.lang.Class<? extends
Augmentation<org.opendaylight.yang.gen.v1.urn.opendaylight.params.xml.ns.
yang.myproject.rev150105.MyContainer1>> augmentationType) {
    if (this.augmentation instanceof HashMap) {
        this.augmentation.remove(augmentationType);
    }
    return this;
}
public MyContainer1 build() {
    return new MyContainer1Impl(this);
}
private static final class MyContainer1Impl implements MyContainer1 {
    public java.lang.Class<org.opendaylight.yang.gen.v1.urn.opendaylight.
    params.xml.ns.yang.myproject.rev150105.MyContainer1>
    getImplementedInterface() {
        return org.opendaylight.yang.gen.v1.urn.opendaylight.params.xml.ns.
            yang.myproject.rev150105.MyContainer1.class;
    }
    private Map<java.lang.Class<? extends Augmentation<org.opendaylight.
            yang.gen.v1.urn.opendaylight.params.xml.ns.yang.myproject.
            rev150105.MyContainer1>>,
            Augmentation<org.opendaylight.yang.gen.v1.urn.opendaylight.pa
            rams.xml.ns.yang.myproject.rev150105.MyContainer1>>
            augmentation = Collections.emptyMap();
    private MyContainer1Impl(MyContainer1Builder base) {
        switch (base.augmentation.size()) {
        case 0:
            this.augmentation = Collections.emptyMap();
            break;
        case 1:
            final Map.Entry<java.lang.Class<? extends Augmentation<org.opendaylight.yang.
gen.v1.urn.opendaylight.params.xml.ns.yang.myproject.rev150105.MyContainer1>>, Augmentation
```

```
<org.opendaylight.yang.gen.v1.urn.opendaylight.params.xml.ns.yang.myproject.rev150105.MyContainer1>> e =
base.augmentation.entrySet().iterator().next();
                    this.augmentation = Collections.<java.lang.Class<? extends Augmentation
<org.opendaylight.yang.gen.v1.urn.opendaylight.params.xml.ns.yang.myproject.rev150105.MyContainer1>>,
Augmentation<org.opendaylight.yang.gen.v1.urn.opendaylight.params.xml.ns.yang.myproject.rev150105.MyConta
iner1>>singletonMap(e.getKey(), e.getValue());
                    break;
                default :
                    this.augmentation = new HashMap<>(base.augmentation);
            }
        }
        @SuppressWarnings("unchecked")
        @Override
        public <E extends
        Augmentation<org.opendaylight.yang.gen.v1.urn.opendaylight.params.xml
        .ns.yang.myproject.rev150105.MyContainer1>> E
        getAugmentation(java.lang.Class<E> augmentationType) {
            if (augmentationType == null) {
                throw new IllegalArgumentException("Augmentation Type reference
                 cannot be NULL!");
            }
            return (E) augmentation.get(augmentationType);
        }
        private int hash = 0;
        private volatile boolean hashValid = false;
        @Override
        public int hashCode() {
            if (hashValid) {
                return hash;
            }
            final int prime = 31;
            int result = 1;
            result = prime * result + Objects.hashCode(augmentation);
            hash = result;
            hashValid = true;
            return result;
        }
        @Override
        public boolean equals(java.lang.Object obj) {
            if (this == obj) {
                return true;
            }
            if (!(obj instanceof DataObject)) {
                return false;
            }
```

```
            if
             (!org.opendaylight.yang.gen.v1.urn.opendaylight.params.xml.ns.yang
            .myproject.rev150105.MyContainer1.class.equals(((DataObject)obj).
            getImplementedInterface())) {
                return false;
            }
            org.opendaylight.yang.gen.v1.urn.opendaylight.params.xml.ns.yang.
            myproject.rev150105.MyContainer1 other =
             (org.opendaylight.yang.gen.v1.urn.opendaylight.params.xml.ns.yang.
            myproject.rev150105.MyContainer1)obj;
            if (getClass() == obj.getClass()) {
                // Simple case: we are comparing against self
                MyContainer1Impl otherImpl = (MyContainer1Impl) obj;
                if (!Objects.equals(augmentation, otherImpl.augmentation)) {
                    return false;
                }
            } else {
                // Hard case: compare our augments with presence there...
                for (Map.Entry<java.lang.Class<? extends Augmentation<org.opendaylight.yang.
gen.v1.urn.opendaylight.params.xml.ns.yang.myproject.rev150105.MyContainer1>>, Augmentation<org.
opendaylight.yang.gen.v1.urn.opendaylight.params.xml.ns.yang.myproject.rev150105.MyContainer1>> e :
augmentation.entrySet()) {
                    if (!e.getValue().equals(other.getAugmentation(e.getKey()))) {
                        return false;
                    }
                }
                // .. and give the other one the chance to do the same
                if (!obj.equals(this)) {
                    return false;
                }
            }
            return true;
        }
        @Override
        public java.lang.String toString() {
            java.lang.StringBuilder builder = new java.lang.StringBuilder \
  ("MyContainer1 [");
            boolean first = true;
            if (first) {
                first = false;
            } else {
                builder.append(", ");
            }
            builder.append("augmentation=");
            builder.append(augmentation.values());
```

```
                return builder.append(']').toString();
            }
        }
}
```

（3）MyprojectData.java，代码如下：

```
package org.opendaylight.yang.gen.v1.urn.opendaylight.params.xml.ns.yang.myproject.rev150105;
import org.opendaylight.yangtools.yang.binding.DataRoot;
/**
 * <p>This class represents the following YANG schema fragment defined in module <b>myproject</b>
 * <pre>
 * module myproject {
 *     yang-version 1;
 *     namespace "urn:opendaylight:params:xml:ns:yang:myproject";
 *     prefix "myproject";
 *
 *     revision 2015-01-05 {
 *         description "";
 *     }
 *
 *     container my-container1 {
*     }
 *
 *     identity my-id1 {
 *         base "()IdentityEffectiveStatementImpl[base=null,
                qname=(urn:opendaylight:params:xml:ns:yang:myproject?revision=
2015-01-05)base-id]";
 *         status CURRENT;
 *     }
 *     identity base-id {
 *         status CURRENT;
 *     }
 * }
 * </pre>
 *
 */
public interface MyprojectData extends DataRoot
{
    /**
     * An example of container..
     * @return
     <code>org.opendaylight.yang.gen.v1.urn.opendaylight.params.xml.ns.yang.
     myproject.rev150105.MyContainer1</code> <code>myContainer1</code>, or
     <code>null</code> if not present
     */
```

```
    MyContainer1 getMyContainer1();
}
```

2. 带孩子声明的 container 声明

接下来看一个带孩子元素的 container 的映射，如图 14-21 所示。在此部分，我们仅介绍孩子元素为 container 的情况，其他情况与之类似，也会在下面其他声明中附带介绍。其代码如下：

```
container my-container1 {
   description "This container has a container child.";
    …
        container sub-container1{
        }
    …
}
```

```
*myproject.yang
module myproject {
    yang-version 1;
    namespace "urn:opendaylight:params:xml:ns:yang:myproject";
    prefix "myproject";

    revision "2015-01-05" {
        description "Initial revision of myproject model";
    }

    identity base-id{
    }
    identity my-id1{
        base base-id;
    }

    container my-container1{
        description "This container has a container child.";
        container sub-container1{
        }
    }

}
```

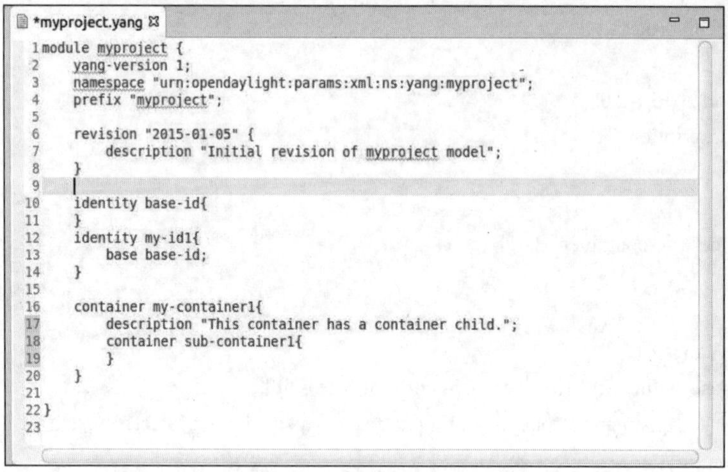

图 14-21　带一个 container 孩子的 container 示例

编译之后刷新（具体方法见第 18 章），可见不仅同未包含子元素的容器映射一样，在数据包 org.opendaylight.yang.gen.v1.urn.opendaylight.params.xml.ns.yang.myproject.rev150105 中生成了 2 个直接映射的 Java 文件（MyContainer1.java 和 MyContainer1Builder.java），并改动了项目类接口文件 MyprojectData.java，如图 14-22 所示。除此之外，还生成了一个附加包 org.opendaylight.yang.gen.v1.urn.opendaylight.params.xml.ns.yang.myproject.rev150105.my.container1，包内包含子元素 sub-container 映射的 2 个文件——SubContainer1.java 和 SubContainer1Builder.java。容器 container 声明除可包含子声明 container 外，还可包含子声明 list 和 choice，它们都将会产生附加包（命名规则与此相同），并且在包中包含其相应的映射 Java 文件（与在根目录下直接定义所映射的文件相同）。注意，其中附加包的生成规则如图 12-22 所示。

（1）MyContainer1.java

总体代码与无子元素的容器转换的 Java 文件基本相同，有以下不同：

① 在接口类 MyContainer1 定义中，添加了一个类型为 SubContainer1 的 getSubContainer1()方法：

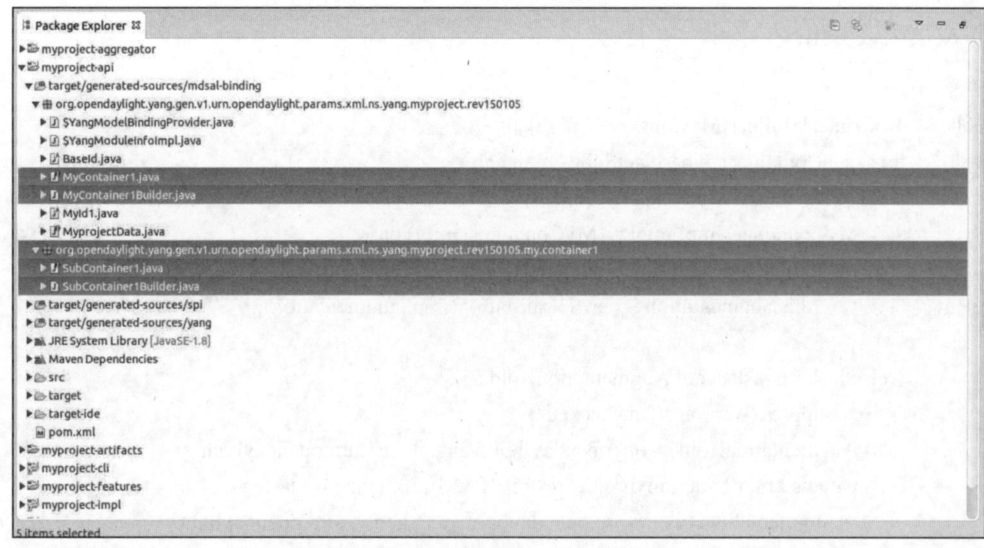

图 14-22 映射的包和 Java 文件

```
public interface MyContainer1 extends ChildOf<MyprojectData>,
    Augmentable<org.opendaylight.yang.gen.v1.urn.opendaylight.params.xml.ns.yang.myproject.rev150105.My
Container1>
    {
        ...
    /**
        * @return
            <code>org.opendaylight.yang.gen.v1.urn.opendaylight.params.xml.ns.yang
            .myproject.rev150105.my.container1.SubContainer1</code>
            <code>subContainer1</code>,
            or <code>null</code> if not present
        */
        SubContainer1 getSubContainer1();
        ...
    }
```

② 在注释部分，显示的是 YANG 语言中新定义的 *my-container1* 内容。

（2）MyContainer1Builder.java

总体代码与无子元素的容器转换的 Java 文件基本相同，有以下不同：

① 引用的文件：

```
import org.opendaylight.yang.gen.v1.urn.opendaylight.params.xml.ns.yang.myproject.rev150105.my.
container1.SubContainer1;
```

② 成员变量变动

新增成员变量_subContainer1：

```
private SubContainer1 _subContainer1;
```

③ 成员函数变化：

```
//变化
public MyContainer1Builder(MyContainer1 base) {
        this._subContainer1 = base.getSubContainer1();
        if (base instanceof MyContainer1Impl) {
            MyContainer1Impl impl = (MyContainer1Impl) base;
            if (!impl.augmentation.isEmpty()) {
                this.augmentation = new HashMap<>(impl.augmentation);
            }
        } else if (base instanceof AugmentationHolder) {
            @SuppressWarnings("unchecked")
            AugmentationHolder<org.opendaylight.yang.gen.v1.urn.opendaylight.
            params.xml.ns.yang.myproject.rev150105.MyContainer1> casted
            =(AugmentationHolder<org.opendaylight.yang.gen.v1.urn.opendaylight
            .params.xml.ns.yang.myproject.rev150105.MyContainer1>) base;
            if (!casted.augmentations().isEmpty()) {
                this.augmentation = new HashMap<>(casted.augmentations());
            }
        }
    }
    //新增
    public SubContainer1 getSubContainer1() {
        return _subContainer1;
    }
    //新增
    public MyContainer1Builder setSubContainer1(final SubContainer1 value) {
        this._subContainer1 = value;
        return this;
    }
    public MyContainer1Builder addAugmentation(java.lang.Class<? extends
    Augmentation<org.opendaylight.yang.gen.v1.urn.opendaylight.params.xml.ns.
    yang.myproject.rev150105.MyContainer1>> augmentationType,
    Augmentation<org.opendaylight.yang.gen.v1.urn.opendaylight.params.xml.ns.
    yang.myproject.rev150105.MyContainer1> augmentation) {
        if (augmentation == null) {
            return removeAugmentation(augmentationType);
        }
        if (!(this.augmentation instanceof HashMap)) {
            this.augmentation = new HashMap<>();
        }
        this.augmentation.put(augmentationType, augmentation);
        return this;
    }
    public MyContainer1Builder removeAugmentation(java.lang.Class<? extends
```

```
        Augmentation<org.opendaylight.yang.gen.v1.urn.opendaylight.params.xml.ns.
        yang.myproject.rev150105.MyContainer1>> augmentationType) {
            if (this.augmentation instanceof HashMap) {
                this.augmentation.remove(augmentationType);
            }
            return this;
        }
        public MyContainer1 build() {
            return new MyContainer1Impl(this);
        }
        private static final class MyContainer1Impl implements MyContainer1 {
            public java.lang.Class<org.opendaylight.yang.gen.v1.urn.opendaylight.
            params.xml.ns.yang.myproject.rev150105.MyContainer1>
            getImplementedInterface() {
                return
                    org.opendaylight.yang.gen.v1.urn.opendaylight.params.xml.ns.yang
                    .myproject.rev150105.MyContainer1.class;
            }
            private final SubContainer1 _subContainer1;
            private Map<java.lang.Class<? extends
            Augmentation<org.opendaylight.yang.gen.v1.urn.opendaylight.params.xml
            .ns.yang.myproject.rev150105.MyContainer1>>,
            Augmentation<org.opendaylight.yang.gen.v1.urn.opendaylight.params.xml
            .ns.yang.myproject.rev150105.MyContainer1>> augmentation =
            Collections.emptyMap();
            private MyContainer1Impl(MyContainer1Builder base) {
                this._subContainer1 = base.getSubContainer1();
                switch (base.augmentation.size()) {
                case 0:
                    this.augmentation = Collections.emptyMap();
                    break;
                case 1:
                    final Map.Entry<java.lang.Class<? extends Augmentation<org.opendaylight.yang.gen.v1.
urn.opendaylight.params.xml.ns.yang.myproject.rev150105.MyContainer1>>, Augmentation<org.opendaylight.
yang.gen.v1.urn.opendaylight.params.xml.ns.yang.myproject.rev150105.MyContainer1>> e =
base.augmentation.entrySet().iterator().next();
                    this.augmentation = Collections.<java.lang.Class<? extends Augmentation<org.
opendaylight.yang.gen.v1.urn.opendaylight.params.xml.ns.yang.myproject.rev150105.MyContainer1>>,
Augmentation<org.opendaylight.yang.gen.v1.urn.opendaylight.params.xml.ns.yang.myproject.rev150105.MyConta
iner1>>singletonMap(e.getKey(), e.getValue());
                    break;
                default :
                    this.augmentation = new HashMap<>(base.augmentation);
                }
            }
```

```
    @Override
    public SubContainer1 getSubContainer1() {
        return _subContainer1;
    }
    @SuppressWarnings("unchecked")
    @Override
    public <E extends Augmentation<org.opendaylight.yang.gen.v1.urn.
    opendaylight.params.xml.ns.yang.myproject.rev150105.MyContainer1>> E
    getAugmentation(java.lang.Class<E> augmentationType) {
        if (augmentationType == null) {
            throw new IllegalArgumentException("Augmentation Type reference
                    cannot be NULL!");
        }
        return (E) augmentation.get(augmentationType);
    }
    private int hash = 0;
    private volatile boolean hashValid = false;
    @Override
    public int hashCode() {
        if (hashValid) {
            return hash;
        }
        final int prime = 31;
        int result = 1;
        result = prime * result + Objects.hashCode(_subContainer1);
        result = prime * result + Objects.hashCode(augmentation);
        hash = result;
        hashValid = true;
        return result;
    }
    @Override
    public boolean equals(java.lang.Object obj) {
        if (this == obj) {
            return true;
        }
        if (!(obj instanceof DataObject)) {
            return false;
        }
        if (!org.opendaylight.yang.gen.v1.urn.opendaylight.params.xml.ns.yang.myproject.rev150105.
MyContainer1.class.equals(((DataObject)obj).getImplementedInterface())) {
            return false;
        }
        org.opendaylight.yang.gen.v1.urn.opendaylight.params.xml.ns.yang.
        myproject.rev150105.MyContainer1 other =
         (org.opendaylight.yang.gen.v1.urn.opendaylight.params.xml.ns.yang.
```

```
            myproject.rev150105.MyContainer1)obj;
            if (!Objects.equals(_subContainer1, other.getSubContainer1())) {
                return false;
            }
            if (getClass() == obj.getClass()) {
                // Simple case: we are comparing against self
                MyContainer1Impl otherImpl = (MyContainer1Impl) obj;
                if (!Objects.equals(augmentation, otherImpl.augmentation)) {
                    return false;
                }
            } else {
                // Hard case: compare our augments with presence there...
                for (Map.Entry<java.lang.Class<? extends Augmentation<org.opendaylight.yang.gen.v1.
urn.opendaylight.params.xml.ns.yang.myproject.rev150105.MyContainer1>>, Augmentation<org.opendaylight.
yang.gen.v1.urn.opendaylight.params.xml.ns.yang.myproject.rev150105.MyContainer1>> e :
augmentation.entrySet()) {
                    if (!e.getValue().equals(other.getAugmentation(e.getKey()))) {
                        return false;
                    }
                }
                // .. and give the other one the chance to do the same
                if (!obj.equals(this)) {
                    return false;
                }
            }
            return true;
        }
        @Override
        public java.lang.String toString() {
            java.lang.StringBuilder builder = new java.lang.StringBuilder \
              ("MyContainer1 [");
            boolean first = true;

            if (_subContainer1 != null) {
                if (first) {
                    first = false;
                } else {
                    builder.append(", ");
                }
                builder.append("_subContainer1=");
                builder.append(_subContainer1);
            }
            if (first) {
                first = false;
            } else {
```

```
                builder.append(", ");
            }
            builder.append("augmentation=");
            builder.append(augmentation.values());
            return builder.append(']').toString();
        }
    }
```

（3）MyprojectData.java

总体代码与无子元素的容器转换的 Java 文件基本相同，仅在接口类的总注释和成员方法的注释不同，为当前 YANG 文件中的定义。

（4）SubContainer1.java

总体代码与根目录下直接定义的容器所转换的 Java 文件基本相同。

（5）SubContainer1Builder.java

总体代码与根目录下直接定义的容器所转换的 Java 文件基本相同。

14.3.3　typedef 声明实例及其生成的 Java 文件

typedef 声明必须且只能包含一个 type 子声明（如表 12-3 所示），可作为模块的直接子声明和 container、list、grouping、rpc、rpc 的 input、rpc 的 output、notification 声明的子声明。

在模块 myproject 中定义 2 个 typedef 声明（注意：一个 typedef 声明实例只能包含一个 type 声明），代码如下（见图 14-23）：

```
typedef my-type1 {
type int32 {
range "1..4 | 10..20";
}
}
```

```
myproject.yang
    revision "2015-01-05" {
        description "Initial revision of myproject model";
    }

    identity base-id{
    }
    identity my-id1{
        base base-id;
    }

    typedef my-type1{
        type int32{
            range "1..4|10..20";
        }
    }

    container my-container1{
        description "This container has a container child.";
        container sub-container1{
        }
    }

}

```

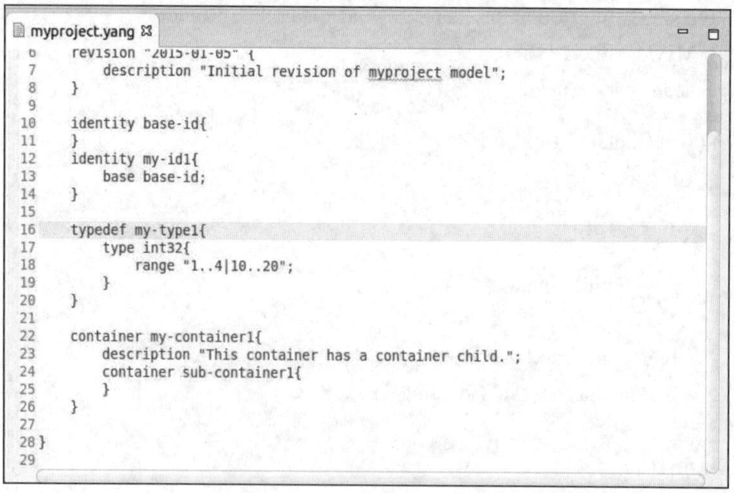

图 14-23　typedef 示例

编译之后刷新（具体方法见第 18 章），可见在数据包 org.opendaylight.yang.gen.v1.urn.opendaylight.params.xml.ns.yang.myproject.rev150105 中生成了 1 个映射的 Java 文件——MyType1.java，如图 14-24 所示。

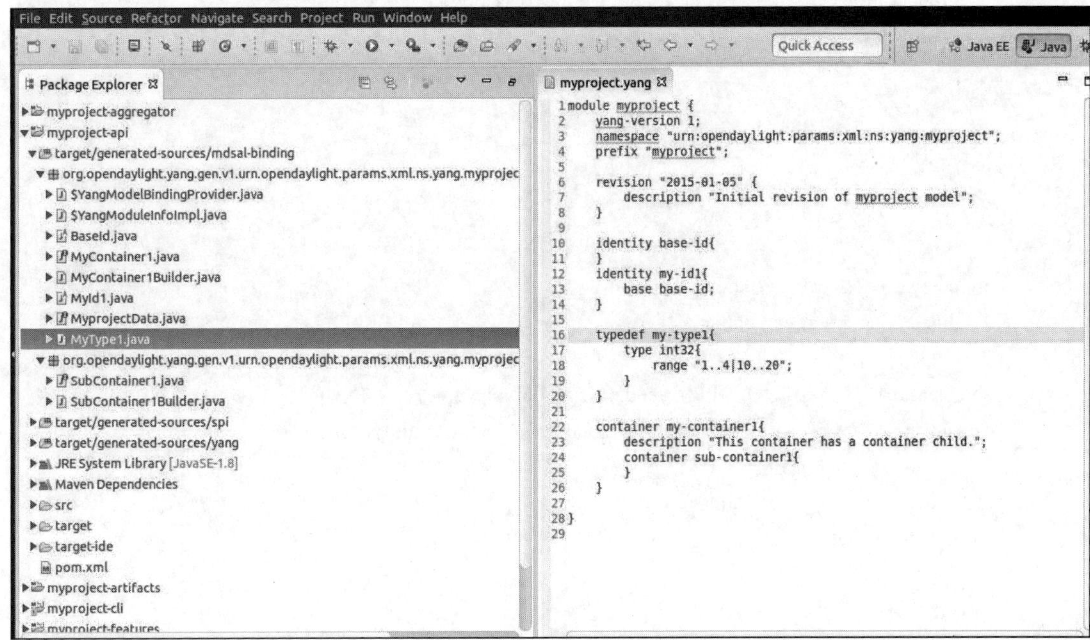

图 14-24　生成了 1 个映射的 Java 文件

MyType1.java 的代码如下：

```
package org.opendaylight.yang.gen.v1.urn.opendaylight.params.xml.ns.yang.myproject.rev150105;
import java.io.Serializable;
import java.beans.ConstructorProperties;
import com.google.common.base.Preconditions;
import java.util.Objects;
public class MyType1 implements Serializable {
    private static final long serialVersionUID = 8984115829232165025L;
    private final java.lang.Integer _value;
    private static void check_valueRange(final int value) {
        if (value >= 1 && value <= 4) {
            return;
        }
        if (value >= 10 && value <= 20) {
            return;
        }
        throw new IllegalArgumentException(String.format("Invalid range: %s, \
      expected: [[1..4], [10..20]].", value));
    }
    @ConstructorProperties("value")
    public MyType1(java.lang.Integer _value) {
```

```
        if (_value != null) {
            check_valueRange(_value);
            }
        Preconditions.checkNotNull(_value, "Supplied value may not be null");
        this._value = _value;
    }
    /**
     * Creates a copy from Source Object.
     *
     * @param source Source object
     */
    public MyType1(MyType1 source) {
        this._value = source._value;
    }
    public static MyType1 getDefaultInstance(String defaultValue) {
        return new MyType1(java.lang.Integer.valueOf(defaultValue));
    }
    public java.lang.Integer getValue() {
        return _value;
    }
    @Override
    public int hashCode() {
        final int prime = 31;
        int result = 1;
        result = prime * result + Objects.hashCode(_value);
        return result;
    }
    @Override
    public boolean equals(java.lang.Object obj) {
        if (this == obj) {
            return true;
        }
        if (obj == null) {
            return false;
        }
        if (getClass() != obj.getClass()) {
            return false;
        }
        MyType1 other = (MyType1) obj;
        if (!Objects.equals(_value, other._value)) {
            return false;
        }
        return true;
    }
    @Override
```

```
    public java.lang.String toString() {
        java.lang.StringBuilder builder = new
        java.lang.StringBuilder(org.opendaylight.yang.gen.v1.urn.opendaylight
        .params.xml.ns.yang.myproject.rev150105.MyType1.class.getSimpleName()
        ).append(" [");
        boolean first = true;
        if (_value != null) {
            if (first) {
                first = false;
            } else {
                builder.append(", ");
            }
            builder.append("_value=");
            builder.append(_value);
        }
        return builder.append(']').toString();
    }
}
```

14.3.4　leaf 声明实例及其生成的 Java 文件

一个叶子声明只能包含一个 type 子声明。一个 leaf 声明除可作为模块直接的子声明外，也可作为 container、list、grouping、rpc 的 input/output、notification、augment、choice 和 case 这些声明的子声明，映射出的内容有所不同。限于篇幅，本书在此节仅介绍 leaf 声明可作为模块直接的子声明（my-leaf1）和 container 声明的子声明（mycontainer1-leaf1）的情况，其他情况将在其他声明中提到。接着使用上面的例子开始 leaf 声明的示例，如图 14-25 所示。

```
leaf my-leaf1 {
  type my-type1;
}
container my-container1 {
  description "An example of container.";
      ...
  leaf mycontainer1-leaf1 {
          description "A leaf can only contains one type.";
  type int8;
}
...
}
```

编译之后刷新（具体方法见第 18 章），可见 leaf 不单独映射 Java 文件，它只对现存文件造成改动，如图 14-26 所示。

```
myproject.yang
module myproject {
    yang-version 1;
    namespace "urn:opendaylight:params:xml:ns:yang:myproject";
    prefix "myproject";

    revision "2015-01-05" {
        description "Initial revision of myproject model";
    }

    identity base-id{
    }
    identity my-id1{
        base base-id;
    }

    typedef my-type1{
        type int32{
            range "1..4|10..20";
        }
    }

    leaf my-leaf1{
        type my-type1;
    }

    container my-container1{
        description "This container has a container child.";
        container sub-container1{
        }
        leaf mycontainer1-leaf1{
            description "A leaf can only contains one type.";
            type int8;
        }
    }
```

图 14-25　leaf 示例

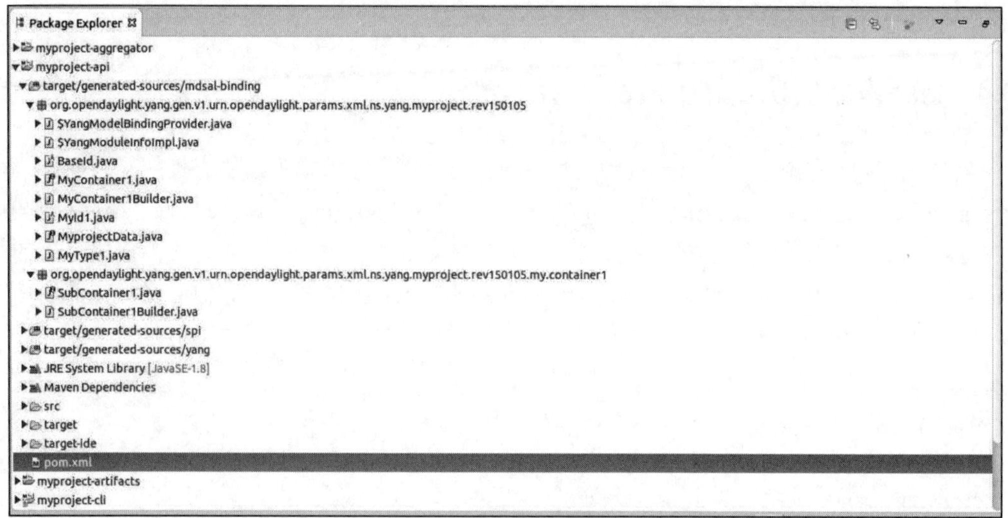

图 14-26　leaf 不单独映射 Java 文件

若 leaf 声明为模块直接的子声明，则在且仅在 MyprojectData.java 中增加其对应的 get 方法，并且注释中也显现其相关的定义。以下介绍此类声明（my-leaf1）的代码映射情况：

```
public interface MyprojectData extends DataRoot
{
  /**
      * @return
            <code>org.opendaylight.yang.gen.v1.urn.opendaylight.params.xml.ns.
            yang.myproject.rev150105.MyType1</code> <code>myLeaf1</code>,
            or <code>null</code> if not present
  */
```

```
    MyType1 getMyLeaf1();
    ...
}
```

若 leaf 声明作为 container 声明的子声明，则将在 container 声明映射的相关 Java 文件（MyContainer1.java 和 MyContainer1Builder.java）中增加相应的成员及方法，并且注释中也显现其相关的定义。leaf 声明作为 list、grouping、rpc 的 input/output、notification、augment、choice、case 这些声明的子声明的映射与上面的例子类似，也是在这些声明所映射的相关 Java 文件中增加相应的成员及方法，并且注释中也显现其相关的定义。

下面介绍此类声明（my-container1-leaf1）的代码映射情况。

1. MyContainer1.java

在类中添加叶子 my-container1-leaf1 对应的 get 方法（getMycontainer1Leaf1()）如下：

```
public interface MyContainer1 extends ChildOf<MyprojectData>,
Augmentable<org.opendaylight.yang.gen.v1.urn.opendaylight.params.xml.ns.yang.myproject.rev150105.My
Container1>
{
    ...
    /**
     * A leaf can only contains one type.
     * @return <code>java.lang.Byte</code> <code>mycontainer1Leaf1</code>,
or <code>null</code> if not present
     */
    java.lang.Byte getMycontainer1Leaf1();
    ...
}
```

2. MyContainer1Builder.java

以下仅列出新增或修改的成员变量和方法（注意“...”代表其他未写出的原有函数，这些函数保持不变）：

```
public class MyContainer1Builder implements Builder
<org.opendaylight.yang.gen.v1.urn.opendaylight.params.xml.ns.yang.myproject.rev150105.MyContainer1> {
    private java.lang.Byte _mycontainer1Leaf1;                    //新增变量
    ...
    public MyContainer1Builder(MyContainer1 base) {               //修改函数
        this._mycontainer1Leaf1 = base.getMycontainer1Leaf1();
        ...
    }
    public java.lang.Byte getMycontainer1Leaf1() {                //新增函数
        return _mycontainer1Leaf1;
    }
    public MyContainer1Builder setMycontainer1Leaf1(final java.lang.Byte value)
    {                                                                          //新增函数
        this._mycontainer1Leaf1 = value;
```

```
    return this;
  }
  ...
  private static final class MyContainer1Impl implements MyContainer1 {       //修改函数
     ...
    private final java.lang.Byte _mycontainer1Leaf1;
    private MyContainer1Impl(MyContainer1Builder base) {
      this._mycontainer1Leaf1 = base.getMycontainer1Leaf1();
       ...
    }
    @Override
    public java.lang.Byte getMycontainer1Leaf1() {
      return _mycontainer1Leaf1;
    }
    @Override
    public int hashCode() {
        ...
        int result = 1;
        result = prime * result + Objects.hashCode(_mycontainer1Leaf1);
        result = prime * result + Objects.hashCode(_subContainer1);
        ...
    }
    @Override
    public boolean equals(java.lang.Object obj) {
        ...
        org.opendaylight.yang.gen.v1.urn.opendaylight.params.xml.ns.yang.
                myproject.rev150105.MyContainer1 other =
         (org.opendaylight.yang.gen.v1.urn.opendaylight.params.xml.ns.yang.
                myproject.rev150105.MyContainer1)obj;
      if (!Objects.equals(_mycontainer1Leaf1, other.getMycontainer1Leaf1())) {
        return false;
      }
      if (!Objects.equals(_subContainer1, other.getSubContainer1())) {
        return false;
      }
        ...
         }
    @Override
    public java.lang.String toString() {
      ...
        boolean first = true;
        if (_mycontainer1Leaf1 != null) {
        if (first) {
          first = false;
        }else {
            builder.append(", ");
```

```
            }
            builder.append("_mycontainer1Leaf1=");
            builder.append(_mycontainer1Leaf1);
            }
            if (_subContainer1 != null) {
             ...
            }
            ...
        }
    }
}
```

14.3.5　leaf-list 声明实例及其生成的 Java 文件

一个 leaf-list 声明只能包含一个 type 子声明。一个 leaf-list 声明除可作为模块直接的子声明外，也可作为 container、list、grouping、rpc 的 input/output、notification、augment、choice 和 case 这些声明的子声明，映射出的内容有所不同。限于篇幅，本书在此节仅专门介绍 leaf-list 声明可作为模块直接的子声明（my-lflst）和 container 声明的子声明（my-container1-lflst）的情况，其他情况将在其他声明中提到。接着使用上面的例子开始 leaf-list 声明的示例，如图 14-27 所示。leaf-list 的示例代码如下：

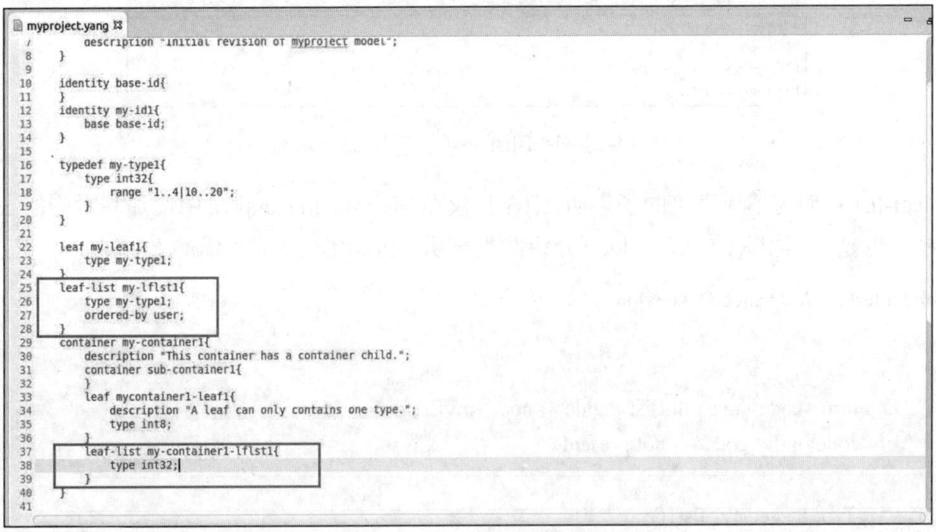

```
myproject.yang
        description "initial revision of myproject model";
    }

    identity base-id{
    }
    identity my-id1{
        base base-id;
    }

    typedef my-type1{
        type int32{
            range "1..4|10..20";
        }
    }

    leaf my-leaf1{
        type my-type1;
    }
    leaf-list my-lflst1{
        type my-type1;
        ordered-by user;
    }
    container my-container1{
        description "This container has a container child.";
        container sub-container1{
        }
        leaf mycontainer1-leaf1{
            description "A leaf can only contains one type.";
            type int8;
        }
        leaf-list my-container1-lflst1{
            type int32;
        }
    }
```

图 14-27　leaf-list 声明示例

```
leaf-list my-lflst1{
  type my-type1;
  ordered-by user;
}
container my-container1{
  description "An example of container.";
  ...
```

```
    leaf-list my-container1-lflst 1{
        type int32;
    }
    ...
}
```

编译之后刷新（具体方法见第 18 章），可见 leaf-list 不单独映射 Java 文件，它只对现存文件造成改动，如图 14-28 所示。

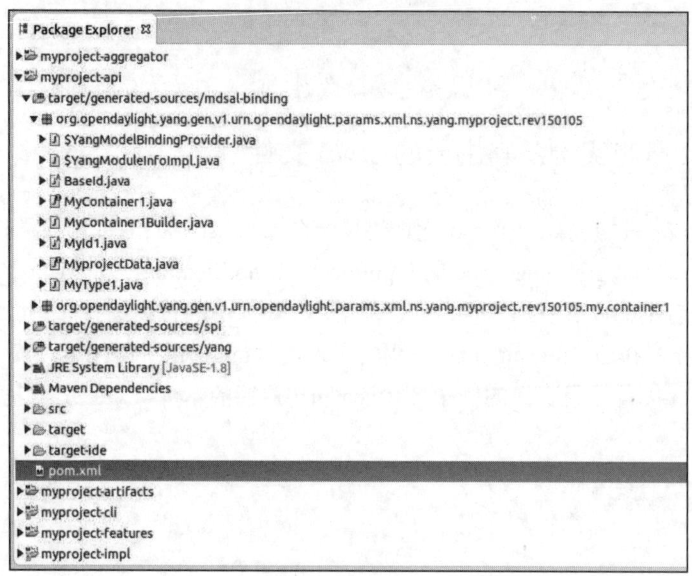

图 14-28 leaf-list 不单独映射 Java 文件

若 leaf-list 声明为模块直接的子声明，则在且仅在 MyprojectData.java 中增加其对应的 get 方法，并且注释中也显现其相关的定义。以下介绍此类声明（my-lflst 1）的代码映射情况：

```
public interface MyprojectData extends DataRoot
{
    /*
     * @return <code>java.util.List</code> <code>myLflst1</code>,
     * or <code>null</code> if not present
    */
    List<MyType1> getMyLflst1();
    ...
}
```

若 leaf-list 声明作为在 container 声明的子声明，则将在 container 声明映射的相关 Java 文件（MyContainer1.java 和 MyContainer1Builder.java）中增加相应的成员及方法，并且注释中也显现其相关的定义。leaf-list 声明作为 list、grouping、rpc 的 input/output、notification、augment、choice、case 这些声明的子声明的映射与之类似，也是在这些声明所映射的相关 Java 文件中增加相应的成员及方法，并且注释中也显现其相关的定义。

以下介绍此类声明（my-container1-lflst1）的代码映射情况。

1. MyContainer1.java

新增引用文件，代码如下：

```
import java.util.List;
//在类中添加叶子 my-container1- lflst1 对应的 get 方法（getMycontainer1Leaf1()）
public interface MyContainer1 extends ChildOf<MyprojectData>,
Augmentable<org.opendaylight.yang.gen.v1.urn.opendaylight.params.xml.ns.yang.myproject.rev150105.My
Container1>
{
    ...
    /*
    * @return <code>java.util.List</code> <code>myContainer1Lflst1</code>,
    * or <code>null</code> if not present
    */
    List<java.lang.Integer> getMyContainer1Lflst1();
}
```

2. MyContainer1Builder.java

以下仅列出新增或修改的成员变量和方法（注意“...”代表其他未写出的原有函数，这些函数保持不变）：

```
public class MyContainer1Builder implements Builder
<org.opendaylight.yang.gen.v1.urn.opendaylight.params.xml.ns.yang.myproject.rev150105.MyContainer1> {
    private List<java.lang.Integer> _myContainer1Lflst1;                //新增变量
    ...
    public MyContainer1Builder(MyContainer1 base) {                     //修改函数
        this._myContainer1Lflst1 = base.getMyContainer1Lflst1();
        ...
    }
    public List<java.lang.Integer> getMyContainer1Lflst1() {            //新增函数
        return _myContainer1Lflst1;
    }
    ...
    //修改函数
    private static final class MyContainer1Impl implements MyContainer1 {
        private final List<java.lang.Integer> _myContainer1Lflst1;      //新增变量
        ...
        private MyContainer1Impl(MyContainer1Builder base) {
            this._myContainer1Lflst1 = base.getMyContainer1Lflst1();
            ...
        }
        @Override
        public List<java.lang.Integer> getMyContainer1Lflst1() {
                return _myContainer1Lflst1;
        }
```

```
    @Override
    public int hashCode() {
    ...
  int result = 1;
      result = prime * result + Objects.hashCode(_myContainer1Lflst1);
  result = prime * result + Objects.hashCode(_mycontainer1Leaf1);
    ...
    }
    @Override
    public boolean equals(java.lang.Object obj) {
      ...
      org.opendaylight.yang.gen.v1.urn.opendaylight.params.xml.ns.yang.
myproject.rev150105.MyContainer1 other =
       (org.opendaylight.yang.gen.v1.urn.opendaylight.params.xml.ns.yang.
myproject.rev150105.MyContainer1)obj;
      if (!Objects.equals(_myContainer1Lflst1, other.getMyContainer1Lflst1()))
    {
      return false;
    }
    if (!Objects.equals(_mycontainer1Leaf1, other.getMycontainer1Leaf1())) {
      return false;
    }
    ...
    }
  @Override
  public java.lang.String toString() {
  ...
       boolean first = true;
    if (_myContainer1Lflst1 != null) {
      if (first) {
    first = false;
  } else {
    builder.append(", ");
  }
  builder.append("_myContainer1Lflst1=");
  builder.append(_myContainer1Lflst1);
  }
  if (_mycontainer1Leaf1 != null) {
      ...
  }
...
      }
    }
  }
}
```

14.3.6　list 声明实例及其生成的 Java 文件

一个 list 声明只能包含一个 type 子声明。一个 list 声明除可作为模块直接的子声明外，也可作为 container、list、grouping、rpc 的 input/output、notification、augment、choice、case 这些声明的子声明，映射出的内容有所不同。限于篇幅，本书在此节仅专门介绍 list 声明可作为模块直接的子声明（my-list1、my-list2、my-list3、my-list4）和在 container 声明中的子声明 list 声明（my-container1-list1）的情况，其他情况将在其他声明中提到。接着使用上面的例子开始 list 声明的示例，如图 14-29 所示。注意，当 list 声明包含 list 子声明、container 子声明、choice 子声明时，会生成附加包以指定此容器。

myproject.yang

```
module myproject {
    yang-version 1;
    namespace "urn:opendaylight:params:xml:ns:yang:myproject";
    prefix "myproject";

    revision "2015-01-05" {
        description "Initial revision of myproject model";
    }

    identity base-id{
    }
    identity my-id1{
        base base-id;
    }

    typedef my-type1{
        type int32{
            range "1..4|10..20";
        }
    }
    leaf my-leaf1{
        type my-type1;
    }
    leaf-list my-lflst1{
        type my-type1;
        ordered-by user;
    }
    list my-list1{
    }
    list my-list2{
        ordered-by user;
        key "leaf1-of-list2";
        leaf leaf1-of-list2{
            type int32;
        }
        leaf leaf2-of-list2{
            type int8;
        }
    }
    list my-list3{
        leaf-list my-list3-lflst1{
            type int32;
        }
    }
    list my-list4{
        list my-list4-list1{
            leaf leaf1-list4-list1{
                type int32;
            }
        }
    }
    container my-container1{
        description "This container has a container child.";
        container sub-container1{
        }
        leaf mycontainer1-leaf1{
            description "A leaf can only contains one type.";
            type int8;
        }
        leaf-list my-container1-lflst1{
            type int32;
        }
        list my-container1-list1{
            ordered-by user;
            key "leaf1-of-cntlst1";
            leaf leaf1-of-cntlst1{
                type int32;
            }
            list list1-of-cntlst1{
                leaf leaf-innest1{
                    type my-type1;
                }
            }
        }
    }

```

图 14-29　列表声明示例

list 的示例代码如下：

```
list my-list1 {                                    //不包含任何子元素
}
list my-list2 {                                    //包含叶子子元素
  ordered-by user;
  key "leaf1-of-list2";
  leaf leaf1-of-list2 {
    type int32;
  }
  leaf leaf2-of-list 2{
    type int8;
  }
}
  list my-list3 {                                  //包含 leaf-list 子元素
    leaf-list my-list3-lflst1{
      type int32;
    }
  }
  list my-list4 {                                  //包含列表子元素
    list my-list4-list1{
        leaf leaf- list4-list1{
        type int32;
      }
    }
  }
  container my-container1 {
      description "An example of container.";
    ...
      list my-container1-list1 {                   //作为容器声明的子声明
        key "leaf1-of-cntlst1";
          ordered-by user;
        leaf leaf1-of-cntlst1 {
        type uint32;
      }
      leaf leaf2-of- cntlst1 {
          type my-type1;
        }
    }
  ...
}
```

编译之后刷新（具体方法见第 18 章），可见列表所映射的包和 Java 文件，如图 14-30 所示。主要产生的变化有：

（1）若列表声明是直接定义在模块下，则经映射后在数据包 org.opendaylight.yang.gen.v1.urn.

opendaylight.params.xml.ns.yang.myproject.rev150105 中生成 2 个直接映射的 Java 文件（如 my-list1 声明映射后生成 MyList1.java 和 MyList1Builder.java 文件），并对包中的 MyprojectData.java 文件进行修改，添加其对应的 get 方法：

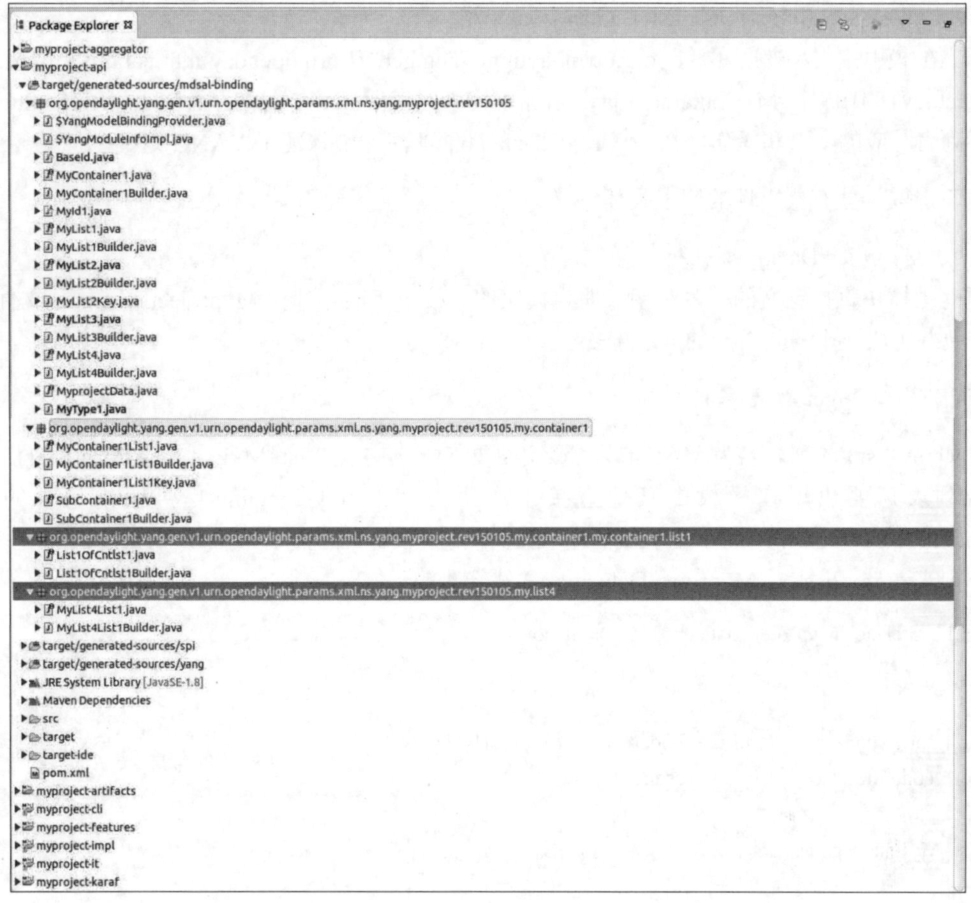

图 14-30　列表映射的包和 Java 文件

① 若列表声明中带有子声明 key 声明，则还将在包中产生对应的 Java 文件（如 my-list2 声明映射后，除生成之前介绍的变动外，还生成 MyList2Key.java 文件）。

② 若列表声明中带有 list 声明、container 声明或 choice 声明这 3 种子声明中的一种，则将生成新的包（符合命名规则，读者可参考第 12 章的 12.4 节中的 YANG 语言对于 Choice 映射于 Java 语言）org.opendaylight.yang.gen.v1.urn.opendaylight.params.xml.ns.yang.myproject.rev150105.my.list4，并在此包内生成 2 个直接映射的 Java 文件（如 MyList4.java 和 MyList4Builder.java 文件），内容与①中生成的类似。

（2）若列表声明是其他声明（如容器声明）的子声明，经映射后有以下变化：

① 在其父声明 container1 所映射的数据包 org.opendaylight.yang.gen.v1.urn.opendaylight.params.xml.ns.yang.myproject.rev150105.my.container1 中生成了 2 个直接映射的 Java 文件（MyContainer1List1.java 和 MyContainer1List1Builder.java 文件），由于列表声明中带有子声明 key 声明，因此还将在包中产生对应的 Java 文件（MyContainer1List1Key.java 文件）。

② 若列表包含其他映射后能生成额外的 Java 文件的子声明（如列表声明 list1-of-cntlst1），则映射后根据命名规则还将创建一个新的包 org.opendaylight.yang.gen.v1.urn.opendaylight.params.xml.ns.yang.myproject.rev150105.my.container1.my.container1.list1，并且在此包中映射 2 个 Java 文件（List1OfCntlst1.java 和 List1OfCntlst1Builder.java 文件）。

③ 在模块直接映射的包 org.opendaylight.yang.gen.v1.urn.opendaylight.params.xml.ns.yang.myproject.rev150105 中，MyContainer1.java 增加了列表对应的 get 方法，在 MyContainer1Builder.java 添加了列表对应的变量和操作，在 MyprojectData.java 的注释中体现了 YANG 定义。

以下选取一些有代表性的例子具体解释。

（1）MyprojectData.java 分析

所有由模块直接定义的列表声明（即为模块的直接子声明）都在 MyprojectData.java 文件中导入一个包并生成一个与其对应的 get 方法：

List<*列表名*> get *列表名*()

例如 my-list3 的列表名为 MyList3，那么添加的对应方法为 List<MyList3> getMyList3()。

若列表声明出现在模块中其他直接子声明内（如 my-container1 声明内包含的声明 my-container1-list1），将不添加任何方法和变量（仅在注释中显示其 YANG 文件定义）。

下面来看 my-list1 对 MyprojectData.java 文件修改的示例。

```
public interface MyprojectData extends DataRoot
{
/**
* @return <code>java.util.List</code> <code>myList1</code>,
* or <code>null</code> if not present
*/
List<MyList1> getMyList1();
}
```

（2）列表映射的列表命名文件

列表映射的列表命名文件即“*列表命名*.java”文件，如列表 my-list4 映射的列表命名文件为 MyList4.java，列表 list1-of-cntlst1 映射的列表命名文件为 List1OfCntlst1.java。无论列表声明是模块的直接子声明还是其他声明的子声明，映射内容无影响，以下规则均适用。

① 以下是列表 my-list1 对应的 MyList1.java 文件：

```
package org.opendaylight.yang.gen.v1.urn.opendaylight.params.xml.ns.yang.myproject.rev150105;
import org.opendaylight.yangtools.yang.binding.ChildOf;
import org.opendaylight.yangtools.yang.common.QName;
import org.opendaylight.yangtools.yang.binding.Augmentable;
/**
 * <p>This class represents the following YANG schema fragment defined in module <b>myproject</b>
 * <pre>
 * list my-list1 {
 *        key }
```

```
    * </pre>
    * The schema path to identify an instance is
    * <i>myproject/my-list1</i>
    *
    * <p>To create instances of this class use {@link
org.opendaylight.yang.gen.v1.urn.opendaylight.params.xml.ns.yang.myproject.rev150105.MyList1Builder}.
    * @see
org.opendaylight.yang.gen.v1.urn.opendaylight.params.xml.ns.yang.myproject.rev150105.MyList1Builder
    *
   */
   public interface MyList1 extends ChildOf<MyprojectData>,
Augmentable<org.opendaylight.yang.gen.v1.urn.opendaylight.params.xml.ns.yang.myproject.rev150105.MyList1>
   {
       public static final QName QNAME =
       org.opendaylight.yangtools.yang.common.QName.create("urn:opendaylight:par
                   ams:xml:ns:yang:myproject", "2015-01-05", "my-list1").intern();
   }
```

② 若子元素为叶子声明，则增加其对应的 get 方法。

例如 my-list2 中有两个子声明，即叶子 leaf1-of-list2 和 leaf2-of-list2，添加以下对应的 get 方法：

```
       /**
        * @return <code>java.lang.Integer</code> <code>leaf1OfList2</code>,
              or <code>null</code> if not present
        */
       java.lang.Integer getLeaf1OfList2();
       /**
        * @return <code>java.lang.Byte</code> <code>leaf2OfList2</code>,
              or <code>null</code> if not present
        */
       java.lang.Byte getLeaf2OfList2();
```

③ 若子元素为 leaf-list 声明，则增加其对应的 get 方法：

```
       /**
        * @return <code>java.util.List</code> <code>myList3Lflst1</code>,
        or <code>null</code> if not present
        */
       List<java.lang.Integer> getMyList3Lflst1();
```

④ 若子元素为 list 声明，则增加其对应的 get 方法。

例如 my-list4，在其生成的 MyList4.java 文件中添加以下方法：

```
       /**
        * @return <code>java.util.List</code> <code>myList4List1</code>,
   or <code>null</code> if not present
        */
       List<MyList4List1> getMyList4List1();
```

⑤ 列表子声明 key 映射添加相应的 get 方法。

例如 my-list2 中有 key 声明（leaf1-of-list2），将额外映射以下方法：

```
/**
 * Returns Primary Key of Yang List Type
 * @return
   <code>org.opendaylight.yang.gen.v1.urn.opendaylight.params.xml.ns.yang
   .myproject.rev150105.MyList2Key</code> <code>key</code>,
   or <code>null</code> if not present
 */
MyList2Key getKey();
```

（3）列表映射的列表命名构建文件

列表映射的列表命名构建文件即“*列表命名* Builder.java”文件，如列表 my-list4 映射的列表命名文件为 MyList4Builder.java，列表 list1-of-cntlst1 映射的列表命名文件为 List1OfCntlst1 Builder.java。以下简要介绍此文件包含的成员方法。

① 列表的叶子声明和不包含任何声明的导入文件如后面例子中代码所示（与列表是否为模块直接的子声明无关），其他情况如下：

- 若列表子声明为 leaf-list，则还需要导入 java.util.List 包。
- 若列表子声明为 list，则还需要导入其子列表生成的包（如 MyList4Builder 需要引用 org.opendaylight.yang.gen.v1.urn.opendaylight.params.xml.ns.yang.myproject.rev150105.my.list4.MyList4List1）和 java.util.List 包。
- 另外，列表声明若使用了 typedef 这类的声明，则还需要导入相应的文件。

② Map 方法：根据命名规则对相应列表进行替换，注意参数中的包是列表所在的包。

③ 构造函数：*列表命名* Builder 方法（如 MyList1Builder 和 MyContainer1List1Builder 等），根据列表所包含的子声明不同而有相应的语句。

④ 列表子声明的相应 get 方法：若列表包含子声明，则创建相应的 get 方法。若为如 key 声明，则创建返回类型为*列表命名* Key 的 getKey()方法（如 MyContainer1List1Key getKey()）；若为 leaf 声明，则返回类型为 List<*列表叶子节点命名*> get *列表叶子节点命名*()方法（如 List<List1OfCntlst1> getList1OfCntlst1()），其他类似，读者可自行推断。

⑤ getAugmentation 方法：根据命名规则对相应列表进行替换，注意参数中的包是列表所在的包。

⑥ 列表子声明的相应 set 方法：若列表包含子声明，则创建相应的 get 方法，如 my-list2 中的 MyList2Builder setKey(final MyList2Key value)、setLeaf1OfList2(final java.lang.Integer value)、MyList2Builder setLeaf2OfList2(final java.lang.Byte value)方法。其他类似，读者可自行推断。

⑦ addAugmentation 和 removeAugmentation 方法：根据列表所包含的子声明、所在的包，其对应的参数有所不同。

⑧ build 方法：构建此列表声明，返回值类型为*列表命名*，返回值为 new *列表命名* Impl(this)。例如 my-list1 对应的方法为 MyList1 build()，返回值为 new MyList1Impl(this)。

⑨ *列表命名* Impl(this)方法：共有的方法包括 getImplementedInterface 方法、Map 方法、构造函数、getAugmentation 方法、hashCode 方法、equals 方法、toString 方法，这些方法需要根据对应

的列表替换命名、对应的子元素等。另外，根据列表子声明对应的成员变量、子声明添加所对应的 get 方法。

由于篇幅有限，本书仅列出 MyList1Builder.java 示例，代码如下：

```
package org.opendaylight.yang.gen.v1.urn.opendaylight.params.xml.ns.yang.myproject.rev150105;
import org.opendaylight.yangtools.yang.binding.Augmentation;
import org.opendaylight.yangtools.yang.binding.AugmentationHolder;
import org.opendaylight.yangtools.yang.binding.DataObject;
import java.util.HashMap;
import org.opendaylight.yangtools.concepts.Builder;
import java.util.Objects;
import java.util.Collections;
import java.util.Map;
/**
 * Class that builds {@link org.opendaylight.yang.gen.v1.urn.opendaylight.params.xml.ns.yang.myproject.
rev150105.MyList1} instances.
 *
 * @see org.opendaylight.yang.gen.v1.urn.opendaylight.params.xml.ns.yang.myproject.rev150105.MyList1
 *
 */
public class MyList1Builder implements Builder <org.opendaylight.yang.gen.v1.urn.opendaylight.params.
xml.ns.yang.myproject.rev150105.MyList1> {
    Map<java.lang.Class<? extends
    Augmentation<org.opendaylight.yang.gen.v1.urn.opendaylight.params.xml.ns.
    yang.myproject.rev150105.MyList1>>,
    Augmentation<org.opendaylight.yang.gen.v1.urn.opendaylight.params.xml.ns.
    yang.myproject.rev150105.MyList1>> augmentation = Collections.emptyMap();
    public MyList1Builder() {
    }
    public MyList1Builder(MyList1 base) {
        if (base instanceof MyList1Impl) {
            MyList1Impl impl = (MyList1Impl) base;
            if (!impl.augmentation.isEmpty()) {
                this.augmentation = new HashMap<>(impl.augmentation);
            }
        } else if (base instanceof AugmentationHolder) {
            @SuppressWarnings("unchecked")
            AugmentationHolder<org.opendaylight.yang.gen.v1.urn.opendaylight.params
            .xml.ns.yang.myproject.rev150105.MyList1> casted =
             (AugmentationHolder<org.opendaylight.yang.gen.v1.urn.opendaylight.param
            s.xml.ns.yang.myproject.rev150105.MyList1>) base;
            if (!casted.augmentations().isEmpty()) {
                this.augmentation = new HashMap<>(casted.augmentations());
            }
        }
```

```
    }
    @SuppressWarnings("unchecked")
    public <E extends
    Augmentation<org.opendaylight.yang.gen.v1.urn.opendaylight.params.xml.ns.
    yang.myproject.rev150105.MyList1>> E
    getAugmentation(java.lang.Class<E> augmentationType) {
        if (augmentationType == null) {
            throw new
                IllegalArgumentException("Augmentation Type reference cannot be NULL!");
        }
        return (E) augmentation.get(augmentationType);
    }

    public MyList1Builder addAugmentation(java.lang.Class<? extends
    Augmentation<org.opendaylight.yang.gen.v1.urn.opendaylight.params.xml.ns.
    yang.myproject.rev150105.MyList1>> augmentationType,
    Augmentation<org.opendaylight.yang.gen.v1.urn.opendaylight.params.xml.ns.
    yang.myproject.rev150105.MyList1> augmentation) {
        if (augmentation == null) {
            return removeAugmentation(augmentationType);
        }
        if (!(this.augmentation instanceof HashMap)) {
            this.augmentation = new HashMap<>();
        }
        this.augmentation.put(augmentationType, augmentation);
        return this;
    }

public MyList1Builder removeAugmentation(java.lang.Class<? extends
Augmentation<org.opendaylight.yang.gen.v1.urn.opendaylight.params.xml.ns.
yang.myproject.rev150105.MyList1>> augmentationType) {
        if (this.augmentation instanceof HashMap) {
        this.augmentation.remove(augmentationType);
    }
    return this;
}

public MyList1 build() {
        return new MyList1Impl(this);
}

private static final class MyList1Impl implements MyList1 {

        public java.lang.Class<org.opendaylight.yang.gen.v1.urn.opendaylight.\
        params.xml.ns.yang.myproject.rev150105.MyList1> getImplementedInterface()
```

```
    {
        return
        org.opendaylight.yang.gen.v1.urn.opendaylight.params.xml.ns.yang.\
myproject.rev150105.MyList1.class;
    }

    private Map<java.lang.Class<? extends
    Augmentation<org.opendaylight.yang.gen.v1.urn.opendaylight.params.xml.ns.
    yang.myproject.rev150105.MyList1>>,
    Augmentation<org.opendaylight.yang.gen.v1.urn.opendaylight.params.xml.ns.
    yang.myproject.rev150105.MyList1>> augmentation = Collections.emptyMap();

    private MyList1Impl(MyList1Builder base) {
    switch (base.augmentation.size()) {
        case 0:
    this.augmentation = Collections.emptyMap();
    break;
  case 1:
    final Map.Entry<java.lang.Class<? extends
        Augmentation<org.opendaylight.yang.gen.v1.urn.opendaylight.params.xml
        .ns.yang.myproject.rev150105.MyList1>>,
        Augmentation<org.opendaylight.yang.gen.v1.urn.opendaylight.params.xml
        .ns.yang.myproject.rev150105.MyList1>> e =
        base.augmentation.entrySet().iterator().next();
        this.augmentation = Collections.<java.lang.Class<? extends
        Augmentation<org.opendaylight.yang.gen.v1.urn.opendaylight.params.xml
        .ns.yang.myproject.rev150105.MyList1>>,
        Augmentation<org.opendaylight.yang.gen.v1.urn.opendaylight.params.xml
        .ns.yang.myproject.rev150105.MyList1>>singletonMap(e.getKey(),
        e.getValue());
    break;
  default :
        this.augmentation = new HashMap<>(base.augmentation);
    }
  }

  @SuppressWarnings("unchecked")
  @Override
  public <E extends
  Augmentation<org.opendaylight.yang.gen.v1.urn.opendaylight.params.xml.ns.
  yang.myproject.rev150105.MyList1>> E
  getAugmentation(java.lang.Class<E> augmentationType) {
    if (augmentationType == null) {
        throw new
          IllegalArgumentException("Augmentation Type reference cannot be NULL!");
```

```
    }
    return (E) augmentation.get(augmentationType);
}
private int hash = 0;
private volatile boolean hashValid = false;
@Override
public int hashCode() {
    if (hashValid) {
        return hash;
    }
    final int prime = 31;
    int result = 1;
    result = prime * result + Objects.hashCode(augmentation);
    hash = result;
    hashValid = true;
    return result;
}
@Override
public boolean equals(java.lang.Object obj) {
    if (this == obj) {
        return true;
    }
    if (!(obj instanceof DataObject)) {
        return false;
    }
    if (!org.opendaylight.yang.gen.v1.urn.opendaylight.params.xml.ns.\
    yang.myproject.rev150105.MyList1.class.equals(((DataObject)obj).\
    getImplementedInterface())) {
        return false;
    }
    org.opendaylight.yang.gen.v1.urn.opendaylight.params.xml.ns.yang.\
    myproject.rev150105.MyList1 other =
     (org.opendaylight.yang.gen.v1.urn.opendaylight.params.xml.ns.yang.\
    myproject.rev150105.MyList1)obj;
    if (getClass() == obj.getClass()) {
        // Simple case: we are comparing against self
        MyList1Impl otherImpl = (MyList1Impl) obj;
    if (!Objects.equals(augmentation, otherImpl.augmentation)) {
            return false;
    }
    } else {
            // Hard case: compare our augments with presence there...
        for (Map.Entry<java.lang.Class<? extends
    Augmentation<org.opendaylight.yang.gen.v1.urn.opendaylight.params.xml.\
    ns.yang.myproject.rev150105.MyList1>>,
```

```
        Augmentation<org.opendaylight.yang.gen.v1.urn.opendaylight.params.xml.\
        ns.yang.myproject.rev150105.MyList1>> e : augmentation.entrySet()) {
            if (!e.getValue().equals(other.getAugmentation(e.getKey()))) {
                return false;
            }
        }
        // .. and give the other one the chance to do the same
        if (!obj.equals(this)) {
            return false;
        }
    }
    return true;
}
@Override
public java.lang.String toString() {
    java.lang.StringBuilder builder = new java.lang.StringBuilder ("MyList1 [");
    boolean first = true;
    if (first) {
        first = false;
    } else {
        builder.append(", ");
    }
    builder.append("augmentation=");
    builder.append(augmentation.values());
    return builder.append(']').toString();
    }
  }
}
```

（4）列表声明的子声明 key 映射的 Java 文件

若列表声明中带有子声明 key 声明，则还将在包中产生对应的 Java 文件（如 my-list2 声明映射后，除生成之前介绍的变动外，还生成 MyList2Key.java 文件）。key 声明映射的 Java 文件与其父列表声明所在的位置无关。以下我们来看一下 MyList2Key.java 的代码，其他 key 声明的映射只有相应的列表名、包名、key 名等名字不同，其他基本类似：

```
package org.opendaylight.yang.gen.v1.urn.opendaylight.params.xml.ns.yang.myproject.rev150105;
import org.opendaylight.yangtools.yang.binding.Identifier;
import java.util.Objects;
public class MyList2Key implements Identifier<MyList2> {
    private static final long serialVersionUID = -2916171126332174640L;
    private final java.lang.Integer _leaf1OfList2;
    public MyList2Key(java.lang.Integer _leaf1OfList2) {
        this._leaf1OfList2 = _leaf1OfList2;
    }
    /**
```

```
     * Creates a copy from Source Object.
     * @param source Source object
     */
    public MyList2Key(MyList2Key source) {
        this._leaf1OfList2 = source._leaf1OfList2;
    }
    public java.lang.Integer getLeaf1OfList2() {
        return _leaf1OfList2;
    }
    @Override
    public int hashCode() {
        final int prime = 31;
        int result = 1;
        result = prime * result + Objects.hashCode(_leaf1OfList2);
        return result;
    }
    @Override
    public boolean equals(java.lang.Object obj) {
        if (this == obj) {
            return true;
        }
        if (obj == null) {
            return false;
        }
        if (getClass() != obj.getClass()) {
            return false;
        }
        MyList2Key other = (MyList2Key) obj;
        if (!Objects.equals(_leaf1OfList2, other._leaf1OfList2)) {
            return false;
        }
        return true;
    }
    @Override
    public java.lang.String toString() {
        java.lang.StringBuilder builder = new
        java.lang.StringBuilder(org.opendaylight.yang.gen.v1.urn.\
        opendaylight.params.xml.ns.yang.myproject.rev150105.MyList2Key.\
        class.getSimpleName()).append(" [");
        boolean first = true;
        if (_leaf1OfList2 != null) {
            if (first) {
                first = false;
            } else {
                builder.append(", ");
```

```
            }
            builder.append("_leaf1OfList2=");
            builder.append(_leaf1OfList2);
        }
        return builder.append(']').toString();
    }
}
```

（5）列表为其他声明的子声明时，对其父声明映射文件产生的影响

例如 my-container1 容器包含子声明 my-container1-list1 列表声明，my-container1-list1 列表对 my-container1 容器映射的 MyContainer1.java 文件和 MyContainer1Builder.java 文件均产生影响。

对 MyContainer1.java 的修改：

```
//引用 my-container1-list1 生成的文件
import
org.opendaylight.yang.gen.v1.urn.opendaylight.params.xml.ns.yang.myproject.rev150105.my.container1.MyContainer1List1;
//添加其对应的 get 方法
    /**
     * @return <code>java.util.List</code> <code>myContainer1List1</code>,
     or <code>null</code> if not present
     */
    List<MyContainer1List1> getMyContainer1List1();
```

对 MyContainer1Builder.java 的修改：

```
//引用 my-container1-list1 生成的文件和 Java 系统的列表包
import org.opendaylight.yang.gen.v1.urn.opendaylight.params.xml.ns.yang.myproject.rev150105.
my.container1.MyContainer1List1;
import java.util.List;
//新增的成员变量和方法
private List<MyContainer1List1> _myContainer1List1;
    public List<MyContainer1List1> getMyContainer1List1() {
        return _myContainer1List1;
    }
    public MyContainer1Builder setMyContainer1List1(final List<MyContainer1List1> value) {
        this._myContainer1List1 = value;
        return this;
    }
//修改的成员方法
    public MyContainer1Builder(MyContainer1 base) {
        this._myContainer1List1 = base.getMyContainer1List1();
        ...
    }
private static final class MyContainer1Impl implements MyContainer1 {
        private final List<MyContainer1List1> _myContainer1List1
```

```
    ...
private MyContainer1Impl(MyContainer1Builder base) {
    this._myContainer1List1 = base.getMyContainer1List1();
    ...
}
  @Override                    //新增的子函数
  public List<MyContainer1List1> getMyContainer1List1() {
      return _myContainer1List1;
  }
    public int hashCode() {
        ...
        result = prime * result + Objects.hashCode(_myContainer1Lflst1);
        result = prime * result + Objects.hashCode(_myContainer1List1);
        result = prime * result + Objects.hashCode(_mycontainer1Leaf1);
        ...
    }
    public boolean equals(java.lang.Object obj) {
        ...
        if (!Objects.equals(_myContainer1Lflst1, \
              other.getMyContainer1Lflst1())) {
            return false;
        }
        if (!Objects.equals(_myContainer1List1, \
          other.getMyContainer1List1())) {
            return false;
        }
        if (!Objects.equals(_mycontainer1Leaf1, \
          other.getMycontainer1Leaf1())) {
          }
          ...
    }
    public java.lang.String toString() {
        ...
        if (_myContainer1Lflst1 != null) {
            if (first) {
                first = false;
            } else {
                builder.append(", ");
            }
            builder.append("_myContainer1Lflst1=");
            builder.append(_myContainer1Lflst1);
        }
        if (_myContainer1List1 != null) {
            if (first) {
                first = false;
```

```
                } else {
                    builder.append(", ");
                }
                builder.append("_myContainer1List1=");
                builder.append(_myContainer1List1);
            }
            if (_mycontainer1Leaf1 != null) {
              ...
        }
}
```

14.3.7　choice 声明和 case 声明实例及它们生成的 Java 文件

choice 声明可包含 leaf、leaf-list、list、container、config、when 等多种子声明（如表 12-9 所示），可作为模块的直接子声明和 container、list、case、grouping、rpc 的 input、rpc 的 output、notification、augment 声明的子声明。注意，当 choice 声明包含 leaf 子声明、list 子声明、leaf-list 子声明、container 子声明、case 子声明时，会生成附加包以指定此容器。

case 声明可包含 leaf、leaf-list、list、container、choice、uses、when 等多种子声明（如表 12-10 所示），只能作为 choice 或 augment 声明的子声明。注意，当 case 声明包含 list 子声明、container 子声明、choice 子声明时，会生成附加包以指定此容器。

在模块 myproject 中定义 choice 声明和 case 声明（见图 14-31），代码如下：

```
choice my -choice1 {
  case my-case1 {
    leaf-list myCase1-lflst 1{
      type string;
      }
    leaf myCase1-leaf 2 {
      type string;
      units 24-hour-clock;
      default 1am;
    }
  }
  case my-case2 {
       list myCase2-list1{
      leaf myCase2-leaf {
        type string;
          }
    }
  }
}
container my-container1{
  ...
  choice my-container1-choice1 {
```

```
        case my-cont-choc-case1 {
            leaf myCCC-leaf 1{
            type string;
            }
        }
        case my-cont-choc-case2 {
            leaf myCCC-leaf2{
        type int32;
      }
      }
    }
}
```

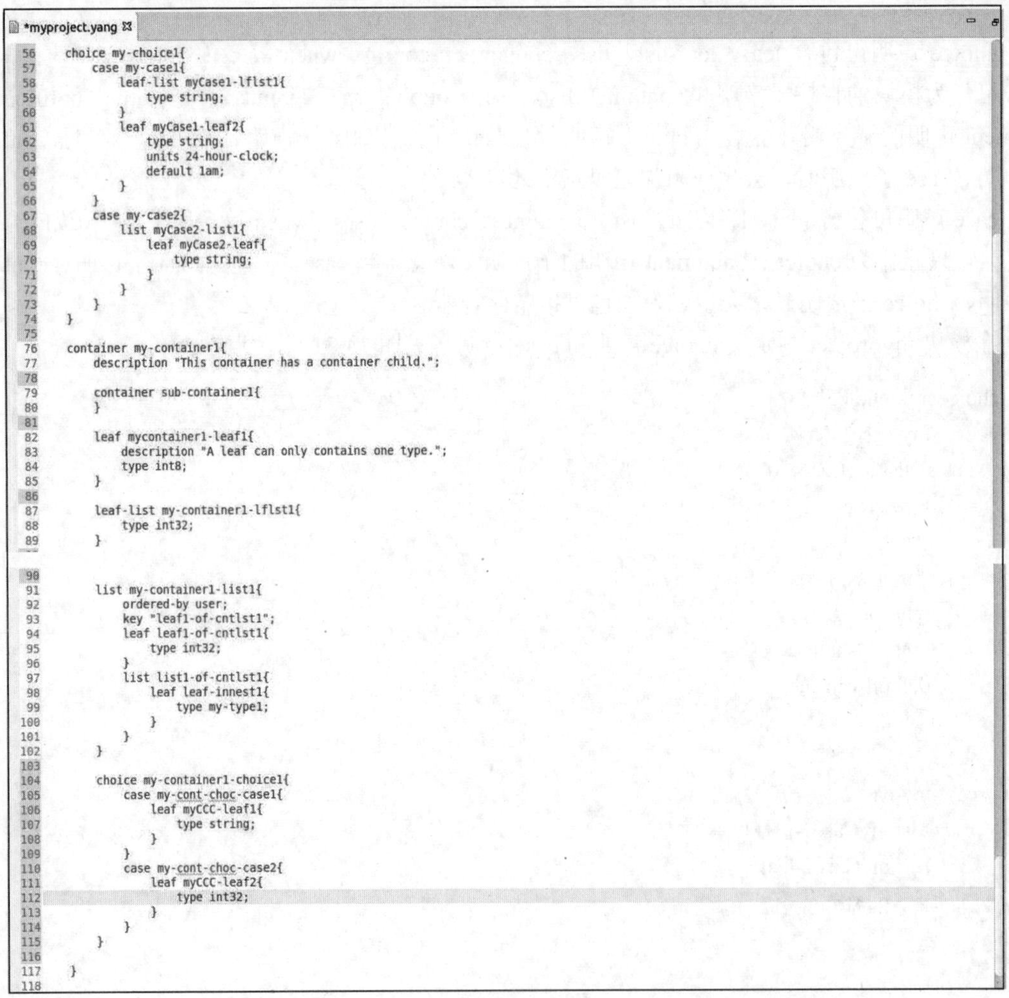

```
*myproject.yang
    choice my-choice1{
        case my-case1{
            leaf-list myCase1-lflst1{
                type string;
            }
            leaf myCase1-leaf2{
                type string;
                units 24-hour-clock;
                default 1am;
            }
        }
        case my-case2{
            list myCase2-list1{
                leaf myCase2-leaf{
                    type string;
                }
            }
        }
    }

    container my-container1{
        description "This container has a container child.";

        container sub-container1{
        }

        leaf mycontainer1-leaf1{
            description "A leaf can only contains one type.";
            type int8;
        }

        leaf-list my-container1-lflst1{
            type int32;
        }


        list my-container1-list1{
            ordered-by user;
            key "leaf1-of-cntlst1";
            leaf leaf1-of-cntlst1{
                type int32;
            }
            list list1-of-cntlst1{
                leaf leaf-innest1{
                    type my-type1;
                }
            }
        }

        choice my-container1-choice1{
            case my-cont-choc-case1{
                leaf myCCC-leaf1{
                    type string;
                }
            }
            case my-cont-choc-case2{
                leaf myCCC-leaf2{
                    type int32;
                }
            }
        }

    }
```

图 14-31 choice 声明和 case 声明示例（续）

编译之后刷新（具体方法见第 18 章），可见 choice 声明所映射的包和 Java 文件，如图 14-32 所示。主要产生的变化有：

图 14-32　choice 和 case 映射的包和 Java 文件

（1）若 choice 声明是直接定义在模块下，则经映射后在数据包 org.opendaylight.yang.gen.v1.urn.opendaylight.params.xml.ns.yang.myproject.rev150105 中映射 1 个 Java 文件（如 my-choice1 映射出 MyChoice1.java），并对包中的 MyprojectData.java 文件进行了修改，添加其对应的 get 方法。case 声明是 choice 声明的子声明，根据映射规则生成数据包 org.opendaylight.yang.gen.v1.urn.opendaylight.params.xml.ns.yang.myproject.rev150105.my.container1.my.choice1，并在此包内对每个

case 均生成 2 个直接映射的 Java 文件（如对 my-case1 生成 MyCase1.java 和 MyCase1Builder.java）。若 case 声明的子声明映射后会生成额外的 Java 文件（如子声明为列表声明，在此例中为 my-case2 中包含子声明列表 myCase2-list1 声明），则生成数据包 org.opendaylight.yang.gen.v1.urn.opendaylight.params.xml.ns.yang.myproject.rev150105.my.container1. my.choice1.my.case2，并在此包内生成 2 个直接映射的 Java 文件（如 MyCase2List1.java 和 MyCase2List1Builder.java 文件）。

（2）若 choice 声明是其他声明（如容器声明）的子声明，经映射后有以下变化：

① 在其父声明 container1 所映射的数据包 org.opendaylight.yang.gen.v1.urn.opendaylight.params.xml.ns.yang.myproject.rev150105.my.container1 中生成了 1 个直接映射的 Java 文件（如 my-container1-choice1 映射出 MyContainer1Choice1.java）。

② 若 choice 声明包含其他映射后能生成额外的 Java 文件的子声明（如列表声明 list1-of-cntlst1，其生成规则与其作为容器子声明映射生成的包和 Java 文件相同），则映射后根据命名规则还将创建一个新的包 org.opendaylight.yang.gen.v1.urn.opendaylight.params.xml.ns.yang.myproject.rev150105.my.container1.my.container1.choice1，并且在此包中映射出相应的 Java 文件。在本例中，case 的两个实例 my-cont-choc-case1 和 my-cont-choc-case2 分别生成 MyContChocCase1.java、MyContChocCase1Builder.java 文件和 MyContChocCase2.java、MyContChocCase2.java 文件。

③ 在模块直接映射的包 org.opendaylight.yang.gen.v1.urn.opendaylight.params.xml.ns.yang.myproject.rev150105 中，MyContainer1.java 增加了 choice 对应的 get 方法，在 MyContainer1Builder.java 中添加了 choice 对应的变量和操作，在 MyprojectData.java 的注释中体现了 YANG 定义。

以下选取一些有代表性的例子具体解释。

（1）MyprojectData.java 分析

所有由模块直接定义的 choice 声明（即为模块的直接子声明）都在 MyprojectData.java 文件中导入一个包并生成一个与其对应的 get 方法：

```
public interface MyprojectData extends DataRoot
{
...
    /**
     * @return
        <code>org.opendaylight.yang.gen.v1.urn.opendaylight.params.xml.ns.yang\
        .myproject.rev150105.MyChoice1</code> <code>myChoice1</code>,
        or <code>null</code> if not present
     */
    MyChoice1 getMyChoice1();
}
```

（2）MyChoice1.java 分析

本例 choice 声明 my-choice1 直接映射为 MyChoice1.java 文件。作为其他子声明的 choice 声明，映射后的 Java 文件与此基本相同。

```
package org.opendaylight.yang.gen.v1.urn.opendaylight.params.xml.ns.yang.myproject.rev150105;
import org.opendaylight.yangtools.yang.binding.DataContainer;
```

```
import org.opendaylight.yangtools.yang.common.QName;
/**
 * <p>This class represents the following YANG schema fragment defined in module <b>myproject</b>
 * <pre>
 * choice my-choice1 {
 *     case my-case1 {
 *         leaf-list myCase1-lflst1 {
 *             type string;
 *         }
 *         leaf myCase1-leaf2 {
 *             type myCase1-leaf2;
 *         }
 *     }
 *     case my-case2 {
 *         list myCase2-list1 {
 *             key     leaf myCase2-leaf {
 *                 type string;
 *             }
 *         }
 *     }
 * }
 * </pre>
 * The schema path to identify an instance is
 * <i>myproject/my-choice1</i>
*/
public interface MyChoice1extends DataContainer
{
    public static final QName QNAME = org.opendaylight.yangtools.yang.common\
    .QName.create("urn:opendaylight:params:xml:ns:yang:myproject", \
    "2015-01-05", "my-choice1").intern();
}
```

（3）MyCase2.java，代码如下：

```
//根据命名规则，生成于新建的包内
package
org.opendaylight.yang.gen.v1.urn.opendaylight.params.xml.ns.yang.myproject.rev150105.my.choice1;
//导入子声明映射的类
import org.opendaylight.yang.gen.v1.urn.opendaylight.params.xml.ns.yang.myproject.\
rev150105.my.choice1.my.case2.MyCase2List1;
import org.opendaylight.yangtools.yang.binding.DataObject;
import org.opendaylight.yangtools.yang.common.QName;
//根据子声明（列表声明）的需要导入 java.util.List 包
import java.util.List;
import org.opendaylight.yangtools.yang.binding.Augmentable;
//导入父声明的映射类
```

```
import org.opendaylight.yang.gen.v1.urn.opendaylight.params.xml.ns.yang.myproject.\
rev150105.MyChoice1;
/**
 * <p>This class represents the following YANG schema fragment defined in module <b>myproject</b>
 * <pre>
 * case my-case2 {
 *       list myCase2-list1 {
 *             key       leaf myCase2-leaf {
 *                   type string;
 *             }
 *       }
 * }
 * </pre>
 * The schema path to identify an instance is
 * <i>myproject/my-choice1/my-case2</i>
*/
public interface MyCase2 extends DataObject, Augmentable<org.opendaylight.yang.gen.v1.urn.opendaylight.
params.xml.ns.yang.myproject.rev150105.my.choice1.MyCase2>, MyChoice1
{
      public static final QName QNAME = org.opendaylight.yangtools.yang.common.\
      QName.create("urn:opendaylight:params:xml:ns:yang:myproject", \
      "2015-01-05", "my-case2").intern();
      /*
        写入子声明对应的 get 方法，如 my-case1 则为子声明 myCase1-lflst1（leaf-list 声明）
        和子声明 myCase1-leaf 2（叶子声明）分别生成 List<java.lang.String> getMyCase1Lflst1()方法和
java.lang.String getMyCase1Leaf2()方法
        本例中为子声明列表声明生成对应的 get 方法
       */
      /**
       * @return <code>java.util.List</code> <code>myCase2List1</code>,
         or <code>null</code> if not present
       */
      List<MyCase2List1> getMyCase2List1();
}
```

（4）MyCase2Builder.java

choice 的子声明 case 声明直接映射的 Java 文件一共有 2 个，如 my-case2 映射生成 MyCase2.java 文件（上面所介绍的）和 MyCase2Builder.java 文件。MyCase2Builder.java 文件中的成员变量和方法与之前的*Builder.java 文件中的成员变量和方法十分类似。接下来以 MyCase2Builder.java 为例，读者可对 case 生成的*Builder.java 文件有一个总体的认识。

```
package org.opendaylight.yang.gen.v1.urn.opendaylight.params.xml.ns.yang.myproject.rev150105.my.choice1;
/*
  根据子声明导入相应的包（若子声明中有列表声明 myCase2-list1，则需要导入 java.util.List 包和
  此列表声明映射的 MyCase2List1 类；其他子声明类似），若使用了 typedef 这类声明，则还需要
```

```
导入相应的文件
*/
import org.opendaylight.yang.gen.v1.urn.opendaylight.params.xml.ns.yang.myproject.rev150105.my.choice1.
my.case2.MyCase2List1;
import org.opendaylight.yangtools.yang.binding.Augmentation;
import org.opendaylight.yangtools.yang.binding.AugmentationHolder;
import org.opendaylight.yangtools.yang.binding.DataObject;
import java.util.HashMap;
import org.opendaylight.yangtools.concepts.Builder;
import java.util.Objects;
import java.util.List;
import java.util.Collections;
import java.util.Map;
/**
 * Class that builds {@link org.opendaylight.yang.gen.v1.urn.opendaylight.params.xml.ns.yang.myproject.
rev150105.my.choice1.MyCase2} instances.
 *
 * @see org.opendaylight.yang.gen.v1.urn.opendaylight.params.xml.ns.yang.myproject.rev150105.
my.choice1.MyCase2
 *
 */
public class MyCase2Builder implements Builder <org.opendaylight.yang.gen.v1.urn.opendaylight.params.
xml.ns.yang.myproject.rev150105.my.choice1.MyCase2> {
  //子声明对应的成员变量
    private List<MyCase2List1> _myCase2List1;
  // Map 方法：根据命名规则对相应列表进行替换，注意参数中的包是列表所在的包
    Map<java.lang.Class<? extends
    Augmentation<org.opendaylight.yang.gen.v1.urn.opendaylight.params.xml.ns\
    .yang.myproject.rev150105.my.choice1.MyCase2>>,
    Augmentation<org.opendaylight.yang.gen.v1.urn.opendaylight.params.xml.ns\
    .yang.myproject.rev150105.my.choice1.MyCase2>> augmentation =
    Collections.emptyMap();
    //构造函数
    public MyCase2Builder() {
    }
    //构造函数，根据列表所包含的子声明不同而有相应的语句
    public MyCase2Builder(MyCase2 base) {
        this._myCase2List1 = base.getMyCase2List1();
        if (base instanceof MyCase2Impl) {
            MyCase2Impl impl = (MyCase2Impl) base;
            if (!impl.augmentation.isEmpty()) {
                this.augmentation = new HashMap<>(impl.augmentation);
            }
        } else if (base instanceof AugmentationHolder) {
            @SuppressWarnings("unchecked")
```

```
        AugmentationHolder<org.opendaylight.yang.gen.v1.urn.opendaylight.\
        params.xml.ns.yang.myproject.rev150105.my.choice1.MyCase2> casted\
        =(AugmentationHolder<org.opendaylight.yang.gen.v1.urn.opendayligh\
        t.params.xml.ns.yang.myproject.rev150105.my.choice1.MyCase2>) base;
        if (!casted.augmentations().isEmpty()) {
            this.augmentation = new HashMap<>(casted.augmentations());
        }
    }
}
//列表子声明的相应 get 方法
public List<MyCase2List1> getMyCase2List1() {
    return _myCase2List1;
}
//根据命名规则对相应列表进行替换，注意参数中的包是列表所在的包
@SuppressWarnings("unchecked")
public <E extends
Augmentation<org.opendaylight.yang.gen.v1.urn.opendaylight.params.xml.ns\
.yang.myproject.rev150105.my.choice1.MyCase2>> E
getAugmentation(java.lang.Class<E> augmentationType) {
    if (augmentationType == null) {
        throw new IllegalArgumentException("Augmentation Type reference cannot be NULL!");
    }
    return (E) augmentation.get(augmentationType);
}
//列表子声明的相应 set 方法
public MyCase2Builder setMyCase2List1(final List<MyCase2List1> value) {
    this._myCase2List1 = value;
    return this;
}
// addAugmentation 方法：根据列表所包含的子声明、所在的包，其对应的参数有所不同
public MyCase2Builder addAugmentation(java.lang.Class<? extends
Augmentation<org.opendaylight.yang.gen.v1.urn.opendaylight.params.xml.ns\
.yang.myproject.rev150105.my.choice1.MyCase2>> augmentationType,
Augmentation<org.opendaylight.yang.gen.v1.urn.opendaylight.params.xml.ns\
.yang.myproject.rev150105.my.choice1.MyCase2> augmentation) {
    if (augmentation == null) {
        return removeAugmentation(augmentationType);
    }
    if (!(this.augmentation instanceof HashMap)) {
        this.augmentation = new HashMap<>();
    }
    this.augmentation.put(augmentationType, augmentation);
    return this;
}
// removeAugmentation 方法：根据列表所包含的子声明、所在的包，其对应的参数有所不同
```

```
public MyCase2Builder removeAugmentation(java.lang.Class<? extends
Augmentation<org.opendaylight.yang.gen.v1.urn.opendaylight.params.xml.ns\
.yang.myproject.rev150105.my.choice1.MyCase2>> augmentationType) {
    if (this.augmentation instanceof HashMap) {
        this.augmentation.remove(augmentationType);
    }
    return this;
}
//构建此 case 声明
public MyCase2 build() {
    return new MyCase2Impl(this);
}
/*
    case 声明对应的 Impl 方法包括 getImplementedInterface 方法、Map 方法、构造函数、子
    声明对应的 get 方法、getAugmentation 方法、hashCode 方法、equals 方法、toString 方法
*/
private static final class MyCase2Impl implements MyCase2 {
    public java.lang.Class<org.opendaylight.yang.gen.v1.urn.opendaylight\
    .params.xml.ns.yang.myproject.rev150105.my.choice1.MyCase2>
    getImplementedInterface() {
        return
          org.opendaylight.yang.gen.v1.urn.opendaylight.params.xml.ns\
          .yang.myproject.rev150105.my.choice1.MyCase2.class;
    }
    private final List<MyCase2List1> _myCase2List1;
    private Map<java.lang.Class<? extends
    Augmentation<org.opendaylight.yang.gen.v1.urn.opendaylight.params.\
    xml.ns.yang.myproject.rev150105.my.choice1.MyCase2>>,
    Augmentation<org.opendaylight.yang.gen.v1.urn.opendaylight.params.\
    xml.ns.yang.myproject.rev150105.my.choice1.MyCase2>> augmentation =
    Collections.emptyMap();
    private MyCase2Impl(MyCase2Builder base) {
        this._myCase2List1 = base.getMyCase2List1();
        switch (base.augmentation.size()) {
        case 0:
            this.augmentation = Collections.emptyMap();
            break;
        case 1:
            final Map.Entry<java.lang.Class<? extends
            Augmentation<org.opendaylight.yang.gen.v1.urn.opendaylight.\
            params.xml.ns.yang.myproject.rev150105.my.choice1.MyCase2>>,
            Augmentation<org.opendaylight.yang.gen.v1.urn.opendaylight.\
            params.xml.ns.yang.myproject.rev150105.my.choice1.MyCase2>> e =
            base.augmentation.entrySet().iterator().next();
            this.augmentation = Collections.<java.lang.Class<? extends \
```

```
                Augmentation<org.opendaylight.yang.gen.v1.urn.opendaylight.\
                params.xml.ns.yang.myproject.rev150105.my.choice1.MyCase2>>,
                Augmentation<org.opendaylight.yang.gen.v1.urn.opendaylight.\
                params.xml.ns.yang.myproject.rev150105.my.choice1.MyCase2>> \
                singletonMap(e.getKey(), e.getValue());
                break;
            default :
                this.augmentation = new HashMap<>(base.augmentation);
            }
        }
        @Override
        public List<MyCase2List1> getMyCase2List1() {
            return _myCase2List1;
        }
        @SuppressWarnings("unchecked")
        @Override
        public <E extends
        Augmentation<org.opendaylight.yang.gen.v1.urn.opendaylight.params.\
        xml.ns.yang.myproject.rev150105.my.choice1.MyCase2>> E
        getAugmentation(java.lang.Class<E> augmentationType) {
            if (augmentationType == null) {
                throw new IllegalArgumentException("Augmentation Type reference cannot be NULL!");
            }
            return (E) augmentation.get(augmentationType);
        }
        private int hash = 0;
        private volatile boolean hashValid = false;
        @Override
        public int hashCode() {
            if (hashValid) {
                return hash;
            }
            final int prime = 31;
            int result = 1;
            result = prime * result + Objects.hashCode(_myCase2List1);
            result = prime * result + Objects.hashCode(augmentation);
            hash = result;
            hashValid = true;
            return result;
        }
        @Override
        public boolean equals(java.lang.Object obj) {
            if (this == obj) {
                return true;
            }
```

```
            if (!(obj instanceof DataObject)) {
                return false;
            }
            if (!org.opendaylight.yang.gen.v1.urn.opendaylight.params.xml.ns.yang.myproject.rev150105.
my.choice1.MyCase2.class.equals(((DataObject)obj).getImplementedInterface())) {
                return false;
            }
            org.opendaylight.yang.gen.v1.urn.opendaylight.params.xml.ns.yang\
            .myproject.rev150105.my.choice1.MyCase2 other =
             (org.opendaylight.yang.gen.v1.urn.opendaylight.params.xml.ns.yang\
            .myproject.rev150105.my.choice1.MyCase2)obj;
            if (!Objects.equals(_myCase2List1, other.getMyCase2List1())) {
                return false;
            }
            if (getClass() == obj.getClass()) {
                // Simple case: we are comparing against self
                MyCase2Impl otherImpl = (MyCase2Impl) obj;
                if (!Objects.equals(augmentation, otherImpl.augmentation)) {
                    return false;
                }
            } else {
                // Hard case: compare our augments with presence there...
                for (Map.Entry<java.lang.Class<? extends
                Augmentation<org.opendaylight.yang.gen.v1.urn.opendaylight.\
                params.xml.ns.yang.myproject.rev150105.my.choice1.MyCase2>>,
                Augmentation<org.opendaylight.yang.gen.v1.urn.opendaylight.\
                params.xml.ns.yang.myproject.rev150105.my.choice1.MyCase2>> \
                e : augmentation.entrySet()) {
                    if (!e.getValue().equals(other.getAugmentation(e.getKey())))
                    {
                        return false;
                    }
                }
                // .. and give the other one the chance to do the same
                if (!obj.equals(this)) {
                    return false;
                }
            }
            return true;
        }
        @Override
        public java.lang.String toString() {
            java.lang.StringBuilder builder =
                                    new java.lang.StringBuilder ("MyCase2 [");
            boolean first = true;
```

```
            if (_myCase2List1 != null) {
                if (first) {
                    first = false;
                } else {
                    builder.append(", ");
                }
                builder.append("_myCase2List1=");
                builder.append(_myCase2List1);
            }
            if (first) {
                first = false;
            } else {
                builder.append(", ");
            }
            builder.append("augmentation=");
            builder.append(augmentation.values());
            return builder.append(']').toString();
        }
    }
}
```

（5）MyContainer1.java 文件和 MyContainer1Builder.java 文件修改分析

① MyContainer1.java 文件修改分析：

```
//导入 my-container1 的 choice 子声明 my-container1-choice1 映射的类
import org.opendaylight.yang.gen.v1.urn.opendaylight.params.xml.ns.yang.myproject.rev150105.my.container1.
MyContainer1Choice1;
//注释部分显示定义
//添加 choice 子声明 my-container1-choice1 对应的 get 方法
    /**
     * @return
     <code>org.opendaylight.yang.gen.v1.urn.opendaylight.params.xml.ns.yang.\
     myproject.rev150105.my.container1.MyContainer1Choice1</code>\
     <code>myContainer1Choice1</code>,
     or <code>null</code> if not present
     */
    MyContainer1Choice1 getMyContainer1Choice1();
```

② MyContainer1Builder.java 文件修改分析：

```
//导入 my-container1 的 choice 子声明 my-container1-choice1 映射的类
import org.opendaylight.yang.gen.v1.urn.opendaylight.params.xml.ns.yang.myproject.rev150105.my.
container1.MyContainer1Choice1;
  //新增的成员变量和方法
    private MyContainer1Choice1 _myContainer1Choice1;
    public MyContainer1Choice1 getMyContainer1Choice1() {
```

```
        return _myContainer1Choice1;
    }
    public MyContainer1Builder \
        setMyContainer1Choice1(final MyContainer1Choice1 value) {
        this._myContainer1Choice1 = value;
        return this;
    }
    //修改的成员方法
    public MyContainer1Builder(MyContainer1 base) {
        this._myContainer1Choice1 = base.getMyContainer1Choice1();
        ...
    }
    private static final class MyContainer1Impl implements MyContainer1 {
        private final MyContainer1Choice1 _myContainer1Choice1;
        ...
        private MyContainer1Impl(MyContainer1Builder base) {
            this._myContainer1Choice1 = base.getMyContainer1Choice1();
            ...
        }
        @Override                          //新增的子函数
        public MyContainer1Choice1 getMyContainer1Choice1() {
            return _myContainer1Choice1;
        }
        public int hashCode() {
            ...
            result = prime * result + Objects.hashCode(_myContainer1Choice1);
            result = prime * result + Objects.hashCode(_myContainer1Lflst1);
            ...
        }
        public boolean equals(java.lang.Object obj) {
            ...
            if (!Objects.equals(_myContainer1Choice1, \other.getMyContainer1Choice1())) {
                return false;
            }
            if (!Objects.equals(_myContainer1Lflst1, \other.getMyContainer1Lflst1())) {
                return false;
            }
            ...
        }
        public java.lang.String toString() {
            ...
            if (_myContainer1Choice1 != null) {
                if (first) {
                    first = false;
                } else {
```

```
                    builder.append(", ");
                }
                builder.append("_myContainer1Choice1=");
                builder.append(_myContainer1Choice1);
            }
            if (_myContainer1Lflst1 != null) {
                if (first) {
                    ...
                }
                ...
            }
            ...
        }
}
```

14.3.8 grouping 声明实例及其生成的 Java 文件

grouping 声明可包含 leaf、leaf-list、list、container、grouping、uses 等多种子声明（如表 12-12 所示），可作为模块的直接子声明和 container、list、grouping、rpc（rpc 的 input、rpc 的 output）、notification 声明的子声明。

在模块 myproject 中定义 grouping 声明（见图 14-33），代码如下：

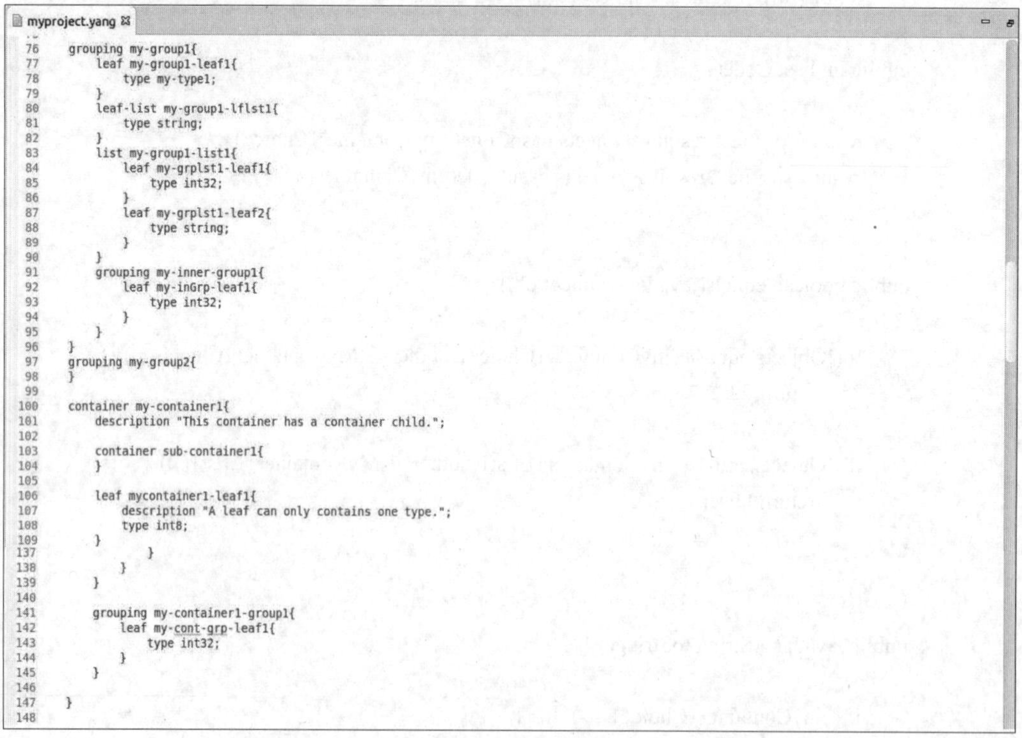

```
myproject.yang

grouping my-group1{
    leaf my-group1-leaf1{
        type my-type1;
    }
    leaf-list my-group1-lflst1{
        type string;
    }
    list my-group1-list1{
        leaf my-grplst1-leaf1{
            type int32;
        }
        leaf my-grplst1-leaf2{
            type string;
        }
    }
    grouping my-inner-group1{
        leaf my-inGrp-leaf1{
            type int32;
        }
    }
}
grouping my-group2{
}

container my-container1{
    description "This container has a container child.";

    container sub-container1{
    }

    leaf mycontainer1-leaf1{
        description "A leaf can only contains one type.";
        type int8;
    }
            }
        }
    }

    grouping my-container1-group1{
        leaf my-cont-grp-leaf1{
            type int32;
        }
    }

}
```

图 14-33 grouping 声明示例

```
grouping my-group1 {
    leaf my-group1-leaf1{
        type my-type1;
    }
    leaf-list my-group1-lflst1{
        type string;
    }
    list my-group1-list1{
        leaf my-grplst1-leaf1 {
            type int32;
        }
        leaf my-grplst1-leaf 2{
            type string;
        }
    }
    grouping my-inner-group1{
        leaf my-inGrp-leaf1{
            type int32;
        }
    }
}
grouping my-group2 {
}
container my-container1{
    ...
    grouping my-container1-group1{
        leaf my-cont-grp-leaf1{
            type int32;
        }
    }
}
```

编译之后刷新（具体方法见第 18 章），可见组声明所映射的包和 Java 文件，如图 14-34 所示。主要产生的变化有：

（1）组声明在其所在父声明对应的包内（若组声明为模块的直接子声明，则包为 org.opendaylight.yang.gen.v1.urn.opendaylight.params.xml.ns.yang.myproject.rev150105）映射生成相应文件。若组声明为其他声明的子声明，则在此声明所映射的包内映射生成相应文件。若组声明为容器 container1 声明的子声明，则包为 org.opendaylight.yang.gen.v1.urn.opendaylight.params.xml.ns.yang.myproject.rev150105.my.container1；其他子声明类似容器声明，映射生成一个 Java 文件，文件名遵守命名规则，如模块的直接组子声明 my-group1 在包 org.opendaylight.yang.gen.v1.urn.opendaylight.params.xml.ns.yang.myproject.rev150105.my.container1 内生成 MyGroup1.java 文件。

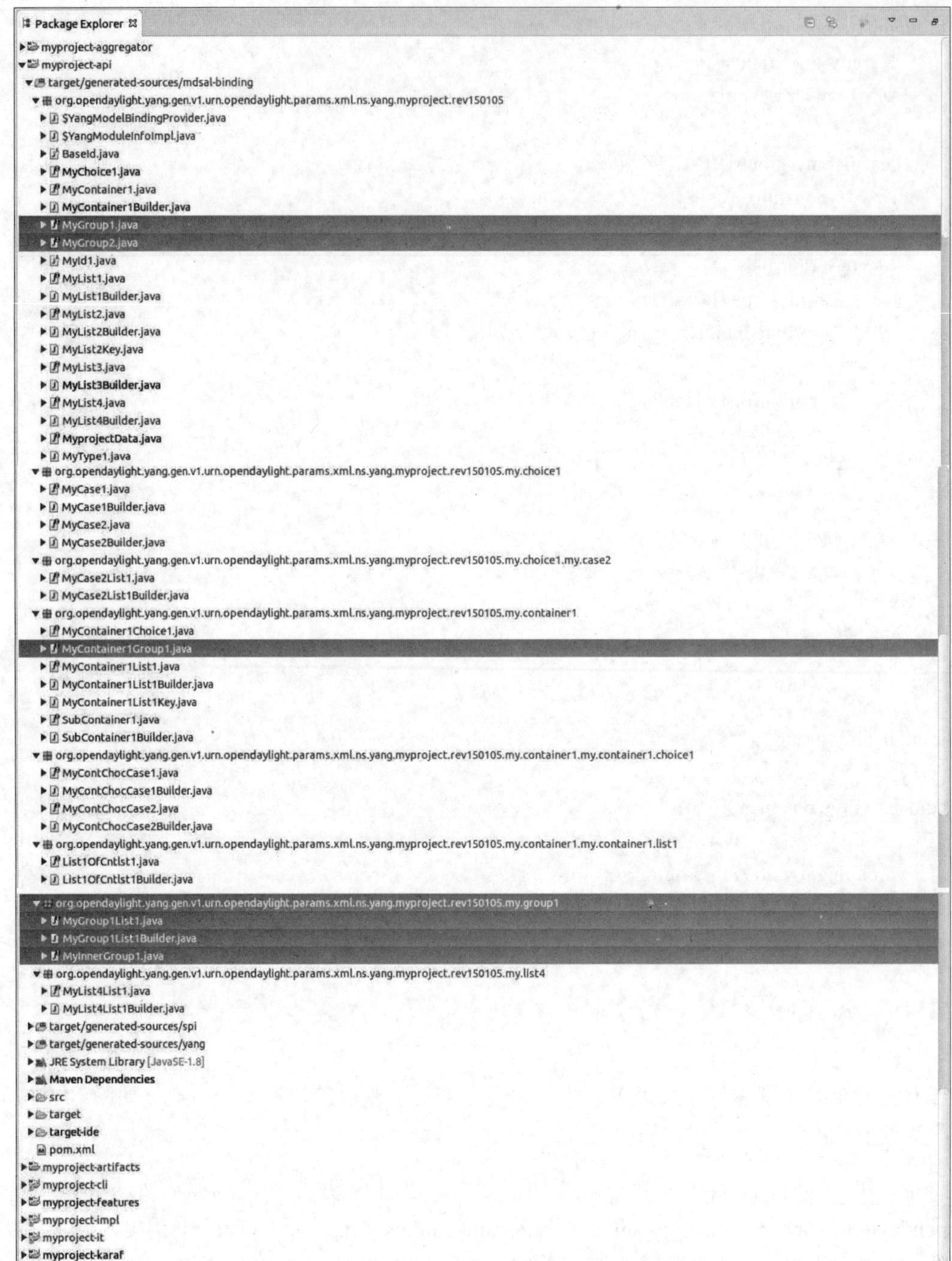

图 14-34　grouping 映射的包和 Java 文件

（2）组声明的子声明若能独立映射生成文件，则在组声明所映射的包内映射生成相应文件，如组声明 my-group1 内的子声明组声明 my-inner-group1 在 my-group1 映射生成的包 org.opendaylight.yang.gen.v1.urn.opendaylight.params.xml.ns.yang.myproject.rev150105.my.group1 内生成 MyInnerGroup1.java 文件，另一个子列表声明 my-group1-list1 则生成 MyGroup1List1.java 文件和 MyGroup1List1Builder.java 文件。

（3）组声明仅为一个可复用的概要节点的集合，不是一个数据定义声明，它在概要树中没有定义任何节点，需要使用 uses 声明以实例化在组声明中定义的概要节点集。组声明不映射 *Builder.java 文件，在 MyprojectData.java 文件中仅在注释中添加组的 YANG 定义。

以下选取一些有代表性的例子具体解释。

（1）MyGroup1.java 分析

映射的组命名文件即“*组命名*.java”文件，如 MyGroup1.java 文件是组声明 my-group1 映射生成的组命名文件。映射内容放置在其父声明映射的包中，若组声明为模块直接的子声明，则放置在包 org.opendaylight.yang.gen.v1.urn.opendaylight.params.xml.ns.yang.myproject.rev150105 中；若组声明为容器 my-container1 声明的子声明，则放置在包 org.opendaylight.yang.gen.v1.urn.opendaylight.params.xml.ns.yang.myproject.rev150105. my.container1 中。无论组声明是模块的直接子声明还是其他声明的子声明，映射内容无影响，规则均适用。

以下为 MyGroup1.java 文件的代码：

```
    package org.opendaylight.yang.gen.v1.urn.opendaylight.params.xml.ns.yang.myproject.rev150105;
    import org.opendaylight.yangtools.yang.binding.DataObject;
    import org.opendaylight.yangtools.yang.common.QName;
    //根据子声明导入相应包
    import java.util.List;
    //导入子声明映射的类
    import org.opendaylight.yang.gen.v1.urn.opendaylight.params.xml.ns.yang.myproject.rev150105.
my.group1.MyGroup1List1;
    /**
     * <p>This class represents the following YANG schema fragment defined in module <b>myproject</b>
     * <pre>
     * grouping my-group1 {
     *     grouping my-inner-group1 {
     *         leaf my-inGrp-leaf1 {
     *             type int32;
     *         }
     *     }
     *     leaf my-group1-leaf1 {
     *         type my-type1;
     *     }
     *     leaf-list my-group1-lflst1 {
     *         type string;
     *     }
     *     list my-group1-list1 {
     *         key       leaf my-grplst1-leaf1 {
     *             type int32;
     *         }
     *         leaf my-grplst1-leaf2 {
     *             type string;
     *         }
     *     }
```

```
 * }
 * </pre>
 * The schema path to identify an instance is
 * <i>myproject/my-group1</i>
 *
 */
public interface MyGroup1 extends DataObject
{
    //定义 QName
    public static final QName QNAME = org.opendaylight.yangtools.yang.common.\
    QName.create("urn:opendaylight:params:xml:ns:yang:myproject", \
     "2015-01-05", "my-group1").intern();
    //以下为 my-group1 声明的子声明对应的 get 方法
    /**
     * @return
     <code>org.opendaylight.yang.gen.v1.urn.opendaylight.params.xml.ns.yang.\
     myproject.rev150105.MyType1</code> <code>myGroup1Leaf1</code>,
     or <code>null</code> if not present
     */
    MyType1 getMyGroup1Leaf1();
    /**
     * @return <code>java.util.List</code> <code>myGroup1Lflst1</code>,
     or <code>null</code> if not present
     */
    List<java.lang.String> getMyGroup1Lflst1();
    /**
     * @return <code>java.util.List</code> <code>myGroup1List1</code>,
     or <code>null</code> if not present
     */
    List<MyGroup1List1> getMyGroup1List1();
}
```

（2）MyContainer1.java 文件和 MyContainer1Builder.java 文件修改分析

① MyContainer1.java 文件仅需要根据需要导入组声明所包含的子声明所需的类（本例中无须导入）和在注释部分显示组声明的 YANG 定义即可。

② MyContainer1Builder.java 文件中仅导入 my-container1 的子声明组声明所依赖的包及其映射的类（此例中 my-container1-group1 的子声明无须导入类），其他不做任何修改。

14.3.9 uses 声明实例及其生成的 Java 文件

uses 声明包含 augment、description、if-feature、refine、reference、status、when 声明，可作为模块的直接子声明和 container、list、choice、grouping、rpc 的 input、rpc 的 output、notification、augment 声明的子声明。uses 声明用以实例化某个组声明中定义的概要节点集，即引用一个组的实际效果：将由组定义的节点复制到当前的概要树。实例化的节点可能需要根据需求进行重定义并且被扩展（augmented）以细化。

uses 声明使用组名作为参数。在模块 myproject 中定义 uses 声明（见图 14-35），代码如下：

```
uses myproject:my-group1;
container my-container1{
    uses myproject:my-group2;
    uses my-container1-group1;
    ...
}
```

myproject.yang

```
grouping my-group1{
    leaf my-group1-leaf1{
        type my-type1;
    }
    leaf-list my-group1-lflst1{
        type string;
    }
    list my-group1-list1{
        leaf my-grplst1-leaf1{
            type int32;
        }
        leaf my-grplst1-leaf2{
            type string;
        }
    }
    grouping my-inner-group1{
        leaf my-inGrp-leaf1{
            type int32;
        }
    }
}
grouping my-group2{
}

uses myproject:my-group1;

container my-container1{
    description "This container has a container child.";

    uses myproject:my-group2;
    uses my-container1-group1;

    container sub-container1{
    }
```

图 14-35　uses 声明示例

注 意

uses myproject:my-group1 语句中若使用的组在本模块内，则可将前缀去掉，使用 uses my-group1 即可。

编译之后刷新（具体方法见第 18 章），uses 声明映射所产生的变动如图 14-36 所示。主要产生的变化有：

（1）若 uses 声明是模块的直接子声明，则在 MyprojectData.java 文件将继承（extends）所引用的组的对应接口（extends MyGroup1），并且在注释中更新组的 YANG 定义。注意，注释中的 YANG 定义将 uses 声明引用的组的子元素直接放入 uses 声明的父声明中，放入原来 uses 的位置（在以下的 MyprojectData.java 代码讲解中将提到）。

- 若引用的组（my-group1）包含子声明组声明（本例中为 my-inner-group1），则此组声明（my-inner-group1）将在模块声明对应的包 org.opendaylight.yang.gen.v1.urn.opendaylight.params.xml.ns.yang.myproject.rev150105 内再生成这个此组声明（my-inner-group1）对应的 Java 文件（MyInnerGroup.java）。这是因为引用后，作为 my-group1 子声明的 my-inner-group1 成为了模块直接的子声明。注意，此文件名与这个组声明的子声明单独映射至组映射包的 Java 文件相同（在 org.opendaylight.yang.gen.v1.urn.opendaylight.params.xml.ns.yang.

myproject.rev150105.my.group1 中的 MyInnerGroup.java 文件），但是成员函数只有一个 QName 的成员变量。

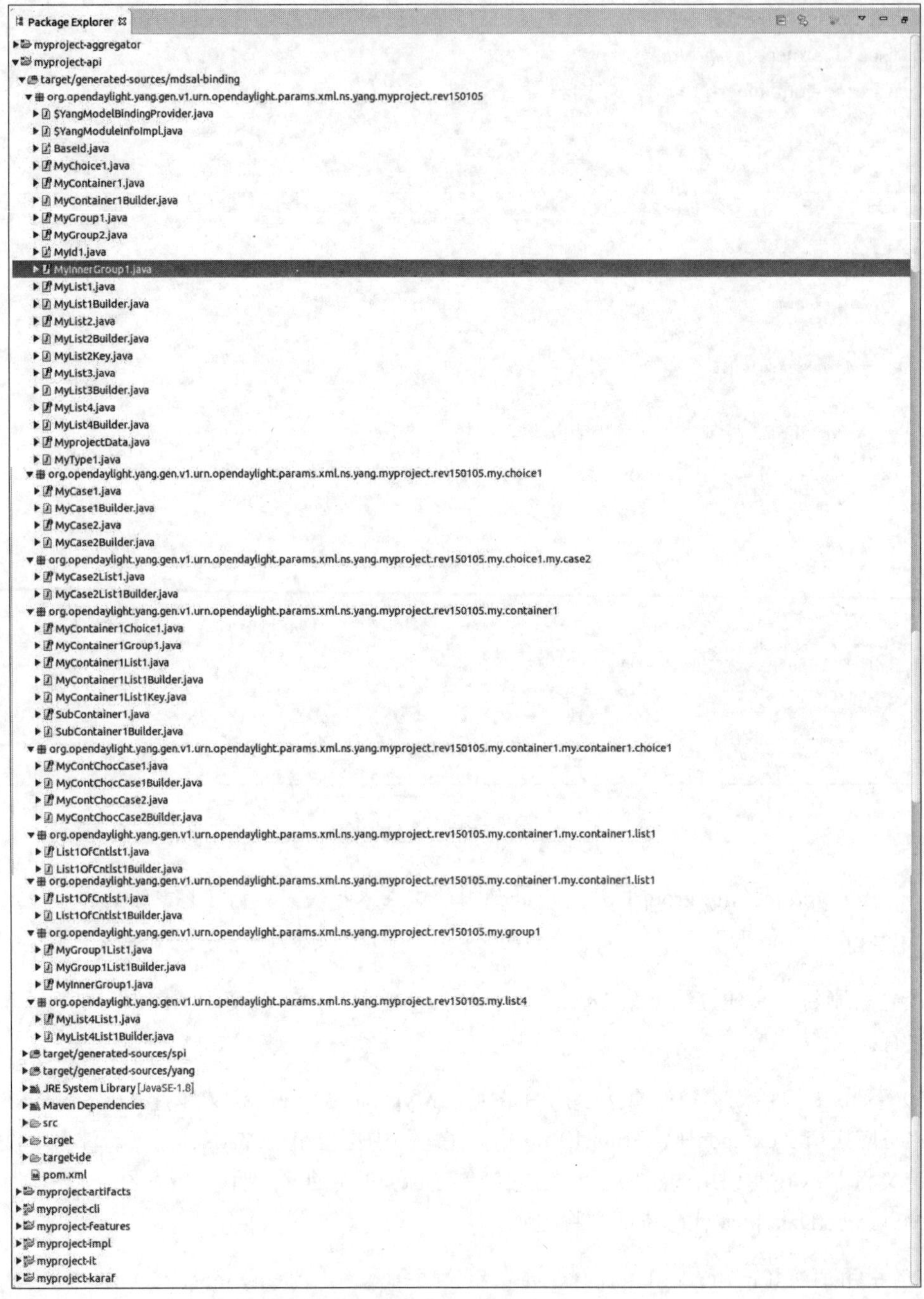

图 14-36　uses 映射的包和 Java 文件

（2）若 uses 声明为其他声明的子声明，以容器声明为例，在容器 container1 声明内，uses 引用组 myproject:my-group2 和容器内定义的组 my-container1-group1，将对 uses 声明的父声明（容器）所映射的两个 Java 文件（my-container1.java 和 MyContainer1Builder.java）进行修改。

- MyContainer1.java 有 3 个变化：① 注释更新，YANG 定义中将引入的组元素直接放入容器声明内，最终不显示 uses 声明；② 若 uses 所引用的组有额外映射生成 Java 文件，添加对此文件的引用；③ 扩展 uses 引用的组的对应接口（Augmentable MyContainer1Group1, MyGroup2）。
- MyContainer1Builder.java：需要添加 uses 所引入组的子声明对应的成员变量和成员函数，并在与之相关的方法中添加相应语句。

以下选取一些有代表性的例子具体解释。

（1）MyInnerGroup1.java 分析，代码如下：

```
package org.opendaylight.yang.gen.v1.urn.opendaylight.params.xml.ns.yang.myproject.rev150105;
import org.opendaylight.yangtools.yang.binding.DataObject;
import org.opendaylight.yangtools.yang.common.QName;
/**
 * <p>This class represents the following YANG schema fragment defined in module <b>myproject</b>
 * <pre>
 * grouping my-inner-group1 {
 *       leaf my-inGrp-leaf1 {
 *             type int32;
 *       }
 * }
 * </pre>
 * The schema path to identify an instance is
 * <i>myproject/my-inner-group1</i>
*/
public interface MyInnerGroup1 extends DataObject
{
      //仅包含 QName 变量
      public static final QName QNAME =
      org.opendaylight.yangtools.yang.common.QName.create\
       ("urn:opendaylight:params:xml:ns:yang:myproject",  \
      "2015-01-05", "my-inner-group1").intern();
}
```

（2）MyprojectData.java 分析，代码如下：

```
/**
 * <p>This class represents the following YANG schema fragment defined in module <b>myproject</b>
 * <pre>
 * module myproject {
 *       yang-version 1;
 *       namespace "urn:opendaylight:params:xml:ns:yang:myproject";
 *       prefix "myproject";
 *
 *       revision 2015-01-05 {
 *             description "";
```

```
 *      }
 *
// 模块原定义的子元素
 *      leaf my-leaf1 {
 *          type my-type1;
 *      }
 *      leaf-list my-lflst1 {
 *          type my-type1;
 *      }
 *      list my-list1 {
 *          key }
 *      list my-list2 {
 *          key "leaf1-of-list2"
 *          leaf leaf1-of-list2 {
 *              type int32;
 *          }
 *          leaf leaf2-of-list2 {
 *              type int8;
 *          }
 *      }
 *      list my-list3 {
 *          key       leaf-list my-list3-lflst1 {
 *              type int32;
 *          }
 *      }
 *      list my-list4 {
 *          key       list my-list4-list1 {
 *              key       leaf leaf1-list4-list1 {
 *                  type int32;
 *              }
 *          }
 *      }
 *      choice my-choice1 {
 *          case my-case1 {
 *              leaf-list myCase1-lflst1 {
 *                  type string;
 *              }
 *              leaf myCase1-leaf2 {
 *                  type myCase1-leaf2;
 *              }
 *          }
 *          case my-case2 {
 *              list myCase2-list1 {
 *                  key       leaf myCase2-leaf {
 *                      type string;
```

```
 *                    }
 *                }
 *            }
 *        }
     /*
          uses 声明所引用的组 my-group1 声明的子声明，其中所包含的子声明还有一个组声明
          my-inner-group1 在后面显示
     */
 *        leaf my-group1-leaf1 {
 *            type my-type1;
 *        }
 *        leaf-list my-group1-lflst1 {
 *            type string;
 *        }
 *        list my-group1-list1 {
 *            key       leaf my-grplst1-leaf1 {
 *                type int32;
 *            }
 *            leaf my-grplst1-leaf2 {
 *                type string;
 *            }
 *        }
 *        container my-container1 {
     /*
        容器中 uses 声明所引用的组的子声明，本例中只有 my-container1-group1 组声明包含一个
        叶声明 my-cont-grp-leaf1
     */
 *            leaf my-cont-grp-leaf1 {
 *                type int32;
 *            }
 *            container sub-container1 {
 *            }
 *            leaf mycontainer1-leaf1 {
 *                type int8;
 *            }
 *            leaf-list my-container1-lflst1 {
 *                type int32;
 *            }
 *            list my-container1-list1 {
 *                key "leaf1-of-cntlst1"
 *                leaf leaf1-of-cntlst1 {
 *                    type int32;
 *                }
 *                list list1-of-cntlst1 {
 *                    key       leaf leaf-innest1 {
```

```
 *                      type my-type1;
 *                  }
 *              }
 *          }
 *          choice my-container1-choice1 {
 *              case my-cont-choc-case1 {
 *                  leaf myCCC-leaf1 {
 *                      type string;
 *                  }
 *              }
 *              case my-cont-choc-case2 {
 *                  leaf myCCC-leaf2 {
 *                      type int32;
 *                  }
 *              }
 *          }
 *          grouping my-container1-group1 {
 *              leaf my-cont-grp-leaf1 {
 *                  type int32;
 *              }
 *          }
 *          uses my-container1;
 *          uses my-group2;
 *      }
 *
 *      grouping my-group1 {
 *          grouping my-inner-group1 {
 *              leaf my-inGrp-leaf1 {
 *                  type int32;
 *              }
 *          }
 *          leaf my-group1-leaf1 {
 *              type my-type1;
 *          }
 *          leaf-list my-group1-lflst1 {
 *              type string;
 *          }
 *          list my-group1-list1 {
 *              key         leaf my-grplst1-leaf1 {
 *                  type int32;
 *              }
 *              leaf my-grplst1-leaf2 {
 *                  type string;
 *              }
 *          }
```

```
 *      }
 *      grouping my-group2 {
 *      }
 *      grouping my-inner-group1 {
 *          leaf my-inGrp-leaf1 {
 *              type int32;
 *          }
 *      }
 *
 *      identity my-id1 {
 *          base "()IdentityEffectiveStatementImpl[base=null, qname=(urn:opendaylight:params:xml:ns:
yang:myproject?revision=2015-01-05)base-id]";
 *          status CURRENT;
 *      }
 *      identity base-id {
 *          status CURRENT;
 *      }
 *
 *      uses my-group1;
 * }
 * </pre>
 *
 */
```

（3）MyContainer1.java 文件分析。

① 注释的 YANG 定义中将引入的组元素直接放入容器声明内，最终不显示 uses 声明。内容可参考（2）MyprojectData.java 文件中的 YANG 定义。

② uses 所引用的组 my-container1-group1 在包 org.opendaylight.yang.gen.v1.urn.opendaylight.params.xml.ns.yang.myproject.rev150105.my.container1 映射生成文件 MyContainer1Group1.java，需要导入这个类：

```
import org.opendaylight.yang.gen.v1.urn.opendaylight.params.xml.ns.yang.myproject.rev150105.my.
container1.MyContainer1Group1;
```

③ 扩展 uses 引用的组的对应接口：

```
public interface MyContainer1
    extends
    ChildOf<MyprojectData>,
Augmentable<org.opendaylight.yang.gen.v1.urn.opendaylight.params.xml.ns.\
yang.myproject.rev150105.MyContainer1>,
    MyContainer1Group1,
    MyGroup2
{
    ...
}
```

（4）MyContainer1Builder.java 分析，代码如下：

```
public class MyContainer1Builder implements Builder <org.opendaylight.yang.gen.v1.urn.opendaylight.
params.xml.ns.yang.myproject.rev150105.MyContainer1> {
    //新增成员变量
    private java.lang.Integer _myContGrpLeaf1;
    ...
    //新增构造函数
    public MyContainer1Builder(org.opendaylight.yang.gen.v1.urn.\
    opendaylight.params.xml.ns.yang.myproject.rev150105.my.container1.\
    MyContainer1Group1 arg) {
        this._myContGrpLeaf1 = arg.getMyContGrpLeaf1();
    }
    ...
    public MyContainer1Builder(MyContainer1 base) {          //修改
        this._myContGrpLeaf1 = base.getMyContGrpLeaf1();
        ...
    }
    //新增函数，检查组输入参数的有效性
    /**
     *Set fields from given grouping argument. Valid argument is instance of one of following types:
     * <ul>
     * <li>org.opendaylight.yang.gen.v1.urn.opendaylight.params.xml.ns.yang.myproject.rev150105.my.
container1.MyContainer1Group1</li>
     * </ul>
     *
     * @param arg grouping object
     * @throws IllegalArgumentException if given argument is none of valid types
    */
    public void fieldsFrom(DataObject arg) {
        boolean isValidArg = false;
        if (arg instanceof org.opendaylight.yang.gen.v1.urn.opendaylight.\
        params.xml.ns.yang.myproject.rev150105.my.container1.\
        MyContainer1Group1) {
            this._myContGrpLeaf1 = ((org.opendaylight.yang.gen.v1.urn.\
            opendaylight.params.xml.ns.yang.myproject.rev150105.my.container1\
            .MyContainer1Group1)arg).getMyContGrpLeaf1();
            isValidArg = true;
        }
        if (!isValidArg) {
            throw new IllegalArgumentException(
              "expected one of: [org.opendaylight.yang.gen.v1.urn.opendaylight.\
              params.xml.ns.yang.myproject.rev150105.my.container1.\
              MyContainer1Group1] \n" + "but was: " + arg
            );
```

```
        }
    }
    public java.lang.Integer getMyContGrpLeaf1() {                //新增函数
        return _myContGrpLeaf1;
}
    public MyContainer1Builder setMyContGrpLeaf1(final java.lang.Integer value)      {      //新增函数
        this._myContGrpLeaf1 = value;
        return this;
    }
    private static final class MyContainer1Impl implements MyContainer1 {          //修改函数
     private final java.lang.Integer _myContGrpLeaf1;
     ...
        private MyContainer1Impl(MyContainer1Builder base) {                       //修改函数
            this._myContGrpLeaf1 = base.getMyContGrpLeaf1();
            ...
        }
        @Override
        public java.lang.Integer getMyContGrpLeaf1() {                              //新增函数
            return _myContGrpLeaf1;
        }
        @Override
        public int hashCode() {                                   //修改函数
            ...
            result = prime * result + Objects.hashCode(_myContGrpLeaf1);
            result = prime * result + Objects.hashCode(_myContainer1Choice1);
            ...
        }
        public boolean equals(java.lang.Object obj) {              //修改函数
            ...
            if (!Objects.equals(_myContGrpLeaf1, other.getMyContGrpLeaf1())) {
                return false;
            }
            if (!Objects.equals(_myContainer1Choice1, \
                other.getMyContainer1Choice1())) {
                return false;
            }
            ...
        }
        public java.lang.String toString() {
            ...
            if (_myContGrpLeaf1 != null) {
                if (first) {
                    first = false;
                } else {
                    builder.append(", ");
```

```
                }
                builder.append("_myContGrpLeaf1=");
                builder.append(_myContGrpLeaf1);
            }
            if (_myContainer1Choice1 != null) {
                if (first) {
                    ...
                }
            }
        ...
    }
}
```

14.3.10　augment 声明实例及其生成的 Java 文件

augment 声明包含 case、choice、container、leaf、leaf-list、list、uses、when 等子声明（具体见表 12-18），可作为模块的直接子声明和 uses 声明的子声明。augment 声明的目标节点必须是 container 节点、list 节点、choice 节点、case 节点、RPC 输入节点、RPC 输出节点、notification 节点中的一种。目标节点使用定义在子声明中符合 augment 声明的节点来进行扩展。这个参数是一个概要树标识符。注意，当 augment 声明包含 list 子声明、container 子声明、choice 子声明、case 子声明时，会生成附加包以指定此容器。

首先，在模块 myproject 的子模块 myproject-api 中新建一个模型 myappending。我们在 myproject.yang 文件的父目录下新建一个 myappending.yang 文件，如图 14-37 所示。

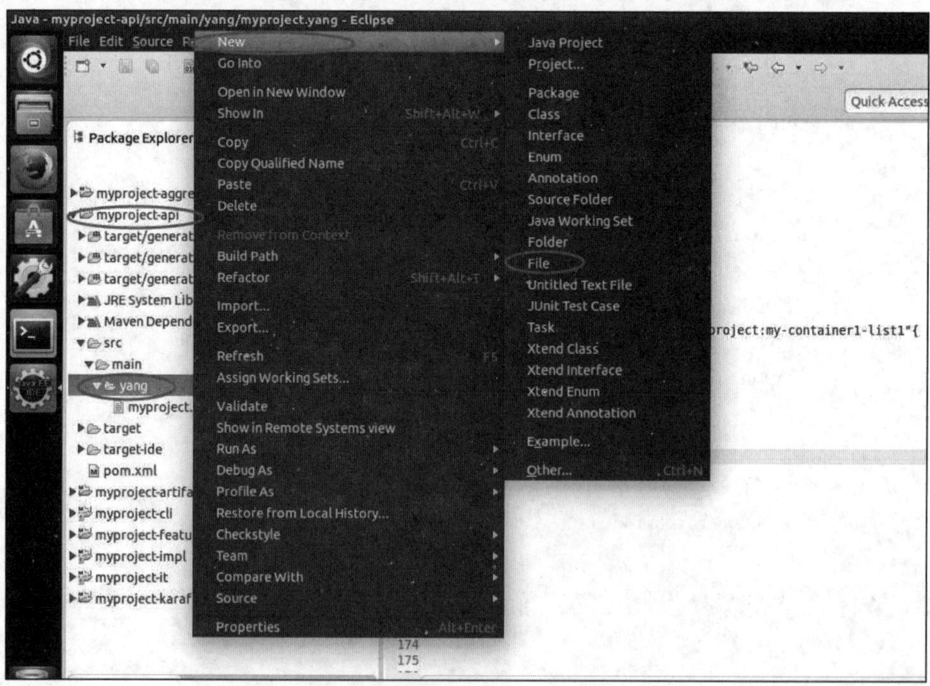

图 14-37　创建 myappending.yang 文件

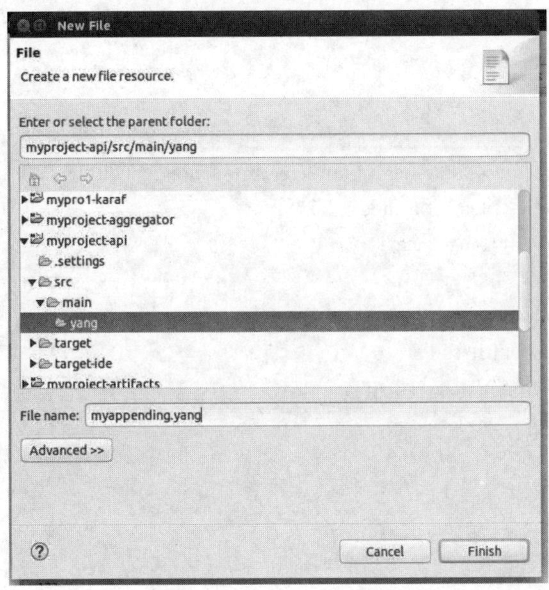

图 14-37　创建 myappending.yang 文件（续）

- 选中 myproject.yang 文件的父目录并右击，选择弹出菜单中的 New，再单击弹出子菜单中的 File。
- 在弹出窗口 New File 中已自动填写好创建位置，在 File name 后面的文本框内输入欲创建的文件 myappending.yang，然后单击 Finish 按钮。

打开 myappending.yang 文件（见图 14-38），输入以下代码（注意命名空间与模块名相同）：

```
module myappending{
    yang-version 1;
    namespace "urn:opendaylight:params:xml:ns:yang: myappending";
    prefix "myappending";
    revision "2015-01-05"{
        description "Initial revision of myappending model";
    }
    import myproject{
        prefix "myproject";
    }
    ...
    augment "/myproject: my-list1" {
        leaf augment-list1-leaf1{
            type int32;
        }
        leaf- list augment-list1-lflst1{
            type string;
        }
        list augment- list1-list1{
            leaf aug-lst1-lst1-leaf1{
```

```
                type int32;
            }
        }
    }
    augment "/myproject:my-container1/myproject :my-container1-list1" {
        when "/myproject:leaf1-of-cntlst1=32";
        leaf augment-cont1-list1-leaf1 {
            type int32;
        }
        list augment- cont-list1-list1{
            leaf aug-cont-lst1lst1-leaf1{
                type int32;
            }
        }
    }
}
```

在以上代码中做了两个扩展，第一个扩展定义将子声明添加至 myproject 模块的 my-list1 列表中；第二个扩展定义要求待添加的目标节点的子声明 leaf1-of-cntlst1 的值为 32 时，将子声明添加至 myproject 模块的 my-container1 容器的 my-container1-list1 列表中。

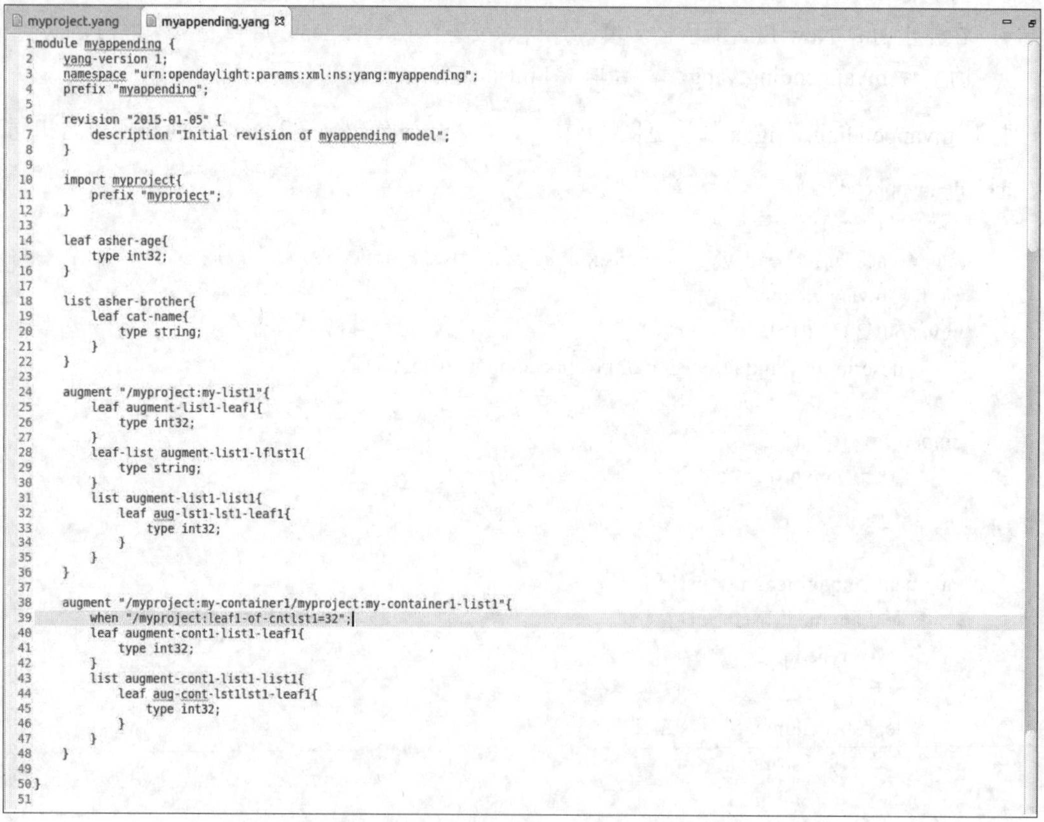

```
myproject.yang    myappending.yang

module myappending {
    yang-version 1;
    namespace "urn:opendaylight:params:xml:ns:yang:myappending";
    prefix "myappending";

    revision "2015-01-05" {
        description "Initial revision of myappending model";
    }

    import myproject{
        prefix "myproject";
    }

    leaf asher-age{
        type int32;
    }

    list asher-brother{
        leaf cat-name{
            type string;
        }
    }

    augment "/myproject:my-list1"{
        leaf augment-list1-leaf1{
            type int32;
        }
        leaf-list augment-list1-lflst1{
            type string;
        }
        list augment-list1-list1{
            leaf aug-lst1-lst1-leaf1{
                type int32;
            }
        }
    }

    augment "/myproject:my-container1/myproject:my-container1-list1"{
        when "/myproject:leaf1-of-cntlst1=32";
        leaf augment-cont1-list1-leaf1{
            type int32;
        }
        list augment-cont1-list1-list1{
            leaf aug-cont-lst1lst1-leaf1{
                type int32;
            }
        }
    }

}
```

图 14-38　myappending.yang 文件

编译之后刷新（具体方法见第 18 章），augment 声明映射所产生的变动如图 14-39 所示。主要产生的变化如下。

（1）每个 augment 声明在其父声明（myappending 模块）所映射的包 org.opendaylight.yang.gen.v1.urn.opendaylight.params.xml.ns.yang. myappending.rev150105 中的变动主要有：

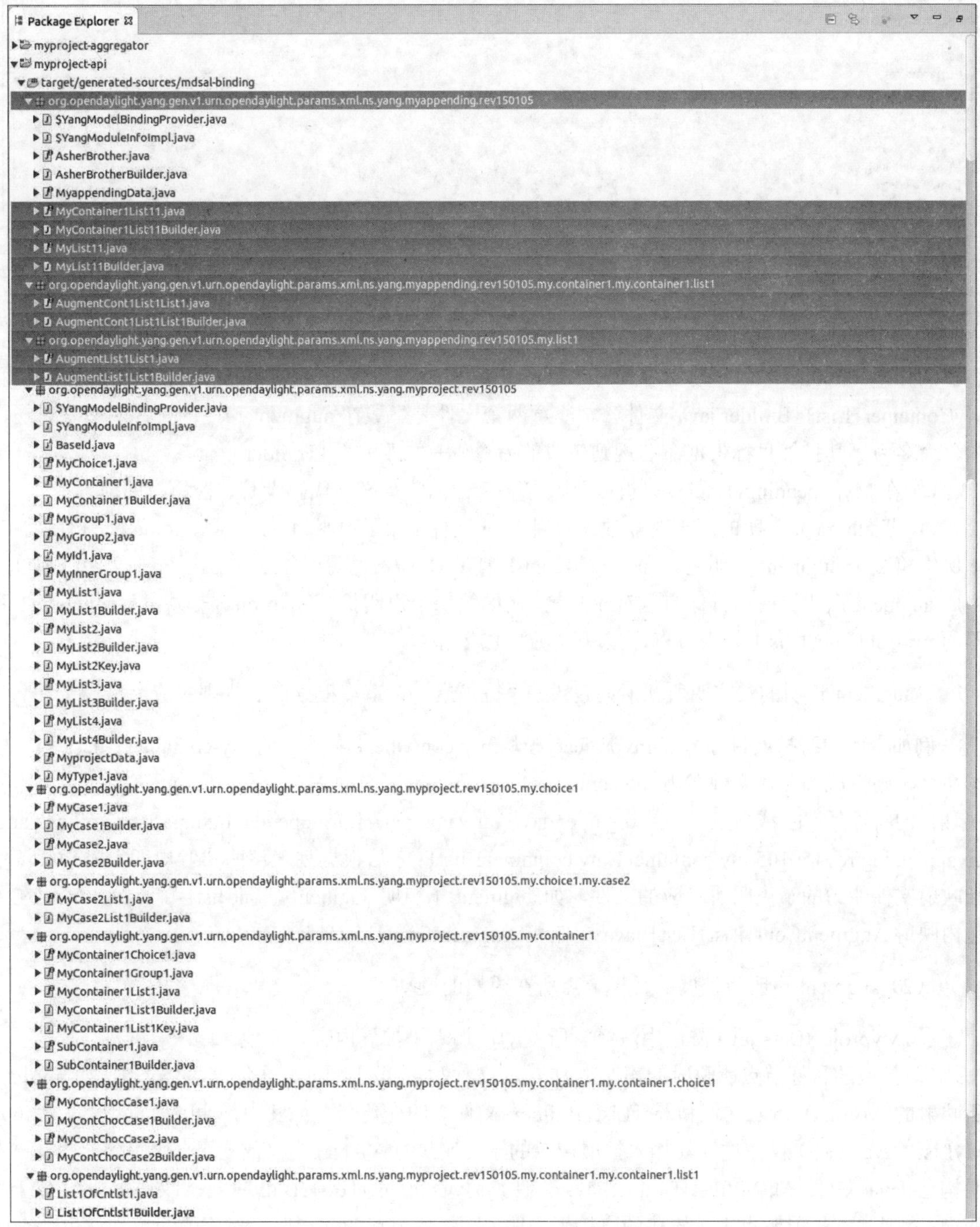

图 14-39　augment 映射的包和 Java 文件

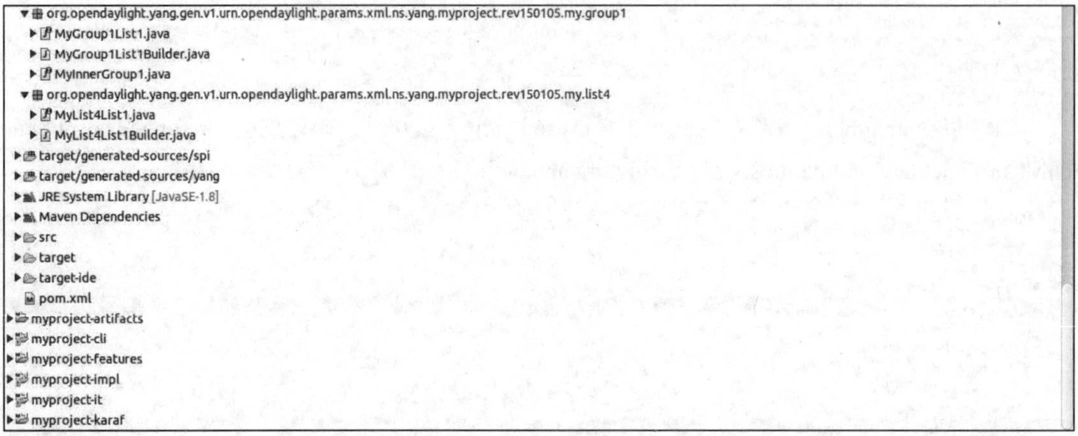

```
▼ org.opendaylight.yang.gen.v1.urn.opendaylight.params.xml.ns.yang.myproject.rev150105.my.group1
  ▶ MyGroup1List1.java
  ▶ MyGroup1List1Builder.java
  ▶ MyInnerGroup1.java
▼ org.opendaylight.yang.gen.v1.urn.opendaylight.params.xml.ns.yang.myproject.rev150105.my.list4
  ▶ MyList4List1.java
  ▶ MyList4List1Builder.java
▶ target/generated-sources/spi
▶ target/generated-sources/yang
▶ JRE System Library [JavaSE-1.8]
▶ Maven Dependencies
▶ src
▶ target
▶ target-ide
  pom.xml
▶ myproject-artifacts
▶ myproject-cli
▶ myproject-features
▶ myproject-impl
▶ myproject-it
▶ myproject-karaf
```

图 14-39 augment 映射的包和 Java 文件（续）

① 生成了 2 个直接映射的 Java 文件（如第一个扩展 myproject 模块 my-list1 列表节点的 augment 声明映射后生成 MyList11.java 文件和 MyList11Builder.java 文件；第二个扩展 myproject 模块 my-container1 容器的 my-container1-list1 列表节点的 augment 声明映射后生成 MyContainer1List11.java 文件和 MyContainer1List11Builder.java 文件）。注意两个文件是生成在 augment 声明的父声明所映射的包内，命名为“其扩展目标根据命名规则生成的命令”+“1”+“（Builder）.java”。

② 在 MyappendingData.java 的注释中更新其 YANG 定义，代码没有映射修改的地方。

③ 若 augment 声明的子声明能独立映射 Java 文件（如子声明为 list 声明、container 声明等），本例中第 2 个 augment 声明包含 augment-cont-list1-list1 列表声明可独立映射出 Java 文件，则首次生成 augment 声明扩展的目标节点对应的包。例如第二个声明扩展 myproject 模块 my-container1 容器的 my-container1-list1 列表节点，按以下规则生成包：

“augment 声明的父声明所映射的包.”+“待扩展目标节点根据命名规则生成的路径文件名”

例如本例中待扩展目标节点 myproject 模块 my-container1 容器下的 my-container1-list1 列表根据命名规则生成的路径文件名为 my.container1.my.container1.list1，附加于 augment 声明的父声明所映射的包后生成包为：org.opendaylight.yang.gen.v1.urn.opendaylight.params.xml.ns.yang.myappending.rev150105.my.container1.my.container1.list1；之后根据列表声明映射规则生成其具备单独映射文件能力的子声明所对应的文件，如 augment 子声明 augment- cont-list1-list1 列表声明在此包内映射 AugmentCont1List1List1.java 文件和 AugmentCont1List1List1Builder.java 文件。

（2）augment 声明所扩展的目标节点所在模块的变动：

① MyprojectData.java 文件中注释有所变动，加入了扩展内容，其他代码未有变动。

② 扩展的目标节点所映射的声明映射 Java 文件和声明构造 Java 文件这两个文件（如 my-list1 所映射的 MyList1.java 文件和 MyList1Builder 文件）的变化情况：其中声明映射 Java 文件（如 MyList1.java 文件）仅在注释处加入扩展声明的子声明进行 YANG 定义的变更，代码处无变动；声明构造 Java 文件（如 MyList1Builder.java 文件，MyContainer1List1Builder.java 文件）则没有任何变动；另外，若扩展节点不是模块的直接子声明，则扩展节点的父声明所对应的两个文件也会有所变动——父声明映射 Java 文件（如 MyContainer1.java 文件）的注释处加入扩展声明的子声明进行

YANG 定义的变更而代码处无变动，父声明映射的声明构造 Java 文件（如 MyContainer1.java 文件）不做任何变动。

以下选取一些有代表性的例子具体解释。

（1）MyContainer1List11.java 文件，代码如下：

```
package org.opendaylight.yang.gen.v1.urn.opendaylight.params.xml.ns.yang.myappending.rev150105;
//导入扩展所依赖的包
import org.opendaylight.yangtools.yang.binding.Augmentation;
//将扩展目标相关的类导入
import
org.opendaylight.yang.gen.v1.urn.opendaylight.params.xml.ns.yang.myproject.rev150105.my.container1.MyContai
ner1List1;
//导入 DataObject 包
import org.opendaylight.yangtools.yang.binding.DataObject;
//将扩展的子声明生成的类导入
import org.opendaylight.yang.gen.v1.urn.opendaylight.params.xml.ns.yang.myappending.rev150105.
my.container1.my.container1.list1.AugmentCont1List1List1;
//将扩展的子声明所依赖的类导入
import java.util.List;
public interface MyContainer1List11 extends DataObject, Augmentation<MyContainer1List1>
//接口 MyContainer1List11 需要 extends 扩展 Augmentation<MyContainer1List1>类
{
    // 子声明相应的 get 方法
    /**
     * @return
     <code>java.lang.Integer</code> <code>augmentCont1List1Leaf1</code>,
     or <code>null</code> if not present
     */
    java.lang.Integer getAugmentCont1List1Leaf1();
    /**
     * @return <code>java.util.List</code> <code>augmentCont1List1List1</code>,
       or <code>null</code> if not present
     */
    List<AugmentCont1List1List1> getAugmentCont1List1List1();
}
```

（2）MyContainer1List11Builder.java 文件，代码如下：

```
package org.opendaylight.yang.gen.v1.urn.opendaylight.params.xml.ns.yang.myappending.rev150105;
import org.opendaylight.yangtools.yang.binding.DataObject;
import org.opendaylight.yangtools.concepts.Builder;
//将扩展的子声明生成的类导入
import org.opendaylight.yang.gen.v1.urn.opendaylight.params.xml.ns.yang.myappending.rev150105.
my.container1.my.container1.list1.AugmentCont1List1List1;
import java.util.Objects;
```

```
import java.util.List;
/**
 * Class that builds {@link org.opendaylight.yang.gen.v1.urn.opendaylight.params.xml.ns.yang.
myappending.rev150105.MyContainer1List11} instances.
 *
 * @see org.opendaylight.yang.gen.v1.urn.opendaylight.params.xml.ns.yang.myappending.rev150105.
MyContainer1List11
 */
public class MyContainer1List11Builder implements Builder <org.opendaylight.yang.gen.v1.urn.opendaylight.
params.xml.ns.yang.myappending.rev150105.MyContainer1List11> {
    //添加扩展加入的子声明相应的成员变量
        private java.lang.Integer _augmentCont1List1Leaf1;
        private List<AugmentCont1List1List1> _augmentCont1List1List1;
        public MyContainer1List11Builder() {
    }
    //构造函数中添加扩展加入的子声明相应的方法
    public MyContainer1List11Builder(MyContainer1List11 base) {
        this._augmentCont1List1Leaf1 = base.getAugmentCont1List1Leaf1();
        this._augmentCont1List1List1 = base.getAugmentCont1List1List1();
    }
    //添加扩展加入的子声明相应的成员方法
    public java.lang.Integer getAugmentCont1List1Leaf1() {
        return _augmentCont1List1Leaf1;
    }
    //添加扩展加入的子声明相应的成员方法
    public List<AugmentCont1List1List1> getAugmentCont1List1List1() {
        return _augmentCont1List1List1;
    }
    //添加扩展加入的子声明相应的成员方法
    public MyContainer1List11Builder setAugmentCont1List1Leaf1\
     (final java.lang.Integer value) {
        this._augmentCont1List1Leaf1 = value;
        return this;
    }
    //添加扩展加入的子声明相应的成员方法
    public MyContainer1List11Builder setAugmentCont1List1List1\
     (final List<AugmentCont1List1List1> value) {
        this._augmentCont1List1List1 = value;
        return this;
    }
    public MyContainer1List11 build() {
        return new MyContainer1List11Impl(this);
    }
    private static final class MyContainer1List11Impl \
          implements MyContainer1List11 {
```

```
//根据扩展加入的子声明修改、添加 getImplementedInterface 函数中相关的方法
    public java.lang.Class<org.opendaylight.yang.gen.v1.urn.\
      opendaylight.params.xml.ns.yang.myappending.rev150105.\
      MyContainer1List11> getImplementedInterface() {
        return org.opendaylight.yang.gen.v1.urn.opendaylight.params.xml\
                .ns.yang.myappending.rev150105.MyContainer1List11.class;
    }
     //添加扩展加入的子声明相应的成员变量和构造方法
    private final java.lang.Integer _augmentCont1List1Leaf1;
    private final List<AugmentCont1List1List1> _augmentCont1List1List1;
    private MyContainer1List11Impl(MyContainer1List11Builder base) {
        this._augmentCont1List1Leaf1 = base.getAugmentCont1List1Leaf1();
        this._augmentCont1List1List1 = base.getAugmentCont1List1List1();
    }
     //添加扩展加入的子声明相应的 get 方法
    @Override
    public java.lang.Integer getAugmentCont1List1Leaf1() {
        return _augmentCont1List1Leaf1;
    }
    @Override
    public List<AugmentCont1List1List1> getAugmentCont1List1List1() {
        return _augmentCont1List1List1;
    }
     //根据扩展加入的子声明修改 hashCode 函数
    private int hash = 0;
    private volatile boolean hashValid = false;
    @Override
    public int hashCode() {
        if (hashValid) {
            return hash;
        }
        final int prime = 31;
        int result = 1;
        result = prime * result + Objects.hashCode(_augmentCont1List1Leaf1);
        result = prime * result + Objects.hashCode(_augmentCont1List1List1);
        hash = result;
        hashValid = true;
        return result;
    }
     //根据扩展加入的子声明修改 equals 函数
    @Override
    public boolean equals(java.lang.Object obj) {
        if (this == obj) {
            return true;
        }
```

```
        if (!(obj instanceof DataObject)) {
            return false;
        }
        if
         (!org.opendaylight.yang.gen.v1.urn.opendaylight.params.xml.ns.\
        yang.myappending.rev150105.MyContainer1List11.class.\
        equals(((DataObject)obj).getImplementedInterface())) {
            return false;
        }
        org.opendaylight.yang.gen.v1.urn.opendaylight.params.xml.ns.yang\
        .myappending.rev150105.MyContainer1List11 other =
         (org.opendaylight.yang.gen.v1.urn.opendaylight.params.xml.ns.yang\
        .myappending.rev150105.MyContainer1List11)obj;
        if (!Objects.equals(_augmentCont1List1Leaf1, \
          other.getAugmentCont1List1Leaf1())) {
            return false;
        }
        if (!Objects.equals(_augmentCont1List1List1, \
            other.getAugmentCont1List1List1())) {
            return false;
        }
        return true;
    }
     //根据扩展加入的子声明修改 toString 函数
    @Override
    public java.lang.String toString() {
        java.lang.StringBuilder builder = \
            new java.lang.StringBuilder ("MyContainer1List11 [");
        boolean first = true;

        if (_augmentCont1List1Leaf1 != null) {
            if (first) {
                first = false;
            } else {
                builder.append(", ");
            }
            builder.append("_augmentCont1List1Leaf1=");
            builder.append(_augmentCont1List1Leaf1);
         }
        if (_augmentCont1List1List1 != null) {
            if (first) {
                first = false;
            } else {
                builder.append(", ");
            }
```

```
                builder.append("_augmentCont1List1List1=");
                builder.append(_augmentCont1List1List1);
            }
            return builder.append(']').toString();
        }
    }
}
```

（3）MyprojectData.java 文件，代码如下：

```
package org.opendaylight.yang.gen.v1.urn.opendaylight.params.xml.ns.yang.myproject.rev150105;
import org.opendaylight.yangtools.yang.binding.DataRoot;
import java.util.List;
/**
 * <p>This class represents the following YANG schema fragment defined in module <b>myproject</b>
 * <pre>
 * module myproject {
 *     ...
 *     list my-list1 {
// 将扩展元素加入到 YANG 定义中
 *         key         leaf augment-list1-leaf1 {
 *             type int32;
 *         }
 *         leaf-list augment-list1-lflst1 {
 *             type string;
 *         }
 *         list augment-list1-list1 {
 *             key         leaf aug-lst1-lst1-leaf1 {
 *                 type int32;
 *             }
 *         }
// 将 myappending.yang 中的扩展定义复制
 *         augment \(urn:opendaylight:params:xml:ns:yang:myproject)my-list1 {
 *             status CURRENT;
 *             leaf augment-list1-leaf1 {
 *                 type int32;
 *             }
 *             leaf-list augment-list1-lflst1 {
 *                 type string;
 *             }
 *             list augment-list1-list1 {
 *                 key         leaf aug-lst1-lst1-leaf1 {
 *                     type int32;
 *                 }
 *             }
 *         }
```

```
*       }
*       …
*       container my-container1 {
*           leaf my-cont-grp-leaf1 {
*               type int32;
*           }
*           container sub-container1 {
*           }
*           leaf mycontainer1-leaf1 {
*               type int8;
*           }
*           leaf-list my-container1-lflst1 {
*               type int32;
*           }
*           list my-container1-list1 {
*               key "leaf1-of-cntlst1"
*               leaf leaf1-of-cntlst1 {
*                   type int32;
*               }
*               list list1-of-cntlst1 {
*                   key         leaf leaf-innest1 {
*                       type my-type1;
*                   }
*               }
// 将扩展元素加入到 YANG 定义中
*               leaf augment-cont1-list1-leaf1 {
*                   type int32;
*               }
*               list augment-cont1-list1-list1 {
*                   key         leaf aug-cont-lst1lst1-leaf1 {
*                       type int32;
*                   }
*               }
// 将 myappending.yang 中的扩展定义复制
*               augment \(urn:opendaylight:params:xml:ns:yang:myproject)my-container1\
(urn:opendaylight:params:xml:ns:yang:myproject)my-container1-list1 {
*                   when "/myproject:leaf1-of-cntlst1=32";
*                   status CURRENT;
*                   leaf augment-cont1-list1-leaf1 {
*                       type int32;
*                   }
*                   list augment-cont1-list1-list1 {
*                       key         leaf aug-cont-lst1lst1-leaf1 {
*                           type int32;
*                       }
```

```
 *                    }
 *                }
 *            }
 *            choice my-container1-choice1 {
 *                case my-cont-choc-case1 {
 *                    leaf myCCC-leaf1 {
 *                        type string;
 *                    }
 *                }
 *                case my-cont-choc-case2 {
 *                    leaf myCCC-leaf2 {
 *                        type int32;
 *                    }
 *                }
 *            }
 *            grouping my-container1-group1 {
 *                leaf my-cont-grp-leaf1 {
 *                    type int32;
 *                }
 *            }
 *            uses my-container1;
 *            uses my-group2;
 *        }
 *        …
 * }
 * </pre>
 *
 */
public interface MyprojectData
    extends
    MyGroup1,
    DataRoot
{
    // 代码内容不变
    ...
}
```

还有其他声明实例及其生成的 Java 文件，我们将在第 15 章专门介绍 RPC 声明，第 17 章介绍 Notification（通知）声明，此处就不做介绍了。

14.3.11　YANG 创建模型的一些实验

对项目进行编译后，打开 YANG UI（见图 14-41），对 YANG 创建的一些模型进行实验。

1. 容器 my-container1 的相关实验

对 my-container1 进行简单的实验。本章中最终容器 my-container1 的组成如图 14-40 所示。

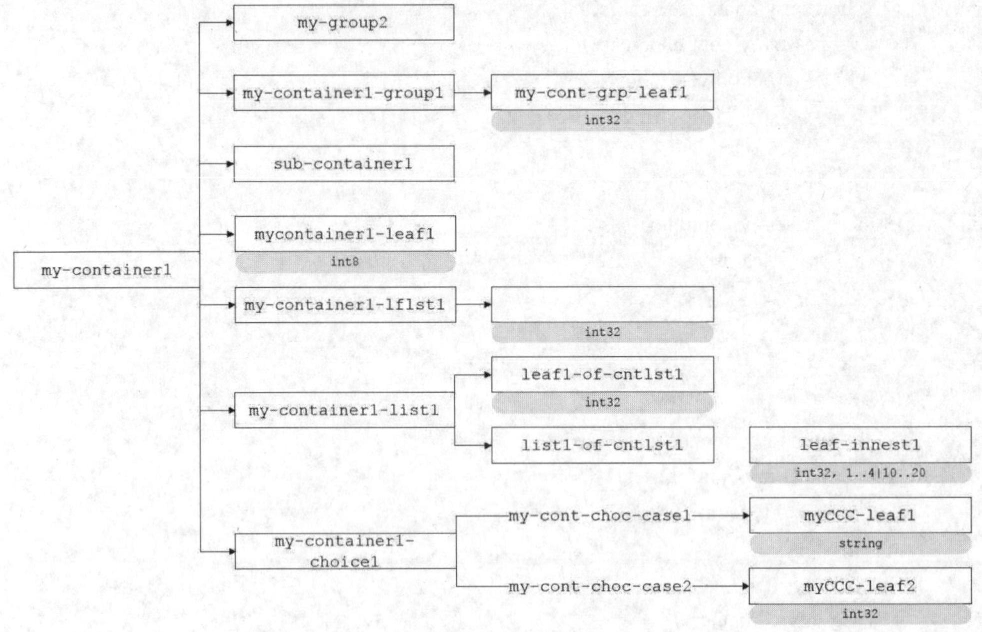

图 14-40　my-container1 的组成

输入地址：

http://<Controller's IP Address>:8181/index.html#/yangui/index

注意，Controller's IP Address 为控制器所在的 IP 地址，若在本地打开，则可访问：

http://localhost:8181/index.html#/yangui/index

如图 14-41 所示，打开 config 节点下面的 my-container1 以进行实验。

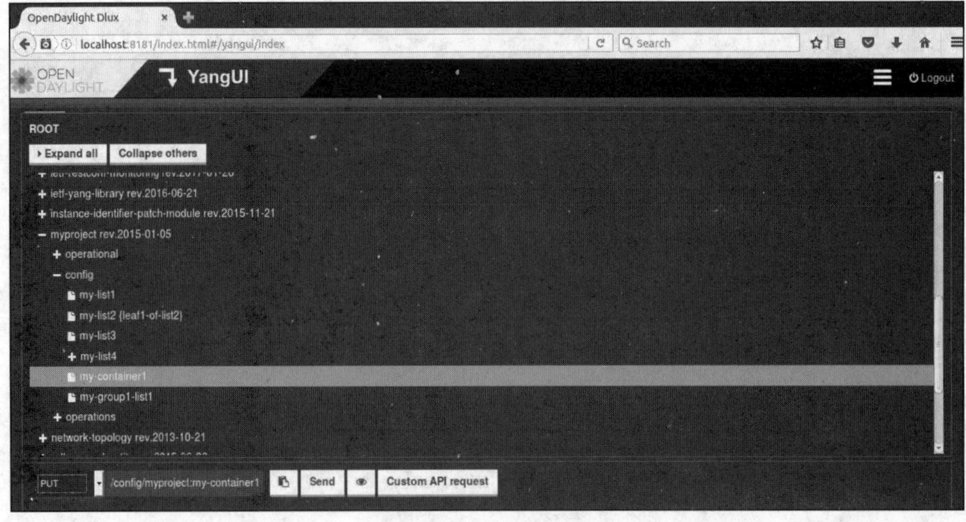

图 14-41　使用 YANG UI 查看 my-container1

实验 1： 设定 my-container1 的叶子 mycontainer1-leaf1 的值为 2。选择模式为 PUT（在图 14-42 中圈出），在 mycontainer1-leaf1 后面的文本框内输入值 2，注意文本框会对输入的值的类型进行提示，若输入的值超过设定的范围，将弹出提示并无法上传设置。

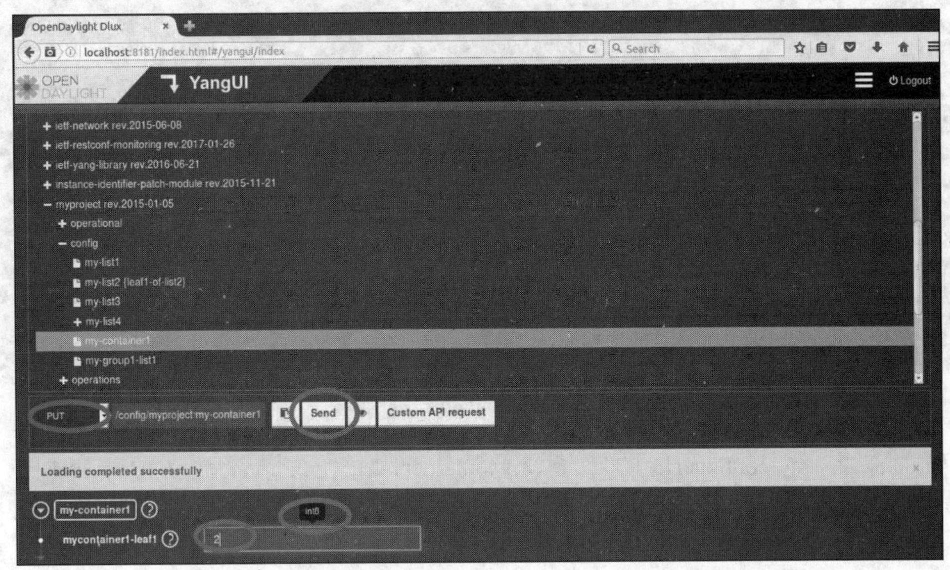

图 14-42　my-container1 的实验 1——设定 my-container1 值

单击 Send 按钮，出现 Request sent successfully，表示发送请求成功，如图 14-43 所示。

检查实验 1 是否成功，选择模式为 GET，单击 Send 按钮，出现 Request sent successfully，并且返回叶子 mycontainer1-leaf1 的值为 2，表示实验 1 成功完成，如图 14-44 所示。

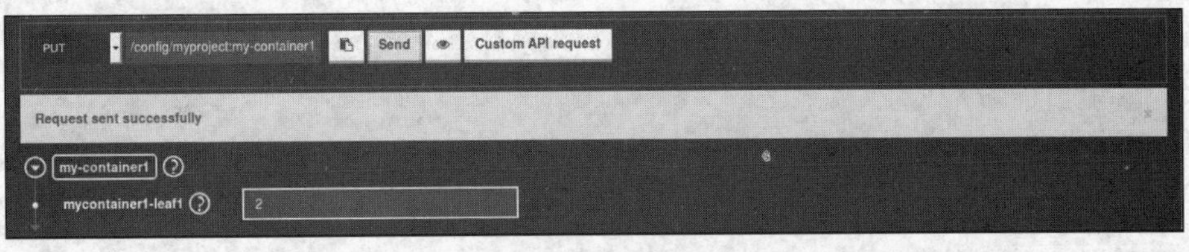

图 14-43　my-container1 的实验 1——发送请求成功

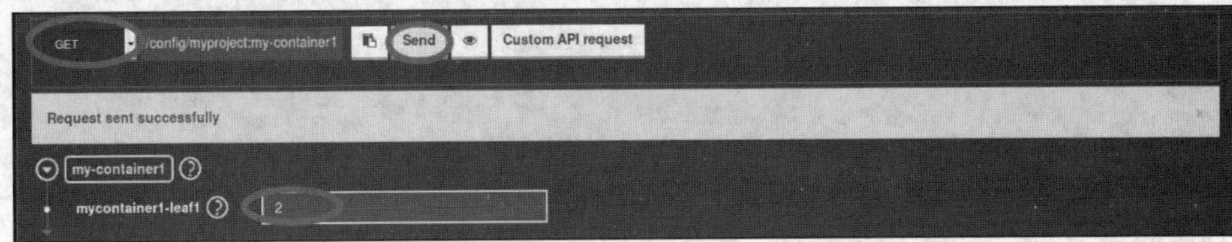

图 14-44　my-container1 的实验 1——检查实验 1 成功完成

实验 2： 将 my-container1 的叶子 mycontainer1-leaf1 的值设置为 1，leaf-list 类型 my-container1-lflst1 的第一个子节点的值设置为 123，将 my-container1-list1 的第一个子节点的子叶子节点 leaf1-of-cntlst1 的值设置为 234、子列表节点 list1-of-cntlst1 的第 1 个元素的叶子节点设置为 11，将 case 子节点 my-container1-choice1 的情况设置为 my-cont-choc-case2，接着将 my-cont-choc-case2 的子节点 myCCC-leaf2 设置为 32，单击 Send 按钮，成功上传数据，并且检查成功，如图 14-45 所示。

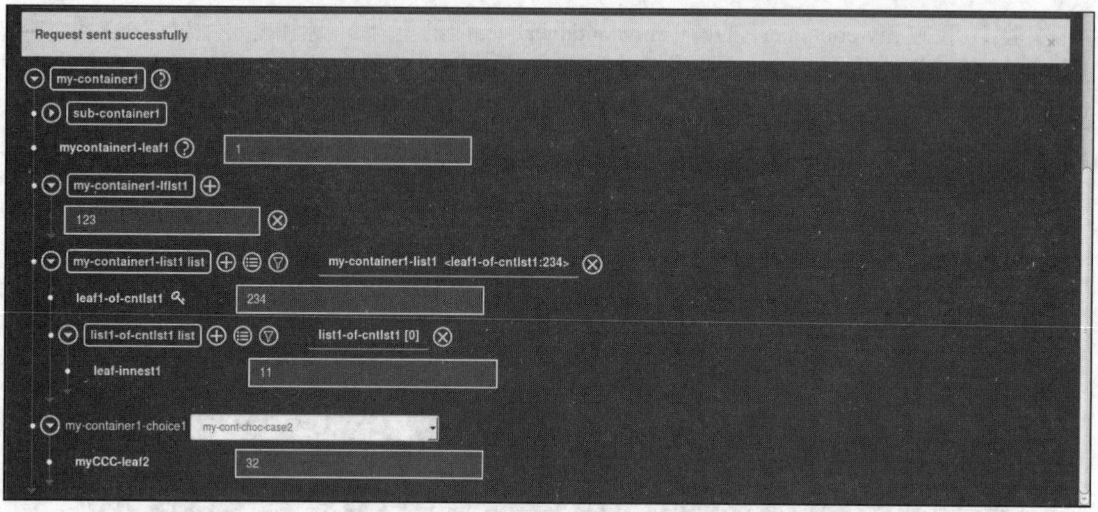

图 14-45 my-container1 的实验 2

实验 3： 将 my-container1 的叶子 mycontainer1-leaf1 的值设置为 1，leaf-list 类型 my-container1-lflst1 的第一个子节点的值设置为 123、第二个子节点的值设置为 234，将 my-container1-list1 的第一个子节点的子叶子节点 leaf1-of-cntlst1 的值设置为 234、子列表节点 list1-of-cntlst1 的第 1 个元素的叶子节点设置为 11，将 case 子节点 my-container1-choice1 的情况设置为 my-cont-choc-case1 时的子节点 myCCC-leaf1 设置为 string，单击 Send 按钮，成功上传数据，并且检查成功，如图 14-46 所示。

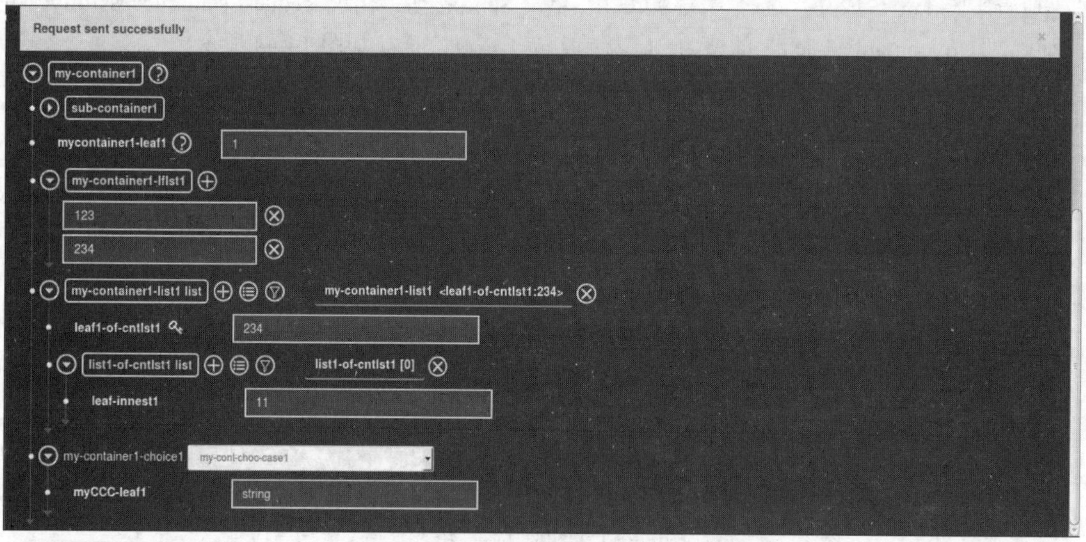

图 14-46 my-container1 的实验 3

实验 4： 将 my-container1 的叶子 mycontainer1-leaf1 的值设置为 3，leaf-list 类型 my-container1-lflst1 的第一个子节点的值设置为 123、第二个子节点的值设置为 456。将 my-container1-list1 的第一个子节点的子叶子节点 leaf1-of-cntlst1 的值设置为 123，列表节点 list1-of-cntlst1 的第 1 个元素的叶子节点设置为 1；第二个子节点的子叶子节点 leaf1-of-cntlst1 的值设置为 456，子列表节点 list1-of-cntlst1 的第

1 个元素的叶子节点设置为 10、第 2 个元素的叶子节点设置为 11。将 case 子节点 my-container1-choice1 的情况设置为 my-cont-choc-case2 时的子节点 myCCC-leaf2 设置为 234，单击 Send 按钮，成功上传数据，并且检查成功，如图 14-47 所示。

实验 5：不设置 my-container1 的任何值，单击 Send 按钮，成功上传数据，并且检查返回值也均为空，实验成功，如图 14-48 所示。

图 14-47　my-container1 的实验 4

2. 列表 my-list2 的相关实验

打开 YANG UI，单击选择列表 my-list2 节点，如图 14-49 所示。

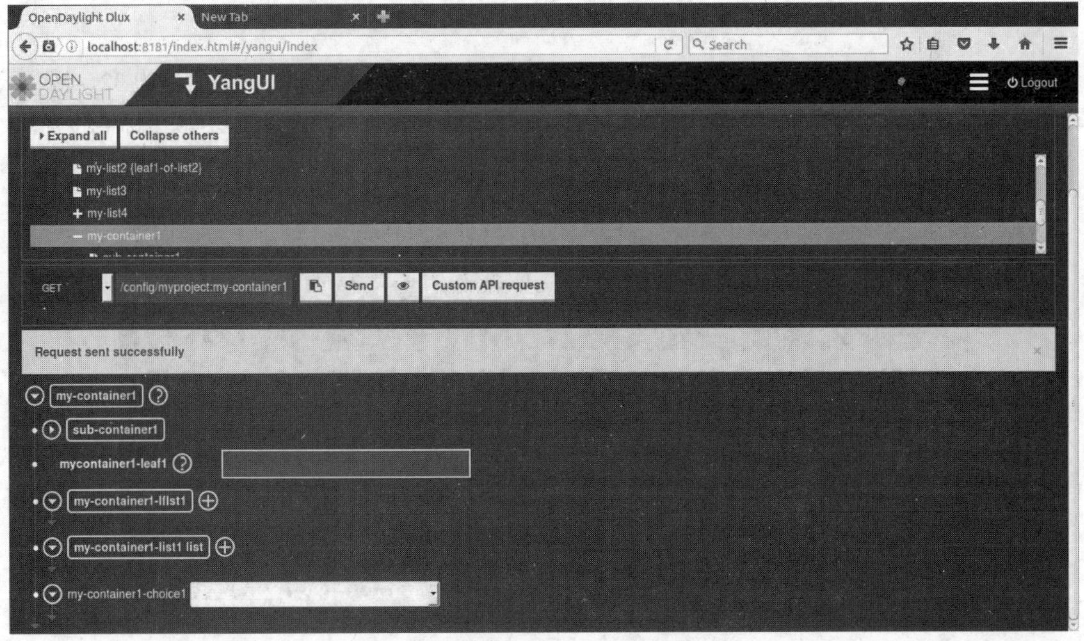

图 14-48　my-container1 的实验 5

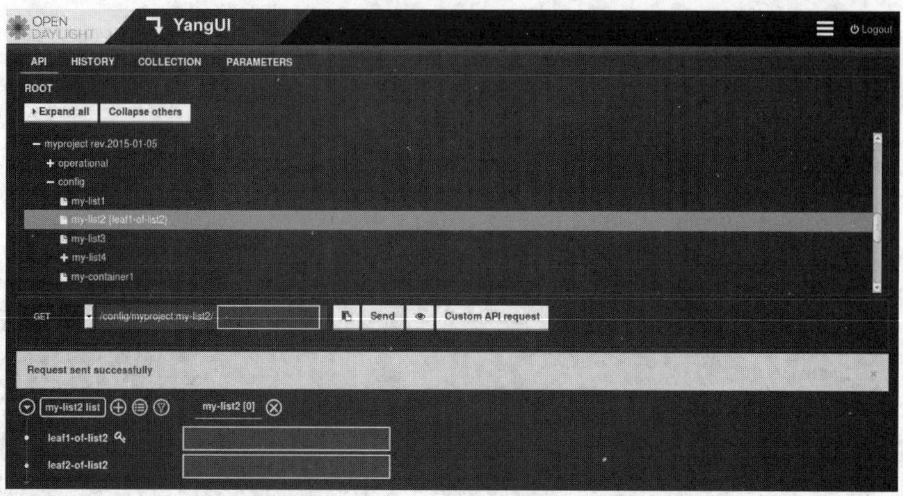

图 14-49 my-list2 节点

本节已定义列表 my-list2 如下：

```
list my-list2 {                                    //包含叶子子元素
ordered-by user;
key "leaf1-of-list2";
leaf leaf1-of-list2 {
type int32;
}
leaf leaf2-of-list 2{
type int8;
}
}
```

将列表 my-list2 的第 1 个元素的叶子节点 leaf1-of-list2（同时也是键）的值设置为 32，将叶子节点 leaf2-of-list2 的值设置为 1，单击 Send 按钮，成功上传数据，并且检查成功，如图 14-50 所示。

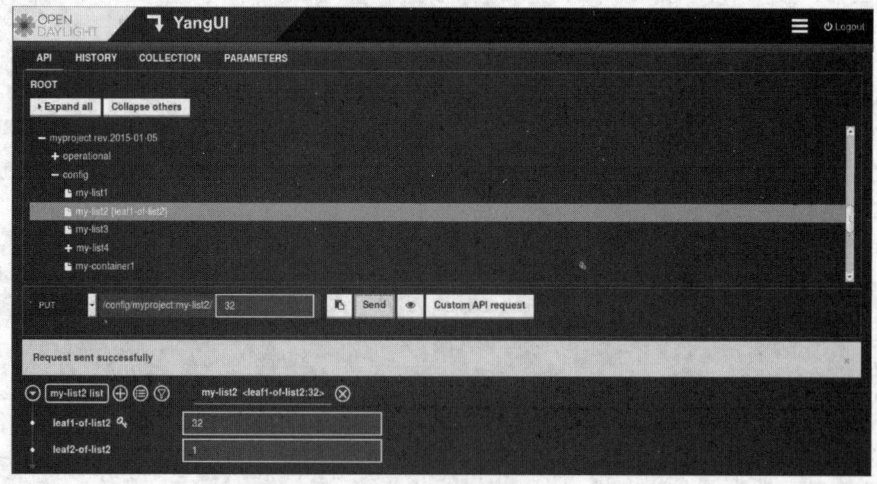

图 14-50 my-list2 的实验 1

14.4　本章总结

在本章的一开始给出了创建一个通用项目 myproject 的例子（在此章之后的第 15 章至第 18 章的相关示例全部基于这个示例进行实验说明），接着更为详细地从逻辑上介绍了项目的层次结构，带领读者再次回顾使用 OpenDaylight 项目提供的一个原型完成一个项目框架的搭建。

接下来，本章围绕项目开发中主要使用的 identity（标识）声明、container（容器）声明、typedef 声明、leaf（叶子）声明、leaf-list 声明、list（列表）声明、choice（选择）声明、case（情况）声明、grouping（组）声明、uses（使用）声明和 augment（扩展）声明进行了多种场景下的实例展示和代码分析，总结出生成规则，有利于读者深入了解 YANG 语言的功能，打好 OpenDaylight 基于 MD-SAL 开发的基础。

建议读者亲自动手，仿照本章示例完成所有声明的实验，以更好地掌握 YANG 语言的特性。

第 15 章

RPC 的开发

本章主要介绍 RPC 的开发过程。RPC 全称为 Remote Procedure Call，即远程过程调用，属于消息传递中的单播方式，在消息使用者和提供者之间以单播的方式进行通信，消息使用者发送请求消息到提供者，以异步方式作为应答。本章在项目 myproject 的基础上进行实验，首先，在 15.1 节简要说明 RPC 开发的步骤，便于读者有一个整体的概念，也便于复习、查找时快速地重温要点。

接着，在 15.2 节定义 5 个 RPC，即 my-rpc0、my-rpc1、my-rpc2、my-rpc3 和 my-rpc4。其中 my-rpc1 仅包含 description 声明；my-rpc2 包含 input 声明和 description 声明；my-rpc3 包含 output 声明和 description 声明；my-rpc4 包含 input 声明、output 声明和 description 声明；而 my-rpc0 是最复杂的声明，包含多种类型的子声明，其中某些子声明又包含其子声明。在此节，本书根据示例向读者介绍 RPC 的 YANG 文件映射的包和 Java 文件，从中向读者介绍映射规则。

随后，在 15.3 节创建实现 RPC 的类，其中包含使用 eclipse 快速创建，并将类放置在推荐的位置上。这个类中可实现全部或指定的 RPC。本书将向读者示例不同返回类型和输出参数的 RPC 的定义。

之后，在 15.4 节注册 RPC 并处理相应的关闭工作。然后在项目成功编译后，在 15.5 节对项目进行测试，对 my-rpc0、my-rpc1、my-rpc2、my-rpc3、my-rpc4 的功能都加以测试，以检验 RPC 的功能是否成功实现。

最后，在 15.6 节对全章进行总结。

15.1 RPC 开发过程的简要说明

创建 RPC 的过程可以分成 3 步：

（1）创建使用 YANG 语言对 RPC 进行建模，即实现 RPC 的 YANG 文件定义，然后编译此项目中 YANG 文件所在的子项目。

（2）完成 RPC 的具体实现，即选定位置，实现 MyprojectService 接口（注意每个项目的 Service 接口不同，此接口包含项目所定义的 RPC 接口），不同返回类型和输出参数的 RPC 的方法也不同。

（3）创建 RPC 实例并将完成其注册和关闭的相应工作。

具体以上 3 个步骤可对应 15.2 节、15.3 节和 15.4 节。

15.2 RPC 的 YANG 文件定义

模块、子模块的直接子声明包括 description 声明、input 声明、output 声明、grouping 声明、typedef 声明、if-feature 声明、reference 声明和 status 声明（见表 12-14），其中只能出现 1 个或不出现 input 声明和 output 声明。

RPC 的 input 声明包含 leaf 声明、leaf-list 声明、list 声明、container 声明、uses 声明、grouping 声明、choice 声明、typedef 声明和 anyxml 声明。RPC 的 output 声明包含 leaf 声明、leaf-list 声明、list 声明、container 声明、uses 声明、grouping 声明、choice 声明、typedef 声明和 anyxml 声明。

注 意

当 RPC 声明的 input /output 子声明包含 list 子声明、container 子声明时，会生成附加包以指定此容器。

15.2.1 RPC 的 YANG 文件示例

以下创建 5 个简单的 RPC（见图 15-1），代码如下：

```
module myproject {
    ...
    rpc my-rpc0{
        description "This is my first rpc, its name is rpc0.";
     input{
        leaf rpc0-input-leaf1{
            type int32;
        }
        leaf-list rpc0-input-lflst1{
            type string;
        }
        list rpc0-input-list1{
            leaf rpc0-input-list1-list{
                type int32;
            }
        }
        container rpc0-input-container1{
                leaf-list rpc0-input-container1-lflst1{
                    type my-type2;
                }
        }
```

```
        uses myproject:my-group1;
    }
    output{
        leaf rpc0-output-leaf1{
            type int32;
        }
        leaf-list rpc0-output-lflst1{
            type string;
        }
        list rpc0-output-list1{
            leaf rpc0-output-list1-list{
                type int32;
            }
        }
        container rpc0-output-container1{
                list rpc0-output-container1-list1{
                    leaf rpc0-output-container1-list1-leaf1{
                        type string;
                    }
                }
        }
    }
    grouping my-rpc0-group1{
        leaf-list my-rpc0-group1-lflst1{
            type my-type2;
        }
        list my-rpc0-group1-list1{
            leaf my-rpc0-group1-list1-leaf1{
                type string;
            }
        }
    }
    grouping my-rpc0-group2{
        leaf my-rpc0-group2-leaf1{
            type string;
        }
        list my-rpc0-group2-list1{
            leaf my-rpc0-group2-list1-leaf1{
                    type int32;
                }
        }
    }
    typedef my-type2{
            type int32{
                range "21..40|100..200";
```

```
                }
            }
    }
    rpc my-rpc1{
        description "This is my rpc1.It has nothing in it.";
    }
    rpc my-rpc2{
        description "This is my rpc2. It has only input.";
        input{
            leaf rpc2-input-leaf1{
                type string;
            }
            leaf rpc2-input-leaf2{
                type int32;
            }
        }
    }
    rpc my-rpc3{
        description "This is my rpc3. It has only output.";
        output{
            leaf rpc3-output-leaf1{
                type string;
            }
        }
    }
    rpc my-rpc4{
        description "This is my rpc4. It has input and output.";
        input{
            leaf rpc4-input-leaf1{
                type int32;
            }
        }
        output{
            leaf rpc4-output-leaf1{
                type int32;
            }
            leaf rpc4-output-leaf2{
                type string;
            }
        }
    }
}
```

myproject.yang

```
        }

    }

    rpc my-rpc0{
        description "This is my first rpc, its name is rpc0.";
        input{
            leaf rpc0-input-leaf1{
                type int32;
            }
            leaf-list rpc0-input-lflst1{
                type string;
            }
            list rpc0-input-list1{
                leaf rpc0-input-list1-list{
                    type int32;
                }
            }
            container rpc0-input-container1{
                leaf-list rpc0-input-container1-lflst1{
                    type my-type2;
                }
            }
            uses myproject:my-group1;
        }
        output{
            leaf rpc0-output-leaf1{
                type int32;
            }
            leaf-list rpc0-output-lflst1{
                type string;
            }
            list rpc0-output-list1{
                leaf rpc0-output-list1-list{
                    type int32;
                }
            }
            container rpc0-output-container1{
                list rpc0-output-container1-list1{
                    leaf rpc0-output-container1-list1-leaf1{
                        type string;
                    }
                }
            }
        }
        grouping my-rpc0-group1{
            leaf-list my-rpc0-group1-lflst1{
                type my-type2;
            }
            list my-rpc0-group1-list1{
                leaf my-rpc0-group1-list1-leaf1{
                    type string;
                }
            }
        }
        grouping my-rpc0-group2{
            leaf my-rpc0-group2-leaf1{
                type string;
            }
            list my-rpc0-group2-list1{
                leaf my-rpc0-group2-list1-leaf1{
                    type int32;
                }
            }
        }
        typedef my-type2{
            type int32{
            range "21..40|100..200";
            }
        }
    }

    rpc my-rpc1{
        description "This is my rpc1.It has nothing in it.";
    }

    rpc my-rpc2{
        description "This is my rpc2. It has only input.";
        input{
            leaf rpc2-input-leaf1{
                type string;
            }
            leaf rpc2-input-leaf2{
                type int32;
            }
        }
    }

    rpc my-rpc3{
        description "This is my rpc3. It has only output.";
        output{
            leaf rpc3-output-leaf1{
                type string;
            }
        }
    }
```

图 15-1 RPC 声明示例

```
    rpc my-rpc4{
        description "This is my rpc4. It has input and output.";
        input{
            leaf rpc4-input-leaf1{
                type int32;
            }
        }
        output{
            leaf rpc4-output-leaf1{
                type int32;
            }
            leaf rpc4-output-leaf2{
                type string;
            }
        }
    }


}

```

图 15-1 RPC 声明示例（续）

以上代码举例说明了 RPC 声明主要应用场景的示例：

- my-rpc0 包含了 input 声明、output 声明、描述声明、组声明 my-rpc0-group1、类型定义 my-type2 的 typedef 声明，其中 input 声明包括叶子声明 rpc0-input-leaf1、leaf-list 声明 rpc0-input-lflst1、列表声明 rpc0-input-list1、容器声明 rpc0-input-container1（其中包含一个 leaf-list 节点）、使用了组 my-group1 的使用声明，output 声明包括叶子声明 rpc0-output-leaf1、leaf-list 声明 rpc0-output-lflst1、列表声明 rpc0-output-list1、容器声明 rpc0-output-container1。
- my-rpc1 没有 input 声明、output 声明，仅包含 description 声明。
- my-rpc2 仅包含 input 声明和 description 声明，其中 input 声明包含 2 个叶子节点。
- my-rpc3 仅包含 output 声明和 description 声明，其中 output 声明包含 1 个叶子节点。
- my-rpc4 包含 input 声明、output 声明和 description 声明，其中 input 声明仅包含 1 个叶子节点、output 声明包含 2 个叶子节点。

进入 API 目录，成功编译项目，如图 15-2 所示。

```
[INFO]
[INFO] --- maven-bundle-plugin:3.0.0:install (default-install) @ myproject-api ---
[INFO] Installing com/ming/myproject-api/1.0.0-SNAPSHOT/myproject-api-1.0.0-SNAPSHOT.jar
[INFO] Writing OBR metadata
[INFO] ------------------------------------------------------------------------
[INFO] BUILD SUCCESS
[INFO] ------------------------------------------------------------------------
[INFO] Total time: 01:08 min
[INFO] Finished at: 2017-03-23T22:11:34+08:00
[INFO] Final Memory: 38M/144M
[INFO] ------------------------------------------------------------------------
```

图 15-2 成功编译 API 目录

15.2.2 RPC 的 YANG 文件映射的包和 Java 文件

编译之后刷新（具体方法见第 18 章），RPC 声明映射所产生的变动如图 15-3 所示。主要产生的变化有：

1. 修改了 MyprojectData.java 文件的注释

在模块 myproject 直接映射的包 org.opendaylight.yang.gen.v1.urn.opendaylight.params.xml.ns.yang.myproject.rev150105 中的 MyprojectData.java 文件的注释中体现了模块 YANG 文件中 RPC 所有相关的 YANG 定义，在这里系统将对我们定义的模型 YANG 进行重新整理。MyprojectData.java 的导入文件和代码内容不变。

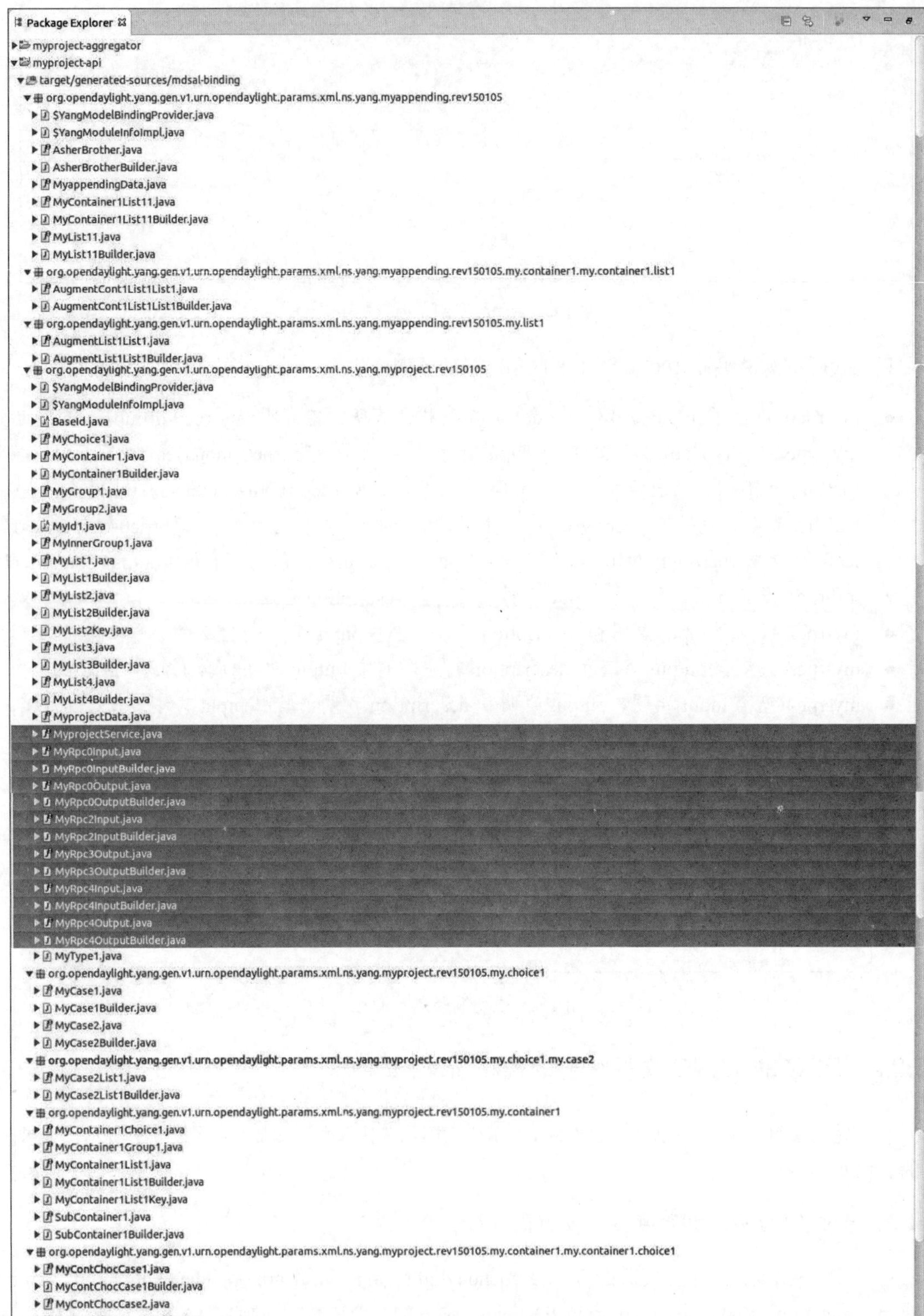

图 15-3 RPC 声明映射的包和 Java 文件

图 15-3　RPC 声明映射的包和 Java 文件（续）

2. 生成了 MyprojectService.java 文件

经映射后，在模块 myproject 直接映射的包 org.opendaylight.yang.gen.v1.urn.opendaylight.params.xml.ns.yang.myproject.rev150105 中生成了一个 MyprojectService.java 文件。注意，在模块中，所有的 RPC 的 Future 函数都在这里定义。具体函数映射规则将在下面的代码示例中讲解。

3. RPC 的 input 子声明和 output 子声明生成的文件

RPC 的 input 子声明在包 org.opendaylight.yang.gen.v1.urn.opendaylight.params.xml.ns.yang.myproject.rev150105 中映射生成了自身的 Java 文件和构建文件，如 my-rpc0 在包中映射生成了 MyRpc0Input.java 文件和 MyRpc0InputBuilder.java 文件。MyRpc0Input.java 文件主要包括 input 子声明对应的 get 方法。MyRpc0InputBuilder.java 文件根据 my-rpc0 的 input 声明的子声明构建 MyRpc0Input 接口（之后将介绍 MyRpc0InputBuilder.java 文件以进行进一步分析）。MyRpc0Output.java 文件主要包括 output 子声明对应的 get 方法。MyRpc0Output Builder.java 文件根据 my-rpc0 的 output 声明的子声明构建 MyRpc0output 接口（之后将介绍 MyRpc0Output Builder.java 文件以进行进一步分析）。

关于 input 声明和 output 声明的子声明的映射情况如下（以 my-rpc0 为例进行说明）：

my-rpc0 中的子声明 typedef 声明 my-type2 在 my-rpc0 直接映射的包 org.opendaylight.yang.gen.v1.urn.opendaylight.params.xml.ns.yang.myproject.rev150105.my.rpc0 中映射生成 MyType2.java 文件，具体内容可参考 14.3.3“typedef 声明实例及其生成的 Java 文件”中的内容。

若 my-rpc0 中的子声明 input 声明/output 声明包含能映射文件的子声明（如容器子声明 rpc0-input-container1 和列表子声明 rpc0-input-list1），则 input 声明/output 声明则映射成包（input 声明映射成包 org.opendaylight.yang.gen.v1.urn.opendaylight.params.xml.ns.yang.myproject.rev150105.my.rpc0.input，output 声明映射成包 org.opendaylight.yang.gen.v1.urn.opendaylight.params.xml.ns.yang.myproject.rev150105.my.rpc0.output），然后 input 声明/output 声明的这些子声明再在包内映射成 2 个文件（根据命名规则转换的 Java 文件和对应的 builder.java 文件，如 input 声明的子声明 rpc0-input-container1 容器声明在包 org.opendaylight.yang.gen.v1.urn.opendaylight.params.xml.ns.yang. myproject.rev150105.my.rpc0.input 中映射生成 Rpc0InputContainer1.java 文件和 Rpc0InputContainer1Builder.java 文件、output 声明中的子声明 rpc0-output-list1 列表声明在包 org.opendaylight.yang.gen.v1.urn.opendaylight.params.xml.ns.yang.myproject.rev150105.my.rpc0.output 中映射生成 Rpc0OutputList1.java 文件和 Rpc0OutputList1Builder.java 文件）。

若 input 声明/output 声明的子声明还包含能映射文件的子声明（如 rpc0-input-container1 容器声明包含子声明 rpc0-output-container1-list1 列表声明），则这个 input 声明/output 声明的子声明将映射成包（rpc0-input-container1 容器声明映射成包 org.opendaylight.yang.gen.v1.urn.opendaylight.params.xml.ns.yang.myproject.rev150105.my.rpc0.output.rpc0.input.container1），然后 input 声明/output 声明的这个子声明的子声明（rpc0-output-container1-list1 列表声明）再在包内映射成 2 个文件（根据命名规则转换的 Java 文件和对应的 builder.java 文件，如 rpc0-output-container1-list1 在包内映射生成 Rpc0OutputContainer1List1.java 文件和 Rpc0OutputContainer1List1Builder.java 文件）。

若最后一级的声明还有可映射成文件的声明，则以此类推。

（1）MyprojectData.java 文件

注释中体现了模块 YANG 文件中 RPC 所有相关的 YANG 定义：

```
package org.opendaylight.yang.gen.v1.urn.opendaylight.params.xml.ns.yang.myproject.rev150105;
...
/**
 * <p>This class represents the following YANG schema fragment defined in module <b>myproject</b>
 * <pre>
 * module myproject {
       ...
 *         rpc my-rpc0 {
 *             "This is my first rpc, its name is rpc0.";
 *             grouping my-rpc0-group1 {
 *                 leaf-list my-rpc0-group1-lflst1 {
 *                     type my-type2;
 *                 }
 *                 list my-rpc0-group1-list1 {
 *                     key        leaf my-rpc0-group1-list1-leaf1 {
 *                         type string;
 *                     }
 *                 }
 *             }
```

```
*           grouping my-rpc0-group2 {
*               leaf my-rpc0-group2-leaf1 {
*                   type string;
*               }
*               list my-rpc0-group2-list1 {
*                   key         leaf my-rpc0-group2-list1-leaf1 {
*                       type int32;
*                   }
*               }
*           }
*           input {
*               leaf rpc0-input-leaf1 {
*                   type int32;
*               }
*               leaf-list rpc0-input-lflst1 {
*                   type string;
*               }
*               list rpc0-input-list1 {
*                   key         leaf rpc0-input-list1-list {
*                       type int32;
*                   }
*               }
*               container rpc0-input-container1 {
*                   leaf-list rpc0-input-container1-lflst1 {
*                       type my-type2;
*                   }
*               }
*               leaf my-group1-leaf1 {
*                   type my-type1;
*               }
*               leaf-list my-group1-lflst1 {
*                   type string;
*               }
*               list my-group1-list1 {
*                   key         leaf my-grplst1-leaf1 {
*                       type int32;
*                   }
*                   leaf my-grplst1-leaf2 {
*                       type string;
*                   }
*               }
*           }
*
*           output {
*               leaf rpc0-output-leaf1 {
```

```
 *                  type int32;
 *              }
 *              leaf-list rpc0-output-lflst1 {
 *                  type string;
 *              }
 *              list rpc0-output-list1 {
 *                  key         leaf rpc0-output-list1-list {
 *                      type int32;
 *                  }
 *              }
 *              container rpc0-output-container1 {
 *                  list rpc0-output-container1-list1 {
 *                      key         leaf rpc0-output-container1-list1-leaf1 {
 *                          type string;
 *                      }
 *                  }
 *              }
 *          }
 *      }
 *      rpc my-rpc1 {
 *          "This is my rpc1.It has nothing in it.";
 *      }
 *      rpc my-rpc2 {
 *          "This is my rpc2. It has only input.";
 *          input {
*               leaf rpc2-input-leaf1 {
 *                  type string;
 *              }
 *              leaf rpc2-input-leaf2 {
 *                  type int32;
 *              } *           }
 *
 *      }
 *      rpc my-rpc3 {
 *          "This is my rpc3. It has only output.";
 *          output {
 *              leaf rpc3-output-leaf1 {
 *                  type string;
 *              }
 *          }
 *      }
 *      rpc my-rpc4 {
 *          "This is my rpc4. It has input and output.";
 *          input {
 *              leaf rpc4-input-leaf1 {
```

```
 *                    type int32;
 *                }
 *            }
 *
 *            output {
 *                leaf rpc4-output-leaf1 {
 *                    type int32;
 *                }
 *                leaf rpc4-output-leaf2 {
 *                    type string;
 *                }
 *            }
 *        }
 *
 *        uses my-group1;
 * }
 * </pre>
 *
 */
...
```

（2）MyprojectService.java 文件

MyprojectService.java 文件的代码如下：

```
package org.opendaylight.yang.gen.v1.urn.opendaylight.params.xml.ns.yang.myproject.rev150105;
//自动导入 OpenDaylight 项目中的 YangTools 子项目的 RPC 相关类（RpcService 和 RpcResult）
import org.opendaylight.yangtools.yang.binding.RpcService;
import org.opendaylight.yangtools.yang.common.RpcResult;
//OpenDaylight 项目中的 RPC 使用的是 Future 方法，自动导入 Java 语言中相关的包
import java.util.concurrent.Future;
//注释中重新整理了 YANG 定义，与之前 MyprojectData.java 文件注释中 rpc my-rpc0 的内容相同
/**
 * Interface for implementing the following YANG RPCs defined in module <b>myproject</b>
 * <pre>
 * rpc my-rpc0 {
 ...
 * </pre>
 *
 */
public interface MyprojectService extends RpcService
// myproject 项目中的所有 RPC 需要实现此接口，此接口继承了 RpcService
{
    // my-rpc0
    //my-rpc0 的 description 声明转换为 myRpc0 方法相应的注释
    /**
```

```
     * This is my first rpc, its name is rpc0.
     */
    // my-rpc0 的 Future 函数
    Future<RpcResult<MyRpc0Output>> myRpc0(MyRpc0Input input);
    //my-rpc1
    /**
     * This is my rpc1.It has nothing in it.
     */
    Future<RpcResult<java.lang.Void>> myRpc1();
    // my-rpc2
    /**
     * This is my rpc2. It has only input.
     */
    Future<RpcResult<java.lang.Void>> myRpc2(MyRpc2Input input);
    // my-rpc3
    /**
     * This is my rpc3. It has only output.
     */
    Future<RpcResult<MyRpc3Output>> myRpc3();
    // my-rpc4
    /**
     * This is my rpc4. It has input and output.
     */
    Future<RpcResult<MyRpc4Output>> myRpc4(MyRpc4Input input);
}
```

注 意

模块中定义的RPC均映射至此文件相应的Future函数。若要RPC实现真正的作用，则需要在其他函数中实现这个RPC所对应的方法。我们在本章的15.3节“RPC的实现”中会进一步说明。

① 函数名命名规则为：

- 将空格从YANG文件定义的RPC名中去掉。
- 字符空间（characters space）、“-”、“_”这3个字符也将被删掉，并且将其下一个字母变为大写。
- 首字母小写。

可见my-rpc0根据命名规则变为myRpc0。

② 返回参数

- 若YANG文件定义的RPC包含output子声明，则返回参数的类型为Future<RpcResult<*RPC输出参数*>>，其中*RPC输出参数*为函数名+Output。
- 若YANG文件定义的RPC不包含output子声明，则返回参数类型为Future<RpcResult<java.lang.Void>>。

若 my-rpc0 的 RPC 输出参数为 myRpc0+Output，即 MyRpc0Output，则返回参数类型为 Future<RpcResult<MyRpc0Output>>；若 my-rpc1 和 my-rpc2 的 YANG 文件定义没有 output 子声明，则它们的返回参数类型为 Future<RpcResult<java.lang.Void>>。

③ 函数参数

- 若 YANG 文件定义的 RPC 包含 input 子声明，则函数参数的类型为函数名+Input。
- 若 YANG 文件定义的 RPC 不包含 input 子声明，则函数参数的类型为空。

若 my-rpc0 的 RPC 的函数参数为其函数名 myRpc0 + Input，即 MyRpc0Input。

另外，YANG 文件中定义的 RPC 的说明成为位于函数之前的注释。

（3）MyRpc0Input.java 文件

MyRpc0Input.java 文件的代码如下：

```
package org.opendaylight.yang.gen.v1.urn.opendaylight.params.xml.ns.yang.myproject.rev150105;
//input 声明所需的包
import org.opendaylight.yangtools.yang.binding.DataObject;
import org.opendaylight.yangtools.yang.common.QName;
import org.opendaylight.yangtools.yang.binding.Augmentable;
/*
导入 input 声明的子声明所依赖的包，若 input 声明包含子声明 rpc0-input-list1 列表声明，则需要导入
Java 中列表包 java.util.List
*/
import java.util.List;
/*
导入 input 声明的子声明单独映射出的包，如导入子声明 rpc0-input-container1 容器声明所映射的
Rpc0InputContainer1 类和子声明 rpc0-input-list1 列表声明所映射的 Rpc0InputList1 类
*/
import org.opendaylight.yang.gen.v1.urn.opendaylight.params.xml.ns.yang.myproject.rev150105.
my.rpc0.input.Rpc0InputContainer1;
import org.opendaylight.yang.gen.v1.urn.opendaylight.params.xml.ns.yang.myproject.rev150105.
my.rpc0.input.Rpc0InputList1;
/*
注释中重新整理了 YANG 定义，input 被改为 container input，它的子声明与之前 MyprojectData.java 文
件注释中的 rpc my-rpc0 input 内容相同
*/
/**
 * <p>This class represents the following YANG schema fragment defined in module <b>myproject</b>
 * <pre>
 * container input {
...
 //内容与之前 MyprojectData.java 文件注释相同
* The schema path to identify an instance is
 * <i>myproject/my-rpc0/input</i>
 *
```

```
    * <p>To create instances of this class use {@link
org.opendaylight.yang.gen.v1.urn.opendaylight.params.xml.ns.yang.myproject.rev150105.MyRpc0InputBuilder}.
    * @see
org.opendaylight.yang.gen.v1.urn.opendaylight.params.xml.ns.yang.myproject.rev150105.MyRpc0InputBuilder
    */
    public interface MyRpc0Input extends MyGroup1, DataObject,
    Augmentable<org.opendaylight.yang.gen.v1.urn.opendaylight.params.xml.ns.yang.myproject.rev150105.My
Rpc0Input>
    /*
    由于 input 中使用了组 my-group1，因此需要继承其相应的 MyGroup1 接口，其他继承内容为必备内容
    */
    {
        public static final QName QNAME = org.opendaylight.yangtools.yang.common.\
        QName.create("urn:opendaylight:params:xml:ns:yang:myproject", \
        "2015-01-05", "input").intern();
        // 以下为子声明对应的 get 方法
        /**
         * @return <code>java.lang.Integer</code> <code>rpc0InputLeaf1</code>,
         or <code>null</code> if not present
         */
        java.lang.Integer getRpc0InputLeaf1();
        /**
         * @return <code>java.util.List</code> <code>rpc0InputLflst1</code>,
         or <code>null</code> if not present
         */
        List<java.lang.String> getRpc0InputLflst1();
        /**
         * @return <code>java.util.List</code> <code>rpc0InputList1</code>,
         or <code>null</code> if not present
         */
        List<Rpc0InputList1> getRpc0InputList1();
        /**
         * @return <code>org.opendaylight.yang.gen.v1.urn.opendaylight.params.\
           xml.ns.yang.myproject.rev150105.my.rpc0.input.\
           Rpc0InputContainer1</code> <code>rpc0InputContainer1</code>,
           or <code>null</code> if not present
         */
        Rpc0InputContainer1 getRpc0InputContainer1();
    }
```

（4）MyRpc0InputBuilder.java 文件

MyRpc0InputBuilder.java 文件的代码如下：

```
    package org.opendaylight.yang.gen.v1.urn.opendaylight.params.xml.ns.yang.myproject.rev150105;
    //导入*Builder.java 类文件都需要依赖的包/类
```

```
import org.opendaylight.yangtools.yang.binding.Augmentation;
import org.opendaylight.yangtools.yang.binding.AugmentationHolder;
import org.opendaylight.yangtools.yang.binding.DataObject;
import java.util.HashMap;
import org.opendaylight.yangtools.concepts.Builder;
import java.util.Objects;
import java.util.Collections;
import java.util.Map;
//导入 my-rpc0 的 input 声明的子声明映射出的类
import org.opendaylight.yang.gen.v1.urn.opendaylight.params.xml.ns.yang.myproject.rev150105.my.rpc0.
input.Rpc0InputContainer1;
import org.opendaylight.yang.gen.v1.urn.opendaylight.params.xml.ns.yang.myproject.rev150105.my.rpc0.
input.Rpc0InputList1;
//导入 my-rpc0 的 input 声明的子声明所依赖的类
import org.opendaylight.yang.gen.v1.urn.opendaylight.params.xml.ns.yang.myproject.rev150105.my.group1.
MyGroup1List1;
import java.util.List;
/**
 * Class that builds {@link org.opendaylight.yang.gen.v1.urn.opendaylight.params.xml.ns.yang.myproject.
rev150105.MyRpc0Input} instances.
 *
 * @see org.opendaylight.yang.gen.v1.urn.opendaylight.params.xml.ns.yang.myproject.rev150105.
MyRpc0Input
 *
 */
public class MyRpc0InputBuilder implements Builder <org.opendaylight.yang.gen.v1.urn.opendaylight.
params.xml.ns.yang.myproject.rev150105.MyRpc0Input> {
//input 子声明对应的成员变量
    private MyType1 _myGroup1Leaf1;
    private List<java.lang.String> _myGroup1Lflst1;
    private List<MyGroup1List1> _myGroup1List1;
    private Rpc0InputContainer1 _rpc0InputContainer1;
    private java.lang.Integer _rpc0InputLeaf1;
    private List<java.lang.String> _rpc0InputLflst1;
    private List<Rpc0InputList1> _rpc0InputList1;
    // Map 方法
    Map<java.lang.Class<? extends
    Augmentation<org.opendaylight.yang.gen.v1.urn.opendaylight.params.xml.ns\
    .yang.myproject.rev150105.MyRpc0Input>>,
    Augmentation<org.opendaylight.yang.gen.v1.urn.opendaylight.params.xml.ns\
    .yang.myproject.rev150105.MyRpc0Input>> augmentation =
    Collections.emptyMap();
    //构造函数，根据构造时提供的不同参数对应不同的构造方法
    public MyRpc0InputBuilder() {
    }
```

```
public MyRpc0InputBuilder(org.opendaylight.yang.gen.v1.urn.opendaylight.\
params.xml.ns.yang.myproject.rev150105.MyGroup1 arg) {
    this._myGroup1Leaf1 = arg.getMyGroup1Leaf1();
    this._myGroup1Lflst1 = arg.getMyGroup1Lflst1();
    this._myGroup1List1 = arg.getMyGroup1List1();
}
public MyRpc0InputBuilder(MyRpc0Input base) {
    this._myGroup1Leaf1 = base.getMyGroup1Leaf1();
    this._myGroup1Lflst1 = base.getMyGroup1Lflst1();
    this._myGroup1List1 = base.getMyGroup1List1();
    this._rpc0InputContainer1 = base.getRpc0InputContainer1();
    this._rpc0InputLeaf1 = base.getRpc0InputLeaf1();
    this._rpc0InputLflst1 = base.getRpc0InputLflst1();
    this._rpc0InputList1 = base.getRpc0InputList1();
    if (base instanceof MyRpc0InputImpl) {
        MyRpc0InputImpl impl = (MyRpc0InputImpl) base;
        if (!impl.augmentation.isEmpty()) {
            this.augmentation = new HashMap<>(impl.augmentation);
        }
    } else if (base instanceof AugmentationHolder) {
        @SuppressWarnings("unchecked")
        AugmentationHolder<org.opendaylight.yang.gen.v1.urn.opendaylight.\
        params.xml.ns.yang.myproject.rev150105.MyRpc0Input> casted \
        =(AugmentationHolder<org.opendaylight.yang.gen.v1.urn.\
        opendaylight.params.xml.ns.yang.myproject.rev150105.\
        MyRpc0Input>) base;
        if (!casted.augmentations().isEmpty()) {
            this.augmentation = new HashMap<>(casted.augmentations());
        }
    }
}
//由于 my-rpc0 的 input 声明引用了组声明，因此需要设备给定的组参数
/**
 *Set fields from given grouping argument. Valid argument is instance of one of following types:
 * <ul>
 * <li>org.opendaylight.yang.gen.v1.urn.opendaylight.params.xml.ns.yang.myproject.
rev150105.MyGroup1</li>
 * </ul>
 *
 * @param arg grouping object
 * @throws IllegalArgumentException if given argument is none of valid types
*/
public void fieldsFrom(DataObject arg) {
    boolean isValidArg = false;
    if (arg instanceof
```

```
        org.opendaylight.yang.gen.v1.urn.opendaylight.params.xml.ns.yang.\
        myproject.rev150105.MyGroup1) {
            this._myGroup1Leaf1 =
             ((org.opendaylight.yang.gen.v1.urn.opendaylight.params.xml.ns.\
              yang.myproject.rev150105.MyGroup1)arg).getMyGroup1Leaf1();
            this._myGroup1Lflst1 =
             ((org.opendaylight.yang.gen.v1.urn.opendaylight.params.xml.ns.\
            yang.myproject.rev150105.MyGroup1)arg).getMyGroup1Lflst1();
            this._myGroup1List1 =
             ((org.opendaylight.yang.gen.v1.urn.opendaylight.params.xml.ns.\
            yang.myproject.rev150105.MyGroup1)arg).getMyGroup1List1();
            isValidArg = true;
        }
        if (!isValidArg) {
            throw new IllegalArgumentException(
              "expected one of: \
               [org.opendaylight.yang.gen.v1.urn.opendaylight.params.xml.ns.\
              yang.myproject.rev150105.MyGroup1] \n" + "but was: " + arg
            );
        }
    }
    //my-rpc0 的 input 声明的子声明（包含引用组的子声明）相应的 get 方法
    public MyType1 getMyGroup1Leaf1() {
        return _myGroup1Leaf1;
    }
    public List<java.lang.String> getMyGroup1Lflst1() {
        return _myGroup1Lflst1;
    }
    public List<MyGroup1List1> getMyGroup1List1() {
        return _myGroup1List1;
    }
    public Rpc0InputContainer1 getRpc0InputContainer1() {
        return _rpc0InputContainer1;
    }
    public java.lang.Integer getRpc0InputLeaf1() {
        return _rpc0InputLeaf1;
    }
    public List<java.lang.String> getRpc0InputLflst1() {
        return _rpc0InputLflst1;
    }
    public List<Rpc0InputList1> getRpc0InputList1() {
        return _rpc0InputList1;
    }
    /*
    getAugmentation 方法，根据命名规则对相应列表进行替换，注意参数中的包是列表所在的包
```

```
*/
@SuppressWarnings("unchecked")
public <E extends \
Augmentation<org.opendaylight.yang.gen.v1.urn.opendaylight.params.xml.ns\
.yang.myproject.rev150105.MyRpc0Input>> E \
getAugmentation(java.lang.Class<E> augmentationType) {
    if (augmentationType == null) {
    throw new IllegalArgumentException("Augmentation Type reference cannot be NULL!");
    }
    return (E) augmentation.get(augmentationType);
}
// my-rpc0 的 input 声明的子声明（包含引用组的子声明）相应的 set 方法
public MyRpc0InputBuilder setMyGroup1Leaf1(final MyType1 value) {
    this._myGroup1Leaf1 = value;
    return this;
}
public MyRpc0InputBuilder \
    setMyGroup1Lflst1(final List<java.lang.String> value) {
    this._myGroup1Lflst1 = value;
    return this;
}
public MyRpc0InputBuilder setMyGroup1List1(final List<MyGroup1List1> value)
{
    this._myGroup1List1 = value;
    return this;
}
public MyRpc0InputBuilder \
    setRpc0InputContainer1(final Rpc0InputContainer1 value) {
    this._rpc0InputContainer1 = value;
    return this;
}
public MyRpc0InputBuilder setRpc0InputLeaf1(final java.lang.Integer value)
{
    this._rpc0InputLeaf1 = value;
    return this;
}
public MyRpc0InputBuilder \
  setRpc0InputLflst1(final List<java.lang.String> value) {
    this._rpc0InputLflst1 = value;
    return this;
}
public MyRpc0InputBuilder setRpc0InputList1(final List<Rpc0InputList1> value) {
    this._rpc0InputList1 = value;
    return this;
}
```

```
// addAugmentation 方法
public MyRpc0InputBuilder addAugmentation(java.lang.Class<? extends \
Augmentation<org.opendaylight.yang.gen.v1.urn.opendaylight.params.xml.ns\
.yang.myproject.rev150105.MyRpc0Input>> augmentationType,
Augmentation<org.opendaylight.yang.gen.v1.urn.opendaylight.params.xml.ns\
.yang.myproject.rev150105.MyRpc0Input> augmentation) {
    if (augmentation == null) {
        return removeAugmentation(augmentationType);
    }
    if (!(this.augmentation instanceof HashMap)) {
        this.augmentation = new HashMap<>();
    }
    this.augmentation.put(augmentationType, augmentation);
    return this;
}
// removeAugmentation 方法
public MyRpc0InputBuilder removeAugmentation(java.lang.Class<? extends \
Augmentation<org.opendaylight.yang.gen.v1.urn.opendaylight.params.xml.ns\
.yang.myproject.rev150105.MyRpc0Input>> augmentationType) {
    if (this.augmentation instanceof HashMap) {
        this.augmentation.remove(augmentationType);
    }
    return this;
}
//构建 my-rpc0 的 input 声明
public MyRpc0Input build() {
    return new MyRpc0InputImpl(this);
}
/*
my-rpc0 的 input 声明的实现， Impl 方法包括 getImplementedInterface 方法、Map 方法、
构造函数、子声明对应的 get 方法、getAugmentation 方法、hashCode 方法、equals 方法、
toString 方法
*/
private static final class MyRpc0InputImpl implements MyRpc0Input {
    public java.lang.Class<org.opendaylight.yang.gen.v1.urn.opendaylight\
    .params.xml.ns.yang.myproject.rev150105.MyRpc0Input> \
    getImplementedInterface() {
        return org.opendaylight.yang.gen.v1.urn.opendaylight.params.xml.\
        ns.yang.myproject.rev150105.MyRpc0Input.class;
    }
    private final MyType1 _myGroup1Leaf1;
    private final List<java.lang.String> _myGroup1Lflst1;
    private final List<MyGroup1List1> _myGroup1List1;
    private final Rpc0InputContainer1 _rpc0InputContainer1;
    private final java.lang.Integer _rpc0InputLeaf1;
```

```
private final List<java.lang.String> _rpc0InputLflst1;
private final List<Rpc0InputList1> _rpc0InputList1;
private Map<java.lang.Class<? extends \
   Augmentation<org.opendaylight.yang.gen.v1.urn.opendaylight.params.\
   xml.ns.yang.myproject.rev150105.MyRpc0Input>>, \
   Augmentation<org.opendaylight.yang.gen.v1.urn.opendaylight.params.\
   xml.ns.yang.myproject.rev150105.MyRpc0Input>> augmentation = \
   Collections.emptyMap();
private MyRpc0InputImpl(MyRpc0InputBuilder base) {
     this._myGroup1Leaf1 = base.getMyGroup1Leaf1();
     this._myGroup1Lflst1 = base.getMyGroup1Lflst1();
     this._myGroup1List1 = base.getMyGroup1List1();
     this._rpc0InputContainer1 = base.getRpc0InputContainer1();
     this._rpc0InputLeaf1 = base.getRpc0InputLeaf1();
     this._rpc0InputLflst1 = base.getRpc0InputLflst1();
     this._rpc0InputList1 = base.getRpc0InputList1();
     switch (base.augmentation.size()) {
     case 0:
          this.augmentation = Collections.emptyMap();
          break;
     case 1:
          final Map.Entry<java.lang.Class<? extends \
             Augmentation<org.opendaylight.yang.gen.v1.urn.opendaylight.\
             params.xml.ns.yang.myproject.rev150105.MyRpc0Input>>,
             Augmentation<org.opendaylight.yang.gen.v1.urn.opendaylight.\
             params.xml.ns.yang.myproject.rev150105.MyRpc0Input>> e = \
             base.augmentation.entrySet().iterator().next();
          this.augmentation = Collections.<java.lang.Class<? extends \
             Augmentation<org.opendaylight.yang.gen.v1.urn.opendaylight.\
             params.xml.ns.yang.myproject.rev150105.MyRpc0Input>>,
             Augmentation<org.opendaylight.yang.gen.v1.urn.opendaylight.\
             params.xml.ns.yang.myproject.rev150105.MyRpc0Input>>\
             singletonMap(e.getKey(), e.getValue());
          break;
     default :
          this.augmentation = new HashMap<>(base.augmentation);
     }
}
@Override
public MyType1 getMyGroup1Leaf1() {
     return _myGroup1Leaf1;
}
@Override
public List<java.lang.String> getMyGroup1Lflst1() {
     return _myGroup1Lflst1;
```

```
}

@Override
public List<MyGroup1List1> getMyGroup1List1() {
    return _myGroup1List1;
}
@Override
public Rpc0InputContainer1 getRpc0InputContainer1() {
    return _rpc0InputContainer1;
}
@Override
public java.lang.Integer getRpc0InputLeaf1() {
    return _rpc0InputLeaf1;
}
@Override
public List<java.lang.String> getRpc0InputLflst1() {
    return _rpc0InputLflst1;
}
@Override
public List<Rpc0InputList1> getRpc0InputList1() {
    return _rpc0InputList1;
}
@SuppressWarnings("unchecked")
@Override
public <E extends \
  Augmentation<org.opendaylight.yang.gen.v1.urn.opendaylight.params.\
  xml.ns.yang.myproject.rev150105.MyRpc0Input>> E \
  getAugmentation(java.lang.Class<E> augmentationType) {
    if (augmentationType == null) {
        throw new IllegalArgumentException("Augmentation Type \
        reference cannot be NULL!");
    }
    return (E) augmentation.get(augmentationType);
}
private int hash = 0;
private volatile boolean hashValid = false;
@Override
public int hashCode() {
    if (hashValid) {
        return hash;
    }
    final int prime = 31;
    int result = 1;
    result = prime * result + Objects.hashCode(_myGroup1Leaf1);
    result = prime * result + Objects.hashCode(_myGroup1Lflst1);
```

```
        result = prime * result + Objects.hashCode(_myGroup1List1);
        result = prime * result + Objects.hashCode(_rpc0InputContainer1);
        result = prime * result + Objects.hashCode(_rpc0InputLeaf1);
        result = prime * result + Objects.hashCode(_rpc0InputLflst1);
        result = prime * result + Objects.hashCode(_rpc0InputList1);
        result = prime * result + Objects.hashCode(augmentation);
        hash = result;
        hashValid = true;
        return result;
    }
    @Override
    public boolean equals(java.lang.Object obj) {
        if (this == obj) {
            return true;
        }
        if (!(obj instanceof DataObject)) {
            return false;
        }
        if (!org.opendaylight.yang.gen.v1.urn.opendaylight.params.xml.\
          ns.yang.myproject.rev150105.MyRpc0Input.class.equals\
           (((DataObject)obj).getImplementedInterface())) {
            return false;
        }
        org.opendaylight.yang.gen.v1.urn.opendaylight.params.xml.ns.yang.\
        myproject.rev150105.MyRpc0Input other =
         (org.opendaylight.yang.gen.v1.urn.opendaylight.params.xml.ns.yang\
        .myproject.rev150105.MyRpc0Input)obj;
        if (!Objects.equals(_myGroup1Leaf1, other.getMyGroup1Leaf1())) {
            return false;
        }
        if (!Objects.equals(_myGroup1Lflst1, other.getMyGroup1Lflst1())) {
            return false;
        }
        if (!Objects.equals(_myGroup1List1, other.getMyGroup1List1())) {
            return false;
        }
        if (!Objects.equals(_rpc0InputContainer1, \
          other.getRpc0InputContainer1())) {
            return false;
        }
        if (!Objects.equals(_rpc0InputLeaf1, other.getRpc0InputLeaf1())) {
            return false;
        }
        if (!Objects.equals(_rpc0InputLflst1, other.getRpc0InputLflst1())) {
            return false;
```

```
        }
        if (!Objects.equals(_rpc0InputList1, other.getRpc0InputList1())) {
            return false;
        }
        if (getClass() == obj.getClass()) {
            // Simple case: we are comparing against self
            MyRpc0InputImpl otherImpl = (MyRpc0InputImpl) obj;
            if (!Objects.equals(augmentation, otherImpl.augmentation)) {
                return false;
            }
        } else {
            // Hard case: compare our augments with presence there...
            for (Map.Entry<java.lang.Class<? extends \
              Augmentation<org.opendaylight.yang.gen.v1.urn.opendaylight.\
              params.xml.ns.yang.myproject.rev150105.MyRpc0Input>>, \
              Augmentation<org.opendaylight.yang.gen.v1.urn.opendaylight.\
              params.xml.ns.yang.myproject.rev150105.MyRpc0Input>> e : \
              augmentation.entrySet()) {
                if (!e.getValue().equals(other.getAugmentation(e.getKey())))
                {
                    return false;
                }
            }
            // .. and give the other one the chance to do the same
            if (!obj.equals(this)) {
                return false;
            }
        }
        return true;
    }
    @Override
    public java.lang.String toString() {
        java.lang.StringBuilder builder = \
                                    new java.lang.StringBuilder ("MyRpc0Input [");
        boolean first = true;
        if (_myGroup1Leaf1 != null) {
            if (first) {
                first = false;
            } else {
                builder.append(", ");
            }
            builder.append("_myGroup1Leaf1=");
            builder.append(_myGroup1Leaf1);
        }
        if (_myGroup1Lflst1 != null) {
```

```
        if (first) {
            first = false;
        } else {
            builder.append(", ");
        }
        builder.append("_myGroup1Lflst1=");
        builder.append(_myGroup1Lflst1);
    }
    if (_myGroup1List1 != null) {
        if (first) {
            first = false;
        } else {
            builder.append(", ");
        }
        builder.append("_myGroup1List1=");
        builder.append(_myGroup1List1);
    }
    if (_rpc0InputContainer1 != null) {
        if (first) {
            first = false;
        } else {
            builder.append(", ");
        }
        builder.append("_rpc0InputContainer1=");
        builder.append(_rpc0InputContainer1);
    }
    if (_rpc0InputLeaf1 != null) {
        if (first) {
            first = false;
        } else {
            builder.append(", ");
        }
        builder.append("_rpc0InputLeaf1=");
        builder.append(_rpc0InputLeaf1);
    }
    if (_rpc0InputLflst1 != null) {
        if (first) {
            first = false;
        } else {
            builder.append(", ");
        }
        builder.append("_rpc0InputLflst1=");
        builder.append(_rpc0InputLflst1);
    }
    if (_rpc0InputList1 != null) {
```

```
                if (first) {
                    first = false;
                } else {
                    builder.append(", ");
                }
                builder.append("_rpc0InputList1=");
                builder.append(_rpc0InputList1);
            }
            if (first) {
                first = false;
            } else {
                builder.append(", ");
            }
            builder.append("augmentation=");
            builder.append(augmentation.values());
            return builder.append(']').toString();
        }
    }
}
```

（5）MyRpc0Output.java 文件

MyRpc0Output.java 文件的代码如下：

```
package org.opendaylight.yang.gen.v1.urn.opendaylight.params.xml.ns.yang.myproject.rev150105;
//导入 output 声明映射文件所需依赖的包/类
import org.opendaylight.yangtools.yang.binding.DataObject;
import org.opendaylight.yangtools.yang.common.QName;
import org.opendaylight.yangtools.yang.binding.Augmentable;
//导入 my-rpc0 的 output 声明的子声明映射出的类
import org.opendaylight.yang.gen.v1.urn.opendaylight.params.xml.ns.yang.myproject.rev150105.my.rpc0.
output.Rpc0OutputContainer1;
import org.opendaylight.yang.gen.v1.urn.opendaylight.params.xml.ns.yang.myproject.rev150105.my.rpc0.
output.Rpc0OutputList1;
//导入 my-rpc0 的 output 声明的子声明所依赖的类
import java.util.List;
/**
 //注释内容为 YANG 文件中定义的 output 的内容，注意 output 前面加上 container，子声明的内容与
MyprojectData.java 注释中 output 的子声明的内容相同
 * <p>This class represents the following YANG schema fragment defined in module <b>myproject</b>
 * <pre>
 * container output {
 *        ...
 * The schema path to identify an instance is
 * <i>myproject/my-rpc0/output</i>
 *        ...
```

```
 */
public interface MyRpc0Output extends DataObject,   \
  Augmentable<org.opendaylight.yang.gen.v1.urn.opendaylight.params.xml.ns.\
  yang.myproject.rev150105.MyRpc0Output>
{
    // 成员变量 QName 赋值
    public static final QName QNAME = \
    org.opendaylight.yangtools.yang.common.QName.create\
     ("urn:opendaylight:params:xml:ns:yang:myproject", "2015-01-05", \
    "output").intern();
    //my-rpc0 的 output 声明的子声明（包含引用组的子声明）相应的 get 方法
    /**
     * @return <code>java.lang.Integer</code> <code>rpc0OutputLeaf1</code>,
     or <code>null</code> if not present
     */
    java.lang.Integer getRpc0OutputLeaf1();
    /**
     * @return <code>java.util.List</code> <code>rpc0OutputLflst1</code>,
     or <code>null</code> if not present
     */
    List<java.lang.String> getRpc0OutputLflst1();
    /**
     * @return <code>java.util.List</code> <code>rpc0OutputList1</code>,
     or <code>null</code> if not present
     */
    List<Rpc0OutputList1> getRpc0OutputList1();
    /**
     * @return
     <code>org.opendaylight.yang.gen.v1.urn.opendaylight.params.xml.ns.yang.\
     myproject.rev150105.my.rpc0.output.Rpc0OutputContainer1</code> \
     <code>rpc0OutputContainer1</code>, \
     or <code>null</code> if not present
     */
    Rpc0OutputContainer1 getRpc0OutputContainer1();
}
```

（6）MyRpc0OutputBuilder.java 文件

MyRpc0OutputBuilder.java 文件的代码如下：

```
package org.opendaylight.yang.gen.v1.urn.opendaylight.params.xml.ns.yang.myproject.rev150105;
//导入*Builder.java 类文件都需要依赖的包/类
import org.opendaylight.yangtools.yang.binding.Augmentation;
import org.opendaylight.yangtools.yang.binding.AugmentationHolder;
import org.opendaylight.yangtools.yang.binding.DataObject;
import java.util.HashMap;
import org.opendaylight.yangtools.concepts.Builder;
```

```
import java.util.Objects;
import java.util.Collections;
import java.util.Map;
//导入 my-rpc0 的 output 声明的子声明映射出的类
import org.opendaylight.yang.gen.v1.urn.opendaylight.params.xml.ns.yang.myproject.rev150105.my.rpc0.
output.Rpc0OutputContainer1;
import org.opendaylight.yang.gen.v1.urn.opendaylight.params.xml.ns.yang.myproject.rev150105.my.rpc0.
output.Rpc0OutputList1;
//导入 my-rpc0 的 output 声明的子声明所依赖的类
import java.util.List;
/**
 * Class that builds {@link org.opendaylight.yang.gen.v1.urn.opendaylight.params.xml.ns.yang.myproject.
rev150105.MyRpc0Output} instances.
 *
 * @see org.opendaylight.yang.gen.v1.urn.opendaylight.params.xml.ns.yang.myproject.rev150105.
MyRpc0Output
 *
 */
public class MyRpc0OutputBuilder implements Builder <org.opendaylight.yang.gen.v1.urn.opendaylight.
params.xml.ns.yang.myproject.rev150105.MyRpc0Output> {
//output 子声明对应的成员变量
    private Rpc0OutputContainer1 _rpc0OutputContainer1;
    private java.lang.Integer _rpc0OutputLeaf1;
    private List<java.lang.String> _rpc0OutputLflst1;
    private List<Rpc0OutputList1> _rpc0OutputList1;
    // Map 方法
     Map<java.lang.Class<? extends \
        Augmentation<org.opendaylight.yang.gen.v1.urn.opendaylight.params.xml.\
        ns.yang.myproject.rev150105.MyRpc0Output>>,
        Augmentation<org.opendaylight.yang.gen.v1.urn.opendaylight.params.xml.\
        ns.yang.myproject.rev150105.MyRpc0Output>> augmentation =
        Collections.emptyMap();
    //构造函数，根据列表所包含的子声明不同而有相应的语句
    public MyRpc0OutputBuilder() {
    }
    public MyRpc0OutputBuilder(MyRpc0Output base) {
        this._rpc0OutputContainer1 = base.getRpc0OutputContainer1();
        this._rpc0OutputLeaf1 = base.getRpc0OutputLeaf1();
        this._rpc0OutputLflst1 = base.getRpc0OutputLflst1();
        this._rpc0OutputList1 = base.getRpc0OutputList1();
        if (base instanceof MyRpc0OutputImpl) {
            MyRpc0OutputImpl impl = (MyRpc0OutputImpl) base;
            if (!impl.augmentation.isEmpty()) {
                this.augmentation = new HashMap<>(impl.augmentation);
            }
        } else if (base instanceof AugmentationHolder) {
```

```
            @SuppressWarnings("unchecked")
            AugmentationHolder<org.opendaylight.yang.gen.v1.urn.opendaylight.\
            params.xml.ns.yang.myproject.rev150105.MyRpc0Output> casted = \
             (AugmentationHolder<org.opendaylight.yang.gen.v1.urn.opendaylight\
            .params.xml.ns.yang.myproject.rev150105.MyRpc0Output>) base;
            if (!casted.augmentations().isEmpty()) {
                this.augmentation = new HashMap<>(casted.augmentations());
            }
        }
}
 //my-rpc0 的 output 声明的子声明（包含引用组的子声明）相应的 get 方法
public Rpc0OutputContainer1 getRpc0OutputContainer1() {
    return _rpc0OutputContainer1;
}
public java.lang.Integer getRpc0OutputLeaf1() {
    return _rpc0OutputLeaf1;
}
public List<java.lang.String> getRpc0OutputLflst1() {
    return _rpc0OutputLflst1;
}
public List<Rpc0OutputList1> getRpc0OutputList1() {
    return _rpc0OutputList1;
}
/*
getAugmentation 方法，根据命名规则对相应列表进行替换，注意参数中的包是列表所在的包
*/
@SuppressWarnings("unchecked")
public <E extends \
  Augmentation<org.opendaylight.yang.gen.v1.urn.opendaylight.params.xml.\
  ns.yang.myproject.rev150105.MyRpc0Output>> E
  getAugmentation(java.lang.Class<E> augmentationType) {
    if (augmentationType == null) {
        throw new IllegalArgumentException("Augmentation Type reference \
        cannot be NULL!");
    }
    return (E) augmentation.get(augmentationType);
}
// my-rpc0 的 output 声明的子声明相应的 set 方法
public MyRpc0OutputBuilder setRpc0OutputContainer1(final \
  Rpc0OutputContainer1 value) {
    this._rpc0OutputContainer1 = value;
    return this;
}
public MyRpc0OutputBuilder \
    setRpc0OutputLeaf1(final java.lang.Integer value) {
    this._rpc0OutputLeaf1 = value;
```

```
        return this;
    }
    public MyRpc0OutputBuilder setRpc0OutputLflst1(final \
        List<java.lang.String> value) {
        this._rpc0OutputLflst1 = value;
        return this;
    }
    public MyRpc0OutputBuilder setRpc0OutputList1(final \
        List<Rpc0OutputList1> value) {
        this._rpc0OutputList1 = value;
        return this;
    }
    // addAugmentation 方法
    public MyRpc0OutputBuilder addAugmentation(java.lang.Class<? extends \
        Augmentation<org.opendaylight.yang.gen.v1.urn.opendaylight.params.xml.\
        ns.yang.myproject.rev150105.MyRpc0Output>> augmentationType, \
        Augmentation<org.opendaylight.yang.gen.v1.urn.opendaylight.params.xml.\
        ns.yang.myproject.rev150105.MyRpc0Output> augmentation) {
        if (augmentation == null) {
            return removeAugmentation(augmentationType);
        }
        if (!(this.augmentation instanceof HashMap)) {
            this.augmentation = new HashMap<>();
        }
        this.augmentation.put(augmentationType, augmentation);
        return this;
    }
    // removeAugmentation 方法
    public MyRpc0OutputBuilder removeAugmentation(java.lang.Class<? extends \
    Augmentation<org.opendaylight.yang.gen.v1.urn.opendaylight.params.xml.ns\
    .yang.myproject.rev150105.MyRpc0Output>> augmentationType) {
        if (this.augmentation instanceof HashMap) {
            this.augmentation.remove(augmentationType);
        }
        return this;
    }
    //构建 my-rpc0 的 output 声明
    public MyRpc0Output build() {
        return new MyRpc0OutputImpl(this);
    }
    /*
      my-rpc0 的 output 声明的实现，Impl 方法包括 getImplementedInterface 方法、Map 方法、
      构造函数、子声明对应的 get 方法、getAugmentation 方法、hashCode 方法、equals 方法、
      toString 方法
    */
    private static final class MyRpc0OutputImpl implements MyRpc0Output {
```

```
public java.lang.Class<org.opendaylight.yang.gen.v1.urn.opendaylight.\
params.xml.ns.yang.myproject.rev150105.MyRpc0Output> \
getImplementedInterface() {
    return org.opendaylight.yang.gen.v1.urn.opendaylight.params.\
                xml.ns.yang.myproject.rev150105.MyRpc0Output.class;
}
private final Rpc0OutputContainer1 _rpc0OutputContainer1;
private final java.lang.Integer _rpc0OutputLeaf1;
private final List<java.lang.String> _rpc0OutputLflst1;
private final List<Rpc0OutputList1> _rpc0OutputList1;
private Map<java.lang.Class<? extends Augmentation<org.opendaylight.\
  yang.gen.v1.urn.opendaylight.params.xml.ns.yang.myproject.rev150105\
  .MyRpc0Output>>, Augmentation<org.opendaylight.yang.gen.v1.urn.\
  opendaylight.params.xml.ns.yang.myproject.rev150105.MyRpc0Output>> \
  augmentation = Collections.emptyMap();
private MyRpc0OutputImpl(MyRpc0OutputBuilder base) {
    this._rpc0OutputContainer1 = base.getRpc0OutputContainer1();
    this._rpc0OutputLeaf1 = base.getRpc0OutputLeaf1();
    this._rpc0OutputLflst1 = base.getRpc0OutputLflst1();
    this._rpc0OutputList1 = base.getRpc0OutputList1();
    switch (base.augmentation.size()) {
    case 0:
        this.augmentation = Collections.emptyMap();
        break;
    case 1:
        final Map.Entry<java.lang.Class<? extends \
          Augmentation<org.opendaylight.yang.gen.v1.urn.opendaylight.\
          params.xml.ns.yang.myproject.rev150105.MyRpc0Output>>, \
          Augmentation<org.opendaylight.yang.gen.v1.urn.opendaylight.\
          params.xml.ns.yang.myproject.rev150105.MyRpc0Output>> e = \
          base.augmentation.entrySet().iterator().next();
        this.augmentation = Collections.<java.lang.Class<? extends \
          Augmentation<org.opendaylight.yang.gen.v1.urn.opendaylight.
          params.xml.ns.yang.myproject.rev150105.MyRpc0Output>>, \
          Augmentation<org.opendaylight.yang.gen.v1.urn.opendaylight.\
          params.xml.ns.yang.myproject.rev150105.\
          MyRpc0Output>>singletonMap(e.getKey(), e.getValue());
        break;
    default :
        this.augmentation = new HashMap<>(base.augmentation);
    }
}
@Override
public Rpc0OutputContainer1 getRpc0OutputContainer1() {
    return _rpc0OutputContainer1;
}
```

```
@Override
public java.lang.Integer getRpc0OutputLeaf1() {
    return _rpc0OutputLeaf1;
}
@Override
public List<java.lang.String> getRpc0OutputLflst1() {
    return _rpc0OutputLflst1;
}
@Override
public List<Rpc0OutputList1> getRpc0OutputList1() {
    return _rpc0OutputList1;
}
@SuppressWarnings("unchecked")
@Override
public <E extends Augmentation<org.opendaylight.yang.gen.v1.urn.\
  opendaylight.params.xml.ns.yang.myproject.rev150105.\
    MyRpc0Output>> E getAugmentation(java.lang.Class<E> augmentationType) {
    if (augmentationType == null) {
        throw new IllegalArgumentException("Augmentation Type \
        reference cannot be NULL!");
    }
    return (E) augmentation.get(augmentationType);
}
private int hash = 0;
private volatile boolean hashValid = false;
@Override
public int hashCode() {
    if (hashValid) {
        return hash;
    }
    final int prime = 31;
    int result = 1;
    result = prime * result + Objects.hashCode(_rpc0OutputContainer1);
    result = prime * result + Objects.hashCode(_rpc0OutputLeaf1);
    result = prime * result + Objects.hashCode(_rpc0OutputLflst1);
    result = prime * result + Objects.hashCode(_rpc0OutputList1);
    result = prime * result + Objects.hashCode(augmentation);
    hash = result;
    hashValid = true;
    return result;
}
@Override
public boolean equals(java.lang.Object obj) {
    if (this == obj) {
        return true;
    }
```

```
if (!(obj instanceof DataObject)) {
    return false;
}
if (!org.opendaylight.yang.gen.v1.urn.opendaylight.params.xml.ns.\
    yang.myproject.rev150105.MyRpc0Output.class.\
    y equals(((DataObject)obj).getImplementedInterface())) {
    return false;
}
    y org.opendaylight.yang.gen.v1.urn.opendaylight.params.xml.ns.yang.\
    y myproject.rev150105.MyRpc0Output other =   \
    y (org.opendaylight.yang.gen.v1.urn.opendaylight.params.xml.ns.\
    y yang.myproject.rev150105.MyRpc0Output)obj;
if (!Objects.equals(_rpc0OutputContainer1, \
    y                          y other.getRpc0OutputContainer1())) {
    return false;
}
if (!Objects.equals(_rpc0OutputLeaf1, other.getRpc0OutputLeaf1())) {
    return false;
}
if (!Objects.equals(_rpc0OutputLflst1, other.getRpc0OutputLflst1())) {
    return false;
}
if (!Objects.equals(_rpc0OutputList1, other.getRpc0OutputList1())) {
    return false;
}
if (getClass() == obj.getClass()) {
    // Simple case: we are comparing against self
    MyRpc0OutputImpl otherImpl = (MyRpc0OutputImpl) obj;
    if (!Objects.equals(augmentation, otherImpl.augmentation)) {
        return false;
    }
} else {
    // Hard case: compare our augments with presence there...
    for (Map.Entry<java.lang.Class<? extends \
      Augmentation<org.opendaylight.yang.gen.v1.urn.opendaylight.\
      params.xml.ns.yang.myproject.rev150105.MyRpc0Output>>, \
      Augmentation<org.opendaylight.yang.gen.v1.urn.opendaylight.\
      params.xml.ns.yang.myproject.rev150105.MyRpc0Output>> e : \
      augmentation.entrySet()) {
        if (!e.getValue().equals(other.getAugmentation(e.getKey())))
        {
            return false;
        }
    }
    // .. and give the other one the chance to do the same
    if (!obj.equals(this)) {
```

```
                return false;
            }
        }
        return true;
    }
    @Override
    public java.lang.String toString() {
        java.lang.StringBuilder builder = \
                new java.lang.StringBuilder ("MyRpc0Output [");
        boolean first = true;
        if (_rpc0OutputContainer1 != null) {
            if (first) {
                first = false;
            } else {
                builder.append(", ");
            }
            builder.append("_rpc0OutputContainer1=");
            builder.append(_rpc0OutputContainer1);
        }
        if (_rpc0OutputLeaf1 != null) {
            if (first) {
                first = false;
            } else {
                builder.append(", ");
            }
            builder.append("_rpc0OutputLeaf1=");
            builder.append(_rpc0OutputLeaf1);
        }
        if (_rpc0OutputLflst1 != null) {
            if (first) {
                first = false;
            } else {
                builder.append(", ");
            }
            builder.append("_rpc0OutputLflst1=");
            builder.append(_rpc0OutputLflst1);
        }
        if (_rpc0OutputList1 != null) {
            if (first) {
                first = false;
            } else {
                builder.append(", ");
            }
            builder.append("_rpc0OutputList1=");
            builder.append(_rpc0OutputList1);
        }
```

```
            if (first) {
                first = false;
            } else {
                builder.append(", ");
            }
            builder.append("augmentation=");
            builder.append(augmentation.values());
            return builder.append(']').toString();
        }
    }
}
```

（7）Rpc0OutputContainer1List1.java 文件

Rpc0OutputContainer1List1.java 文件的代码如下：

```
package org.opendaylight.yang.gen.v1.urn.opendaylight.params.xml.ns.yang.myproject.rev150105.my.rpc0.
output.rpc0.output.container1;
//此类为 output 声明的孙子声明（子声明的子声明），需要导入 ChildOf
import org.opendaylight.yangtools.yang.binding.ChildOf;
//导入父声明映射的类
import org.opendaylight.yang.gen.v1.urn.opendaylight.params.xml.ns.yang.myproject.rev150105.my.rpc0.
output.Rpc0OutputContainer1;
//导入通用的依赖
import org.opendaylight.yangtools.yang.common.QName;
import org.opendaylight.yangtools.yang.binding.Augmentable;

/**
 * <p>This class represents the following YANG schema fragment defined in module <b>myproject</b>
 * <pre>
 * list rpc0-output-container1-list1 {
 *     key     leaf rpc0-output-container1-list1-leaf1 {
 *         type string;
 *     }
 * }
 * </pre>
 * The schema path to identify an instance is
 * <i>myproject/my-rpc0/output/rpc0-output-container1/rpc0-output-container1-list1</i>
 *
 * <p>To create instances of this class use {@link org.opendaylight.yang.gen.v1.urn.opendaylight.params.
xml.ns.yang.myproject.rev150105.my.rpc0.output.rpc0.output.container1.Rpc0OutputContainer1List1Builder}.
 * @see org.opendaylight.yang.gen.v1.urn.opendaylight.params.xml.ns.yang.myproject.rev150105.my.rpc0.
output.rpc0.output.container1.Rpc0OutputContainer1List1Builder
 *
 */
public interface Rpc0OutputContainer1List1 extends \
ChildOf<Rpc0OutputContainer1>, \
```

```
    Augmentable<org.opendaylight.yang.gen.v1.urn.opendaylight.params.xml.ns.\
    yang.myproject.rev150105.my.rpc0.output.rpc0.output.container1.\
    Rpc0OutputContainer1List1>
    {
        public static final QName QNAME = org.opendaylight.yangtools.yang.common.QName.create
("urn:opendaylight:params:xml:ns:yang:myproject","2015-01-05", "rpc0-output-container1-list1").intern();
        /**
         * @return <code>java.lang.String</code> <code>rpc0OutputContainer1List1Leaf1</code>, or
<code>null</code> if not present
         */
        java.lang.String getRpc0OutputContainer1List1Leaf1();
    }
```

15.2.3　运行测试

现在启动 karaf：

```
cd myproject/karaf
sudo ./target/assembly/bin/karaf
```

可见 myproject 已正常运行，启动界面如图 15-4 所示。

```
root@cc-virtual-machine:/home/cc/c14/myproject/karaf# sudo ./target/assembly/bin/karaf
karaf: JAVA_HOME not set; results may vary
Apache Karaf starting up. Press Enter to open the shell now...
100% [========================================================================]

Karaf started in 54s. Bundle stats: 297 active, 297 total

Hit '<tab>' for a list of available commands
and '[cmd] --help' for help on a specific command.
Hit '<ctrl-d>' or type 'system:shutdown' or 'logout' to shutdown OpenDaylight.

opendaylight-user@root>feature:list -i|grep myproject
odl-myproject-api      | 0.1.0-SNAPSHOT | x | odl-myproject-0.1.0-SNAPSHOT | OpenDaylight :: myproject :: api
odl-myproject          | 0.1.0-SNAPSHOT | x | odl-myproject-0.1.0-SNAPSHOT | OpenDaylight :: myproject
odl-myproject-rest     | 0.1.0-SNAPSHOT | x | odl-myproject-0.1.0-SNAPSHOT | OpenDaylight :: myproject :: REST
odl-myproject-ui       | 0.1.0-SNAPSHOT | x | odl-myproject-0.1.0-SNAPSHOT | OpenDaylight :: myproject :: UI
opendaylight-user@root>
```

图 15-4　启动界面

在本机上打开浏览器，输入网址：http://localhost:8181/apidoc/explorer/index.html。可见之前我们所创建的 RPC 的接口，如图 15-5 所示。

由于此时我们并未对 5 个定义的 RPC 的接口完成具体的实现工作，因此在此单击调用 RPC 均返回错误提示，如图 15-6 所示。

注 意

使用 YANG UI 更加方便，读者可将 YANG UI 中出现的提示代码复制到输入框内，这样可以达到同样的实验目的。以下本书使用 YANG UI 进行结果验证。

使用 YANG UI 打开 API 接口，如图 15-7 所示。

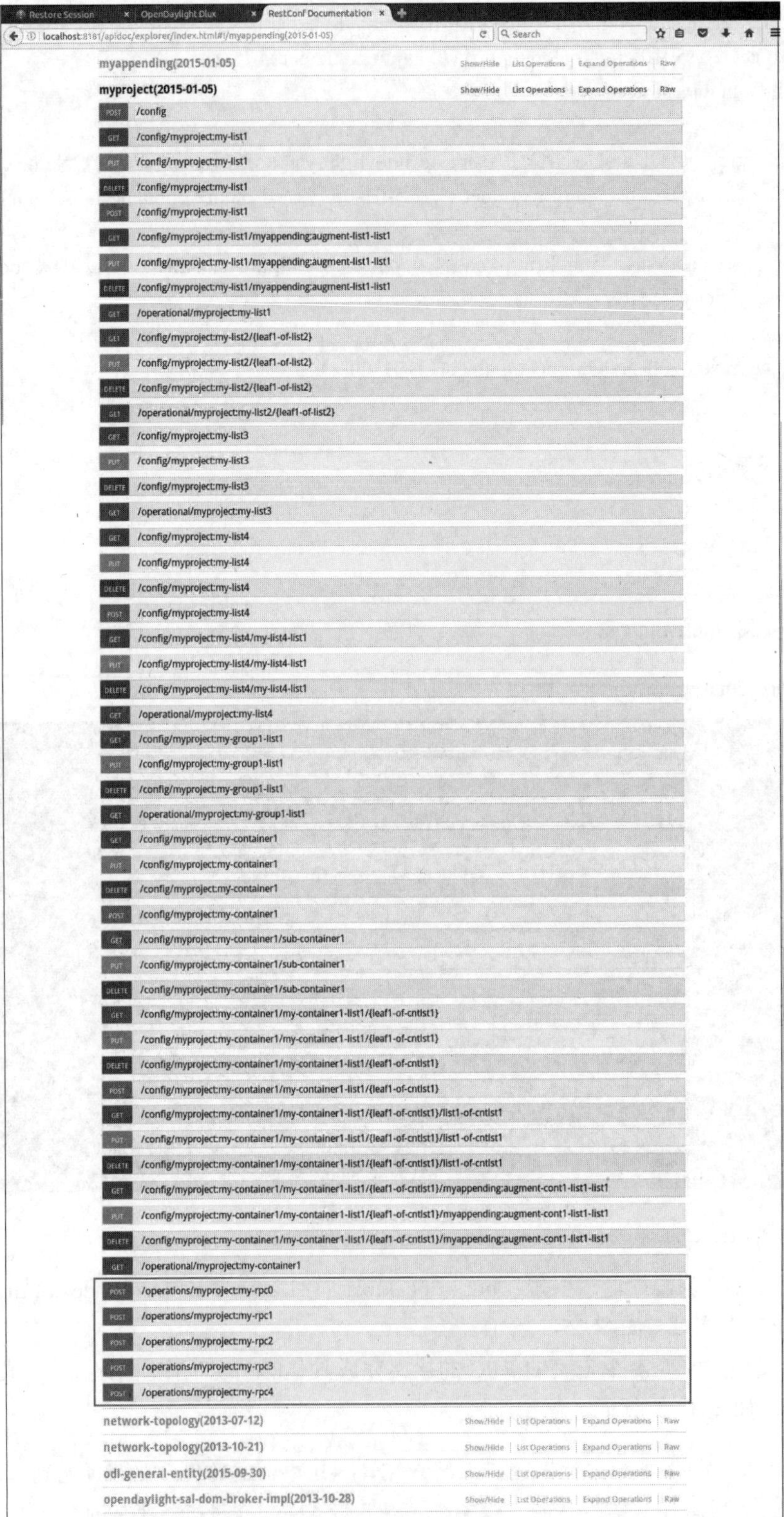
Restore Session
OpenDaylight Dlux
RestConf Documentation
localhost:8181/apidoc/explorer/index.html#!/myappending(2015-01-05)
Search
myappending(2015-01-05)
Show/Hide | List Operations | Expand Operations | Raw
myproject(2015-01-05)
Show/Hide | List Operations | Expand Operations | Raw
POST /config
GET /config/myproject:my-list1
PUT /config/myproject:my-list1
DELETE /config/myproject:my-list1
POST /config/myproject:my-list1
GET /config/myproject:my-list1/myappending:augment-list1-list1
PUT /config/myproject:my-list1/myappending:augment-list1-list1
DELETE /config/myproject:my-list1/myappending:augment-list1-list1
GET /operational/myproject:my-list1
GET /config/myproject:my-list2/{leaf1-of-list2}
PUT /config/myproject:my-list2/{leaf1-of-list2}
DELETE /config/myproject:my-list2/{leaf1-of-list2}
GET /operational/myproject:my-list2/{leaf1-of-list2}
GET /config/myproject:my-list3
PUT /config/myproject:my-list3
DELETE /config/myproject:my-list3
GET /operational/myproject:my-list3
GET /config/myproject:my-list4
PUT /config/myproject:my-list4
DELETE /config/myproject:my-list4
POST /config/myproject:my-list4
GET /config/myproject:my-list4/my-list4-list1
PUT /config/myproject:my-list4/my-list4-list1
DELETE /config/myproject:my-list4/my-list4-list1
GET /operational/myproject:my-list4
GET /config/myproject:my-group1-list1
PUT /config/myproject:my-group1-list1
DELETE /config/myproject:my-group1-list1
GET /operational/myproject:my-group1-list1
GET /config/myproject:my-container1
PUT /config/myproject:my-container1
DELETE /config/myproject:my-container1
POST /config/myproject:my-container1
GET /config/myproject:my-container1/sub-container1
PUT /config/myproject:my-container1/sub-container1
DELETE /config/myproject:my-container1/sub-container1
GET /config/myproject:my-container1/my-container1-list1/{leaf1-of-cntlst1}
PUT /config/myproject:my-container1/my-container1-list1/{leaf1-of-cntlst1}
DELETE /config/myproject:my-container1/my-container1-list1/{leaf1-of-cntlst1}
POST /config/myproject:my-container1/my-container1-list1/{leaf1-of-cntlst1}
GET /config/myproject:my-container1/my-container1-list1/{leaf1-of-cntlst1}/list1-of-cntlst1
PUT /config/myproject:my-container1/my-container1-list1/{leaf1-of-cntlst1}/list1-of-cntlst1
DELETE /config/myproject:my-container1/my-container1-list1/{leaf1-of-cntlst1}/list1-of-cntlst1
GET /config/myproject:my-container1/my-container1-list1/{leaf1-of-cntlst1}/myappending:augment-cont1-list1-list1
PUT /config/myproject:my-container1/my-container1-list1/{leaf1-of-cntlst1}/myappending:augment-cont1-list1-list1
DELETE /config/myproject:my-container1/my-container1-list1/{leaf1-of-cntlst1}/myappending:augment-cont1-list1-list1
GET /operational/myproject:my-container1
POST /operations/myproject:my-rpc0
POST /operations/myproject:my-rpc1
POST /operations/myproject:my-rpc2
POST /operations/myproject:my-rpc3
POST /operations/myproject:my-rpc4
network-topology(2013-07-12)
network-topology(2013-10-21)
odl-general-entity(2015-09-30)
opendaylight-sal-dom-broker-impl(2013-10-28)

图 15-5 RPC 接口

POST /operations/myproject:my-rpc1

Implementation Notes

This is my rpc1.It has nothing in it.

Try it out!　Hide Response

Request URL

```
http://localhost:8181/restconf/operations/myproject:my-rpc1
```

Response Body


```
{
  "errors": {
    "error": [
      {
        "error-type": "application",
        "error-tag": "operation-not-supported",
        "error-message": "No implementation of RPC AbsoluteSchemaPath{path=[(urn:opendaylight:params:xml:ns:yang:myproject?
      }
    ]
  }
}
```


Response Code

```
501
```

Response Headers


```
{
  "Expires": "Thu, 01 Jan 1970 00:00:00 GMT",
  "Content-Type": "application/json",
  "Transfer-Encoding": "chunked",
  "Server": "Jetty(8.1.19.v20160209)"
}
```


图 15-6　调用 my-rpc1 返回错误提示

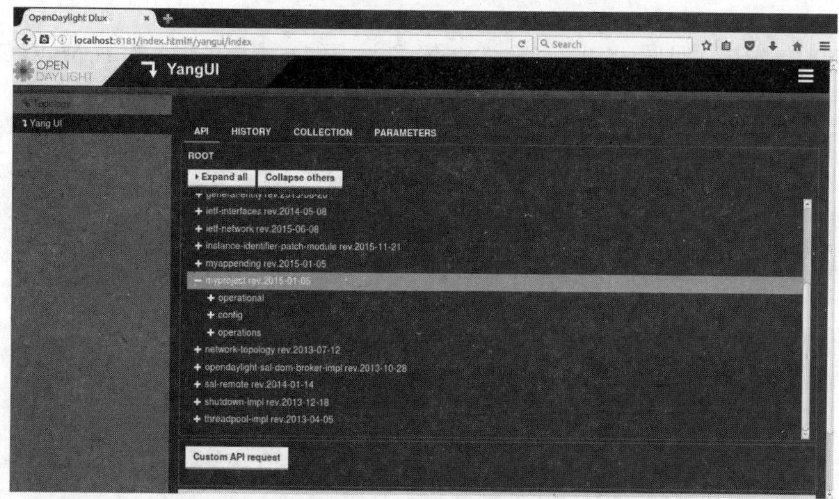

图 15-7　使用 YANG UI 查看 RPC

15.3　RPC 的实现

我们将在 myproject 项目的子项目 impl 中完成 RPC 的具体实现。实现 RPC 的类可任意命名，建议读者以实际有意义的名称进行命名，本书命名为 MyRPCImpl 类。建议将 MyRPCImpl 类放置于子项目 impl 的包（com.ming.myproject.impl）下，与 MyprojectProvider 类处于同一目录（myproject/impl/src/main/java/com/ming/myproject/impl/）。当然，读者也可选择其他位置。

选择包 com.ming.myproject.impl 并右击，在弹出的快捷菜单中依次选择 New→Class，如图 15-8 所示。

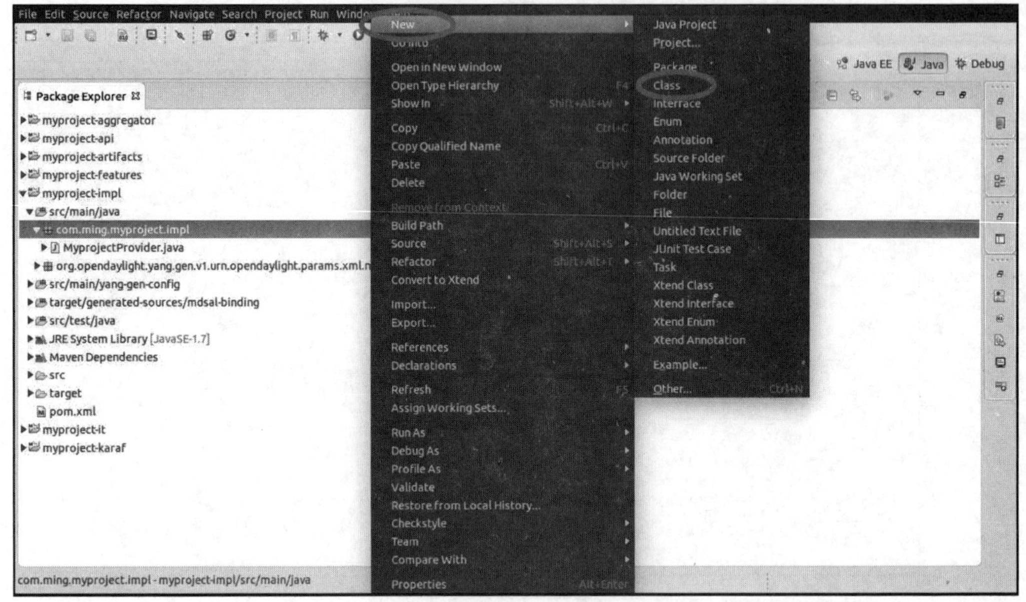

图 15-8 准备创建 MyRPCImpl 类

弹出创建类的窗口（见图 15-9），在“Name:”后面的文本框中输入类名 MyRPCImpl，再单击“Interfaces:”右侧的“Add...”按扭，弹出类实现的接口选择窗口。

图 15-9 创建类的窗口

在类实现的接口选择窗口（Implemented Interfaces Selection 窗口）中选择 MyprojectService（见图 15-10），返回原创建类的窗口，可见已添加所需实现的类接口，如图 15-11 所示。

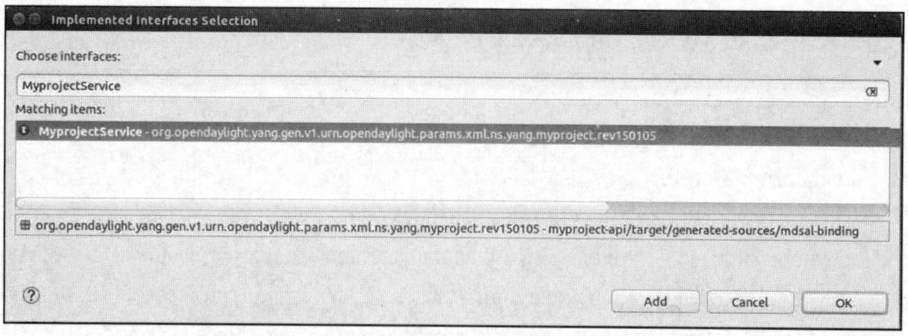
Implemented Interfaces Selection
Choose interfaces:
MyprojectService
Matching items:
MyprojectService - org.opendaylight.yang.gen.v1.urn.opendaylight.params.xml.ns.yang.myproject.rev150105
org.opendaylight.yang.gen.v1.urn.opendaylight.params.xml.ns.yang.myproject.rev150105 - myproject-api/target/generated-sources/mdsal-binding
Add
Cancel
OK

图 15-10 选择实现的 MyprojectService 接口

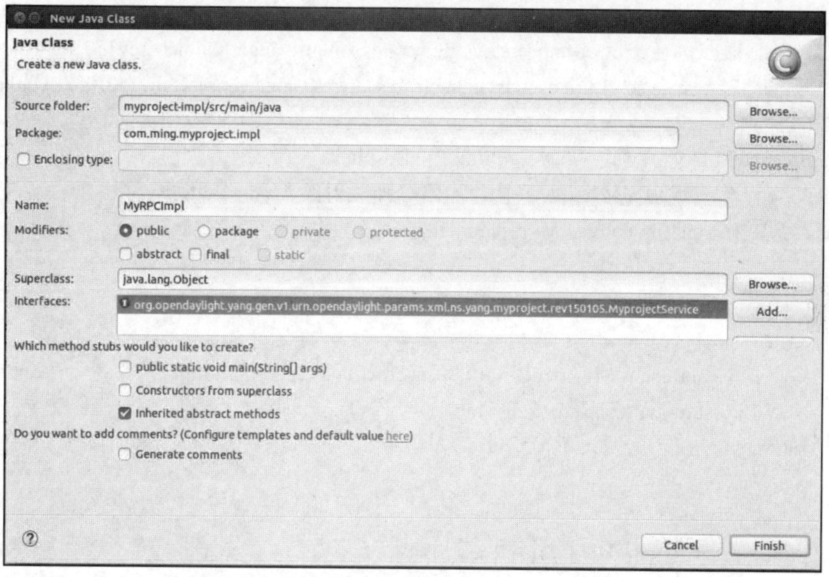
New Java Class
Java Class
Create a new Java class.
Source folder: myproject-impl/src/main/java
Package: com.ming.myproject.impl
Enclosing type:
Name: MyRPCImpl
Modifiers: public package private protected
abstract final static
Superclass: java.lang.Object
Interfaces: org.opendaylight.yang.gen.v1.urn.opendaylight.params.xml.ns.yang.myproject.rev150105.MyprojectService
Browse...
Add...
Which method stubs would you like to create?
public static void main(String[] args)
Constructors from superclass
Inherited abstract methods
Do you want to add comments? (Configure templates and default value here)
Generate comments
Cancel
Finish

图 15-11 确定所创建类的相关参数

单击 Finish 完成类的创建，系统自动生成类 MyRPCImpl 的代码，如图 15-12 所示。

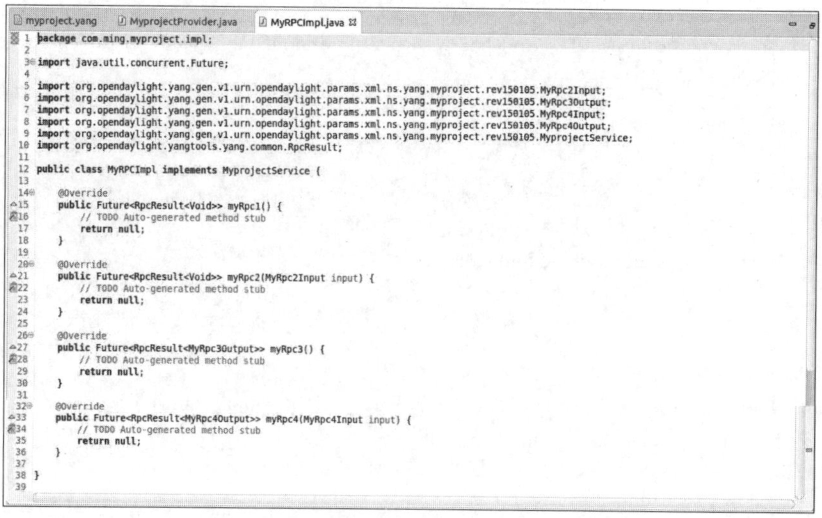
myproject.yang
MyprojectProvider.java
MyRPCImpl.java
package com.ming.myproject.impl;
import java.util.concurrent.Future;
import org.opendaylight.yang.gen.v1.urn.opendaylight.params.xml.ns.yang.myproject.rev150105.MyRpc2Input;
import org.opendaylight.yang.gen.v1.urn.opendaylight.params.xml.ns.yang.myproject.rev150105.MyRpc3Output;
import org.opendaylight.yang.gen.v1.urn.opendaylight.params.xml.ns.yang.myproject.rev150105.MyRpc4Input;
import org.opendaylight.yang.gen.v1.urn.opendaylight.params.xml.ns.yang.myproject.rev150105.MyRpc4Output;
import org.opendaylight.yang.gen.v1.urn.opendaylight.params.xml.ns.yang.myproject.rev150105.MyprojectService;
import org.opendaylight.yangtools.yang.common.RpcResult;
public class MyRPCImpl implements MyprojectService {
@Override
public Future<RpcResult<Void>> myRpc1() {
// TODO Auto-generated method stub
return null;
}
@Override
public Future<RpcResult<Void>> myRpc2(MyRpc2Input input) {
// TODO Auto-generated method stub
return null;
}
@Override
public Future<RpcResult<MyRpc3Output>> myRpc3() {
// TODO Auto-generated method stub
return null;
}
@Override
public Future<RpcResult<MyRpc4Output>> myRpc4(MyRpc4Input input) {
// TODO Auto-generated method stub
return null;
}
}

图 15-12 系统自动生成类 MyRPCImpl 的代码

以下为系统自动创建的 MyRPCImpl.java 的代码：

```
package com.ming.myproject.impl;
//自动加入类所使用的 Future 所需引用的包
import java.util.concurrent.Future;
// 自动加入类所需实现的 RPC 相关的输入和输出（若存在）的类
import org.opendaylight.yang.gen.v1.urn.opendaylight.params.xml.ns.yang.myproject.rev150105.MyRpc0Input;
import org.opendaylight.yang.gen.v1.urn.opendaylight.params.xml.ns.yang.myproject.rev150105.MyRpc0Output;
import org.opendaylight.yang.gen.v1.urn.opendaylight.params.xml.ns.yang.myproject.rev150105.MyRpc2Input;
import org.opendaylight.yang.gen.v1.urn.opendaylight.params.xml.ns.yang.myproject.rev150105.MyRpc3Output;
import org.opendaylight.yang.gen.v1.urn.opendaylight.params.xml.ns.yang.myproject.rev150105.MyRpc4Input;
import org.opendaylight.yang.gen.v1.urn.opendaylight.params.xml.ns.yang.myproject.rev150105.MyRpc4Output;
import org.opendaylight.yang.gen.v1.urn.opendaylight.params.xml.ns.yang.myproject.rev150105.MyprojectService;
// 加入类所需的 RPC 相关的包
import org.opendaylight.yangtools.yang.common.RpcResult;
// 类 MyRPCImpl 需实现由 YANG 文件中定义 RPC 所映射的 MyprojectService 接口
public class MyRPCImpl implements MyprojectService {
    ...
//以下分别为 rpc0、rpc1、rpc2、rpc3、rpc4 待覆写的具体实现的方法
    @Override
    public Future<RpcResult<MyRpc0Output>> myRpc0(MyRpc0Input input) {
        // TODO Auto-generated method stub
        return null;
    }
    @Override
    public Future<RpcResult<Void>> myRpc1() {
        // TODO Auto-generated method stub
        return null;
    }
    @Override
    public Future<RpcResult<Void>> myRpc2(MyRpc2Input input) {
        // TODO Auto-generated method stub
        return null;
    }
    @Override
    public Future<RpcResult<MyRpc3Output>> myRpc3() {
        // TODO Auto-generated method stub
        return null;
    }
    @Override
    public Future<RpcResult<MyRpc4Output>> myRpc4(MyRpc4Input input) {
        // TODO Auto-generated method stub
        return null;
    }
}
```

注意，由于一些 IDE 识别的问题，需要在 MyRPCImpl.java 文件的最前面加上类似以下一段注释（可从此项目的其他文件中摘抄），以便 IDE 正常编译，否则编译时会提示 checkstyle 错误：

```
/*
 * Copyright @ 2017 Copyright(c) Claire Ming and others.   All rights reserved.
 *
 * This program and the accompanying materials are made available under the
 * terms of the Eclipse Public License v1.0 which accompanies this distribution,
 * and is available at http://www.eclipse.org/legal/epl-v10.html
 */
```

现在分别在 MyRPCImpl 类的 RPC 实现方法中加入一些简单的代码完成基本的功能，以在 MyRPCImpl 类中实现 MyprojectService 接口：

```
// 首先加入所需引用的类
// 加入所使用的两个 Future 所需引用的包
import java.util.concurrent.Future;
import com.google.common.util.concurrent.Futures
// 加入依赖的 RPC 相关系统的包
import org.opendaylight.yangtools.yang.common.RpcResult;
import org.opendaylight.yangtools.yang.common.RpcResultBuilder;
import org.opendaylight.yangtools.yang.common.RpcError.ErrorType;
// 加上日志所需引用的包
import org.slf4j.Logger;
import org.slf4j.LoggerFactory;
/*
RPC 方法返回输出值时，需要相应的构建类（*Builder）。若需返回 my-rpc0 的输出 MyRpc0Output 类，则需要 MyRpc0OutputBuilder 类来创建 MyRpc0Output。我们在这里对这些类进行引用
*/
import org.opendaylight.yang.gen.v1.urn.opendaylight.params.xml.ns.yang.\
myproject.rev150105.MyRpc0OutputBuilder;
import org.opendaylight.yang.gen.v1.urn.opendaylight.params.xml.ns.yang.\
myproject.rev150105.MyRpc3OutputBuilder;
import org.opendaylight.yang.gen.v1.urn.opendaylight.params.xml.ns.yang.\
myproject.rev150105.MyRpc4OutputBuilder;
//    以下在类 MyRPCImpl 中对 5 个 RPC 的具体实现进行修改
public class MyRPCImpl implements MyprojectService {
    //添加日志
    private static final Logger LOG = LoggerFactory.getLogger(MyRPCImpl.class);
    /* myRpc0 为返回输出值的一种方法；另一种方法在下面的 myRpc1、myRpc2、myRpc3 和 myRpc4 中介绍 */
    @Override
    public Future<RpcResult<MyRpc0Output>> myRpc0(MyRpc0Input input) {
        LOG.info("RPC0: This is my first rpc, its name is rpc0.");
        //输出值构建
        MyRpc0OutputBuilder output0Builder = new MyRpc0OutputBuilder();
```

```
        //读者可设置输出值中的成员值，或编写函数的其他功能
        //将输出值 rpc0-output-leaf1 的值设置为 1
        output0Builder.setRpc0OutputLeaf1(1);
        ...
        //返回输出值
        return \
            RpcResultBuilder.success(output0Builder.build()).buildFuture();
    }
    // myRpc1 没有输入和输出，以下为返回值为空的方法
    @Override
    public Future<RpcResult<Void>> myRpc1() {
        LOG.info("RPC1: This is my rpc1.It has nothing in it.");
        //读者可编写函数的其他功能
        ...
        //建议写成以下形式以返回，这种方式更为安全
        return  \
            Futures.immediateFuture(RpcResultBuilder.<Void> success().build());
    }
    // myRpc2 只有输入，没有输出；返回值与 myRpc1 相同
    @Override
    public Future<RpcResult<Void>> myRpc2(MyRpc2Input input) {
        LOG.info("RPC2: This is my rpc2. It has only input.");
        //将接收到的字符串和数字连接在一起，组成新的字符串后输出
        String rpc2String = input.getRpc2InputLeaf1();
        Integer rpc2Int = input.getRpc2InputLeaf2();
        System.out.print(rpc2String);
        System.out.println(rpc2Int.toString());
        //读者可编写函数的其他功能
        ...
        //建议写成以下形式以返回，这种方式更为安全
        return  \
            Futures.immediateFuture(RpcResultBuilder.<Void> success().build());
    }
    /*
    myRpc3 只有输出，没有输入。返回值的写法可以与 myRpc0 相同，但以下提供另一种返回值的
写法。这种方式更为安全，推荐使用
    */
    @Override
    public Future<RpcResult<MyRpc3Output>> myRpc3() {
        LOG.info("RPC3: This is my rpc3. It has only output.");
        //输出值构建
        MyRpc3Output output3 = null;
        MyRpc3OutputBuilder output3Builder = null;
        RpcResultBuilder<MyRpc3Output> myRpc3OutputRpcResultBuilder = null;
        //以下进行输出成员赋值
```

```
        output3Builder = new MyRpc3OutputBuilder();
        //读者可设置输出值中的成员值，或编写函数的其他功能
        //如设置输出的字符串
        String outputString = "Now my RPC3 shows you the output!";
        output3Builder.setRpc3OutputLeaf1(outputString);
        ...
        //输出值构建
        output3 = output3Builder.build();
        //若输出不为空，则返回输出值；否则返回错误提示
        if(output3 != null){
            myRpc3OutputRpcResultBuilder = RpcResultBuilder.success(output3);
        }else{
            myRpc3OutputRpcResultBuilder = RpcResultBuilder.<MyRpc3Output> \
            failed().withError(ErrorType.APPLICATION, "Invalid output value",\
             "Output is null.");
        }
        //返回输出值
        return Futures.immediateFuture(myRpc3OutputRpcResultBuilder.build());
    }
    /* myRpc4 有输出和输入，返回值的写法可以与 myRpc0 或 myRpc3 相同，其中 myRpc3 返回输出
    值的方式更为安全，以下采用此方式
    */
    @Override
    public Future<RpcResult<MyRpc4Output>> myRpc4(MyRpc4Input input) {
        LOG.info("RPC4: This is my rpc4. It has input and output.");
        //输出值构建
        MyRpc4Output output4 = null;
        MyRpc4OutputBuilder output4Builder = null;
        RpcResultBuilder<MyRpc4Output> myRpc4OutputRpcResultBuilder = null;
        //以下进行输出成员赋值
        output4Builder = new MyRpc4OutputBuilder();
        //读者可设置输出值中的成员值，或编写函数的其他功能
        //将输入整型参数加上 7770000 传至输出的整型参数，设置输出的字符串参数
            Integer outInt = input.getRpc4InputLeaf1() + 7770000;
        output4Builder.setRpc4OutputLeaf1(outInt);
        String outputString = "Now my RPC4 shows you the output!";
        output4Builder.setRpc4OutputLeaf2(outputString);
        ...
        //输出值构建
        output4 = output4Builder.build();
        //若输出不为空，则返回输出值；否则返回错误提示
        if(output4 != null){
            myRpc4OutputRpcResultBuilder = RpcResultBuilder.success(output4);
        }else{
            myRpc4OutputRpcResultBuilder = RpcResultBuilder.<MyRpc4Output> \
```

```
                failed().withError(ErrorType.APPLICATION, "Invalid output value",\
                "Output is null.");
            }
            //返回输出值
            return Futures.immediateFuture(myRpc4OutputRpcResultBuilder.build());
        }
    }
```

15.4 注册 RPC 并处理相应的关闭工作

myproject 创建编译后，在 impl 子项目下的包 com.ming.myproject.impl 内自动生成 MyprojectProvider 类，如图 15-8 所示。

15.4.1 MyprojectProvider.java 的初始代码

MyprojectProvider.java 的初始代码如下（注意不同 opendaylight-startup-archetype 版本创建的此类可能不同，需要加上相应实现的接口。以下为 1.1.4-SNAPSHOT 版本创建的 MyprojectProvider 类）：

```
/*
 * Copyright @ 2017 Copyright(c) Claire Ming and others.   All rights reserved.
 *
 * This program and the accompanying materials are made available under the
 * terms of the Eclipse Public License v1.0 which accompanies this distribution,
 * and is available at http://www.eclipse.org/legal/epl-v10.html
 */
package com.ming.myproject.impl;
//自动导入 MyprojectProvider 类扩展的 BindingAwareProvider 接口
import org.opendaylight.controller.sal.binding.api.BindingAwareProvider;
/*
自动导入 onSessionInitaiated(ProviderContext session)函数依赖的 ProviderContext 类
*/
import org.opendaylight.controller.sal.binding.api.BindingAwareBroker.\
ProviderContext;
// 导入日志依赖的类
import org.slf4j.Logger;
import org.slf4j.LoggerFactory;
//类定义
public class MyprojectProvider implements BindingAwareProvider, AutoCloseable {
    // 自动记录日志
    private static final Logger LOG = \
      LoggerFactory.getLogger(MyprojectProvider.class);
    // 容器创建时调用的函数
    @Override
```

```
        public void onSessionInitiated(ProviderContext session) {
            LOG.info("MyprojectProvider Session Initiated");
        }
        // 容器销毁时调用的函数
        @Override
        public void close() {
            LOG.info("MyprojectProvider Closed");
        }
    }
```

15.4.2　在 MyprojectProvider 类中完成注册工作

我们在 MyprojectProvider 类中注册之前使用 YANG 定义的 RPC。修改 MyprojectProvider.java，将 MyRPCImpl 注册到 MD-SAL。

```
    //需要引入数据包 RpcRegistration 以完成注册工作
    import org.opendaylight.controller.sal.binding.api.BindingAwareBroker.\
    RpcRegistration;
    //需要引入包 MyprojectService（由项目的 RPC 转化而来）以完成 RPC 的注册
    import org.opendaylight.yang.gen.v1.urn.opendaylight.params.xml.ns.yang.\
    myproject.rev150105.MyprojectService;
    //以下修改 MyprojectProvider 类，完成 RPC 注册
    public class MyprojectProvider implements BindingAwareProvider, AutoCloseable {
        //需要在 MyprojectProvider 类下加入私有类成员（注册类）
        private RpcRegistration<MyprojectService> rpcRegistration;
        ...
        /*
        在 onSessionInitiated 函数中添加模型 myproject 的 RPC 的注册，将类 MyRPCImpl 绑定至
MyprojectService 的实现。
        注意某些版本的 opendaylight-startup-archetype 没有此函数，需要添加 MyprojectProvider 类所需实
现的 BindingAwareProvider、AutoCloseable 接口，以生成 onSessionInitaiated 函数
        */
    public void onSessionInitaiated(ProviderContext session){
            ...
            rpcRegistration = \
            session.addRpcImplementation(MyprojectService.class, new MyRPCImpl());
        }
    public void close() throws Exception {
            //在 close()加入异常的处理，throws Exception
            ...
            //在 close 方法中加入容器销毁时对服务的关闭
            if(rpcRegistration != null){
                rpcRegistration.close();
            }
        }
    }
```

15.4.3 编译

完成以上编辑后，先对子项目 impl 进行编译，然后对整个 myproject 项目进行编译。可使用 Eclipse 编译，也可使用 mvn clean install –DskipTests 命令进行编译（见第 18 章），编译结果如图 15-13 所示。

```
[INFO] ------------------------------------------------------------------------
[INFO] Reactor Summary:
[INFO]
[INFO] myproject-api ...................................... SUCCESS [04:35 min]
[INFO] myproject-impl ..................................... SUCCESS [ 13.043 s]
[INFO] myproject-features ................................. SUCCESS [ 10.789 s]
[INFO] myproject-karaf .................................... SUCCESS [ 56.888 s]
[INFO] myproject-artifacts ................................ SUCCESS [  1.055 s]
[INFO] myproject-it ....................................... SUCCESS [  4.722 s]
[INFO] myproject .......................................... SUCCESS [  3.771 s]
[INFO] ------------------------------------------------------------------------
[INFO] BUILD SUCCESS
[INFO] ------------------------------------------------------------------------
[INFO] Total time: 06:10 min
[INFO] Finished at: 2017-03-26T13:32:33+08:00
[INFO] Final Memory: 146M/348M
[INFO] ------------------------------------------------------------------------
```

图 15-13　项目成功编译

15.5 项目测试

15.5.1 启动 myproject 项目测试

进入项目目录后，输入以下命令，成功启动项目（见图 15-14）：

```
$ sudo karaf/target/assembly/bin/karaf
```

使用以下命令查看日志，可见 myproject 项目成功启动（见图 15-14）：

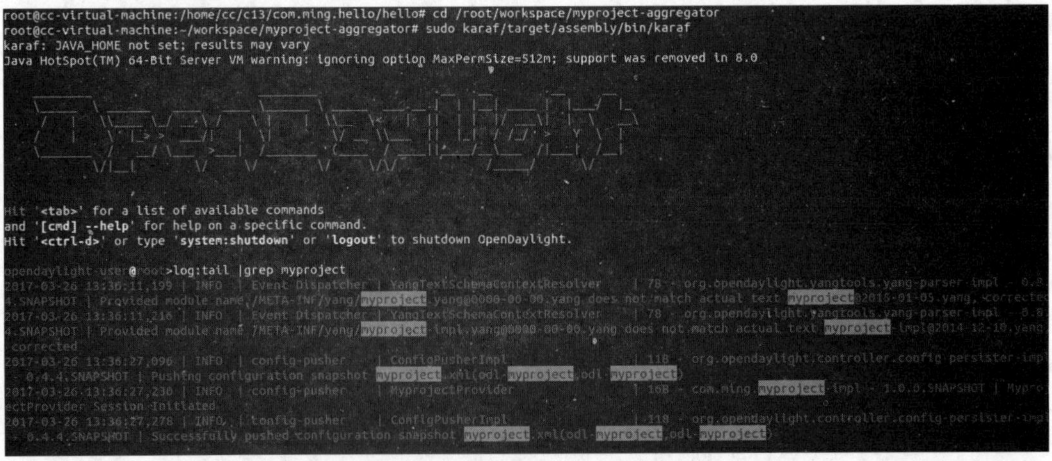

```
root@cc-virtual-machine:/home/cc/c13/com.ming.hello/hello# cd /root/workspace/myproject-aggregator
root@cc-virtual-machine:~/workspace/myproject-aggregator# sudo karaf/target/assembly/bin/karaf
karaf: JAVA_HOME not set; results may vary
Java HotSpot(TM) 64-Bit Server VM warning: ignoring option MaxPermSize=512m; support was removed in 8.0

Hit '<tab>' for a list of available commands
and '[cmd] --help' for help on a specific command.
Hit '<ctrl-d>' or type 'system:shutdown' or 'logout' to shutdown OpenDaylight.

opendaylight-user@root>log:tail |grep myproject
2017-03-26 13:36:11,199 | INFO  | Event Dispatcher | YangTextSchemaContextResolver    | 78 - org.opendaylight.yangtools.yang-parser-impl - 0.8.
4.SNAPSHOT | Provided module name /META-INF/yang/myproject.yang@0000-00-00.yang does not match actual text myproject@2015-01-05.yang, corrected
2017-03-26 13:36:11,216 | INFO  | Event Dispatcher | YangTextSchemaContextResolver    | 78 - org.opendaylight.yangtools.yang-parser-impl - 0.8.
4.SNAPSHOT | Provided module name /META-INF/yang/myproject-impl.yang@0000-00-00.yang does not match actual text myproject-impl@2014-12-10.yang,
 corrected
2017-03-26 13:36:27,096 | INFO  | config-pusher    | ConfigPusherImpl                 | 118 - org.opendaylight.controller.config-persister-impl
 - 0.4.4.SNAPSHOT | Pushing configuration snapshot myproject.xml(odl-myproject,odl-myproject)
2017-03-26 13:36:27,230 | INFO  | config-pusher    | MyprojectProvider                | 168 - com.ming.myproject-impl - 1.0.0.SNAPSHOT | Myproj
ectProvider Session Initiated
2017-03-26 13:36:27,278 | INFO  | config-pusher    | ConfigPusherImpl                 | 118 - org.opendaylight.controller.config-persister-impl
 - 0.4.4.SNAPSHOT | Successfully pushed configuration snapshot myproject.xml(odl-myproject,odl-myproject)
```

图 15-14　成功启动 myproject 项目

```
opendaylight-user@root> log:display | grep myproject
```

打开浏览器，访问 OpenDaylight 总控台的 YANG UI 界面，输入登录用户名/密码，可见项目成功加载，如图 15-15 所示。

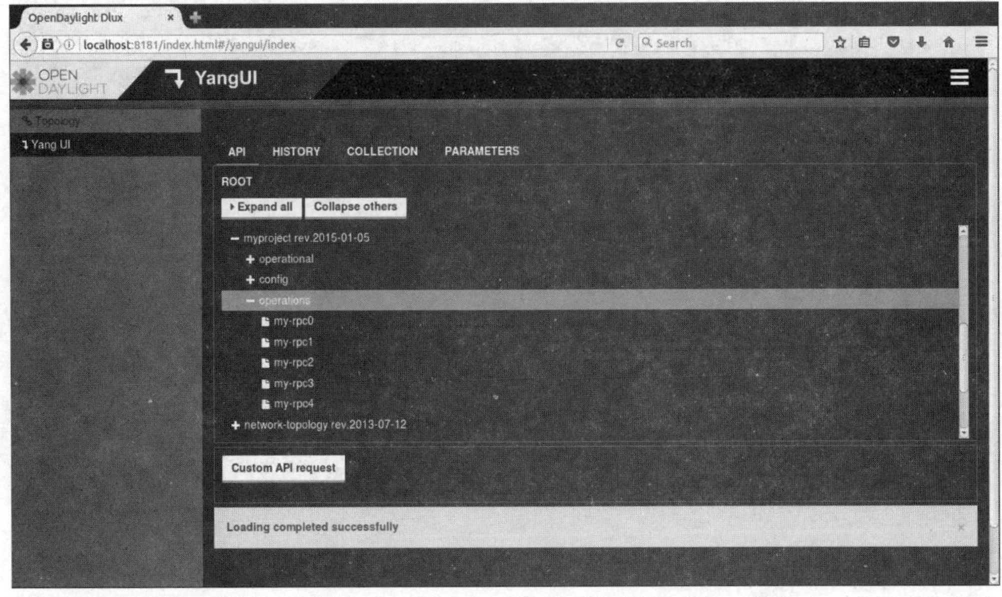

图 15-15　myproject 项目成功加载

由此可见，myproject 项目成功启动并加载。其中 RPC 调用的 API 位于项目的 operations 节点下。

15.5.2　my-rpc0 功能测试

单击 operations 节点下的 my-rpc0 节点，在输入值 rpc0-input-leaf1 中输入参数 7777777，单击 Send 按钮，返回输出结果，如图 15-16 所示。

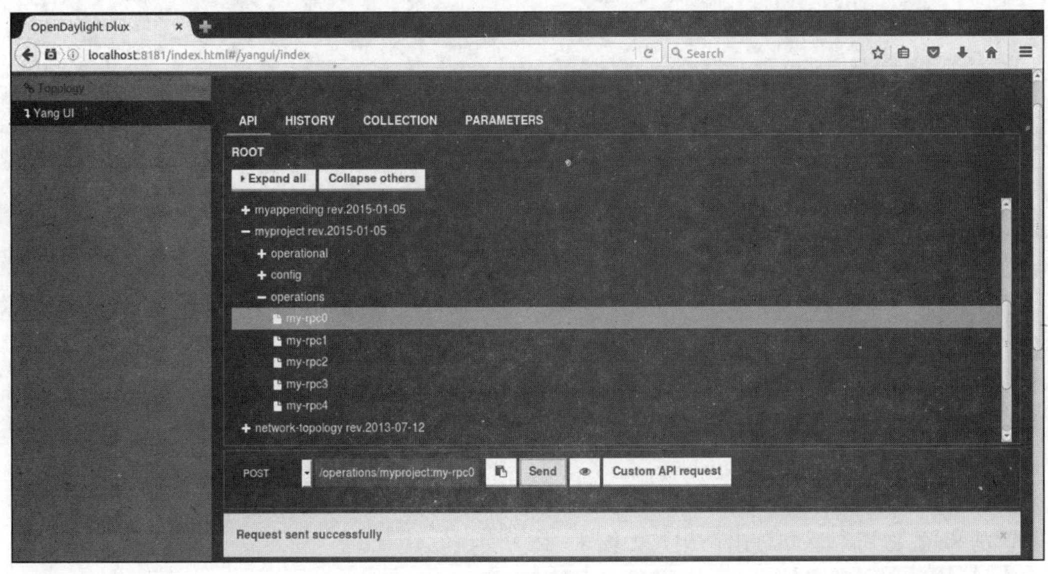

图 15-16　my-rpc0 的功能测试

图 15-16 my-rpc0 的功能测试（续）

由图 15-16 可见，输出值 rpc0-output-leaf1 的值为 1。这与之前函数 Future<RpcResult<MyRpc0Output>>myRpc0(MyRpc0Input input)中对 rpc0-output-leaf1 设置的值相同，my-rpc0 成功实现了功能。

15.5.3 my-rpc1 功能测试

单击 operations 节点下的 my-rpc1 节点，出现 API 相关信息的页面，如图 15-17 所示。其中单击眼睛图案的图标（在图 15-17 中圈出），可见浮动窗口上显示了 url 地址和相应的传递参数（这里为空）。另外，单击 my-rpc1 旁边的问号，出现提示（在图 15-17 中使用方框标出）“This is my rpc1. It has nothing in it.”，这个提示是 myRpc1 函数中的日志信息。

图 15-17 测试 my-rpc1

单击 Send 按钮，返回输出结果，如图 15-18 所示。

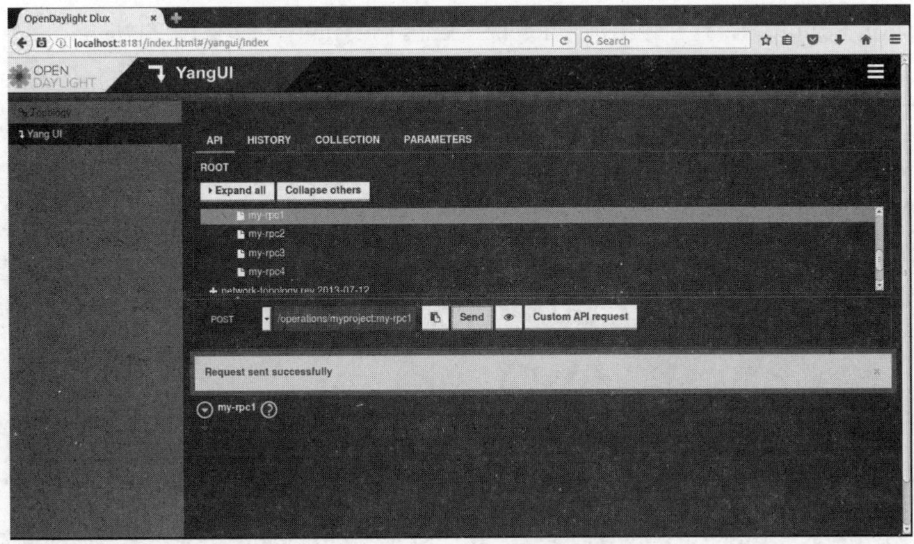

图 15-18　my-rpc1 的功能测试

由图 15-18 可见，my-rpc1 的请求成功发送，没有任何返回值。这与之前函数 Future<RpcResult <Void>> myRpc1()中对 rpc1 定义的功能相符，并且成功执行了 my-rpc1。

15.5.4　my-rpc2 功能测试

单击 operations 节点下的 my-rpc2 节点，出现相应的 API 的信息，如图 15-19 所示。在输入值 rpc2-input-leaf1 中输入参数 Asher，在输入值 rpc2-input-leaf2 中输入参数 12345。注意，鼠标悬浮于输入值之上（如 rpc2-input-leaf2）时，会出现其参数类型提示（见图 15-21），若输入的值超出参数设定范围，则还会给出警告。

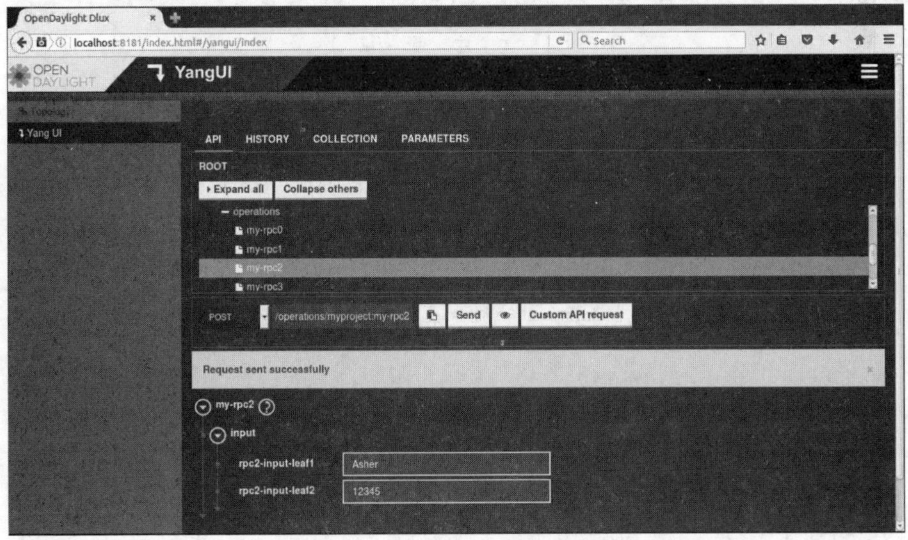

图 15-19　my-rpc2 的功能测试 1

同样单击眼睛图案的图标（在图 15-20 中圈出），可见浮动窗口上显示了 url 地址和相应的传递参数。单击 Send 按钮，返回输出结果 Request sent successfully，如图 15-20 所示。另外，终端出现 Asher12345，如图 15-21 所示。

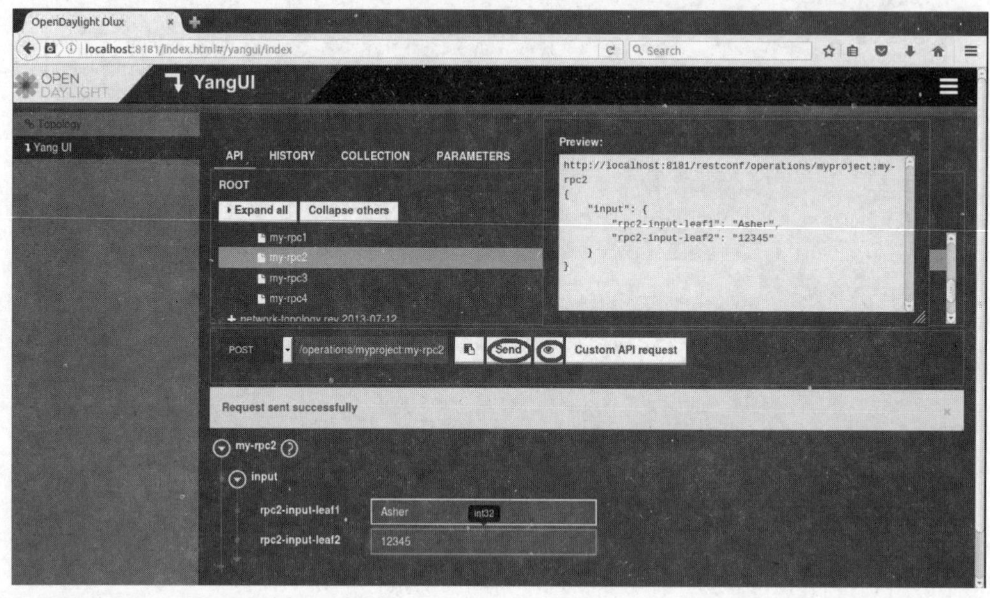

图 15-20 my-rpc2 的功能测试 2

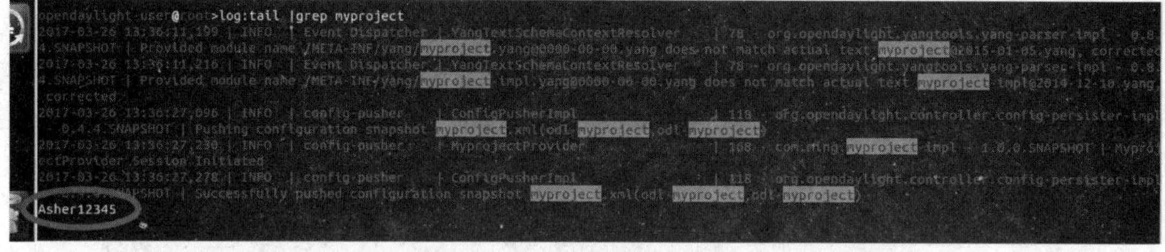

图 15-21 my-rpc2 的功能测试 3

由图 15-20 可见，my-rpc2 的请求成功发送，没有任何返回值。这与之前函数 Future<RpcResult<Void>> myRpc2(MyRpc2Input input)中对 rpc2 定义的功能相符；另外，在终端可见 rpc2 打印出值 Asher12345，这成功实现了 rpc2 将“接收到的字符串和数字连接在一起组成新的字符串后输出”的功能。可见 my-rpc2 的功能已经成功实现。

15.5.5 my-rpc3 功能测试

单击 operations 节点下的 my-rpc3 节点，若单击眼睛图案的图标（见图 15-22），可见浮动窗口上显示了 url 地址和相应的传递参数（这里为空）。

单击 Send 按钮，返回输出结果 Request sent successfully（见图 15-23），并且在输出参数 rpc3-output-leaf1 中显示值“Now my RPC3 shows you the output!”。

由图 15-22 可见，my-rpc3 的请求成功发送，返回值为“Now my RPC3 shows you the output!”。这与之前函数 Future<RpcResult<MyRpc3Output>> myRpc3()中对 rpc3 定义的功能（设置输出的字符串为 Now my RPC3 shows you the output!）相符。可见 my-rpc3 的功能已经成功实现。

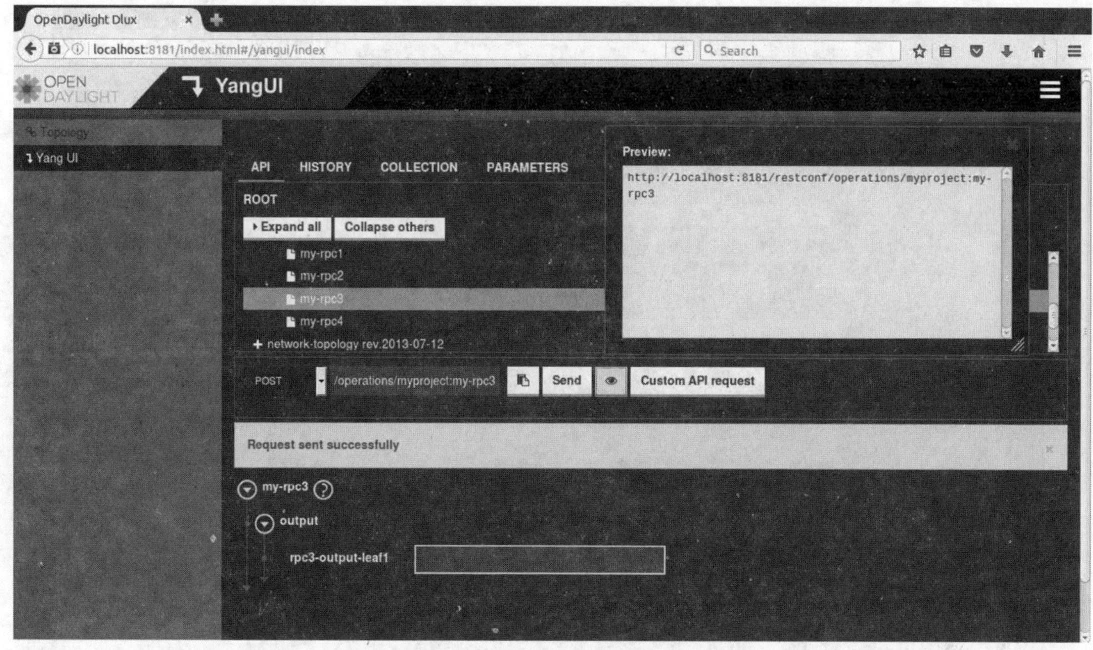

图 15-22　my-rpc3 的功能测试 1

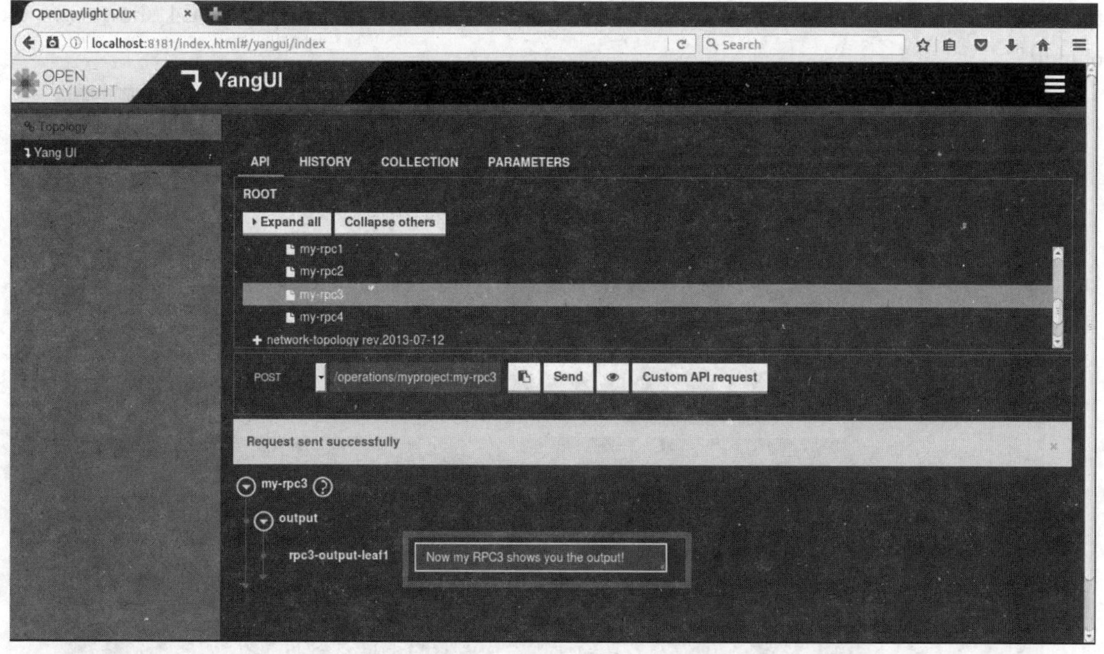

图 15-23　my-rpc3 的功能测试 2

15.5.6　my-rpc4 功能测试

单击 operations 节点下的 my-rpc4 节点，打开 API 相关的信息，如图 15-24 所示。在输入值 rpc4-input-leaf1 中输入参数 54321，同时可见类型提示为 int32。

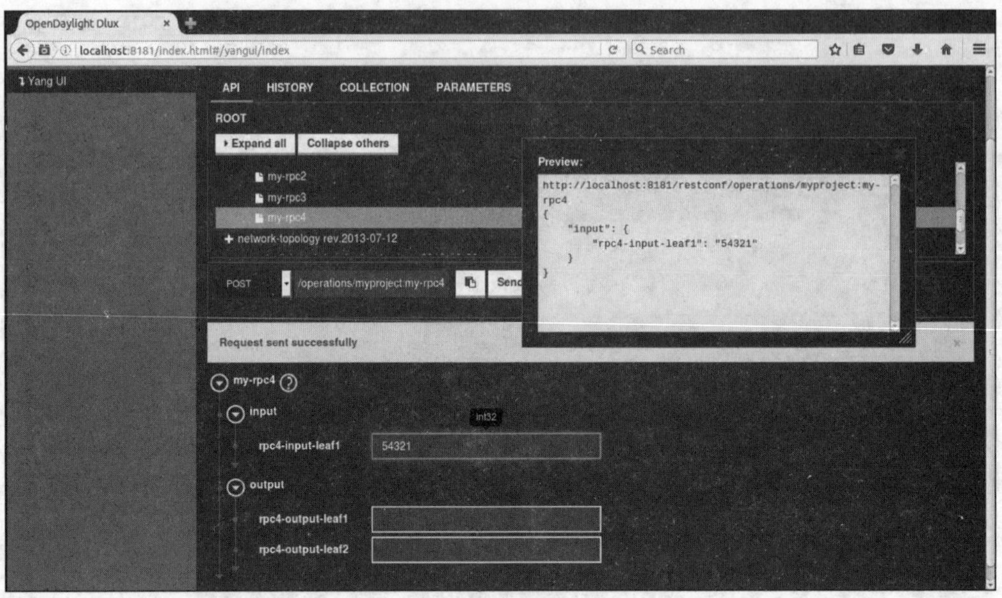

图 15-24　my-rpc4 的功能测试 1

单击 Send 按钮，返回输出结果 Request sent successfully（见图 15-25），并且在输出参数 rpc4-output-leaf1 中显示值 7824321、在 rpc4-output-leaf2 中显示值“Now my RPC4 shows you the output!”。

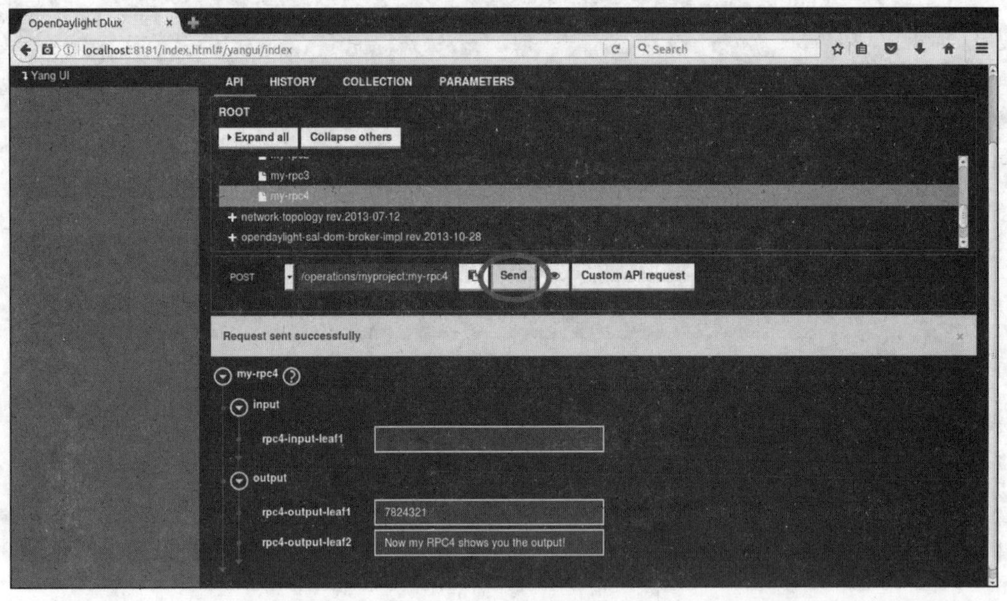

图 15-25　my-rpc4 的功能测试 2

由图 15-25 可见，rpc4-output-leaf1 中显示值 7824321，这与之前函数 Future<RpcResult<MyRpc4Output>> myRpc4(MyRpc4Input input)中对 rpc4-output-leaf1 设置的值相同（输入值 54321 加上 7770000 等于 7824321）。rpc4-output-leaf2 的值为所设置的字符串“Now my RPC4 shows you the output!”。综上可见，my-rpc4 已经成功实现了功能。

15.6　本章总结

RPC 开发过程由 3 步组成，首先实现 RPC 的 YANG 文件定义并编译，然后在选定位置完成 RPC 的具体实现，最后注册 RPC 并处理相应的关闭工作。

本章在 14 章的基础上进行了 RPC 的开发实验。以 my-rpc0、my-rpc1、my-rpc2、my-rpc3、my-rpc4 这 5 个 RPC 为例，介绍了 RPC 包含不同类型子声明映射成 Java 文件的情况，说明了 RPC 的 4 种类型（不包含 input 声明和 description 声明、仅包含 input 声明、仅包含 output 声明、包含 input 声明和 output 声明）中的每一种 RPC 的函数实现，特别是返回值的实现方式，完成了对 RPC 的注册和调用工作。

本章尽量选用通用参数为例进行说明，以求给读者一个能轻松使用的模板。读者可使用自己定义的类名/方法名/成员名对示例中相应的部分进行替换，快速地实现自己的项目。

本章的 15.5 节给出了 RPC 自测的一种方便的方式。通过使用 OpenDaylight 项目自带的工具，读者可以很好地进行项目验证，实现对 OpenDaylight 项目进一步的了解。

第16章

DataStore 相关的开发

本章主要介绍DataStore相关的开发，主要包括利用DataBroker实现对DataStore的操作和Data Change事件的实现。本章的实验是在第15章的基础上进行的，利用已实现的RPC来使用DataBroker实现对DataStore的操作，完成Data Change事件的实现。这两个功能是可独立实现的，并不存在必需的依赖关系。

本章首先在16.1节对DataStore相关开发过程进行简要说明，即利用已实现的RPC来使用DataBroker实现对DataStore操作的简要步骤。本节将介绍对DataStore的异步读写操作，创建包含DataStore的异步读写操作的类的实例并传递DataBroker参数，最后对项目进行测试验证。

本章在16.2节利用DataBroker实现对DataStore的操作，具体来说就是创建一个既可读又可写的读写事务操作ReadWriteTransaction，然后利用从MyprojectProvider类中传递过来的DataBroker来实现对DataStore的读写操作。

本章在16.3节重点介绍Data Change事件的实现。这种消息传递方式属于多播异步事件，如果数据树中数据有变化，这个事件由数据代理并且传递到订阅者。具体的实现方式为先实现DataChangeListener接口以完成onDataChange函数，然后将数据树变动的监听注册到MD-SAL，最后同样对项目进行测试验证。

最后在16.4节对全章进行总结。

16.1 DataStore 相关开发过程的简要说明

DataStore相关的开发主要包括利用DataBroker实现对DataStore的操作和Data Change事件的实现，这两个功能是可独立实现的，并不存在必需的依赖关系。

16.1.1　使用 DataBroker 实现对 DataStore 的操作

总的来看，使用 DataBroker 实现对 DataStore 的操作可分为两个步骤：

1. 实现对 DataStore 的操作

从并发的角度来看，操作包含同步的操作和异步的操作；从操作的内容来看，操作包含读事务操作 ReadTransaction（对 DataStore 仅能实现只读操作）、写事务操作 WriteTransaction（对 DataStore 仅能实现写操作）、读写操作 ReadWriteTransaction（对 DataStore 能实现读操作和写操作）这 3 种方式，需要更深入了解的读者请参考本书第 12 章的 12.4 节中关于对 DataStore 操作的 3 种方式。以下是实现对 DataStore 的操作的要点：

（1）设定可供传递参数的私有 DataBroker 成员，设为 myDataBroker。

（2）创建修改或读取的节点，创建成员变量身份标识 Instance Identifier，设为 My_ID。

```
final InstanceIdentifier<树中的节点的类，如容器类> My_ID = \
        InstanceIdentifier.builder(树中的节点的类.class).build();
```

（3）基于 DataBroker 参数创建新的操作（读事务操作、写事务操作或读写事务操作）类成员，设为 myTx。以读写事务操作（ReadWriteTransaction）为例，读事务操作（ReadTransaction）、写事务操作（WriteTransaction）相应替换：

```
final ReadWriteTransaction myTx =   \
        this.myDataBroker.newReadWriteTransaction();
```

（4）实现对 DataStore 的读操作。

使用类型为读事务操作或读写事务操作的类成员变量（设为 myRWtx）对 DataStore 的树节点进行读操作：

```
ListenableFuture<Optional<MyContainer1>> myTx =   \
        myTx.read(LogicalDataStoreType, InstanceIdentifier);
```

其中参数 LogicalDataStoreType 是 DataStore 中存储的数据类型，可为 Configuration 或 Operational，写成 LogicalDatastoreType.CONFIGURATION 或 LogicalDatastoreType.OPERATIONAL 的方式；而参数 InstanceIdentifier 是待读节点的身份标识，即之前创建的成员变量身份标识 Instance Identifier（My_ID）。例如，读取树中标识为 MyID 节点的 Operational 数据类型可写成：

```
ListenableFuture<Optional<MyContainer1>> myTx =   \
        myTx.read(LogicalDatastoreType.OPERATIONAL, MyID);
```

（5）实现对 DataStore 的修改操作。

使用类型为写事务操作或读写事务操作的类成员变量（设为 myRWtx）。使用 YANG 定义映射生成的相关类中的 set 方法创建数据。使用变量成员 myRWtx 对 DataStore 的树节点进行修改操作。修改操作主要有 3 种修改树的操作：put、merge 和 delete。

① put：在树指定的节点上传数据，操作完成后原子树被此数据替换。

```
<T> void put(LogicalDatastoreType store, InstanceIdentifier<T> path, T data);
```

```
myTx.put(LogicalDatastoreType store, InstanceIdentifier<T> path, T data);
```

LogicalDatastoreType 是 DataStore 中存储的数据类型，可为 Configuration 或 Operational；InstanceIdentifier<T> path 是之前创建的成员变量身份标识 Instance Identifier（如 My_ID）；T data 是待上传的子树。读者可参考本章 16.2 节的示例，例如：

```
myRWtx.put(LogicalDatastoreType.OPERATIONAL, \
  MyContainer1_ID,  new MyContainer1Builder().\
  setMycontainer1Leaf1((byte)0).setMyContGrpLeaf1(88888)\
  .build());
```

② merge：在树指定的节点上传数据，操作完成后原子树不会被覆盖，与新上传的数据合并。

```
myTx.merge(LogicalDatastoreType store, InstanceIdentifier<T> path, T data);
```

③ delete：删除树指定节点的子树。

```
myTx.delete(LogicalDatastoreType store, InstanceIdentifier<T> path);
```

（6）使用方法 submit()完成事务，具体来说就是 submit()封装事务并提交它以进行处理。提交事务通过下面的方法得到处理和提交：

```
return myTx.submit();
```

注意，方法 submit()的函数为：

```
CheckedFuture<Void,TransactionCommitFailedException> submit();
```

（7）可以通过阻塞或者异步调用以查看事务提交结果。

若需要通过阻塞或者异步调用以查看事务提交结果，则将上面的语句：

```
return myTx.submit();
```

替换为本节的语句。具体如下：

应用程序可使用 ListenableFuture 异步地监听事务提交状态。

```
Futures.addCallback( myTx.submit(), new FutureCallback<Void>() {
    public void onSuccess( Void result ) {
        LOG.debug("Transaction committed successfully.");
    }
    public void onFailure( Throwable t ) {
        LOG.error("Commit failed.",e);
    }
});
```

若应用程序需要阻塞直到提交成功，则可使用 checkedGet()方法以等待直到提交完成。

```
try {
    myTx.submit().checkedGet();
    } catch (TransactionCommitFailedException e) {
        LOG.error("Commit failed.",e);
}
```

2. 传递 DataBroker 参数

在创建包含实现对 DataStore 操作的类处（MyprojectProvider 类中）向此实例传递 DataBroker 参数。建议在 onSessionInitiated(ProviderContext session)函数中实现。

16.1.2　完成 Data Change 事件的实现

Data Change 事件是 OpenDaylight 消息传递方式的一种，这种消息传递方式属于多播异步事件，如果数据树中数据有变化，这个事件由数据代理并且传递到订阅者。具体的实现方式如下：

1. 创建一个实现 Data Change 事件的类

（1）类扩展监听接口（如 DataChangeListener）以完成 onDataChange 函数。

注　意

OpenDaylight 项目中有 3 种方式可对事件进行监听：DataChangeListener、DataTreeChangeListener 和 DOMDataTreeChangeListener。

① DataChangeListener 是最简单的方式，使用 Binding-aware 方式访问 DataStore，对整棵树进行监听，树中任何一个叶子节点的变化都会触发 DataChangeListener 事件。其对应的实现事件变化所激发处理的接口为 onDataChange 函数：

```
void onDataChanged(AsyncDataChangeEvent<InstanceIdentifier<?>, \
            DataObject> data)
```

② DataTreeChangeListener 能定位到树中的树干，实现比 DataChangeListener 更精确的监听：

```
void onDataTreeChanged(Collection<DataTreeModification<Vlan>> changed)
```

③ DOMDataTreeChangeListener 通过 DOMDataBroker 访问 DataStore，使用 Binding Independent 类型，使用 QName 对数据树进行索引和数据的定位。

（2）类扩展项目的 Service 接口不同，如本章示例 MyprojectService 接口。

（3）设定可供传递参数的私有 DataBroker 成员，设为 myDataBroker。

（4）创建待监听节点，创建成员变量身份标识 Instance Identifier，设为 My_ID：

```
final InstanceIdentifier<树中的节点的类，如容器类> My_ID = \
        InstanceIdentifier.builder(树中的节点的类.class).build();
```

（5）实现事件变化所激发处理的函数，如使用 DataChangeListener 接口处理相应的数据变化处理的 onDataChange 函数：

```
public void onDataChanged(AsyncDataChangeEvent<InstanceIdentifier<?>, \
        DataObject> data) {
    // 获取变化的数据对象
    DataObject myDO = data.getUpdatedSubtree();
    if( myDO instanceof 子树类型){
    // 若变化的数据对象为子树类型的一个实例
        子树类型 myData = (子树类型)myDO;
}
```

DataTreeChangeListener 和 DOMDataTreeChangeListener 在各自的事件变化触发的函数中使用类似以上的方式实现功能。

2. 将数据树变动的监听注册到 MD-SAL

（1）创建实现 Data Change 事件的类（本书在 MyprojectProvider 类中创建实现 DataChange 事件的类）。

（2）向创建实现 Data Change 事件的类的实例传递 DataBroker 参数。

（3）添加数据变动 ListenerRegistration<DataChangeListener> 的监听成员变量 dataChangeListenerReg。

（4）在 onSessionInitiated(ProviderContext session)函数中注册相应的 P path（监听节点的身份标识 InstanceIdentifier）和 DataChangeScope triggeringScope（指定数据树变动通知执行的类），注册函数为：

```
registerDataChangeListener(LogicalDatastoreType store, P path, L listener,\
DataChangeScope triggeringScope, "Selector selector");
```

其中 LogicalDatastoreType 为 DataStore 中存储的数据类型，值为 Configuration 或 Operational；P path 为监听节点的身份标识 InstanceIdentifier，如 myID；DataChangeScope triggeringScope 指定数据树变动通知执行的类；Selector selector 为数据监听的范围，如 BASE 只监听当前节点变化事件，ONE 监听当前节点和其左右儿子节点变化事件，SUBTREE 监听当前节点和左右子树的所有变化事件。

（5）最后在 close 方法中加入对 dataChangeListenerReg 的注销。

16.2 利用 DataBroker 实现对 DataStore 的操作

我们将在 myproject 项目的子项目 impl 中使用 RPC 的方式来利用 DataBroker 实现对 DataStore 的操作。读者可将此操作放置于 MyRPCImpl 类任何指定的调用函数内，也可以放置到本项目的其他类甚至其他 MD-SAL 项目的类中的某函数内实现，只需引用的操作涉及相关类，然后在 MyprojectProvider 类中将 DataBroker 的值传递给此操作即可。

以下具体说明在MyRPCImpl类中使用RPC的方式来利用DataBroker实现对DataStore的操作。本书选择在 MyRPCImpl 类的 RPC 之一的 myRpc1 中实现，将创建一个既可读又可写的读写事务操作 ReadWriteTransaction，然后利用从 MyprojectProvider 类中传递过来的 DataBroker 来实现对 DataStore 的读写操作。若读者需要单独进行读写操作，则可参考本章 16.1 节中介绍的读事务操作 ReadTransaction 和写事务操作 WriteTransaction 分别对 DataStore 进行读操作或写操作。

16.2.1 实现对 DataStore 的异步读写操作

在 MyRPCImpl 类的 RPC 中实现对 DataStore 的异步读写操作。建议使用异步事务操作完成相应功能，这有利于在生产环境中使用。若读者需要使用同步事务操作功能，请参考本章 16.1 节的介绍进行替代。

MyRPCImpl 类的 RPC 之一的 myRpc1 的原代码为：

```
        @Override
        public Future<RpcResult<Void>> myRpc1() {
                LOG.info("RPC1: This is my rpc1.It has nothing in it.");
                return \
    Futures.immediateFuture(RpcResultBuilder.<Void> success().build());
        }
```

首先，除已引入的类外，对 DataStore 的同步和异步读写操作所需的类再引入以下实现：

```
    //引用 DataBroker
    import org.opendaylight.controller.md.sal.binding.api.DataBroker;
    /*
        引入读写事务操作所需的类 ReadWriteTransaction。若读者仅需求读事务操作，则需引用
ReadTransaction 类；若仅需要写事务操作，则仅需引用 WriteTransaction 类
    */
    import org.opendaylight.controller.md.sal.binding.api.ReadWriteTransaction;
    /*
        引入 DataStore 中存储的数据类型 LogicalDatastoreType，值为 Configuration 或 Operational
    */
    import org.opendaylight.controller.md.sal.common.api.data.LogicalDatastoreType;
    //引入对 DataStore 操作提交失败所需相关处理的类
    import org.opendaylight.controller.md.sal.common.api.data.TransactionCommitFailedException;
    //引入类 InstanceIdentifier，它是监听节点的身份标识
    import org.opendaylight.yangtools.yang.binding.InstanceIdentifier;
    //使用异步提交操作所需的类 AsyncFunction，若同步提交，则无须此类
    import com.google.common.util.concurrent.AsyncFunction;
    //引入读写事务操作所需的其他类
    import com.google.common.base.Optional;
    import com.google.common.util.concurrent.FutureCallback;
    import com.google.common.util.concurrent.ListenableFuture;
```

接着，设定私有 DataBroker 成员 myDataBroker，以供之后的读写操作使用：

```
        private DataBroker myDataBroker;
```

由于私有 DataBroker 成员 myDataBroker 的值需要由 MyprojectProvider 类传递，因此建立构建函数（注意，读者也可创建一个将 DataBroker 值传递的函数以供 MyprojectProvider 类赋值）：

```
        public MyRPCImpl(DataBroker dataBroker){
                this.myDataBroker = dataBroker;
        }
```

随后指定读写事务操作的树节点。本实验对容器 my-container1 进行振作，因此根据需要创建容器的标志点 MyContainer1_ID：

```
        final InstanceIdentifier<MyContainer1> MyContainer1_ID = \
                        InstanceIdentifier.builder(MyContainer1.class).build();
```

接下来，在 myRpc1 方法中实现对 DataStore 的异步读写操作：

```
@Override
public Future<RpcResult<Void>> myRpc1() {
    LOG.info("RPC1: This is my rpc1.It has nothing in it.");
    /*
    完成 ReadWriteTransaction，此操作也可放置到本项目的其他类甚至其他项目的类中的某
    函数内实现，随后调用即可。
    若读者使用读事务操作，则将下面语句中的 ReadWriteTransaction 替换成 ReadTransaction；
    若读者使用写事务操作，则将下面语句中的 ReadWriteTransaction 替换成写事务操作
    WriteTransaction
    */
    final ReadWriteTransaction myRWtx =   \
        this.myDataBroker.newReadWriteTransaction();
    //读取 OPERATIONAL 类数据库中的 my-container1 节点
    ListenableFuture<Optional<MyContainer1>> myRWFuture =   \
        myRWtx.read(LogicalDatastoreType.OPERATIONAL, MyContainer1_ID);
    /*
    bResultOfCommitFuture 是写事务操作提交的条件，值为 true 时提交。读者可替代成自己
    设定的条件
    */
    final Boolean bResultOfCommitFuture = true;
    /*
    将 Optional< MyContainer1>类型的 ListenableFuture 转换成 Void 类型
    ListenableFuture
    */
    //使用异步完成写操作
    final ListenableFuture<Void> commitFuture = \
        Futures.transform(myRWFuture, \
            new AsyncFunction<Optional<MyContainer1>, Void>(){
        @Override
        public ListenableFuture<Void> apply(Optional<MyContainer1> myData) throws Exception {
            // 首先判断 myData 是否存在，并加入相应处理或返回语句
            if( myData.isPresent()){
                System.out.println("MyContainer1's Data Does Exist!");
            }else{
                return null;
            }
            // 分别针对情况提交操作或处理失败场景
            if( bResultOfCommitFuture == false){
            //处理失败场景
                return Futures.immediateFailedCheckedFuture(new \
                    TransactionCommitFailedException("", \
                    RpcResultBuilder.newWarning(ErrorType.APPLICATION, \
                        "in-use", "This happens when CommitFuture fails")));
            }else{
            /*
```

```
            提交改动的 my-container1 数据，这里将 my-container1 的叶子节点 mycontainer1-leaf1
            赋值为 0，将孙子叶子节点 my-cont-grp-leaf1 赋值为 88888。注意赋值可连续使用
            .setXXX 完成
            */
                myRWtx.put(LogicalDatastoreType.OPERATIONAL, \
              MyContainer1_ID,  new MyContainer1Builder().\
              setMycontainer1Leaf1((byte)0).setMyContGrpLeaf1(88888)\
              .build());
                return myRWtx.submit();
            }
        }   // ListenableFuture<Void> apply(...)结束
    }       // AsyncFunction<Optional<MyContainer1>, Void>()结束
    );      // Futures.transform 结束
    //添加 callback 函数，根据事务操作是否成功进行后续处理
    Futures.addCallback(commitFuture, new FutureCallback<Void>(){
        // 若更新 data store 成功，则进行以下操作
        @Override
        public void onSuccess(Void result) {
            LOG.info("ListenableFuture's Commit: Success!", result.toString());
            System.out.println("ListenableFuture's Commit: Success!");
        }   // onSuccess 语句结束
        // 若更新失败，则进行以下操作
        @Override
        public void onFailure(Throwable t) {
            // TODO Auto-generated method stub
            LOG.debug("ListenableFuture's Commit: Fails", t);
            System.out.println("ListenableFuture's Commit: Fails");
        }   // onFailure 语句结束
    }       // FutureCallback<Void>()语句结束
    );      // Futures.addCallback(...)语句结束
    // 以下原来的 my-rpc1 的返回语句不变
    return Futures.immediateFuture(RpcResultBuilder.<Void> \
            success().build());
}
```

16.2.2 传递 DataBroker 参数

在 MyprojectProvider 类中，向类 MyRPCImpl 传递 DataBroker 参数。

首先引用函数所需的 DataBroker 类：

```
import org.opendaylight.controller.md.sal.binding.api.DataBroker;
```

然后在 MyprojectProvider 中创建 MyRPCImpl 类，并将 DataBroker 参数传递给 MyRPCImpl。我们只需要改动 onSessionInitiated(ProviderContext session)函数。原函数的代码为：

```
    public void onSessionInitiated(ProviderContext session) {
        LOG.info("MyprojectProvider Session Initiated");
```

```
        rpcRegistration = session.addRpcImplementation(MyprojectService.class, new MyRPCImpl());
    }
```

我们需要对 RPC 注册的 MyRPCImpl 实例进行改动。将以上代码改成：

```
    @Override
    public void onSessionInitiated(ProviderContext session) {
        LOG.info("MyprojectProvider Session Initiated");
        /*
        在之前的 MyRPCImpl 类中已经定义了构建函数 MyRPCImpl(DataBroker dataBroker)，
        以 MyprojectProvider 类在创建 MyRPCImpl 实例时传递 DataBroker 参数
        */
        //从 session 中获取 DataBroker 参数
        DataBroker myDataBroker = session.getSALService(DataBroker.class);
        //创建 MyRPCImpl 实例 myRPCImpl，并传递 DataBroker 参数
        MyRPCImpl myRPCImpl = new MyRPCImpl(myDataBroker);
        /* RPC 的注册需要使用带有 myDataBroker 参数的 MyRPCImpl 实例 myRPCImpl 来进行，
        使用以下语句来实现原来的 RPC 注册
        */
        rpcRegistration = \
            session.addRpcImplementation(MyprojectService.class, myRPCImpl);
    }
```

16.2.3　测试验证

进入项目目录后，输入以下命令，成功启动项目：

```
$ sudo karaf/target/assembly/bin/karaf
```

使用以下命令查看日志，可见 myproject 项目成功启动（见图 16-1）：

```
opendaylight-user@root> log:display | grep myproject
```

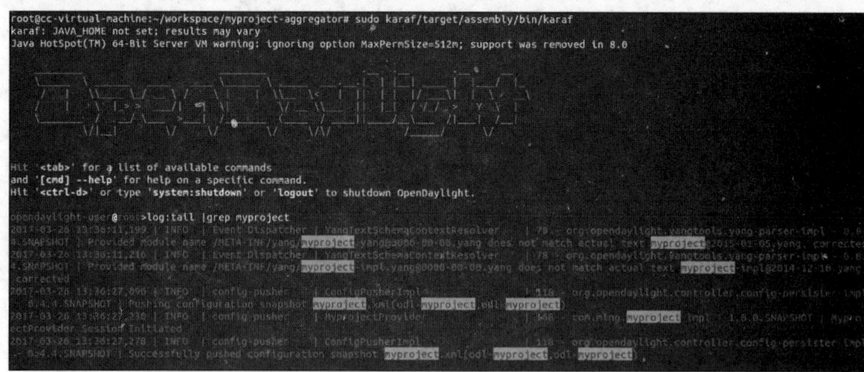

图 16-1　成功启动 myproject 项目

打开浏览器，访问 OpenDaylight 总控台的 YANG UI 界面，输入登录用户名/密码，可见项目成功加载，如图 16-2 所示。由于我们操作的是 OPERATIONAL 数据库，因此单击 operational 节点下面的 my-container1 节点。

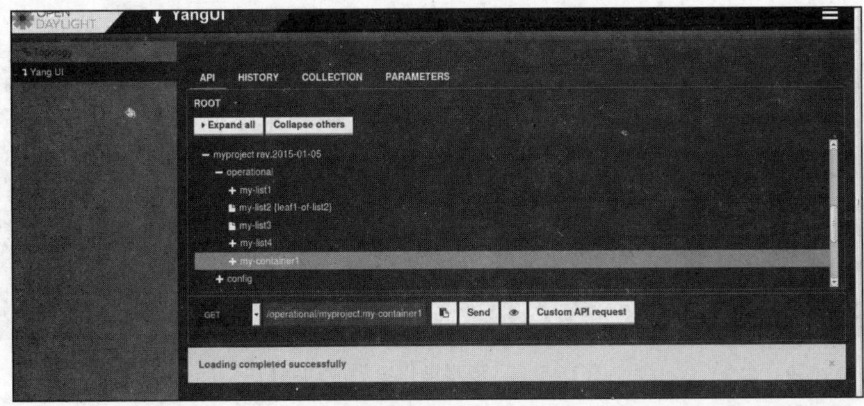

图 16-2　访问 OpenDaylight 总控台的 YANG UI 的 API 界面

此时选择 GET 参数后，单击带有眼睛的图标，可见待发送的 URL 地址及内容（这里内容为空），单击 Send 发送。由于未调用 rpc1（myRpc1 函数），因此此时 my-container1 的值为空。返回操作失败，提示可见数据为空，这符合实验的现状，如图 16-3 所示。

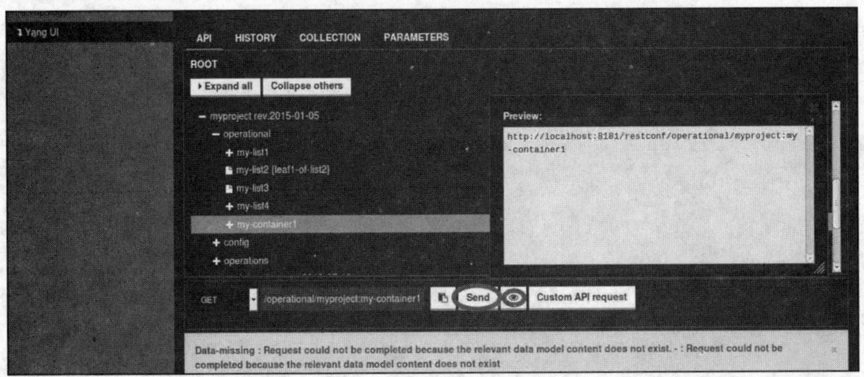

图 16-3　无法获取 my-container1 的值

单击 operations 节点下的 my-rpc1 节点，然后单击 Send 按钮，调用 rpc1（myRpc1 函数）赋值 my-container1。返回执行结果 Request sent successfully，如图 16-4 所示。

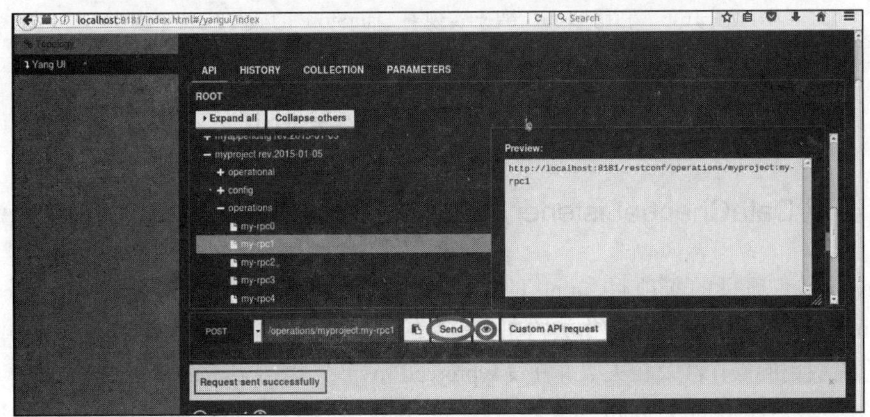

图 16-4　调用 rpc1（myRpc1 函数）赋值 my-container1

同时终端显示异步写操作事务成功完成，如图 16-5 所示。

```
opendaylight-user@root>log:tail|grep myproject
2017-03-30 11:28:47,162 | INFO  | Event Dispatcher | YangTextSchemaContextResolver    | 78 - org.opendaylight.yangtools.yang-parser-impl - 0.8.4.SNAPSHOT | Provided module name /META-INF/yang/myproject.yang@0000-00-00.yang does not match actual text myproject@2015-01-05.yang, corrected
2017-03-30 11:28:47,164 | INFO  | Event Dispatcher | YangTextSchemaContextResolver    | 78 - org.opendaylight.yangtools.yang-parser-impl - 0.8.4.SNAPSHOT | Provided module name /META-INF/yang/myproject-impl.yang@0000-00-00.yang does not match actual text myproject-impl@2014-12-10.yang, corrected
2017-03-30 11:29:07,816 | INFO  | config-pusher    | ConfigPusherImpl                 | 118 - org.opendaylight.controller.config-persister-impl - 0.4.4.SNAPSHOT | Pushing configuration snapshot myproject.xml(odl-myproject,odl-myproject)
2017-03-30 11:29:08,025 | INFO  | config-pusher    | MyprojectProvider                | 168 - com.ming.myproject-impl - 1.0.0.SNAPSHOT | MyprojectProvider Session Initiated
2017-03-30 11:29:08,087 | INFO  | config-pusher    | ConfigPusherImpl                 | 118 - org.opendaylight.controller.config-persister-impl - 0.4.4.SNAPSHOT | Successfully pushed configuration snapshot myproject.xml(odl-myproject,odl-myproject)
2017-03-30 11:34:44,888 | INFO  | qtp98249501-306  | MyRPCImpl                        | 168 - com.ming.myproject-impl - 1.0.0.SNAPSHOT | RPC1:
This is my rpc1.It has nothing in it.
        at com.ming.myproject.impl.MyRPCImpl$2.onSuccess(MyRPCImpl.java:108)[168:com.ming.myproject-impl:1.0.0.SNAPSHOT]
        at com.ming.myproject.impl.MyRPCImpl$2.onSuccess(MyRPCImpl.java:103)[168:com.ming.myproject-impl:1.0.0.SNAPSHOT]
```

图 16-5　异步写操作事务成功完成

随后终端打印出程序所设定的打印值。返回后，单击 operational 节点下面的 my-container1 节点。选择 GET 参数后，单击 Send 发送。此时已调用 rpc1（myRpc1 函数），返回 my-container1 的值。可见 mycontainer1-leaf1 的值为 0，正如程序设定，利用 DataBroker 实现对 DataStore 的操作实验成功完成，如图 16-6 所示。

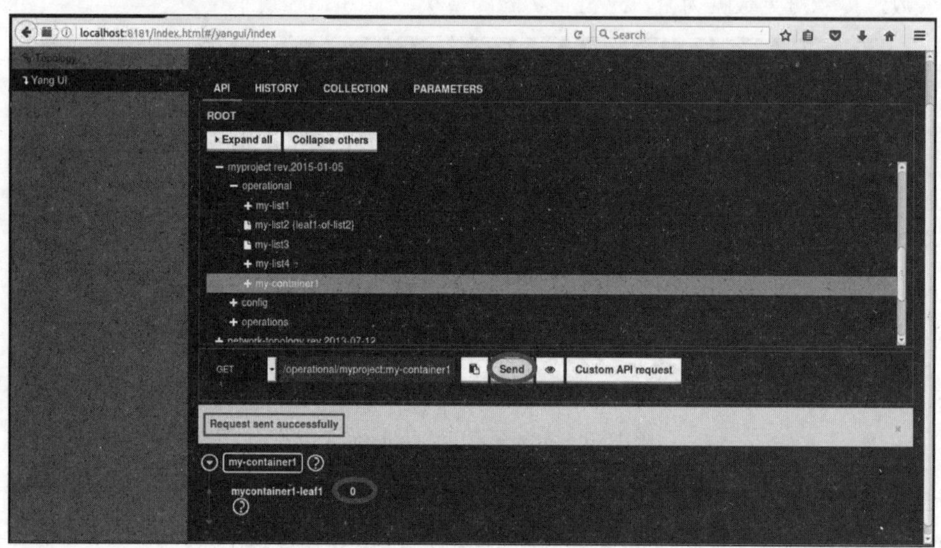

图 16-6　利用 DataBroker 实现对 DataStore 的操作成功完成

16.3　Data Change 事件的实现

16.3.1　实现 DataChangeListener 接口完成 onDataChange 函数

在 myproject 项目的子项目 impl 的 MyRPCImpl 类中实现 DataChangeListener 接口完成 onDataChange 函数。读者可将此操作放置在本项目的其他类甚至其他项目 MD-SAL 的类中的某函数内实现，只需引用的操作涉及相关类并在 MyprojectProvider 类的 onSessionInitiated(ProviderContext session)函数中注册相应的 P path（监听节点的身份标识 InstanceIdentifier）和 DataChangeScope triggeringScope（指定数据树变动通知执行的类）。

自动引用 onDataChange 函数所需的类 DataChangeListener 和 DataObject：

```
import org.opendaylight.controller.md.sal.binding.api.DataChangeListener;
import org.opendaylight.yangtools.yang.binding.DataObject;
```

需要在类 MyRPCImpl 中实现 DataChangeListener 接口，以使用 onDataChanged (AsyncDataChangeEvent <InstanceIdentifier<?>, DataObject> change)函数。

```
public class MyRPCImpl implements MyprojectService, DataChangeListener {
```

实现 DataChangeListener 接口后，eclipse 会自动添加 onDataChanged 函数。在以下代码中完成数据变化时实现的功能：

```
    @Override
    public void onDataChanged(AsyncDataChangeEvent<InstanceIdentifier<?>, \
            DataObject> change) {
        // 获取变化的数据对象
        DataObject myDO = change.getUpdatedSubtree();
        if( myDO instanceof MyContainer1){
        // 若变化的数据对象为容器 MyContainer1 的一个实例
             LOG.info("The Change is an instance of MyContainer1");
            // 获取容器 MyContainer1 的实例
             MyContainer1 myContainer1 = (MyContainer1)myDO;
            /*
            以下语句为数据变动时的处理，读者可编写自己的语句。
            本书这里设定打印 2 行语句。第一行为：
            MyContainer1's mycontainer1-leaf1 is 加上 mycontainer1-leaf1 的值
            第二行为：
            MyContainer1's my-container1-lflst1's first element is 加上 my-container1-lflst1 的值
            */
             System.out.println("MyContainer1's mycontainer1-leaf1 is " + \
                             myContainer1.getMycontainer1Leaf1().toString());
             List<Integer> myLfLst = myContainer1.getMyContainer1Lflst1();
             System.out.println("MyContainer1's my-container1-lflst1's first element is " + myLfLst.get(0));
        }else{
             LOG.info("The Change is NOT an instance of MyContainer1!");
             System.out.println("The Change is NOT an instance of MyContainer1!");
        }

    }
```

16.3.2　将数据树变动的监听注册到 MD-SAL

在 MyprojectProvider 类中，将数据变动 ListenerRegistration<DataChangeListener>的监听成员变量 dataChangeListenerReg 注册到 MD-SAL。

首先引用监听数据树变动监听所需的相关类：

```
import org.opendaylight.yangtools.concepts.ListenerRegistration;
import org.opendaylight.controller.md.sal.binding.api.DataChangeListener;
import org.opendaylight.controller.md.sal.common.api.data.AsyncDataBroker.DataChangeScope;
import org.opendaylight.controller.md.sal.common.api.data.LogicalDatastoreType;
```

然后在 MyprojectProvider 类中添加数据变动 ListenerRegistration<DataChangeListener>的监听成员变量 dataChangeListenerReg：

```
    private ListenerRegistration<DataChangeListener> dataChangeListenerReg;
```

在 MyprojectProvider 类中的 onSessionInitiated(ProviderContext session) 函数中注册 dataChangeListenerReg。注册函数为：

```
    registerDataChangeListener(LogicalDatastoreType store, P path, L listener, DataChangeScope
triggeringScope, "Selector selector");
```

其中 LogicalDatastoreType 为 DataStore 中存储的数据类型，值为 Configuration 或 Operational；P path 为监听节点的身份标识 InstanceIdentifier，使用在 MyRPCImpl 类中定义的指向容器 my-container1 的成员变量 myContainer1_ID；DataChangeScope triggeringScope 指定数据树变动通知执行的类，如 myRPCImpl 实例；Selector selector 为数据监听的范围，如 BASE 只监听当前节点变化事件，ONE 监听当前节点和其左右儿子节点变化事件，SUBTREE 监听当前节点和左右子树的所有变化事件，本实验选择监听当前节点和左右子树的所有变化事件，即将值设置为 DataChangeScope.SUBTREE。综上，在 onSessionInitiated(ProviderContext session)函数中注册 dataChangeListenerReg：

```
        dataChangeListenerReg = myDataBroker.registerDataChangeListener
         (LogicalDatastoreType.CONFIGURATION, myRPCImpl.MyContainer1_ID, myRPCImpl,
         DataChangeScope.SUBTREE);
```

最后在 close 方法中加入对 dataChangeListenerReg 的注销。即在 close()函数中加入：

```
        if(dataChangeListenerReg != null){
                dataChangeListenerReg.close();
        }
```

16.3.3 测试验证

进入项目目录后，输入以下命令，成功启动项目：

```
$ sudo karaf/target/assembly/bin/karaf
```

使用以下命令查看日志，可见 myproject 项目成功启动：

```
opendaylight-user@root> log:display | grep myproject
```

打开浏览器，访问 OpenDaylight 总控台的 YANG UI 界面，输入登录用户名/密码，可见项目成功加载。监听变动的数据库为 CONFIG 数据库，单击 config 节点下面的 my-container1 节点，打开页面，如图 16-7 所示。

选择 GET 参数后，单击 Send 发送。显示当前 my-container1 的值，如图 16-8 所示。

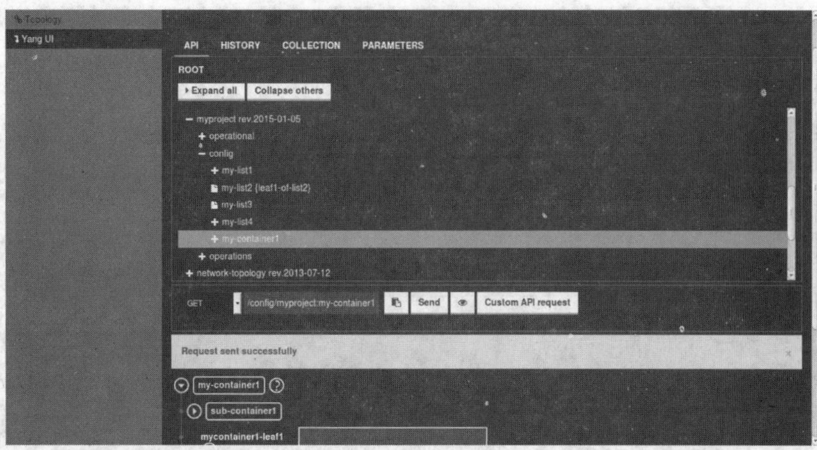

图 16-7　访问 OpenDaylight 总控台的 YANG UI 的 CONFIG 数据界面

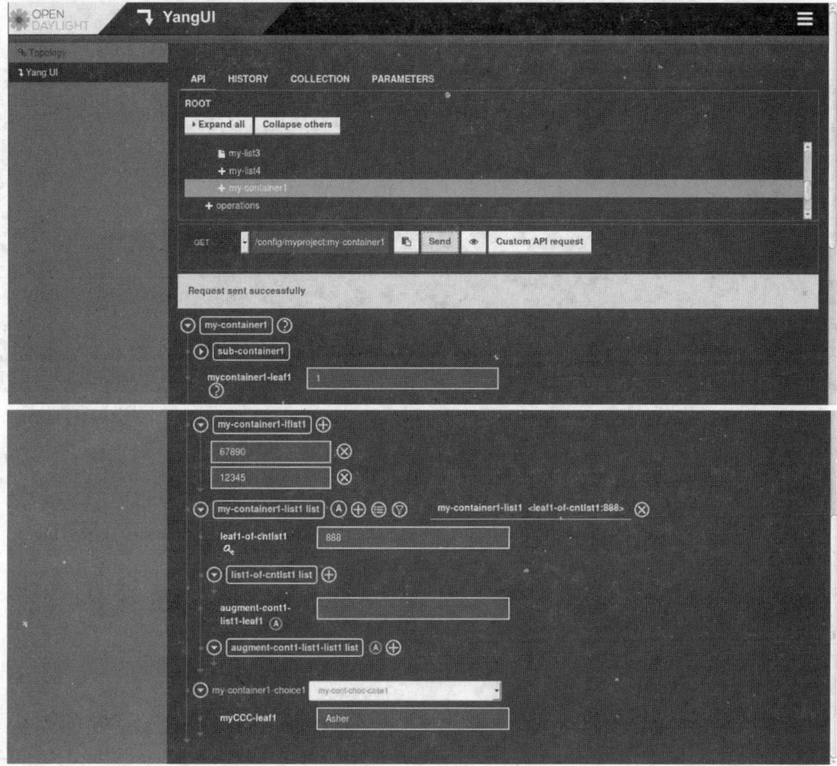

图 16-8　当前 my-container1 的值（续）

将容器 my-container1 的 leaf-list 子节点的第一个元素 my-container1-lflst1 的值改为 777777，单击 Send 按钮发送，如图 16-9 所示。

此时终端显示以下 2 行打印，如图 16-10 所示。

```
MyContainer1's mycontainer1-leaf1 is 1
MyContainer1's my-container1-lflst1's first element is 7777777
```

这个与 onDataChanged 中设定的功能相同，Data Change 事件成功执行。

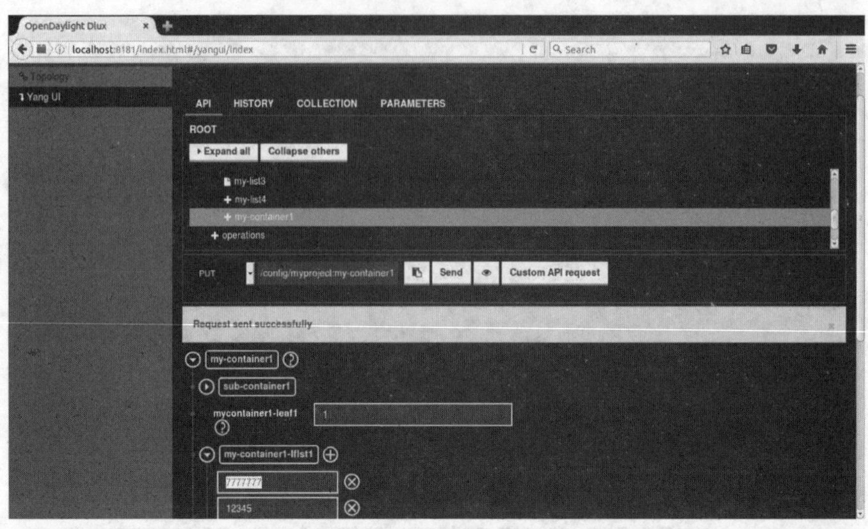

图 16-9 改动 my-container1 的值

```
>log:tail|grep myproject
...
        at com.ming.myproject.impl.MyRPCImpl$2.onSuccess(MyRPCImpl.java:112)
        at com.ming.myproject.impl.MyRPCImpl$2.onSuccess(MyRPCImpl.java:107)
...
MyContainer1's mycontainer1-leaf1 is 1
MyContainer1's my-container1-lflst1's first element is 7777777
```

图 16-10 终端显示 Data Change 事件

16.4 本章总结

OpenDaylight 项目将所有数据都保存在 DataStore 中，并以树形结构进行存储。可通过对所存储的数据进行直接操作以获取更为底层的信息，或进行更底层的操作，同时也是验证读者自身项目的一个极好的方式。

OpenDaylight 项目的核心模块 MD-SAL 中通过数据代理 DataBroker 实现对 DataStore 中数据的操作。本章在 16.2 节重点介绍了利用 DataBroker 实现对 DataStore 的操作，这是 OpenDaylight 项目访问 DataStore 推荐的方式。

当 DataStore 中的数据发生变动时，会触发 Data Change 事件。OpenDaylight 项目中有 3 种方式可对事件进行监听：DataChangeListener、DataTreeChangeListener 和 DOMDataTreeChangeListener。其中 DataChangeListener 是最简单的方式，本章在 16.3 节中以 DataChangeListener 为例进行了介绍，其他两种方式读者可参考 16.1 节的内容自行实验完成。

本章尽量选用通用示例进行实验说明，读者可在本章的实验基础上简单地使用自己定义的类名/方法名/成员名对示例中相应的部分进行替换，快速地实现自己的项目。

第 17 章

Notification 的开发

本章主要介绍通知 Notification 的开发过程。通知是 OpenDaylight 消息传递方式中的一种，由消息的提供者发布消息，然后传递到订阅者，这是多播的。消息的传送可以是异步、暂态事件，该事件传递到消息订阅者后由其进行操作处理。本章的实验是在第 15 章的基础上进行的。

本章首先在 17.1 节对通知 Notification 的开发过程进行简要的说明，便于读者有一个整体的概念，也便于复习、查找时快速地重温要点。

17.2 节在 Yang Model 中实现对通知 Notification 的定义，一共定义了 3 个通知：my-notification0 通知声明包含的子声明较复杂，包含叶子声明、leaf-list 声明、列表声明、容器声明、使用声明、anyxml；my-notification1 通知声明仅包含一个描述声明，其他为空；my-notification2 通知声明仅包含一个描述声明和一个叶子声明。通过编译，本书对通知所映射的 Java 文件进行介绍，其中重点介绍 5 个 Java 文件。

在 17.3 节重点介绍通知提供的实现。读者可在项目的任意地方实现，引用的操作涉及相关类，在创建此类时将 NotificationProviderService 的值传递给此操作即可；然后注册提供通知并传递 NotificationProviderService 参数。

在 17.4 节重点介绍通知接收处理的实现。读者可在项目的任意地方实现，引用的操作涉及相关类并实现 MyprojectListener 接口，然后创建接收消息类的实例并将此实例注册到 myNotificationService 提供的消息通知对象上。

之后在 17.5 节对项目进行测试，一共进行 3 次实验。通过这 3 次实验，成功检验通知提供的功能和通知接收处理的功能，实验成功。

最后在 17.6 节对全章进行总结。

17.1 Notification 开发过程的简要说明

Notification 的开发包括通知提供的实现和通知接收处理的实现，这两个功能独立实现，之间存在着通信的关系。

17.1.1　通知提供的实现

通知提供的实现可分为 3 步：

步骤 01　使用 YANG 语言定义通知 Notification 声明，编译此 YANG 文件所在的子项目。

步骤 02　选定位置，为实现具体的通知提供方法：

（1）引用操作涉及的相关类。

（2）创建 NotificationProviderService 类型的类成员变量，设为 myNPS，并根据创建此类实例所传递的参数 session 向 myNPS 赋值。

（3）根据通知 YANG 文件所映射的 Java 类中的 set 语句创建待提供的通知，例如：

```
MyNotification0 myN0 = \
        (new MyNotification0Builder()).setNotification0Leaf1(11111)\
        .setNotification0Lflst1(myStringList).build();
```

（4）发送通知，注意通常通知的提供是根据条件触发的，例如：

```
this.myNPS.publish(myN0);
```

步骤 03　在创建通知提供方法所在类的实例时，注册提供通知并传递 NotificationProviderService 参数。

（1）引用操作涉及的相关类 NotificationProviderService。

（2）创建 NotificationProviderService 类型的类成员变量，设为 myNPS；通过 session 变量获取 NotificationProviderService 参数：

```
private NotificationProviderService myNPS;
this.myNPS = session.getSALService(NotificationProviderService.class);
```

（3）创建提供通知的类的实例时，传递 NotificationProviderService 参数。

（4）注册提供通知的类的实例，注意此处与单纯实现 RPC 开发中的注册不同，需要对之前已设置了参数的提供通知的类的实例（设实例为 myRPCImpl）进行注册，例如：

```
rpcRegistration = \
    session.addRpcImplementation(MyprojectService.class, myRPCImpl);
```

17.1.2　通知接收处理的实现

通知接收方实现通知的接收处理工作，具体的实现分为 2 个步骤：

步骤 01　通过实现通知接收接口完成通知接收处理的方法。

（1）此类需要扩展通知接收类，如 MyprojectListener。

通知 notification 声明的 YANG 文件自动映射生成通知接收类，类中包含各个通知接收的实现方法，订阅收到通知后的操作需实现该接口。例如，本实验的通知声明映射的 MyprojectListener 类包含 onMyNotification0、onMyNotification1、onMyNotification2 接口。

(2) 扩展 Listener 后 (MyprojectListener)，在通知接收方法 (如 onMyNotification0(MyNotification0 notification)) 中实现具体的处理方法。

步骤 02 创建通知接收处理方法所在类的实例，并注册此接收通知实例。

(1) 通常是在 MyprojectProvider 类中完成实现接收通知类的注册接收通知。

(2) 引用函数所需的类 NotificationListener 和注册监听消息所需的类 ListenerRegistration。

(3) 创建 ListenerRegistration<NotificationListener>类型的私有类成员以供注册消息接收使用，设为 myListenerReg。

(4) 创建一个接收消息类 NotificationRecieverImpl 的实例 myNoReciever。

(5) 在 onSessionInitiated(ProviderContext session)函数中注册消息监听服务：

```
myListenerReg = \
 this.myNPS.registerNotificationListener(myNoReciever);
```

(6) 在 close 方法中加入对 myListenerReg 的注销。

17.2　在 Yang Model 中实现定义

notification 声明子声明由 leaf 声明、leaf-list 声明、list 声明、container 声明、grouping 声明、typedef 声明、uses 声明、description 声明、choice 声明以及 anyxml 声明、if-feature 声明、reference 声明、status 声明组成（如表 12-17 所示），仅可作为模块和子模块的直接子声明。

当 notification 声明包含 list 子声明和 container 子声明时，会生成附加包以指定此容器。

17.2.1　notification 的 YANG 文件示例

在模块 myproject 中定义一个具有代表性的 notification 声明（见图 17-1），代码如下：

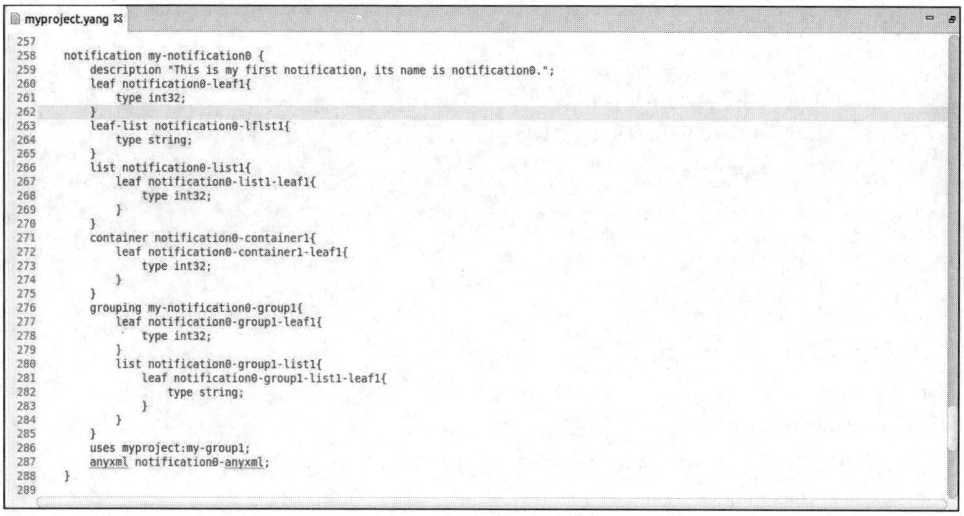

myproject.yang

```
notification my-notification0 {
    description "This is my first notification, its name is notification0.";
    leaf notification0-leaf1{
        type int32;
    }
    leaf-list notification0-lflst1{
        type string;
    }
    list notification0-list1{
        leaf notification0-list1-leaf1{
            type int32;
        }
    }
    container notification0-container1{
        leaf notification0-container1-leaf1{
            type int32;
        }
    }
    grouping my-notification0-group1{
        leaf notification0-group1-leaf1{
            type int32;
        }
        list notification0-group1-list1{
            leaf notification0-group1-list1-leaf1{
                type string;
            }
        }
    }
    uses myproject:my-group1;
    anyxml notification0-anyxml;
}
```

图 17-1　notification 声明示例

```
notification my-notification1 {
    description "This is my second notification, its name is notification1.It’s an empty notification";
}

notification my-notification2 {
    description "This is my third notification, its name is notification2.";
    leaf notification2-leaf1{
        type int32;
    }
}
```

图 17-1 notification 声明示例（续）

```
module myproject {
    ...
    notification my-notification0 {
        description "This is my first notification, its name is notification0.";
        leaf notification0-leaf1 {
        type int32;
    }
    leaf-list notification0-lflst1 {
        type string;
    }
    list notification0-list1 {
        leaf notification0-list1-leaf1 {
            type int32;
            }
    }
    container notification0-container1 {
            leaf notification0-container1-leaf1 {
                type int32;
            }
    }
    grouping my-notification0-group1 {
        leaf notification0-group1-leaf1 {
            type int32;
        }
        list notification0-group1-list1 {
            leaf notification0-group1-list1-leaf1 {
                type string;
            }
        }
    }
    uses myproject:my-group1;
    anyxml notification0-anyxml;
    }
notification my-notification1 {
        description "This is my second notification, its name is notification1.\
        It’s an empty notification";
    }
notification my-notification2 {
```

```
            description "This is my third notification, its name is notification2.";
            leaf notification2-leaf1{
            type int32;
        }
    }
}
```

以上代码举例说明了 notification 声明主要的应用场景。my-notification0 通知声明包含一个叶子声明 notification0-leaf1、一个 leaf-list 声明 notification0-lflst1、一个列表声明 notification0-list1、一个容器声明 notification0-container1、一个使用声明和一个 anyxml 声明。后两个声明则十分简单，以便于读者理解：my-notification1 通知声明仅包含一个描述声明，my-notification2 通知声明包含一个描述声明和一个叶子声明。

17.2.2　notification 的 YANG 文件映射的包和 Java 文件

编译之后刷新（具体方法见第 18 章），notification 声明映射所产生的变动如图 17-2 所示。主要产生的变化有：

图 17-2　notification 声明映射的包和 Java 文件

```
▶ MyRpc0Output.java
▶ MyRpc0OutputBuilder.java
▶ MyRpc2Input.java
▶ MyRpc2InputBuilder.java
▶ MyRpc3Output.java
▶ MyRpc3OutputBuilder.java
▶ MyRpc4Input.java
▶ MyRpc4InputBuilder.java
▶ MyRpc4Output.java
▶ MyRpc4OutputBuilder.java
▶ MyType1.java
▼ org.opendaylight.yang.gen.v1.urn.opendaylight.params.xml.ns.yang.myproject.rev150105.my.choice1
  ▶ MyCase1.java
  ▶ MyCase1Builder.java
  ▶ MyCase2.java
  ▶ MyCase2Builder.java
▼ org.opendaylight.yang.gen.v1.urn.opendaylight.params.xml.ns.yang.myproject.rev150105.my.choice1.my.case2
  ▶ MyCase2List1.java
  ▶ MyCase2List1Builder.java
▼ org.opendaylight.yang.gen.v1.urn.opendaylight.params.xml.ns.yang.myproject.rev150105.my.container1
  ▶ MyContainer1Choice1.java
  ▶ MyContainer1Group1.java
  ▶ MyContainer1List1.java
  ▶ MyContainer1List1Builder.java
  ▶ MyContainer1List1Key.java
  ▶ SubContainer1.java
  ▶ SubContainer1Builder.java
▼ org.opendaylight.yang.gen.v1.urn.opendaylight.params.xml.ns.yang.myproject.rev150105.my.container1.my.container1.choice1
  ▶ MyContChocCase1.java
  ▶ MyContChocCase1Builder.java
  ▶ MyContChocCase2.java
  ▶ MyContChocCase2Builder.java
▼ org.opendaylight.yang.gen.v1.urn.opendaylight.params.xml.ns.yang.myproject.rev150105.my.container1.my.container1.list1
  ▶ List1OfCntlst1.java
  ▶ List1OfCntlst1Builder.java
▼ org.opendaylight.yang.gen.v1.urn.opendaylight.params.xml.ns.yang.myproject.rev150105.my.group1
  ▶ MyGroup1List1.java
  ▶ MyGroup1List1Builder.java
  ▶ MyInnerGroup1.java
▼ org.opendaylight.yang.gen.v1.urn.opendaylight.params.xml.ns.yang.myproject.rev150105.my.list4
  ▶ MyList4List1.java
  ▶ MyList4List1Builder.java
▼ org.opendaylight.yang.gen.v1.urn.opendaylight.params.xml.ns.yang.myproject.rev150105.my.notification0
  ▶ MyInnerGroup1.java
  ▶ MyNotification0Group1.java
  ▶ Notification0Container1.java
  ▶ Notification0Container1Builder.java
  ▶ Notification0List1.java
  ▶ Notification0List1Builder.java
▼ org.opendaylight.yang.gen.v1.urn.opendaylight.params.xml.ns.yang.myproject.rev150105.my.notification0.my.notification0.group1
  ▶ Notification0Group1List1.java
  ▶ Notification0Group1List1Builder.java
▼ org.opendaylight.yang.gen.v1.urn.opendaylight.params.xml.ns.yang.myproject.rev150105.my.rpc0
  ▶ MyType2.java
▼ org.opendaylight.yang.gen.v1.urn.opendaylight.params.xml.ns.yang.myproject.rev150105.my.rpc0.input
  ▶ Rpc0InputContainer1.java
  ▶ Rpc0InputContainer1Builder.java
  ▶ Rpc0InputList1.java
  ▶ Rpc0InputList1Builder.java
▼ org.opendaylight.yang.gen.v1.urn.opendaylight.params.xml.ns.yang.myproject.rev150105.my.rpc0.output
  ▶ Rpc0OutputContainer1.java
  ▶ Rpc0OutputContainer1Builder.java
  ▶ Rpc0OutputList1.java
  ▶ Rpc0OutputList1Builder.java
▼ org.opendaylight.yang.gen.v1.urn.opendaylight.params.xml.ns.yang.myproject.rev150105.my.rpc0.output.rpc0.output.container1
  ▶ Rpc0OutputContainer1List1.java
  ▶ Rpc0OutputContainer1List1Builder.java
▶ target/generated-sources/spi
▶ target/generated-sources/yang
▶ JRE System Library [JavaSE-1.8]
▶ Maven Dependencies
▶ src
▶ target
▶ target-ide
  pom.xml
▶ myproject-artifacts
▶ myproject-cli
▶ myproject-features
▶ myproject-impl
▶ myproject-it
▶ myproject-karaf
17 items selected
```

图 17-2 notification 声明映射的包和 Java 文件（续）

1. 修改了 MyprojectData.java 文件的注释

在模块 myproject 所直接映射的包 org.opendaylight.yang.gen.v1.urn.opendaylight.params.xml.ns.yang.myproject.rev150105 中的 MyprojectData.java 文件的注释中体现了模块 YANG 文件中 notification 所有相关的 YANG 定义，在这里系统将对我们定义的模型 YANG 进行重新整理。MyprojectData.java 文件的导入文件和代码内容不变。

2. 生成了 MyprojectListener.java 文件

经映射后，在模块 myproject 直接映射的包 org.opendaylight.yang.gen.v1.urn.opendaylight.params.xml.ns.yang.myproject.rev150105 中生成了一个 MyprojectListener.java 文件，注意在模块中所有的通知函数（本实验中为 onMyNotification0、onMyNotification1 和 onMyNotification2）都在这里定义。具体函数映射规则将在后面的代码示例中讲解。

3. 通知映射直接生成了两个 Java 文件

通知声明经映射后在模块 myproject 直接映射的包 org.opendaylight.yang.gen.v1.urn.opendaylight.params.xml.ns.yang.myproject.rev150105 中生成了 2 个 Java 文件，其自身的类及其构造类。例如，通知 my-notification0 在包中映射生成自身类所在的 MyNotification0.java 文件和其构建类所在的 MyNotification0Builder.java 文件，通知 my-notification1 在包中映射生成了 MyNotification1.java 文件和 MyNotification1Builder.java 文件，通知 my-notification2 在包中映射生成了 MyNotification2.java 文件和 MyNotification2Builder.java 文件。

- 自身的类扩展了类 DataObject，包含此类在命名空间内的定义、其子声明所映射的成员对应的 get 方法，引入了所依赖的类（包括成员所依赖的类），此类的注释中还包含此通知的 YANG 定义。
- 此类的构建类主要用于完成通知的构建，包括通知子成员的获取（对应的 get 方法）和设置（对应的 set 方法）、通知扩展到树以及通知的具体构建方法。

4. 通知的子声明所映射生成的 Java 文件

若通知的子声明能进一步映射出独立的 Java 文件（见第 14 章的 14.3 节），则此通知首先映射成独立的数据包（如 my-notification0 映射成数据包 org.opendaylight.yang.gen.v1.urn.opendaylight.params.xml.ns.yang.myproject.rev150105.my.notification0），然后其子声明所映射出的类全部放置在此数据包中。在此例中：

- 列表声明的映射　子声明 notification0-list1 列表声明，在 org.opendaylight.yang.gen.v1.urn.opendaylight.params.xml.ns.yang.myproject.rev150105.my.notification0 包下映射生成 Notification0List1.java 文件和 Notification0List1Builder.java 文件。
- 容器声明的映射　子声明 notification0-container1 容器声明，在 org.opendaylight.yang.gen.v1.urn.opendaylight.params.xml.ns.yang.myproject.rev150105.my.notification0 包下映射生成 Notification0Container1.java 文件和 Notification0Container1Builder.java 文件。
- 组声明的映射　子声明 my-notification0-group1 组声明，在 org.opendaylight.yang.gen.v1.urn.opendaylight.params.xml.ns.yang.myproject.rev150105.my.notification0 包下映射生成 MyNotification0Group1 文件。

- 所导入组声明的映射 my-notification0 通知声明导入 my-group1 组声明，my-group1 的子声明包含叶子声明 my-group1-leaf1、leaf-list 声明 my-group1-lflst1、列表声明 my-group1-list1（包含叶子声明 my-grplst1-leaf1 和叶子声明 my-grplst1-leaf2）和组声明 my-inner-group1。其中组声明 my-inner-group1 在 org.opendaylight.yang.gen.v1.urn.opendaylight.params.xml.ns.yang.myproject.rev150105.my.notification0 包下映射生成 MyInnerGroup1.java 文件。

注意，若此级声明的子声明能进一步映射出独立的 Java 文件，则首先映射成独立的数据包，然后其子声明所映射出的类全部放置在此数据包中。如此递归，直至最后一级声明不包含子声明或其子声明不再映射独立的 Java 文件。例如，上面的子声明 my-notification0-group1 组声明包含两个子声明，即叶子声明 notification0-group1-leaf1 和列表声明 notification0-group1-list1。由于列表声明 notification0-group1-list1 会映射生成 Notification0Group1List1.java 文件和 Notification0Group1List1Builder.java 文件，因此 my-notification0-group1 组声明在数据包 org.opendaylight.yang.gen.v1.urn.opendaylight.params.xml.ns.yang.myproject.rev150105.my.notification0 中根据映射规则生成数据包 org.opendaylight.yang.gen.v1.urn.opendaylight.params.xml.ns.yang.myproject.rev150105.my.notification0.my.notification0.group1，然后在此数据包内放入 Notification0Group1List1.java 文件和 Notification0Group1List1Builder.java 文件。

（1）MyprojectData.java 文件

注释中体现了模块 YANG 文件中 RPC 所有相关的 YANG 定义：

```
package org.opendaylight.yang.gen.v1.urn.opendaylight.params.xml.ns.yang.myproject.rev150105;
...
/**
 * <p>This class represents the following YANG schema fragment defined in module <b>myproject</b>
 * <pre>
 * module myproject {
        ...
 *      notification my-notification0 {
 *          description
 *              "This is my first notification, its name is notification0.";
 *          leaf notification0-leaf1 {
 *              type int32;
 *          }
 *          leaf-list notification0-lflst1 {
 *              type string;
 *          }
 *          list notification0-list1 {
 *              key     leaf notification0-list1-leaf1 {
 *                  type int32;
 *              }
 *          }
 *          container notification0-container1 {
 *              leaf notification0-container1-leaf1 {
 *                  type int32;
```

```
*                }
*           }
*           leaf my-group1-leaf1 {
*                type my-type1;
*           }
*           leaf-list my-group1-lflst1 {
*                type string;
*           }
*           list my-group1-list1 {
*                key        leaf my-grplst1-leaf1 {
*                     type int32;
*                }
*                leaf my-grplst1-leaf2 {
*                     type string;
*                }
*           }
*           grouping my-notification0-group1 {
*                leaf notification0-group1-leaf1 {
*                     type int32;
*                }
*                list notification0-group1-list1 {
*                     key        leaf notification0-group1-list1-leaf1 {
*                          type string;
*                     }
*                }
*           }
*           grouping my-inner-group1 {
*                leaf my-inGrp-leaf1 {
*                     type int32;
*                }
*           }
*           uses my-group1;
*      }
*      notification my-notification1 {
*           description
*                "This is my second notification, its name is notification1.It.. an empty notification";
*      }
*      notification my-notification2 {
*           description
*                "This is my third notification, its name is notification2.";
*           leaf notification2-leaf1 {
*                type int32;
*           }
*      }
* }
```

```
 * </pre>
 *
 */
...
```

（2）MyprojectListener.java 文件

MyprojectListener.java 文件的代码如下：

```
package org.opendaylight.yang.gen.v1.urn.opendaylight.params.xml.ns.yang.myproject.rev150105;
//自动导入 OpenDaylight 项目中的 YangTools 子项目消息监听类 NotificationListener
import org.opendaylight.yangtools.yang.binding.NotificationListener;
//注释中重新整理了通知定义，与之前 MyprojectData.java 文件中注释通知定义的内容相同
/**
 * Interface for implementing the following YANG RPCs defined in module <b>myproject</b>
 * <pre>
*       notification my-notification0 {
 *        ...
* </pre>
 *
 */
public interface MyprojectListener extends NotificationListener
//myproject 项目中的所有通知需要实现此接口，此接口继承了 NotificationListener
{
     // my-notification0
     //my-notification0 的 description 声明转换为此方法相应的注释
    /**
     * This is my first notification, its name is notification0.
     */
    void onMyNotification0(MyNotification0 notification);
     // my-notification1
    /**
     * This is my second notification, its name is notification1.It's an empty
     * notification
     */
    void onMyNotification1(MyNotification1 notification);
    // my-notification2
    /**
     * This is my third notification, its name is notification2.
     */
    void onMyNotification2(MyNotification2 notification);
}
```

注 意

模块中定义的通知均映射至此文件相应的函数，这些函数的返回值均为 Void。若要通知实现真正的作用，则需要提供这个通知提供的实现和接收的实现。我们在本章的 17.3 节“通知提供的实现”和 17.4 节“通知接收处理的实现”中会进一步说明。

关于通知类的定义：

① 函数名命名规则

- 函数名开头为 on。
- 通知的首字母大写。
- 将空格从 YANG 文件定义的通知名中去掉。
- 字符空间（characters space）、“-”、“_”这 3 个字符也将被删掉，并且将其下一个字母变为大写。

可见通知 my-notification0 根据命名规则得出的方法名为 onMyNotification0。

② 返回参数

返回参数均为 void。

③ 函数参数

函数参数只有一个，即此通知映射的类，如通知 my-notification0 对应方法的函数参数为其映射的类 MyNotification0。

综上所述，一个通知在本类中映射的方法应为（以 my-notification0 示例）：

```
void onMyNotification0(MyNotification0 notification);
```

（3）MyNotification0.java 文件

MyNotification0.java 文件的代码如下：

```
package org.opendaylight.yang.gen.v1.urn.opendaylight.params.xml.ns.yang.myproject.rev150105;
//引入此类所扩展的类 DataObject
import org.opendaylight.yangtools.yang.binding.DataObject;
//引入命名空间相关的类 QName
import org.opendaylight.yangtools.yang.common.QName;
//引入扩展所依赖的类 Augmentable
import org.opendaylight.yangtools.yang.binding.Augmentable;
//引入通知类 Notification
import org.opendaylight.yangtools.yang.binding.Notification;
//引入子声明所映射的类
import org.opendaylight.yang.gen.v1.urn.opendaylight.params.xml.ns.yang.myproject.rev150105.
my.notification0.Notification0Container1;
import org.opendaylight.yang.gen.v1.urn.opendaylight.params.xml.ns.yang.myproject.rev150105.
my.notification0.Notification0List1;
//引入子声明对应的 get 方法所依赖的类，如此通知的子声明映射的 get 方法返回为列表需引入列表类
import java.util.List
//以下为注释部分，包括此通知的 YANG 定义
/**
 * This is my first notification, its name is notification0.
 *
 * <p>This class represents the following YANG schema fragment defined in module <b>myproject</b>
 * <br>(Source path: <i>META-INF/yang/myproject.yang</i>):
```

```
* <pre>
* notification my-notification0 {
*       description
*           "This is my first notification, its name is notification0.";
*       leaf notification0-leaf1 {
*           type int32;
*       }
*       leaf-list notification0-lflst1 {
*           type string;
*       }
*       list notification0-list1 {
*           key         leaf notification0-list1-leaf1 {
*               type int32;
*           }
*       }
*       container notification0-container1 {
*           leaf notification0-container1-leaf1 {
*               type int32;
*           }
*       }
*       leaf my-group1-leaf1 {
*           type my-type1;
*       }
*       leaf-list my-group1-lflst1 {
*           type string;
*       }
*       list my-group1-list1 {
*           key         leaf my-grplst1-leaf1 {
*               type int32;
*           }
*           leaf my-grplst1-leaf2 {
*               type string;
*           }
*       }
*       grouping my-notification0-group1 {
*           leaf notification0-group1-leaf1 {
*               type int32;
*           }
*           list notification0-group1-list1 {
*               key         leaf notification0-group1-list1-leaf1 {
*                   type string;
*               }
*           }
*       }
*       grouping my-inner-group1 {
```

```
 *              leaf my-inGrp-leaf1 {
 *                  type int32;
 *              }
 *          }
 *          uses my-group1;
 * }
 * </pre>
 * The schema path to identify an instance is
 * <i>myproject/my-notification0</i>
 *
 * <p>To create instances of this class use {@link org.opendaylight.yang.gen.v1.urn.opendaylight.params.
xml.ns.yang.myproject.rev150105.MyNotification0Builder}.
 * @see org.opendaylight.yang.gen.v1.urn.opendaylight.params.xml.ns.yang.myproject.rev150105.
MyNotification0Builder
 *
 */
/* 类定义开始
   类扩展了 DataObject 类、通知类 Notification、扩展 Augmentable。若使用到组，则需扩展
   此组，如此例中使用了 my-group1，则需实现 my-group1 映射的类 MyGroup1
*/
public interface MyNotification0
    extends
    DataObject,
    Augmentable<org.opendaylight.yang.gen.v1.urn.opendaylight.params.xml\
.ns.yang.myproject.rev150105.MyNotification0>,
    MyGroup1,
    Notification
{
    //定义命名空间，所有的通知类均需定义此成员
public static final QName QNAME = org.opendaylight.yangtools.yang.common.\
QName.create("urn:opendaylight:params:xml:ns:yang:myproject",
        "2015-01-05", "my-notification0").intern();
//以下定义通知子成员对应的 get 方法
//定义通知的叶子节点 notification0-leaf1 对应的 get 方法
    java.lang.Integer getNotification0Leaf1();
    //定义通知的 leaf-list 节点 notification0-lflst1 对应的 get 方法
    List<java.lang.String> getNotification0Lflst1();
    //定义通知的列表节点 notification0-list1 对应的 get 方法
    List<Notification0List1> getNotification0List1();
    //定义通知的容器节点 notification0-container1 对应的 get 方法
    Notification0Container1 getNotification0Container1();
}
```

（4）MyNotification0Builder.java 文件

MyNotification0Builder.java 文件的代码如下：

```
package org.opendaylight.yang.gen.v1.urn.opendaylight.params.xml.ns.yang.myproject.rev150105;
//导入*Builder.java 类文件通常需要依赖的包/类
import org.opendaylight.yangtools.yang.binding.Augmentation;
import org.opendaylight.yangtools.yang.binding.AugmentationHolder;
import org.opendaylight.yangtools.yang.binding.DataObject;
import java.util.HashMap;
import org.opendaylight.yangtools.concepts.Builder;
import java.util.Objects;
import java.util.Collections;
import java.util.Map;
//导入通知 my-notification0 声明的子声明所生成的类
import org.opendaylight.yang.gen.v1.urn.opendaylight.params.xml.ns.yang.myproject.rev150105.my.
notification0.Notification0Container1;
import org.opendaylight.yang.gen.v1.urn.opendaylight.params.xml.ns.yang.myproject.rev150105.my.
notification0.Notification0List1;
import org.opendaylight.yang.gen.v1.urn.opendaylight.params.xml.ns.yang.myproject.rev150105.my.
group1.MyGroup1List1;
/**
 * Class that builds {@link org.opendaylight.yang.gen.v1.urn.opendaylight.params.xml.ns.yang.myproject.
rev150105.MyNotification0} instances.
 *
 * @see org.opendaylight.yang.gen.v1.urn.opendaylight.params.xml.ns.yang.myproject.rev150105.
MyNotification0
 *
 */

public class MyNotification0Builder implements Builder
<org.opendaylight.yang.gen.v1.urn.opendaylight.params.xml.ns.yang.myproject.rev150105.MyNotification0> {
//my-notification0 子声明对应的成员变量（包含其引用的组定义）
    private MyType1 _myGroup1Leaf1;
    private List<java.lang.String> _myGroup1Lflst1;
    private List<MyGroup1List1> _myGroup1List1;
    private Notification0Container1 _notification0Container1;
    private java.lang.Integer _notification0Leaf1;
    private List<java.lang.String> _notification0Lflst1;
    private List<Notification0List1> _notification0List1;
    // Map 方法
Map<java.lang.Class<? extends
Augmentation<org.opendaylight.yang.gen.v1.urn.opendaylight.params.xml.\
ns.yang.myproject.rev150105.MyNotification0>>,
Augmentation<org.opendaylight.yang.gen.v1.urn.opendaylight.params.xml.\
ns.yang.myproject.rev150105.MyNotification0>> augmentation =
Collections.emptyMap();
    //构造函数，根据构造时提供的不同参数对应不同的构造方法
    public MyNotification0Builder() {
```

```
    }
  public MyNotification0Builder(org.opendaylight.yang.gen.v1.urn.\
  opendaylight.params.xml.ns.yang.myproject.rev150105.MyGroup1 arg) {
        this._myGroup1Leaf1 = arg.getMyGroup1Leaf1();
        this._myGroup1Lflst1 = arg.getMyGroup1Lflst1();
        this._myGroup1List1 = arg.getMyGroup1List1();
    }
    public MyNotification0Builder(MyNotification0 base) {
        this._myGroup1Leaf1 = base.getMyGroup1Leaf1();
        this._myGroup1Lflst1 = base.getMyGroup1Lflst1();
        this._myGroup1List1 = base.getMyGroup1List1();
        this._notification0Container1 = base.getNotification0Container1();
        this._notification0Leaf1 = base.getNotification0Leaf1();
        this._notification0Lflst1 = base.getNotification0Lflst1();
        this._notification0List1 = base.getNotification0List1();
        if (base instanceof MyNotification0Impl) {
            MyNotification0Impl impl = (MyNotification0Impl) base;
            if (!impl.augmentation.isEmpty()) {
                this.augmentation = new HashMap<>(impl.augmentation);
            }
        } else if (base instanceof AugmentationHolder) {
            @SuppressWarnings("unchecked")
            AugmentationHolder<org.opendaylight.yang.gen.v1.urn.opendaylight.\
            params.xml.ns.yang.myproject.rev150105.MyNotification0> casted \
            =(AugmentationHolder<org.opendaylight.yang.gen.v1.urn.\
            opendaylight.params.xml.ns.yang.myproject.rev150105.\
            MyNotification0>) base;
            if (!casted.augmentations().isEmpty()) {
                this.augmentation = new HashMap<>(casted.augmentations());
            }
        }
    }
    //由于通知的子声明引用了组声明，因此需要设备给定的组参数
    /**
     *Set fields from given grouping argument. Valid argument is instance of one of following types:
     * <ul>
     * <li>org.opendaylight.yang.gen.v1.urn.opendaylight.params.xml.ns.yang.myproject.rev150105.
MyGroup1</li>
     * </ul>
     *
     * @param arg grouping object
     * @throws IllegalArgumentException if given argument is none of valid types
    */
    public void fieldsFrom(DataObject arg) {
        boolean isValidArg = false;
```

```
    if (arg instanceof
        org.opendaylight.yang.gen.v1.urn.opendaylight.params.xml.ns.yang.\
        myproject.rev150105.MyGroup1) {
        this._myGroup1Leaf1 =
         ((org.opendaylight.yang.gen.v1.urn.opendaylight.params.xml.ns.\
        yang.myproject.rev150105.MyGroup1)arg).getMyGroup1Leaf1();
        this._myGroup1Lflst1 =
         ((org.opendaylight.yang.gen.v1.urn.opendaylight.params.xml.ns.\
        yang.myproject.rev150105.MyGroup1)arg).getMyGroup1Lflst1();
        this._myGroup1List1 =
         ((org.opendaylight.yang.gen.v1.urn.opendaylight.params.xml.ns.\
        yang.myproject.rev150105.MyGroup1)arg).getMyGroup1List1();
        isValidArg = true;
    }
    if (!isValidArg) {
        throw new IllegalArgumentException(
          "expected one of: \
         [org.opendaylight.yang.gen.v1.urn.opendaylight.params.xml.ns.\
        yang.myproject.rev150105.MyGroup1] \n" + "but was: " + arg
        );
    }
}
//通知子声明（包含引用组的子声明）对应 get 方法
//引用的组 my-group1 包含的叶子子声明 my-group1-leaf1 对应 get 方法
public MyType1 getMyGroup1Leaf1() {
    return _myGroup1Leaf1;
}
//引用的组 my-group1 包含的 leaf-list 子声明 my-group1-lflst1 对应 get 方法
public List<java.lang.String> getMyGroup1Lflst1() {
    return _myGroup1Lflst1;
}
//引用的组 my-group1 包含的列表子声明 my-group1-list1 对应 get 方法
public List<MyGroup1List1> getMyGroup1List1() {
    return _myGroup1List1;
}
//直接的容器子声明 notification0-container1 对应 get 方法
public Notification0Container1 getNotification0Container1() {
    return _notification0Container1;
}
//直接的叶子子声明 notification0-leaf1 对应 get 方法
public java.lang.Integer getNotification0Leaf1() {
    return _notification0Leaf1;
}
//直接的 leaf-list 子声明 notification0-lflst1 对应 get 方法
public List<java.lang.String> getNotification0Lflst1() {
```

```
            return _notification0Lflst1;
        }
        //直接的列表子声明 notification0-list1 对应 get 方法
        public List<Notification0List1> getNotification0List1() {
            return _notification0List1;
        }
        /*
        getAugmentation 方法，根据命名规则对相应列表进行替换，注意参数中的包是列表所在的包
        */
        @SuppressWarnings("unchecked")
        public <E extends \
        Augmentation<org.opendaylight.yang.gen.v1.urn.opendaylight.params.xml.\
        ns.yang.myproject.rev150105.MyNotification0>> E \
        getAugmentation(java.lang.Class<E> augmentationType) {
            if (augmentationType == null) {
                throw new IllegalArgumentException("Augmentation Type reference cannot be NULL!");
            }
            return (E) augmentation.get(augmentationType);
        }
        // 通知声明的子声明（包含引用组的子声明）对应 set 方法
        //引用的组 my-group1 包含的叶子子声明 my-group1-leaf1 对应 set 方法
        public MyNotification0Builder setMyGroup1Leaf1(final MyType1 value) {
            this._myGroup1Leaf1 = value;
            return this;
        }
        //引用的组 my-group1 包含的 leaf-list 子声明 my-group1-lflst1 对应 set 方法
    public MyNotification0Builder \
    setMyGroup1Lflst1(final List<java.lang.String> value) {
            this._myGroup1Lflst1 = value;
            return this;
        }
        //引用的组 my-group1 包含的列表子声明 my-group1-list1 对应 set 方法
        public MyNotification0Builder \
          setMyGroup1List1(final List<MyGroup1List1> value) {
            this._myGroup1List1 = value;
            return this;
        }
        //直接的容器子声明 notification0-container1 对应 set 方法
    public MyNotification0Builder \
    setNotification0Container1(final Notification0Container1 value) {
            this._notification0Container1 = value;
            return this;
        }
        //直接的叶子子声明 notification0-leaf1 对应 set 方法
        public MyNotification0Builder \
```

```
    setNotification0Leaf1(final java.lang.Integer value) {
        this._notification0Leaf1 = value;
        return this;
    }
    //直接的 leaf-list 子声明 notification0-lflst1 对应 set 方法
    public MyNotification0Builder \
    setNotification0Lflst1(final List<java.lang.String> value) {
        this._notification0Lflst1 = value;
        return this;
    }
    //直接的列表子声明 notification0-list1 对应 set 方法
    public MyNotification0Builder \
    setNotification0List1(final List<Notification0List1> value) {
        this._notification0List1 = value;
        return this;
    }
    // addAugmentation 方法
    public MyNotification0Builder addAugmentation(java.lang.Class<? extends \
    Augmentation<org.opendaylight.yang.gen.v1.urn.opendaylight.params.xml.\
    ns.yang.myproject.rev150105.MyNotification0>> augmentationType, \
    Augmentation<org.opendaylight.yang.gen.v1.urn.opendaylight.params.xml.\
    ns.yang.myproject.rev150105.MyNotification0> augmentation) {
        if (augmentation == null) {
            return removeAugmentation(augmentationType);
        }
        if (!(this.augmentation instanceof HashMap)) {
            this.augmentation = new HashMap<>();
        }
        this.augmentation.put(augmentationType, augmentation);
        return this;
    }
    // removeAugmentation 方法
    public MyNotification0Builder removeAugmentation(java.lang.Class<? extends Augmentation
<org.opendaylight.yang.gen.v1.urn.opendaylight.params.xml.ns.yang.myproject.rev150105.MyNotification0>>
augmentationType) {
        if (this.augmentation instanceof HashMap) {
            this.augmentation.remove(augmentationType);
        }
        return this;
    }
    //构建通知类
    public MyNotification0 build() {
        return new MyNotification0Impl(this);
    }
    /*
```

```
通知声明的实现， Impl 方法包括通知子声明映射的成员变量、getImplementedInterface 方法、Map 方法、构造函数、子声明对应的 get 方法、getAugmentation 方法、hashCode 方法、equals 方法、toString 方法
*/
private static final class MyNotification0Impl implements MyNotification0 {
    public java.lang.Class<org.opendaylight.yang.gen.v1.urn.\
      opendaylight.params.xml.ns.yang.myproject.rev150105.MyNotification0>\
      getImplementedInterface() {
        return org.opendaylight.yang.gen.v1.urn.opendaylight.params.xml.\
          ns.yang.myproject.rev150105.MyNotification0.class;
    }
    private final MyType1 _myGroup1Leaf1;
    private final List<java.lang.String> _myGroup1Lflst1;
    private final List<MyGroup1List1> _myGroup1List1;
    private final Notification0Container1 _notification0Container1;
    private final java.lang.Integer _notification0Leaf1;
    private final List<java.lang.String> _notification0Lflst1;
    private final List<Notification0List1> _notification0List1;
    private Map<java.lang.Class<? extends \
      Augmentation<org.opendayiight.yang.gen.v1.urn.opendaylight.params.\
      xml.ns.yang.myproject.rev150105.MyNotification0>>, \
      Augmentation<org.opendaylight.yang.gen.v1.urn.opendaylight.params.\
      xml.ns.yang.myproject.rev150105.MyNotification0>> augmentation = \
      Collections.emptyMap();
    private MyNotification0Impl(MyNotification0Builder base) {
        this._myGroup1Leaf1 = base.getMyGroup1Leaf1();
        this._myGroup1Lflst1 = base.getMyGroup1Lflst1();
        this._myGroup1List1 = base.getMyGroup1List1();
        this._notification0Container1 = base.getNotification0Container1();
        this._notification0Leaf1 = base.getNotification0Leaf1();
        this._notification0Lflst1 = base.getNotification0Lflst1();
        this._notification0List1 = base.getNotification0List1();
        switch (base.augmentation.size()) {
        case 0:
            this.augmentation = Collections.emptyMap();
            break;
        case 1:
            final Map.Entry<java.lang.Class<? extends \
              Augmentation<org.opendaylight.yang.gen.v1.urn.opendaylight.\
              params.xml.ns.yang.myproject.rev150105.MyNotification0>>, \
              Augmentation<org.opendaylight.yang.gen.v1.urn.opendaylight.\
              params.xml.ns.yang.myproject.rev150105.MyNotification0>> e = \
              base.augmentation.entrySet().iterator().next();
            this.augmentation = Collections.<java.lang.Class<? extends \
              Augmentation<org.opendaylight.yang.gen.v1.urn.opendaylight.\
```

```
                params.xml.ns.yang.myproject.rev150105.MyNotification0>>, \
                Augmentation<org.opendaylight.yang.gen.v1.urn.opendaylight.\
                params.xml.ns.yang.myproject.rev150105.MyNotification0>>\
                singletonMap(e.getKey(), e.getValue());
            break;
        default :
            this.augmentation = new HashMap<>(base.augmentation);
        }
    }
    //子声明对应的 get 方法
    @Override
    public MyType1 getMyGroup1Leaf1() {
        return _myGroup1Leaf1;
    }
    @Override
    public List<java.lang.String> getMyGroup1Lflst1() {
        return _myGroup1Lflst1;
    }
    @Override
    public List<MyGroup1List1> getMyGroup1List1() {
        return _myGroup1List1;
    }
    @Override
    public Notification0Container1 getNotification0Container1() {
        return _notification0Container1;
    }
    @Override
    public java.lang.Integer getNotification0Leaf1() {
        return _notification0Leaf1;
    }
    @Override
    public List<java.lang.String> getNotification0Lflst1() {
        return _notification0Lflst1;
    }
    @Override
    public List<Notification0List1> getNotification0List1() {
        return _notification0List1;
    }
    //扩展 Augment
    @SuppressWarnings("unchecked")
    @Override
    public <E extends \
      Augmentation<org.opendaylight.yang.gen.v1.urn.opendaylight.params.\
      xml.ns.yang.myproject.rev150105.MyNotification0>> E \
      getAugmentation(java.lang.Class<E> augmentationType) {
```

```
        if (augmentationType == null) {
            throw new IllegalArgumentException("Augmentation Type \
          reference cannot be NULL!");
        }
        return (E) augmentation.get(augmentationType);
    }
    private int hash = 0;
    private volatile boolean hashValid = false;
    //hashCode 方法
    @Override
    public int hashCode() {
        if (hashValid) {
            return hash;
        }
        final int prime = 31;
        int result = 1;
        result = prime * result + Objects.hashCode(_myGroup1Leaf1);
        result = prime * result + Objects.hashCode(_myGroup1Lflst1);
        result = prime * result + Objects.hashCode(_myGroup1List1);
        result = prime * result + Objects.hashCode(_notification0Container1);
        result = prime * result + Objects.hashCode(_notification0Leaf1);
        result = prime * result + Objects.hashCode(_notification0Lflst1);
        result = prime * result + Objects.hashCode(_notification0List1);
        result = prime * result + Objects.hashCode(augmentation);
        hash = result;
        hashValid = true;
        return result;
    }
    //equals 方法
    @Override
    public boolean equals(java.lang.Object obj) {
        if (this == obj) {
            return true;
        }
        if (!(obj instanceof DataObject)) {
            return false;
        }
        if (!org.opendaylight.yang.gen.v1.urn.opendaylight.params.xml.\
          ns.yang.myproject.rev150105.MyNotification0.class.\
          equals(((DataObject)obj).getImplementedInterface())) {
            return false;
        }
        org.opendaylight.yang.gen.v1.urn.opendaylight.params.xml.ns.yang.\
          myproject.rev150105.MyNotification0 other = \
           (org.opendaylight.yang.gen.v1.urn.opendaylight.params.xml.ns.\
```

```
    yang.myproject.rev150105.MyNotification0)obj;
if (!Objects.equals(_myGroup1Leaf1, other.getMyGroup1Leaf1())) {
    return false;
}
if (!Objects.equals(_myGroup1Lflst1, other.getMyGroup1Lflst1())) {
    return false;
}
if (!Objects.equals(_myGroup1List1, other.getMyGroup1List1())) {
    return false;
}
if (!Objects.equals(_notification0Container1, \
  other.getNotification0Container1())) {
    return false;
}
if (!Objects.equals(_notification0Leaf1, \
  other.getNotification0Leaf1())) {
    return false;
}
if (!Objects.equals(_notification0Lflst1, \
  other.getNotification0Lflst1())) {
    return false;
}
if (!Objects.equals(_notification0List1, \
  other.getNotification0List1())) {
    return false;
}
if (getClass() == obj.getClass()) {
    // Simple case: we are comparing against self
    MyNotification0Impl otherImpl = (MyNotification0Impl) obj;
    if (!Objects.equals(augmentation, otherImpl.augmentation)) {
        return false;
    }
} else {
    // Hard case: compare our augments with presence there...
    for (Map.Entry<java.lang.Class<? extends \
      Augmentation<org.opendaylight.yang.gen.v1.urn.opendaylight.\
      params.xml.ns.yang.myproject.rev150105.MyNotification0>>, \
      Augmentation<org.opendaylight.yang.gen.v1.urn.opendaylight.\
      params.xml.ns.yang.myproject.rev150105.MyNotification0>> e : \
      augmentation.entrySet()) {
        if (!e.getValue().equals(other.getAugmentation(e.getKey())))
        {
            return false;
        }
    }
```

```
            // .. and give the other one the chance to do the same
            if (!obj.equals(this)) {
                return false;
            }
        }
        return true;
    }
    //toString 方法
    @Override
    public java.lang.String toString() {
        java.lang.StringBuilder builder = \
                new java.lang.StringBuilder ("MyNotification0 [");
        boolean first = true;
        if (_myGroup1Leaf1 != null) {
            if (first) {
                first = false;
            } else {
                builder.append(", ");
            }
            builder.append("_myGroup1Leaf1=");
            builder.append(_myGroup1Leaf1);
        }
        if (_myGroup1Lflst1 != null) {
            if (first) {
                first = false;
            } else {
                builder.append(", ");
            }
            builder.append("_myGroup1Lflst1=");
            builder.append(_myGroup1Lflst1);
        }
        if (_myGroup1List1 != null) {
            if (first) {
                first = false;
            } else {
                builder.append(", ");
            }
            builder.append("_myGroup1List1=");
            builder.append(_myGroup1List1);
        }
        if (_notification0Container1 != null) {
            if (first) {
                first = false;
            } else {
                builder.append(", ");
```

```
                }
                builder.append("_notification0Container1=");
                builder.append(_notification0Container1);
            }
            if (_notification0Leaf1 != null) {
                if (first) {
                    first = false;
                } else {
                    builder.append(", ");
                }
                builder.append("_notification0Leaf1=");
                builder.append(_notification0Leaf1);
            }
            if (_notification0Lflst1 != null) {
                if (first) {
                    first = false;
                } else {
                    builder.append(", ");
                }
                builder.append("_notification0Lflst1=");
                builder.append(_notification0Lflst1);
            }
            if (_notification0List1 != null) {
                if (first) {
                    first = false;
                } else {
                    builder.append(", ");
                }
                builder.append("_notification0List1=");
                builder.append(_notification0List1);
            }
            if (first) {
                first = false;
            } else {
                builder.append(", ");
            }
            builder.append("augmentation=");
            builder.append(augmentation.values());
            return builder.append(']').toString();
        }
    }
}
```

（5）MyNotification0Group1.java 文件

MyNotification0Group1.java 文件的代码如下：

```
package org.opendaylight.yang.gen.v1.urn.opendaylight.params.xml.ns.yang.myproject.rev150105.
my.notification0;
//导入包含所需实现接口的类 DataObject
import org.opendaylight.yangtools.yang.binding.DataObject;
//导入命名空间所需的类 QName
import org.opendaylight.yangtools.yang.common.QName;
//导入其子声明对应 get 方法所需的类
import java.util.List;
//导入其子声明所映射的类
import org.opendaylight.yang.gen.v1.urn.opendaylight.params.xml.ns.yang.myproject.rev150105.
my.notification0.my.notification0.group1.Notification0Group1List1;
//注释包含其对应的 YANG 定义和标识其实例的语义路径
/**
 * <p>This class represents the following YANG schema fragment defined in module <b>myproject</b>
 * <br>(Source path: <i>META-INF/yang/myproject.yang</i>):
 * <pre>
 * grouping my-notification0-group1 {
 *     leaf notification0-group1-leaf1 {
 *         type int32;
 *     }
 *     list notification0-group1-list1 {
 *         key     leaf notification0-group1-list1-leaf1 {
 *             type string;
 *         }
 *     }
 * }
 * </pre>
 * The schema path to identify an instance is
 * <i>myproject/my-notification0/my-notification0-group1</i>
 *
 */
public interface MyNotification0Group1
    extends
    DataObject
{
    //命名空间
    public static final QName QNAME = \
    org.opendaylight.yangtools.yang.common.QName.create\
     ("urn:opendaylight:params:xml:ns:yang:myproject", \
        "2015-01-05", "my-notification0-group1").intern();
    //子声明对应的 get 方法
    java.lang.Integer getNotification0Group1Leaf1();
    List<Notification0Group1List1> getNotification0Group1List1();
}
```

（6）Notification0Group1List1.java 文件

Notification0Group1List1.java 文件的代码如下：

```
package org.opendaylight.yang.gen.v1.urn.opendaylight.params.xml.ns.yang.myproject.rev150105.
my.notification0.my.notification0.group1;
//此类为 my-notification0 通知声明的孙子声明（子声明的子声明），需要导入 ChildOf
import org.opendaylight.yangtools.yang.binding.ChildOf;
//导入命名空间所需的类 QName
import org.opendaylight.yangtools.yang.common.QName;
//导入其父声明所映射的类
import org.opendaylight.yang.gen.v1.urn.opendaylight.params.xml.ns.yang.myproject.rev150105.
my.notification0.MyNotification0Group1;
//导入扩展所需的类，以将此类关联至其父节点
import org.opendaylight.yangtools.yang.binding.Augmentable;
//注释包含其对应的 YANG 定义和标识其实例的语义路径，以及如何构建此类
/**
 * <p>This class represents the following YANG schema fragment defined in module <b>myproject</b>
 * <br>(Source path: <i>META-INF/yang/myproject.yang</i>):
 * <pre>
 * list notification0-group1-list1 {
 *     key     leaf notification0-group1-list1-leaf1 {
 *         type string;
 *     }
 * }
 * </pre>
 * The schema path to identify an instance is
 * <i>myproject/my-notification0/my-notification0-group1/notification0-group1-list1</i>
 *
 * <p>To create instances of this class use {@link org.opendaylight.yang.gen.v1.urn.opendaylight.params.
xml.ns.yang.myproject.rev150105.my.notification0.my.notification0.group1.Notification0Group1List1Builder}.
 * @see org.opendaylight.yang.gen.v1.urn.opendaylight.params.xml.ns.yang.myproject.rev150105.
my.notification0.my.notification0.group1.Notification0Group1List1Builder
*/
public interface Notification0Group1List1
    extends
    ChildOf<MyNotification0Group1>,
    Augmentable<org.opendaylight.yang.gen.v1.urn.opendaylight.params.xml.ns.\
    yang.myproject.rev150105.my.notification0.my.notification0.group1.\
    Notification0Group1List1>
{
    //命名空间
    public static final QName QNAME = \
    org.opendaylight.yangtools.yang.common.QName.create\
     ("urn:opendaylight:params:xml:ns:yang:myproject", \
        "2015-01-05", "notification0-group1-list1").intern();
```

```
//子声明对应的 get 方法
java.lang.String getNotification0Group1List1Leaf1();
}
```

17.3　通知提供的实现

在 myproject 项目的子项目 impl 的 MyRPCImpl 类中实现消息的提供。读者可将此操作放置在本项目的其他类甚至其他项目 MD-SAL 的类中的某函数内实现，只需引用的操作涉及相关类，然后在 MyprojectProvider 类中将 NotificationProviderService 的值传递给此操作即可。

17.3.1　实现通知的提供

本章实验是在第 15 章的实验的基础上完成的，在 MyRPCImpl 类中使用 RPC 的方式，具体来说是在 myRpc2 中完成 3 个通知的具体实现。根据不同的条件，myRpc2 发送相应的通知。

MyRPCImpl 类的 RPC 之一的 myRpc2 的源代码为：

```
@Override
public Future<RpcResult<Void>> myRpc2(MyRpc2Input input) {
    LOG.info("RPC2: This is my rpc2. It has only input.");
    String rpc2String = input.getRpc2InputLeaf1();
    Integer rpc2Int = input.getRpc2InputLeaf2();
    System.out.print(rpc2String);
    System.out.println(rpc2Int.toString());
    return \
    Futures.immediateFuture(RpcResultBuilder.<Void> success().build());
}
```

首先，除已引入的类外，再引入以下类以完成通知的实现：

```
//引用提供消息服务的类 NotificationProviderService
import \
org.opendaylight.controller.sal.binding.api.NotificationProviderService;
//引用待实现的消息类及其对应的构造类
import org.opendaylight.yang.gen.v1.urn.opendaylight.params.xml.ns.yang.myproject.rev150105.
MyNotification0;
import org.opendaylight.yang.gen.v1.urn.opendaylight.params.xml.ns.yang.myproject.rev150105.
MyNotification0Builder;
import org.opendaylight.yang.gen.v1.urn.opendaylight.params.xml.ns.yang.myproject.rev150105.
MyNotification1;
import org.opendaylight.yang.gen.v1.urn.opendaylight.params.xml.ns.yang.myproject.rev150105.
MyNotification1Builder;
import org.opendaylight.yang.gen.v1.urn.opendaylight.params.xml.ns.yang.myproject.rev150105.
MyNotification2;
```

```
import org.opendaylight.yang.gen.v1.urn.opendaylight.params.xml.ns.yang.myproject.rev150105.
MyNotification2Builder;
```

接着，设定私有提供消息服务的类 NotificationProviderService 成员 myNotificationProviderService，以供之后的读写操作使用：

```
private NotificationProviderService myNotificationProviderService;
```

由于私有 NotificationProviderService 成员 myNotificationProviderService 的值需要由 MyprojectProvider 类传递，因此建立构建函数（注意，读者也可通过创建一个将 NotificationProviderService 值传递的函数以供 MyprojectProvider 类赋值）：

```
MyRPCImpl(NotificationProviderService myNotificationProviderService){
    this.myNotificationProviderService = myNotificationProviderService;
}
```

接下来，在 myRpc2 方法中完成 3 个消息的实现：

```
@Override
public Future<RpcResult<Void>> myRpc2(MyRpc2Input input) {
    LOG.info("RPC2: This is my rpc2. It has only input.");
    String rpc2String = input.getRpc2InputLeaf1();
    Integer rpc2Int = input.getRpc2InputLeaf2();
    System.out.print(rpc2String);
    System.out.println(rpc2Int.toString());
    //原函数中以上的内容不变，以下为实现通知的具体语句
    // 创建通知变量，注意赋值可连续使用.setXXX 完成
    //创建通知 MyNotification0 的变量 myN0，将其 notification0-leaf1 设置为 11111
    MyNotification0 myN0 = \
            (new MyNotification0Builder()).setNotification0Leaf1(11111)\
            .setNotification0Lflst1(myStringList).build();
    //创建通知 MyNotification1 的变量 myN1
    MyNotification1 myN1 = \
            (new MyNotification1Builder()).build();
    //创建通知变量 myN2，将其 notification2-leaf1 设置为 33333333
    MyNotification2 myN2 = \
            (new MyNotification2Builder()).setNotification2Leaf1(33333333)\
.build();
    //以下根据条件不同，发送不同的通知
    if( rpc2Int == 0 ){
        //若 rpc2 的输入叶子节点 rpc2-input-leaf2 的值为 0，则发送通知 myN0
        this.myNotificationProviderService.publish(myN0);
    }else if( rpc2Int == 1){
        //若 rpc2 的输入叶子节点 rpc2-input-leaf2 的值为 1，则发送通知 myN1
        this.myNotificationProviderService.publish(myN1);
    }else{
        //若 rpc2-input-leaf2 的值不为 0 也不为 1，则发送通知 myN2
        this.myNotificationProviderService.publish(myN2);
```

```
        }
    //原 return 语句不变
        return \
        Futures.immediateFuture(RpcResultBuilder.<Void> success().build());
    }
```

17.3.2　注册提供通知并传递 NotificationProviderService 参数

在 MyprojectProvider 类中向实现提供通知的类 MyRPCImpl 传递 NotificationProviderService 参数，并注册提供通知。

首先引用函数所需的 NotificationProviderService 类：

```
import \
org.opendaylight.controller.sal.binding.api.NotificationProviderService;
```

然后在 MyprojectProvider 类下加入 NotificationProviderService 类型的私有类成员：

```
private NotificationProviderService myNotificationService = null;
```

接着在 MyprojectProvider 中创建 MyRPCImpl 类，并将 NotificationProviderService 参数传递给 MyRPCImpl。我们只需要改动 onSessionInitiated(ProviderContext session)函数。原函数的代码为：

```
    public void onSessionInitiated(ProviderContext session) {
        LOG.info("MyprojectProvider Session Initiated");
        rpcRegistration = session.addRpcImplementation(MyprojectService.class, new MyRPCImpl());
    }
```

我们需要将 RPC 注册的 MyRPCImpl 实例进行改动。将以上代码改成：

```
@Override
public void onSessionInitiated(ProviderContext session) {
    LOG.info("MyprojectProvider Session Initiated");
    /*
    我们在之前的 MyRPCImpl 类中已经定义了构建函数 MyRPCImpl(NotificationProviderService
myNotificationProviderService)，以便 MyprojectProvider 类在创建 MyRPCImpl 实例时传递
NotificationProviderService 参数
    */
    //从 session 中获取 NotificationProviderService 参数
    this.myNotificationService = \
        session.getSALService(NotificationProviderService.class);
    //创建 MyRPCImpl 实例 myRPCImpl，并传递 NotificationProviderService 参数
    MyRPCImpl myRPCImpl = new MyRPCImpl(this.myNotificationService);
    /* RPC 的注册需要使用带有 NotificationProviderService 参数的 MyRPCImpl 实例 myRPCImpl 来进
行，使用以下语句来实现原来第 15 章的 RPC 注册
    */
    rpcRegistration = \
        session.addRpcImplementation(MyprojectService.class, myRPCImpl);
}
```

17.4 通知接收处理的实现

我们将在 myproject 项目的子项目 impl 中完成消息接收的具体实现。实现消息接收的类可任意命名，建议读者以实际有意义的名称进行命名，本书命名为 NotificationRecieverImpl 类。本实验将 NotificationRecieverImpl 类放置于子项目 impl 的包（com.ming.myproject.impl）下，与 MyprojectProvider 类处于同一目录（myproject/impl/src/main/java/com/ming/myproject/impl/）。当然，读者也可选择其他位置。

读者也可将此操作放置在本项目的其他类甚至其他项目 MD-SAL 的类中的某函数内实现，只需引用的操作涉及相关类并实现 MyprojectListener 接口，然后在 MyprojectProvider 类中创建接收消息类的实例（如创建 NotificationRecieverImpl 类的实例 myNoReciever）并将此实例（如 myNoReciever）注册到 myNotificationService 提供的消息通知对象上去即可。

17.4.1 实现通知的接收

选择包 com.ming.myproject.impl 并右击，在弹出的菜单中选择 New，再在弹出的菜单中选择 Class，如图 17-3 所示。

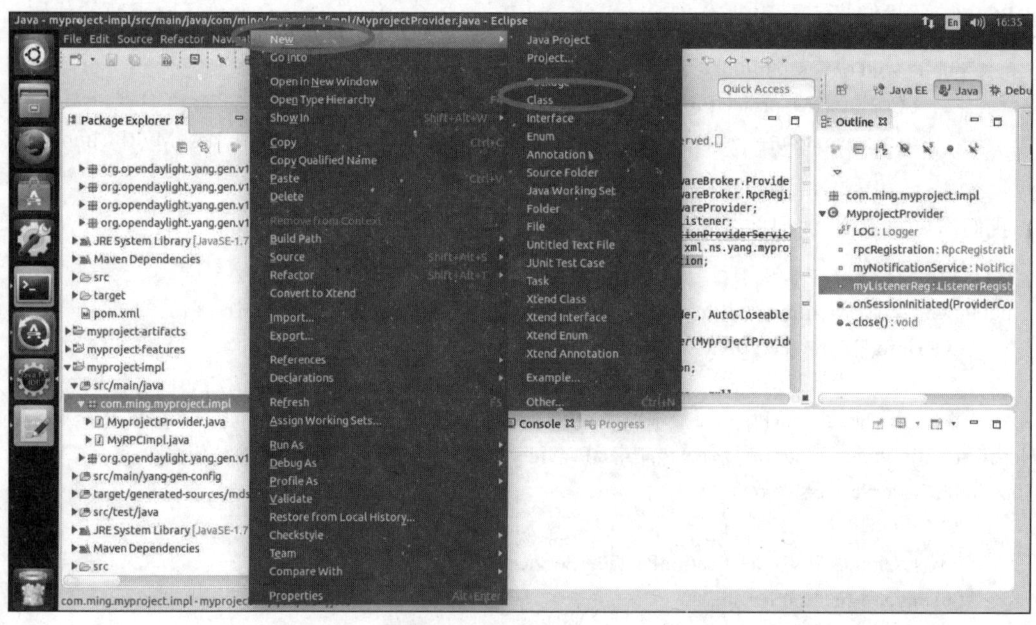

图 17-3 准备创建 NotificationRecieverImpl 类

在弹出的创建类窗口（见图 17-4）中的“Name:”后面的文本框中输入类名 NotificationRecieverImpl，再单击“Interfaces:”右侧的“Add...”按钮，弹出类实现的接口选择窗口。

在类实现的接口选择窗口（Implemented Interfaces Selection 窗口）中选择 MyprojectListener，如图 17-5 所示。返回原创建类的窗口，可见已添加所需实现的类接口，如图 17-6 所示。

单击 Finish 按钮完成类的创建，系统自动生成类 NotificationRecieverImpl 的代码，如图 17-7 所示。

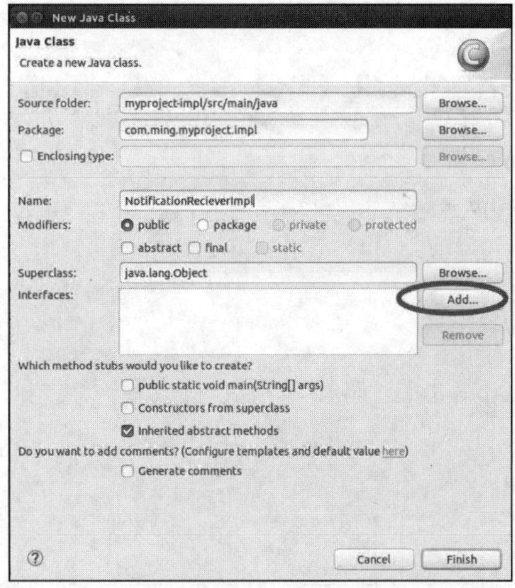

图 17-4　创建类的窗口

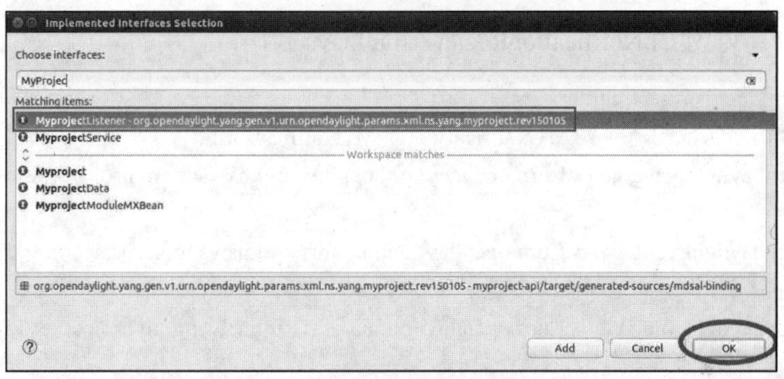

图 17-5　选择实现的 MyprojectListener 接口

图 17-6　确定所创建类的相关参数

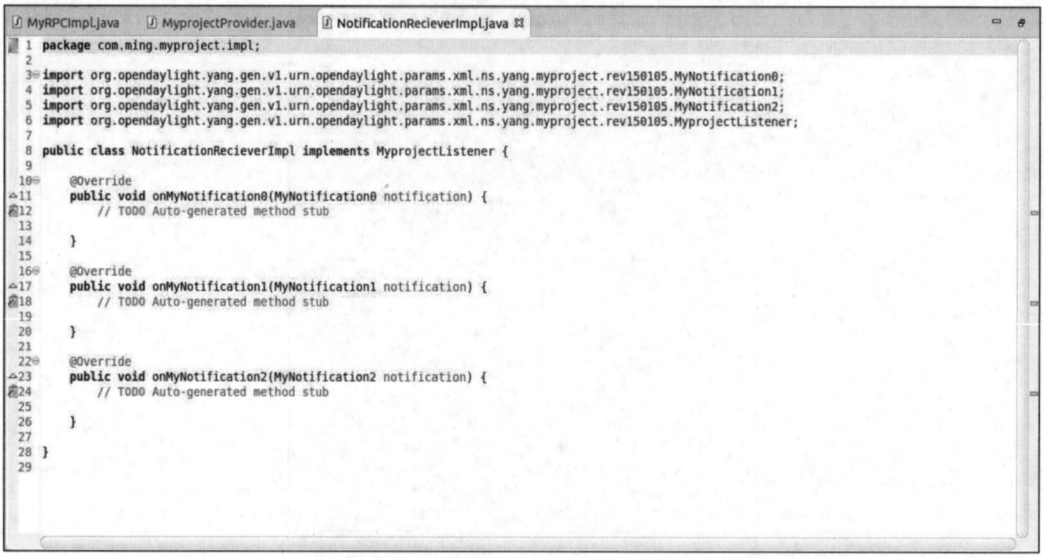

MyRPCImpl.java MyprojectProvider.java NotificationRecieverImpl.java

```
package com.ming.myproject.impl;

import org.opendaylight.yang.gen.v1.urn.opendaylight.params.xml.ns.yang.myproject.rev150105.MyNotification0;
import org.opendaylight.yang.gen.v1.urn.opendaylight.params.xml.ns.yang.myproject.rev150105.MyNotification1;
import org.opendaylight.yang.gen.v1.urn.opendaylight.params.xml.ns.yang.myproject.rev150105.MyNotification2;
import org.opendaylight.yang.gen.v1.urn.opendaylight.params.xml.ns.yang.myproject.rev150105.MyprojectListener;

public class NotificationRecieverImpl implements MyprojectListener {

    @Override
    public void onMyNotification0(MyNotification0 notification) {
        // TODO Auto-generated method stub

    }

    @Override
    public void onMyNotification1(MyNotification1 notification) {
        // TODO Auto-generated method stub

    }

    @Override
    public void onMyNotification2(MyNotification2 notification) {
        // TODO Auto-generated method stub

    }

}
```

图 17-7 系统自动生成类 NotificationRecieverImpl 的代码

以下为系统自动创建的 NotificationRecieverImpl.java 代码：

```
package com.ming.myproject.impl;
// 自动导入类所需实现的消息类 MyNotification0、MyNotification1、MyNotification2
import org.opendaylight.yang.gen.v1.urn.opendaylight.params.xml.ns.yang.myproject.rev150105.
MyNotification0;
import org.opendaylight.yang.gen.v1.urn.opendaylight.params.xml.ns.yang.myproject.rev150105.
MyNotification1;
import org.opendaylight.yang.gen.v1.urn.opendaylight.params.xml.ns.yang.myproject.rev150105.
MyNotification2;
//自动导入项目消息监听类 MyprojectListener
import org.opendaylight.yang.gen.v1.urn.opendaylight.params.xml.ns.yang.myproject.rev150105.
MyprojectListener;
//自动导入日志所需的类
import org.slf4j.Logger;
import org.slf4j.LoggerFactory;
// 类 NotificationRecieverImpl 需实现 MyprojectListener 接口
public class NotificationRecieverImpl implements MyprojectListener {
        private static final Logger LOG = \
         LoggerFactory.getLogger(NotificationRecieverImpl.class);
        /*以下分别为消息类 MyNotification0、MyNotification1、MyNotification2 待覆写的具
        体实现的方法
        */
    @Override
    public void onMyNotification0(MyNotification0 notification) {
        // TODO Auto-generated method stub
    }
    @Override
```

```
        public void onMyNotification1(MyNotification1 notification) {
            // TODO Auto-generated method stub
        }
        @Override
        public void onMyNotification2(MyNotification2 notification) {
            // TODO Auto-generated method stub
        }
    }
```

注意，由于一些 IDE 识别的问题，因此需要在 MyRPCImpl.java 文件的最前面加上类似以下一段注释（可从此项目的其他文件中摘抄），以便 IDE 正常编译，否则编译时会提示 checkstyle 错误：

```
/*
 * Copyright @ 2017 Copyright(c) Claire Ming and others.  All rights reserved.
 *
 * This program and the accompanying materials are made available under the
 * terms of the Eclipse Public License v1.0 which accompanies this distribution,
 * and is available at http://www.eclipse.org/legal/epl-v10.html
 */
```

现在我们分别在 NotificationRecieverImpl 类的消息接收实现方法中加入一些简单的代码完成基本的功能，以在 NotificationRecieverImpl 类中实现 MyprojectListener 接口。本实验的功能简单，仅实现接收到消息后打印出相关信息的功能，读者可根据需要扩展。

读者可根据程序的需要引用相应的类，本实验暂时不需要。以下在类 NotificationRecieverImpl 中对 3 个接收的具体实现进行修改：

```
public class NotificationRecieverImpl implements MyprojectListener {
        ...
        /*以下分别为消息类 MyNotification0、MyNotification1、MyNotification2 待覆写的具
        体实现的方法
        */
        //实现接收消息 my-notification0 的处理方法
        @Override
        public void onMyNotification0(MyNotification0 notification) {
            // 打印语句和接收到的消息
            LOG.info("Notification is Recieved! This is MyNotification0! " + notification.toString());
        }
        //实现接收消息 my-notification1 的处理方法
        @Override
        public void onMyNotification1(MyNotification1 notification) {
            // 打印语句和接收到的消息
            LOG.info("Notification is Recieved! This is MyNotification1! " + notification.toString());
        }
        //实现接收消息 my-notification2 的处理方法
        @Override
        public void onMyNotification2(MyNotification2 notification) {
```

```
            // 打印语句和接收到的消息
            LOG.info("Notification is Recieved! This is MyNotification2! " + notification.toString());
        }
    }
```

17.4.2 注册接收通知

在 MyprojectProvider 类中完成实现接收通知的类 NotificationRecieverImpl 的注册接收通知。

首先引用函数所需的类 NotificationListener 和注册监听消息所需的类 ListenerRegistration：

```
import org.opendaylight.yangtools.yang.binding.NotificationListener;
import org.opendaylight.yangtools.concepts.ListenerRegistration;
```

然后在 MyprojectProvider 类下加入 ListenerRegistration<NotificationListener>类型的私有类成员，以供注册消息接收使用：

```
private ListenerRegistration<NotificationListener> myListenerReg = null;
```

在 MyprojectProvider 类中的 onSessionInitiated(ProviderContext session)函数中注册消息监听服务。在 onSessionInitiated 函数内加入以下语句：

```
//创建一个接收消息类 NotificationRecieverImpl 的实例 myNoReciever
NotificationRecieverImpl myNoReciever = new NotificationRecieverImpl();
// 将 myNoReciever 注册到 myNotificationService 提供的消息通知对象上去
myListenerReg = \
 this.myNotificationService.registerNotificationListener(myNoReciever);
```

最后在 close 方法中加入对 myListenerReg 的注销，即在 close()函数中加入：

```
    if(myListenerReg != null){
        myListenerReg.close();
    }
```

17.5 项目测试

进入项目目录后，输入以下命令，成功启动项目：

```
$ sudo karaf/target/assembly/bin/karaf
```

使用以下命令查看日志，可见 myproject 项目成功启动：

```
opendaylight-user@root> log:display | grep myproject
```

打开浏览器，访问 OpenDaylight 总控台的 YANG UI 界面，输入登录用户名/密码，可见项目成功加载。单击 operation 节点下面的 my-rpc2 节点，打开页面，如图 17-8 所示。由于消息提供服务是在 my-rpc2 内实现的，因此我们分别输入不同的 rpc2-input-leaf2 值，以发送不同的消息，然后查看接收相应消息后实现的功能是否如预期。

1. 实验一

设置输入 my-rpc2 的叶子节点 rpc2-input-leaf1 的值为 Asher，叶子节点 rpc2-input-leaf2 的值为 123，单击眼睛图标，可见 URL 地址及待发送的内容，单击 Send 按钮发送。发送成功后，显示 Request sent successfully 反馈，如图 17-8 所示。

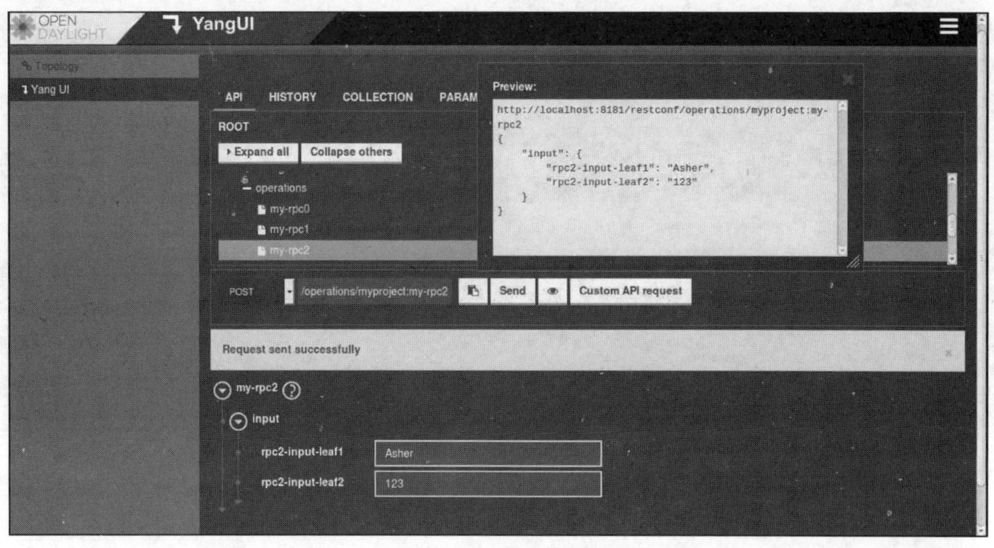

图 17-8　notification 实验一

实验一 rpc2-input-leaf2 的值为 123，按照消息发送功能应该发送第 3 个通知，即创建通知变量 MyNotification2 类型的实例，将其 notification2-leaf1 设置为 33333333。当 MyNotification2 发送时，NotificationReciverImpl 的实例接收到消息，并给出

```
Notification is Recieved! This is MyNotification0!
```

再加上 notification 信息。

此时终端上显示与程序预定的功能相符，实验成功，如图 17-9 所示。

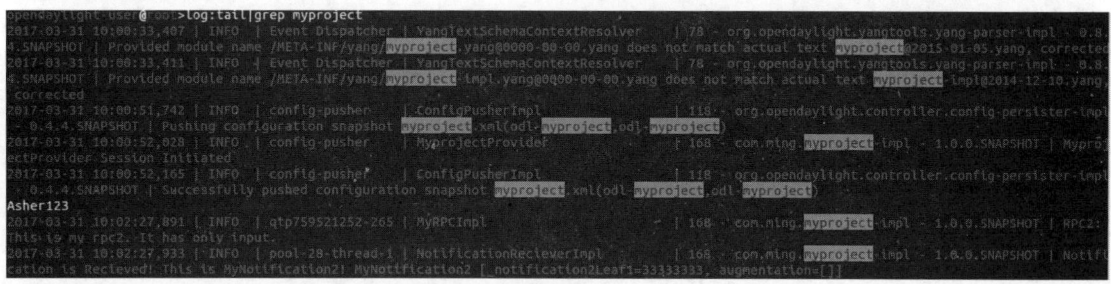

图 17-9　notification 实验一——终端界面

2. 实验二

设置输入 my-rpc2 的叶子节点 rpc2-input-leaf1 的值为 Asher，叶子节点 rpc2-input-leaf2 的值为 0，单击眼睛图标，可见 URL 地址及待发送的内容，单击 Send 按钮发送。发送成功后，显示 Request sent successfully 反馈，如图 17-10 所示。

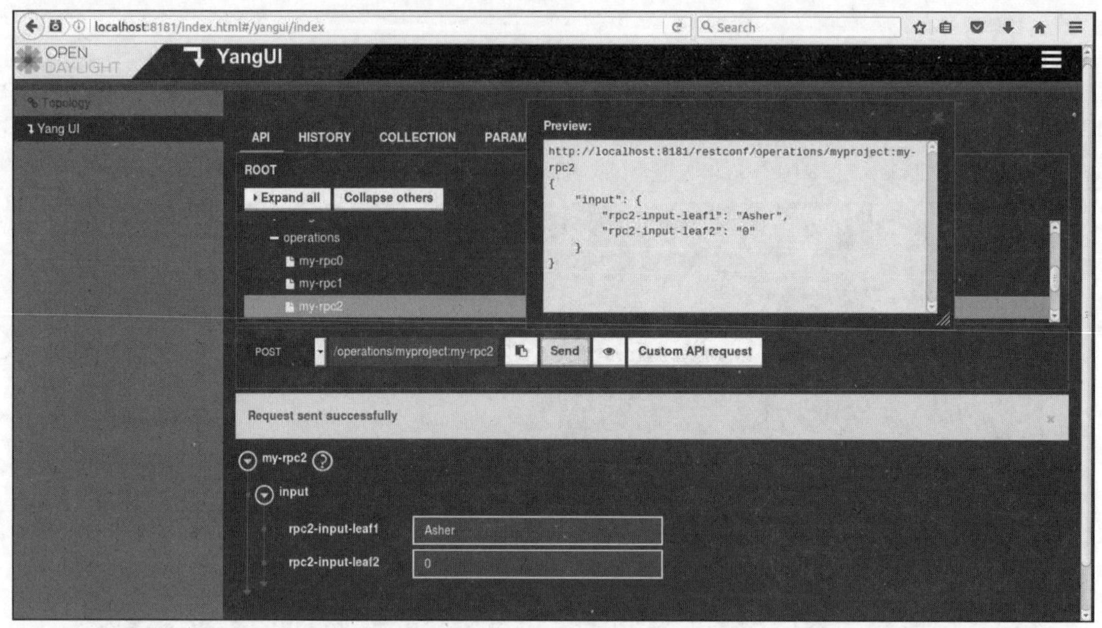

图 17-10 notification 实验二

实验一 rpc2-input-leaf2 的值为 0，按照消息发送功能应该发送第 1 个通知，即创建通知变量 MyNotification0 类型的实例，将其 notification0-leaf1 设置为 11111。当 MyNotification0 发送时，NotificationReciverImpl 的实例接收到消息，并给出

```
Notification is Recieved! This is MyNotification0!
```

再加上 notification 信息。

此时终端上显示与程序预定的功能相符，实验成功，如图 17-11 所示。

图 17-11 notification 实验二——终端界面

3. 实验三

设置输入 my-rpc2 的叶子节点 rpc2-input-leaf1 的值为 Asher，叶子节点 rpc2-input-leaf2 的值为 1，单击眼睛图标，可见 URL 地址及待发送的内容，单击 Send 按钮发送。发送成功后，显示 Request sent successfully 反馈，如图 17-12 所示。

实验一 rpc2-input-leaf2 的值为 1，按照消息发送功能应该发送第 1 个通知，即创建通知变量 MyNotification1 类型的实例。当 MyNotification10 发送时，NotificationReciverImpl 的实例接收到消息，并给出

```
Notification is Recieved! This is MyNotification0!
```

再加上 notification 信息。

此时终端上显示与程序预定的功能相符，实验成功，如图 17-13 所示。

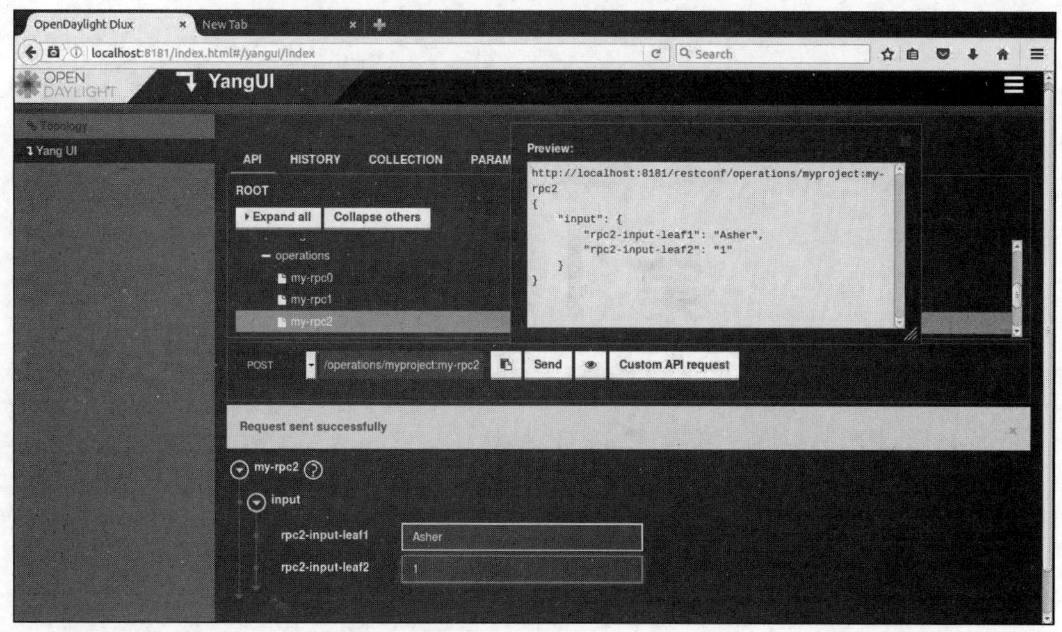

图 17-12　notification 实验三

图 17-13　notification 实验三——终端界面

17.6　本章总结

通知通信方式是 OpenDaylight 项目和其他项目开发中重要的消息通信方式之一，采用了消息提供/订阅的多播通信方式。消息的传送可以是异步、暂态事件，该事件传递到消息订阅者后由其进行操作处理。

本章在第 15 章的基础上进行实验。实验示例尽量以通用参数为例进行说明，以求给读者一个能够轻松使用的模板。读者可使用自己定义的类名/方法名/成员名对示例中相应的部分进行替换，快速地实现自己的项目。

本章以 3 个通知为例，重点介绍了通知提供的实现和通知接收处理的实现。通知提供的实现可在项目的任意地方实现，引用的操作涉及相关类，在创建此类时将 NotificationProviderService 的值传递给此操作即可，然后注册提供通知并传递 NotificationProviderService 参数。通知接收处理的实现在项目的任意地方实现，引用的操作涉及相关类并实现 MyprojectListener 接口，然后创建接收消息类的实例，并将此实例注册到 myNotificationService 提供的消息通知对象上。

第 18 章

使用 Eclipse 进行项目开发的介绍

基于 MD-SAL 模块的开发本质上也是一个 Maven 项目的开发，读者可根据喜好选择熟悉的集成开发环境 IDE 进行开发工作。常用的 IDE 有 Eclipse、IntelliJ IDEA、NetBeans 和 MyEclipse，当然也有人选择 vim 直接进行开发。OpenDaylight 项目的官方网站上推荐了 Eclipse 和 IntelliJ IDEA 两个 IDE，针对 Eclipse 还直接给出了使用指南。Eclipse 是一个著名的跨平台开源集成开发环境（IDE），能为使用 Java 语言开发项目提供很有力的帮助。本书中主要使用 Eclipse 和 vim 作为开发工具。由于之前在第 8 章已经做过 Eclipse 安装和设置的介绍，本章主要介绍使用 Eclipse 创建项目、导入项目、编辑项目、调试运行项目，以及使用 Eclipse 进行开发时可能出现的错误及其解决方法。

18.1 使用 Eclipse 创建项目

首先，启动 Eclipse 工具（注意，读者需根据 Eclipse 的位置不同对以下命令进行调整），本书使用的是 Eclipse 的 4.5.1 版本（Mars.1 Release），如图 18-1 所示。

```
$ sudo /usr/lib/eclipse/eclipse
```

依次单击 File→Project，打开项目创建向导，如图 18-2 所示。

在项目创建向导窗口选择 Maven→Maven Project，单击 Next 按钮，进入下一步，如图 18-3 所示。选择默认的工作区，读者可根据需要进行选择，并将项目添加到工作组中，如图 18-4 所示。

接下来选择原型（archetype）。选择原型有 2 种方式，一种是远程从 nexus 平台上获取最新的原型，另一种是选择本地库中已下载的原型。这两种原型各有优劣，读者可根据自己的需要进行使用。本书先以远程从 nexus 平台上获取原型为例进行介绍，之后介绍选择本地库中已下载的原型来创建项目。

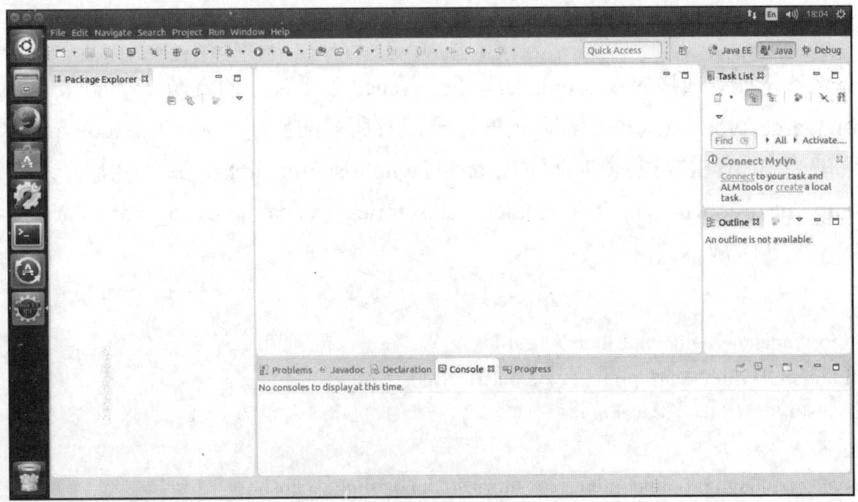

图 18-1　启动 Eclipse 工具

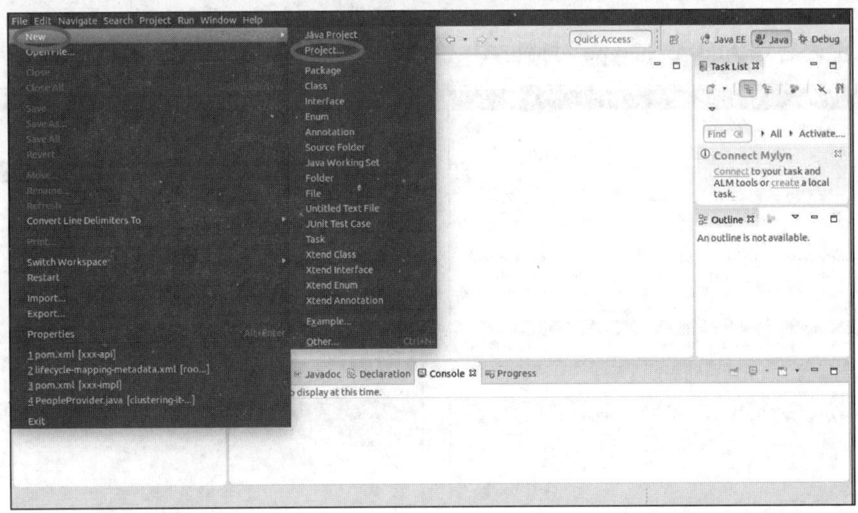

图 18-2　打开项目创建向导

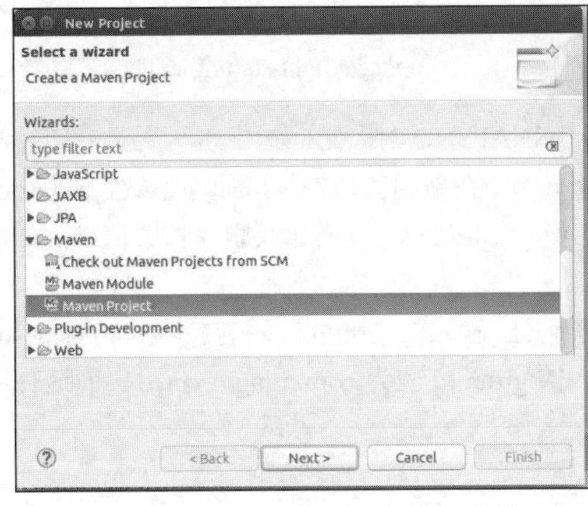

图 18-3　选择新建 Maven 项目

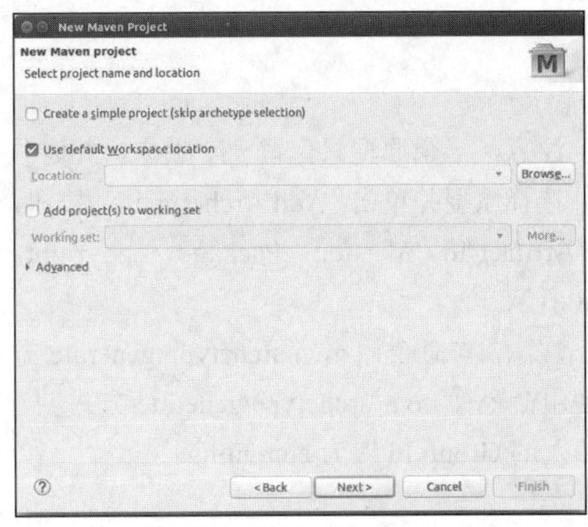

图 18-4　选择默认的工作区

1. 远程从 nexus 平台上获取原型创建项目

在 Catalog 下拉框中选择 Nexus Indexer，以选择 nexus 平台上的资源库，如图 18-5 所示。选择 Include snapshot archetypes 复选框，若显示的结果没有所需的原型，则单击 Add Archetype 按钮。

假设我们选择 1.3.0-SNAPSHOT 版本的 opendaylight-startup-archetype 作为原型进行开发。从原型目录网址 http://nexus.opendaylight.org/content/repositories/opendaylight.snapshot/archetype-catalog.xml 查到 1.3.0-SNAPSHOT 版本的信息为：

```
<archetype>
<groupId>org.opendaylight.controller</groupId>
<artifactId>opendaylight-startup-archetype</artifactId>
<version>1.3.0-SNAPSHOT</version>
<repository>
https://nexus.opendaylight.org/content/repositories/opendaylight.snapshot
</repository>
</archetype>
```

根据以上内容在 Add Archetype 对话框中填写信息，如图 18-6 所示。

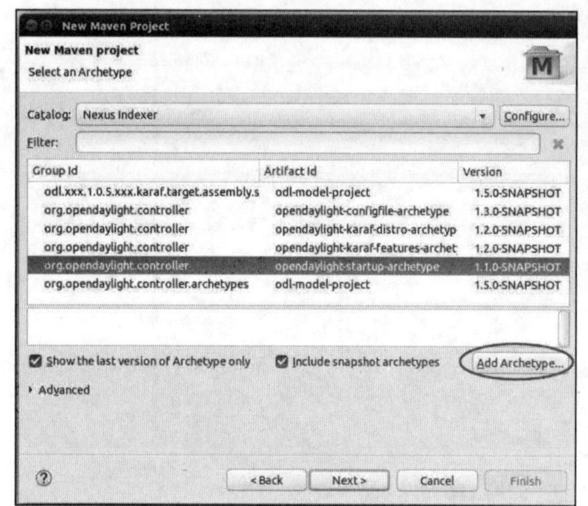

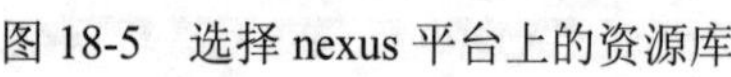
图 18-5 选择 nexus 平台上的资源库

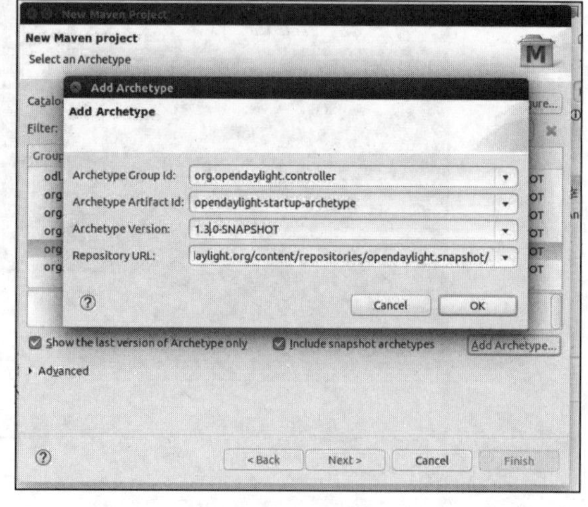

图 18-6 选择 1.3.0-SNAPSHOT 版本的 opendaylight-startup-archetype 原型

注意，一个原型只保留一个版本，此时只有 1.3.0-SNAPSHOT 版本，如图 18-7 所示。

选择原型并单击“Add Archetype...”按钮，进入下一步。在新的窗口中输入原型参数，如 Group Id、Artifact Id、Version、Package、copyright。单击 Add 或 Remove 可增加或删除相关信息，如图 18-8 所示。

注意，与命令行 mvn archetype:generate 方式创建不同，输入的 Group Id 不包括项目自身的 Id。即使用命令行 mvn archetype:generate 方式创建，输入的 groupId 应为 com.ming.mypro1，而这种方式输入的 Group Id 应为 com.ming。

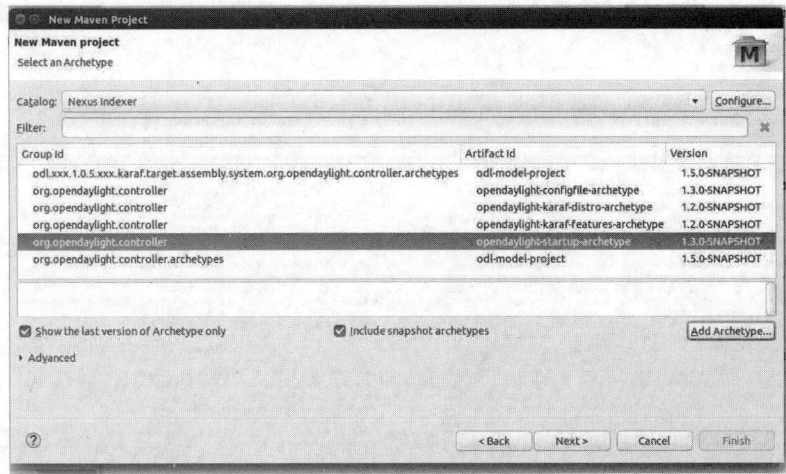

图 18-7　opendaylight-startup-archetype 原型只保留 1.3.0-SNAPSHOT 版本

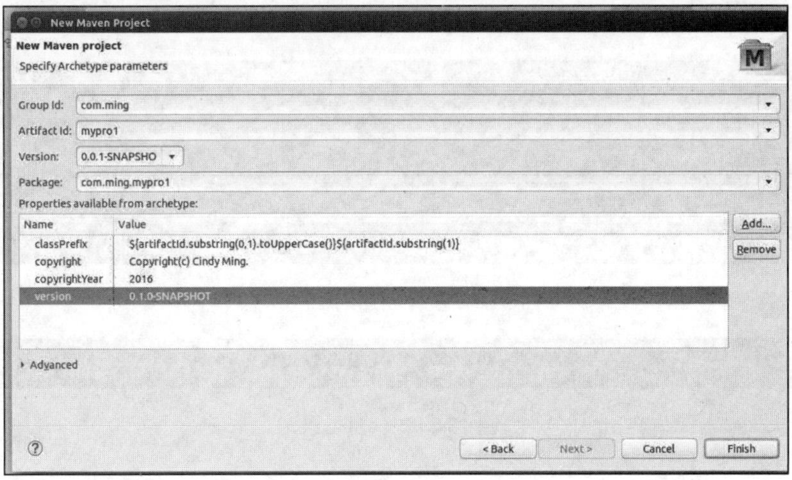

图 18-8　输入原型参数信息

单击 Finish 按钮，Eclipse 自动从远程下载相关信息以创建项目，如图 18-9 所示。

当下载提示完成时，项目创建成功，同时在命令行窗口（在此窗口使用命令行启动 Eclipse）可以看到项目创建的相关信息，如图 18-10 所示。

打开项目所在的目录，可见创建的子目录及文件夹（如项目编译后还将出现 target 子目录），如图 18-11 所示。除了增加了 deploy-site.xml 文件外，其他与使用 mvn 命令创建的项目相同（当使用 mvn 命令创建的项目导入 eclipse 之后，也将自动创建 deploy-site.xml 文件）。

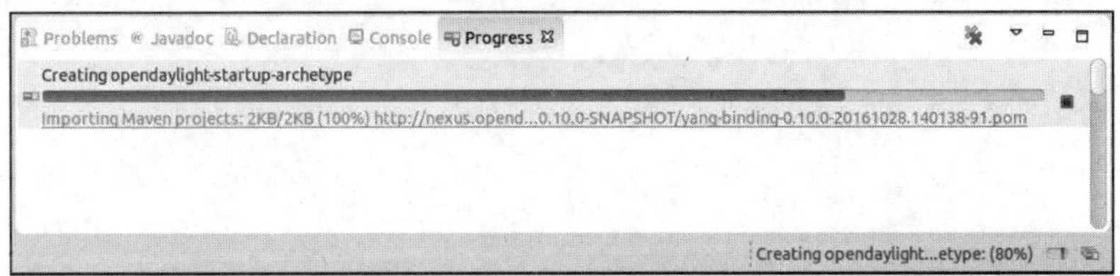

图 18-9　Eclipse 自动从远程下载相关信息以创建项目

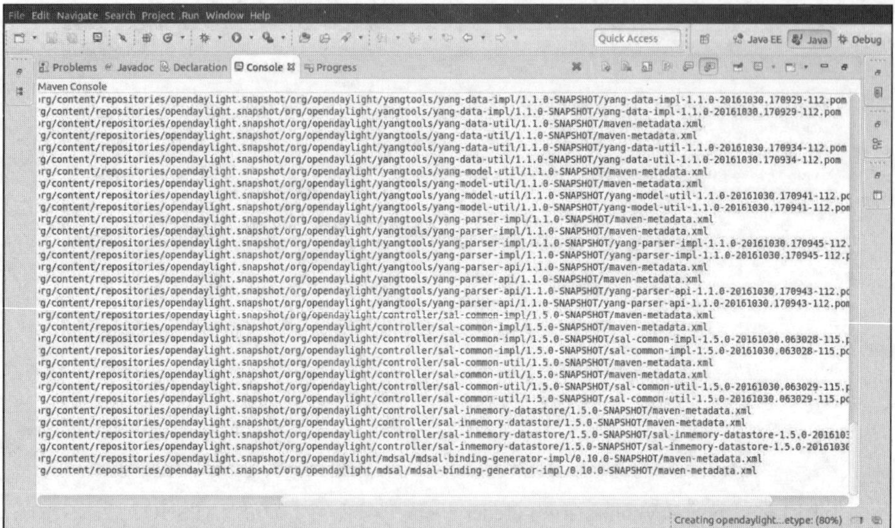

图 18-9 Eclipse 自动从远程下载相关信息以创建项目（续）

```
[INFO] ----------------------------------------------------------------------------
[INFO] Using following parameters for creating project from Archetype: opendaylight-startup-archetype:1.3.0-20161030.063009-116
[INFO] ----------------------------------------------------------------------------
[INFO] Parameter: groupId, Value: com.ming.mypro1
[INFO] Parameter: artifactId, Value: mypro1
[INFO] Parameter: version, Value: 0.0.1-SNAPSHOT
[INFO] Parameter: package, Value: com.ming.mypro1
[INFO] Parameter: packageInPathFormat, Value: com/ming/mypro1
[INFO] Parameter: classPrefix, Value: Mypro1
[INFO] Parameter: version, Value: 0.1.0-SNAPSHOT
[INFO] Parameter: copyright, Value: Copyright(c) Cindy Ming.
[INFO] Parameter: copyrightYear, Value: 2016
[WARNING] Don't override file /root/workspace/mypro1/pom.xml
[INFO] project created from Archetype in dir: /root/workspace/mypro1
```

图 18-10 项目创建的相关信息

```
root@cc-virtual-machine:~/workspace/mypro1-aggregator# ls
api  artifacts  cli  deploy-site.xml  features  impl  it  karaf  pom.xml  src
```

图 18-11 项目目录

项目成功创建，如图 18-12 所示。

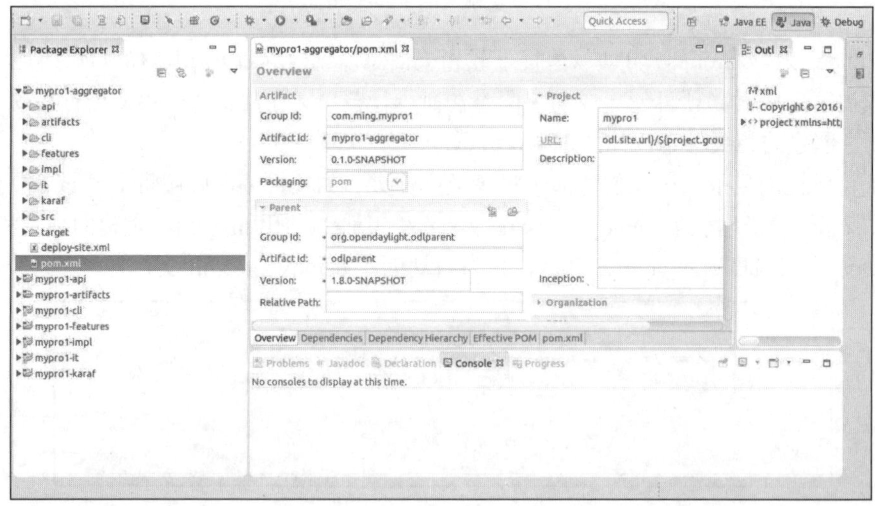

图 18-12 项目成功创建

2. 从本地仓库获取原型创建项目

在 Catalog 下拉框中选择 Default Local，以选择本地的资源库。选择 Include snapshot archetypes 复选框，若显示的结果没有所需的原型，则单击 Add Archetype，如图 18-13 所示。

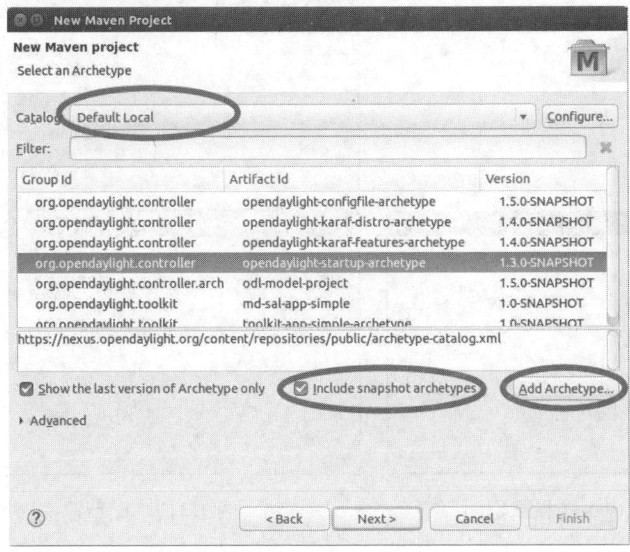

图 18-13　选择本地的资源库

假设我们选择本地仓库中 1.1.4-SNAPSHOT 版本的 opendaylight-startup-archetype 作为原型进行开发。首先在默认的本地仓库中（本书实验的默认位置为/root/.m2/repository）查找此原型的位置，如图 18-14 所示。输入以下命令：

```
$ find /root/.m2/repository -name "opendaylight-startup-archetype*" \
|grep 1.1.4-SNAPSHOT
```

```
root@cc-virtual-machine:/home/cc/c15# find /root/.m2/repository/ -name "opendaylight-startup-archetype*" |grep 1.1.4-SNAPSHOT
/root/.m2/repository/org/opendaylight/controller/opendaylight-startup-archetype/1.1.4-SNAPSHOT/opendaylight-startup-archetype-1.1.4-SNAPSHOT.po
m
/root/.m2/repository/org/opendaylight/controller/opendaylight-startup-archetype/1.1.4-SNAPSHOT/opendaylight-startup-archetype-1.1.4-20161016.01
1603-13.jar
/root/.m2/repository/org/opendaylight/controller/opendaylight-startup-archetype/1.1.4-SNAPSHOT/opendaylight-startup-archetype-1.1.4-SNAPSHOT.ja
r
/root/.m2/repository/org/opendaylight/controller/opendaylight-startup-archetype/1.1.4-SNAPSHOT/opendaylight-startup-archetype-1.1.4-20161016.01
1603-13.pom
/root/.m2/repository/org/opendaylight/controller/opendaylight-startup-archetype/1.1.4-SNAPSHOT/opendaylight-startup-archetype-1.1.4-20161016.01
1603-13.pom.sha1
/root/.m2/repository/org/opendaylight/controller/opendaylight-startup-archetype/1.1.4-SNAPSHOT/opendaylight-startup-archetype-1.1.4-20161016.01
1603-13.jar.sha1
```

图 18-14　查找指定原型的位置

进一步确认是否包含元数据文件。输入以下命令以查找原型的元数据文件：

```
$ls /root/.m2/repository/controller/opendaylight-startup-archetype/1.1.4-SNAPSHOT
```

结果如图 18-15 所示，元数据的名称为 maven-metadata-opendaylight-snapshot.xml。

```
root@cc-virtual-machine:/home/cc/c15# ls /root/.m2/repository/org/opendaylight/controller/opendaylight-startup-archetype/1.1.4-SNAPSHOT
maven-metadata-opendaylight-snapshot.xml                          opendaylight-startup-archetype-1.1.4-20161016.011603-13.pom
maven-metadata-opendaylight-snapshot.xml.sha1                     opendaylight-startup-archetype-1.1.4-20161016.011603-13.pom.sha1
maven-metadata-opendaylight-startup-archetype-repo.xml            opendaylight-startup-archetype-1.1.4-SNAPSHOT.jar
maven-metadata-opendaylight-startup-archetype-repo.xml.sha1       opendaylight-startup-archetype-1.1.4-SNAPSHOT.pom
opendaylight-startup-archetype-1.1.4-20161016.011603-13.jar       _remote.repositories
opendaylight-startup-archetype-1.1.4-20161016.011603-13.jar.sha1  resolver-status.properties
```

图 18-15　查找原型的元数据文件

根据以上内容填写 Add Archetype 对话框中的信息，其中 Repository URL 的值为/root/.m2/repository/controller/opendaylight-startup-archetype/1.1.4-SNAPSHOT，如图 18-16 所示。

单击 OK 按钮后，可发现原型已成功增加到列表中，如图 18-17 所示。

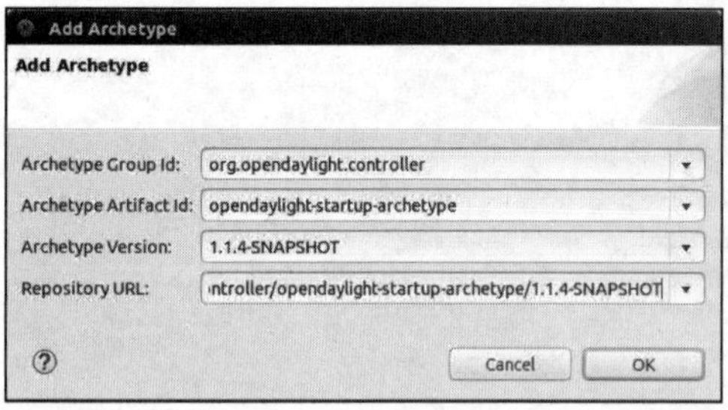

图 18-16 从本地资源库中选择指定的原型

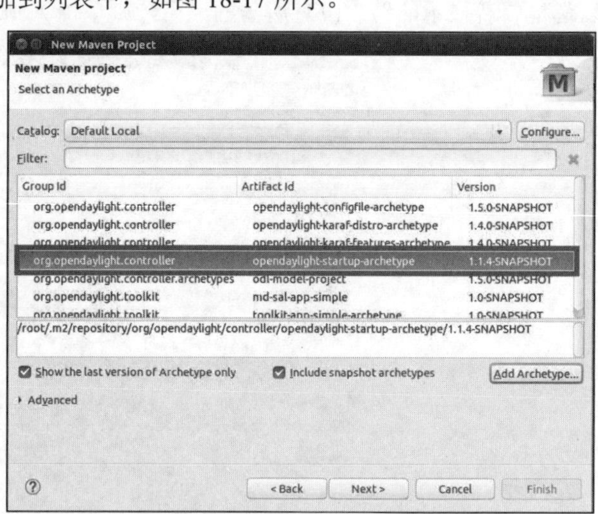

图 18-17 原型已成功增加到列表中

选择原型并单击“Add Archetype...”按钮，进入下一步。以下的步骤与上面从远程下载原型后创建的步骤相同。在新的窗口中输入原型参数，如 Group Id、Artifact Id、Version、Package、copyright。单击 Add 或 Remove 可增加或删除相关的信息，如图 18-18 所示。

单击 Finish 按钮，Eclipse 自动从远程下载相关信息以创建项目。当下载提示完成时，项目创建成功，同时在命令行窗口（在此窗口使用命令行启动 Eclipse）可以看到项目创建的相关信息。

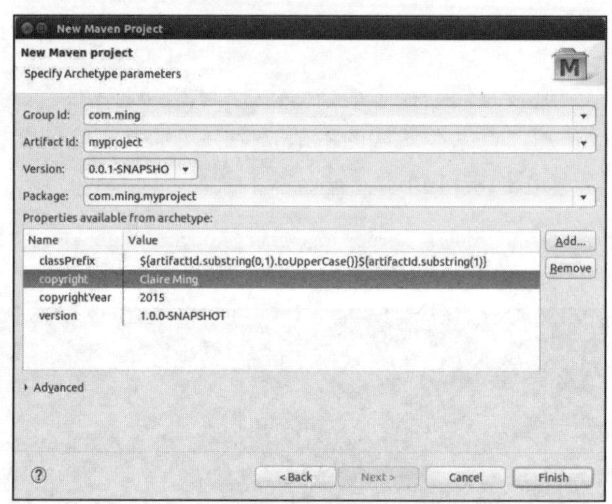

图 18-18 输入原型参数信息

18.2 使用 Eclipse 导入项目

本节介绍一种常用的、使用 Eclipse 工具进行开发的办法。总的来说，读者先使用 Maven 工具在命令行下创建一个 OpenDaylight 基于 Maven 原型开发的项目（如第 13 章所示），随后将这个创建的项目导入 Eclipse 集成开发环境中，利用这个 IDE 的工具进行便捷的编译，最后使用 Maven 的命令行功能编译项目（注意编译后需要在 IDE 中刷新项目），以完成开发过程。由于 OpenDaylight 项目更新较快，需要向 IDE 解释所依赖的相关组件及父项目可能还在变动中，因此导致需要不断解决 IDE 中不断出现的错误和警示信息。此时，我们可以仅仅利用 IDE 中部分帮助（如使用模板和提示语句、变量、类等功能），而不必把一些精力花费在与项目核心无关的问题上，从而迅速地进行项目开发。

假设将第 13 章的 13.2 节中使用 Maven 原型 opendaylight-startup-archetype 的 1.1.4-SNAPSHOT 版本创建的未经修改的项目导入。注意：项目所在组的 ID 为 com.ming.myproject，项目自身的 ID 为 myproject，数据包为 com.ming. myproject，类前缀为 Myproject。

启动 Eclipse 工具（本书使用 Eclipse 的 4.5.1 版本，即 Mars.1 Release。注意，读者需根据 Eclipse 的位置不同对以下命令进行调整），如图 18-19 所示。

```
$ sudo /usr/lib/eclipse/eclipse
```

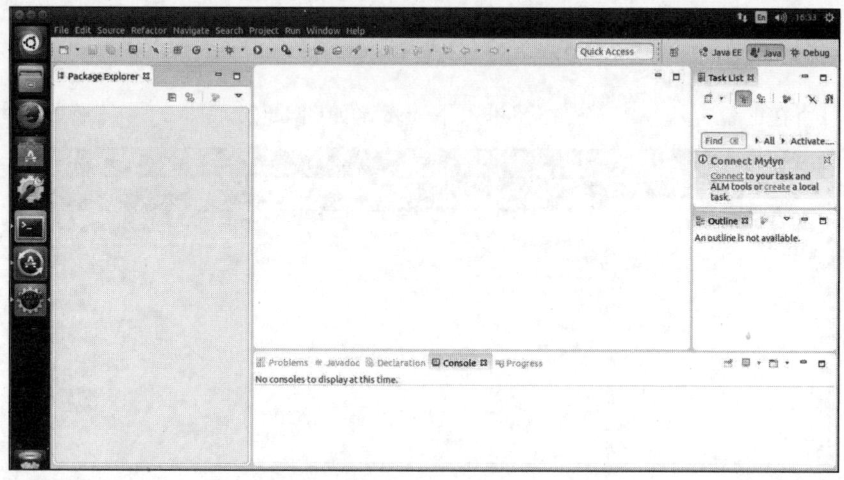

图 18-19　启动 Eclipse 工具

依次单击 File→Import，打开引用项目窗口，如图 18-20 所示。

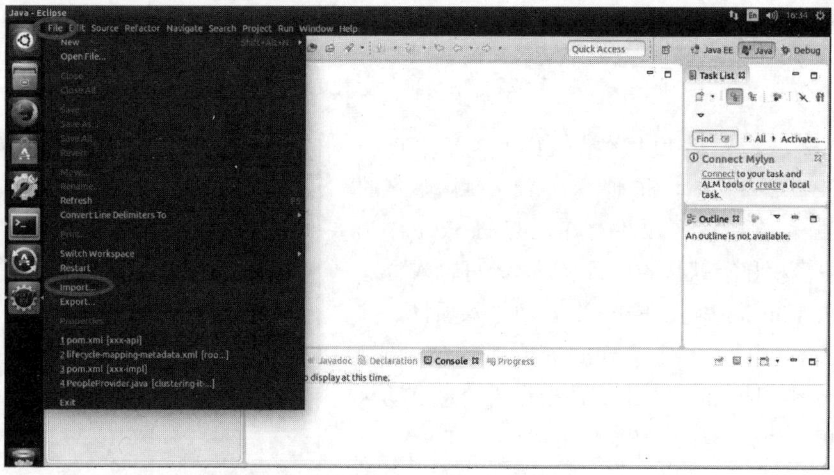

图 18-20　打开引用项目窗口

选择 Maven 类下的子类 Existing Maven Projects（已存在的 Maven 项目），单击 Next 按钮进入下一步，如图 18-21 所示。

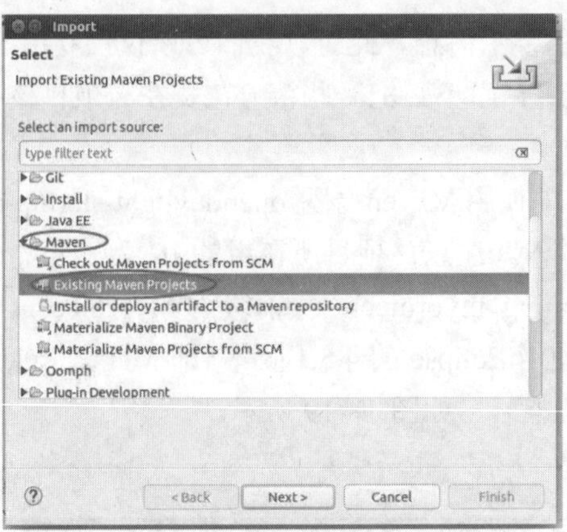

图 18-21 选择导入已存在的 Maven 项目

指定项目所在的位置，单击 OK 按钮进入下一步，如图 18-22 所示。

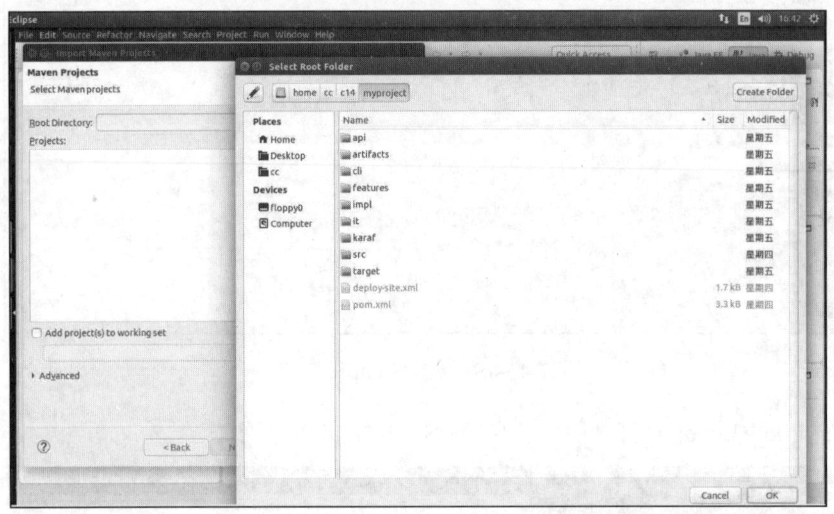

图 18-22 指定项目所在的位置

Eclipse 根据指定的项目位置自动导入，其中“Projects:”下面的文本框显示了项目目录下的 pom.xml 文件，选择所有的文件，在 Add project(s) to working set 下拉框显示默认的项目名，读者可输入合适的名称。单击 Finish 按钮，Eclipse 自动导入项目，如图 18-23 所示。其中第一次导入项目或项目有新的依赖包时，Eclipse 会根据 pom.xml 文件指定的信息自动从远程下载依赖的信息，如图 18-24 所示。

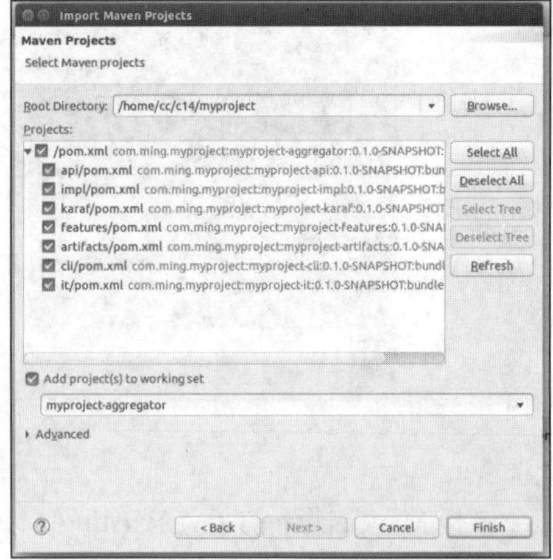

图 18-23 自动导入项目

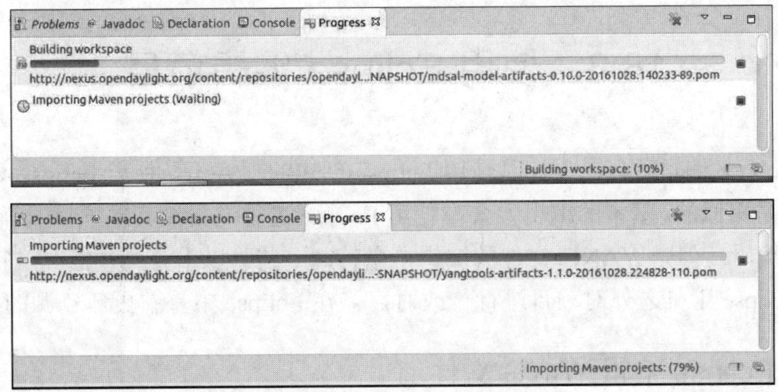

图 18-24　自动下载依赖信息

此时由 Package Explorer 可见导入的项目有些问题（见图 18-25），请按照本章 18.4 节和 18.5 节中的解决方法进行处理。问题处理后，可见项目成功导入，如图 18-26 所示。

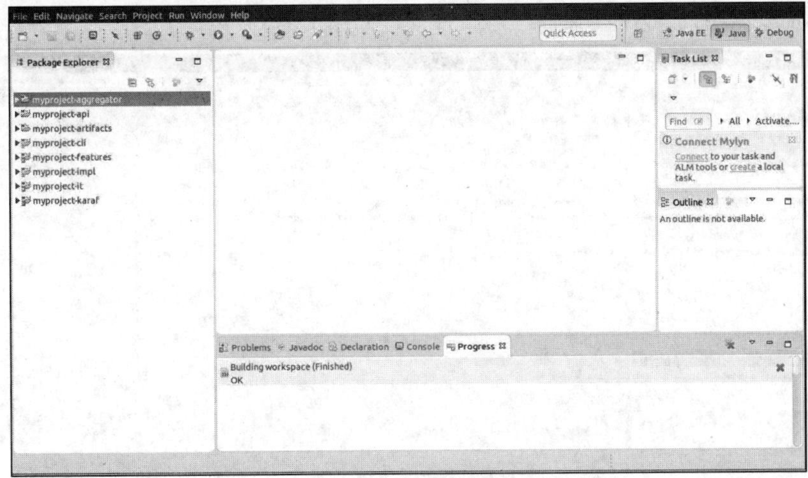

图 18-25　项目导入结束

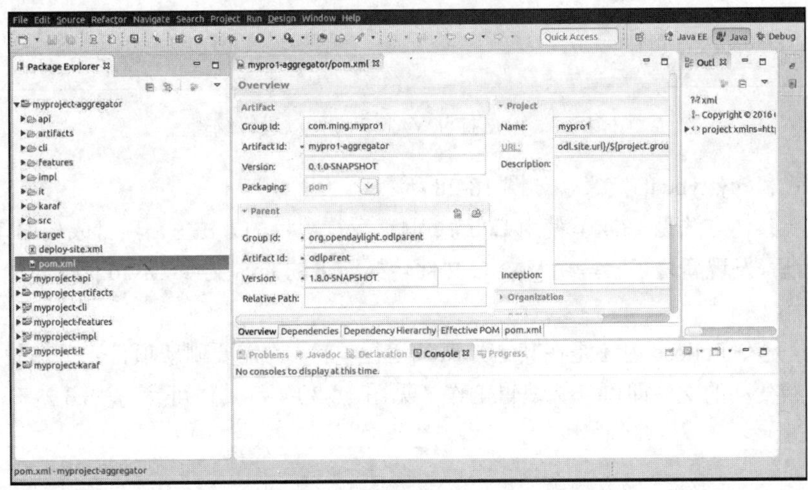

图 18-26　项目成功导入

18.3　使用 Eclipse 编辑项目

本节使用 Eclipse 编辑项目，无论是使用 Eclipse 创建的项目还是使用 Eclipse 导入的项目，它们的编辑过程都是相似的。基本的编辑方式与使用 Eclipse 进行编辑的其他项目一样，如 Java 文件、pom.xml 文件的编辑，但是 YANG 文件的编辑稍微特殊一些，以下分两种情况进行介绍。另外，最后提到，在 Eclipse 工具之外对项目进行修改时，需在 Eclipse 中重新更新资源的处理。

18.3.1　使用 Eclipse 编辑 YANG 文件

YANG 是一种数据建模语言，用于应用的模型配置和状态手动操作、远程过程调用 RPC 和通知。使用 Eclipse 编辑 YANG 文件的过程稍复杂一些。本节以创建、编辑、编译一个简单的 YANG 文件为例，介绍使用 Eclipse 编辑 YANG 文件的过程。

首先选择需要编辑的 YANG 文件，单击打开，如图 18-27 所示。

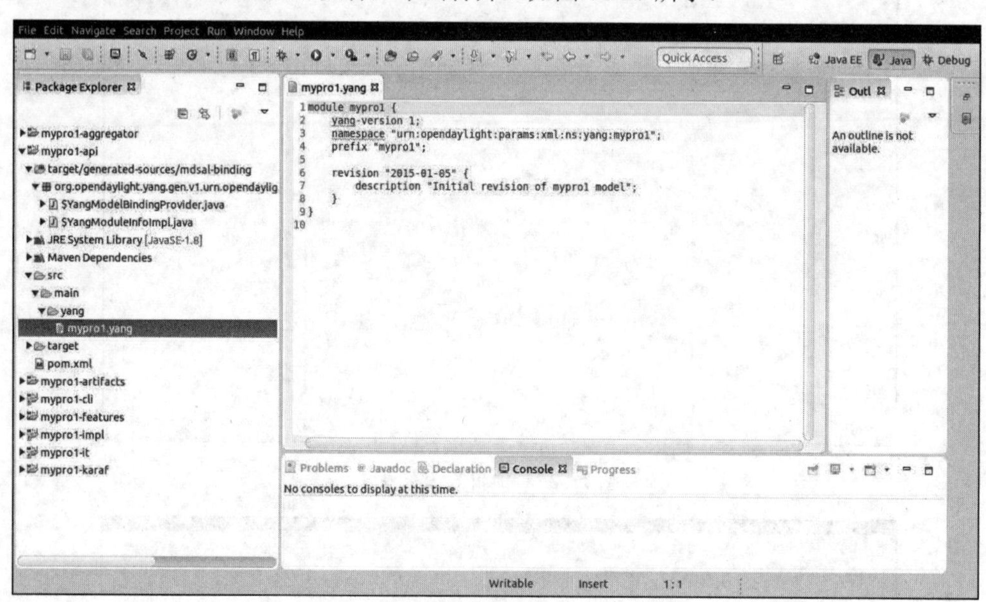

图 18-27　单击打开 YANG 文件以进行编辑

输入 my-id 和 my-type 的定义，如图 18-28 所示。

编译项目（具体方法见 18.4 节使用 Eclipse 调试运行项目的方法）。项目成功编译后需要更新项目。项目刷新后，发现新增了一些由 YANG 文件转换而来的 Java 文件（MyId.java 和 MyType.java），如图 18-29 所示。

注意：无论是在 Eclipse 内还是在其之外调试运行项目，均需要刷新项目才可加载变动的代码。

单击打开新变动的文件即可开始编辑工作（见图 18-30），具体可参考 18.3.2 节。

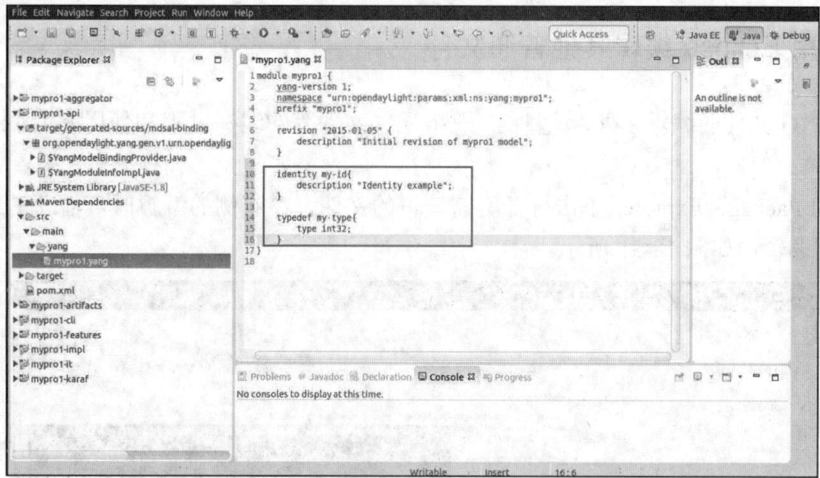

图 18-28　输入 my-id 和 my-type 的定义

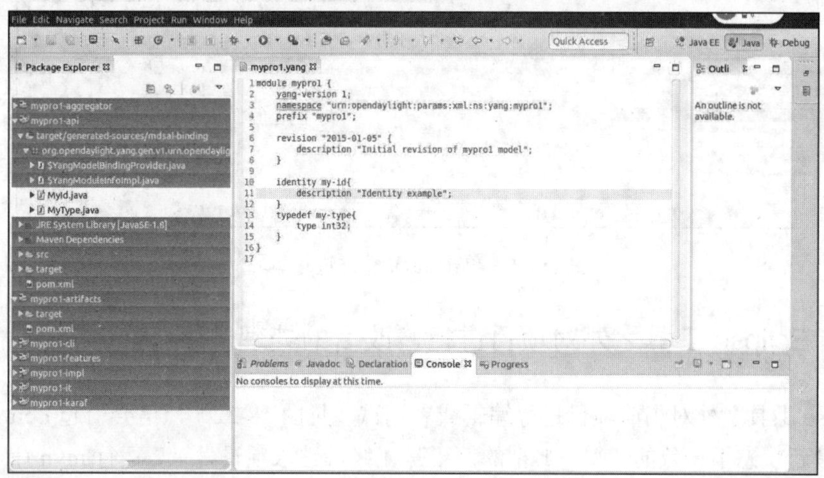

图 18-29　编译项目后新增了一些 Java 文件

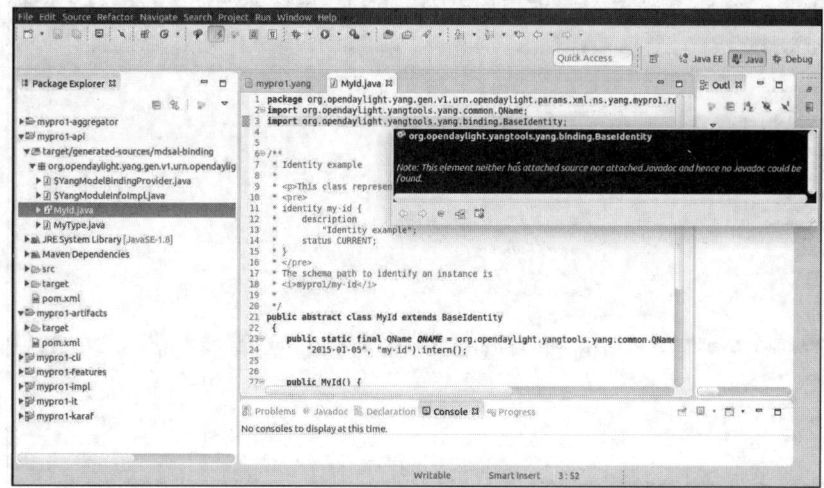

图 18-30　打开新变动的文件

18.3.2　使用 Eclipse 编辑其他普通文件

除了 YANG 文件的编辑之外，项目的代码、配置文件等的编写过程和使用 Eclipse 编辑其他项目一样。

在左侧的 Package Explorer 单击打开所需编辑的文件，在右侧的编辑区可借助 Eclipse 工具简单方便地进行编辑，如图 18-31 所示。

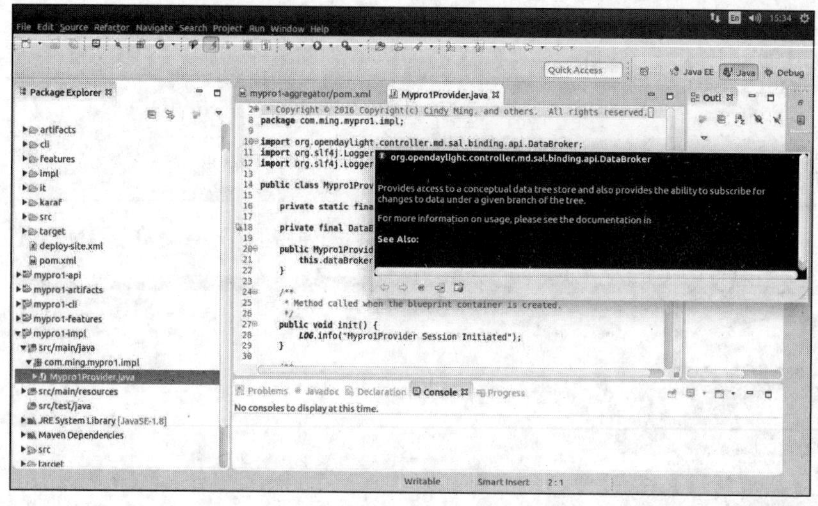

图 18-31　单击 Java 文件进行编辑

18.3.3　在 Eclipse 工具之外对项目进行修改后的处理

在 Eclipse 工具之外对当前项目进行编辑或者调试（见图 18-32），这会引起 Eclipse 管理中的项目状态与最新状态不一致的情况，典型的例子是在终端进入项目目录，运行 mvn 命令进行调试，这时只需要刷新代码即可，如图 18-33 所示。

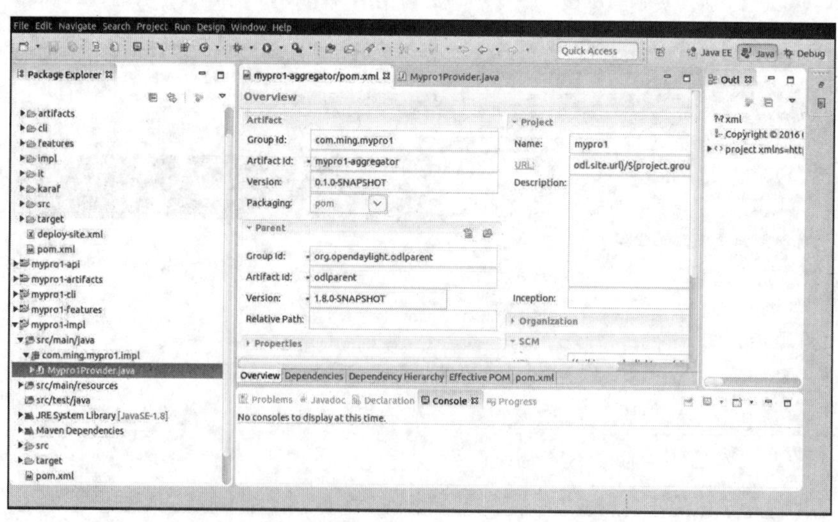

图 18-32　单击 pom.xml 文件进行编辑

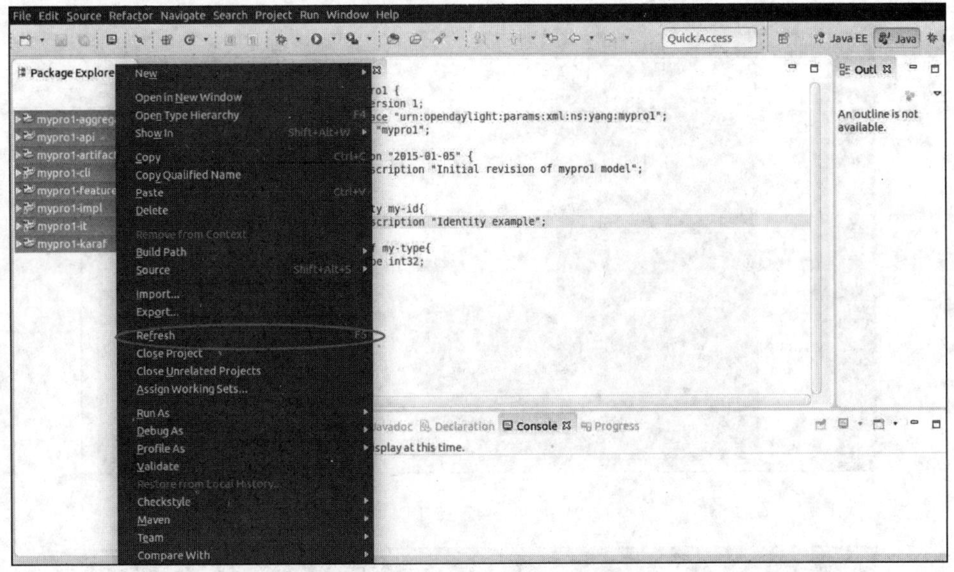

图 18-33　刷新代码以同步

18.4　使用 Eclipse 调试运行项目

本节首先以 18.1 节使用 Eclipse 创建的项目为例，介绍使用 Eclipse 调试由其创建的项目和使用 Eclipse 编译仅用其导入的项目（实际上这两种情况基本上没有区别），然后介绍使用其他工具调试在 Eclipse 中编辑的项目。

18.4.1　使用 Eclipse 调试在其中编辑的项目

使用 Eclipse 调试在其中编辑的项目分为使用 Eclipse 调试由其创建的项目和使用 Eclipse 编译仅用其导入的项目。这两种情况基本上是没有区别的。

1. 使用 Eclipse 编译由其创建的项目

与使用 Eclipse 调试的普通 Maven 项目一样，可以使用系统预定义的运行/调试选项进行编译，也可使用自定义参数以进行编译。我们在此分别介绍两种方式，之后本书仅使用自定义参数编译的方式进行实验。下面以本章 18.1 节使用 Eclipse 创建的项目为例进行说明。

（1）使用系统预定义的运行/调试选项进行编译

打开项目顶层的 pom.xml 文件（本例中为 mypro1-aggregator 的 pom.xml 文件）并右击选择 Run As 选项后出现下一层菜单，上面提供系统预定义的运行/调试选项（从 1 Run on Server 到 Maven test），如图 18-34 所示。

注意，也可在选择顶层 pom.xml 文件后，单击菜单栏中的 Run，然后选择下一层菜单中的 Run As，再从其子目录选择合适的运行/调试选项，如图 18-35 所示。

例如，选择 5 Maven Build，等待一段时间后，显示项目成功编译，如图 18-36 所示。

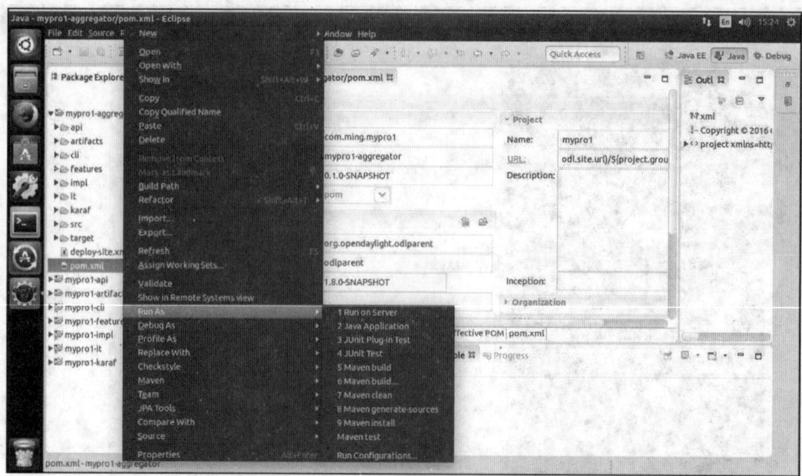

图 18-34 右击选择运行调试的方式

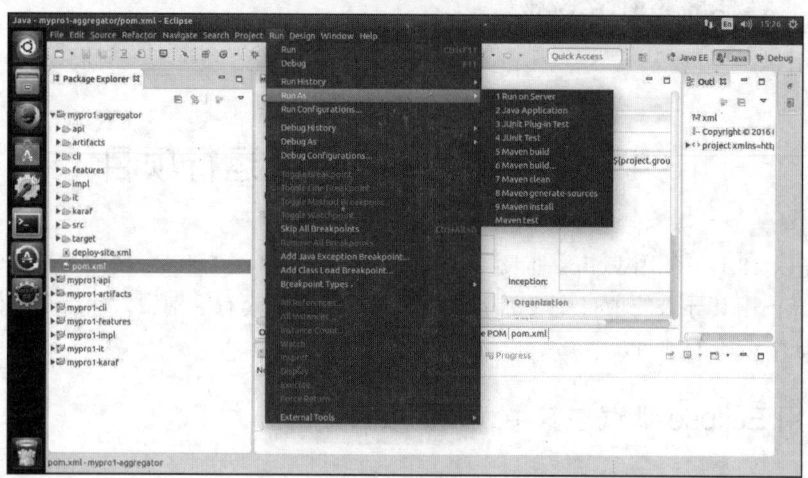

图 18-35 打开菜单并选择运行调试方式

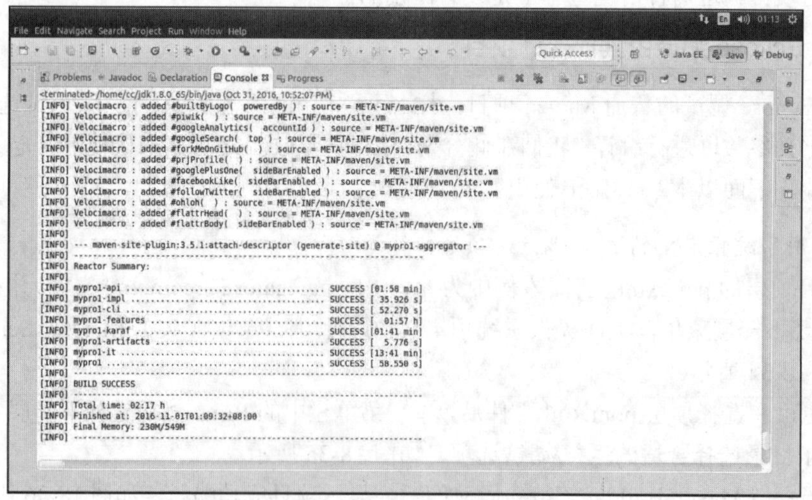

图 18-36 使用 Eclipse 成功编译项目

然后刷新项目，以更新在编译中变动的源码（如 YANG 文件可能会生成一些新的 Java 文件，在后面的“（2）使用自定义参数以进行编译”会介绍到）。

（2）使用自定义参数以进行编译

打开项目顶层的 pom.xml 文件（本例中为 mypro1-aggregator 的 pom.xml 文件）并右击，选择 Run As 选项后出现下一层菜单（见图 18-34），单击最下层的选项“Run Configurations...”，如果使用菜单栏打开，就直接单击“Run Configurations...”（在 Run As 的下一项）。

打开运行配置窗口，如图 18-37 所示。在左方单击新建配置（New lanch configuration），在右方输入新配置的名称（mypro1-aggregator），在“Base directory:”下的文本框输入编译运行的目录，在“Goals:”后的文本框输入想要执行的命令，如 clean install -DskipTests（效果与命令 mvn clean install -DskipTests 相同），单击 Run 按钮运行即可。

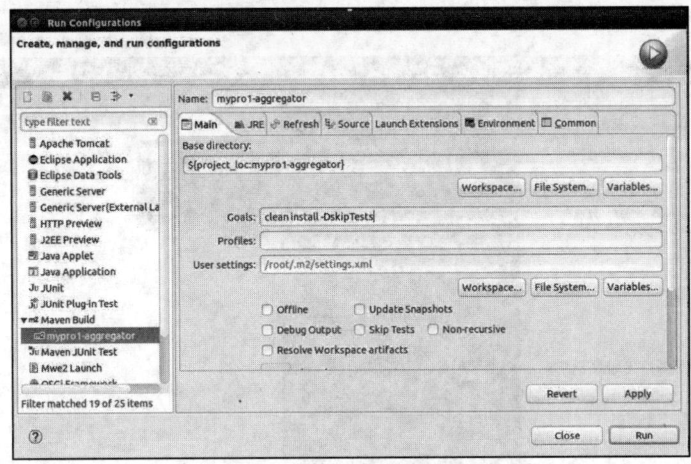

图 18-37　打开运行配置窗口

等待一段时间后，显示项目成功编译，如图 18-38 所示。

也可在系统预定义的运行/调试选项中选择“Maven build... ”（注意有“...”），如图 18-39 所示。

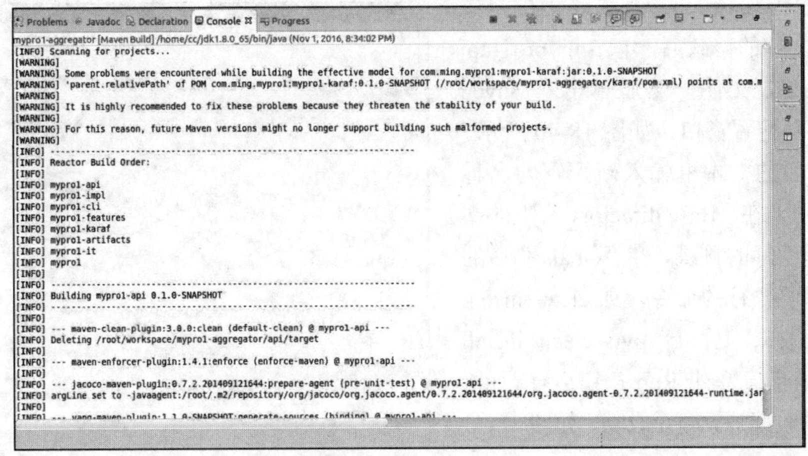

图 18-38　项目成功编译

```
[INFO] Velocimacro : added #builtByLogo(  poweredBy ) : source = META-INF/maven/site.vm
[INFO] Velocimacro : added #piwik(  ) : source = META-INF/maven/site.vm
[INFO] Velocimacro : added #googleAnalytics(  accountId ) : source = META-INF/maven/site.vm
[INFO] Velocimacro : added #googleSearch(  top ) : source = META-INF/maven/site.vm
[INFO] Velocimacro : added #forkMeOnGitHub(  ) : source = META-INF/maven/site.vm
[INFO] Velocimacro : added #prjProfile(  ) : source = META-INF/maven/site.vm
[INFO] Velocimacro : added #googlePlusOne(  sideBarEnabled ) : source = META-INF/maven/site.vm
[INFO] Velocimacro : added #facebookLike(  sideBarEnabled ) : source = META-INF/maven/site.vm
[INFO] Velocimacro : added #followTwitter(  sideBarEnabled ) : source = META-INF/maven/site.vm
[INFO] Velocimacro : added #ohloh(  ) : source = META-INF/maven/site.vm
[INFO] Velocimacro : added #flattrHead(  ) : source = META-INF/maven/site.vm
[INFO] Velocimacro : added #flattrBody(  sideBarEnabled ) : source = META-INF/maven/site.vm
[INFO]
[INFO] --- maven-site-plugin:3.5.1:attach-descriptor (generate-site) @ mypro1-aggregator ---
[INFO] ------------------------------------------------------------------------
[INFO] Reactor Summary:
[INFO]
[INFO] mypro1-api ......................................... SUCCESS [01:31 min]
[INFO] mypro1-impl ........................................ SUCCESS [ 22.319 s]
[INFO] mypro1-cli ......................................... SUCCESS [ 18.629 s]
[INFO] mypro1-features .................................... SUCCESS [ 30.249 s]
[INFO] mypro1-karaf ....................................... SUCCESS [01:02 min]
[INFO] mypro1-artifacts ................................... SUCCESS [  3.459 s]
[INFO] mypro1-it .......................................... SUCCESS [ 34.053 s]
[INFO] mypro1 ............................................. SUCCESS [ 36.999 s]
[INFO] ------------------------------------------------------------------------
[INFO] BUILD SUCCESS
[INFO] ------------------------------------------------------------------------
[INFO] Total time: 05:14 min
[INFO] Finished at: 2016-11-01T20:39:24+08:00
[INFO] Final Memory: 222M/531M
[INFO] ------------------------------------------------------------------------
```

图 18-38 项目成功编译（续）

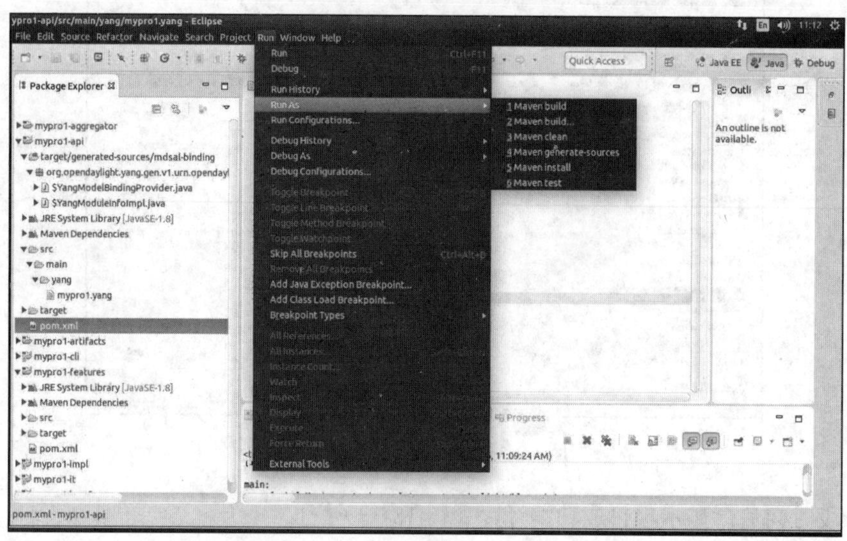

图 18-39 选择“Maven build…”

现在我们仅编译 api 子目录。在完成 mypro1.yang 文件的修改后，单击 mypro1-api 下面的 pom.xml 文件，然后单击“Maven build...”以打开配置窗口，如图 18-40 所示。在“Name:”后的文本框输入新配置的名称（mypro1-api），在“Base directory:”下的文本框输入编译运行的目录，在“Goals:”后的文本框输入想要执行的命令，如 clean install -DskipTests（效果与命令 mvn clean install -DskipTests 相同），单击 Run 按钮运行即可。

等待一段时间后，编译成功，如图 18-41 所示。

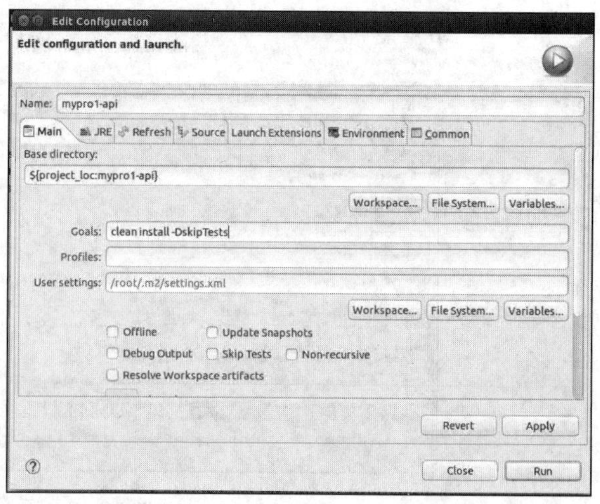

图 18-40 选择“Maven build...”打开配置窗口

```
<terminated> mypro1-api [Maven Build] /home/cc/jdk1.8.0_65/bin/java (Nov 6, 2016, 9:55:48 AM)
[INFO] Scanning for projects...
[INFO]
[INFO] ------------------------------------------------------------------------
[INFO] Building mypro1-api 0.1.0-SNAPSHOT
[INFO] ------------------------------------------------------------------------
[INFO]
[INFO] --- maven-clean-plugin:3.0.0:clean (default-clean) @ mypro1-api ---
[INFO] Deleting /root/workspace/mypro1-aggregator/api/target
[INFO]
<terminated> mypro1-api [Maven Build] /home/cc/jdk1.8.0_65/bin/java (Nov 6, 2016, 9:55:48 AM)

main:
     [echo] Moving autowire.xml to org/opendaylight/blueprint
[INFO] Executed tasks
[INFO]
[INFO] --- maven-bundle-plugin:3.0.1:bundle (default-bundle) @ mypro1-api ---
[INFO]
[INFO] --- maven-javadoc-plugin:2.10.4:jar (attach-javadocs) @ mypro1-api ---
[INFO] Building jar: /root/workspace/mypro1-aggregator/api/target/mypro1-api-0.1.0-SNAPSHOT-javadoc.jar
[INFO]
[INFO] --- maven-source-plugin:3.0.1:jar-no-fork (attach-sources) @ mypro1-api ---
[INFO] Building jar: /root/workspace/mypro1-aggregator/api/target/mypro1-api-0.1.0-SNAPSHOT-sources.jar
[INFO]
[INFO] --- jacoco-maven-plugin:0.7.2.201409121644:report (post-unit-test) @ mypro1-api ---
[INFO] Skipping JaCoCo execution due to missing execution data file:/root/workspace/mypro1-aggregator/api/target/code-coverage/jacoco.exec
[INFO]
[INFO] --- maven-install-plugin:2.5.2:install (default-install) @ mypro1-api ---
[INFO] Installing /root/workspace/mypro1-aggregator/api/target/mypro1-api-0.1.0-SNAPSHOT.jar to /root/.m2/repository/com/ming/mypro1/mypro1-api/0.1.
[INFO] Installing /root/workspace/mypro1-aggregator/api/pom.xml to /root/.m2/repository/com/ming/mypro1/mypro1-api/0.1.0-SNAPSHOT/mypro1-api-0.1.0-S
[INFO] Installing /root/workspace/mypro1-aggregator/api/target/mypro1-api-0.1.0-SNAPSHOT-javadoc.jar to /root/.m2/repository/com/ming/mypro1/mypro1-
[INFO] Installing /root/workspace/mypro1-aggregator/api/target/mypro1-api-0.1.0-SNAPSHOT-sources.jar to /root/.m2/repository/com/ming/mypro1/mypro1-
[INFO]
[INFO] --- maven-bundle-plugin:3.0.1:install (default-install) @ mypro1-api ---
[INFO] Installing com/ming/mypro1/mypro1-api/0.1.0-SNAPSHOT/mypro1-api-0.1.0-SNAPSHOT.jar
[INFO] Writing OBR metadata
[INFO] ------------------------------------------------------------------------
[INFO] BUILD SUCCESS
[INFO] ------------------------------------------------------------------------
[INFO] Total time: 28.641 s
[INFO] Finished at: 2016-11-06T09:56:19+08:00
[INFO] Final Memory: 44M/192M
[INFO] ------------------------------------------------------------------------
```

图 18-41 编译成功

注意，此时 Eclipse 并不会立即自动更新，需要在 Package Explorer 中选择所有目录，右击 Refresh，刷新项目后出现由 YANG 文件编译生成的一些 Java 文件，如图 18-42 所示。

图 18-42 刷新项目

2. 使用 Eclipse 编译仅用其导入的项目

本节以 18.2 节中使用 Eclipse 导入的项目为例进行说明。

单击打开 api 目录下的 YANG 文件以进行编辑，简单定义一个 rpc，如图 18-43 所示。

单击顶层目录的 pom.xml 文件后，右击 “Run Configurations...” 打开配置窗口，按照图 18-44 进行配置。

```
myproject.yang    mypro1-features    MyprojectServic
module myproject {
    yang-version 1;
    namespace "urn:opendaylight:params:xml:ns:yang:myproject";
    prefix "myproject";

    revision "2015-01-05" {
        description "Initial revision of myproject model";
    }

    rpc myrpc{

    }
}
```

图 18-43 定义一个 rpc

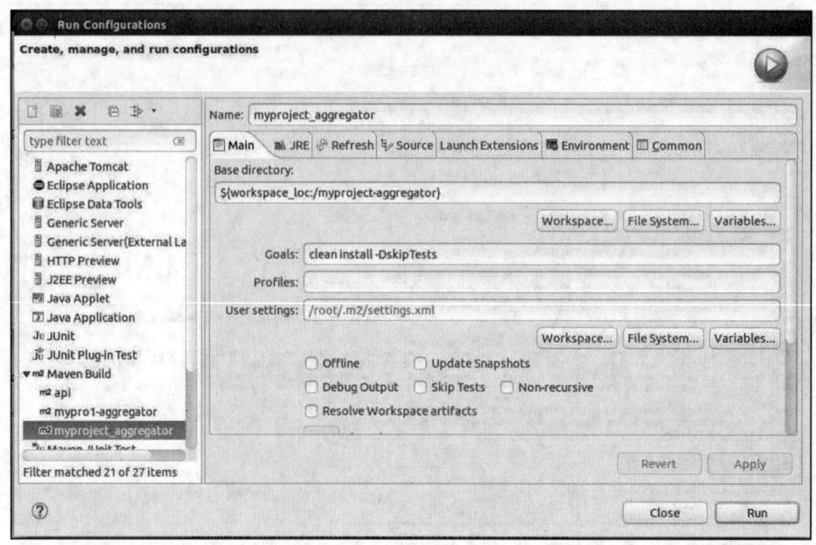

图 18-44 打开运行配置窗口

单击 Run 按钮，等待一段时间后，显示项目成功编译，如图 18-45 所示。

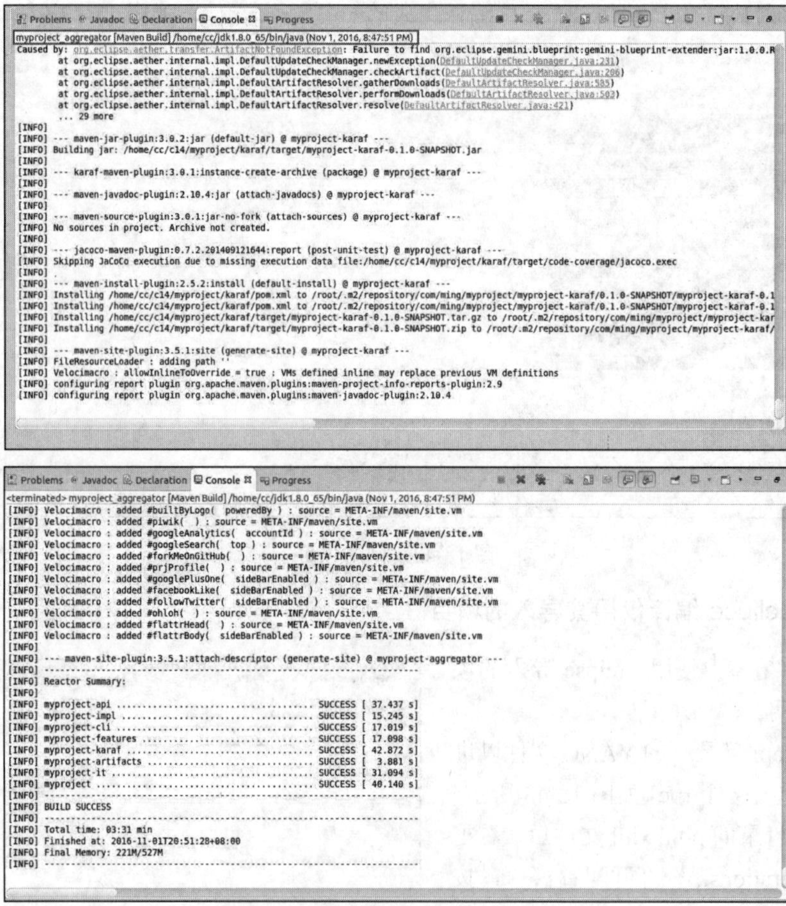

图 18-45 项目成功编译

在 Package Explorer 中选择所有目录，右击 Refresh，刷新项目后出现新生成的定义 rpc 的 MyprojectService.java 文件，如图 18-46 所示。

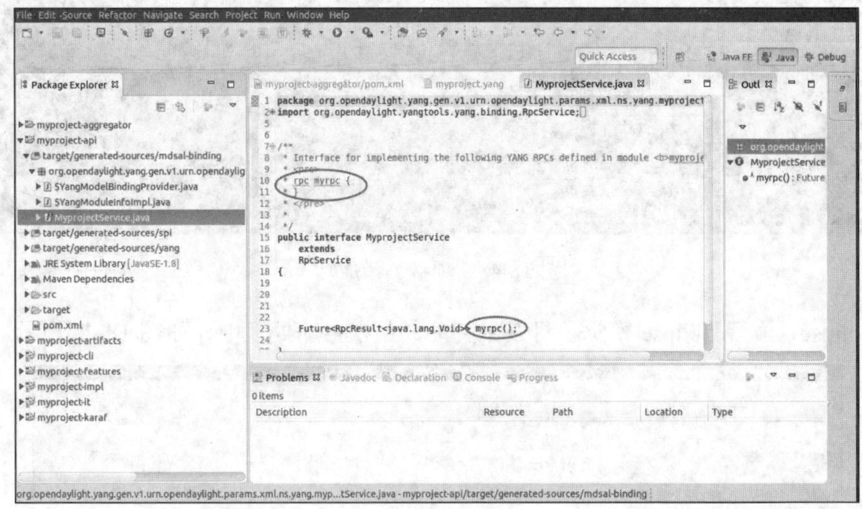

图 18-46　刷新项目

18.4.2　使用其他工具调试在 Eclipse 中编辑的项目

由于项目导入 Eclipse 后可能会出现由于 Eclipse 版本、依赖包下载不全、Maven 的 Lifecycle Mapping 等引起的错误。这些错误有些较为烦杂，并且反复出现。有些开发人员厌倦了将精力放在解决这些问题上面，仅想利用 Eclipse 编程的辅助功能，而使用其他工具进行编译。因此在这里，我们也简单地介绍一下使用其他工具调试在 Eclipse 中编辑的项目及 Eclipse 的相关处理方法。

以本章 18.1 节使用 Eclipse 创建的项目为例，在 api 目录的 YANG 文件进行更改之后，打开终端，进入项目的顶层目录下的 api 子目录，运行以下命令行的命令（见图 18-47）：

```
mvn clean install -DskipTests
```

```
root@cc-virtual-machine:~/workspace/mypro1-aggregator/api# mvn clean install -DskipTests
[INFO] Scanning for projects...
[INFO]
[INFO] ------------------------------------------------------------------------
[INFO] Building mypro1-api 0.1.0-SNAPSHOT
[INFO] ------------------------------------------------------------------------
[INFO]
[INFO] --- maven-clean-plugin:3.0.0:clean (default-clean) @ mypro1-api ---
[INFO]
[INFO] --- maven-enforcer-plugin:1.4.1:enforce (enforce-maven) @ mypro1-api ---
[INFO]
[INFO] --- jacoco-maven-plugin:0.7.2.201409121644:prepare-agent (pre-unit-test) @ mypro1-api ---
[INFO] argLine set to -javaagent:/root/.m2/repository/org/jacoco/org.jacoco.agent/0.7.2.201409121644/org.jacoco.agent-0.7.2.201409121644-runtime.jar=destfile=/root/workspace/mypro1-aggregator/api/target/code-coverage/jacoco.exec,excludes=**/gen/**:**/generated-sources/**:**/yang-gen/**:**/pax/**
[INFO]
[INFO] --- yang-maven-plugin:1.1.0-SNAPSHOT:generate-sources (binding) @ mypro1-api ---
[INFO] yang-to-sources: Inspecting /root/workspace/mypro1-aggregator/api/src/main/yang
[INFO] yang-to-sources: Searching for yang files in following dependencies: [/root/.m2/repository/org/opendaylight/mdsal/yang-binding/0.10.0-SN
```

图 18-47　以命令行的方式运行项目

等待一段时间后，项目编译成功，如图 18-48 所示。

注意：使用 Eclipse 进行编辑时，YANG 文件发生变动后，直接编译项目，然后刷新项目即可完成。但若使用命令行 mvn clean install 编译项目，则需要将 YANG 文件所在子项目的 target 文件删除后才可正确编译。

```
[INFO] --- maven-install-plugin:2.5.2:install (default-install) @ mypro1-api ---
[INFO] Installing /root/workspace/mypro1-aggregator/api/target/mypro1-api-0.1.0-SNAPSHOT.jar to /root/.m2/repository/com/ming/mypro1/mypro1-api
/0.1.0-SNAPSHOT/mypro1-api-0.1.0-SNAPSHOT.jar
[INFO] Installing /root/workspace/mypro1-aggregator/api/pom.xml to /root/.m2/repository/com/ming/mypro1/mypro1-api/0.1.0-SNAPSHOT/mypro1-api-0.
1.0-SNAPSHOT.pom
[INFO] Installing /root/workspace/mypro1-aggregator/api/target/mypro1-api-0.1.0-SNAPSHOT-javadoc.jar to /root/.m2/repository/com/ming/mypro1/my
pro1-api/0.1.0-SNAPSHOT/mypro1-api-0.1.0-SNAPSHOT-javadoc.jar
[INFO] Installing /root/workspace/mypro1-aggregator/api/target/mypro1-api-0.1.0-SNAPSHOT-sources.jar to /root/.m2/repository/com/ming/mypro1/my
pro1-api/0.1.0-SNAPSHOT/mypro1-api-0.1.0-SNAPSHOT-sources.jar
[INFO]
[INFO] --- maven-bundle-plugin:3.0.1:install (default-install) @ mypro1-api ---
[INFO] Installing com/ming/mypro1/mypro1-api/0.1.0-SNAPSHOT/mypro1-api-0.1.0-SNAPSHOT.jar
[INFO] Writing OBR metadata
[INFO] ------------------------------------------------------------------------
[INFO] BUILD SUCCESS
[INFO] ------------------------------------------------------------------------
[INFO] Total time: 21.751 s
[INFO] Finished at: 2016-11-06T10:20:19+08:00
[INFO] Final Memory: 44M/169M
[INFO] ------------------------------------------------------------------------
root@cc-virtual-machine:~/workspace/mypro1-aggregator/api#
```

图 18-48　项目编译成功

打开 Eclipse，发现 Eclipse 察觉项目发生变动，正在自动处理中，如图 18-49 所示。

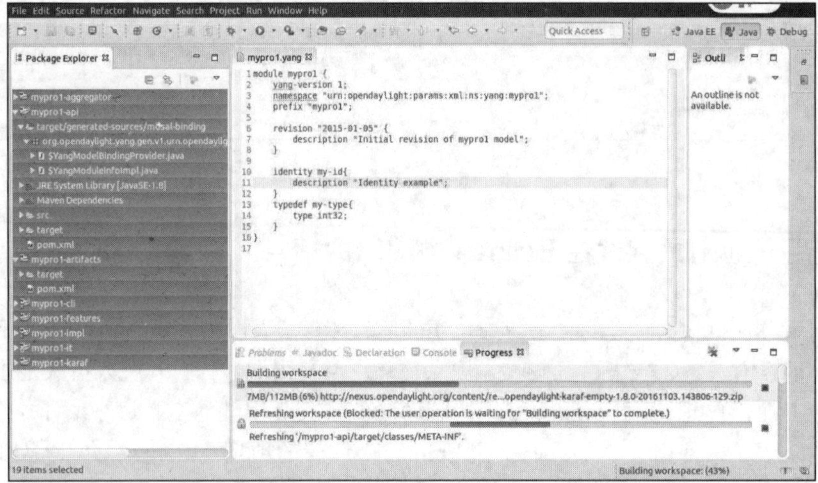

图 18-49　Eclipse 察觉项目发生变动

在 Package Explorer 中选择所有目录，右击 Refresh，刷新项目，如图 18-50 所示。

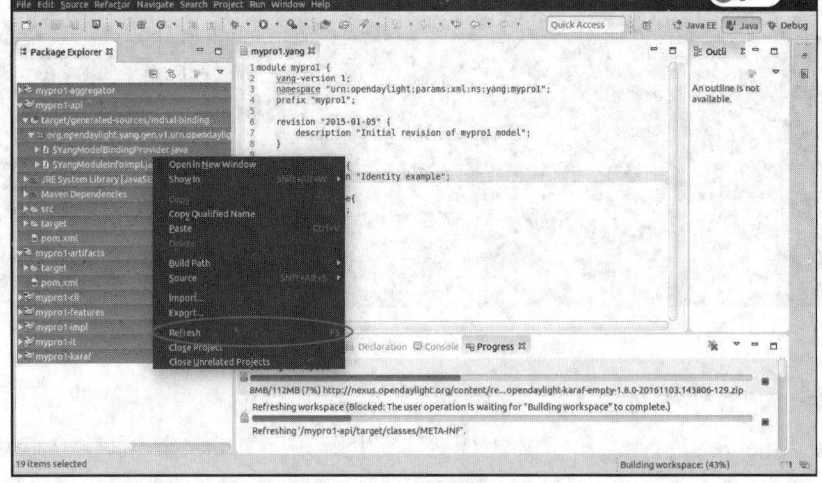

图 18-50　刷新项目

在 Package Explorer 中选择所有目录，右击 Refresh，刷新项目后出现由 YANG 文件编译生成的一些 Java 文件，如图 18-51 所示。

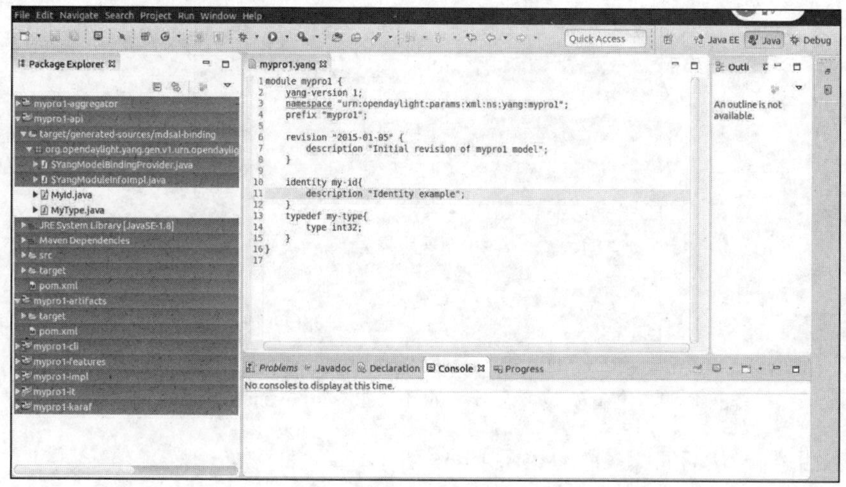

图 18-51　项目添加了新生成的 Java 文件

18.5　一些可能出现的错误及其解决方法

下面介绍一些常见的错误及其解决方法。

18.5.1　新建项目中出现 mavenarchiver 相关错误及解决方法

在 18.1 节新建项目后，Eclipse 可能会提示项目出错，具体出现在一些子项目的 pom.xml 文件中，如图 18-52 所示。

图 18-52　具体项目出错提示

这个是与 Eclipse 版本相关引起的问题，需要安装或升级 m2eclipse-mavenarchiever 插件至最新版本。打开链接 https://otto.takari.io/content/sites/m2e.extras/m2eclipse-mavenarchiver，查看最新版本号（0.17.2），如图 18-53 所示。

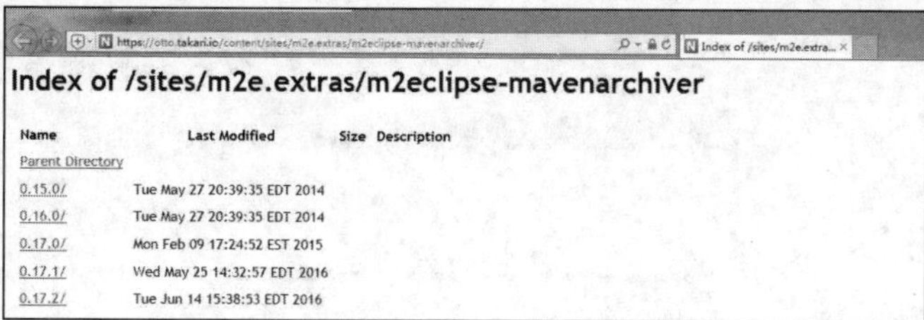

图 18-53　查看 m2eclipse-mavenarchiever 插件的最新版本号

打开 Eclipse 的 Help→Install New Software...，打开安装窗口。在 Work with 中输入网址 https://otto.takari.io/content/sites/m2e.extras/m2eclipse-mavenarchiver/，单击 Add 按钮，Eclipse 自动搜索可安装选项，如图 18-54 所示。

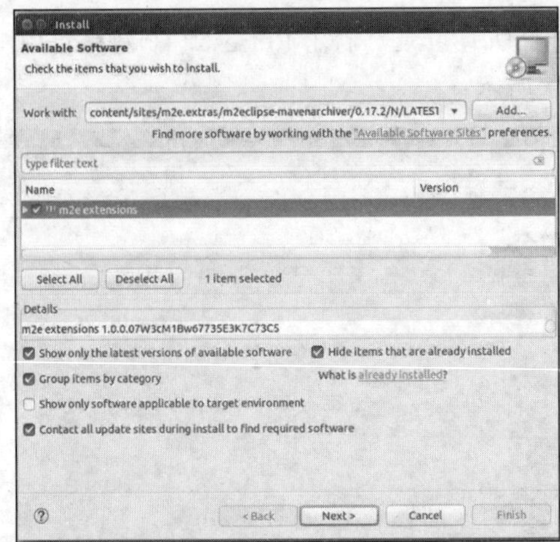

图 18-54　准备安装最新版本的 m2eclipse-mavenarchiever 插件

单击 Next 按钮，然后同意条款，如图 18-55 所示。

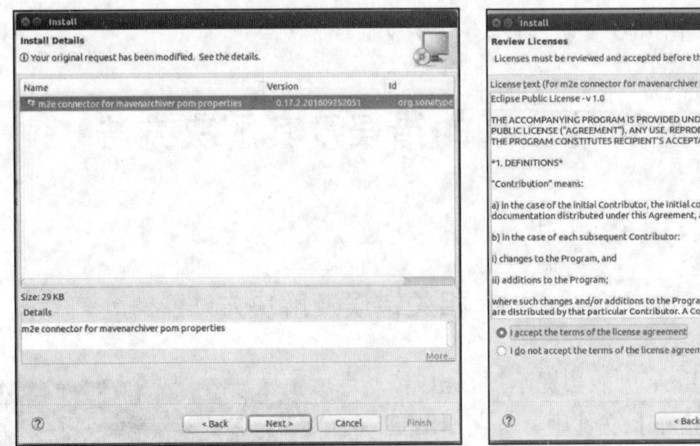

图 18-55　同意条款，准备安装

安装完成，重启 Eclipse，如图 18-56 所示。

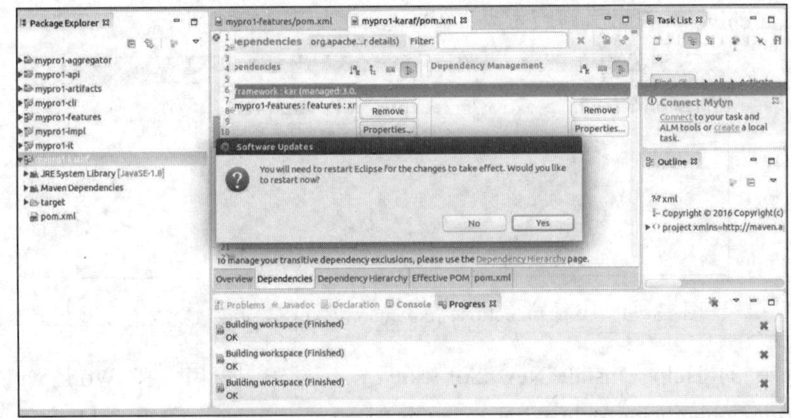

图 18-56　重启 Eclipse 以完成安装

我们这时可以看到问题已经解决了，如图 18-57 所示。

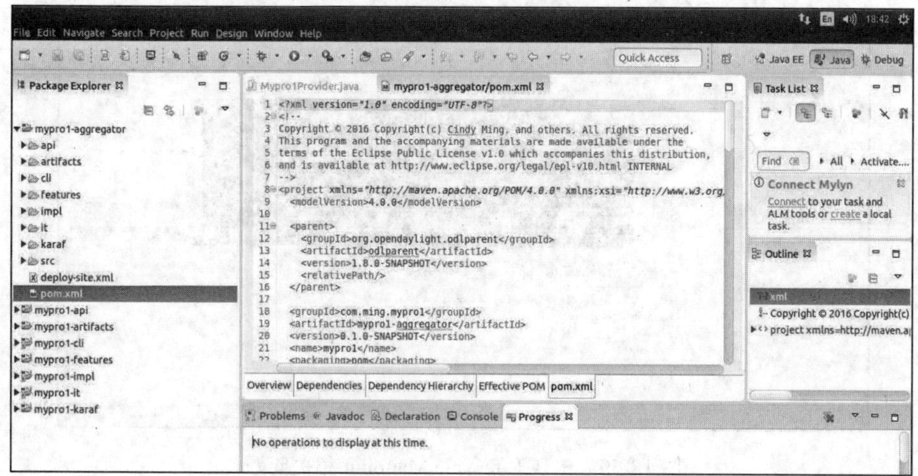

图 18-57　问题解决

如果此时子项目前还出现小红叉的图标，将项目收起后右击，选择菜单中的 Maven 选项的子选项“Update Project...”以更新项目，然后选择菜单中的 Refresh 更新代码，如图 18-58 所示。问题即可得到解决。

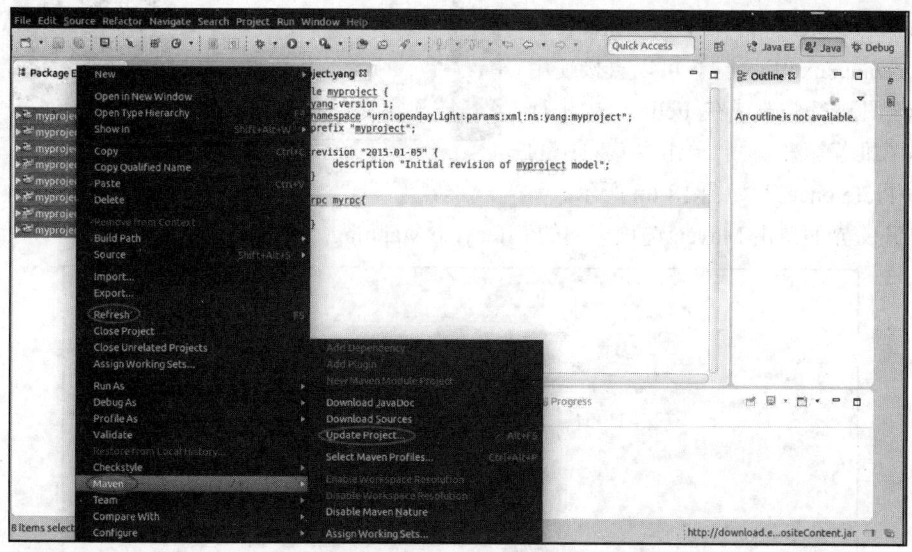

图 18-58　更新项目

18.5.2　Maven 的 Lifecycle Mapping 相关问题的解决方法

项目导入 Eclipse 后，有可能出现 Lifecycle Mapping 相关的问题，这种问题在 Eclipse 的早期版本可能会碰上，这是因为 Lifecycle-mapping-metadata.xml 文件没有正确配置。典型的错误表现为显示某些子项目的 pom.xml 文件出错，并有如图 18-59 所示的错误提示。可能出错的插件有 yang-maven-plugin 和 jacoco-maven-plugin。以下分别以两种方法来解决生命周期映射出错的问题。

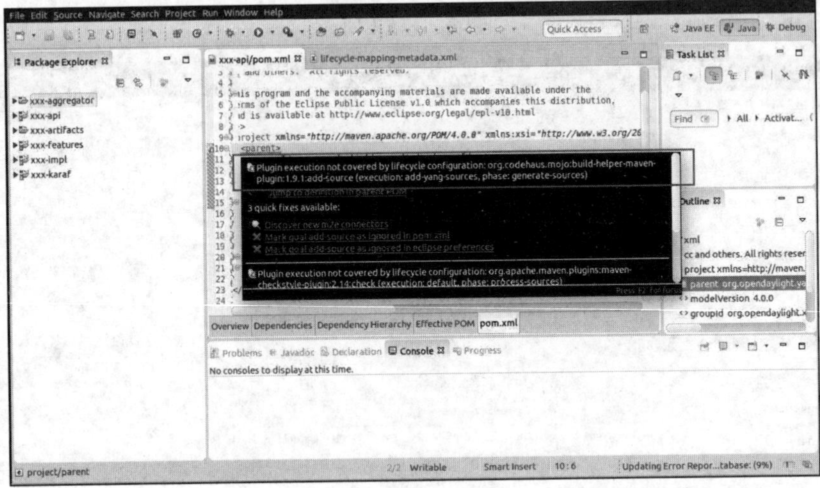

图 18-59　出现 Lifecycle Mapping 相关问题

1. yang-maven-plugin 生命周期映射出错的解决方案

解决的方法是修改位于/eclipse 工作空间目录/.metadata/.plugins/org.eclipse.m2e.core/（本书中为/root/worksapace/.metadata/.plugins/org.eclipse.m2e.core/）目录下的 Lifecycle-mapping-metadata.xml 文件。可以直接使用文本编译工具进行修改或在 Eclipse 中进行修改。本书推荐第 2 种。单击主菜单中的 Window→Preferences，如图 18-60 所示。

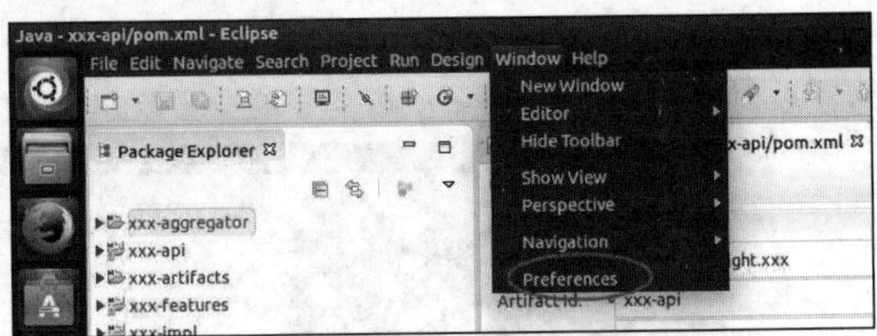

图 18-60　单击 Preferences

在打开的界面单击 Maven 选项下面的 Lifecycle Mappings 选项卡，如图 18-61 所示。

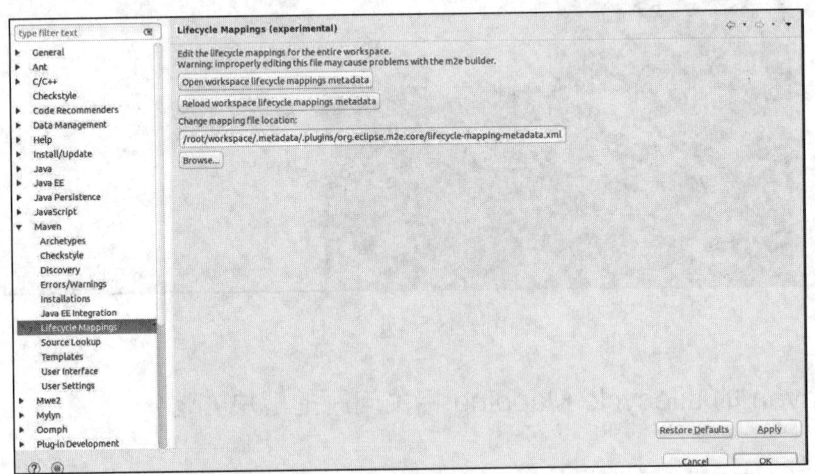

图 18-61　单击 Lifecycle Mappings 选项卡

然后单击 Open workspace lifecycle mappings metadata，关闭窗口后可见编辑页面已经打开，如图 18-62 所示。

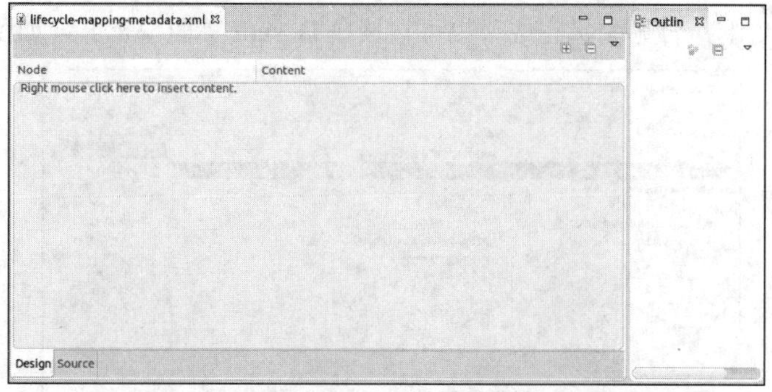

图 18-62　进入编辑页面

单击 Source 选项卡，将以下代码粘贴到源码编辑页面（见图 18-63）：

```
<?xml version="1.0" encoding="UTF-8"?>
<lifecycleMappingMetadata>
<pluginExecutions>
<pluginExecution>
    <pluginExecutionFilter>
        <groupId>org.opendaylight.yangtools</groupId>
        <artifactId>yang-maven-plugin</artifactId>
        <versionRange>0.7.5-SNAPSHOT</versionRange>
        <goals>
          <goal>generate-sources</goal>
        </goals>
</pluginExecutionFilter>
     <action>
        <ignore></ignore>
     </action>
</pluginExecution>
</pluginExecutions>
</lifecycleMappingMetadata>
```

图 18-63　粘贴代码

单击 Design 选项卡，可见编辑完成（也可直接在 Design 页面编辑），如图 18-64 所示。

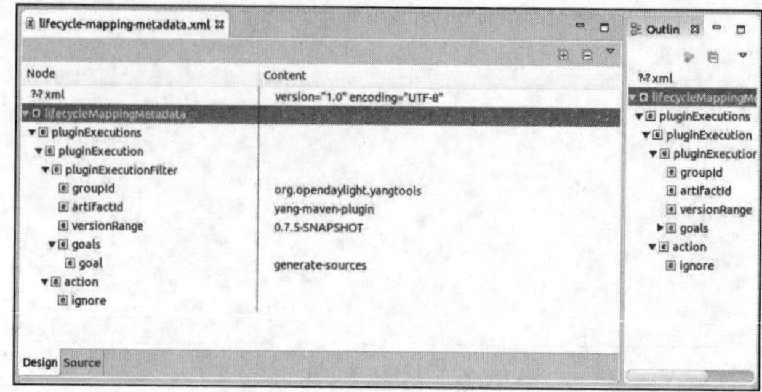

图 18-64 编辑完成

选择项目，重新编译。成功编译后右击选择 Update Project 以更新项目。现在可发现错误提示消失了，问题已经解决，如图 18-65 所示。

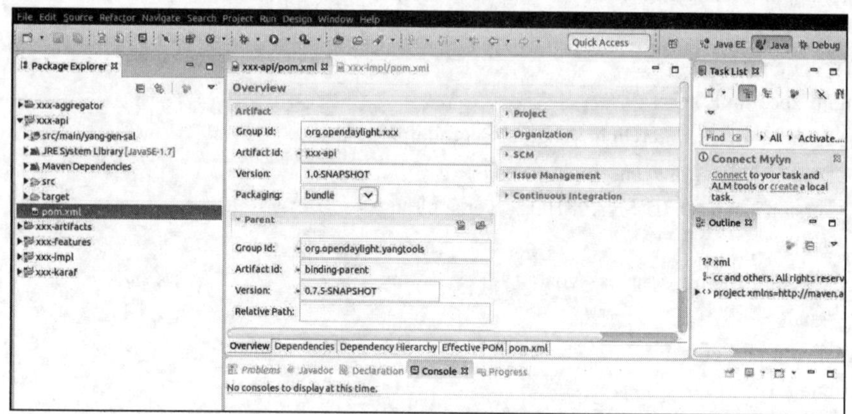

图 18-65 问题解决

2. jacoco-maven-plugin 生命周期映射出错的解决方案

有时会出现 jacoco-maven-plugin 生命周期出错的解决方案，如图 18-66 所示。

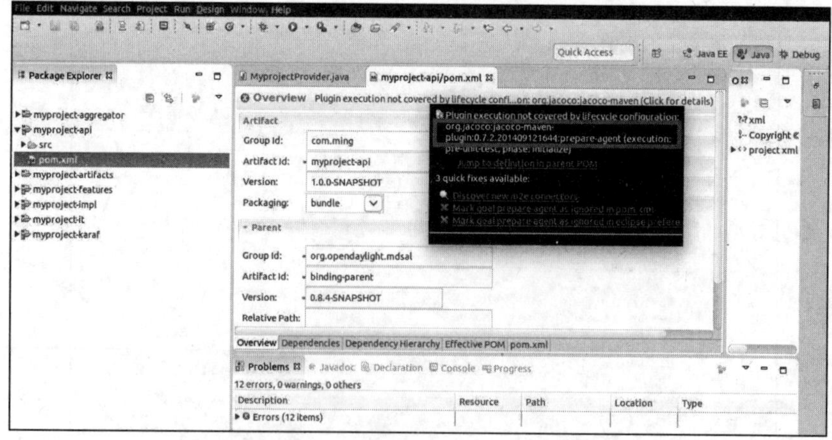

图 18-66 出现 Lifecycle Mapping 相关问题

解决方法是直接单击错误提示的默认第 3 个修补方案 Mark goal prepare-agent as ignored in eclipse preference，如图 18-67 所示。

打开 Lifecycle-mapping-metadata.xml 文件（见图 18-61），弹出文件修改的确认窗口，确认修改，如图 18-68 所示。

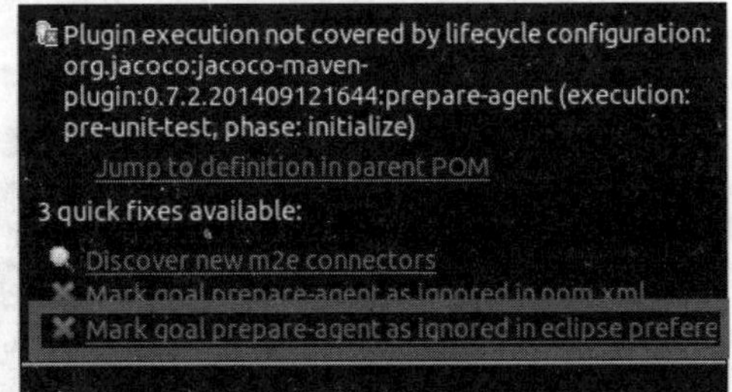

图 18-67　使用默认的第 3 个修补方案

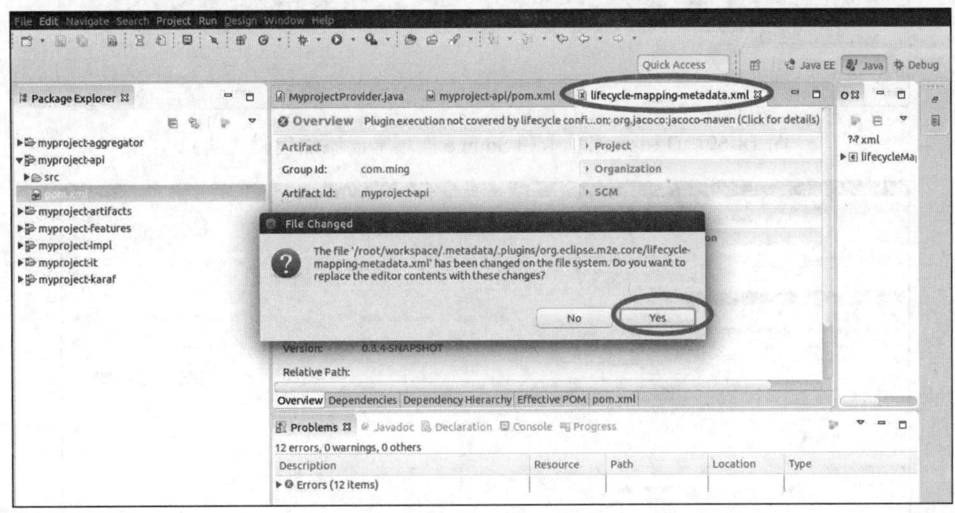

图 18-68　确认修改

分别查看 Design 选项卡和 Source 选项卡，发现已经添加代码，如图 18-69 所示。

选择项目，重新编译。成功编译后，右击选择 Update Project 以更新项目。现在可发现错误提示消失了，问题已经解决，如图 18-70 所示。

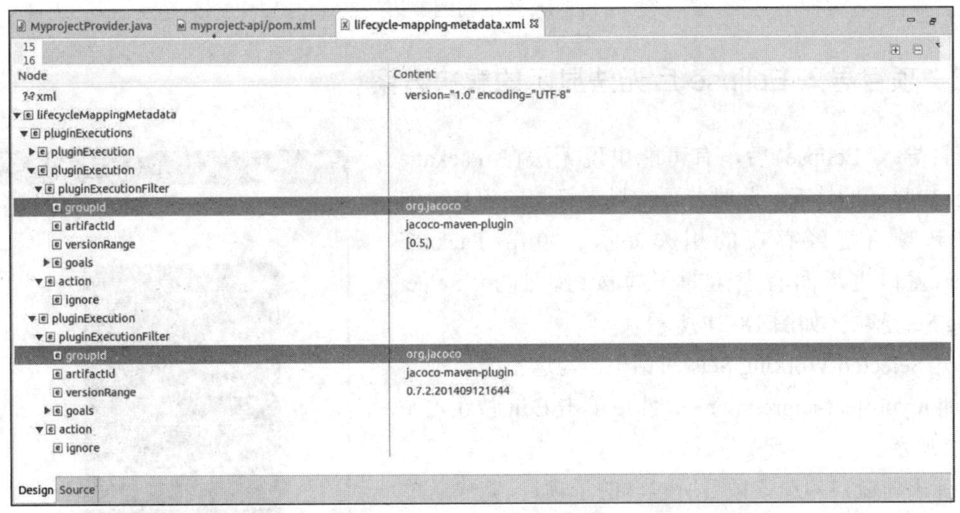

图 18-69　Design 选项卡和 Source 选项卡已添加代码

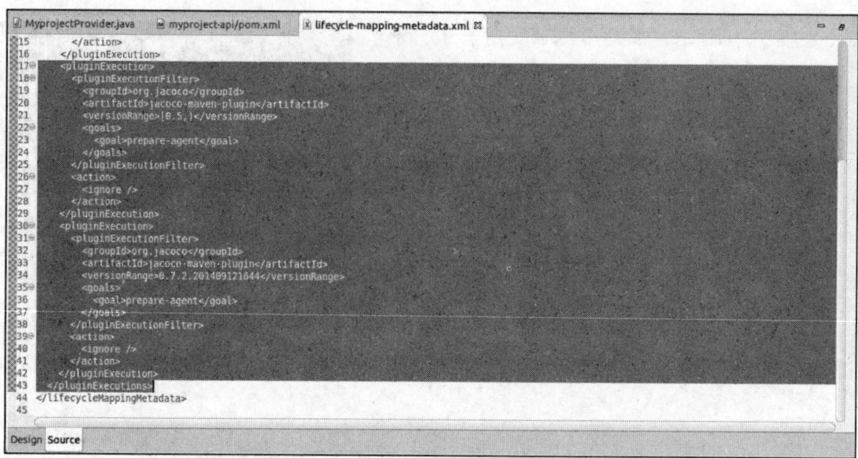

图 18-69　Design 选项卡和 Source 选项卡已添加代码（续）

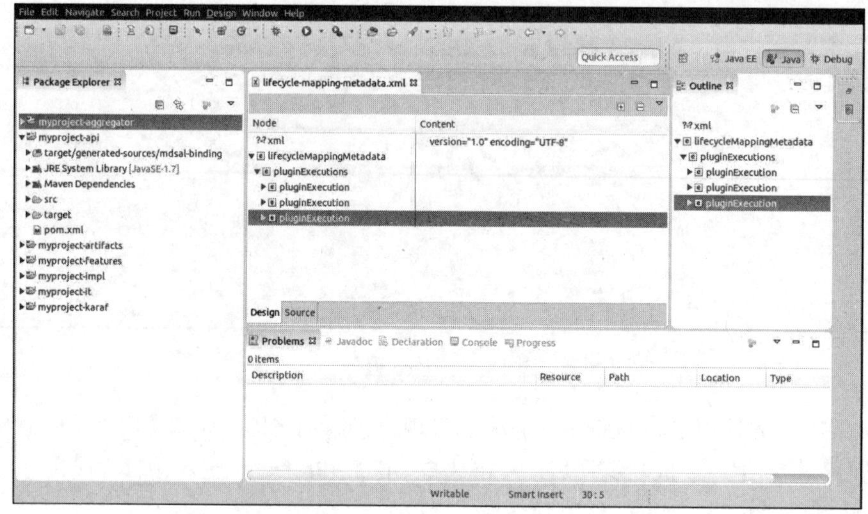

图 18-70　问题解决

18.5.3　项目导入 Eclipse 后无法显示的解决方案

项目导入 Eclipse 后，有可能出现无法在 Package Explorer 中显示的情况。此时若再次导入相同的项目，则会出现该项目已经存在的相关提示。单击 Package Explorer 窗口主界面右上角的下拉按钮，选择 Select Working Set 选项，如图 18-71 所示。

打开 Selected Working Sets 对话框，勾选不能显示的项目（如 myproject-aggregator），然后单击 Edit 按钮，如图 18-72 所示。

在弹出的窗口勾选该项目所包含的子项目，完成后单击 Finish 按钮，以更新后退出，如图 18-73 所示。

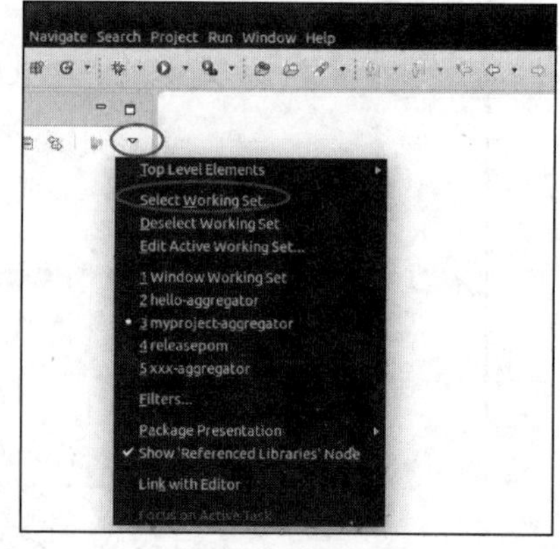

图 18-71　选择 Select Working Set 选项

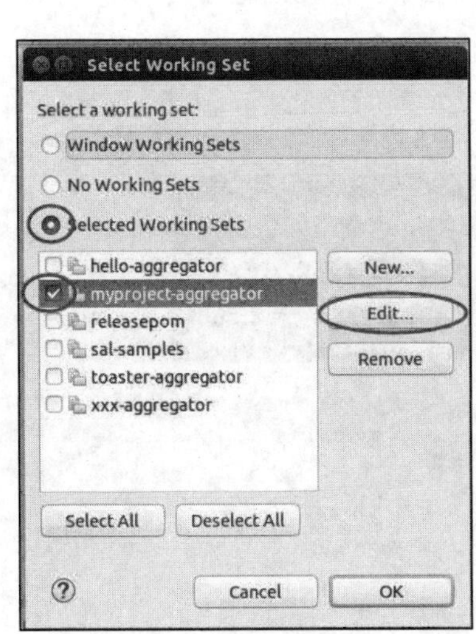

图 18-72　勾选不能显示的项目

图 18-73　勾选该项目所包含的子项目

此时，在 Package Explorer 窗口可查看此项目，问题解决，如图 18-74 所示。

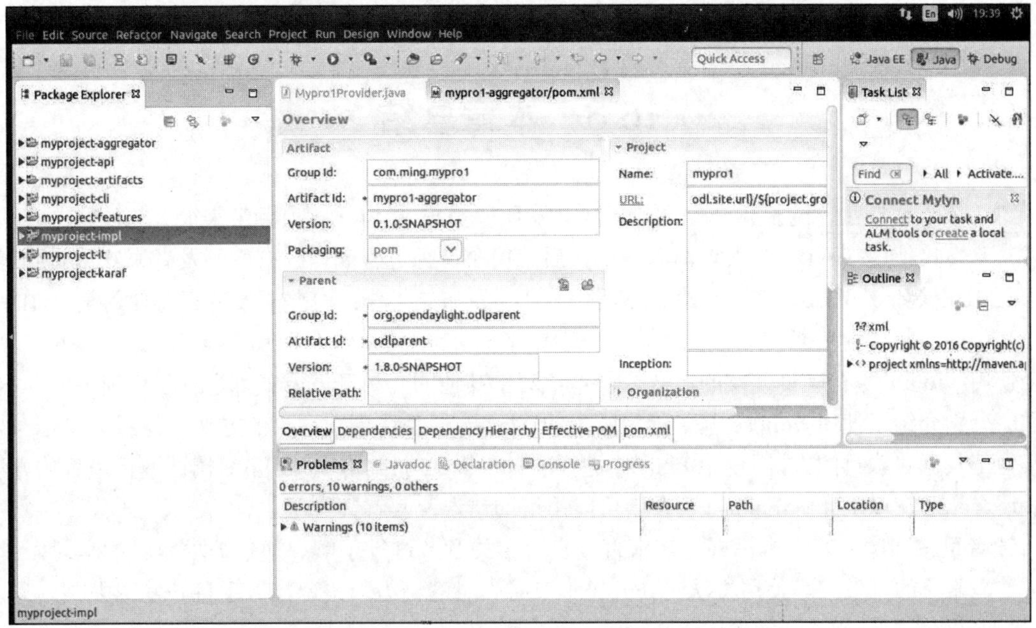

图 18-74　在 Package Explorer 窗口可查看所隐藏的项目

18.4.4　其他的一些错误和解决方法

还可能因为相关依赖的包未下载出现错误提示，如图 18-75 所示。

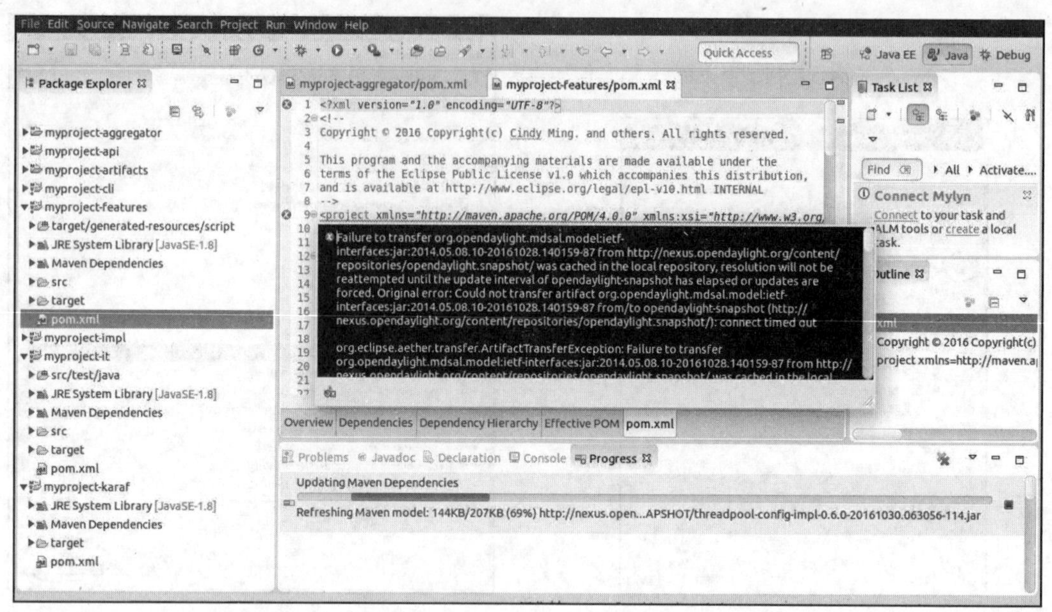

图 18-75 下载包不全引起的错误提示

选择项目并右击，选择 Update Project 以更新项目。现在可以发现错误提示消失了，问题得以解决。

18.6 本章总结

磨刀不误砍柴工，选择一个合适的集成开发环境 IDE 能为开发项目带来很大的便利。有些开发者喜欢直接使用 vi/vim 工具编写源码，然后使用命令行进行编译；有些开发者喜欢从头到尾都在一个 IDE（如 Eclipse）完成创建、编辑、设计、发布的工作；有些开发者喜欢使用某个 IDE，利用其中的一些特性功能（如编写提示）来完成编辑，然后使用命令行或其他工具进行调试。除了完全使用 vi/vim 进行项目开发的方式外，本章对于其他的几种开发方式都进行了详细说明。本章按顺序分别介绍了使用 Eclipse 基于指定版本的 Maven 原型以创建项目的方法，使用 Eclipse 导入以其他工具创建项目的方法，使用 Eclipse 进行项目编辑的方法，使用 Eclipse 调试运行项目的方法。最后还介绍了在以上 4 种 Eclipse 开发中可能出现的错误及其解决方法。

读者可按顺序学习，也可根据需求直接查看相关章节进行了解。通过简单容易的学习，读者即可掌握常见的开发工具使用方法，在开发中节省大量的精力，快速投入项目开发中去。

第四篇　实操篇

OpenDaylight之北向开发指南

第19章

OpenDaylight 北向开发的基础知识

OpenDaylight 项目有两种主要的开发方式，一种是基于 OpenDaylight 内部的 MD-SAL 模块内核相关服务的控制器组件进行的开发，调用其 Java APIs 直接与内核关键模块互操作完成项目功能；另一种是基于 OpenDaylight 项目提供的北向接口进行 OpenDaylight 项目之上的网络应用开发的北向开发方式。基于内部核心模块开发能带来强大的功能、极高的效率，但也带来了复杂困难的开发过程。而 OpenDaylight 项目的北向开发方式能直接调用 OpenDaylight 项目北向的接口（OpenDaylight REST APIs）进行开发。对于这种开发方式，开发者无须了解底层复杂的功能实现，也无须掌握复杂繁多的开发基础，就可迅速利用 OpenDaylight 项目提供北向接口的功能快速实现项目的相关功能。另外，OpenDaylight 项目是一个迅速发展、快速更新的项目，基本上不到一年 OpenDaylight 项目就推出一个版本。因而，基于 OpenDaylight 核心组件直接开发很可能由于其中架构的剧大变动（比如铍 Be 版开始删除了 AD-SAL 模块）导致项目需要重建。而北向开发方式可以无视这些变动，平衡地在各版本之间过渡，甚至能在多个版本上同时使用已开发的应用。但是读者也需要注意，这种开发方式主要通过 OpenDaylight 项目提供的北向接口进行操作，编译产生的代码较为复杂，同一项目规模的代码量较大，开发效率不如基于 OpenDaylight 的 MD-SAL 开发方式高。

本书所介绍的北向开发方式是使用 RestConf 的方式。RestConf 是基于 HTTP 协议提供类 REST API，以实现操作 YANG 建模数据、调用 YANG 建模的 RPC 的功能，使用 XML 或 JSON 作为有效载荷格式。OpenDaylight 项目北向开发主要基于 OpenDaylight 项目提供的 OpenDaylight REST APIs 北向接口进行开发，可使用 RestConf 协议或 NetConf 协议进行开发（本书的示例选用 RestConf 协议进行）。

OpenDaylight 项目北向开发的编程语言推荐选取 Java 或 Python，本书选用 Java 语言进行开发。Java 语言可直接编码以使用 HTTP 协议调用相关接口（本书选用这种方式），或使用 JAX-RS 快速开发 RESTful 服务来实现与 OpenDaylight 控制器北向接口的通信。

本书在 19.1 节对 RestConf 协议进行简单介绍，然后在 19.2 节对 NetConf 协议进行简单介绍。读者在经过这两节的学习后，将对这两个协议有大体的了解，并能进行正确的区分。

接下来在 19.3 节介绍 OpenDaylight 主要的北向接口，在 19.4 节介绍 OpenDaylight 北向开发的官方参考资料。

最后在 19.5 节对本章进行总结。

19.1 RestConf 协议简介

RestConf 是一个类 REST（Representational State Transfer）运行在 HTTP 协议之上，访问在 YANG 中定义的数据，使用 NetConf 定义的数据存储，主要是为 Web 应用提供一个标准的获取设备配置数据及状态数据的途径。RestConf 允许访问控制器中的数据存储。控制器中的数据存储分为以下两种类型。

- Config（配置型）：包含通过控制器插入的数据。
- Operational（操作性）：包含其他数据。

注意：每一个请求必须以 URI /restconf 开头。RestConf 监听 8080 端口以获取 HTTP 请求。

RestConf 支持 OPTIONS、GET、PUT、POST、DELETE 这些操作，请求和应答可以是 XML 或 JSON 格式，根据 YANG 定义而成的 XML 结构的定义在 rfc6020 的 XML-YANG（http://tools.ietf.org/html/rfc6020）中，JSON 结构的定义在文件 JSON-YANG（http://tools.ietf.org/html/draft-lhotka-netmod-yang-json-02）中。请求（request）的数据必须在 HTTP 报文头有一个正确设置的 Content-Type 字段，这个值必须是媒体类型的允许值，所请求的数据的媒体类型需要在 Accept 字段中设置。通过调用 OPTIONS 操作可获取每一个资源的媒介类型，大部分 pathsRestconf 路径的末端都使用实例标识符，<identifier>在操作的解释中使用。以下介绍 RestConf 中一些重要的元素和概念。

<identifier>

- 必须以<moduleName>:<nodeName>开头，其中<moduleName>是模块名称，<nodeName>是模块中一个节点名称。在<moduleName>:<nodeName>之后完全可以继续使用<nodeName>，每个<nodeName>必须用/分割。

<nodeName>

- 代表一个数据节点，这个节点是在 YANG 文件定义的 list 或者 container 类型。如果这个数据节点是 list，那么在数据节点名称后面必须定义这个 list 的关键字，例如<nodeName>/<valueOfKey1>/<valueOfKey2>。

<moduleName>

- <nodeName>的格式在这种情况下也能使用：模块 A 有节点 A1，模块 B 通过添加节点 X 扩展 A1，模块 C 也通过添加节点 X 扩展节点 A1。为了清楚可见，必须知道哪个节点是 X（例如 C:X）。详细的编码规则见 RestConf 02 - Encoding YANG Instance Identifiers in the Request URI（http://tools.ietf.org/html/draft-bierman-netconf-restconf-02#section-5.3.1）。

挂载点

一个节点可以放置到挂载点后面。这种情况下，URI 必须是<identifier>/yang-ext:mount/<identifier>这种格式。第一个<identifier>代表挂载点路径，第二个<identifier>代表被挂载的节点。一个 URI 也可以用<identifier>/yang-ext:mount 来加上一个挂载点节点。更多详细介绍可以参考：OpenDaylight Controller:Config:Examples:Netconf（https://wiki.opendaylight.org/view/OpenDaylight_Controller:Config:Examples:Netconf）。

URI parameters/ RestConf 的操作格式

RestConf 的操作格式如下（M=mandatory，O=optional）：

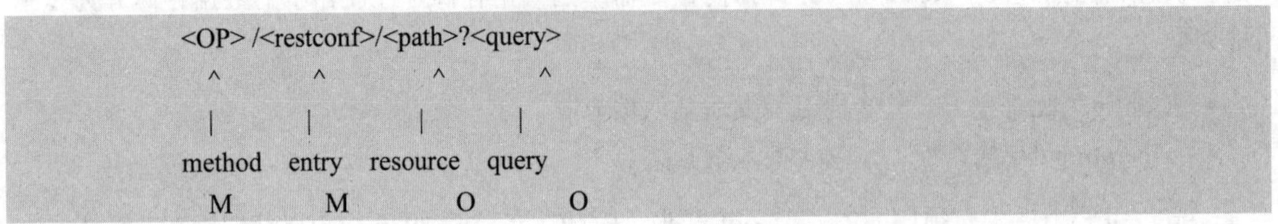

```
<OP> /<restconf>/<path>?<query>
  ^       ^        ^        ^
  |       |        |        |
method  entry  resource  query
  M       M        O        O
```

其中：

- <OP> HTTP 方法，方法（method）可以为 GET、PUT、POST 等。
- <restconf> 是 RestConf 根资源，即入口（entry）为 RestConf 固定的/restconf 格式。
- <path> 目标资源 URI，其中资源（resource）为标识资源的表达式。
- <query> 查询参数的列表，其中查询（query）为此 RestConf 消息携带的参数（以键值对的形式出现）。

可能返回的状态码及其代表的意思

- 200 OK - [GET]：服务器成功返回用户请求的数据，该操作是幂等的（Idempotent）。
- 201 CREATED - [POST/PUT/PATCH]：用户新建或修改数据成功。
- 202 Accepted - [*]：表示一个请求已经进入后台排队（异步任务）。
- 204 NO CONTENT - [DELETE]：用户删除数据成功。
- 400 INVALID REQUEST - [POST/PUT/PATCH]：用户发出的请求有错误，服务器没有进行新建或修改数据的操作，该操作是幂等的。
- 401 Unauthorized - [*]：表示用户没有权限（令牌、用户名、密码错误）。
- 403 Forbidden - [*] 表示用户得到授权（与 401 错误相对），但是访问是被禁止的。
- 404 NOT FOUND - [*]：用户发出的请求针对的是不存在的记录，服务器没有进行操作，该操作是幂等的。
- 406 Not Acceptable - [GET]：用户请求的格式不可得（比如用户请求 JSON 格式，但是只有 XML 格式）。
- 410 Gone -[GET]：用户请求的资源被永久删除，且不会再得到。
- 422 Unprocesable entity - [POST/PUT/PATCH]：当创建一个对象时，发生一个验证错误。
- 500 INTERNAL SERVER ERROR - [*]：服务器发生错误，用户将无法判断发出的请求是否成功。

以下我们对 RestConf 的 HTTP 方法和 RestConf 的工作原理进行介绍，RestConf 的具体使用实例见第 8 章的 8.4 节“OpenDaylight 的 Controller 项目的使用指南”。

19.1.1 RestConf 的 HTTP 方法

RestConf 的 HTTP 方法不仅是 OpenDaylight 项目北向开发的重要参考，也是 OpenDaylight 项目 MD-SAL 项目开发测试的重要参考。

1. OPTIONS /restconf

- 对于所需的请求返回资源 XML 形式的描述，并且以 Web 应用程序描述语言（WADL）的形式回复媒介类型。

2. GET/restconf/config/<identifier>

- 从 Config 数据存储中返回一个数据节点。
- <identifier>指向要获取的数据节点。

3. GET /restconf/operational/<identifier>

- 从 Operational 数据存储中返回一个数据节点。
- <identifier>指向要获取的数据节点。

4. PUT /restconf/config/<identifier>

- 在 Config 数据存储中创建或更新数据，并且返回关于成功的状态。
- <identifier>指向要存储的数据节点。

示例（其中<identifier>为 module1:foo/bar）：

```
PUT http://<controllerIP>:8080/restconf/config/module1:foo/bar
Content-Type: applicaton/xml
<bar>
    ...
</bar>
```

挂载点的示例：

```
PUT http://<controllerIP>:8080/restconf/config/module1:foo1/foo2/yang-ext:mount/module2:foo/bar
Content-Type: applicaton/xml
<bar>
    ...
</bar>
```

5. POST /restconf/config

- 若一个数据不存在，则创建它。

示例：

```
POST URL: http://localhost:8080/restconf/config/
```

```
content-type: application/yang.data+json
JSON payload:
    {
    "toaster:toaster" :
    {
        "toaster:toasterManufacturer" : "General Electric",
        "toaster:toasterModelNumber" : "123",
        "toaster:toasterStatus" : "up"
    }
}
POST /restconf/config/<identifier>
```

- 在 Config 数据存储中，若一条数据不存在，则创建它并返回成功状态。
- <identifier>指向要被存储的数据节点。
- 数据的根元素必须要有命名空间（若数据在 XML）或者模块名称（若数据在 JSON）。

示例（其中<identifier>为 module1:foo）：

```
POST http://<controllerIP>:8080/restconf/config/module1:foo
Content-Type: applicaton/xml/
<bar xmlns="module1namespace">
    ...
</bar>
```

挂载点示例：

```
http://<controllerIP>:8080/restconf/config/module1:foo1/foo2/yang-ext:mount/module2:foo
Content-Type: applicaton/xml
<bar xmlns="module2namespace">
    ...
</bar>
```

7. POST /restconf/operations/<moduleName>:<rpcName>

- 调用 RPC。
- <moduleName>:<rpcName>中的<moduleName>是模块的名字，<rpcName>是此模块中 RPC 的名字。
- 发送至 RPC 的数据的根元素必须要有 input 关键字。
- 返回的结果可以是状态码（status code）或者是带有 output 根元素的数据。

示例：

（1）XML 格式，代码如下：

```
POST http://<controllerIP>:8080/restconf/operations/module1:fooRpc
Content-Type: applicaton/xml
Accept: applicaton/xml
<input>
```

```
...
</input>
```

输出的结果应为：

```
<output>
...
</output>
```

（2）JSON 格式，代码如下：

```
POST http://localhost:8080/restconf/operations/toaster:make-toast
Content-Type: application/yang.data+json
{
"input" :
{
"toaster:toasterDoneness" : "10",
"toaster:toasterToastType":"wheat-bread"
}
}
```

8. DELETE /restconf/config/<identifier>

- 从 Config 数据存储中删除一条数据并且返回成功的状态。
- <identifier>指向待删除的数据节点。

更多信息可以参考 RestConf 协议（https://tools.ietf.org/html/draft-bierman-netconf-restconf-02）。

19.1.2　RestConf 的工作原理

RestConf 使用以下基础类。

- InstanceIdentifier：代表数据树中的路径。
- ConsumerSession：调用 RPC 时使用。
- DataBrokerService：提供事务的操作和从数据存储中读取数据。
- SchemaContext：存储 Yang 模型的信息。
- MountService：返回基于指向的挂载点的实例标识的挂载实例（MountInstance）。
- MountInstace：包含挂载点后的 SchemaContext。
- DataSchemaNode：提供模式节点的信息。
- SimpleNode：与模式节点具有相同的名称并且包含代表数据节点的值。
- CompositeNode：包含 CompositeNode-s 和 SimpleNode-s。

1. GET 操作

图 19-1 展现 GET 操作：带有 URI /restconf/config/M:N，其中 M 是模块名，N 是节点名称。

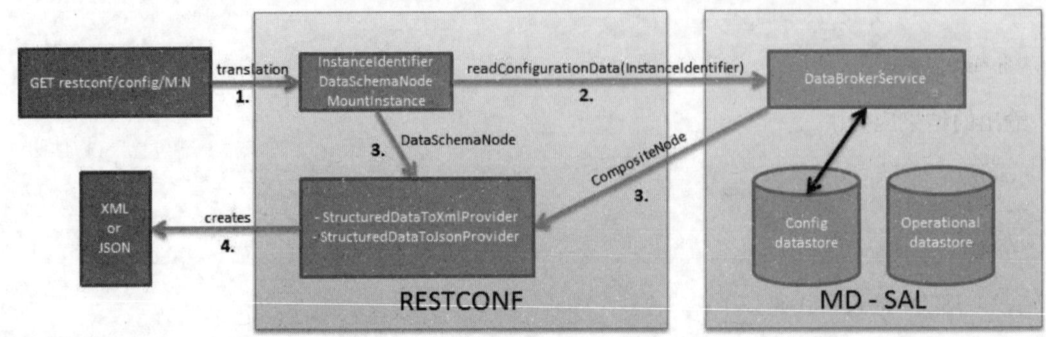

图 19-1　GET 操作原理图

（1）将请求的 URI 翻译成指向数据节点的 InstanceIdentifier。在此翻译过程中获取符合数据节点的 DataSchemaNode。若数据节点在挂载点后面，则 MountInstance 也能够获取到。

（2）RestConf 基于 InstanceIdentifier 从 DataBrokerService 获取数据节点的值。

（3）DataBrokerService 将 CompositeNode 作为数据返回。

（4）基于 HTTP 请求中 Accept 字段调用 StructuredDataToXmlProvider 或 StructuredDataToJsonProvider。这两个 providers 将 CompositeNode 和 DataSchemaNode 分别翻译为 XML 或 JSON 文本。

（5）XML 或 JSON 作为 HTTP 响应返回给客户。

2. PUT 操作

图 19-2 显示 PUT 操作：带有 URI /restconf/config/M:N，其中 M 是模块名，N 是节点名称。数据可以以 XML 或者 JSON 格式发送。

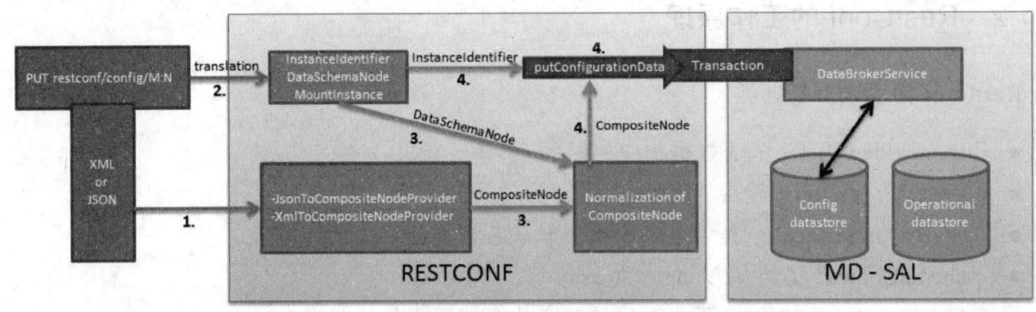

图 19-2　PUT 操作原理图

（1）将输入数据发送到 JsonToCompositeNodeProvider 或 XmlToCompositeNodeProvider。基于 HTTP 请求中的 Content-Type 选择正确的处理程序。这两个 providers 都可以将输入数据转成 CompositeNode。但是对于事务来说，CompositeNode 没有包含足够的信息。

（2）请求的 URI 将翻译成指向数据节点的 InstanceIdentifier。在翻译过程中将获取符合数据节点的 DataSchemaNode。若数据节点位于挂载点后面，则 MountInstance 也能够获取到。

（3）CompositeNode 可通过添加从 DataSchemaNode 得到的额外信息以实现归一化。

（4）RestConf 开始执行事务并且把带有 InstanceIdentifier 的 CompositeNode 放入事务中。返回给客户端的状态码依赖于事务执行的结果。

19.2　NetConf 协议简介

NetConf 协议是一个基于 XML 的网络配置管理协议（Network Configuration Protocol），能表示复杂的层次化的数据，为客户端提供一种调用基于 Yang 模型的 RPC，接收和读取通知，提供修改和操作基于 YANG 模型的数据的能力。

19.2.1　NetConf 的协议层

NetConf 的协议层由底向上，如图 19-3 所示。

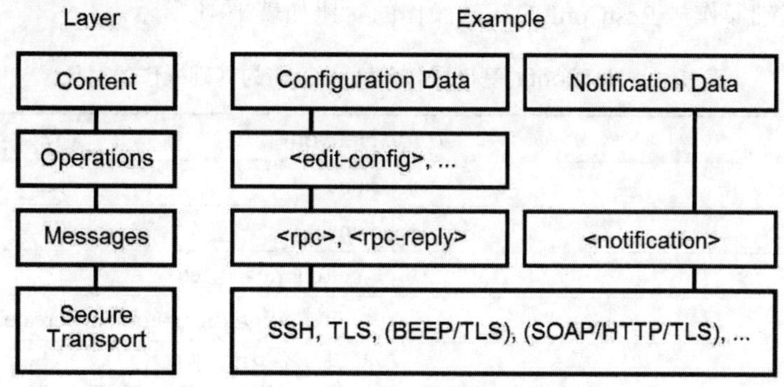

图 19-3　NetConf 协议层

- 安全传输层（Secure Transport layer）：在客户端和服务器之间提供一个安全可信的传输通道。
- 消息层（Messages layer）：提供对远程过程调用 RPCs 和通知进行编码的机制。
- 操作层（Operations layer）：定义基础协议操作集，用以获取和编辑配置数据。
- 内容层（Content layer）：由配置数据和通知数据组成。

19.2.2　NetConf 的内容层

NetConf 操作的内容是格式良好的 XML。大多内容与网络管理有关，也支持 JSON 编码。NETMOD 工作级定义一个人性化的建模语言以定义操作数据、配置数据、通知、操作——YANG 语言（本书在第 12 章的 12.5 节、第 14 章专门介绍过）。

19.2.3　NetConf 的操作层

NetConf 协议定义了以下基础操作。

- <get>操作：获取运行时配置和设备状态的信息。
- <get-config>操作：获取一个指定配置数据存储的所有或部分信息，包含两个参数，即<source>（指定 get-config 操作对应的配置数据库）和<filter>（指定如何筛选数据）。
- <edit-config>操作：通过创建、删除、合并、替换内容的方式编辑一个配置数据存储。数据存储可以是本地数据、远程数据或内联数据。若操作不存在，则创建新的数据。<edit-config>中最主要的参数是<target>（目标配置数据存储）和<config>（操作属性，可选择创建、删除、合并、替换、删除）。

- <copy-config>操作：将一个完整的配置数据存储复制到另一个配置数据存储中，包含两个参数，即<target>（目标数据存储）和<source>（源数据存储）。
- <delete-config>：删除一个配置数据存储。
- <lock>：锁定一个设备的整个配置数据存储。
- <unlock>：将之前操作过<lock>的配置数据存储解锁。
- <close-session>：优雅的终止 NetConf 会话请求。
- <kill-session>：强制退出 NetConf 会话。

NetConf 的基础操作与 RestConf 的基础操作的对比如表 19-1 所示。

表19-1　NetConf的基础操作与RestConf的基础操作的对比

RestConf	NetConf
OPTIONS	none
HEAD	none
GET	<get-config>, <get>
POST	<edit-config> (nc:operation="create")
POST	调用一个 RPC 操作
PUT	<edit-config> (nc:operation="create/replace")
PATCH	<edit-config> (nc:operation="merge")
DELETE	<edit-config> (nc:operation="delete")

19.2.4　NetConf 的消息层

NetConf 的消息层为编码提供了一个简洁、传输独立的框架机制：

- RPC 调用（<rpc> 消息）
- RPC 结果（<rpc-reply>消息）
- 事件通知（<notification>消息）

一个 RPC 结果与一个带有消息 id 属性的 RPC 相关联。NetConf 消息可被流水线化，如一个客户能调用多个 RPCs 而无须先等待 RPC 结果消息。RPC 消息在 RFC6241 中定义，通知消息在 RFC5277 中定义。

19.2.5　NetConf 的安全传输层

NetConf 消息使用安全传输进行交换。一个安全传输必须提供认证、数据完整性、保密性和重放保护。安全传输层必须要求 NetConf 使用 SSH 实现。RFC5539 定义了一个使用 TLS 的安全传输。

19.2.6　NetConf 的参考资料

1. NetConf 的 wiki

https://en.wikipedia.org/wiki/NetConf

2. NetConf 协议内容层相关 RPC 参考

（1）RPC6020

https://datatracker.ietf.org/doc/rfc6020/

（2）RPC6021

http://tools.ietf.org/html/rfc6021

3. NetConf 协议操作层相关 RPC 参考

（1）RPC4741

https://datatracker.ietf.org/doc/rfc4741/

（2）RPC6241

http://tools.ietf.org/html/rfc6241

（3）RPC5277

https://tools.ietf.org/html/rfc5277

（4）RPC5717

https://tools.ietf.org/html/rfc5717

（5）RPC6022

https://tools.ietf.org/html/rfc6022

4. NetConf 协议消息层相关 RPC 参考

（1）RPC6241

https://tools.ietf.org/html/rfc6241

（2）RPC5277

https://tools.ietf.org/html/rfc5277

5. NetConf 协议安全传输层相关 RPC 参考

（1）RPC6242

http://tools.ietf.org/html/rfc6242

（2）RPC5539

http://tools.ietf.org/html/rfc5539

（3）RPC4743

https://tools.ietf.org/html/rfc4743

（4）RPC4744

https://tools.ietf.org/html/rfc4744

19.3 OpenDaylight 主要的北向接口

MD-SAL 提供了以下 3 种 API 类型，也就是 OpenDaylight 主要的北向接口。

- Java 为 consumers 和 producers 生成的 APIs。
- DOM APIs: 大多数供基础设施组件使用，而且对于 XML 驱动的插件和应用类型也十分有用。
- REST APIs: Restconf 对于 consumer 类型的应用可用，并且提供对 RPC 和数据存储的访问。

注意，REST APIs 是由模型衍生而来的。控制器将执行 RestConf 协议以定义通过 REST 对 YANG 格式数据的访问。基本上，开发者只需要在一个模型中定义自己的服务并且将此模型“展现”给 SAL 即可。接下来，SAL 基础架构将提供此建模的数据，REST 即可实现对数据的访问。当然读者若有兴趣，也可直接构建自己的 REST API（注意需要与现有 API 兼容）。

OpenDaylight 项目的官方网站在氦 He 版本时提供了以下 9 个北向 REST 接口。

- Topology REST APIs: 提供拓扑相关的信息操作功能。
- Host Tracker REST APIs: 提供主机相关的信息操作功能。
- Flow Programmer REST APIs: 提供流表相关的信息操作功能。
- Static Routing REST APIs: 提供静态路由管理相关功能的操作。
- Statistics REST APIs: 提供南向插件相关的信息操作功能。
- Subnets REST APIs: 提供子网管理相关功能的操作。
- Switch Manager REST APIs: 提供交换机管理相关功能的操作。
- User Manager REST APIs: 提供用户管理相关功能的操作。
- Connection Manager REST APIs: 提供连接管理相关功能的操作。
- Bridge Domain REST APIs: 提供网桥域管理相关功能的操作。
- Neutron ML2 / Network Configuration APIs: 提供 Neutron ML2/网络配置相关功能的操作。

但以上接口在每一版本中都有不小的变动，有时 OpenDaylight 项目还会增加或删除某些接口（因为派生出接口的模型不断变动、增加或删除）。本书建议读者直接访问当前控制器的 API 接口页面。

（1）API DOC

http://<controller’s IP>:8181/apidoc/explorer/index.html

（2）YANG UI

http://<Controller’s IP Address>:8181/index.html#/yangui/index

另外，OpenDaylight 项目本身也是使用 YANG 语言来为各个子项目进行接口和数据定义建模的，并且为基于 YANG 建模的此类服务提供消息和数据集中的实时支持。YANG 能为项目提供应用的模型配置和状态手动操作、远程过程调用 RPC 和通知的功能。因此可通过直接查看相应的 YANG 定义文件来获取该版本提供的北向接口信息。

19.4　北向开发的官方参考资料

以下是北向开发的官方参考资料。

1. 官方 wiki 参考链接

https://wiki.opendaylight.org/view/OpenDaylight_Controller:MD-SAL:Restconf
https://wiki.opendaylight.org/view/OpenDaylight_Controller:MD-SAL:Restconf_API_Explorer

2. 控制器自带的参考资料

http://<CONTROLLER's IP>:8181/apidoc/explorer/index.html

如果控制器的 IP 为 10.0.1.23，那么此控制器自带的参考资料的链接地址为：

http:// 10.0.1.23:8181/apidoc/explorer/index.html

19.5　本章总结

OpenDaylight 项目的北向开发本质是通过 OpenDaylight 提供的北向接口（OpenDaylight REST API）使用 OpenDaylight 项目提供的功能以对资源进行操作，具体来说就是通过 HTTP 协议来调用 OpenDaylight REST API。

OpenDaylight 控制器主要支持两种在控制器外部访问应用和数据的模块驱动协议：RestConf 和 NetConf。RestConf 是基于 HTTP 的协议，使用 XML 或 JSON 作为负载格式，提供类 REST 的 APIs 以操作 YANG 建模的数据并且调用 YANG 建模的 RPCs。NetConf 是基于 XML 的 RPC 协议，向客户端提供调用 YANG 建模的 RPC、接收并读取通知、修改并操作 YANG 建模的数据的功能。

与 NetConf 相比，RestConf 提供的功能较简单，操作方便，本书开发主要使用 RestConf 协议进行北向开发。但有一些功能 RestConf 不提供，因此当应用需要使用复杂功能时，仍然需要使用 NetConf 协议。

本书将在第 20 章和 21 章以 Java 语言为例，向读者示范通过 ODL 北向接口进行自己的应用开发。

第 20 章

利用 Java 实现 OpenDaylight 北向下发流表的功能

本章主要介绍使用 Java 语言实现 OpenDaylight 北向下发流表开发的简单实例——利用 Java 语言在 OpenDaylight 控制器上创建一个应用，该应用能通过 OpenDaylight 控制器进行控制器所连接的交换机的相关操作。在 20.1 节介绍利用 Java 语言实现获取流表的操作，在 20.2 节介绍利用 Java 语言实现添加流表的操作，在 20.3 节介绍利用 Java 语言实现删除流表的操作。

本书在每一节都向读者提供示例的主要代码，读者可以简单地更改其中的参数（如控制器所在机器的 IP 地址、添加流表的具体内容、添加流表的具体位置等）后直接应用到自己的项目中，从而快速搭建出自己的项目。同时，每节在示例代码之后，本书都给出其上机实验结果，读者能更直观地感受开发方法。最后，在 20.4 节对本章进行总结。

OpenDaylight 项目北向开发的编程语言推荐选取 Java 或 Python，本书选用 Java 语言进行开发。Java 语言也可使用 JAX-RS 包或直接编写功能以实现与 OpenDaylight 控制器北向接口的通信。

20.1 OpenDaylight 北向下发流表开发的基础依据

OpenDaylight 北向下发流表开发的基础依据是两个 YANG 建模提供的 APIs：

- 模块 opendaylight-action-types 提供的操作类型。
- 模块 opendaylight-match-types 提供的匹配类型。

下面分别介绍。

20.1.1 模块 opendaylight-action-types 介绍

以下是模块 opendaylight-action-types 的 YANG（YANG 协议，RFC 6020）定义：

```
module opendaylight-action-types {
    namespace "urn:opendaylight:action:types";
    prefix action;

    import ietf-inet-types {prefix inet; revision-date "2010-09-24";}
    import ietf-yang-types {prefix yang; revision-date "2010-09-24";}
    import opendaylight-l2-types {prefix l2t; revision-date "2013-08-27";}
    import opendaylight-match-types {prefix match; revision-date "2013-10-26";}

    revision "2013-11-12" {
        description "Initial revision of action service";
    }

    typedef vlan-cfi {
        type int32;
    }

    grouping address {
        choice address {
            case ipv4 {
                leaf ipv4-address {
                    type inet:ipv4-prefix;
                }
            }
            case ipv6 {
                leaf ipv6-address {
                    type inet:ipv6-prefix;
                }
            }
        }
    }

    grouping action-list {
        list action {
            key "order";
            leaf order {
                type int32;
            }
            uses action;
        }
    }

    grouping action {
        choice action {
            case output-action-case {
                container output-action {
                    leaf output-node-connector {
                        type inet:uri;
```

```
                }

                leaf max-length {
                    type uint16;
                }
            }
        }

        case controller-action-case {
            container controller-action {
             leaf max-length {
                    type uint16;
                }
            }
        }

        case set-field-case {
            container set-field {
                    uses match:match;
                }
            }

        case set-queue-action-case {
            container set-queue-action {
             leaf queue {
                    type string;
                }
             leaf queue-id {
                    type uint32;
                }
            }
        }

        case pop-mpls-action-case {
            container pop-mpls-action {
             leaf ethernet-type {
                    type uint16; // TODO: define ethertype type
                }
            }
        }

        case set-mpls-ttl-action-case {
            container set-mpls-ttl-action {
             leaf mpls-ttl {
                    type uint8;
                }
            }
        }
```

```
case set-nw-ttl-action-case {
    container set-nw-ttl-action {
        leaf nw-ttl {
            type uint8;
        }
    }
}

case push-pbb-action-case {
    container push-pbb-action {
        leaf ethernet-type {
            type uint16;                    // TODO: define ethertype type
        }
    }
}

case pop-pbb-action-case {
    container pop-pbb-action {

    }
}

case push-mpls-action-case {
    container push-mpls-action {
        leaf ethernet-type {
            type uint16;                    // TODO: define ethertype type
        }
    }
}

case dec-mpls-ttl-case {
    container dec-mpls-ttl {
    }
}

case dec-nw-ttl-case {
    container dec-nw-ttl {
    }
}

case drop-action-case {
    container drop-action {
    }
}

case flood-action-case {
    container flood-action {
    }
}
```

```
        case flood-all-action-case {
            container flood-all-action {
            }
        }

        case hw-path-action-case {
            container hw-path-action {
            }
        }

        case loopback-action-case {
            container loopback-action {
            }
        }

        case pop-vlan-action-case {
            container pop-vlan-action {
            }
        }

        case push-vlan-action-case {
            container push-vlan-action {
              leaf ethernet-type {
                    type uint16;            // TODO: define ethertype type
              }
             leaf tag {                     // TPID - 16 bits
                  type int32;
             }
             leaf pcp {                     // PCP - 3 bits
                  type int32;
             }
             leaf cfi {                     // CFI - 1 bit (drop eligible)
                  type vlan-cfi;
             }
             leaf vlan-id {                 // VID - 12 bits
                  type l2t:vlan-id;
             }
//             leaf tci {                   //TCI = [PCP + CFI + VID]
//             }
//             leaf header {                //header = [TPID + TCI]
//             }
            }
        }

        case copy-ttl-out-case {
            container copy-ttl-out {
            }
```

```
    }
   case copy-ttl-in-case {
        container copy-ttl-in {
        }
    }
   case set-dl-dst-action-case {
        container set-dl-dst-action {
         leaf address {
              type yang:mac-address;
          }
    }
   }
   case set-dl-src-action-case {
        container set-dl-src-action {
         leaf address {
              type yang:mac-address;
          }
    }

   }
   case group-action-case {
        container group-action {
         leaf group {
              type string;
          }

        leaf group-id {
             type uint32;
        }
    }
   }
   case set-dl-type-action-case {
        container set-dl-type-action {
         leaf dl-type {
              type l2t:ether-type;
          }
    }
   }
   case set-next-hop-action-case {
        container set-next-hop-action {
         uses address;
    }
   }
```

```
case set-nw-dst-action-case {
    container set-nw-dst-action {
        uses address;
    }
}

case set-nw-src-action-case {
    container set-nw-src-action {
        uses address;
    }
}

case set-nw-tos-action-case {
    container set-nw-tos-action {
        leaf tos {
            type int32;
        }
    }
}

case set-tp-dst-action-case {
    container set-tp-dst-action {
        leaf port {
            type inet:port-number;
        }
    }

}
case set-tp-src-action-case {
    container set-tp-src-action {
        leaf port {
            type inet:port-number;
        }
    }

}
case set-vlan-cfi-action-case {
    container set-vlan-cfi-action {
        leaf vlan-cfi {
            type vlan-cfi;
        }
    }
}

case set-vlan-id-action-case {
    container set-vlan-id-action {
        leaf vlan-id {
            type l2t:vlan-id;
```

```
                    }
                }
            }

            case set-vlan-pcp-action-case {
                container set-vlan-pcp-action {
                    leaf vlan-pcp {
                        type l2t:vlan-pcp;
                    }
                }
            }

        case strip-vlan-action-case {
                container strip-vlan-action {
                }
            }

            case sw-path-action-case {
                container sw-path-action {
                }
            }
        }
    }
}
```

20.1.2 模块 opendaylight-match-types 介绍

以下是模块 opendaylight-match-types 的 YANG（YANG 协议，RFC 6020）定义：

```
module opendaylight-match-types {
    namespace "urn:opendaylight:model:match:types";
    prefix "match";

    import ietf-inet-types {prefix inet; revision-date "2010-09-24";}
    import ietf-yang-types {prefix yang; revision-date "2010-09-24";}
    import opendaylight-l2-types {prefix l2t;revision-date "2013-08-27";}
    import opendaylight-inventory {prefix inv;revision-date "2013-08-19";}

    revision "2013-10-26" {
        description "Initial revision of macth types";
    }

    grouping "mac-address-filter" {
        leaf address {
            mandatory true;
            type yang:mac-address;
        }
        leaf mask {
```

```
            type yang:mac-address;
        }
    }
    grouping "of-metadata" {
        leaf metadata {
            type uint64;
        }
        leaf metadata-mask {
            type uint64;
        }
    }
    /** Match Groupings **/
    grouping "ethernet-match-fields" {
        container ethernet-source {
            description "Ethernet source address.";
            presence "Match field is active and set";
            uses mac-address-filter;
        }
        container ethernet-destination {
            description "Ethernet destination address.";
            presence "Match field is active and set";
            uses mac-address-filter;
        }
        container ethernet-type {
            description "Ethernet frame type.";
            presence "Match field is active and set";

            leaf type {
                mandatory true;
                type l2t:ether-type; // Needs to define that as general model
            }
        }
    }
    grouping "vlan-match-fields" {
        container vlan-id {
            description "VLAN id.";
            presence "Match field is active and set";

            leaf vlan-id-present {
                type boolean;
            }

            leaf vlan-id {
                type l2t:vlan-id;
            }
```

```
        }
        leaf vlan-pcp {
            description "VLAN priority.";
            type l2t:vlan-pcp;
        }
    }

    grouping "ip-match-fields" {
        leaf ip-protocol {
                description "IP protocol.";
                type uint8;
        }

        leaf ip-dscp {
            description "IP DSCP (6 bits in ToS field).";
            type inet:dscp;
        }

        leaf ip-ecn {
            description "IP ECN (2 bits in ToS field).";
            type uint8;
        }

        leaf ip-proto {
           description "IP Proto (IPv4 or IPv6 Protocol Number).";
           type inet:ip-version;
         }
    }

    grouping "ipv4-match-fields" {
        leaf ipv4-source {
            description "IPv4 source address.";
            type inet:ipv4-prefix;
        }

        leaf ipv4-destination {
            description "IPv4 destination address.";
            type inet:ipv4-prefix;
        }

    }

    grouping "ipv6-match-fields" {
        leaf ipv6-source {
            description "IPv6 source address.";
            type inet:ipv6-prefix;
        }

        leaf ipv6-destination {
```

```
            description "IPv6 destination address.";
            type inet:ipv6-prefix;
        }

        leaf ipv6-nd-target {
            description "IPv6 target address for neighbour discovery message";
            type inet:ipv6-address;
        }

        container "ipv6-label" {
            leaf ipv6-flabel {
                type inet:ipv6-flow-label;
            }

            leaf flabel-mask {
                type inet:ipv6-flow-label;
            }
        }

        leaf ipv6-nd-sll {
            description "Link layer source address for neighbour \
              discovery message";
            type yang:mac-address;
        }

        leaf ipv6-nd-tll {
            description "Link layer target address for neighbour \
discovery message";
            type yang:mac-address;
        }

        container "ipv6-ext-header" {
            leaf ipv6-exthdr {
                description "IPv6 Extension Header field";
                type uint16;
            }

            leaf ipv6-exthdr-mask {
                type uint16 {
                  range "0..512";
                }
            }
        }
    }

    grouping "udp-match-fields" {
        leaf udp-source-port {
            description "UDP source port.";
            type inet:port-number;
```

```
        }
        leaf udp-destination-port {
            description "UDP destination port.";
                type inet:port-number;
        }
    }

    grouping "protocol-match-fields" {
        leaf mpls-label {
            description "Label in the first MPLS shim header";
            type uint32;
        }

        leaf mpls-tc {
            description "TC in the first MPLS shim header";
            type uint8;
        }

        leaf mpls-bos {
            description "BoS bit in the first MPLS shim header";
            type uint8;
        }

        container "pbb" {
            leaf pbb-isid {
                description "I-SID in the first PBB service instance tag";
                type uint32;
            }

            leaf pbb-mask {
                type uint32 {
                  range "0..16777216";
                }
            }
        }
    }

    grouping "tcp-match-fields" {
        leaf tcp-source-port {
            description "TCP source port.";
            type inet:port-number;
        }
        leaf tcp-destination-port {
            description "TCP destination port.";
            type inet:port-number;
        }
    }

    grouping "sctp-match-fields" {
```

```
        leaf sctp-source-port {
            description "SCTP source port.";
            type inet:port-number;
        }
        leaf sctp-destination-port {
            description "SCTP destination port.";
            type inet:port-number;
        }
    }

    grouping "icmpv4-match-fields" {
        leaf icmpv4-type {
        description "ICMP type.";
            type uint8; // Define ICMP Type
        }
        description "ICMP code.";
        leaf icmpv4-code {
            type uint8; // Define ICMP Code
        }
    }

    grouping "icmpv6-match-fields" {
        leaf icmpv6-type {
        description "ICMP type.";
            type uint8; // Define ICMP Type
        }
        description "ICMP code.";
        leaf icmpv6-code {
            type uint8; // Define ICMP Code
        }
    }

    grouping "arp-match-fields" {
        leaf arp-op {
            type uint16;
        }

        leaf arp-source-transport-address {
            description "ARP source IPv4 address.";
            type inet:ipv4-prefix;
        }

        leaf arp-target-transport-address {
            description "ARP target IPv4 address.";
            type inet:ipv4-prefix;
        }
        container arp-source-hardware-address {
```

```
            description "ARP source hardware address.";
            presence "Match field is active and set";
            uses mac-address-filter;
        }
        container arp-target-hardware-address {
            description "ARP target hardware address.";
            presence "Match field is active and set";
            uses mac-address-filter;
        }
    }

    grouping match {
        leaf in-port {
            type inv:node-connector-id;
        }

        leaf in-phy-port {
            type inv:node-connector-id;
        }

        container "metadata" {
            uses of-metadata;
        }

        container "tunnel" {
            leaf tunnel-id {
                description "Metadata associated in the logical port";
                type uint64;
            }

            leaf tunnel-mask {
                type uint64;
            }
        }

        container "ethernet-match" {
            uses "ethernet-match-fields";
        }

        container "vlan-match" {
            uses "vlan-match-fields";
        }

        container "ip-match" {
            uses "ip-match-fields";
        }

        choice layer-3-match {
            case "ipv4-match" {
                uses "ipv4-match-fields";
```

```
            }
            case "ipv6-match" {
                uses "ipv6-match-fields";
            }
            case "arp-match" {
                uses "arp-match-fields";
            }
        }

        choice layer-4-match {
            case "udp-match" {
                uses "udp-match-fields";
            }
            case "tcp-match" {
                uses "tcp-match-fields";
            }
            case "sctp-match" {
                uses "sctp-match-fields";
            }
        }

        container "icmpv4-match" {
            uses "icmpv4-match-fields";
        }

        container "icmpv6-match" {
            uses "icmpv6-match-fields";
        }

        container "protocol-match-fields" {
            uses "protocol-match-fields";
        }
    }
}
```

20.2 获取流表的功能实现

20.2.1 代码展示

以下为使用 Java 实现的通过 OpenDaylight 控制器的北向接口向 OpenDaylight 控制器发送获取流表指令的代码：

```
package chapter20;
// 引用所需的处理数据流的包
import java.io.BufferedReader;
import java.io.IOException;
```

```
import java.io.InputStreamReader;
// 引用消息传送及认证所需的包
import java.net.Authenticator;
import java.net.HttpURLConnection;
import java.net.MalformedURLException;
import java.net.PasswordAuthentication;
import java.net.URL;
// 用类 GetInfo 实现获取流表的功能
public class GetInfo {
    /*
        url 为 OpenDaylight 控制器所在机器的 IP 地址
        id1 为用户 ID
        pw1 为密码
    */
    private String url, id1, pw1;
    // 构造函数获取 url 值（OpenDaylight 控制器所在机器的 IP 地址）、用户名和密码
    public GetInfo(String url1, String id1, String pw1){
        this.url = url1;
        this.id1 = id1;
        this.pw1 = pw1;
    }
    public GetInfo(String url1){
        this.url = url1;
        this.id1 = "admin";
        this.pw1= "admin";
    }
    //类的公有方法 getInfo，外部调用后获取并输出指定 IP 地址中指定表的指定流表中的所有表项
    public void getInfo(){
        try {
            URL url = new URL(this.url);
            try {
                // 设置连接参数
                HttpURLConnection http1 = \
                    (HttpURLConnection)url.openConnection();
                // 其中指定执行 GET 操作
                http1.setRequestMethod("GET");
                http1.setRequestProperty("Accept", "application/xml");
                http1.setRequestProperty("Content-Type", "application/xml");
                // 认证准备，提供用户 ID 和密码
                Authenticator.setDefault(new Authenticator(){
                    protected PasswordAuthentication \
                    getPasswordAuthentication(){
                        return new PasswordAuthentication(id1, pw1.toCharArray());
                    }
```

```
                    });
                    // 连接准备
                    http1.setDoOutput(true);
                    http1.setDoInput(true);
                    http1.setUseCaches(false);
                    http1.setConnectTimeout(10000);
                    // 连接
                    http1.connect();
                    // 若未能正确执行 GET 操作（返回码不为 200），则输出错误提示
                    if(http1.getResponseCode() !=200){
                        System.out.println(http1.getResponseCode());
                        System.out.println("error!");
                    }else{
                     // 否则将获取的流表输出
                        BufferedReader result1 = new BufferedReader(new \
                        InputStreamReader(   (http1.getInputStream()) ));
                        String output;
                        System.out.println("Output Result:   \n");
                        output = result1.readLine();
                        System.out.println(output);
                    }
                    // 任务完成，断开连接
                    http1.disconnect();
                } catch (IOException e) {// 若输出出错，则进行处理
                    e.printStackTrace();
                }     //第二层的 try...catch
            // 若 url 格式出错，则进行以下处理
            } catch (MalformedURLException e) {
                e.printStackTrace();
            }     // 最外层的 try...catch
        }          // getInfo
    }
```

20.2.2　实验验证

实验环境：预期的仿真环境为一台安装 OpenDaylight 控制器的机器，与其相连的 1 台支持 SDN 的交换机，每台交换机各自连接一台机器。预期仿真环境如图 20-1 所示。注意本章所有的实验均为此实验环境。

使用仿真网络软件 mininet 构建虚拟 SDN 网络，在装有 mininet 的机器上输入：

```
$ sudo mn --topo single,3 --controller remote,ip=192.168.1.151
```

OpenDaylight 控制器所在机器的 IP 地址为 192.168.1.151，OpenDaylight 控制器当前所连接的交换机的 ID 为 openflow:1。表 0 存在一条流表编号为 101 的流表，表 1 存在一条流表编号为 111 的流表。实验如下：

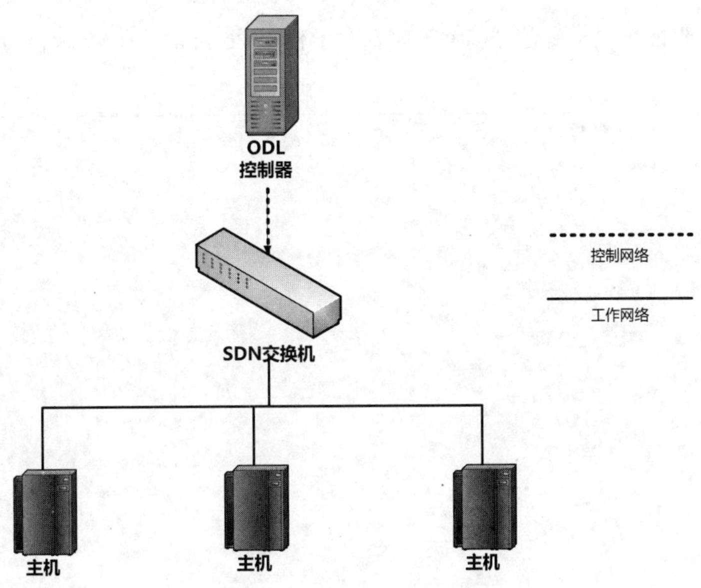

图 20-1　获取流表的实验拓扑图

1. 获取 OpenDaylight 控制器所连接的交换机上所有的流表项

在实验外部创建一个 GetInfo 类，赋值所需要查询的流表信息：

```
GetInfo c14 = new GetInfo("http://192.168.1.151:8181/restconf/config/\
opendaylight-inventory:nodes/node/openflow:1");
c14.getInfo();
```

实验执行后获取交换机上所有的流表项（见图 20-2）：


```
Output Result:
<node xmlns="urn:opendaylight:inventory"><id>openflow:1</id><table xmlns="urn:opendaylight:flow:inventory"><id>0</id><flow><id>101</id><strict>false</strict><table_id>0</table_id><priority>1</priority><idle-timeout>34000</idle-timeout><instructions><instruction><order>0</order><apply-actions><action><order>0</order><dec-nw-ttl></dec-nw-ttl></action></apply-actions></instruction></instructions><cookie>1</cookie><match><ethernet-match><ethernet-type><type>2048</type></ethernet-type></ethernet-match><ipv4-destination>10.0.0.1/24</ipv4-destination></match><hard-timeout>34000</hard-timeout><flow-name>hello</flow-name></flow></table><table xmlns="urn:opendaylight:flow:inventory"><id>1</id><flow> <id>111</id><strict>false</strict> <cookie_mask>255</cookie_mask><table_id>2</table_id><priority>2</priority><idle-timeout>340</idle-timeout><barrier>false</barrier><instructions><instruction><order>0</order><apply-actions><action><order>0</order><drop-action></drop-action></action></apply-actions></instruction></instructions><cookie>5</cookie><match><ethernet-match><ethernet-source><address>00:00:00:00:00:02</address></ethernet-source><ethernet-destination><address>ff:ff:ff:ff:ff:ff</address></ethernet-destination><ethernet-type><type>2054</type></ethernet-type></ethernet-match></match><hard-timeout>220</hard-timeout><flow-name>FooXf5</flow-name></flow></table></node>
```


```
Problems  @ Javadoc  Declaration  Console
<terminated> Initial14 [Java Application] C:\Program Files\Java\jre7\bin\javaw.exe (2016年10月24日 上午11:35:07)
Output Result:

<node xmlns="urn:opendaylight:inventory"><id>openflow:1</id><table xmlns="urn:opendaylight:flow:inventory"><id>0</id><flow><id>101</id><strict>false</strict><table_id>0</table_id><pri
```

图 20-2　实验执行后获取交换机上所有的流表项

使用 Postman 验证结果（读者可参考第 8 章关于使用 Postman 获取交换机流表的教程），如图 20-3 所示。

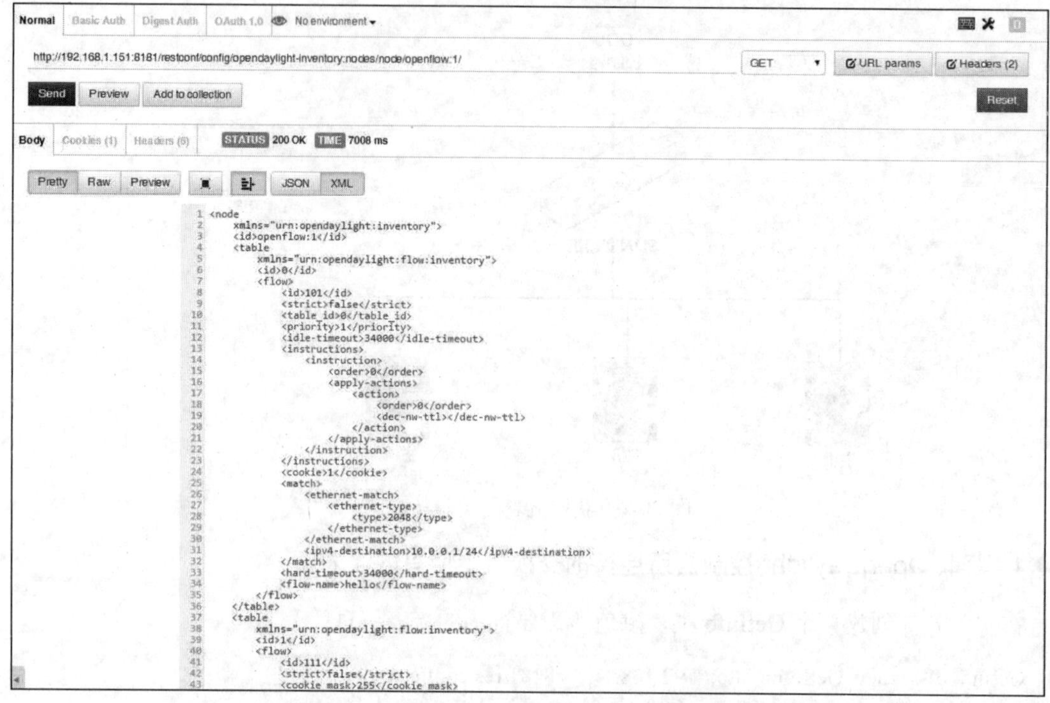

图 20-3　使用 Postman 获取交换机上所有的流表项

比对使用 Postman 获取交换机上所有的流表项，两者一致，实验成功。

2. 获取 OpenDaylight 控制器所连接的交换机上指定表的所有流表项

实验条件不变，现在获取 OpenDaylight 控制器当前部署至所连接的 ID 为 openflow:1 的交换机上的表编号为 0 的所有流表。

在实验外部创建一个 GetInfo 类，赋值所需要查询的流表信息：

```
GetInfo c14 = new GetInfo("http://192.168.1.151:8181/restconf/config/opendaylight-inventory:nodes/node/openfl-ow:1/table/0");
c14.getInfo();
```

实验执行后获取交换机上指定表的所有流表项（见图 20-4）：

```
Output Result:
<table xmlns="urn:opendaylight:flow:inventory"><id>0</id><flow><id>101</id><strict>false</strict><table_id>0</table_id><priority>1</priority><idle-timeout>34000</idle-timeout><instructions><instruction><order>0</order><apply-actions><action><order>0</order><dec-nw-ttl></dec-nw-ttl></action></apply-actions></instruction></instructions><cookie>1</cookie><match><ethernet-match><ethernet-type><type>2048</type></ethernet-type></ethernet-match><ipv4-destination>10.0.0.1/24</ipv4-destination></match><hard-timeout>34000</hard-timeout><flow-name>hello</flow-name></flow></table>
```

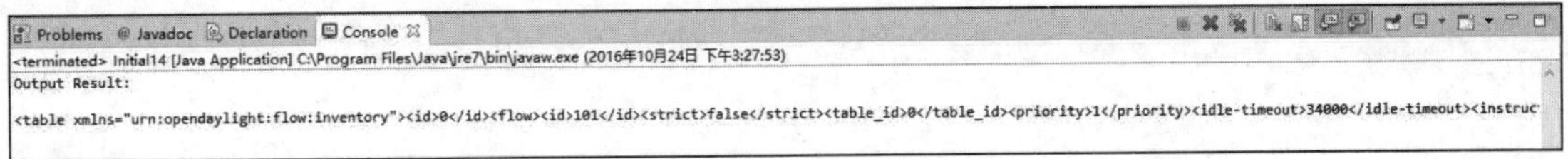

图 20-4　实验执行后获取交换机上项编号为 0 的表上所有的流表项

使用 Postman 验证结果（读者可参考第 8 章关于使用 Postman 获取交换机流表的教程），如图 20-5 所示。

图 20-5　使用 Postman 获取交换机上项编号为 0 的表上所有的流表项

比对使用 Postman 获取交换机上所有的流表项，两者一致，实验成功。

3. 获取 OpenDaylight 控制器所连接的交换机上指定表中的指定流表项

实验条件不变，现在获取 OpenDaylight 控制器当前部署至所连接的 ID 为 openflow:1 的交换机上编号为 0 的表中第 101 条流表。

在实验外部创建一个 GetInfo 类，查询所需编号的流表信息：

```
GetInfo c14 = new GetInfo("http://192.168.1.151:8181/restconf/config/opendaylight-inventory:nodes/node/openfl-ow:1/table/0/flow/101");
c14.getInfo();
```

实验执行后获取交换机上指定表的所有流表项（见图 20-6）：

```
Output Result:
<flow xmlns="urn:opendaylight:flow:inventory"><id>101</id><strict>false</strict><table_id>0</table_id><priority>1</priority><idle-timeout>34000</idle-timeout><instructions><instruction><order>0</order><apply-actions><action><order>0</order><dec-nw-ttl></dec-nw-ttl></action></apply-actions></instruction></instructions><cookie>1</cookie><match><ethernet-match><ethernet-type><type>2048</type></ethernet-type></ethernet-match><ipv4-destination>10.0.0.1/24</ipv4-destination></match><hard-timeout>34000</hard-timeout><flow-name>hello</flow-name></flow>
```

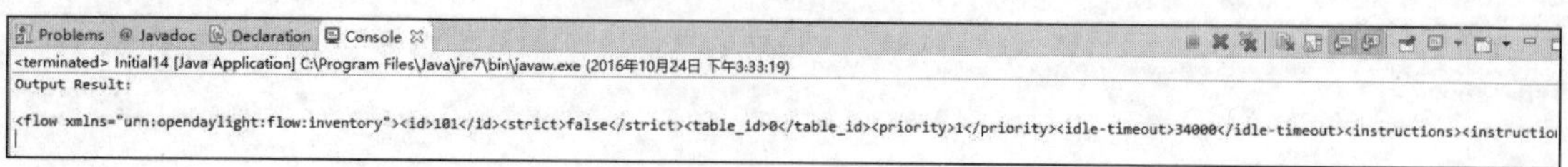

图 20-6 实验执行后获取交换机上编号为 0 的表中第 101 条流表项

使用 Postman 验证结果（读者可参考第 8 章关于使用 Postman 获取交换机流表的教程），如图 20-7 所示。

图 20-7 使用 Postman 获取交换机上项编号为 0 的表中第 101 条流表项

比对使用 Postman 获取交换机上所有的流表项，两者一致，实验成功。

20.3 添加流表的功能实现

以下通过示范代码的方式讲解使用 Java 实现通过 OpenDaylight 控制器的北向接口向 OpenDaylight 控制器发送添加流表的指令。

注 意 实验所用的 OpenDaylight 控制器的版本为铍版本（锂版本和硼版本也适用）。

20.3.1 代码展示

以下为使用 Java 实现的通过 OpenDaylight 控制器的北向接口向 OpenDaylight 控制器发送添加流表指令的代码。

1. 添加流表的代码

代码如下：

```
package chapter20;
// 引用所需的处理数据流的包
import java.io.IOException;
// 引用消息传送及认证所需的包
import java.net.Authenticator;
import java.net.HttpURLConnection;
import java.net.MalformedURLException;
import java.net.PasswordAuthentication;
import java.net.URL;
// 用类 PutInfo 实现添加流表的功能
public class PutInfo {
    /*
        url 为 OpenDaylight 控制器所在机器的 IP 地址
        id1 为用户 ID
        pw1 为密码
    */
    private String url, id1, pw1, objS;
    /*
        构造函数获取 url 值（OpenDaylight 控制器所在机器的 IP 地址）、用户名、密码和所添加的
        流表内容
    */
    public PutInfo(String objS, String url1, String id1, String pw1){
        this.url = url1;
        this.id1 = id1;
        this.pw1 = pw1;
        this.objS = objS;
    }
    public PutInfo(String objS, String url1){
        this.url = url1;
        this.objS = objS;
        this.id1 = "admin";
        this.pw1= "admin";
    }
    // 类的公有方法 putInfo，外部调用后向指定位置输入指定的流表项
    public void putInfo(){
        try {
            URL url = new URL(this.url);
            HttpURLConnection http1;
            try {
                //设置连接参数
                http1 = (HttpURLConnection)url.openConnection();
                //其中指定执行 PUT 操作
                http1.setRequestMethod("PUT");
                http1.setRequestProperty("Accept", "application/xml");
                http1.setRequestProperty("Content-Type", "application/xml");
```

```
            http1.setRequestProperty("Authorization", "");
            //认证准备，提供用户 ID 和密码
            Authenticator.setDefault(new Authenticator(){
                    protected PasswordAuthentication \
                      getPasswordAuthentication(){
                            return new PasswordAuthentication(id1, pw1.toCharArray());
                    }
            });
            // 连接准备
            http1.setDoOutput(true);
            http1.setDoInput(true);
            http1.setUseCaches(false);
            http1.setConnectTimeout(10000);
            // 连接
            http1.connect();
            // 将流表写入指定位置
            StringBuffer params = new StringBuffer();
            params.append(objS);
            byte[] bypes = params.toString().getBytes();
            http1.getOutputStream().write(bypes);
            // 若未能正确执行 PUT 操作（返回码不为 200），则输出错误提示
            if(http1.getResponseCode() !=200){
                System.out.println(http1.getResponseCode());
                System.out.println("error!");
            }else{
            // 否则执行以下操作
            java.io.InputStream inStream = http1.getInputStream();
            inStream.read(bypes, 0, inStream.available());
            System.out.println(new String(bypes,"gbk"));
        }
        // 任务完成，断开连接
        http1.disconnect();
        // 若输出出错，则进行处理
        } catch (IOException e) {
            e.printStackTrace();
        }
    // 若 url 格式出错，进行以下处理
    } catch (MalformedURLException e) {
        e.printStackTrace();
    }
  }
}
```

2. 生成流表内容的代码

用户调用类的方法生成标准的 XML 格式。本书以一些有代表性的流表内容为例，生成流表内

容的代码如下。注意：读者需根据需要更改其中的<table_id>、流的<id>，以与添加流表中的表编号和流编号相对应，否则会出现错误无法正确添加。

```
package chapter20;
// 用类 HtmlMsg 生成标准的 XML 格式
public class HtmlMsg {
//改变 iPv4 目标地址的流表内容
public String iPv4DestAddress(){
        String s ="<?xml version=\"1.0\" encoding=\"UTF-8\" standalone=\"no\"?>
    <flow xmlns=\"urn:opendaylight:flow:inventory\"> <strict>false</strict><instructions><instruction>
<order>0</order><apply-actions><action><order>0</order><dec-nw-ttl/></action></apply-actions></instruction>
</instructions><table_id>0</table_id><id>138</id><match><ethernet-match><ethernet-type><type>2048</type>
</ethernet-type></ethernet-match><ipv4-destination>10.0.0.1/24</ipv4-destination></match><flow-name>FooXf1
</flow-name><priority>2</priority></flow>";
            return s;
}
//改变以太网源地址的流表内容
public String iESA(){
        String s ="<?xml version=\"1.0\" encoding=\"UTF-8\" standalone=\"no\"?><flow
xmlns=\"urn:opendaylight:flow:inventory\"><strict>false</strict><instructions><instruction><order>0</order><ap
ply-actions><action><order>0</order><drop-action/></action></apply-actions></instruction></instructions><tabl
e_id>0</table_id><id>138</id><match><ethernet-match><ethernet-type><type>2048</type></ethernet-type><eth
ernet-source><address>00:00:00:00:00:01</address></ethernet-source></ethernet-match></match><flow-name>tr
y88</flow-name><priority>2</priority></flow>";
        return s;
}
//改变以太网源地址、以太网目标地址和以太网类型的流表内容
public String iSDAEType(){
        String s ="<?xml version=\"1.0\" encoding=\"UTF-8\" standalone=\"no\"?><flow
xmlns=\"urn:opendaylight:flow:inventory\"><strict>false</strict><instructions><instruction><order>0</order><ap
ply-actions><action><order>0</order><drop-action/></action></apply-actions></instruction></instructions><tabl
e_id>0</table_id><id>138</id><cookie_mask>255</cookie_mask><installHw>false</installHw><match><ethern
et-match><ethernet-type><type>2054</type></ethernet-type><ethernet-destination><address>ff:ff:ff:ff:ff:ff</addr
ess></ethernet-destination><ethernet-source><address>00:00:00:00:00:02</address></ethernet-source></ethernet-
match></match><hard-timeout>220</hard-timeout><cookie>4</cookie><idle-timeout>340</idle-timeout><flow-
name>FooXf4</flow-name><priority>2</priority><barrier>false</barrier></flow>";
        return s;
}
//改变以太网源地址、以太网目标地址、IPv4 源地址、IPv4 目标地址、接入端口的流表内容
public String iESD4SDIP(){
        String s ="<?xml version=\"1.0\" encoding=\"UTF-8\" standalone=\"no\"?><flow
xmlns=\"urn:opendaylight:flow:inventory\"><strict>false</strict><instructions><instruction><order>0</order><ap
ply-actions><action><order>0</order><drop-action/></action></apply-actions></instruction></instructions><tabl
e_id>0</table_id><id>138</id><cookie_mask>255</cookie_mask><match><ethernet-match><ethernet-type><typ
e>2048</type></ethernet-type><ethernet-destination><address>ff:ff:ff:ff:ff:ff</address></ethernet-destination><et
```

```
hernet-source><address>00:00:00:00:00:02</address></ethernet-source></ethernet-match><ipv4-source>10.0.0.1/24</ipv4-source><ipv4-destination>10.0.0.2/24</ipv4-destination><in-port>1</in-port></match><hard-timeout>220</hard-timeout><cookie>5</cookie><idle-timeout>340</idle-timeout><flow-name>FooXf5</flow-name><priority>2</priority><barrier>false</barrier></flow>";
        return s;
        }
        /*
          改变以太网源地址、以太网目标地址、IPv4 源地址、IPv4 目标地址、IP 协议、IP DSCP、IP ECN、
          接入端口的流表内容
        */
    public String iO1(){
    String s ="<?xml version=\"1.0\" encoding=\"UTF-8\" standalone=\"no\"?><flow
xmlns=\"urn:opendaylight:flow:inventory\"><strict>false</strict><instructions><instruction><order>0</order><apply-actions><action><order>0</order><drop-action/></action></apply-actions></instruction></instructions><table_id>0</table_id><id>138</id><cookie_mask>255</cookie_mask><match><ethernet-match><ethernet-type><type>2048</type></ethernet-type><ethernet-destination><address>ff:ff:ff:ff:ff:ff</address></ethernet-destination><ethernet-source><address>00:00:00:00:00:02</address></ethernet-source></ethernet-match><ipv4-source>10.0.0.1/24</ipv4-source><ipv4-destination>10.0.0.2/24</ipv4-destination><ip-match><ip-protocol>56</ip-protocol><ip-dscp>15</ip-dscp><ip-ecn>1</ip-ecn></ip-match><in-port>1</in-port></match><hard-timeout>220</hard-timeout><cookie>7</cookie><idle-timeout>340</idle-timeout><flow-name>FooXf6</flow-name><priority>2</priority><barrier>false</barrier></flow>";
        return s;
    }
    /*
        改变以太网源地址、以太网目标地址、IPv4 源地址、IPv4 目标地址、TCP 源地址、TCP 目标地址、
        IP DSCP、IP ECN、接入端口的流表内容
    */
    public String iO2(){
        String s ="<?xml version=\"1.0\" encoding=\"UTF-8\" standalone=\"no\"?><flow
xmlns=\"urn:opendaylight:flow:inventory\"><strict>false</strict><instructions><instruction><order>0</order><apply-actions><action><order>0</order><dec-nw-ttl/></action></apply-actions></instruction></instructions><table_id>0</table_id><id>138</id><cookie_mask>255</cookie_mask><match><ethernet-match><ethernet-type><type>2048</type></ethernet-type><ethernet-destination><address>00:00:00:00:00:01</address></ethernet-destination><ethernet-source><address>00:00:00:00:00:02</address></ethernet-source></ethernet-match><ipv4-source>10.0.0.1/24</ipv4-source><ipv4-destination>10.0.0.2/24</ipv4-destination><ip-match><ip-protocol>6</ip-protocol><ip-dscp>2</ip-dscp><ip-ecn>2</ip-ecn></ip-match><tcp-source-port>25364</tcp-source-port><tcp-destination-port>8080</tcp-destination-port><in-port>1</in-port></match><hard-timeout>220</hard-timeout><cookie>7</cookie><idle-timeout>340</idle-timeout><flow-name>FooXf6</flow-name><priority>2</priority><barrier>false</barrier></flow>";
        return s;
    }
    /*
        改变以太网源地址、以太网目标地址、IPv4 源地址、IPv4 目标地址、IP 协议、UDP 源地址、UDP
        目标地址、IP DSCP、IP ECN、接入端口的流表内容
```

```
    */
    public String iO3(){
        String s ="<?xml version=\"1.0\" encoding=\"UTF-8\" standalone=\"no\"?><flow xmlns=\"urn:opendaylight:flow:inventory\"><strict>false</strict><instructions><instruction><order>0</order><apply-actions><action><order>0</order><dec-nw-ttl/></action></apply-actions></instruction></instructions><table_id>0</table_id><id>138</id><cookie_mask>255</cookie_mask><match><ethernet-match><ethernet-type><type>2048</type></ethernet-type><ethernet-destination><address>00:00:00:00:00:01</address></ethernet-destination><ethernet-source><address>00:00:00:00:00:02</address></ethernet-source></ethernet-match><ipv4-source>10.0.0.1/24</ipv4-source><ipv4-destination>10.0.0.2/24</ipv4-destination><ip-match><ip-protocol>17</ip-protocol><ip-dscp>8</ip-dscp><ip-ecn>3</ip-ecn></ip-match><udp-source-port>25364</udp-source-port><udp-destination-port>8080</udp-destination-port><in-port>1</in-port></match><hard-timeout>220</hard-timeout><cookie>7</cookie><idle-timeout>340</idle-timeout><flow-name>FooXf6</flow-name><priority>2</priority><barrier>false</barrier></flow>";
        return s;
    }
    /*
    改变以太网源地址、以太网目标地址、IPv4 源地址、IPv4 目标地址、IP 协议、ICMPv4 类型和编码、IP DSCP、IP ECN、接入端口的流表内容
    */
    public String iO4(){
        String s ="<?xml version=\"1.0\" encoding=\"UTF-8\" standalone=\"no\"?><flow xmlns=\"urn:opendaylight:flow:inventory\"><strict>false</strict><instructions><instruction><order>0</order><apply-actions><action><order>0</order><dec-nw-ttl/></action></apply-actions></instruction></instructions><table_id>0</table_id><id>138</id><cookie_mask>255</cookie_mask><match><ethernet-match><ethernet-type><type>2048</type></ethernet-type><ethernet-destination><address>00:00:00:00:00:01</address></ethernet-destination><ethernet-source><address>00:00:00:00:00:02</address></ethernet-source></ethernet-match><ipv4-source>10.0.0.1/24</ipv4-source><ipv4-destination>10.0.0.2/24</ipv4-destination><ip-match><ip-protocol>1</ip-protocol><ip-dscp>27</ip-dscp><ip-ecn>3</ip-ecn></ip-match><icmpv4-match><icmpv4-type>6</icmpv4-type><icmpv4-code>3</icmpv4-code></icmpv4-match><in-port>1</in-port></match><hard-timeout>220</hard-timeout><cookie>7</cookie><idle-timeout>340</idle-timeout><flow-name>FooXf6</flow-name><priority>2</priority><barrier>false</barrier></flow>";
        return s;
    }
    //改变以太网源地址、以太网目标地址、以太网类型、VLAN ID、VLAN PCP 的流表内容
    public String iO5(){
        String s ="<?xml version=\"1.0\" encoding=\"UTF-8\" standalone=\"no\"?><flow xmlns=\"urn:opendaylight:flow:inventory\"><strict>false</strict><instructions><instruction><order>0</order><apply-actions><action><order>0</order><dec-nw-ttl/></action></apply-actions></instruction></instructions><table_id>0</table_id><id>138</id><cookie_mask>255</cookie_mask><match><ethernet-match><ethernet-type><type>2048</type></ethernet-type><ethernet-destination><address>00:00:00:00:00:01</address></ethernet-destination><ethernet-source><address>00:00:00:00:00:02</address></ethernet-source></ethernet-match><vlan-match><vlan-id><vlan-id>78</vlan-id><vlan-id-present>true</vlan-id-present></vlan-id><vlan-pcp>3</vlan-pcp></vlan-match></match><hard-timeout>220</hard-timeout><cookie>7</cookie><idle-timeout>340</idle-timeout><flow-name>FooXf14</flow-name><priority>2</priority><barrier>false</barrier></flow>";
```

```
        return s;
    }
    // 转发到指定的流表的流表内容
    public String iO6(){
        String s ="<?xml version=\"1.0\" encoding=\"UTF-8\" standalone=\"no\"?><flow
xmlns=\"urn:opendaylight:flow:inventory\"><strict>false</strict><flow-name>FooXf101</flow-name><id>138</i
d><cookie_mask>255</cookie_mask><cookie>101</cookie><table_id>0</table_id><priority>2</priority><hard-t
imeout>1200</hard-timeout><idle-timeout>3400</idle-timeout><installHw>false</installHw><instructions><instr
uction><order>0</order><apply-actions><action><order>0</order><output-action><output-node-connector>TAB
LE</output-node-connector><max-length>60</max-length></output-action></action></apply-actions></instructio
n></instructions><match><ethernet-match><ethernet-type><type>34525</type></ethernet-type></ethernet-match
><ipv6-source>1234:5678:9ABC:DEF0:FDCD:A987:6543:210F/76</ipv6-source><ipv6-destination>fe80:2acf:e9f
f:fe21::6431/94</ipv6-destination><metadata><metadata>12345</metadata></metadata><ip-match><ip-protocol>
6</ip-protocol><ip-dscp>60</ip-dscp><ip-ecn>3</ip-ecn></ip-match><tcp-source-port>183</tcp-source-port><tc
p-destination-port>8080</tcp-destination-port></match></flow>";
        return s;
    }
    // 转发至物理端口的流表内容
    public String iO7(){
        String s ="<?xml version=\"1.0\" encoding=\"UTF-8\" standalone=\"no\"?><flow
xmlns=\"urn:opendaylight:flow:inventory\"><strict>false</strict><flow-name>FooXf103</flow-name><id>138</i
d><cookie_mask>255</cookie_mask><cookie>103</cookie><table_id>0</table_id><priority>2</priority><hard-t
imeout>1200</hard-timeout><idle-timeout>3400</idle-timeout><installHw>false</installHw><instructions><instr
uction><order>0</order><apply-actions><action><order>0</order><output-action><output-node-connector>1</o
utput-node-connector><max-length>60</max-length></output-action></action></apply-actions></instruction></in
structions><match><ethernet-match><ethernet-type><type>2048</type></ethernet-type><ethernet-destination><a
ddress>ff:ff:29:01:19:61</address></ethernet-destination><ethernet-source><address>00:00:00:11:23:ae</address>
</ethernet-source></ethernet-match><ipv4-source>17.1.2.3/8</ipv4-source><ipv4-destination>172.168.5.6/16</ip
v4-destination><ip-match><ip-protocol>6</ip-protocol><ip-dscp>2</ip-dscp><ip-ecn>2</ip-ecn></ip-match><tcp
-source-port>25364</tcp-source-port><tcp-destination-port>8080</tcp-destination-port></match></flow>";
        return s;
    }
    // 转发至本地 LOCAL 的流表内容
    public String iO8(){
        String s ="<?xml version=\"1.0\" encoding=\"UTF-8\" standalone=\"no\"?><flow
xmlns=\"urn:opendaylight:flow:inventory\"><strict>false</strict><flow-name>FooXf104</flow-name><id>138</i
d><cookie_mask>255</cookie_mask><cookie>104</cookie><table_id>0</table_id><priority>2</priority><hard-t
imeout>1200</hard-timeout><idle-timeout>3400</idle-timeout><installHw>false</installHw><instructions><instr
uction><order>0</order><apply-actions><action><order>0</order><output-action><output-node-connector>LOC
AL</output-node-connector><max-length>60</max-length></output-action></action></apply-actions></instructio
n></instructions><match><ethernet-match><ethernet-type><type>34525</type></ethernet-type></ethernet-match
><ipv6-source>1234:5678:9ABC:DEF0:FDCD:A987:6543:210F/76</ipv6-source><ipv6-destination>fe80:2acf:e9f
f:fe21::6431/94</ipv6-destination><metadata><metadata>12345</metadata></metadata><ip-match><ip-protocol>
6</ip-protocol><ip-dscp>60</ip-dscp><ip-ecn>3</ip-ecn></ip-match><tcp-source-port>183</tcp-source-port><tc
```

```
p-destination-port>8080</tcp-destination-port></match></flow>";
            return s;
        }
        // 正常处理（即转发至 NORMAL 端口）的流表内容
        public String iO9(){
            String s ="<?xml version=\"1.0\" encoding=\"UTF-8\" standalone=\"no\"?><flow
xmlns=\"urn:opendaylight:flow:inventory\"><strict>false</strict><flow-name>FooXf105</flow-name><id>138</i
d><cookie_mask>255</cookie_mask><cookie>105</cookie><table_id>0</table_id><priority>2</priority><hard-t
imeout>1200</hard-timeout><idle-timeout>3400</idle-timeout><installHw>false</installHw><instructions><instr
uction><order>0</order><apply-actions><action><order>0</order><output-action><output-node-connector>NOR
MAL</output-node-connector><max-length>60</max-length></output-action></action></apply-actions></instruct
ion></instructions><match><ethernet-match><ethernet-type><type>34525</type></ethernet-type></ethernet-matc
h><ipv6-source>1234:5678:9ABC:DEF0:FDCD:A987:6543:210F/84</ipv6-source><ipv6-destination>fe80:2acf:e
9ff:fe21::6431/90</ipv6-destination><metadata><metadata>12345</metadata></metadata><ip-match><ip-protoco
l>6</ip-protocol><ip-dscp>45</ip-dscp><ip-ecn>2</ip-ecn></ip-match><tcp-source-port>20345</tcp-source-port
><tcp-destination-port>80</tcp-destination-port></match></flow>";
            return s;
        }
        // 泛洪的流表内容
        public String iO10(){
            String s ="<?xml version=\"1.0\" encoding=\"UTF-8\" standalone=\"no\"?><flow
xmlns=\"urn:opendaylight:flow:inventory\"><strict>false</strict><flow-name>FooXf106</flow-name><id>138</i
d><cookie_mask>255</cookie_mask><cookie>106</cookie><table_id>0</table_id><priority>2</priority><hard-t
imeout>1200</hard-timeout><idle-timeout>3400</idle-timeout><installHw>false</installHw><instructions><instr
uction><order>0</order><apply-actions><action><order>0</order><output-action><output-node-connector>FLO
OD</output-node-connector><max-length>60</max-length></output-action></action></apply-actions></instructio
n></instructions><match><ethernet-match><ethernet-type><type>34525</type></ethernet-type></ethernet-match
><ipv6-source>1234:5678:9ABC:DEF0:FDCD:A987:6543:210F/100</ipv6-source><ipv6-destination>fe80:2acf:e
9ff:fe21::6431/67</ipv6-destination><metadata><metadata>12345</metadata></metadata><ip-match><ip-protoco
l>6</ip-protocol><ip-dscp>45</ip-dscp><ip-ecn>2</ip-ecn></ip-match><tcp-source-port>20345</tcp-source-port
><tcp-destination-port>80</tcp-destination-port></match></flow>";
            return s;
        }
        // 转发至端口 ALL 的流表内容
        public String iO11(){
            String s ="<?xml version=\"1.0\" encoding=\"UTF-8\" standalone=\"no\"?><flow
xmlns=\"urn:opendaylight:flow:inventory\"><strict>false</strict><flow-name>FooXf106</flow-name><id>138</i
d><cookie_mask>255</cookie_mask><cookie>106</cookie><table_id>0</table_id><priority>2</priority><hard-t
imeout>1200</hard-timeout><idle-timeout>3400</idle-timeout><installHw>false</installHw><instructions><instr
uction><order>0</order><apply-actions><action><order>0</order><output-action><output-node-connector>ALL
</output-node-connector><max-length>60</max-length></output-action></action></apply-actions></instruction>
</instructions><match><ethernet-match><ethernet-type><type>34525</type></ethernet-type></ethernet-match><i
pv6-source>1234:5678:9ABC:DEF0:FDCD:A987:6543:210F/100</ipv6-source><ipv6-destination>fe80:2acf:e9ff:
fe21::6431/67</ipv6-destination><metadata><metadata>12345</metadata></metadata><ip-match><ip-protocol>6
```

```
</ip-protocol><ip-dscp>45</ip-dscp><ip-ecn>2</ip-ecn></ip-match><tcp-source-port>20345</tcp-source-port><t
cp-destination-port>80</tcp-destination-port></match></flow>";
        return s;
    }
    // 转发至控制器 CONTROLLER 的流表内容
    public String iO12(){
        String s ="<?xml version=\"1.0\" encoding=\"UTF-8\" standalone=\"no\"?><flow
xmlns=\"urn:opendaylight:flow:inventory\"><strict>false</strict><flow-name>FooXf106</flow-name><id>138</i
d><cookie_mask>255</cookie_mask><cookie>106</cookie><table_id>0</table_id><priority>2</priority><hard-t
imeout>1200</hard-timeout><idle-timeout>3400</idle-timeout><installHw>false</installHw><instructions><instr
uction><order>0</order><apply-actions><action><order>0</order><output-action><output-node-connector>CON
TROLLER</output-node-connector><max-length>60</max-length></output-action></action></apply-actions></i
nstruction></instructions><match><ethernet-match><ethernet-type><type>34525</type></ethernet-type></ethern
et-match><ipv6-source>1234:5678:9ABC:DEF0:FDCD:A987:6543:210F/100</ipv6-source><ipv6-destination>fe8
0:2acf:e9ff:fe21::6431/67</ipv6-destination><metadata><metadata>12345</metadata></metadata><ip-match><ip-
protocol>6</ip-protocol><ip-dscp>45</ip-dscp><ip-ecn>2</ip-ecn></ip-match><tcp-source-port>20345</tcp-sour
ce-port><tcp-destination-port>80</tcp-destination-port></match></flow>";
        return s;
    }
    // 转发至 ANY 端口的流表内容
    public String iO13(){
        String s ="<?xml version=\"1.0\" encoding=\"UTF-8\" standalone=\"no\"?><flow
xmlns=\"urn:opendaylight:flow:inventory\"><strict>false</strict><flow-name>FooXf106</flow-name><id>138</i
d><cookie_mask>255</cookie_mask><cookie>106</cookie><table_id>0</table_id><priority>2</priority><hard-t
imeout>1200</hard-timeout><idle-timeout>3400</idle-timeout><installHw>false</installHw><instructions><instr
uction><order>0</order><apply-actions><action><order>0</order><output-action><output-node-connector>ANY
</output-node-connector><max-length>60</max-length></output-action></action></apply-actions></instruction>
</instructions><match><ethernet-match><ethernet-type><type>34525</type></ethernet-type></ethernet-match><i
pv6-source>1234:5678:9ABC:DEF0:FDCD:A987:6543:210F/100</ipv6-source><ipv6-destination>fe80:2acf:e9ff:
fe21::6431/67</ipv6-destination><metadata><metadata>12345</metadata></metadata><ip-match><ip-protocol>6
</ip-protocol><ip-dscp>45</ip-dscp><ip-ecn>2</ip-ecn></ip-match><tcp-source-port>20345</tcp-source-port><t
cp-destination-port>80</tcp-destination-port></match></flow>";
        return s;
    }
    // 添加 VLAN 报头的流表内容
    public String iO14(){
        String s ="<?xml version=\"1.0\" encoding=\"UTF-8\" standalone=\"no\"?><flow
xmlns=\"urn:opendaylight:flow:inventory\"><strict>false</strict><flow-name>FooXf106</flow-name><id>138</i
d><cookie_mask>255</cookie_mask><cookie>106</cookie><table_id>0</table_id><priority>2</priority><hard-t
imeout>1200</hard-timeout><idle-timeout>3400</idle-timeout><installHw>false</installHw><instructions><instr
uction>"
                + "<order>0</order><apply-actions><action><push-vlan-action><ethernet-type>33024
</ethernet-type></push-vlan-action><order>0</order></action><action><set-field><vlan-match><vlan-id><vlan-i
d>79</vlan-id><vlan-id-present>true</vlan-id-present></vlan-id></vlan-match></set-field><order>1</order></act
```

```
ion><action><output-action><output-node-connector>5</output-node-connector></output-action><order>2</order
></action></apply-actions>"
                    + "</instruction></instructions><match><ethernet-match><ethernet-type><type>34525
</type></ethernet-type></ethernet-match><ipv6-source>1234:5678:9ABC:DEF0:FDCD:A987:6543:210F/100</ip
v6-source><ipv6-destination>fe80:2acf:e9ff:fe21::6431/67</ipv6-destination><metadata><metadata>12345</meta
data></metadata><ip-match><ip-protocol>6</ip-protocol><ip-dscp>45</ip-dscp><ip-ecn>2</ip-ecn></ip-match>
<tcp-source-port>20345</tcp-source-port><tcp-destination-port>80</tcp-destination-port></match></flow>";
            return s;
    }
        // 添加 MPLS 报头的流表内容
        public String iO15(){
            String s ="<?xml version=\"1.0\" encoding=\"UTF-8\" standalone=\"no\"?><flow
xmlns=\"urn:opendaylight:flow:inventory\"><flow-name>push-mpls-action</flow-name><instructions><instructio
n><order>3</order><apply-actions><action><push-mpls-action><ethernet-type>34887</ethernet-type></push-mp
ls-action><order>0</order></action><action><set-field><protocol-match-fields><mpls-label>27</mpls-label></pr
otocol-match-fields></set-field><order>1</order></action><action><output-action><output-node-connector>2</o
utput-node-connector></output-action><order>2</order></action></apply-actions></instruction></instructions><s
trict>false</strict><id>138</id><match><ethernet-match><ethernet-type><type>2048</type></ethernet-type></et
hernet-match><in-port>1</in-port><ipv4-destination>10.0.0.4/32</ipv4-destination></match><idle-timeout>0</id
le-timeout><cookie_mask>255</cookie_mask><cookie>401</cookie><priority>8</priority><hard-timeout>0</har
d-timeout><installHw>false</installHw><table_id>0</table_id></flow>";
            return s;
        }
        // 交换 MPLS 报头的流表内容
        public String iO16(){
            String s ="<?xml version=\"1.0\" encoding=\"UTF-8\" standalone=\"no\"?><flow
xmlns=\"urn:opendaylight:flow:inventory\"><flow-name>push-mpls-action</flow-name><instructions><instructio
n><order>2</order><apply-actions><action><set-field><protocol-match-fields><mpls-label>37</mpls-label></pr
otocol-match-fields></set-field><order>1</order></action><action><output-action><output-node-connector>2</o
utput-node-connector></output-action><order>2</order></action></apply-actions></instruction></instructions><s
trict>false</strict><id>138</id><match><ethernet-match><ethernet-type><type>34887</type></ethernet-type></e
thernet-match><in-port>1</in-port><protocol-match-fields><mpls-label>27</mpls-label></protocol-match-fields>
</match><idle-timeout>0</idle-timeout><cookie_mask>255</cookie_mask><cookie>401</cookie><priority>8</p
riority><hard-timeout>0</hard-timeout><installHw>false</installHw><table_id>0</table_id></flow>";
            return s;
        }
        // 弹出 MPLS 报头的流表内容
        public String iO17(){
            String s ="<?xml version=\"1.0\" encoding=\"UTF-8\" standalone=\"no\"?><flow
xmlns=\"urn:opendaylight:flow:inventory\"><flow-name>FooXf10</flow-name><instructions><instruction><orde
r>0</order><apply-actions><action><pop-mpls-action><ethernet-type>2048</ethernet-type></pop-mpls-action><
order>1</order></action><action><output-action><output-node-connector>2</output-node-connector><max-lengt
h>60</max-length></output-action><order>2</order></action></apply-actions></instruction></instructions><id>
138</id><strict>false</strict><match><ethernet-match><ethernet-type><type>34887</type></ethernet-type></eth
```

```
ernet-match><in-port>1</in-port><protocol-match-fields><mpls-label>37</mpls-label></protocol-match-fields></
match><idle-timeout>0</idle-timeout><cookie>889</cookie><cookie_mask>255</cookie_mask><installHw>fals
e</installHw><hard-timeout>0</hard-timeout><priority>10</priority><table_id>0</table_id></flow>";
        return s;
    }
}
```

20.3.2 实验验证

实验环境不变，OpenDaylight 控制器所在机器的 IP 地址为 192.168.1.151，OpenDaylight 控制器当前所连接的交换机的 ID 为 openflow:1。

在实验外部创建一个 PutInfo 类，赋值所需要添加的流表信息。

OpenDaylight 控制器所在机器的 IP 地址为 192.168.1.151。实验的目标为将流表添加到 OpenDaylight 控制器当前部署至所连接的 ID 为 openflow:1 的交换机上的表编号为 0 的表中，并且成为第 138 条流表。

1. 选择合适的流表内容

代码如下：

```
    HtmlMsg try1 = new HtmlMsg();
    String putMessage =   null;
    putMessage = try1.iO7();             // 转发至物理端口 1
    /*
    以下面 21 条具备代表性情景的流表内容为例，将流表添赋值。注意：只能选择其中一项执行，否则最
后一项的执行结果将直接覆盖之前的结果
    */
    //      （1）改变 iPv4 目标地址
    putMessage = try1.iPv4DestAddress();
    //      （2）改变以太网源地址
    putMessage = try1.iESA();
    //      （3）改变以太网源地址、以太网目标地址和以太网类型
    putMessage = try1.iSDAEType();
    //      （4）改变以太网源地址、以太网目标地址、IPv4 源地址、IPv4 目标地址、接入端口
    putMessage = try1.iESD4SDIP();
    /*
            （5）改变以太网源地址、以太网目标地址、IPv4 源地址、IPv4 目标地址、IP 协议、IP DSCP、IP
ECN、接入端口
    */
    putMessage = try1.iO1();
    /*
            （6）改变以太网源地址、以太网目标地址、IPv4 源地址、IPv4 目标地址、TCP 源地址、TCP 目
标地址、IP DSCP、IP ECN、接入端口
    */
    putMessage = try1.iO2();
```

```
/*
        （7）改变以太网源地址、以太网目标地址、IPv4 源地址、IPv4 目标地址、IP 协议、UDP 源地址、
UDP 目标地址、IP DSCP、IP ECN、接入端口
*/
putMessage = try1.iO3();
/*
        （8）改变以太网源地址、以太网目标地址、IPv4 源地址、IPv4 目标地址、IP 协议、UDP 源地址、
UDP 目标地址、IP DSCP、IP ECN、接入端口
*/
putMessage = try1.iO4();
//      （9）改变以太网源地址、以太网目标地址、以太网类型、VLAN ID、VLAN PCP
putMessage = try1.iO5();
//      （10）转发到指定的流表的流表内容
putMessage = try1.iO6();
//      （11）转发至物理端口的流表内容
putMessage = try1.iO7();
//      （12）转发至本地 LOCAL
putMessage = try1.iO8();
//      （13）正常处理（即转发至 NORMAL 端口）
putMessage = try1.iO9();
//      （14）泛洪
putMessage = try1.iO10();
//      （15）转发至端口 ALL 的流表内容
putMessage = try1.iO11();
//      （16）转发至控制器 CONTROLLER 的流表内容
putMessage = try1.iO12();
//      （17）转发至 ANY 端口的流表内容
putMessage = try1.iO13();
//      （18）添加 VLAN 报头的流表内容
putMessage = try1.iO14();
//      （19）添加 MPLS 报头的流表内容
putMessage = try1.iO15();
//      （20）交换 MPLS 报头的流表内容
putMessage = try1.iO16();
//      （21）弹出 MPLS 报头的流表内容
putMessage = try1.iO17();
```

2. 添加流表

将流表内容添加到交换机编号为 0 的表中，成为第 138 条流表项，代码如下：

```
String url = "http://192.168.1.151:8181/restconf/config/opendaylight-inventory:nodes/node/openfl-ow:1/
table/0/flow/138";
PutInfo c1 = new PutInfo(putMessage, url);
c1.putInfo();
```

实验执行后创建指定编号为 0 的表中第 138 条流表项，如图 20-8 所示。

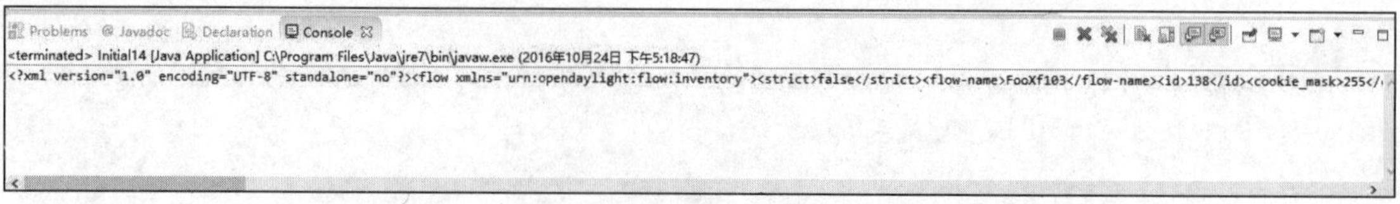

```
Problems  @ Javadoc  Declaration  Console
<terminated> Initial14 [Java Application] C:\Program Files\Java\jre7\bin\javaw.exe (2016年10月24日 下午5:18:47)
<?xml version="1.0" encoding="UTF-8" standalone="no"?><flow xmlns="urn:opendaylight:flow:inventory"><strict>false</strict><flow-name>FooXf103</flow-name><id>138</id><cookie_mask>255</
```

图 20-8 实验执行后创建交换机上项编号为 0 的表中第 138 条流表项

使用 Postman 查看交换机上的流表以验证结果（见图 20-9，读者可参考第 8 章中关于使用 Postman 获取交换机流表的教程）：

```xml
<flow
    xmlns="urn:opendaylight:flow:inventory">
    <id>138</id>
    <strict>false</strict>
    <cookie_mask>255</cookie_mask>
    <table_id>0</table_id>
    <priority>2</priority>
    <idle-timeout>3400</idle-timeout>
    <installHw>false</installHw>
    <cookie>106</cookie>
    <instructions>
        <instruction>
            <order>0</order>
            <apply-actions>
                <action>
                    <order>0</order>
                    <output-action>
                        <output-node-connector>FLOOD</output-node-connector>
                        <max-length>60</max-length>
                    </output-action>
                </action>
            </apply-actions>
        </instruction>
    </instructions>
    <hard-timeout>1200</hard-timeout>
    <match>
        <tcp-source-port>20345</tcp-source-port>
        <tcp-destination-port>80</tcp-destination-port>
        <metadata>
            <metadata>12345</metadata>
        </metadata>
        <ip-match>
            <ip-protocol>6</ip-protocol>
            <ip-dscp>45</ip-dscp>
            <ip-ecn>2</ip-ecn>
        </ip-match>
```

```
            <ethernet-match>
                <ethernet-type>
                    <type>34525</type>
                </ethernet-type>
            </ethernet-match>
            <ipv6-source>
                1234:5678:9ABC:DEF0:FDCD:A987:6543:210F/100
            </ipv6-source>
            <ipv6-destination>fe80:2acf:e9ff:fe21::6431/67</ipv6-destination>
        </match>
        <flow-name>FooXf106</flow-name>
    </flow>
```

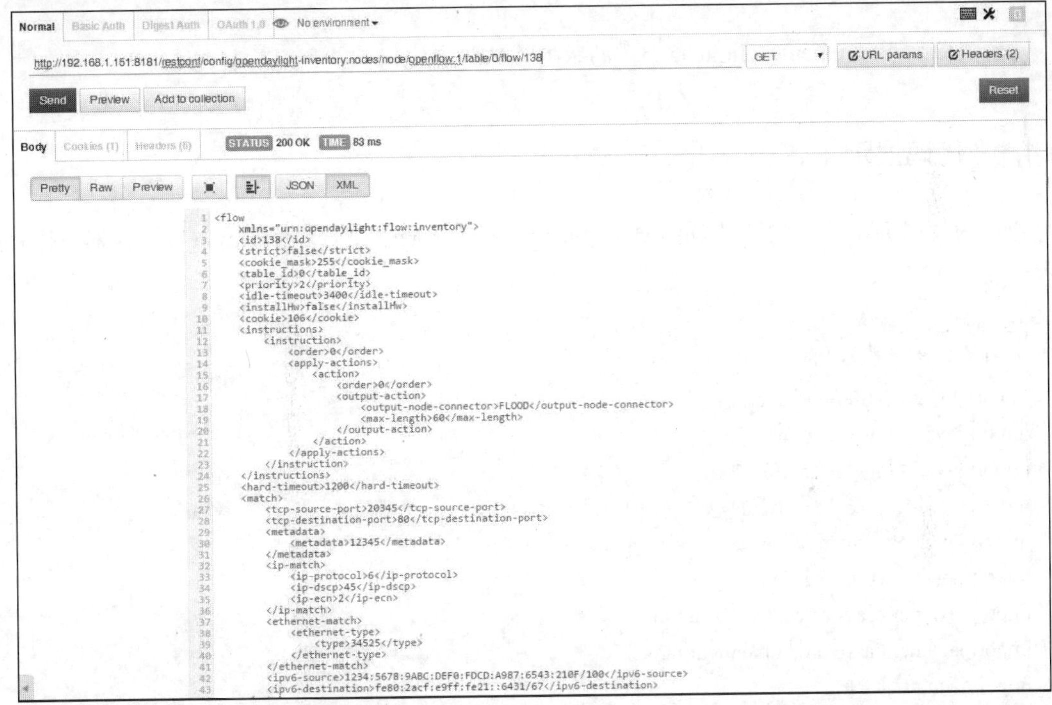

图 20-9　使用 Postman 查看交换机上的流表

可见成功添加交换机上项编号为 0 的表中第 138 条流表项（见图 20-10），同时查看 mininet 仿真网络创建的虚拟交换机 s1 上的流表，输入命令：

```
$ ovs-ofctl dump-flows s1
```

```
root@cc-virtual-machine:/home/cc# ovs-ofctl dump-flows s1
NXST_FLOW reply (xid=0x4):
 cookie=0x6a, duration=20.655s, table=0, n_packets=0, n_bytes=0, idle_timeout=34
00, hard_timeout=1200, idle_age=20, priority=2,tcp6,metadata=0x3039,ipv6_src=123
4:5678:9abc:def0:fdcd:a987:6000:0/100,ipv6_dst=fe80:2acf:e9ff:fe21::/67,nw_tos=1
80,nw_ecn=2,tp_src=20345,tp_dst=80 actions=FLOOD
root@cc-virtual-machine:/home/cc#
```

图 20-10　成功添加交换机上项编号为 0 的表中第 138 条流表项

可见流表也成功部署到交换机 s1 上，实验成功。

注 意

通过北向接口进行的实验，首先将流表发送至 OpenDaylight 控制器的数据库中。OpenDaylight 控制器已记录所需部署的流表，随后将流表部署至交换机上。但流表是否能成功地部署至交换机并发挥作用，还取决于交换机是否支持流表的内容。例如连接到仅支持 OpenFlow 1.0 协议的交换机，如果流表编号不为 0，那么流表项目实际是无法部署至交换机的。

20.4　删除流表的功能实现

以下通过示范代码的方式讲解用 Java 实现通过 OpenDaylight 控制器的北向接口向 OpenDaylight 控制器发送删除流表的指令。

注 意

实验所用的 OpenDaylight 控制器的版本为铍版本（锂版本和硼版本也适用）。

20.4.1　代码展示

以下为使用 Java 实现的通过 OpenDaylight 控制器的北向接口向 OpenDaylight 控制器发送删除流表指令的代码：

```
package chapter20;
// 引用所需的处理数据流的包
import java.io.BufferedReader;
import java.io.IOException;
import java.io.InputStreamReader;
// 引用消息传送及认证所需的包
import java.net.Authenticator;
import java.net.HttpURLConnection;
import java.net.MalformedURLException;
import java.net.PasswordAuthentication;
import java.net.URL;
// 用类 DelInfo 实现删除流表的功能
public class DelInfo {
    /*
        url 为 OpenDaylight 控制器所在机器的 IP 地址
        id1 为用户 ID
        pw1 为密码
    */
    private String url, id1, pw1;
    // 构造函数获取 url 值（OpenDaylight 控制器所在机器的 IP 地址）、用户名和密码
    public DelInfo(String url1, String id1, String pw1){
        this.url = url1;
        this.id1 = id1;
        this.pw1 = pw1;
```

```
}
public DelInfo(String url1){
        this.url = url1;
        this.id1 = "admin";
        this.pw1= "admin";
}
// 类的公有方法 delInfo，外部调用后删除指定 IP 地址中指定表的指定流表中的所有表项
public void delInfo(){
        try {
                URL url = new URL(this.url);
                try {
                    // 设置连接参数
                    HttpURLConnection http1 = (HttpURLConnection)url.openConnection();
                    // 其中指定执行 DELETE 操作
                    http1.setRequestMethod("DELETE");
                    http1.setRequestProperty("Accept", "application/xml");
                    http1.setRequestProperty("Content-Type", "application/xml");
                    http1.setRequestProperty("Authorization", "");
                    // 认证准备，提供用户 ID 和密码
                    Authenticator.setDefault(new Authenticator(){
                           protected PasswordAuthentication getPasswordAuthentication(){
                                       return new PasswordAuthentication(id1, \
                                       pw1.toCharArray());
                           }
                    });
                    // 连接准备
                    http1.setDoOutput(true);
                    http1.setDoInput(true);
                    http1.setUseCaches(false);
                    http1.setConnectTimeout(10000);
                    // 连接
                    http1.connect();
                    // 若未能正确执行 DELETE 操作（返回码不为 200），则输出错误提示
                    if(http1.getResponseCode() !=200){
                                System.out.println(http1.getResponseCode());
                                System.out.println("error!");
                    }else{
                    // 否则执行以下操作
                                BufferedReader result1 = \
                                        new BufferedReader(new InputStreamReader((http1.getInputStream())));
                                String output;
                                System.out.println("Output Result:   \n");
                                output = result1.readLine();
                    }
                    // 任务完成，断开连接
```

```
                http1.disconnect();
                // 若输出出错，则进行处理
            }catch (IOException e) {
                e.printStackTrace();
            }
        // 若 url 格式出错，则进行以下处理
        } catch (MalformedURLException e) {
            e.printStackTrace();
        }
    }
}
```

20.4.2 实验验证

实验环境不变，OpenDaylight 控制器所在机器的 IP 地址为 192.168.1.151，OpenDaylight 控制器当前所连接的交换机的 ID 为 openflow:1。目前表 0 存在一条流表编号为 101 的流表，表 1 存在一条流表编号为 111 的流表。实验如下：

1. 删除 OpenDaylight 控制器所连接的交换机上所有的流表项

在实验外部创建一个 DelInfo 类，赋值所需要删除的流表信息，即删除交换机上所有的流表项：

```
DelInfo c2 = new \
DelInfo("http://192.168.1.151:8181/restconf/config/opendaylight-inventory\
:nodes/node/openfl-ow:1");
c2.delInfo();
```

实验执行后删除所有的流表项，如图 20-11 所示。

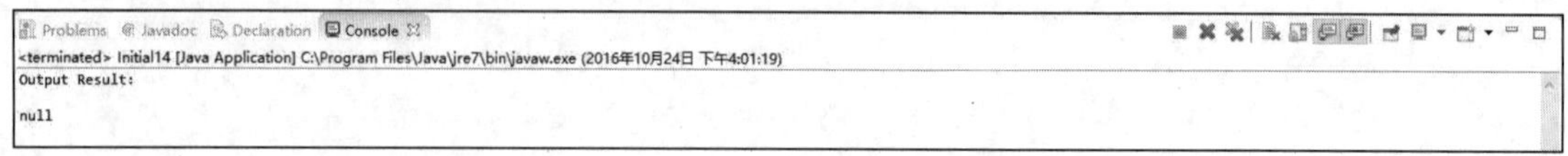

图 20-11 实验执行后删除交换机上所有的流表项

使用 Postman 查看交换机上的流表以验证结果（读者可参考第 8 章中关于使用 Postman 获取交换机流表的教程），如图 20-12 所示。

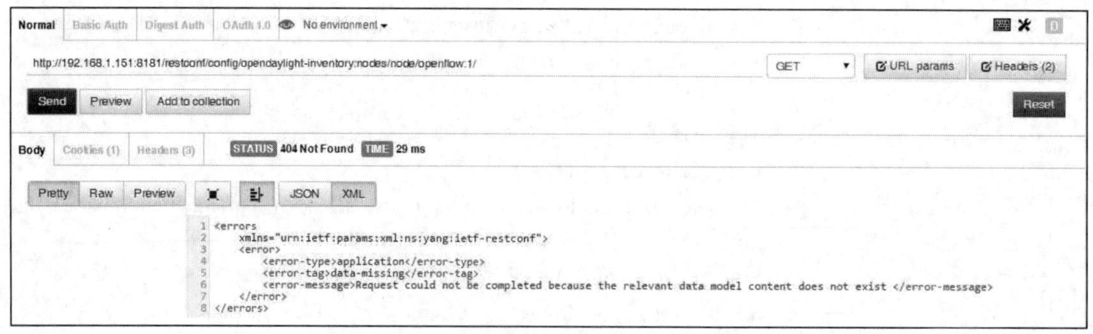

图 20-12 使用 Postman 获取交换机上所有的流表项

可见交换机上所有的流表项，流表完全删除，实验成功。

2. 删除 OpenDaylight 控制器所连接的交换机上指定表中所有的流表项

在实验外部创建一个 DelInfo 类，赋值所需要删除的流表信息，即删除指定编号为 0 的表中所有的流表项：

```
DelInfo c2 = new \
DelInfo("http://192.168.1.151:8181/restconf/config/opendaylight-inventory\
:nodes/node/openflow:1/table/0");
c2.delInfo();
```

实验执行后删除指定编号为 0 的表中所有的流表项，如图 20-13 所示。

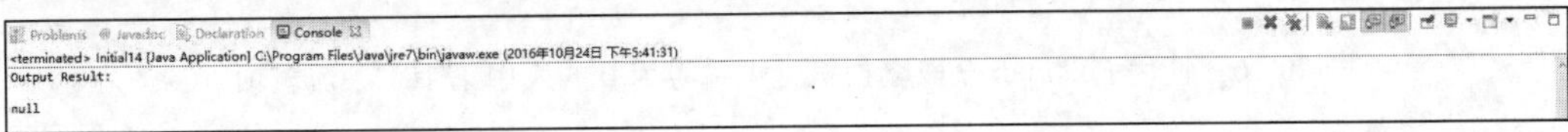

图 20-13　实验执行后删除交换机上项编号为 0 的表中所有的流表项

使用 Postman 查看交换机上的流表以验证结果（读者可参考第 8 章中关于使用 Postman 获取交换机流表的教程），如图 20-14 所示。

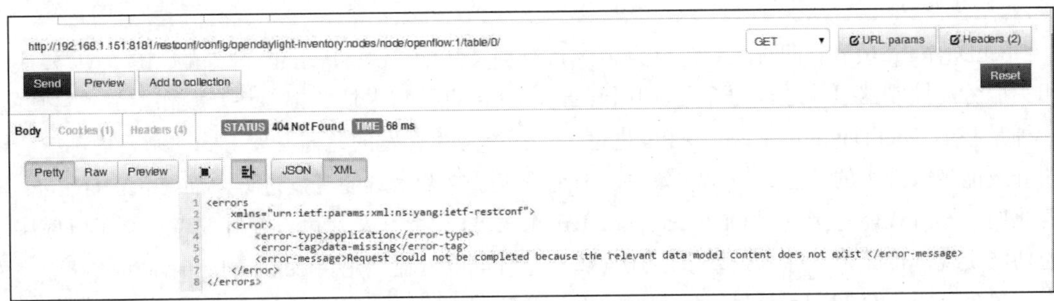

图 20-14　使用 Postman 获取交换机上项编号为 0 的表中所有的流表项

可见交换机上项编号为 0 的表中所有流表项为空，流表完全删除，实验成功。

3. 删除 OpenDaylight 控制器所连接的交换机上指定表中的指定流表项

在实验外部创建一个 DelInfo 类，赋值所需要删除的流表信息，即删除指定编号为 0 的表中第 101 条流表项：

```
DelInfo c2 = new \
DelInfo("http://192.168.1.151:8181/restconf/config/opendaylight-inventory\
:nodes/node/openfl-ow:1/table/0/flow/101");
c2.delInfo();
```

实验执行后删除指定编号为 0 的表中第 101 条流表项，如图 20-15 所示。

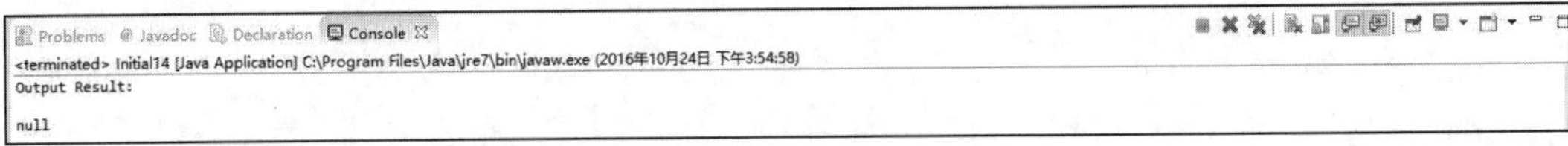

图 20-15　实验执行后删除交换机上项编号为 0 的表中第 101 条流表项

使用 Postman 查看交换机上的流表以验证结果（读者可参考第 8 章中关于使用 Postman 获取交换机流表的教程），如图 20-16 所示。

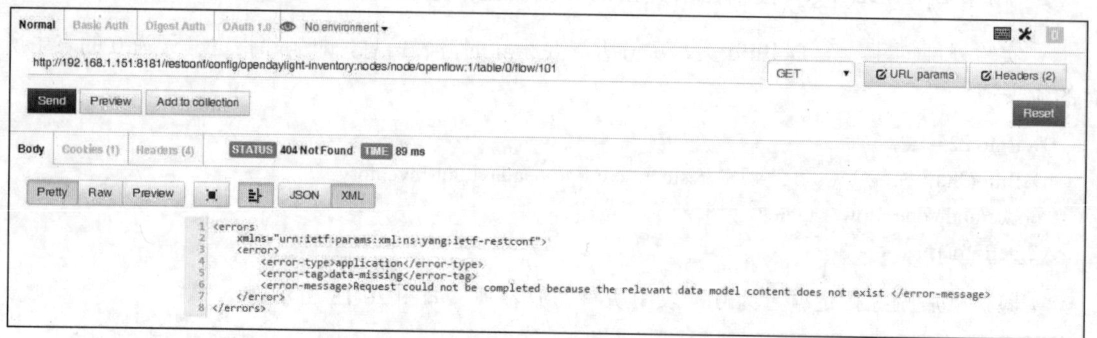

图 20-16　使用 Postman 获取交换机上项编号为 0 的表中第 101 条流表项

可见交换机上项编号为 0 的表中第 101 条流表项为空，流表完全删除，实验成功。

20.5　本章总结

OpenDaylight 项目有两种主要的开发方式，一种是基于 OpenDaylight 内部的 MD-SAL 模块内核相关服务的控制器组件进行的开发，调用其 Java APIs 直接与内核关键模块互操作完成项目功能；另一种是基于 OpenDaylight REST APIs 进行上层网络应用开发的北向开发方式。基于内部核心模块的开发能带来强大的功能、极高的效率，但也带来了复杂困难的开发过程。而 OpenDaylight 项目的北向开发方式能直接调用 OpenDaylight REST APIs 进行开发，可以使开发者无须了解底层复杂的功能实现，也无须掌握复杂繁多的开发基础，就可以迅速利用 OpenDaylight 项目的功能完成工作。另外，OpenDaylight 项目迅速发展，不到一年就推出一个版本，基于 OpenDaylight 核心组件直接开发很可能由于其中架构的剧大变动（比如铍版开始删除了 AD-SAL 模块）而产生需要项目重建的情况。而北向开发可以无视这些变动，平衡的过渡，甚至能在多个版本同时使用。但是也需要注意，这种开发方式主要使用 GET/PUT 等方式进行操作，代码量较大，开发效率不高。

本章使用 Java 语言实现了通过 OpenDaylight 北向接口进行获取流表、添加流表、删除流表的操作，完成了一个简单的 OpenDaylight 北向开发项目。任何复杂的 OpenDaylight 北向开发项目均可在此基础上扩展完成。

第 21 章

使用 OpenDaylight 北向接口的通用应用

本章主要介绍使用 OpenDaylight 北向接口的通用应用。在完成第 20 章的学习实验后，读者对使用 OpenDaylight 北向接口有了基本的了解，能掌握使用 Java 通过 GET 方法、POST 方法、DELETE 方法使用 OpenDaylight 的北向接口分别进行获取流表、添加流表、删除流表的操作。

同样地，这种方法可以扩展到其他使用 OpenDaylight 北向接口的应用。可以通过访问 OpenDaylight 项目自带的 API DOC 和 YANG UI（早期版本不提供）来获取当前使用的控制器支持的北向接口。在 21.1 节对此进行了介绍，并且我们以网络拓扑应用（network-topology）为例说明查看一个应用的 API 的相关信息。

接着，在 21.2 节继续以网络拓扑应用（network-topology）为例，使用其顶层的 API（使用 GET 方法）简单替换 20.2 中的 GetInfo 类中的发送信息，即可调用此 API 达到使用此北向接口调用 OpenDaylight 控制器功能的目的。其他的 API 大致类似，无非是 GET、PUT、POST、DELETE 方法中的一种，读者可自行实验完成。

最后在 21.3 节对本章进行总结。

21.1 获取北向接口的信息并进行开发

OpenDaylight 提供了北向接口信息的页面，包括 API DOC 和 YANG UI。其中早期的版本只提供 API DOC。

访问 API DOC，地址为 http://<controller's IP>:8181/apidoc/explorer/index.html（其中<Controller's IP Address>是控制器所在的 IP 地址）。

API DOC 的界面如图 21-1 所示。

对于之后的版本建议使用 YANG UI 进行参考，Apidoc 不如 YANG UI 清晰方便。本书主要介绍通过 YANG UI 获取北向 API 接口的方法。Apidoc 版本与之类似，读者可参考通过 YANG UI 获取北向 API 接口的方法自行实验完成。

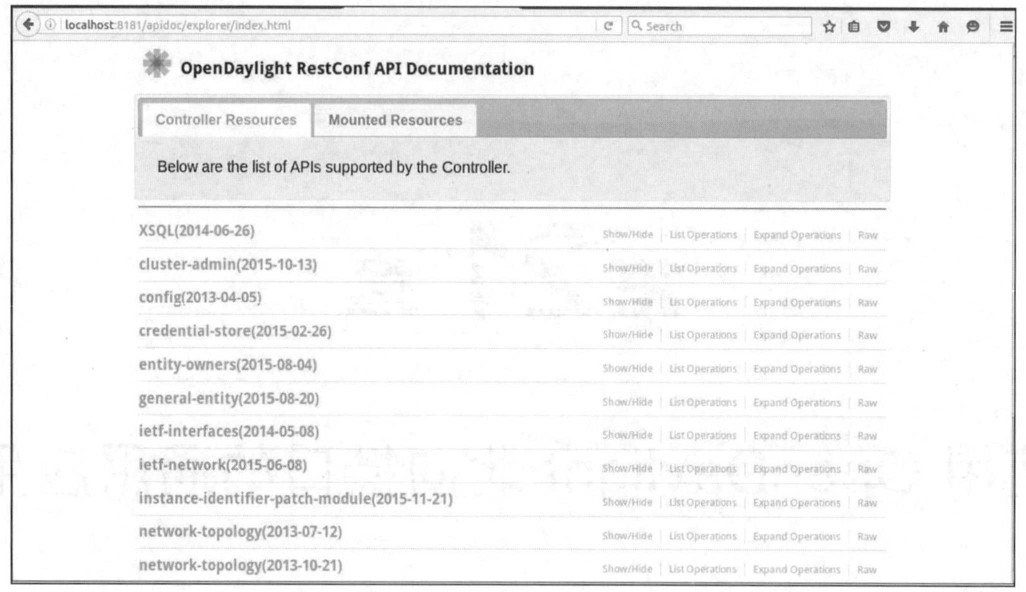

图 21-1　通过 Apidoc Explorer 查看 API 列表

访问 YANG UI，地址为 http://<Controller's IP Address>:8181/index.html#/yangui/index（其中<Controller's IP Address>是控制器所在的 IP 地址）。

YANG UI 的界面如图 21-2 所示。

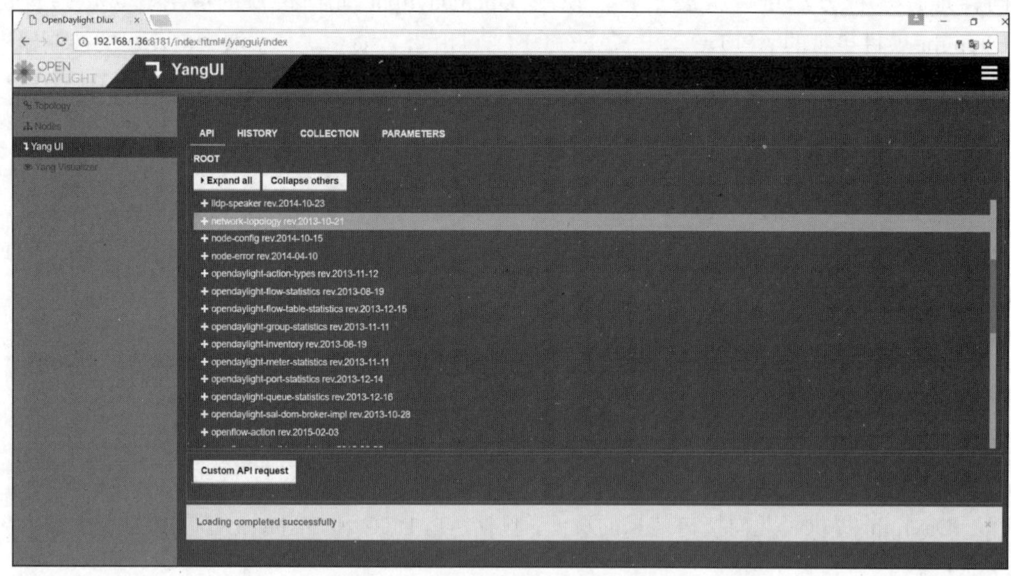

图 21-2　通过 Yang UI 查看 API 列表

我们以网络拓扑应用（network-topology）为例说明查看一个应用的 API。单击 network-topology 前面的“+”，打开下一级目录。单击 operational（所有生成的 RPC 均放在这个目录下），再单击下一条，显示相应的接口（若有接口）。图 21-3 所示为 network-topology 最上层的接口。

进一步操作以获取 API 信息，如图 21-4 所示。

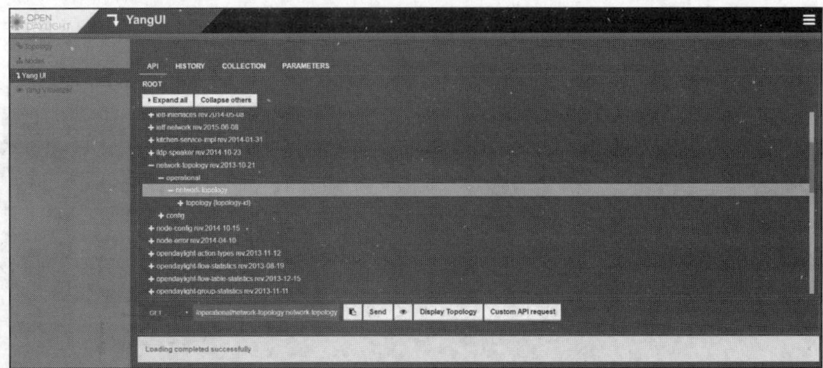

图 21-3　network-topology 最上层的接口

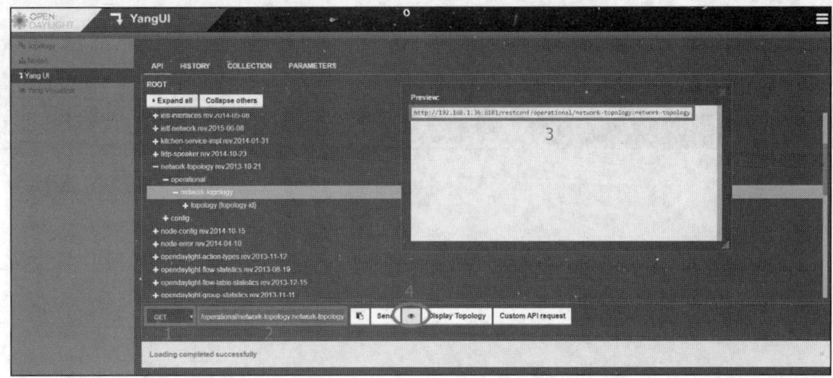

图 21-4　获取 API 信息

单击眼睛图形按钮（数字 4 指示的按钮），出现所发送的内容（数字 3 指示的方框中的内容）。同时注意应用的是 GET 方法（数字 1 指示的方框中的内容），HTTP 地址见数字 2 指示的方框中的内容。其他应用的 API 也类似这种方法。

单击 Send 按钮，显示结果如图 21-5 所示。

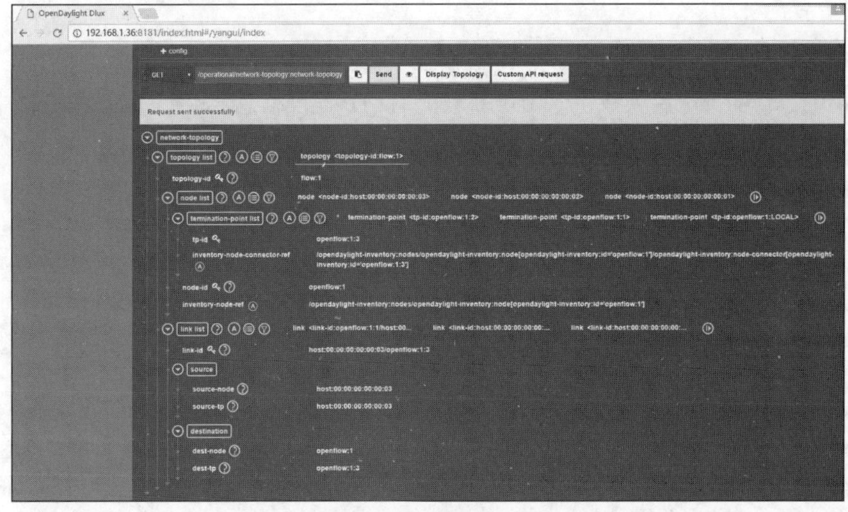

图 21-5　获取拓扑信息

另外，单击 HISTORY 选项卡，可见到使用过的 API 的具体信息，如图 21-6 所示。

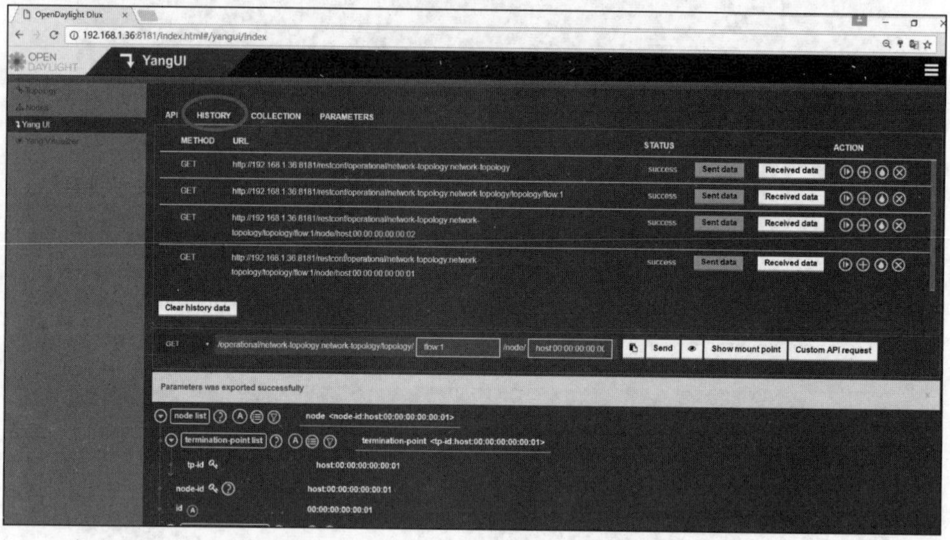

图 21-6　具体的 API 使用信息

21.2　使用 API 进行北向编程

从 21.1 节，我们已经获取了网络拓扑应用（network-topology）的 API 的相关信息。在此节继续以网络拓扑应用（network-topology）为例介绍使用 API 来获取所控制交换机的网络拓扑信息。

此 API 使用的是 GET 方法，与 20.2 节中获取流表的应用本质上是一样的。我们只需对 20.2 中的程序稍加改造即可实现。

20.2 节中的 GetInfo 类赋值所需要查询的流表信息为：

```
GetInfo c14 = new GetInfo("http://192.168.1.151:8181/restconf/config/opendaylight-inventory:nodes/node/openflow:1");
c14.getInfo();
```

将此语句中黑体的部分替换成上一节中获取的 HTTP 地址信息（数字 2 指示的方框中的内容）：

```
GetInfo c14 = new GetInfo("http://192.168.1.36:8181/restconf/operational/network-topology:network-topology/");
c14.getInfo();
```

然后运行程序，输出结果为：

```
Output Result:

<network-topology xmlns="urn:TBD:params:xml:ns:yang:network-topology"><topology><topology-id>flow:1</topology-id><node><node-id>host:00:00:00:00:00:03</node-id><termination-point><tp-id>host:00:00:00:00:00:03</tp-id></termination-point><attachment-points xmlns="urn:opendaylight:host-tracker"><tp-id>openflow:1:3</tp-id><corresponding-tp>host:00:00:00:00:00:03</corresponding-tp><active>true</active></attach
```

ment-points><id xmlns="urn:opendaylight:host-tracker">00:00:00:00:00:03</id><addresses
xmlns="urn:opendaylight:host-tracker"><id>5</id><mac>00:00:00:00:00:03</mac><last-seen>1490105294955</l
ast-seen><ip>10.0.0.3</ip><first-seen>1490105294955</first-seen></addresses></node><node><node-id>host:00
:00:00:00:00:02</node-id><termination-point><tp-id>host:00:00:00:00:00:02</tp-id></termination-point><attach
ment-points xmlns="urn:opendaylight:host-tracker"><tp-id>openflow:1:2</tp-id><corresponding-tp>
host:00:00:00:00:00:02</corresponding-tp><active>true</active></attachment-points><id
xmlns="urn:opendaylight:host-tracker">00:00:00:00:00:02</id><addresses
xmlns="urn:opendaylight:host-tracker"><id>4</id><mac>00:00:00:00:00:02</mac><last-seen>1490105294924</l
ast-seen><ip>10.0.0.2</ip><first-seen>1490105294924</first-seen></addresses></node><node><node-id>host:00
:00:00:00:00:01</node-id><termination-point><tp-id>host:00:00:00:00:00:01</tp-id></termination-point><attach
ment-points xmlns="urn:opendaylight:host-tracker"><tp-id>openflow:1:1</tp-id><corresponding-tp>
host:00:00:00:00:00:01</corresponding-tp><active>true</active></attachment-points><id
xmlns="urn:opendaylight:host-tracker">00:00:00:00:00:01</id><addresses
xmlns="urn:opendaylight:host-tracker"><id>3</id><mac>00:00:00:00:00:01</mac><last-seen>1490105294906</l
ast-seen><ip>10.0.0.1</ip><first-seen>1490105294906</first-seen></addresses></node><node><node-id>openflo
w:1</node-id><termination-point><tp-id>openflow:1:2</tp-id><inventory-node-connector-ref
xmlns="urn:opendaylight:model:topology:inventory"
xmlns:a="urn:opendaylight:inventory">/a:nodes/a:node[a:id='openflow:1']/a:node-connector[a:id='openflow:1:2']</
inventory-node-connector-ref></termination-point><termination-point><tp-id>openflow:1:1</tp-id><inventory-no
de-connector-ref xmlns="urn:opendaylight:model:topology:inventory"
xmlns:a="urn:opendaylight:inventory">/a:nodes/a:node[a:id='openflow:1']/a:node-connector[a:id='openflow:1:1']</
inventory-node-connector-ref></termination-point><termination-point><tp-id>openflow:1:LOCAL</tp-id><invent
ory-node-connector-ref xmlns="urn:opendaylight:model:topology:inventory"
xmlns:a="urn:opendaylight:inventory">/a:nodes/a:node[a:id='openflow:1']/a:node-connector[a:id='openflow:1:LOC
AL']</inventory-node-connector-ref></termination-point><termination-point><tp-id>openflow:1:3</tp-id><invent
ory-node-connector-ref xmlns="urn:opendaylight:model:topology:inventory"
xmlns:a="urn:opendaylight:inventory">/a:nodes/a:node[a:id='openflow:1']/a:node-connector[a:id='openflow:1:3']</
inventory-node-connector-ref></termination-point><inventory-node-ref
xmlns="urn:opendaylight:model:topology:inventory" xmlns:a="urn:opendaylight:inventory">/a:nodes/
a:node[a:id='openflow:1']</inventory-node-ref></node><link><link-id>openflow:1:1/host:00:00:00:00:00:01</link
-id><destination><dest-node>host:00:00:00:00:00:01</dest-node><dest-tp>host:00:00:00:00:00:01</dest-tp></dest
ination><source><source-tp>openflow:1:1</source-tp><source-node>openflow:1</source-node></source></link>
<link><link-id>host:00:00:00:00:00:02/openflow:1:2</link-id><destination><dest-node>openflow:1</dest-node><
dest-tp>openflow:1:2</dest-tp></destination><source><source-tp>host:00:00:00:00:00:02</source-tp><source-nod
e>host:00:00:00:00:00:02</source-node></source></link><link><link-id>host:00:00:00:00:00:01/openflow:1:1</li
nk-id><destination><dest-node>openflow:1</dest-node><dest-tp>openflow:1:1</dest-tp></destination><source><
source-tp>host:00:00:00:00:00:01</source-tp><source-node>host:00:00:00:00:00:01</source-node></source></lin
k><link><link-id>openflow:1:3/host:00:00:00:00:00:03</link-id><destination><dest-node>host:00:00:00:00:00:03
</dest-node><dest-tp>host:00:00:00:00:00:03</dest-tp></destination><source><source-tp>openflow:1:3</source-t
p><source-node>openflow:1</source-node></source></link><link><link-id>openflow:1:2/host:00:00:00:00:00:02
</link-id><destination><dest-node>host:00:00:00:00:00:02</dest-node><dest-tp>host:00:00:00:00:00:02</dest-tp>
</destination><source><source-tp>openflow:1:2</source-tp><source-node>openflow:1</source-node></source></
link><link><link-id>host:00:00:00:00:00:03/openflow:1:3</link-id><destination><dest-node>openflow:1</dest-no
de><dest-tp>openflow:1:3</dest-tp></destination><source><source-tp>host:00:00:00:00:00:03</source-tp><sourc
e-node>host:00:00:00:00:00:03</source-node></source></link></topology></network-topology>

对比图 21-5，结果正确。

其他的 API 大致类似，无非是 GET、PUT、POST、DELETE 方法中的一种，读者可自行实验完成。

21.3 本章总结

调用 OpenDaylight 项目北向的接口（OpenDaylight REST APIs）进行开发，开发者无须了解底层复杂的功能实现，也无须掌握复杂繁多的开发基础，就可迅速利用 OpenDaylight 项目提供北向接口的功能快速实现项目的相关功能。同时保证在 OpenDaylight 项目迅速发展快速更新的情况下开发的成果能维持较长的时间，开发人员的精力可集中在公司核心的业务上。

本章较为简单，首先向读者介绍 OpenDaylight 提供的两个获取北向接口信息的渠道：API DOC 和 YANG UI，其中早期的版本只提供 API DOC。建议使用 YANG UI 进行参考。Apidoc 不如 YANG UI 清晰方便。读者可参考通过 YANG UI 获取北向 API 接口的方法自行实验完成。接着本书以网络拓扑应用（network-topology）为例说明查看一个应用的 API 的相关信息，以及使用这些信息来调用 OpenDaylight 提供的相应功能以实现应用的功能。读者可注意到，只需简单替换 20.2 中的 GetInfo 类中的发送信息，即可调用接口实现应用的预期功能。其他的 API 大致类似，无非是 GET、PUT、POST、DELETE 方法中的一种，读者可自行实验完成。

参 考 资 料

[1] 开放网络组织 ONF 的官方网站[EB/OL]. https://www.opennetworking.org/.

[2] SDxCentral 的官方网站[EB/OL]. https://www.sdxcentral.com/.

[3] SDNLAB 的官方网站[EB/OL]. http://www.sdnlab.com/.

[4] OpenDaylight 项目的官方网站[EB/OL]. https://www.opendaylight.org/.

[5] wiki 网站上 OpenDaylight 项目[EB/OL]. https://wiki.opendaylight.org/view/Main_Page.

[6] 普林斯顿大学的 SDN 教程的网址[EB/OL]. https://zh.coursera.org/learn/sdn.

[7] TechTarget 网站 SDN 专栏的网址[EB/OL]. http://searchsdn.techtarget.com/.

[8] YANG Central 的官方网站[EB/OL]. http://www.yang-central.org/.

[9] 托管在 GitHub 上的 OpenDaylight 项目[EB/OL]. https://github.com/opendaylight.

[10] 托管在 GitHub 上的 OpenDaylight 项目的 controller 子项目[EB/OL]. https://github.com/opendaylight/controller.

[11] Thomas D. Nadeau，Ken Gray. SDN: Software Defined Networks[M]. O'Reilly Media，2013.

[12] OVS 的官方网站[EB/OL]. http://openvswitch.org/.

[13] ONOS 控制器的官方网站[EB/OL]. http://onosproject.org/.

[14] Floodlight 控制器的官方网站[EB/OL]. http://www.projectfloodlight.org/.

[15] Ryu 控制器的官方网站[EB/OL]. https://osrg.github.io/ryu/.

[16] Apache Maven 的官方网站[EB/OL]. http://maven.apache.org/.

[17] OSGi 的官方网站[EB/OL]. https://www.osgi.org/.

[18] Karaf 的官方网站[EB/OL]. http://karaf.apache.org/.

[19] 蓝盾信息安全技术股份有限公司.一种基于 SDN 的云计算安全保护系统及方法：中国. CN 201410160049[P/OL].2014-08-06.https://www.google.com.hk/patents/CN103973676A?cl=zh&dq=ininventor:%E7%A8%8B%E4%B8%BD%E6%98%8E&hl=en&sa=X&ved=0ahUKEwj-ytaPme_TAhWDH5QKHc8QDhg4ChDoAQhHMAQ.

/推荐阅读/

TensorFlow+Keras
深度学习人工智能实践应用
林大贵 著
人工智能时代必须学习的新技术
清华大学出版社

Python+
Spark 2.0+Hadoop
机器学习与大数据实战
林大贵 著
清华大学出版社

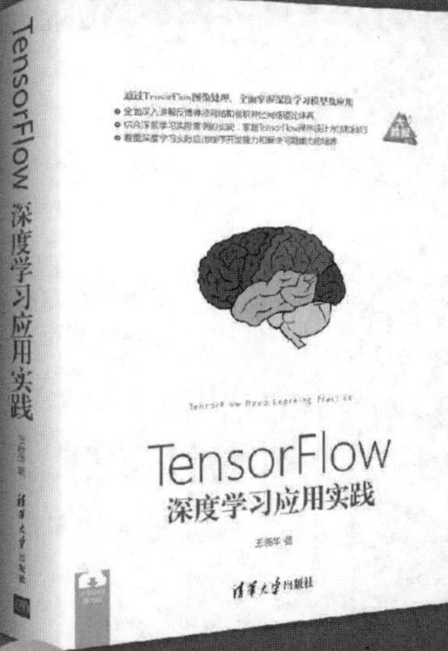

/推荐阅读/

Android Studio开发实战
从零基础到App上线

iOS开发实战
从入门到上架App Store

Python 3.5
从零开始学

精通Scrapy
网络爬虫